土库曼斯坦气田地面工程技术丛书
Инженерно-технический сборник по работе наземного обустройства на газовых месторождениях Туркменистана

第八册　公用工程
Том VIII　Коммунальные услуги

管松军　谌贵宇　毛　敏　主编

Главные редакторы: Гуань Суцзюнь, Шэнь Гуйюй, Мао Минь

石油工业出版社

Издательство «Нефтепром»

内 容 提 要

本书系统介绍了国内近50年来天然气气田地面工程建设以及中国石油工程建设有限公司西南分公司多年来在土库曼斯坦各个气田建设、投产与生产过程中公用工程部分的设计经验和技术实践。内容涉及气田地面工程中内输、处理厂、外输部分公用工程的供配电、通信、热工、给排水工程技术的各个方面。

本书可供在土库曼斯坦从事气田地面工程建设与生产运行的中土双方技术和管理人员使用，也可供其他相关行业和大专院校师生参考。

图书在版编目（CIP）数据

公用工程．第八册/管松军，谌贵宇，毛敏主编．
—北京：石油工业出版社，2019.1
（土库曼斯坦气田地面工程技术丛书）
ISBN 978-7-5183-2945-8

Ⅰ．①公⋯ Ⅱ．①管⋯ ②谌⋯ ③毛⋯ Ⅲ．①油气田－地面工程 Ⅳ．①TE4

中国版本图书馆 CIP 数据核字（2018）第 225911 号

出版发行：石油工业出版社
（北京安定门外安华里2区1号 100011）
网 址：www.petropub.com
编辑部：（010）64523535 图书营销中心：（010）64523633
经 销：全国新华书店
印 刷：北京中石油彩色印刷有限责任公司

2019年1月第1版 2019年1月第1次印刷
889×1194毫米 开本：1/16 印张：48
字数：1250千字

定价：336.00元
（如出现印装质量问题，我社图书营销中心负责调换）
版权所有，翻印必究

《土库曼斯坦气田地面工程技术丛书》

编 委 会

主　任：宋德琦

副主任：郭成华　向　波

委　员：刘有超　陈意深　杜通林　汤晓勇　王　非　陈　渝　刘永茜

专 家 组

组　长：陈运强

组　员：姜　放　雒定明　谌贵宇　杨　勇　唐胜安　何蓉云　任启瑞
　　　　梅三强　胡　平　王秦晋　谭祥瑞　李文光　王声铭　龚树鸣
　　　　殷名学　郑世同　李仁义　胡达贝尔根诺夫·萨巴姆拉特
　　　　巴贝洛娃·维涅拉

编写协调组

组　长：王　非

副组长：刘永茜

组　员：肖春雨　何永明　张玉坤　傅贺平　夏成宓

翻 译 组

组　长：先智伟

组　员：张　楠　陈　舟　王淑英　张　娣

«Инженерно-технический сборник по работе наземного обустройства на газовых месторождениях Туркменистана»

Редакционная коллегия

Начальник: Сун Дэчи

Заместитель начальника: Го Чэнхуа, Сян Бо

Член коллегии: Лю Ючао, Чэнь Ишэнь, Ду Тунлинь, Тан Сяоюн, Ван Фэй, Чэнь Юй, Лю Юнцянь

Группа специалистов

Начальник: Чэнь Юньцян

Член группы: Цзян Фан, Ло Динмин, Шэнь Гуньюй, Ян Юн, Тан Шэнань, Хэ Жунюнь, Жэнь Цижуй, Мэй Саньцян, Ху Пин, Ван Циньцзинь, Тань Сянжуй, Ли Вэньгуан, Вань Шэнмин, Гунн Шумин, Инь Минсюе, Чжэн Шитун, Ли Жэньи, Худайбергенов-Сапармурат, Бабылова-Венера

Координационная группа по составлению

Начальник: Ван Фэй

Заместитель начальника: Лю Юнцянь

Члены группы: Сяо Чуньюй, Хэ Юймин, Чжан Юйкунь, Фу Хэпин, Ся Чэнми

Группа переводчиков

Начальник: Сянь Чживэй

Члены группы: Чжан Нань, Чэнь Чжоу, Ван Шуин, Чжан Ди

丛 书 前 言

中国石油工程建设有限公司西南分公司作为中国石油参与土库曼斯坦气田建设的主要设计和地面工程技术支持单位,自2007年开始开展土库曼斯坦气田地面工程的设计和建设工作,历经8年的工作与实践,承担并完成了阿姆河右岸巴格德雷合同区域A区、B区及南约洛坦复兴气田一期、二期等所有中国石油在土库曼斯坦参与建设气田地面工程的设计工作,已经投产的气田产能达到 $285 \times 10^8 m^3/a$,正在设计建设中的气田产能达 $345 \times 10^8 m^3/a$。为了充分总结经验、提升水平和传承技术,中国石油工程建设有限公司西南分公司以"充分总结研究、传承技术经验、编制适应当地特点的技术标准和教材"为基本出发点,在其近60年在气田地面工程设计和建设方面的技术沉淀和研究成果基础上,组织各个专业的专家共同编制完成了《土库曼斯坦气田地面工程技术丛书》。

《土库曼斯坦气田地面工程技术丛书》共分为8册,第一册为总体概论,总体说明气田地面工程的建设内容、总体技术路线、技术现状、发展趋势、常用术语、遵循标准等方面内容;第二册至第八册分别为内部集输、油气处理、长输管道、自控仪表、设备、腐蚀与防护及公用工程,分专业介绍其技术特点、方法、数据、资料和相关图表。

《土库曼斯坦气田地面工程技术丛书》遵循"技术理论与工程实践并重、主体专业与公用工程配套、充分体现土库曼斯坦气田特点、准确可靠方便实用"的编写原则,系统总结了中国石油工程建设有限公司西南分公司8年来在土库曼斯坦各个气田建设、投产与生产过程中的设计经验和技术实践,反映了中国石油工程建设有限公司西南分公司在土库曼斯坦多个建设实践中的科技进步和技术创新,也全面融入了中国石油工程建设有限公司西南分公司自1958年创建以来在各类气田地面建设领域的丰富技术经验积累和科研创新成果,同时对于气田地面工程在国际上的技术现状和发展趋势也进行了相关介绍。丛书的出版,可对在土库曼斯坦已经、将要和有志于从事气田地面工程建设和生产运行的中方与土方技术管理干部、技术人员提高技术业务能力和水平起到重大的促进作用,也将有助于对土库曼斯坦气田地面工程技术进行有益的传承。

《土库曼斯坦气田地面工程技术丛书》的主编单位中国石油工程建设有限公司西南分公司截至目前已经承担并完成了中国及国际上9380余项工程、1035座集输配气厂(站),60000多千米油气输送管道,为中国天然气行业指导性甲级设计单位,国际工程咨询联合会会员,已主编中国国家及行业标准79项,取得科研成果709项,具有专利、专有技术142项,自主知识产权成套技术14项。本套丛书历时近两年的时间编制完成,参与编审人员130余人,编审人员大多来自设计一线具有丰富实践经验的技术骨干,并有部分在生产、建设一线的专家全程参与。该套丛书充分体现了该单位、该单位专家及参编专家在气田地面建设领域的技术实力和水平。编审人员在承担繁重工程设计任务的同时,克服种种困难,完成了丛书的编制工作,同时编委会也多次组织和聘请天然气行业的资深专家,参加了各阶段书稿的审查,这些专家都没有列入编审人员名单,他们这种无私奉献的敬业精神,非常值得敬佩和学习。在中国石油土库曼斯坦协调组的统一组织和安排下,中国石油阿姆河天然气公司、中国石油西南油气田公司、中国石油川庆钻探工程公司、中国石油工程建设有限公司的领导和专家对丛书的编制和出版给予了大力的支持和帮助。值此《土库曼斯坦气田地面工程技术丛书》出版之际,对所有参与此项工作的领导、专家、工程技术人员和编辑致以最诚挚的谢意。

《土库曼斯坦气田地面工程技术丛书》涉及专业范围宽、技术性强,气田地面工程技术日新月异,加之编者经验和水平的局限,书中错误、疏漏和不妥之处,恳请读者不吝指正。

《土库曼斯坦气田地面工程技术丛书》编委会

2018年4月

Предисловие в Сборнике

Юго-западный филиал Китайской Нефтяной Инжиниринговой Компании, является основной конструкторской и технологической компанией, подведомственной КННК, которая оказывает должную техническую поддержку для работ с наземным обустройством газовых месторождений в Туркменистане. Филиал уже с 2007 года начал свои работы по проектированию и строительству по наземному обустройству газовых месторождений Туркменистана. Имея за собой 8 летний опыт работы, филиал закончил свои конструкторские работы в блоках А и В на договорной территории «Багтыярлык», на первом и втором этапах работ на газовом месторождении Галкыныш и во всех других проектах наземного обустройства месторождений, в реализации которых участвовала КННК. Производительность введенных в эксплуатацию газовых месторождений достигает $285 \times 10^8 м^3/г$, проектирующихся и строящихся месторождений - $345 \times 10^8 м^3/г$. Для обобщения опыта, поднятия уровня и передачи технологий, Юго-западный филиал КНИК посредством полного изучения, исследований, передачи технологического опыта, формирования соответствующего местного технологического стандарта, в целях создания основной исходной точки, на основании за 60 летнего опыта работы по наземного обустройству газовых месторождений, привлекая специалистов, выпустил «Инженерно-технический сборник по работе наземного обустройства на газовых месторождениях Туркменистана».

«Инженерно-технический сборник по работе наземного обустройства на газовых месторождениях Туркменистана» всего состоит из 8 томов. Том I – общая часть. В целом описывается наземное обустройство газовых месторождений, комплексные технологии по маршруту, сведения о технологиях, тенденции развития, часто употребляемые термины, придерживаемые стандарты и другая информация по данному направлению. Том II ~ Том VIII соответственно описываются сбор и внутрипромысловый транспорт, подготовка нефти и газа, магистральные трубопроводы, автоматические приборы, оборудование, коррозия и консервация, коммунальные услуги, по отдельности описываются технические особенности, методы работы, данные, материалы и соответствующие графики.

«Инженерно-технический сборник по работе наземного обустройства на газовых месторождениях Туркменистана» был подготовлен на основании технологической теории и инженерной практики. При составлении сборника во внимание принималась основа данной отрасли и соответствующий комплекс инженерных работ. В полной мере учитывались особенности газовых месторождений Туркменистана. Все основные положения, описанные в сборнике предоставлены точно и достоверно, кроме того эти положения очень легко применять на практике. В данном сборнике, системно обобщен 8 летний опыт работы Юго-Западного филиала КНИК на различных газовых месторождениях Туркменистана, демонстрируется применение опыта и инженерной практики в таких процессах как ввод в эксплуатацию и производство. Также описывается научно-технологический прогресс и технологические инновации, которые применялись на практике Юго-Западным филиалом КНИК в Туркменистане. Помимо всего прочего, в сборнике описывается накопленный технический опыт и результаты научно-исследовательской работы, начиная с 1958 года, когда произошло создание юго-западного филиала КНИК. Одновременно с этим, в сборнике описывается мировая актуальная технологическая обстановка и тенденция развития по направлениям связанным с наземными обустройствами на газовых месторождениях. Данный сборник окажется очень полезным для работы китайско-туркменского технического персонала на газовых месторождениях Туркменистана, как в процессе инженерных работ, так во время самого производства. Сборник позволит повысить рабочую квалификацию и уровень знаний в данной сфере, сможет способствовать эффективной передаче технологий, для их последующего применения в работах наземных обустройств на газовых месторождениях Туркменистана.

Юго-западный филиал КНИК руководил составлением «Инженерно-технического сборника по работе наземного обустройства на газовых месторождениях Туркменистана» описывает свой опыт работы по 9380 проектам в Китае и за рубежом, по 1035 сборно-распределительным газовым пунктам (станциям), более чем 60000 километрам трубопроводов для транспортировки нефти и газа, являясь при этом ведущей первоклассной проектной организацией в сфере газа и членом международного союза по консультировании в сфере инженерии. Компания имеет 79 собственных отраслевых стандарта, добилась 709 пунктов достижений в области научных исследований, имеет 142 эксклюзивные технологии и патента, кроме того обладает 14 эксклюзивными интеллектуальными собственностями. Работа над данным сборником продолжалась более одного года. В создании сборника активно принимали участие более чем 130 человек. Большая часть техников и специалистов, которые принимали участие в создании данного сборника, имеют очень богатый практический опыт работы и высокий уровень знаний. Данный сборник в полной мере отображает уровень и технический потенциал самой компании и ее специалистов-составителей в сфере наземного обустройства газовых месторождений. Авторам данного сборника получилось удачно завершить работу со сложнейшими техническими заданиями, удалось преодолеть все возникшие во время работы трудности. Кроме того редакционная коллегия многократно обращалась за помощью к ведущим специалистам в сфере работы с природным газом для участия на различных этапах подготовки материалов для сборника, эти специалисты не были добавлены в список редакторов сборника. Их труд был бескорыстным и полностью заслуживает уважения. Инициатива для организации и составления данного сборника исходит со стороны Китайской Национальной Нефтегазовой Корпорации в Туркменистане, также большую поддержку и помощь оказали руководители и специалисты таких компаний как: КННК Интернационал (Туркменистан), компания «Юго-западные нефтяные и газовые месторождения» при КННК, Чуаньцинская буровая инженерная компания с ограниченной ответственностью при КННК, Китайская нефтяная инженерно-строительная корпорация. Пользуясь случаем, мы бы хотели выразить искреннюю благодарность всем руководителям, специалистам, инженерно-техническому персоналу и редакторам, которые принимали участие в создании «Инженерно-технический сборник по работе наземного обустройства на газовых месторождениях Туркменистана».

«Инженерно-технический сборник по работе наземного обустройства на газовых месторождениях Туркменистана» обширно затрагивает профессиональную сферу, техническую сторону, инжиниринговые тенденции по работе на газовых месторождениях. В виду того что опыт и уровень авторов данного сборника ограничен, в процессе подготовки данного сборника возможно допущены какие-либо ошибки или имеются определенные недочеты, поэтому убедительная просьба, чтобы наши читатели не упускали возможность внести соответствующие коррективы в данный сборник.

Редакционная коллегия
«Инженерно-технический сборник
по работе наземного обустройства
на газовых месторождениях Туркменистана»
Апрель, 2018 г.

前　言

本书为《土库曼斯坦气田地面工程技术丛书》第八册，共分5章，系统介绍了国内近50年天然气气田地面工程建设以及中油工程建设有限公司西南分公司多年来在土库曼斯坦地区各个气田建设、投产与生产过程中公用工程部分的设计经验和技术实践。内容涉及气田地面工程中内输、处理厂、外输部分的公用工程的供配电、通信、热工、给排水工程技术的各个方面。书中不仅给出了基本理论、工艺流程、计算公式、数据资料、图表曲线，还列举了部分气田地面建设的工程实例供读者查用、参考。

本书的编写人员均为长期在国内和土库曼斯坦从事气田地面集输工程建设的技术人员，具有丰富的工程理论和实践经验。本书由管松军、谌贵宇、毛敏担任主编。第1章由毛敏执笔，参编人员有唐胜安、赵淑珍、童富良、沈泽明；第2章由黄羚执笔，参编人员有徐斌、姚春、宋希勇、孟笑田、陈庚、钱慧、杨其睿、雏贝尔、黄卫东，审稿人唐林，主审人唐胜安；第3章由阙燚、薛文奇执笔，参编人员有周丁、陈玉梅、王海波、李尹建，审稿人赵淑珍，主审人李仁义；第4章由童富良执笔，参编人员有王丹、杨晓娇、袁宗睿、王滟、李林育、王侠、李茜玲、孙立圣、连伟，审稿人肖芳，主审人何蓉云；第5章由沈泽明执笔，参编人员有郭江菊、王柱华、江兵、甘立勇、张勇、朱江、李虎，审稿人何丽梅，主审人郑世同。

由于编写人员水平有限，本书难免存在疏漏和不当之处，望读者斧正。

2018年4月

Предисловие данного тома

Данная книга представляет собой том VIII «Инженерно-технического сборника по работе наземного обустройства на газовых месторождениях Туркменистана», который состоит из 5 глав.В данной книге систематически описаны опыты проектирования и техническая практика в области коммунальных услуг в процессе работы наземного обустройства на газовых месторождениях Туркменистана за последние 50 лет в Китае, а также строительства, ввода в эксплуатацию и производства газовых месторождений Юго-западным филиалом КНИК в Туркменистане на протяжении многих лет.Содержание охватывает все аспекты электроснабжения и электрораспределения, связи, теплотехники, водоснабжения и канализации коммунальных услуг системы внутрипромыслового сбора и транспорта газа, ГПЗ, экспортного трубопровода в наземном обустройстве на газовых месторождениях Туркменистана.В книге не только указана основная теория, технологический процесс, формула расчета, данные и кривая графика, но также перечислены некоторые примеры работы наземного обустройства на газовых месторождениях для использования и справки читателей.

Данная книга составлена техниками, которые долгое время занимались строительством объекта по наземному сбору и транспорту газа на газовом месторождении в Китае и Туркменистане, и обладали богатой инженерной теорией и практическим опытом.Данная книга составлена под руководством главных редакторов Гуань Суцзюнь, Шэнь Гуйюй, Мао Минь.Первая глава, написал: Мао Минь, участвующие в составлении: Тан Шэнань, Чжао Шучжэнь, Тун Фулян, Шэнь Цзэмин; вторая глава, написал: Хуан Лин, участвующие в составлении: Сюй Бинь, Яо Чунь, Сун Сиюн, Мэн Сяотянь, Чэнь Гэн, Цянь Хуэй, Ян Цзижуй, Ло Бэйэр, Хуан Вэйдун, проверил: Тан Линь, главный проверщик: Тан Шэнъань; третья глава, написали: Цюе И, Сюе Вэньци, участвующие в составлении: Чжоу Дин, Чэнь Юймэй, Ван Хайбо, проверил: Чжао Шучжэнь, главный проверщик: Ли Жэньи; четвертая глава, написал: Тун Фулян, участвующие в составлении: Ван Дань, Ян Сяоцзяо, Юань Цзунжуй, Ли Линьюй, Ван Ся, Ли Цяньлин, Лянь Вэй, проверил: Сяо Фан, главный проверщик: Хэ Жунюнь.Пятая глава, написал: Шэнь Цзэмин, участвующие в составлении: Го Цзянцзюй, Ван Чжухуа, Цзян Бин, Гань Лиюн, Чжу Цзян, Ли Ху, проверил: Хэ Мэй, главный проверщик: Чжэн Шитун.

Вследствие наличия определенных пределов в уровне знаний и подготовки составителей сложно избежать полного отсутствия недостатков и неуместностей при составлении данной книги.Будем рады рассмотреть любые замечания и предложения касательно содержания данной книги.

Апрель, 2018 г.

目 录

1 概述 1
2 通信 6
  2.1 概述 6
  2.2 程控电话交换系统 11
  2.3 电话及计算机网络配线系统 52
  2.4 扩音对讲系统 62
  2.5 工业电视监视系统 74
  2.6 入侵报警系统 91
  2.7 火灾自动报警系统 96
  2.8 光纤通信系统 103
  2.9 光缆线路 143
  2.10 数字集群系统 145
  2.11 微波中继通信 178
  2.12 VHF 无线通信系统 190
  2.13 卫星电视系统 195
  2.14 电力载波系统 200
  2.15 VSAT 卫星通信系统 203
  2.16 会议电视系统 221
  2.17 门禁系统 231
3 热工 235
  3.1 概述 235

СОДЕРЖАНИЕ

1 Общие положения 1
2 Связь 6
  2.1 Общее сведения 6
  2.2 Телефонная коммутаторная система с программным управлением 11
  2.3 Система проводки телефонной и компьютерной сети 52
  2.4 Система громкоговорящей связи 62
  2.5 Мониторинговая система промышленного телевидения 74
  2.6 Система охранной сигнализации 91
  2.7 Система автоматической пожарной сигнализации 96
  2.8 Волоконно оптическая система связи 103
  2.9 Линия волоконно-оптического кабеля 143
  2.10 Система цифровой транкинговой связи 145
  2.11 Радиорелейная связь 178
  2.12 Система радисвязи ОВЧ（VHF） 190
  2.13 Система спутникового телевидения 195
  2.14 Электрическая высокочастотная система 200
  2.15 Система спутниковой связи VSAT 203
  2.16 Телевизионная система конференций 221
  2.17 Система контроля и управления доступом 231
3 Теплотехника 235
  3.1 Общие сведения 235

3.2	蒸汽供热系统	236
3.3	导热油供热系统	251
3.4	热水供热系统	271

4 给排水 281
- 4.1 概述 281
- 4.2 给水系统 284
- 4.3 循环冷却水系统 306
- 4.4 污水处理系统 319
- 4.5 污水回注系统 356
- 4.6 输水管道 362

5 供配电 393
- 5.1 概述 393
- 5.2 供配电系统 395
- 5.3 变电站 428
- 5.4 短路电流计算 491
- 5.5 继电保护和自动装置 507
- 5.6 低压配电 525
- 5.7 雷电防护及电气设备过电压保护 ... 561
- 5.8 接地及电气安全 602
- 5.9 爆炸危险环境的电力设施 633
- 5.10 架空电力线路 655
- 5.11 燃气发电 684
- 5.12 主要电气设备选择 725

参考文献 750

3.2	Паровая система теплоснабжения	236
3.3	Система теплоснабжения теплопроводного масла	251
3.4	Система теплоснабжения горячей воды	271

4 Водоснабжение и канализация ... 281
- 4.1 Общие сведения 281
- 4.2 Система водоснабжения 284
- 4.3 Система оборотной охлаждающей воды ... 306
- 4.4 Система очистки сточной воды ... 319
- 4.5 Система закачки сточных вод ... 356
- 4.6 Водопровод 362

5 Электроснабжение и электрораспределение ... 393
- 5.1 Общие сведения 393
- 5.2 Система электроснабжения и электрораспределения ... 395
- 5.3 Подстанция 428
- 5.4 Расчет тока короткого замыкания ... 491
- 5.5 Релейная защита и автоматика ... 507
- 5.6 Низковольтное распределение электроэнергии ... 525
- 5.7 Молниезащита и защита электрооборудования от перенапряжения ... 561
- 5.8 Заземление и электробезопасность ... 602
- 5.9 Электрооборудование во взрывоопасной среде ... 633
- 5.10 Воздушная электрическая линия ... 655
- 5.11 Генерация электроэнергии на топливном газе ... 684
- 5.12 Выбор основного электрооборудования ... 725

Литературы 750

1 概述

随着天然气工业的发展，气田地面建设工程辅助系统日趋完善，其工程建设和操作运行复杂程度随之提高。本书结合在土库曼斯坦各个气田在建设、投产与生产过程中公用工程部分的设计经验和技术实践，对气田地面工程中内输、处理厂、外输部分的公用工程的通信、热工、给排水、供配电的工程技术的各个方面进行了详细介绍。主要系统地阐述了气田地面工程部分的共用工程的基本理论知识、技术现状、发展趋势及实用案例。书中不仅给出了基本理论、工艺流程、计算公式、数据资料、图表曲线，还列举了部分气田地面建设的工程实例，供读者查用、参考。

第2章通信共包括程控电话交换系统、扩音对讲系统、工业电视监视系统等17节。通信网络是天然气地面建设工程中为了满足现代化生产企

1 Общие положения

С развитием газовой промышленности вспомогательная система наземного обустройства на газовых месторождениях стала все более совершенной, и сложность ее инженерного строительства и эксплуатации возросла.В данной главе подробно описаны все аспекты, такие как электроснабжение и электрораспределение, связь, теплотехника, водоснабжение и канализация коммунальных услуг системы внутрипромыслового сбора и транспорта газа, ГПЗ, экспортного трубопровода в наземном обустройстве на газовых месторождениях в сочетании с опытом проектирования и технической практикой в области коммунальных услуг в процессе строительства, ввода в эксплуатацию и производства газовых месторождений в Туркменистане. В основном систематически описаны основные теоретические знания, технический статус, тенденции развития и практические примеры коммунальных услуг для наземного обустройства на газовых месторождениях. В книге не только указана основная теория, технологический процесс, формула расчета, данные и кривая графика, но также перечислены некоторые примеры работы наземного обустройства на газовых месторождениях для использования и справки. Она может предоставлять техническое руководство для операторов и технических кадров, а также может использоваться в качестве учебных материалов для соответствующих специальных техников.

В состав первой части «Связь» входят 17 разделов, такие как телефонная коммутаторная система с программным управлением, система

业的日常生产管理、安全防范和应急抢险中必不可少的信息传输手段。通信部分结合土库曼斯坦气田地面建设工程中的应用实例，分别对程控电话交换系统、电话及计算机网络配线系统、扩音对讲系统、工业电视系统、入侵报警系统、火灾自动报警系统、光纤通信系统、光缆线路、数字集群系统、微波中继通信、VHF无线通信系统、卫星电视系统、电力载波系统、VSAT卫星通信系统、会议电视系统、门禁系统等各通信系统的基本理论、网络组成、功能及主要设备工作原理等进行了介绍。

第3章热工共包括概述、蒸汽供热系统、导热油供油系统、热水供热系统共4节。在地面工程中，热力站以蒸汽锅炉系统、热水锅炉系统最为常见。蒸汽锅炉系统主要提供生产用蒸汽和生活用蒸汽，热水锅炉系统主要是为采暖、生活热水提供

тромкоговорящей связи, мониторинговая система промышленного телевидения. Сеть связи является незаменимым средством передачи информации в работе наземного обустройства на газовых месторождениях, чтобы обеспечить ежедневное управление производством, защиту безопасности и аварийное спасение современных производственных предприятий. В части связи описаны основная теория, состав сети, функция и принцип работы основного оборудования систем связи, таких как телефонная коммутаторная система с программным управлением, система проводки телефонной и компьютерной сети, система громкоговорящей связи, мониторинговая система промышленного телевидения, система охранной сигнализации, система автоматической пожарной сигнализации, система оптической передачи, линия волоконно-оптического кабеля, система цифровой транкинговой связи, система микроволновой связи, система радиосвязи ОВЧ (VHF), система спутникового телевидения, электрическая высокочастотная система, система спутниковой связи VSAT, телевизионная система конференций, система контроля и управления доступом в сочетании с примерами применения в работе наземного обустройства на газовых месторождениях Туркменистана. Она используется только в качестве справочных материалов для персонала, занимающегося проектированием, строительством, эксплуатацией и управлением наземным обустройством на газовых месторождениях Туркменистана.

В состав второй части «Теплотехника» входят 4 раздела, такие как общие сведения, паровая система теплоснабжения, система подачи теплопроводного масла и система теплоснабжения горячей воды. Для наземного обустройства, на

1 概述

热源。在水资源缺乏的地区，通过设置导热油加热炉系统为生产提供热源也是较为普遍的。在有蒸汽系统、导热油系统的厂区，通常是设置蒸汽—水或者导热油—水换热器得到生活热水和厂区采暖热水。换热站可以根据工程的具体工况布置在锅炉房系统区域，也可以布置在热负荷集中的区域。在较为独立的站场，没有蒸汽、导热油及外界的其他热源，可以考虑设置热水锅炉系统作为采暖和生活热水热源。

第4章给排水部分对给水系统、循环冷却水系统、污水处理系统、污水回注系统、输水管道进行了介绍。给水系统主要对站场及处理厂给水系统的组成、工艺流程进行了详细的阐述。其中水源站的工艺流程从取水、絮凝、沉淀、深度处理等方面进行原理性的描述，为操作人员的技术知识体系进行基本框架的搭建。循环冷却水系统主要从工艺原理、工艺流程、主要设备的运行原理、操作要点等方面进行了叙述，旨在为工程师提供循环水系统的基本知识和理论，以及维护的基本原则。污水处理系统内容主要包括：各种污水处理的方法、污水处理的工艺流程及原理、含油污水系

1 Общие положения

тепловые станции чрезвычайно широко распространяются система парового котла и система водогрейного котла. Система парового котла в основном снабжает производственными и бытовыми парами, а система водогрейного котла в основном обеспечивает источник тепла для отопления и бытовой горячей воды. В бедных водой районах, относительно широко распространяется система нагревательной печи теплопроводного масла для обеспечения источника тепла для производства. Бытовая горячая вода и горячая вода отопления на территории завода с паровой системой и системой теплопроводного масла в основном получаются через теплообменник пара-воды или теплообменник теплопроводного масла-воды. В соответствии с конкретным рабочим режимом можно расположить теплообменный пункт в зоне системы котельной, а также в зоне централизованной тепловой нагрузки. На относительно самостоятельных площадках станций, при отсутствии пара, теплопроводного масла и других внешних источников тепла можно учитывать установить систему водогрейного котла как источник тепла для горячей воды отопления и бытовой горячей воды.

В состав третьей части «Водоснабжение и канализация» входят 5 разделов, такие как система водоснабжения, система оборотной охлаждающей воды, система очистки сточной воды, система закачки сточных вод и водопровод. В первом разделе «Система водоснабжения» в основном детально описаны состав и технологический процесс систем водоснабжения площадки станции и ГПЗ. Принципиально описан технологический процесс водозаборной станции по аспектам, таким как водозабор, флокуляция, осаждение и глубинная очистка, а также построена

统的处理方法等方面,并结合土库曼斯坦的应用实例,为工程师提供有关污水处理系统的基本知识和理论,以及安装、运行和维护的基本原理。污水回注系统主要从气田水回注的原理及方法、回注的泵及管道选型等方面进行了阐述。输水管道从线路选择、管材选择、输水工艺计算、施工方法等角度进行了介绍,旨在为相关专业工程师提供输水管道的设计、安装、运行和维护必要的基本知识和理论。

第5章供配电部分主要介绍了天然气地面建设工程供配电的基本理论知识和实用案例,共分12章,包括供配电系统、变电站、短路电流计算、继电保护和自动装置、低压配电、雷电防护及电气设备过电压保护、接地及电气安全、爆炸危险环境电力装置、架空电力线路、燃气发电、主要电气设备选择等内容。本章不仅给出了基本理论、计算公式、数据资料、图表曲线,还列举了土库曼斯坦天然气项目供配电工程实例。

базовая структура системы технических знаний оператора. Во втором разделе «Система оборотной охлаждающей воды» в основном описаны технологический принцип, технологический процесс, принцип работы основного оборудования и ключевые операционные пункты, чтобы предоставить инженерам основные знания и теорию, а также основные принципы обслуживания системы оборотной воды. В состав третьего раздела «Система очистки сточной воды» в основном входят различные методы очистки сточной воды, технологический процесс и принцип очистки сточной воды, методы очистки маслосодержащей сточной воды и т. д. В сочетании с примерами применения в туркменском регионе предоставлены инженерам основные знания и теория о системе очистки сточной воды, а также основные принципы монтажа, эксплуатации и обслуживания. В четвертом разделе «Система закачки сточных вод» в основном описаны принцип и методы закачки промысловой воды, выбор типов насосов и трубопроводов обратной закачки. В пятом разделе «Водопровод» описаны выбор линий, выбор трубных продуктов, расчет технологии перекачки воды, метод строительства и т. д., чтобы предоставить инженерам по соответствующим дисциплинам основные знания и теория, необходимые для проектирования, монтажа, эксплуатации и обслуживания водопровода.

В четвертой части «Электроснабжение и электрораспределение» в основном описаны основные теоретические знания об электроснабжении и электрораспределении наземного обустройства на газовых месторождениях и практические примеры. Данная часть состоит из 12 глав, включая следующие разделы, такие как система электроснабжения и электрораспределения, подстанция, расчет тока короткого замыкания, релейная

1 Общие положения

защита и автоматика, низковольтное распределение энергии, молниезащита и защита электроснабжения от перенапряжения, электрооборудование в взрывоопасной зоне, воздушная линия электропередачи, производство электроэнергии потоками пара и выбор основного электрооборудования. В книге не только перечислены основная теория, расчетная формула, данные и кривая графика, а также перечислены практические примеры электроснабжения и электрораспределения газового объекта Туркменистана.

2 通信

本章结合土库曼斯坦气田地面建设工程应用实例,分别对程控电话交换系统、电话及计算机网络配线系统、扩音对讲系统、工业电视监视系统、入侵报警系统、火灾自动报警系统、光纤通信系统、光缆线路、数字集群系统、微波中继通信、VHF 无线通信系统、卫星电视系统、电力载波系统、VSAT 卫星通信系统、会议电视系统、门禁系统等各通信系统的组成、功能及主要设备工作原理等进行了介绍。

2.1 概述

2.1.1 编制范围

通信工程设计编写范围包括井站、阀室、输气站场、天然气处理厂及输气管道的通信系统设计。按通信业务分,通信系统可分为话音通信和非话音通信。话音通信,它属于人与人之间的通信;非话音通信,它主要包括生产和报警数据传输以及工业电视、会议电视的图像通信等。

2 Связь

В данной главе представлены примеры применения наземного обустройства на газовых месторождениях Туркменистана, и описан состав, функция и принцип работы основного оборудования систем связи, таких как телефонная коммутаторная система с программным управлением, система проводки телефонной и компьютерной сети, система громкоговорящей связи, мониторинговая система промышленного телевидения, система охранной сигнализации, система автоматической пожарной сигнализации, система волоконно-оптической связи, линия волоконно-оптического кабеля, система цифровой транкинговой связи, радиорелейная связь, система радисвязи ОВЧ (VHF), система спутникового телевидения, электрическая высокочастотная система, система спутниковой связи VSAT, телевизионная система конференций, система контроля и управления доступом.

2.1 Общее сведения

2.1.1 Сфера разработки

В сфере разработки проекта работ по связи включается проект системы связи станций скважины, крановых узлов, станций транспорта газа, ГПЗ и газопроводов. По услугам связи система связи разделена на речевую и неречевую связь. Речевая связь относится к связи между людьми; а неречевая связь включает в себя передачу данных по технологическим процессам и

2.1.2 通信技术的现状及发展趋势

输气管道通信系统普遍采用自建通信网和租用通信公网电路两类,主要通信方式包括光纤通信、VSAT卫星通信和租用通信公网电路等,实现了油气管道通信网联网。

通信技术与计算机技术、控制技术、数字信号处理技术等相结合是现代通信技术的典型标志,目前,通信技术的发展趋势可概括为:数字化、综合化、融合化、宽带化、智能化、泛在化。

2.1.2.1 通信技术数字化

通信技术数字化是实现上述其他"五化"的基础。数字通信具有抗干扰能力强、失真不积累、便于纠错、易于加密、适于集成化、利于传输和交换以及可兼容数字电话、电报、数字和图像等多种信息的传输等优点。与传统的模拟通信相比,数字通信更加通用和灵活,也为实现通信网的计算机管理创造了条件。数字化是信息化的基础,诸如"数字图书馆""数字城市""数字国家"等都是建立在数字化基础上的信息系统。因此,可以说数字化是现代通信技术的基本特性和最突出的发展趋势。

2 Связь

данных сигнализации, промышленное телевидение, связь телеселекторным совещанием и т.д..

2.1.2 Текущее состояние и тенденция развития техники связи

Для системы связи газопровода обычно применяется цепь сети связи, создающейся собственными силами и цепь арендованной коммунальной сети связи, основной способ связи включает в себя волоконно-оптическую связь, связь спутника VSAT, цепь арендованной коммунальной сети связи и т.д., что осуществляет объединение сети связи газонефтепроводов.

Типичным признаком современной техники связи является сочетание техники связи с техником компьютера, техникой управления, техникой обработки цифровых сигналов и т.. В настоящее время тенденция развития техники связи обобщается в цифровизации, комплексировании, слиянии, расширение полосы частот, интеллектуализации, повсеместности.

2.1.2.1 Цифровизация техники связи

Цифровизация техники связи является основой для осуществления вышеуказанных других «пяти тенденции развития». Цифровая связь характеризуется сильной помехоустойчивостью, отсутствием накопления искажения, удобной для коррекции ошибок и криптографической защиты, пригодной для интегрирования, удобной для передачи и коммутации, а также совмещает в себя преимущества передачи цифровых телефонов, телеграмм, цифр, изображений и других информаций. В сравнении с традиционной аналоговой связи цифровая связь окажется более

2.1.2.2 通信业务综合化

现代通信的另一个显著特点就是通信业务的综合化。随着人们对通信业务种类的需求不断增加,早期的电报、电话业务已远远不能满足这种需求。就目前而言,传真、电子邮件、交互式可视图文以及数据通信的其他各种增值业务等都在迅速发展。若每出现一种业务就建立一个专用的通信网,必然是投资大、效益低,并且各个独立网的资源不能共享。另外,多个网络并存也不便于统一管理。如果把各种通信业务,包括电话业务和非电话业务等以数字方式统一并综合到一个网络中进行传输、交换和处理,就可以克服上述弊端,达到一网多用的目的。

2.1.2.3 网络互通融合化

以电话网络为代表的电信网络和以 Internet 为代表的数据网络以及广播电视网络的互通与融合

общепринятой и ловкой, что создает условия для осуществления компьютерного управления сетью связи. Цифровизация является основанием информатизации, и как «цифровая библиотека», «цифровой город», «цифровая страна» и т.д. являются системой информации, созданной на основе цифровизации. В связи с этим цифровизация является основной характеристикой и самой выдающейся тенденцией развития современной техники связи.

2.1.2.2 Комплексирование услуг связи

Другой характерной особенностью современной связи является комплексирование услуг связи. По мере непрерывного увеличения потребности людей к видам операции связи, ранние услуги телеграфа и телефона уже давно не употребляют данной потребности. В настоящее время факс, электронная почта, интерактивные видимые изображения и тексты, а также другие дополнительные услуги цифровой связи и т.д. тоже развиваются быстро. Если для каждой новой услуги создать специальной сети связи, это будет вызвать большое капиталовложение и низкую эффективность, и причем ресурсы каждой независимой сети не смогут быть использованы совместно. Кроме этого сосуществование нескольких сетей не будет удобно для единого управления сетям. Можно решить вышеуказанные недостатки и достигаться до цели осуществления разных задач одной сетью, если можно цифровым способом объединить разные услуги связи включая телефонные и нетелефонные услуги в одну сеть на передачу, коммутацию и обработку.

2.1.2.3 Взаимосвязь и слияние сетей

Темп развития ускоряет процесс взаимосвязи и слияния сети связи от имени телефонной

进程将加快步伐。IP 数据网与光网络的融合、无线通信与互联网的融合等也是未来通信技术的发展趋势和方向。

2.1.2.4 通信传送宽带化

通信网络的宽带化是电信网络发展的基本特征、现实要求和必然趋势。为用户提供高速、全方位的信息服务是网络发展的重要目标。近年来，几乎在网络的所有层面(如接入层、边缘层、核心交换层)都在开发高速技术,高速选路与交换、高速光传输、宽带接入技术都取得了重大进展。超高速路由交换、高速互联网关、超高速光传输、高速无线数据通信等新技术已成为新一代信息网络的关键技术。

2.1.2.5 网络管理智能化

在传统电话网中,交换接续(呼叫处理)与业务提供(业务处理)都是由交换机完成的,凡提供新的业务都需借助于交换系统,但每开辟一种新业务或对某种业务有所修改,都标志着要对大量的交换机软件进行相应的增加或改动,有时甚至要增加或

сети и сети данных от имени интернет, а также сети радиовещания и телевидения. Будущей тенденцией и направлением развития техники связи являются объединение сети IP-данных и оптической сети, соединение беспроволочной связи и Интернета и т.д..

2.1.2.4 Расширение полосы частот передачи связи

Расширение полосы частот сети связи является основным признаком развития сети связи, практическим требованием и необходимой тенденцией. Важной целью развития сети является предоставление услуг высокоскоростной, всесторонней информации абонентам. В последние годы развивается высокоскоростная техника для всех уровней сети (как уровень доступа, граничный уровень, центральный коммутационный уровень), и получается важное развитие в сфере высокоскоростного выбора каналов и коммутации, высокоскоростной оптической передачи, техники подключения широкой полосы. Сверхвысокоскоростная маршрутизация и коммутация, высокоскоростная взаимосвязанное сетевое управление, сверхвысокоскоростная оптическая передача, высокоскоростная беспроволочная связь данных и другие новые техники уже становились ключевыми техниками информационной сети нового поколения.

2.1.2.5 Интеллектуализация управления сетью

В традиционной телефонной сети коммутационное соединение (обработка вызовов) и предоставление службы (обработка службы) выполняются коммутатором, предоставление новых служб должны быть выполнены с помощью

改动硬件,以致消耗许多人力、物力和时间。网络管理智能化的设计思想,便是将传统电话网中交换机的功能予以分解,让交换机只完成基本的呼叫处理,而把各类业务处理,包括各种新业务的提供、修改以及管理等,交给具有业务控制功能的计算机系统来完成。尤其是采用开放式结构和标准接口结构的灵活性、智能的分布性、对象的个体性、人的综合性和网络资源利用的有效性等手段,可以解决信息网络在性能、安全、可管理性、可扩展性等方面面临的诸多问题,对通信网络的发展具有重要影响。

2.1.2.6 通信网络泛在化

泛在网是指无处不在的网络,可以实现任何人或物体在任何地点、任何时间与任何其他地点的任何人或物体进行任何业务方式的通信。其服务对象不仅包括人和人之间,还包括物与物之间和人与物之间。而且是可以自动感知、按需沟通的,其技术基础包括传感网技术、物联网技术以及多种协同技术等。物联网是一种新型的网络,它可实现物体与物体之间的互联互通。随着网络体系结构的演变和宽带技术的发展,传统网络将向下一代信息网络演进,并突出显示了以下典型特征:多业务(话音

коммутационной системы, и каждый раз развитие новой службы или поправка определеной службы означает соответствующее увеличение или поправку большого объема программного обеспечения коммутатора, иногда даже увеличение или поправку жесткого обеспечения, что потребляет многие людские силы, расходы материалов и времена. Проектная идея интеллектуализации управления сетью установлена на разделение функций коммутатора в традиционной телефонной сети, чтобы коммутатор только выполнил основную обработку вызовов, а обработка других операций включая предоставление новых услуг, поправка, управление и т.д., выполняется компьютерной системой, имеющей функцию управления операциями. В частности, можно разрешать вопросы по характеристике, безопасности, управляемости, расширительности информационной сети путем применения оперативности открытой структуры и структуры стандартного интерфейса, интеллектуальное распределение, индивидуальность объекта, комплексности людей, эффективность использования ресурсов сети и других мероприятий, который имеет важное влияние на развитие сети связи.

2.1.2.6 Повсеместность сети связи

Повсеместная сеть означает сеть, осуществляющая связь по любым способам любых служб между любыми людьми или объектами на любых местах в любое время. И объекты услуг означают не только услуги между людьми, но и услуги между телами, человеком и телом. Кроме этого повсеместная сеть может быть само-перцепционной, соединяющей связь по потребности, и ее технические основы включают в себя технику сенсорного Интернета, технику

与数据、固定与移动、点到点与广播会聚等)、宽带化(端到端透明性)、分组化、开放性(控制功能与承载能力分离);用户接入与业务提供分离、移动性、兼容性(与现有网的互通)、安全性和可管理性[包括 QoS（Quality of Service,服务质量)保证],节能减排的绿色通信等。

2.2 程控电话交换系统

电话机最初是由送话器、受话器、微型发电机和电池构成。打电话时,主叫用户使用手摇微型发电机发出交流电信号呼叫对方,对方摘机后构成通话直流回路,电池提供直流馈电。两个用户之间使用两对电线连接,这两个直流回路分别传送主被叫的语音。电话交换机发明后就由它来提供直流馈电,这种集中供电的方式沿用至今。后来发明了自动拨号电话机和 DTMF 双音频按键电话机。伴随

интернета физических объектов и другие разные техники по согласованию. Интернет физических объектов является сетью нового типа, который осуществляет взаимное соединение и обмен между вещами. По мере эволюции структуры системы сети и развития широкополосовой техники традиционная сеть эволюционирует к информационной сети следующего поколения с выдающимися очевидными типичными признаками как следующими: наличием разных телефонных трафиков (речевой разговор и данные, стационарные и мобильные связи, равноправная связь, радиовещательная сходимость и т.д.), наличием широкополостности (прозрачность от интерфейса к интерфейсу), группирования, открытости (разделение функции управления и несущей способности); разделения коммутации абонентов и предоставления служб, подвижности, совместимости (соединение с существующими сетями), безопасности и управляемости (включая обеспечение качества услуг (QoS—качество услуг), зеленой связи по экономии энергии и уменьшению выбросов и т.д..

2.2 Телефонная коммутаторная система с программным управлением

В самом начале телефонный аппарат состоял из телефона-передатчика, телефона-приемника, микрогенератора и батареи. При телефонировании вызывающий абонент использовал ручной микрогенератор для выдачи сигнала переменного тока на вызов другой стороне, при этом образована цепь постоянного тока для разговора в случае снятия телефона другой стороной,

着交换技术的发展，电话机出了 N-ISDN 的数字电话机、VoIP 电话机等新的类型。目前，大部分的固定电话用户，还在使用着价格便宜的模拟电话机。

电话交换设备从人工控制交换、机电控制交换，发展到程控交换，经历了近百年的时间。程控交换机的出现与计算机的发展密切相关，它是程序控制的交换设备。它的基本结构可分为话路系统和控制系统两部分，其中话路系统分为空分模拟方式和时分数字方式，分别称为程控模拟交换机和程控数字交换机。现在电话网上的程控交换设备主要是程控数字交换机。用户语音经由用户电路、交换网络、中继电路等构成话路部分。话路部分的这些电路由控制系统的处理机来控制驱动，存储器存放着程序与数据，输入/输出部分则提供了人机通信等接口。图 2.2.1 所示为程控交换机的基本构成。

питание постоянного тока представлено батареей. Между двумя абонентами использовано 2 пары провода для соединения, и это 2 цепи постоянного тока передали отдельно речевой разговор вызывающего и вызываемого абонента. Телефонный коммутатор представляет питание постоянного тока после его изобретения, такой концентрационное электроснабжение пользуется до сих пор. Потом изобретены телефон с автоматическим набором номеров и кнопочный двухтональный телефон DTMF. По мере развития техники коммутации изобретены цифровой телефон N-ISDN, телефон VoIP и другие новые типы телефонов. В настоящее время большинство абонентов стационарных телефонов еще пользует аналоговые телефоны с дешевой ценой.

Телефонное коммутационное оборудование развивалось от коммутации ручным управлением, коммутации электромеханическим управлением до коммутации с программным управлением на сто лет порядка. Появление коммутатора с программным управлением тесно связывается с развитием компьютера, он является коммутационным оборудованием с программным управлением. Его основная конструкция разделена на систему телефонного канала и систему управления, в том числе система телефонного канала разделена на аналоговую систему с пространственным разделением и систему с временным разделением, которые отдельно называются аналоговым коммутатором с программным управлением и цифровым коммутатором с программным управлением. В настоящее время в качестве коммутационного оборудования с программным управлением в телефонной сети в основном применяется цифровой коммутатор с программным управлением. Речевая часть состоит из абонентского

2 通信

комплекта, коммутационной сети, трансляционной цепи и т.д., через которые проходит речь абонентов Для этих цепей речевой части приводом управляет процессор системы управления, программы и данные хранятся в памяти, и вводная/выводная части предоставляют интерфейсы связи человека-машины.На рис.2.2.1 показан основная структура коммутатора с программным управлением.

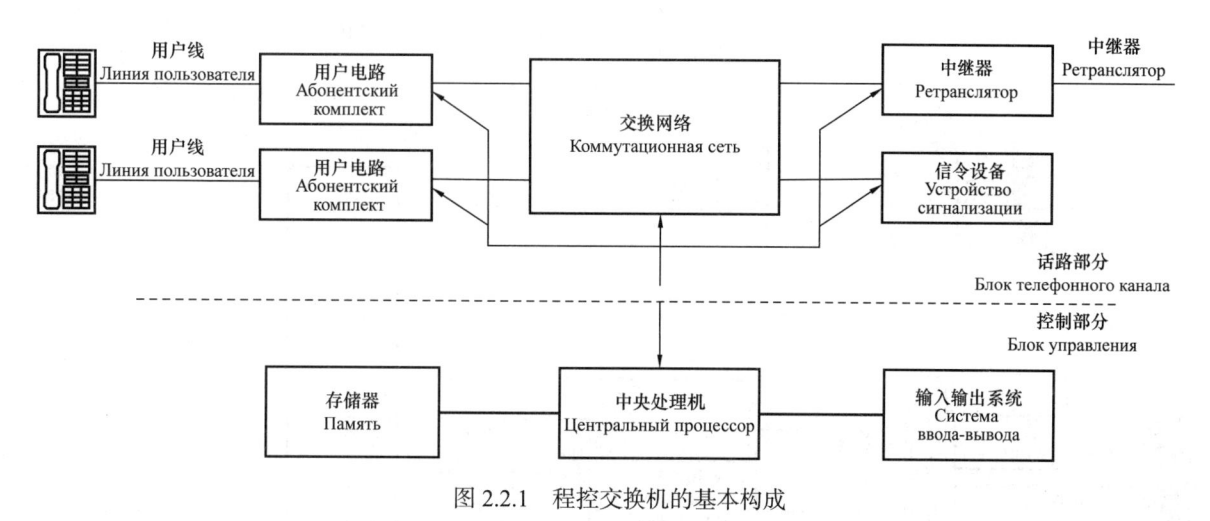

图 2.2.1 程控交换机的基本构成

Рис.2.2.1　Основная структура коммутатора с программным управлением

2.2.1 系统组成

程控数字交换机的系统结构从功能上也分为话路部分与控制部分两大块。与模拟交换机的区别主要是数字交换、数字传输。在数字交换机的交换网络实现了时分语音信号的数字交换，而无法数字化的振铃、馈电等信号则放在用户电路中来实现。同时，数字交换机之间使用数字中继电路来连接。

2.2.1 Состав системы

По функциям структура системы цифрового коммутатора с программным управлением тоже разделена на часть телефонного канала и часть управления. По сравнению с аналоговым коммутатором она отличается цифровой коммутацией и цифровой передачей. В коммутационной сети цифрового коммутатора осуществляется цифровая коммутация речевых сигналов по временному разделению, а сигналы о вызове, питании и т.д., которые не возможно преобразованы в цифровую форму, осуществляются в абонентского комплекта. При этом используется цифровая междугородная цепь между цифровыми коммутаторами для соединения.

如图 2.2.2 所示,整个交换系统围绕母局的数字交换网络展开,包括用户模块、远端用户模块、各类中继接口电路、音信号电路、控制系统处理机、内部存储、外部存储(硬盘、磁带等)、人机通信接口等。

Как показано на рис.2.2.2, целая коммутационная система развивается вдоль цифровой коммутационной сети центральной станции, включая модули абонентов, модули дистанционных абонентов, разные цепи трансляционных интерфейсов, цепь звуковых сигналов, процессоры системы управления, внутреннюю память, внешнюю память (жесткий диск, магнитные ленты и т.д.), интерфейс связи человека-машины и т.д..

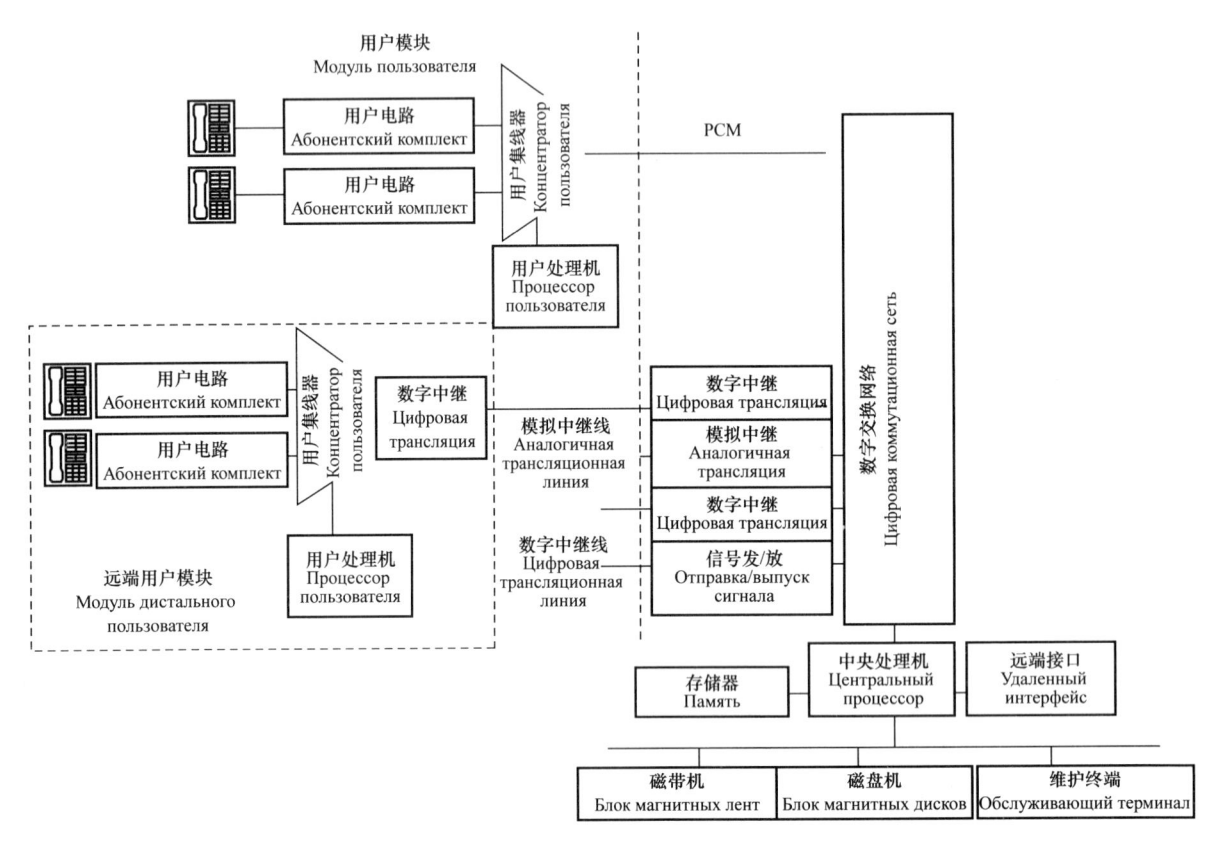

图 2.2.2　程控数字交换机的系统结构

Рис.2.2.2　Структура системы коммутатора с программным управлением

用户模块由用户电路和用户集线器组成。用户电路的主要功能是向电话用户提供接口,将用户线上的模拟语音信号转换成数字信号。用户集线器对本用户模块的话务进行集中,送至数字交换网络,这样既提高了用户模块和数字交换网络之间线路的利用率,同时也有效利用了数字交换网络的端口。

Модули абонентов состоят из цепи и концентратора абонентов. Основная функция абонентов включается в предоставлении телефонным абонентам интерфейсов, преобразовании аналоговых звуковых сигналов на абонентской линии к цифровым сигналам. Концентратор абонентов концентрирует переговорные сигналы

远端用户模块的基本功能与用户模块相似，也包括用户电路和集线器。远端用户模块的设置，主要是为了解决用户驻地比较集中，而相距母局较远的场合，比如离市中心较远的大型企业、住宅小区。远端用户模块对话务进行集中，通过数字中继连接中央母局模块，保证了语音质量，扩展了交换设备的服务范围。

中继接口包括模拟中继接口、数字中继接口。模拟中继接口是数字交换机与其他交换机之间采用模拟中继线相连接的接口电路。数字中继接口通过数字中继线与其他交换机相连，一般采用 PCM 系统进行传输。

在数字交换网络的端口上，还连接着信号音收发器。信号音发生器将拨号音、忙音等音频信号进行抽样量化和编码后，存放在只读存储器 ROM 中，经由数字交换网络发送数字化音频信号到所需的话路上去；信号音接收器则通过数字交换网络连接相应的话路，实现 DTMF 按键信号、局间记发器信号的接收。

на данном модуле абонентов, передается в цифровую коммутационную сеть, что не только повышает коэффициент использования линии между модулями абонентов и цифровой коммутационной сетью, но и эффективно использует терминалы цифровой коммутационной сети.

Основная функция модулей дистанционных абонентов аналогична с модулями абонентов, включая абонентский комплект и концентраторы. Модуль дистанционных абонентов установлена для зоны концентрированных адресов абонентов и зоны с большим расстоянием от центральной станции, например, крупные предприятия и жилые районы, находящиеся далеко от центра города. Модули дистанционных абонентов концентрируют переговорные сигналы, соединяют с модулями центральной станции путем цифровой трансляции, что обеспечивает качество речевого разговора, расширяет сферу услуг коммутационного оборудования.

Трансляционные интерфейсы включают в себя аналоговый трансляционный интерфейс, цифровой трансляционный интерфейс. Аналоговый трансляционный интерфейс является цепью интерфейса, соединенной аналоговой трансляционной линией между цифровым коммутатором и другими коммутаторами. Цифровой трансляционный интерфейс соединяется с другими коммутаторами через цифровую соединительную линию, обычно применяется система импульсно-кодовой модуляции (PCM) для передачи.

На интерфейсе цифровой коммутационной сети еще соединяется с трансивером тональных сигналов. После выборки, квантования и кодирования тонального сигнала готовности, тонального сигнала занятости и других тональных сигналов генератором тональных сигналов,

控制系统的处理机在用户模块、远端用户模块上都有部署，在中央母局也有设置。每个处理机负责控制各自范围内的电路，在进行呼叫处理时，配合完成电路扫描、驱动、话务接续、呼叫复原等工作。控制系统的具体功能在后面章节进行介绍。

2.2.1.1 用户模块

图 2.2.3 所示为用户模块的基本组成。每个电话用户对应一个用户电路，完成 BORSCHT 用户线的服务。用户级交换网络是一个小容量的交换网络，一般设置为 4K×4K，可以采用 T 接线器来构成。T 接线器的一部分端口用来连接电话用户，另一些端口可用来连接收号器、信号音等资源。用户电路的语音通过 T 接线器，可以实现模块内的交换，也可以实现话务的集中与分散。扫描存储器用于存储用户环路的状态，用户模块的微处理机通过环路状态的比较判定，识别出用户当前的摘机、挂机事件；需要上报的用户动作事件，可以由微处理机通过信号插入电路，将消息通过处理机之间的通信通路送给上一级中央处理机；而上一级中央处理机要做的动作命令，比如向用户振铃，可以通过信号提取电路取出，然后由微处理机写入分配存储器，控制用户电路的动作。

они хранятся в постоянном запоминающем устройстве (ROM), затем цифровые тональные сигналы передаются к необходимому каналу речевой связи по цифровой коммутационной сети; приемник сигналов тональных сигналов соединяется с соответствующей каналом речевой связи путем цифровой коммутационной сети, осуществляет прием сигналов двухтонального многочастотного набора телефонного номера (DTMF), сигналов межстанционных регистров.

Процессоры системы управления установлены на модулях абонентов и модулях дистанционных абонентов, а также на центральной опорной станции. Каждый процессор отвечает за управление цепями в своей сфере, который содействует выполнение сканирования цепей, привода, соединение телефонных операций, восстановление вызовов и другие основные работы при обработке вызовов. Конкретные функции системы управления приведены в следующих разделах.

2.2.1.1 Модули абонентов

На рис.2.2.3 показан основной состав модулей абонентов. Каждый телефонный абонент относится к одной цепи абонента на выполнение функций батарейного питания, защиты от перенапряжений, посылки вызова, контроли шлейфа, кодирования аналогических сигналов, дифсистемы и тестирования абонентской линии. Коммутационная сеть пользовательского уровня является коммутационной сетью с малой емкостью, она обычно установлена на 4K×4K, тоже применяется временной коммутатор для образования ее. Часть интерфейсов временного коммутатора работает для соединения телефонных абонентов, другая часть-для соединения приемника сигналов, сигнальных звуков и т.д..

2 通信

2 Связь

Речь абонентского комплекта может осуществить коммутацию в модулях через временной коммутатор, и тоже концентрацию и разделение телефонные операции. Сканировать память для хранения режима абонентского шлейфа, микропроцессор модулей абонентов идентифицирует события по вызову, отбою абонентов в текущее время путем сравнения и определения режима абонентского шлейфа; событие по срабатыванию абонентов, необходимое для доклада вставлено микропроцессором в цепи через сигналы, и сообщение передается к предыдущей ступени центрального процессора через канал связи между процессорами; а команда о срабатывании как вызов абонента, выданная предыдущей ступенью центрального процессора получена путем получения цепи через сигналы, потом микропроцессор выполняет ввод и распределение памятей, управление срабатыванием абонентского комплекта.

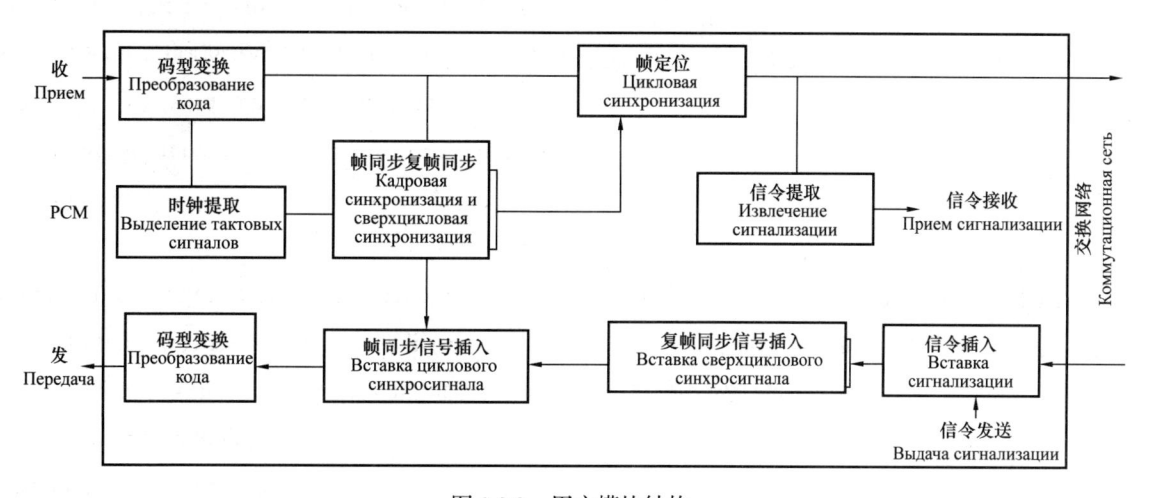

图 2.2.3 用户模块结构

Рис.2.2.3 Структура модули пользователя

2.2.1.2 接口设备

2.2.1.2 Устройство интерфейса

2.2.1.2.1 接口类型

交换设备与外围的接口分为用户侧、中继侧、管理侧的接口。用户侧的接口包括模拟用户的

2.2.1.2.1 Тип интерфейса

Интерфейс коммутационного оборудования и периферийный интерфейс разделены на

Z 接口、数字用户的 V 接口。中继侧的接口包括 PCM 2M 中继的 A 接口、PCM 二次群 8M 中继的 B 接口、模拟中继的 C 接口。管理侧的接口主要是 Q3 网管接口。

2.2.1.2.2 模拟用户电路

模拟用户电路是模拟电话机与交换机的接口电路,程控数字交换机中模拟用户电路的基本功能有下列 7 项：B(Battery feed)馈电；O(Over-voltage protection)过压保护；R(Ringing control)振铃控制；S(Supervision)监视；C(Codec & filters)编译码和滤波；H(Hybrid circuit)混合电路；T(Test)测试。

(1)馈电。向用户提供 -48V 的直流馈电电流。通过电容与电感组成的馈电电路实现了向用户话机供电,同时减少了对语音信号的影响。

(2)过压保护。用户线是外线,可能出现雷电袭击或与高压线相碰的事件。高压进入交换机内部就会毁坏交换机。为防止高压的袭击,通常在总配线架上对每一条用户线都装有保安器(气体放电器),来保护交换机免受高压袭击。但是从保安器输出的电压仍可能会很高,这个电压也不容许进入交换机内部。用户电路的过压保护就是这个目的,称为二次保护。

интерфейс по стороне пользователя, стороне соединительных линий, стороне управления. Интерфейс по стороне пользователя включают в себя интерфейс Z аналоговых абонентов и интерфейс V цифровых абонентов. Интерфейсы по стороне соединительных линий включают в себя интерфейс А ретранслятора PCM 2M, интерфейс В вторичной группы соединительных линий 8M PCM, интерфейс С аналоговых соединительных линий. Интерфейс по стороне управления является интерфейсом сетевого управления Q3.

2.2.1.2.2 Аналоговый абонентский комплект

Аналоговый абонентский комплект является цепью интерфейса аналоговых телефонов и коммутатора. В цифровом коммутаторе с программным управлением основные функции цепи аналоговых абонентов имеют 7 как следующие: B(Battery feed)-питание; O(Over-voltage protection)-защита от перенапряжения; R(Ringing control)-управление вызовами; S(Supervision)мониторинг; C(Codec & filters)-компилированные коды и фильтрации вол; H(Hybrid circuit)-гибридный тройник; T(Test)-контроль.

(1)Питание. Представляется питающий постоянный ток 48 В абонентам. Цепь питания, образованная емкостью и индукцией выполняет электроснабжение к телефонам абонентов, при этом уменьшает влияние на речевые сигналы.

(2)Защита от перенапряжения. Проводы абонентов являются внешними проводами, что будет возможность удара грозовой молнии или столкновения высоковольтной линии. Будет повреждение коммутатора при входе высокого напряжения в нем. Для защиты от удара высокого напряжения обычно монтированы предохранители

（3）振铃控制。铃流信号通常是频率为25Hz、电压为90V±15V的交流信号，这样的铃流高压在送往用户线时，必须采取隔离措施，使其不能流向用户电路的内线，否则将引起干扰甚至损坏内线电路。一般采用振铃继电器，由继电器的接点转换来控制铃流的发送，微处理机通过分配存储器来闭合继电器，将铃流送向用户，需要停止振铃的话，就打开继电器。

（4）监视。这个功能是通过监视用户线直流电流来监测用户话机的摘机／挂机和号盘话机的拨号脉冲。监视电路与馈电电路是合在一起的，就是在馈电回路中串联一个小电阻，并在电阻两端接放大器，来引出监视信号。这个监视信号可以送入用户模块的扫描存储器。

2 Связь

（газовой разрядник）на главном кроссе для каждой абонентской линии, чтобы защищать коммутаторы от удара высокого напряжения. Но от предохранителя выходное напряжение тоже сможет быть высоким, тоже не допускается вход данного напряжения в коммутаторах. Защита абонентского комплекта от перенапряжения работает для данной цели, что называется вторичной защитой.

（3）Управление вызовом. Сигнал вызывного тока является сигналом переменного тока с частотой 25Гц, напряжением 90В±15В. При передаче вызывного тока высокого напряжения к абонентской линии необходимо применять экранированные мероприятия, чтобы оно не вошло к внутренней линии абонентского комплекта, а то будут помехи и даже повреждение цепи внутренней линии. Обычно применяется вызывное реле, и переключение контактов реле управляет передачей вызывного тока. Микропроцессор отключает реле для передачи вызывного тока к абонентам через распределительная память, включает реле при необходимости останова вызова.

（4）Мониторинг. Данная функция контролирует вызов/отбой телефона абонента и импульс набора вертушки телефонного аппарата путем мониторинга постоянного тока абонентской линии. Цепь мониторинга и питающая цепь сливаются в единой цепи, то есть в цепи питания выполняется последовательное соединение маленького сопротивления, соединяется усилитель на двух концах сопротивления для вывода сигнала мониторинга. Данный сигнал мониторинга может быть передан в памяти сканирования модулей абонентов.

（5）编译码和滤波。这功能完成模拟信号和数字信号的 A/D 和 D/A 转换。模拟用户电话机送出的模拟信号，经由限带、抽样、量化编码，形成数字信号。而对端的数字语音信号，经过解码、低通滤波还原，形成模拟信号。

（6）混合电路。混合电路的功能是用来进行二线与四线转换。用户线上模拟信号是二线双向传输，数字信号是四线单向传输，即发送时要通过编码器，接收时要通过解码器，因此在二线和四线交接处必须要有二线与四线转换接口。

（7）测试。测试功能可以测试线路的短路、断路、高压接触、电路板故障等。它可由操作控制台控制，接通测试继电器接点或电子开关，把用户内线与外线分开，以便分别进行测试。

上述的 7 大功能是模拟用户电路的基本功能，除此之外，模拟用户电路还可以提供极性翻转、计费脉冲发送等功能。

(5) Компилированные коды и фильтрация Данная функция выполняет преобразование аналоговых и цифровых сигналов A/D и D/A. Аналоговые сигналы, выданные телефонным аппаратом аналогового абонента преобразуют цифровые сигналы через ограничение полосы, отбор проб, квантование и кодирование. А цифровые речевые сигналы к терминалам преобразуют аналоговые сигналы через расшифровку, восстановление низкочастотной фильтрации.

(6) Гибридный тройник. Функция гибридного тройника работает для двух/четырехпроводного переключения. Для передачи онлайновых аналоговых сигналов абонентской линии применяется двухпроводная двухсторонняя передача, для цифровых сигналов-четырехпроводная односторонняя передача, то есть при передаче через декодер, при приеме через устройство расшифровки, поэтому должен быть интерфейс двух/четырехпроводного переключения на месте двухпроводного и четырехпроводного пересечения.

(7) Контроль. Функция контроля работает для проверки короткого замыкания линии, обрыва линии, контакта высокого напряжения, неисправности схемной платы и т.д.. Пультом управления операцией управляется проверка, соединение контакта контрольного реле или электронного выключателя, разделение внутренней и внешней абонентской линии для отдельного проведения проверки.

Вышеуказанные 7 функции являются основными функциями цепи аналоговых абонентов, кроме этого аналоговый абонентский комплект еще предоставляет переключение полярности, выдачу платного импульса и другие функции.

2.2.1.2.3 数字用户电路

数字用户电路是数字电话机与交换机的接口电路。数字电话机的语音采用数字方式传输；同时，用户线信令也采用数字方式，例如像模拟用户电路的交流振铃等功能就不能再沿用。为可靠地实现数据的收发，数字用户电路应具备码型变换、回波抵消、扰码与去扰、信令提取和插入、多路复用和分路等功能。

2.2.1.2.4 数字中继电路

数字中继电路是程控交换机与数字中继线之间的接口电路。局间的数字中继线一般采用 PCM 作为传输手段。图 2.2.4 所示为数字中继电路的功能框图。其中，码型变换负责完成（NRZ）单极性不归零码与线路上 HDB3 和 AMI 等码型的转换。时钟提取就是从输入的数据流中提取时钟信号，作为输入数据流的基准时钟。同时该时钟信号还用来作为本端系统时钟的外部参考时钟源。帧同步就是从接收的数据流中搜索并识别同步码，以确定一帧的开始，便于接收端的帧结构排列和发送端完全一致。帧定位对接收信号的相位进行调整。信令提取与插入功能实现中继线路上信令时隙比特流的接收与发送。

2.2.1.2.3 Цифровая абонентская линия

Цифровая абонентская линия является цепью интерфейса цифрового телефонного аппарата и коммутатора. Для речевого звука цифрового телефонного аппарата применяется цифровая передача; при этом для сигналов абонентской линии тоже применяется цифровой способ, и не допускается применение функций как вызов переменного тока для цепи аналоговых абонентов. Для надежного осуществления приема и передачи данных цифровая абонентская линия должна иметь переключение типа кода, покрытие обратной волны, код помехи и устранение помехи, получение и вставление сигналов, мультиплексирование, разделение каналов и т.д..

2.2.1.2.4 Цифровая соединительная линия

Цифровая соединительная линия является цепью интерфейса коммутатора с программным управлением и цифровой соединительной линии. Для межстанционной цифровой соединительной линии обычно применяется PCM в качества средства передачи. На рис.2.2.4 показана блок схема функций цифровой соединительной цепи. В том числе переключение типов кодов отвечает за выполнение переключения монополярного кода без возвращения к нулю (NRZ), HDB3 и AMI на линии и других типов кодов. Выделение тактовых сигналов означает выделение тактовых сигналов из потока вводных данных в качестве базисных тактовых сигналов потока вводных данных. При этом данный тактовый сигнал еще работает в качестве источника тактовых сигналов системы своего терминала для справки внешних отделов. Кадровая синхронизация означает выполнение поиска и идентификации синхронного кода в потоке полученных данных на определение начала одного кадра, чтобы расположение структуры кадров на конце приема было совсем одинаково с расположение на конце выдачи. Ориентирование кадра регулирует фазы приемных сигналов. Функции по получению и вставлению сигналов осуществляют прием и выдачу битного потока временного интервала сигналов на соединительной линии.

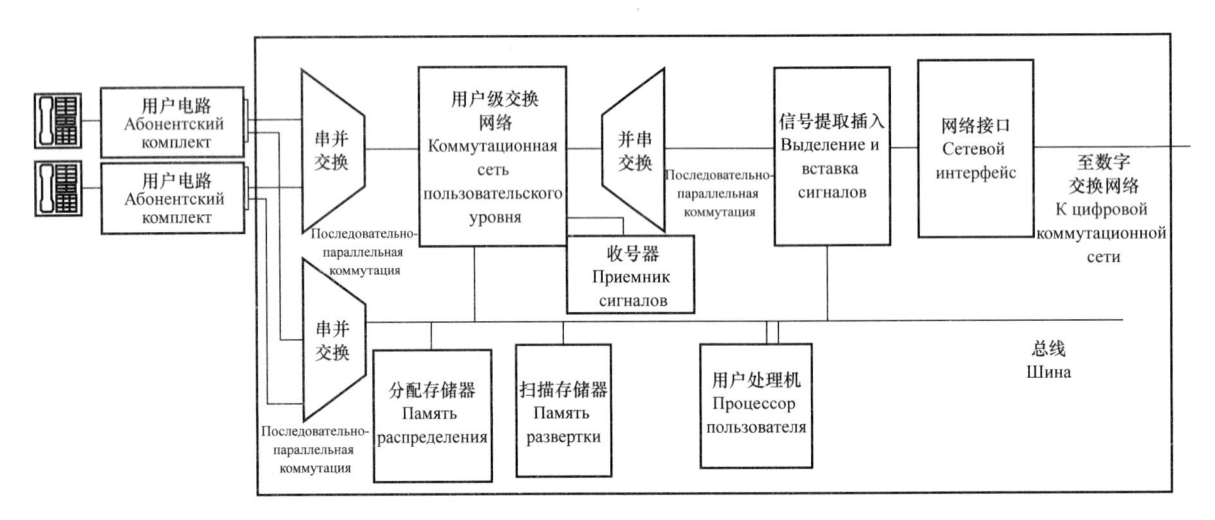

图 2.2.4 数字中继电路功能框图

Рис.2.2.4 Блок-схема функций цифровой трансляционной цепи

2.2.2 主要设备工作原理

2.2.2 Принцип работы основного оборудования

2.2.2.1 程控电话交换的话路建立

2.2.2.1 Создание телефонного канала коммутации телефонов с программным управлением

2.2.2.1.1 数字交换网络的时隙交换

2.2.2.1.1 Коммутация временного интервала цифровой коммутационной сети

如图 2.2.5 所示为主叫用户 A 与被叫用户 B 经由数字交换网络完成的交换。A 用户占用时隙 TS3，B 用户占用时隙 TS7。由于 PCM 复用线是收发双向、四线传输的，作为数字交换网络，也需要收发分开，即进行 A 到 B、B 到 A 这两个单向路由的接续。

Как на рис.2.2.5 показано, что цифровая коммутационная сеть выполняет коммутацию между вызывающим абонентом A и вызываемым абонентом B. Абонент A занимает временный интервал TS3, абонент B-временный интервал

2 通信

在图 2.2.5 中，A 端的发送时隙为 TS3，在到达 B 端接收时，已经换至时隙 TS7。在相反的方向上，B 端信号从时隙 TS7 发出，经过交换网络后，在 A 端收到的 B 信号已经换至 TS3。

2 Связь

TS7. Из-за того, что мультиплексная линия PCM работает для двухсторонней, четырепроводной передачи, и в качестве цифровой коммутационной сети тоже нуждается разделение приема и выдачи, то есть нужно выполнить соединение 2 одностороннего маршрута от А до В, и от В до А.

На рис.2.2.5 показано, что временный интервал выдачи от конца А является TS3, а при достижении до конца В на прием он уже переключен на временный интервал TS7. По противоположному направлению сигналы конца В выдаются от временного интервала TS7, через коммутационную сеть сигналы В, полученные концом А уже переключены на TS3.

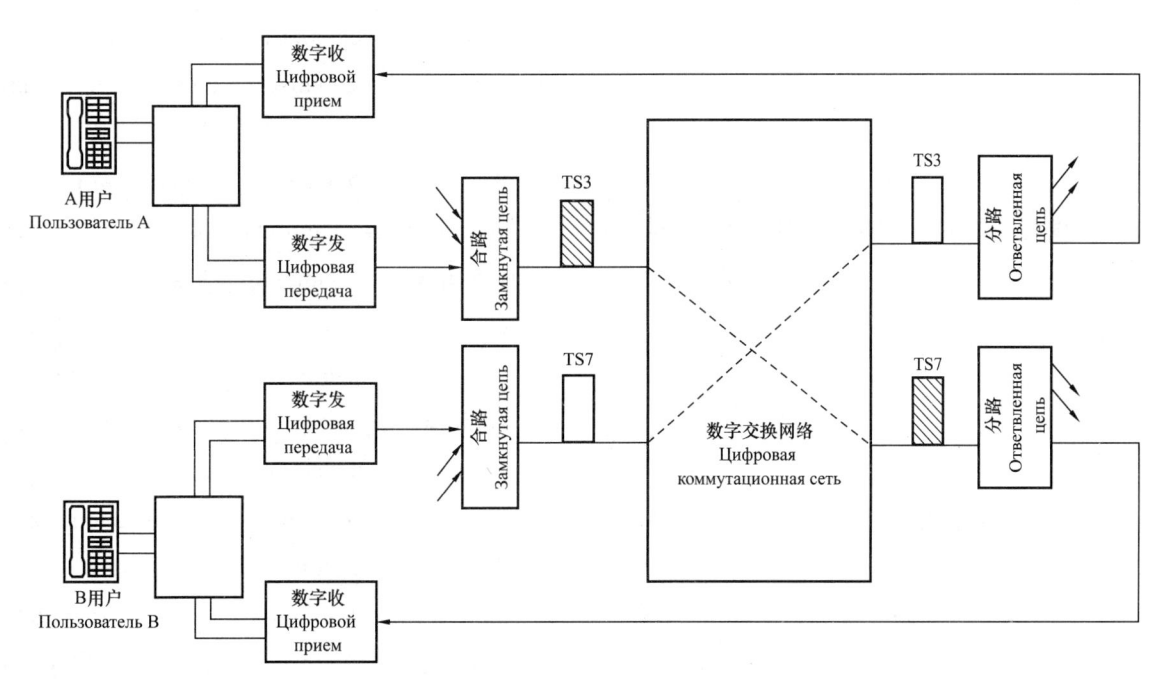

图 2.2.5 时隙交换示意图

Рис.2.2.5 Схема коммутации временного интервала

数字交换网络的功能就是完成时隙交换，交换的时隙并不限于同一条母线，也就是要完成任意 PCM 复用线上任意时隙之间的信息交换。在具体实现时应具备以下两种基本功能：

Функция цифровой коммутационной сети выполняет коммутацию временного интервала, и коммутируемый временный интервал не ограничивает одну шину, то есть коммутация информации выполняется между любыми временным

（1）在一条复用线上进行时隙交换功能。

（2）在复用线之间进行同一时隙的交换功能。

在构造数字交换网络时,可以使用两种数字接线器:时间 T 接线器与空间 S 接线器。时间 T 接线器负责同一母线不同时隙的交换,空间 S 接线器负责不同母线同一时隙的交换。下面分别对两者的工作原理进行详述。

（1）T 接线器工作原理。
T 接线器的结构由语音存储器 SM 和控制存储器 CM（简称控存）组成。控制方式分为输出控制方式和输入控制方式两种,如图 2.2.6 所示。

① 输出控制方式。在输出控制方式中,CM 是控制写入,顺序读出,由 CPU 来控制 CM 内容的写入,定时脉冲来控制 CM 的读出,SM 是顺序写入,控制读出,顺序写入就是按照输入复用线的时隙号顺序来写入,自 CM 来控制 SM 的读出。

интервалами на любой мультиплексной линии РСМ. При практическом осуществлении должно быть наличие 2 основных функций как следующих：

（1）Имеется функция коммутации временного интервала на мультиплексной линии.

（2）Имеется функция коммутации одинакового временного интервала между мультиплексными линиями.

При создании цифровой коммутационной сети можно применять 2 цифровых соединителей：временной коммутатор и пространственный коммутатор. Временной коммутатор отвечает за коммутацию не одинакового временного интервала на одинаковой шине, пространственный коммутатор отвечает за коммутацию одинакового временного интервала на не одинаковой шине ниже отдельно выполняется описание о их принципах работы.

（1）Рабочий принцип временного коммутатора.

Конструкция временного коммутатора состоит из памяти для хранения речевых сигналов SM и памяти управляющего устройства CM（далее ЗУ）. Способ управления установлен на способ по вводному управлению и выводному управлению, как показано на рис.2.2.6.

① Способ по выводному управлению.При способе по выводному управлению СМ является вводом управления с последовательным считыванием. Вводом содержания СМ управляет CPU, считыванием СМ управляет хронирующий импульс, и SM вводится последовательно с управлением считыванием. Последовательный ввод означает выполнение ввода по последовательности номеров временного интервала при вводе мультиплексной линии, и СМ управляет считыванием SM.

SM 的容量与 PCM 复用线的时隙数有关, 比如 2Mbit/s 的复用线有 32 个时隙, SM 的容量设置为 32 即可; 如果是 8Mbit/s 的复用线就有 128 个时隙, SM 的容量需要设置为 128。SM 的字长与时隙数无关, 固定为 8bit, 用于存放每个时隙的 PCM 抽样编码。

Емкость SM связывается с числом временного интервала мультиплексной линии PCM, например, мультиплексная линии 2Мбит/сек имеет 32 временных интервалов, для емкости SM установлено на 32; в случае наличия 128 временных интервалов у мультиплексной линии 8Мбит/сек., для емкости SM установлено на 128. Разрядность слов SM не связывается с числом временных интервалов, установлена на 8бит, чтобы хранить отобранные коды PCM каждого временного интервала.

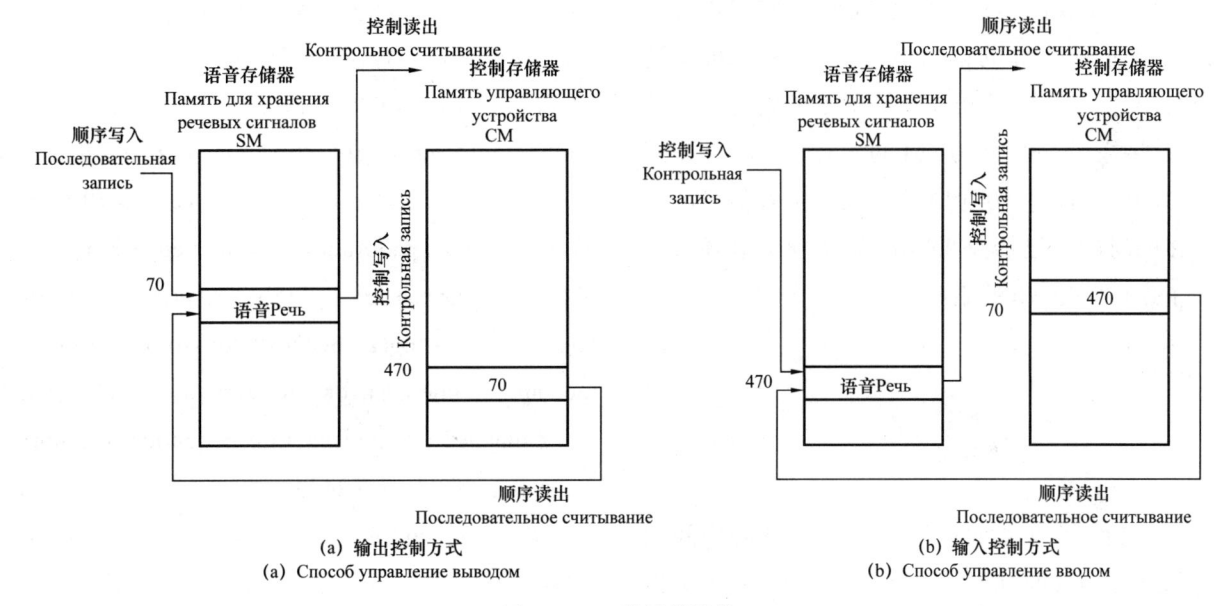

图 2.2.6　T 接线器结构

Рис.2.2.6　Структура временного коммутатора

CM 的容量与 SM 容量保持一致。CM 内容记录的是时隙号, 这样 CM 的字长就与复用线的时隙数相关, 如果有 32 个时隙, CM 字长为 5bit, 如果有 128 时隙, CM 字长为 7bit。

Емкость CM соответствует емкости SM. Содержание CM регистрирует номер временного интервала, так разрядность слов CM связывается с числом временного интервала мультиплексной линии, в случае наличия 32 временных интервалов разрядность слов CM установлена на 5 бит, в случае наличия 128 временных интервалов разрядность слов CM установлена на 7 бит.

图 2.2.6 中 TS70 的语音要交换至 TS470，控制系统的 CPU 会在交换前，在 CM 的第 470 号单元写入 "70"。SM 的写入是由定时脉冲控制的，它按顺序将不同时隙的语音信号写入到相应的单元，也就是写入的单元地址与时隙号是一一对应的，比如这里的 70 号时隙的语音信号，就写入了 SM 的第 70 号单元地址。

T 接线器在定时脉冲控制下，会将 CM 的内容读出，作为 SM 的读出地址，比如在 TS470 这个时间片，从 CM 的第 470 号单元读出的内容是 "70"，将这个 "70" 作为 SM 的读出地址，SM 正好取出的就是刚才 70 号时隙写入的语音信号。而现在的时间片已经是 TS470，即实现了语音信号从 TS70 到 TS470 的搬迁。

T 接线器的这种时隙搬迁是通过 SM 空间位置的划分实现的，语音信号先写入 SM，然后再被读出，与存储转发的概念很相似。

② 输入控制方式。在输入控制方式中，CM 仍然是控制写入，顺序读出，CPU 来控制 CM 内容的写入，定时脉冲控制 CM 的读出；而 SM 是控制写入，顺序读出，由 CM 来控制 SM 的写入，按照输出复用线的时隙顺序读出 SM 的内容。

Как показано на рис.2.2.6, при коммутации речи TS70 на TS470, CPU системы управления выполняет ввод «70» в блоке №.470 CM до коммутации. Вводом SM управляет хронирующий импульс, который выполняет ввод речевых сигналов разных временных интервалов в соответствующих блоках по последовательности, то есть адрес блока для ввода соответствует номеру временного интервала, например, здесь речевой сигнал по временному интервалу №.70 введен в адресе блока №. 70 у SM.

При управлении хронирующего импульса временной коммутатор выполняет отсчет содержания CM в качестве адреса отсчета SM, например, для временного квантования TS470 содержание, отсчитанное от блока №.470 CM-«70», который работает в качестве адреса отсчета SM, и SM как раз берет речевой сигнал, введенный временным интервалом №.70 только что. А текущее временное квантование уже является TS470, что означает осуществление переноса речевого сигнала от TS70 до TS470.

Для временного коммутатора такой перенос временного интервала выполнен путем разделения пространственного расположения SM, речевой сигнал сначала введен в SM, потом отсчитан, это аналогично с идеей трансляции накопления.

② Способ по вводному управлению. При способе по вводному управлению CM тоже является вводом управления с последовательным считыванием. Вводом содержания CM управляет CPU, считыванием CM управляет хронирующий импульс, и SM управляет вводом с последовательным считыванием. CM управляет вводом SM, выполняет отсчет содержания SM по последовательности временного интервала при вводе мультиплексной линии.

SM 和 CM 的容量与字长都与输出控制方式一样。

在输出控制方式中，CM 的内容为 SM 的读出地址；而在输入控制方式中，CPU 写入 CM 的内容为 SM 的写入地址。从图 2.2.6 中可以看出，CPU 在 CM 的第 70 号单元写入了 "470"，这个 "470" 作为 SM 的写入地址，在 TS70 这个时间片，将输入端 TS70 时隙的语音信号写入了 SM 的 470 号单元。SM 的读出是按照顺序进行的，在接下来的 TS470 时间片把刚才存放的语音信号取出，完成了语音信号从 TS70 到 TS470 的搬迁。

（2）S 接线器工作原理。

空间接线器，也称空分接线器或 S 接线器，其作用是完成不同 PCM 复用线之间的信号交换。S 接线器主要是由电子交叉点矩阵和控制存储器 CM 所组成，它的控制方式也分为输出控制方式与输入控制方式。

图 2.2.7 是 S 接线器的输出控制方式的结构示例，在图中有 8 个入线、8 个出线，电子交叉矩阵是 8×8 的结构，交叉点的闭合是由 CM 来控制的，CM 的内容为线号。

Емкость SM, CM и разрядность слов одинаковы с способом по выводному управлению.

Для способа по выводному управлению содержание СМ является адресом отсчета SM: а для способа по вводному управлению содержание СМ, введенное CPU является адресом ввода SM. Из рисунка 2.2.6, что CPU вводил «470» в блоке №.70 CM, это «470» работает в качестве адреса ввода SM, во временном квантовании TS70 речевой сигнал временного интервала TS70 на вводе введен в блоке №.470 SM. Отсчет SM выполняется по последовательности, потом временное квантование TS470 берет речевой сигнал, хранящий только что и выполняет перенос речевого сигнала от TS70 до TS470.

（2）Рабочий принцип пространственного коммутатора.

Пространственный соединитель называется соединителем пространственного деления или пространственным коммутатором, его роль включается в выполнении коммутации сигналов между разными мультиплексными линиями PCM. Пространственный коммутатор в основном состоит из матрицы электронных пересеченных точек и памяти управляющего устройства СМ, его способ управления тоже разделен на способ по вводному и выводному управлению.

На рис.2.2.7 показан пример структуры способа по выводному управлению пространственного коммутатора. На рис. имеются 8 вводов, 8 выводов, электронная пересеченная матрица установлена на конструкцию 8×8, и закрытием пересеченных точек управляет СМ, содержание СМ−номер линии.

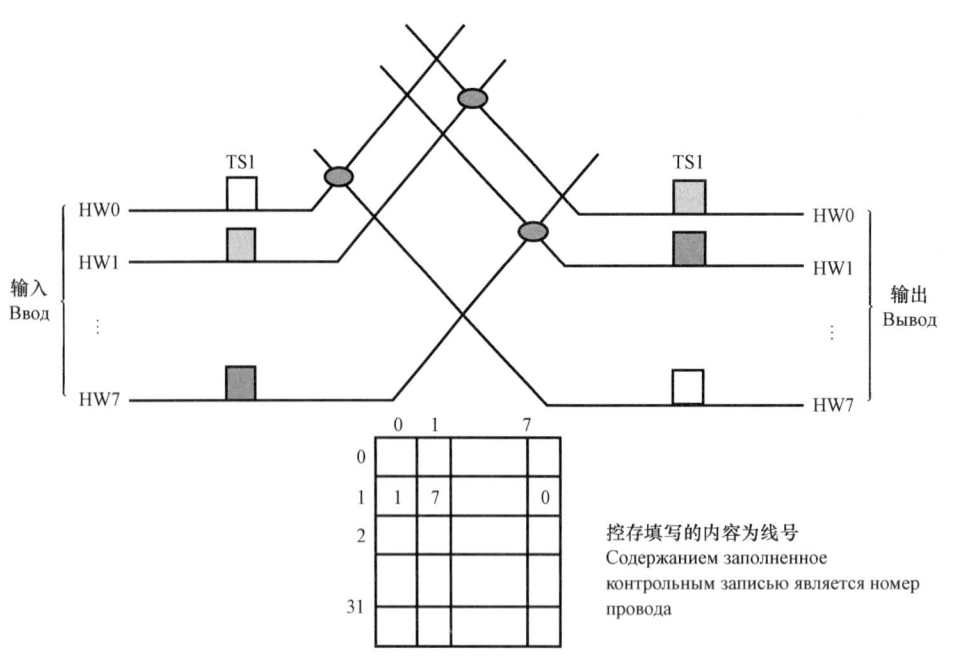

图 2.2.7 S 接线器结构示例

Рис.2.2.7 Пример структуры пространственного коммутатора

① 输出控制方式。在输出控制方式中，每条出线对应一个控制存储器 CM，控存 CM 的容量与线路上的时隙数有关，如果是 2Mbit/s 的 32 时隙线路，容量就为 32 个单元。控存 CM 的内容为入线号，控存的字长与入线总数有关，此例中入线总数为 8，控存 CM 的字长设置为 3bit。

控存 CM 的工作方式还是"控制写入，顺序读出"。在交换之前，由控制系统的 CPU 写入控存单元。

为了将入线 0 上的 TS1 交换到出线 7 的 TS1、入线 1 上的 TS1 交换到出线 0 的 TS1、入线 7 上的 TS1 交换到出线 1 的 TS1，CPU 写入 CM 的内容如图 2.2.7 所示。

① Способ по выводному управлению. При способе по выводному управлению каждый вывод соответствует памяти управляющего устройства CM, емкость которого связывается с числом временного интервала на линии, в случае наличия линии с 32 временными интервалами на 2Мбит/сек то емкость установлена на 32 блоков. Содержание памяти управляющего устройства CM-номер ввода, и разрядность слов памяти управляющего устройства связывается с числом вводов, в данном примере общее число вводов-8, и разрядность слов в памяти управляющего устройства CM установлена на 3 бита.

Рабочий способ для памяти управляющего устройства CM установлен на «ввод по управлению, отсчет по последовательности». До коммутации CPU системы управления отвечает за ввод в блоке памяти управляющего устройства.

Для коммутации TS1 на вводе 0 к TS1 на выводе 7, TS1 на вводе 1 к TS1 на выводе 0, TS1 на вводе 7 к TS1 на выводе 1, содержание CM, введенное CPU показано на рис.2.2.7.

0号 CM 的第 1 号单元内容为 "1"，表示 TS1 时间片 0 号出线与 1 号入线连接。

1号 CM 的第 1 号单元内容为 "7"，表示 TS1 时间片 1 号出线与 7 号入线连接。

7号 CM 的第 1 号单元内容为 "0"，表示 TS1 时间片 7 号出线与 0 号入线连接。

按照这个控制机制，上述交叉点在 TS1 时间片闭合，入线 0 上的 TS1 交换到了出线 7 的 TS1；入线 1 上的 TS1 交换到出线 0 的 TS1；入线 7 的 TS1 交换到出线 1 的 TS1。

这是 TS1 时刻的交换，交叉点接通一个时隙时间。在下一个时隙，在 CM 的控制下，其他的交叉点闭合接通。

S 接线器按照时分的方式实现了不同复用线之间同一时隙的信息交换。

② 输入控制方式。输入控制方式与输出控制方式不同之处，在于它写入 CM 的内容出线号，即控制入线与哪个出线进行连接。

2.2.2.1.2　TST 工作原理

程控交换机的数字交换网络有多种不同的结构，小容量的交换机可以采用一个 T 接线器构成一个单级网络，大容量的交换机可以由多级 T 接线器组成多级 T 型网络，或者与 S 接线器结合，构成 TST, TSST, TSSST, STS 和 SSTSS 等结构，来适应

Содержание блока №1 CM №.0-«1», что означает соединение вывода №. 0 временного квантования TS1 с вводом №. 1.

Содержание блока №1 CM №.1-«7», что означает соединение вывода №. 1 временного квантования TS1 с вводом №. 7.

Содержание блока №1 CM №.7-«0», что означает соединение вывода №. 7 временного квантования TS1 с вводом №. 0.

Согласно данному механизму управления вышеуказанные пересеченные точки закрыты на временном квантовании TS1, и TS1 на вводе 0 коммутировано к TS1 на выводе 7; TS1 на вводе 1 коммутировано к TS1 на выводе 0; TS1 на вводе 7 коммутировано к TS1 на выводе 1.

Это коммутация на времени TS1, пересеченная точка соединяет одно время временного интервала. В следующем временном интервале другие пересеченные точка закрыты и соединены под управлением CM.

По способу временного деления пространственный коммутатор осуществляет коммутацию информации о одинаковом временном интервале между разными мультиплексными линиями.

② Способ по вводному управлению. Отличие между способом по вводному управлению и способом по выводному управлению заключается в соединении с номерами выходной линии для содержания, введенного CM, то есть он управляет соединением ввода с каким-то выводом.

2.2.2.1.2　I. Принцип работы TST

У цифровой коммутационной сети коммутатора с программным управлением имеются разные структуры, коммутатор с малой емкостью может применять временной коммутатор для создания одноступенчатой сети, коммутатор с

不同交换容量的需求。其中 TST 的结构是程控交换机的典型结构,如图 2.2.8 所示。

第一级的 T 接线器负责输入母线的时隙交换,第三级的 T 接线器负责输出母线的时隙交换,中间级的 S 接线器负责母线之间的信息交换。

большой емкостью может применять многоступенчатые временные коммутаторы для создания Т-образной многоступенчатой сети, или для создания структуры как TST, TSST, TSSST, STS, SSTSS и т.д. путем сочетания с пространственным коммутатором, чтобы отвечать потребности разной коммутационной емкости. В том числе структура TST является типичной структурой коммутатора с программным управлением, как показано на рис.2.2.8.

Временной коммутатор первой ступени отвечает за коммутацию временного интервала вводной шины, временной коммутатор третьей ступени отвечает за коммутацию временного интервала выводной шины, пространственный коммутатор промежуточной ступени отвечает за коммутацию информации между шинами.

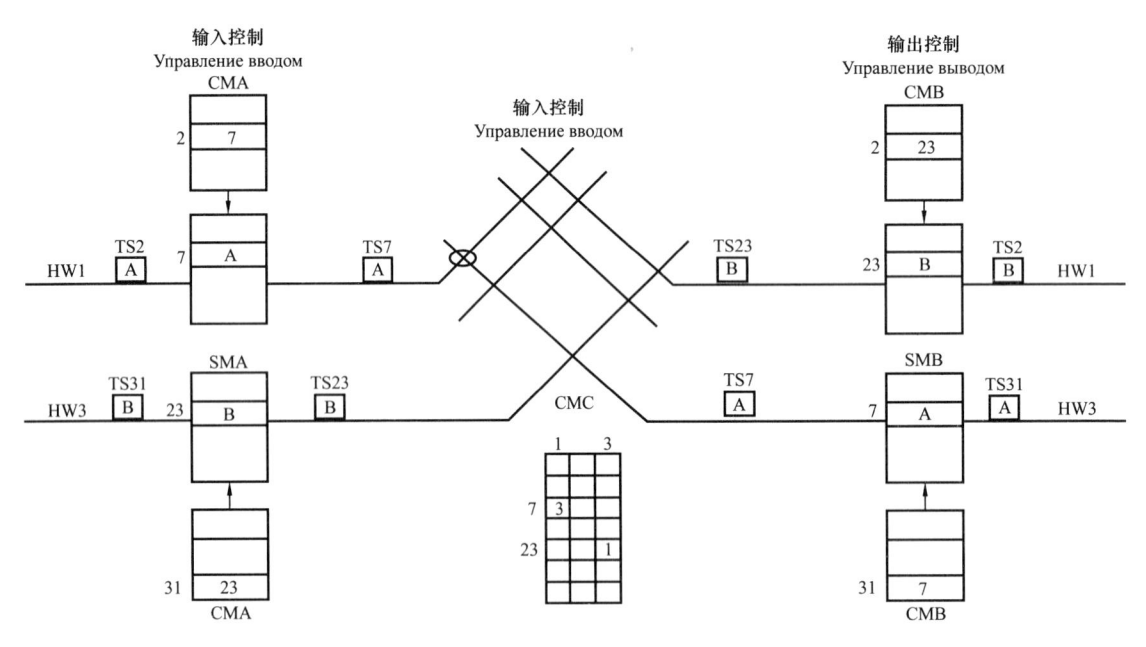

图 2.2.8 TST 的结构示例

Рис.2.2.8 Пример структуры TST

图 2.2.8 中的输入母线与输出母线(HW)都有三条,第一级设置 3 个 T 接线器,第三级设置 3 个 T 接线器。中间级的 S 接线器采用的 3×3 的交叉矩阵。

На рис.2.2.8. вводная и выводная шина(HW) имеет 3 шт., для первой ступени установлено 3 временные коммутаторы, для третьей ступени-3 временного коммутатора. Для пространственного

入线侧 T 接线器的语音存储器与控制存储器分别用 SMA 和 CMA 表示,出线侧 T 接线器的语音存储器与控制存储器分别用 SMB 和 CMB 表示,空分接线器的控制存储器用 CMC 表示。设每条母线采用 2Mbit/s 的速率,每条母线的时隙数为 32。对应地,各个 T 接线器中的语音存储器容量为 32,控制存储器容量为 32;S 接线器的控制存储器有 3 个,每个容量为 32。

两级 T 接线器采用的控制方式是相反的,这有利于控制,可以合用控制存储器。S 级的控制方式采用输入控制、输出控制都可以。图例中,初级(第一级)T 接线器采用输入控制方式,次级(第三级)T 接线器采用输出控制方式,中间级的 S 接线器采用输入控制方式。

主叫占用 HW1 的 TS2 时隙,被叫占用 HW3 的 TS31。交换的目的就是将不同母线不同时隙上的主被叫用户接通。查找接续路由,首先要在 S 接线器上确定哪个空闲时隙能够连接入线 HW1 和出线 HW3,然后就是在初级 T 接线器上,将语音信号

коммутатора промежуточной ступени применяется пересеченная матрица 3×3.

Память для хранения речевых сигналов и память управляющего устройства временного коммутатора по стороне ввода обозначаются SMA и CMA, Память для хранения речевых сигналов и память управляющего устройства временного коммутатора по стороне вывода-SMB и CMB, память управляющего устройства соединителя пространственного деления-CMC. Установлена скорость на 2 Мбит/сек. для каждой шины, число временного интервала-на 32 для каждой шины. Соответственно, емкость памяти для хранения речевых сигналов для каждого временного коммутатора установлена на 32, емкость памяти управляющего устройства установлена на 32, количество памяти управляющего устройства для пространственного коммутатора установлено на 3, каждая память имеет емкость на 32.

Для временного коммутатора с 2 ступенями предназначен противоположный способ управления, что имеется удобство управления на рациональное управление памятями. Для способа управления ступени S предназначено и вводное управление, и выводное управление. В примере на рис. для временного коммутатора первичной (первой) ступени предназначен способ по вводному управлению, для временного коммутатора вторичной (третьей) ступени предназначен способ по выводному управлению, для пространственного коммутатора промежуточной ступени предназначен способ по вводному управлению.

Вызывающий вызов занимает временный интервал TS2 HW1, вызываемый вызов-TS31 HW3. Цель коммутации заключается в соединении вызывающего с вызываемым вызовом на разных шинах в разных временных интервалах.

从主叫时隙搬迁至这个时隙,通过 S 接线器后,接着由次级 T 接线器搬迁到被叫时隙上。

假设查找到的空闲时隙为 TS7,按照 S 接线器的输入控制方式,要在 S 接线器的第一个控存的第 7 号单元,填写出线号"3";在入线 HW1 的控存第 2 号单元填写写入时隙号"7";在出线 HW3 的控存第 31 号单元填写读出时隙号"7"。

主叫的语音在 TS2 控制写入语音存储器的第 7 号位置,在第 7 号时隙被顺序读出,在 TS7 时刻,入线 HW1 与出线 HW3 的交叉点闭合,这样主叫语音被送入次级 T 接线器,顺序写入了出线 HW3 语音存储器的第 7 号位置,然后经过控制读出被搬迁至 TS31。完成了主叫到被叫方向的语音交换。

通话是双向的,除了上述这个方向的路由,还需要建立被叫到主叫这个方向的路由。被叫至主叫方向的路由通常采用反相法,也叫作"对偶法"或"半帧法",即来、去两方向的路由相差半帧时隙,

При поиске маршрута соединения должно сначала определить возможность соединения ввода HW1 и вывода HW3 у какого-то свободного временного интервала на пространственном коммутаторе, потом выполнить перенос речевого сигнала от временного интервала вызывающего вызова к данному временному интервалу на временном коммутаторе первичной ступени, через пространственный коммутатор выполнить перенос от временного коммутатора вторичной ступени к временному интервалу вызываемого вызова.

В случае найденного временного интервала-TS7, то должно ввести номер вывода "3" в блоке №.7 первого памяти управляющего устройства пространственного коммутатора согласно способу по вводному управлению пространственного коммутатора; ввести номер временного интервала «7» в блоке №.2 памяти управляющего устройства ввода HW1; ввести номер временного интервала «7» в блоке №.31 памяти управляющего устройства вывода HW3.

Речь вызывающего вызова вводится в месте №.7 памяти для хранения речевых сигналов при управлении TS2, отсчитает по последовательности в временном интервале №7, во время TS7 пересеченная точка ввода HW1 и вывода HW3 закрыта, так речь вызывающего вызова передана к временному коммутатору вторичной ступени и последовательно введена к месту №.7 памяти для хранения речевых сигналов вывода HW3, потом отсчитана управлением для переноса к TS31. Таким образом выполнена коммутация речи от вызывающего вызова до вызываемого вызова.

Разговор окажется двухсторонним, кроме маршрута вышеуказанного данного направления, еще нуждается в создании маршрута по направлению от вызываемого вызова до вызывающего

两个方向的通路同时占用、同时示闲。在图例中，一帧为 32 个时隙，半帧为 16 个时隙，主叫到被叫方向选择了 TS7，那么被叫到主叫方向就选定 7+16=23，即 TS23。

采用这样的双向通路建立方法，一方面简化了 CPU 查找空闲时隙的开销；同时，从图 2.2.8 中可以看出，入线 HW1 与出线 HW1 的控存中，相同单元的内容最高位比特是反相的，其余比特是相同的，只要增加一个反转电路，初级 T 接线器与次级 T 接线器就可以合用控存。

2.2.2.2 控制子系统

2.2.2.2.1 控制系统的要求

程控交换系统的主要功能是提供不间断的通信服务，作为它本身的控制系统，有两个最基本、最关键的要求。

（1）呼叫处理能力。

程控设备要在满足服务质量的前提下，并发地处理多个用户的呼叫。程控交换机的呼叫处

2 Связь

вызова. Для маршрута по направлению от вызываемого вызова до вызывающего вызова обычно применяется инверсный способ, который тоже называется «двойственный способ» или «способ полукадра», то есть маршрут по направлению туда и обратно различается полукадром временного интервала, каналы по двум направлениям будут занятыми и свободными в одно время. В примере рисунка кадр имеет 32 временных интервалов, полукадр-16 временных интервалов, по направлению от вызывающего вызова до вызываемого вызова выбрано TS7, при этом по направлению от вызываемого вызова до вызывающего вызова выбрано 7+16=23, то есть TS23.

Применение данного способа по созданию маршрута двухстороннего направления упрощает работы CPU для поиска свободного временного интервала, и при этом видно из рисунка 2.2.8, что бит высшего разряда содержания в одинаковом блоке окажется инверсным в памяти управляющего устройства ввода HW1 и вывода HW1, а другие биты-одинаковыми, и временной коммутатор первичной ступени и временной коммутатор вторичной ступени могут использовать память управляющего устройства только путем увеличения инверсной цепи.

2.2.2.2 Подсистема управления

2.2.2.2.1 Требования к системе управления

Основная функция коммутационной системы с программным управлением представляет бесперебойные услуги связи, и ее собственная система управления имеет 2 самых основных и ключевых требований.

（1）Способность обработки вызова.

Оборудование с программным управлением вместе занимается вызовами от абонентов при

能力通常用最大忙时试呼次数 BHCA（Maximum Number of Busy Hour Call Attempts）来表示，即在单位时间内程控交换机的控制系统能够处理的呼叫次数。

（2）高可靠性。

系统中断是指由于软件、硬件故障以及局数据、程序差错导致系统不能处理任何呼叫，并且时间大于30s。程控交换机系统中断的指标是20年内系统中断时间不得超过1h。这就要求交换机控制系统的故障率尽可能低，一旦出现故障时，要求处理故障的时间尽可能短。

2.2.2.2.2 控制系统的构成方式

依据控制系统在功能、资源和控制设备的关系，可以把构成方式分为集中控制和分散控制两种。

（1）集中控制是指处理机可以对交换系统内的所有功能及资源实施统一控制。该控制系统可以由多个处理机构成，每一个处理机均可控制整个系统的正常运作。

условии удовлетворения качеству услуг. Способность обработки вызовов у коммутатора с программным управлением обозначается обычно максимальным числом попытки вызова при занятости ВНСА（Maximum Number of Busy Hour Call Attempts），то есть число вызовов, которое может обработать система управления у коммутатора с программным управлением в удельное время.

（2）Высокая надежность.

Остановка системы означает не возможную обработку любого вызова у системы, вызванную неисправностью программного и жесткого обеспечения, ошибками станционных данных и программного обеспечения с временем более 30 сек.. Показатель по остановке системы коммутатора с программным управлением обозначается временем остановки системы не более 1 час в течение 20 лет. Это требует как возможного низкого коэффициента неисправности системы управления коммутатора, и как возможного короткого времени для устранения неисправности в случае возникновения неисправности.

2.2.2.2.2 Способ по созданию системы управления

Согласно зависимости функций, ресурсов и оборудования управления в системе управления способ по созданию разделен на центральное и разделенное управление.

（1）Центральное управление означает, что процессор может осуществить единое управление для всех функций и ресурсов в коммутационной системе. Данная система управления состоит из процессоров, и каждый процессор может управлять нормальной работой целой системы.

集中控制方式具有以下特点：

① 处理机直接控制所有资源和功能，处理机间通信接口、控制关系简单。

② 单个处理机上的运行软件包含了系统的所有功能，因而处理机上的软件庞大、复杂。

③ 由于处理机集中处理所有功能，一旦处理机系统出现故障，整个控制系统失效，导致系统可靠性降低。

（2）分散控制是由多个处理机分担了整体功能和资源控制，即单个处理机只完成交换机的部分功能及控制部分资源。它可以细分为以下两种方式：

① 全分散控制。采用全分散控制方式的控制系统，各个处理机之间独立工作，分别提供不同的功能，并对不同的资源实施控制。这些处理机之间是不分等级的，不存在控制与被控制关系，各处理机有自主能力。

② 分级分散控制。控制系统由多个处理机构成，各处理机分别提供不同的功能，对不同的资源实施控制。不同之处是，处理机之间有等级的区别，高级别的处理机控制低级别的处理机，协同完成整个系统的功能。

Способ по центральному управлению имеет особенности как следующие：

① Процессор прямо управляет всеми ресурсами и функциями, интерфейс связи в помещении процессора и зависимость управления окажутся простыми.

② Рабочее программное обеспечение у индивидуального процессора включает в себя все функции системы, поэтому программное обеспечение на процессоре окажется большим и сложным.

③ Из-за того, что процессор центрально обработает все функции, возникновение неисправности системы процессора приводит к выходу из строя системы управления, что снизит надежность системы.

（2）Разделенное управление означает, что процессоры разделяют управление всеми функциями и ресурсами, то есть индивидуальный процессор только выполняет часть функции коммутатора и управление частью ресурсов. Он разделен на 2 способа как следующего：

① Полно разделенное управление. Для системы управления, применяющей полно разделенный способ управления означается независимая работа между процессорами, которые отдельно предоставляет разные функции и осуществляют управление разными ресурсами. Между этими процессорами отсутствует разделение ступени и зависимость управления и управляемости, имеется автономная способность у процессоров.

② Ступенчатое разделенное управление. Система управления состоит из процессоров, которые предоставляют отдельно разные функции и осуществляют управление разными ресурсами. Здесь отличается тем, что имеется ступенчатое

2.2.2.2.3 多处理机的工作方式

控制系统的处理机一般有多个，在大型交换设备中，会多达上百个。这些多处理机的分工方式是多种多样的，大体上可以有以下几种。

（1）功能分担。

在这种方式下，不同的处理机完成不同的功能。比如用户模块的处理机、中继模块的处理机，各自负责不同的功能任务。这样的方式提高了整个系统的适应性，完成不同功能的处理机可以有不同的配置，模块可以按需配置。

（2）负荷分担（话务分担）。

这种方式也称为"话务分担"，每台处理机的功能都是一样的，但每台处理机只负责一部分话务处理功能。比如用户模块的双处理机，都负责本模块的用户处理，但是各自负责本模块50%的用户。

（3）冗余方式。

为了提高可靠性，控制系统的处理机一般采用冗余配置，除了正常运行的处理机之外，还配有备用处理机。主用机与备用机的这种关系就是冗余方式，其中冗余方式按照配置备用处理机数量和方法的不同，可分为双机冗余配置和 $N+m$ 冗余配置。

различие между процессорами, высшие процессоры управляют низшими процессорами для совместного выполнения функций целой системы.

2.2.2.2.3 Рабочий способ процессоров

Для данной системы управления имеются процессоры, может быть более ста для крупного коммутационного оборудования. И способ разделения работы у этих процессоров окажется разнообразным, в общем имеются способы как следующие.

（1）Разделение функций.

При таком способе разные процессоры выполняют разные функции. Например процессор модули абонентов, процессор соединительной модули отдельно отвечают за разные функции. Таким способом повышена приспособленность целой системы, установлено разное расположение для процессоров, выполняющих разные функции, и модули установлены по потребности.

（2）Разделение нагрузки (разделение телефонного трафика).

Данный способ тоже называется «разделением телефонного трафика», у каждого процессора функции одинаковы, но каждый процессор только отвечает за часть функции обработки телефонной операции. Например двойные процессоры модули абонентов отвечают за обработку абонентов данной модули, но они еще отвечают отдельно но за 50% абонентов от данной модули.

（3）Способ по избыточности.

Для процессоров системы управления обычно применяется избыточная конфигурация на повышение надежности, кроме процессоров для нормальной работы еще комплектованы резервные процессоры. Зависимость рабочих процессоров

2 通信

双机冗余配置就是主用机与备用机成对配置，它又可以进一步分为同步方式、互助方式、主/备用方式。

① 同步方式。这种方式中，主用机、备用机同时接收外部事件，同时处理，并比较处理结果。结果相同时，由主用机发命令；结果不同时，双机均进行自检。若主机故障，则进行主备切换；若备机故障，则备机脱机检修；若都无故障，则保持原状态。这种方式可以保证切换时不损失任何呼叫，但技术复杂。

同步工作方式的优点是能及时排除故障，对正在进行的呼叫处理几乎没有影响。其缺点是双机进行指令比较占用了一定机时，同时它对软件的要求也很高，比如软件有 bug，陷入死循环，比较的结果总是相同，这时需要通过寻入看门狗等硬件来跳出死循环。

2 Связь

и резервных процессоров называется способом по избыточности, в том числе способ по избыточности отличается по количеству и способу конфигурации процессоров, что разделено на избыточную конфигурацию с двумя процессорами и избыточную конфигурацию $N+m$.

Избыточная конфигурация с двумя процессорами означает спаренную конфигурацию рабочего и резервного процессора, она в дальнейшем разделена на синхронный, взаимодействующий, рабочий / резервный способ.

① Синхронный способ. В данном способе рабочий и резервный процессор принимают внешние события, занимаются обработкой и сравнивают результаты обработки в одно время. При наличии одинаковых результатов рабочий процессор выдает команду; при наличии не одинаковых результатов два процессора проводят самопроверку. В случае наличия неисправности у основного блока то будет переключение основного блока на резервный. В случае наличия неисправности резервного процессора то он выйдет из строя на ремонт. В случае отсутствия неисправности будет поддержка бывшего режима. И данный способ сможет обеспечить не потерю любого вызова при переключении, но техника окажется сложной.

В преимуществе способа синхронной работы заключается своевременное устранение неисправности, отсутствие влияния на проведение обработки вызова. В недостатке заключается занятие определенного времени при сравнении команды двумя процессорами, при этом еще имеется высокое требование к программному обеспечению, например, сравнительные результаты все время окажутся одинаковыми в случае наличия bug в программном обеспечении и вступлении

② 互助方式。正常工作时,双机按话务分担方式工作,当一个处理机故障时,另一个处理机接管全部业务。这种方式可以保证故障时通话状态的呼叫不损失,但故障时单机的话务负荷比较高。

互助方式中,由于两台处理机不同时执行同一指令,因此,不会在两台处理机中同时产生软件故障。而且两台处理机都承担话务,因而过载能力很强,理想情况下,负载能力几乎可以提高一倍。但正常情况下,应控制处理机的话务负荷不超过50%。

③ 主/备用方式。正常工作时,由主机负责全部话务,并随时将呼叫数据送给备用机,备用机不处理任何呼叫;主机故障时,进行主备机切换,备用机接管全部话务,并根据已有的呼叫数据保证一部分呼叫不损失。

в мертвой циркуляции. При этом выполняется выход из мертвой циркуляции с помощью сторожевой собаки и т.д..

② Взаимодействующий способ. При нормальной работе два процессора работают по способу разделения телефонного трафика, один процессор применит все трафики в случае возникновения неисправности у другого процессора. Данный способ обеспечивает не потерю вызова, находящегося в разговорном режиме при наличии неисправности, но при наличии неисправности нагрузка телефонного трафика у индивидуального устройства окажется высокой.

При взаимодействующем способе два процессора выполняют одну команду не в одно время, поэтому не будет неисправности на двух процессорах в одно время. Причем два процессора несут на себе телефонные трафики, поэтому получается сильная способность перегрузки. При оптимальных условиях способность перегрузки почти сможет быть повышена в 2 раза. При нормальных условиях нагрузка телефонного трафика процессора должна быть управляема не выше 50%.

③ Рабочий / резервный способ. При нормальной работе рабочий процессор отвечает за все телефонные трафики и выдает данные вызовов к резервному процессору в любое время, а резервный процессор не занимается обработкой любого вызова. В случае возникновения неисправности у основного блока будет переключение основного блока на резервный процессор, который возьмет на себя все телефонные трафики и обеспечит не потерю части вызовов на основе полученных данных вызовов.

主/备用方式采用公用存储器进行切换，降低了软件复杂性要求。但由于存储器是公用的，因此，在可靠性以及双机倒换后的工作效率都相应降低。

在 N+m 配置方式，即其中 m 台处理机专门作为备用机，平时不工作，在 N 台工作机中的任一台出现故障时，就从备用机中选取一台立即替代故障机。

2.2.3 程控交换软件技术

2.2.3.1 程控交换软件的特点

程控交换机运行软件的主要功能是控制交换系统的运行，完成呼叫的建立与释放。同时，运行软件还需要负责交换机的管理与维护功能，保证系统的安全运行。

运行在交换系统上的软件有下列显著特点。

（1）实时性。

交换系统必须满足一定的服务质量标准。比如摘机后要及时给用户送出拨号音等提示音。不能因为软件的处理能力不足，导致无法及时服务用户。

Для рабочего /резервного способа предназначено переключение памяти общего пользования, что снижает требования к сложности программного обеспечения. Из-за памяти общего пользования надежность и эффективность работы после переключения двух процессоров снижены соответственно.

При способе N+m то есть процессоры m специально работают в резерве, обычно не работают, и из резервных процессоров будет выбран один на замену процессора с неисправностью в случае возникновения неисправности в любом процессоре из процессоров N в работе.

2.2.3 Техника коммутационного программного обеспечения с программным управлением

2.2.3.1 Особенности коммутационного программного обеспечения с программным управлением

Основная функция рабочего программного обеспечения коммутатора с программным управлением заключается в управлении работой коммутационной системы управления и выполнении создания и выпуска вызовов. При этом рабочее программное обеспечение еще отвечает за функции управления и обслуживания коммутаторов, обеспечение безопасной работы системы.

Программное обеспечение, работающее в коммутационной системе имеет очевидные особенности как следующие.

（1）Свойство истинного масштаба времени.

Коммутационная система должна удовлетворять определенным стандартам к качеству услуг. Например, должно вовремя выдать звук

（2）并发性。

一个交换系统同时需要处理很多任务，例如一个万门的交换局，忙时可能有 2000 个用户在通话，各个用户的呼叫都需要同时并发处理。

（3）高可靠性。

程控交换机在投入使用后，就要不间断地提供服务。软件需要高可靠地运行，发生故障时，通过软件可靠性的措施，隔离故障点，使得整个系统继续提供服务。

2.2.3.2 程控交换软件的组成

程控交换系统的运行软件可以分为两大类：系统软件和应用软件，如图 2.2.9 所示。下面列出了其中主要组成部分的功能。

操作系统大多采用实时多任务的嵌入式系统，管理硬件资源，提供多任务执行环境。

набора и другие напоминающие звуки абонентам после снятия телефона. Не допускается не выполнение своевременных услуг абонентам из-за недостаточной способности обработки программного обеспечения.

(2) Параллельность.

Одна коммутационная система занимается обработкой многих задач в одно время. Например, в занятом времени на коммутационной станции с десятью тысяч телефонов может быть имеется 2000 абонентов в разговоре, и требуется параллельная обработка вызовов абонентов в одно время.

(3) Высокая надежность.

При вводе коммутатора с программным обеспечением в работу необходимо предоставлять услуги непрерывно. Программное обеспечение должно быть с высокой надежностью в работе. В случае возникновения неисправности должно экранировать точку неисправности путем мероприятий надежности программного обеспечения, чтобы целая система продолжала предоставить услуги.

2.2.3.2 Состав коммутационного программного обеспечения с программным управлением

Рабочее программное обеспечение коммутационной системы с программным обеспечением разделено на программное обеспечение системы и прикладное программное обеспечение, как показано на рис.2.2.9. Ниже показаны функции основного состава.

Для операционной системы обычно предназначена многозадачная вставленная система в реальном времени, которая занимается управлением ресурсов жесткого обеспечения, предоставляет многозадачную исполнительную окружающую среду.

呼叫处理程序负责电话的呼叫处理，具体包括呼叫的状态管理，比如空闲状态、振铃状态的转移；呼叫资源的管理，比如中继线、交换网络、信号音的占用、示闲、测试等；交换业务管理，比如呼入限制、呼出限制、热线服务等各种业务；交换的负荷控制，根据交换系统的负荷情况，控制发话、入局呼叫的业务室。

系统监视和故障处理程序主要是对整个系统进行监视。在发生故障时，负责紧急处理。具体来说，就是对故障进行识别，确定故障的类型，需要的情况下进行主备的倒换，维护系统的正常工作。

故障诊断程序对发生故障的设备进行诊断，以确定故障点。维护人员也可以通过命令对交换系统进行例行的故障诊断测试。

维护与运行程序用于维护人员存取和修改有关用户和交换局的各种数据，统计话务量和打印计费清单等各项任务。它主要负责的功能包括：话务量的观察、统计和分析；对用户线和中继线定期进行例行维护测试，业务质量的监视；进行人机通信，对操作员键入的控制命令进行编辑和执行。

2 通信

2　Связь

Программа по обработке вызовов отвечает за обработку вызовов телефонов включая управление режимом вызова, например, свободный режим, перенос режима вызова; управление ресурсам вызова как занятость, показание свободы, проверки и т.д. соединительной линии, коммутационной сети, сигналов звуковой частоты; управление коммутационной операцией как ограничение входного и выходного вызова, сервис горячей линии и т.д..; управление нагрузкой коммутации, оперативное отделение, занимающееся управлением передачей телефона, вызова к станции согласно нагрузки коммутационной системы.

Программы по контролю системы и обработке неисправностей применяются для контроля целой системы. В случае возникновения неисправности данные программы отвечают за аварийную обработку. Конкретно говоря, то есть проводится идентификация неисправностей, определяется тип неисправностей, переключение рабочего устройства на резервное при необходимости, поддержка нормальной работы системы.

Программа диагностики неисправностей занимается диагностикой оборудования с неисправностями на уточнение точки неисправностей. Персонал обслуживания тоже проводит очередную диагностику неисправностей и испытания для коммутационной системы через команды.

С помощью программы по обслуживанию и работе персонал обслуживания хранит и исправляет данные соответствующих абонентов и коммутационной станции, проводит статистику объема телефонного трафика, напечатает лист учета расходов и выполняет другие задачи. Данная программа отвечает за: наблюдение, статистику и анализ объема телефонного трафика; периодическое проведение очередного обслуживания и проверки абонентской линии и соединительной линии, контроль над качеством телефонных трафиков; проведение связи человека-машины, редактирование и исполнение команд о управлении, введенных оператором.

图 2.2.9 运行软件组成

Рис. 2.2.9 Состав эксплуатационного программного обеспечения

不同交换局的业务和功能是不相同的,其外部参数,比如中继路由、用户数量、交换容量也不尽相同。为了能方便每个交换局的装机开局,程控软件需要具备通用性,将程序与数据分开,并将数据进一步分为用户数据、局数据、系统数据。

（1）用户数据。

用户数据描述每个用户的信息,它为每一个用户所特有。这些数据包括用户性质[号盘或双音频按键电话、投币电话、用户交换机（PBX）中继线等]、用户类别(电话用户、数据用户等)、计费种类(定期或立即计费、计费打印机等)、优先级别等。用户数据存放在市话局。

Трафики и функции разных коммутационных станций окажутся не одинаковыми, их внешние параметры как соединительный маршрут, количество абонентов, коммутационная емкость-тоже не одинаковыми. Для удобного монтажа и работы каждой коммутационной станции требуется стандартность программного обеспечения, разделение программы от данных, и дальнейшее разделение данных на данные абонентов, данные станции, данные системы.

（1）Данные абонентов.

Данные абонентов описывают информацию каждого абонента, характерную для каждого абонента. Эти данные включают в себя свойство абонента (телефон с щитом набора или тональный кнопочный телефон, монетный телефон, соединительная линия коммутатора абонентов (PBX) и т.д.), классификацию абонентов (абонент телефона, абонент

（2）局数据。

局数据，反映交换局在交换网中的位置，本交换局与其他交换局的中继关系。它包括公用硬件配置情况（出/入中继、信号设备、收号器等的数量、类别、机内位置）、公用设备的忙闲情况、局间环境参数（局向数，每局向的出入中继数和类别）、迂回路由设置、各种号码（本地编号计划、字冠长度、本局局号）等。

（3）系统数据。

系统数据自设备制造厂家根据交换局的设备数量、交换网络的组成、存储器的地址分配、交换局的各种信令等有关数据在出厂前编写，用于生成系统程序。

系统程序是程序的主体，包括系统程序的文件称为系统文件。数据文件包括由用户数据、局数据形成的数据库。

данных и т.д.), вид учета (периодический или немедленный учет, принтер учета и т.д.), приоритетный класс и т.д.. Данные абонентов хранятся в станции городских телефонов.

(2) Станционные данные.

Станционные данные отражают расположение коммутационной станции в коммутационной сети, соединительную зависимость данной коммутационной станции от другой коммутационной станции. Эти данные включают в себя комплектование жесткого обеспечения (количество, классификация, расположение в устройствах на соединительном и сигнальном оборудовании для выхода / входа, приемник сигналов и т.д.), занятость и свободу оборудования общего пользования, параметры межстанционной окружающей среды (число трасс станции, число трансляции и классификация входа и выхода по трассам каждой станции), установление маршрута реэвакуации, разные номера (план о местной нумерации, длина инициала, номер данной станции) и т.д..

(3) Данные системы.

Данные системы составлены заводом – изготовителем на заводе для составления программы системы согласно количеству оборудования коммутационной станции, составу коммутационной сети, разделению адресов памятей, сигналам коммутационной станции и соответствующим данным.

Программа системы является основной частью программ включая документы программы системы, что называется документом системы. Документы данных включают в себя данные абонентов, базу данных, созданную станционными данными.

2.2.3.3 呼叫处理基本原理

在程控软件中,各厂家的系统监视和故障处理程序、故障诊断程序、操作系统等,在功能、性能上都有所不同,但是呼叫处理部分的功能都是基本相同的,这部分重点介绍呼叫处理的基本原理。

本小节以局内呼叫接续为例来分析一下呼叫处理的特点。

(1)主叫用户摘机呼叫:主叫用户摘起话筒,电话终端的直流回路接通,程控交换机的用户电路通过监视功能发现用户摘机,用户模块的模块处理机向中央处理机上报摘机事件。

(2)送拨号音,准备收号:中央处理机收到摘机事件后,进行去话分析,对主叫用户的数据进行分析。如果用户已经欠费,可以给用户送忙音来限制呼出。假设本用户未欠费,并且没有申请其他补充业务(比如热线业务),就可以将他的后向通路接至拨号音的音源,同时将他的前向通路接至一个空闲的收号器。

2.2.3.3 Основной принцип обработки вызовов

В программном обеспечении с программным управлением программы по контролю системы и обработке неисправностей, программы по диагностике неисправностей, операционные системы и т.д. от заводов-изготовителей окажутся различными согласно функциям и характеристикам, но функция по обработке вызовов-одинаковой в основном. В данной главе ознакомлено с основным принципом обработки вызовов.

В данном разделе проводится анализ особенностей обработки вызовов примером соединения вызова в станции.

(1) Вызов вызывающего абонента при снятии телефона: Вызывающий абонент снимает трубу телефона, при этом соединяется цепь постоянного тока на конце телефона, цепь абонента коммутатора с программным управлением обнаруживает снятие телефона абонента через функцию контроля, и процессор модули у модули абонента передает событие о снятии телефона к центральному процессору.

(2) Выдача звука набора, подготовка к приему номера: При получении события о снятии телефона центральным процессором проводится анализ передачи разговора и данных вызывающего абонента. В случае наличия доплаты у абонента можно подать звук занятости абоненту для ограничения исходящего вызова. В случае отсутствия доплаты у данного абонента и заявки на дополнительные службы (как услуги горячей линии) то можно соединять его задний канал к источнику звука набора, при этом соединять его передний канал к свободному приемнику набора номера.

（3）收号：主叫用户听到拨号音，开始逐位拨号。在收到第一个拨号事件时，交换机要停止发送拨号音。

（4）号码分析：收号器接收到的每一位号码，都由中央处理机进行号码分析，来确定接续的方向。

（5）接至被叫用户：控制系统的中央处理机进行来话分析，对被叫的用户数据进行分析，假如用户没有申请其他补充业务（比如呼入限制、呼叫转移），并且用户的状态为空闲状态，就要向用户振铃，同时给主叫回送回铃音。

（6）被叫应答和通话被叫在听到铃声后，摘起话筒，交换机检测到它的摘机信号后，就停止振铃，停止回铃音，将主被叫两个用户接通。进入通话状态。

（7）用户挂机，通话结束。通话期间如果有一方挂机，就拆除这个连接，复原话路，将挂机方的状态设置为空闲状态，同给对方用户送忙音，将其状态改为忙音状态，提示用户挂机。

这个呼叫过程中，用户摘机、拨号、振铃等都叫作事件，处理机的基本功能就是检测事件（输入信号），并对收到的事件进行正确的处理（内部处理），发出动作的指令（输出处理）。

（3）Прием номера: слушав звук набора, вызывающий абонент начинает набрать номер по местам. При получении первого события о наборе номера коммутатор оставит выдачу звука набора номера.

（4）Анализ номера: Анализ каждого номера, полученного приемником набора номера проводится центральным процессором на определение соединительного направления.

（5）Соединение к вызываемому абоненту: Центральный процессор системы управления проводит анализ входящего разговора и данных вызываемого абонента, подает вызов абоненту, при этом возвращает звонок вызывающему абоненту в случае отсутствия заявки на дополнительные службы у данного абонента (например ограничение вызова, переадресация вызова), а также наличия свободного режима у абонента.

（6）После ответа вызываемого абонента и услышания звонка вызываемого разговора снимается труба телефона, и при этом коммутатор контролирует сигнал по снятию трубы, останавливает вызов и звук возвратного звонка, так вызывающий абонент и вызываемый абонент соединяются. Начинается вход в режим разговора.

（7）Разговор закончен при отбое телефона абонентом. Во время разговора в случае отбоя телефона одной стороной то должно устранить данное соединение, восстановить телефонный канал, установить режим стороны отбоя на свободный режим, и подать звук занятости другой стороне, исправить его режим на режим занятости, указать абоненту отбой телефона.

В процессе вызова снятие трубы, набор номера, вызов и т.д. абонента называются событием, и основная функция процессора заключается в контроле события (входного сигнала), проведении

2.2.3.3.1 输入处理

输入处理程序的主要任务是对用户线、中继线、信令设备进行监视、检测并进行识别,生成相应事件放入队列,以便其他程序取用。大多数属于周期级的程序。它包括用户线扫描监视用户线状态变化,中继线线路信号扫描监视中继器的线路信号等。

2.2.3.3.2 分析处理

分析处理就是对呼叫处理中的当前状态、输入信息、用户数据、可用资源等信息进行分析,以确定下一步要执行的任务和进行的输出处理。分析处理属于基本级程序,具体可分为去话分析、号码分析、来话分析、状态分析。

（1）去话分析。

周期级的摘挂机扫描程序检测到用户摘机信号后,会将摘机信号送给基本级的队列,然后呼叫处理要根据用户数据进行一系列的分析,以决定下一步的接续动作。在主叫用户摘机发起呼叫时所进行的分析就是去话分析。

правильной обработке полученного события (внутренней обработки), выдаче команды о срабатывании (выходной обработки).

2.2.3.3.1 Вводная обработка

В основной задаче программы по вводной обработке заключаются контроль над линией абонентов, соединительной линией, сигнализационным оборудованием, проверка и идентификация, создание соответствующего события, расположение его в ряду на применение другой программы. Большинство относится к программам периодической степени. Это включает в себя сканирование абонентской линии, контроль над изменением режима абонентской линии, сканирование сигналов соединительной линии ретранслятора, контроль над сигналами соединительной линии и т.д..

2.2.3.3.2 Аналитическая обработка

Аналитическая обработка проводит анализ информаций как текущего режима при обработке вызова, вводной информации, данных абонентов, используемый ресурсов и т.д. на определение задачи, исполняющейся в дальнейшем и выводной обработки, выполняющейся в дальнейшем. Аналитическая обработка относиться к программе первичной степени, разделяется на анализ исходящего разговора, анализ номера, анализ входящего разговора, анализ режима.

（1）Анализ исходящего разговора.

При проверке сигнала о снятии телефона абонента программа сканирования снятия и отбоя телефона по периодической степени выдает сигнал о снятии телефона ряду основной степени, потом обработка вызова проводит ряд анализа по данным абонента на решение дальнейшего срабатывания соединения. Анализом исходящего

去话分析基于主叫用户数据,去话分析的结果决定下一步任务的执行和输出处理操作,例如,分析结果表明允许呼出,则向其送拨号音,并根据话机类别连接相应类型收号器;如果分析结果是呼出限制,则向其送忙音。

(2)号码分析。

号码分析就是对用户的拨号号码进行的分析处理。其分析的数据来源可以是从用户线上直接接收的号码,也可以是从中继线上接收它局传送来的号码。号码分析的目的是确定呼叫接续方向和应收号码的长度,以及下一步要执行的任务。

号码分析可分为两步:号首分析(预译处理)、号码翻译。

号首分析是对拨号号码的前几位号码进行分析,一般为1~3位,以判定呼叫的接续类型,获取应收号码长度和路由等信息。号码翻译是接收到全部被叫号码后所进行的分析处理,它通过接收到的被叫号码来查找对应的被叫用户。

(3)来话分析。

来话分析的数据来源是被叫用户数据,分析的目的是要确定能否叫出被叫,以及如何继续控制入

разговора является анализ, выполняющийся при снятии телефона абонентом и выдаче вызова.

На основе данных абонентов результат анализа исходящего разговора решает исполнение дальнейшей задачи и операцию выводной обработки, например, когда результат анализа показывает разрешение вызова, то подается звук набора, соединяется соответствующий тип приемника набора номера по типу телефона; когда результат анализа показывает ограничение вызова, то подается звук занятости.

(2) Анализ номера.

Анализом номера является аналитическая обработка номера, набираемого абонентом. Источник аналитических данных может быть номером, прямо полученным от абонентской линии, и тоже номером, переданным другой станцией на соединительной линии. Целью анализа номера является определение направления соединения вызова и длины номера, подлежащего получению, а также задачи, подлежащей исполнению в дальнейшем.

Анализ номера разделен на 2 шага: анализ головы номера (предварительная обработка по расшифровке), перевод номера.

Анализ головы номера означает анализ первых цифр набранного номера, обычно 1-3 цифры на определение типа соединения вызова, получение длины и маршрута, подлежащих получению, и т.д.. Перевод номера является аналитической обработкой, проводящей после приема всех вызываемых номеров для поиска соответствующего вызываемого абонента через полученные вызываемые номера.

(3) Анализ входящего разговора.

Источником данных для анализа входящего разговора являются данные вызываемого абонента,

局呼叫的接续。通过对被叫用户数据的分析,决定下一步的任务执行与处理。

（4）状态分析。

状态分析基于当前的呼叫状态和输入的事件,确定下一步的动作,即执行的任务或进一步的分析。呼叫状态主要有空闲、等待收号、收号、振铃、通话、忙音、空号音、催挂音、挂起等。可能接收的事件主要有：摘机、挂机、超时、拨号号码、分析结果、测试结果等。

2.2.3.3.3 任务执行与输出处理

任务执行是指在状态转换之间,根据分析的结果,执行相应的任务。这些任务包括分配和释放资源,比如收号器、时隙；启动和停止定时器,比如忙音定时器,开始和停止计费：对用户数据和局数据进行读写。

在任务执行中,会输出一些消息、动作,输出处理就是完成这些动作的过程。这些输出处理包括通话话路的驱动／复原、发送分配信号、发送线路信号／记发器信号/No.7 信令信号、发送机间通信消息、发送计费脉冲等。

целью анализа является определение возможность вызова вызываемого абонента и способа поддержки управления соединением вызова к станции. При проведении анализа данных вызываемого абонента решается исполнение и обработка задачи в дальнейшем.

（4）Анализ режима.

На основе текущего режима вызова и вводного события анализ режима определяет дальнейшее срабатывание, то есть задачу для исполнения или дальнейший анализ Для режима вызова предусмотрены свободный режим, ожидание приема номера, прием номера, вызов, разговор, звук занятости, звук пробела, звук поторопления отбоя, отбой и т.д.. События по возможному приему включают в себя: снятие телефона, отбой, превышение времени, набирающий номер, результат анализа, результат проверки и т.д..

2.2.3.3.3 Исполнение задачи и выводная обработка

Исполнение задачи означает исполнение соответствующей задачи по результатам анализа при коммутации режима. В этих задачах включаются распределение и выпуск ресурсов, например приемник набора номера, временный интервал; пуск и остановка таймера, например таймер звука занятости, пуск и остановка учета; отсчет и ввод данных абонентов и станции.

При исполнении задач выполняется вывод информаций и срабатывания, и выводная обработка является процессом выполнения этих срабатываний. Выводная обработка включает в себя привод/восстановление разговорного канала разговора, выдачу и распределение сигналов, выдачу сигналов линии / регистра/ сигналов №.7, выдачу информации о связи в помещении передатчика, выдачу импульса учета и т.д..

2.2.3.4 程控交换系统中任务的分级与调度

程控交换系统中的任务按照紧急性与实时性要求，可以分为如下 3 个级别：

（1）故障级。负责故障识别和故障紧急处理，启动方式是硬件中断启动，响应速度要求是立即响应。

（2）周期级。按一定周期进行的各种扫描和驱动，启动方式是时钟中断启动，响应的要求是在严格时限内响应。周期级程序都是周期性调度执行的，包括摘挂机检测、按键号码识别、中继线线路信号扫描等，这些程序会将检测出的事件送到基本级的消息队列中，由基本级程序进一步处理。

（3）基本级。负责分析处理各种无时限任务，启动方式由事件队列启动，需要在一定时限内响应。

这 3 个级别的程序，优先级从高到低依次为故障级、周期级、基本级。当有高级别任务执行时，就会打断低级别任务的执行。

2.2.3.4 Классификация и диспетчерская задачи в коммутационной системе с программным управлением

По требованиям аварийности и свойства истинного масштаба времени задачи в коммутационной системе с программным управлением разделены на 3 степени как следующей：

（1）Степень неисправности.отвечает за идентификацию и аварийную обработку неисправностей, для способа по пуску предусмотрен пуск прекращения жесткого обеспечения, требуется немедленная реакция для скорости реакции.

（2）Периодическая степень.выполняется разное сканирование и привод периодически, для способа по пуску предусмотрен пуск прекращения часов, требуется реакция в строгом ограничении времени для реакции. Программы периодической степени исполняются по периодической диспетчерской включая проверку снятия и отбоя телефона, идентификацию кнопочного номера, сканирование сигналов соединительной линии и т.д., эти программы подают проверенные события к ряду информации основной степени на дальнейшую обработку программой основной степени.

（3）Основная степень.отвечает за анализ и обработку задач без ограничения времени, для способа по пуску предусмотрен пуск ряда событий, требуется реакция в определенном ограничении времени.

В этих программах с 3 степенями приоритетная степень установлена последовательно на степень неисправностей, периодическую степень, основную степень от высшей степени до низшей степени. При исполнении задачи высшей степенью будет прекращение исполнения задачи низшей степени.

程控交换中的这些任务在调度时,根据操作系统的不同,可以采用不同的方法。在实时多任务操作系统中,对于基本级调度,可以利用操作系统的事件队列、信箱等机制驱动基本级任务,对于周期级调度,可以设置任务周期,利用操作系统的调度机制来驱动周期级任务。如果采用单任务操作系统,基本级的调度可以通过自己设计事件队列来完成;而周期级的调度可以通过时钟中断加时间表的方法来实现。

При диспетчерской этих задач в коммутации с программным управлением можно применять разные способы по разной операционной системе. В многозадачной операционной системе в реальном времени для диспетчерской основной степени можно провести привод задачи основной степени с помощью механизма операционной системы как ряда событий, ящиков и т.д., для диспетчерской периодической степени можно установить период задачи, провести привод задачи периодической степени с помощью диспетчерской механизма операционной системы. В случае применения однозадачной операционной системы диспетчерская основной степени сможет быть выполнена с помощью ряда событий, проектированного самой; диспетчерская периодической степени сможет быть выполнена с помощью часового прекращения + расписания.

2.2.4 应用实例

2.2.4.1 土库曼斯坦阿姆河片区

在阿姆河第一天然气处理厂(A厂)设置有中央程控电话交换机1套。所属集气站通过西门子OTN光传输设备模拟音频板卡接入。

在阿姆河第二天然气处理厂(B厂)设置有程控电话交换机1套。下属集气站(4个)通过PCM设备及2.5G SDH设备E1电路接入。

2.2.4 Реальные примеры прменения

2.2.4.1 Район реки Амударья Республики Туркменистана

На ГПЗ-1 реки Амударья (завод А) установлен 1 комплект центрального телефонного коммутатора с программным управлением. И подчиненная газосборная станция соединена аналоговым тональным щитом оборудования оптической передачи OTN Siemens.

На ГПЗ-2 реки Амударья (завод В) установлен 1 комплект телефонного коммутатора с программным управлением. Принадлежащие газосборные станции (4 станции) соединены оборудованием PCM и цепью E1 оборудования 2.5G SDH.

2.2.4.2 土库曼斯坦马雷片区

为满足南约洛坦气田调度控制中心对天然气处理厂、预处理厂、水源站、自备电站生产调度和行政管理话音通信的需求,设置程控电话交换系统1套。在天然气处理厂设512线程控调度电话交换系统设备1套(初装256线),该程控电话交换系统以2M中继方式接入当地公网,处理厂及自备电站用户直接接入程控电话交换机;2个预处理厂电话用户通过光传输设备E1电路接入处理厂程控电话交换机;水源站电话用户通过8G微波设备E1电路接入处理厂程控电话交换机。

在生活营地也设置有512线程控调度电话交换系统设备1套(初装256线),与天然气处理厂程控电话交换机之间通过E1电路互联。

2.2.4.2 Район Мары Республики Туркменистана

В данном объекте предусматривается 1 комплект телефонной коммутационной системы с программным управлением с целью удовлетворения потребности в речевой связи производственной диспетчерской и административной организации между ГПЗ, заводом комплексной подготовки газа, водозаборной станцией, автономной электростанцией. На ГПЗ установлен 1 комплект оборудования диспетчерской телефонной коммутационной системы с программным управлением 512 линии (предварительная установка 256 линии), данная система соединяется с местной общественной сетью соединительным способом 2М, а абоненты на ГПЗ и автономной электростанции прямо соединяются с телефонным коммутатором с программным управлением; абоненты телефонов на 2 заводах предварительной подготовки газов соединяются с телефонным коммутатором с программным управлением на ГПЗ через цепь Е1 оборудования оптической передачи; абоненты телефонов на водозаборной станции соединяются с телефонным коммутатором с программным управлением на ГПЗ через цепь Е1 микроволнового оборудования 8G.

На вахтовом поселке установлен 1 комплект оборудования диспетчерской телефонной коммутационной системы с программным управлением 512 линии (предварительная установка 256 линии), взаимно соединенная с телефонным коммутатором с программным управлением на ГПЗ через цепь Е1.

2.3 电话及计算机网络配线系统

在楼宇和园区范围内,利用双绞线或光缆来传输信息,可以连接电话、计算机、会议电视和监视电视等设备的结构化信息传输系统,是一种集成化通用传输系统,称为综合布线系统(Generic Cabling System, GCS)。

综合布线系统使用标准的双绞线和光纤,支持高速率的数据传输。这种系统使用物理分层星型拓扑结构,积木式、模块化设计,遵循统一标准,使系统的集中管理成为可能,也使每个信息点的故障、改动或增删不影响其他的信息点,使安装、维护、升级和扩展都非常方便,并节省了费用。

2.3.1 综合布线系统的发展过程

2.3.1.1 传统布线

(1)电话线缆、有线电视线缆、计算机网络线缆等。

(2)由不同单位各自设计和安装完成。

2.3 Система проводки телефонной и компьютерной сети

Комплексной системой электропроводки (Generic Cabling System, GCS) является интегральная универсальная система передачи, структурированная система передачи данных, соединяющая телефоны, компьютеры, телевизоры собраний, контрольные телевизоры и другие оборудования двухжильными проводами или волоконно-оптическими кабелями в границе зданий и зонах.

Для комплексной системы трассировки применяются стандартный двухжильный провод и волоконно-оптический кабель с поддержкой высокоскоростной передачи данных. Для данной системы применяется звездная топологическая структура с физической деламинацией, проект модульной системы, соблюдение единственным стандартам, чтобы осуществить центральное управление системой, отсутствие влияния поправки или увеличения и уменьшения неисправностей каждой точки данных на другие точки данных, удобство монтажа, обслуживания, модерлизаии и расширения, экономию расходов.

2.3.1 Процесс развития комплексной системы трассировки

2.3.1.1 Традиционная трассировка

(1) Телефонный кабельный провод, кабельный провод проводного телевидения, кабельный провод компьютерной сети и т.д..

(2) Проектирование и монтаж выполняются разными организациями.

(3)采用不同的线缆及终端插座。

(4)各个系统互相独立。

(5)各个系统的终端插座、终端插头、配线架等设备都无法兼容,当设备需要移动或需要更换时,必须重新布线。

2.3.1.2 发展过程

(1)20世纪50年代初期,在高层建筑中采用电子器件组成控制系统。

(2)20世纪60年代,开始出现数字式自动化系统。

(3)20世纪70年代,建筑物自动化系统采用专用计算机系统进行管理、控制和显示。

(4)20世纪80年代中期开始,出现了智能化建筑物。

(5)20世纪80年代末期,美国朗讯科技率先推出结构化布线系统 SYSTIMAX PDS。

(6)我国在20世纪80年代末期开始引入综合布线系统,90年中后期综合布线系统迅速发展。

2.3.2 综合布线系统的系统组成

综合布线系统通常分为7个子系统,它们分别是:工作区子系统、配线子系统、干线子系统、建筑

(3) Применяются разные кабельные проводы и розетки терминалов.

(4) Системы независимы друг от друга.

(5) Розетки и штепсельные вилки терминалов системы, кроссы и другое оборудование не смогут быть совместимыми, необходимо снова провести проводку при необходимости перемещения или замены оборудования.

2.3.1.2 Процесс развития

(1) В начале 50-ых годов XX века была применена система управления, состоящая из электронных узлов в многоэтажных зданиях.

(2) В 60-ых годах XX века начиналось появление цифровой автоматической системы.

(3) В 70-ых годах XX века для автоматической системы зданий была применена компьютерная система на организацию, управление и индикацию.

(4) В начале среднего периода 80-ых годов XX века появились интеллектуальные здания.

(5) В конце 80-ых годов XX века Американская научно-техническая компания Lucent сначала изобретала структурированную систему проводки SYSTIMAX PDS.

(6) В нашей стране в конце 80-ых годов XX века начиналось заимствование комплексной системы трассировки, в среднем и заднем периоде 90-ых годов комплексная система электропроводки быстро развивалась.

2.3.2 Состав системы у комплексной системы трассировки

Комплексная система электропроводки обычно разделена на 7 подсистем: подсистему

群子系统、设备间子系统、进线间子系统、管理子系统（图 2.3.1）。

рабочей зоны, подсистему распредустройства, подсистему магистрали, подсистему архитектурного комплекса, подсистему помещения оборудования, подсистему вводного помещения, подсистему управления (рис.2.3.1).

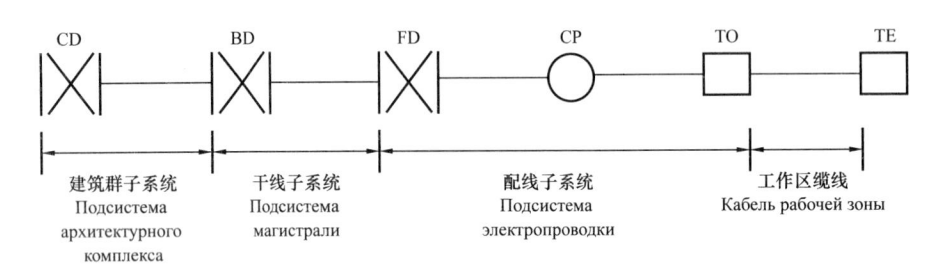

图 2.3.1 综合布线系统组成结构图
CD—建族群配线设备；BD—建筑物配线设备；FD—楼层配线设备；CP—集合点；TO—信息插座模块；TE—终端设备

Рис.2.3.1 Структурная схема комплексной системы трассировки
CD—распредустройство для архитектурного комплекса; BD—распредустройство для зданий; FD—распредустройство для этажей здания; CP—точка сбора; TO—информационная модуль розетки; TE—терминальное оборудование

（1）工作区子系统。

一个独立的需要设置终端设备（TE）的区域划分为一个工作区。工作区由配线子系统的信息插座模块（TO）延伸到终端设备处的连接缆线及适配器组成（图 2.3.2）。

适配器（adapter）可以是一个独立的硬件接口转接设备，也可以是信息接口。

(1) Подсистема рабочей зоны.

Одна независимая зона, где нуждается установнование терминального оборудования (TE), разделена на рабочую зону. Рабочая зона состоит из соединительного кабеля, проложенного от информационной модули розетки подсистемы распредустройства (TO) до терминального оборудования и адаптера (рис.2.3.2).

Адаптер (adapter) может быть независимым переключательным оборудованием интерфейса жесткого обеспечения, и тоже информационным интерфейсом.

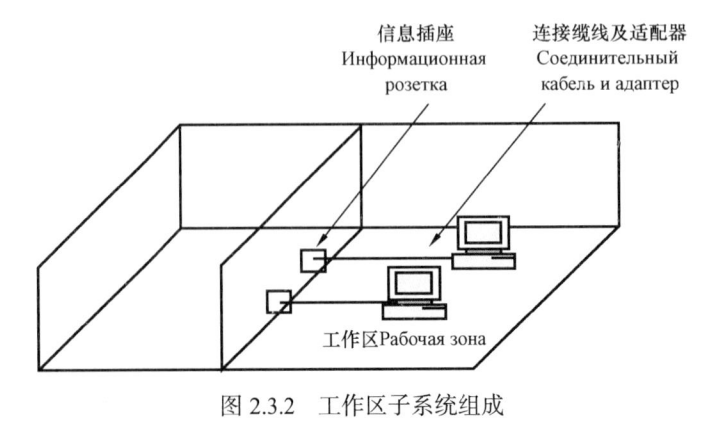

图 2.3.2 工作区子系统组成

Рис.2.3.2 Состав подсистемы рабочей зоны

常见的终端设备有计算机、电话机、传真机、电视机等。

(2)配线子系统。

① 配线子系统由工作区的信息插座模块、信息插座模块至电信间配线设备(FD)的配线电缆和光缆、电信间的配线设备及设备缆线和跳线等组成(图2.3.3)。

② 配线设备(distributor)是电缆或光缆进行端接和连接的装置。在配线设备上可进行互连或交接操作。交接是采用接插软线或跳线连接配线设备和信息通信设备(数据交换机、语音交换机等)。

Применяется типичное терминальное оборудование как компьютер, телефонный аппарат, телефакс, телевизор и т.д..

(2) Подсистема распредустройства.

① Подсистема распредустройства состоит из информационной модули розетки в рабочей зоне, распределительного и оптического кабеля, проложенного от информационной модули розетки до распредустройства в телеграфно-телефонном помещении (FD), распредустройства и кабельного провода в телеграфно-телефонном помещении, кроссового провода и т.д.(рис. 2.3.3).

② Распредустройство (distributor) является устройством для торцевого соединения и соединения кабеля или оптического кабеля. На распредустройстве возможно выполняется операция по взаимному или перекрестному соединению. Для перекрестного соединения применяется вставленный соединительный шнур или кроссовый провод на соединение распредустройства и оборудования связи информации (коммутатор данных, речевой коммутатор и т.д.).

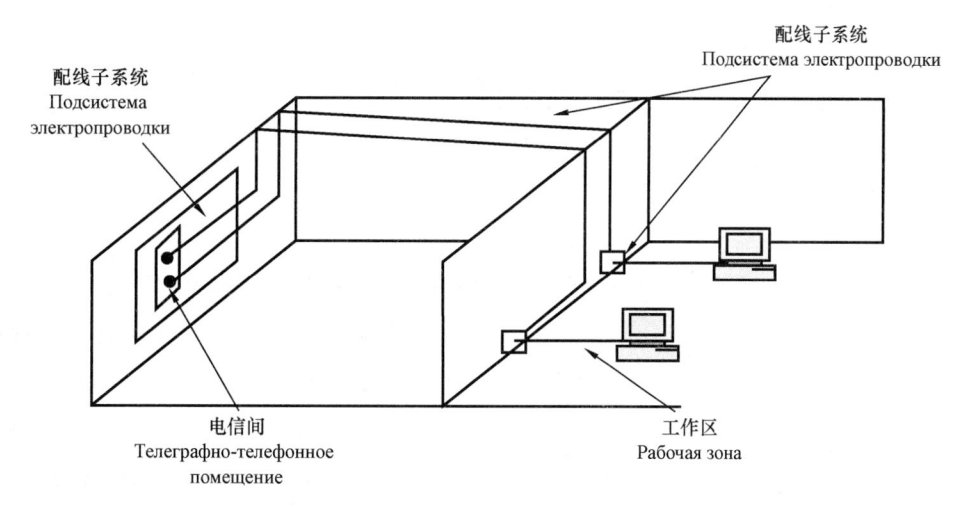

图 2.3.3　配线子系统与其他系统的连接

Рис.2.3.3　Присоединение подсистемы распредустройства к другим системам

③ 互连是不用接插软线或跳线,使用连接器件把两个配线设备连接在一起。

③ Для взаимного соединения не применяется вставленный соединительный провод или

④ 通常的配线设备就是配线架(patch panel)。

(3)干线子系统。

干线子系统由设备间至电信间的干线电缆和光缆,安装在设备间的建筑物配线设备(BD)及设备缆线和跳线组成。

干线子系统一般采用大对数双绞线电缆或光缆,两端分别端接在设备间和楼层电信间的配线架上(图 2.3.4)。

④ Обычное распредустройство является кроссом (patch panel).

(3) Подсистема магистрали.

Подсистема магистрали состоит из кабеля и оптического кабеля магистрали, проложенного от помещения оборудования до телеграфно-телефонного помещения, распредустройства здания (BD), монтированного в помещении оборудования, кабельного провода и кроссового провода оборудования.

Для подсистемы магистрали обычно применяются двухжильные кабели большой парности или оптический кабель, два наконечника соединяются отдельно к кроссам в помещении оборудования и этажном телеграфно-телефонном помещении с торцевым соединением (рис.2.3.4).

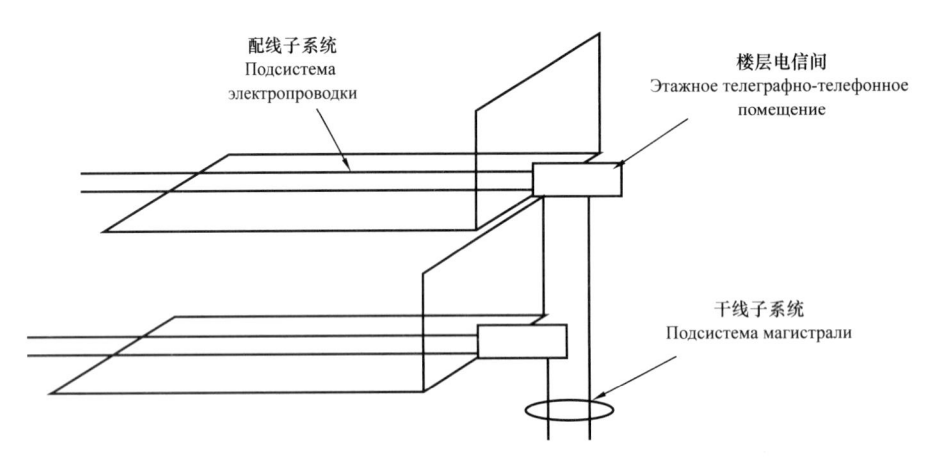

图 2.3.4 干线子系统与其他系统的连接

Рис.2.3.4 Присоединение подсистемы магистральной линии к другим системам

(4)建筑群子系统。

建筑群子系统由连接多个建筑物之间的主干电缆和光缆、建筑群配线设备(CD)及设备缆线和跳线组成(图 2.3.5)。

建筑群子系统提供了楼群之间通信所需的硬件,包括电缆、光缆以及防止电缆上的脉冲电压进

(4) Подсистема архитектурного комплекса.

Подсистема архитектурного комплекса состоит из магистрали кабелей и оптического кабеля между зданиями, распредустройства архитектурного комплекса (CD) и кабельного и кроссового провода оборудования (рис.2.3.5).

Подсистема архитектурного комплекса предоставляет жесткое обеспечение, необходимое

2 通信

2 Связь

入建筑物的电气保护设备。它常用大对数电缆和室外光缆作为传输线缆。

для связи между группами зданий включая кабели, оптические кабели и оборудование электрической защиты во избежание входа напряжения импульса на кабелях в зданиях. Она часто применяет кабели большой парности и наружные оптические кабели в качестве кабельного провода передачи.

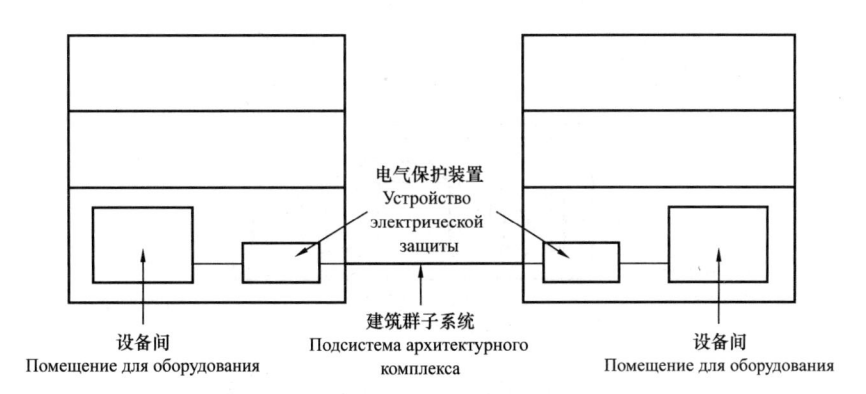

图 2.3.5　建筑群子系统与其他系统的连接

Рис.2.3.5　Присоединение подсистемы архитектурного комплекса к другим системам

（5）设备间子系统。

① 设备间是在每幢建筑物的适当地点进行网络管理和信息交换的场地。

② 设备间子系统由设备间内安装的电缆、连接器和有关的支撑硬件组成。

③ 它的作用是把公共系统设备的各种不同设备互连起来。

如图 2.3.6 所示。

（6）进线间子系统。

进线间是建筑物外部通信和信息管线的入口部位,并可作为入口设施和建筑群配线设备的安装场地。

（7）管理子系统。

管理是对工作区、电信间、设备间、进线间的配线设备、缆线、信息插座模块等设施按一定的模式进行标识和记录。

（5）Система в помещении оборудования.

① Помещение оборудования является площадкой для управления сетью и обмена данных на соответствующем месте в каждом здании.

② Подсистема помещения оборудования состоит из кабелей, соединителей и соответствующего опорного жесткого обеспечения, монтированных в помещении оборудования.

③ Она играет роль во взаимном соединении разных аппаратов оборудования системы общего пользования.

Как показано в рис.2.3.6.

（6）Подсистема в вводном помещении.

Вводное помещение является входом наружной связи и линии данных здания, и тоже площадкой монтажа входного сооружения и распредустройства архитектурного комплекса.

（7）Подсистема управления.

Управление заключается в маркировании и регистрации распредустройства, кабельного провода, информационной модули розетки и т.д.

в рабочей зоне, телеграфно-телефонном помещении, помещении оборудования, вводном помещении по определенному способу.

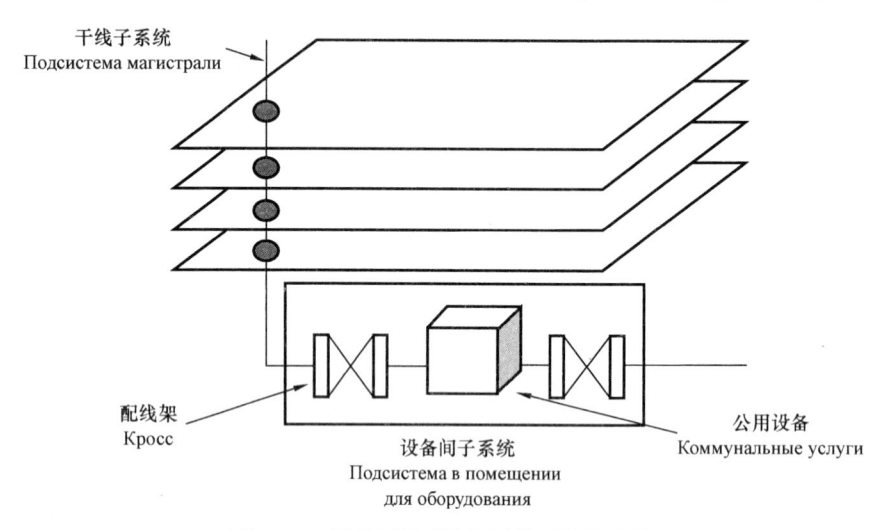

图 2.3.6 设备间子系统与其他系统的连接

Рис.2.3.6 Присоединение подсистемы в помещении оборудования к другим системам

各子系统与应用系统的连接关系如图 2.3.7 所示。

Зависимость соединения между подсистемами и прикладной системой: Как показано в рис.2.3.7.

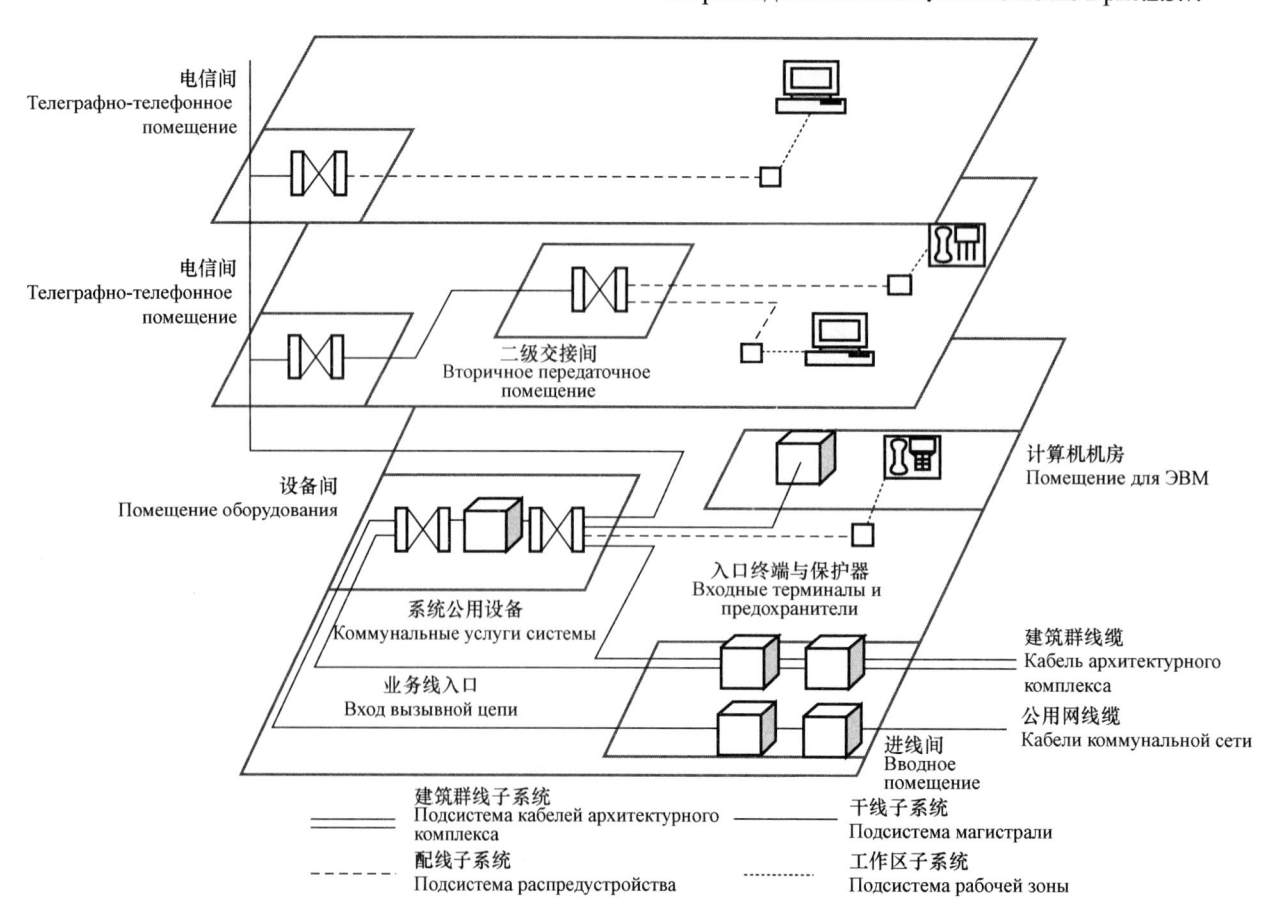

图 2.3.7 综合布线各子系统与应用系统的连接关系

Рис.2.3.7 Соединение между подсистемами комплексной системы трассировки и прикладной системой

2.3.3 综合布线系统的必要性

（1）综合布线系统具有良好的初期投资特性。

① 综合布线系统在网络投资中所占的比重最小。

② 综合布线系统的投资特性随着应用系统的增加而迅速提高。

（2）综合布线系统具有较高的性能价格比。

① 能解决不断变化的用户需求。

② 规模经济性。

③ 综合布线系统的使用时间越长,它的高性能价格比就体现得越充分。

④ 综合布线系统工程费用较低。

2.3.4 综合布线的重要性

（1）可以使系统结构清晰,便于管理和维护。

（2）由于选用的材料统一先进,有利于今后的发展需要。

（3）系统的灵活性强,可适应各种不同的需求。

2.3.3 Необходимость комплексной системы трассировки

（1）Имеется хорошие характеры первоначальной инвестиции у комплексной системы трассировки.

① Имеется минимальное отношение, занимаемое комплексной системой электропроводки в инвестиции сети.

② Характеры инвестиции у комплексной системы трассировки быстро повышаются по мере увеличения прикладной системы.

（2）Имеется высокое отношение характеристики к цене у комплексной системы трассировки.

① Она может решить непрерывно изменяющее потребление клиентов.

② Масштабная экономичность.

③ Когда время применения комплексной системы трассировки становится длиннее, тогда ее отношение характеристики к цене окажется более очевидным.

④ Имеются низкие расходы работ комплексной системы трассировки.

2.3.4 Важность комплексной системы трассировки

（1）При применении ее структура системы становится более четкой на управление и обслуживание.

（2）Выбор единственных и передовых материалов полезен к потреблению будущего развития.

（3）Сильная ловкость системы соответствует разному потреблению.

（4）综合布线系统便于扩充，同时节约费用，提高系统的可靠性。

（5）综合布线作为开放系统，有利于各种系统的集成。

2.3.5 综合布线系统的优点

（1）兼容性：在传统布线系统中，电话配线采用双绞线，而计算机的配线多采用同轴电缆，从线路材料到插头、插座均不相同；而在综合布线系统中，所有信号的传输均统一设计，采用相同的传输介质、插头、插座及适配器等，从而使布线系统大为简化。

（2）开放性：综合布线系统的设计符合国际上的统一标准，因而对所有厂商的产品都是开放的。

（3）灵活性：由于在综合布线系统中，所有信息的传输皆采用相同的传输介质，因而在增加新设备或更改设备类型时，都不需要改变原系统布线。

（4）可靠性：采用高品质的材料和组合压接的方式构成一套高标准的信息传输通道，所有线缆和相关连接器件均通过 ISO 认证。

（4）Комплексная система электропроводки имеет удобство расширения, экономии расходов, повышения надежности системы.

（5）В качестве открытой системы комплексная проводка полезна к интеграции систем.

2.3.5 Преимущество комплексной системы трассировки

（1）Совместимость: В системе традиционной проводки применен двухжильный кабель для распредустройства телефонов, коаксиальный кабель-для распредустройства компьютеров, что материалы линии, штепсельных вилок, розеток окажутся не одинаковыми. В комплексной системе электропроводки передача всех сигналов проектирована единственно, применены одинаковая среда передачи, штепсельные вилки, розетки, адаптеры и т.д., что упростило систему проводки.

（2）Открытость: Проект комплексной системы трассировки соответствует международным единым стандартам, что она открыта ко всем продукциям заводов-изготовителей.

（3）Ловкость: Благодаря тому, что применяется одинаковая среда передачи для передачи всех данных в комплексной системе электропроводки, поэтому не требуется изменение бывшей проводки системы в случае увеличения нового оборудования или изменения типа оборудования.

（4）Надежность: Способ по применению высококачественных материалов и сборному обжимному соединению образует высокостандартный канал передачи данных, и все кабельные проводы и соответствующие элементы соединителей

(5)先进性:综合布线系统可根据当今网络通信的发展趋势,考虑到通信速率的不断提高,以及用户对信息服务多样性的需求,在选用传输介质上留有足够余地。例如,目前可采用光纤和双绞线混合的布线方式来合理地构成布线系统。

(6)经济性:综合布线系统的初期投入可能会大一些,但由于它在日后的运行中,可省却因改装、扩容而带来重新布放线缆的投资,并使维护、管理费用降低,因而从总体来看是经济的。

2.3.6 综合布线系统的功能

(1)传输模拟与数字的语音。
(2)传输数据。
(3)传输传真、图形、图像资料。
(4)传输电视会议与安全监视系统的信息。
(5)传输建筑物安全报警与空调控制系统的信息。

сертифицированы в соответствии с требованиями ISO.

(5) Передовая характеристика: Комплексная система электропроводки оставляет достаточную избыточность к выбору среды передачи с учетом непрерывного повышения скорости связи по текущей тенденции развития связи сети и требования клиентов к многообразию информационных услуг. Например, в настоящее время можно применять смешанный способ проводки оптическим и двухжильным кабелем на рациональное создание системы проводки.

(6) Экономичность: Может быть, будет большее первоначальное капиталовложение для комплексной системы трассировки, но в ее дальнейшей работе будет экономия капиталовложения по новой проводке кабельных проводов, вызванного реконструкцией, расширением, кроме этого будут низкие расходы по обслуживанию и управлению, что она окажется экономичной в общем.

2.3.6 Функции комплексной системы трассировки

(1) Передача аналоговой и цифровой речи.
(2) Передача данных.
(3) Передача факса, изображений, графических материалов.
(4) Передача информации о телевизионных собраниях и системе безопасного контроля.
(5) Передача информации о безопасной сигнализации зданий и системе управления кондиционерами.

2.4 扩音对讲系统

2.4.1 系统组成和功能

2.4.1.1 系统组成

扩音对讲系统主要分为有主机系统和无主机系统。适用于电力(火电/核电/清洁能源发电)、石油、石化、天然气、航空、航天及钢铁冶炼制造、铁路运输、机场、楼宇等行业。

有主机系统主要由系统主机、主控话站、室内话站、室外话站、扬声器、电源模块、报警信号模块、程控电话转接模块、电缆等组成。

无主机系统主要由主控话站、室内话站、室外话站、扬声器、电源控制器、阻抗均衡器、报警信号模块、程控电话转接模块、电缆等组成。

2.4 Система громкоговорящей связи

2.4.1 Состав и функции системы

2.4.1.1 Состав системы

Система громкоговорящей связи разделена на систему с основным устройством и систему без основного устройства. Она предназначена для электроэнергетической отрасли (турбоэлектрической /ядерной выработки / выработки чистой энергией), нефтяной отрасли, нефтехимической отрасли, отрасли природного газа, авиационной и космической отрасли, отрасли по металлургическому производству, отрасли железнодорожного транспорта, аэропорта, зданий и т.д..

Система с основным блоком состоит из основного блока системы, телефонной станции главного управления, телефонной станции в помещении, наружной телефонной станции, репродуктора, силовой модули, модули сигнализационных сигналов, транзитной модули телефонов с программным управлением, кабелей и т.д..

Система без основного блока состоит из телефонной станции главного управления, телефонной станции в помещении, наружной телефонной станции, репродуктора, аппарата управления источником питания, выравнивателя полного сопротивления, модули сигнализационных сигналов, транзитного модули телефонной с программным управлением, кабелей и т.д. .

2.4.1.2 系统功能

扩音对讲系统主要有以下功能：

（1）点呼功能：系统内某一话站可直接呼叫另一话站；

（2）组呼功能：主控话站和分组内话站可一键呼叫该分组内所有话站；

（3）全呼功能：主控话站一键呼叫所有话站；

（4）电话接口功能：系统通过电话接口可实现与电话系统全透明互通；

（5）报警功能：系统通过报警接口实现全厂/分区的手动或自动联动报警功能；

（6）录音功能：实时记录控制中心与现场通信联络情况；

（7）抗噪功能：系统可在高噪声环境下实现双方清晰通话；

（8）防护功能：室外话站可在强腐蚀、易潮湿、多粉尘的恶劣环境中长期使用，并具有良好的抗冲击能力。

2.4.1.2 Функции системы

Громкоговорящая система имеет функции как следующие：

（1）Функцию по избирательному вызову: непосредственный вызов от определеной телефонной станции в системе к другой телефонной станции；

（2）Функцию по групповому вызову: на телефонной станции главного управления и групповой внутренней станции может быть выполнен вызов одной кнопкой к всем телефонным станциям, находящимся в данной группе；

（3）Функция по общему вызову: на телефонной станции главного управления может быть выполнен вызов одной кнопкой к всем телефонным станциям；

（4）Функция по интерфейсу телефона: Через телефонный интерфейс система может осуществлять полную прозрачную взаимную коммутацию с телефонной системой；

（5）Сигнализационная функция: Через сигнализационный интерфейс система осуществляет ручную или автоматическую блокировочную сигнализационную функцию на всем заводе/районе；

（6）Функции по записи: выполняется регистрация о связи между центром управления и площадкой в реальное время；

（7）Шумозащитная функция: В окружающей среде с высоким шумом система осуществляет ясный разговор между двумя сторонами；

（8）Функция по защите: Наружная телефонная станция может работать в длительное время при строгих условиях с сильной коррозией, влажностью и наличием пыли, имеет хорошую устойчивость к удару.

2.4.2 主要设备工作原理

2.4.2.1 有主机系统

有主机扩音对讲系统为工业型有主机通信系统，可实现为厂区内工作人员提供点到点对讲、寻呼广播、紧急广播、会议通话以及报警等通信功能，是一个采用集中式放大的内部通信系统（图2.4.1）。该系统被广泛应用在各种工业企业，能够实现用户在爆炸性危险环境、高噪声、腐蚀、粉尘等恶劣工作条件下的无障碍通信需求。针对该项目特点，配备抗噪防爆话站和抗噪防爆扬声器。

系统采用星形拓扑架构，所有话站和扬声器组通过2芯线接入主机，任意话站或线路损坏不会影响系统内其他设备的正常运行。具有点对点呼叫对讲、全区/分区广播、全双工通话、全区/分区报警以及设备和线路在线监测功能的系统。

2.4.2 Принцип работы основного оборудования

2.4.2.1 Система с основным блоком

Громкоговорящая система с основным блоком является промышленной системой связи с основным блоком, которая осуществляет двухточечный разговор, пейджиновое радиовещание, аварийное радиовещание, разговор на собраниях, сигнализацию и другие функции связи, что является централизованной усиленной внутренней системой связи (рис.2.4.1). Данная система распространена в промышленных предприятиях для осуществления беспрепятственной связи во взрывоопасной окружающей среде при строгих условиях с высоким шумом, коррозией и пылью. По особенностям данного объекта комплектованы противопомеховая взрывобезопасная телефонная станция и противопомеховый взрывобезопасный репродуктор.

Для системы применяется звездная топологическая структура, и все телефонные станции и группы репродукторов соединены с основным блоком через двухжильный провод, и повреждение любой телефонной станции или линии не будет влиять на нормальную работу другого оборудования в системе. Имеется система, имеющая двухточечный вызов и разговор, радиовещание в полной зоне/районировании, полный дуплексный разговор, сигнализацию в полной зоне/районировании, функцию по поточному контролю над оборудованием и линиями и т.д..

系统的主要设备组成：主交换单元、主控单元、台式主话站、呼叫话站（包括台式、防水及防爆型）、大功率集中功放、定压扬声器、2芯话站和扬声器组电缆以及220V AC/48V DC整流电源。设备均采用模块化设计，便于扩展和维护。

系统主交换单元为全数字化设计，单CPU支持640个外部终端话站工作，全双工通话模式，支持N/2无阻塞通信。CPU和整流电源等主要部件支持热备份自动倒换，保证系统连续运行。可配置数字中继卡板，支持系统间的光纤互联。系统所有话站均通过2芯（2×0.8mm²）电缆以星形方式连接到主机柜，最远传输距离3000m；所有扬声器组通过2芯（2×2.5mm²）电缆以星形方式连接到主机柜，满功率最远传输距离1200m，可根据要求以减小功率反比例延伸距离。

2 通信

2 Связь

Основное оборудование системы состоит из: главного коммутационного блока, блока главного управления, главной телефонной настольной станции, телефонной станции вызовов (включая настольный, водонепроницаемый и взрывобезопасный тип), централизованного усилителя с большой мощностью, репродуктора с определенным напряжением, двухжильной телефонной станции, кабелей группы репродукторов и выпрямительного источника питания 220ВАС/48ВDC. Для оборудования предназначен проект модулизации на удобство расширения и обслуживания.

Для главного коммутационного блока системы применен цифровой проект, индивидуальный CPU поддерживает работу 640 наружных терминальных телефонных станций с полным дуплексным разговором и поддержкой беспрепятственной связи N/2. CPU и выпрямительный источник питания и другие основные узлы поддерживают автоматическое переключение горячего резервирования для обеспечения непрерывной работы системы. Можно комплектовать цифровую соединительную плату для поддержки волоконно-оптического взаимного соединения между системами. Все телефонные станции системы соединятся с шкафом основного устройства через двухжильный кабель (2×0,8мм²) в звезду с максимальным расстоянием передачи 3000м; все репродукторы соединяются с шкафом основного устройства через двухжильный кабель (2×2,5мм²) в звезду с максимальным расстоянием передачи 1200м под полной нагрузкой; можно продлить расстояние обратной пропорциональностью путем уменьшения мощности.

图 2.4.1 有主机扩音对讲系统图

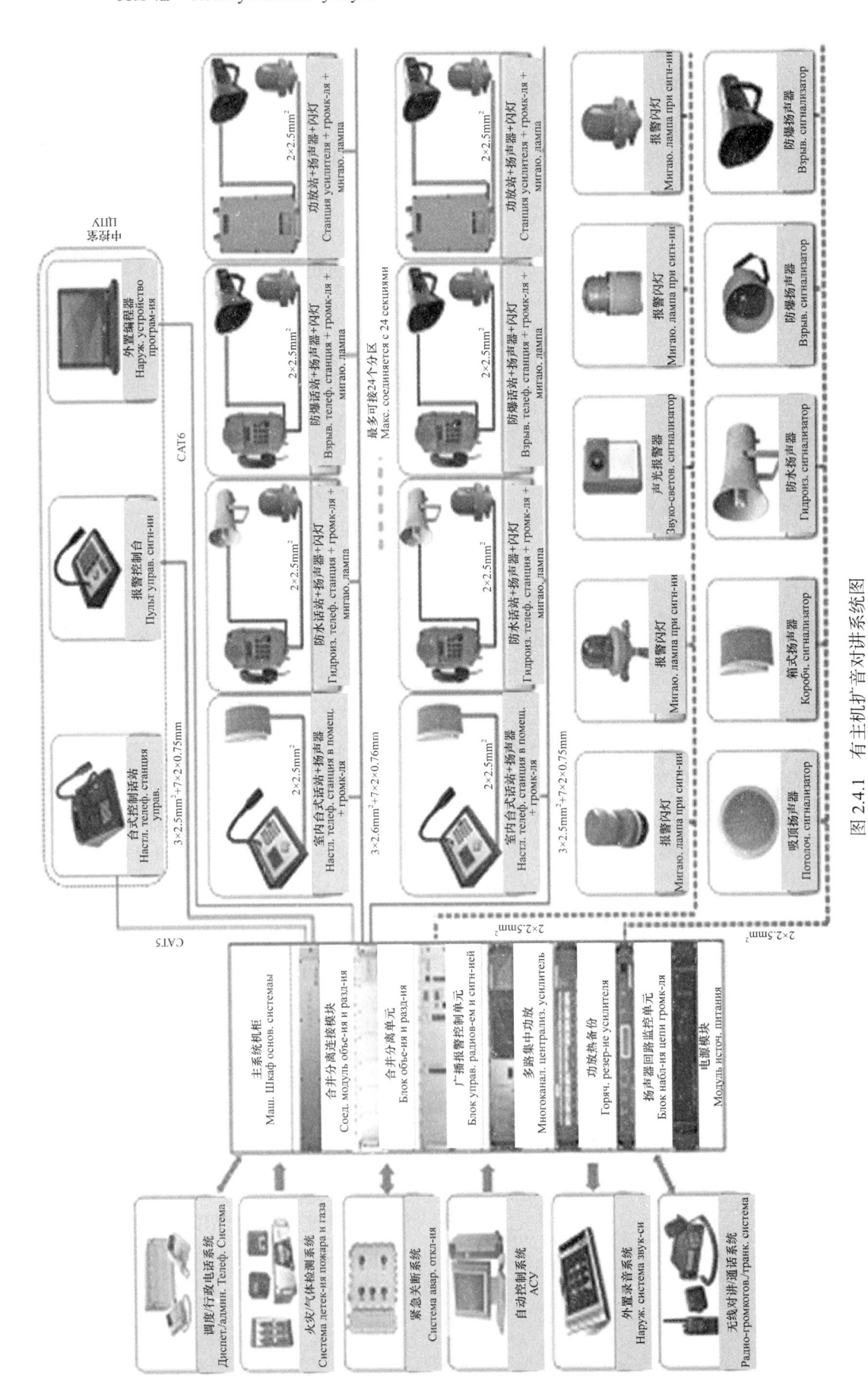

Рис.2.4.1 Схема системы громкоговорящей связи с основным блоком

2 通信

2 Связь

系统支持话站进行分区/全区广播,标准最多 16 分区,可扩展到 128 个分区,对于易受干扰的行政办公区域可通过音量调节关闭扬声器音量。系统话站独立工作,也可单个停止使用,无论话站故障或停止使用,不会影响系统工作。系统线路采用抗干扰设计,系统运行时不会受到外部有线、无线设备的干扰,也不会干扰外部其他系统。

系统可配置与 PABX 电话交换机接口,可根据需要提供模拟环路或数字 E1 接口,实现由 PABX 系统的电话分机拨号呼入系统进行分区/全区的广播或 P2P 点到点呼叫话站通话,同时,支持由系统内的话站拨号呼叫 PABX 系统电话分机进行全双工通话。

系统支持录音功能,可针对某 1 路或几路录音,录音方式可选检测线路音频信号启动。录音采用内置硬盘的数字录音设备。

系统可配置至少 14 种可修改的报警音/预录音,并能通过与 F&G 火气系统的接口,实现全厂/分区的手动或自动联动报警功能;同时,提供输出干接点,用于报警时对外部系统的同步控制。

Система поддерживает радиовещание телефонных станций в районировании / всей зоне с максимальным числом 16 районирований по стандарту, но можно расширить их на 128 шт., для административной служебной зоны, легко получающей помехи можно закрыть громкость репродукторов путем регулирования громкости. Телефонные станции системы независимо работают, и тоже можно прекратить одну станцию, и не будет влияние на работу системы из-за неисправности или прекращения работы телефонной станции. Для линии системы предназначен противопомеховый проект, и при работе системы не будет помехи внешнего проводного и беспроводного оборудования, и тоже не будет помехи внешних других систем.

Для системы можно комплектовать интерфейсы телефонных коммутаторов PABX, по необходимости представлять интерфейсы аналогового шлейфа или цифровой E1, чтобы осуществить радиовещание системы набора и вызова добавочных телефонов системы PABX в районировании / всей зоне или двухточечный разговор P2P на телефонных станциях, при этом поддерживать полный дуплексный разговор добавочных телефонов системы набора и вызова добавочных телефонов системы PABX в системе.

Система поддерживает функции по записи, выполняющейся к какому-то каналу или каналам, для способа записи выбирается пуск тональных сигналов контрольной линии. Для записи применяется аппарат цифровой записи с встроенным жестким диском.

Для системы можно комплектовать 14 исправляемых сигнализационных звуков/звук предварительной записи, осуществить функцию по ручной или автоматической блокировочной

系统可配置扬声器线路的在线监控,线路故障包括短路、断路以及漏电等可由系统线路监控设备实时监测。

系统采用大功率集中式功放用于分区/全区的广播和报警,可根据现场扬声器的数量配置120~960W多种功率的集中功放,集中功放可采用热备份热倒换功能保证持续工作,支持1备1至8备1可选。系统也可采用分散式自驱动扬声器外挂在话站上,作为话站的音量提升(需增加2芯线供电)。

系统控制软件为易操作的图形视窗界面,兼容 WindowsXP 和 WIN7 操作系统平台。软件可设定实时修改分区大小、广播优先级以及报警优先级等,实时生效,无须重启。

сигнализации на всем заводе/районировании через интерфейс огнево-газовой системы F&G; при этом предоставить выходные сухие контакты на синхронное управление внешней системой при сигнализации.

Для системы можно комплектовать поточный контроль над линией репродукторов, контрольное оборудование линии системы выполняет контроль над неисправностями линии включая короткое замыкание, обрыв линии, утечку и т.д. в реальном времени.

Для системы применяется централизованные усилители с большой мощностью для радиовещания и сигнализации в районированиях/всей зоне, можно комплектовать централизованные усилители с разной мощностью 120-960Вт по количеству репродукторов на площадке, для централизованных усилителей можно применять функцию по горячему переключению резервирования для поддержки непрерывной работы, поддерживать 1 в резерве и 1 в работе, а также 8 в резерве и 1 в работе. Для системы тоже можно применять разделенный само-приводной репродуктор, повешенный на телефонной станции на повышение громкости телефонной станции (нуждается увеличить электроснабжение двухжильного кабеля).

Для программного обеспечения управления системы предназначен интерфейс графического окна с легкостью операции, имеющий совместимость WindowsXP и платформу операционной системы WIN7. Для программной обеспечения можно установить размер районирования поправки в реальное время, приоритетный класс радиовещания, приоритетный класс сигнализации и т.д., действие в работу в реальном времени без необходимости вторичного пуска.

系统采用 220V AC$_{-15\%}^{+10\%}$ 50Hz（±5%）供电。

2.4.2.2 无主机系统

无主机系统是一个采用分散式放大的内部通信系统，系统无须交换主机即可实现为厂区内工作人员提供寻呼、紧急广播、会议通话以及报警等通信功能。该系统被广泛应用在各种工业企业，能够实现用户在爆炸性危险环境、高噪声、腐蚀、粉尘等恶劣工作条件下的无障碍通信需求（图 2.4.2）。

Для системы применяется электроснабжение 220В AC$_{-15\%}^{+10\%}$ 50Гц（±5%）.

2.4.2.2 Система без основного блока

Система без основного блока является разделенной усиленной системой внутренней связи, которая осуществляет предоставление вызова работникам на территории завода, аварийного радиовещания, разговора на собраниях, сигнализации и других функций связи при отсутствии коммутационного основного устройства. Данная система широко распространена в промышленных предприятиях для осуществления беспрепятственной связи в взрывоопасной окружающей среде при строгих условиях с высоким шумом, коррозией и пылью（рис. 2.4.2）.

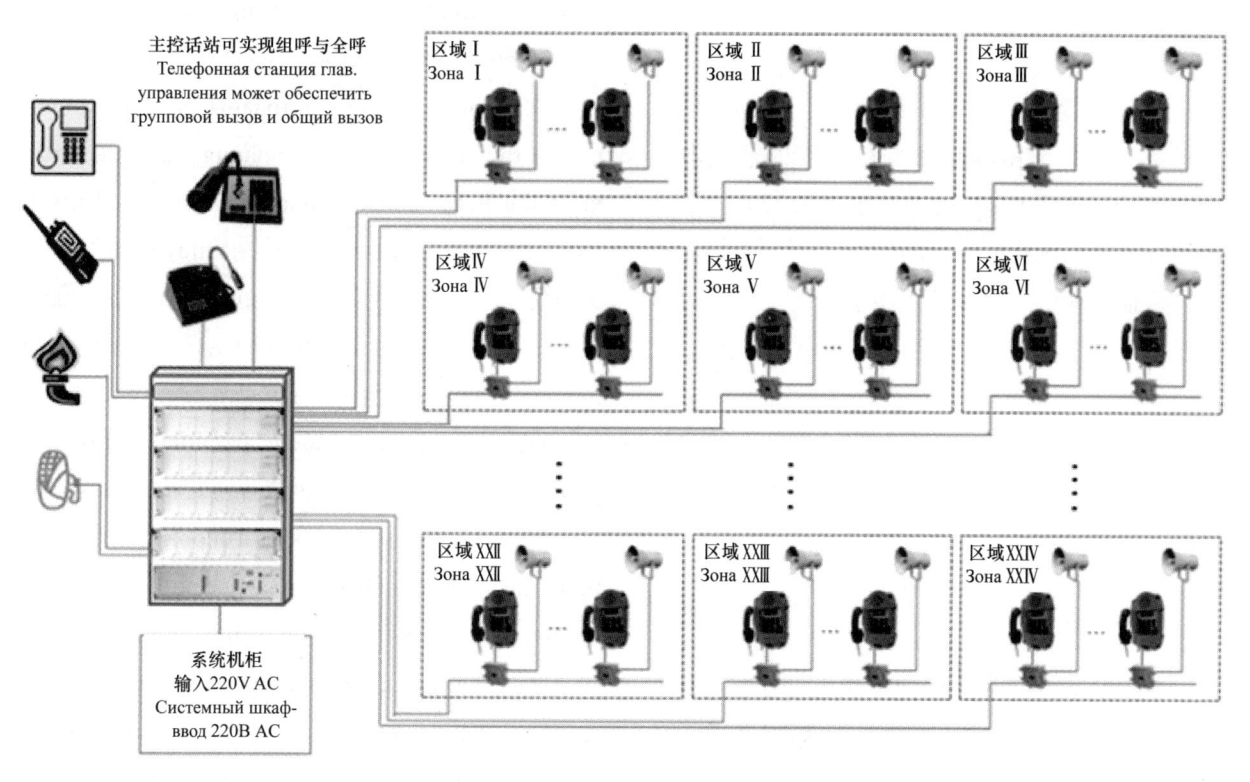

图 2.4.2　无主机扩音对讲系统图

Рис. 2.4.2　Схема системы громкоговорящей связи без основного блока

广播/寻呼/对讲系统为总线型 5 通道会议型架构，具有一键广播、全双工通话、P2P 点对点呼叫通话、报警以及设备和线路在线监测功能的系统。

Система радиовещания/вызова/громкоговорящей связи является шинной структурой типа собраний с 5 каналами, имеющая радиовещание

系统的主要设备组成：台式主控话站、呼叫话站（包括台式、防水及防爆型），扬声器功放站，扬声器，合并分离单元（4级共24分区可控），17芯总线电缆，220V AC 50Hz供电。主控话站带有合并分离控制按键以及液晶屏显示系统故障信息。

系统配置有主电源、1条广播通道、5条通话通道和1条数字传输通道。采用17芯总线电缆（$3×2.5mm^2+7×2×0.75mm^2$），其中3线220V AC主电源线用于系统集中供电的传输，1对广播线用于全厂广播/报警，5对通道线用于会议通话，1对数字线用于系统中的数字化功能与控制的传输。

语音传输为1条广播通道用于寻呼找人或广播报警，5条通话通道用于全双工通话，每条通话通道支持6人同时进入通道进行会议通话，通道间各自通话互不影响。

одной кнопкой, полный дуплексный разговор, P2P двухточечный вызов и разговор, функцию по поточному контролю над оборудованием и линиями.

Основное оборудование системы состоит из: настольной телефонной станции главного управления, вызывной телефонной станции (включая настольный, водопроницаемый и взрывобезопасный тип), станции усилителей репродукторов, репродукторов, блоков объединения и разделения (наличие 4 класса, 24 районирований для управляемости) 17-жильных кабелей магистрали, электроснабжения 220В AC/50 Гц. На телефонной станции главного управления имеется кнопка по объединению и разделению и жидкокристаллический дисплей для показания информации о неисправностях системы.

Для системы комплектованы главный источник питания, канал радиовещания, 5 разговорных каналов и канал цифровой передачи. Применяются 17-жильные кабели магистрали ($3×2,5мм^2+7×2×0,75мм^2$), в том числе 3 кабеля главного источника питания 220В AC применяется для передачи централизованного электроснабжения системы, 1 пара кабеля радиовещания—для радиовещания/сигнализации на всем заводе, 5 пар кабеля канала—для разговора собраний, 1 пара цифрового кабеля—для цифровой функции и передачи управления в системе.

Речевая передача является каналом радиовещания для вызова к поиску человека или сигнализации радиовещания, 5 разговорных каналов-для полного дуплексного разговора, и каждый разговорный канал поддерживает вход 6 человека в канал на разговор собрания, и разговор между каналами не влияет друг на друга.

2 通信

2 Связь

系统支持各话站间点到点拨号呼叫,以避免频繁的广播寻呼造成噪声污染。对于易受干扰行政办公等区域可通过音量控制调低或关闭扬声器音量,但全区广播时自动恢复音量。

系统话站独立工作,也可单个停止使用,无论话站故障或停止使用,不会影响系统工作。系统总线采用抗干扰设计,系统运行时不会受到外部有线、无线设备的干扰,也不会干扰外部其他系统。

系统可按要求配置多分区总线合并分离单元,模块化的设计可根据用户要求配置现场分区数量,最高支持24个分区,可通过主控话站或软件界面控制分区合并/分离操作。平时各分区独立运行互不干扰。合并分离单元距离最远话站的距离不超过3000m。

系统可配置电话接口,可由PABX系统的电话分机拨号呼入系统进行广播寻呼P2P点到点呼叫话站通话。也可由电话/寻呼/对讲系统内的话站拨号呼叫PABX系统电话分机进行全双工通话。

Система поддерживает двухточечный набор и вызов между телефонными станциями во избежание загрязнения шума, вызванного интенсивным радиовещанием и вызовом. Для административной служебной зоны, легко получающей помехи можно регулировать или закрыть громкость репродуктора путем управления громкостью, которая будет восстановлена автоматически при радиовещании в зоне.

Телефонные станции системы независимо работают, и тоже можно прекратить одну станцию, и не будет влияние на работу системы из-за неисправности или прекращения работы телефонной станции. Для магистрали системы предназначен противопомеховый проект, и при работе системы не будет помехи внешнего проводного и беспроводного оборудования, и тоже не будет помехи внешних других систем.

Для системы можно комплектовать блоки объединения и разделения магистрали районирования по требованиям, модульный проект может выполнять конфигурацию количества районирования на площадке по требованиям клиентов с максимальной поддержкой 24 районирований, управление объединением/разделением районирования через телефоны станции главного управления или интерфейс программного обеспечения. Обычно районирования работают независимо и не влияют друг на друга. Максимальное расстояние телефонной станции для объединения и разделения блоков не превысит 3000 м.

Для системы можно комплектовать интерфейсы, и система набора и вызова добавочных телефонов системы PABX выполняет P2P двухточечный вызов и разговор на телефонной станции на радиовещание и вызов. И за выполнение

· 71 ·

系统话站使用时,就近的扬声器自动静音,以避免自激啸叫。

系统具有话站及外接扬声器的在线监控,系统话站及外接扬声器具有随周围环境噪声变化而自动调节音量的功能。

系统支持室外话站的内置闪灯功能,也可外接广播指示/报警指示用360°可视闪灯。

系统支持录音功能,除了对广播通道录音外,还可支持对5条通话通道的录音。录音采用内置硬盘的数字录音设备,支持LAN局域网调用。

系统可配置至少15种可修改的报警音/预录音,并能通过与F&G火气系统的接口,实现全厂/分区的手动或自动联动报警功能。

系统可提供接口,支持无线系统的接入,实现手持式无线对讲机可呼叫全区/分区广播。

系统带有自诊断功能,在线检测所有终端运行状况,支持手动定点检查单个/多个话站、功放站、扬声器及6条语音线路,也可通过主控话站设定时间自动系统检测。

полного дуплексного разговора отвечает добавочный телефон системы набора и вызова телефонной станции PABX в телефонной/вызывной/громкоговорящей системе.

При работе телефонной станции системы ближайший репродуктор автоматически отключает звук во избежание звука самовозбуждения.

У системы имеется поточный контроль над телефонными станциями и репродукторами с внешним соединением, которые имеют функцию по автоматическому регулированию громкости по мере изменения шума в окружающей среде.

Система поддерживает функцию по встроенной мигающей лампе на наружной телефонной станции, и внешнее соединение с видео-мигающей лампой 360° для указания радиовещания/сигнализации.

Система поддерживает функцию по записи, еще запись 5 каналов разговора кроме записи канала радиовещания. Для записи применяется аппарат цифровой записи с встроенным жестким диском, поддерживается работа локальной сети LAN.

Для системы можно комплектовать 15 исправляемых сигнализационных звуков/предварительную запись, осуществить функцию по ручной или автоматической блокировочной сигнализации на всем заводе/районировании через интерфейс огнево-газовой системы F&G.

Система предоставляет интерфейсы, поддерживает подключение беспроводной системы, осуществляет вызов на радиовещание во всей зоне/районировании с помощью ручного беспроводного транка.

Система имеет функцию самодиагностики для поточного контроля режима работы всех терминалов, поддерживает ручную назначенную проверку индивидуальной/многих телефонных

系统支持集中式大功率功放接入系统,在某些不需要话站的场所采用经济的扬声器组广播,集中功放可采用的热备份热倒换保证持续工作。

系统控制软件为易操作的图形视窗界面,兼容 WindowsXP 和 WIN7 操作系统平台。

系统采用 220V AC(+10%、-15%)、50Hz(±5%)供电,集中供电情况下,有效工作距离至 3km。

2.4.3 应用实例

2.4.3.1 有主机系统

土库曼斯坦巴格德雷合同区域 A 区改建扩能工程($80×10^8m^3/a$ 原料气)处理厂扩音/对讲系统为有主机系统。该系统有 85 个话站,主机设于中央控制室机柜间,话站设于中央控制室操作间、天然气处理厂装置区、硫黄成型、空气氮气站值班室和硫黄包装机房控制室等地点。

станций, станций усилителей, репродукторов и 6 речевых линии, и тоже устанавливает время автоматического контроля системы через телефонную станцию главного управления.

Система поддерживает систему подключения централизованного усилителя с большой мощностью, на площадке без потребления телефонной станции применяется экономическое радиовещание группы репродукторов, и для централизованного усилителя применяется горячее переключение горячего резервирования на обеспечение непрерывной работы.

Для программного обеспечения управления системы предназначен интерфейс графического окна с легкостью операции, имеющий совместимость WindowsXP и платформу операционной системы WIN7.

Для системы предназначено электроснабжение 220В AC(+10%, -15%), 50Гц(±5%) с действующим расстоянием работы до 3 км при централизованном электроснабжении.

2.4.3 Реальные примеры прменения

2.4.3.1 Система с основного блока

Система с основного блока предназначена для системы громкоговорящей связи на ГПЗ на Объект по расширению мощности и реконструкции Блока А на договорной территории «Багтыярлык» в Туркменистане (сырьевой газ $80×10^8м^3/г.$). В данной системе имеются 85 телефонных станций, и основной телефон установлен в отделении машинных шкафов в помещении центрального управления, телефонные станции расположены в операционном отделении помещения центрального управления,

2.4.3.2 无主机系统

土库曼斯坦巴格德雷合同区域第二天然气处理厂扩音/对讲系统为无主机系统。该系统有57个话站，系统综合柜设于中央控制室机柜间，话站设于中央控制室操作间、天然气处理厂装置区、空气氮气站和锅炉房控制室等地点。

2.5 工业电视监视系统

2.5.1 系统结构

工业电视监视系统的主要作用是将被监控现场的图像准确、实时地传送到监控中心或有关部门，使被监控现场情况一目了然。工业电视监视系统将生产现场的图像（也可图像、声音同时）传送到监控中心，监控中心通过录像、录音设备将生产现场的实时图像、声音部分或全部记录下来，为日后调查处理各种事件、事故和故障提供有力证据（图2.5.1）。

2.4.3.2 Система без основного блока

Система без основного блока предназначена для системы громкоговорящей связи на ГПЗ-2 на договорной территории «Багтыярлык» в Туркменистане. В данной системе имеются 57 телефонных станций, и комплексный шкаф системы установлен в отделении машинных шкафов в помещении центрального управления, телефонные станции расположены в операционном отделении помещения центрального управления, в зоне установок ГПЗ, на станции воздуха и азота, в помещении управления котельной и т.д..

2.5 Мониторинговая система промышленного телевидения

2.5.1 Структура системы

Главная роль мониторинговой системы промышленного телевидения заключается в точной передаче в реальном времени изображений о контролируемых площадках к контрольному центру или соответствующим департаментам на четкое показание условий контролируемых площадок. Мониторинговая система промышленного телевидения передает изображения на производственных площадках (изображения и звук в одно время) к контрольному центру, который регистрирует все изображения, часть или полную часть звука в реальном времени на производственных площадках с помощью видеооборудования,

2 通信

2 Связь

оборудования записи на предоставление четких доказательств для выяснения и решения событий, аварий и неисправностей (рис.2.5.1).

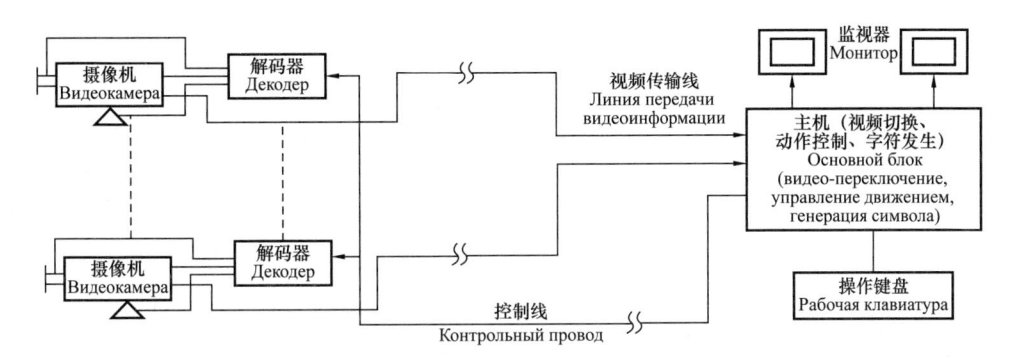

图 2.5.1 工业电视监视系统工作原理

Рис.2.5.1 Принцип работы системы

摄像机的图像信号输入到矩阵主机的视频输入端口，各个监视区域的设备所对应的 PLC 报警输出信号输入到矩阵主机的报警接收模块。矩阵主机视频输出端口有 16 路视频与 16 画面分割器相连接，经过 16 画面分割器处理后的图像，有 8 路与电视墙上的 8 个监视器相连接。矩阵主机视频输出端口有 1 路视频输出到监控室的多媒体工作站，该工作站装有视频采集卡和监控软件，从而可以完成对矩阵主机编程以及全部的控制功能。矩阵主机视频输出端口有 4 路视频输出接到 4 个网络视频监控设备上，而网络视频监控设备又将图像传输到网上，通过安装相应的监控软件，就可以通过现有的以太网浏览图像。被授权为管理权限的分控机，还可以切换图像和控制摄像机云台、镜头。矩阵键盘与矩阵主机的控制口相连接，利用键盘可以完成对矩阵编程以及图像切换、控制云台、镜头等功能。系统中的数字硬盘录像机与矩阵主机视频输出端的 4 路视频和 16 画面分割器输出的视频相连接，这样录像机就可以同时录制 4 路单独画面的图像和 1 路叠加 16 个画面的图像，通过设定还可以实现事故追忆功能。报警视频监控技术在输煤系统中的应用，输出部分接有一个蜂鸣器，当 PLC 有报警信号时，在图像自动切换的同时，该蜂鸣器会发出声音提示操作员。

Видеосигнал видеокамеры вводится к видеовходному порту основного устройства матрицы, выходные сигнализационные сигналы PLC, соответствующие оборудованию в контрольных зонах вводятся к модули приема сигнализации у основного устройства матрицы. В видеовыходном порту основного устройства матрицы имеются 16 видеоканалов, соединяющихся с разделителем 16 изображений, и 8 каналов из изображений, обработанных через разделитель 16 изображений соединяются с 8 контроллерами, монтированными на телевизионной стене. От видеовыходного порта основного устройства матрицы 1 видеоканал выходит к рабочей станции мультимедии, где установлены карточка сбора видео и контрольное программное обеспечение, чтобы выполнить программирование основного устройства матрицы и все функции управления. На порту видеовыхода основного устройства матрицы имеются 4 канала видеовыхода, соединяющиеся с сетевым видеоконтрольным оборудованием, которое передает изображения к сети, таким образом можно провести осмотр изображений через существующую эфирную сеть с помощью установления соответствующего контрольного программного обеспечения. Устройство дополнительного управления, уполномоченное с компетенцией управления может переключить изображения и управлять камерной платформой и объективом видеокамеры. Клавиатура матрицы соединена с интерфейсом управления основного устройства матрицы, с помощью клавиатуры выполняется программирование матрицы и переключение изображений, управление камерной платформой и объективом видеокамеры и т.д.. В систем видеокамера цифрового жесткого диска соединяется с видеочастотой, выходной из 4 видеоканала на терминале видеовыхода основного устройства матрицы и разделителя 16 изображений, так в одно время видеокамера может записывать индивидуальное изображение 4 канала и изображения 1 канала с суперпозицией 16 изображений, и еще осуществлять функции по прослеживанию аварии через специальное установление. Техника по сигнализационному видеоконтролю выполняет соединение зуммера на выходной части применения в системе транспорта угля, в случае наличия сигнализационного сигнала у PLC данный зуммер выдаст звуковое указание оператору при автоматическом переключении изображений.

2.5.2 系统组成

工业电视监视系统一般由摄像前端、传输、图像显示、控制4部分组成。各部分配套设备的性能和技术要求应协调一致，各部分包括以下内容：

2.5.2 Состав системы

Мониторинговая система промышленного телевидения состоит из 4 части как передней части видеокамеры, передачи, индикации изображения, управления. Характеристики и технические требования комплектованного оборудования частей должны быть согласованы, части включают в себя содержание как следующее：

(1)摄像前端部分主要包括摄像机及其配套、云台、防护罩、解码器等,用于获取监视目标的信息;

(2)传输部分主要包括光缆、同轴电缆、五类线、无线传输设备等,传输线路将前端设备所获取的信息传送至控制中心,并通过电源线为前端设备供电;

(3)图像显示部分主要包括监视器、显示器及大屏,用于显示前端设备所获取的信息图像;

(4)控制部分主要包括硬盘录像机、管理服务器、存储服务器、网络交换机、操作键盘等,完成对传送回来的信息的处理、存储及控制。

2.5.3 系统组网

(1)模拟视频监控:也叫闭路电视监控系统(CCTV—Closed Circuit Television),是完全模拟的视频监控系统,主要组成包括视频信号采集部分、信号传输部分、切换控制部分及显示与录像部分。

(2)数字视频监控:标志性产品为硬盘录像机(DVR—Digital Video Recorder)是集音视频编码压缩、网络传输、视频存储、远程控制、解码等各种

(1) Передняя часть видеокамеры включает в себя видеокамеру и ее комплект, камерную платформу, защитный колпачок, декодер и т.д. для получения информации о контролируемом объекте;

(2) Часть передачи включает в себя оптический кабель, коаксиальный кабель, 5 категории проводов, оборудование беспроводной передачи и т.д., линия передачи передает информации, полученные передним оборудованием к центру управления, и выполняет электроснабжение к переднему оборудованию через линию источника питания;

(3) Часть индикации изображений включает в себя монитор, дисплей и большой экран для индикации информации и изображений, полученных передним оборудованием;

(4) Часть управления включает в себя видеокамеру жесткого диска, сервер управления, сервер памяти, сетевой коммутатор, операционные клавиатуры и т.д. на выполнение обработки, накопления и управления переданных информаций.

2.5.3 Конфигурация сети системы

(1) Аналоговый видео-мониторинг: Он тоже называется замкнутой видео-мониторинговой системы (CCTV—Closed Circuit Television). она является полной аналоговой видео-мониторинговой системой, состоящей из части сбора видеосигналов, части передачи сигналов, части управления переключением и части индикации и видеозаписи.

(2) Цифровой видео - мониторинг: Значимая продукция является видеомагнитофоном жесткого диска (DVR—Digital Video Recorder),

功能于一体的计算机系统,其主要组成是视频采集卡、编码压缩程序、存储设备、网络接口及软件体系等。分 PC 式和嵌入式。

（3）智能网络视频监控:主要构成是网络摄像机（IPC—Internet Protocol Camera）、视频编码器（DVS—Digital Video Server）、网络录像机（NVR—Network Video Recorder）、视频内容分析单元（VCA—Video Content Analysis）、中央管理平台（CMS—Central Management System）、解码设备（decoder）、存储设备。采用完全分布式的架构,架设在网络上。

2.5.4 系统核心技术

（1）光学器件:主要包括镜头及感光器材。感光器材主要有两种:CCD（Charge-coupled Device 电荷耦合器件）和 CMOS（Complementary Metal Oxide Semiconductor,互补金属氧化物半导体）。

（2）视频编码压缩算法:特定的压缩技术,将某个视频格式的文件转换成另一种视频格式文件的方式。视频流传输中最为重要的编解码标准有国际电联的 H.261、H.263、H.264 和 H.265,运动静止图像专家组的 M-JPEG 和国际标准化组织运动

который является компьютерной системой, централизующей кодирование и сжатие звука и видео, сетевую передачу, память видео, дистанционное управление, декодирование и другие функции на нее, ее основной состав состоит из карточки сбора видео, программы кодирования и сжатия, накопителя, сетевых интерфейсов, системы программного обеспечения и т.д.. Данная система разделена на способ РС и вставленный способ.

（3）Видео-мониторинг интеллектуальной сети: состоит из сетевой видеокамеры（IPC—Internet Protocol Camera）, видео-кодировщика（DVS—Digital Video Server）, сетевого видео-магнитофона（NVR—Network Video Recorder）, блока анализа видео-содержания（VCA—Video Content Analysis）, платформы центрального управления（CMS—Central Management System）, декодера（decoder）, накопительного устройства. Для него предназначена полно разделенная структура, установленная в сети.

2.5.4 Ядерная техника системы

（1）Оптические аппараты включают в себя: объектив и светочувствительные аппараты. И светочувствительные аппараты разделены на 2: CCD（Charge-coupled Device, прибор с зарядовой связью）и CMOS（Complementary Metal Oxide Semiconductor, комплементарный металло-оксидный полупроводник）.

（2）Алгоритм сжатия видеокодирования: это специальная техника сжатия, которая является способом преобразования документа с каким-то видеоформатом в документ с другим видеоформатом. В передаче видеопотока самыми

图像专家组的 MPEG 系列标准。保证视频效果的前提下减少视频数据量。

（3）视频编码压缩芯片：视频编码压缩算法的处理芯片。

（4）视频管理平台：能在同一系统同时兼容主流高清网络摄像机和视频服务器等，实现基于计算机网络技术的视频监控和管理；基于中间件技术、面向业务的四层体系架构模式，可确保新需求的增加无须改变软件核心模块；系统各接口应满足用户应用开发的要求，无偿提供接口开发包，配合用户调用相关安防视频数据满足应用需求。

2.5.5 摄像机性能指标

2.5.5.1 摄像机的工作原理

摄像机的主要部件是电耦合器件（CCD），将光线信号变为电荷信号并将电荷存储及转移，也可将存储的电荷取出，使电压发生变化。CCD 的工作原理是被摄物反射的光线传播到镜头，经镜头聚焦

важными стандартами кодирования и декодирования являются H.261, H.263, H.264 и H.265 Международного Союза Сети Связи, M-JPEG Группы специалистов подвижных статических изображений и ряд стандартов MPEG Группы специалистов подвижных изображений Международной организации по стандартизации. Уменьшается объем видеоданных при условиях обеспечения видеоэффекта.

（3）Чип сжатия видеокодирования: чип обработки для алгоритма сжатия видеокодирования.

（4）Платформа видеоуправления: Она может совместить ведущие сетевые видеокамеры с высокой четкостью, видеосервер и т.д. в одной системе, осуществляет видеомониторинг и управление по компьютерной сетевой технике; обеспечивает увеличение новой потребности без изменения ядерной модули программного обеспечения на основе техники промежуточных элементов, типа структуры четырехслойной системы, направляющей к услугам; интерфейсы системы должны удовлетворять требованиям к применению и развитию клиентов, представляются пакеты развития интерфейсов бесплатно, используются видеоданные по охране на удовлетворение потребности применения при согласовании с клиентами.

2.5.5 Показатели характеристик видеокамеры

2.5.5.1 Принцип работы видеокамеры

Основным элементом видеокамеры является прибор с зарядовой связью (CCD), который преобразует световой сигнал в зарядовый сигнал, накопляет заряды и проводит перенос,

到CCD芯片上,CCD根据光的强弱集聚相应的电荷,各个像素累积的电荷在视频时序的控制下逐点外移,经滤波、放大处理后,形成视频信号输出。

2.5.5.2 摄像机的分类

根据色彩可分为彩色摄像机和黑白摄像机。

按CCD靶面尺寸可分为1/3in和1/4in等。

按同步方式可分为内同步、外同步、电源同步。

按照度指标可分为一般照度、低照度、星光级照度摄像机等。

按外形分类:枪式摄像机、半球摄像机、云台摄像机、一体化球形摄像机、一体化防爆摄像机等。

2.5.5.3 摄像机的主要参数

(1)清晰度。

清晰度是指人眼看到的宏观图像的清晰程度,其指标是水平分辨率,单位为电视线(TVLine),即成像后最高可分辨的黑白"线对"的数目,数值越大越清晰。

и тоже может взять накопленные заряды для изменения напряжения. Принцип работы прибора с зарядовой связью (CCD) заключается в том, что свет, отраженный фотографируемым телом распространяется на объектив, потом его фокусируется к чипу прибора с зарядовой связью (CCD) через объектив, и прибор с зарядовой связью (CCD) собирает соответствующие заряды по степени света, заряды, накопленные на элементах изображения перемещаются наружу по точкам под управлением видео-временного порядка, образуется выход видеосигналов после фильтрации и увеличения.

2.5.5.2 Классификация видеокамеры

По цвету она разделена на цветную и черно-белую видеокамеру.

По размеру плоскости мишени прибора с зарядовой связью (CCD) она разделена на 1/3дм, 1/4дм и т.д..

По синхронному способу она разделена на внутреннюю синхронизацию, наружную синхронизацию и синхронизацию источника питания.

По показатели освещенности она разделена на видеокамеру с обычной и низкой освещенностью, освещенностью класса звезды и т.д..

По габариту она разделена на: видеокамеру с формой пистолета, видеокамеру с формой полушара, видеокамеру с камерной платформой, интегральную шаровую видеокамеру, интегральную взрывобезопасную видеокамеру и т.д..

2.5.5.3 Основные параметры видеокамеры

(1) Четкость.

Четкость означает степень четкости макроизображения, видимой глазами человека, ее показатель-горизонтальная разрешающая способность, измерительная единица-линия телевидения

（2）分辨率。

分辨率指在视频摄录、传输和显示过程中所使用的图像质量指标。用"水平像素×垂直像素"来表达。D1 的分辨率为 40 万像素 720×576（PAL制式）；另外，CIF：352×288、2CIF：704×288、4CIF：704×576。

（3）最低照度。

照度是反映光照强度的一种单位，是照射到单位面积上的光通量，单位是流明每平方米（lm/m²），也叫勒克斯（Lux）。

照度是衡量摄像机在什么光照强度的情况下可以输出正常图像信号的一个指标。在给出照度这一指标时，往往会给出"正常照度"和"最低照度"两个指标。正常照度是指摄像机在这个照度下工作时，能输出满意的图像信号。最低照度是指如果低于这个最低照度时，摄像机输出的信号就难以使用，或者说摄像机至少要工作在最低照度之上。如果摄像机的最低照度无法满足被监视场所的要求，就要考虑采用红外成像功能的摄像机或在被监视场所加装不易损坏的照明装置。

（TVLine），то есть число черно-белой «пары линии», максимально разрешаемой после образования изображения, чем больше значения, тем более четкий.

（2）Разрешающая способность.

Разрешающая способность означает показатели качества изображения, применяемые в процессе видео – фотографирования, передачи и индикации. Они обозначены в «горизонтальном элементе изображения × вертикальном элементе изображения». Для разрешающей способности D1 применяется 400 тыс. элемента изображения 720×576（система PAL）, кроме этого, CIF：352×288, 2CIF：704×288, 4CIF：704×576.

（3）Минимальная освещенность.

Освещенность является единицей, отражающей интенсивность света, проходом света облучения на удельной площади, ее единица-люмен – число（LM/м²）по каждому квадратному метру, тоже называется люксом（Lux）.

Освещенность является показателем, определяющим выход сигнала нормального изображения при определеной интенсивности света для видеокамеры. При выдаче данного показателя освещенности обычно выданы 2 показателя по «нормальной освещенности» и «минимальной освещенности». Нормальная освещенность означает выход годного сигнала изображения при работе видеокамеры под данной освещенностью. Минимальная освещенность означает, что выходной сигнал видеокамеры не сможет быть применен в случае наличия освещенности ниже данной освещенности, или видеокамера должна работать при условии освещенности выше минимальной освещенности. Если минимальная освещенность видеокамеры не сможет удовлетворять требованиям контролируемой площадки,

（4）使用场所。

工业电视监视系统的摄像机要能适应工业现场的要求，特别是用于高温、易燃、易爆等恶劣环境中时，要选择对应工业生产环境要求的摄像机产品。

（5）信噪比。

信噪比是信号电压对于噪声电压的比值，通常用符号 S/N 表示。信噪比是摄像机的一个重要性能指标，信噪比越高，干扰噪点对画面影响越小。

（6）自动增益控制（AGC）。

自动增益控制（AGC—Autom-gain Control）摄像机有一个来自 CCD 的信号放大的视频放大器，其放大量就是增益。自动增益控制是限幅输出的一种，它利用线性放大和压缩放大的有效组合对助听器的输出信号进行调整。当弱信号输入时，线性放大电路工作，保证输出信号的强度；当输入信号达到一定强度时，启动压缩放大电路，使输出幅度降低。也就是说，AGC 功能可以通过改变输入输出压缩比例自动控制增益的幅度。

то необходимо учесть применение видеокамеры с функцией образования инфракрасных изображений или дополнительный монтаж освещенного устройства, стойкого к повреждению на контролируемой площадке.

（4）Место использования.

Видеокамера мониторинговой системы промышленного телевидения должна соответствовать требования промышленных площадок. И должно выбрать продукции видеокамеры, соответствующие требованиям окружающей среды промышленного производства особенно в строгих условиях, как высокотемпературной, взрывопожароопасной и т.д..

（5）Соотношение сигнала-шума.

Соотношение сигнала-шума является соотношением между напряжением сигнала и напряжением шума, обозначается обычно в обозначении S/N. Соотношение сигнала-шума является важным показателем характеристики видеокамеры, чем более высокое соотношение сигнала-шума, тем менее влияние помехи точки шума на изображение.

（6）Автоматическое управление усилением （AGC）.

Для видеокамеры с автоматическим управлением усилением （AGC—Autom-gain Control） имеется видеоусилитель на усиление сигналов от прибора с зарядовой связью （CCD）, это объем усиления означает усиление. Автоматическое управление усиления является одним из выходов ограничения амплитуды, оно регулирует выходные сигналы аудифона с помощью эффективного сочетания линейного и сжимного усиления. При входе слабых сигналов работает цепь с линейным усилением для обеспечения интенсивности выходных сигналов; при достижении выходных

（7）背光补偿（BLC）。

可以有效地补偿摄像机在逆光环境下画面主体黑暗的缺陷。背光补偿，也称为逆光补偿，是把画面分成几个不同的区域，每个区域分别曝光。在某些应用场合，视场中可能包含一个很亮的区域，而被包含的主体则处于亮场的包围之中，画面一片昏暗，无层次。此时，由于 AGC 检测到的信号电平并不低，因此放大器的增益很低，不能改进画面主体的明暗度，当引入逆光补偿时，摄像机仅对整个视场的一个子区域进行检测，通过求此区域的平均信号电平来确定 AGC 电路的工作点。

（8）宽动态范围。

宽动态范围（WDR—Wide Dyna Range）是指摄像机对拍摄场景中景物光照反射的较好适应能力。

常规摄像机视场中的物体在亮度较高的背景光时，需要看门口或窗外的物体，通常采用中央背光补偿（BLC）模式，它主要是靠提升视场中央部分的亮度、降低视场四周部分的亮度来达到看清位于中央位置内物体的目的。

2　通信

2　Связь

сигналов до определенной интенсивности пускается цепь с сжатием усиления для снижения выходной амплитуды. То есть функция автоматического управления（AGC）может выполнить автоматическое управление амплитудой усиления путем изменения отношения входного и выходного сжатия.

（7）Компенсация задней подсветки（BLC）.

Задняя подсветка может эффективно компенсировать недостаток темноты объекта изображения у видеокамеры в противном луче. Компенсация задней подсветки тоже называется компенсацией противного луча, разделяет изображение на разные зоны, и каждая зона отдельно экспонируется. При каких-то условиях применения видимое поле может включать очень яркую зону, а окружаемый субъект находится в ярком поле, что изображение окажется темной без иерархии. При этом из-за не низкого уровня сигнала, измеренного автоматическим управлением усиления（AGC）усиление усилителя получается низко, что не возможно изменять степень освещенности субъекта изображения, при вводе компенсации противного света видеокамера только контролирует одну подзону целого видимого поля, определяет рабочую точку цепи автоматического управления усиления（AGC）через средний уровень сигнала данной зоны.

（8）Широкий динамический масштаб.

Широкий динамический масштаб（WDR—Wide Dyna Range）означает хорошую приспособляемость видеокамеры к отражению света вида при фотографировании.

Когда вид в видимом поле стандартной видеокамеры находится в фоновом свете с высокой яркостью, нужно смотреть за дверью или окном, обычно применять способ компенсации центральной задней подсветки（BLC）на достижение

背光补偿,是把画面分成几个不同的区域,每个区域分别曝光。逆光补偿虽然改善了拍摄主体的亮度,但是图像质量或多或少会劣化下降。

而宽动态这一技术是同一时间曝光两次,一次快,一次慢,再进行合成使得能够同时看清画面上亮与暗的物体。虽然二者都是为了克服在强背光环境条件下,看清目标而采取的措施,但背光补偿是以牺牲画面的对比度为代价的,所以从某种意义上说,宽动态技术是背光补偿的升级。

2.5.6 网络摄像机(IPC)

支持网络协议的摄像机,相当于"模拟摄像机+视频编码器(DVS)"构成的联合体。

(1)IPC 主要功能。

① 视频编码:采集并编码压缩视频信号;

② 音频功能:采集并编码压缩音频信号;

хорошего видения тела в центральном месте путем повышения яркости центральной части видимого поля, снижения яркости около видимого поля.

Компенсация задней подсветки разделяет изображение на разные зоны, и каждая зона отдельно экспонируется. Хотя компенсация противного света улучшает яркость фотографируемого субъекта, но качество изображения более или менее снижается.

А техника по широкому динамическому масштабу выполняет 2 раза экспозиции в одно время, один раз быстро, другой раз медленно, после этого выполняет синтез, чтобы можно увидеть хорошо яркое и темное тело на изображении в одно время. Хотя два способа являются мерами, применяемыми для получения хорошего видения при условиях с сильной задней подсветкой, но компенсация задней подсветки платит контраст изображения, поэтому в некотором смысле техника по широкому динамическому масштабу является усовершенствованием компенсации задней подсветки.

2.5.6 Сетевая видеокамера(IPC)

Видеокамера, поддерживающая сетевой проколу работает в качестве комплекса, состоящего из «аналоговой видеокамеры + видеокодера (DVS)».

(1)Основные функции сетевой видеокамеры(IPC).

① Видеокодирование: сбор, кодирование и сжатие видеосигналов;

② Тональная функция: сбор, кодирование и сжатие тональный сигналов;

③ 网络功能：编码压缩的音视频信号通过网络进行传输；

④ 云台、镜头控制功能：通过网络控制云台、镜头的各种动作；

⑤ 缓存功能：可以把压缩的视音频数据临时存储在本地的存储介质内；

⑥ 报警输入输出：能接受、处理报警输入输出信号，即具备报警联动功能；

⑦ 移动监测报警：监测场景内的移动并产生报警；

⑧ 视频分析：自动对视频场景进行分析，比对预设原则并触发报警；

⑨ 视觉参数调节：饱和度、对比度、色度、亮度等视觉参数的调整；

⑩ 编码参数调节：帧率、分辨率、码率等编码参数可以调整。

（2）IPC 的优势。

信号处理过程：传感器（CCD/CMOS）完成光/电转换过程后，模数转换（编码压缩）打包上传，图像质量损失小；

③ Сетевая функция: кодированные и сжатые тональные видеосигналы передаются через сеть;

④ Функция по управлению камерной платформой и объективом: управление разным срабатыванием монтажной площадки и объектива;

⑤ Функция по кэш-памяти: временное хранение сжатых тональных видеоданных в местной среде памяти;

⑥ Вход и выход сигнализации: прием и обработка входных и выходных сигналов сигнализации, то есть наличие сигнализационной блокировочной функции;

⑦ Сигнализация подвижного мониторинга: мониторинг перемещения объектов и возникновение сигнализации;

⑧ Видеоанализ: автоматический анализ видеообъектов, сравнение предварительно установленных правил и контакт сигнализации;

⑨ Регулирование видимых параметров: регулирование насыщенности, контраста, цветности, яркости и других видимых параметров;

⑩ Регулирование параметров кодирования: регулирование скорости передачи кадров, разрешающей способности, скорости кода и других параметров кодирования.

（2）Преимущество сетевой видеокамеры (IPC).

Процесс обработки сигналов: После оптического / электрического преобразования датчика (аппарата зарядной связи (CCD) / комплементарный металло-оксидный полупроводник (CMOS)) проводится преобразование модулей (кодирование и сжатие), уплотнение и передача, что будет маленькая потеря качества изображений;

扫描方式：采用逐行扫描技术，对快速移动物体可以高质量成像；

图像分辨率：不受限制，可实现百万、千万像素分辨率；

双向音频支持：有音频输入输出接口，可直接连接拾音器和扬声器，且双向音频可以与视频同步存储。

（3）IPC 与模拟摄像机的比较见表 2.5.1.

Способ сканирования: применяется техника по построчному сканированию, что выполняется качественное изображение для быстро подвижных тел;

Разрешающая способность изображений: не будет ограничение, что осуществляется разрешающая способность с миллионами и 10 миллионами элементов изображений;

Двухсторонняя тональная поддержка: имеются входные и выходные тональные интерфейсы, соединяющиеся прямо с адаптерами и репродукторами, и двухсторонние тональные сигналы могут быть хранены с видеосигналами синхронно.

（3）Сравнение IPC с аналоговой видеокамерой см. таблицу 2.5.1.

表 2.5.1　IPC 与模拟摄像机的比较

Таблица 2.5.1　Сравнение IPC с аналоговой видеокамерой

项目 Объект	IPC	模拟摄像机 Аналоговая видеокамера
核心技术 Основная техника	感光器件、编码算法、压缩芯片、视频分析算法 Светочувствительные детали, алгоритм кодирования, сжатые чипы, алгоритм видео-анализа	光学镜头、成像器件 Оптические линзы, формирователь изображения
图像质量 Качество изображения	可实现数百万像素 Реализации многомиллионных пикселов	最低接近 40 万像素 Около 400,000 пикселов（минимум）
感光性 Светочувствительность	目前照度不能太低 Текущая освещенность не может быть слишком низкой	可以达到星光级 Можно достигать уровня света звезда
存储介质 Запоминающая среда	硬盘为主要存储介质 Жесткие диски — главная запоминающая среда	磁带录像机或硬盘录像机 Видеомагнитофон или своих видеомагнитофон на на жестких дисках
接线方式 Способ соединения	网络线 Сетевой провод	电源线、视频线、控制线 Силовой провод, видеокабель, контрольный провод
成本 Себестоимость	综合成本不高 Не высокая комплексная себестоимость	单机成本不高 Не высокая себестоимость за единицу
单机功能性 Единичная функциональность	目前不丰富，部分技术指标有待加强 Теперь, функция не богатая, и некоторые технические показатели требуют улучшения	产品丰富、功能强大、技术成熟 Богатый продукт, мощная функция, зрелая техника

（4）高清视频监控技术。

高清电视分辨率一般为：720P（1280×720，逐行扫描）、1080P（1920×1080，逐行扫描）。

2.5.7 录像存储

根据录像要求（录像类型、录像保存时间）计算一台硬盘录像机所需总容量，计算方法：

（1）计算单个每小时所需的存储容量 q，单位 M byte。

$$q=d\div 8\times 3600\div 1024$$

其中 d 是码率，单位 Kbit/s。

（2）确定录像时间要求后单个通道所需的存储容量 m，单位 M byte。

$$m=qhD$$

其中 h 是每天录像时间，h；D 是需要保存录像的时间，d。

CIF：512Kbit/s、D1：2Mbit/s，720P/1080P：4～6Mbit/s。

2.5.8 监控其他设备

（1）镜头。

镜头像面尺寸应与摄像机靶面尺寸相适应，镜头的接口与摄像机的接口配套，镜头焦距的选择应

根据视场的大小和镜头到监视目标的距离确定,可参照如下公式计算:

$$f=AL/H \quad (2.5.1)$$

式中　f——焦距,mm;
　　　A——像场高/宽,mm;
　　　L——镜头到监视目标的距离,mm;
　　　H——视场高/宽,mm。

(2)云台。

云台就是两个交流电机组成的安装平台,可以水平和垂直地运动。通过控制系统在远端可以控制云台转动方向,在控制信号的作用下,云台上的摄像机既可自动扫描监视区域,也可在监控中心值班人员的操纵下跟踪监视对象。

(3)摄像机护罩。

摄像机护罩分为:室内防护罩和室外防护罩。

室内防护罩:主要是防尘并有一定防护作用,有的也有隐蔽作用,使监视场合和对象不易察觉受监视。

видеокамеры, соединение объектива должен комплектовано к соединению видеокамеры, и выбор фокусного расстояния объектива должен быть выполнен по размеру видимого поля и расстоянию к контролируемой цели, расчет см. формулу как следующую:

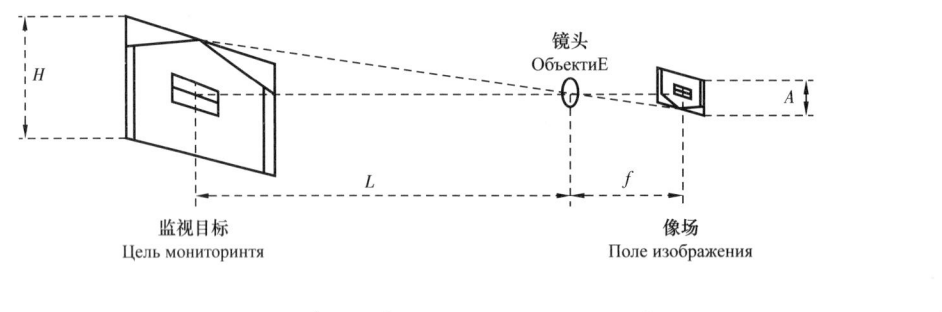

$$f=AL/H \quad (2.5.1)$$

Где　f——фокусное расстояние, мм;
　　　A——высота/ширина поля изображения, мм;
　　　L——расстояние между камерой и подконтрольным обьектом, мм;
　　　H——высота/ширина поля зрения, мм.

(2) Камерная платформа.

Камерная платформа является монтажной платформой, состоящей из двух двигателя переменного тока с возможным горизонтальным и вертикальным движением. С помощью системы управления на дистанционном порту управляется направление вращения камерной платформы, под воздействием сигналов управления видеокамера на камерной платформе может и автоматически сканировать контролируемую зону, и следить за объектами под управлением дежурного персонала в контрольном центре.

(3) Защитный колпачок видеокамеры.

Защитный колпачок видеокамеры разделен на: защитный колпачок в помещении и на улицах.

Защитный колпачок в помещении: работает для защиты от пыли с определенным защитным воздействием, и тоже закрытым воздействием,

室外防护罩：其功能有防晒、防雨、防尘、防冻和防凝露等作用。一般室外的防护罩都配有温度继电器，在温度高时自动打开风扇冷却，温度低时自动加热。下雨时，可以人为控制雨刷器刷雨。有的室外防护罩的玻璃还可以加热，当防护罩上有结霜时，可以加热除霜。

（4）辅助照明。

监视目标的环境照度不能满足摄像机正常工作照度要求时，应配置辅助照明设施，辅助照明应优先采用节能灯具。

（5）解码器。

在有云台、电动镜头和室外防护罩的工业电视系统中，必须配有控制解码器。在控制室中操纵键盘相应按键即可完成对前端设备（云台、电动变焦镜头、室外防护罩、射灯、摄像机电源）各动作及功能的控制。

чтобы контролируемые места и объекты не заметили получение мониторинга.

Наружный защитный колпачок: его функция заключается в защите от солнца, дожди, пыли, мороза, конденсации и т.д.. Для наружного защитного колпачка обычно комплектовано температурное реле для автоматического включения вентилятора на охлаждение при высокой температуре, автоматического отопления при низкой температуре. При дожде человеком управляются стеклоочистители для ударения дожди. У некоторых защитных колпачков на улицах стекло может нагреваться для ударения инея при заиндевении на защитном колпачке.

（4）Вспомогательное освещение.

В случае не удовлетворения освещенности для контроля целей требованиям освещенности нормальной работы должно установить вспомогательное освещенное сооружение, для которого приоритетно применяются энергосберегающие светильники.

（5）Декодер.

Необходимо комплектовать декодеры управления в системе промышленного телевидения с камерными платформами, электрическими объективами и наружными защитными колпачками. С помощью соответствующих кнопок на операционных клавиатурах в помещении управления выполняется управление срабатываниями и функциями переднего оборудования (камерные платформы, электрические объективы с переменным фокусным расстоянием, наружные защитные колпачки, прожекторы, источники питания видеокамер).

2.5.9 应用实例

湖北 $500×10^4 m^3/d$ LNG 工厂国产化示范工程设置的工业电视系统，系统采用基于 IP 网络的数字视频监控技术。图像数字化、传输、存储、管理系统构建在工业电视专用局域网系统之上，网络采用开放的 IP 架构。

前端设备：在 LNG 工厂的周界重要区域设置高清球型摄像机，在 LNG 工厂的压缩机厂房内、装车区、LNG 储罐区、放空区及脱水、脱碳、液化工艺装置区等重要区域设置高清一体化防爆摄像机。

传输设备：视频图像通过工业级以太网交换机及通信光缆汇聚到控制室。

管理设备：系统配置流媒体服务器、视频服务器、存储管理服务器及磁盘阵列，用于监控管理。

显示设备：控制室设置监视器及 DLP 大屏显示，用于全厂监控图像调用。

2.5.9 Реальные примеры пменения

На примерном объекте отечественного производства завода LNG 5 миллионов м³/сут Хубэй проектирована система промышленного телевидения, для которой применен техника по цифровому видео-мониторингу на основе сети IP.Цифрозирование изображений, передача, хранение, система управления разработаны на основе специальной локальной сети промышленного телевидения, для сети применяется открытая структура IP.

Переднее оборудование: В важных зонах около завода LNG установлены шаровые видеокамеры с высокой четкостью, а установлены интегральные взрывобезопасные видеокамеры с высокой четкость в важных зонах как здании компрессоров, зоне сооружения погрузки, парке резервуаров LNG, зоне сброса, зонах технологических установок по осушке газа, обессериванию, сжижению и т.д..

Оборудование передачи: Видеоизображения передаются к помещению управления через коммутатор эфирной сети промышленного класса и оптические кабели связи.

Оборудование управления: Для системы комплектованы медиа-сервер, видеосервер, сервер управления памятью, массив магнитных дисков на управление мониторингом.

Индикационное оборудование: В помещении управления установлены мониторы и большой дисплей DLP на регулирование контрольных изображений на всем заводе.

2.6 入侵报警系统

2.6.1 系统组成和功能

入侵报警系统 IAS（Intruder Alarm System）是指利用传感器技术和电子信息技术，探测并指示非法进入或试图非法进入设防区域的行为、发出报警信息和处理报警信息的电子系统或网络。

入侵报警系统通常由前端设备（包括探测器和紧急报警装置）、传输设备、处理／控制／管理设备和显示／记录设备部分构成。

前端探测部分由各种探测器组成，是入侵报警系统的触觉部分，感知现场的温度、湿度、气味、能量等各种物理量的变化，并将其按照一定的规律转换成适于传输的电信号。

操作控制部分主要是报警控制器。

监控中心负责接收、处理各子系统发来的报警信息、状态信息等，并将处理后的报警信息、监控指令分别发往报警接收中心和相关子系统。

2.6 Система охранной сигнализации

2.6.1 Состав и функции системы

Система охранной сигнализации IAS (Intruder Alarm System) означает электронную систему или сеть, использующую технику датчика и электронной информации на детектирование и указание нелегального входа или поведения попытки нелегального входа в охраняющую зону, выдачу и обработку сигнализационной информации.

Система охранной сигнализации обычно состоит из переднего оборудования (включая детектор и устройство аварийной сигнализации), оборудования передачи, устройств обработки/управления/организации и устройств индикации /регистрации.

Передняя детективная часть состоит из детекторов, является осязательной частью системы охранной сигнализации, которая ощущает изменение физических величин как температуры, влажности, запаха, энергии и т.д. и преобразует их на электрические сигналы, соответствующие передаче согласно определенному закону.

Для операционной части управления предназначены контроллеры сигнализации.

Контрольный центр отвечает за прием, обработку сигнализационных данных, данных о режимах, выданных подсистемами, передает обработанные сигнализационные данные и мониторинговые команды отдельно к центру приема сигнализации и соответствующим подсистемам.

2.6.2 主要设备工作原理

2.6.2.1 集中报警控制器

通常设置在安全保卫值勤人员工作的地方，保安人员可以通过该设备对保安区域内各位置的报警控制器的工作情况进行集中监视。通常该设备与计算机相连，可随时监控各子系统工作状态。

2.6.2.2 组建模式

根据信号传输方式的不同，入侵报警系统组建模式分为以下模式：

（1）分线制。探测器、紧急报警装置通过多芯电缆与报警控制主机之间采用一对一专线相连。

（2）总线制。探测器、紧急报警装置通过其相应的编址模块与报警控制主机之间采用报警总线（专线）相连。

（3）无线制。探测器、紧急报警装置通过其相应的无线设备与报警控制主机通信，其中一个防区内的紧急报警装置不得大于4个。

2.6.2 Принцип работы основного оборудования

2.6.2.1 Централизованный контроллер сигнализации

Они обычно монтированы на месте, где работают дежурные по безопасности и охране, которые могут провести централизованный контроль над работой контроллеров сигнализации в разных местах в охраняемой зоне с помощью данного оборудования. Обычно данное оборудование соединено с компьютерами для контроля над режимом работы подсистем в любое время.

2.6.2.2 Способ составления

По способам передачи сигналов составление системы охранной сигнализации разделено на следующие:

（1）Режим ответвления. Детектор, устройство аварийной сигнализации соединены с основным устройством управления сигнализацией с помощью специального провода один на один через многожильный кабель.

（2）Режим магистрали. Детектор, устройство аварийной сигнализации соединены с основным устройством управления сигнализацией с помощью сигнализационной магистрали (специального провода) через соответствующую модуль адресации.

（3）Беспроводный режим. Детектор, устройство аварийной сигнализации соединены с основным устройством управления сигнализацией с помощью их соответствующего беспроводного оборудования, в том числе устройства аварийной сигнализации в одной охраняющей зоне не должны быть выше 4 шт..

2.6.2.3 各类报警系统特点

周界安防系统要能够对各种入侵事件及时识别响应,且须具有长距离监控、高精度定位功能、低能源依赖性、高环境耐受性、抗电磁干扰、抗腐蚀等特性。

(1)红外对射方案、视频监控方案、微波对射方案、泄漏电缆方案、振动电缆方案、电子围栏等各有特点,但受一些客观技术条件等因素所限,还存在着一些共性或个性不足,具体如下:红外等传统方案,防护等级较低,对于蓄意侵入者而言,很容易跨越或规避;同时易受地形条件的高低、曲折、转弯、折弯等环境限制,而且它们不适合恶劣气候,容易受高温、低温、强光、灰尘、雨、雪、雾、霜等自然气候的影响,误报率高。

(2)泄漏电缆和振动电缆报警属于电缆传感,传感部分都是有源的,系统功耗很大;电子围栏、电网等方案又有一定危害性。上述方案可监测的距离较短,单位距离成本高,在需要进行长距离监测的情况下,系统造价高昂。且传感器单元的寿命较短,长时间连续使用,维护成本较高;干扰机会增多(电磁干扰、信号干扰、串扰等),灵敏性下降,误报

2.6.2.3 Особенности систем сигнализации

Система охраны периметра должна вовремя идентифицировать и реагировать события о вторжении, иметь функции по мониторингу в дальнем расстоянии, высокоточной ориентации, зависимость низкой энергии, стойкость к строгой окружающей среде, стойкость к электромагнитной помехе, стойкость к коррозии и другие характеристики.

(1) Проект по инфракрасному отражению, проект по видеомониторингу, проект по микроволновому противному отражению, проект по утечке кабеля, проект по вибрации кабеля, электронное ограждение и т.д. имеют свои особенности, и тоже имеют недостатки по общности или индивидуальности из-за ограничения практических технических условий и других факторов как: традиционные проекты как инфракрасный проект имеют низкую степень защиты, что умышленный вторгнувшийся человек легко переступит или избежит защиты; при этом легко получает ограничение окружающей среды как топографические, извилистые, поворотные, загибные условия и т.д., причем они непригодны к плохим условиям, легко получают влияние природных условий по высокой и низкой температуре, сильному свету, пыли, дожди, снегу, туману, инею и т.д. с высоким процентом ошибочной сигнализации.

(2) Сигнализация о утечке и вибрации кабеля относится к датчику кабеля, часть датчика является активной с высоким потреблением мощности; а проекты по электронному ограждению, электросети и т.д. имеют определенную опасность. Для вышеуказанных проектов контролируемое расстояние окажется коротким,

率、漏报率上升等；对于大范围监控，以上传统方案本身没有定位功能，遇上侵入行为，无法定位。这意味着无法及时、准确地确定危险地点，无法及时采取制止措施阻止侵入行为导致核心区域失密、被破坏。

（3）全光纤周界监控预警系统是利用激光、光纤传感和光通信等高科技技术构建的安全报警系统，是一种对威胁公众安全的突发事件进行监控和警报的现代防御体系，它是基于分布式光纤传感技术应用于周界监控防护的新系统。该系统利用单根光纤（光缆）作为传感传输二合一的器件，通过对直接触及光纤（缆）或通过承载物，如覆土、铁丝网、围栏、管道等，传递给光纤（缆）的各种扰动，进行持续和实时的监控。采集扰动数据，经过后端分析处理和智能识别，判断出不同的外部干扰类型，如攀爬铁丝网、按压围墙、禁行区域的奔跑或行走，以及可能威胁周界建筑物的机械施工等，实现系统预警或实时告警，从而达到对侵入设防区域周界的威胁行为进行预警监测的目的。为了精确定位，只需获取光纤的准确长度，再根据现场情况将光纤长度距离换算为实际距离，在报警信息中得到准确可靠的定位精度，从而实现远距离安全保障系统的定位报

себестоимость удельного расстояния-высокой, что будет высокая стоимость системы при необходимости мониторинга в дальнем расстоянии. Кроме этого срок работы блока датчиков окажется коротким, что будет высокая себестоимость обслуживания при непрерывной работе в длительное время; имеется увеличение случая помехи (электромагнитная помеха, сигнальная помеха, переходная помеха и т.д.), снижается чувствительность, повышается процент ошибочной сигнализации и пропуска сигнализации и т.д.; для мониторинга в большом масштабе вышеуказанные проекты не имеют функции по ориентации, что не возможно выполнить ориентацию в случае возникновения вторжения. Это означает не возможность своевременного и точного определения опасной точки, своевременного принятия мер на остановку поведения вторжения, что приведет к разрушению конфиденциальности и повреждению ядерной зоны.

(3) Полно волоконно-оптическая периметрическая мониторинговая система предварительной сигнализации является системой безопасной сигнализации, разработанной на основе высоконаучной техники как лазерной техники, волоконно-оптического чувствительной техники, оптической связи и т.д., является современной охраняющей системой мониторинга и сигнализации к внезапным событиям, угрожающим общественной безопасности, а также новой системой, разработанной на основе разделенной волоконно-оптической чувствительной техники, применяющейся для периметрической мониторинговой охраны. Данная система применяет индивидуальное оптическое волокно (кабель) в качестве аппарата сочетания чувствительности и передачи, выполняет непрерывный мониторинг

警功能,通过系统提供的入侵地点的位置,可以联动 CCTV 监控或派遣人员到达现场。

(4)电子围栏是目前最先进的周界防盗报警系统,它由电子围栏主机(JS-TD2010)和前端探测围栏组成。电子围栏主机是产生和接收高压脉冲信号,并在前端探测围栏处于触网、短路、断路状态时能产生报警信号,并把入侵信号发送到安全报警中心;前端探测围栏由杆及金属导线等构件组成的有形周界。通过控制键盘或控制软件,可实现多级联网。电子围栏是一种主动入侵防越围栏,对入侵企图做出反击,击退入侵者,延迟入侵时间,并且不

в реальном времени для разных помех, передающихся к волоконно-оптическим кабелям через прямое прикосновение кабелей или через несущие вещи как покрытый грунт, проволочные сетки, ограждения, трубопроводы и т.д.. Выполняется сбор данных о помехе, при обработке заднего анализа и интеллектуальной идентификации выполняется идентификация типов разных внешних помех как ползания на проволочной сетке, нажатия ограждения, бега или ходьбы в запретительной зоне и механического строительства, возможно угрожающего периметрическое сооружение, чтобы осуществить предварительную сигнализацию системы или сигнализацию в реальное время для достижения мониторинга и предварительной сигнализации угрозы при вторжении в охраняющую зону. Для точной ориентации только нуждается получение точной длины оптического волокна, перевод расстояния длины оптического волокна на практическое расстояние, получение точной и надежной точности ориентации от сигнализационной информации на осуществление функции о ориентации и сигнализации системы дистанционной безопасной обеспечения. С помощью мест вторжения, представленных системой можно осуществить блокировку с мониторингом замкнутой видео-мониторинговой системы (CCTV) или направить людей на площадку.

(4) Электронное ограждение является самой передовой набатной системой сигнализации периметра, состоящей из основного устройства электронного ограждения (JS-TD2010) и переднего детективного ограждения. Основное устройство электронного ограждения образует и принимает сигналы высоковольтного импульса, и еще образует сигнализационные сигналы при нахождении переднего детективного ограждения

威胁人的性命,并把入侵信号发送到安全部门监控设备上,以保证管理人员能及时了解报警区域的情况,快速地做出处理。电子围栏的阻挡作用首先体现在威慑功能上,金属线上悬挂警示牌,一看到便产生心理压力,且触碰围栏时会有触电的感觉,足以令入侵者望而却步;其次,电子围栏本身又是有形的屏障,安装适当的高度和角度,很难攀越;如果强行突破,主机会发出报警信号。

в контакте сетки, коротком замыкании, отключении, передает сигнал о вторжении к безопасному сигнализационному центру; переднее детективное ограждение состоит из стержней и металлических проводов и других элементов на образование видимого периметра. Осуществляется многоступенчатое объединение сети через клавиатуру управления или программное обеспечение управления. Электронное ограждение является ограждением защиты от активного вторжения, которое может контратаковать вторгнувшихся людей, задержать время вторжения, и не угрожать жизнь человека, передать сигнал о вторжении к мониторинговому оборудованию безопасного органа, чтобы управляющий персонал мог вовремя узнать ситуации зоны с сигнализацией, быстро сделать решение. Во первых роль задержки у электронного ограждения заключается в функции устрашения, что повешены сигнализационные знаки на металлической проволоке на возникновение психологического напряжения при видении и ощущения поражения током в случае прикосновения ограждения, чтобы вторгнувшиеся люди остановились при видении; во-вторых электронное ограждение является видимым экраном с соответствующей монтажной высотой и углом, что очень трудно ползать; и основное устройство выдаст сигнализационный сигнал при принудительном ползании.

2.7 火灾自动报警系统

2.7 Система автоматической пожарной сигнализации

2.7.1 系统组成和功能

2.7.1 Состав и функции системы

火灾自动报警系统是在保护对象发生火灾的情况下自动探测、显示发出火灾警报的系统,主要

Система автоматической пожарной сигнализации является системой, которая автоматически

2 通信

由触发部件(火灾探测器、手动报警按钮、信号模块等)、联动模块、声光警报装置、火灾自动报警控制器、消防广播、消防电话、联动电源等设备组成。它常被应用于现代化工厂、物资仓库、高层建筑、计算机中心等建筑物内,是一种应用相当广泛的现代消防设施。对于防止和减少火灾灾害,保护人身和财产安全,具有十分重要的意义。

火灾自动报警系统的基本应用形式有三种:区域报警系统、集中报警系统和控制中心报警系统。

(1)区域报警系统。

由火灾探测器、手动火灾报警按钮、火灾声光报警器及火灾报警控制器组成,是功能简单的火灾自动报警系统。适用于不需要联动自动消防设备的保护对象。

(2)集中报警系统。

由火灾探测器、手动火灾报警按钮、火灾声光报警器、消防应急广播、消防专用电话、消防控制室图形显示装置、消防联动控制器、火灾报警控

2 Связь

выполняет детектирование, индикацию и выдачу пожарной сигнализации в случае возникновения пожара у охраняемого объекта. Она состоит из пусковых элементов (пожарный детектор, ручная сигнализационная кнопка, сигнальная модуль и т.д.), блокировочных модулей, устройства звуковой и световой сигнализации, контроллера автоматической пожарной сигнализации, пожарного радиовещания, пожарного телефона, блокировочного источника питания и т.д.. Данная система применяется часто на современных заводах, складах материалов, многоэтажных зданиях, компьютерных центрах и т.д., что она является распространяющимся современным пожарным сооружением. Она имеет важное значение для предотвращения и уменьшения пожара, обеспечения безопасности людей и имущества.

Способы основного применения системы автоматической пожарной системы разделены на 3 : систему зонной сигнализации, систему централизованной сигнализации и систему сигнализации центра управления.

(1) Система зонной сигнализации.

Эта система состоит из пожарных детекторов, ручных кнопок пожарной сигнализации, звуковых и световых пожарных сигнализаторов и контроллеров пожарной сигнализации, что она является системой автоматической пожарной сигнализации с простыми функциями. Она предназначена для охраняемого объекта, у которого не нуждается автоматическое пожарное оборудование.

(2) Система централизованной сигнализации.

Эта система состоит из пожарных детекторов, ручных кнопок пожарной сигнализации, звукового и светового пожарного аварийного

器等组成,功能较复杂的火灾自动报警系统,适用于需要联动自动消防设备的保护对象。

(3)控制中心报警系统。

设置两个及以上消防控制室或设置两个及以上集中报警系统的保护对象,应采用控制中心报警系统。

2.7.2 主要设备工作原理

2.7.2.1 感烟探测器

感烟探测器主要应用于低粉尘环境,如电子计算机房、通信机房、宾馆、办公楼等,而不适用于湿度大、有灰尘或水蒸气、风速大的场所,也不适用于有腐蚀性气体和工艺过程中产生烟的场所。常用的感烟探测器主要有两类,即离子感烟探测器和光电感烟探测器。

离子感烟探测器是根据烟雾能遮挡镅元素放射出的 α 射线的原理制作的。离子室中 α 源镅241使电离室中的空气产生电离,使电离室在电子电路中呈电阻特性。当烟雾进入电离室后,电离电流发

радиовещания, целевого пожарного телефона, устройства графической индикации в помещении пожарного управления, блокировочных пожарных контроллеров, контроллеров пожарной сигнализации и т.д., что она является системой автоматической пожарной сигнализации с сложными функциями. Она предназначена для охраняемого объекта, у которого нуждается блокировочное автоматическое пожарное оборудование.

(3) Система сигнализации центра управления.

Система сигнализации центра управления предназначена для охраняемого объекта с установлением 2 и выше помещения пожарного управления или 2 и выше системы централизованной сигнализации.

2.7.2 Принцип работы основного оборудования

2.7.2.1 Дымовой детектор

Дымовой детектор предназначен для окружающей среды с низким содержанием пыли как электронного компьютерного помещения, помещения устройств связи, гостиницы, административного здания и т.д., а не для помещения с большой влажностью, пылью или водяным паром, большой скоростью ветра, и тоже не для помещения с коррозийным газом и дымом, возникнувшим в технологическом процессе. Дымовые детекторы, часто применяющие разделены на 2: инонный дымовой детектор и фотоэлектрический дымовой детектор.

Ионный дымовой детектор разработан на основе принципа прикрытия дымом рентгеновского луча α от элемента америция. В ионном помещении ионизационный ион образован в

生改变,电离室的阻抗发生变化。根据阻抗变化的大小判定是否有火灾发生。

光电感烟探测器是利用火灾烟雾对光产生吸收和散射作用来探测火灾的一种装置。为了探测烟雾的存在,将发射器发出的光束打到烟雾上来探测其浓度,其探测方法可分为减光型探测法和散射型探测法:减光型探测法是通过测量烟雾在其光路上造成的衰减来判定烟雾浓度的方法。散射型探测法是通过测量烟雾对光散射作用产生的光能量来确定烟雾浓度的方法。

光电感烟探测器以其无放射源、低成本、高可靠性等特点逐渐取代离子感烟探测器。

2.7.2.2 感温探测器

感温探测器宜适用于感烟探测器不能应用的湿度大、有粉尘和蒸气及正常情况下有少量烟雾的场所,如发电机房、汽车库、吸烟室、厨房、锅炉房等建筑物内。感温探测器不适用于阴燃火灾的场所。

воздухе в ионизационном помещении из-за америция 241 источника α, что ионизационное помещение показывает характеристику сопротивления в электронном контуре При входе дыма в ионизационное помещение ионизационный ток изменяется, и полное сопротивление в ионизационном помещении изменяется. Определяется возникновение пожара по изменению полного сопротивления.

Фотоэлектрический дымовой детектор является устройством, детектирующим пожар путем абсорбции и рассеяния дыма пожара для света. Для детектирования наличия дыма лучи от излучателя ударяются на дым на детектирование его концентрации, и способы детектирования разделены на способ детектирования типа уменьшения света и способ детектирования рассеянного типа; способ детектирования типа уменьшения света определяет концентрацию дыма путем измерения затухания, вызванного дымом на его световом пути. Способ детектирования рассеянного типа определяет концентрацию дыма путем измерения световой энергии, вызванной дымом к роли светового рассеяния.

Фотоэлектрический дымовой детектор постепенно заменил ионный дымовой детектор благодаря его отсутствию лучевого источника, низкой себестоимости, высокой надежности и т.д..

2.7.2.2 Термочувствительный детектор

Термочувствительный детектор предназначен для помещения с большой влажностью, пылью и паром, где не возможно применяется дымовой детектор, и еще помещения с малым количеством дыма при нормальных условиях как отделения генераторов, гаража, помещения курения, кухни, котельной и т.д.. Термочувствительный

感温探测器利用感温元件接受被监测环境或物体对流、传导、辐射传递的热量,并根据测量、分析的结果判定是否发生火灾。物质在燃烧过程中释放大量的热,环境温度升高,探测器热敏元件发生物理变化,从而将温度转变为电信号,输入给控制器发出火警信号。

感温探测器分为差温、定温和差定温三种。差温探测器是在发生火灾时温升速率达到一定值而报警;定温探测器是利用低熔点合金达到一定温度后而报警,输出信号给报警控制器;差定温探测器则是前两种的组合。

2.7.2.3 手动报按钮

手动报按钮安装在公共场所,当人工确认火灾发生后按下按钮上的有机玻璃片,内部开关动作,报信号送到控制器。

детектор не предназначен для помещения с тлевшим пожаром.

Используя термочувствительные элементы, термочувствительный детектор принимает теплоту, переданную контролируемой окружающей средой или конвекцией тела, передачей, передачей радиации, определяет возникновение пожара по результатам измерения и анализа. В процессе сжигания вещество освобождает большое количество теплоты, что повышается температура окружающей среды, у термочувствительных элементов детектора происходит физическое изменение, так детектор преобразует температуру на электрический сигнал, вводит его к контроллеру, выдаст пожарный сигнал.

Термочувствительный детектор разделен на 3 типа: детектор с разницей температуры, детектор с определенной температурой и детектор с разницей температуры и определенной температурой. Детектор с разнице температуры выдаст сигнализацию при достижении скорости нагрева до определенного значения при возникновении пожара; детектор с определенной температурой выдаст сигнализацию при достижении сплава с низкой точкой плавления до определенной температуры, выдаст сигнал к контроллеру сигнализации; а детектор с разнице температуры и определенной температурой является устройством с сочетанием 2 вышеуказанных детекторов.

2.7.2.3 Ручная кнопка сигнализации

Ручные кнопки сигнализации монтируются на общественных помещениях, можно нажать плексигласовую листочку на кнопке при искусственном подтверждении возникновения пожара, внутренний выключатель будет срабатывать, и сигнал передаст к контроллеру.

2.7.2.4 声光报警装置

用以发出区别于环境声、光的火灾警报信号的装置,一种最基本的火灾警报装置,它以声、光方式向报警区域发出火灾警报信号,以提醒人们展开安全疏散、灭火救灾等行动。

2.7.2.5 消防联动控制设备

在火灾自动报警系统中,当接收到来自触发器件的火灾信号后,能自动或手动启动相关消防设备并显示其工作状态的设备,称为消防联动控制设备。一般由下列部分或全部控制装置组成:

(1)火灾报警控制器;

(2)自动灭火系统的控制装置;

(3)室内消火栓系统的控制装置;

(4)防烟、排烟系统及空调通风系统的控制装置;

(5)常开防火门、防火卷帘的控制装置;

(6)电梯迫降控制装置;

(7)火灾应急广播的控制装置;

2.7.2.4 Устройство звуковой световой сигнализации

Это устройство, которое выдаст сигнал пожарной сигнализации, отличающейся от света и звука окружающей среды, это является самым основным устройством пожарной сигнализации, оно даст сигнал пожарной сигнализации к сигнализационной зоне по способу света и звука, чтобы напоминать людям безопасную эвакуацию, пожаротушение и другие действия.

2.7.2.5 Пожарное оборудование блокировочного управления

В системе автоматической пожарной сигнализации пожарным оборудованием блокировочного управления называется оборудование, которое может автоматически или ручную пускать соответствующее пожарное оборудование при приеме пожарного сигнала от пускового аппарата и показывать его режим работы. Оно обычно состоит из части или полной части устройств управления как следующих:

(1)Контроллер пожарной сигнализации;

(2)Устройство управления системы автоматического пожаротушения;

(3)Устройство управления системы гидрантов в помещениях;

(4)Система защиты от дыма, система удерения дыма, устройства управления кондиционерной и вентиляционной системы;

(5)Устройства управления для постоянно-открытой противопожарной двери и противопожарного шторного затвора;

(6)Устройство управления вынужденного снижения лифта;

(7)Устройство управления пожарного аварийного радиовещания;

（8）火灾警报装置的控制装置；

（9）火灾应急照明与疏散指示标志的控制装置。

2.7.2.6 报警控制器

火灾报警控制器接收分布在各个保护区域内的触发部件（火灾探测器、手动报警按钮、信号模块等），探测到（浓烟、高温、火焰）等火警信号；或者其他系统的相关设备（防火阀、水流指示器、压力开关）发出的火警信号及人为确认（手动报警按钮、消火栓报警按钮、紧急启动按钮）的火警信号，启动本机声、光、位置及图形报警信号通知值班人员，启动警铃等声光报警装置及火警广播等疏散人员。同时，控制消防泵、喷淋泵、排烟风机、送风机、消防电梯、防火卷帘、电动防火门、非消防电源、防火阀等设备的动作。火灾报警控制器是火灾报警系统中的核心组成部分，可称为报警系统的心脏。

（8）Устройство управления устройства пожарной сигнализации；

（9）Устройство управления пожарного аварийного освещения и указательных знаков эвакуации.

2.7.2.6　Контроллер сигнализации

Контроллер пожарной сигнализации принимает сигналы пожарной сигнализации от пусковых элементов (пожарный детектор, ручная кнопка сигнализации, сигнальная модуль и т.д.), расположенных в охраняемых зонах, детектирует сигналы о пожарной сигнализации (плотный дым, высокая температура, пламя); или сигналы о пожарной сигнализации, выданные соответствующим оборудованием другой системы (противопожарные клапаны, указатель потока воды, выключатели давления) и сигналы о пожарной сигнализации, подтвержденные людьми (ручная кнопка сигнализации, сигнализационная кнопка гранта, кнопка аварийного пуска), выполняет пуск звуковых и световых сигнализационных сигналов, сигналов о расположении и графических сигналов, сообщает дежурным на пуск звуковых, световых сигнализационных устройств и сигнализационные звонки, радиовещания о пожарной сигнализации, эвакуации людей и т.д.. При этом управляется срабатывание пожарных насосов, спринклерных насосов, вентиляторов уходящих газов, пожарных лифтов, противопожарных шторных затворов, электрических противопожарных дверей, не пожарных источников питания, противопожарных клапанов и другого оборудования. Контроллер пожарной сигнализации является ядерным составом системы пожарной сигнализации, тоже называется сердцем системы сигнализации.

2.8 光纤通信系统

2.8.1 光纤通信的发展历史

光纤通信经历了：短波长（850nm）多模光纤通信系统；长波长（1310nm）多模和单模光纤通信系统；长波长（1550nm）单模光纤实用化通信系统的大规模应用；同步数字体系（SDH）光纤传输网络。

现在，自动交换光网络（ASON）的发展、以多业务传送平台（MSTP）为代表的经济传送方式、无源光网络（PON）成为应用的热点。

2.8.2 光纤通信的优点

（1）频带宽，容量大；

（2）损耗低，距离长；

（3）抗电磁干扰性好；

（4）环境适应性好，重量轻、易敷设；

2.8 Волоконно оптическая система связи

2.8.1 История развития волоконно-оптической связи

Волоконно-оптическая связь прошла: систему многомодульной волоконно-оптической связи с длиной коротких волн (850нм); систему многомодульной и одномодульной волоконно-оптической связи с длиной длинных волн (1310нм); большой масштаб применения системы одномодульной прикладной волоконно-оптической связи с длиной длинных волн (1550нм); сеть волоконно-оптической передачи синхронной цифровой системы (SDH).

В настоящее время горячей точкой применения становятся развитие автоматической коммутационной оптической сети (ASON), способ экономической передачи от имени платформы многозадачной передачи (MSTP), пассивная оптическая сеть (PON).

2.8.2 Преимущество волоконно-оптической связи

(1) широкая частотная полоса, большая емкость;

(2) низкая потеря, длинное расстояние;

(3) хорошая стойкость к электромагнитным помехам;

(4) хорошая приспособленность к окружающей среде, малый вес, удобство прокладки;

（5）串话小,保密性好;

（6）高的投资性价比。

2.8.3 光纤

2.8.3.1 光纤的结构、材料与分类

2.8.3.1.1 光纤的结构

（1）光纤的基本结构。光纤的中心是纤芯,纤芯扑面是包层,纤芯的折射率高于包层的折射率,从而形成光波导效应,实现光信号的传输。如图2.8.1所示。

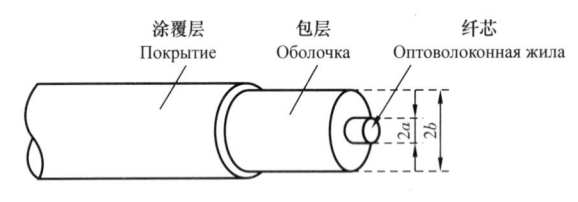

图 2.8.1 光纤结构示意图

（2）光纤的材料。目前通信用光纤主要是石英系光纤。

2.8.3.1.2 光纤的分类

（1）多模光纤。光纤中传输模式的数目与光的波长、光纤的结构（如纤芯直径）、光纤的纤芯和包层的折射率分布有关。多模光纤有两种常用结构:多模阶跃光纤和多模渐变光纤。多模渐变光纤现已成为国际标准（即ITU-TG.651）光纤。

（5）редкость переходного разговора, хорошее хранение конфиденциальности;

（6）хорошее соотношение цены и качества инвестиции.

2.8.3 Оптическое волокно

2.8.3.1 Материалы и классификация оптического волокна

2.8.3.1.1 Конструкция оптического волокна

（1）Основная конструкция оптического волокна Центр оптического волокна является жилой кабеля, поверхность которой является оболочкой, индекс рефракции жилы оптического волокна окажется выше индекса рефракции оболочки, что образует эффект оптического волновода на осуществление передачи оптических сигналов. Как показано на рис.2.8.1.

Рис.2.8.1 Схема конструкции оптического волокна

（2）Материалы оптического волокна В настоящее время для связи предназначена оптическое волокно кварцевой системы.

2.8.3.1.2 Классификация оптического волокна

（1）Многомодульное оптическое волокно. В оптическом волокне число способов передачи зависит от длины волны света, конструкции оптического волокна (как диаметр жилы оптического волокна, жилы оптического волокна

（2）单模光纤。只能传播一种模式的光纤称为单模光纤。单模光纤的纤芯和折射率差都较小。ITU-T 制订了单模光纤的规范，包括 G.652 光纤、G.653 光纤、G.654 光纤和 G.655 光纤。

2.8.3.2 光纤的色散与损耗

2.8.3.2.1 光纤色散

光纤色散是指不同频率、不同模式的电磁波以不同群速度在介质中传播的物理现象。色散导致光脉冲在传播过程中展宽，前后脉冲相互重叠，引起数字信号的码间干扰。

2.8.3.2.2 光纤损耗

光波在光纤中传输一段距离后能量会衰减，这就是光纤损耗。光纤损耗用损耗系数 $\alpha(\lambda)$ 表示，单位为 dB/km，即单位长度（km）的光功率损耗（dB）值。

и распределения индекса рефракции оболочки. Многомодульное оптическое волокно имеет 2 применяющейся конструкции: многомодульное скачкообразное и многомодульное постепенное оптическое волокно. Многомодульное постепенное оптическое волокно уже становится международным стандартным оптическим волокном(то есть ITU-TG.651).

(2) Одномодульное оптическое волокно. Одномодульным оптическим волокном называется оптическое волокно, передающее только один способ. Жила и разница индекса рефракции одномодульного оптического волокна окажутся не большими. ITU-T установил правила по одномодульному оптическому волокну включая оптическое волокно G.652, G.653, G.654 и G.655.

2.8.3.2 Дисперсия и потеря оптического волокна

2.8.3.2.1 Дисперсия оптического волокна

Дисперсия оптического волокна означает физическое явление передачи электромагнитной волны по разной частоте и разному способу в среде по разной группе скорости. Дисперсия приводит к расширению оптического импульса в процессе передачи, и передний и задний импульс взаимно накладываются, что приводит к межсимвольной помехе цифровых сигналов.

2.8.3.2.2 Потеря оптического волокна

После передачи оптической волны в оптическом волокне на определенное расстояние энергия затухает, что называется потеря оптического волокна. Потеря оптического волокна обозначается коэффициентом потери $\alpha(\lambda)$ в единице ДВ/км, что

光纤材料的吸收损耗包括紫外吸收、红外吸收和杂质吸收等。

光纤的损耗与波长的关系称为光纤的损耗谱,有3个低损耗窗口分别位于0.85μm、1.31μm及1.55μm波段。

2.8.4 数字光纤通信系统

2.8.4.1 系统构成

光纤通信系统的基本结构包括PCM端机、输入接口、光发送机、光纤线路、光中继器、光接收机、输出接口等。

2.8.4.2 光信号的调制

光信号的调制分为直接调制和间接调制,又称为内调制和外调制。

2.8.4.3 PDH传输体制

数字传输系统包括:"准同步数字系列"(简称PDH)和"同步数字系列"(简称SDH)。PDH的基群有PCM30/32路系统(2.048Mbit/s)和PCM24路系统(1.544Mbit/s)。为进一步提高容量,基群速率往上采用数字复接技术,例如,4个2Mbit/s的基群信号(一次群)复用到1个二次群,4个8Mbit/s二

означает значение потери оптической мощности (ДВ) в удельной длине (км).

Потеря поглощения материалов оптического волокна включает в себя ультрафиолетовое поглощение, инфракрасное поглощение, поглощение примеси и т.д..

Зависимость потери оптического волокна и длины волны называется спектром потери оптического волокна, имеет 3 окна низкой потери отдельно на участке волны 0,85 мкм, 1,31мкм и 1,55 мкм.

2.8.4 Система связи цифрового оптического волокна

2.8.4.1 Состав системы

Основная структура системы волокно-оптической связи включает в себя портовые аппараты PCM, входные интерфейсы, оптические передатчики, волокно-оптические линии, оптические трансляторы, оптические приемники, выходные интерфейсы и т.д..

2.8.4.2 Модуляция оптических сигналов

Модуляция оптических сигналов разделена на непосредственную и посредственную модуляцию, и тоже можно называть их на внутреннюю и внешнюю модуляцию.

2.8.4.3 Система передачи PDH

В системе цифровой передачи входят: «цифровая серия точной синхронизации» (далее PDH) и «цифровая серия синхронизации» (далее SDH). В основной группе PDH имеются система PCM30/32 каналов (2,048 Мбит/сек.) и система PCM24 каналов (1,544Мбит/сек.).Для

次群复用到1个34Mbit/s三次群。PDH采用逐级复用和解复用方式,能较好地适应低速的点对点通信,但这样的结构已远不能适应现代通信网的传输业务宽带化、类型多样化以及管理智能化的要求,目前大多已经被SDH系统取代。

2.8.5 SDH技术

2.8.5.1 SDH的速率和帧结构

2.8.5.1.1 SDH的速率

SDH的基本速率是155.52Mbit/S,称为STM-1,更高的速率是STM-1的 N 倍,表示为STM-N。ITU-T建议中 N 取1,4,16和64,其速率分别为 155.52Mbit/s,622.08Mbit/s,2488.32Mbit/s 和 9953.28Mbit/s。

2.8.5.1.2 SDH 的帧结构

SDH 采用以字节为基础的矩形块状帧结构。如图 2.8.2 所示，它由 9 行 270×N 列字节组成，传输时按照从左至右、从上而下的顺序进行。一帧的传输时间是 125μs，即帧频为 8kHz，STM-N 的传输速率为 N×8×9×270×8000=N×155.52Mbit/s。

SDH 帧结构分为段开销、管理单元指针和信息净负荷 3 个基本区域。

2.8.5.1.2 Кадровая структура цифровой серии синхронизации（SDH）

Для цифровой серии синхронизации（SDH）предназначена прямоугольная кусковая кадровая структура на основе байтов. Как показано на рис.2.8.2, она состоит из байтов по 9 строчкам, 270×N рядам, при передаче последовательность установлена от левой к правой, от верха до низа. Время передачи для одного кадра установлено на 125 мксек., то есть частота кадра-8 кГц, скорость передачи STM-N- N×8×9×270×8000=N×155,52Мбит/сек.

Кадровая структура цифровой серии синхронизации（SDH）разделена на 3 основные зоны как зону по секционному заголовку, зону по стрелке блока управления и зону по чистой нагрузке информации.

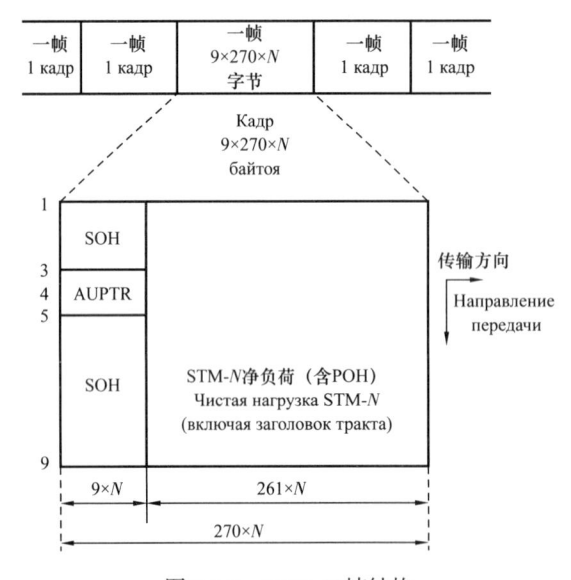

图 2.8.2 STM-N 帧结构

Рис.2.8.2 Структура кадра STM-N

（1）段开销区域。

段开销（Section Overhead, SOH）是指为保证帧定位、网络运行、管理、维护及指配所附加的字节，分为再生段开销（RSOH）和复用段开销（RSOH），分别用于再生段和复用段的监控、维护

（1）Зона по секционному заголовке.

Секционный заголовок（Section Overhead, SOH）означает обеспечение кадровой ориентации, сетевой работы, управления, обслуживания и указанных дополнительных байтов, разделяются

和管理。再生段是指再生器间或再生器与数字复用（或交叉连接）设备间的物理实体，而复用段是指两个复用设备间的物理实体。各种开销在各自的段始端和段末端产生与终结，因此，复用段开销在其经过的再生段上是透明传输的。

на секционный заголовок на регенерационной секции (RSOH) и мультиплексной секции (RSOH), которые отдельно пользуются для мониторинга, обслуживания и управления регенерационной секции и мультиплексной секции. Регенерационная секция означает физическое тело между регенераторами или регенератором и цифровым мультиплексным оборудованием (или перекрестным соединением), а мультиплексная секция означает физическое тело между двумя мультиплексным оборудованием. Разные заголовки происходят и заканчиваются на начале и конце своих секций, поэтому заголовок мультиплексной секции передается пространственно на регенерационной секции, которую он проходит.

以 STM-1 为例，图 2.8.3 所示为段开销的字节安排。

При примере STM-l на рис.2.8.3 показана компановка байтов секционных заголовков.

	1	2	3	4	5	6	7	8	9
1	A1	A1	A1	A2	A2	A2	J0	*	*
2	B1	#	#	E1	#		F1		
3	D1	#	#	D2	#		D3		
4				AU-PTR					
5	B2	B2	B2	K1			K2		
6	D4			D5			D6		
7	D7			D8			D9		
8	D10			D11			D12		
9	S1					M1	E2		

再生段开销（RSOH）
Заголовок секции регенерации (RSOH)

复用段开销（MSOH）
Заголовок мультиплексной секции (MSOH)

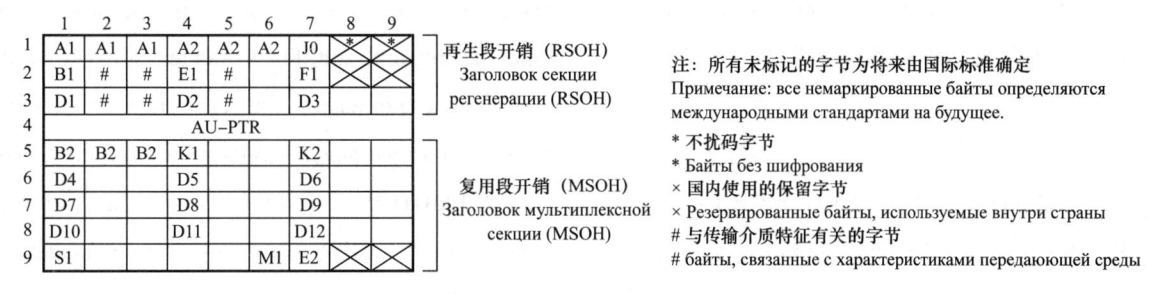

注：所有未标记的字节为将来由国际标准确定
Примечание: все немаркированные байты определяются международными стандартами на будущее.
* 不扰码字节
* Байты без шифрования
× 国内使用的保留字节
× Резервированные байты, используемые внутри страны
与传输介质特征有关的字节
байты, связанные с характеристиками передающей среды

图 2.8.3 STM-1 段开销安排

Рис.2.8.3 Компановка секционных заголовков STM-1

① 定帧字节 A1 和 A2：用于识别帧的起始位置，实现帧同步，A1=11110110，A2=00101000。

① Байты для определения кадра A1 и A2; Они предназначены для идентификации начального места кадра, осуществления кадровой синхронизации, A1=11110110; A2=00101000。

② 再生段踪迹字节 J0：用于重复发送段接入点识别符，以便段接收机据此确认其与指定的发送机是否处于连续的连接状态。

② Байты седа регенерационной секции J0: они предназначены для повторения идентификационных знаков точки соединения секции передачи, чтобы участковый передатчик подтверждал его нахождение в режиме непрерывного соединения с указанным передатчиком.

③ 数据通信通路（DCC）字节 D1—D12：为 SDH 管理网（SMN）提供传送链路。

④ 公务联络字节 E1 和 E2：分别为再生段和复用段提供 64kbit/s 的语音通路。

⑤ 自动保护倒换（APS）通路字节 K1 和 K2（b1—b5）：为出现故障的通路提供自动保护倒换用指令。

⑥ 复用段的远端缺陷（MS-RDI）指示字节 K2（b6—b8）：当解扰后为"110"时，表示检测到上游段缺陷或收到复用段告警指示信号。

⑦ 同步状态字节 S1（b5—b8）：不同编码表示不同的同步状态，例如，"0000"表示同步质量不知道，"1111"表示不应用作同步等。

⑧ 比特间插奇偶校验 8 位码（BIP-8）字节 B1：用于实现不中断业务的再生段误码监测。

⑨ 比特间插奇偶校验 24×N 位码（BIP-24×N）字节 B2：用于实现不中断业务的复用段误码监测。

⑩ 复用段远端差错（MA-REI）指示字节 M1：用来传送 B2 所检出的差错块个数，但是对于不同的 STM 等级，M1 所表示的含义和范围不同。

③ Байты канала связи данных（DCC）D1-D12：Они предоставляют каналы передачи для сети управления（SMN）SDH.

④ Служебные соединительные байты E1 и E2：Они отдельно предоставляют речевой канал на 64 Мбит/сек. к регенерационной и мультиплексной секции.

⑤ Канальные байты коммутации автоматической защиты（APS）K1 и K2（b1-b5）：предоставляют команду о коммутации автоматической защиты канала с явлением неисправности.

⑥ Байты указания дистанционных дефектов мультиплексной секции（MS-RDI）K2（b6-b8）：при решении помехи на «110» они показывают проверку наличия дефектов на верхней секции или получение указательных сигналов по сигнализации на мультиплексной секции..

⑦ Байты в синхронном режиме S1（b5-b8）：разные коды обозначают разный синхронный режим, например, «0000» означает неизвестность качества синхронизации, «1111» означает то, что не должно пользоваться для синхронизации и т.д..

⑧ Байты B1 с 8 интеркалярными паритетными кодами（BIP-8）битов：Они предназначены для осуществления мониторинга ошибочных кодов на регенерационной секции без прекращения службы.

⑨ Байты B2 с 24×N интеркалярными паритетными кодами（BIP-24×N）битов：Они предназначены для осуществления мониторинга ошибочных кодов на мультиплексной секции без прекращения службы.

⑩ Байты указания дистанционной ошибки на мультиплексной секции（MA-REI）：Они предназначены для передачи числа куска ошибки, проверенного B2, но M1 показывает разное значение и масштаб для разного класса STM.

（2）信息净负荷区域。

信息净负荷（Payload）区域存放有效的业务信息以及少量用于通道性能监视、管理和控制的通道开销字节（POH）。对POH的处理只发生在通道两端，它对中间网元是透明的，因此SDH的网络接口并不体现通道层的要求。

（3）管理单元指针区域。

管理单元指针（AU-PTR, Administration Unit Pointer）用来指示净负荷区域的起始字节在STM-N中的准确位置，以便接收端正确地分离出净负荷。指针方式是SDH的一个重要创新，它消除了常规PDH系统中滑动缓存器引起的延时和性能损伤。

2.8.5.2 SDH的同步复用和映射方法

2.8.5.2.1 基本原理

同步复用和映射方法是SDH最具特色的内容之一，具有一定频差的各种支路的业务信号最终复用进STM-N帧都要经过映射、定位和复用3个步骤（过程），如图2.8.4所示。

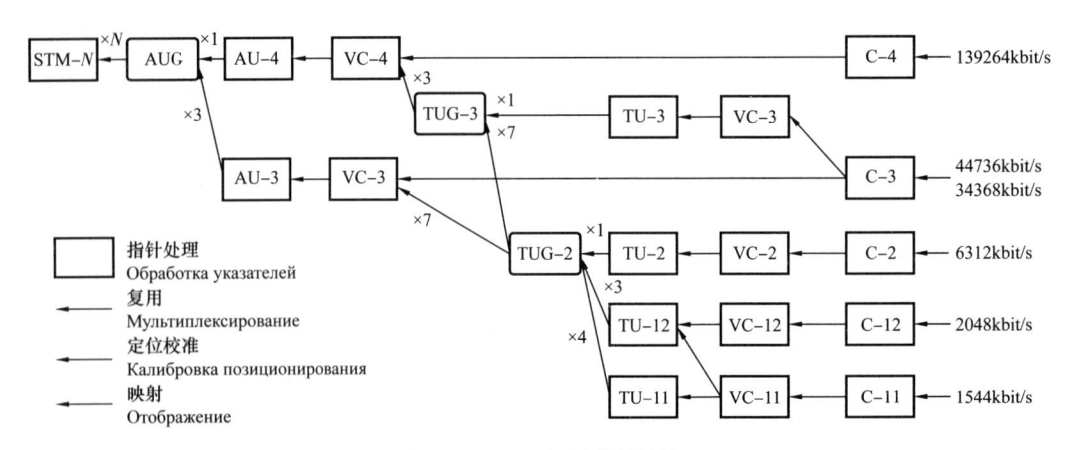

图 2.8.4　SDH 复用映射结构

Рис. 2.8.4　Структура отображения на мультиплексе SDH

各种速率等级的数据流信号首先进入相应的容器(C),完成码速调整等适配功能,然后加入通道开销(POH)形成虚容器(VC),这个过程称为映射。由 VC 出来的数字流进入支路单元(TU)或管理单元(AU),在 TU 或 AU 中要进行速率调整,因为低一级的数字流在高一级的数字流中的起始点是不确定的,需要通过设置指针(TU-PTR 或 AU-PTR)来指出相应起始点的位置,这个过程称为定位。在 N 个管理单元组(AUG)基础上,再附加 SOH,便形成了 STM-N 的帧结构。从 TU 到高阶 VC 或从 AU 到 STM-N 的过程称为复用。

Сигналы потока данных с разными классами скорости сначала входят в соответствующие контейнеры (С) на выполнение функции адаптации как регулирования скорости кода, потом участвуют в заголовки канала (РОН) на образование виртуального контейнера (VC), этот процесс называется отражением. Поток цифр, исходящий из виртуального контейнера (VC) входит в блок ответвления (TU) или блок организации (AU), в TU или AU выполняется регулирование скорости, потому что начальная точка потока цифр низшего класса в потоке цифр высшего класса не определена, что нужно указать расположение соответствующей начальной точки путем установления стрелки (TU-PTR или AU-PTR), этот процесс называется ориентацией. На основе числа N группы блоков управления (AUG) добавится SOH на образование кадровой структуры STM-N. Процесс от блока ответвления (TU) до старшего виртуального контейнера (VC) или от блока организации (AU) до STM-N называется мультиплексированием.

2.8.5.2.2　基本单元

不同的复用单元具有不同的信息结构和功能,具体如下。

2.8.5.2.2　Основной блок

Разные мультиплексные блоки имеют разные структуры и функции информации, как показано ниже.

（1）容器（C）：用来装载各种速率业务信号的信息结构，主要完成 PDH 信号和 VC 之间的适配功能，分为高阶和低阶两种。

（2）虚容器（VC）：用来支持 SDH 通道层连接的信息结构，由标准 C 加上 POH 构成，分为高阶和低阶两种。VC 是 SDH 中最重要的一种信息结构，仅在 PDH/SDH 网络边界处才进行分接，在 SDH 网络中始终保持完整不变，可以独立地在通道的任意一点进行插入、分出或交叉连接。

（3）支路单元（TU）：为低阶和高阶通道层之间提供适配功能的信息结构，由低阶 VC 和指示该 VC 在相应的高阶 VC 中的初始字节位置的指针（TU-PTR）组成。

（4）支路单元组（TUG）：由一个或多个在高阶 VC 净负荷中占据固定、确定位置的支路单元组成。把不同大小的 TU 组合成 1 个 1 后，可以增加传送网络的灵活性。

（1）Контейнер（C）: Это структура информации для погрузки служебных сигналов с разной скоростью, которая в основном выполняет функции адаптации между сигналами цифровой серии точной синхронизации（PDH）и виртуального контейнера（VC）, разделяется на старший и младший тип.

（2）Виртуальный контейнер（VC）: Оно поддерживает структуру информации, соединяющуюся с уровнем канала цифровой серии синхронизации（SDH）, состоит из стандартного C с плюсом заголовка канала（POH）, разделяется на старший и младший тип. Виртуальный контейнер（VC）является самой важной структурой информации в цифровой серии синхронизации（SDH）, для него выполняется ответвление только на границе сети цифровой серии точной синхронизации（PDH）/ цифровой серии синхронизации（SDH）, в сети цифровой серии синхронизации（SDH）он хранится и не изменяется все время, может независимо выполнить вставление, ответвление или перекрестное соединение в любой точке канала.

（3）Блок ответвления（TU）: он предоставляет структуру информации с функцией адаптации между младшим и старшим уровнями канала, состоит из младшего виртуального контейнера（VC）и стрелки（TU-PTR）, указывающей расположение начального байта в соответствующем старшем виртуальном контейнере（VC）.

（4）Группа блоков ответвления（TUG）: Она состоит из одного или блоков ответвления, занимающих определенное и постоянное расположение в чистой нагрузке старшего виртуального контейнера（VC）. Можно увеличить ловкость сети передачи в случае группировки блоков ответвления（TU）с разным размером на 1 на 1.

（5）管理单元(AU)：在高阶通道层和复用段层之间提供适配功能的信息结构,由高阶 VC 和指示该 VC 在 STM-N 中的起始字节位置的指针（AU-PTR）组成。

（6）管理单元组（AUG）：由一个或多个在 STM-N 的净负荷中占据固定、确定位置的 AU 组成。

（7）同步传送模块（STM-N）：由 N 个 AUG 加上 SOH 构成。STM-N 由 N 个 STM-1 以字节间插复用的方式构成,N 不同,代表信息速率等级不同。

2.8.5.3 SDH 的光接口

SDH 的标准光接口能够使不同厂家的产品实现光路互通。SDH 设备的光接口位置位于 S 和 R 点。S 点是指紧靠发送机输出端的活动连接器之后的参考点。R 是指紧靠接收机输入端的活动连接器之前的参考点。

根据系统内是否有光放大器以及线路速率是否达到STM-64 ,可以将 SDH 光接口分为两种：① 无光放大器且速率低于 STM-64 ；② 有光放大器或速率达到STM-640根据应用场合的不同,可以

（5）Блок управления（AU）:(3) Он предоставляет структуру информации с функцией адаптации между старшим уровнем канала и мультиплексным уровнем, состоит из старшего виртуального контейнера（VC）и стрелки（стрелки блока управления , AU-PTR）, указывающей расположение начального байта данного виртуального контейнера（VC）в STM-N.

（6）Группа блоков управления（AUG）: Она состоит из одного или нескольких блоков управления（AU）, занимающих определенное и постоянное расположение в чистой нагрузке STM-N.

（7）Модуль синхронной передачи（STM-N）: состоит из числа N групп блоков управления AUG с плюсом заголовка канала（SOH）.STM-N состоит из числа N STM-1 способом интеркалярного мультиплексирования байтов , разница N означает разный класс скорости информации.

2.8.5.3 Оптический интерфейс цифровой серии синхронизации（SDH）

Стандартный оптический интерфейс цифровой серии синхронизации（SDH）может осуществить взаимное соединение оптической цепи продукций, изготовленных разными заводами-изготовителями. Место оптического интерфейса оборудования цифровой серии синхронизации（SDH）находится на точке S и R. Точка S является справочной точкой, близкой к выходу передатчика за подвижным соединителем. R является справочной точкой, близкой к входе приемника до подвижного соединителя.

По наличию оптического усилителя в системе и достижению скорости линии до STM-64, можно разделить оптический интерфейс цифровой серии синхронизации（SDH）на 2

将 SDH 光接口分为 3 类：局内通信、短距离通信和长距离通信，用应用代码来表示不同的应用场合。

光接口的性能规范可以分为 3 类：S 点的光发送机参数规范、R 点的光接收机参数规范和 SR 间的光通道参数规范。

2.8.5.4　SDH 的传送网功能结构

SDH 能够适用于线型、星型、树型、环型或网状网等多种拓扑，其 SDH 传送网功能可在垂直方向上分为电路层、通道层和传输媒质层三层，如图 2.8.5 所示。

（1）电路层网络：面向公用交换业务，该层设备包括交换机、路由器以及用于租用线业务的交叉连接设备等。

（2）通道层网络：分为低阶通道层和高阶通道层，为电路层网络节点提供透明通道，支持一个或多个电路层网络，能将各种电路层业务映射进复用段层所要求的格式内。

типа：① отсутствие оптического усилителя и скорость ниже STM-64；② наличие оптического усилителя и достижение скорости до STM-640；по разным местам применения можно разделить оптический интерфейс цифровой серии синхронизации（SDH）на 3 классификации：связи на станции, связь в коротком расстоянии и связи в длительном расстоянии, код применения означает разное место применения.

Правила характеристик оптического интерфейса разделены на 3 категории：Правила по параметрам оптического передатчика точки S，правила по параметрам оптического приемника точки R и правила по параметрам оптического канала между SR.

2.8.5.4　Структура функции сети передачи цифровой серии синхронизации（SDH）

Цифровой серии синхронизации（SDH）приспособляет к разной топологической структуре как линейной, звездной, древовидной, кольцевой или сетевой и т.д., по вертикальному направлению функция сети передачи цифровой серии синхронизации（SDH）разделена на уровень цепи, уровень канала и уровень среды передачи, как показано на рис. 2.8.5.

（1）Сеть уровня цепи：она предназначена для коммутационной службы общего пользования, и оборудования в данном уровне включает в себя коммутатор, маршрутизатор, оборудование перекрестного соединения для службы арендуемой линии и т.д..

（2）Сеть уровня каналов：разделена на каналы низкой и высокой степеней, предоставляет прозрачные каналы для узлов сети уровня контура, поддерживает одну или несколько сети уровней контура, может отражать службы на контурах в формат, требуемый мультиплексной секцией.

（3）传输媒质层网络：分为段层（包括复用段层和再生段层）和物理层，为通道层网络节点间提供通信服务。它和物理媒质有关，由路径和链路连接支持，不提供子网连接。

（3）Сеть передачи среды: разделена на уровни секций (включая уровень мультиплексной секции и уровень регенеративной секции) и физический уровень, предоставляет службы связи между узлами сети уровня каналов. Она связывается с физической средой, поддерживается соединением маршрута и канала, не представляется соединение подсети.

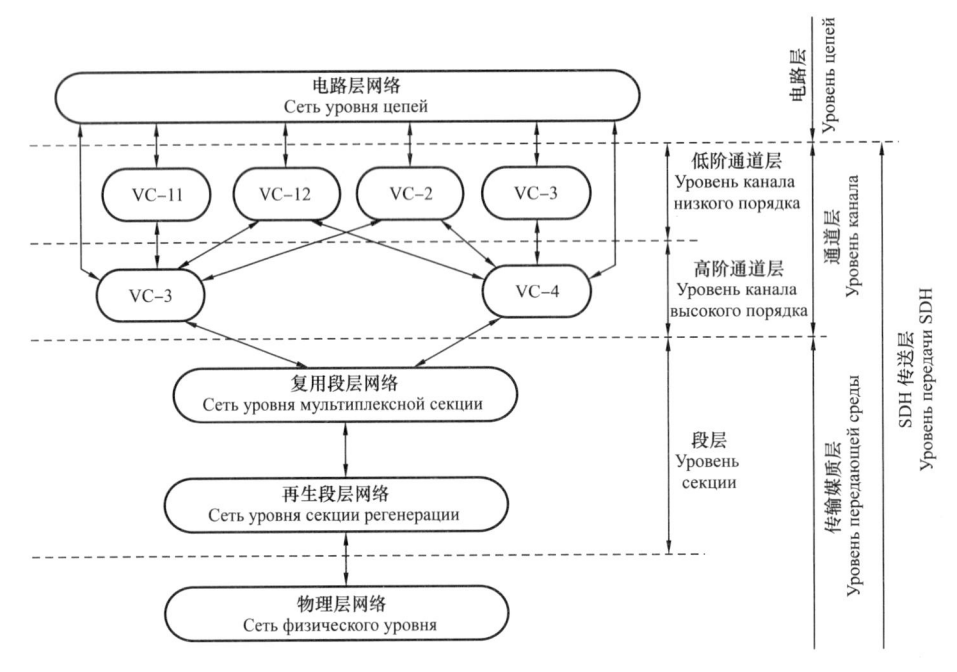

图 2.8.5　SDH 的传送网分层模型

Рис.2.8.5　Иерархическая модель транспортной сети SDH

2.8.5.5　SDH 的基本网元

SDH 网络中的基本网元有终端复用器（TM）、分插复用器（ADM）、数字交叉连接 CDXC）和再生中继器（REG）。

（1）TM：主要功能是将 PDH 或低速 SDH 信号复用到高速的 SDH 信号中，或反之。TM 常用作网络接入端节点，其特点是只有一个群路光接口。实际组网中 TM 常用 ADM 替代。

2.8.5.5　Основные сетевые элементы синхронной цифровой иерархии（SDH）

В основных сетевых элементах в сети синхронной цифровой иерархии（SDH）включаются терминальный мультиплексор（TM）, мультиплексор ввода/вывода（ADM）, цифровое кросс-коннекторное оборудование（CDXC）и регенеративный транслятор（REG）.

（1）Терминальный мультиплексор（TM）Основная функция включается в мультиплексировании цифровой системы точной синхронизации（PDH）или низкоскоростных сигналов

（2）ADM：允许两个 STM-N 信号间的不同 VC 实现互联，通常具有支路—群路（上/下支路）和群路—群路（直通）的连接能力，如图 2.8.6 所示。ADM 主要用于线型网的中间节点或者环型网上的节点。

синхронной цифровой иерархии（SDH）к высокоскоростным сигналам синхронной цифровой иерархии（SDH）, или наоборот. Терминальный мультиплексор（TM）часто работает в качестве узла входа соединения сети, его характеристика заключается в наличии только одного мультиплексорного оптического интерфейса. Мультиплексор ввода/вывода（ADM）часто заменен на терминальный мультиплексор（TM）в практической конфигурации сети.

（2）Мультиплексор ввода/вывода（ADM）: Допускает осуществление взаимного соединения разных виртуальных контейнеров（VC）между сигналами у двух STM-N, обычно имеется способность соединения ответвления – мультиплексного канала（верхнее/нижнее ответвление）и мультиплексного канала и мультиплексного канала（прямое соединение）, как показано на рис.2.8.6. Мультиплексор ввода/вывода（ADM）предназначен для промежуточных узлов в сети линейного типа или узлов в сети кольцевого типа.

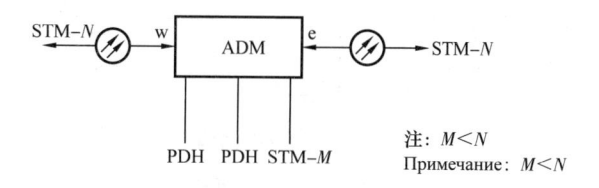

图 2.8.6　ADM 结构

Рис.2.8.6　Структура ADM

（3）DXC：具有二个或多个 PDH 或 SDH 信号接口，可以在任何接口间对信号及其子速率信号进行可控连接和再连接。适用于 SDH 的 DXC 称为 SDXC，能在接口间提供可控的 VC 透明连接和再连接。DXC 的核心是交叉连接矩阵，和 ADM 相比，矩阵容量大，接口多，如图 2.8.7 所示。DXC 主要用于网状网节点。

（3）Цифровое кросс-коннекторное оборудование（DXC）: Имеются 2 или выше интерфейса сигналов цифровой системы точной синхронизации（PDH）или синхронной цифровой иерархии（SDH）, можно выполнить управляемое соединение или повторное соединение сигналов и их сигналов подскорости между любыми интерфейсами. Цифровое кросс-коннекторное оборудование（DXC），применяющийся для синхронной цифровой иерархии（SDH）называется SDXC, который может представить прозрачное соединение управляемого виртуального контейнера（VC）и повторное соединение между интерфейсами. Ядер цифрового кросс-коннекторного оборудования（DXC）является матрицей кросс-коннекторного оборудования, по сравнению с мультиплексором ввода/вывода（ADM）матрица имеет большую емкость и многие интерфейсы, как показано на рис.2.8.7. Цифровое кросс-коннекторное оборудование（DXC）предназначено для узлов в сети сетевого типа.

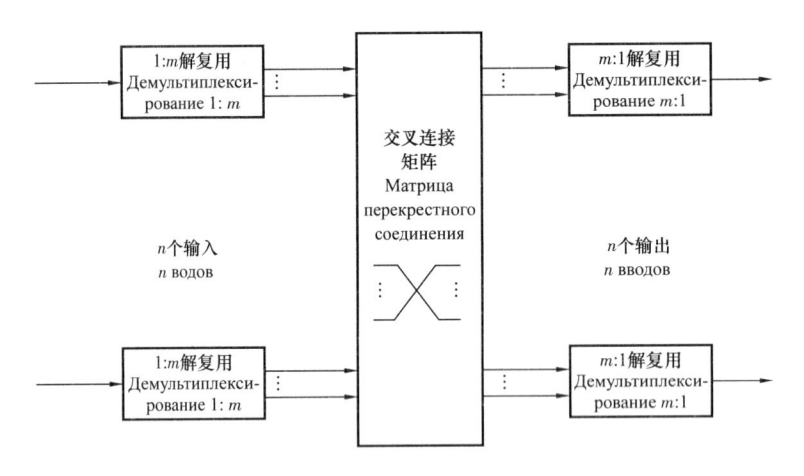

图 2.8.7　DXC 结构

Рис.2.8.7　Структура DXC

（4）REG：主要功能是将长距离传输后的 SDH 信号进行放大、均衡和再生后发送出去。REG 只对 RSOH 进行处理，MSOH 和 POH 对其是透明的。REG 可适用于各种网络拓扑。

（4）Регенеративный транслятор（REG）: Основная функция усиливает сигналы синхронной цифровой иерархии（SDH）после дальней передачи, уравнивает и передает после регенерации. Регенеративный транслятор（REG）только обработает регенерационную секцию（RSOH）, к нему окажутся прозрачными MSOH и заголовок канала（POH）.REG предназначен для разной сетевой топологии.

2.8.5.6 SDH 自愈网原理

自愈网是指网络在发生故障时，无须人为干预，即可在极短时间内从失效故障中自动恢复所携带的业务。在实际中，自愈实施方法一般有两种，即网络保护和网络恢复。前者是指利用节点间预先分配的容量实施保护；后者是指利用节点间可用的任何容量实施网络中业务的恢复。网络保护是目前常用的方法，按功能可分为路径保护和子网连接保护；按拓扑可分为自动线路保护倒换、环网保护和网状网保护等。

2.8.5.7 SDH 的基本网元口

SDH 自愈环按结构可分为通道保护环和复用段保护环；按光纤数量可分为二纤环和四纤环；按发送和接收信号的传输方向可分为单向环和双向环；因此，存在多种自愈环结构，如二纤单向通道保护环、二纤双向复用段保护环和四纤双向复用段保护环。

2.8.5.6 Принцип самовосстанавливающейся сети синхронной цифровой иерархии SDH

Самовосстанавливающаяся сеть означает то, что данная сеть может автоматически восстановить его службы из недействительных неисправностей в очень короткое время без вмешательства оператора при возникновении неисправностей. В практических условиях метод осуществления самовосстановления имеет 2 метода-защиту сети и восстановление сети Первое означает осуществление защиты с помощью емкости, предварительно распределенной между узлами, второе означает осуществление восстановления служб в сети с помощью любой емкости, возможно применяемой между узлами. Защита сети применяется часто в настоящее время, ее функции разделяются на защиту маршрутов и защиту соединения подсети, по топологии они разделяются на автоматическое переключение защиты линии, защиту сети кольцевой и сетевой типа.

2.8.5.7 Основные сетевые элементы синхронной цифровой иерархии (SDH)

По структуре самовосстанавливающееся кольцо синхронной цифровой иерархии (SDH) разделено на кольцо защиты каналов и кольцо защиты мультиплексной секции; по количеству оптического волокна-кольцо защиты двух оптических каналов и кольцо защиты четырех оптических каналов; по направлению передачи выдачи и приема сигналов-на кольцо в одном и двойном направлениях. Поэтому имеются разные структуры самовосстанавливающихся колец, как кольцо защиты двух оптических каналов

通道保护环以通道为基础进行业务保护,倒换与否按离开环的每一个通道的信号质量的优劣而定。这种环属于专用保护,保护时隙为整个环专用,正常情况下保护段也传送业务。复用段保护环以复用段为基础进行业务保护,倒换与否按每一对节点间的复用段信号质量的优劣而定。当复用段出问题时,整个节点间的复用段业务信号都转向保护环。这种环多属于共享保护,正常情况下保护段是空闲的。

2.8.5.7.1 二纤单向通道保护环

二纤单向通道保护环如图 2.8.8(a)所示,其中一根光纤用于传业务,称为 S1 光纤,另一根用于保护,称为 P1 光纤。基本原理是 1+1 保护方式(首端桥接、末端倒换),即在发送端 S1 和 P1 光纤同时携带业务,分别向两个方向传输,接收端择优选取其中一路。这种环的业务容量即单个节点 ADM 的业务容量 STM-N。

в одном направлении, кольцо защиты двух оптических каналов на мультиплексной секции в двух направлениях, и кольцо защиты четырех оптических каналов на мультиплексной секции в двух направлениях.

Кольцо защиты каналов выполняет защиту служб на основе каналов, определяет переключение по качеству сигналов каждого канала, исходящего от кольца. Данное кольцо принадлежит целевой защите, и интервал времени защиты работает для целого кольца, и защитная секция тоже передает службы при нормальных условиях. Кольцо защиты на мультиплексной секции выполняет защиту служб на основе мультиплексной секции, определяет переключение по качеству сигналов мультиплексной секции между узлами каждой пары. При возникновении вопроса на мультиплексной секции служебный сигнал на мультиплексной секции между всеми узлами обращаются к кольцу защиты. Данное кольцо принадлежит защите общего пользования, и секция защиты окажется свободной при нормальных условиях.

2.8.5.7.1 Кольцо защиты двух оптических каналов в одном направлении

Кольцо защиты двух оптических каналов в одном направлении показано на рис.2.8.8 (a), в том числе один волоконно-оптический кабель предназначен для передачи служб, называется волоконно-оптическим кабелем S1, другой-для защиты, называется волоконно-оптическим кабелем P1. В основном принципе заключается способ 1+1 (мостовое соединение для переднего конца, переключение на последнем конце), то есть конец передачи S1 и волоконно-оптический

以节点 C 到 A 之间进行通信（CA）为例。将要传送的支路信号 CA 从 C 点同时送入 S1 和 P1 光纤，分别按逆时针和顺时针方向送入节点 A。A 选取其中较优的一路，通常选来自 S1 的信号。节点 A 到 C 之间的通信（AC）同理。

若 BC 节点间的光缆被切断，如图 2.8.8（b）所示，则从 S1 传来的 CA 信号丢失，按照择优选择原则，A 通过开关转向接收来自 P1 的信号，从而使 CA 间业务信号得以维持，不会丢失。故障排除后，开关返回原来位置。

кабель P1 приносят службы в одно время, отдельно выполняют передачу по двум направлениям, и конец приема предпочтительно выбирает один из каналов. Пропускная способность служб данного кольца является пропускной способностью служб STM-N на одиночном узле ADM.

Применяется пример по связи (CA) между узлами от C до A. Сигналы ответвления CA, подготовленные для передачи входят от точки C в волоконно-оптический кабель S1 и P1 в одно время, и отдельно передаются в узел A против и по часовому направлению. A выбирает более преимущественный один из них, обычно выбирает сигнал от S1.И окажется одинаковой связи (AC) между узлами A и C.

В случае отключения волоконно-оптического кабеля между узлами BC, как показано на рис.2.8.8（b）, то потеряны сигналы CA, переданные от S1, по принципу приоритетного выбора A получает сигнал от P1 через переключение выключателя, чтобы поддержать служебный сигнал между CA без потери. Выключатель вернется на бывшее место после устранения неисправностей.

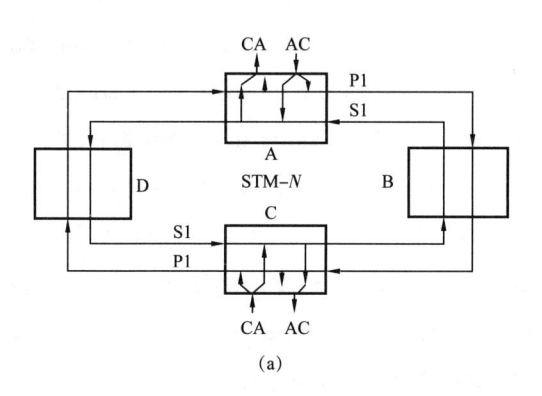

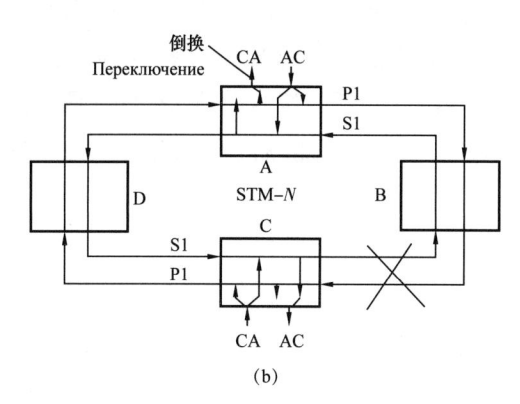

图 2.8.8 二纤单向通道保护环

Рис.2.8.8 Двухволоконное защитное кольцо однонаправленного канала

2.8.5.7.2 二纤双向复用段保护环

二纤双向复用段保护环如图 2.8.9 (a) 所示，采用了时隙交换技术，在一根光纤上同时载有业务通路 (S1) 和保护通路 (P2)，另一根光纤上同时载有 S2 和 P1，S1 和 S2 分别受另一根光纤上的 P1 和 P2 所保护。在每根光纤上都有一个倒换开关作保护倒换用。这种环的通信容量为 ($K/2$) × STM-N，其中 K 为节点数。

正常情况下，S1/P2 和 S2/P1 光纤上的业务信号利用业务时隙传送信号 AC 和 CA，而保护时隙是空闲的。

当 BC 节点间的光缆被切断时，与切断点相邻的节点 B 和 C 利用倒换开关将 S1/P2 光纤和 S2/P1 光纤连通，如图 2.8.9 (b) 所示。在节点 B 将 S1/P2 光纤上的 AC 信号转换到 S2/P1 光纤的保护时隙，在节点 C 再将 S2/P1 保护时隙的 AC 信号转回 S1/P2 光纤的信号时隙。CA 信号的倒换过程类似。当故障排除后，倒换开关返回原来位置。

2.8.5.7.2 Кольцо защиты двух оптических каналов на мультиплексной секции в двух направлениях

Кольцо защиты двух оптических каналов на мультиплексной секции в двух направлениях показано как на рис. 2.8.9 (а), применяется технология по переключению интервала времени, на одном волоконно-оптическом кабеле имеются канал службы (S1) и канал защиты (P2) в одном время, на другом-S2 и P1, S1 и S2 получают защиту отдельно от P1 и P2 на другом волоконно-оптическом кабеле. На каждом волоконно-оптическом кабеле имеется переключатель для переключения защиты. Пропускная способность связи у такого кольца- ($K/2$) × STM-N, в том числе K-число узлов.

При нормальных условиях служебный сигнал на волоконно-оптическом кабеле S1/P2 и S2/P1 передают сигналы AC и CA с помощью интервала времени службы, поэтому интервал времени защиты обычно является свободной.

При отключении волоконно-оптического кабеля между узлами B и C, узлы B и C, соседние к точке отключения соединяют волоконно-оптический кабель S1 /P2 и оптический кабель S2/P1 с помощью переключателя, как показано на рис. 2.8.9 (b). На узле B сигналы AC в волоконно-оптическом кабеле S1/P2 переключаются в интервал времени защиты волоконно-оптического кабеля S2/P1, на узле C сигналы AC интервала времени защиты S2/P1 переключаются в интервал времени сигнала волоконно-оптического кабеля S1/P2. Аналогичен процесс переключения сигналов CA. Переключатель вернется на бывшее место после устранения неисправностей.

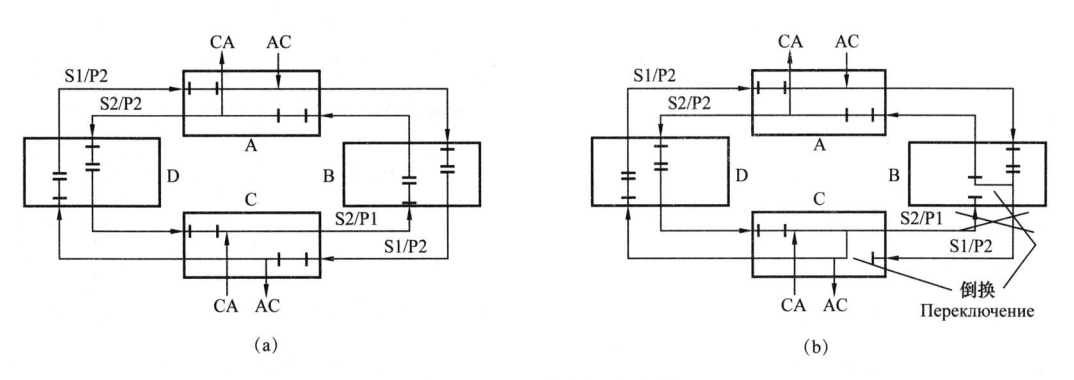

图 2.8.9 二纤双向复用段保护环

Рис. 2.8.9 Двухволоконное защитное кольцо двунаправленной мультиплексной секции

2.8.5.8 子网连接保护和环网互通保护

子网连接保护（SNCP）是指业务信号同时在工作子网和保护子网连接上传送。接收端择优选取其中一个子网连接上的信号。倒换时一般采取单向倒换方式，不需要 APS 协议。

环网互通保护是指跨越一个或多个子网的保护，环网间的互连结构可分为单节点互连（SNI）方式和双节点互连（DNI）方式，后者生存性高于前者。

2.8.5.9 SDH 同步技术

同步网是 SDH 网的支撑网，其功能是准确地将定时信息从基准时钟向同步网的各下级或同级节点传递，从而建立并保持全网同步。

2.8.5.8 Защита соединения подсети и взаимной коммутации кольцевой сети

Защита соединений подсети (SNCP) означает передачу служебного сигнала на соединении рабочей и защищаемой подсети в одно время. Конец приема приоритетно выбирает сигнал, соединяющийся с одним из подсетей. При переключении обычно применяется способ переключения с одним направлением без протокола APS .

Защита взаимной коммутации кольцевой сети означает защиту выше одного или нескольких подсетей, и структура взаимной связи между кольцевыми сетями разделена на взаимное соединение одиночного узла (SNI) и взаимное соединение двойного узла (DNI), последнее имеет выживаемость выше первого.

2.8.5.9 Технология по синхронизации синхронной цифровой иерархии (SDH)

Синхронная сеть является опорной сетью сети синхронной цифровой иерархии (SDH), ее функция включает точную передачу хронирующей информации к низшим ступеням или узлам в одинаковой ступени от базисных часов для создания и поддержки синхронизации в полной сети.

2.8.5.9.1 定时基准的传输与分配

通常数字同步网分3级,采用等级主从同步方式。各级同步节点的功能是锁定跟踪同步基准信号,为下级同步节点以及本节点所在通信楼内的各业务单元提供同步基准的分配。各级节点采用的时钟不同,一级节点采用1级基准时钟。目前,我国有两种基准时钟:一是含铷或铀原子钟的全国基准时钟(PRC),它产生的定时基准信号通过定时基准传输链路送到各省中心;二是在同步供给单元上配置全球定位系统(GPS)组成的区域基准时钟(LPR),它也可接受PRC的同步。

SDH同步网时钟分为4类:全国基准时钟(PRC)、2级转接局时钟(SSU-T)、3级端局从时钟(SSU-L)和SDH网元时钟(SEC)。

2.8.5.9.2 定时基准的传输与分配

SDH设备不仅需要定时信号(用定时),还可以传递定时信号(传定时)。定时信号的传递是通过STM-N码流包含的时钟信息和对帧结构中的同步状态信息S1的控制来实现的。

同步网的定时基准大都是基于 SDH 链路传输的,定时路径模型分为 3 层。

(1)一级基准层:由 PRC 和 LPR 组成的同步路径层,是数字同步网的最高层。

(2)同步供给单元(SSU)层:由 SSU 组成的同步路径层,包括 2 级转接局时钟(SSU-T)和 3 级端局从时钟(SSU-L)。

(3)SDH 时钟层:由 SDH 网元时钟(SEC)组成的同步路径层,一般情况下,它不是同步网的节点时钟。

2.8.5.9.3 SDH 设备定时方式

SDH 网元时钟(SEC)有以下 3 种工作方式:

(1)正常工作模式。即锁定模式,网元内部时钟锁定工作于某外部参考时钟源。

сигналы (передача хронирующих сигналов). Передача хронирующих сигналов выполняется управлением часовой информацией, включенной в потоке кодов STM-N и информацией о синхронном состоянии S1 в структуре парного кадра.

Опорная частота синхронизации в синхронной сети обычно основан на передаче канала синхронной цифровой иерархии (SDH), и модуль хронирующего маршрута разделена на 3 уровня.

(1) Баззистый уровень первой ступени: это уровень синхронного маршрута, состоящий из базисных часов во всей стране (PRC) и зонных базисных часов (LPR), является самым верхним уровнем цифровой синхронной сети.

(2) Уровень блока синхронного питания (SSU): это уровень синхронного маршрута, состоящий из SSU включая часы транзитной станции ступени 2 (SSU-T) и подчиненные часы конечной станции ступени 3 (SSU-L).

(3) Уровень часов синхронной цифровой иерархии (SDH): это уровень синхронного маршрута, состоящий из часов сетевого элемента синхронной цифровой иерархии (SDH) (SEC), он не является часами узла синхронной сети при обычных условиях.

2.8.5.9.3 Способ хронирования оборудования синхронной цифровой иерархии (SDH)

Часы сетевого элемента (SEC) синхронной цифровой иерархии (SDH) имеет 3 способа работы как следующие:

(1) Нормальный режим работы.то есть режим блокировки. Внутренние часы сетевого элемента блокирует работу на каком-то источнике внешних справочных часов.

（2）保持模式。当外部参考定时失效时，系统内部时钟以失效前存储的最后的频率信号为基准工作。由于内部时钟精度不高，一般只能保证 24h 的频率精度。

（3）自由振荡运行方式。所有外同步源都丢失，且保持模式超过 24h 后的工作模式。在 SDH 网络中，同步设备定时源（SETS）模块有 5 种不同的定时方式：直接锁定的外定时方式、从 STM-N 导出的外定时方式、线路定时、通过定时和内部定时，这些工作方式根据需要可以自动或人工进行转换。

2.8.5.9.4 定时保护

为了保证定时基准能够可靠地送达每个网元，需要为之设置保护措施。通常在网络内设置主用和备用两条定时基准传送链路，沿途网元采用和同步网定时路径上的 SDH 网元一样的工作方式。

2.8.5.10 SDH 网络管理

SDH 管理网（SMN）是 SDH 传送网的支撑网之一，它是电信管理网（TMN）的一个子集。SMN

（2）Режим поддержки. при не действии внешнего справочного хронирования внутренние часы системы работают на основе последнего сигнала частоты, хранённого до потери действия в качестве базиса. Это обычно обеспечит точность частоты только на 24 часов из-за не высокой точности внутренних часов.

（3）Режим работы с свободным колебанием. Это означает режим работы при поддержке режима выше 24 часов в случае потери всех внешних синхронных источников. В сети синхронной цифровой иерархии（SDH）имеются 5 способов хронирования у модули источника временных интервалов синхронной аппаратуры（SETS）: способ прямой блокировки внешнего хронирования, способ внешнего хронирования, выведенного от STM-N, хронирование линии, проходное хронирование и внутреннее хронирование. Эти способы работы переключатся автоматически или вручную.

2.8.5.9.4 Защита хронирования

Нуждается установление защитных мероприятий для обеспечения надёжной передачи опорной частоты синхронизации к каждому сетевому элементу. Обычно установлены основной и резервный канал передачи опорной частоты синхронизации в сете, для сетевых элементов по пути сети применяется режим работы, одинаковый с сетевым элементом синхронной цифровой иерархии（SDH）на хронирующем маршруте синхронной сети.

2.8.5.10 Управление сети синхронной цифровой иерархии（SDH）

Сеть управления（SMN）синхронной цифровой иерархии（SDH）является одной из

包括5大功能：性能管理、故障管理、配置管理、安全管理和计费管理。

SMN可以细分为一系列的SDH管理子网（SMS），这些SMS由各自独立的嵌入控制通路（ECC）和有关的站内数据通信链路组成，是TMN的有机部分。一个SMS是以数据通信通路（DCC）为物理层的嵌入控制通路（ECC）互连的若干网元，即ECC为SDH网元（NE）之间提供逻辑操作通路，并以DCC作物理层。

具有智能NE和采用ECC是SMN的一个重要特点，这两者的结合使TMN信息的传送和响应时间大大缩短，而且可以将网管功能经ECC下载给网元，从而实现分布式管理。

SMN可分为5个逻辑层次，从下至上依次为网元层（NEL）、网元管理层（EML）、网络管理层（NML）、服务管理层（SML）和商务管理层（BML）。

2 Связь

опорных сетей сети передачи синхронной цифровой иерархии (SDH), она является подмножеством сети управления связи (TMN). Сеть управления (SMN) включает в себя 5 функций: управление характеристиками, управление неисправностями, управление конфигурацией, управление безопасностью и управление учетом.

Сеть управления (SMN) для синхронной цифровой иерархии (SDH) может разделиться на ряд подсетей управления (SMS) синхронной цифровой иерархии (SDH), эти SMS состоят из независимых встроенных каналов управления (ECC) и соответствующих каналов связи данных на станциях, что является органической частью TMN. Один подсеть управления (SMS) является взаимно соединенными сетевыми элементами встроенного канала управления (ECC) с каналом связи данных (DCC) в качестве физического уровня, то есть встроенный канал управления (ECC) представляет канал логичной операции между сетевыми элементами синхронной цифровой иерархии (SDH) (NE) и имеет канал связи данных (DCC) в качестве физического уровня.

Важными особенностями сети управления (SMN) является интеллектуальность сетевых элементов и применение встроенного канала управления (ECC), сочетание которых гораздо сокращает время передачи информации и реакции у сети управления связи (TMN), и еще может загрузить функции управления сети к сетевыми элементами через встроенного канала управления (ECC), что осуществляет разделенное управление.

Сеть управления (SMN) разделен последовательно от верха вниз на 5 логичных уровней: уровень сетевых элементов (NEL), уровень

BML 和 SML 是高层管理,涉及 SDH 管理的是下面 3 层。

2.8.6 MSTP 技术

2.8.6.1 概述

MSTP 的功能模型如图 2.8.10 所示,除了具有标准的 SDH 处理功能外,还增加了 ATM 处理模块和以太网处理模块。各类业务信号首先映射进 VC,然后以 VC 为单位实现交叉连接等功能。

能够支持的三类业务及其到 VC 的映射处理方法如下:

(1) TDM 业务。包括传统的 PDH 接口和 SDH 接口(STM-N)。PDH 信号按照传统的 SDH 复用映射过程映射进 VC。

управления сетевыми элементами (EML), уровень управления сетью (NML), уровень управления услугами (SML) и уровень коммерческого управления (BML). Уровень коммерческого управления (BML) и уровень управления услугами (SML) относятся к управлению высших уровней, а низшие 3 уровни касаются управления синхронной цифровой иерархии (SDH).

2.8.6 Технология мультисервисной транспортной платформы (MSTP)

2.8.6.1 Общие сведения

Модуль функции мультисервисной транспортной платформы (MSTP) показан на рис. 2.8.10, еще дополнены модуль обработки асинхронного режима передачи (ATM) и модуль обработки эфирной сети кроме стандартной функции обработки синхронной цифровой иерархии (SDH). Служебный сигнал сначала отражаются в виртуальный контейнер (VC), потом осуществляются функции как кросс-коннекторное оборудование в единице виртуального контейнера (VC).

3 категории службы для поддержки и способ отражения в виртуальный контейнер (VC) приведены ниже:

(1) Служба TDM. включает традиционный интерфейс цифровой системы точной синхронизации (PDH) и синхронной цифровой иерархии (SDH) (STM-N). Сигналы цифровой системы точной синхронизации (PDH) отражаются в виртуальные контейнеры (VC) по традиционному процессу мультиплексного отражения синхронной цифровой иерархии (SDH).

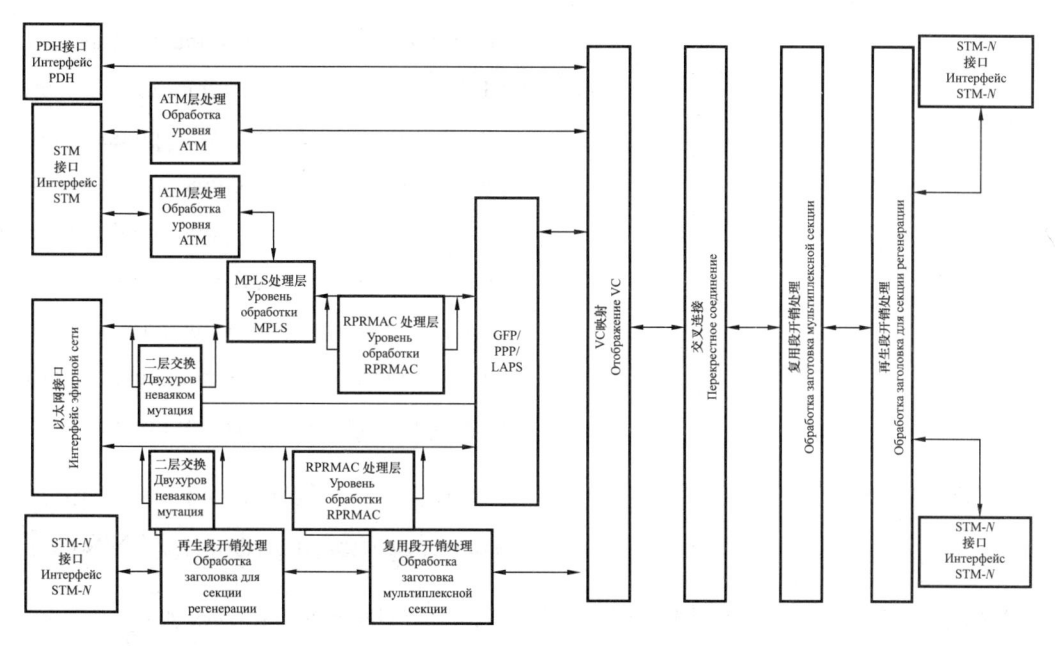

注：GFP：通用成帧规程；PPP：点到点协议；HDLC：高层数据链路协议；LAPS：链路接入规程；RPR：弹性分组环；MPLS：多协议标记交换

Примечание: GFP: общая процедура фреймирования; PPP: протокол «точка-чтока»; HDLC: протокол HDLC (Высокоуровневое управление каналом (передачи) данных); LAPS: процедура доступа к каналу; RPR: устойчивое пакетное кольцо; MPLS: многопротокольная коммутация по меткам

图 2.8.10　MSTP 的功能模型

Рис.2.8.10　Функциональная модель MSTP

（2）ATM 业务。ATM 信号经过 ATM 层处理后可以直接映射进 VC，也可以再经 MPLS 处理（和 RPR 处理）后封装成 GFP 或 PPP/HDLC 或 LAPS 帧，最后映射进 VC。

（3）以太网业务。可以经多种处理方式映射进 VC。① 以太网数据直接封装成 GFP 或 PPP/HDLC 或 LAPS 帧，然后映射进 VC；② 以太网数据经过二层交换处理后封装成 GFP、PPP/HDLC 或 LAPS 帧，然后再映射进 VC；③ 在上述两种方式的基础上增加 MPLS 和/或 RPR 层的处理功能，以提高带宽分配的灵活性和效率。

（2）Операции асинхронного режима передачи (ATM). Сигналы асинхронного режима передачи (ATM) могут прямо отражаться в виртуальный контейнер (VC) через обработку уровня ATM, и тоже капсулированы в обобщённой процедуре формирования кадров (GFP) или PPP/HDLC или кадр процедуры доступа к каналу (LAPS) через обработку платформу многозадачной передачи (MPLS), потом в виртуальный контейнер (VC) при отражении.

（3）Эфирная служба: можно отражаться в виртуальный контейнер (VC) через способы обработки. ① Данные эфирной сети прямо капсулированы в GFP или PPP/HDLC или кадр LAPS, потом отражаются в VC; ② данные эфирной сети капсулированы в кадры обобщённой процедуры формирования кадров (GFP), двухточечного протокола (PPP)/высокоуровневого

2.8.6.2 MSTP 的特点

（1）继承了传统 SDH 的全部功能，如各种 VC 粒度的交叉连接功能、网络的自动保护恢复功能等，能有效支持 TDM 业务。

（2）具有强大的业务接入能力。MSTP 除了提供传统 PDH 接口和 SDH 接口外，还提供对 ATM 业务和以太网业务的协议转换和物理接口支持。

（3）内嵌多种分组网协议，如以太网二层交换协议、多协议标记交换（MPLS）协议、弹性分组环（RPR）协议等，能够有效完成对不同业务类型的汇聚、交换和路由等功能，并能提供 QoS 保障。

（4）增强了带宽管理能力和流量控制机制。MSTP 通过引入虚级联和链路容量调整规程（LCAS）来增强虚容器带宽分配的灵活性和效率；还可以利用内嵌分组网协议的统计复用技术和流量控制机制，支持流量工程，进一步提高带宽利用率。

протокола управления каналом передачи данных (HDLC) или процедуры доступа к каналу (LAPS) после коммутацию на двух уровнях, потом отражаются в VC; ③ на основе вышеуказанных двух способов увеличена функция обработки уровня мультипротокольной коммутации по меткам (MPLS) и / или устойчивого пакетного кольца (RPR) для повышения ловкости и эффективности распределения широкой полосы.

2.8.6.2 Особенности мультисервисной транспортной платформы (MSTP)

(1) Наследованы все функции традиционной SDH как функция кросс-коннекторного оборудования разных VC, функция автоматического восстановления и защиты сети, что эффективно поддерживает службы временного мультиплексирования (TDM).

(2) Имеется сильная способность по соединению служб. Мультисервисная транспортная платформа (MSTP) предоставляет поддержку для переключения протокола и физического интерфейса к службам асинхронного режима передачи (ATM) и эфирной сети, .

(3) Вставные протоколы по группировке сети: как протокол о коммутации на двух уровнях эфирной сети, протокол о мультипротокольной коммутации по меткам (MPLS), протокол о устойчивом пакетном кольце (RPR) и т.д., что может эффективно выполнять сбор, коммутации, маршрут типов разных служб и т.д., представить гарантию QoS.

(4) Усилен механизм способности управления широкой полосой и потоками. Мультисервисная транспортная платформа (MSTP) усиливает ловкость и эффективность распределения широкой полосы у виртуального контейнера

（5）提供多种保护和恢复机制。MSTP 在不同的网络层次可以采用不同的业务保护功能,并可通过对不同层次保护机制的协调,进一步提高网络生存性。

（6）提供综合网络管理能力。MSTP 管理系统同时配置了 SDH、ATM 和以太网管理模块,能够提供对位于不同层次的网络处理功能和网络业务类型的综合管理。

（7）具有灵活的组网能力和高可扩展性。MSTP 可适应多种网络拓扑,具有良好的可扩展性。

2.8.6.3　MSTP 的关键技术

从体系结构上来看,MSTP 的最关键技术如下:封装协议、级联方式和链路容量调整规程（LCAS）。

путем ввода виртуальной конкатенации и процедуры регулирования пропускной способности канала（LCAS）; еще может поддержать объект с потоком и дальнейшее повышать коэффициент пользования широкой полосы путем использования технологии статистики и мультиплексирования и механизма управления потоком у протокола о вставном сети группировки.

（5）Представлены многие защиты и механизм восстановления. Мультисервисная транспортная платформа（MSTP）может применять разные служебные защитные функции в разных сетевых уровнях и дальнейшее повышать выживаемость сети через координирование механизмов защиты в разных уровнях.

（6）Повышена комплексная способность управления сетью. Для системы управления мультисервисной транспортной платформы（MSTP）комплектованы синхронная цифровая иерархия（SDH）, асинхронный режим передачи（ATM）и модуль управления эфирной сетью, что может представить комплексное управление функциями обработки многоуровневых сетей и типами сетевых служб.

（7）Имеются ловкая способность по конфигурации и высокая расширяемость. Мультисервисная транспортная платформа（MSTP）применяется для разных сетевых топологий с хорошей расширяемостью.

2.8.6.3　Ключевые технологии мультисервисной транспортной платформы（MSTP）

По архитектуре системы самые ключевые технологии мультисервисной транспортной платформы（MSTP）включают: протокол о инкапсуляции, способ по последовательной конкатенации и процедуру регулирования пропускной способности канала（LCAS）.

2.8.6.3.1 封装协议

利用 MSTP 传送数据业务，特别是以太网业务时，首要的问题是要完成以太网数据帧到 SDH 帧的转换和映射。从图 2.8.10 可以看出，在映射进 VC 之前，MSTP 采用三种数据封装方式来适配以太网业务和 ATM 业务：一是 IP over SDH（POS）方式，即通过 PPP 协议将数据包转换成 HDLC 帧结构，然后映射到 SDH 虚容器 VC 中；二是将数据包转换成链路接入规程（LAPS）结构映射到 SDH 虚容器 VC 中；三是将数据包通过通用成帧规程（GFP）的方式映射到 SDH 虚容器 VC 中。从趋势上看，GFP 封装方式具有协议透明性和通用性，适用范围更为广泛。

(1) PPP/HDLC 封装技术。

SDH 为业务网提供的端到端通道服务实质上是提供一种点到点的物理链路。在承载以太网业

2.8.6.3.1 Протокол о инкапсуляции

При использовании сервиса передачи данных у мультисервисной транспортной платформы (MSTP), особенно выполнении служб эфирной сети первый вопрос заключается в выполнении переключении и отражении от кадра данных эфирной сети к кадру синхронной цифровой иерархии (SDH). На рис.2.8.10 видно, что мультисервисная транспортная платформа (MSTP) применяет 3 способа инкапсуляции данных для сервиса эфирной сети и асинхронного режима передачи (ATM) до отражения в VC: первый способ-IP-протокол синхронной цифровой иерархии (SDH)(POS), то есть пакет данных преобразован в архитектуру кадра HDLC через двухточечный протокол (PPP), потом отражен в VC виртуального контейнера синхронной цифровой иерархии (SDH). Второй способ-пакет данных преобразован в архитектуры процедуры доступа к каналу (LAPS) и отражен в виртуального контейнера (VC) синхронной цифровой иерархии (SDH). Третий способ-пакет данных отражен в виртуального контейнера (VC) синхронной цифровой иерархии (SDH) через универсальную процедуру формирования кадров (GFP). По тенденции способ инкапсуляции универсальной процедуры формирования кадров (GFP) имеет прозрачность и универсальность протокола, его сфера применения окажется более широкой.

(1) Техника по инкапсуляции двухточечного протокола (PPP)/высокоуровневого протокола управления каналом передачи данных (HDLC).

Сервис канала от конца к концу, представленный синхронной цифровой иерархии (SDH)

务时，需要采用数据链路层协议来完成以太网数据帧到 SDH 之间的帧映射，其中 PPP/HDLC 是早期采用的一种封装协议，即先采用 PPP 进行封装，再采用 HDLC 成帧。

① PPP 封装。点对点协议（PPP）为在点对点连接上传输多协议数据包提供封装功能，并能提供比较完整的传输服务功能。以太网数据被封装到 PPP 包中，由 PPP 协议提供多协议封装、错误控制和链路初始控制。PPP 包由 3 个字段组成，按照传送的先后次序分别是：协议字段、信息字段、填充字段。

② HDLC 成帧。PPP 包按照 HDLC 协议组帧，然后排列到 SDH 的同步净荷封装（SPE）中，再映射进 VC。HDLC 帧由 6 个字段组成，按照传送的先后次序分别是：标志序列、地址字段、控制字段、协议字段、信息字段和帧校验序列字段。

к сети сервиса является двухточечным физическим каналом на самом деле.При выполнении сервиса эфирной сети нужно применять протокол о уровнях каналов данных на выполнение отражения кадров между кадрами данных эфирной сети и синхронной цифровой иерархией (SDH), в том числе двухточечного протокола (PPP)/ высокоуровневого протокола управления каналом передачи данных (HDLC) является протоколом о инкапсуляции, применяемым в раннем периоде, то есть сначала применяется PPP на инкапсуляцию, потом высокоуровневый протокол управления каналом передачи данных (HDLC) на формирование кадров.

① Инкапсуляция двухточечного протокола (PPP). Двухточечный протокол (PPP) предоставляет функцию по инкапсуляции для передачи многопротокольных пакетов данных при двухточечном соединении, и тоже может предоставить полные функции по сервису передачи. Данные эфирной сети капсулированы в пакете двухточечного протокола (PPP), и двухточечный протокол (PPP) осуществляет многопротокольную инкапсуляцию, управление ошибками и начальное управление каналами. Пакет двухточечного протокола (PPP) состоит из 3 байта, по порядку передачи они отдельно на: байт протокола, байт информации и байт заполнения.

② Формирование кадра высокоуровневого протокола управления каналом передачи данных (HDLC). Пакет PPP создает кадры по протоколу высокоуровневого протокола управления каналом передачи данных (HDLC), потом располагает их в синхронной инкапсуляции чистой нагрузки (SPE), отражает их в виртуальный контейнер (VC).Кадр высокоуровневого протокола

③ SDH 映射。PPP/HDLC 帧以字节流方式被映射到 SDH 帧的净荷区。由于 PPP/HDLC 帧长可变，允许 PPP 帧跨越 SDH 高阶 VC 的边界。

（2）LAPS 封装技术。

LAPS 是一个直接面向因特网核心层和边缘层的 SDH 承载 IP 方案，可以完全替代 PPP/HDLC 协议，可提供数据链路层服务及协议规范，并可对 IP 数据包进行封装，以便对封装后的以太网帧进行定界。

（3）GFP 封装技术。

GFP 提供了一种通用的将高层客户信号适配到字节同步物理传输网络的方法。采用 GFP 封装的高层数据协议既可以是面向协议数据单元（PDU）（如 IP/PPP 或以太网 MAC 帧）的，也可以是面向块状编码的，还可以是具有固定速率的比特流。

управления каналом передачи данных (HDLC) состоит из 6 байтов, по порядку передачи они отдельно на: порядок меток, байт адреса, байт управления, байт протокола, байт информации и байт проверки порядка кадром.

③ Отражение синхронной цифровой иерархии (SDH). Кадр двухточечного протокола (PPP)/высокоуровневого протокола управления каналом передачи данных (HDLC) отражается в зону чистой нагрузки кадра SDH по способу потока байтов. Допускается превышение кадра двухточечного протокола (PPP) выше границы старшего виртуального контейнера (VC) синхронной цифровой иерархии (SDH) из-за возможного изменения длины кадра двухточечного протокола (PPP)/высокоуровневого протокола управления каналом передачи данных (HDLC).

(2) Технология по инкапсуляции процедуры доступа к каналу (LAPS).

Процедура доступа к каналу (LAPS) является проектом по наличию IP в синхронной цифровой иерархии (SDH) прямо к ядерному уровню Интернета и крайнему уровню, которыми совсем заменяется двухточечного протокола (PPP)/высокоуровневого протокола управления каналом передачи данных (HDLC), он может предоставить сервис уровня каналов данных и нормы протоколов, капсулировать пакеты данных на определение границы кадров эфирной сети после капсулирования.

(3) Технология по инкапсуляции обобщённой процедуры формирования кадров (GFP).

Обобщённая процедура формирования кадров (GFP) обеспечит универсальный способ по адаптированию сигналов абонентов высокого уровня к сети физической передачи синхронизации байтов. Применение протокола данных

① GFP 组成。GFP 由两个部分组成：通用部分和与客户层信号相关的部分。

通用部分与 GFP 的通用处理规程相对应，负责到传输路径的映射，适用于不同的底层路径，主要完成 PDU 的定界、数据链路同步、扰码、PDU 复用以及与业务无关的性能监控等功能。

客户层相关的部分与 GFP 的特定净荷处理规程相对应，负责客户层信号的适配和封装，功级联方式能因客户层信号的不同而有所差异，主要包括业务数据的装载、与业务相关的性能监控、管理和维护等。

② GFP 帧结构。GFP 帧分为客户帧和控制帧两类。

высокого уровня, капсулированных обобщённой процедуры формирования кадров (GFP) и может относиться к блоку данных протокола (PDU) (как кадры двухточечного протокола (PPP)/высокоуровневого протокола управления каналом передачи данных (HDLC) или МАС эфирной сети), и к блочному кодированию, еще может иметь поток бита с определенной скоростью.

① Состав обобщённой процедуры формирования кадров (GFP). Обобщённая процедура формирования кадров (GFP) состоит из двух части: универсальной части и части, соответствующей сигналов уровня абонентов.

Универсальная часть относится к универсальной процедуры обработки обобщённой процедуры формирования кадров (GFP), отвечает за отражение к пути передачи, применяется для маршрутов с разными нижними уровнями, в основном выполняет определение границы PDU, синхронизацию каналов данных, код помехи, мультиплекс PDU, мониторинг характеристик, не касающихся сервиса и т.д..

Часть, соответствующая уровню абонентов относится к специальной процедуре обработки чистой нагрузки обобщённой процедуры формирования кадров (GFP), отвечает за адаптацию и инкапсуляцию сигналов уровня абонентов, и способ по последовательной конкатенации мощности может быть изменен по разным сигналам уровня абонентов, включая загрузку служебных данных, мониторинг характеристик, касающихся службы, управление, обслуживание и т.д..

② Структура кадра обобщённой процедуры формирования кадров (GFP). Кадр обобщённой процедуры формирования кадров (GFP) разделен на кадр абонента и кадр управления.

客户帧用于传送 GFP 基本净荷,包括客户数据帧和客户管理帧。数据帧用于承载业务净荷,管理帧用于装载 GFP 连接起始点的管理信息。客户帧由帧头和净荷区两部分构成。

③ GFP 帧映射。GFP 帧有两种映射模式:透明映射(GFP-T)和帧映射(GFP-F)。透明映射模式帧长固定或比特率固定,可及时处理接收到的业务流量,而不用等待整个帧都收到,适合承载实时业务。

帧映射模式帧长可变,通常接收到完整的一帧后再进行处理,适合承载 IP/PPP 帧或以太网帧。

④ GFP 通用处理规程。GFP 的通用处理规程适用于所有业务,发送端主要包括三个处理过程:帧复用、帧头部扰码和净荷区扰码。具有恒定速率的连续 GFP 字节流经处理后被作为 SDH 虚容器的净荷映射进 STM-N 中进行传输。接收端实施相反的处理过程。

Кадр абонента выполняет передачу основной чистой нагрузки обобщённой процедуры формирования кадров (GFP). Включая кадр данных абонентов и кадр управления абонентами. Кадр данных держит чистую нагрузку службы, кадр управления загружает информацию о управлении на соединительной начальной точке обобщённой процедуры формирования кадров (GFP). Кадр абонента состоит из головки кадра и зоны чистой нагрузки.

③ Отражение кадра обобщённой процедуры формирования кадров (GFP). У кадра обобщённой процедуры формирования кадров (GFP) имеются 2 способа отражения: Прозрачное отражение (GFP-T) и отражение кадра (GFP-F). Длина кадра или скорость передачи битов по способу прозрачного отражения окажутся определенными, которые могут вовремя обработать принимаемый служебные поток, не нужно подождать получения на всем кадре, что применяется для загрузки службы в реальное время.

При способе отражения кадра длина кадра может быть измененной, обычно он занимается обработкой после получения полного кадра, что применяется для загрузки кадра IP/PPP или кадра эфирной сети.

④ Универсальная процедура по обработке обобщённой процедуры формирования кадров (GFP). Универсальная процедура по обработке обобщённой процедуры формирования кадров (GFP) применяется для всех служб, конец передачи включает 3 процесса обработки: мультиплексирование кадра, скреблирование головки кадра и зоны чистой нагрузки. После обработки поток непрерывных байтов обобщённой процедуры формирования кадров (GFP) с постоянной скоростью передачи отражается в

与 PPP/HDLC 技术相比，GFP 的映射过程更直接，转换层次更少，开销低，效率高，并能与 PPP/HDLC 兼容。GFP 业务对象更为广泛，支持多路统计复用，带宽利用率高。另外，除了支持点到点链路，GFP 还支持环网结构。因此，GFP 的应用最为广泛。

2.8.6.3.2 级联方式

为了增强对业务的接入和梳理能力，MSTP 引入了级联技术。级联是将多个虚容器组合起来形成一个更大容量的组合容器。级联分为连续级联（或相邻级联）和虚级联两种，目前的 MSTP 系统多采用虚级联方式。

STM-N на передачу в качестве чистой нагрузки виртуального контейнера синхронной цифровой иерархии（SDH）. Конец приема осуществляет процесс обработки наоборот.

По сравнению с технологией PPP/HDLC процесс отражения обобщённой процедуры формирования кадров（GFP）окажется более прямым с меньшими уровнями коммутации, низкими расходами и высокой эффективностью, может выполнить совместимость с двухточечным протоколом（PPP）/высокоуровневым протоколом управления каналом передачи данных（HDLC）.Объекты службы у обобщённой процедуры формирования кадров（GFP）окажутся более широкими, он поддерживает многоканальную статистику и мультиплексирование, имеет высокое использование широкой полосы. Кроме этого обобщённая процедура формирования кадров（GFP）еще поддерживает структуру кольцевой сети кроме поддержки двухточечного канала. Поэтому применение обобщённой процедуры формирования кадров（GFP）становится более широким.

2.8.6.3.2 Последовательная конкатенация

Мультипротокольная коммутация по меткам（MSTP）заимствовал технологию по последовательной конкатенации для повышения способности подключения служб и обработки. Последовательная конкатенация означает составление виртуальных контейнеров на образование комбинированного контейнера с более большой пропускной способностью. Последовательная конкатенация разделена на непрерывную последовательную конкатенацию（или соседняя последовательная конкатенация）и виртуальную последовательную конкатенацию, в настоящее время применяется виртуальная последовательная

连续级联是将同一 STM-N 数据帧中相邻的虚容器级联,并作为一个整体在网络中传送。它所包含的所有 VC 都经过相同的传输路径,因此各 VC 间不存在时延差,降低了接收侧信号处理的复杂度,提高了信号传输质量,但是 VC 相邻这一信道要求难以满足,而且容易出现 VC 碎片,使得带宽分配不够灵活,资源利用率不高。

虚级联是将多个独立的不一定相邻的 VC 在逻辑上连接起来,各 VC 可以沿着不同的路径传输,最后在接收端重新组合成连续的带宽。虚级联使用灵活,带宽利用率高,对于基于统计复用和具有突发性的数据业务适应性好,但不同 VC 之间可能会出现传输时延差,实现难度大。总体来说,虚级联更为先进,目前 MSTP 大多采用该方式。

级联通常用 VC-n-Xc/v 表示。其中 VC 表示虚容器;n 表示参与级联的 VC 级别;X 表示参与级

конкатенация для системы мультипротокольной коммутации по меткам（MSTP）.

Непрерывная последовательная конкатенация заставляет последовательную конкатенацию соседних виртуальных контейнеров в одном кадре данных STM-N на передачу в сети в качестве целости. Все виртуальные контейнеры（VC）, включенные в нем проходят через одинаковый маршрут передачи, поэтому отсутствует разность выдержки времени между виртуальными контейнерами（VC）, что снижает степень сложности при обработке сигналов по стороне приема, повышает качество передачи сигналов, но трудно удовлетворяется требование по соседству виртуальных контейнеров（VC）к данному каналу, причем легко возникнет лом виртуальных контейнеров（VC）, что приведет к не ловкому распределению широкой полосы и не высокой эффективности пользования ресурсов.

Виртуальная конкатенация соединяет независимые, но не обязательно соседние виртуального контейнера（VC）по логике, и разные виртуальные контейнеры（VC）передаются по разному пути, и снова собираются на образование непрерывной широкой полосы на конце приема. Виртуальная конкатенация имеет ловкость применения, высокую эффективность использования широкой полосы, хорошее применение для службы данных с внезапностью на основе статистики и мультиплексирования, но возможно возникнет разность выдержки времени передачи между разными виртуальными контейнерами（VC）, что имеется большая трудность осуществления. Исходя из общей обстановки виртуальная конкатенация окажется более передовой, она применяется обычно для мультипротокольной коммутации по меткам（MSTP）в настоящее время.

Последовательная конкатенация обычно обозначена в VC-n-Xc/v. В том числе VC обозначает

联的 VC 数目；c 表示连续级联，v 表示虚级联。以 100Mbit/s 以太网业务为例，对于连续级联，需要用一个 VC-4 来容纳，利用率为 67%；如果采用虚级联技术，则采用 VC-3-3v，即用三个无须相邻的 VC-3 来容纳，利用率接近 100%。

2.8.6.3.3 链路容量调整规程（LCAS）

链路容量调整规程（LCAS）是基于虚级联的链路容量的自动调整策略，是对虚级联技术的扩充。LCAS 的实施是以虚级联技术的应用为前提，允许无损伤地调整虚级联信号的链路容量，而不中断现有业务或预留带宽资源。调整原因可以是链路状态发生变化(失效)，或者配置发生变化。另外，针对虚级联中不同 VC 可以沿不同路径传输的特点，LCAS 能为虚级联业务的多径传输提供软保护与安全机制，提高了虚级联业务的健壮性。

виртуальный контейнер; n-степень VC, участвующего в последовательной конкатенации; X-число VC, участвующего в последовательной конкатенации; c-непрерывная последовательная конкатенация; v-виртуальная конкатенация. По примеру службы эфирной сети 100 Мбит/сек., для непрерывной последовательной конкатенации нуждается один VC-4 на вмещение с коэффициентом использования 67%; в случае применения техники виртуальной конкатенации то применяется VC-3-3v, то есть используется 3 не соседних VC-3 на вмещение с коэффициентом использования 100% порядка.

2.8.6.3.3 Процедура регулирования пропускной способности канала（LCAS）

Процедура регулирования пропускной способности канала（LCAS）основана на политике автоматического регулирования пропускной способности канала виртуальной конкатенации, является расширение техники виртуальной конкатенации. Осуществление процедуры регулирования пропускной способности канала（LCAS）основано на применении техники виртуальной конкатенации, он допускает регулирование пропускной способности канала сигналов виртуальной конкатенации без повреждения, не прекращает существующие службы или предварительно установленные ресурсы широкой полосы. Причина регулирования заключается в изменении режима канала (не действия) или конфигурации. Кроме этого по особенности передачи разных VC в виртуальной конкатенации по разному пути процедуры регулирования пропускной способности канала（LCAS）может предоставлять мягкую защиту и механизм безопасности для многоканальной передачи служб в виртуальной конкатенации, что повышает способности служб в виртуальной конкатенации.

2.8.6.4 MSTP 对以太网业务的支持技术

2.8.6.4.1 支持以太网透传的 MSTP

支持以太网透传的 MSTP 是指 MSTP 将来自以太网接口的信号直接通过 GFP 或 PPP/HDLC 或 LAPS 封装后映射到 SDH 的 VC 中,然后通过 SDH 进行点到点传送。在这种承载方式中,以太网信号没有经过二层交换,即 MSTP 并没有解析以太网数据帧的内容,没有读取 MAC 地址以进行交换。

2.8.6.4.2 支持以太网二层交换的 MSTP

支持以太网二层交换功能的 MSTP 是指 MSTP 能在一个或多个用户侧的以太网接口与多个独立的 SDH 网络侧的 VC 通道之间,实现基于以太网链路层的数据帧交换功能。支持以太网二层交换的 MSTP 可以有效地对多个以太网用户的接入进行汇聚和交换,从而提高了网络带宽利用率和用户接入能力。支持以太网二层交换的 MSTP 还可以提供对以太网业务的环网传送,即在 MSTP 环路中分配指定的环路带宽,用来传送以太网业务。

2.8.6.4 Технология поддержки мультисервисной транспортной платформы (MSTP) к службам эфирно сети

2.8.6.4.1 Мультисервисная транспортная платформа (MSTP), поддерживающая прозрачную передачу эфирной сети

Мультисервисная транспортная платформа (MSTP), поддерживающий прозрачную передачу эфирной сети означает, что мультисервисная транспортная платформа (MSTP) отражает сигналы от интерфейса эфирной сети в VC синхронной цифровой иерархии (SDH) прямо через обобщённую процедуру формирования кадров (GFP) или двухточечный протокол (PPP)/высокоуровневый протокол управления каналом передачи данных (HDLC) или процедуру доступа к каналу (LAPS) после капсулирования, потом выполняет двухточечную передачу через синхронную цифровую иерархии (SDH). При таком способе загрузки сигналы эфирной сети не проводят двухуровневую коммутацию, то есть мультисервисная транспортная платформа (MSTP) не анализирует содержание кадров данных эфирной сети, не проводит отсчет адреса MAC на коммутацию.

2.8.6.4.2 Мультисервисная транспортная платформа (MSTP), поддерживающая двухуровневую коммутацию эфирной сети

Мультисервисная транспортная платформа (MSTP), поддерживающая двухуровневую коммутацию эфирной сети означает, что мультисервисная транспортная платформа (MSTP) может осуществить функцию коммутации кадра данных уровня канала эфирной сети между интерфейсом эфирной сети по стороне одного абонента или абонентов и каналом VC по стороне независимых сетей SDH. Мультисервисная транспортная платформа

(MSTP), поддерживающая двухуровневую коммутацию эфирной сети может эффективно выполнить сбор и коммутацию соединения абонентов эфирных сетей, что повысит коэффициент использования широкой полосы сети и способность соединения абонентов. Мультисервисная транспортная платформа (MSTP), поддерживающая двухуровневую коммутацию эфирной сети еще может предоставить передачу кольцевую сети для службы эфирной сети, то есть распределить указанную ширину полосы в шлейфе MSTP на передачу службы эфирной сети.

2.8.6.4.3 支持 RPR 的 MSTP

弹性分组环(RPR)技术是一种基于以太网或 SDH 的分组交换机制,属于中间层增强技术,它采用新的 MAC 层和共享接入方式,将 E 包通过新 MAC 层送入数据帧内或裸光纤,无须进行包的拆分重组,因此提高了交换处理能力,改善了网络性能和灵活性。可以说 RPR 是 E 技术和光网络技术融合的产物。支持 RPR 的 MSTP 是指在 MSTP 节点中内嵌 RPR 功能,并提供统一网管,其主要目的是提高承载以太网业务的业务性能及其联网能力。MSTP 内嵌 RPR 的具体实现方式是将以太网业务适配到 RPR 的 MAC 层,从而具有 RPR 的环保护、拓扑发现、公平算法、统计复用和空间重用等功能,并具有服务等级分类及按服务等级调度业务的能力。

2.8.6.4.3 Мультисервисная транспортная платформа (MSTP), поддерживающая устойчивое пакетное кольцо (RPR)

Технология устойчивого пакетного кольца (RPR) является механизмом группированной коммутации на основе эфирной сети или синхронной цифровой иерархии (SDH), относиться к технологии усилия промежуточного уровня. Она применяет новый уровень MAC и способ общего пользования, передает пакет E к кадру данных или голому волоконно-оптическому кабелю через уровень MAC без необходимости разделения и реструктурирования пакета, что повышает способность обработки и коммутации, усовершенствует характеристики и ловкость сети. Можно говорить, что устойчивое пакетное кольцо (RPR) является продукцией при сочетании технологии E и технологии оптической сети. Мультисервисная транспортная платформа (MSTP), поддерживающая устойчивое пакетное кольцо (RPR) означает вставление функции устойчивого пакетного кольца (RPR) на узле ультисервисной транспортной платформы (MSTP), представление единое сетевое управление, что основная цель является повышением

2.8.6.4.4 支持 MPLS 的 MSTP

多协议标签交换(MPLS)是一种介于第二层和第三层之间的 2.5 层协议。它把路由选择和数据转发分开,将 IP 地址映射为短且定长的标签,由标签来规定一个分组通过网络的路径。由于只在网络边缘分析 IP 报头,而不用逐跳分析,因此节约了处理时间。MPLS 网络由位于核心的标签交换路由器(LSR)和位于边缘的标签边缘路由器(LER)组成。支持 MPLS 技术的 MSTP 是指 MSTP 在具备一般功能的同时,还兼有 LSP 的功能。这在提高 MSTP 承载以太网业务的灵活性和带宽使用效率的同时,能够更有效地保证各类业务所需 QoS,并进一步扩展了 MSTP 的联网能力和适用范围。

характеристик службы эфирной сети и ее способности соединения сети. Конкретный способ по вставлению устойчивого пакетного кольца (RPR) в ультисервисной транспортной платформе (MSTP), означает адаптацию службы эфирной сети в уровень MAC, чтобы получить защиту кольца RPR, обнаружение топологии, справедливый алгоритм, статистическое мультиплексирование, повторное использование пространства и другие функции, т.д., а также иметь классификацию классов сервиса, способность диспетчерской служб по классам сервиса.

2.8.6.4.4 Мультисервисная транспортная платформа (MSTP), поддерживающая мультипротокольную коммутацию по меткам (MPLS)

Технология коммутации пакетов в мультипротокольной коммутации по меткам (MPLS) является протоколом уровня 2,5 между вторым и третьим уровнем. Она разделяет выбор пути и передачу данных, преобразует адрес IP в короткую метку с определенной длиной, и метка устанавливает путь группировки через сеть. Анализ головки IP проводится только на крае сети, не нуждается почленный анализ, что экономит время обработки. Сеть мультипротокольной коммутации по меткам (MPLS) состоит из маршрутизатора коммутации по меткам, находящегося в ядре (LSR) и крайнего маршрутизатора меток, находящегося на крайне (LER). Мультисервисная транспортная платформа (MSTP), поддерживающая технологию мультипротокольной коммутации по меткам (MPLS) означает то, что мультисервисная транспортная платформа (MSTP), поддерживающая имеет обычные функции, при этом еще функцию LSP.

2 通信

Это более эффективно обеспечивает QoS, необходимый для служб, дальнейшее расширяет способность соединения сети и сферу применения у мультисервисной транспортной платформы (MSTP) при том, что повышается ловкость загрузки служб эфирной сети и эффективность использования широкой полосы у мультисервисной транспортной платформы (MSTP).

2.9 光缆线路

2.9 Линия волоконно-оптического кабеля

2.9.1 系统组成和功能

2.9.1 Состав и функции системы

光缆线路通常由光缆、光缆管道、人(手)井、杆路、光缆接头盒及终端设备构成。根据光缆线路不同的建设方式(架空或埋地)有不同的设施组成。

Линия волоконно-оптических кабелей состоит из волоконно-оптических кабелей, трубопроводов волоконно-оптических кабелей, люков для человека (ручную), столбов, коробок наконечников волоконно-оптических кабелей и терминальных устройств. По способам строительства линии волоконно-оптического кабеля (воздушного или под землей) имеются разные составы сооружения.

光缆是利用置于包覆护套中的一根或多根光纤作为传输媒质并可以单独或成组使用的通信线缆组件，用以实现光信号传输的一种通信材料。光缆的基本结构一般是由缆芯、加强芯、填充物和护套等几部分组成；另外，根据需要还有防水层、缓冲层、绝缘金属导线等构件。

Волоконно-оптический кабель является материалом связи для осуществления передачи оптических сигналов путем использования одного или нескольких оптических волокон, покрытых в оболочках в качестве среды передачи, который еще может использовать узлы проводных кабелей связи независимо или по группе. Основная структура оптических кабелей состоит из жил кабелей, усиленных жил, наполнителей, оболочек и т.д.. Еще элементов как гидроизоляционного покрытия, буферного покрытия, изоляционных металлических проводов.

光缆管道通常是指光缆在埋地敷设中说需的预埋地下管道。常用的光缆管道有硅芯管、PE 管、PVC 管和钢管等。光缆管道的主要作用为保护光缆，方便施工和后期维护。

人(手)井也叫人(手)孔。常见的有电缆人井、通信人井等。相应地，也有手井。线路施工中为了检修、穿线的便利，每隔一段开挖一个可以下人的垂直通道，用铸铁盖或合成塑料盖密闭人(手)井。长途通信光缆线路中通常设置埋地式人(手)井用于光缆接续和施工穿线。人(手)井也用有机、复合材料制作。光缆线路施工中也可用光缆接头保护盒等形式代替人(手)井的功能。

杆路通常是指架空光缆线路中的电杆、吊线、拉线及金具等。

光缆接头盒是将两根或多根光缆连接在一起，并具有保护部件的接续部分，是光缆线路工程建设中必须采用的，而且是非常重要的器材之一，光缆接头盒的质量直接影响光缆线路的质量和光缆线路的使用寿命。

Трубопровод оптических кабелей обычно означает закладные трубопроводы, необходимые для прокладки оптических кабелей под землей. Для часто применяемых трубопроводов оптических кабелей предназначены кремниевый трубопровод, трубопровод PE, трубопровод PVC, стальной трубопровод и т.д.. Трубопровод оптических кабелей играет роль в защите оптических кабелей для удобства строительства и последнего обслуживания.

Колодец (отверстие) тоже называется люк-лаз (лючок). Часто применяются люк-лаз кабелей, люк-лаз связи и т.д.. Соответственно имеется люк для руки.Для удобства ремонта и прохода проводов в строительстве линии установлены вертикальные каналы для опускания человека через каждый участок, люка-лаза (лючка) закрыты чугунными крышками или крышками из синтетической пластмассы. В междугородной линии связи оптических кабелей обычно установлен подземный люк-лаз (лючок) на соединение оптических кабелей и проход проводов в строительстве. Люка-лаза (лючка) тоже изготовлены органическим и комбинированным материалами. В строительстве линии оптических кабелей тоже используются коробки защиты наконечников оптических кабелей на замену функции люка-лаза (лючка).

Опоры обычно означают стержни, тросы, растяжные тросы, арматуры и т.д..

Коробка наконечников оптических кабелей соединяет два или несколькие оптические кабели, имеет часть соединения с защитными элементами, она является необходимой для строительства линии оптических кабелей, и тоже одним из важных аппаратов, ее качество непосредственно влияет на качество и срок работы линии оптических кабелей.

2 通信

光缆线路终端设备通常包括交换机、光端机和各种传输设备等。终端设备一般放置在场站和阀室的通信机柜间,也有放置于室外防水保护箱内。

2.9.2 应用实例

捷列克古伊气田工程集气干线即采用 GYTA$_{53}$ 24B1 直埋光缆与集气干线同管带单独挖沟敷设 24 芯直埋光缆线路。气田各单井视频信号及语音信号通过工业以太网交换机传输至基尔桑集气站。光缆线路沿线采用光缆接头盒接续,光缆接头盒设置在有机、复合材料手孔中。

2.10 数字集群系统

本节介绍基于警用数字集群(Police Digital Trunking,简称 PDT)标准研发生产的无线电通信系统,该系统遵循 PDT 规约,引入了全 IP 软交换技术以及调度、联网等技术,实现了高质量的数字语音通话,能够充分满足用户的现实需求和未来发展的需要。

и т.д., осуществляет высококачественный цифровой речевой разговор, полностью удовлетворяет реальному потреблению абонентов и потреблению будущего развития.

2.10.1 数字集群无线通信系统特点

2.10.1.1 全 IP 技术平台

系统是一个基于全 IP 技术的、先进的、成熟的技术平台。

全 IP 结构指的是控制中心和基站内部结构的全 IP 化,不仅仅是传输链路的 IP 化。控制中心的扩容是以交换机为基础、以软件为核心进行扩容;系统功能的进一步扩展也是以交换机为基础以软件为核心进行的。一个远端基站如建设成二载频或多载频基站,各个载频基站设备之间,是用网络交换机进行连接,链路仍然使用原基站的通信链路,VPN 时只需扩充带宽即可。

2.10.1.2 单站集群

当基站与系统上层网设备之间的链路中断时,基站会进入单站集群状态,其覆盖区内的用户无须任何操作,将继续享用集群模式的服务。

2.10.1 Особенности цифровой системы радиосвязи с перераспределением каналов

2.10.1.1 Полная технологическая платформа с использованием протокола IP

Система является передовой, зрелой технологической платформой на полной основе использования протокола IP.

Структура с использованием протокола IP означает полное использование протокола IP для центра управления и внутренней структуры станции, не только полное использование протокола IP для канала передачи. Расширение центра управления означает расширение на основе коммутатора, по ядру программного обеспечения; дальнейшее расширение функций системы тоже выполнено на основе коммутатора, по ядру программного обеспечения. Дистанционная базовая станция застроена на базовую станцию двух–несущей частоты или много–несущей частоты, сетевой коммутатор выполняет соединение между устройствами на базовых станциях с несущей частотой, канал тоже использует канал связи на бывшей базовой станции, и только нужно расширить широту полосы при VPN.

2.10.1.2 Транкинг единичной станции

При обрыве канала между базовой станцией и устройствами верхнего уровня системы базовая станция войдет в режим транкинга единичной

原有的通话组保持不变,仍具有组呼、优先级、紧急呼叫等基本话音集群功能。大大增强了系统服务的可用性,降低服务的风险。这一点对用户至关重要,保证在任何情况下,基本的集群服务不致中断。

2.10.1.3 分布式、模块化结构

系统采用基于全 IP 的分布式、模块化结构设计,使得扩容、升级或增加新的应用非常容易,这对客户的运营非常重要,扩容甚至扩展到周边其他地区都将十分便捷。分布式处理的系统设计也大大提高了系统的处理能力,满足处理及警用用户这样集中的大话务量的需求,同时,也很好地避免了单点故障的弊端。

2.10.1.4 平滑过渡

实现模拟 MPT1327 集群系统的平滑过渡,保护用户投资,用户无须重新规划网络、频率及改变使用习惯。

станции, абоненты, находящиеся в зоне, покрытой данной станцией продолжают использовать услуги по режиму транкинга без никакой операции. Бывшая группа разговора сохраняет состояние без изменения, тоже имеет основные речевые транкинговые функции как вызов по группе, приоритетная степень, аварийный вызов и т.д.. Это гораздо увеличивает применяемость услуг системы и снижает риск услуг. Это очень важно для абонентов, что обеспечивает не прекращение основных транкинговых услуг при любых условиях.

2.10.1.3 Распределенная и модульная структура

Для системы предназначен проект распределенной и модульной структуры с полным использованием протокола IP, благодарю которому расширение, повышение классов или увеличение нового применения становятся очень легкими, это очень важно для деятельности клиентов, расширение пропускной способности даже сможет быть расширено до периметра других зон. Проект системы распределенной обработки гораздо повышает способность обработки системы, удовлетворяет потреблению большого количества телефонной операции для полицейского абонента, при этом еще отлично избежит одноточечной неисправности.

2.10.1.4 Плавный переход

Осуществляется плавный переход аналогичной транкинговой системы MPT1327, обеспечивается инвестиция клиентов, и не нуждается повторное планирование сети, частоты и изменение привычки применения для клиентов.

2.10.1.5 完善的网间互联

互联互通遵循 PDT《互联规范》,可实现与其他厂商系统互联互通,体现出最大的灵活性、兼容性和可扩展性。

2.10.1.6 语音加密

安全的语音加密,旨在保证通话的安全性,可采用鉴权、空中加密、端到端加密、密钥管理机制和链路加密,根据所需要达到的某安全等级来实现其中的部分或全部功能。

2.10.1.7 数据业务

支持包括短信、状态消息、GPS 等数据业务。

2.10.1.8 调度及网管功能

具备单呼、组呼、广播呼叫、优先呼叫等基本语音业务,同时整合短消息、状态信息和 GIS 等数据业务,为用户提供功能灵活、强大的调度指挥平台;

提供对系统全信道实时数字录音功能,并将呼叫的时间、通话时长、主被叫号码、逻辑信道、

2.10.1.5 Усовершенствующееся взаимное соединение между сетями

Взаимное соединение и коммутация соблюдает «Нормам по взаимному соединению» PDT, осуществляет взаимное соединение и коммутацию с системами других заводов–изготовителей, показывает максимальную ловкость, совместимость и расширяемость.

2.10.1.6 Речевое криптогра фирование

Безопасное речевое криптографирование обеспечивает безопасность разговора, для которого применяются подтверждение права на доступ, криптографирование в воздухе, двухточечное криптографирование, механизм управления криптографическим ключом и криптографирование канала, осуществляет часть или полные функции по классу безопасности, необходимому для достижения.

2.10.1.7 Служба данных

Поддерживаются службы данных как короткое сообщение, информация о состоянии, GPS и т.д..

2.10.1.8 Функции по диспетчерской и управлению сетями

Имеются основные речевые службы как единичный вызов, вызов по группе, вызов по радиовещанию, при этом сочетаются службы данных как короткие сообщения, информации о состоянии, GIS и т.д., чтобы предоставить абонентами платформу руководства с ловкими функциями и сильной диспетчерской.

Предоставляются функции цифровой звукозаписи в реальное время для всех каналов

Pttid 等关键字段记录在数据库中为用户提供快速检索和录音回放功能；

建立网管平台自动对系统 MSO 及基站等设备的实时运行状态进行有效监控，对故障设备及时提示并告警。

对系统内的终端用户提供遥毙、遥活等管理功能。

2.10.1.9 越区切换

为移动用户提供了切换基站通话不掉线、不中断的服务，PDT 采用越区切换技术，有效解决了这个问题。

2.10.1.10 PTT 授权

在半双工语音通话过程中决定是否进行发射，避免了在组呼时因无序发射而带来的相互干扰。

2.10.1.11 语音质量高

系统的终端、中继台全部采用 DSP 技术进行音频处理。采用 DSP 技术进行音频信号的压缩、纠错处理，在传统模拟模式下调频对讲机难以接收的弱电场区域可以听到清晰的声音，防止听错工作信息，提高用户的工作效率。如图 2.10.1 所示。

системы, регистрация времени вызова, времени разговора, исходящего и входящего номера, логичного канала, Pttid и других ключевых байтов в базе данных на представление абонентам быстрого поиска и воспроизведения звукозаписи;

Созданная платформа управления сетями автоматически занимается эффективным мониторингом режима работы оборудования системы MSO и базовой станции, вовремя выдает указание и сигнализацию для оборудования с неисправностями.

Для терминальных абонентов в системе предоставляются функции управления как дистанционное выключение, дистанционное восстановление и т.д..

2.10.1.9 Переключение каналов

Для мобильных абонентов представляются услуги по переключению разговора базовой станции без отключения линии и прекращения разговора, этот вопрос эффективно решает PDT путем применения технологии по переключению каналов.

2.10.1.10 Уполномочие PTT

В процессе полудуплексного речевого разговора решение выдачи избежит взаимной помехи, вызванной выдачей без порядка.

2.10.1.11 Высокое качество речи

Для терминалов системы, соединительных станций применяется технология DSP на тональную обработку. Применяется технология DSP на сжатие тональных сигналов, коррекцию ошибок, получение четкого звука, трудно получающего от зоны поля слабого тока при традиционном

通信距离、接收灵敏度由于使用环境的不同，数字窄化的效果也会有差异。

Расстояние связи, чувствительности приема отличаются по разной окружающей среде применения, и эффект цифрового сужения тоже отличается.

аналогичном режиме, избежание ошибочного слушания информации о работе, повышение эффективности работы абонентов. Как показано на рис.2.10.1.

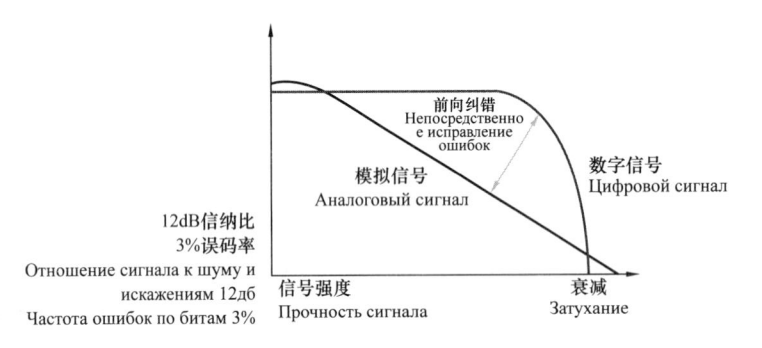

图 2.10.1　模拟信号数字化处理

Рис. 2.10.1　Цифровая обработка аналогового сигнала

2.10.1.12　系统实时监控功能

系统实时监视各个基站的用户通信状况、基站的工作情况,为用户保证可靠的通信和发挥最佳的使用效率提供直观的参考数据。

2.10.1.12　Функции контроля системы в реальное время

Выполняется контроль системы над состоянием связи абонентов, работой на базовых станциях в реальное время, что предоставляются прямые справочные данных о эффектах применения для обеспечения надежной связи и получения оптимального эффекта применения абонентов.

2.10.1.13　大区制结构

系统采用大区制组网结构,成本低,基站少,网络建设投入和后期运维费用少,符合国土面积大和资金少的实际情况。

2.10.1.13　Структура системы большого района

Для системы предназначена структура конфигурации сети по системе большого района с низкой себестоимостью, малым количеством базовых станций, низкими расходами для строительства сетей и последнего обслуживания, что соответствует практическим условиям как большой площади земли страны и малому количеству средств.

2.10.1.14 先进的产品设计

PDT 标准集中了 DMR, Tetra, MPT 和 P25 等通信体系的特长和优势,系统设计简洁、功能实用、稳定可靠。

2.10.2 数字集群系统组网方式

数字集群系统由交换控制中心、载频基站、网络交换机、调度、网管、多业务控制器、接口网关和链路系统等元素组成。如图 2.10.2 所示。

2.10.1.14 Проект передовой продукции

Стандарт PDT сосредоточил особенности и преимущества систем связи как DMR, Tetra, MPT и P25, проект системы окажется простой с прикладными функциями, стабильностью и надежностью.

2.10.2 Способ конфигурации сети системы цифровой транкинговой связи

Система цифровой транкинговой связи состоит из центра управления коммутации, базовых станций с несущей частотой, сетевых коммутаторов, диспетчерской, сетевое управления, многозадачных контроллеров, сетевое управления интерфейсами, системы каналов и т.д.. Как показано на рис. 2.10.2.

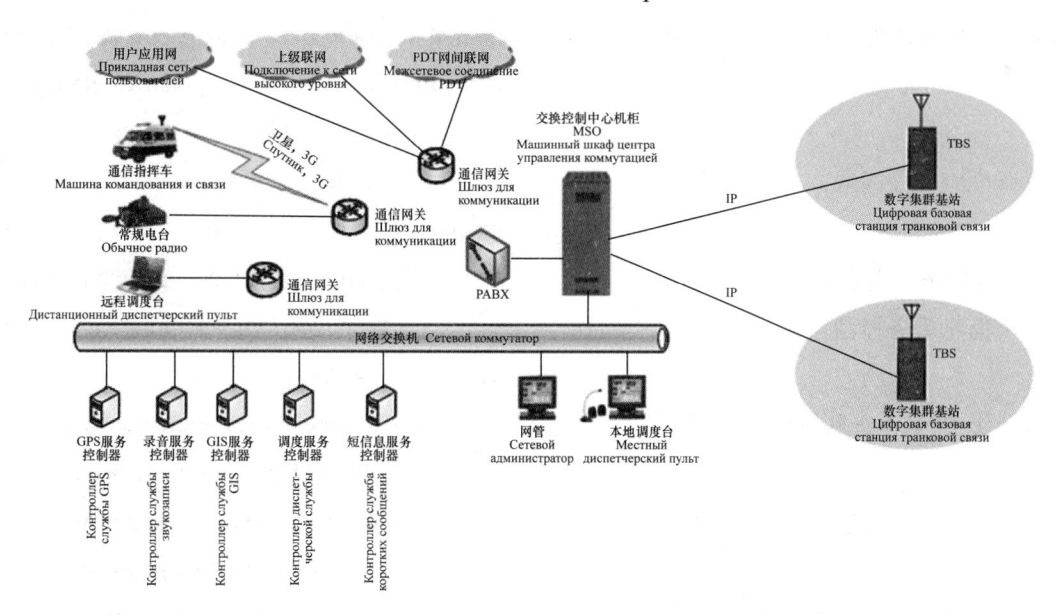

图 2.10.2 数字集群系统组网方式

Рис. 2.10.2 Способ установление сети цифровой системы транковой связи

2.10.3 系统交换控制中心组成

2.10.3.1 主要设备组成

数字集群交换控制中心 MSO 的典型配置，包括：

（1）集群中心控制器；

（2）集群交换控制器；

（3）以太网交换机；

（4）本地网管终端；

（5）本地调度台（可选项）；

（6）上述核心设备冗余模块（可选）。

动指挥车网关根据用户应用功能的不同，交换控制中心 MSO 还可包括：

（1）调度服务控制器；

（2）GIS 服务控制器；

（3）短信息服务控制器；

（4）各级 PDT 系统联网的通信网关；

（5）数据网关（包括短数据和分组数据）；

（6）与上级指挥机关联网的通信网关；

（7）本地打印机；

（8）远端调度台；

2.10.3 Состав центра управления коммутацией системы

2.10.3.1 Состав основного оборудования

Типичная конфигурация центра управления коммутацией системы цифровой транкинговой связи MSO включает:

（1）Контроллеры транкингового центра;

（2）Контроллеры транкинговой коммутации;

（3）Коммутатор эфирной сети;

（4）Терминал управления местной сети;

（5）Пульт местной диспетчерской (выборочный объект);

（6）Избыточная модуль вышеуказанного ядерного оборудования (выборочный объект).

Сетевое управление на маневренной руководящей машине окажутся разными. И по разным функциям применения абонентов центр управления коммутацией MSO еще включает:

（1）Диспетчер управления диспетчерскими службами;

（2）Диспетчер управления службами GIS;

（3）Диспетчер управления службами коротких сообщений;

（4）Сетевое управление связи соединенной сети системы PDT разных ступеней;

（5）Сетевое управление данных (включая короткие данные и группированные данные);

（6）Сетевое управление при соединении сети с вышестоящим руководящим органом;

（7）Местный принтер;

（8）Дистанционный диспетчерский пульт;

（9）常规电台通信网关；

（10）有线电话互联通信网关；

（11）指挥车通信网关；

（12）用户鉴权设备。

2.10.3.2 主要设备功能

2.10.3.2.1 集群中心/交换控制器

集群中心/交换控制器是整个系统的核心处理设备，它采用新型的控制器平台，安装在19in机架内。

集群中心/交换控制器的主要功能包括：

（1）呼叫过程处理；

（2）系统配置数据库；

（3）用户配置数据库；

（4）故障管理；

（5）统计数据处理；

（6）呼叫信息发布。

集群中心/交换控制器的性能指标请参见表 2.10.1。

（9）Сетевое управление связи стандартных радиостанций;

（10）Сетевое управление связи и взаимное соединение проводных телефонов;

（11）Управление сетями связи на руководящей машине;

（12）Устройство для подтверждения права на доступ у абонентов.

2.10.3.2 Основные функции оборудования

2.10.3.2.1 Транкинговый центр / коммутационный контроллер

Транкинговый центр / коммутационный контроллер являются ядерным оборудованием целевой системы, оно применяется платформа контроллеров нового типа, монтированная в машинном блоке размером 19 дюймов.

Транкинговый центр / коммутационный контроллер имеют основные функции как

（1）Обработка процесса вызова;

（2）База данных, комплектованная для системы;

（3）База данных, комплектованная для абонентов;

（4）Устранение неисправностями;

（5）Обработка статистических данных;

（6）Публикация информации о вызове.

Характеристики и показатели у транкингового центра / коммутационного контроллера приведены в табл. 2.10.1.

表 2.10.1 集群中心/交换控制器性能指标

Таблица 2.10.1 Характеристики и показатели у транкингового центра / коммутационного контроллера

序号 № п/п	名称 Наименование	规格数量 Спецификация, количество
1	基站容量 Емкость базовой станции	128，>128 时级联 128шт., каскадное соединение при >128

续表
продолжение

序号 No п/п	名称 Наименование	规格数量 Спецификация, количество
2	音频响应, kHz Речевой ответ, кГц	3～300
3	音频失真, % Искажение звуковых частот, %	＜3（用1kHz音频信号测试） ＜3（испытание с использованием Тест с 1кхз звукового сигнала 1кГц）
4	LAN 口 Порт LAN	10/100/1000 Base-T, RJ45
5	网管 LAN 口 Порт LAN для сетевого администрирования	10 Base-T, RJ45
6	控制口 Контрольный порт	RS232, RJ45
7	CPU ЦП	1.5 GHz 单处理器 Унипроцессор 1,5ГГц
8	RAM, GB Память, ГБ	2
9	硬盘, GB Жесткий диск, ГБ	146
10	操作系统 Операционная система	WinXP
11	电源及功耗 Питание и энергопотребление	90～264V AC, 47～63Hz; 550W 90-264В переменного тока, 47-63Гц; 550Вт
12	尺寸及重量 Размеры и вес	440mm×260mm×90mm（宽×深×高）; 13kg 440мм×260мм×90мм（ширина×глубина×высота）; 13кг
13	相对湿度, % Относительная влажность, %	≤95

2.10.3.2.2 网络交换机

网络交换机用于集合所有控制器、网关和路由器的局域网接口。

其性能指标请参见表 2.10.2。

2.10.3.2.2 Сетевой коммутатор

Сетевой коммутатор работает для сбора интерфейсов локальной сети всех контроллеров, сетевого управления и маршрутизаторов.

Их характеристики и показатели приведены в табл. 2.10.2.

2 通信

2 Связь

表 2.10.2 网络交换机性能参数

Таблица 2.10.2 Характеристики и показатели сетевого коммутатора

外观 Вид	项目 Объект	性能参数 Параметры
	应用层级 Прикладной уровень	2
	传输速率, Mbit/s Скорость передачи, Мбит/сек.	10/100/1000
	端口数量, 个 Количество портов, шт.	24
	背板带宽, Gbit/s Ширина полосы задней панели, Гбит/сек.	48
	VLAN Виртуальная ЛС	最多支持 512 个符合 IEEE 802.1q 标准的 VLAN Максимум 512 виртуальных ЛС в соответствии со стандартом IEEE 802.1q
	网络管理 Сетевое администрирование	支持 Web 网管 Сетевое администрирование на Веб-страницах
	包转发率 Скорость ретрансляции пакетов	35.71Mpps 35,71 миллионов пакетов в секунду
	MAC 地址表 Таблица MAC-адресов	8K
	网络标准 Сетевой стандарт	IEEE 802.3, IEEE8
	端口结构 Конструкция порта	非模块化 Немодульная
	交换方式 Форма обмена	存储—转发 Передача с промежуточным накоплением
	产品尺寸, mm Размеры продукта, мм	440 × 260 × 44
	工作温度, ℃ Рабочая температура, ℃	0~40
	工作湿度, % Рабочая влажность, %	5~95

2.10.3.2.3 本地网管终端

系统网管终端可为网管用户提供不同网管应用的图形用户界面(GUI),网管终端一般配置位于交换控制中心站,终端配置见表2.10.3。

2.10.3.2.3 Терминал сетевое управления местной сети

Терминал сетевого управления местной сети системы предоставляет интерфейсы графических абонентов, применяемые для разного сетевого управления сетями (GUI), и терминал сетевого управления сетями расположен на станции центра управления коммутацией, и комплект терминала приведен в табл. 2.10.3.

表 2.10.3 本地网管终端配置
Таблица 2.10.3 Расположение терминала сетевого управления местной сети

终端 Терминал		配置 Расположение
CPU ЦП	类型 Тип	奔腾双核 Процессор Intel® Dual-core
	CPU 型号 Модель ЦП	G640
	速度, GHz Скорость, ГГЦ	2.8
	核心数 Число ядер	双核 2 ядра
	二级缓存, MB кэш-память второго уровня, МБ	3
显卡 Видеокарта	显存容量 Емкость памяти видеокарты	共享系统内存 Совместное использование системной памяти
内存 Память	容量, GB Емкость, ГБ	2
	速度 Скорость	DDR3
硬盘 Жесткий диск	容量, G Емкость, Г	500
	类型 Тип	SATA 串行 Последовательный порт SATA
	转速, r/min Скорость вращения, об/мин	7200
光驱 Дисковод для компакт-дисков	类型 Тип	DVD 光驱 Дисковод типа DVD

2.10.3.2.4 调度台

调度台采用 IP 方式（LAN）与系统进行连接，系统将 PDT 语音信息通过 LAN 传送到调度台计算机，由调度台进行语音编解码，从而实现端对端 IP 调度。

调度台的音频接口模块与调度台计算机音频卡连接提供所有的音频输入和输出接口，其中包括第三方的录音系统的接口，录音接口（物理接口为标准的 RJ45 接口）。调度台模块的接口清单及其相关说明见表 2.10.4。

2.10.3.2.4 Диспетчерский пульт

Для диспетчерского пульта применяется способ IP（LAN）на соединение с системой, система передает речевую информацию PDT через LAN к компьютерам на диспетчерском пульте, который выполняет кодирование и декодирование речи, чтобы осуществить диспетчерскую IP от терминала к терминалу.

Модуль тонального интерфейса диспетчерского пульта соединяется с тональной карточкой компьютера диспетчерского пульта, что предоставляет все тональные интерфейсы ввода и вывода, в том числе включая интерфейс системы звукозаписи третьей стороны, интерфейс звукозаписи（для физического интерфейса предназначен стандартный интерфейс RJ45）. Перечень о интерфейса модули на диспетчерском пульте и соответствующее описание приведены в табл. 2.10.4.

表 2.10.4　调度台模块的接口清单及其相关说明

Таблица 2.10.4　Перечень о интерфейса модули на диспетчерском пульте и соответствующее описание

序号 No п/п	接口名称 Наименование интерфейса	接口说明 Описание интерфейса
1	桌面扬声器 Настольный громкоговоритель	RJ45, 600Ω RJ45, 600ОМ
2	头戴式耳麦 Головная телефон	PJ7（6 线）耳麦； Телефон PJ7（6 проводов）； PJ327（4 线）耳麦； Телефон PJ327（4 проводов）； DB15, 600Ω DB15, 600ОМ
3	台式话咪 Настольный микрофон	RJ45, 2000Ω RJ45, 2000ОМ
4	录音口 Порт для звукозаписи	RJ45, 600Ω RJ45, 600ОМ

2.10.3.2.5 数据网关

数据网关包括短数据路由器、分组数据网关。其中分组数据网关又由分组数据路由器和无线数据网关模块组成。系统可以利用数据网关同时支持短数据服务和分组数据服务。

数据网关其性能指标参见表2.10.5。

2.10.3.2.5 Сетевое управление данных

Сетевое управление сети данных включает маршрутизатор коротких данных и сетевое управление группированных данных. В том числе сетевое управление группированных данных состоит из модуля маршрутизатора группированных данных и маршрутизатора данных радиосвязи. Система может поддерживать услуги коротких данных и группированных данных в одно время путем использования сетевого управления данных.

Характеристики и показатели сетевого управления данных приведены в табл. 2.10.5.

表 2.10.5　数据网关其性能指标
Таблица 2.10.5　Характеристики и показатели сетевого управления данных

序号 № п/п	名称 Наименование	规格数量 Спецификация, количество
1	LAN 口 Порт LAN	2 个, 10/100/1000 Base-T, RJ45 2шт., 10/100/1000 Base-T, RJ45
2	监视器、键盘、鼠标接口 Интерфейсы для монитора, клавиатуры и мыши	SVGA 连接，PS/2 连接 Соединение SVGA, и соединение PS/2
3	电源及功耗 Питание и энергопотребление	100～240V AC, 50～60Hz; 200W 100-240В переменного тока, 50-60Гц; 200Вт
4	尺寸及质量 Размеры и вес	705mm × 426mm × 44mm（深 × 宽 × 高）; 16.5kg 705мм × 426мм × 44мм（Глубина × Ширина × Высота）; 16,5кг
5	CPU ЦП	3.0 GHz 单处理器 Унипроцессор 3,0ГГц
6	RAM, GB Память, ТБ	1
7	供电单元 Блок электропитания	双模块热备份 Горячий резерв двойного модуля
8	操作系统 Операционная система	Linux
9	DVD-RW Дисковод для многократно перезаписываемого DVD-диска	内置 Встроенный

2.10.4 数字集群基站

2.10.4.1 数字集群无线基站设备组成

基站设备为系统提供无线覆盖,并使无线用户在系统覆盖范围内漫游时可以使用系统提供的服务。它通过基站链路连接到交换控制中心,并通过集群中心和交换控制器与交换控制中心网络交换机相连。

基站有多种载频配置类型可供选择,根据基站覆盖范围和用户容量要求灵活选配,载频数量从1~8连续可选。22U 单机柜最大载频数量为 2 个,42U 单机柜最大载频数量为 4 个。单个收发信机最大输出功率可达 50W,至基站机柜出口(合路器和双工器后)每载频最大输出功率为 20W 左右。

基站供电方式为交流 220V AC 或直流 -48V。

基站在与交换控制中心链路故障时具有特殊的单站集群功能，基站控制器将保证基站仍然支持网络用户注册登记和集群调度功能。单站集群功能是系统的标准功能，无须附加的软硬件。

基站还可选配环境监测告警系统，提供外围告警监控端口。

基站链路可采用全 IP、全 E1 链路或 IP、E1 混合链路，所需带宽要求见表 2.10.6（不含环境监测所占带宽）。

У базовой станции имеется особая транкинговая функция для единичной станции при наличии неисправности канала центра управления коммутацией, и контроллер на базовой станции обеспечит поддержку регистрации сетевых абонентов и транкинговой диспетчерской функции для базовой станции. Транкинговая функция для единичной станции является стандартной функцией системы без необходимости дополнения программного и жесткого обеспечения.

Для базовой станции еще можно выбрать сигнализационную систему контроля окружающей среды, представить порт периферического контроля и сигнализации.

Для канала базовой станции применяется канал с полным использованием протокола IP, E1 или смешанный канал с полным использованием протокола IP и E1, требования к необходимой широте полосы приведены в таблице 2.10.6 (не включая широту полосы, занимаемую контролем окружающей среды).

表 2.10.6 基站链路带宽要求
Таблица 2.10.6 Требования к ширине полосы цепи связи для базовой станции

载频数量 Количество несущих частот	链路带宽要求, kbit/s Требования к ширине полосы цепи связи, кбит/сек.
1	64
2	128
3	128
4	192
5	192
6	256
7	256
8	320

基站将来自移动台的话音、数据、呼叫处理、信令和网络管理信息集成到一个 IP/E1 基站链路传送到交换控制中心。基站由下列各模块组成：

Базовая станция собирает речь, данные, обработку вызов, сигнализацию и информацию о управлении сетями, полученных от мобильного

（1）收发信机(基站控制器内置)；

（2）射频分配系统；

（3）电源系统；

（4）天馈系统；

（5）监测告警系统(选配)。

2.10.4.2 主要设备功能和技术参数

（1）收发信机。

每个基站可支持最多8台收发信机(载频)。每台收发信机2个时隙，第1个收发信机载频的第1个时隙为控制信道。当控制信道发生故障时，其他收发信机的第1个时隙将作为备份控制信道，直至最后一台收发信机，亦即收发信机控制信道全备份。

基站每台收发信机均内置1台基站控制器、1个收发信机告警模块用于监测基站功能。

基站收发信机提供到系统交换控制中心的IP/E1远端链路接口,并通过以太网控制收发信机。

（2）环境监测告警系统。

пульта и передает их к центру управления коммутацией через канал базовой станции IP/E1. Базовая станция состоит из моделей как следующих：

（1）Приемник – передатчик（встроенный в контроллере базовой станции）；

（2）Система распределения радиочастоты；

（3）Система источника питания；

（4）Система антенного фидера；

（5）Система контроля и сигнализации（альтернативная）.

2.10.4.2 Функции и технические параметры основного оборудования

（1）Приемник – передатчик.

Каждая базовая станция поддерживает максим 8 приемников – передатчиков（с несущей частотой）. У каждого приемника – передатчика имеется 2 интервала времени. Первый интервал времени у первого приемник – передатчик с несущей частотой является каналом управления. В случае возникновения неисправности в канале управления первый временный интервал у других приемников – передатчиков будет работать в качестве резервного канала управления до последнего приемника–передатчика, то есть канал управления приемников–передатчиков резервирован.

В каждом приемнике – передатчике на базовой станции встроены контроллер базовой станции, модуль сигнализации приемника–передатчика для выполнения функции контроля базовой станции.

Приемники – передатчики базовой станции предоставляют интерфейс дистанционного канала IP/E1 к центру управления коммутацией системы, и выполняется управление приемниками – передатчиками через эфирную сеть.

（2）Сигнализационная системе контроля окружающей среды.

每个基站采用一个环境监测告警系统,提供在基站的故障报告和远程控制,提供10个外部警报输入端口用于监测基站环境条件。端口控制信号为开放的直流开关量(DI/DO)。

（3）射频分配系统。

射频分配系统采用腔体合路将载频输出信号进行合路,以便将多个发射机信号馈送到一个天线上去。同时,射频分配系统采用多个接收机多路耦合器把多根分集接收天线接收到的信号分配到接收机单元。一个基站最多采用3根天线,其中1～4载频时2根天线,5～8载频时2发1收共3根天线。

（4）基站主要技术参数。

基站技术参数指标满足PDT标准和规范。主要技术参数指标见表2.10.7。

Для каждой базовой станции применяется сигнализационная система контроля окружающей среды, которая предоставляет доклад о неисправностях базовой станции и дистанционное управление, еще 10 входных портов для внешней сигнализации на контроль на условиями окружающей среды базовой станции. Сигнал управления портом является величиной выключателя постоянного тока (DI/DO).

（3）Система распределения радиочастоты.

Для системы распределения радиочастоты применяется полостной объединитель, который объединяет все выходные сигналы с несущей частотой в один канал на подачу сигналов от передатчиков к одной антенне. При этом для системы распределения радиочастоты применяются многоканальные ответвители приемников, которые распределяю сигналы, полученные приемными разнесенными антеннами к блокам приемников. На одной базовой станции применяется максимум 3 антенны, в том числе 2 антенны при несущей частоте 1-4, 2 антенны для передачи, 1 антенна для приема при несущей частоте 5-8.

（4）Основные технические параметры базовой станции.

Технические параметры базовой станции удовлетворяют стандарту PDT и нормам. Основные технические параметры и показатели приведены в таблице 2.10.7.

表2.10.7 基站主要技术参数
Таблица 2.10.7 Основные технические параметры базовой станции

机柜尺寸 Размер машинного шкафа	12U（单载频） 12U（одиночная несущая частота） 22U（二载频） 22U（двойная несущая частота） 42U（3～4载频,5～8载频时用2个机柜） 42U（3-4 несущей частоты, при 5-8 несущих частот используются 2 шкафа）
工作温度, ℃ Рабочая температура, ℃	−30～+60

2 通信

2 Связь

续表
продолжение

接口 Интерфейсы	RF（包括 GPS）：N- 型母头；链路接口：RJ45 RF（включая GPS）：N–образная розетка соединителя；интерфейс цепи связи：RJ45
供电电源 Источник электропитания	220V AC/-48V DC；1200W（4 载频） 220В переменного тока/-48В постоянного тока；1200Вт（4 несущих частоты）
频段，MHz Диапазон частот, МГц	134～167，351～389，400～470
信道间隔，kHz Интервал каналов, кГц	12.5
天线端口特性阻抗 Характеристическое сопротивление порта антенны	50Ω 不平衡 Несбалансированность 50ОМ
载频最大输出功率 Максимальная выходная мощность несущей частоты	最大 25W（天线口） Макс. 25Вт（порт антенны）
驻波比 Коэффициент стоячей волны	＜1.5
载频容差(锁定时) Допуск несущей частоты（при блокировке）	$\pm 0.1 \times 10^{-6}$
合路器 Объединитель	混合、腔体手动、腔体自动 Комбинированный, полостной ручной, полостной автоматический
参考灵敏度 Справочная чувствительность	-120dBm（静态）；-113.5dBm（动态） -120дбм（статический）；-113,5дБм（динамический）

2.10.5　数字集群系统功能

2.10.5.1　基本功能

（1）组呼。

组呼是集群通信最基本的呼叫,组呼服务在一个单独用户和调度台与一组用户进行一对多的通话,移动台缺省是工作在组呼模式下,而且非常便于发起和接收组呼。所有的组成员可以互相听见。

2.10.5　Функции системы цифровой транкинговой связи

2.10.5.1　Основные функции

（1）Групповой вызов.

Групповой вызов является основным вызовом транкинговой связи, услуги по групповому вызову означают разговор один к одному между независимым абонентом, диспетчерским пультом и группой абонентов, мобильный пульт работает при режиме группового вызова, что очень удобно образовать и принять групповой вызов. Все члены группы могут слушать друг друга.

· 163 ·

每个移动台可被编程多个通话组,用户可以很简单地选择进入那个通话组,用户可以随时进入另一个通话组。移动台可以显示当前进入的通话组识别码,在接收呼叫的情况下,接收方可以显示发送方的短用户识别码。

一旦选择一个通话组,移动台不需任何动作,便可自动监听接收这个组的呼叫。要发起一个呼叫,用户仅需按下 PTT 键即可讲话。

用户台发起组呼时只需按下 PTT 键即可发起当前所在组的呼叫,也可以拨组号后按 PTT 键发起组号;用户台在组呼模式下接听当前组呼无须任何操作。组呼只占用一个时隙资源。

(2)单呼。

语音单呼服务是在一个单独用户和另外一个单独用户之间提供的语音服务。当处于单呼时,仅通话双方可以听到通信内容,系统管理员可以配置用户是否具备单呼能力。

(3)紧急呼叫。

紧急呼叫是一种具有最高优先级(优先级 1)的组呼叫。当系统忙时,紧急呼叫将强拆正在进行中的最低优先级的呼叫,把信道资源分配给紧急呼叫。

Каждый мобильной пульт программирован на группы разговора, абоненты смогут просто выбрать вход в какую-то группу разговора, и войти в другую группу разговора в любое время. Мобильный пульт может показать код идентификации группы разговора, в которую входит в текущее время, при приеме вызова приемная сторона может показать короткий код идентификации абонента от передаточной стороны.

В случае выбора группы разговора мобильный пульт может провести автоматический контроль и прием вызова данной группы без любого срабатывания. При необходимости инициирования вызова абонент только должен нажать кнопку РТТ на разговор.

При инициировании вызова пульт абонентов только должен нажать кнопку РТТ для инициирования вызова группы, где они находятся, и тоже можно набрать номер группы, нажать кнопку РТТ на инициирование вызова; при режиме группового вызова пульт абонентов может ответить на текущий групповой вызов без любой операции. Групповой вызов занимает только один временный интервал.

(2)Единичный вызов.

Услуги по единичному вызову речи являются речевыми услугами, представленными между независимым абонентом и другим независимым абонентом. При единичном вызове только две стороны разговора могут слушать содержание связи, и оператор системы комплектовать способность по единичному вызову у абонентов.

(3)Аварийный вызов.

Аварийный вызов относится к групповому вызову, имеющему самую приоритетную степень (приоритетная степень 1). При занятости системы аварийный вызов аннулирует вызов с самой

2 通信

紧急呼叫的信道保留时间可以单独由系统设置,不同于一般呼叫的信道保留时间。同时,每个移动台能否发起紧急呼叫也由系统设置。

用户在紧急情况下只需按下移动台上的紧急呼叫按键即可发起当前所在通话组的紧急呼叫。紧急呼叫只占用基站一个时隙资源。

(4)通播组呼叫。

系统支持通播组呼叫,通播组呼叫可以延展组呼的范围,每个通播组包含多个组,这一功能极大地增强了系统操作的灵活性。通播组是含有多个通话组的大组。

通播组包含哪些通话组可由系统管理员进行配置。每个通话组只能被编入一个通播组,每个通播组最多可支持 128 个通话组。系统对通播组的数量不做限制。

通播组呼叫的一个关键优势是它可经过配置,使其在功能上等同于广播呼叫,这是对组呼服务的一种延伸。通播组呼叫的操作与组呼相同,用户转换到一个通播组,按下 PTT 键即可发起呼叫。只要基站覆盖范围内有通播组所包含通话组的成员注册,系统即在此基站分配信道,移动台仅需处于其中的任何一个通话组即可接收到通播组

2 Связь

низкой приоритетной степенью на распределение ресурсов каналов к аварийному вызову.

Время поддержки канала для аварийного вызова сможет быть установлено системой отдельно, которое будет отличаться от времени поддержки для каналов обычных вызовов. При этом возможное инициирование аварийного вызова у каждого мобильного пульта тоже установлено системой.

При аварийных условиях клиент только должен нажать кнопку по аварийному вызову на мобильном пульте на инициирование аварийного вызова в группе разговора, где находится он в текущее время. Аварийный вызов занимает только один временный интервал.

(4) Циркулярный групповой вызов.

Система поддерживает циркулярный групповой вызов, который может расширить масштаб группового вызова, и каждая группа циркулярного вызова включает в себя многие группы, эта функция гораздо усилит ловкость операции системы. Группа циркулярного вызова является большой группой, имеющей разговорные группы.

Какие-то разговорные группы, включенные в группе циркулярного вызова установлены оператором системы. Каждая разговорная группа установлена только в одной группе циркулярного вызова, и каждая группа циркулярного вызова поддерживает только 128 разговорных групп. Система не ограничивает количество групп циркулярного вызова.

Ключевым преимуществом циркулярного группового вызова является то, что его функция равна вызову радиовещания путем конфигурации, это расширяет услуги группового вызова. Операция циркулярного группового вызова одинакова с операцией группового вызова, абонент переключается к группе циркулярного вызова,

呼叫。通播组也可以紧急呼叫的形式发起。通播组呼叫可以中断式或等待式两种模式建立,由系统设定,中断式是强拆通播组内正在呼叫的组呼,迅速建立通播组呼叫;等待式是等通播组内所有通话组通话结束才建立通播组呼叫。

通播组呼叫与组呼一样只占用一个信道资源。

(5)电话互联呼叫。

系统支持电话互联呼叫,授权用户可以通过电话互联网关呼叫或接收有线电话呼叫。扩展功能

(6)优先呼叫。

优先呼叫即呼叫分优先级别,系统支持10个优先级,1为最高级即紧急呼叫级,10为最低级即系统默认级别。

当系统不繁忙时,体现不出呼叫的优先级,所有的呼叫马上得到处理。只有当系统繁忙时,系统对排队呼叫的处理顺序是按优先级的高低排列的,此时才体现出呼叫优先级的作用。

нажимает кнопку PTT и может провести инициирование вызова. В случае регистрации членов разговорной группы, включенной в группе циркулярного вызова в масштабе, покрытом базовой станцией система распределяет каналы на данной базовой станции, и мобильный пульт может принять циркулярный групповой вызов только при нахождении в любой разговорной группе. Группа циркулярного вызова тоже создается по способу аварийного вызова. Циркулярный групповой вызов создается по двум режимам как прерывному или ожидательному, которые установлены системой. Прерывный режим означает принудительное выключение проводящего группового вызов в группе циркулярного вызова, быстрое создание вызова группы циркулярного вызова; ожидательный режим означает создание циркулярного группового вызова после окончания разговора всех разговорных групп.

Как групповой вызов, циркулярный групповой вызов только занимает ресурсы одного канала.

(5) Вызов взаимного соединения телефонов.

Система поддерживает вызов взаимного соединения телефонов, уполномоченные абоненты могут провести вызов или принять вызов проводных телефонов через сетевое управление взаимного соединения телефонов. Функция расширения.

(6) Приоритетный вызов.

Приоритетный вызов означает разделение приоритетных классов вызовов, система поддерживает 10 приоритетных классов, 1-высший класс означает класс аварийного вызова, 10-низший класс означает предустановленный класс системы.

При не занятом состоянии системы не возможно показаны приоритетные классы вызова, все вызовы решены сразу же. А при занятом состоянии системы порядок решения вызовов по

2 通信

（7）自动重发。

当系统遇忙时，移动台不用反复按 PTT 键或拨号，系统会自动重发呼叫请求。

（8）迟后加入。

由于没有开机，或正处于一个通话中，或处于信号盲区，一些通话组的成员可能在呼叫发起时不能加入通话。在组呼过程中，迟后加入的信令会不断地在主控制信道上传送，那些没有在呼叫发起时加入呼叫的无线用户机一旦回到控制信道检测到这些信令，马上进入所需业务信道进行通信。这样允许通话组成员迟后加入正在进行的组呼。

（9）预占优先呼叫。

被赋予预占优先（PPC）能力的用户、通话组、通播组在所处基站没有空闲信道的情况下具备强拆功能，从而获取信道通话。预占优先的功能由系统网管员设置。当在具备空闲信道的情况下，预占优先通话的发起过程如同普通的通话呼叫一样，在没有空闲信道可用的情况下，控制器会从低优先级的普通通话中强拆获得可用信道，并利用此信道进行预占优先呼叫。

2 Связь

порядку в системе расположен от высшего до низшего приоритетных классов, только при этом показано действие приоритетных классов вызовов.

（7）Автоматическая повторная передача.

При занятом состоянии системы мобильный пульт не нуждается в повторном нажатии кнопку PTT или наборе номеров, система может выполнить автоматическую повторную передачу вызова.

（8）Позднее сообщение.

Члены разговорных групп смогут невозможно участвовать в разговоре при инициировании вызова из-за не запуска устройства, или нахождения в разговоре, или нахождения в слепой зоне сигналов. В процессе группового вызова команда о позднем сообщении непрерывно передается на канале основного управления, и телефоны абонентов радиосвязи, не участвующие в вызове при инициировании вызова возвращаются к каналу управления и детектируют эти команды, и сразу входят в необходимый каналы на связь. Таким образом допускается позднее сообщение членов разговорных групп в групповом вызове, проводящемся в текущее время.

（9）Вызов приоритета, прерывающего обслуживание.

В случае отсутствия свободного канала на данной базовой станции абоненты, разговорная группа, группа циркулярного вызова, которым придаются приоритет, прерывающий обслуживание, имеют функцию по принудительному прекращению разговора на получение канала разговора. Функция по приоритету, прерывающему обслуживание установлена сетевым оператором системы. При наличии свободного канала процесс инициирования приоритета, прерывающего обслуживание будет одинаковым с простым вызовом разговора. При отсутствии свободного

当一个具备 PPC 功能的用户发起一个私密呼叫时,还具备强插功能。强插情况是指如果被呼用户正在与另一方进行更低优先级的私密或电话互联呼叫,那么新的 PPC 呼叫将切断其进行的呼叫,并取而代之。

(10)区域选择。

区域选择功能可以修改移动台基站选择算法,因此只要信号强度足够,一个移动台可以一直登记在它选择的基站,即使邻近基站具备更强的信号强度。此功能在下列情况下可有效地节省信道资源,即一个通话组的用户都工作在一个基站,其中一些用户离基站天线近,另外一些用户可能远离基站天线,它们收到的邻站信号会更强,此功能允许这些基站覆盖边缘的用户同其他同组用户一样一直守在同一个基站,因此在组呼过程中不会占用相邻基站的信道资源,大大节省频率资源。

канала контроллер принудительно прекратит простой разговор с низшего класса приоритета и получит применяемый канал, выполнит приоритет, прерывающий обслуживание для вызова путем пользования данного канала.

Когда абонент, имеющий функцию РРС, инициирует личный вызов, он еще имеет функцию по принудительному вставлению. Принудительное вставление означает то, что новый вызов РРС прекратит их вызов и займет их канал, когда вызываемый абонент проводит личный разговор или взаимное соединение телефонов по низшему классу приоритета.

(10) Выбор зоны.

Функция по выбору зоны может поправить алгоритм выбора базовой станции мобильного пульта, поэтому один мобильный пульт может все время регистрировать базовые станции, выбранные им в случае наличия достаточной интенсивности сигналов, хотя соседняя базовая станция имеет более интенсивных сигналов. Данная функция эффективно экономит ресурсы каналов при следующих условиях, то есть абоненты в одной разговорной группе находятся на одной базовой станции, в том числе некоторые абоненты находятся ближе к антенне базовой станции, другие абоненты, может быть, находятся далеко от базовой станции, они получают сигналы от соседней базовой станции с более интенсивностью, а данная функция допускает то, что эти абоненты, находящиеся на крайне базовой станции находятся на одной базовой станции, как другие абоненты в одинаковой группе. Поэтому не будет занятие ресурсов канала соседней базовой станции в процессе группового вызова, что гораздо экономит ресурсы частоты.

(11) 限时通话。

网络管理系统可以设置组呼、私密呼叫和电话互联的最大通话时间,当处于私密呼叫和电话互联呼叫时,移动台将预先收到系统提示,告诉用户时间限制将到。如果用户不理睬此限时提示,系统会在超时后将此次呼叫终止。

(12) 缩位拨号。

系统支持移动台的缩位拨号,即当被叫用户的前几位号码与主叫相同时,只需拨后面不同的号码,系统会自动识别。

(13) 呼叫限制。

系统可对移动台进行呼叫限制,如可限制其进行单呼或电话互联呼叫,也可限制其不能接收单呼或有线电话呼叫。

(14) 动态重组。

除了调度台操作员可以灵活地对通话组进行派接和多选,系统网管也可以动态地对通话组进行重组。

动态重组允许一个或多个无线用户加入一个通话组或从一个通话组删除。系统可以在操作环境出现变化的情况下对通话组进行重组,每个无线用户机会记住它所具备的通话组设置,当系统发送"取消重组"指令时,无线用户机会返回到原先的通话组,如果它未能接收到正常的重组确认,也会回到原先的通话组。

(11) Разговор в ограниченном времени.

Система управления сетями может установить групповой вызов, личный вызов и максимальное время разговора, при нахождении в личном вызове и вызове взаимного соединения телефонов мобильный пульт предварительно получит указание системы и скажет абонентам наступление ограничения времени. Система прекратит данный вызов при превышении времени, если абоненты не обратят внимание на указание о ограничении времени.

(12) Сокращенный набор.

Система поддерживает сокращенный набор мобильного пульта, то есть только нужно набрать последние не одинаковые цифры номера, система автоматически идентифицирует его, если передние цифры номера вызываемого абонента одинаковы с цифрами номера вызывающего абонента.

(13) Ограничение вызова.

Система может ограничить вызов к мобильному пульту, как ограничить единичный вызов или вызов взаимного соединения телефонов, и тоже ограничить его не получить единичный вызов или вызов проводных телефонов.

(14) Динамическое реструктурирование.

Оператор диспетчерского пульта может ловко выполнить соединение и выбор разговорных групп, кроме этого сетевое управление системы тоже может провести динамическую реструктурирование разговорных групп.

Динамическое реструктурирование допускает участие одного или нескольких абонентов радиосвязи в одной разговорной группе или выключение их в одной разговорной группе. При возникновении изменения операционной окружающей среды система может выполнить реструктурирование разговорных групп, каждый абонентский

(15)移动台遥毙/复活。

系统允许管理员通过系统在空中发送控制信息，临时关闭一个移动台。即移动台可被远程控制遥毙或复活。

在遥毙的情况下，移动台不能接收和发送呼叫。

2.10.5.2 单站集群功能

系统基站能在中心站故障或通信链路中断时自动进入单站集群状态，它与简单的故障弱化有着本质的区别，此时基站仍然工作在集群方式下，基站用户仍能进行单基站内的组呼，且通话组状态和编组不发生变化，并支持新的系统用户登记；当故障排除后，系统自动恢复到正常运行状态，且用户的通信功能不受到任何影响。

аппарат радиосвязи запомнит установление разговорной группы, имеющееся у него, и каждый абонентский аппарат радиосвязи возвратится к бывшей разговорной группе в случае выдачи команды о «отмене реструктурирования» системой. И он тоже возвратится к бывшей разговорной группе в случае не получения им нормального подтверждения реструктурирования.

(15) Дистанционное выключение / восстановление мобильного пульта.

Система допускает оператору выдать информацию о управлении в воздухе через систему, временно закрыть одни мобильный пульт. То есть мобильный пульт может быть дистанционно выключен или восстановлен дистанционным управлением.

При дистанционном выключении мобильный пульт не может принять и выдать вызов.

2.10.5.2 Функция по транкингу единичной станции

Базовые станции системы могут автоматически войти в режим транкинга единичной станции при неисправностях центральной станции или прекращении канала связи, что существенно отличается от простой амортизации неисправностей, при этом базовые станции тоже работают в транкинговом режиме, абоненты базовых станций тоже могут провести групповой вызов на единичной базовой станции, и не будет изменение состояния разговорной группы и сортировки, поддержать регистрацию новых абонентов системы; при устранении неисправностей система автоматически восстановится на нормальный режим работы, и функции связи у абонентов не будет получать любое влияние .

系统具有独特的单站集群功能,它不是简单的退回常规模式,而是真正的集群模式。

当基站与交换控制中心链路发生故障或交换控制中心瘫痪时,内置在收发信机内的基站控制器探测到故障后将基站工作控制在单站集群模式。在单站集群模式工作时,基站控制器会随时监测链路信号,一旦故障排除,基站控制器将控制基站恢复正常工作方式。整个切换控制过程都由基站控制器自动完成,无须人工干预。

单站集群模式保持了全部组呼的集群功能,而且编组没有发生任何变化,无须事先设定所谓的故障弱化编组。

下面就单站集群模式支持的功能进行详细描述。

（1）基站入网登记。

单站集群模式支持系统用户的漫游登记入网,无须事先设定哪些用户可以在哪些基站进行单站集群登记入网。系统用户可以在任何工作于单站集群模式的基站入网,享受单站集群提供的服务。

Система имеет особенную функцию по транкингу единичной станции, которая не только возвращается в стандартный режим, а является настоящим транкинговым режимом.

При неисправностях на базовых станциях и центре управления коммутацией или выходе центра управления коммутацией из строя контроллер, встроенный в приемнике-передатчике на базовой станции детектирует неисправности, управляет работой базовой станции в транкинговом режиме единичной станции. При работе под транкинговым режимом единичной станции контроллер базовой станции контролирует сигналы каналов все время, и восстановит нормальный режим работы базовой станции в случае устранения неисправностей. Целый процесс управления переключением автоматически выполнен контроллером базовой станции без искусственного вмешательства.

Режим транкинга единичной станции поддерживает транкинговые функции всех групповых вызовов, причем не возникает любое изменение в сортировке, не нуждается предварительное установление называющейся сортировки амортизации неисправностей.

Ниже проводится детальное описание о функциях, поддерживаемых транкинговым режимом единичной станции.

（1）Регистрация базовой станции при доступе к сети.

Режим транкинга единичной станции поддерживает регистрацию роуминга абонентов системы для участия в сети без необходимого предварительного установления каких-то абонентов на каких-то базовых станциях для транкинговой регистрации единичной станции на участие в сети. Абоненты системы могут участвовать в сети

（2）基站信道动态分配。

单站集群基站所有的信道仍具有动态分配的功能，基站控制器通过控制信道根据呼叫请求动态指派话音信道。基站信道利用率没有因链路故障而下降。

（3）控制信道备份。

单站集群模式工作的基站控制信道具有备份功能，当控制信道所在的载频收发信机发生故障时，下一台载频收发信机的第一个时隙自动切换为基站控制信道，直至最后一台收发信机。

（4）组呼。

单站集群组呼与广区模式的组呼功能一样，只有跨基站的呼叫受到影响，原来组呼的编组不变，无须预先设定故障编组。

（5）紧急呼叫。

单站集群仍然支持紧急呼叫功能，并且保持紧急呼叫信道遇忙强拆功能和紧急呼叫"热麦"功能。

на любой базовой станции, работающей по режиму транкинга единичной станции, пользуют услуги, предоставляемые транкингом единичной станции.

（2）Динамическое распределение каналов базовой станции.

Все каналы на базовой станции транкинга единичной станции имеют функцию по динамическому распределению, и контроллер базовой станции указывает речевые каналы по динамической просьбе через канал управления. И коэффициент использования каналов базовой станции не снижен из-за неисправностей каналов.

（3）Резервирование канала управления.

Канал управления базовой станции, работающей по режиму транкинга единичной станции имеет функцию по резервированию, при возникновении неисправности у приемника-передатчика с несущей частотой, где находится канал управления, первый временный интервал следующего приемника-передатчика с несущей частотой автоматически переключится на канал управления базовой станции до последнего приемника-передатчика.

（4）Групповой вызов.

Функция транкингового группового вызова единичной станции одинакова с функцией группового вызова режима завода, только вызов через базовую станцию получит влияние, а сортировка бывшего группового вызова не изменится без необходимости предварительного установления сортировки неисправностей.

（5）Аварийный вызов.

Транкинг единичной станции тоже поддерживает функцию аварийного вызова, и еще функцию принудительного выключения при занятости каналов для аварийного вызова и функцию по горячего микрофона для аварийного вызова.

(6)迟后加入。

组呼通话时基站控制器会在控制信道不断地广播正在组呼的信道地址等信息,保证新登记入网用户、刚转入组的用户或刚从盲区进入基站覆盖区的用户能及时加入通话组,该功能称为迟后加入。

(7)新近用户优先。

当基站信道遇忙时,基站对刚结束通话的组保留一段时间的排队优先级,在此时间内该通话组重新发起呼叫将优先提供话音信道。此功能最大限度地保证了通话组的通话连续性,称为新近用户优先。

2.10.5.3 数据功能

(1)短数据传输。

系统支持两种短数据传输,即状态信息和短消息。

状态信息是移动台上传状态信息给调度台,此状态信息只传输代码,调度台可根据预先约定的含义将状态信息以文字信息显示在调度台屏幕上。状态信息在控制信道上传输,不占用业务信道。

短消息是允许移动台与调度台或移动台之间最多140个字节(70个汉字)的短信传送,系统还提供相应软件支持调度台群发短信。

(6) Позднее сообщение.

При разговоре группового вызова контроллер базовой станции обеспечивает регистрацию новых абонентов на участие в сети, своевременное участие абонентов, только что участвующих в группе или абонентов, входящих в зону, покрытую базовой станцией от слепой зоны в разговорную группу, данная функция называется задержанным участием.

(7) Приоритет последнего абонента.

При занятости каналов базовой станции базовая станция сохраняет класс приоритета по очереди на определенное время для группы, закончившей разговор только что, в данное время эта разговорная группа получит приоритетное представление речевого канала в случае ее повторного инициирования вызова. Данная функция максимально обеспечивает продолжительность разговора разговорной группы, что называется приоритет последнего абонента.

2.10.5.3 Функция по передаче данных

(1) Передача коротких данных.

Система поддерживает 2 передачи коротких данных, то есть информации о состоянии и короткие сообщения.

Информации состояния передаются мобильным пультом к диспетчерскому пульту, для данной информации состояния только передаются коды, и диспетчерский пульт показывает информации состояния на буквенной информации на дисплее диспетчерского пульта согласно предварительно установленным смыслам. Информация состояния передается по каналу управления, не будет занимать канал служб.

Короткие сообщения означают передачу коротких сообщений с максимумом 140 байтов (70 иероглифы) между мобильным пультом и диспетчерским

短消息传送在控制信道上传输,不占用业务信道。

短数据传输支持同时的话音和数据服务。

(2)分组数传。

分组数传大大延展了数字集群的功能,它允许客户通过应用开发完成移动台之间或移动台与采用 IP 的固定网络设备之间进行数据通信。

分组数传可通过移动台数传接口连接数据终端(PC 或 PDA),利用开发的应用软件实现分组数传,此时移动台相当于射频调制解调器。信号格式为标准的分组包格式。

2.10.5.4 调度台功能

调度台子系统基于对专网用户使用需求的深刻理解,开发了具有强大的功能调度台,除具有话音呼叫等基本通信功能外,还可进行数据传输(可选项)。

调度台的权限是以账号方式管理的,账号不与调度台硬件捆绑,调度员可从任一调度台登录操作,调度台(账号)的权限由总调度员设置。

пультом или мобильными пультами, система еще предоставляет соответствующее программное обеспечение на поддержку СМС-рассылки.

Короткие сообщения передаются по каналу управления, не будут занимать канал служб.

Передача коротких данных поддерживают речевые услуги в одно время и услуги данных.

(2) Групповая передача данных.

Групповая передача данных гораздо расширяет функцию цифровой транкинговой связи, допускает абонентов выполнить связь данных между мобильными пультами или мобильным пультом и стационарным сетевым оборудованием с применением IP.

Групповая передача данных может соединяться с терминалом данных (PC или PDA) через интерфейс данных мобильного пульта, осуществить групповую передачу данных путем использования разработанного прикладного программного обеспечения, в это время мобильный пульт работает как радиочастотный модем. Формат сигнала является стандартным форматом группового пакета.

2.10.5.4 Функции диспетчерского пульта

На основе глубинного понятия о потреблении абонентов целевой сети разработан диспетчерский пульт с сильными функциями для подсистемы диспетчерского пульта, который может выполнить передачу данных (выборочный объект) кроме основных функций связи как речевого вызова и т.д..

Компетенция диспетчерского пульта управляется по способу номера счета, который не связывается с жестким обеспечением диспетчерского пульта, диспетчерский оператор может провести доступ и операцию на любом диспетчерском

2 通信

（1）组呼。

组呼是集群通信最基本的呼叫，它允许调度台与一组用户进行一对多的通话，移动台缺省是工作在组呼模式下，而且非常便于发起和接收组呼。调度台在组呼中具有优先讲话权，即在组呼时调度台强插组员的讲话。

（2）选呼。

选呼又称单呼或私密呼叫，调度台支持与移动台之间的选呼，当处于选呼时，仅通话双方可以听到通信内容。

大多数的选呼处于半双工方式，即仅通信一方可以在一个时间讲话，这对保证系统信道资源的充分利用是尤其重要的。

紧急呼叫是一种具有最高优先级（优先级1）的组呼。当系统忙时，紧急呼叫将强拆正在进行中的最低优先级呼叫，把信道资源分配给紧急呼叫。

当进入紧急模式时，调度台会给出告警。只有调度台或发起紧急呼叫的移动台才可以操作退出紧急呼叫模式。

2 Связь

пульте, и компетенция (номера счета) диспетчерского пульта установлена главным диспетчерским оператором.

(1) Групповой вызов.

Групповой вызов является основным вызовом транкинговой связи, он разрешает разговор по одному к нескольким между диспетчерским пультом и группой абонентов, мобильный пульт работает при режиме группового вызова, что очень удобно инициировать и принять групповой вызов. В групповом вызове диспетчерский пульт имеет приоритетное право разговора, то есть он сможет вставить разговор членов свой группы при групповом вызове.

(2) Выборочный вызов.

Выборочный вызов еще называется единичным вызовом или личным вызовом, диспетчерский пульт поддерживает выборочный вызов между мобильными пультами, при нахождении в выборочном вызове только две стороны разговора смогут слушать содержания связи.

Большинство выборочного вызова находится в полудуплексном режиме, то есть только одна сторона связи может разговорить в одно время, что является важным для обеспечения полного использования ресурсов каналов системы.

Аварийный вызов относится к групповому вызову, имеющему самую приоритетную степень (приоритетная степень 1). При занятости системы аварийный вызов аннулирует вызов с самой низкой приоритетной степенью на распределение ресурсов каналов к аварийному вызову.

При входе в аварийный режим диспетчерский пульт выдаст сигнализацию. Только диспетчерский пульт или мобильный пульт, инициирующий аварийный вызов могут провести операцию по выходу из режима аварийного вызова.

（3）状态信息传输。

（4）短数据传输。

调度台可以进行短数据传输，即收发短信息，每次最多140个字节（70个汉字），调度台还支持群发短信。短信息也是在控制信道上传输，不占用业务信道。

（5）紧急告警。

当移动台发起紧急呼叫时，调度台首先收到紧急告警信息，触发、发出告警，提示调度员发生了紧急情况。

（6）通话组监听。

调度台配置有扬声器，可监听当前组的通话。调度员可以随时将希望监听的通话组切换为当前组进行监听插话。

（7）紧急呼叫。

调度台可以接收移动台上传的状态信息，此状态信息只传输代码，调度台可根据预先约定的含义将文字意思显示在调度台屏幕上。

状态信息在控制信道上传输，不占用业务信道。

（8）通播。

调度台可以根据权限对授权的通播组用户发起通播呼叫。

（3）Передача информации о состоянии.

（4）Передача коротких данных.

Диспетчерский пульт может выполнить передачу коротких данных, то есть прием и выдачу коротких информации с максимумом 140 байтов (70 иероглифы) каждый раз, диспетчерский пульт еще поддерживает СМС-рассылку. Короткие информации передаются по каналу управления, не будут занимать канал служб.

（5）Аварийная сигнализация.

При инициировании аварийного вызова мобильным пультом диспетчерский пульт сначала получит информацию о аварийной сигнализации, проведет пуск и выдачу сигнализации, напомнит диспетчерского оператора возникновение аварийной ситуации.

（6）Контроль над разговорной группой.

На диспетчерском пульте комплектован громкоговоритель для контроля над разговором в текущее время. Диспетчерский оператор сможет переключить разговорную группу, над которой он хочет выполнить контроль, на текущую группу для контроля и перебивки.

（7）Аварийный вызов.

Диспетчерский пульт может принимать информацию состояния, переданную мобильным пультом, и данная информация состояния только передает коды, и диспетчерский пульт показывает информацию состояния на буквенной информации на дисплее диспетчерского пульта согласно предварительно установленным смыслам.

Информация состояния передается по каналу управления, не будет занимать канал служб.

（8）Циркулярный вызов.

Диспетчерский пульт может инициировать циркулярный групповой вызов к уполномоченным абонентам группы циркулярного вызова согласно компетенции.

（9）系统全呼。

调度台可以根据权限对系统基站范围内的用户发起全呼。

（10）通话组多选。

调度台可以一次多选若干个通话组通话,调度员讲话各组均可听见,各组通话调度员也可听见,但通话组之间隔离。

调度台界面上有通话组多选窗口,调度员只需把多个通话组点击拖至窗口中,点击发话键即可进行通话组多选通话。

（11）与其他系统互联功能。

调度台可通过模拟系统接口网关与其他无线通信系统互联,使不同系统之间能够互相通话。如模数集群系统过渡时的互联互通。

（12）通话组派接功能。

调度台可以一次派接若干个通话组通话,即合并通话组,调度员讲话各组均可听见,各组通话调度员和所有派接通话组均可听见,相当于合并成一个组。

（9）Общий вызов системы.

Диспетчерский пульт может инициировать общий вызов к абонентам, находящимся в границе базовой станции системы согласно компетенции.

（10）Мультивыбор разговорной группы.

Диспетчерский пульт может выбрать несколько разговорные группы на разговор в один раз, и речь диспетчерского оператора слушается группами, и разговор групп тоже слушается диспетчерским оператором, но имеется экранирование между разговорными группами.

На интерфейсе диспетчерского пульта имеется мультивыборное окно разговорных групп, и диспетчерский оператор только должен щелкать и переместить разговорные группы к окну, щелкать клавишу инициирования разговора на выполнение мультивыборного разговора разговорной группы.

（11）Функция связи с другими системами.

Диспетчерский пульт может соединяться с другими системами радиосвязи через сетевое управление интерфейса аналоговой системы, чтобы выполнить взаимный разговор между разными системами. Как выполняется взаимное соединение и коммутация при переходе транкинговой системы модульных данных.

（12）Функция соединения разговорной группы.

Диспетчерский пульт может соединить несколько разговорные группы на разговор в один раз, то есть объединить разговорные группы, и речь диспетчерского оператора слушается группами, и разговор групп тоже слушается диспетчерским оператором и всеми соединенными разговорными группами, как все разговорные группы объединены в одной группе.

(13)调度台操作记录显示及调度台状态显示。

调度台可以显示、存储调度员操作记录,包括操作类型、呼叫号码、操作时间等。

(14)调度台强拆/强插功能。

系统支持调度台对呼叫通话的强插和强拆功能。调度员在其管理的通话组通话时,可以在别人讲话时强插,也可以强拆该组通话。

(15)调度台同时监听多个通话组功能。

同一时间在每个调度台上可监听多个通话组。

2.11 微波中继通信

2.11.1 微波中继通信特点

微波中继通信是利用微波作为载波并采用中继(接力)方式在地面上进行的无线电通信。微波的波长范围为 1m 至 1mm,频率范围为 300MHz 至 300GHz,可细分为特高频(UHF)频段/分米波频段、超高频(SHF)频段/厘米波频段和极高频(EHF)频段/毫米波频段。微波的传播特性是视距传播,也即沿直线传播,因此,对于地球表面两个远距离的点来说,必须采用中继接力的方式,如

(13) Показание операционной записи и состояния диспетчерского пульта.

Диспетчерский пульт может показать и хранить операционные записи диспетчерского оператора включая типы операции, номер вызова, операционное время и т.д..

(14) Функция принудительного аннулирования/вставления диспетчерского пульта.

Система поддерживает функцию принудительного вставления и аннулирования вызова и разговора у диспетчерского пульта. При управлении разговором разговорной группы диспетчерский оператор может провести принудительное вставление при разговоре других людей, и тоже принудительное аннулирование разговор данной группы.

(15) Функция контроля над разговорными группами в одно время у диспетчерского пульта.

Выполняется контроль над разговорными группами в одно время на каждом диспетчерском пульте.

2.11 Радиорелейная связь

2.11.1 Особенности радиорелейной связи

Радиорелейная связь является надземной радиосвязью с помощью микроволны в качестве несущей частоты и применения радиорелейного способа (соединения). Диапазон длины микроволны: 1м–1мм, диапазон частоты: 300МГц–300ГГц, она разделена на ультравысокочастотный диапазон (UHF)/дециметровый частотный диапазон, сверхвысокочастотный диапазон (SHF)/

图 2.11.1 所示。此外,电磁波经过长距离传输后信号强度会发生损耗,设置接力站也可弥补这一损失。

图 2.11.1 微波中继通信

微波中继通信的主要特点有以下几方面:

(1)频带宽。微波频段总共约 300GHz,频带越宽,通信容量越大。

(2)受外界干扰(如工业干扰、天电干扰及太阳黑子活动)的影响小。

(3)灵活性较大,可以跨越沼泽、江河、湖泊和高山等特殊地理环境。在地震、洪水、战争等情形下,通信系统可以迅速建立。

2 Связь

сантиметровый частотный диапазон и очень высокочастотный диапазон (EHF)/миллиметровый частотный диапазон. Особенности распространения микроволны заключаются в распространении в пределах видимости, то есть по прямой линии, поэтому необходимо применять радиорелейный режим для двух дальних точек на поверхности шара, как показано на рис.2.11.1. Кроме этого электромагнитная волна будет иметь потери интенсивности сигналов после дальней передачи, для покрытия данной потери можно предусмотреть соединительную станцию.

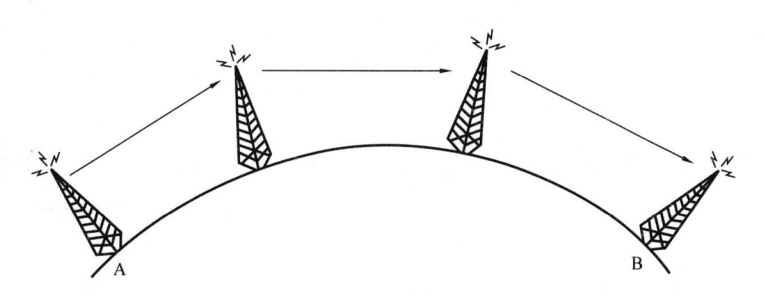

Рис.2.11.1 Радиорелейная связь

Основные особенности радиорелейной связи заключаются в следующих:

(1) Имеется широкая полоса частоты. И микроволновый частотный диапазон достигается до 300ГГц, и чем широкая полоса частоты, тем большая пропускная способность связи.

(2) Имеется малое влияние помехи от внешней окружающей среды (как промышленная помеха, радиопомеха и активность солнечного пятна).

(3) Имеется большая ловкость, что можно выполнить переход через особенные географические среды как болото, реки, озера, высокие горы и т.д.. Система связи сможет быть создана быстро при условиях землетрясения, паводка, войны и т.д..

（4）天线增益高、方向性强。微波波长短，容易制成高增益天线，可以具有很强的方向性，从而减少通信中的相互干扰。

2.11.2 微波传输特性

微波中继通信的电磁波主要在靠近地表的大气空间中传播，地形地物能对微波传输产生影响。

2.11.2.1 平坦地面对微波的反射

在图 2.11.2 中，发射站 T 的天线高度是 h_1，接收站 R 的天线高度是 h_2，两站之间的距离是 d。T 发射的电波除了沿直线 TR 到达接收天向外，还通过地面发射路径 TCR 到达。假设直射路径到达的电场强度为 E_0，则接收点的合成场强为：

$$E = E_0\left(1 - \rho \cdot \mathrm{e}^{-\mathrm{j}\frac{2\pi}{\lambda}\Delta r}\right) \quad (2.11.1)$$

式中 λ——波长；

p——地表发射系数，$0 \leqslant p \leqslant 1$，$p=0$ 表示无反射，$p=1$ 表示全反射；

Δr——反射路径 TCR 和直射路径 TR 的行程差。

(4) Имеется высокое усиление антенны, сильное направление. При короткой длине микроволны легко изготовлены антенны с высоким усилением, имеется сильное направление, что уменьшает взаимные помехи при связи.

2.11.2 Особенности передачи по радиолинии микроволнового диапазона

Электромагнитная волна в радиорелейной связи распространяется в основном в атмосферном пространстве, близком к поверхности земли, и рельеф и вещества на земле влияют на микроволновое распространение.

2.11.2.1 Отражение микроволны от плоской поверхности земли

На рис.2.11.2 показаны высота антенны на передающей станции T–h_1, высота антенны на приемной станции R–h_2, и расстояние между двумя станциями–d. Электрическая волна, передаваемая T достигается до приемной антенны по пути передачи с земли TCR кроме прямой линии TR. Предполагается интенсивность электрического поля, до которого достигнут путь прямой передачи, на E_0, то интенсивность синтетического поля приемной точки получена:

$$E = E_0\left(1 - \rho \cdot \mathrm{e}^{-\mathrm{j}\frac{2\pi}{\lambda}\Delta r}\right) \quad (2.11.1)$$

Где λ——длина волны；

p——коэффициент земной передачи, $0 \leqslant p \leqslant 1$, $p=0$ означает отсутствие отражения, $p=1$ означает полное отражение；

Δr——разность хода путей отражённой волны TCR и прямой передачи TR.

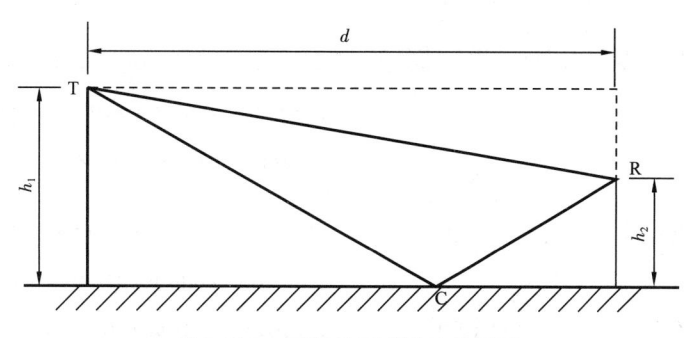

图 2.11.2 平坦地面对微波的反射

Рис. 2.11.2 Отражение ровной поверхности земли

平坦地面反射波的影响体现为一个衰减因子：

$$\alpha = \left|\frac{E}{E_0}\right| = \sqrt{1 + \rho^2 - 2\rho\cos\frac{2\pi\Delta r}{\lambda}}$$

此因子使接收点的场强幅值随着 Δr 周期性变化，最大是 E_0（1+p），最小是 E_0（1-p），当反射系数很大时（p=1），接收场强最小可以小到 0，反射波将完全抵消直射波。系统计算时，需要避免因反射波和直射波抵消而导致接收点接收信号趋近零的现象。为此，在站址选择和线路设计时，应充分利用地形地物的阻挡反射波。当站距远大于天线高度时近似有 $\Delta r = 2h_1h_2/d$，接收点的场强将随天线高度变化，此时为了避免接收信号趋近零，需要适当设计天线的高度。

Влияние ровной земной отражённой волны показывается в множиле затухания:

$$\alpha = \left|\frac{E}{E_0}\right| = \sqrt{1 + \rho^2 - 2\rho\cos\frac{2\pi\Delta r}{\lambda}}$$

Данный множитель заставляет значение амплитуды интенсивности поля приемной точки изменить периодически по мере Δr с максимальным значением E_0 (1+p), минимальным значением E_0 (1-p), в случае наличия большого коэффициента отражения (p=1) минимальная интенсивность приемного поля может быть достигнута до 0, отражённая волна полностью покроет прямую волну. При расчете системы должно избежать явления приемного сигнала на приемной точке, близкого к нулю из-за покрытия прямой волны отражённой волной. Поэтому должно полностью использовать рельеф и предметы на местности для задержания отражённой волны при выборе положения станции и проектировании линии. При расстоянии станции гораздо выше высоты антенны с приближенностью $\Delta r = 2h_1h_2/d$, интенсивность поля на приемной точке должна быть изменена по высоте антенны, при этом должно соответственно проектировать высоту антенны во избежание приемного сигнала, близкого к нулю.

2.11.2.2 地表障碍物对微波视距传播的影响

丘陵、山头、树林和建筑物等会阻挡电磁波视距传播，引入阻挡损耗。图 2.11.3 示出了收发路径上存在刃形障碍物的情况。收发之间视距连线 TR 与障碍物顶点的垂直距离 H_c 叫传播余隙，如果障碍物顶点高过 TR 连线顶点，则 H_c 取负值。

根据绕射原理，即使刃形障碍物的最高点靠近或超过 TR 连线（$H_c < 0$），接收点 R 仍能接收信号，甚至可以正常通信。若要求接收点的场强幅值等于自由空间传播场强幅值，则传播余隙应当大于或等于最小菲涅尔区半径 F_0，即 $H_c \geqslant F_0$。

2.11.2.2 Влияние земного барьера на микроволновое распространение в пределах прямой видимости

Холмы, головки гор, леса, здания и т.д. задерживают распространение электромагнитной волны в пределах прямой видимости, образуют потери из-за задержания. На рис.2.11.3 показано наличие ножевидного барьера на маршруте приема и выдачи. Мертвым пространством распространения называется вертикальное расстояние H_c от соединительной линии TR в пределах прямой видимости до верха барьера между приемом и выдачей, H_c установлен на отрицательное значение в случае верха барьера выше верхней точки соединительной линии TR.

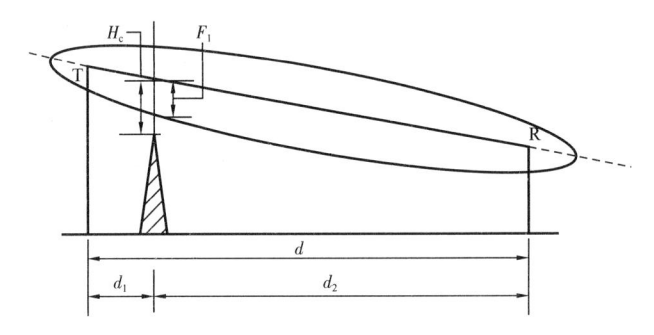

图 2.11.3 收发路径上存在刃形障碍物时微波视距传播示意图

Рис. 2.11.3 Схема микроволнового распространения в пределах прямой видимости при наличии ножевидного барьера на маршруте приема и выдачи

По дифракционному принципу приемная точка тоже может получить сигналы, даже провести нормальную связь, хоть самая верхняя точка ножевидного барьера близка или выше соединительной линии TR（$H_c < 0$）. Если требуется значение амплитуды интенсивности поля на приемной точке, ровное значению амплитуды интенсивности пола распространения в свободном пространстве, то мертвое пространство распространения должно быть больше или равно радиусу минимальной зоны Френеля F_0, то есть $H_c \geqslant F_0$.

最小菲涅尔区表示电磁波传播所需的最小空间通道。刃形障碍物的阻挡损耗是相对余隙 H_c/F_1 的函数,其中 $F_1 = \sqrt{3}F_0$ 是第一菲涅尔区半径。当 $H_c=0$,即障碍物最高点与收发视距连线相切时,阻挡损耗为 6dB;当 H_c 为负值时,即障碍物最高点超过收发视距连线时,阻挡损耗迅速增加;当 H_c 为正值,即障碍物最高点在收发视距连线以下,且 $H_c/F_1 > 0.5$ 时,阻挡损耗在 0dB 上下波动,即接收点的场强幅值与自由空间传播场强幅值相近。

2.11.2.3 大气对微波传播的影响

微波中继通信的电波主要在对流层传播。对流层的影响主要有:氧气分子和水蒸气分子对电磁波的吸收,雨、雾、雪等气象微粒对电磁波的吸收和散射,对流层结构的不均匀性对电磁波的折射。当微波中继通信系统的工作频段在 10GHz 以下时,前两个影响不显著,只需考虑对流层折射的影响。

对流层不同高度的大气压力、温度和湿度不同,其折射率也不同。折射率的不同将造成微波传播射线弯曲,如图 2.11.4 所示。

тоже –разными. Разный процент рефракции приведет к изгибу луча передачи по радиолинии микроволнового диапазона, как показано на рис. 2.11.4.

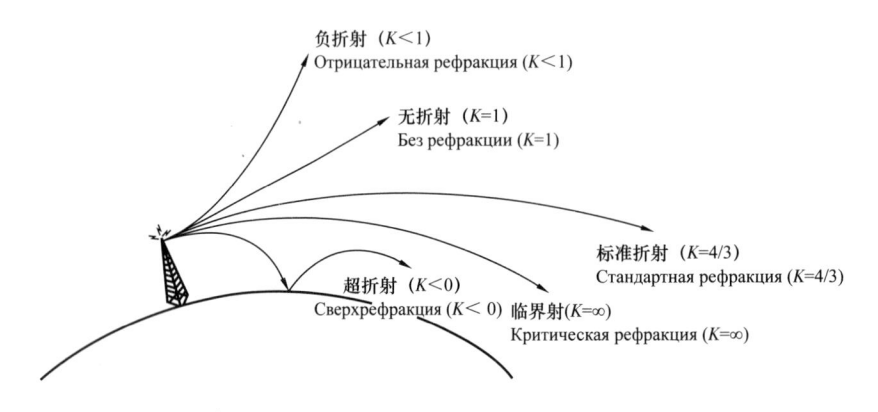

图 2.11.4 折射造成电波路径弯曲

Рис. 2.11.4 Изгиб пути волны, вызванный рефракцией

按曲线来分析计算电波传播很不方便,因此引入了等效地球半径的概念,然后可以将电波射线看作直线,如图 2.11.5 所示。在计算中需要把真实地球半径 R_0 换成等效地球半径 R_e。

Будет не удобно провести анализ и расчет распространения электрической волны по кривой, поэтому заимствовано понятие о эквивалентом радиусе шара, потом можно понять луч электрической волны на прямую линию, как показано на рис. 2.11.5. В расчете нужно перевести реальный радиус шара R_0 на эквивалентный радиус шара R_e.

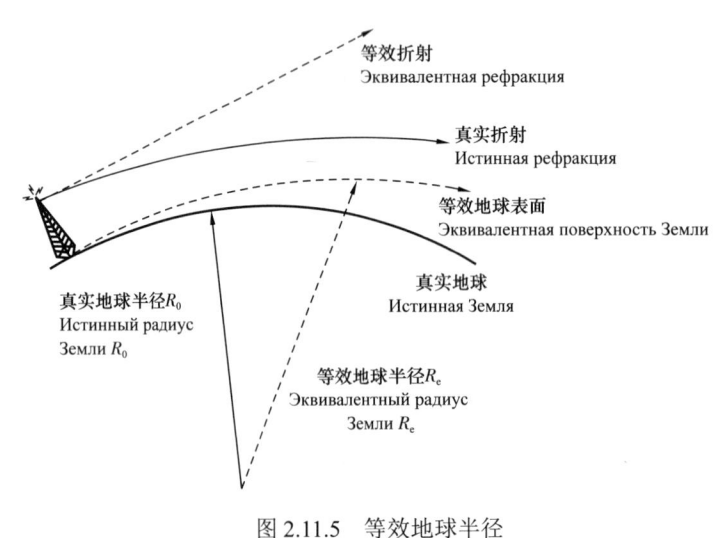

图 2.11.5 等效地球半径

Рис. 2.11.5 Эквивалентный радиус Земли

$$R_e = KR_0 = \frac{R_0}{1+R_0\dfrac{dn}{dh}} \qquad (2.11.2)$$

式中 $\dfrac{dn}{dh}$——折射率梯度；

K——等效地球半径系数。

K 取决于折射率梯度，折射率梯度又受对流层大气压力、温度和湿度等气象条件的影响。温带地区 K 的平均值为 4/3，称为标准折射。$0<K<1$ 时为负折射，此时，等效地球半径小于实际地球半径，电波射线与地球表面之间的传播余隙减小，可能被地表障碍物阻挡而成造成严重损耗。

2.11.3 分集接收

分集接收是抗多径衰落的有效措施之一。在分集接收技术中，相同的信息通过多个独立衰落到达接收端，接收端以一定方式将其合并。由于多个独立衰落同时变差的可能性很低，因此合并后的信号可保证一定的接收电平，从而克服衰落的影响。

微波中继通信中，常用的分集接收技术有频率分集、空间分集和混合分集等三种。频率分集是在发信端将一个信号利用两个间隔较大的发信频率同时发射，在收信端同时接收这两个射频信号后合成，如图 2.11.6 所示。频率分集需要多占用频带,降低了频谱利用率。空间分集是在收信端利用两幅天线同时接收同一发射天线发出的信号,如图 2.11.7 所示。当两幅接收天线的高度差足够大时,衰落近似统计不相关。与频率分集相比,空间分集不需要增加发信机,同时,频谱利用率也比频率分集高。此外,频率分集与空间分集结合运用称为混合分集。

означает передачу одного сигнала на конце передачи в одно время использованием 2 частоты передачи с большим интервалом, и синтез этих двух радиочастотных сигналов на конце приема сигналов в одно время после объединения их, как показано на рис.2.11.6. Разнесенное множество частоты занимает побольше частотной полосы, что снижает коэффициент использования спектра частоты. Разнесенное множество пространства означает прием сигналов, переданных одной антенной передачи в одно время использованием двух антенны на конце приема сигналов, как показано на рис.2.11.7. При наличии достаточно большой разности высоты двух антенны статистика приближения затухания не имеет коррелятивность. По сравнению с разнесенным множеством частоты разнесенное множество пространства не должно дополнить передатчик, при этом коэффициент использования спектра частоты окажется более высоким по сравнению с разнесенным множеством частоты. Кроме этого смешанным разнесенным множеством называется сочетанное использование разнесенного множества частоты и разнесенного множества пространства.

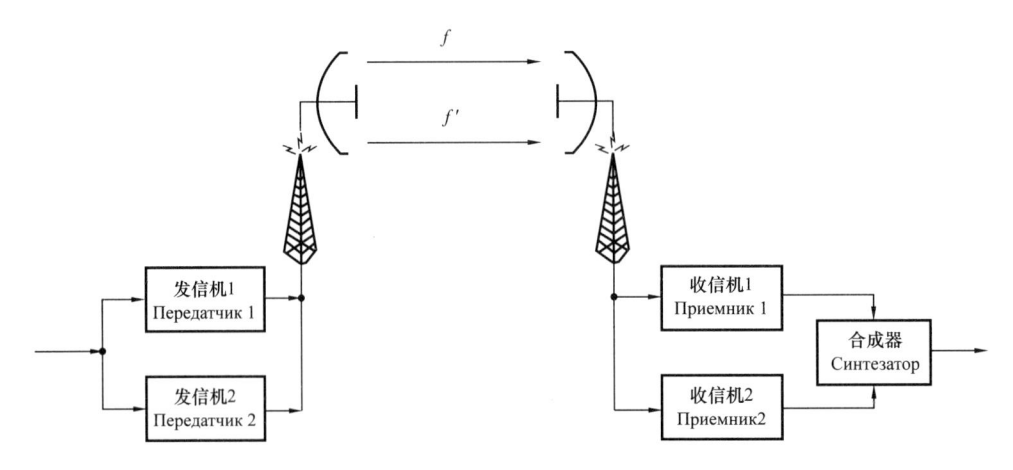

图 2.11.6 频率分集接收
Рис.2.11.6 Прием частотного разнесения

2 通信

2 Связь

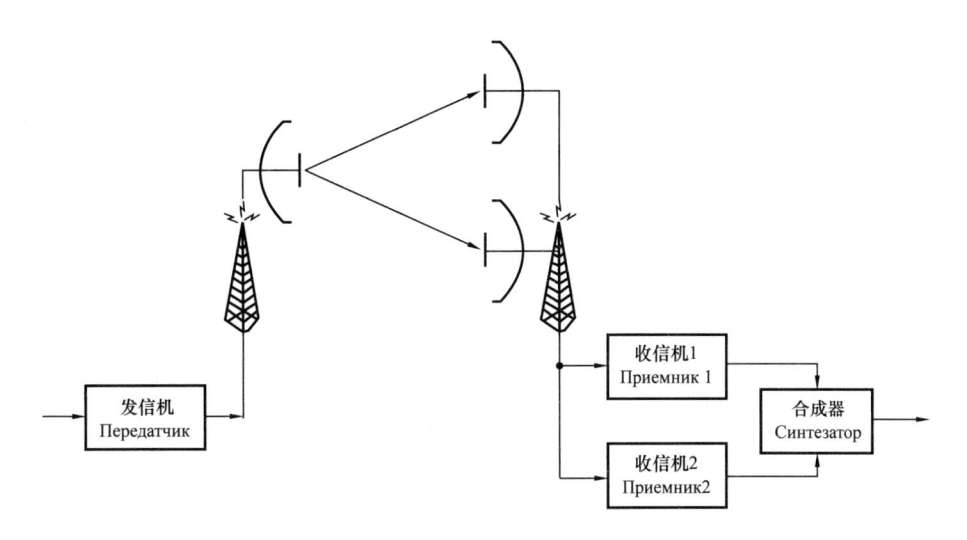

图 2.11.7 空间分集接收

Рис. 2.11.7 Прием пространственного разнесения

无论采用哪种分集接收技术，都需要把多路接收信号合成为一路。常用的合成方式有优选开关法、线性合并法等。优选开关法是根据信噪比最大或误码率最低的准则在多路信号中选择最优的一路作为输出；线性合并法是将多路信号进行相位校准或线性加权后相加输出。

При применении любой технологии по приему разнесенного множества должно синтезировать многоканальные приемные сигналы в одном канале. Часто применяемые способы по синтезу заключаются в способе приоритетного выбора выключателей, способе линейного синтеза и т.д.. Способ по приоритетному выбора выключателей означает выбор самый оптимальный канал в качестве вывода из многоканальных сигналов по правилу максимального соотношения сигнала и шума или минимального коэффициента ошибочных кодов. Способ по линейному синтезу означает коррекцию фазы для многоканальных сигналов или суммирование и выход после линейного взвешивания.

2.11.4 微波线路设计

微波线路设计需要考虑线路中的干扰。

2.11.4.1 系统内部干扰

微波中继通信系统通常采用二频制方案进行单波道频率配置。系统内干扰主要有越站干扰和旁瓣干扰。

2.11.4 Проект микроволновой линии

Проект микроволновой линии должен учесть помехи в линии.

2.11.4.1 Внутренняя помеха системы

Для системы радиорелейной связи обычно предназначен проект по двухчастотной системе на конфигурацию одноканальную частоту. Внутренняя

· 187 ·

越站干扰如图 2.11.8 所示。A 站用频率 f_2 向 B 站发送，C 站也用频率 f_2 向 D 站发送。如果 D 站的方向在 A 站天线方向图的主瓣波束内，那么 A 站发射的信号能越过 B 站和 C 站到达 D 站，对 D 站接收 C 站的信号构成同频干扰。通常要求越站干扰信号应比有用信号低 60dB 以上。为此在微波线路设计时，应避免各站排成一条直线，通常是将线路设计为"之"字形路由。例如在图 2.11.8 中，A 站的发送天线波束对准 B 站，如果 D 在 A 站发送信号的波束宽度之外，就可以避免越站干扰。一般要求线路走向相互错开的角度不小于 15°。

旁瓣干扰如图 2.11.9 所示。A 站和 C 站都用 f_1 向 B 站发送。实际微波天线的方向图中除了主旁瓣外还有多个副瓣，于是 B 站接收天线的副瓣会导致 A 站和 C 站发射信号的相互干扰。同时，B 站天线的副瓣也会使 B 站发给 A 的信号干扰 B 站发给 C 的信号。减少这种干扰的主要办法是调整相邻各站天线指向的相对角度，还可以通过采用正交极化配置的方法来补偿。

помеха системы заключается в помехе от соседних станции и помехе по боковому лепестку.

Помеха от соседних станций показано на рис.2.11.8. Станция А выполняет передачу к станции В по частоте f_2, и станция С тоже выполняет передачу к станции D по частоте f_2. Если направление станции D находится в пучке главного лепестка в схеме направления антенны станции А, то сигналы, переданные станцией В могут перейти станции В и С и достигаться до станции D, что образует помехи одинаковой частоты для приема сигналов от станции С станцией D. Обычно требуются сигналы помехи от соседних станций ниже действующих сигналов на 60дБ. При проектировании микроволновой лини должно избежать расположения станций в прямой линии, обычно линия проектирована по образу зигзага. Как показано на рис.2.11.8 пучок волны антенны передачи станции А направлен ровно к станции В, так можно избежать помехи от соседних станций, если станция D находится вне ширины пучка волны сигналов, переданных станцией А. Обычно требуется угол взаимного смещения направления линии не менее 15°.

Помеха по боковому лепестку показана на рис. 2.11.9. На станции А и С проводится передача к станции В по частоте f_1. В схеме направления практической микроволновой антенны еще имеются побочные лепестки кроме главного лепестка, и поэтому побочные лепестки приемной антенны на станции В приводят к взаимной помехе эмиссионных сигналов от станций А и С. При этом из-за побочного лепестка антенны на станции В сигналы, переданные от станции В к станции А производят помехи к сигналам, переданным от станции В к станции С. Способ по уменьшению таких помех заключается в регулировании относительного угла, указанного антеннами на соседних станциях и компенсации путем конфигурации ортогональной поляризации.

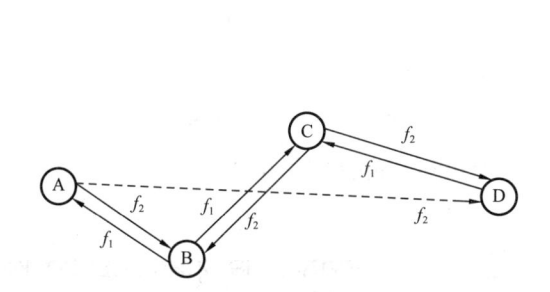

图 2.11.8　越站干扰

Рис. 2.11.8　Помехи от соседних станций

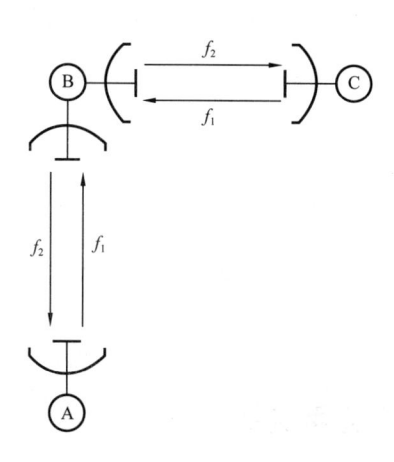

图 2.11.9　旁瓣干扰

Рис. 2.11.9　Помехи по боковому лепестку

2.11.4.2　系统外部干扰

外部干扰是来自其他无线电设备的干扰,如雷达、卫星通信设备等。在进行微波线路路由和站址选择时,应了解所在区域内其他无线电设备的发射频率、功率、天线方向图等,以及大型电动设备、电炉、注塑机等工业设备的杂散辐射情况。此外,在设计新线路时,有时会遇到与现有通信线路相互连接和配合使用的问题,若处理不当,也会造成同频或邻频干扰。因此,线路设计时需要注意以下情况：

（1）拟设置的微波站点位置,微波线路沿线城市、机构。

2.11.4.2　Внешняя помеха системы

Внешние помехи означают помехи от другого радиооборудования как радара, оборудования спутниковой связи и т.д.. При выборе маршрута и адреса станции микроволновой линии должно узнать эмиссионную частоту, мощность, схему направления антенны и т.д. другого радиооборудования в данной зоне, а также рассеянное излучение промышленного оборудования как крупного электрооборудования, электрической печи, пресса для литья под давлением и т.д.. Кроме этого при проектировании новой линии иногда встречаются вопросы о взаимном соединении и согласующемся применении с существующими линиями связи, и тоже будут помехи по одинаковой частоте или соседней частоты в случае не удачного решения вопросов. Поэтому при проектировании линии должно обратить внимание на следующие：

（1）проектируемые адреса микроволновых станций, города и органы, находящиеся по микроволновой линии.

（2）沿线附近已有的通信线路信息,包括站址、频段、天线方向图等。

（3）沿线附近已有的卫星通信地面站信息。沿线附近有关飞机场、雷达站等设施的位置、工作频率和通信设施。

（4）沿线的地形、地物、气候等情况。

2.11.5 应用实例

在南约洛坦项目中,设置有 8GHz 的微波通信系统作为光纤传输的备用通道。

2.12 VHF 无线通信系统

2.12.1 系统组成和功能

2.12.1.1 系统组成

VHF（Very High Frequency,甚高频,频带由 30~300MHz 的无线电电波）无线通信系统是移动无线电通信中的一个重要系统,适用于电力、石油、石化、天然气、航空、制造、矿产及铁路运输、机场、安保等行业。其通信方式以话音、图像、数据为媒体,通过光或电信号将信息传输到另一方。该系统具有机动灵活、操作简便、语音传递快捷、使用经济的特点,是实现生产调度自动化和管理现代化的基础手段。

（2）информации о существующих линиях по проектируемой линии включая адреса станций, диапазоны частоты, схемы направления антенн и т.д..

（3）информации о существующих земных станциях спутниковой связи по проектируемой линии. Адресы сооружений как аэропортов, станций радара, рабочие частоты и сооружения связи по проектируемой линии.

（4）рельеф, земные вещества, климат и т.д. по проектируемой линии.

2.11.5 Реальные примеры прменения

Для объекта «Южный Елотен» установлена система микроволновой связи 8ГГц в качестве резервного канала волоконно-оптической передачи.

2.12 Система радисвязи ОВЧ (VHF)

2.12.1 Состав и функции системы

2.12.1.1 Состав системы

Система радиосвязи ОВЧ (VHF) (Very High Frequency, очень высокая частота, в дальнейшем ОВЧ, радио-электрическая волна от частотой 30-300МГц) является важной системой в мобильной радиосвязи, применяется для отраслей как электроэнергии, нефти, нефтехимической технологии, природного газа, авиации, изготовления, полезных ископаемых, железнодорожного транспорта, аэропорта, охраны и т.д.. Ее режим связи применяет речь, изображения, данные в качестве среды, которые передаются к другой стороне через оптический или электрический

2 通信

系统根据工作方式可分为同频单工系统和异频单工系统。同频单工系统是指系统内所有终端用户均在同一频率上发射和接收信号,用户不能同时说话和接听。异频单工系统是指发射机与接收机分别在两个不同的频率上工作,各终端用户之间不能相互通话或接听,只有调度台能够与所有用户进行相互通话。

系统主要由基站设备、天馈线系统、调度设备与终端设备等组成。主要包括收发信机、天线、射频同轴电缆、调度台、手持对讲机与车载电台等设备。

2.12.1.2 系统功能

VHF无线通信系统主要有以下功能:

(1)单机对讲功能(图2.12.1)。所有现场人员可以通过配备手持对讲机或车载电台进行相互直接通话。系统中的每个人都能听到其他人的谈话。

2 Связь

сигнал. Данная система имеет ловкость, простую операцию, быструю передачу речи, что заставляют систему иметь экономические особенности. Она является основным средством осуществления автоматизации производственной диспетчерской и современного управления.

По режиму работы система разделена на симплексную систему на одной частоте и симплексную систему на контрольной частоте. Симплексная система на одной частоте означает то, что все терминальные абоненты в системе выполняют передачу и прием сигналов на одной частоте, и абоненты не могут разговорить и слушать в одно время. Симплексная система на контрольной частоте означает то, что передатчик и приемник работают отдельно на двух разной частоте, и не возможно провести взаимный разговор или ответ между терминальными абонентами, только диспетчерский пульт может провести взаимный разговор со всеми абонентами.

Система состоит из оборудования базовой станции, системы антенны и фидера, диспетчерского оборудования, терминального оборудования и т.д. . Она включает приемник –передатчик, антенны, радиочастотный коаксиальный кабель, диспетчерский пульт, ручные беспроводные транкинги, радиостанции на машине и т.д..

2.12.1.2 Функции системы

Система радиосвязи ОВЧ имеет функции как следующие:

(1)Громкоговорящая функции единичного устройства (рис.2.12.1). все работники на площадке могут провести взаимный прямой разговор через комплектованные ручные транкинги или радиостанции на машине. Каждый человек в системе может слушать разговор других людей.

· 191 ·

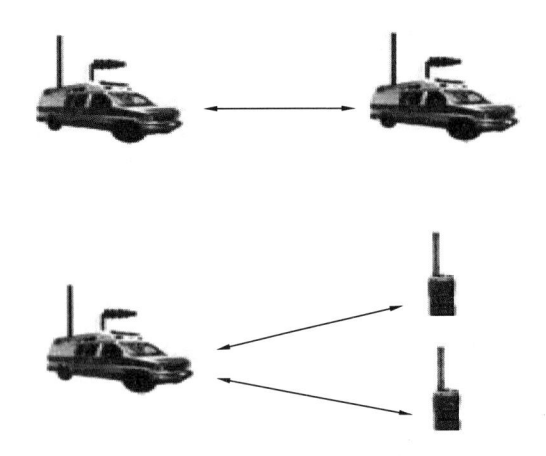

图 2.12.1　单机对讲功能示意图

Рис.2.12.1　Схема функции единичной парной связи

（2）中央调度功能（图 2.12.2）。现场的一组工作人员可以与调度员相互通话，这组工作人员终端设备需设置相同的频率。

（2）Функция центральной диспетчерской (рис. 2.12.2). группа работников на площадке может провести взаимный разговор с диспетчерским оператором, для терминального оборудования данной группы должно установить одинаковую частоту.

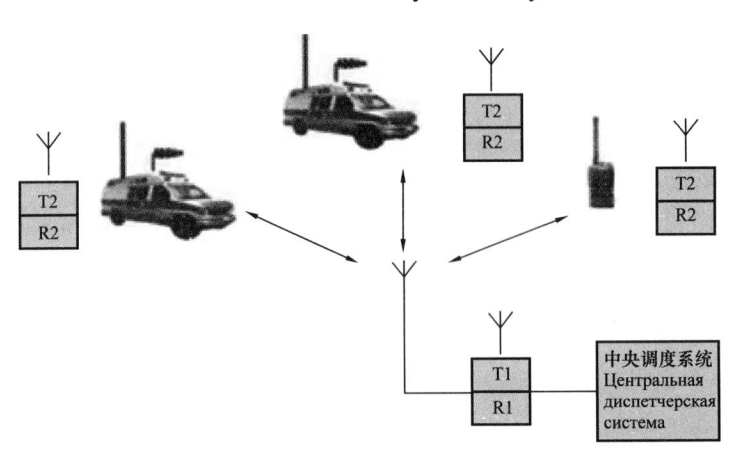

图 2.12.2　中央调度功能示意图

Рис.2.12.2　Схема функции центральной диспетчеризации

（3）转发功能（图 2.12.3）。可以扩展无线对讲通信系统的传送距离与覆盖范围。转发器在较高的功率下通过较高的天线完成转发。

（3）Функция передачи (рис.2.12.3). она может расширить расстояние передачи и границу покрытия для беспроводной транкинги-системы связи. Передатчик выполняет передачу на высокой частоте через высокую антенну.

2 通信

2 Связь

图 2.12.3 转发功能示意图

Рис.2.12.3 Схема ретансляционной функции

2.12.2 主要设备工作原理

2.12.2 Принцип работы основного оборудования

VHF 无线对讲通信系统原理如图 2.12.4 所示。

Принципиальная схема беспроводной транки–системы связи ОВЧ покакана в рис. 2.12.4.

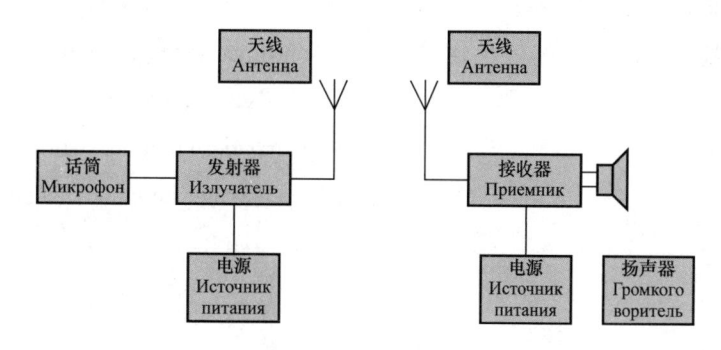

图 2.12.4　VHF 无线对讲通信系统原理图

Рис.2.12.4　Принципиальная схема беспроводной транки–системы связи ОВЧ

2.12.2.1 发射机

2.12.2.1 Передатчик

甚高频调幅发射机一般由音频放大器、振荡器、混频(调制器)、前置放大器(前置放大器)、高频功率放大器等组成(图 2.12.5)。

Передатчик с амплитудной модуляцией на очень высокой частоте состоит из тонального усилителя, осциллятора, смесителя (модулятора), предварительного усилителя, усилителя высокочастотной мощности и т.д. (рис. 2.12.5).

音频放大器的功能是将音频电信号进行放大,但是要求其失真及噪声要小。

Функция тонального усилителя усиливает тональные электрические сигналы, но требуется маленькое искажение и шум.

· 193 ·

混频器是将放大后的音频信号加在高频载波信号上面,形成的高频电磁波调制信号,其包络与输入调制信号呈线性关系,目的就是为了增强信息信号的抗噪声能力。

调制原理:振荡器的主要作用是产生调制器所需的稳定的甚高频载波信号,一般都采用高性能、低噪声和高集成度的产品,如频率合成器。

前置放大器和功率放大器的作用是把调制后的高频信号放大,经天线发射到空中。同时,由于放大器在放大信号的同时,内部本身也会产生噪声,所以信号在输出端较之输入端的信噪比 S/N 值要小。

Смеситель заставляет усиленные тональные сигналы на высокочастотных сигналах с несущей частотой, образует высокочастотные электромагнитные модуляционные сигналы, их огибающая и входной модуляционный сигнал показывают линейное отношение для цели повышения способности против шума для сигналов информации.

Принцип модуляции: главная роль осциллятора заключается в производстве стабильных очень высокочастотных сигналов с несущей частотой, необходимых для модулятора, обычно применяется продукция с высокими характеристиками, низким шумом и высоким уровнем интеграции как синтезатор частоты.

Роль предварительного усилителя и усилителя мощности заключается в усилении высокочастотных сигналов после модуляции и передачи их в воздух через антенну. В это время будет шум внутри усилителя при его усилении сигналов, поэтому для сигнала отношение сигнала и шума S/N на выходе меньше значения на входе.

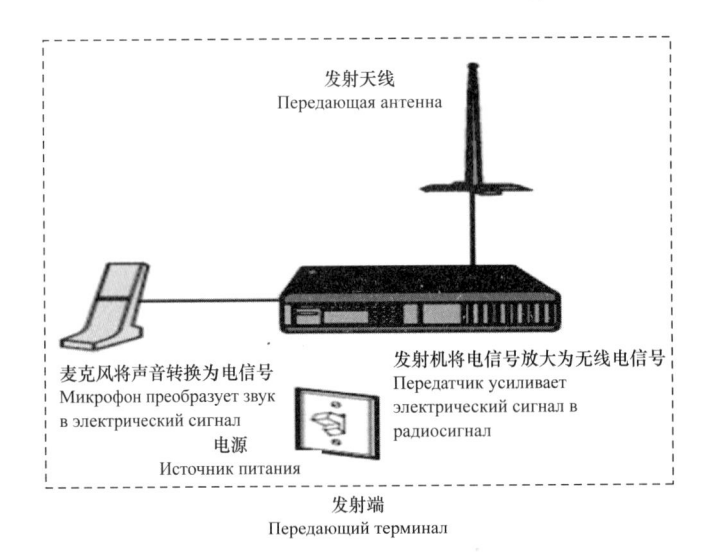

图 2.12.5 发射机工作原理图
Рис.2.12.5 Принципиальная схема работы передатчика

2.12.2.2 收信机

收信机由高频放大电路、混频放大器、振荡器、中放放大器、检波器、音频放大器和音频输出等组成。

2.12.2.2 Приемник

Приемник состоит из высокочастотной усиленной цепи, смесителя, осциллятора, промежуточного

高频放大电路是将天线接收下来的电磁波进行放大、滤波以及自动增益控制等。

混频器是将收到的高频信号和本机振荡器产生的振荡信号混合生成一个中频信号,然后送入中频放大器进行放大。

检波器的目的是在放大后的中频信号中分离出声音信号,检波也叫解调,是调制的反过程。

音频预放和音频放大,经检波后的音频信号经过音频预放后取出数据信号,送至监控单元。然后将话音信号经过音频放大器和音频输出电路将收到的信号提供给调度员使用。

2.13 卫星电视系统

2.13.1 系统组成和功能

典型的 DTH 系统。

(1)前端系统(Headend)。
前端系统主要由视频音频压缩编码器、复用器等组成。前端系统的主要任务是将电视信号进

усилителя, детектора, тонального усилителя, тонального выхода и т.д..

Высокочастотный усилительный контур усиливает электромагнитную волну, полученную от антенны, выполняет фильтрацию, автоматическое управление усиления и другие функции.

Смеситель смешивает полученный высокочастотный сигнал и колебательный сигнал, производимый осциллятором данного устройства на образование среднечастотного сигнала, потом подает его к среднечастотному усилителю на усиление.

Цель детектора сепарирует звуковой сигнал от среднечастотных сигналов после усиления, и детектирование тоже называется модуляции, оно является обратным процессом модуляции.

Предварительное тональное усиление и тональное усиление означает то, что тональный сигнал после детектирования отбирает сигнал данных после предварительного тонального усиления, передает его к блоку контроля. Потом речевой сигнал представляет сигнал, полученный через тональный усилитель и тональный выходной контур к диспетчерскому оператору на использование.

2.13 Система спутникового телевидения

2.13.1 Состав и функции системы

Типичная система спутникового телевидения (DTH).

(1)Передняя система (Headend).
Передняя система состоит из кодера видео-тонального сжатия, мультиплексора и т.д..

行数字编码压缩,利用统计复用技术,在有限的卫星转发器频带上传送更多的节目。卫星直播系统(DTH)按 MPEG 标准对视频音频信号进行压缩,用动态统计复用技术,可在一个 27MHz 的转发器上传送多达 10 套的电视节目。

(2)传输和上行系统(Uplink)。

传输和上行系统包括从前端到上行站的通信设备及上行设备。传输方式主要有频带传输和数字基带传输两种。

(3)卫星(Satellite)。

DTH 系统中采用大功率的直播卫星或通信卫星。由于技术和造价等原因,有些 DTH 系统采用大功率通信卫星,美国和加拿大的 DTH 公司采用了更为适宜的专用大功率直播卫星(DBS)。

(4)用户管理系统(SMS)。

用户管理系统是 DTH 系统的心脏,主要完成下列功能:

① 登记和管理用户资料。

② 购买和包装节目。

Основная задача передней системы заключается в цифровом кодировании и сжатии телевизионных сигналов, передаче более программ по ограниченной частотной полосе спутникового передатчика путем использования статистической мультиплексной технологии. Система спутникового телевидения (DTH) проводит сжатие видео–тональных сигналов согласно стандарту Экспертной группы по движущемуся изображению (MPEG), передает телевизионные программы более 10 через передатчик 27 МГц на основе использования статистической мультиплексной технологии.

(2) Передача и система связи «вверх» (Uplink).

Передача и система связи «вверх» включают оборудование связи от переднего конца до станции «вверх» и оборудования связи вверх. Способ передачи разделен на передачу на полосе частот и передачу на цифровой базисной полосе.

(3) Спутник (Satellite).

Для системы спутникового телевидения (DTH) применяется спутник прямой трансляции или спутник связи. Из-за причины технологии и цены и т.д. для некоторых системы спутникового телевидения (DTH) применяется спутник связи с большой мощностью, и американские и канадские компании по спутниковому телевидению DTH применяют более хорошие спутники прямой трансляции с целевой большой мощностью (DBS).

(4) Система управления абонентами (SMS).

Система управления абонентами является сердцем системы спутникового телевидения (DTH) на выполнение функций как следующих：

① Регистрация и управление данными абонентов.

② Закупка и упаковка программ.

③ 制订节目计费标准及对用户进行收费。

④ 市场预测和营销。

用户管理系统主要由用户信息和节目信息的数据库管理系统以及解答用户问题,提供多种客户服务的呼叫中心(Call Center)构成。

(5)条件接收系统(CA)。

条件接收系统有两项主要功能:

① 对节目数据加密。
② 对节目和用户进行授权。
(6)用户接收系统(IRD)。

DTH用户接收系统由一个小型的碟形卫星接收天线(Dish)和综合接收解码器(IRD)及智能卡(Smart Card)组成。IRD负责4项主要功能:

① 解码节目数据流,并输出到电视机中。

② 利用智能卡中的密钥(Key)进行解密。

③ 接收并处理各种用户命令。
④ 下载并运行各种应用软件。

DTH系统中的IRD已不是一个单纯的硬件设备,它还包括了操作系统和大量的应用软件。目前较成功的IRD操作系统是Open TV。

在天然气地面工程实际应用中。作为用户端,我们一般接触到的是用户接收系统(IRD),下一段将介绍卫星电视接收系统的主要设备的工作原理。

2 通信

2 Связь

③ Установление тарифа программ и взимание расходов от абонентов.

④ Прогноз рынка и маркетинг

Система управления абонентами состоит из системы управления базой данных о информациях абонентов и программах и центра вызова (Call Center), выполняющего ответ на вопросы абонентов и представление услуг.

(5) Система санкционированного доступа (CA).

Система санкционированного доступа имеет 2 функции как следующие:

① Криптография данных программ.

② Уполномочие программ и абонентов.

(6) Система приема абонентов (IRD).

Система приема абонентов для системы спутникового телевидения состоит из малой тарельчатой спутниковой антенны (Dish) и комплексного приемного декодера (IRD) и интеллектуальной карточки (Smart Card). IRD отвечает за 4 основных функций:

① Декодирование потока данных программ и передачу к телевизорам.

② Декодирование ключом (Key) в интеллектуальной карточке.

③ Прием и обработку команд абонентов.

④ Загрузку и применение разного прикладного программного обеспечения.

IRD в системе спутникового телевидения (DTH) уже не является чистым жестким обеспечением, он еще включает операционную систему и большое количество прикладного программного обеспечения. В настоящее время удачной операционной системой IRD является Open TV.

В практической работе надземного объекта природного газа, мы обычно видим систему приема абонентов (IRD), в следующем разделе будет

· 197 ·

2.13.2 主要设备工作原理

卫星地面接收站主要由抛物面天线、馈源、高频头、卫星接收机组成。

抛物面天线：抛物面天线是把来自空中的卫星信号能量反射聚成一点。是把电磁场能变为高频电能或反之的装置。抛物面天线又分前馈型和后馈型几种。前馈方式又分为正馈和偏馈，一般偏馈天线的效率稍高于正馈天线。目前多采用垂直或水平极化的馈源，对于偏馈多使用一体化馈源高频头，安装调试时方便一些。

馈源：是在抛物面天线的焦点处设置一个收集卫星信号的喇叭，称为馈源，又称波纹喇叭。主要功能有两个：一是将天线接收的电磁波信号收集起来，变换成信号电压，供给高频头；二是对接收的电磁波进行极化。

高频头（LNB）：亦称降频器，是将馈源送来的卫星信号进行降频和信号放大然后传送至卫星接收机。一般可分为 C 波段频率 LNB（3.7～4.2GHz，18～21V）和 Ku 波段频率 LNB（10.7～12.75GHz，12～14V）。LNB 的工作流程就是先将卫星高频讯号放大至数十万倍后,再利用本地振荡电路将高频讯号转换至中频 950~2050MHz,以利于同轴电缆的传输及卫星接收机的解调和工作。在高频头部位上都会有频率范围标识,且高频头的噪声度数越低越好。

卫星接收机:是将高频头输送来的卫星信号进行解调,解调出卫星电视图像或数字信号和伴音信号。

传输线材:卫星天线与接收机的连线距离应尽可能短,一般不超过30m,以减少因传输线过长而造成的信号损耗。传输线的选择应考虑采用性能较好的同轴电缆,其线缆参数为 75Ω—5 或 75Ω—7、屏蔽网为75织的物理发泡电缆。

полученной электромагнитной волны. Высокочастотная головка (LNB): называется преобразователем с понижением частоты, который выполняет понижение частоты для спутниковых сигналов, переданных питательным источником, усиливает сигналов и потом передает их к спутниковому приемнику. Обычно разделены частота диапазона волны C высокочастотной головки (LNB) (3,7-4,2ГГц, 18-21В) и частота диапазона волны Ku высокочастотной головки (LNB) (10,7-12,75ГГц, 12-14В). Процесс работы высокочастотной головки (LNB) заключается в усилении высокочастотных сигналов спутника на несколько ста тысяч разов, преобразовании высокочастотный сигналов к средней частоте 950-2050МГц путем использования местного колебательного контура, чтобы удобство провести передачу на коаксиальном кабеле, модуляцию и работу спутникового приемника. На месте высокочастотной головки имеется признак диапазона частоты, и чем ниже степени шума у высокочастотной головки, тем лучше.

Спутниковый приемник: проводит модуляцию спутниковых сигналов, переданных высокочастотной головкой для модуляции на изображения спутникового телевидения или цифровые сигналы и сигналы звукового сопровождения.

Проводные материалы для передачи: расстояние соединительной линии между спутниковой антенны и приемником должно быть коротким как возможно, обычно не выше 30м. для уменьшения потери сигналов, вызванной дальней линией передачи. При выборе линии передачи должно учесть коаксиальный кабель с хорошими характеристиками, параметрами кабеля 75Ом-5 или 75Ом-7, и еще кабель с физической пеннои-золяцией и экранированной сеткой 75.

2.14 电力载波系统

2.14.1 系统组成和功能

电力线载波通信以输电线路为载波信号的传输媒介的电力系统通信。由于输电线路具备十分牢固的支撑结构,并架设3条以上的导体(一般有三相良导体及一或两根架空地线),所以输电线输送工频电流的同时,用之传送载波信号,既经济又十分可靠。这种综合利用早已成为世界上所有电力部门优先采用的特有通信手段。

电力线通信技术出现于20世纪20年代初期。它是利用已有的低压配电网作为传输媒介,实现数据传递和信息交换的一种手段。应用电力线通信方式发送数据时,发送器先将数据调制到一个高频载波上,再经过功率放大后通过耦合电路耦合到电力线上。信号频带峰峰值电压一般不超过10V,因此不会对电力线路造成不良影响。

2.14 Электрическая высокочастотная система

2.14.1 Состав и функции системы

Высокочастотная связь по проводам линии электропередачи является связью электрической системы для передачи среды по высокочастотным сигналам на линии электропередачи. Благодаря наличию крепкой опорной конструкции линии электропередачи и установки выше 3 проводников (обычно трехфазного проводника и 1 или 2 воздушного заземлителя), поэтому передача высокочастотных сигналов окажется экономической и надежной при передаче тока промышленной частоты по линии электропередачи. Данное комплексное использование уже становится специальным средством связи, приоритетно применяемым всеми электроэнергетическим организациями на свете.

Технология связи по линии электропередачи появилась в начале 20 годов 20 века. Она является средством на осуществление передачу даных и обмен информации, используя существую низковольтную распределительную сеть в качестве среды передачи . При передаче данных путем использования связи по линии электропередачи передатчик сначала выполняет модуляцию данных на высокую частоту, связывание их к линии электропередачи через связанный контур после усиления мощности. И пик-пиковое напряжение частотной полосы сигналов обычно не превышает 10В, поэтому не будет плохое влияние на линии электропередачи.

电力线载波通信与一般架空线载波通信的不同点是：在同一电网内可用的频谱范围为8~500kHz，只能开通有限的通道，如每个单向通道需占用标准频带4kHz，则该频带不能重复使用，否则将产生严重的串音干扰。故一般电力线载波设备均采用单路单边带体制，每条通道双向占用2×4kHz带宽，总共61条电路。如果需要开更多电路，则必须采取加装电网高频分割滤波器的隔离措施。

2.14.2 主要设备工作原理

电力载波通信系统由载波机、阻波器、接地刀闸、互感器、滤波器等设备组成。

载波机的收发信端用高频电缆经结合滤波器（起阻抗匹配及工频电流接地作用）连接耦合电容器（起隔离工频高压的作用），将载波电流传送到输电线上，阻波器用以防止载波电流流向变电所母线侧，减小分流损失。

载波电流与输电线的耦合方式分为相相耦合及相地耦合两类。相相耦合传输衰耗较小,但耦合设置投资较大。相地耦合传输衰耗较大,但耦合设置投资较小。在采用对地绝缘的架空避雷线的输电线上(雷击时通过绝缘子的放电间隙对地放电),也可以将载波电流耦合到架空地线上,称为地线载波。如果高压输电线的相导线是分裂导线,则耦合在两条子导线之间开通的载波称为相分裂载波(此时分裂导线间必须彼此绝缘起来)。

由于载波电流在电力线上传输时会向空间辐射电磁波,干扰该频段内的广播和飞行、航海等导航业务,所以各国政府均对发信功率加以限制,通常10W输出可传输几百千米,而某些大于1000km的线路,也允许将输出功率提高到100W。

2.14.3 应用实例

在南约洛坦项目中,第二天然气处理厂220kV变电站与第一天然气处理厂220kV变电站之间的220kV架空线路两端,设置有载波通信系统,以满足2个变电站之间的话音及数据传输需求。

Способ связывания высокочастотного тока и линии электропередачи разделен на фаз-фазовую связь и фаз-земляную связь. Фаз-фазовая связь имеет низкое затухание передачи, но большую инвестицию для установления связи. Фаз-земная связь имеет большое затухание передачи, но маленькую инвестицию для установления связи. На линии электропередачи воздушного грозозащитного троса с изоляцией по отношению к земле (разряд по отношению к земле через грозовой промежуток изолятора при грозе), можно выполнить связывание высокочастотного тока к воздушному заземлителю, что называется высокочастотным заземлителем. Если фазовой провод высоковольтной линии электропередачи является расщепленным проводом, то высокая частота, связанная между двумя проводами называется высокой частотой с расцепленной фазой (в данное время необходимо изолировать расщепленные проводы друг друга).

Из-за того, что высокочастотный ток излучает электромагнитную волну к пространству при передаче по линии электропередачи, что приведет к помехе для радиовещания, полета, навигации и т.д. в данном диапазоне частоты, поэтому правительства стран ограничивают мощность передачи сигналов, обычно мощность 10Вт может передать сигналы на несколькие ста километры, и некоторые линии с длиной выше 1000 километров тоже допускают повышение выходной мощности на 100Вт.

2.14.3 Реальные примеры прменения

В объекте «Южный Елотен» установлена система высокочастотной связи на двух концах воздушной линии 220кВ между подстанцией 220кВ ГПЗ-2 и подстанцией 220кВ ГПЗ-1 для удовлетворения

2.15 VSAT 卫星通信系统

2.15.1 系统组成和功能

2.15.1.1 卫星通信系统简介

卫星通信是地球站之间利用人造同步通信卫星作为中继站转发信号的无线电通信,如图 2.15.1 所示。在石油天然气行业,通常使用的卫星通信系统是指 VSAT（Very Small Aperture Terminal 的简称）卫星通信系统。VSAT 是于 20 世纪 80 年代初发展起来的一种卫星通信系统,它的含义为"甚小口径天线地球站",通常它是指天线口径小于 2.4m 的高度智能化控制的地球站。

2.15 Система спутниковой связи VSAT

2.15.1 Состав и функции системы

2.15.1.1 Короткое описание о системе спутниковой связи

Спутниковая связь является радиосвязью для передачи сигналов путем использования искусственных синхронных спутников связи между земляными станциями в качестве релейной станции, как показано на рис.2.15.1.В нефтегазовой отрасли часто применяющаяся система спутниковой связи означает систему спутниковой связи с приемниками по малому калибру（VSAT, Very Small Aperture Terminal）. VSAT является системой спутниковой связи, развитой с начала 80 годов XX–ого века, его значение означает «земную станцию с антеннами по очень маленькому калибру», обычно означает земную станцию, работающую под очень интеллектуальным управлением с калибром антенный меньше 2,4м.

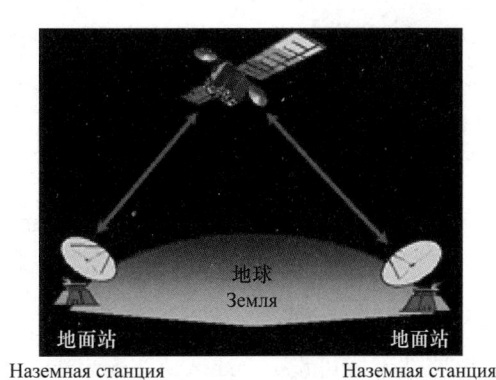

图 2.15.1　卫星通信
Рис. 2.15.1　Спутниковая связь

2.15.1.2 卫星通信频段的划分及其特点

同步通信卫星位于赤道上空 35800km 高的圆形轨道上，它与地球自转同向运动，绕地球一周的时间与地球自转一周的时间正好相等。从地面上看去，通信卫星是相对静止不动的。理论上用三颗同步通信卫星就可以实现全球通信。

2.15.1.2.1 卫星通信频段的划分

卫星通信工作频段的选择着重考虑的因素有：电波应能穿过电离层，传播损耗和外部附加噪声应尽可能小；应具有较宽的可用频带；频谱使用上应考虑各种宇宙通信业务以及与其他地面通信业务之间产生相互干扰；电子技术与器件的进展情况以及现有通信技术设备的利用与相互配合。

目前大部分国际通信卫星尤其是商业卫星使用 4GHz/6GHz 频段（C 波段）和 11GHz/14GHz 频段（Ku 波段），其优点如下：

（1）由于不同于地面中继线路所用的频段，因此不存在与地面网的干扰问题。地球站天线可设在城市中心建筑物顶上工作，卫星的发射功率也可不受限制。

2.15.1.2 Разделение диапазонов частоты и особенности спутниковой связи

Спутник синхронной связи находится на круглой орбите высокой 35800км над экватором, сам вращается по одинаковому направлению шара, его время обхода шара на один периметр равно времени вращения самого шара на один периметр. От пола земли спутник связи окажется относительно не подвижным. По теории применение 3 спутников синхронной связи может осуществить связь на всем шаре.

2.15.1.2.1 Разделение диапазонов частоты спутниковой связи

При выборе рабочих диапазонов частоты спутниковой связи должно учесть ключевые факторы как: электрическая волна должна пройти через ионосферу, и потеря распространения и внешний дополнительный шум должны быть маленькими как возможно; должна быть широкая применяемая полоса частоты; при применении спектра частоты должно учесть возникновение взаимной помехи между разными космическими службами и другими земными службами связи; развитее электронной техники и аппаратов, использование и взаимное согласование существующего технического оборудования связи.

В настоящее время большинство международных спутников связи, особенно коммерческих спутников применяют диапазон частоты 4ГГц/6ГГц（ диапазон волны С ）и 11ГГц/14ГГц（ диапазон волны Ku ），их преимущества как следующие：

（1）Благодаря неодинаковых диапазонов частоты, отличающихся от диапазонов частоты, применяющихся на земных релейных линиях поэтому отсутствует помеха к земной сети. Антенны

（2）对于相同尺寸的天线，11GHz/14GHz的波束宽度比4GHz/6GHz更窄。对于静止卫星，在赤道上的密度可以比4GHz/6GHz多一倍，从而能缓和赤道轨道卫星的拥挤问题。另外，卫星也有利于多波束工作。

（3）对于相同尺寸的卫星天线，其增益接收时是4GHz/6GHz的5.33倍，发射时是9.15倍，总的改善为16.9dB。这一改善可弥补传输损耗以及恶劣天气时的吸收损耗和噪声，可减小地球站天线或降低卫星成本。

2.15.1.2.2 卫星通信的主要特点

卫星通信与光纤通信、微波通信等其他通信手段相比较，其最大的优点是电波传播不受地理表面环境条件的影响，不仅通信信号质量好，而且卫星波束覆盖地球表面范围大，在这个范围内，根据业务需要，可以随时随地建设新的地球站，接入卫星通信网络，与其中任何一个地球站建立通信联系，因此，利用卫星通信可以组成大范围内的区域通信网络。在通信卫星转发器波束覆盖区内的任何地点都可以通信，通信距离远，建站和通信成本与通信距离无关，通信不易受陆地自然灾害的影响，适合地震、洪水等灾情下的通信保障；卫星通信网的建立不受地面条件的限制，无论是高山、大海还是沙漠，只要设置地球站即可开通通信，便于实现广播和多址通信，便于灵活配置电路和话务量。卫星通信的主要特点如下：

（1）通信距离远，建站成本与通信距离无关。一颗静止卫星可以覆盖全球表面积的42.4%，最大的通信距离可达18000km左右。适当配置三颗静止卫星就能建立除两极以外的全球通信。在一颗卫星的覆盖范围内，地球站的建设经费与两站之间的距离、两站之间是否有高山大海等无关。

（2）以广播方式工作，便于实现多址连接。一颗通信卫星所发射的电磁波在其覆盖区内的任何地点都可以接收。只要采取适当的多址接入方式，卫星覆盖区内的任意点可以随时接入卫星通信中。

（3）通信容量大，能传送的业务类型多。卫星通信采用带宽很宽的微波波段；同时，随着技术的发展，星上的能源、通信处理技术也不再成为限制，使得卫星通信系统的容量越来越大。

транслятора спутниковой связи можно осуществить связь с дальним расстоянием связи, и себестоимость строительства станции и связи не касаются расстояния связи, которая не получает влияние наземного естественного бедствия, что применяется для гарантии связи при землетрясении, паводка и т.д.. Строительство сети спутниковой связи не ограничено надземными условиями, хоть высокими горами, морем или пустыней. При строительстве земной станции можно осуществить связь на удобство осуществления радиовещания и многоадресной связи, ловкого расположения контуров и речевых служб. Основные особенности спутниковой связи как следующие:

（1）Имеется дальнее расстояние связи, и себестоимость строительства станции не касается расстояния связи. Одни геостационарный спутник может покрыть поверхностную площадь шара на 42,4%, максимальное расстояние связь достигается до 18000км порядка. При расположении 3 геостационарных спутников можно создать связь всего шара кроме двух полюса. В сфере покрытия одного спутника расходы строительства земных станций не касается расстояния между двумя станциями, наличия высоких гор, моря и т.д. между двумя станциями.

（2）Работа по режиму радиовещания имеет удобство к многоадресному соединению. Электромагнитная волна, эмитированная одним спутником связи получается на любом месте, находящемся в покрытой им зоне. При применении режима многоадресного соединения любая точка в зоне, покрытой спутником может быть соединена со спутниковой связью в любое время.

（3）Имеется большая пропускная способность связи, передача разных типов служб. Для спутниковой связи применяется диапазон микроволновой волны с широкой полосой, при развитии

2 通信

（4）可以自发自收进行监测。由于地球站以卫星为中继站，卫星将系统内所有地球站发来的信号转发回地面，便于进行监测。

对于 VSAT 卫星通信，其天线口径可进一步压缩，Ku 频段的天线口径已经小于 1.8m。按 VSAT 所承担主要业务的不同可分成两大类：一类是以数据为主的小型数据地球站；另一类是以话务为主、数据兼容的小型电话地球站。VSAT 由于应用了大规模集成电路、数字信号处理和微处理器等新技术，因而具有成本低、体积小、智能化、高可靠、信道利用率高和安装维护方便等特点，特别适用于缺乏现代通信手段、业务量小的专用卫星通信网。自 VSAT 问世以来，立即得到各国的重视，广泛应用于新闻、气象、民航、石油、抢险救灾和军事等部门以及边远地区通信，成为卫星通信中的热门领域之一。VSAT 之所以获得如此迅猛的发展，除了它具有一般卫星通信的优点外，还有以下主要特点：

2 Связь

технологий энергия на спутниках, технология обработки связи не является ограничением, что пропускная способность системы спутниковой связи становится сильнее и сильнее.

（4）Можно провести контроль над своей передачей и приемом. Для земных станций спутники работают в качестве релейной станции, спутник передает все сигналы от всех земных станций в системе к земле на контроль.

Для спутниковой связи с приемниками по малому калибру（VSAT）ее калибр антенн еще может быть уменьшен, калибр антенны в диапазоне частоты Ku уже меньше 1,8м.. По основным службами, за которые отвечает спутниковая связь с приемниками по малому калибру（VSAT）можно разделить 2 категории: первая категория–малогабаритная земная станция данных на основе данных; другая категория–малогабаритная телефонная земная станция на основе телефонных служб и совместимости данных. Спутниковая связь с приемниками по малому калибру（VSAT）применяет крупномасштабную интегральную схему, обработку цифровых данных, микропроцессоры и другие новые технологии, поэтому она имеет низкую себестоимость, малый объем, интеллектуальность, высокую надежность, высокий коэффициент пользования каналов, удобство монтажа и обслуживания и другие особенности, что она предназначена для целевой сети спутниковой связи с отсутствием современных средств связи, наличием малого количества служб. При разработке спутниковой связи с приемниками по малому калибру получено внимание стран, она широко применяется в организации по новости, метеорологии, народной авиации, нефти, ликвидации аварийных ситуаций, армии и связи в дальних районах и т.д., что она становиться одной

（1）地球站通信设备结构紧凑牢固,全固态化,尺寸小、功耗低,智能化程度高,安装方便。VSAT通常只有户外单元(ODU)和户内单元(IDU)两个机箱,占地面积小,对安装环境要求低,可以直接安装在用户处(如安装在楼顶,甚至居家阳台上)。由于设备轻巧、机动性好,尤其便于建立移动卫星通信。

（2）组网方式相当灵活、多样。在VSAT系统中,网络结构形式通常分为星形式、网状式和混合式三类,它们各具特点:星形式网络由一个主站(处于网络中心的枢纽站)和若干个VSAT小站(远端站)组成。主站具有较大口径(一般为4.5m以上)的天线和较大的发射功率,网络智能控制系统一般也集中于主站,这样可以使小站设备尽量简化,并降低造价。主站除负责一般的网络管理外,还要承担各VSAT小站之间信息的接收和发送,即具有控制功能。

из важных областей спутниковой связи Быстрое развитие спутниковой связи с приемниками по малому калибру（VSAT）имеет основные особенности кроме преимуществ обычного спутниковой связи:

（1）Конструкция оборудования связи на земной станции окажется компактной и крепкой, полной твердотельной с маленьким размером, низкой потерей мощности, высокой степенью интеллектуальности, удобством монтажа. У спутниковой связи с приемниками по малому калибру（VSAT）имеются обычно 2 машинного шкафа как наружный блок（ODU）и блок в помещении（IDU）, что занимает малую площадь и низкое требование к условиям монтажа, можно прямо монтировать их на месте клиентов（как на верхней части здания, даже на балконе квартиры）. Благодаря легкому оборудованию и хорошей маневренности имеется удобство создания мобильной спутниковой связи.

（2）Имеется ловкий и разнообразный способ конфигурации сети. В системе спутниковой связи с приемниками по малому калибру（VSAT）вид структуры сети разделен на звездной, сетевой и смешанный, они имеют свои особенности как: звездная сеть состоит из основной станции（находится в станции узла центра сети）и нескольких маленьких станции спутниковой связи с приемниками по малому калибру（VSAT）（дистанционных станций）. Основная станция имеет антенну с большим калибром（обычно выше 4,5 м）и большой передающей мощностью, система интеллектуального управления сетями обычно находится на основной станции, что можно постараться упрощать оборудование на маленьких станциях и снизить цены. Кроме управления сетями основная станция еще отвечает за прием

2 通信

（3）地球端站发射功率小、天线口径小，天线口径一般小于2.4m，某些环境下可达到0.5m。

卫星通信在具体实施中也存在以下一些技术上的难点：

（1）需要先进的空间技术和电子技术。空间环境复杂多变，空间技术需要把卫星精确定点到预定的轨道位置，并能克服漂移问题。卫星与地面之间相距数万千米，通信技术必须要克服相应的传播损耗。为此，卫星或地球站需要采用高增益天线、大功率发射机、低噪声接收设备和高灵敏度的调制解调器等一系列技术。

（2）要解决信号传播时延带来的影响。在静止卫星通信系统中，卫星与地球站之间相距约40000km，地球站到卫星再到地球站的往返电波传播时间约为0.2780s，两个用户经过卫星通信时，打电话者需要等0.548s才能得到对方的回话。另外，混合线圈的不平衡等因素还会产生显著的回波效应，使发话者在0.548s后听到本人讲话的回声。因此，卫星通信对回波抵销的要求比地面通信系统更高。

2 Связь

и передачу информации между маленькими станциями спутниковой связи с приемниками по малому калибру (VSAT), то есть она имеет функцию управления.

（3）у земной концевой станции имеется маленькая мощность передачи, маленький калибр антенны (обычно меньше 2,4м, иногда 0,5м при каких-то условиях).

В практическом осуществлении спутниковая связь тоже имеет технологические трудности.

（1）Нуждается передавая пространственная технология и электронная технология. При наличии сложной и переменной пространственной окружающей среде пространственная технология должна точно определить место спутника на установленном расположении орбиты, и еще преодолеть вопрос о дрейфе. При наличии десятка тысяч км между спутником и полом земли технология связи должна решить соответствующею потерю распространения. Для этого необходимо применять антенну с большим усилением, передатчик с большой мощностью, оборудование приема с низким шумом, модем с высокой чувствительностью и ряд технологии для спутника или земной станции.

（2）Должно решить влияние, вызванное задержкой времени при распространении сигналов. В системе геостационарного спутниковой связи расстояние между спутником и земной станцией окажется на 40000км порядка, время распространения электрической волны от земной станции–спутника до земной станции окажется на 0,2780сек., при связи двумя абонентами через спутник абонент исходящего вызова получит ответ другой стороны через 0,548сек..Кроме этого фактора как неравновесие смешанной катушки и т.д. приведут к очевидному эффекту обратной волны, что абонент исходящего вызова слушает свой обратный звук через 0,548сек..

（3）对通信卫星的稳定性、可靠性要求高。位于太空中的卫星难以做到人工值守和维修。卫星上有成千上万个电子和机械元器件，若其中一个发生故障或损坏，就可能引起通信卫星的失效。

（4）要解决星蚀、日凌问题，还要解决与地面微波系统的相互干扰等问题。

2.15.2 主要设备工作原理

卫星通信系统是由空间分系统、通信地球站分系统、跟踪遥测及指令分系统和监控管理分系统等四大部分组成，如图2.15.2所示。

Поэтому спутниковая связь имеет более высокое требование к покрытию обратной волны, чем система наземной связи.

（3）Имеется высокое требование к стабильности и надежности спутниковой связи. Трудно провести человеческую дежурную и ремонт спутника, находящегося в космосе. В спутнике имеются многотысячные электронные и механические элементы и детали, неисправность или повреждение одного из них приведет к выходу из строя спутника связи.

（4）Нужно решить вопросы по затмению, солнечной засветке, еще решить взаимную помеху с наземной микроволновой системой и т.д..

2.15.2 Принцип работы основного оборудования

Система спутниковой связи состоит из пространственной подсистемы, подсистемы земной станции связи, подсистемы следования, телеизмерения и команды, подсистемы контроля и управления, как показано на рис.2.15.2.

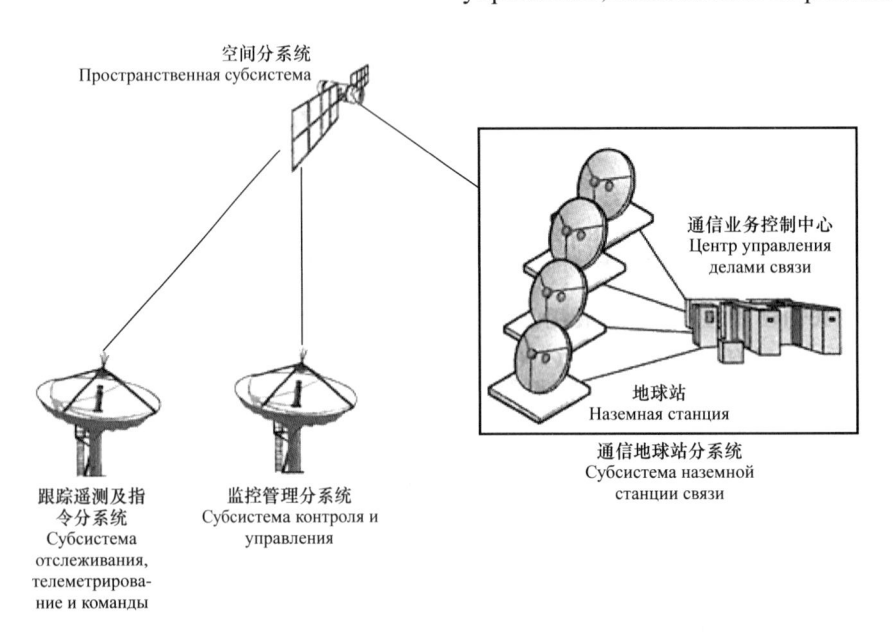

图 2.15.2 卫星通信系统的组成

Рис.2.15.2 Состав системы спутниковой связи

（1）跟踪遥测及指令分系统对卫星进行跟踪测量，控制其准确进入静止轨道上的指定位置，并在卫星正常运行期间定期对卫星轨道进行修正和位置保持。

（2）监控管理分系统对定点的卫星进行通信性能的监测和控制，例如监控转发器功率及天线增益、各地球站的发射功率及射频频率、带宽等性能。

（3）空间分系统就是通信卫星，其主体是通信设备，此外，还有遥测指令控制系统、能源系统等。通信卫星主要靠转发器和天线来完成中继作用。一颗卫星可以有多个转发器，每个转发器可以同时收发多个信号。

（4）地球站是微波无线电收发信台。

2.15.2.1 通信卫星

通信卫星由天线分系统、通信分系统、遥测指令分系统、控制分系统及电源分系统等五部分组成。

2.15.2.1.1 天线分系统

卫星天线有两类：一类是遥测、指令和信标天线，一般是全向天线；另一类是通信天线，按其波束覆盖区的大小，可分为全球波束天线、点波束天线和弧形波束天线。

（1）Подсистема следования, телеизмерения и команды выполняет следование и телеизмерение спутника, управление его точным входом в установленное место на стационарной орбите, периодическую коррекцию орбиты спутника и поддержку его расположения при нормальной работе спутника.

（2）Подсистема контроля и управления выполняет контроль и управление характеристиками связи спутника на определенном месте, как контроль над мощностью транслятором, усилением антенны, мощностью и частотой передачи на земных станциях, шириной полосы и другими характеристиками.

（3）Пространственная подсистема означает спутник связи, его субъект является оборудованием связи, еще системой управления телеизмерением и командами, системой энергии и т.д.. Спутник связи выполняет релейную роль с помощью трансляторов и антенн. Один спутник может иметь трансляторов, и каждый транслятор может выполнить прием и передачу сигналов.

（4）Земная станция является микроволновой радиостанцией приема и передачи.

2.15.2.1 Спутник связи

Спутник связи состоит из подсистемы антенн, подсистемы связи, подсистемы телеизмерения и команды, подсистемы управления и подсистемы источника питания.

2.15.2.1.1 Подсистема антенн

Спутниковая антенна разделена на 2 категории. Первая категория означает антенны телеизмерения, антенны команды и маячные антенны, обычно всенаправленные антенны. Другая категория означает антенну связи, которая разделена на лучевую антенну на весь мир, точечную лучевую антенну и дугообразную антенну.

（1）全球波束天线对于静止卫星而言，其波束的半功率宽度约为 17.4°，恰好覆盖卫星对地球的整个视区。

（2）点波束天线：覆盖区面积小，一般为圆形，波束半功率宽度只有几度或更小。弧形波束天线覆盖区轮廓不规则，视服务区的边界而定。

星上的通信天线应满足以下要求：

（1）指向精度。通常要求指向误差小于波束宽度的 10%。

（2）频带宽度必须满足通信要求。

（3）星上转接功能。大容量通信卫星往往用多副天线产生多个波束，在星上应能完成不同波束间的信号转接，以沟通不同覆盖区的地球站间的信道。

（4）适当的极化方式。频率低于 100Hz 时，一般使用圆极化，有利于克服电离层的法拉第旋转效应；频率高于 100Hz 时，一般采用线极化。

（5）消旋措施。使自旋稳定的通信卫星天线波束不随星体旋转。

（6）对于采用极化复用或空间复用的情形，还应保证足够的极化隔离度和波束隔离度，以避免相互干扰。

（1）Для геостационарного спутника лучевая антенна на весь мир имеет ширину полу-мощности ее луча на 17,4градусов, что как раз покрывает целую видимую зоне спутника к шару.

（2）Точечная лучевая антенна: имеет малую покрытую зону, обычно окажется круглой, ее ширина полу-мощности луча имеет только несколько градусов или меньше. Дугообразная лучевая антенна: ее покрытая зона окажется нерегулярной, определенной по границе зоны услуг.

Антенны связи на спутнике должны ответить следующим требованиям:

（1）Точность направления. Обычно требуется отклонение направления меньше 10% от ширины луча.

（2）Ширина частотной полосы должна отвечать требованиям к связи.

（3）Функция транзита на спутнике. Спутник связи с большой мощностью производит лучи путем использования антенн, на спутнике должно выполнить транзит сигналов между разными лучами на коммутацию каналов между земными станциями в разных покрытых зонах.

（4）Соответствующий способ поляризации. При частоте ниже 100Гц обычно применяется круговая поляризация для преодоления эффекта Фарадея ионосферы; при частоте выше 100Гц обычно применяется линейная поляризация.

（5）Мероприятия по устранению вращения. Лучи антенны спутниковой связи со стабильным самовращением не вращаются с спутником.

（6）Для ситуации с применением мультиплексирования поляризации или мультиплексирования пространства еще должно обеспечить достаточную степень экранирования поляризации и лучей во избежание взаимной помехи.

2.15.2.1.2 通信分系统

卫星上的转发器通常分为透明转发器和处理转发器两大类。透明转发器收到地面发来的信号后只进行放大转发,不做任何加工处理。它对工作频带内的任何信号都是透明的通路。透明转发器按变频次数可分为一次变频和二次变频两种方案,如图 2.15.3 所示。处理转发器的组成如图 2.15.4 所示。星上的信号处理一是对数字信号进行解调再生,使噪声不会积累;二是在不同的卫星天线波束之间进行信号交换;三是进行其他更高级的信号变换和处理,如上行 FDMA 变为下行 FDMA 等。

2.15.2.1.2 Подсистема связи

Транслятор на спутнике обычно разделен на пространственный транслятор и транслятор обработки. При получении сигналов, переданных от пола земли пространственный транслятор только усиливает и транслирует их без никакой обработки. Он является пространственным каналом для любого сигнала в рабочей полосе частоты. По числу преобразования частоты пространственный транслятор имеет первичное и вторичное преобразование частоты, как показано на рис.2.15.3. Состав транслятора обработки показан на рис. 2.15.4. Обработка сигналов на спутнике означает: первое-модуляцию и регенерацию цифровых сигналов для не накопления шума; второе-коммутацию сигналов между разными лучами спутниковых антенн; третье-преобразование и обработку других высших сигналов, как преобразование сигналов вверх FDMA на сигналы вниз FDMA и т.д..

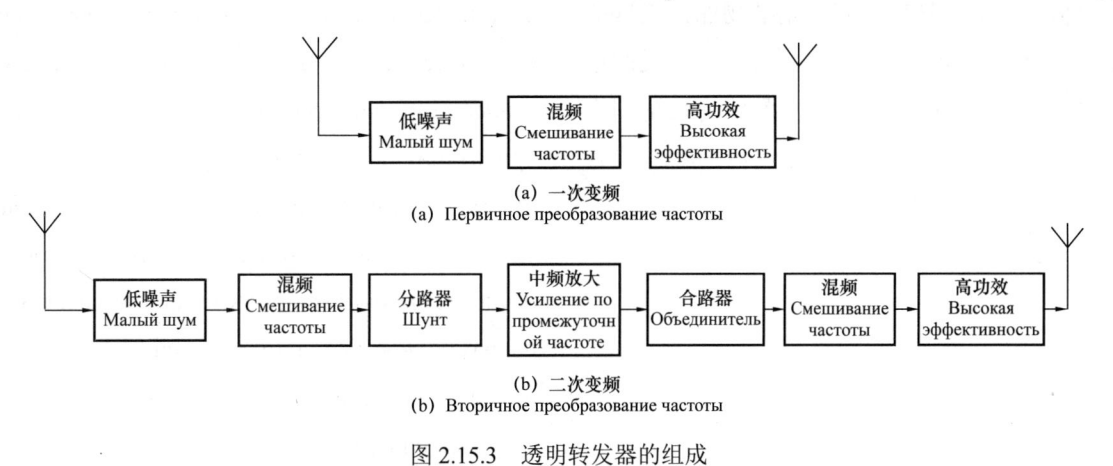

图 2.15.3 透明转发器的组成

Рис.2.15.3 Состав прозрачного ретранслятора

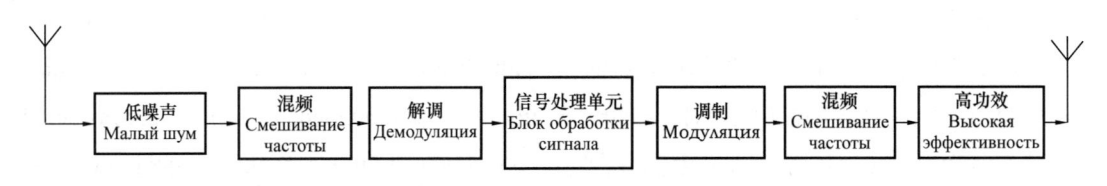

图 2.15.4 处理转发器的组成

Рис.2.15.4 Состав ретранслятора с обработкой сигналов

2.15.2.1.3 遥测指令分系统

通信卫星的正常运行需要监测其内部设备的工作情况,并在必要时通过遥控指令调控设备的工作状态。遥测信号包括工作状态(如电流、电压、温度、控制用气体压力等)信号、传感器信号以及指令证实信号等。这些信号经多路复用、放大和编码后调制到副载波或信标信号上,然后与通信的信号一起发向地面。

2.15.2.1.4 控制分系统

控制分系统由一系列机械的或者电子的可控调整装置组成,主要包括姿态控制和位置控制。姿态控制使卫星对地球或其他基准物保持正确的姿态。对同步卫星来说,主要用来控制天线波束对准地球、太阳翼对准太阳。位置控制系统用来消除轨道摄动的影响,使卫星与地球的相对位置固定。

2.15.2.1.5 电源分系统

通信卫星的电源,除要求体积小、重量轻、效率高外,主要应能在卫星寿命内保持输出足够的电能。常用的卫星电源有太阳能电池和化学能电池。卫星处在地球阴影区时,依靠可充电的化学能电池,平时则由太阳能电池给它充电。

2.15.2.1.3 Подсистема телеизмерения и команды

Нормальная работа спутника связи нуждается в контроле над работой внутреннего оборудования, регулировании и управлении работой оборудования под командами дистанционного управления при необходимости. Сигналы телеизмерения включают сигналы по режиму работы (как ток, напряжение, температуру, давление газа для управления и т.д.), сигналы датчиков, сигналы подтверждения и т.д.. Эти сигналы модулированы на сигналах побочной несущей частоты или маячном сигнале через мультиплексирование, усиление и кодирование, потом передаются к земле вместе с сигналами связи .

2.15.2.1.4 Подсистема управления

Подсистема управления состоит из серии механических или электронных управляемых устройств регулирования включая управлением ориентацией и управление расположением. Управление ориентацией помогает спутнику поддержать правильную ориентацию к земли или другим базисным веществам. Для синхронного спутника оно выполняет управлением наведением луча антенн к шару, солнечным крылом к солнцу. Система управления расположением выполняет устранение влияния колебания орбиты, крепить относительное расположение спутника и шара.

2.15.2.1.5 Подсистема источника питания

Источник питания спутника связи требует малый объем, легкий вес, высокую эффективность, и еще поддержку выхода достаточной электроэнергии в сроке работы спутника. Для часто применяемого источника питания спутника имеются батареи солнечной энергии и химической

2 通信

энергии. При нахождении спутника в теневой зоне шара применяются заряжаемые батареи химической энергии, которые заряжаются батареями солнечной энергии.

2.15.2.2 地球站

标准地球站分为三类,见表 2.15.1。品质因数 G/T 值越大,地球站性能越好,通信能力越强。地球站的组成如图 2.15.5 所示. 主要包括天线馈线设备、发射设备、接收设备、信道终端设备、天线跟踪伺服设备、电源设备。

2.15.2.2 Земная станция

Стандартная земная станция разделена на 3 категории, приведенных в таблице 2.15.1. Чем значение коффициента качества G/T получено больше, тем лучше характеристик на земной станции с сильной способностью связи. Состав земной станции приведен на рис. 2.15.5. Она включает оборудование антенны и фидера, эмиссионное оборудование, приемное оборудование, терминальное оборудование каналов, сервооборудование следования антенн, устройство источника питания.

表 2.15.1 标准地球站分类
Таблица 2.15.1 Классификация стандартной наземной станции

分类 Классификация	天线直径,m Диаметр антенны, м	G/T, dB/K G/T, ДБ/К
A 型标准站 Стандартная станция типа A	30	≥40.7
B 型标准站 Стандартная станция типа B	10	≥31.7
C 型标准站 Стандартная станция типа C	16~20	≥9.7

天线馈线设备将发射机送来的射频信号变成对准卫星的电磁波,同时收集卫星发来的电磁波后送到接收设备。地球站的天线通常是收发共用的,因此需要有收发双工器。从双工器到收发信机之间有定长度的馈线连接。卫星通信大都工作于微波波段,所以地球站天线通常是面天线,主要用卡塞格伦天线。

Оборудование антенны и фидера преобразует радиочастотные сигналы, переданные передатчиком в электромагнитную волну, наведенную к спутнику, при этом собирает электромагнитную волну, переданную спутником и передает ее к приемному оборудованию. Антенна на земной станции работает для приема и передачи, поэтому здесь нуждается дуплексер приема и передачи. Между дуплексером и приемником-передатчиком имеется соединение фидера с определенной длиной. Связь спутника обычно работает на

通常用品质因数 G/T 来描述地球站的接收灵敏度,其分贝计算式为:

$$[G/T]_{dB} = 10 \lg G_R - 10 \lg T \quad (2.15.1)$$

式中 G_R——接收天线增益;
T——地球站馈线输入端处总的等效噪声温度。

发射设备的任务是将已调制的中频信号变换为射频信号,并将功率放大到一定的电平,经馈线送到天线向卫星发射。功率放大器可以是单载波工作,也可以是多载波工作。功率放大器的输出功率最高可达数百瓦至数千瓦。

микроволновом диапазоне, поэтому на земной станции антенна обычно является параболоидной антенной-антенной Кассегрена в основном.

Обычно применяется коэффициент качества G/T для описания чувствительности приема на земной станции, его формула по расчету децибела как:

$$[G/T]_{dB} = 10 \lg G_R - 10 \lg T \quad (2.15.1)$$

Где G_R——коэффициент усиления антенны;
T——температура суммарного эквивалентного шума на входе фидера на земной станции.

Задача передающего оборудования заключается в преобразовании модулированных среднечастотных сигналов на радиочастотные сигналы, усилении мощности на определенных уровень, передаче их к антенне через фидер на передачу спутника. Усилитель мощности работает на одной несущей и многократной несущей частоте. Максимальная выходная мощность усилителя мощности достигается до сот или тысяч кВ.

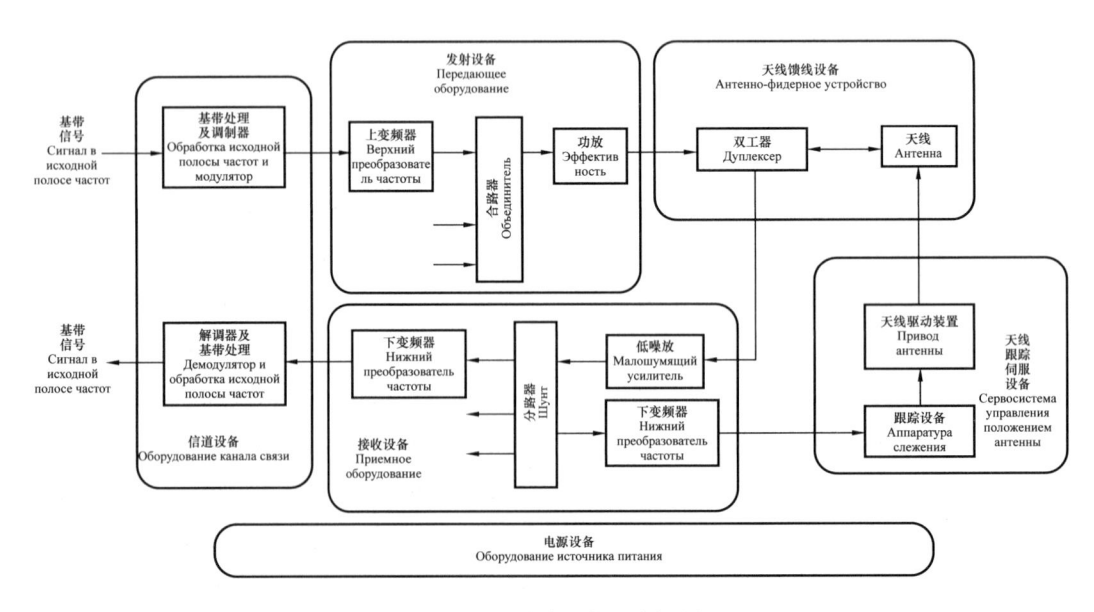

图 2.15.5 地球站的组成框图

Рис.2.15.5 Блок-схема состава наземной станции

接收设备把天线收集的来自卫星转发器的有用信号,经加工变换后送给解调器。通常接收设备入口的信号电平极其微弱,为了减少接收机内部噪声的干扰影响,提高灵敏度,接收设备必须使用低噪声微波前置放大器。为减少馈线损耗的影响,该放大器一般安装在天线上。

信道终端设备负责基带处理和调制解调,跟踪和伺服设备负责保持地球站天线始终对准卫星。静止卫星实际上也不是绝对静止的。为此,地球站天线需要不断跟踪对准卫星。电源设备也是地球站的一个重要组成部分。现代卫星通信系统一年中要求 99.9% 的时间不间断地、稳定可靠地工作。

2.15.2.3 甚小天线地球站(VSAT)

VSAT 网由中心站、小型站和微型站三种地球站组成,天线口径分别为 11m,3.5~5m 和 1.2~3m。全网有一个或多个配备较大口径天线的中心站,这些站配置数据交换设备,并在其中之一配置全网的控制和管理中心。小型站可以有几百个,微型站可以多达成千上万个。

Приемное оборудование передает полезных сигналов, собранных антенной к модему после обработки и преобразования. На входе приемного оборудования уровень сигналов обычно окажется очень слабым, и приемное оборудование должно применять микроволновой передний усилитель с низким шумом для уменьшения влияния помехи внутреннего шума приемника и повышения чувствительности. Данный усилитель обычно установлен на антенне для уменьшения влияния потери фидера.

Терминальное оборудование каналов отвечает за обработку нормального диапазона и модуляцию, а следящее и серво-оборудование отвечает за поддержку наведения земной станции на спутник. Геостационарный спутник окажется не абсолютно геостационарным на самом деле. Поэтому антенна на земной станции должна следовать и навести на спутник все время. Оборудование источника питания тоже является важным составом земной станции. Для современной системы спутниковой связи требуется непрерывная, стабильная и надежная работа на время 99,9% в год.

2.15.2.3 Земная станция с очень маленькими антеннами(VSAT)

Сеть земных станций с очень маленькими антеннами(VSAT) состоит из центральной станции, малогабаритной станции и микрогабаритной станции, калибр антенны разделен на 11м, 3,5-5м и 1,2-3м. Во все сети имеются одна или несколько центральных станций с комплектованием антенн с большим калибром, на этих станциях комплектовано оборудование по коммутации данных, и комплектован центр управления и организации всей сети на одной из этих станций. Малогабаритные станции достигаются до нескольких сот, микрогабаритные станции могут достигаться до многотысячных.

VSAT 网的构成形式可以有单跳、双跳、单双跳混合以及全连接网等。

单跳形式网络又称星形网络,它将多个远端 VSAT 站与中心站连接起来。从小站(远端站)到中心站的传输称为入境传输,从中心站到小站的传输称为出境传输,入境与出境一起构成通信的双向信道。中心站有线路连到计算中心或地面电话网、数据网上,进行信息交换。VSAT 远端站可以连接到几个数据终端或个人计算机上,它能处理多个速率为 16kbit/s 的数据、话音信道。这种网络可以传送数据、图像和电话,但各 VSAT 端站之间不能直接进行通信。

在双跳形式的 VSAT 网中,一个远端站的信号经过卫星先传送给中心站,中心站再通过卫星将此信号传送给另一个远端站,这样形成两跳。与单跳相比,双跳传输的时延要多一倍。双跳用于直接通话时时延太长,用户感受会很不习惯,故只适用于传输数据或录音电话。

Способ образования сети земных станций с очень маленькими антеннами (VSAT) имеет односкачковой, двухскачковой, односкачковой и двухскачковой смешанный способ, сеть с полным соединением и т.д..

Односкачковая сеть еще называется звездной сетью, она соединяет дистанционных станций VSAT с центральной станцией. Передача от маленькой (дистанционной) станции к центральной станции называется въездной передачей, передача от центральной станции к маленькой станции называется выездной передачей, и въездная передача и выездная передача образуют двунаправленный канал связи. На центральной станции имеется линия, соединяющаяся с центром расчета или наземной телефонной сетью, сетью данных на коммутацию информации. Дистанционная станция VSAT может соединяться с терминалами данных или личными компьютерами, она может обработать данные с скоростью 16 кбит/сек., речевые каналы. Данная сеть передает данные, изображения и телефоны, но не возможно проводит прямую связь между конечными станциями VSAT.

В сети земной станции с очень маленькими антеннами (VSAT) по двухскачковому способу сигналы от дистанционной конечной станции передаются к центральной станции через спутник, потом центральная стация передает их к другой дистанционной конечной станции через спутник, что образует двухскачковый способ. По сравнению с односкачковым способом время задержки двухскачковой передачи будет больше в 2 раза. Для прямого разговора двухскачковый способ имеет слишком длинную задержку времени, к чему абоненты трудно привыкнут, поэтому данный способ применяется только для передачи данных или звукозаписи телефонов.

2 通信

单双跳混合形式网络的中心站和远端站之间可以通电话和数据。各远端站之间可以通数据和录音电话。全连接网络中的任意两个远端站之间都可以直接进行双向通信。通过控制站对整个网络进行控制,并根据各站的业务需求分配信道。

VSAT 网所有的地球站都包括室内单元和室外单元两部分,这两部分之间用 70MHz 中频电缆相连。一般地球站的室内单元包括 SCPC 中频合路分路器、调制解调器、1/2 码率的前向纠错编解码器以及用户设备接口单元。室内单元完成所有的处理功能,包括与用户及网络的接口。室外单元包括天线、双工器、功放、上下变频器、本地振荡器、低噪声放大器、电源和监控设备等部件。为了使收发信机到达天线的损耗最小,VSAT 站一般都把收发信机直接装在天线背后,组成室外单元。

VSAT 综合卫星通信网以 SCPC/FDMA 方式工作。45kHz 间隔 SCPC 信道的数据传输速率是 32kbit/s,90kHz 间隔 SCPC 信道的数据传输速率是 64kbit/s。一个 SCPC 信道可以用作点到点链

2 Связь

В сети по односкачковому и двухскачковому смешанному способу можно выполнить телефоны и передачу данных между центральной и дистанционной станциями. Можно выполнить телефоны и звукозапись телефонов между дистанционными станциями. Можно провести прямо двунаправленный разговор между любыми двумя дистанционными станциями в сети с полным соединением. Выполняется управление целой четью через станцию управления, и распределение каналов по потреблению служб на станциях.

В сети земной станции с очень маленькими антеннами (VSAT) все земные станции включают две части как блок в помещении и вне помещения, между двумя частями применяется среднечастотный кабель 70МГц для соединения. На обычных земных станциях блок в помещении включает среднечастотный объединитель и разъединитель каналов SCPC, модем, кодек с исправлением ошибок по кодовому проценту 1/2 и блок интерфейсов оборудования абонентов. Блок в помещении выполняет все функции обработки включая интерфейсы абонентов и сети. Блок вне помещения включает антенны, дуплексер, усилитель мощности, верхний и нижний преобразователь частоты, местный осциллятор, усилитель низкого шума, источник питания, контрольное оборудование и т.д.. Для получения минимальной потери при достижении приемника-передатчика до антенны, на земной станции с очень маленькими антеннами приемник-передатчик обычно прямо монтирован за антенной на создание блока вне помещения.

Комплексная сеть спутниковой связи на земной станции с очень маленькими антеннами (VSAT) работает по режиму SCPC/FDMA. Скорость передачи данных на каналах SCPC с интервалом 45кГц

路单发单收,也可用作一点到多点链路,即单发多收或单收多发。大部分 SCPC 信道的使用都是通过网控中心以按需分配形式安排的。一部分信道是预分配的。

VSAT 网的突出特点是大量分散的 VSAT 共享卫星信道与中枢站通信,也即网络结构是星状的。它的数据业务差异非常大,数据的规模可达 $40\sim10^6$ bit;响应时间可从几秒钟到几小时,数据速率可从 100bit/s 到 1.544Mbit/s。VSAT 数据通信业务中,一部分是随机使用卫星信道,另一部分业务则要求在一段时间内固定连续地使用信道。多址方案的选择需要综合考虑卫星信道利用率(吞吐量)、平均和峰值时延、信道拥塞、能承受的信道传输差错和设备产生的故障、电路建立和恢复时间、便于实现且费用低廉等因素。可供选择的多址方式有固定分配、随机分配和可控分配等三种。

получается на 32кбит/сек., скорость передачи данных на каналах SCPC с интервалом 90кГц получается на 64кбит/сек.. Канал SCPC работает для одноканальной передачи и одноканального приема двухточечного канала, и тоже от точки до точек каналов, то есть одноканальной передачи и многоканального приема или одноканального приема и многоканальной передачи. Большинство каналов SCPC работает под распределением центра управления сетью по потреблению. Часть каналов распределена предварительно.

Очевидные особенности сети земных станций с маленькими антеннами (VSAT) заключаются в том, что большой объем разделенных земных станций с маленькими антеннами (VSAT) вместе используют спутниковый канал и связь центральной связи, то есть структура сети является звездной. Ее службы данных отличаются сильно, масштаб данных установлен в 40-10^{6}бит выше; время реакции–от секунд до часов, скорость данных–от 100бит/сек. до 1,544Мбит/сек.. В службах связи данных на земных станциях с маленькими антеннами (VSAT) часть применяет спутниковый канал вместе с оборудованием, другая часть служб требует постоянное и непрерывное применение канала в определенное время. Выбор многоадресного проекта должен учесть коэффициент использования спутникового канала (пропускная способность), среднюю и пиковую задержку времени, забивание каналов, возможно выдержанные ошибки передачи по каналу, неисправности, возникшие в оборудовании, время создания и восстановления контуров, удобство осуществления, низкие расходы и т.д.. Многоадресные режимы для выбора установлены на стационарное распределение, произвольное распределение и управляемое распределение.

2.16 会议电视系统

2.16.1 系统分类、组成及组网原则

会议电视系统是利用电视技术及设备通过传输信道在两地(或多个地点)之间召开会议的一种通信方式。会议电视系统的目的是把相隔多个地点的会议电视设备连接在一起,使各方与会人员有如身临现场一起开会,进行面对面对话的感觉。其具有真实、高效、实时的特点,是一种简便而有效的用于管理、指挥以及协同决策的技术手段。

会议电视系统的应用可加强管理、提高生产效率、降低成本。高质量的电视会议,使在地理上分散的部门可以更迅速地处理问题,不但省时、省钱,而且把传统会议面对面交流的自然感觉带给了与会人员,能迅速、准确地把握决策机会,使更多的人加入重要决策之中,并形成一个更加开放、更加协作的工作环境。通过会议电视系统广播式的工作模式,可以方便地、经常地组织远程培训和远程教育,更快地提高各部门的业务工作水平。提供会议电视系统,领导可以随时就某些突发事件对各地的下级部门下达指示;在重点地区设置会议电视系统,可以真正成为领导的千里眼、顺风耳,便于领导及时了解情况,进行准确的判断,迅速采取有力的措施。

2.16 Телевизионная система конференций

2.16.1 Классификация, состав системы и принцип кофигурации сети

Телевизионная система конференций является способом связи на конференциях, созданных между двумя местами (или несколькими местами) через каналы передачи, используя телевизионную технологию и оборудование. Цель телевизионной системы конференций соединяет телевизионное оборудование конференций, созданы на местах, чтобы участники на конференциях чувствовали, как сидели вместе на конференциях и разговорили лицо к лицу. Она имеет правдивые, высокоэффективные особенности и особенность в реальное время, является простыми и эффективными техническими средствами для управления, руководства и совместного решения.

Применение телевизионной системы конференций усиливает управление, повышает эффективность производства, снижает себестоимость. Высококачественная конференция телевидения помогает департаментам, разделенным географически быстро решить вопросы, экономить время и деньги, принести участникам в конференциях естественное ощущение по традиционной конференции и обмену мнениями лицо к лицу, быстро и точно взять шанс решения, чтобы большие люди участвовали в решении на образование более открытой, согласующейся рабочей окружающей среды.С помощью рабочего режима радиовещания у телевизионной системы конференций можно удобно и часто организовать дистанционное

2.16.1.1 会议电视系统的分类

会议电视系统是一种以视频为主的交互式多媒体通信，它利用现有的图像通信技术、计算机通信技术以及微电子技术，进行本地区或远程地区之间的点对点或多点之间的双向视频、双工音频以及数据等交互式信息实时通信，实时地传递声音、图像和文件。会议电视系统按业务的不同，可分为公用会议电视系统、专用会议电视系统和桌面型会议电视系统三种。

（1）公用会议电视系统。

公用会议电视系统是由通信经营商的以预约租用方式使用的会议电视系统，系统覆盖所有省会及主要地级城市。需要召开电视会议的单位事先进行预约。对于新成立的小规模公司及偶尔召开电视会议的单位可考虑这一方案，其优点是：可减

обучение и воспитание на более быстрое повышение рабочего уровня департаментов. При телевизионной системе конференций руководители могут выдать указания низшим департаментам по внезапным событиям в любое время; телевизионная система конференций, установленная в важных зонах становится ясновидным, всезнающим человеком для руководителей, которые могут вовремя узнать ситуации, точно понять условия, быстро принять мероприятия.

2.16.1.1 Классификация телевизионной системы конференций

Телевизионная система конференций является интерактивной связью мультимедиа на основе видеотехники, она применяет существующую технологию связи изображения, технологию компьютерной связи и микроэлектронную технологию, проводит связь интерактивной информации в реальное время как двунаправленное видео, дуплексную звуковую частоту, данных и т.д. от точки к точке или точкам в данной зоне или дистанционной зоне, осуществляет передачу звука, изображений и документов. По разным службам телевизионная система конференций разделена на 3 системы как общественную телевизионную систему конференций, целевую телевизионную систему конференций и настольную телевизионную систему конференций.

（1）Общественная телевизионная система конференций.

Общественная телевизионная система конференций является телевизионной системой конференций по предварительной аренде эксплуатационниками связи, система покрывает все столицы провинций и главные города класса префектуры.

少公司的初期投资、资金压力以及不需专人维护；缺点为：需要使用时，必须提前预约，不能随时随地进行电视会议，失去了便捷性与实时性。

（2）专用会议电视系统。

专用会议电视系统是由独立单位自己组建专用的会议电视系统，包括组建专用的传输网络，购买专用的会议电视系统设备。其主要在大公司、大企业中组建，如能源、交通、海关、公安、银行等。其优点是：使用时，不必提前进行预约，可随时随地进行电视会议；缺点为：一次性投资比较大，且还需专人进行维护。

（3）桌面型会议电视系统。

桌面型会议电视系统是智能建筑内部采用的多媒体通信会议电视系统，系统基于计算机通信手段，投资少、见效快、使用方便、快捷，可以满足办公自动化数据通信和视频多媒体通信的要求。桌面型会议电视系统是在计算机上安装多媒体接口卡、图像卡、多媒体应用软件及输入/输出设备，将

Должно провести предварительный заказ при намерении создания телевизионных конференций. Новые созданные маломасштабные компании и организации, который случайно организуют телевизионные конференции, могут учесть данный проект, его преимущества заключаются в уменьшении первоначальной инвестиции компании, давления средств и не нужде целевого персонала на обслуживание; недостатки–в досрочном заказе при потреблении, невозможном проведении телевизионных конференций при потреблении, потери удобства и реальности.

（2）Целевая телевизионная система конференций.

Целевая телевизионная система конференций является целевой телевизионной системой конференций, созданной независимыми организациями включая созданную целевую сеть передачи, закупку целевого оборудования телевизионной системы конференций. Она создается в крупных компаниях и предприятиях как в энергетической и транспортной отраслях, таможнях, полициях, банках и т.д.. Ее преимущество заключается в не досрочном заказе при потреблении, проведении телевизионных конференций в любое время; недостатки–в большой разовой инвестиции, нужде целевого персонала на обслуживание.

（3）Настольная телевизионная система конференций.

Настольная телевизионная система конференций является телевизионной системой конференций связи мультимедиа, применяемой внутри интеллектуальных зданий, система разработана на основе средств компьютерной связи с малой инвестицией, быстрым эффектом в короткое время, удобством

文本图像显示在屏幕上,双方有关人员可以在屏幕上共同修改文本图表,辅以传真机、电话等通信手段,及时把文件资料传送到对方。桌面型会议电视系统不仅具备一般计算机(网络)通信的功能特点,而且具有动态的彩色视频图像、声音文字、数据资料实时双工双向同步传输及交互式通信的能力。同时还具有:点—点或多点之间的视讯会议、实时在线档案传输、同步传送传真文件和传送带有视频图像及声音的电子邮件、远程遥控对方摄像机的画面位置等功能特点。

2.16.1.2 会议电视系统的组成

会议电视系统主要由会议电视终端设备、数字传输网络和多点控制设备(MCU)三部分组成。典型组网图如图 2.16.1 所示。

применения, что удовлетворяет потреблению к автоматической связи данных канцелярской автоматизации и видеосвязи мультимедиа.Для настольной телевизионной системы конференций монтированы карты интерфейсов мультимедиа, карты изображения, прикладное программное обеспечение мультимедиа и вводное /выводное оборудование, чтобы показать тексты и изображения на дисплее, персоналы двух сторон могут вместе поправить тексты и графики на дисплее, вовремя передать документы и материалы другой стороне с помощью факса, телефонов и других средств связи. Настольная телевизионная система конференций имеет не только особенности функций обычной компьютерной (сетевой) связи, но и дуплексную, двунаправленную передачу динамических цветных видеоизображений, звука и букв, данных в реальное время и интерактивную связь. При этом она еще имеет двухточечную видеоконференцию или видеоконференцию между точками, онлайную передачу архива в реальное время, синхронную передачу документов факса и электронные почты с видеоизображениями и звуком, дистанционное управление расположением изображения видеокамеры другой стороны и т.д..

2.16.1.2 Состав телевизионной системы конференций

Телевизионная система конференций состоит из 3 части как терминального оборудования телевидения конференций, сети цифровой передачи и оборудования многоточечного управления (MCU). Типичная схема конфигурации показана на рис. 2.16.1.

2 通信

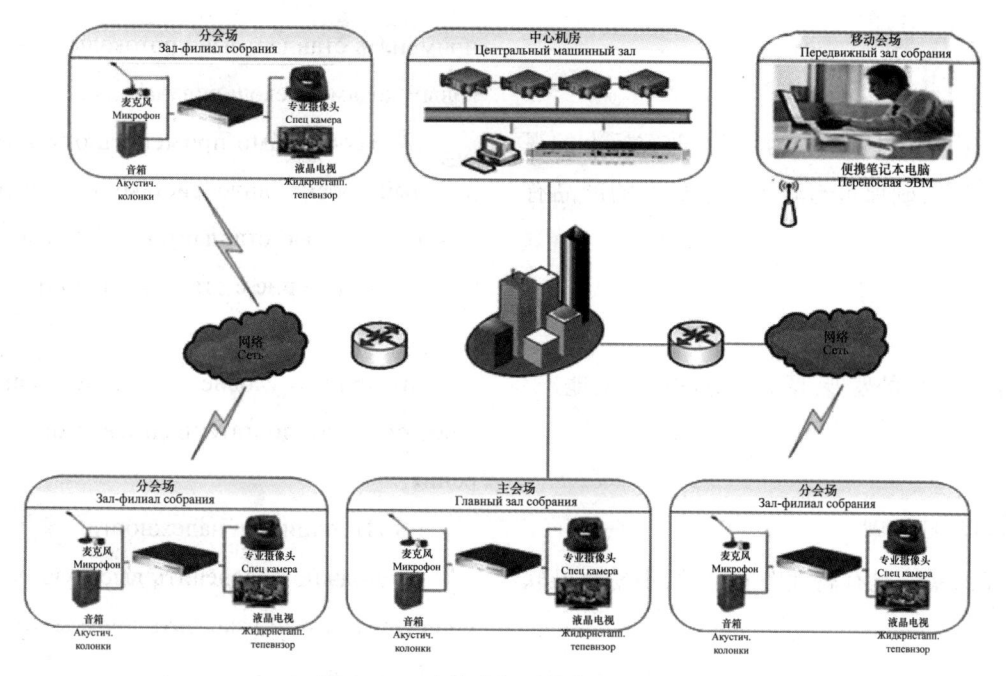

图 2.16.1 会议电视系统典型组网图

Рис. 2.16.1 Типичная схема установления сети телевизионной системы конференции

目前一般采用基于 H.323 协议的开放式系统,基于 H.323 协议的会议电视系统通常通过局域网络经 IP 网络进行通信。

2.16.1.3 组网原则

(1) 先进性原则。

① 系统必须严格遵循国际标准、国家标准和国内通信行业的规范要求。

② 需符合视频技术以及通信行业的发展趋势,并确保采用当前成熟的产品技术。

③ 系统采用最先进的技术,确保今后相当长的时间内在技术上不会落伍。

(2) 开放性原则。

① 必须完全符合 H.323 和 H.320 标准框架协议;必须采用标准的视音频编解码协议。

2 Связь

В настоящее время применяется система открытого типа на основе протокола H.323, данная телевизионная система конференций на основе протокола H.323 проводит связь обычно через сеть IP локальной сети.

2.16.1.3 Принцип конфигурации сети

(1) Принцип по передовому свойству.

① Система должна строго соблюдать международным и государственным стандартам, а также требованиям норм отрасли связи в стране.

② Должно соответствовать тенденции развития отрасли связи и видеотехники, обеспечить применить текущие зрелые техники и продукции.

③ Система должна применять самую передовую технику, обеспечить не нахождение техники в отстающем состоянии в длительное время.

(2) Принцип по открытому свойству.

① Необходимо полностью соответствовать рамочным протоколам стандартов H.323 и H.320;

② 必须采用开放式标准设计，兼容标准的视讯系统和设备，确保可与其他厂家标准的产品有效互通。

③ 满足今后的发展，留有充分的扩充余地。

（3）可靠性原则。
① 确保系统具有高度的安全性，不易感染软件病毒。

② 对工作环境要求较低，环境适应能力要强。

③ 系统设备安装使用简单，无须专业人员维护。

④ 系统需要满足 7×24h 无人值守方式稳定的工作。

（4）全业务兼容原则。

要求系统不仅能够提供视讯会议功能，还需要支持丰富的附加业务，满足今后不同业务的建设和使用需求。

（5）经济性原则。
综合考虑会议电视系统的性能和价格，最经济最有效地进行建设，性价比在同类系统和条件下达到最优。

применять стандартные протоколы по видео-звуковым кодам и декодированию.

② Необходимо применять открытый стандартный проект, видеосистему и оборудование с совместимостью стандартов, обеспечить эффективное соединение с стандартными продукциями других заводов.

③ Должно удовлетворять будущему развитию, оставить достаточный избыток для расширения.

（3）Принцип по надежности.
① Должно обеспечить высокую надежность у системы, трудно заразить вирусы программного обеспечения.

② Имеется низкое требование к рабочей окружающей среде, высокая приспособляемость к окружающей среде.

③ Монтаж и работа оборудования системы окажутся простыми без нужды обслуживания персонала.

④ Система должна удовлетворять стабильной работе без дежурного в течение 7×24 часов.

（4）Принцип по совместимости полных служб.

Требуется то, что система не только предоставляет функции видеоконференции, но и поддерживает богатые дополнительные службы, удовлетворяет будущему строительству разных служб и потреблению к применению.

（5）Принцип по экономичности.

Должно комплексно учесть характеристики и цены телевизионной системы конференций, выполнить строительство с самой экономичностью и эффективностью, чтобы отношение характеристик и цены достигнуто до оптимального при однородной системе и условиях.

2.16.2 主要设备工作原理

2.16.2.1 会议电视终端设备

会议电视终端设备主要包括视频输入/输出设备、音频输入/输出设备、视频编解码器、音频编解码器、信息通信设备等。其基本功能是将本地摄像机拍摄的图像信号、麦克风拾取的声音信号进行压缩、编码,合成数字信号,经过传输网络,传至远方会场。同时,接收远方会场传来的数字信号,经解码后,还原成模拟的图像和声音信号。

视频输入设备:包括摄像机、录像机,摄像机主要有主摄像机、辅助摄像机等。主摄像机宜采用会议摄像自动追踪系统,自动摄像系统可以自动跟踪发言者(摄像机与发言单元实现同步),自动实现镜头角度的变化,改变焦距等功能,并将该发言者的个人图像,以视频信号的形式送至视频及投影机,投射在大屏幕上。

2.16.2 Принцип работы основного оборудования

2.16.2.1 Оконечное оборудование телевидения конференций

Терминальное оборудование телевидения конференций включает входное/выходное видеооборудование, входное/выходное тональное оборудование, видео-кодек, тональный кодек, оборудование связи информации и т.д.. Его основные функции заключаются в сжатии и кодировании сигналов изображений, снятых видеокамерами, звуковых сигналов, взятых микрофонами, синтезировании цифровых сигналов, передаче к дистанционным конференциям через сеть передачи. При этом данное оборудование принимает цифровые сигналы, переданные от дистанционных конференций, восстанавливает их на аналоговые изображения и звуковые сигналы после расшифровки.

Тональное входное оборудование включает видеокамеры, видеомагнитофоны, и видеокамера разделена на основную и вспомогательную видеокамеру и т.д.. Для основной видеокамеры предпочтительно предназначена автоматическая следящая система фотографирования конференций. Система автоматического фотографирования может автоматически следовать за выступающими людьми (осуществляет синхронизацию между видеокамерой и блоком выступления), автоматически осуществить изменение угла объектива, изменить фокус и т.д., передать личные изображения выступающего человека к видео-аппарату и проектору по способу видеосигналов на отражение на большом экране.

视频输出设备：包括监视器、投影机、电视墙、分画面处理器等。会议室画面的显示方式分为单画面和双画面两种，单画面显示方式：只有一台监视器显示所接收到的对端场面或人物；双画面显示方式：由一台数据终端设备的两台监视器显示对端的两个画面，一台监视器显示对端发言人图像，另一台监视器则可用于显示对端送来的图文或文件等。

音频输入/输出设备：主要包括话筒、扬声器、调音设备和回声抑制器等。

视频解码器：一方面，对视频信号进行制式转换处理以适应不同制式系统直通；另一方面，对视频信号进行数字压缩编码处理，以适应窄带数字信道的传送，还支持多点会议电视系统的多点控制单元多点切换控制。

音频编解码器：主要对模拟音频信号进行数字化编码处理，进行传送。

2.16.2.2　多点控制设备（MCU）

多点控制单元（MCU）英文全称为 Multi-point Control Unit，是多点视频会议系统的核心，它提供多点会议的管理和控制功能。作用就是在

Выходное видеооборудование включает мониторы, проекторы, телевизионную стену, процессор разделения изображения и т.д.. Способ индикации изображений помещений конференций разделен на 2 способа–одиночное и двойное изображение. Способ индикации одиночного изображения означает то, что один монитор показывает полученное изображение или человека от другого конца; способ индикации двойного изображения означает то, что два мониторы терминального оборудования данных показывают два изображения от другого конца, одни монитор показывает изображения выступающего, другой монитор показывает графические документы или документы и т.д., переданные другим концом.

Тональное входное /выходное оборудование включает микрофон, громкоговоритель, устройство регулирования звука, эхозаградитель и т.д..

Тональный декодер занимается преобразованием режима видеосигналов для приспособления к прямому соединению систем с разными режимами, а с другой стороны занимается сжатием и кодированием цифр видеосигналов приспособления к передаче цифровых сигналов на узкой полосе, еще поддерживает управление многоточечным переключением блока многоточечного управления у многоточечной телевизионной системы конференций.

Тональный кодек занимается цифровым кодированием аналогичных тональных сигналов и передачей их.

2.16.2.2　Оборудование многоточечного управления（MCU）

Полное название блока многоточечного управления（MCU）на английском языке называется Multi-point Control Unit, который является

视频会议三点以上时,决定将哪一路(或哪四路合并成一个)图像作为主图像广播出去,以供其他会场点收看,所有会场的声音是实时同步混合传输的。

多点控制单元(MCU)相当于一个交换机的作用,它将来自各会议场点的信息流,经过同步分离后,抽取出音频、视频、数据等信息和信令,再将各会议点的信息和信令,送入同一种处理模块,完成相应的音频混合或切换,视频混合或切换,数据广播和路由选择,定时和会议控制等过程,最后将各会议场点所需的各种信息重新组合起来,送往各相应的终端系统设备。

MCU 通常包括音频处理单元、视频处理单元、数据处理单元、控制处理单元和多路复用/分路器以及网络接口。音频处理单元负责将 N 个音频输入信号混合生成 N 个音频输出信号,使得参加会议的终端都能听到其他各地参加会议终端的声音,视频处理单元负责视频信号的切换或"混音"。在视频信号切换时,有会议主席确定进行切换的图像信息,在视频"混合"处理时,由会议主席确定来自哪些终端的图像信息组合成单路单路的视频图像信息并通知视频处理单元完成这些切换或者"混合"功能。控制处理单元对确定音频、

ядром системы многоточечных видеоконференций, предоставляет функции организации и управления многоточечных конференций. Его роль заключается в решении передачи какого канала изображений (или объединения каких-то 4 каналов в один) в качестве главного изображения для радиовещания при наличии выше 3 точек видеоконференции, чтобы другие конференции получили изображения, и звук всех конференций передается синхронно и смешанно в реальное время.

Блок многоточечного управления (MCU) работает в качестве коммутатора, он проводит синхронную сепарацию всего потока информации от конференций, выбирает информации и команды как частотный звук, видеосигналы, данные и т.д., передает информации и сигналы от конференций к модуле обработки на выполнение соответствующего тонального смешения или переключения, видео-смешения или переключения, выбор радиовещания данных и маршрута, хронирование и управление конференциями и другие процессы, потом снова комбинирует информации, необходимые для конференций и передает их к соответствующему терминальному оборудованию системы.

Блок многоточечного управления (MCU) обычно включает блок тональной обработки, блок видеообработки, блок обработки данных, блок управления обработкой, мультиплексор/разветвитель и сетевые интерфейсы. Блок тональной обработки отвечает за смешанное преобразование N-тональных входных сигналов на N-тональные выходные сигналы, чтобы терминалы, участвующие в конференциях слушали звук от терминалов, участвующих в конференциях, блок видеообработки отвечает за переключение или «смешение звука»

视频、数据和控制信号的正确选路、混合／切换、格式和定时负责,信号通过控制处理器到达作为向外传输的每个多路复用器,同时处理会议控制功能。

实际使用时,一个 MCU 可以同时进行多个会议的控制。当参加会议的终端数目超过一个 MCU 不能完成的控制数量时,可以采取 MCU 级联的方式来完成对整个会议系统的会议控制,但是同一级级联不超过两级,处在上面一层的是主 MCU,处于下层的是从 MCU,从 MCU 受控于上层 MCU。

видеосигналов. При переключении видеосигналов информации изображений, необходимые для переключения определяются председателем конференций, при обработке «смешении» видеосигналов председатель конференций решит синтезирование информации изображений от каких-то терминалов на одноканальные информации видеоизображений и сообщит блоку видеообработки на выполнение этого переключения или «смешения». Блок управления обработкой отвечает за решение правильного выбора каналов тональных сигналов, видеосигналов, данных и сигналов управления, смешение/переключение, выбор формата и хронирование, сигналы достигнут до мультиплексоров, работающих в качестве внешней передачи через процессор управления, при этом еще будут заниматься обработкой функции управления конференциями.

При практической работе один блок многоточечного управления (MCU) может заниматься управлением конференциями. В случае числа терминалов, участвующих в конференции выше числа управления, которым один блок многоточечного управления (MCU) не сможет управлять, можно применять способ последовательного соединения для выполнения управления конференциями всей системы конференций, но последовательное соединение первого ступени должно быть не выше двух, на верхним ступени работает главный блок многоточечного управления (MCU), на нижнем степени-подчиненный блок многоточечного управления (MCU), который работает под управлением блока многоточечного управления (MCU), находящегося на верхнем степени.

2.16.3 应用实例

在中国石油长输管道工程中,如中贵线、陕京线、西气东输、中缅管道、中亚管道等均设置了会议电视系统。

2.17 门禁系统

2.17.1 系统组成和功能

根据天然气地面工程各门卫所处环境和防范等级的不同要求,在行人出入口宜设置行人门禁系统,以实现控制外来人员进出,工作人员考勤管理,为各站场的正常运行保驾护航。在车辆出入的大门,宜设置车辆管理系统,以实现监控车辆出入,防止外来车辆入侵,维护各站场的安全生产并有效地保障财产安全。

行人门禁系统一般由控制器、身份识别仪、限制设备(人行道闸或电控锁)、计算机(含专业管理软件)、连接线缆等部分组成:

2.16.3 Реальные примеры прменения

В объектах трубопроводов дальнего транспорта СНПС установлены телевизионные системы конференций для трубопроводов средней Азии–Гуйчжоу, трубопроводов Шангань-нин–Пекин, трубопроводов Запад–Восток, трубопроводов Китай–Мьянме, трубопроводов средней Азии и т.д..

2.17 Система контроля и управления доступом

2.17.1 Состав и функции системы

По разным требованиям к окружающей среде и классам охраны для КПП надземного объекта природного газа, установлена система контроля и управления доступом на входах и выходах людей на осуществление управления входом и выходом приходных людей, и рабочий персонал выполняет табельное управление для обеспечения нормальной работы буровых площадок и станций. На воротах для въезда и выезда машин должно установить систему управления машинами на осуществление контроля над входом и выходом машин, предотвращение вторжения посторонних машин, поддержку безопасного производства на буровых площадках и станциях и эффективное обеспечение безопасности имуществ.

Система контроля и управления воротами для людей обычно состоит из контроллеров, устройств идентификации личности, ограничительное оборудование (Ворота со шлагбаумом тротуара или замок электроуправления), компьютеры

车辆管理系统一般由出入口控制机、道闸、地感线圈、摄像机、连接线缆等部分组成,在防恐等级要求较高的大门亦可配置阻车器等设施。

(включая программное обеспечение управления специальностями), соединительные проводные кабели и т.д. :

Система управления машинами обычно состоит из контроллеров входа и выхода, Ворота со шлагбаумом, земной индукционной катушки, видеокамеры, соединительных кабельных проводов и т.д., и тоже можно установить заградители машин и т.д. на воротах с высокими антитеррористическим требованиями.

2.17.2 主要设备工作原理

按两个系统,分类、简要地介绍一下各系统配置的主要设备工作原理及相关作用。

2.17.2.1 行人门禁系统

(1)控制器。

控制器是门禁系统的核心,它由一台微处理机和相应的外围电路组成。如果将识别仪比作系统的眼睛,将限制设备比作系统的手,那么控制器就是系统的大脑,由它来决定某个密码、某一张卡、某个指纹是否为本系统已注册,该申请是否符合其所限定的时间段,从而控制电磁锁或道闸是否打开。

(2)身份识别仪。

身份识别仪是读取数据(或生物特征信息)的设备,常见的有密码键盘、读卡器、生物识别(指纹及眼虹膜)等方式,在经济性和适用性上各有优缺点。

2.17.2 Принцип работы основного оборудования

Для вышеуказанных двух системы здесь проводится короткое описание о принципе работы основного оборудования, комплектованного системами и соответствующей роле по категориям.

2.17.2.1 Система контроля и управления доступом людей

(1) Контроллер.

Контроллер является ядром системы контроля и управления доступом, он состоит из микропроцессора и соответствующего периферийного контура. Если устройство идентификации уподобляется глазам системы, ограничительное оборудование-рукам системы, то контроллер-мозгом системы. Контроллер решает регистрацию какого-то кода, определеной карты, определеной дактилограммы в системе, соответствие данной заявки ограниченному интервалу времени на управлением открытием электромагнитного замка или Ворота со шлагбаумом.

(2) Устройство идентификации личности.

Устройство идентификации личности является устройством для отсчета данных (или информации о биологических признаках), часто

（3）限制设备。

一般选用人行道闸和电磁锁,根据门的形式、人员进出流量、防尾随等需求综合考虑,选择适合的设备。

（4）计算机。

该计算机配套专业门禁软件,作为门禁系统的人机交互界面,实现管理、存储人员进出信息,录入身份识别信息、设置出入权限等功能。

2.17.2.2 车辆管理系统

（1）出入口控制机。

与计算机联网,仅部分高权限或站场内部工程车辆配置出入卡、其他车辆需经门卫确认后开闸进出。

（2）道闸。

又称挡车器,用于限制机动车行驶的通道出入口管理设备。可通过门卫遥控实现起落杆(或伸缩门),高权限用户也可通过刷卡管理系统实行自助进出。

применяются клавиатур кодов, устройство для отсчета карт, биологическая идентификация (дактилограммы и радужка глаз) и т.д., которые имеют свои преимущества и недостатки по экономичности и приспособлению.

(3) Ограничительное оборудование.

Обычно выбраны Ворота со шлагбаумомы тротуара и электромагнитные замки, и выбор проводится с учетом формы ворот, потока входных и выходных людей, предотвращения следования и т.д..

(4) Компьютер.

Для данного компьютера комплектована специальное программное обеспечение по контролю и управлению доступом в качестве интерфейса человека–машины на осуществление функций как управления, хранения информации о входе и выходе людей, регистрации информации о идентификации личности, установления компетенции входа и выхода, и т.д..

2.17.2.2 Система управления машинами

(1) Контроллер входом и выходом.

Он соединяется с компьютерной сетью, и только часть инженерные машины с высокой компетенцией или машины на буровых площадках и станциях имеют карты по входу и выходу, другие машины входят и выходят только при открытии Ворота со шлагбаумома после подтверждении охранниками.

(2) Ворота со шлагбаумом.

Он называется заградителем машины и является оборудованием управления входом и выходом прохода для ограничения поездки машин. С помощью дистанционной операции охранника осуществлен подъем и опускание стержня (или автоматической двери) клиенты с высокой компетенцией могут войти и выйти при показании картой к системе управления.

（3）地感线圈。

地感线圈是一个振荡电路,地面开槽埋设在车辆进出必经之处。一般设置两个:第一个线圈的作用是触发地感,车必须压在此地感上面刷卡才有效,可防止没开车但是有卡的人打开;第二个是感应起落杆,防止车辆未完全通过时被砸。

（4）摄像机。

与门禁管理计算机联网,拍摄车辆信息,可直观地回顾大门车辆进出情况。

（5）阻车器。

常见的阻车器有液压升降桩、横跨式阻车器。可控制车辆减速,预防车辆野蛮闯岗,是保证门卫人员人身安全和厂区安全的专用设施。

（3）Паразитный контур с замыканием через землю.

Паразитный контур с замыканием через землю являются колебательным контуром, они установлены на месте входа и выхода машин в канала на земле. Обычно установлено 2, первая катушка играет роль в пуске земной индукции, показание карты будет действительно в случае нажатия машины на данной земной индукции для предотвращения входа человека с картой без машины. Вторая катушка играет роль в подъеме и опускании стержня для предотвращения опускания его при не проходе машины.

（4）Видеокамера.

Она соединяется с компьютерной сетью контроля и управления доступом для фотографирования информации о машинах, что можно прямо обратно рассмотреть вход и выход машин через ворота.

（5）Ловитель вагонеток.

Часто применяющийся ловитель вагонеток является гидравлическим спуско-подъемным столбом, поперечным ловителем вагонеток. Он может управлять машинами, тормозить скорость, предотвратить не разрешающий вход машин. И он является целевым сооружением для обеспечения безопасности охранников и безопасности на территории завода.

3 热工

为厂区提供生产热源和生活热源。生产热源是为满足生产需要,向生产装置提供的蒸汽或导热油;生活热源是为满足厂区生活的需要,向各类辅助用房提供的采暖热水和生活热水。本章对气田地面工程常用的蒸汽供热系统、导热油供热系统、热水供热系统的工艺原理、工艺流程设备进行了较为全面的介绍。

3.1 概述

在地面工程中,热力站以蒸汽锅炉系统最为常见。蒸汽锅炉系统主要提供生产用蒸汽和生活用蒸汽。在水资源缺乏的地区,热力站设置导热油加热炉系统也较为常见。厂区生活热水和厂区采暖热水主要是利用蒸汽、导热油等通过各类换热器换热得到,换热站可以根据工程的具体工况布置在锅炉房系统区域,也可以布置在热负荷集中的区域。在较为独立的站场,没有蒸汽、导热油

3 Теплотехника

Обеспечение завода источником тепла для производственных и бытовых нужд. Источником тепла для производственных нужд является паром или теплопроводным маслом, которое отвечает потребностям производства и подает на производственное оборудование; источником тепла для бытовых нужд являются горячая вода для отопления и бытовая горячая вода, которые отвечают потребностям жизни на площадке завода и подают во вспомогательные здания. В этой главе почти всесторонне описаны технологические принципы и процессы паровой системы теплоснабжения, системы теплоснабжения теплопроводного масла, системы теплоснабжения горячей воды, и основное оборудование, обычно используемые для наземного обустройства на газовом месторождении.

3.1 Общие сведения

Для обустройств, на тепловые станции чрезвычайно широко распространяется система парового котла. Система парового котла в основном снабжает производственными и бытовыми и парами. В бедных водой районах, на теплые станции относительно широко распространяется система нагревательной печи теплопроводного масла. Бытовая горячая вода и горячая вода на

及外界的其他热源，可以考虑设置热水锅炉作为采暖和生活热水热源。

3.2 蒸汽供热系统

3.2.1 工艺原理

蒸汽供热系统是以蒸汽作为热载体，通过系统管道输送，将热能送至工艺生产用热设备以及生活用热设备。蒸汽是优良的热载体，具有较高的比热容，蒸汽不仅可以用来加热，还可以用于产生动力驱动机泵或发电，因此，蒸汽供热系统被广泛地应用。蒸汽供热系统一般由热能动力的生产、分配、转换、回收和水的处理等部分组成（图3.2.1）。

территории завода отопления в основном получаются через разнообразные теплообменники с использованием пара, теплопроводного масла и т.д., в соответствии с конкретным рабочим режимом можно расположить теплообменный пункт в зоне системы котёльной, также в зоне централизованной тепловой нагрузки. На отсительно самостоятельных площадках станций, при отутствии пара, теплопроводного масла и других внешних источников тепла, можно учитывать установить водогрейный котёл как источник горячей воды отопления и бытовой горячей воды.

3.2 Паровая система теплоснабжения

3.2.1 Принцип технологии

В паровых системах теплоснабжения в качестве теплоносителя используется пар, транспортированный через трубопровод системы, передающий теплоэнергию к потребителям теплоты для технологической и производственной нужды и бытовой нужды. Пар является хорошим теплоносителем, обладающий относительно высокой удельной теплоёмкостью. Пар используется как для нагрева, так и для образования энергии для приведения машин и насосов в действие и выработки электричества, так что паровая система теплоснабжения широко распространяется. Как правило, паровая система теплоснабжения состоит из частей производства, распределения, перемены, возврата тепловой энергии, и части обработки воды и т. д. (рис. 3.2.1).

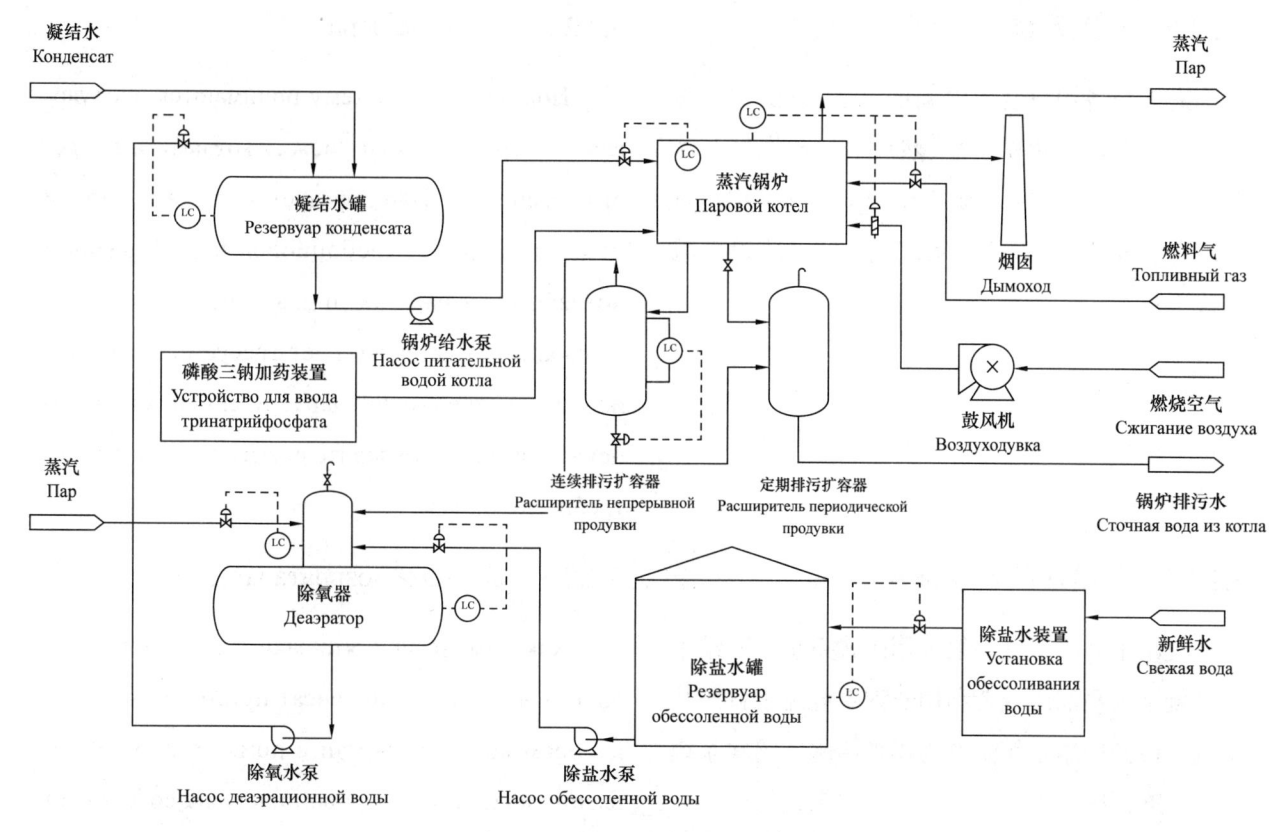

图 3.2.1　蒸汽供热系统典型流程图

Рис. 3.2.1　Типичная технологическая схема системы парового отопления

3.2.2　工艺流程

3.2.2.1　给水系统

凝结水与除氧水在凝结水罐混合后作为锅炉给水,锅炉给水经锅炉给水泵加压输送至各用水点。不同压力的用水点给水采用不同的给水泵加压。给水泵出口管道上一般设置最小流量回流管。

3.2.2　Технологический процесс

3.2.2.1　Система водоснабжения

Конденсат и деаэрированная вода после смешения в резервуаре конденсата приняты питательной водой котла, питательная вода котла через насос питательной водой котла накачивается к потребителям воды. Для потребителей воды с разными давлениями применяются разные насосы питательной воды для накачивания. На выходном трубопроводе насоса питательной воды как обычно устанавливается обратная труба с минимальным расходом.

· 237 ·

3.2.2.2 蒸汽系统

锅炉与各用汽装置之间的设备、管道称为蒸汽系统。蒸汽从锅炉产生,然后通过蒸汽管道输送至各用汽点。如果锅炉产生的蒸汽高于用汽点所需蒸汽压力,则锅炉与用汽点之间还应设置减温减压器。

3.2.2.3 凝结水回收系统

凝结水回收系统一般采用闭式系统。凝结水通过凝结水泵加压或者利用蒸汽系统疏水背压从用汽点回到凝结水箱罐作为锅炉给水。闭式系统凝结水罐为压力罐。

3.2.2.4 除氧系统

一般采用热力除氧的化学水进入除氧器,在除氧器被高温蒸汽加热到饱和状态,不凝气体从水中析出并从除氧器顶部直接排入大气。加热蒸汽尽量采用二次蒸汽,不足部分则从蒸汽系统补充。有时候为保证除氧效果,还设置除氧剂加药装置,除氧剂溶液通过计量泵加压注入除氧器出水管。

3.2.2.2 Система пара

Под паровую систему понимаются оборудование и трубопроводы между котлами и потребителями пара. Пар образуется от котла, потом подаётся через требопровод пара к разным потребителям пара. Если давление образованного пара от котла превышает требуемое давление пара для потребителей пара, то ещё нужно установить редуктор-охладитель между котлом и потребителями пара.

3.2.2.3 Система возврата конденсата

Как обычно принята закрытая система возврата конденсата. Конденсат путем накачивания насосом конденсата или с помощь противодавления водоотлива паровой системы возвращает с потребителя пара к резервуару бака конденсата в качестве питательной воды. Для закрытой системы применяется напорный резурвуар конденсата.

3.2.2.4 Система деаэрации

Как обычно, термически деаэрированная химическая вода поступает в деаэратор, высокотемпературный пар нагревает деаэратор до насыщенного состояния, неконденсированный газ выделяется с воды и непосредственно сбрасывается в атмосферу. Как можно применяется вторичный пар в качестве греющего пара, нехватка добавляеят с паровой системы. Бывает случай, когда установлено устройство для ввода раскислителя для обеспечения эффекта деаэрации, раствор раскислителя накачивается насосом-дозатором в выходную трубу деаэратора.

3.2.2.5 加药系统

为防止锅炉结垢，设置磷酸三钠加药装置，通过计量泵将磷酸三钠溶液分别送入锅炉。

3.2.2.6 锅炉排污系统

锅炉排污系统设置连续排污扩容器和定期排污扩容器，连续排污水从锅筒排入连续排污扩容器，在连续排污扩容器内闪蒸降温，然后排污水再进入定期排污扩容器降温，最后排至排污降温池。定期排污水再进入排污降温池。

3.2.2.7 化学水处理系统

新鲜水经过化学水装置处理后进入化学水储罐，然后通过水泵加压送至除氧器及其他化学水用水点。根据原水水质以及产水水质要求，蒸汽锅炉供热系统的化学水处理系统可以选用不同的工艺。

3.2.2.8 燃料及烟风系统

燃料气从工厂燃料气系统来，经调压后送入锅炉燃烧，燃烧系统具备如下特点和性能：

3.2.2.5 Система ввода реагентов

Во избежание накипеобразования котла, следует установить установка дозирования тринатрийфосфата, через насос-дозатор раздельно подающая раствор тринатрийфосфата к котлу.

3.2.2.6 Дренажная система котла

Для дренажной систем котла устанавливаются расширитель непрерывной продувки и расширитель периодической продувки, сточная вода дренажируется с котельного барабана к расширителю непрерывной продувки, где проводятся испарение и снижение температуры, потом сточная вода поступает в расширитель периодической продувки, после снижения температуры сбрасывается в бассейн дренажа и снижения температуры. Вода периодической продувки поступает в бассейн дренажа и снижения температуры.

3.2.2.7 Система обработки химической воды

Свежая вода после обработки установкой химической воды поступает в резервуар химической воды, потом через водяной насос накачивается в деаэратор и другие потребители химической воды. Согласно требованиям к качествам сырой воды и полученной воды, можно выбрать разные технологии для системы обработки химической воды системы теплоснабжения парового котла.

3.2.2.8 Система топлива, дыма и воздуха

Топливный газ приходит из заводской системы топливного газа, после регулирования давления поступает в котел для сжигания, система сжигания обладает следующими особенностями и характеристиками:

（1）自动程序点火和切断；

（2）火焰监测，熄火保护；

（3）热负荷全自动比例调节；

（4）燃料充分燃烧，并能根据燃料变化在线调节风燃比，使得系统在最佳状况下燃烧，排烟达到排放标准。

燃烧所需的空气通过鼓风机加压送至锅炉，烟气则通过烟道（或通过引风机加压）从烟囱排入大气。

3.2.3 主要设备及操作要点

3.2.3.1 主要设备

3.2.3.1.1 蒸汽锅炉

蒸汽锅炉可分为水管锅炉和火管锅炉。

（1）水管锅炉。

水管锅炉主要用于容量较大或压力较高的情况，在中小容量范围内，水管锅炉主要型式有 D 型、A 型和 O 型。

D 型、A 型和 O 型均为卧式布置，燃烧器水平安装，操作检修方便。其中 D 型在布置过热器和尾部受热面时更灵活，应用更加方便。

（1）Автоматическая программа зажигания и выключения；

（2）Контроль пламени, защита от погашения；

（3）Автоматическое пропорциональное регулирование теплой нагрузки；

（4）Типливо может полностью гореть, можно онлайно регулировать пропорцию воздуха и топлива по изменению топлива, чтобы проводится горение системы в оптимальном режиме, сброс дыма достигает стандарта сброса.

Необходимый воздух для сжигания через воздуходувку накачивается в котёл, дым сбрасываетсяа с дымовой трубы в атмосферу через дымоход (или накачивается дымососом).

3.2.3 Основное оборудование и ключевые операционные пункты

3.2.3.1 Основное оборудование

3.2.3.1.1 Паровой котел

Паровой котел разделяется на водотрубный котёл и огнетрубный котёл.

（1）Водотрубный котёл.

Водотрубный котёл в основном используется при относительно большей ёмкости или относительно высоком давлении, в пределах средней и малой ёмкости, основные типы используемых водотрубных котлов - тип D, тип A и тип O.

Тип D, тип A и тип O расположены горизонтально, горелка устанавливается горизонтально, что удобно для операции, осмотра и ремонта. В том числе, тип D позволяет более ловко располагать и более удобно управлять перегревателес и поверхностью нагрева хвостовой части.

（2）火管锅炉。

火管锅炉有卧式和立式两种。锅壳纵向轴线垂直于地面的称为立式锅炉；锅壳纵向轴线平行于地面的称为卧式锅炉。火管锅炉的炉胆是燃烧室，根据炉胆后部烟气折返空间的结构形式可分为干背式锅炉和湿背式锅炉，绝大部分火管锅炉为湿背式锅炉。

3.2.3.1.2 化学水处理设备

（1）离子交换设备。

离子交换设备是一种传统的、工艺成熟的脱盐处理设备，其原理是在一定条件下，依靠离子交换剂（树脂）所具有的某种离子和预处理水中同电性的离子相互交换而达到软化、除碱、除盐等功能。离子交换设备产水电阻率动态可达到 $18M\Omega \cdot cm$。

（2）反渗透。

反渗透又称逆渗透，一种以压力差为推动力，从溶液中分离出溶剂的膜分离操作。因为它和自然渗透的方向相反，故称反渗透。根据各种物料的不同渗透压，就可以使用大于渗透压的反渗透压力，即反渗透法，达到分离、提取、纯化和浓缩的目的。

(2) Огнетрубный котёл.

Огнетрубный котёл делятся на горизонтальные и вертикальные. Котёл, у которого продольная ось корпуса котла перпендикулярна к полу, называется вертикальным котлом; Котёл, у которого продольная ось корпуса котла параллельна к полу, называется горизонтальным котлом. Жаровая труба огнетрубного котла является камерой сгорания, по конструтивному оформлению оборотного пространства дыма на задней части жаровой трубы, огнетрубный котёл делится на неэкранированный котел и экранированный котел, экранированный котел господствует.

3.2.3.1.2 Оборудование обработки химической воды

(1) Установка ионного обмена.

Установка ионного обмена является традиционным и совершенным по технологии оборудованием для обессоливания, её принцип работы заключается в том, что при определенных условиях, за счёт взаимного обмена некоторого иона, содержаемых в ионите (смола) воды и иона с одинаковым электрическим свойством в воде для предварительной обработки, осуществляются функции умягчения, обесщёлоченя, обессоливания и т.д.. Динамическое процентное сопротивление производства вод установки ионного обмена может достигать $18МОм \cdot см$.

(2) Обратный осмос.

Обратный осмос-процесс мембранного разделения, в котором с помощью депрессии давления принуждают выделить растворитель из раствора. Из-за того, что в обратном для осмоса направлении, называется обратный осмос. По разным осмотическим давлениям разных материалов, можно исползовать обратное осмотическое

（3）机械过滤器。

机械过滤器也称为压力式过滤器。材质有钢制衬胶或不锈钢,根据过滤介质的不同分为天然石英砂过滤器、多介质过滤器、活性炭过滤器、锰砂过滤器等。

（4）超滤。

超滤是一种加压膜分离技术,即在一定的压力下,使小分子溶质和溶剂穿过一定孔径的特制的薄膜,而使大分子溶质不能透过,留在膜的一边,从而使大分子物质得到了部分的纯化。超滤是以压力为推动力的膜分离技术之一。以大分子与小分子分离为目的。

3.2.3.1.3 除氧器

根据原理的不同分为热力除氧、真空除氧、解析除氧等,对于蒸汽系统,一般采用热力除氧器。热力除氧器的结构是由除氧头和水箱组成。采用热力除氧,即用蒸汽来加热给水,提高水的温度,使水面上蒸汽的分压力逐步增加,而溶解气体的分压力则渐渐降低,溶解于水中的气体就不断逸出,当水被加热至相应压力下的沸腾温度时,水面上全都是水蒸气,溶解气体的分压力为零,水不再具有溶解气体的能力,亦即溶解于水中的气体,包括氧气均可被除去。除氧的效果一方面决定于是

давление, большее осмотического давления, то есть метод обратного осмоса, осуществляются сепарация, извлечение, очистка и концентрация.

(3) Механический фильтр.

Механический фильтр называется тоже напорным фильтром, стальный гуммированный или нержавеющий, по фильтрующим средам делится на фильтр с естественными кварцевыми песками, фильтр с разнородной загрузкой, фильтр активного угля, фильтр смарганцевыми песками и т.д..

(4) Ультрафильтрование.

Ультрафильтрование является одной технологией мембранного разделения под давлением, то есть под определенным давлением позволяет растворённым веществам и растворителям малой молекулы пропускать через специально изготовленные тонкие мембраны с определенной пористостью, а растворённые вещества большой молекулы не могут пропускать, оставляются на стороне мембраны, таким образом, вещество большой молекулы частино очищается. Ультрафильтрование является одной технологией мембранного разделения с помощью давления в качестве движущей силы. Его цель заключается в сепарации большой и малой молекулы.

3.2.3.1.3 Деаэратор

По разным принципам подразделяются на термический деаэратор, вакуумный деаэратор, аналистический деаэратор и т.д., для паровой системы, как правило, применяется термический деаэратор. По контрукции термический деаэратор состоит из деаэраторной головки и водяного бака. Применяется термическое деаэрирование, то есть питательная вода нагревается паром для повышения температуры воды, чтобы парциальное давление пара над водой постепенно повышает,

否把给水加至相应压力下的沸腾温度,另一方面决定于溶解气体的排除速度,这个速度与水和蒸汽的接触表面积的大小有很大的关系。

3.2.3.1.4 加药装置

加药装置,主要用于锅炉给水、循环水、加联氨、磷酸盐等处理。主要有溶液箱、计量泵、过滤器、安全阀、止回阀、压力表、缓冲罐、液位计、控制柜等组成一体化安装在一个底座上。

3.2.3.2 操作要点

3.2.3.2.1 开车前的准备

(1)提前化验化学水,若不合格,则进行调试,直到合格,方可将其引入化学水罐。

а парциальное давление растворённого газа постепенно снижает, таким образом, растворённый газ в воде непрерывно выходит, при нагреве воды до температуры кипения под соответствующим давлением, над водой только пар, парциальное давление растворённого газа составляет 0, тогда вода не обладает способностями к растворению газов, то есть, растворённы1 газ в воде, включая кислород, уже удален. С одной стороны, эффект деаэрирации зависит от достижения температуры питательной воды до температуры кипения под соответствующим давлением, с другой стороны, зависит от скорости удаления растворённого газа, тесно связанной с площадью прикасающейся поверхности воды с паром.

3.2.3.1.4 Устройство для ввода реагентов

Устройство для ввода реагентов, в основном предназначено для вводагидразина, фосфатных реагентов и таких далее в питательную воду и оборотную воду котла. В его состав в основном входят бак растворов, насос-дозатор, фильтр, предохранительный клапан, обратный клапан, манометр, буферная ёмкость, уровнемер, шкаф управления и т.д., центрально установленные на одном основании.

3.2.3.2 Ключевые операционные пункты

3.2.3.2.1 Подготовительные работы перед пуском

(1)Досрочно анализировать химическую воду, при получении отрицательного результата, то следует проводить накладку до получения положительного результата, тогда можно вводить её в резервуар химической воды.

（2）点火前应检查锅炉无任何报警，及其报警状态已消除。

（3）检验调节阀动作开度是否与表盘、中控室一致。

（4）锅炉各项保护试验，包括超压、低液位停炉以及熄火保护

3.2.3.2.2 启运

（1）启炉前系统检查。

① 启动化学水系统，待化学水箱有一定的液位后，启动泵向除氧器供水。

② 确认除氧器能连续供水后，启动除氧水泵，上水应缓慢进行，并密切注意有无泄漏的地方。

③ 确认凝结水罐能连续供水后，启动给水泵，上水应缓慢进行，并密切注意有无泄漏的地方。

④ 当锅炉的液位已达到正常液位稍高时可关闭上水阀，停止上水，同时停运给水泵。

⑤ 检查炉前天然气压力是否保持在所需数值上，且气压稳定，可通过炉前放空阀进行调整。

（2）Перед зажиганием следует проверить котёл, обеспечивая отсутствие любых предупредительных сигнализаций или устранение состояния предупреждения.

（3）Проверить соответствие открытости срабатывания регулирующего клапана с циферблатом и центром управления.

（4）Каждые защитные испытания котла, включая защита от избыточного давления, остановка котла из-за низкого уровня, защита от отключения.

3.2.3.2.2 Запуск и эксплуатация

（1）Сисматическая проверка перед запуском котла.

① Запускать систему химической воды, после достижения определенного уровня бака химической воды, запускать насос и снабжать деаэратор водой.

② Подтверждать непрерывное снабжение деаэратора водой, потом запускать насос деаэрационной воды, следует медленно подавать воду, и внимательно следить за наличием утечки.

③ Подтверждать непрерывное снабжение резервуара конденсата водой, потом запускать насос питательной воды, следует медленно подавать воду, и внимательно следить за наличием утечки.

④ При немного превышении уровня котла нормального уровня жидкости, можно закрыть клапан подающей воды, остановить подать воду, в этом время остановить насос питательной воды.

⑤ Проверить давление природного газа перед котлом для обеспечения поддержания необходимого значения и стабильности атмосферного давления, можно регулировать через сбросный клапан перед котлом.

⑥ 检查炉前天然气管道上的各阀门、法兰间的紧固件是否拧紧,以免在运行中发生振动和漏气,检查所有开关按钮是否打到"自动""通"的位置上。

⑦ 点火前风机挡板、调节阀的开度必须处于最小负荷时的位置,即必须在相应天然气压力下,在已调整好的风气比的位置时方可进行自动调节控制,否则必须进行手动调节。

(2)点火、升压。

确认各种工作均已完成后方可点火,并通知中控室监视燃料气压力。

① 把值班室"启动"按钮按一下,再把现场电源开关投到"通"的位置和控制状态置为"手动"控制,保证锅炉点燃后处于最小负荷状态下运行,此时整个点火处于自动点火状态。

② 当投入自动后,燃烧机首先进行系统检漏,若检漏通过,则燃烧机进行吹扫程序,然后点火,点火枪点燃后,再点燃燃烧器。

⑥ Проверить закручивание крепежей между клапанами и фланцами на трубопроводах природного газа перед котлом во избежание вибрации и утечки в процессе эксплуатации, проверить все кнопки выключателей для обеспечения нахождения в положении «Автоматическое» и «Включение».

⑦ Перед зажиганием открытость отбойника вентилятора и регулирующего клапана необходимо расположить в положении с минимальной нагрузкой, то есть, только под соответствующим давлением природного газа в положении с регулированной пропорцией воздуха и газа можно проводить автоматическое регулирование и управление, а то необходимо проводить ручное регулирование.

(2) Зажигание, повышение давления.

После потверждения завершения всех работ можно проводить зажигание и сообщать центр управления наблюдать за давлением типливного газа.

① Нажать кнопку дежурной «Запуск», переключить выключатель электропитания на месте в положение «включение», переключить положение управления в «ручное», для обеспечения эксплуатации котла после зажигания с минимальной нагрузкой, в это время весь процесс зажигания находится в автоматический режим.

② После переключения в автоматический режим, прежде всего следует проверить наличие утечки системы горелочного аппарата, если отсутствует утечка, то можно проводить процесс продувки горелочного аппарата, потом зажигать, после зажигания зажигателя зажигать горелку.

③ 升温、升压。锅炉点燃后，打开主蒸汽阀，缓慢进行蒸汽系统暖管，开启蒸汽系统管网的疏水阀，排除管网中的冷凝水。当锅炉加热后，液位会升高，应将底部排污阀打开，慢慢地排放，使液位计达到液面的60%。升压时的注意事项：从冷炉状态开始升压时，应维持在最小负荷操作，不要让锅炉各部件产生剧烈应力和局部过热，升压初期应打开蒸汽放空阀，直到并炉后或出蒸汽后，才关闭放空阀；另外，在升压过程中应注意玻板液位计的液面变化情况，同时，应冲洗液位计。

④ 当锅炉压力、液位、蒸汽流量稳定时投入自动。

（3）锅炉正常操作。

① 正常运转。正常运转时，应严格按照操作参数进行控制：

a. 保持正常水位，不允许锅炉液位与正常液位有较大的偏差。

b. 严禁超压运行，注意锅炉压力变化，严禁压力超过压力表标出的最高压力红线。

③ Повышение температуры и давления. После зажигания котла, открывать главный клапан пара, медленно проводить отопление труб паровой системы, открывать водоотводный клапан сети трубопроводов паровой системы, удалять конденсатную воду от сети трубопроводов. После нагрева котла, уровень жидкость повышается, следует открывать дренажный клапан на дне, медленно сбрасывать, чтобы уровнемер достигает 60% от уровня жидкости, особые замечания при повышении давления: при начале повышения температур в холодном состоянии котла, следует содержать минимальную нагрузку, избежать образования резкого напряжения элементов котла и местного перегрева, в первичный период повышения давления следует открывать сбросный клапан пара, после обединения котлов или выхода пара закрывать сбросный клапан, кроме этого, в процессе повышения давления следует следить за состояние изменения уровня стеклянного уровнемера, в то же время следует промывать уровнемер.

④ При стабилизации давления, уровня и расхода пара котла, переключить в автоматический режим.

（3）Нормальная эксплуатация котла.

① Нормальная эксплуатация. При нормальной эксплуатации следует управлять в строгом соответствии с рабочими параметрами:

a. Обеспечить нормальный уровень, запрещается большое отклонение уровня котла от нормального уровня.

b. Запрещается работать под избыточным давлением, следить за изменением давления котла, запрещается превышение указанной красной линии максимального давления на манометре.

c.经常保持安全阀附件灵活可靠,每班必须冲洗水位计,并检查压力表、安全阀是否良好。

d.按规定定期进行锅炉排污。

e.经常检查锅炉本体,附属设备运转情况。

② 并炉。并炉时要缓慢开启主汽阀,如发现管道内发生水击现象,应立即停止并炉,同时加强管道疏水工作。并炉后,由于总汽管中供汽量增加,此时应调整锅炉压力、进水,以维持正常压力和水位。

③ 锅炉排污。锅炉排污分为定期排污和连续排污,定期排污是排出锅筒和联箱底部的沉淀物质,连续排污是连续不断地排出汽包中水面附近含高浓度的盐分。

注意事项：

a.排污前锅炉内保持水位稍高于正常水位,排污时要严格监视水位,以防止因排污造成缺水。

c. Обеспечить ловкость и надёжность принадлежностей предохранительных клапанов, каждым сменам необходимо промывать уровнемер, проверить неисправность манометра и прежохранительных клапанов.

d. Согласно правилам периодически продувать котёл.

e. Часто проверить рабочее состояние собственного котёла и принадлежного оборудования.

② Обединение котлов. При обединении котлов следует медленно открывать главный паровой клапан, при обнаружении водяного удара в трубопроводах следует немедленно остановить обединение котлов, одновременно усилять водоотвод трубопроводов. После обединения, из-за увеличения количества пара, питающегося в главный паровой трубопровод, в это время следует регулировать давление котлов, подавать воду для поддержания нормального давления и уровня вод.

③ Продувка из котла. Продувка из котла подразделяется на периодическую и непрерывную. Периодическая продувка проводятся для удаления отстойных веществ на дне котёльного барабан и совеместного бака, непрерывная продувка проводятся для непрерывного удаления высококонцентрированной соли в воде от котла-паросборника.

Внимание：

a. Перед продувкой уровень воды внутри котла должен немного превышать нормальный уровень воды, при продувке следует строго следить за уровень во избежание нехватки воды из-за продувки.

· 247 ·

b. 一台锅炉上有几根排污管时,必须对所有排污管轮流排污,切不可只排一部分,而长期不排另一部分。

c. 锅炉排污系统连接在一起时,不允许同时排污。

d. 排污的时间最好选择在压力或负荷较低时进行,以提高排污效果,排污操作应短促间断进行。

e. 排污设备不正常时,严禁排污;锅炉运行中不得修理排污阀。

④ 冲洗液位计。冲洗操作应缓慢,脸部勿正对液位计,并应戴好防护罩,冲洗具体操作如下:

a. 开启放水阀门,冲洗汽水通路和玻板。

b. 关闭水阀门,单独冲洗汽通路和玻板。

c. 开启水阀门,关闭汽阀门,单独冲洗水通路。

d. 开启汽阀门,关闭放水阀门,使液位计恢复正常。

e. 锅炉安全阀手动操作及注意事项。

每月按时对锅炉安全阀进行手动放空操作,操作人员轻抬安全阀放空手柄,至蒸汽冒出,再轻放手柄至复位状态。

(4) 锅炉停炉。

① 停炉。

b. При наличии несколько дренажных труб для одного котла, необходимо по очереди проводить продувку всех дренажных труб, нельзя только дренажать одну часть.

c. При соединении дренажных систем котлов, запрещается одновременно дренажать.

d. Лучше проводить дренаж под низким давлением или при малой нагрузке, чтобы повышать эффект дренажа. Следует проводить дренаж с коротким интервалом.

e. При неисправности дренажного оборудования, запрещается дренажать. При эксплуатации котла нельзя ремонтировать дренажный клапан.

④ Промывка уровнемера. Следует медленно промывать, нельз быть лицом к уровнемеру, и следует носить защитный колпак, конкректный процесс промывки проведен как ниже:

a. Открыть водяной клапан, промыть паровые и водяные трубопроводы и стекла.

b. Закрыть водяной клапан, промыть паровые трубопроводы и стекла.

c. Открыть водяной клапан, закрыть паровой клапан, промыть водяные трубопроводы.

d. Открыть паровой клапан, закрыть водяной клапан и восстановить уровнемер.

e. Ручное управление предохранительными клапанами котла и особые замечания.

Ежемесячно вовремя проводить ручный сброс предохранительных клапанов котла, оператор легко поднимает сбросную рукоятку предохранительных клапанов до выхода пара, потом легко опускает рукоятку до положения восстановления.

(4) Останов котла.

① Останов.

a. 当负荷降到最低,稳定一段时间后,按下"停炉"按钮,并关闭燃烧机前的燃料气总阀,同时关闭燃料气总阀,打开炉前燃料气放空阀泄压。

b. 关闭对外供汽主蒸汽阀,同时打开锅炉放空阀。

c. 密切注意锅炉液位,若液位降低,加强给水。

d. 锅炉不需上水时,停给水泵,然后待前面不需除氧水时停除氧水泵和化学水泵。

e. 关闭给水管总阀,关闭系统蒸汽总阀,打开蒸汽系统低点疏水阀。

f. 打开压力回水箱的放空阀,卸压至常压。

② 停炉保养。锅炉在停用期间,如不采取保护措施,锅炉汽水系统的金属表面就会遭到溶解氧的腐蚀。锅炉停用后,外界空气就大量进入锅炉汽水系统,此时锅炉虽已放水,但在锅炉金属的内表面上总是附着一层水膜,空气中的氧气便溶解在水膜中,一直达到饱和状态,所以很容易引起溶解氧腐蚀,如果锅炉金属内表面有能溶于水膜的盐垢,则腐蚀更剧烈。

3 Теплотехника

a. При минимальной нагрузке, удержав несколько времени, нажать кнопку «Останов», и закрыть главный клапан топливного газа, открыть сбросный клапан топливного газа перед котлом для сброса.

b. Закрыть главный паровой клапан для внешнего пароснабжения, одновременно, открыть сбросный клапа котла.

c. Постоянно обратить внимание на уровень жидкости котла, если уровень понижается, усилить питание вод.

d. При отсутствии необходимости подачи вод, остановить насос питательной воды, при отсутствии деаэрированной воды, остановить насос деаэрированной воды и насос химической воды.

e. Закрыть главный клапан трубопроводов питательной воды, закрыть главный паровой клапан системы, открыть водоотводный клапан на низкой точке паровой системы.

f. Отурыть сбросный клапан напорного бака оборотной воды, снижать давление до атмосферного.

② Обслуживание при останове котла. В период останова котла, если отсутстет защитные меры, металлическая поверхность паровой системы котла подвергается коррозии растворенных кислородом. После останова котла, наружный воздух в значительном количестве поступает в паровую систему котла, в это время, хотя воду в котле уже выпустили, к внутренней металлической поверхности котла всегда прилипается один слой водяной пленки, кислород в воздухе растворен в водяной пленке до насыщенного положения, так что легко вызвать коррозию

防止锅炉腐蚀的方法很多,但基本原则是:不让外界空气进入停用锅炉的汽水系统,使停用锅炉汽水系统金属内表面浸泡在含有除氧剂或其他保护性的水溶液中,在金属表面涂防腐层。

常用方法:

a. 干法。就是将干燥剂放入停用锅炉,常用干燥剂有无水氯化钙、生石灰和硅胶。

b. 湿法。用具有保护性的水溶液充满锅炉,防止空气进入炉内。

c. 压力保养。停炉过程终止前使汽水系统灌满水,维持余压,保证锅炉水温度在100℃以上,这样可阻止空气进入锅炉,使腐蚀速度大大降低,维持锅炉压力和温度的措施为:邻炉通汽加热或本炉加热。

d. 充气保养。指在锅炉汽水系统中冲入氮气或氨气以对锅炉进行防护的方式。

растворенным кислородом, при наличии соляной накипи, растворимой в воде, на внутренней металлической поверхности, коррозия будет более резкой.

Существует много способов антикоррозии котла, но основные принципы заключаются в том, что изолировать наружный воздух остановленной паровой системы котла, протитывать внутреннюю металлическую поверхность остановленной паровой системы котла в водном растворе с раскислителем или другими защитными реагентами, нанести антикоррозийной слоя на металлическую поверхность.

Употребительные способы:

a. Сухой способ. вложение осушителя в остановленный котёл, в состав широко распространённых осушителей входят безводный хлористый кальций, известь исиликагель.

b. Мокрый способ. наполнение котла водным раствором с защитными реагентами во избежание входа воздуха в котёл.

c. Обслуживание под давлением. перед прекращением процесса останова котла наполнять паровую систему водой, удерживать избыточное давление, обеспечивать температуру воды в котле выше 100 ℃, чтобы избежать входа воздуха в котёл, значительно снижать скорость коррозии, меры удержания давления и температуры котла: нагрев паром от соседнего котла или нагрев собственного котла.

d. Обслуживание с наполнением газами. наполнение паровой системы котла азотом или аммиаком для зашиты котла.

3.3 导热油供热系统

3.3.1 工艺原理

有机热载体供热系统属于间接加热,利用有机热载体作为加热介质,燃料在炉膛内进行充分燃烧并通过辐射、对流方式传递给炉管内高速流动的有机热载体,有机热载体获得热量后,通过循环系统送至用热设备,有机热载体与用热介质进行充分换热后重新进入热油炉加热,如此往复循环将热能源源不断地传递给用热介质。

3.3.2 工艺流程

目前,绝大部分有机热载体供热系统为液相闭式循环系统,在此主要介绍此类系统工艺流程。

有机热载体由热油循环泵输出至有机热载体炉→热用户(即用热设备)→再进入热油循环泵。这是一个主循环管路,在正常供热时,有机热载体就是沿着这样一个环形循环管路,不断循环流动,将热能从加热炉送到热用户,其他部分如膨胀罐、储油罐、注卸油泵、取样冷却器等都是不可缺少的辅助设备,正常供热时,它们都不参与有机热载体的循环流动,但是它们在整个供热系统中起着重要作用,是不可缺少的。液相闭式循环系统原理框图如图 3.3.1 所示。典型液相闭式循环系统工艺流程如图 3.3.2 所示。

3.3 Система теплоснабжения теплопроводного масла

3.3.1 Принцип технологии

Система теплоснабжения органического теплоносителя относится к посредственному нагреву, с использованием органического теплоносителя в качестве нагревающей среды, типливо полностью сгорается в топке, путем радиации и конвекции тепло передается к высокоскоростно текущему органическому теплоносителю в печной трубе, после получения тепла, органический теплоноситель через циркуляционную систему подается к потребителям тепла, органический теплоноситель после полностью теплообмена с потребителем-средой заново поступает в печь горячего масла для нагрева, таким образом, циркуляционно непрерывно передает тепло кпотребителю-среде.

3.3.2 Технологический процесс

В настоящее время, для системы теплоснабжения органического теплоносителя господствует закрытая циркуляционная система жидкой фазы.

Выход органического теплоносителя с циркуляционного насоса горячего масла к печи органического теплоносителя→потребителям тепла→циркуляционному насосу горячего масла. Это главный циркуляционный трубопровод. При нормальном теплоснабжении, органический теплоноситель циркулируется и текает по этому кольцевом уциркуляционному трубопроводу, передает тепло с нагревательной печи к потребителю тепла, остальные части, как расширяющийся резервуар,

резервуар масла, впрыскивающий и разгрузочный масло-насос, охладитель для отбора пробы и т.д., являются необходимым вспомогательным оборудованием, при нормальном теплоснабжении, они не участвуют в циркуляции и течении органического теплоносителя, но они играют важную роль в целой системе теплоснабжения. Принципиальная блок-схема закрытой циркуляционной системы жидкой фазы приведена на рис. 3.3.1. Технологическая схема типичной системы замкнутой циркуляции жидкой фазы показана в рис. 3.3.2.

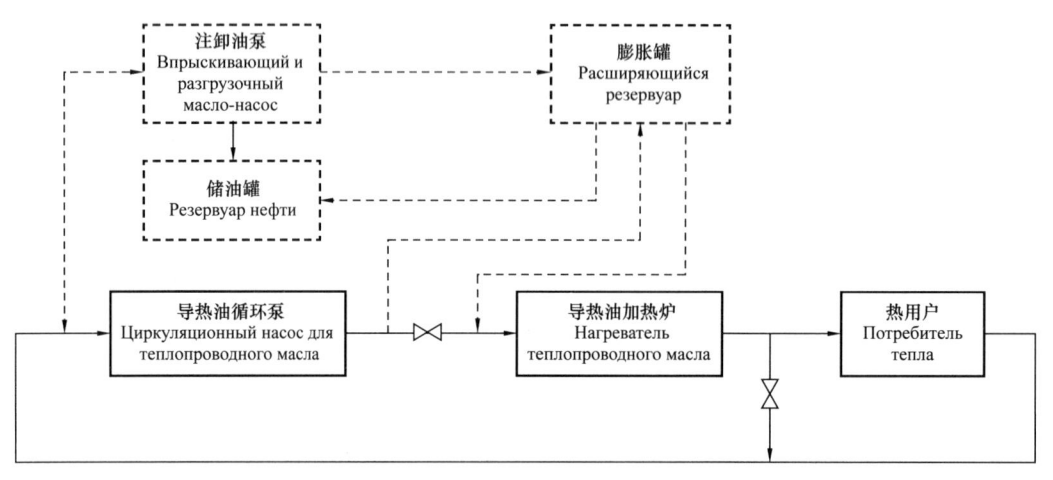

图 3.3.1 液相闭式循环系统原理框图

Рис. 3.3.1 Принципиальная блок-схема системы замкнутой циркуляции жидкой фазы

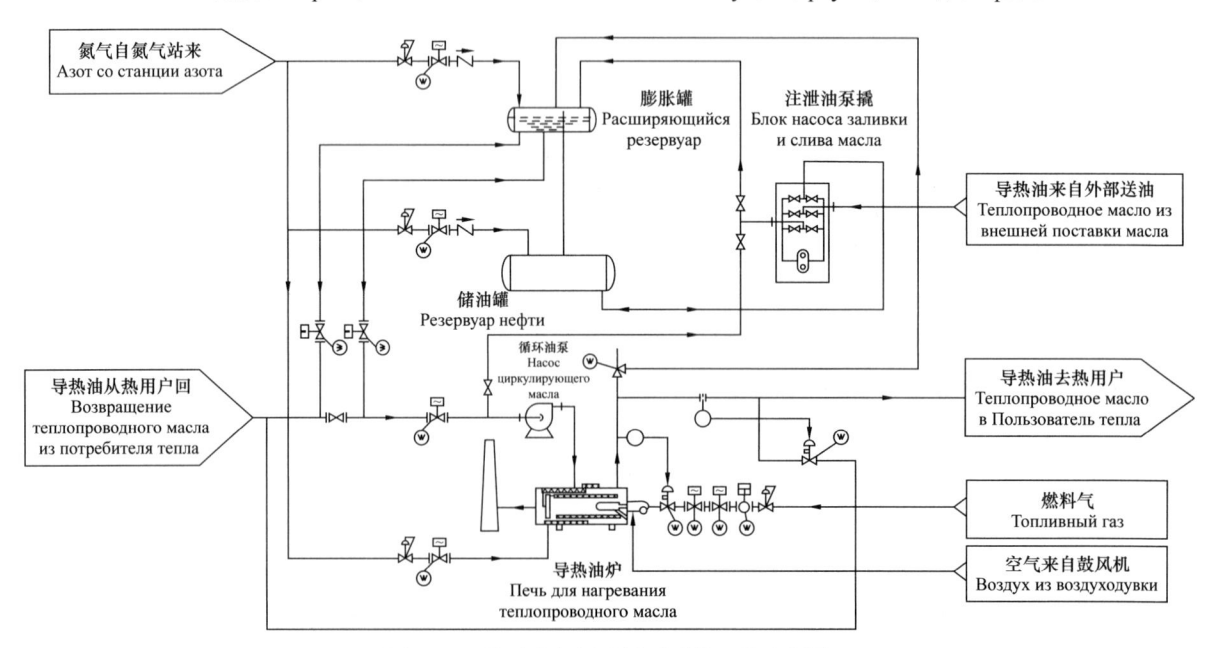

图 3.3.2 典型液相闭式循环系统工艺流程图

Рис. 3.3.2 Технологическая схема типичной системы замкнутой циркуляции жидкой фазы

3.3.3 主要设备

有机热载体供热系统主要设备包括：有机热载体炉、有机热载体循环泵、膨胀罐、储油罐和取样冷却器。

3.3.3.1 有机热载体炉

有机热载体炉按照有机热载体的工作状态可分为气相炉和液相炉；按照燃料的种类可分燃气炉、燃油炉、电加热炉和其他燃料炉；按照有机热载体炉的整体结构可分为立式炉、卧式炉和其他型式炉。

有机热载体炉额定功率规格系列推荐表见表3.3.1。

3.3.3 Основное оборудование

В состав основного оборудования системы теплоснабжения органического теплоносителя входят: печь органического теплоносителя, циркуляционный насос органического теплоносителя, расширяющийся резервуар, резервуар масла и охладитель для отбора пробы.

3.3.3.1 Печь органического теплоносителя

По рабочему состоянию печь органического теплоносителя подразделяется на печь газовой фазы и печь жидкой фазы; по роду топлива подразделяется на печь для газобразного топлива и печь для жидкого топлива, электрический нагреватель и печь для других топливов; по цельной конструкции подразделяется на вертикальную, горизонтальную печи и печь других конструкций.

Таблица рекомендуемых номинальных мощностей, характеристик и серий печи органического теплоносителя приведена в табл. 3.3.1.

表 3.3.1 有机热载体炉额定功率规格

Таблица 3.3.1 Спецификации номинальной мощности органического теплоносителя

单位：kW

Единица измерения: кВт

序号 п.п	额定功率 Номцнальная мощноаъ	序号 п.п	额定功率 Номцнальная мощноаъ	序号 п.п	额定功率 Номцнальная мощноаъ	序号 п.п	额定功率 Номцнальная мощности	序号 п.п	额定功率 Номцнальная мощноаъ
1	120	7	600	13	1800	19	6000	25	18000
2	180	8	700	14	2000	20	7000	26	20000
3	240	9	800	15	2400	21	10000		
4	300	10	1000	16	3000	22	12000		
5	350	11	1200	17	3500	23	14000		
6	500	12	1400	18	4600	24	16000		

3.3.3.2 有机热载体循环泵

有机热载体循环泵应采用风冷式有机热载体专用离心泵,其结构及材料能够满足输送高温有机热载体的要求,且保证零泄漏。有机热载体循环泵入口应设置可拆换的过滤器。寒冷地区的循环泵进出口,应设置小循环管。

3.3.3.3 膨胀罐

膨胀罐的调节容积不小于系统中有机热载体从环境温度升至最高工作温度时因受热膨胀而增加容积的1.3倍。

采用高位膨胀罐和低位容器共同容纳整个系统有机热载体的膨胀量时,高位膨胀罐上设置液位自动控制装置和溢流管,溢流管上不装设阀门,其尺寸符合表3.3.2的规定;与膨胀罐连接的膨胀管中,至少有一根膨胀罐上不装设阀门,其管径不小于表3.3.2中规定的尺寸。

3.3.3.2 Циркуляционный насос органического теплоносителя

Для циркуляционного насоса органического теплоносителя следует применять специальный центробежный насос для органического теплоносителя воздушного охлаждения, его конструкция и материал должны удовлетворять требованиям к транспортивке высокотемпературного органического теплоносителя, и обеспечить отсутствие утечки. На входе циркуляционного насоса органического теплоносителя следует установить разборный фильтр. В морозных районах, на выходе и входе циркуляционного насоса следует установить маленькие циркуляционные трубы.

3.3.3.3 Расширяющийся резервуар

Регулируемый объем расширяющегося резервуара должен быть не менее 1,3 раза добавленного объёма после набухания из-за нагрева при повышении температуры органического теплоносителя с температуры окружающей среды до максимальной рабочей температуры.

При применении вышележащего расширяющегося резервуара и нижележащего сосуда для совместного вмещения объёма расширения органического теплоносителя целой системы, навышележащем расширяющемся резервуаре устанавливаютсяустройств автоматического управлеия уровнем и переливная труба, на переливной трубе не нужно установить клапан, её размер должен соответствовать требованиям, указанным в табл. 3.3.2, средирасширительных труб, соединенных с расширяющимся резервуаом, как минимум, на одной из них не устанавливается клапан, диаметр труб должен быть не менее указанных размеров в табл. 3.3.2.

3 热工

3 Теплотехника

表 3.3.2 膨胀罐管口公称尺寸

Таблица 3.3.2 Номинальный размер отверстия трубопровода расширительной емкости

系统内锅炉装机总功率, MW Общая установленная мощность котла в системе, МВт	≤0.025	≤0.1	≤0.6	≤0.9	≤1.2	≤2.4	≤6.0	≤12	≤24	≤35
膨胀及溢流管线公称尺寸, mm Номинальные размеры расширительного и сливного трубопроводов, мм	15	20	25	32	40	50	65	80	100	150
排放及放空管线公称直径, mm Номинальный диаметр дренажного и сбросного трубопроводов, мм	20	25	32	40	50	65	80	100	150	200

3.3.3.4 储油罐

有机热载体容积超过 1m³ 的系统应当设置储罐,用于系统内有机热载体的排放。储罐的容积应当能够容纳系统中最大被隔离部分的有机热载体量和系统所需要的适当补充储备量。

3.3.3.5 注油泵

注油泵选用具有自吸能力的齿轮泵,可自动将有机热载体注入系统并且在系统检修时将有机热载体反抽回储油罐,必要时可抽至系统外储油设施。注油泵入口应设置可拆换的过滤器。

3.3.3.6 取样冷却器

系统至少应当设置一个有机热载体的取样冷却器。液相系统取样冷却器宜装设在循环泵进出口之间或者有机热载体供油母管和回流母管之间。

3.3.3.4 Резервуар масла

Для систем с объёмом органического теплоеосителя более 1м³ следует установить резервуар для сброса органического теплоеосителя в системе. Объём резервуара должен позволять вместить максимальный объём органического теплоносителя изолированной части и необходимый подходящий добавленный запас для системы.

3.3.3.5 Впрыскивающий масло-насос

Следует выбрать самовсасывающий шестеренный насос в качестве впрыскивающего масла-насоса, обладающий способностью к автоматическому вливанию органического теплоносителя в систему и обратному покачиванию органического теплоносителя в резервуар при осмотре и ремонте системы, при необходимости он может накачивать к соорежению для хранения масла вне системы. На входе впрыскивающего масла-насоса следует установить разборный фильтр.

3.3.3.6 Охладитель для отбора пробы

Для системы следует как минимум установить один охладитель для отбора пробы органического теплоносителя. Охладитель для отбора пробы системы холодной фазы предпочтительно устанавливается между входом и выходом циркуляционного насоса или между коллектором маслоснабжения и обратным коллектором органического теплоносителя.

3.3.4 有机热载体

3.3.4.1 有机热载体概述和分类

有机热载体是一种用于间接传热的有机介质。根据化学组成和生产方法可分为合成型有机热载体和矿物性有机热载体；根据沸程可分为气相有机热载体和液相有机热载体。

3.3.4.1.1 化学组成

（1）合成型有机热载体：以化学合成生产工艺生产的，具有一定化学结构和确定的化学名称的产品。根据最高允许使用温度，合成型有机热载体分为普通合成型和具有特殊高热稳定性合成型。

（2）矿物型有机热载体：以石油为原料，经蒸馏和精制（包括溶剂精制和加氢精制）工艺得到的适当馏分生产的产品。其主要组分为烃类的混合物。

3.3.4 Органический теплоноситель

3.3.4.1 Общее описание и классификация органического теплоносителя

Органический теплоноситель является органической средой для посредственной теплопередачи. По химическому составу и производственному способу органический теплоноситель подразделяется на синтетический и минеральный; по интервалу выкипания подразделяется на органический теплоноситель газовой и жидкой фазы.

3.3.4.1.1 Химический состав

（1）Синтетический органический теплоноситель: Является продукцией, произведенной технологией химиосинтеза, обладающей определенной химической конструкцией и установленным химическим наименованием. По максимальной допустимой рабочей температуре синтетический органический теплоноситель подразделяется на обычный органический теплоноситель и органический теплоноситель с специальной высокотермической устойчивостью.

（2）Минеральный органический теплоноситель: На основе нефти, полученной после перегонки и очистки (включая очистка растворителями и гидроочистку) продукцией с подходящим погоном. Его основный состав является смесью унлеводородов.

3.3.4.1.2 沸程

(1)气相有机热载体:具有沸点和共沸点,可以在气相条件下使用的合成型有机热载体。

(2)液相有机热载体:具有一定的馏程范围,可以在液相条件下使用的有机热载体。

3.3.4.1.3 产品分类

根据有机热载体使用状态、使用的传热系统类型和最高允许使用温度,产品分类见表 3.3.3。

3.3.4.1.2 Интервал выкипания

(1) Органический теплоноситель газовой фазы: Обладает точкой кипения и азеотропной точкой, является синтетическим органическим теплоносителем, может использоваться при условиях газовой фазы.

(2) Органический теплоноситель жидкой фазы: Обладает определенным диапазоном интервала перегонки, может использоваться при условиях жидкой фазы.

3.3.4.1.3 Классификация продукции

По рабочему состоянию, типу теплопередающей системы и максимальной допустимой рабочей температуре классификация продукций приведена в табл.3.3.3.

表 3.3.3 有机热载体产品分类
Таблица 3.3.3 Классификация продуктов органического теплоносителя

产品品种 Ассортимент продуктов	L-QB	L-QC	L-QD
产品类型 Тип продуктов	精制矿物油型 Тип рафинированного минерального масла	合成型 Синтетический тип	精制矿物油型 Тип рафинированного минерального масла	合成型 Синтетический тип	具有特殊高热稳定性合成型 Синтетический тип с особым устойчивостью к высокой температуре
传热方式 Способ теплопередачи	液相 Жидкая фаза	液相或气相/液相 Жидкая фаза или газовая фаза/Жидкая фаза	液相 Жидкая фаза	液相或气相/液相 Жидкая фаза или газовая фаза/Жидкая фаза	液相或气相/液相 Жидкая фаза или газовая фаза/Жидкая фаза
适用的传热系统类型 Тип применимой системы теплопередачи	闭式或开式 Закрытый или открытый	闭式 Закрытый	闭式 Закрытый
产品代号 Код продукта	L-QB 280, L-QB 290	L-QC 300, L-QC 310	L-QD 320, L-QD 330、L-QD 340, L-QD 350

3.3.4.2 主要性能指标

有机热载体主要性能指标包括：热稳定性、闪点、自燃点、倾点、沸点、密度、黏度、膨胀系数、蒸汽压力、最高允许使用温度、最高允许液膜温度、酸值和残炭。

（1）热稳定性：有机热载体在高温下抵抗化学分解的能力。为了评定热稳定性，需要测定有机热载体在规定条件下加热后产生的气相分解产物、低沸物、高沸物及不能蒸发的产物含量，并将这些产物的百分含量之和以变质率表示。变质率越小，产品的热稳定性就越好。

（2）闪点：闪点是有机热载体蒸气与周围空气混合遇到火焰而发生闪烁光（短促闪燃）的最低温度闪点是有机热载体安全性的标志，一般为190~200℃。

（3）自燃点：可燃物质在空气或其他助燃物质接触的情况下，被加热到某一温度时，会自行起火燃烧。发生这种持续燃烧所需要的最低温度就是可燃物质的自燃点。

3.3.4.2 Основные характеристики

В состав основных характеристик органического теплоносителя входят: термическая устойчивость, температура вспышки, температура самовоспламенения, температура потери текучести, температура кипения, плотность, вязкость, коэффициент расширения, давление пара, максимальная допустимая рабочая температура, максимальная допустимая температура жидкой пленки, кислотность и углеродистый остаток.

（1）Термическая устойчивость: Способность органического теплоносителя к сопротивлению химического разложения при высокой температуре. Для оценки термической устойчивости нужно измерять содержания образованных продуктов разложения газовой фазы, низкокипящего соединения, высококипящего соединения и нелетучего соединения после нагрева органического теплоносителя при установленных условиях, и показывать совокупность процентного содержания этих соединений в виде коэффициента метаморфизации. Чем меньше коэффициента метаморфизации, тем больше термической устойчивости продукции.

（2）Температура вспышки: Температура вспышки - наименьшая температура, при которой пары органического теполоносителя способны вспыхивать в воздухе под воздействием источника зажигания (короткая вспышка), температура вспышки является знаком безопасности органического теплоносителя, как правило, в пределах 190-200℃.

（3）Температура самовоспламенения: Температура самовоспламенения-необходимая наименьшая температура для непрервыного горения, при нагреве до которой, в условиях контакта горячего вещества с воздухом или другими

（4）倾点：倾点是指有机热载体在常压下由液态凝固成固态的温度，是指在规定的试验条件下将试管内的油冷却并倾斜角度45°，经过1min后，油面不能移动时的最高温度。

（5）沸点：有机热载体是一种有机混合物，各种有机物具有不同的沸点，因此有机热载体的沸点温度是一个范围，而不是一个定值温度。一般要求有机热载体的初沸点要高于有机热载体最高安全使用温度，以确保有机热载体在低压液相状态下安全使用。初沸点是有机热载体中最轻馏分的沸腾温度。有机热载体的馏出温度不宜过宽，以其范围较窄为好。

（6）密度：有机热载体的密度大都小于1000kg/m³。

（7）黏度：黏度是反映有机热载体在一定温度下稀稠程度和流动性能的一项重要指标。未使用有机热载体的黏度一般为19～33 mm²/s（50℃）。

(4) Температура потери текучести: Температура потери текучести имеет в виду температуру застывания жидкого состояния в твердое состояние органического теплоносителя под нормальным давлением, является максимльной температурой при невозможности движения уровня масла через одну минуту после охлаждения масла в пробирке с углом наклона 45° в установленном условии испытания.

(5) Температура кипения: Органический теплоноситель является одной органической смесью, у каждого органического соединения есть разные температуры кипения, так что температура кипения органического теплоносителя является одним диапазоном, а не определенной температурой. Как правило, требуется то, что первичная температура кипения органического теплоносителя превышает максимальную безопасную рабочую температуру для обеспечения безопасной эксплуатации органического теплоносителя при жидком состоянии под низким давлением. Первичная температура кипения вяляется температурой кипения самого легкого погона в органического теплоносителя. Температура перегонки органического теплоносителя не рекомендуется слишком широкой, предпочтительно относительно узкой.

(6) Плотность: Плотность органического теплоносителя в большестве менее 1000кг/м³.

(7) Вязкость: Вязкость является важным показателем, отражающим жидкую консистенцию и текучесть органического теплоносителя при определенной температуре. Вязкость без использования органического теплоносителя как правило находится в пределах 19-33 мм²/сек.（50℃）.

（8）膨胀系数：膨胀系数也叫膨胀率。它表示物质受热后胀大程度的表征参数。有机热载体从常温被加热到某一工作温度时，体积会增加许多，一般温升每增加100℃，近似膨胀8%～10%。

（9）蒸汽压力：当有机热载体在密闭容器中工作时，液相有机热载体的蒸发汽化率和气相有机热载体蒸气凝结液化率处于动态平衡，所形成的蒸汽压力称为有机热载体在工作温度下饱和蒸汽压力，大都不超过1.0 MPa，且多数在0.1 MPa以下。

（10）最高允许使用温度：采用有机热载体热稳定性测定法进行检测，被测有机热载体的变质率不超过10%（质量分数）条件下的最高试验温度。

（11）最高允许液膜温度：有机热载体与炉体受热面接触处最高允许温度。膜层温度往往高于主流体温度10～40℃。

（12）酸值：酸值是有机热载体内含有的有机酸的总和。要求新的油的酸值不超过0.05mg（KOH）/g。

(8) Коэффициент расширения: Коэффициент расширения показывает представляющий параметр степени разбухания вещества после нагрева. При нагреве органического теплоносителя с нормальной температуры до определенной рабочей температуры, его объём намного увеличивается, как правило, по мере повышения температуры на каждый 100℃, вещество расширяется примерно 8%-10%.

(9) Давление пара: При работе органического теплоносителя в закрытом сосуде, интенсивность парообразования жидкого органического теплоносителя и коэффициент застывания и ожижения пара газового органического теплоносителя находятся в динамическом равновесном состоянии, давление образованного пара называется насыщенным давлением пара органического теплоносителя при рабочей температуре, в большинстве не более 1,0МПа, и в большинстве менее0,1МПа.

(10) Максимальная допустимая рабочая температура: Применяется метод измерения термической устойчивости органического теплоносителя для измерения, коэффициент метаморфизации измеряемого органического теплоносителя должен быть не превышать максимальную температуру испытания в условии 10%（массовая доля）.

(11) Максимальная допустимая температура жидкого пленки: Максимальная допустимая температура места прилегания органического теплоносителя с поверхностью нагрева корпуса печи. Температура слоя пленки обычно превышает температуру главного флюида на более10-40℃.

(12) Кислотность: Кислотность является совокупностью органической кислоты в органическом теплоносителя. Новая кислотность масла требуется быть не более 0,05мг（KOH）/г.

3 热工
3 Теплотехника

（13）残碳：残碳是指有机热载体在空气不足的情况下受强热而使其中的胶质、沥青质及多环芳烃分解、缩合而形成的结焦物。残碳是衡量有机热载体质量的重要指标，其值一般在0.05%以下。

（13）Углеродистый остаток: Углеродистый остаток имеет в виду образованное коксующее соединение после разложения и конденсирования коллоидального вещества, битума и многоядерного ароматического углеводорода в органическом теплоносителе из-за интенсивной жаре при нехватке воздуха. Углеродистый остаток является важным показателем для оценки массы органического теплоносителя, его величина как правило менее 0,05%.

3.3.4.3 有机热载体选择基准
3.3.4.3 Стандарты для выбора органического теплоносителя

有机热载体选择基准见表3.3.4。

Стандарты для выбора органического теплоносителя приведены в табл.3.3.4.

表 3.3.4 有机热载体选择基准
Таблица 3.3.4 Основной критерий выбора органического теплоносителя

物理性质 Физические свойства	选择基准 Основной критерий выбора
导热系数 Теплопроводность	一般在温度300℃时，为0.08～0.10 kcal/（m·h·℃），选择其值大的有机热载体 Как правило, при температуре 300 ℃, 0,08-0,10 ккал/（м·ч·℃）, выбирают органический теплоноситель с большим значением
热容量 Теплоемкость	一般在温度300℃时，为450～500 kcal/（m³·℃），选择其值大的有机热载体 Как правило, при температуре 300℃, 450-500 ккал/（м³·℃）, выбирают органический теплоноситель с большим значением
黏度 Вязкость	低温区黏度低的有机热载体对选择循环泵有利 Органический теплоноситель с низкой вязкостью в зоне низкой температуры является выгодным для выбора циркулирующего насоса
闪点 Точка вспышки	闪点高，着火的可能性小 Чем выше точка вспышки, тем меньше возможность возгорания
自燃点 Точка самовоспламенения	自燃点高则不易发生自燃起火，对有机热载体使用设备的防爆系统的规格选择较为有利 При высокой точке самовоспламенения, трудно появится пожар из-за самовоспламенения, что является выгодным для выбора спецификации системы взрывозащиты оборудования с использованием органического теплоносителя
倾点 Точка потери текучести	倾点低者，凝固的可能性小，流动性能好 При низкой точке потери текучести, возможность затвердевание малая, и текучесть хорошая
沸点 Точка кипения	一般要求有机热载体的初沸点高于有机热载体最高使用温度，以确保有机热载体在低压液相状态下方便地安全使用 Как правило, начальная точка кипения органического теплоносителя должна быть выше максимальной рабочей температуры органического теплоносителя, для обеспечения удобного и безопасного использования органического теплоносителя в состоянии жидкой фазы под низким давлением

续表
продолжение

物理性质 Физические свойства	选择基准 Основной критерий выбора
热稳定性 Термостойкость	热稳定性高的有机热载体,不易发生高温裂解,在工作温度下使用寿命长 При наличии высокой термостойкости, органический теплоноситель трудно подлежит высокотемпературному пиролизу, и имеет длинный срок службы при рабочей температуре
抗氧化性 Окалиностойкость	有机热载体和空气接触后发生氧化劣化,缩短其使用寿命 После контакта органического теплоносителя с воздухом, появится окислительный крекинг, что сокращает его срок службы
对金属的腐蚀性 Коррозийность к металлу	含氯成分的有机热载体,其分解物有一定的腐蚀性 Для органического теплоносителя с хлором, его разложение имеет определенную коррозийность
低毒性 Низкая токсичность	原则上选择对生物体毒性低的有机热载体 В принципе, выбирают органический теплоноситель с низкой токсичностью к организму
油膜温度 Температура масляной пленки	油膜温度高于主流体温度 20～40℃,油膜温度控制不超温是防止有机热载体过热的关键 Температура масляной пленки превышает температуру главной жидкости за 20-40℃, а контроль температуры масляной пленки в пределе без перетемпературы является ключом к предотвращению перегрева органического теплоносителя

3.3.4.4 有机热载体失效判断

有机热载体长期在高温条件下使用,由于各种复杂原因。其品质会缓慢地发生变化。任何热油在高温条件下使用都会发生裂解;在允许的温度范围内使用时,其裂解速度极慢,但在超温条件下使用时,会随温度的升高而加快,其酸值、残碳、闪点和黏度指标会发生变化,从而影响有机热载体的使用效果和使用寿命。根据经验数据,当有机热载体的酸值、残碳、闪点和黏度指标达到一定程度时,可判定有机热载体失效。其中以下指标有一项符合,可判断有机热载体失效:

3.3.4.4 Диагностика недействительности органического теплоносителя

Качество органического теплоносителя медленно изменяется после долгосрочной работы при высокой температуре по разным сложным причинам. Для любых горячих масел при использовании при высокой температуре происходит расщепление; при использовании при допустимой температуре, скорость расщепления очень медленной, но при использовании при сверхтемпературе, скорость расщепления ускоряется по мере повышения температуры, его показатели кислотности, углеродистого остатка, температуры вспышки и вязкости будут изменяться, тем самым это изменение оказывает влияние на эффект и срок службы органического теплоносителя. Согласно опытным данным, при достижения показателей кислотности, углеродистого остатка, температуры вспышки и вязкости определенной степени, можно определять недействительность

（1）酸值＞1.5 mg（KOH）/g；

（2）残碳＞1.5%；

（3）闪点变化值＞20%（和开始使用时的新油比较）；

（4）黏度变化值＞15%（和开始使用时的新油比较）。

3.3.5 辅助系统及操作要点

3.3.5.1 燃料供给及燃烧系统

燃料供应母管上主控制阀前，应当在安全并且便于操作的地方设置手动快速切断阀。

燃烧系统应该匹配燃烧器控制系统，在热负荷大于或等于 2000kW 的加热炉，应该设置氧含量分析装置，燃烧系统宜结合氧量分析系统能精确地对燃烧状况进行调节，达到最佳燃烧工况。供货商应在投标文件中提供氧化锆含氧量分析仪的技术参数，线性误差应小于或等于±2%。

燃烧器具有自动调节功能,能根据有机热载体的出口温度自动调节燃烧器输出功率,并能实现自动程序点火和火焰监测、熄火保护等功能。风机为燃烧器提供助燃空气,并在点炉时对炉膛进行程序吹扫。

3.3.5.2 氮气密封和灭火系统

对于闭式循环系统,膨胀罐、储油罐均应设置氮气密封,使有机热载体与空气隔离,避免有机热载体与氧气接触而氧化。

各有机热载体炉均设置自动氮气灭火系统,灭火氮气采用99%纯度氮气。有机热载体炉炉膛出口设置排烟温度变送器,当排烟温度超过排烟上限时,由温度变送器控制开启氮气管线入口电磁阀,保证氮气在15min内充满3倍炉膛体积,迅速隔绝燃烧和对炉膛降温,保护有机热载体炉。

3.3.5.3 自动控制系统

每台有机热载体加热炉配套提供一个就地控制盘(UCP),该就地控制盘与橇内现场仪表设备组成独立的仪表控制系统。该系统能独立完成有

Горелка обладает функцией автоматического регулирования, может автоматически регулировать выводную мощность горелки по температуре на выходе органического теплоносителя, осуществлять функции автоматического программного зажигания, контроля пламени, защиты от погашения и т.д.. Вентилятор обеспечивает горелку поддерживающими горения воздухами, проводит программную продувку топки при зажигания печи.

3.3.5.2 Система уплотнения и огнетушения азотами

Для закрытой циркуляционной системы, как расширяющийся резервуар и резервуар масла, следует установить уплотнение азотами для изолирования органического теплоносителя от воздуха, во избежание окисления органического теплоносителя из-за контакта с кислородом.

Для всех печей органического теплоносителя устанавливаются автоматические системы огнетушения азотами чистотой 99%. На выходе топки печи органического теплоносителя устанавливается дымоотводный датчик температуры, при превышении верхнего предела температуры дымоотвода, датчик температуры управляет включением электромагнитного клапана на входе трубопровода азота для обеспечения наполнения азотами в 3 раза объёма топки в течение 15 минут, быстрого сжигания и снижения температуры топки и защиты печи органического теплоносителя.

3.3.5.3 Автоматическая система управления

Каждая нагревательная печь органического теплоносителя комплектуется 1 местным щитом управления (UCP), данный щит управления с

机热载体加热炉所有工艺参数的采集、显示、报警、自动启/停加热炉、联锁停机等控制功能,同时,能将数据传送到上级控制系统。有机热载体加热炉系统检测参数见表 3.3.5。

приборами, оборудованием в блоке на месте вместе составляют самостоятельную систему управления приборами. Данная система может самостоятельно выполнять функции управления, как сбор всех технических параметров нагревательной печи органического теплоносителя, показание, сигнализация, автоматический запуск/останов нагревательной печи, блокировочный останов машин и т.д., при этом, может передать данные к вышестоящей системе управления. Параметры измерения системы нагревательной печи органического теплоносителя приведены в табл.3.3.5.

表 3.3.5　有机热载体加热炉系统检测参数表

Таблица 3.3.5 Параметры для системной проверки нагревательной печи органического теплоносителя

参数 Параметры	监测位置 Место под контролем	显示 Показание	积算 Интеграция	控制 Управление	报警 Сигнализация	停炉 Останов печи
有机热载体加热炉入口温度 Температура на входе нагревательной печи органического теплоносителя	集中/就地 Централно/на месте	√				
有机热载体加热炉出口温度 Температура на выходе нагревательной печи органического теплоносителя	集中/就地 Централно/на месте	√		√	高报 Сигнализация верхнего предела	高高停 Останов аварийного верхнего предела
有机热载体加热炉分管程出口温度 Температура на выходе внутритрубного пространства нагревательной печи органического теплоносителя	集中/就地 Централно/на месте	√			高报 Сигнализация верхнего предела	高高停 Останов аварийного верхнего предела
有机热载体加热炉入口压力 Давление на входе нагревательной печи органического теплоносителя	就地 На месте	√				
有机热载体加热炉出口压力 Давление на выходе нагревательной печи органического теплоносителя	集中/就地 Централно/на месте	√			高低报 Сигнализация верхнего и нижнего пределов	高高停 Останов аварийного верхнего предела
有机热载体出口流量 Расход на выходе органического теплоносителя	集中 Централно	√	√		低报 Сигнализация нижнего предела	低低停 Сигнализация аварийного нижнего предела

续表
продолжение

参数 Параметры	监测位置 Место под контролем	显示 Показание	积算 Интеграция	控制 Управление	报警 Сигнализация	停炉 Останов печи
燃烧器风机风压 Давление воздуха вентилятора горелки	集中/就地 Центрально/на месте	√			低报 Сигнализация нижнего предела	
燃料气压力 Давление топливного газа	集中/就地 Центрально/на месте	√			高低报 Сигнализация верхнего и нижнего пределов	
燃料气耗量 Расход топливного газа	集中/就地 Центрально/на месте	√	√			
炉膛火焰监测 Детектирование пламени топки	集中 Центрально	√			熄火报 Сигнализация при гашении	熄火停 Останов при гашении
炉膛温度 Температура топки печи	集中 Центрально	√			高报 Сигнализация верхнего предела	高高停 Останов аварийного верхнего предела
排烟温度 Температура уходящих газов	集中/就地 Центрально/на месте	√			高报 Сигнализация верхнего предела	高高停 Останов аварийного верхнего предела
烟气氧量 Содержание кислорода в дыме	集中 Центрально	√		√		
循环泵状态 Состояние циркуляционного насоса	集中 Центрально	√			停报 Сигнализация при останове	泵停炉停 Сигнализация при останове насоса и печи
循环泵进出口压力 Давление на входе и выходе циркуляционного насоса	就地 На месте	√				
膨胀罐液位 Уровень жидкости расширительной емкости	集中/就地 Центрально/на месте	√			高低报 Сигнализация верхнего и нижнего пределов	低低停 Сигнализация аварийного нижнего предела
储油罐液位 Уровень нефтяного резервуара	就地 На месте	√				
膨胀罐温度 Температура расширительной емкости	就地 На месте	√				
储油罐温度 Температура нефтяного резервуара	就地 На месте	√				

续表

продолжение

参数 Параметры	监测位置 Место под контролем	显示 Показание	积算 Интеграция	控制 Управление	报警 Сигнализация	停炉 Останов печи
膨胀罐压力 Давление расширительной емкости	集中/就地 Централно/на месте	√			高低报 Сигнализация верхнего и нижнего пределов	
储油罐压力 Давление нефтяного резервуара	集中/就地 Централно/на месте	√			高低报 Сигнализация верхнего и нижнего пределов	
膨胀罐快速切断阀 быстродействующий отсечный клапан расширительной емкости	集中 Централно	√			动作报 Сигнализация при действии	动作停 Останов при действии
燃烧器 Горелка	集中 Централно	√			故障报警 Сигнализация при отказе	故障停炉 Останов при отказе
有机热载体管路过滤器进出口压力 Давление на входе и выходе фильтра трубопровода органического теплоносителя	就地 На месте	√				
受压部件压力(气液分离器) Давление напорного компонента (сепаратор газа-жидкости)	就地 На месте	√				

3.3.5.4 操作要点

有机热载体炉供热系统启动操作程序如下。

（1）系统检查：检查各系统已完成启动前各项准备。

（2）系统注油：有机热载体系统充填有机热载体。

（3）系统启动和排气：系统冷启动、启动排气流程，以便系统排气。

3.3.5.4 Ключевые операционные пункты

Процесс запуска системы теплоснабжения печи органического теплоносителя приведен как ниже.

（1）Проверка систем: проверить все системы для обеспечения завершения всех подготовительных работ перед запуском.

（2）Заливка системы маслом: заполнить систему органического теплоносителя органическим теплоносителем.

（3）Запуск и удаление воздуха системы: проводить холодный запуск системы, запускать процесс удаления воздуха системы.

（4）系统升温：有机热载体逐渐升温，首次注油后应进行脱水操作，才能升温至设计值。

（5）氮气覆盖：膨胀罐、储油罐充氮保护。

3.3.5.4.1 系统检查

（1）设备检查：检查确认系统所有机、泵已具备正式开车条件并单机试运成功。

（2）工艺流程检查：连接是否牢固、流程是否正确、高低排污是否正确。

（3）阀门检查：阀位是否正确。

（4）控制柜上电前的检查：将控制柜仪表盘内的总电源开关及各开置于"OFF"位置。PLC的电源开关置于"OFF"。检查现场各仪表是否有松动等异常现象，盘上仪表接线是否有掉线等现象。控制柜上电。接通柜外电源开关。打开现场控制柜总电源开关。观察PLC及屏，操作屏工作应正常。

（4）Повышение температуры системы: органический теплоноситель постепенно поднимает температуру, после первичной заливки маслом следует проводить удалвение воды, потом можно поднять температуру до проектного значения.

（5）Покрытие азотами: проводить защиту расширяющегося резервуара и резервуара масла наполнением азотами.

3.3.5.4.1 Проверка систем

（1）Проверка оборудования: проверить всех машин и насосов систем, утверждать наличие условий официального запуска, проводить пробную эксплуатацию машин без подключения к сети и получить положительный результат.

（2）Проверка технологического процесса: проверить надёжность соединений, правильность процесса, правность высокого и низкого дренажа.

（3）Проверка клапанов: проверить правность положений клапанов.

（4）Проверка шкафа управления перед подачей тока: установить главного выключателя и другие выключателя в щите приборов шкафа управления в положение «выключение». Установить выключателя электропитания PLC в положение «выключение». Проверить все приборы на месте и обеспечивать отсутствие перекачивания и другие аномальные явления, проверить провода приборов на щите для обеспечения отсутствия падения проводов. Подать ток шкафа управления. Включить выключатель электропитания вне шкафа. Включить главный выключатель электропитания шкафа управления на месте. Осмотреть PLC и экран, проверить нормальность работ операционного экрана.

3.3.5.4.2 系统注油

向系统注入有机热载体。确认有机热载体注油泵前后管线通畅,泵前、后手阀打开;确认泵前管线液体已经充满;确认有机热载体充填泵电动机转向正确;有机热载体充填泵上电,同时注意泵电动机电流,保证电动机电流小于电动机标称的额定电流;有机热载体充填泵启动后,应随时观察泵进出口压力表数值,当压力表出现大幅度振动时多为泵体内存气或泵前过滤器堵塞导致有机热载体充填泵汽蚀;通过排气或清理泵前过滤器能解决问题。

3.3.5.4.3 系统启动和系统排气

(1)启动有机热载体循环泵。

启动前,确认热油循环泵出口管线上的阀门处于关闭状态;点动循环泵启动按钮,循环泵即可启动。当达到正常旋转速度后,缓慢开启热油循环泵出口管线上的阀门,并调节至正常工作点。

3.3.5.4.2 Заливка системы маслом

Заполнить систему органическим теплоносителем. Подтвердить свободность трубопроводов перед и после впрыскивающего масла-насоса органического теплоносителя, открыть ручные клапаны перед и после насосов; подтвердить полное наполнение трубопроводов перед насосами жидкостью; подтвердить правность направления вращения электродвигателя наполнительного насоса органического теплоносителя; подать ток наполнительного насоса органического теплоносителя, в это время, следить за током электродвигателя насоса, обеспечить ток электродвигателя менее установленного номинального тока электродвигателя; после запуска наполнительного насоса органического теплоносителя, следует постоянно следить за значениями манометров на входе и выходе насоса, при обнаружении резкой вибрации в манометре в большенстве показывается паровая кавитация наполнительного насоса органического теплоносителя из-за наличия воздуха в насосе или забивания фильтра перед насосом; данную проблему можнорешить путем удавления воздуха или очистки фильтра перед насосом.

3.3.5.4.3 Запуск систем и удавление воздуха системы

(1)Запуск циркуляционного насоса органического теплоносителя.

Перед запуском, подтвердить нахождение клапанов на выходном трубопроводе циркуляционного насоса горячего масла в закрытое положение; нажать кнопку запуска циркуляционного насоса, таким образом, циркуляционный насос запускается. После достижения нормальной скорость вращения, медленно открывать клапан на выходном трубопроводе циркуляционного насоса горячего масла и ругелировать до нормальной рабочей точки.

（2）初始启动排气流程。

管路系统内有机热载体为冷态时，有机热载体黏度较大，应关闭回油总管主流程阀门，开启至膨胀罐旁通手动阀，随油温升高，逐步关小旁通手动阀；至正常运行关闭旁通手动阀，开启回油总管主流程阀门。

（3）启动燃烧器。

点炉过程为自动点炉。调试期间可以通过操作屏的"调试开/关"软按钮可实现调试状态下的点炉。为保证系统安全，用户必须采用自动点炉操作，禁止通过操作屏上的调试软按钮进行操作。

燃烧器按正常吹扫程序启动进入点火程序：吹扫炉膛—开启电点火燃料气管—确定点燃小火—开启主燃料气管—点燃主燃烧器—正常运行。

3.3.5.4.4 系统升温

系统升温应根据有机热载体升温特性曲线进行。

当有机热载体温度升至100℃时,保持热媒温度在110℃持续热循环10h以上,使设备充分热胀。通过循环进行排气,直至系统内气体排净。系统流量压力稳定后,排气基本结束。

每次升温,应对设备、阀门进行检查,是否有泄漏,同时,对各位置法兰进行热紧。并注意观察系统管道各点支撑,若不牢固,需加强。

开启回油总管主流程阀门,关闭回膨胀罐旁通手动阀,系统投入正常运行流程。

3.3.5.4.5 氮气覆盖

打开氮气进系统阀门,置换罐内空气。将系统压力调整到最大和最小设定值之间。

3.4 热水供热系统

3.4.1 热水锅炉系统

3.4.1.1 系统划分

热水供热系统可分为:

При повышении температур органического теплоносителя до 100℃, удержать температуру теплопередающей среды 110℃ и продолжить тепловую циркуляцию более 10 часов, для обеспечения полного теплового расширения оборудования. Проводить удаление воздух путем циркуляции до отсутствия воздуха в системе. После стабильзации расхода и давления системы, удаление воздуха в основном завершается.

При каждом повышении температур следует проверить оборудование и клапаны для обеспечения отсутствия утечки, при этом, выполнить тепловое крепление фланцев на всех местах. Внимательно следить за опорами всех точек трубопроводов системы, при обнаружении ослабления, следует усилить.

Открыть главный клапан процесса коллектора обратного масла, закрыть ручной перепускной клапан расширяющегося резервуара, вводить систему в процесс нормальный эксплуатации.

3.3.5.4.5 Покрытие азотами

Открыть входной клапан азотов в систему, выполнить перемещение воздуха в резервуаре. Регулировать давление системы в пределах максимального и минимального установленного значений.

3.4 Система теплоснабжения горячей воды

3.4.1 Система водогрейного котла

3.4.1.1 Классификация системы

Система водогрейного котла подразделяется на:

（1）由热水锅炉直接向用户供应热水的热力系统；

（2）由蒸汽（导热油）锅炉产生蒸汽（导热油），经汽（油）—水换热器换热后，向用户供应热水的热力系统；

（3）由热水锅炉产生高温热水，经水—水换热器换热，变成较低温度的热水，再向用户供应的热力系统。

3.4.1.2 锅炉房的供热方式

在多数情况下，由锅炉房直接供热的系统，进行锅炉选型时应与用户需要的供热介质协调一致。当用户需要供热热水时，不宜选蒸汽锅炉，选用热水锅炉也不宜在锅炉房内将高温水经换热器换成较低温热水再送出。当热水负荷不太大时，最好由锅炉直接供应用户所需的温度的热水，不要再进行换热。

一般在换热间内设汽（油）—水换热器或水—水换热器多数是为解决生产及附属房间采暖或生活热水需要而设的。

（1）Тепловую систему, в которой горячая вода непосредственно питается водогрейным котлом потребителям;

（2）Тепловую систему, в которой горячая вода питается потребителям образованным паром из котла пара (теплопроводного масла) после теплообмена через теплообменник пара (масла)-вод;

（3）Тепловую систему, в которой высокотемпературная горячая вода образована из водогрейного котла, после теплообмена теплообменником вод-вод превращается в относительно низкотемпературную горячую воду, потом питается потребителям.

3.4.1.2 Способ теплоснабжения котёльной

В большинстве случаев, для систем, непостредственно теплоснабженных из котёльной, при выборе типов котлов типы должны согласовать с нужной теплопередающей средой для потребителей. При необходимости снабжения потребителям горячей водой, лучше не выбрать паровой котёл, при выборе водогрейного котла, тоже лучше не подать после обмена высокотемпературной горячей воды в относительно низкотемпературну горячей воду через теплооменник в котёльной. При относительно малой нагрузке горячей воды, лучше питать горячую воду нужной температурой для потребителей посредственно от котла, не надо проводить теплообмен.

Как обычно, в теплообменном помещении устанавливается теплообменник пара (масла)-вод или теплообменник вод-вод, в большинстве предназначен для решения нужд отопления производственных и вспомогательных помещений или нужд бытовой горячей воды.

3.4.1.3　热水供热系统的调节方式

一般情况下,生产工艺热负荷是随工艺处理量变化而变化;采暖通风负荷是随室外空气温度变化而变化;生活热水负荷要随早晚用水时间的不同而变化。因此,整个供热系统只有较少的时间是在设计工况下工作,多数时间低于设计工况,所以供热系统的工况要根据下游负荷的变化进行调节。具体调节方式有如下几种:

（1）根据空气温度的变化,只改变供回水温度,而流量固定不变,或分阶段改变流量的称集中质调节。

（2）根据热负荷的变化,供回水温度不变,至改变供水流量的称量调节。

（3）根据热负荷的变化,供回水温度和供水流量都随着相应的变化的称质量数量调节。一般不论是质调节、量调节还是质量数量调节,在用户处都还需进行适当的辅助调节。目前,锅炉房供热系统严格执行质调节的较少,多数实行分阶段改变流量的质调节。

3.4.1.3　Способ регулирования систем теплоснабжения горячей воды

Как правило, тепловая нагрузка производственной технологии изменяется по изменению производительности технологии; нагрузка отопления и вентиляция изменяется по изменению температур наружного воздуха; нагрузка бытовой горячей воды изменяется по времени водоиспользования утром и вечером. Так что, целая система теплоснабжения работает при проектном режиме только в ограниченное время, в большинстве времени ниже рабочего режима, рабочий режим системы теплоснабжения регулируется по изменению нагрузки последующего участка. Конкретные способы регулирования приведены как ниже:

（1）Центальное качественное регулирование, в котором по изменению температур воздуха только изменяется температура обратной воды, а расход остается без изменеия, или расход изменяется по участкам.

（2）Массовое регулирование, в котором по изменению тепловой нагрузки температура обратной воды остается без изменения, только изменяется расход питательной воды.

（3）Качественное массовое регулирование, в котором по изменению температуры тепловой нагрузки температура обратной воды и расход питательной воды соответственно изменяются. Как обычно, как качественное регулирование, массовое регулирование, так и качественное массовое регулирование, на месте потребителей нужно проводить подходящее вспомогательное регулирование. В настоящее время относительно мало систем теплоснабжения котёльной, в которой строго выполнять качественное регулирование.

3.4.1.4 锅炉房构成及主要设备

热水锅炉房主要由热水锅炉、循环水泵、补给水泵(补水定压装置)、过滤器软化水装置等组成。

3.4.1.4.1 热水锅炉

热水锅炉是单相工质,水在锅炉中只是提高温度,不蒸发、不产生蒸汽。热水锅炉按其水循环的方式,分为三种形式:(1)强制循环;(2)自然循环;(3)辐射受热面采用自然循环,对流受热面采用强制循环。

3.4.1.4.2 循环水泵及补给水泵

热水系统循环水泵及补给水泵一般选用离心泵,离心泵一般由6部分组成,分别是:叶轮、泵体、泵轴、轴承、密封环、填料函。离心泵叶轮安装在泵壳内,并紧固在泵轴上,泵轴由电动机直接带动。在离心泵启动前,泵壳内需灌满液体,启动后,叶轮由轴带动高速转动,叶片间的液体也必须转动,在离心力的作用下,以较高压力流入排出管道。

3.4.1.4 Состав и основное оборудование котёльной

Водогрейная котёльая в основном состоит из водогрейного котла, насоса оборотной воды, насоса подпиточной воды (установки для подпитки водой с постоянным давлением), водоумягчительной установки фильтра и т.д..

3.4.1.4.1 Водогрейный котел

Водогрейный котел является рабочей средой одной фазы. Воде в котле только поднимает температуру, не испаряется, не образует пар. По способам циркуляции вод водогрейный котёл подраздяется на три типа:(1)Обязательная цикурляция;(2)естественная цикурляция;(3)Для лучевоспринимающей поверхности применяется естественная цикурляция, для конвективной поверхности нагрева применяется обязательная цикурляция.

3.4.1.4.2 Насос оборотной воды и насос подпиточной воды

Для насоса оборотной воды и насоса подпиточной воды системы горячей воды как обычно применяются центробежные насосы, состоящие из шестей частей: крыльчатка, корпус насоса, ось насоса, подшипник, уплотнительное кольцо, сальник. Крыльчатка центробежного насоса устанавливается в корпусе насоса, тесно креплена к оси насоса, ось насоса проводится в движение непосредственно с помощью электродвигателя. Перед запуском центробежного насоса следует полностью наполнить корпус насос жидкостью, после запуска, крыльчатка вращается с высокой скоростью под приводом оси, жидкость между лопачками принуждается вращать, под действием центробежной силы поступает и выбрасывается вне трубопровода под высоком давлением.

3.4.1.4.3 软化水装置

热水供热系统中，一般采用全自动软化水装置。全自动软化水装置是一种具有软化水中硬度功能的设备，由于水的硬度主要由钙、镁形成，全自动软化水设备采用离子交换树脂，去除水中的钙、镁等结垢离子。当含有硬度离子的原水通过交换器内树脂层时，水中的钙、镁离子便与树脂吸附的钠离子发生置换，树脂吸附了钙、镁离子而钠离子进入水中，这样从交换器内流出的水就是去掉了硬度的软化水。将水中的 Ca^{2+} 和 Mg^{2+}（形成水垢的主要成分）置换出来，随着树脂内 Ca^{2+} 和 Mg^{2+} 的增加，树脂去除 Ca^{2+} 和 Mg^{2+} 的效能逐渐降低，就必须进行再生，再生过程就是用盐箱中的食盐水冲洗树脂层，把树脂上的硬度离子再置换出来，随再生废液排出罐外，这时树脂就又恢复了软化交换功能。

3.4.1.4.4 热水供热系统的补水定压

为使热水供热系统管网水力工况运行正常，对管网系统的泄漏必须随时补充，而且必须保证全系统每一点的压力都处于正值，不许出现倒空，使运行保持平稳。为此，需在热源处，对热网进行补水定压。具体定压方式有下面几种：

3.4.1.4.3 Водоумягчительная установка

В системе теплоснабжения горячей воды как обычно применяется автоматическая водоумягчительная установка. Автоматическая водоумягчительная установка является оборудованием, обладающим функцией умягчения твердости вод, твердость вод образуется кальцием и магнием, так что автоматическая водоумягчительная установка применяет ионообменную смолу для удаления ионов накипей кальция и магния и т.д.. При проходе сырой воды ионов с твердостью через слой смолы обменника, ионы кальция и магния в воде вытеснены с ионом натрия, адсорбированным смолой, смола адсорбирует ионы кальция и магния, а ион натрия поступает в воду, таким образом, вода, вытекающая из обменника, превращается в умягченную воду без твердости. Вытеснить Ca^{2+} и Mg^{2+} (основный состав для образования накипи) из вод, по мере увеличения Ca^{2+} и Mg^{2+} в смоле, эффект удаления Ca^{2+} и Mg^{2+} от смолы постепенно ослабляется, необходима регенерация, суть процесса регенерации заключается в том, что промывать слой смолы соляной водой в баке соли, вытеснить ион твердости из смолы, с регенерационной отработанной жидкостью вместе дренажть с резервуара, в это время, функция умягчения и обмена смолы восстановлена.

3.4.1.4.4 Подпитка вод и поддержание давления систем теплоснабжения горячей воды

Для обеспечения нормальной эксплуатации сети трубопроводов теплоснабжения горячей воды при гидравлическом рабочем режиме, необходимо в любое время подпитывать утечку систем сети трубопроводов, а также необходимо обеспечить нахождение давлений каждой точке

(1)高位水箱定压系统。

利用膨胀水箱安装在用户系统的最高处来对系统进行补水定压。

该系统简单、安全、可靠,水力工况稳定。是机械循环小型低温水供热系统最常用的定压方式。采用此系统时,应注意:膨胀水箱应设在高出系统管网最高点2~3m处。

(2)氮气膨胀罐定压系统。

当系统内没有条件安装高位膨胀水箱时,可用隔膜式氮气罐代替。在氮气罐内设有气囊,最初气囊外充满氮气,而气囊内水室压力近似于零,当供热系统开始运行后,水温从最低温度上升到最高温度,气囊内水室容积由于系统水温升高体积膨胀,从最低值扩大到最高值,气囊外的氮气由初始压力上升到最高值,当系统中水温降低或发生泄漏时,氮气罐内水容量减少,氮气的压力也随之降低,压力降低到最低限制时,补水泵即开始自动向系统内补水,以维持系统要求的最低压力工况。

целой системы в положительные величины, не допускается опрастывать, следует обеспечить ровную эксплуатацию. Для этого, нужно проводить подпитку вод и поддержание давлений тепловой сети на месте источника теплоты. Конкретные способы поддержания давлений приведены как ниже:

(1) Система поддержания давлений вышележащего водяного бака.

Подпитка вод и поддержание давлений проводятся с установком компенсационного водяного бака на высшем месте системы потребителей.

Данная система простая, безопасная и надёжная, обладает стабильным гидравлическим рабочим режимом. Является широко распространенным способом поддержания давлений для малой систем теплоснабжения горячей воды низкой температурой с мехнической циркуляцией. При применении данной системы, следует обратить внимание на то, что компенсационный водяной бак должен устанавливать на расстоянии 2-3м выше высшего места сети трубопроводов системы.

(2) Система поддержания давлений расширяющегося резервуара азотов.

При невозможности установки компенсационного водяного бака в системе, можно заменить его мембранным резервуаром азотов. В резервуаре азотов устанавливается баллон, в самом начале вне баллона наполнен азотами, а давление воводяного отсека баллона приблизительно равно нулю, после начала эксплуатации систем теплоснабжения, температура вод поднимается с минимальной температуры до максимальной, объём внутреннего водяного отсека баллона расширяется по повышению температур вод с минимального до максимального объёма, первичное

（3）补给水泵补水定压系统。

当膨胀水箱或氮气罐不能满足系统的要求时，可利用补给水泵所提供的压头来进行补水定压。根据补给水泵的运行情况，又分为补给水泵连续补水定压和补给水泵间歇补水定压两种方式。

3.4.2 换热站

3.4.2.1 概述

3.4.2.1.1 换热站的组成

换热站的热力系统通常由汽—水换热器（水—水换热器或油—水换热器）、循环水泵、补水泵（或补水装置）、除污过滤器等设备组成。有的换热站内还设有凝结水箱、凝结水泵或水处理装置等。

давление азотов вне баллона поднимается до максимального значения, при снижении или утечке температур вод в системе, объём вод в резервуаре азотов уменьшается, давление азотов тоже снижается, при снижении давления до наименьшего предела, насос подпиточной воды автоматически подпитывает систему водой для поддрежания требуемого рабочего режима под минимальным давлением для систем.

（3）Система подпитки вод и поддержания давлений насоса подпиточной воды.

При невозможности удовлетворения компенсационного водяного бака или резервуара азотов требованиям систем, можно проводить подпитку вод и поддержание далвений с помощью поставленного напора насоса подпиточной воды. По состоянию эксплуатации насос подпиточной воды подразделяется на способ непрерывной подпитки вод и поддержания давлений насоса питательной воды и способ периодической подпитки вод и поддержания давлений насоса питательной воды.

3.4.2 Теплообменный пункт

3.4.2.1 Общие сведения

3.4.2.1.1 Состав теплообменного пункта

Тепловая система теплообменного пункта как правило состоит из теплообменника пара-воды (теплообменника воды-воды или теплообменник пмасла-воды), насоса оборотной воды, насоса подпиточной воды (или установки подпитки воды), промывочного фильтра и т.д.. В некоторых теплообменных пунктах устанавливаются бак конденсационной воды, насос конденсационной воды или установа очистки воды и т.д..

为保证换热站的安全正常运行,站内还必须设置必要的热工检测和安全保护装置。

3.4.2.1.2 换热站的布置原则

换热站的位置应根据供热系统整体布局的经济合理性及运行管理方便的原则设置。通常有三种方式：

（1）附设于锅炉房辅助间内。

（2）独立设置。

（3）布置在热用户建筑（或辅助建筑）物内。

换热站内各设备之间的应有运行操作及设备维修所必需的场地。管壳式换热器还应保留有抽出管束所需要的距离,其尺寸通常为管束长度的1.5倍。

换热站的高度应满足设备安装、起吊、检修、搬运所需要的空间。

独立的换热站内还应布置必要的值班室和生活间。

Для обеспечения безопасной и нормальной эксплуатации теплообменного пункта, в пункте ещё необходимо установить необходимые установки для контроль теплотехники и предохранительные защитные установки.

3.4.2.1.2 Принцип расположения теплообменного пункта

Следует установить место расположения теплообменного пункта по принципам экономической рациональности генеральной расстановки и удобства эксплуатации и управления системой теплоснабжения. Как правило, существуется три способа：

（1）Пристроится в вспомогательном помещении котёльной.

（2）Самостоятельно установить.

（3）Расположен в зданиях (или вспомогательных зданиях) потребителей.

Между оборудованиями в теплообменном пункте следует иметь необходимую площадку для операции и ремонта оборудования. Для кожухотрубчатого теплообменника ещё следует предусмотреть необходимое пространство для выдвижения трубного пучка, остальные размеры как правило состовляет 1,5 раза длины трубного пучка.

Высота теплообменного пункта должна удовлетворять требованиям к необходимым пространствам для монтажа, подъёма, осмотра, ремонта и перевозки оборудования.

В самостоятельном теплообменном пункте ещё следует предусмотреть необходимые дежурную и бытовое помещение.

3.4.2.2 换热站主要设备

3.4.2.2.1 管壳式换热器

管壳式换热器是目前使用较广、技术上较为成熟的一种设备。其特点是能承受较高的温度和压力，维护管理方便，不易泄漏。在结构上其传热管束又有光管式和螺旋槽管式两种。螺旋槽管式是采用螺旋槽管代替了一般的光滑管束，使其提高了管壳式换热器（与光管式管壳换热器比较）的传热效果。因此，目前已被广泛应用。但是，相对于板式换热器设备，管壳式换热器的传热系数还是较低，因而在相同的供热需求量条件下，管壳式换热器需要的传热面积较大。

管壳式换热器设备在安装形式上可分为卧式和立式两种。

3.4.2.2.2 板式换热器

板式换热器是一种传热效率高、结构紧凑的新型换热设备。其主要特点是可以拆洗不会串液；板片用不锈钢或钛板压制，可耐各种腐蚀性介质；流程组合灵活。

3.4.2.2 Основное оборудование теплообменного пункта

3.4.2.2.1 Кожухотрубчатый теплообменник

Кожухотрубчатый теплообменник является оборудованием, относительно широко распространенным в настоящее время, обладающим относительно квалификационной технологией. Характеризуется стойкостью к действию относительно высокой температуры и давления, удобством обслуживания и управления и трудностью утечки. По конструкции его теплопередающий трубный пучок подразделяется на гладкотрубный и змеевиковый. Змеевиковый теплообменник применяет змеевик вместо обычного гладкотрубный пучка для повышения эффекта теплопередачи кожухотрубчатого теплообменника (в сравнении с гладкотрубным кожухотрубчатым теплообменником). В связи с этим, в настоящее время уже широко распространяется. Но в сравнении с пластинчатым теплообменником, теплопередающий коэффициент кожухотрубчатого теплообменника относительно низкий, так что при одинаковых условиях потребности в тепле, необходимая площадь теплопередачи кожухотрубчатого теплообменника относительно больше.

По способам монтажа кожухотрубчатый теплообменник подразделяется на горизонтальный и вертикальный.

3.4.2.2.2 Пластинчатый теплообменник

Пластинчатый теплообменник является новым теплообменным оборудованием, обладающим высокой эффективностью теплопередачи и компактной конструкцией. Характеризуется удобством разбора и мойки и отсутствием смешания жидкостей; его пластины изготовляются из

3.4.2.3 换热站热力系统

换热站热力系统设计原则包含以下部分：

（1）换热站热水供水温度、回水温度和压力应根据热用户的需要及计算来确定。

（2）换热器台数及单台换热器热容量的确定要便于热负荷的调节。一般汽—水换热器不少于2台，其中任1台停止工作时，其他运行设备应能满足总热负荷的70%。

（3）热水循环系统一般采用补水泵自动补水，补水泵不宜少于2台，其中1台备用。补水点的位置一般设在循环水泵的吸入口侧。热水循环系统也可以采用膨胀水箱进行补水。

（4）为防止循环水泵突然停止造成回水对水泵的冲击，在循环水泵的进水母管与出水母管之间应装设旁通管路，管径应与母管管径相近，并在该旁通管上装设止回阀。

нержавеющей стали или прессуется из титановой панеля, стойкие к разным коррозийным средам; обладает ловкостью сочетания процесса.

3.4.2.3 Тепловая система теплообменного пункта

Принципы проектирования тепловой системы теплообменного пункта приведены как ниже:

（1）Температуры и давления питательной и обратной горячей воды теплообменного пункта должны определяться по нужде потребителей и расчёту.

（2）Определение количества теплообменников и теловой мощности поштучного теплообменника должно быть удобным для регулирования тепловой нагрузки. Как обычно, количество теплообменник пара-воды должно быть не менее 2, при останове одного теплообменника из них, остальное действующее оборудование должно удовлетворять 70% общей тепловой нагрузки.

（3）Для систем циркуляции горячей воды как обычно применяется насос подпиточной воды для автоматической подпитки воды, количество насоса подпиточной воды должно быть не менее 2, один из них находится в резерве. Как правило устанавливается место подпитки воды на стороне входе насоса оборотной воды. Для систем циркуляции горячей воды тоже можео применять компенсационный водяной бак для подпитки воды.

（4）Для предотвращения удара обратной воды в водяной насос из-за внезапного останова насоса оборотной воды, между входным и выходным коллекторами насоса оборотной воды следует предусмотреть перепускный трубопровод, диаметр которого близок диаметра коллектора, на перепускном трубопроводе устанавливается обратный клапан.

4 给排水

将原水经净化处理后,按需求把制成水供给各石油天然气生产用户使用;同时将石油天然气生产过程中产生的各种污水(废水)进行处理,并将其妥善处置,以保护生态环境。本章对气田地面工程给排水领域涉及的给水系统、循环冷却水系统、污水处理系统、污水回注系统、输水管道系统的工艺原理及工艺流程,主要设备及适用范围,应用实例及操作要点等内容进行了详细的介绍。

4.1 概述

天然气在开采、处理和输送过程中,其站场和处理厂等均需配套提供各种用水,并将生产过程中产生的各类污废水进行收集、处理和有效处置,以满足环境治理需要,达到天然气生产和生态环境保护的和谐统一。

4 Водоснабжение и канализация

Подать очищенную сырьевую воду производственным потребителям для переработки нефти и газа по потребности; в то же время очистить сточных (отработанных) вод, производственных в процессе переработки нефти и газа, утилизировать их надлежащим образом для охраны окружающей среды. В данной главе изложены технологические принципы и процесс, основное оборудование и его сфера применения для системы водоснабжения, системы оборотной охлаждающей воды, системы обращения сточных и отработанных вод, системы закачки сточных вод, системы перекачки воды, применяемой в отрасли водоснабжения и канализации в работе наземного обустройства на газовых месторождениях, а также перечислены их реальные примеры применения и ключевые операционные пункты.

4.1 Общие сведения

В процессе добычи, обработки и транспортировки природного газа, нужно обеспечить площадки станции и ГПЗ водой разных назначений, собирать, обрабатывать и эффективно обращать сточные отработанные воды, образованные в процессе производства, чтобы удовлетворять требованиям к упорядочению окружающей среды, достигать гармоничности и единства производства природного газа с охраной экологической среды.

为此,天然气开发过程中给排水领域涉及的内容主要包括给水系统、循环冷却水系统、污废水处置系统和污水回注系统等。

（1）给水系统。

给水系统的任务为在天然气开发过程中,向各厂、站、库提供各种用水,主要用水对象为锅炉设备用水、循环水补水、药剂制备等生产用水以及生产员工的生活用水等。该系统需通过技术经济比较,选取合适的水源,经处理合格后输送至气田各用水点,以供厂（站、库）生产及生活等用水。其主要配套设施包括深井取水构筑物、河流取水设施（包括饮水渠、水坝、沉砂池和取水泵站）、水源站（或简易给水处理设施）、供水管线、站场供水橇、厂内给水站、厂站新鲜水配水管网等。

（2）循环冷却水系统。

天然气在处理及增压输送过程中,需要设置循环冷却水系统,以对换热设备及各种机泵进行冷却,该系统主要包括循环冷却水装置、循环冷却水输配水管网等。

С этой целью, в состав содержания области водоснабжения и канализации в процессе добычи природного газа в основном входят система водоснабжения, система оборотной охлаждающей воды, система обращения сточных и отработанных вод, система закачки сточных вод и т.д..

（1）Система водоснабжения.

В процессе добычи природного газа цель систем водоснабжения заключается в водоснабжении к разным заводам, станциям и складам, в состав основных потребителей вод входят вода для котёльного оборудования, подпиточная вода оборотной воды, производственная вода для приготовления реагентов, бытовая вода персонала и т.д.. Для данной системы нужно выбрать подходящий источник вод путем технико-экономического справнения, после получения положительного результата обработки транспортируется к разным потребителям газовых месторождений для обеспечения производственных и бытовых вод заводов（станций и складов）. В состав основных комплектующих сооружений входят сооружения забора вод из глубинных скважин, водозаборные сооружения из рек（включая деривационный канал, дамбу, пескоотстойник и станция водозаборного насоса）, водозаборная станция（или простое сооружение очистки питательной воды）, трубопровод водоснабжения, блок водоснабжения площадки станции, внутризаводская станция водоснабжения, заводская сеть трубопроводов свежей воды и т.д..

（2）Система оборотной охлаждающей воды.

В процессе обработки и транспортировки при повышенном давлением природного газа, нужно предусмотреть систему оборотной охлаждающей воды для охлаждения теплообменного оборудования и разных машин, насосов, в состав

（3）污废水处置系统。

天然气开发过程中，将产生气田水、生产污水、检修污水、含盐废水、生活污水等各种污废水，根据当地环保法规及气田自然条件，可采取污水零排放、自然蒸发、达标排放和回注地层等处置方式。根据污水不同的处置方式，采取相应的污水处理工艺，这些处理工艺主要包括气田水除硫化氢技术（气提、闪蒸）、物理处理技术、生物处理技术、化学处理技术、膜处理技术以及针对高含盐废水的蒸发结晶技术。

（4）污水回注系统。

从天然气开发井口带出来的地层水（气田水），存在含油、高压、高温、高含硫（硫化氢）、高含盐或高含二氧化碳等特性，如果达标外排，则处理难度大、处理代价高，处理稍有不慎，极易污染地表及大气环境，鉴于此，可采用回注地层的处置方案。针对不同地层条件，确定需去除的污染物，在没有特殊要求时，通常只需去除水中硫化氢、油分和悬浮物后便可直接回注地层。污水回注系统主要包括加压回注单元、高压配水阀组（对多口回注井）、高压回注管线、井口回注装置等。

данной системы в основном входят установка оборотной охлаждающей воды, сеть трубопроводов транспортировки и распределения оборотной охлаждающей воды и т.д..

（3）Система обращения сточных и отработанных вод.

В процессе добычи природного газа образуются промысловая вода, производственная сточная вода, ремонтная сточная вода, солевая сточная вода, бытовая сточная вода и разные сточны, по местным законам о охране окружающей среды и природным условиям газового месторождения, можно применять нуль выпуска сточных вод, естественное испарение, выпуск достигающих показатели вод, обратную закачку в пласт и такие методы обращения. По разным методам обращения сточных вод, применяются соответствующие технологии очистки сточных вод, в состав которых входят технология удавления сероводорода от промысловой воды (отпарка, флаш-испарение), технология физической обработки, технология биологической обработки, технология химической обработки, технология мембранной обработки и технология выпаривания и кристаллизации для концентрированных соляных сточных вод.

（4）Система закачки сточных вод.

Пластовая вода (промысловая вода), вынесенная из устья освоенных скважин природного газа, характеризуется содеражанием нефти, высоким давлением, высокой температурой, высоким содержанием серы (сероводород), высоким содержанием соли или высоким содержанием углекислоты и т.д., если выбирается наружный выпуск достигающих показатели вод, трудность обращения большая, стоимость обращения высокая, хотя малейшая неосторожность при обращении

4.2 给水系统

4.2.1 站场给水系统

站场给水系统的选择应根据站场规模、用水量、水质、水压、水温的要求,结合当地外部给水系统及水文地质条件等因素,经综合分析、技术经济比较后确定。

站场给水用户主要包括:生活用水、生产用水、场地冲洗用水等。土库曼斯坦地区站场用水均较小,因此通常采用地下水或罐车拉运的方式供给。

может вызвать загрязнение земной поверхности и среды воздуха, в связи с этим, можно применять метод обращения обратной закачки в пласт. Следует определить загрязнение, подлежащее удавлению, для разных условий пластов, при отсутствии особых требований, как обычно, только нужно удалить сероводорода, нефти и взвешенные вещества от вод, потом можно непосредственно обратно закачать в пласт. В состав системы закачки сточных вод в основном входят блок нагнетания и закачки, групповые клапаны распределения вод высокого давления (для многих колодцев обратной закачки), трубопровода обратной заказчки высокого давления, установки обратной заказчки на устье и т.д..

4.2 Система водоснабжения

4.2.1 Система водоснабжения площадки станции

Выбор систем водоснабжения площадки станции определяется по объёму площадки станции, требованиям к потребности в воде, качеству вод, давлению вод и температуре вод, с учетом местных наружных систем водоснабжения, гидрогеологических условий и таких фактов, после комплексного анализа и технико-экономического сравнения.

В состав потребителей в воде на площадке станции в основном входят: бытовая вода, производственная вода, вода для промывки площадки и т.д.. С учетом малой потребности площадки станции на территории Туркменистана в воде, как правило, применяется способ водоснабжения грунтовой водой или путем перевозки цистернами.

4.2.1.1 站场给水系统组成

站场给水系统主要由以下几部分组成：

水源井——为开采地下水而钻凿的井。

水处理装置——对水源井送来的原水进行处理，以达到水质要求的水处理装置。

全自动增压水箱——将处理后的合格水提供给各用水点，兼有储存调节和加压功能，一般由水箱、水泵机组、管路系统和电控系统等组成。

紫外线消毒仪——利用紫外线光子的能量破坏水体中各种病毒、细菌以及其他致病体的 DNA 结构。

配水管网——将处理好的新鲜水送至各用水点的管道及附属设施。

地下水源取水构筑物的型式有管井、大口井、渗渠、辐射井及复合井等，其中以土库曼斯坦站场取水构筑物为管井。

管井——管井是以井管从地面深入到含水层抽取地下水的构筑物。管井由其井壁和含水层进水部分均为管状结构而得名。

各种地下水取水构筑物型式适用范围见表 4.2.1。

4.2.1.1 Состав системы водоснабжения площадки станции

Систем водоснабжения площадки станции в основном состоит из нижеуказанных частей:

Водозаборный колодец— колодец, буримый для добычи грунтовой воды.

Установка очистки вод— Установка очистки вод, очищающая сырую воду из водозаборного колодца для достижения требований к качеству вод.

Автоматический нагнетательный резервуар воды— подать годные после обработки воды потребителям вод, обладает функциями хранения, регулирования и нагнетания, как правило, состоит из водяного бака, группы водяных насосов, системы трубопроводов, система управления электричества и т.д..

Ультрафиолетовый стерилизатор— с использованием энергии ультрафиолетовых фотонов уничтожает разные вирусы, бактерии и конструкции DNA других патогенов.

Сеть трубопроводов распределения вод— передает очищенную свежую воду в трубопроводы и вспомогательные сооружения потребителей вод.

Типы водозаборных сооружений подземных вод подразделяются трубчатый колодец, колодец с большим устьем, просачивающийся канал, дозиметрические шахты, комбинированный колодец и т.д., в том числе, для территории Туркменистана - трубчатый колодец.

Трубчатый колодец— сооружение, в котором труба просовывается с поверхности земли в водоносный пласт для водозабора. Наименуеться по трубчатой конструкции впускных каналов стенки колодца и водоносного пласта.

Область применения типов водозаборных сооружений подземных вод приведена в нижеуказанной таблице 4.2.1.

表 4.2.1 地下水取水构筑物型式适用范围

Таблица 4.2.1 Область применения водозаборных сооружений подземных вод

型式 Тип	尺寸 Размер	深度 Глубина	适用范围 Область применения				出水量 Дебит
			地下水类型 Тип грунтовой воды	底板埋藏深度 Глубина залегания опорной плиты	含水层厚度 Мощность водоносного горизонта	水文地质特征 Гидрогеологическая характеристика	
管井 Трубчатый колодец	井径 50~1000 mm, 常用 200~600 mm Диаметр колодца 50-1000мм, обычный диаметр 200-600мм	井深 8~1000 m, 常用在 300 m 以内 Глубина 8-1000м, обычная глубина в пределе 300м	潜水、承压水、裂隙水、岩溶水 Скрытая вода, напорная вода, трещинная вода, карстовая вода	大于 8 m Более 8м	视透水性确定 Определяют согнано водопроницаемости	适用于砂、砾石、卵石及含水黏性土、裂隙水、岩溶含水层 Для песка, гравия, гальки и водоносного глинистого грунта, трещинной воды, карстового водоносного горизонта	一般 500~600m³/d, 最大可达 2×10⁴~3×10⁴ m³/d, 最小小于 100 m³/d. Обычно 500-600м³/день, максимально $2×10^4~3×10^4$ м³/сут., минимально 100м³/сут.
大口井 Шахтный колодец	井径 2~12m, 常用 4~8m Диаметр колодца 2-12м, обычный 4-8м	井深 20 m 以内, 常用在 6~15m Глубина до 20м, обычная глубина в пределе 6-15м	潜水、承压水 Скрытая вода, напорная вода	小于 15 m Менее 15м	一般为 5m 左右 Обычно около 5м	砂、砾石、卵石、渗透系数最好在 20 m/d 以上 Для песка, гравия, гальки, коэффициент фильтрации желательно быть выше 20м/сут.	一般 500~10000 m³/d, 最大可达 2×10⁴~3×10⁴m³/d Обычно 500-10000м³/сут., максимально $2×10^4~3×10^4$ м³/сут.
辐射井 Радиальный водозаборный колодец	集水井直径 4~6m, 辐射管直径 50~300 mm, 常用 75~150 mm Диаметр водозаборного колодца 4-6м, диаметр радиационной трубы 50-300мм, обычный 75-150мм	集水井深 3~12m Обычная глубина водозаборного колодца 3-12м	潜水 Скрытая вода	埋深 12 m 以内, 距含水层应大于 1 m, 辐射管深度залегания в пределе 12м; расстояние между радиационной трубой и водоносным горизонтом должно быть больше 1м	大于 2 m Больше 2м	细、中、粗砂、砾石、含漂石、弱透水层 Для мелкозернистого, среднезернистого и крупнозернистого песков, гравия; не включаются валун и слабоводопроницаемый горизонт	一般 5000~50000 m³/d, 最大可达 310000 m³/d Обычно 5000-50000м³/сут., максимально 310000м³/сут.
渗渠 Проницаемая канава	直径 450~1500 mm, 常用 600~1000 mm Диаметр 450-1500мм, обычный 600-1000мм	埋深 10 m 以内, 常用 4~6 m Глубина залегания в пределе 10м, обычная глубина 4-6м	潜水 Скрытая вода	小于 6 m Менее 6м	一般在 2 m 以上 Обычно выше 2м	中、粗砂、砾石、卵石 Для среднезернистого и крупнозернистого песков, гравия и гальки	一般 5~20m³/(d·m), 最大 50~100m³/(d·m) Обычно 50-100м³/(сут·м)

4.2.1.2 站场给水处理工艺流程简述

地下水处理工艺主要有除砂、除铁、除锰、消毒等，其处理工艺流程如图4.2.1所示。各工程应根据实际水质情况进行处理工艺的选择。

4.2.1.2 Краткое описание о технологическом процессе обработки питательной воды площадки станции

В состав технологии обработки подземных вод в соновном входят удаление песков, желез, марганецев, стерилизация и т.д., процесс обработки приведен на рис. 4.2.1. Для разных объектов следует выбрать процесс обработки по фактическому состоянию качеств вод.

```
水源井              深井泵          除砂设备          除铁、除锰          消毒
Колодец          Глубинный      Установка для   Обезжелезивание и   Дезннфекция
водоисточника      насос        очистки от песка  обезмарганцовывание
```

图 4.2.1 站场给水处理工艺流程

Рис. 4.2.1 Технологический процесс обработки питательной воды площадки станции

4.2.1.3 应用实例

以下为土库曼斯坦巴格德雷合同区域B区内部集输扬古伊—恰什古伊、别列克特利—皮尔古伊气田工程和土库曼斯坦南约洛坦 $100\times10^8\,m^3$/a 商品气产能建设工程（简称南约洛坦工程）。应用实例见表4.2.2。

4.2.1.3 Реальные примеры прменения

Ниже показываются объекты м/р Янгуйы-Чашкуйы, Берекетли-Пиргуйы внутрипромыслового сбора и транспорта Блока Б на договорной территории «Багтыярлык» Туркменистана и объект на обустройство части м/р «Южный Елотен» на 10 млрд. куб.м. товарного газа в год (далее - объект «Южный Елотен»). Реальные примеры приведены в табл.4.2.2.

表 4.2.2 在土库曼斯坦建成的站场给水系统应用实例

Таблица 4.2.2 Пример применения системы водоснабжения на станциях, построенных в Туркменистане

项目名称 Наименование объекта	处理规模，m^3/d Производительность м³/сут.	水处理工艺流程 Технологический процесс водообработки
B区内部集输扬古伊—恰什古伊、别列克特利—皮尔古伊气田工程 Строительство системы внутрипромыслового сбора и транспорта газа на месторождении Янгуйы, Чашгуйы, Берекетли и Пиргуйы в блоке Б	5	B区处理厂来水→全自动增加水箱→紫外线消毒→用户 Вода из ГПЗ в блоке Б → автоматический нагнетательный резервуар воды → ультрафиолетовая дезинфекция → пользователь
$300\times10^8 m^3$/a 工程外输压气站 Экспортная компрессорная станция объекта на $300\times10^8 m^3$/г	15	原水→深井泵→一体化给水处理设备→全自动增压水箱→紫外线消毒→用户 Сырая вода→глубинный насос→интегральное оборудование очистки питательной воды → автоматический нагнетательный резервуар воды → ультрафиолетовая дезинфекция → пользователь

4.2.2 处理厂给水系统

4.2.2.1 功能及用途

天然气处理厂是天然气地面建设工程中用水量最大的单位用户，天然气处理厂给水系统的主要功能是将原水经加工处理，后按需要把制成水供到各用户使用，是原水采集、输送、处理、供应的一系列工程的组合。

天然气处理厂给水按其用途主要分类见表4.2.3。

4.2.2 Система водоснабжения ГПЗ

4.2.2.1 Функции и назначения

ГПЗ является наибольшим потребителем-организацией в воде объекта надземного обустройства природного газа, основная функция системы водоснабжения ГПЗ заключается в снабжении обработанной воды к потребителям после обратки сырой воды, данная система является совокупностью рядов объектов сбора сырой воды, транспортировки, обработки и снабжения.

Основная классификация питьельной воды ГПЗ по назначению приведена в табл.4.2.3.

表 4.2.3 给水用途分类表
Таблица 4.2.3 Классификация назначений водопользования

序号 No п/п	给水类型 Назначение	说明 Описание
1	生活用水 Бытовая вода	包括日常生活用水（冲厕、洗涤等）、居住人员的餐饮、冲厕、洗涤、淋浴、洗衣等生活用水 Включая повседневную бытовую воду (для промывки туалета, обмывания и т. д.), а также бытовую воду для пищи и напитков, промывки туалета, обмывания, души, стирки жителей
2	生产用水 Производственная вода	包括循环冷却系统补充水、锅炉的补充水、工艺装置、场地冲洗、检修用水、化验室用水等。生产用水的水量、水质和水压的要求有很大的差异，在确定生产用水的水量和水压时，必须满足生产设施所需水量、水质和水压的要求 Включая подпиточную воду системы циркулирующего охлаждения, подпиточную воду котла, воду для технологической установки, промывки площадки и проверки, а также воду для лаборатории и т. Д. По сравнению с бытовой водой, требования к водопотреблению, качеству воды и давлению воды производственных вод различны, поэтому при определении потребления и давления производственных вод, следует удовлетворить требованиям к водопотреблению, качеству и давлению воды в производственных сооружениях
3	其他用水 Остальные места водопотребления	包括景观用水、浇洒道路和绿地用水等 Включая воду для ландшафта, полива дорог, зеленых насаждений и т.д
4	未预见水量 Непредвиденное водопотребление	考虑处理厂投产后改变和调整操作需要、管网漏损及其他未预见到的增加水量，一般按上述3项的10%～20%取值 С учетом потребности изменения и регулировки операции после ввода ГПЗ в эксплуатацию, потери утечки трубопроводной сети и другого непредвиденного увеличения объема воды, как правило, принято значение по 10%-20% вышеуказанных 3 пунктов

4 Водоснабжение и канализация

续表
продолжение

序号 № п/п	给水类型 Назначение	说明 Описание
5	消防补充水 Подпиточная вода для пожаротушения	消防储水按一次火灾所需最大消防水量储存在消防水罐（池）中，由给水系统供给的只是消防补充水，在《石油天然气工程设计防火规范》（GB 50183—2015）中规定：消防补充水时间不应超过96h Пожарная вода должна быть сохранена в резервуаре（бассейне）воды пожаротушения в соответствии с максимальным объемом пожарной воды одного пожара. Вода, поставленная системой водоснабжения, является лишь подпиточной водой для пожаротушения; согласно положениям в «Противопожарных правилах проектирования нефтегазового объекта»（GB 50183—2015），время дополнения воды для пожаротушения не должно превышать 96ч
6	合计 Всего	总用水量 Q 为以上5项用水量之和，这个水量作为水源的取水、输水和水处理规模确定的基础 Общее водопотребление - Q=сумма 5 вышеуказанных пунктов，которое используется в качестве основы для определения объемов водозабора, подачи воды и обработки воды водоисточника

4.2.2.2 给水系统组成

给水系统一般包括水源的取水、原水处理（如有需要）以及送水到各用户的配水设施。主要由以下几部分组成：

取水构筑物——自选定的地面水或地下水取水的构筑物。

输水管渠——将取水构筑物取集的原水送入水处理装置的管渠。

水处理构筑物——对原水进行处理，以达到水质要求的水处理装置。

调节构筑物——储存和调节水量的构筑物［比如清水罐（池）、高位水池等］。

提升泵房——将所需水量提升到规定的高度，如一级泵房、二级泵房和增压泵房等。

4.2.2.2 Состав системы водоснабжения

Как правило, в состав системы водоснабжения входят сооружения распрделения вод для водзабора из источника вод, обработки сырой воды（при необходимости）и подачи вод к разным потребителям вод. В основном состоит из нижеуказанных частей：

Водзабоное сооружение—сооружение для забора выбранных надземных вод или подземных вод.

Водопроводящий трубчатый канал—трубчатый канал, передающий сырую воду из водозаборного сооружения в установку обработки вод.

Сооружение обработки вод—сооружение для обработки вод, чтобы достигать требования к качеству вод.

Регулирующее сооружение - сооружение для хранения и регулирования расхода вод［например резервуар（бассейн）чистой воды, высоколежащий бассейн вод и т.д.］.

Насосная подъема—поднять требуемый объём воды до утановленной высоты, например, насосная 1-го подъёма, насосная 2-го подъёма, насосная нагнетания и т.д..

配水管网——将处理好的新鲜水送至各用水点的管道及附属设施。

典型的给水系统组成如图4.2.2所示。

Сеть трубопроводов распределения вод—передает очищенную свежую воду в трубопроводы и вспомогательные сооружения потребителей вод.

Состав типичной системы водоснабжения приведен на рис. 4.2.2.

```
                输水管渠                                              配水管网
         Канал для водопровода                              Водораспределительная сеть
┌──────────┐   ┌──────────┐   ┌──────────┐   ┌──────────┐   ┌──────────┐
│取水构筑物│→ │水处理构筑物│→ │调节构筑物│→ │ 提升泵房 │→ │  用户   │
│Водозабор-│   │Сооружения│   │Регулиру- │   │Насосная  │   │Потреби- │
│ные соору-│   │обработки │   │ющие соо- │   │ подъема  │   │  тель   │
│жения     │   │воды      │   │ружения   │   │          │   │         │
└──────────┘   └──────────┘   └──────────┘   └──────────┘   └──────────┘
```

图 4.2.2　给水系统组成图

Рис. 4.2.2　Схема состава системы водоснабжения

4.2.2.3　给水水量计算

天然气处理厂内给水水量用式（4.2.1）进行计算：

$$Q_d = K(Q_1 + Q_2 + Q_3 + Q_4) \quad (4.2.1)$$

式中　Q_d——最高日用水量，m^3/d；

Q_1——最高日生产用水量，m^3/d；

Q_2——生活用水量，m^3/d；

Q_3——消防补充水量，m^3/d；

Q_4——公用建筑、浇洒道路、绿化用水量，m^3/d；

K——漏损系数，包括未预见水量及管网漏水量（m^3/d），取1.1~1.2。

4.2.2.4　取水

由于天然气厂的用水量较大，为了保证水源可靠，一般选择地表水作为给水水源，在从地表取水时，根据取水点的情况及工程实际，可以采取不同的取水构筑物。

4.2.2.3　Расчёт объёма питательной воды

Расчёт объёма питательной воды внутри ГПЗ проводится по формуле (4.2.1):

$$Q_d = K(Q_1 + Q_2 + Q_3 + Q_4) \quad (4.2.1)$$

Где　Q_d——Максимальная дневная водопотребность, $м^3/сут.$;

Q_1——Максимальная дневная производственная водопотребность, $м^3/сут.$;

Q_2——Бытовая водопотребность, $м^3/сут.$;

Q_3——Потребность в подпиточной воде для пожаротушения, $м^3/сут.$;

Q_4——Потребность в воде для общих зданий, полива дорог и газона, $м^3/сут.$;

K——Коэффициент утечки, включая непредусматриваемый объём воды и объём утечки воды сети трубопроводов ($м^3/сут$), равен 1,1 - 1,2.

4.2.2.4　Водозабор

В связи с большей потребностью ГПЗ в воде, для обеспечения надёжности источников вод, обычно выбирается надземная вода в качестве источника питательной вод, при заборе надземной воды можно применять разные водозаборные сооружения согласно состоянию водозаборных мест и фактическому состоянию объекта.

取水构筑物是从水源地集取原水而设置的构筑物总称,用于从选定的水源和取水地点取水。取水构筑物可分为固定式或移动式两大类,固定式取水构筑物包括岸边式、河床式以及特殊形式,移动式取水构筑物包括浮船式和缆车式。

固定式取水构筑物在取水量较大,河流流量稳定时应用较广泛。其中特殊形式往往与业主要求或当地特殊要求有关。

某地河道管理局规定在特定河道取水时,必须考虑河道清淤时泥沙的堆放场地,400m 内不得有建构筑物。此时,若采用河床式取水构筑物的改进做法,通过取水头部,进水管道,将原水引至取水泵房,原水管道将超过 400m,原水中的泥沙、悬浮物和部分胶体将沉积于管底,造成管道淤积,过流断面减小,导致取水量严重不足,故在此情况下不宜采用管道集取原水。此时,可采用大开挖的方式采用明渠集水、引水至取水泵房。

为保证清淤方便,引水渠两侧应布置道路,采用吸泥船、挖掘机、吸污车清淤。引水渠前段需设置护鱼网。

Водозаборные сооружения является совокупностью сооружений для сбора сырой воды с выбранных водозаборов и мест водозаобора. Водозаборные сооружения подразделяются на стационарные или мобильные, стационарные водозаборные сооружения подразделяются на береговые, русловые и особые, мобильные подразделяются на понтонные и тип фуникулера.

При большим объёма водозабора и стабильным расходе рек относительно широко распространяются стационарные водозаборные сооружения. В том числе, особые типы часто связывается с особыми требованиями Заказчика или местных органов.

При установлении местным управлением реками водозабора в установленной реке, необходимо учитывать площадку складывания песоков при очистке русла, на расстоянии менее 400м нельзя иметь здания и сооружения. При этом, если применяется метод улучшения руслового водозаборного сооружения, через водозаборной головку и впускный трубопровод выводящего сырую воду к водозаборной насосной, то длина трубопровода сырой воды будет более 400м, песок, взвешенные вещества и части коллоидных веществ в сырой воде будут осаждаться в дне трубопровода, вызываются заиление трубопровода, уменьшение проточного сечения, значительная нехватка объёма забора воды, так что при этом не следует применяется трубопровод для сбора сырой воды. Можно выполнять способ открытой разработки, применять открытый канал для сбора воды, вывода воды к водозаборной насосной.

Для обеспечения удобства удалвения илов, на двух сторонах подводящего канал предусматриваются дороги, применяеются земснаряд,

· 291 ·

由于引水渠直接与地表水源连通,洪水期泥沙含量大,流速快,引水渠来水中难免夹带泥沙等无机物,故在引水渠后考虑设置沉砂池。沉砂池的主要功能是去除原水中相对密度较大的无机颗粒(主要为泥沙),以免此类杂质造成后续处理构筑物的负荷过大,影响后续处理构筑物的正常运行。沉砂池用于原水沉砂,以去除粒径大于0.02mm 的砂粒(标况下沉降速度为 0.267mm/s)和部分悬浮物为主。同时,该池兼顾调蓄作用。

特殊形式取水构筑物工艺流程示意如图 4.2.3 所示。

экскаватор, всасывающая багерная машина для удаления илов. На переднем участке подводящего канала нужно предусмотреть сеть для защиты рыб.

Из-за непосредственного соединения подводящего канала с надземным источником вод, большего содержания песков в паводковый период, высокой скорости течения, неизбежно проносить песок и другие неорганические вещества в воде из подводящего канала, так что предусматривается пескоотстойник. Основная функция пескоотстойника заключается в удалении неорганических гранул с относительно большой плотностью в сырой воде, во избежание превышенной нагрузки сооружения последующей обработки из-за таких примесей и оказывания нормальной работы сооружения последующей обработки. Пескоотстойник предназначен для отстоя песков в сырой воде в целях преимущественного устранения песчинки фракцией более 0,02мм (скорость осадконакопления при стандартном режиме составляет 0,267мм/сек.) и частичноговзвешенного вещества . При этом данный пескоотстойник ещё обладает функциям регулирования и хранения.

Технологический процесс особых водозаборных сооружений приведена на рис. 4.2.3.

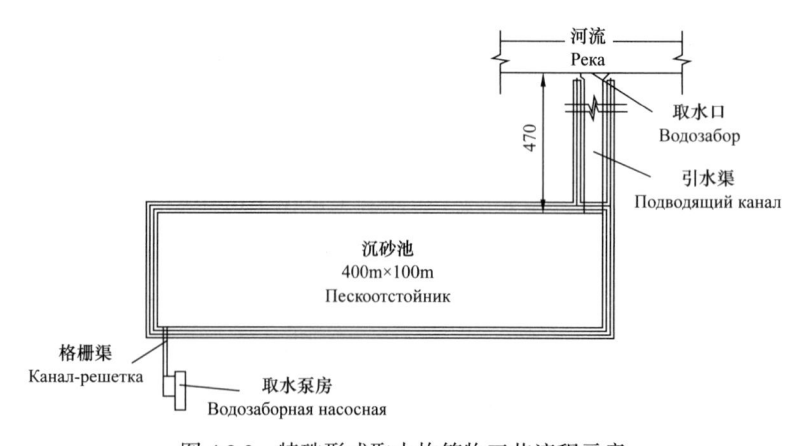

图 4.2.3 特殊形式取水构筑物工艺流程示意

Рис. 4.2.3 Схема технологического процесса особых водозаборных сооружений

4 给排水
4 Водоснабжение и канализация

土库曼斯坦移动式取水构筑物常用浮船式取水构筑物，见表4.2.4。

Для мобильных водозабоных сооружений на территории Туркменистана широко распространяются понтонные, см. табл. 4.2.4.

表 4.2.4 浮船式取水构筑物形式、特点和适用条件

Таблица 4.2.4 Форма, особенность и условия применения понтонных водозаборных сооружений

形式 Форма	图示 Рисунки	特点 Особенности	适用条件 Условия применения
浮船式取水 Понтонный водозабор	1—套筒接头； 2—摇臂联络管； 3—岸边支墩； 4—浮船 1—Муфтовое соединение； 2—Качающаяся соединительная труба； 3—Опора на берегу； 4—Понтон	（1）工程用材少、投资小、无复杂水下工程、施工简便、上马快。 （2）船体构造简单。 （3）在河流水文和河床易变化的情况下，有较强的适应性。 （4）水位涨落变化较大时，除摇臂式接头形式外，需要更换接头，移动船位，管理较复杂，有短时停水的缺点。 （5）船体维护频繁、怕冲撞、对风浪适应性差，供水安全性也差 （1）Малые инженерные материалы, малая инвестиция, отсутствие сложных подводных работ, простое строительство, и быстрый ввод в эксплуатацию. （2）Простая конструкция корпуса понтона. （3）Сильная приспособляемость к изменчивым гидрологическим условиям рек и русел. （4）При большем колебании уровня воды, за исключением качающегося соединения, необходимо заменить соединитель, переместить понтон, что характеризуется сложным управлением и прекращением подачи воды короткого времени. （5）Частое обслуживание корпуса понтона, боязнь столкновений, плохая приспособленность к ветровой волне, и плохая безопасность водоснабжения	（1）河流水位变化幅度在10~35 m或更大范围，水位变化速度不大于2 m/h，枯水期水深大于1m，且流水平稳，风浪较小，停泊条件良好的河段。 （2）河床较稳定，岸边有较适宜的倾角，当联络管采用阶梯式接头时，岸坡角度以20°~30°为宜；当联络管采用摇臂式接头时，岸坡角度可达60°或更陡些 （1）Бьеф с амплитудой изменения уровня воды в реке 10-35м или более, скоростью изменения уровня воды не выше 2м/ч., глубиной воды в период межени более 1м, стабильным потоком воды, малой волной и хорошими условиями стоянки. （2）Речное русло является более стабильным, и на берегу имеется более подходящий наклон. При применении ступенчатого соединения для соединительной трубы, угол наклона на берегу составляет желательно 20°-30°; при применении качающегося соединения для соединительной трубы, угол наклона на берегу может достигать 60° или больше

4.2.2.5 给水处理

4.2.2.5.1 工艺原理

处理厂给水处理系统是将从天然水体中集取的原水，通过一系列的方法去除杂质（包括有机物、无机物和微生物）、改善使用性质、改变物理化学性质，使之达到生活和生产使用水质标准。

4.2.2.5 Обработка питательной воды

4.2.2.5.1 Принцип технологии

Система обработки питательной воды ГПЗ путем рядов способов удаляет примеси (включая органическое вещество, неорганическое вещество и микроорганизм) от сырой воды из природных водоёмов, изменяет её свойство использования, физико-химические свойства, чтобы качество вод достигает стандартам качества бытовой и производственной воды.

4.2.2.5.2 工艺流程简述

给水处理的工艺流程根据原水水质及设计生产能力等因素，通过调研、必要的试验并参考相似条件下处理构筑物的运行经验经技术比较后确定。常规的处理工艺由 4 种处理方法的处理构筑物串联组成：混凝→沉淀→过滤→消毒。

在絮凝池待处理水中投加电解质（混凝剂），使水中不易沉淀的胶体和悬浮物凝结成容易沉淀的絮体。混合常用水泵混合、管式混合或机械混合池混合等混合方式。絮凝是通过水力搅拌或机械搅拌的絮凝方式。经过混合、絮凝后，水中悬浮颗粒已形成粒径较大的絮体，此时，絮体自流进入沉淀池。在沉淀池中，水流水平上从进水端推流至出水端，竖直方向上絮体从水面在重力作用下下沉至池底，实现絮体与水分离。较大的絮体在沉淀池大量去除，较小的悬浮颗粒则进入滤池。滤池中设有石英砂、无烟煤、陶粒等粒状有孔隙的粒料，在滤料颗粒和悬浮颗粒的黏附作用下，悬浮颗粒被截留分离，水质得到净化。经过混凝、沉淀、过滤的水，悬浮物得到去除，水的浊度大幅降低，但是水中仍有少量病菌、病毒、原生动物滞留水中，此时还需对水进行消毒。消毒是通过氧化对微生物产生灭活作用。最常用的是氯消毒，主要是通过次氯酸 HOCl 和 OCl⁻ 的氧化作用来实现的。一般要求清水池出水游离性余氯与水接触 30min 后不应低于 0.3mg/L，管网末梢不应低于 0.05mg/L。

4 给排水

给水处理工艺流程示意图如图 4.2.4 所示。

4 Водоснабжение и канализация

прилипания гранул фильтрующих материалов и взвешенных гранул, взвешенные гранулы перехватываются и отделяются, качество воды очищена. Взвешенное вещество в коагулированной, осаждённой и фильтрованной воде удалено, мутность воды значительно снижается, но в воде ещё оставляется немного болезнетворных микробов, вирусов и простейших животных, при этом, ещё нужно проводить стерилизацию воды. Стерилизация является инактивацией микроорганизмов путем окисления. Шороко распространяется стерилизация хлоров, в основном осуществляется путем окисления с помощью хлорноватистая кислота HOCl и OCl⁻. Как правило требуется то, что свободность вод из бассейна прозрачной воды после контакта остаточного хлора с водой через 30мин. должна быть менее 0,3мг/л, на конце сети трубопроводов должна быть не менее 0,05мг/л.

Схема технологического процесса обработки иптающей воды показана на рис. 4.2.4.

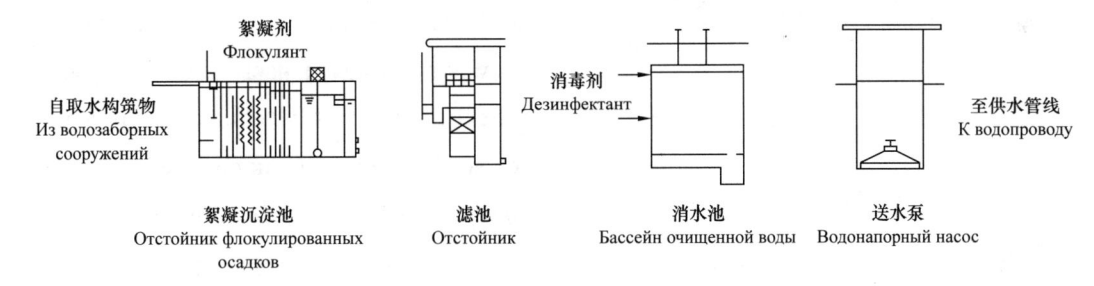

图 4.2.4 给水处理工艺流程示意图

Рис. 4.2.4 Схема технологического процесса обработки питающей воды

对于部分处于沙漠、山区等偏远地区的天然气处理厂，可取得的原水通常含多种超标离子，此时就需要特定的处理工艺进行处理，工艺原理如下：

（1）除铁除锰。

Для частичных ГПЗ, расположенных в пустынях, горных районах и других отдаленных и глухих районах, в полученной воде обычно содержается много ионов, превыщающих стандарты, при этом нужна особая технология обработки, принцип технологии приведен как ниже：

（1）Обезжелезивание и обезмарганцовывание.

通常采用除铁除锰过滤器去除来水中的铁离子和锰离子。过滤器内部填装的填料通常为锰砂。在一定的压力下,原水通过过滤器中介质(锰砂)的同时,利用空气中的氧气将水中的 Fe^{2+} 和 Mn^{2+} 氧化成不溶于水的 Fe^{3+} 和 MnO_2,再结合天然锰砂的催化、吸附、过滤将水中铁锰离子去除。

(2)软化。

通常采用阳离子交换器来降低水中的钙、镁硬度。设备中装填的钠离子交换树脂将原水中的钙、镁离子置换出去,从而降低水的硬度。当树脂吸附到一定量的钙、镁离子后,即进行再生:用饱和的盐水浸泡树脂把树脂里的钙、镁等离子再置换出来,恢复树脂的软化交换能力,并将废液排出。

(3)除氟。

通常采用除氟过滤器来降低水中的氟含量,过滤器内填料为活性氧化铝。除氟过滤器采用活性氧化铝吸附法,水中的氟及氟化物被吸附在吸附剂表面,生成难溶氟化物,使出水氟化物含量达到当地生活饮用水标准;当除氟能力降低到一定极限值,即除氟能力达不到规定时,可用再生剂再生,恢复吸附剂除氟能力。

Как обычно применяется обратная промывка и запуск (ручная обратная промывка) фильтра для обезжелезивания и обезмарганцовывания для удаления ферри-ионов и марганец-ионов в воде. Как обычно применяется марганцовый песок в качества заполнителя в фильтре. При проходе сырой воды через среду (марганцовый песок) в фильтре под определенным давлением, превратить Fe^{2+} и Mn^{2+} в воде в нерастворимые Fe^{3+} и MnO_2 в воде путём окисления кислородом в воздухе, потом удалить ионы железа и марганца путем катализирования, абсорбции и фильтрования естественных марганцевых песков.

(2) Умягчение.

Как правило применяется обменник катиона для снижения твердости кальция и магния в воде. ионообменная смола натрия в оборудовании применяется для вытеснения ионов кальция и магния от сырой воды, чтобы снижет твердость воды. При абсорбции смолой определенного количества ионов кальция и магния, проводить регенерацию: промокнуть смолу в насыщенной солями воде для вытеснения ионов кальция, магния и т.д. в смоле, восстанавливать способность к умягчению и обмене, отводить отработанную жидкость.

(3) Дефторирование.

Как правило применяется Фильтр для обесфторированиядля снижения содержания фторов в воде, заполнитель в фильтре - активный алюминооксид. Для фильтра для обесфторивания применяется метод абсорбции активным алюминооксидом, абсорбировать фтор и фторид в воде к поверхности абсорбента, образуется труднорастворимый фторид, чтобы содержание фторида в воде на выходе достигать местного стандарта бытовой питьевой воды; при снижении производительности обесфторивания до определенного

| 4 给排水

4 Водоснабжение и канализация

给水处理系统的核心是根据原水水质报告中的超标指标灵活配置给水工艺。以巴格德雷合同区域第二天然气处理厂为例,该厂外部来水超标指标有氟含量、铁含量、锰含量、硬度、浊度、大肠杆菌等,相应的给水处理设备设置了除氟过滤器、除铁除锰过滤器、纤维球过滤器、离子交换器、紫外线净水仪、二氧化氯加药设备,并相应设置了调节水罐、中间水箱和必要的机泵等。工艺流程如图 4.2.5 所示。

предельного значения, т.е. при невозможности достижения установленной производительности обесфторивания, можно использовать регенерирующее вещество для регенерации и восстановления производительности обесфторивания абсорбента.

Ядро системы обработки питательной воды заключается в ловком определении технологии питательной воды согласно превышающим показателям, указанным в отчете качества сырой воды. Возьмем ГПЗ-2 на договорной территории Багтыярлык в пример, много показателей внешней вод превышает стандарты: объем фторов, объем желез, объем марганцев, твердости, мутности, кишечная бактерия и т.д., для соответствующего оборудования обработки питательной воды предусматриваются фильтр для обесфторивания, фильтр для обезжелезивания и обезмарганцовывания, фильтр с волокнистым шаром, иионообменная установка, ультрафиолетовый водоочиститель, установка для ввода двуокиси хлора, и соответственно предусматриваются регулирующий резервуар для воды, промежуточный водяной бак и необходимые машинные насосы. Технологический процесс приведен на рис. 4.2.5.

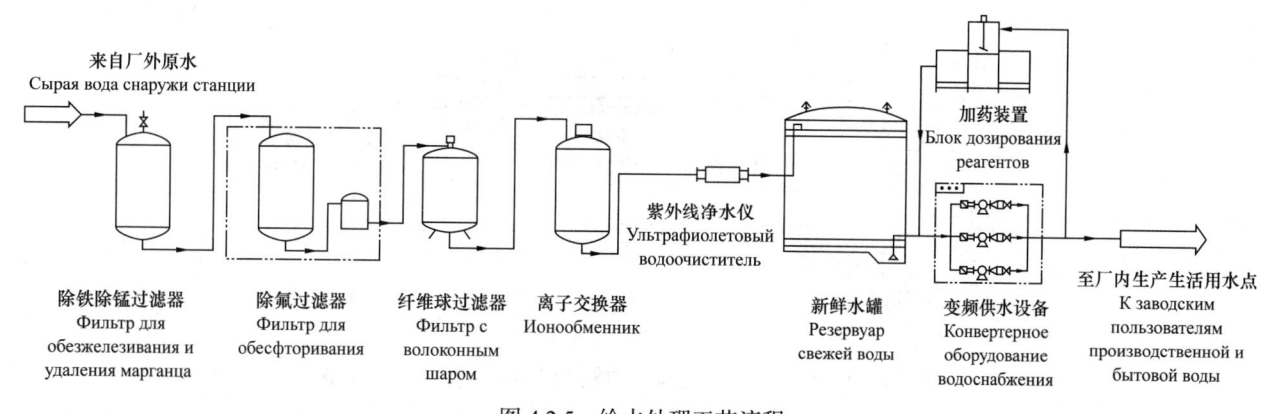

图 4.2.5 给水处理工艺流程

Рис. 4.2.5 Технологический процесс обработки питающей воды

· 297 ·

4.2.2.6 主要处理设施

4.2.2.6.1 沉淀池

常用的沉淀池按照进出水方向划分，一般有竖流式沉淀池、平流式沉淀池和辐流式沉淀池。沉淀池形式的选择应根据水质、水量、平面及高程布置要求，结合反应池结构形式等因素确定。给水处理工艺中最常用的是平流式沉淀池。

平流式沉淀池性能稳定，去除效率高，是应用最广的泥水分离构筑物。平流式沉淀池为矩形水池，上部沉淀区，底部为存泥区。经混凝后的原水进入沉淀池后，沿进水区整个断面均匀分布，经沉淀后，颗粒沉于池底，清水由出水口流出，存泥区污泥通过吸泥机或排泥管排出池外。

4.2.2.6 Основные сооружения обработки

4.2.2.6.1 Отстойник

Обычные отстойник подразделяется по течению вывода и ввода воды: вертикальному, горизонтальному, лучевому направлению. Выбор типов отстойников определяется по качесту вод, объёму вод, требованиям к горизонтальной и высотной планировке, с учетом конструкций бассейна-реактора и т.д.. Широко распространяется отстойник горизонтального течения в технологии обработки питательной воды.

Отстойник горизонтального течения обладает стабильным свойством, высокой эффективностью удаления, является самым распространенным сооружением для отделения грязей от воды. Отстойник горизонтального течения является прямоугольным, верхняя часть - отстойная зона, нижняя - зона для храния грязей. Коагулированная сырая вода после поступления в отстойник распределяется равномерно по целому профилю впускной зоны, после отстоя, гранула оседается в дне отстойника, чистая вода вытекает из выпуска, ил в зоне для хранения грязей выпускается наружу через устройство для перекачки ила или трубу дренажа ила.

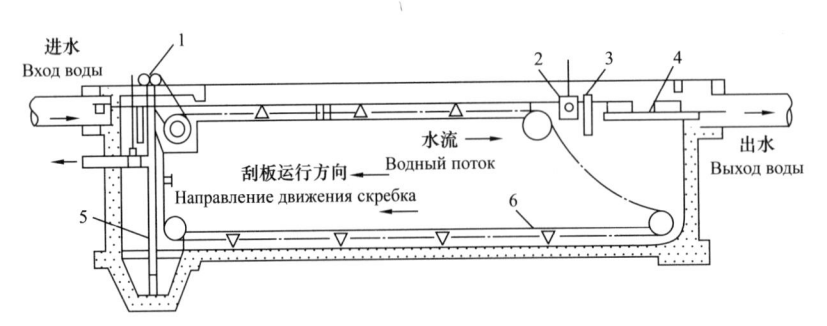

图 4.2.6　平流式沉淀池

1—驱动器；2—浮渣槽；3—挡板；4—可调节出水堰；5—排泥管；6—刮板

Рис. 4.2.6　Горизонтальный отстойник

1—привод；2—желоб плавляющего шлака；3—упор；4—регулируемая выводящая дамба；5—грунтопровод；6—скребок

平流式沉淀池工艺特点为：

平流式沉淀池的表面负荷和沉淀时间是最重要的控制指标,同时兼顾水平流速。确定表面负荷 Q/A 后,即可确定沉淀面积,根据停留时间和水平流速便可求出沉淀池容积和尺寸。通常情况下,$Q/A=$（1~2.3）$m^3/(m^2·h)$,停留时间 $t=1.5~3.0h$,水平流速 $v=10~25mm/s$。

考虑到后续构筑物,不宜埋深过大,同时考虑外界风吹不使沉泥泛起,常取有效水深3~3.5m,超高0.3~0.5m。一般要求长深比（L/H）大于10,长宽比（L/B）大于4,B一般取3~8m,最大不超过15m。

4.2.2.6.2 滤池

水中悬浮颗粒经过具有空隙的戒指或滤网被截留分离出来的过程称为过滤。在水处理中,一般采用石英砂、无烟煤、陶粒等粒状滤料截留水中悬浮颗粒,从而使水得到澄清。经滤池过滤后,水的浊度可达1NTU以下。在给水处理中,过滤是保证水质卫生安全的主要措施,是不可缺少的处理单元。

在水处理中,常见的滤池有普通快滤池、V形滤池,无阀滤池等。

第八册 公用工程
Том VIII Коммунальные услуги

其中,截污量大、过滤周期长的 V 形滤池近年来运用最为广泛。

V 形滤池构造如图 4.2.7 所示。

В том числе, V-образный фильтрующий бассейн обладает большим объёмом перехвата и долгосрочным циклом фильтрования, в последние годы, само широко распространяется в применении.

Конструкция V-образный отстойник приведена на рис. 4.2.7.

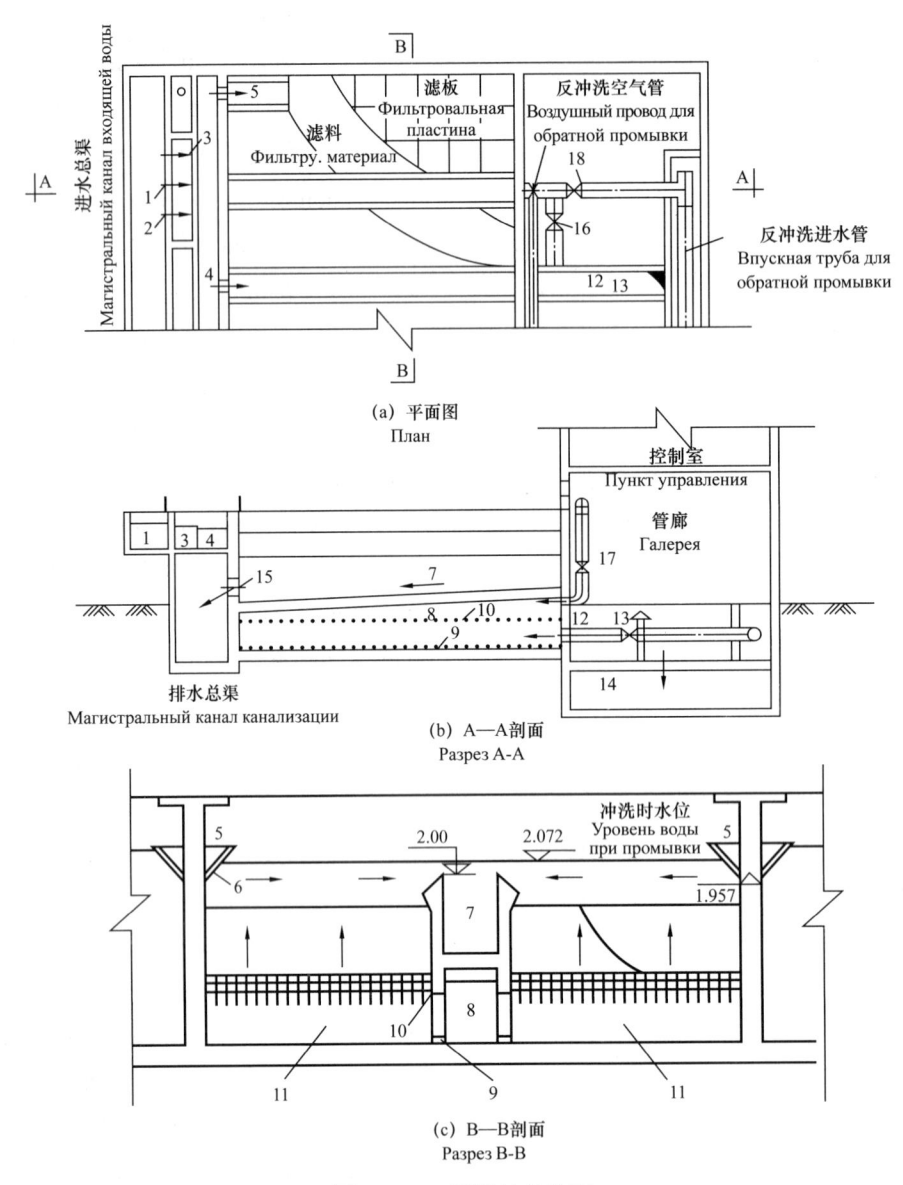

(a) 平面图
План

(b) A—A 剖面
Разрез A-A

(c) B—B 剖面
Разрез B-B

图 4.2.7 V 形滤池构造图

1—进水阀门;2—进水方孔;3—堰口;4—侧孔;5—V 形槽;6—扫洗水布水孔;7—排水渠;8—配水配气渠;9—配水孔;10—配气孔;11—底部空间;12—水封井;13—出水堰;14—清水渠;15—排水阀门;16—清水阀;17—进气阀;18—冲洗水阀

Рис. 4.2.7 Структура V—образного отстойника

1—впускной клапан;2—впускное квадратное отверстие;3—гребень дамбы;4—боковое отверстие;5—V—образный жёлоб;6—распределенные отверстия промывочной воды;7—водоотводный канал;8—водораспределительный и газораспределительный канал;9—водораспределительное отверстие;10—газораспределительное отверстие;11—пространство по дну;12—гидрозатворный колодец;13—выводящая дамба;14—канал чистой воды;15—дренажный клапан;16—клапан чистой воды;17—впускной клапан;18—клапан промывочной воды

V形滤池的分格，主要考虑反冲洗配水布气均匀，表面扫洗排水通畅，滤池不均匀沉降引起滤板水平误差等因素，故单格面积不宜过大。其平面尺寸没有长宽比限制，但考虑表面扫洗效果，V形槽槽底扫洗配水孔口到中央排水渠边缘的水平距离宜在3.5m以内，最大不超过5.0m。配水配气系统一般采用中、小阻力配水配气系统。通常由配水配气渠、滤板、长柄滤头组成。

V形滤池工艺特点为：

（1）较好地消除了滤料表层、内层泥球，具有截污能力强、滤池过滤周期长、反冲洗水量小的特点。可节省反冲洗水量40%～60%，降低水厂自用水量，降低生产运行成本。

（2）不易产生滤料流失现象，滤层仅为微膨胀，提高了滤料使用寿命，减少了滤池补砂、换砂费用。

При распределении ячеек V-образного отстойника, в основном следует учитывать равномерное распределение вод и газа при обратной промывке, свободность дренажа продувки поверхностей, горизонтальное отклонение фильтрующей доски из-за неравномерного оседания отстойника и такие факторы, так что площадь поштучной ячейки должна быть не большой. Для его размера в плане отсутствует ограничение соотношения длины к ширине, но с учетом эффективности продувки поверхности, горизонтальное расстояние между отверстием распределения воды для продувки на дне V-образного жёлоба и краем центрального дренажного канала должно быть менее 3,5м, не более 5,0м. Обычно применяется система распределения воды и газа со средним и мелким сопротивлением. Состоит из канала распределения воды и газа, фильтрующей доски, фильтрующей головки с длинной ручкой.

Технологические особенности V-образного отстойника:

（1）Хорошо удаляет шаровую глину в внешнем и внутреннем слоях фильтрующего материала, обладает хорошей способностью к перехвату, долгосрочным циклом фильтрования, маленьким объёмом воды для обратной промывки. Может экмномить объём воды для обратной промывки; 40%-60%, снижает расход воды завода для собственной нужды, снижает стоимость производства и эксплуатации.

（2）Уменьшает утечку фильтрующего материала, фильтрующий слой только немножко расширяется, что повышает срок службы фильтрующего материала и уменьшает расход на добавку и замену песков в фильтрующем бассейне.

（3）采用粗粒、均质单层石英砂滤料,保证滤池冲洗效果和充分利用滤料排污容量,使滤后水水质好。

4.2.2.6.3　除铁除锰过滤器

除铁除锰过滤器的工作原理类似于滤池,所不同的是其滤料为锰砂;在正常工作过程中,滤床压力损失会逐渐增大,当压损达到设计值(或设定反洗时间)时,过滤装置自动反洗,反洗的同时始终保持其余过滤器正常运行。反洗水自储水设施来,通过设备自带的反冲洗水泵进行反冲洗。

4.2.2.6.4　离子交换器

离子交换器在正常工作过程中,利用装填在设备中的树脂置换水中的钙镁离子;经过一定时间,当树脂的交换容量达到饱和时,由控制阀控制进行反洗和树脂再生,反洗的同时始终保持其余离子交换器正常运行。反洗水自储水设施来,通过设备自带的反冲洗水泵进行反冲洗。

（3）Применяется один слой гемогенных крупных кварцевых песков в качестве фильтрующего материала для обеспечения эффективности продувки отстойника и полного использования мощности дренажа фильтрующего материала, чтобы улучшить качество воды после фильтрации.

4.2.2.6.3　Фильтр для обезжелезивания и обезмарганцовывания

Принцип работ фильтра для обезжелезивания и обезмарганцовывания подобен фильтрующему бассейну, отличается фильтрующим материалом -марганцевыми песками; при нормальной эксплуатации потеря давления фильтрующего слоя увеличивается. Когда потеря давления достигает уставки (или установленного времени обратной промывки), фильтр будет автоматически проводить обратную промывку, в течение обратной промывки остальных фильтров нормально работают. Вода для обратной промывки приходит из сооружения хранения воды, проводится обратная промывка через собственный водяной насос обратной промывки.

4.2.2.6.4　Ионообменная установка

В процессе нормальной работы ионообменной установки, смола в оборудовании применяется для вытеснения ионов кальция и магния от сырой воды, через определенное время, при достижении насыщения обменной мощности смолы, управляется контрольным клапаном для проведения обратной промывки и регенерации смол, наряду с обратной промывкой следует всегда поддерживать нормальную работу остальных ионообменных установок. Вода для обратной промывки приходит из сооружения хранения воды, проводится обратная промывка через собственный водяной насос обратной промывки.

4.2.2.6.5 除氟过滤器

除氟过滤器在正常工作过程中,利用装填在设备中的活性氧化铝来吸附水中的氟离子;活性氯化铝表面清洁度会逐步降低,根据水质情况,一般3～7天做一次反冲洗/再生,反洗的同时始终保持其余过滤器正常运行。反洗水自储水设施来,通过设备自带的反冲洗水泵进行反冲洗。

4.2.2.7 应用实例

目前,土库曼斯坦地区已有数座天然气处理厂均配套建设有给水处理工程。以下为部分工程应用实例,主要包括土库曼斯坦巴格德雷合同区域第一天然气处理厂工程(简称 A 区处理厂),土库曼斯坦巴格德雷合同区域第二天然气处理厂工程(简称 B 区处理厂),土库曼斯坦南约洛坦 $100×10^8 m^3/a$ 商品气产能建设工程(简称南约洛坦工程),土库曼斯坦加尔金内什气田 $300×10^8 m^3/a$ 商品气产能建设工程(简称 300 亿工程)。

(1)取水构筑物应用实例。

土库曼斯坦地区取水构筑物应用实例见表4.2.5。

4.2.2.6.5 Фильтр для обесфторивания

В процессе нормальной работы фильтра для обесфторивания применяется заполненный активный алюминооксид в оборудовании для абсорбции ионов фторов в воде; чистота поверхности активного алюминооксида будет постепенно снижать, по состоянию качества воды, обычно через каждые 3-7 дней проводится обратная промывка/регенерация, наряду с обратной промывкойследует всегда поддерживать нормальную работу остальных фильтров.Вода для обратной промывки приходит из сооружения хранения воды, проводится обратная промывка через собственный водяной насос обратной промывки.

4.2.2.7 Реальные примеры прменения

В настоящее время, на территории Туркменистана уже существует много ГПЗ, комплектованных объектом обработки питательной воды. Возьмём частичные объекты в реальные примеры, в основном включая объект ГПЗ-1 на договорной территории Багтыярлык в Туркменистане (далее - ГПЗ Блока А), объект ГПЗ-2 на договорной территории Багтыярлык в Туркменистане (далее - ГПЗ Блока Б), объект на обустройство части м/р «Южный Елотен» на 10 млрд.куб.м. товарного газа в год (далее - объект «Южный Елотен»), объект на обустройство части м/р «Галкыныш» на 30млрд.куб.м. товарного газа в год (далее - объект «30млрд.куб.м.»).

(1)Реальные примеры водозаборных сооружений.

Реальные примеры применения водозаборных сооружений на территории Туркменистана приведены в табл. 4.2.5.

表4.2.5 土库曼斯坦地区取水构筑物应用实例
Таблица 4.2.5　Примеры применения водозаборных сооружений в Туркменистане

项目名称 Наименование объекта	处理规模，m³/d Производительность, м³/сут.	取水构筑物形式及规格 Форма и спецификация водозаборных сооружений
A区处理厂 ГПЗ в блоке А	3600	浮船式取水构筑物7个套筒接头式 Понтонные водозаборные сооружения 7 муфтовых соединений
南约洛坦工程 Объект «Южный Елотен»	20000	引水渠长×宽 $L×B$=400m×18m Деривационный канал Длина × Ширина= 400м× 18м 沉砂池长×宽 $L×B$=400m×100m Пескоотстойник Длина × Ширина= 400м× 100м
300亿工程 Объект «30 млрд. Куб.м.»	30000	引水渠长×宽 $L×B$=470m×20m Деривационный канал Длина × Ширина= 470м× 20м 沉砂池长×宽 $L×B$=400m×100m Пескоотстойник Длина × Ширина= 400м× 100м

（2）水处理工艺应用实例。

土库曼斯坦地区水处理应用实例见表4.2.6。

（2）Реальные примеры применения технологии обработки воды.

Реальные примеры применения обработки воды на территории Туркменистана приведены в табл. 4.2.6.

表4.2.6　土库曼斯坦地区水处理工艺应用实例
Таблица 4.2.6　Примеры применения технологий водообработки в Туркменистане

项目名称 Наименование объекта	处理规模，m³/d Производительность, м³/сут.	水处理工艺流程 Технологический процесс водообработки
A区处理厂 ГПЗ в блоке А	3600	原水→纤维球过滤器→氯消毒→紫外线消毒→用户 Сырая вода → фильтр с волоконным шаром → дезинфекция хлором → ультрафиолетовая дезинфекция → пользователь
B区处理厂 ГПЗ в блоке Б	4800	原水→除铁除锰过滤器→除氟过滤器→纤维球过滤器→离子交换器→氯消毒→紫外线消毒→用户 Сырая вода → фильтр для обезжелезивания и обезмарганцовывания → фильтр для обесфторивания → фильтр с волоконным шаром → ионообменник → дезинфекция хлором → ультрафиолетовая дезинфекция → пользователь
南约洛坦工程 Объект «Южный Елотен»	20000	引水渠→沉砂池→格栅→纤维球过滤器→除铁过滤器→离子交换器→氯消毒→用户 Деривационный канал → пескоотстойник → решетка → фильтр с волоконным шаром → фильтр для обезжелезивания → ионообменник → дезинфекция хлором → пользователь
300亿工程 Объект «30 млрд. Куб.м.»	30000	引水渠→沉砂池→格栅→平流沉淀池→隔板絮凝池→V形滤池→氯消毒→用户 Деривационный канал → пескоотстойник → решетка → горизонтальный отстойник → перегородчатый бассейн флокуляции → V-образный отстойник → дезинфекция хлором → пользователь

4.2.2.8 主要管材选用

处理厂给水系统采用管道按材质可大致分为金属管道、塑料管道等。

（1）钢管。

钢管属于金属管道,钢管耐高压、耐振动、重量较轻、单管长度大和接口方便,但耐腐蚀性较差,内外壁都需有防腐措施,且造价相对较高。给水系统中,一般在大管径和水压高处以及地质、地形条件限制时使用。在天然气处理厂工程中,部分工程因时间紧迫,为了采购方便,在厂内给水系统和循环水系统中也应用较多。

（2）玻璃钢管。

玻璃钢管是一种新型管材,能长期保持较高的输水能力,具有耐腐蚀、不结垢、强度高、粗糙系数小、重量轻的特点,但价格与钢管相近。但目前连接方式主要为丝接,管径较大时对丝较困难。一般用于厂外的输水管道。

（3）塑料管。

塑料管种类很多,目前常用的有硬聚氯乙烯塑料管（PVC-U）、聚乙烯管（PE）、聚丙烯管（PP）和工程塑料管（ABS）等。塑料管具有内壁光滑不

4.2.2.8 Выбор основных сталей

По материалам примененный трубпровод для систем водоснабжения ГПЗ подразделяется на металлический и пластический и т.д..

（1）Стальная труба.

Стальная труба относится к маталлическому трубопроводу, обладает стойкостью к высокому давлению, вибрации, легким весом, большой длиной поштучной трубы и удобством соединений, но характеризуется полохой стойкостью к коррозии, для внешней и внутренней стенок нужно антикоррозийные меры с высокой стоимостью. В системе водоснабжения обычно применяется в высоких районах с большим диаметром трубопроводов и высоким давлением воды и при наличии ограничении геологических и топографических условий. В объектах ГПЗ, для частичных объектов стальная труба широко применяется в системе водоснабжения и системе оборотной воды на заводе из-за нехватки времени и удобства закупки.

（2）Стеклопластиковая труба.

Стеклопластиковая труба является новым трубным продуктом, обладает долгосрочной высокой водопроводной способностью, стойкостью к коррозии, отсутствием накипеобразования, высокой прочностью, малым коэффициентом шероховатости, легким весом, её цена близка стальной трубе. Но в настоящее время основной способ соединения является соединением резьбами, при большем диаметре трубопроводов трудно накрыть резьбу. Обычно применяется для водопроводных трубопроводов вне завода.

（3）Пластмассовая труба.

Много типов пластмассовых труб, в настоящее время широко распространяются твердые хлорвинилпластмассовые трубы（PVC-U）,

结垢、水头损失小、耐腐蚀、重量轻、加工和接口方便等优点，但管材强度较低，运用在给水管网系统时，在施工期间易被压坏，通常用于处理厂给水系统或其他系统的加药管等处。

полиэтиленовые трубы (PE), полипропиленовые трубы (PP), строительные пластмассовые трубы и т.д..Пластмассовые трубы обладают гладкой внутренней стенки, отсутствием накипеобразования, маньким ущербом головки воды, стойкостью к коррозии, легким весом, удостовом для обработки и соединений, но с малой прочностью, при применении в системе сети трубопроводов водоснабжения, в период строительства легко раздавить, обычно применяются для системы водоснабжения ГПЗ или труб для ввода реагентов других систем и т.д..

4.3 循环冷却水系统

在工业企业的用水中，工业冷却水占70%~80%，所占比重较大。节约用水是可持续发展的战略要求，因此，对冷却水实行循环利用，具有显著的环境效益、经济效益和社会效益。循环冷却水系统在天然气处理厂中主要服务于脱水、脱硫、锅炉房等工艺装置的换热设备，包括压缩机、冷却器、变频装置等，是天然气处理厂的重要辅助生产装置。

4.3 Система оборотной охлаждающей воды

В воде для промышленных предприятий, промышленная охлаждающая вода занимает примерно 70%-80%, большой процент. Экономия воды является стратегическим требованием к продолжительному развитию, так что, следует выполнить циркуляционное использование охлаждающей воды, обладающее значительной экологической, экономической и общественной эффективностями. Система оборотной охлаждающей воды в ГПЗ служит теплообменным установкам установки осущки газа, установки обессеривания и котёльной и другого технологического оборудования, включая компрессор, охдадитель, конвертерное оборудование и т.д., являесят важной вспомогательной производственной установкой ГПЗ.

4.3.1 工艺原理

天然气处理厂常用的循环冷却水系统为间冷开式循环冷却水系统，又称间冷开式系统，即循环

4.3.1 Принцип технологии

Для системы оборотной охлаждающей воды ГПЗ принята открытая система оборотной

冷却水与被冷却介质间接传热且循环冷却水与大气直接接触散热的循环冷却水系统。间冷开式系统中的循环水冷却主要是通过水与空气接触,由蒸发散热、对流散热、辐射散热三个过程共同作用的结果。从天然气生产装置换热器回流的循环热水进入冷却塔,通过配水系统和喷嘴形成水滴或水膜并向下流动,从冷却塔下部进入的不饱和冷空气与其接触,使部分水蒸发,水汽从水中带走汽化所需的热量,从而使水冷却;另外,由下而上逆流的冷空气与向下流淌的热水进行接触传热、传质以降低水温;最后少部分热量通过落入塔底循环集水池中的水以热辐射(即电磁波)形式,将热量传递给外界。在这个冷却过程中,主要以蒸发散热、对流散热为主,辐射散热的热量相对较少。

охлаждающей воды с промежуточным теплоносителем, по другому называется открытая система с промежуточным теплоносителем, т.е. система оборотной охлаждающей воды, в которой теплопередача между оборотной охлаждающей водой и охлаждаемой средой является непрямой, и теплопередача между оборотной охлаждающей водой и атмосферой осуществляется путем непосредственного контакта. Охлаждение оборотной воды в открытой системы с промежуточным теплоносителем осуществляетсяв основном путем контакта с воздухомчерез воду, под совместным действием испарительной теплоотдачи, конвекционной теплоотдачи и лучистой теплоотдачи. Оборотная горячая вода из теплообменника производственной установки природного газа поступает в градирню, через систему распределения воды и форсунку образует водяную каплю или водяную пленку, и вниз текает, контактируется с ненасыщенным холодным воздухом из нижней части градирни, что позволяет испарение частичных вод, пара выносит необходимую теплоту для парообразования из воды, тем самым осуществляется охлаждение воды; с другой стороны, между обратно текущим снизу вверх холодным воздухом и вниз текущей горячей водой осуществляется теплопередача соприкосновением, передача сред для снижения температуры воды; в конце меньшинство теплоты через воду вприемнике оборотной воды на дне градирни образом теплового излучения (т.е. электромагнитная волна) передается в внешний мир. В этом процессе охлаждения, в основном господствуют испарительная теплоотдача и конвекционная теплоотдача, теплоталучистой теплоотдачи относительно мало.

4.3.2 工艺流程简述

间冷开式循环冷却水系统一般由被冷却设备（如工艺装置中的制冷机、压缩机、冷却器等）、冷却塔、循环水池、循环水泵、循环冷却水管道、排污和放空管道、流量、温度和压力等仪表监测设施、维持水质稳定的水处理设备以及水质及系统腐蚀监测设施等组成。

间冷开式系统因水与空气直接接触又称敞开式系统，一般分为压力回流式循环冷却水系统和重力回流式循环冷却水系统。实际工程运用中，前者应用更为广泛。

4.3.2.1 压力回流式循环冷却水系统

循环水池中的循环冷水经循环水泵升压后，送至各工艺设备，从各工艺设备带压返回的循环热水，经循环回水管网收集后回到冷却塔进行冷却，冷却后的水流汇入循环水池再循环使用。

4.3.2 Краткое описание о технологическом процессе

Открытая система оборотной охлаждающей воды с промежуточным теплоносителем обычно состоит из холодильного оборудования (например, холодильная машина, компрессор, охладитель в технологической установке), градирни, бассейна оборотоной воды, насоса оборотной воды, трубопроводов оборотной охлаждающей воды, дренажных трубопроводов, сбросных трубопроводов, контрольных устройств для расхода, температуры, давления и т.д., оборудования обработки воды поддержания стабильности качества воды, устройств детектирования качества воды и системы и т.д..

Открытая система с промежуточным теплоносителем называется открытой системой из-за непосредственного контакта воды с воздухом, обычно подразделяется на систему оборотной охлаждающей воды обратного потока под давлением и систему оборотной охлаждающей воды обратного потока под гравитацией. В применении реальных объектов, первый более широко распространяется.

4.3.2.1 Система оборотной охлаждающей воды обратного потока под давлением

Оборотная холодная вода в бассейне оборотной воды через насос оборотной воды после повышения давления подается к разным технологическим установкам, оборотная горячая вода из разных технологических установок под давлением через сеть трубопроводов оборотной воды после сбора возвращется в градирню для охлаждения, охлажденный поток поступает в бассейн оборотной воды для циркуляционного использования.

循环热水在冷却过程中不断蒸发、浓缩,造成循环冷却水盐分浓度增高,为此需不断进行排污、补充新鲜水。间冷开式系统为敞开式系统,冷却水在不断循环使用的过程中,随着水的不断浓缩和通过空气与周围环境大量接触容易产生腐蚀、结垢和微生物粘泥,造成设备和管道的腐蚀、结垢,从而降低设备的换热效率和使用年限。因此,需对循环冷却水进行水质稳定处理,主要包括对部分循环回水进行旁滤处理;同时,在循环水池内投加缓蚀阻垢剂和杀菌剂,使系统安全可靠运行,节约水资源,减少对环境的污染。

在天然气处理(净化)厂中压力回流式循环冷却水系统应用最为普遍,该系统工艺流程如图 4.3.1 所示。

4.3.2.2 重力回流式循环冷却水系统

循环冷水池中的循环冷水经循环水泵升压后送至工艺设备,从工艺设备返回的循环热水以重力流的方式收集至循环热水池,再由热水泵加压提升到冷却塔进行冷却,冷却后的水流汇入循环冷水池再循环使用。除循环热水经过热水池收集和热水泵二次加压外,该系统的工艺原理和其他工艺流程与压力回流式循环冷却水系统一致,该系统的工艺流程如图 4.3.2 所示。

Оборотная горячая вода в процессе охлаждения непрырвно испаряется и сгущается, что вызывает повышение концентрации соли оборотной охлаждающей воды, из-за этого, нужно непрерывно проводить дренаж и подпитать свещую воду. В связи с открытость открытой системы с промежуточным теплоносителем, в процессе непрерывного циркуляционного использования охлаждающая вода, по мере постепенного сгущения воды, коррозия, накипеобразование и липкая грязь микроорганизма из-за массового контакта воздуха с окружающей средой вызывают коррозию и накипеобразование оборудования и трубопроводов, тем самым снижают эффективность теплообмена и срок службы оборудования. Так что, нужно проводить обработку стабильности качества оборотной охлаждающей воды, в основном включая пропускную фильтрацию частичных оборотоных вод, при этом ввод ингибитор коррозии и бактерицид в бассейн оборотной охлаждающей воды для обеспечения безопасной и надёжной работы системы, для экономии водяных ресурсов и уменьшения загрязнения окружающей среды.

В ГПЗ само широко распространяется система оборотной охлаждающей воды обратного потока под давлением, технологическая схема данной системы приведена на рис. 4.3.1.

4.3.2.2 Система оборотной охлаждающей воды обратного потока под гравитацией

Оборотная холодная вода в бассейне оборотной воды через насос оборотной воды после повышения давления подается к разным технологическим установкам, оборотная горячая вода из разных технологических установок гравитационным потоком собирается в бассейн оборотной горячей воды, потом нагнетается насосом горячей воды и поднимается в градирню для охлаждения, охлажденный поток поступает в бассейн оборотной воды для циркуляционного использования. Кроме сбора оборотоной горячей воды через бассейн горячей воды и вторичного нагнетания насосом горячей воды, технологический принцип и другие технологические процессы данной системы совпадает с системой оборотной охлаждающей воды обратного потока под давлением, технологический процесс данной системы приведена на рис. 4.3.2.

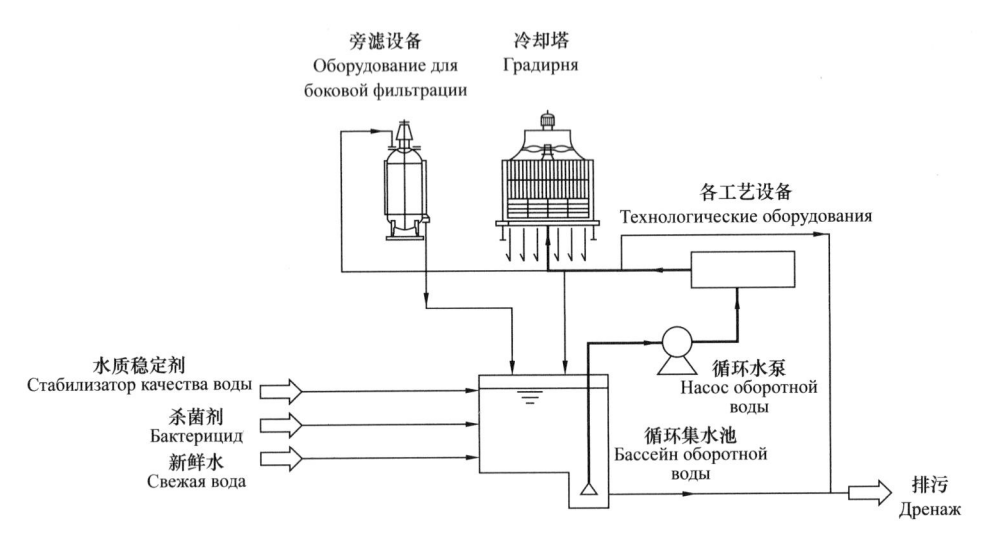

图 4.3.1 压力回流式循环冷却水系统工艺流程示意图

Рис. 4.3.1 Схема системы воды циркуляционного охлаждения обратного потока под давлением

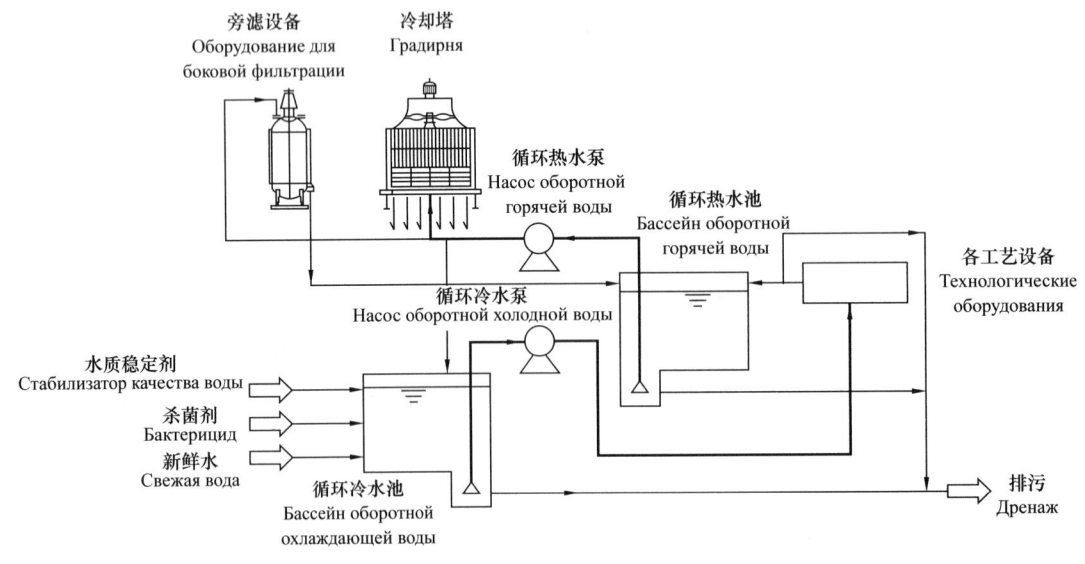

图 4.3.2 重力回流式循环冷却水系统流程示意图

Рис. 4.3.2 Схема системы воды циркуляционного охлаждения обратного потока под гравитацией

4.3.3 工艺特点及适用范围

压力回流式循环冷却水系统的循环热水利用循环水泵余压，直接到冷却塔，主要适用于工艺设备带压返回循环热水的工况。常见的天然气处理厂中的脱硫脱碳装置、脱烃装置、脱水装置、凝析油稳定装置硫黄回收装置、锅炉房、空氮站等工艺装置的循环热水均带压返回冷却塔，故适用于压力回流式循环冷却水系统。

重力回流式循环冷却水系统主要适用于工艺设备返回循环热水为无压情况。常见的天然气处理厂中的硫黄成型装置，由于其采用钢带造粒工艺，钢带为开敞开方式冷却，通常循环热水无压回流，一般采用重力回流式循环冷却水系统。

4.3.4 应用实例

土库曼斯坦近年建成投产或拟建的天然气处理厂所采用的典型压力回流式工艺和重力回流式循环水冷却系统案例详见表4.3.1。

4.3.3 Технологические особенности и область применения

Оборотная горячая вода системы оборотной охлаждающей воды обратного потока под давлением прямо поступает в градирню с использованием избыточного давления насоса оборотной воды, в основном применяется при рабочем режиме оборотной горячей вода под давлением из технологических установок. Оборотная горячая вода принятыхустановку обессеривания и обезуглероживания газа, установок очистки газа от углеводородов, установок осушки газа, установок стабилизирования конденсата, установок получения серы, котёльной, станции воздуха и азота и таких технологических установок в ГПЗ возвращается в градирню под давлением, так что применяется для системы оборотной охлаждающей воды обратного потока под давлением.

Система оборотной охлаждающей воды обратного потока под гравитацией в основном применяется при отсутствии давления оборотной горячей воды из технологических установок. Для установки гранулирования серы в ГПЗ, в которой применяется технология грануляции на стальной ленте, охлажденной открытым способом, как правило, обратный поток оборотной горячей воды проводится без давления, как правило применяется система оборотной охлаждающей воды обратного потока под гравитацией.

4.3.4 Реальные примеры прменения

Примеры примененных систем оборотной охлаждающей воды обратного потока под давлением и под гравитацией в построенных или проектных ГПЗ на территории Туркменистана приведены в табл. 4.3.1.

第八册 公用工程
Том VIII Коммунальные услуги

表4.3.1 土库曼斯坦已建和拟建循环冷却水装置一览表

Таблица 4.3.1 Перечень установленных и предлагаемых установок для циркуляционной охлаждающей воды в Туркменистане

项目名称 Наименование объекта	A区处理厂 ГПЗ в блоке A	南约洛坦处理厂 ГПЗ на м/р «Южный Елотен»	B区处理厂 ГПЗ в блоке Б	A区处理厂扩能改造 Реконструкция и расширение ГПЗ в блоке A	土库曼300亿(拟建)工程 Объекта на 300×10⁸м³/г в Туркменистане (планируемый объект)	A区处理厂硫黄成型 Формирование серы ГПЗ в блоке A
系统类型 Тип системы	压力回流式 Обратного потока под давлением	压力回流式 Обратного потока под давлением	压力回流式 Обратного потока под давлением	压力回流式 Обратного потока под давлением	压力回流式 Обратного потока под давлением	重力回流式 Обратного потока под гравитацией
处理量 m³/h Производительность м³/ч.	4000	10500	3100	1200	8500	350
主要设备参数 Основные параметры оборудования	2座2000m³/h冷却塔,4台1200m³/h的循环水泵(3用1备)2台210m³/h(2台210m³/h,1备)的纤维球过滤器 2 градирни 2000м³/ч., 6 циркулирующих водяных насосов 1200м³/ч. и 60м (3 рабоч.,1 резерв.), 1 комплект фильтра с волоконным шаром 210м³/ч. (2 фильтра 210м³/ч.; 1-рабоч.,1-резерв.)	3座3500m³/h冷却塔,6台2950m³/h,60m的循环水泵(4用2备)1套540m³/h(4台180m³/h,3用1备)的纤维球过滤器 3 градирни 3500м³/ч., 6 циркулирующих водяных насосов 2950м³/ч. и 60м (4 рабоч.,2 резерв.), 1 комплект фильтра с волоконным шаром 540м³/ч. (4 фильтра 180м³/ч.; 3-рабоч.,1-резерв.)	2座2000m³/h冷却塔,6台775m³/h,55m的循环水泵(4用2备)1套180m³/h(3台90m³/h,2用1备)的纤维球过滤器 2 градирни 2000м³/ч., 6 циркулирующих водяных насосов 775м³/ч. и 55м (4 рабоч.,2 резерв.), 1 комплект фильтра с волоконным шаром 180м³/ч. (3 фильтра 90м³/ч.; 2-рабоч.,1-резерв.)	2座600m³/h冷却塔,2台1200m³/h的循环水泵(1用1备)1套60m³/h的纤维球过滤器 2 градирни 600м³/ч., 6 циркулирующих водяных насосов 1200м³/ч. (1 рабоч.,1 резерв.), 1 комплект фильтра с волоконным шаром 60м³/ч.	3座3000m³/h冷却塔,6台3000m³/h,60m的循环水泵(3用1备),2台260m³/h(2台130m³/h)的纤维球过滤器 3 градирни 3000м³/ч., 6 циркулирующих водяных насосов 3000м³/ч. и 60м (3 рабоч.,1 резерв.), 2 комплекта фильтра с волоконным шаром 260м³/ч. (2 фильтра 130м³/ч.)	1座350m³/h冷却塔,2台350m³/h,20m的循环热水泵(1用1备),2台350m³/h,71m的循环冷水泵(1用1备),1套20m³/h的一体化旁滤设备 1 градирня 350м³/ч., 2 насоса циркулирующей горячей воды 350м³/ч. и 20м (1 рабоч.,1 резерв.), 2 насоса циркулирующей холодной воды 350м³/ч. и 71м (1 рабоч.,1 резерв.), 1 комплект интегрированного оборудования для боковой фильтрации 20м³/ч

4.3.5 主要设备

4.3.5.1 冷却塔分类和构造特点

在开式循环冷却水系统中对冷却循环水起关键作用的设备为冷却塔,其中机械通风冷却塔较为常用。机械通风冷却塔又分为逆流式冷却塔和横流式冷却塔,前者跟后者相比,具有热交换效率高、占地面积小、造价相对较低的优点,后者的优点主要是节能、噪声小、维护检修方便。在工程运用中,开式循环冷却水系统中更多地采用逆流式冷却塔。逆流式冷却塔按冷却塔外形可分为圆形冷却塔和方形冷却塔。前者为市场中较早出现的定型冷却塔产品,相比后者造价更低,缺点是噪声大、占地面积大、不能多台并联组合,维修不便,实际工程运用中,特别是冷却塔流量较大时一般都选择方形冷却塔,圆形冷却塔更适合单台流量较小、工程预算不高的工程项目。因此,石油化工企业一般采用大、中型逆流式方形机械抽风冷却塔(图 4.3.3)。

4.3.5 Основное оборудование

4.3.5.1 Классификация и особенности конструкции градирни

Оборудование в открытой системе оборотной охлаждающей воды, играющее ключевую роль для охлаждения оборотной воды, являеясят градирней, в том числе, широко распространяется градирня мехнической вентиляции. Градирня мехнической вентиляции подразделяется на противоточные ипоперечно-точные, в сравнении с последным, первый обладает высокой эффективностью теплообмена, маленькой занятой площади, относительно низкой стоимостью, последный обладает экономией энергии, малым шумом, удоством для обслуживания и ремонта. В применении объектов, в большинстве случаев применяется противоточная градирня для открытой системы оборотной охлаждающей воды. По внешнему виду противоточная градирня подразделяется на круглые и квадратные. Первый является рано существующей типовой продукцией градирни на рынке, в сравнении с последным обладает низкой стоимостью, но недостатки заключается в большем шуме, большей занятой площади, невозможности параллельного подключения многих градирней, трудности ремонта, в применении реальных объектов, особенно при относительно большем расходе градирни обычно применяется квадратная градирня, круглая градирня применяется для объектов с маленьким расходом поштучного оборудования и низким бюджетом. Так что, в нефтехимических предприятиях обычно применяется большая и средняя квадратная противоточная градирня механической вентиляции (рис. 4.3.3).

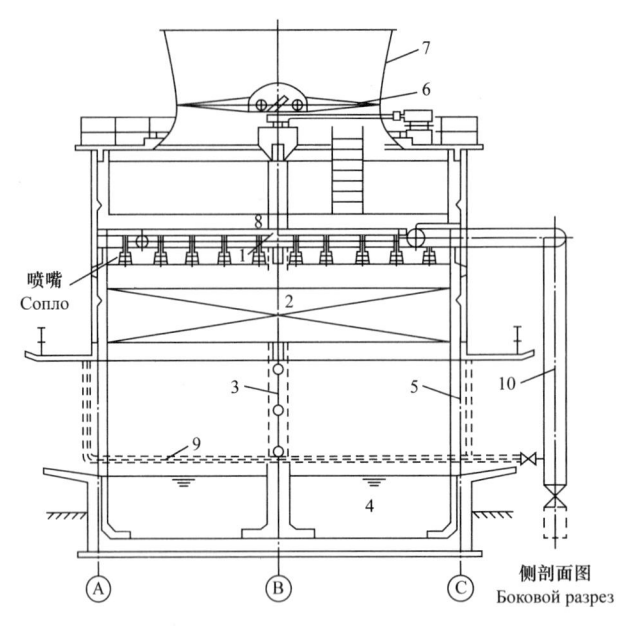

图 4.3.3 抽风式逆流冷却塔

1—配水系统；2—淋水填料；3—挡风墙；4—集水池；5—进风口；6—风机；7—风筒；8—除水器；9—化冰管；10—进水管

Рис. 4.3.3 Противоточная градирня с принудительной тягой воздуха

1—водораспределительная система；2—оросительная насадка，3—вентиляционная перемычка，4—водосборник，5—приточное отверстие，6—вентилятор，7—воздушный баллон，8—водоудалитель，9—трубопровод для таяния льда，10—впускная труба

由图 4.3.3 可以看出，冷却塔一般包括配水系统、淋水填料、通风设备、通风筒和收水器等构造。

配水系统的作用是将循环热水均匀分布到整个淋水填料上，若热水分布不均将直接影响冷却效果。配水系统一般有槽式配水、管式配水和池式配水三种，其中以管式配水最为常用。

淋水填料是将配水系统溅落的水滴，经多次溅射形成微细水滴或水膜，以增加水和空气的热交换。淋水填料可分为点滴式、薄膜式和点滴薄膜式。

Рис. 4.3.3 показано то, что градирня как правило состоит из системы расределения воды, набивки спринклерной воды, устройства вентиляции, воздухопровода, водоуловителя и т.д..

Система распределения воды предназначена для равномерного распределения оборотной горячей воды в целой набивке спринклерной воды, неравномерность горячей воды непосредственно оказывает влияние на эффективность охлаждения. Обычно система распределения воды подразделяется на желобные, трубчатые и бассейновые, в том числе, само широко распрастраняются трубчатые.

Набивка спринклерной воды предназначена для многократногобрызгания приводненной водяной капли системы распределения воды и образования мелкой водяной капли или водяной пленки, чтобыть увеличить теплообмен воды с воздухом. Набивка спринклерной воды подоразделяется на капельные набивки, мембранные набивки, капельные и мембранные набивки.

通过冷却塔的通风设备——风机,产生预计的空气流量,提供空气流动条件,以保证要求的冷却效果。常用的是轴流风机,根据风机安装位置又可分为鼓风式和抽风式,一般冷却塔多采用抽风式。

通风筒的作用是进行空气导流,减少通风阻力,并将塔内湿热空气送往高空。风筒进口一般做成流线喇叭口。

除水器是将排出湿热空气中所携带的水滴与空气分离,减少逸出水量损失和对周围环境的影响。除水器一般采用塑料和玻璃钢材质,小型冷却塔多采用塑料斜板,大中型冷却塔多采用弧形除水片。

4.3.5.2 冷却塔选型和布置要点

目前冷却塔定型产品的供应和运用非常成熟,因此对定型成品塔的正确选用以及布置就显得尤为重要,冷却塔选型和布置要点如下:

(1)根据当地近期不少于5年的最热3个月的干球温度、湿球温度、大气压力等气象资料确定冷却塔参数。

Устройство вентиляции через градирни—вентилятор, дающий заданный расход воздуха и представляющий условия течения воздуха для обеспечения требуемой эффективности охлаждения. Широко распространяется осевой вентилятор, по местам установки вентилятора вентилятор подразделяется на воздуходувный и вытяжной, обычно для градирни применяется вытяжной.

Воздухопровод предназначен для отвода воздуха, уменьшения сопротивлений вентиляции и подачи влажного жаркого воздуха в градирни к вышине. Вход воздухопровода обычно показывается обтекаемой воронкой.

Водоудалитель отделяет водяные капли в выпущенном влажном жарком воздухе от воздуха для уменьшения потери вышедшего объёма воды и влияния на окружающей среды. Для водоудалителя обычно применяется пластмассовый материал и стеклопласт, для маленькой градирни шороко применяется пластмассовый клин, для большей и средней градирней широко применяется дугообразная обезвоживающая пластинка.

4.3.5.2 Выбор типов и ключевые пункты расположения градирней

В настоящее время, снабжение и применение типовой продукции градирни очень зрелое, так что, правильный выбор и расположение типовой готовой градирни очень важное, ключевые пункты приведены как ниже:

(1)Согласно местным температурам сухих и влажных мячей самых жарких трёх месяцев в последние не менее 5 лет, атмосферному давлению и таким метеорологическим документам определяются параметры градирни.

（2）冷却塔可不设置备用。

（3）选用的冷却塔应冷效高、能源省、噪声低、重量轻、体积小、寿命长、飘水少、安装维护方便，并符合当地相关产品标准、符合当地环保要求。

（4）对于设置可调速电机的冷却塔，宜设置1~2挡手动调速，不宜设置变频调速。冷却塔所用材料应耐腐蚀、耐老化、寿命长、阻燃型，且符合防火要求。

（5）冬季寒冷及严寒地区，冷却塔应设置化冰管并采用高效收水器。

（6）冷却塔布置应远离热源、废气和烟气排放口，保证通风条件良好，且应布置在建筑物的最小频率风向的上风侧，不宜布置在高大建筑物中间的狭长地带上。

（7）循环水装置区应布置在爆炸危险区域以外，应符合防火、防爆、安全与噪声防护的要求。

(2) Не нужно предусмотреть резервную градирню.

(3) Выбранная градирня должна обладать высокой эффективностью охлаждения, экономией энергии, низком шумом, легком весом, маленьким объёмом, долгосрочным сроком службы, малым объёма летущей воды, удоством для установки и ремонта, соответствием местным связанным стандартам продукции и местным требованиям к охране окружающей среды.

(4) Для градирни с регулируемым двигателем лучше предусматривается ручное регулирование скорости 1-2 положений, не следует предусмотреть конверторное регулирование скорости. Применяемый материал градирни должен быть стойким к коррозии, старению, с долгосрочным сроком службы, пламезадерживающим, и соответствует противопожарным требованиям.

(5) В холодных и суровых районах в зимнее время, следует предусмотреть трубку противообледенителя для градирни, и применяется высокопроизводительный водоуловитель.

(6) Рсположение градирни должно отойти далеко от источника теплоты, выпусков отработанного газа и дыма, обеспечить хорошее условие вентиляции, и градирня должна расположить на наветренной стороне зданий с минимальной частотой, не следует расположить в коридорах между выскими зданиями.

(7) Зона установок оборотной воды должна расположить вне зон взрывной опасности, должна соотвесствовать протиропожарным, взрывобезопасным, безопасным требованиям и требованиям к защиты от шума.

4.3.6 操作要点

4.3.6.1 预膜

在循环冷却水系统投入运行前,应对系统进行人工清扫、水力冲洗、化学清洗和预膜。在循环冷却水系统清洗完成后,当浑浊度降至 10mg/L 以下时,可进行预膜处理。预膜的目的是在金属设备表面预先形成一层完整覆盖的耐腐蚀保护膜,防止产生腐蚀速度很大的初腐蚀,在形成保护膜的基础上,再降低药剂浓度维持补膜,即进行正常的水质稳定处理,保证系统的正常运行。

循环水系统除了开车时必须要进行预膜外,在发生以下情况时也需进行预膜处理:(1)年度大检修系统停水后;(2)系统进行酸洗之后;(3)停水 40h 或换热设备暴露在空气中 12h;(4)循环水系统 pH 值小于 4 达 2h。

4.3.6 Ключевые операционные пункты

4.3.6.1 Предварительное плёнкообразование

Перед вводом системы оборотной охлаждающей воды в эксплуатацию, следует провдить ручную очистку, гидравлическую промывку, химическую очистку и предварительное плёнкообразование системы. После завершения очистки системы оборотоной охлаждающей воды, при снижении мутности ниже 10мг/л, можно проводить предварительное .плёнкообразованиеЦель предварительного плёнкообразования заключается в предварительном образованиянакрытой антикоррозийной пленки на целой поверхности металлического оборудования во избежание первичной коррозии с высокой скростью коррозии, и снижении концентрации реагентов на основе образования защитной пленки для сохранения пленки, то есть нормальной обработке стабильности качества воды и обеспечении нормальной работ системы.

При запуске необходимо проводить предварительное плёнкообразование системы оборотной воды, кроме этого, в нижеуказанных случаях тоже нужно проводить предварительное плёнкообразование:(1)после останова подачи воды системы при годовом осмотре и ремонте;(2)после декапировки системы;(3)через 40 часов после сотанова подачи воды или через 12 часов после нахождения теплообменного оборудования на открытом воздухе;(4)через 2 часа после значения pH системы оборотной воды менше 4.

预膜剂多采用与正常配方中相同的缓蚀剂（如聚磷酸盐类），也可采用与正常运行配方不同的缓蚀剂。一般以正常运行阻垢缓蚀剂7~8倍的剂量作为预膜剂进行预膜处理，pH值应为6.0~7.0，持续时间应为120 h。若采用预膜剂成分为六偏磷酸钠和一水硫酸锌时，质量比应为4:1，浓度应为200ml/L，pH值应为6.0~7.0，持续时间应为48 h。

4.3.6.2 调试

一般根据所选用预膜剂类型、用量及其他条件（如钙离子含量、pH值、水温等）确定预膜最佳和预膜时间，预膜时间也不宜过长。最佳的预膜加酸或加碱值范围是5.0~7.0，一般常选为5.5~6.5或6.0~7.0。预膜之前，调整循环水系统流速在1.0~3.0m/s范围内；向循环水池投加预膜剂，同时加酸或加碱进行调节，当pH值在合理范围内时，停止加酸或加碱；整个预膜期间不排污，当投加预膜剂并连续运行24~48h（具体时间由模拟监测设备数据或监测挂片的成膜效果确定，水温高预膜时间短），如挂片成膜良好，预膜结束。

Применяется ингибитор коррозии в нормальной рецептуре (например полифосфаты) или другие ингибитор коррозии с разной рецептурой в качестве пленкообразующего средства. Как правило, доза пленкообразующего средства для предварительного плёнкообразования составляет 7-8 раз дозы ингибитора коррозии и накипи для нормальной эксплуатации, значение pH должно быть в пределах 6,0-7,0, продолжительность должна быть 120 часов. При применении гексаметафосфата натрия и одноводного сернокислого цинка в качестве состава пленкообразующего средства, отношение масс должно быть 4:1, концентрация должно быть 200 мл/л, значение pH должно быть в пределах 6,0-7,0, продолжительность должна быть 48 часов.

4.3.6.2 Наладка

Обычно оптимальное время предварительного плёнкообразования определяется по типу, дозе и другим условиям (содержание кальциевых ионов, значение pH, температура воды и т.д.) выбранного пленкообразующего средства, время предварительного плёнкообразования должно быть не слишком долгим. Оптимальный диапазон значений добавки кислоты иои щёлочи предварительного плёнкообразования составляет 5,0-7,0, обычно принято 5,5-6,5 или 6,0-7,0. Перед предварительным плёнкообразованием следует регулировать скорость течения системы оборотной воды в пределах 1,0-3,0 м/сек.; вводить пленкообразующее средство в бассейн оборотной воды, в то же время вводить кислоту или щёлочь для регулирования, при нахождении значения pH в рациональном диапазоне, остановить вводить кислоту или щёлочь; в целый период предварительного плёнкообразования не следует проводить

4.3.6.3 运行

预膜结束后,需停运循环水泵并将循环水系统中的水放空并向系统大量补水,转入正常运行状态,并按正常运行状态下的配方和条件进行水质稳定处理。

4.4 污水处理系统

4.4.1 生活污水处理系统

4.4.1.1 生活污水水质

生活污水来源于人们日常生活中使用过的,被生活废料所污染产生的污水,影响生活污水水质的主要因素有生活水平、生活习惯、卫生设备及气候条件等。

дренаж, при 24-48 часовой непрерывной эксплуатации после ввода пленкообразующего средства (конкретное время определяется по данным аналогового контрольного оборудования или эффекту плёнкообразования контролированного образца, при высокой температуре воды время предварительного плёнкообразования сокращается), сли эффект пленкообразования образца хороший, предварительное пленкообразование завершается.

4.3.6.3 Эксплуатация

После завершения предварительного пленкообразования, следует остановить насос оборотной воды, сбросить воду в системе оборотной воды, подпитать воду в значительном количестве в систему, переключить в режим нормальной эксплуатацию, проводить обработку стабильности качества воды по рецептуре и условия при режиме нормальной эксплуатации.

4.4 Система очистки сточной воды

4.4.1 Система очистки бытовой сточной воды

4.4.1.1 Качесто бытовой сточной воды

Бытовая сточная воад исходит из сточной воды, использованной людей в бытовой жизни, загрезненной бытовыми отходами. В состав основных факторов, оказывающих влияние на качество бытовой сточной воды, входят уровень жизни, жизненная привычка, санитарное оборудование, климатические условия и т.д..

生活污水的水质主要包括悬浮物（SS）、生化需氧量（BOD$_5$）、化学需氧量（COD）以及氨氮等。典型的生活污水水质情况见表 4.4.1。

Качество бытовой сточной воды в основном включает взвешенные вещества（SS），биохимическая потребность в кислороде（BOD$_5$），химическая потребность в кислороде（COD），аммиачный азот и т.д.. Типовое состояние качеств бытовой сточной воды приведено в табл. 4.4.1.

表 4.4.1 典型生活污水水质情况列表

Таблица 4.4.1 Типовое состояние качеств бытовой сточной воды

序号 № п/п	指标 Показатель	浓度，mg/L Концентрация, мг/л		
		高 Высокая	中 Средняя	低 Низкая
1	总固体（TS） Общее количество твердых веществ（TS）	1200	720	350
1）	溶解性总固体 Общее количество растворенных веществ	850	500	250
2）	悬浮物（SS） Взвешенные вещества（SS）	350	220	100
2	生化需氧量（BOD$_5$） Биохимическая потребность в кислороде за 5 суток（BOD$_5$）	400	200	100
3	化学需氧量（COD） Химическая потребность в кислороде（COD）	1000	400	250
4	可生物降解部分 Часть биологического разложения	750	300	200
5	可沉降物 Осаждаемые вещества	20	10	5
6	总氮（N） Общий азот（N）	85	40	20
7	总磷（P） Общий фосфор（P）	15	8	4
8	总有机碳（TOC） Общий органический углерод（TOC）	290	160	80
9	氯化物（Cl$^-$） Хлорид（Cl$^-$）	200	100	60
10	碱度（CaCO$_3$） Щелочность（CaCO$_3$）	200	100	50
11	油脂 Масла и жиры	150	100	50

4.4.1.2 处理技术概述

生活污水主要采用生物化学处理技术（生化）处理，生化处理技术有多种，如活性污泥法、生物膜法、自然生物处理法和厌氧生物处理法。其核心技术为活性污泥法和生物膜法。根据污水的水量、水质和出水要求及当地的实际情况，选用合理的污水处理工艺，对污水处理的正常运行、处理费用具有决定性的作用。

（1）活性污泥法：主要包括传统活性污泥法、氧化沟、SBR等。它能从污水中去除溶解性的和胶体状态的可生化有机物以及能被活性污泥吸附的悬浮固体和其他一些物质，同时也能去除一部分磷素和氮素，是一种好氧生物处理法，处理流程长、占地面积大，在城市污水处理中得到广泛使用。

（2）生物膜法：主要包括曝气生物滤池、生物转盘、接触氧化法、生物膜法等。与活性污泥法最大的区别在于生物载体（填料）的引入，由于生物载体是人为提供的，所以载体的形状、性质、填充方式等也可根据需要人为地进行选定，这就使得生物膜法单元设施比活性污泥法更具有灵活性、多样性和创造性。

4.4.1.2 Краткое описание о технике обработки

В основном применяется техники биохимической обработки для бытовой сточной воды, данные техники многие, например обработка активированным илом, обработка биологической мембраной, естественная биологическая обработка и анаэробная биологическая обработка. Стержневые техники -обработка активированным илом, обработка биологической мембраной. Выбор рациональной техники обработки сточной воды по объёму, качеству и требованиям выпуска сточной воды и местным фактическим состояниям играет решающую роль для нормальной эксплуатации и расходов обработки сточной воды.

（1）Обработка активированным илом: в основном включает традиционную обработку активированным илом, циркуляционные окислительные каналы, SBR и т.д.. Данная техника может удалить растворимые и коллоидные генерируемые органическkе вещества или абсорбированные активированным илом взвешенные твердые вещества и другие вещества от сточной воды, в то же время, может удалить частичные фосфоры и азоты, является аэробной биологической обработкой с длинным процессом обработки, большей занятой площадью, широко распространенной в обработке сточной воды в городах.

（2）Обработка биологической мембраной: в основном включает аэрационный биофильтр, биодиск, метод окисления контактов, обработка биологической мембраной и т.д.. Самое значительное различие от обработки активированным илом заключается в ввод биологического носителя (набивка), из-за того, что биологический носитель представляется искусственно, форма, качество, способ наполнения носителя искусственно

（3）自然生物处理法：主要包括生物稳定塘、污水土地处理和湿地处理。生物稳定塘净化机理与活性污泥法相似，土地处理机理与生物膜法相似。自然条件下的生物处理法不但费用低廉、运行管理简便，而且对难生化降解的有机物、氮磷营养物和细菌的去除率都很高，但由于受自然环境、气候以及场地的限制等，使用受到很大限制。

（4）厌氧生物处理法：主要包括厌氧接触法、UASB反应器等。与好氧生物处理法相比，处理符合高、占地小，但处理后出水水质较差，难以直接达标，一般需要进行后处理。厌氧微生物对有毒物质和环境条件较为敏感，操作不当可能导致反应器运行条件的恶化。

определяются по нужде, что позволяет сооружению блока обработки биологической мембраной более ловким, многообразным и творческим в сравнении с обработкой активированным илом.

（3）Естественная биологическая обработка: в основом включает биологический стабилизационный пруд, почвенный метод очистки сточной воды и обработка сточной воды на увлажненных землях. Механизм очистки биологического стабилизационного пруда подобен обработке активированным илом, механизм почвенного метода очистки подобен обработке биологической мембраной. Биологическая обработка при естественных условиях обладает низкой стоимостью, удоством управления эксплуатацией, высокой эффективностью удаления небиодегрируемых органических веществ, азотнофосфатных питательных веществ и бактерий, но из-за ограничения природных условий, климатических условий и площадок, применение данной техники значительно ограничается.

（4）Анаэробная биологическая обработка: в основном включает анаэробный метод контактов, реактор UASB и т.д.. В сравнении с аэробной биологической обработкой, данная техника обладает высокой нагрузкой обработки, менькой занятой площадью, но качество обработанной воды относительно плохое, не может прямо достигать стандартов, обычно нужна последующая обработка. Анаэробный микроорганизм относительно чувствителен к ядовитым веществам и окружающим условиям, неправильное управление может вызывать ухудшение условий работы реактора.

4.4.1.3 MBR 生活污水处理工艺

4.4.1.3.1 工艺原理

膜生物反应器(简称 MBR,英文名称 Membrane Bioreactor)主要是将膜分离技术中的超、微滤膜组件与污水生物处理工艺中的生物反应器相结合。根据组合方式不同,可分为一体式和分置式。为适应模块化,橇装化的生产需要,节约现场的施工时间;目前,很多环保公司均采用一体式的橇装设备,称为 MBR 一体化生活污水处理装置。其主要由调节区、好氧区、膜分离区、清水箱、回流泵等组成。

调节区内,主要发生水解酸化反应,由微生物将污水中的有机氮转化分解成 NH_3-N,同时,利用有机炭作为电子供体,将 NO_2-N、NO_3-N 转化成 N_2,而且还利用部分有机炭源和 NH_3-N 合成新的细胞物质。不仅具有一定的有机物去除功能,减轻后续好氧池的有机负荷,以利于硝化作用的进行,还能依靠原水中存在的较高浓度的有机物,完成反硝化功能,最终消除氮的富营养化污染。

4.4.1.3 Технология обработки бытовой сточной воды MBR

4.4.1.3.1 Принцип технологии

Мембранный биореактор (далее - MBR, английское название Membrane Bioreactor) в основном сочетает узел мембраны ультрафильтрации и микрофильтрации в технологии мембранного разделения с биологическим реактором в технологии биологической обработки сточной воды. По способу сочетания подразделяется на интегральный и раздельный. Для соответствия производственным требованиям к модульномуи блочному исполнению и экономии строительного времени на месте, в настоящее время много экологических предприятий применяет интегральное блочное оборудование, называется интегральной установкой обработки бытовой сточной воды MBR. В основном состоит из зоны регулирования, аэробной зоны, зоны мембранного разделения, бака чистой воды, оросительного насоса и т.д..

В зоне регулирование в основном проходит-гидролизная кислотная реакция, микроорганизм разлагает органический азот в сточной воде на NH_3-N, в то же время используется органический уголь в качестве электронного донора, переобразует NO_2-N и NO_3-N в N_2, используются частичные источники органического уголя и NH_3-N для синтеза новых клеточных веществ. Обладает определенными функциями удаления органических веществ, улегчения органических нагрузок последующего аэробного бассейна для содействия нитрирования, ещё может выполнить денитрификацию за счёт существующих относительно высококонцентрированных органических веществ в сырой воде, окончательно устранить загрязнение эутрофикации азотов.

好氧区,由于有机物浓度已大幅度降低,但仍有一定量的有机物及较高 NH_3-N 存在。为了使有机物得到进一步氧化分解,同时在碳化作用处于完成情况下硝化作用能顺利进行,好氧微生物将有机物分解成 CO_2 和 H_2O,自养型细菌(硝化菌)利用有机物分解产生的无机碳或空气中的 CO_2 作为营养源,将污水中的 NH_3-N 转化成 NO_2-N 或 NO_3-N。

膜分离区,利用膜分离设备将生化反应池中的活性污泥和大分子有机物质截留住,水力停留时间(HRT)和污泥停留时间(SRT)可以分别控制,而难降解的物质在反应器中不断反应、降解。一方面,膜截留了反应池中的微生物,使池中的活性污泥浓度大大增加,降解污水的生化反应进行得更迅速更彻底;另一方面,由于膜的高过滤精度,保证了出水清澈透明并省掉二沉池。

4.4.1.3.2 MBR 工艺流程

MBR 处理工艺流程为:来水进入污水调节池内,由提升泵提升进入生物反应器的好氧区,好氧区设计停留时间为 3h,通过生物反应器内的水位控制提升泵的启闭。通过 PLC 控制器开启曝气机

Аэробная зона, концентрация органических веществ значительно снижает, но всё-таки существует определенный объём органических веществ и много NH_3-N. Для дальнейшего окислительного разложения органических веществ и успешного проведения нитрирования при полном завершении наугероживания, аэробный микроорганизм разлагает органические вещества на CO_2 и H_2O, автотрофные бактерии (нитрификатор) использует образованный неорганический углерод при разложении органических веществ или CO_2 в воздехе в качестве питательного источника для переобразования NH_3-N в воде в NO_2-N или NO_3-N.

Зона мембранного разделения, использует оборудование мембранного разделения перехватывать активированные илы и макромолекулярных органических веществ в бассейне биохимической реакции, время гидравлического задержания сточных вод на очистном сооружении (HRT) и время удержания шлама в системе (SRT) могут отдельно контролировать, а недеградируемое вещество в реакторе непрерывно реагируется и деградируется. С одной стороны, мембрана перехватила макроорганизм в бассейне, значительно увеличивает концентрацию активированного ила в бассейне, позволяет биохимической реакции для деградации сточной воды более быстро и окончательно; с другой стороны, высокая точность фильтрации мембраны обеспечивает чистоту и прозрачность обработанной воды и экономит вторичный отстойник.

4.4.1.3.2 Технологический процесс техники MBR

Технологический процесс обработки MBR: вода поступает в бассейн сточной воды, поднимается насосом подъёма в аэробную зону биологического реактора, проектное время удержания в

充氧,该区主要由充氧管网、曝气装置组成。经好氧反应后,反应器内的污水经膜分离装置,在自吸泵抽吸下进入清水区。在膜组件的高效截留作用下,将全部的活性污泥都截留在好氧区内,使得反应器内的污泥浓度可达到较高水平,大大降低了生物反应器内的污泥负荷,提高了 MBR 对有机物的去除效率。常用的 MBR 污水处理工艺流程如图 4.4.1 所示。

аэробной зоне составляет 3 часа, влючение и выключение насоса подъёма управляются уровнем воды в биологическом реакторе. Через управитель PLC включить аэрационное устройство для заправки кислородов, данная зона в основном состоит из сети трубопроводов заправки кислородов и аэрационного устройства. После аэробной реакции, сточная вода в реакторе через установку мембранного разделения под накачиванием самовсасывающего насоса поступает в зону чистой воды. Под действием высокоэффективного перехватывания узлов мембраны, все активированные илы перехватываются в аэробной зоне, что вызывает достижение концентрации илов в реакторе относительного уровня и значительно снижает нагрузку илов в реакторе, повышает эффективность удаления органических веществ. Широко примененный технологический процесс обработки сточной воды техникой MBR приведен на рис. 4.4.1.

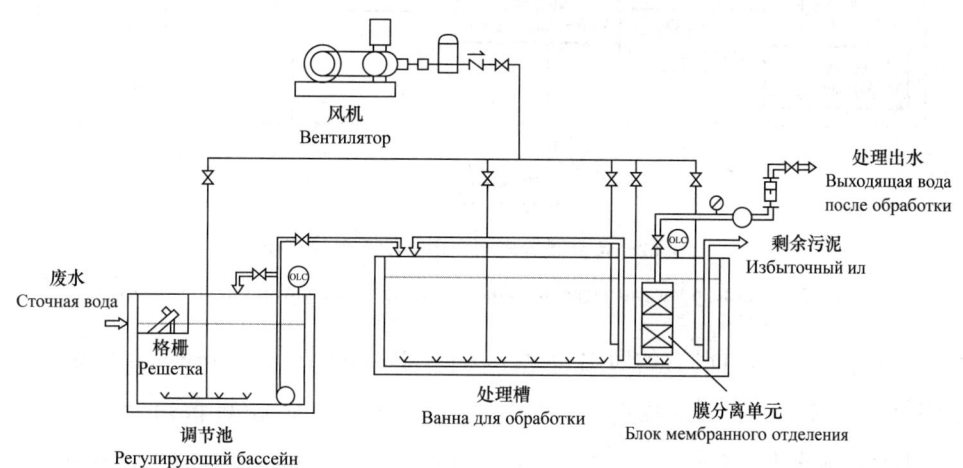

图 4.4.1 MBR 污水处理工艺流程图

Рис.4.4.1 Технологический процесс очистки сточной воды техникой MBR

反冲洗泵利用清水区中处理水对膜组件进行反冲洗,反冲水由膜内侧向外反冲,污水返回至反应器内。膜单元的过滤操作与反冲洗操作可自动或手动控制。当膜单元需要化学清洗操作时,关闭进水阀和污水循环阀,启动化洗程序对膜进行化洗。

Насос обраной промывки использует обрабатываемую воду в зоне чистой воды проводить обратную промывку узлов мембраны, вода для обратной промывки с внутренней стороны мембраны наружу обратно промывает, сточная вода возвращается в реактор. Управление фильтрацией

膜组件有很多种类和形式,其中根据膜孔径大小的不同可分为微滤膜、超滤膜、纳滤膜和反渗透膜(压力要求过高,很少用)。各类膜分离水中污染物颗粒的直径如图4.4.2所示。

и обратной промывкой мембранного блока может проводиться автоматически или ручно. При необходимости химической промывки мембранного блока, закрыть впускной клапан и циркуляционный клапан сточной воды, открыть программу химической промывки мембраны.

Узлы мембраны многообразные и разные, среди них, по диаметрам отверстий мембраны подразедяются на мембраны микрофильтрации, мембраны ультрафильтрации, мембраны нанофильтрации и мембраны обратного осмоса (его высокое требование к давлению вызывает ограниченное применение). Диаметр частиц загрязняющих веществ в сепараторной воде мембран приведена на рис. 4.4.2.

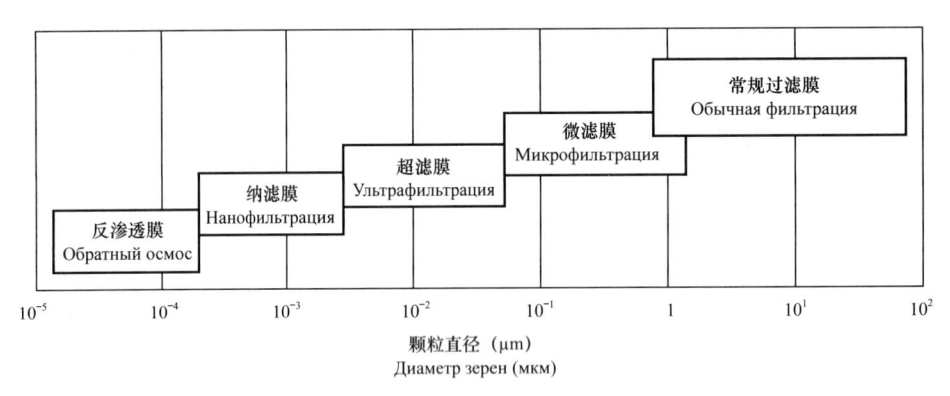

图 4.4.2 各类膜分离水中污染物颗粒的直径

Рис. 4.4.2 Диаметр частин загрязняющих веществ в сепараторной воде мембран

针对各类污水最终去向不同(有的回用绿化,有的冲洗道路等),所选用的膜形式也不同,常用的满足回用绿化要求的膜为超滤膜。

Выбор типов мембран зависит от окончательного назначения разных сточных вод (одни для озеленения, другие для промывки дорог и т.д..), принятая мембрана для озеленения является мембраной ультрафильтрации.

4.4.1.4 主要设备及操作要点

4.4.1.4 Основное оборудование и ключевые операционные пункты

生物反应器包括好氧区和曝气设施。好氧区内存在大量具有絮凝能力和沉降性能的活性污

Биологический реактор включает аэробную зону и аэрационное сооружение. В аэробной зоне

泥,初期需要驯化活性污泥,培养出适合水中污染物降解的微生物。通过鼓风机向好氧区提供微生物新陈代谢所需的氧气。

土库曼斯坦地区通常无法提供活性污泥菌种,无法利用大量接种污泥菌种的方式快速进行污泥培养驯化,只能在装置外生物强化罐培养活性污泥,一般新取河底黑色淤泥,将其用清水淘洗,去除泥沙等大颗粒杂质,经过滤后加入 5t 生物强化罐,然后加入新鲜化粪池的水,大气量闷曝培养 48h,接种污泥经过 48h 闷曝培养并且各项指标均无异常后,按污泥负荷 0.2～0.4kg(COD)/[kg(MLVSS)·d]逐渐递增加入营养物质,曝气培养至混合液挥发性悬浮固体浓度(MLVSS 值)不小于 6000mg/L 结束。将培养好的活性污泥加入 MBR 生化池好氧曝气区进行曝气培养,不断加入生活污水和营养物质曝气培养,直至整个系统驯化培养完成。

существует много активированных илов с функцией флокуляции и свойством оседания, в начале нужно адаптировать активированный ил, подготовить подходящий микроорганизм к деградации загрязнений в воде. С помощью воздуходувки представляется необходимый кислород в аэробную зону для метаболизма микроорганизма.

На территории Туркменистана в общем случае невозможно представить бактерии активированного ила, невозможно использовать способ прививки бактерии ила для быстрой подготовки и адаптации ила, только можно подготовить активированный ил в биологическом резервуаре вне установки, как правило, взять новый черный ил из дна реки, промывать его чистой водой, удалить пески и крупные примеси, после фильтрации вводить в биологический резервуар 5т, потом вводить новую воду из септика, проводить подготовку закрытой аэрации с большим объёмом воздуха 48 часов, через 48 часов после подготовки закрытой аэрации и отсутствия аномалий всех показателей привитого ила, по нагрузке ила 0,2-0,4 кг [COD]/кг(MLVSS)·д]постепенно увеличивать питательные вещества, завершается аэрационная подготовка до тогда, когда достигает значения концентрации летучих взвешенных твердых веществ смешанной жидкости (значение MLVSS), менее 6000 мг/л. Вводить подготовленный активированный ил в аэробную аэрационную зону биологического бассейна MBR для аэрационной подготовки, непрерывно вводить бытовые сточные воды и питательные вещества для аэрационной подготовки до тогда, когда адаптация и подготовки целой системы завершается.

膜分离组件将反应器中的活性污泥和大分子有机物质截留住,水力停留时间(HRT)和污泥停留时间(SRT)可以分别控制,而难降解的物质在反应器中不断反应、降解。一方面,膜截留了反应池中的微生物,使池中的活性污泥浓度大大增加,降解污水的生化反应进行得更迅速、更彻底;另一方面,由于膜的高过滤精度,保证了出水清澈透明从而省掉二沉池。膜组件的膜孔径非常小(0.01~1μm),可将生物反应器内全部的悬浮物和污泥都截留下来,反应器内的污泥浓度可达到较高水平,其固液分离效果要远远好于二沉池。

污水处理设备中风机采用专用电动机,结构紧凑、体积小、重量轻,除采用了常规法的鼓风机消音措施外(如隔音垫、消音器等),还在鼓风机房风壁设置了新型吸音材料,使设备运行时的噪声低于50dB,减轻了对周围环境的影响。

Блок мембранного разделения перехватывает активированные илы и макромолекулярных органических веществ в реакторе, время гидравлического задержания сточных вод на очистном сооружении (HRT) и время удержания шлама в системе (SRT) могут отдельно контролировать, а недеградируемое вещество в реакторе непрерывно реагируется и деградируется. С одной стороны, мембрана перехватила макроорганизм в бассейне, значительно увеличивает концентрацию активированного ила в бассейне, позволяет биохимической реакции для деградации сточной воды более быстро и окончательно; с другой стороны, высокая точность фильтрации мембраны обеспечивает чистоту и прозрачность обработанной воды и экономит вторичный отстойник. Чрезвычайно маленький диаметр отверстия мембраны узлов мембраны (0,01-1мкм) позволяет перехватывать все взвешенные вещества и илы в биологическом реакторе, концентрация илов в реакторе может достигать относительно высокого уровня, его эффективность сепарации твердого и жидкого тела намного лучше вторичного отстойника.

Для вентилятора оборудования обработки сточной воды применяется специальный вентилятор с компактной конструкцией, маленькой площадью, легким весом, кроме того, что применяется принятые звукоглушительные меры воздуходувки (например звукоизоляционная прокладка, шумотушитель и т.д.), ещё предусматривается новый звукопоглощающий материал в стенке воздуха помещения воздуходувки, что позволяет шум при эксплуатации оборудования ниже 50дБ, снижает влияние на окружающую среду.

整个设备处理系统配有全自动电气控制系统和设备故障报警系统,运行安全可靠,平时一般不需要专人管理,只需适时地对设备进行维护和保养。

Система обработки целого оборудования комплектуется автоматической электрической систеой управления и системой сигнализации при неисправности оборудования, эксплатация данной системы безопасной и надёжной, обычно не нужен специальный персонал для управления, только нужно своевременно проводить обслуживание и уход оборудования.

4.4.1.5 应用实例

土库曼斯坦地区近年来已经建成投产或拟建项目的生活污水处理工艺应用实例统计见表4.4.2。

4.4.1.5 Реальные примеры прменения

Реальные примеры обработки бытовой сточной воды в построенных или планируемых объектах на территории Туркменистана приведены в табл. 4.4.2.

表4.4.2 土库曼斯坦地区已建或拟建项目生活污水处理工艺应用实例统计表

Таблица 4.4.2 Примеры применения технологий очистки бытовой сточной воды существующих или планируемых объектов в Туркменистане

项目名称 Наименование объекта	子项名称 Наименование подобъекта	处理量, m³/h Производительность, м³/ч.	采用工艺 Применяемая технология
巴格德雷合同区域第一天然气处理厂（A厂） ГПЗ-1 на договорной территории Багтыярлык（завод А）	处理厂 ГПЗ	5	
巴格德雷合同区域第二天然气处理厂（B厂） ГПЗ-2 на договорной территории Багтыярлык（завод Б）	处理厂 ГПЗ	3	一体化生活污水处理工艺（A/O工艺） Интегральная технология очистки бытовой сточной воды（технология A/O）
土库曼斯坦南约洛坦气田100×10⁸m³/a商品气产能建设工程（地面工程部分） Объект на обустройство части м/р «Южный Елотен» в Туркменистане на 10 млрд.куб.м. товарного газа в год（Наземное обустройство）	处理厂 ГПЗ	10	MBR生活污水处理装置 Установка очистки бытовой сточной воды MBR
	生活营地 Вахтовый поселок	20	
	水源站 Водозаборная станция	1	
土库曼斯坦加尔金内什气田300×10⁸m³/a商品气产能建设工程（拟建工程） Объект производительностью 30 млрд. куб. м товарного газа в год на месторождении «Галкыныш» в Туркменистане（планируемый объект）	处理厂 ГПЗ	3	MBR生活污水处理装置 Установка очистки бытовой сточной воды MBR
	生活营地 Вахтовый поселок	30	MBR生活污水处理装置 Установка очистки бытовой сточной воды MBR
	水源站 Водозаборная станция	1	MBR生活污水处理装置 Установка очистки бытовой сточной воды MBR
	压气站 Компрессорная станция	1	MBR生活污水处理装置 Установка очистки бытовой сточной воды MBR

4.4.2 含油污水处理系统

4.4.2.1 简介

含油污水是指含有脂类及各种油类的污水。天然气行业中的主要来源是气田水、设备检修污水等，其特点是化学需氧量（COD）和生化需氧量（BOD）高，易燃、易氧化分解，一般比水轻、难溶于水。含油污水如果不加以回收处理，会造成浪费；排入河流、湖泊或海湾会污染水体，影响水生生物生存。因此，含油污水必须经过适当的处理后方可排放。

从含油污水处理角度出发可将污水中油珠粒径划分为4种：

（1）浮油。粒径大于 $100\mu m$，稍加静置可浮升到水面。

（2）分散油。粒径为 $100\sim10\mu m$，不稳定，静止一段时间以后往往形成浮油。

（3）乳化油。粒径为 $10^{-3}\sim10\mu m$，经过破乳之后，可用沉淀法来分离。

（4）溶解油。粒径小于 $10^{-3}\mu m$，原水中此部分油仅占总含油量的1%以下，不作为污水处理的主要对象。

对含油污水处理的方法可归纳为3种:(1)物理除油法(主要包括立式除油罐除油、斜板除油、粗粒化除油、气浮法除油等);(2)混凝除油法(投加混凝剂破除乳化油);(3)过滤(以去除混凝后的悬浮固体和经过破乳的油)。由于水质不同及要求处理的深度不同,现场使用时,常常是几种方法联合使用。

4.4.2.2 工艺原理

物理除油法主要是利用油和水的密度差使油上浮,达到油水分离的目的。在立式除油罐中,粒径较大的油粒首先上浮至油层,粒径较小的油粒随水向下流动,在此过程中,一部分小油粒也不断碰撞聚结成大油粒而上浮。而斜板除油、粗粒化除油、气浮法除油都是在以上原理的基础上,通过减小除油设备的分离高度、聚集油珠由小变大或者采用气泡帮助油粒上浮等手段增加小粒径油粒的去除。

Способы обработки маслосодержащей сточной воды обощается в 3 способа:(1) физический способ удаления масла (в основном включая удаление масла вертикальным резервуаром для удаления масла, клином, крупнозернистыми материалами, методом флотации и т.д.);(2) способ удаления масла коагулированием (ввод коагуляционного реагента для дезэмульгирования эмульсионного масла);(3) фильтрация (удаление коагулированных взвешенных твердых веществ и дезэмульгированных масел). Из-за разных качеств воды и требуемых степеней обработки, при применении на месте, часто совместно применяются несколько способов.

4.4.2.2 Принцип технологии

Аизический способ удаления масла в основном заключается в всплытии масла с использованием разницы плотностей между масла и водой для достижения цели сепарации масла от воды. В вертикальном резервуаре для удаления масла маслообразующая пластида с большой крупностью в первую очередь выплывается до слоя масла, масла маслообразующая пластида с маленькой крупностью с водой вместе вниз течет, в этом процессе, частичные маленькие маслообразующие пластиды непрерывно сталкиваются друг с другом, коалесцируются в большие маслообразующие пластиды и выплываются. А на основе вышеуказанного принципа принципы удаления масла клином, крупнозернистыми материалами, методом флотации заключается в увеличении удаления маслообразующих пластид с маленькой крупностью образами уменьшения высоты сепарации оборудования для обезмасливания, коалесцирования маленьких маслообразующих пластид в большие или всплытия маслообразующих пластид с применением пузыря и т.д..

混凝除油法是通过混凝剂的作用,使水中胶体失去稳定性而聚集在一起后沉淀下来,一般说来,混凝剂对水中胶体颗粒的混凝作用有三种:电性中和、吸附桥架和卷扫作用。这三种作用以何者为主,取决于混凝剂的种类、投加量、水中胶体粒子的性质、含量和水的 pH 值等因素。

过滤是指污水流过滤床,将杂质截留在滤床介质内,从而使水得到进一步净化,这里的滤床通常由粒状物组成(如石英砂、无烟煤等)或采用成型材料,如烧结滤芯、纤维缠绕滤芯等来实现净化目的。

4.4.2.3 工艺流程简述

根据原水及净化水水质要求,由各类处理方法可以组成若干种处理工艺流程。这里仅介绍天然气处理厂常见的处理工艺流程:含油污水经过沉降除油罐→聚结除油装置→橇装微气泡除油装置→精细除油装置除油后外输或进一步处理后回用。该工艺流程如图 4.4.3 所示。

Способ удаления масла коагулированием заключается в осаждении коллоидных веществ в воде после коалесцирования из-за потери стабильности под действием коагуляционного реагента, как правило, существуют три типа коагуляции коагуляционного реагента к коллоидным частицам в воде: нейтрализация заряда, адсорбция моста и флокуляционная очистка. Какое действие господствует, это зависит от тип, количества ввода коагуляционного реагента, качества и содержания коллоидных частиц в воде, значения pH воды и таких факторов.

Фильтрация имеет в виду то, что сточная вода течет через фильтрующий слой, перехватывает примеси в среде фильтрующего слоя, таким образом достигать дальнейшей очистки воды. Этот фильтрующий слой в общем случае состоит из зернистых веществ(например кварцевый песок, антрацитовый уголь и т.д.) или применяется формовочный материал, например агломерированный фильтра-элемент, волокнистый навивочный фильтра-элемент и т.д., для осуществления очистки.

4.4.2.3 Краткое описание о технологическом процессе

По требованиям к качествам сырой воды и очищенной воды разные способы обработки могут составляют много технологических процессов обработки. Здесь только показывается принятый технологический процесс обработки: маслосодержащая сточная вода через резервуар для удаления отработанного масла осаждением→устройство для обезжиривания коалесценцией→блочное устройство для обезжиривания с булавочными порами→после удаления масла тонким устройством для обезжиривания экспортировать или обратно использовать после дальнейшей обработки. Технологический процесс приведен на рис. 4.4.3.

4 给排水

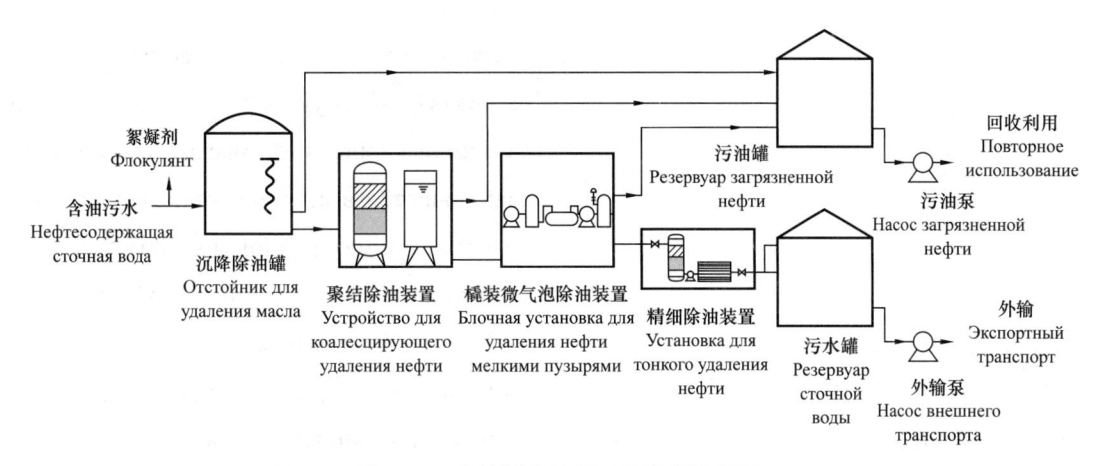

4 Водоснабжение и канализация

图 4.4.3 含油污水处理工艺流程示意图

Рис. 4.4.3 Технологическая схема очистки нефтесодержащей сточной воды

沉降除油罐是一种重力分离型除油设备，主要用于去除大部分悬浮油及少量分散油。为保证污水中油粒的有效分离和使油有较好的流动性，易于收集和排出，罐内通入伴热热水，以提高罐内油层的温度。沉降除油罐采用自动收油槽，可根据油水压力不同上下浮动自动收油。沉降除油罐排泥采用真空排泥机清除下层板结污泥。在用于冲洗板结污泥的除油后气田水中通入压缩空气，以提高真空排泥机排泥效果。

聚结除油是使含油污水通过一种填有粗粒化材料的装置，使污水中的微细油珠聚结成大颗粒，达到油水分离的目的。本法适用预处理分散油和乳化油。其技术关键是粗粒化材料，材质的表面应具有亲油疏水的性能。

Резервуар для удаления отработанного масла осаждением является устройством для обезжиривания гравитационной сепарацией, в основном предназначен для удаления большинства взвешенных масел и немного дисперсных масел. Для обеспечения эффективной сепарации маслообразующих пластид в воде и хорошей текучести масла, удобства для сбора и выпуска, подают спутниковую горячую воду в резервуар для повышения температур слоя масла. Для резервуара для удаления отработанного масла осаждением применяется автоматический маслосборник, автоматически собирающий масло колебанием по разным давлениям масла и воды. Применяется вакуумный устройство для удаления илов для очистки илов нижной пластины. Следует вводить сжатый воздух в маслоудаленную промысовую воду для промывки илов корки, чтобыть повышать эффект удаления илов вакуумного устройства для удаления илов.

Удаление масла коалесценцией заключает в коалесценции тонких маслообразующих пластид в маслосодержащей сточной воде в большие маслообразующие пластиды через устройство с крупнозернистыми материалами для сепарации

气浮法是使大量微细气泡吸附在欲去除的油珠上,利用气体本身的浮力将污染物带出水面,从而达到分离目的的方法。空气微气泡由非极性分子组成,能与疏水性的油结合在一起,带着油滴一起上升,上浮速度可提高近千倍,所以油水分离效率很高。

此处采用的精细除油装置是膜过滤除油工艺。膜过滤除油是利用微孔膜拦截油粒。在受压情况下含油污水中的油粒无法通过滤膜而被截留下来。

4.4.2.4　工艺特点及适用范围

各工艺装置工艺特点及适用范围如下:

沉降除油罐适用于去除悬浮油及分散油,且效果稳定,运行费用低。但是设备占地面积大。

масла от воды. Данный способ распространяется на предварительную обработку дисперсного масла и эмульсированного масла. Технический ключзаключается в крупнозернистых материалах, поверхность материалов должна обладать олеофильным и негидрофильным свойствами.

Метод флотации заключается в выплывании загрязнений с использованием плавучестью много абсорбированных на удаляемых маслообразующих пластидах тонких пузырей, таким образом достигать цели сепарации. тонкие пузыря воздуха состоит из неполярных молекул, могут сочетаться с негидрофильным маслом, носят капли масла вместе поднимается, скорость всплытия может повышать тысячи раз, так что эффективность сепарации маслы от воды очень высокой.

Применяемое тонкое устройство для удаления масла является технологией удаления масла фильтрацией мембраной. Удаление масла фильтрацией мембраной использует микропористую мембрану для перехватывания маслообразующих пластид. Под давлением маслообразующие пластиды в маслосодержащей сточной воде не может проходить фильтрующую пленку, тем самым перехватываются.

4.4.2.4　Технологические особенности и область применения

Технологические особенности и область применения технологических установок приведены как ниже:

Резервуар для удаления отработанного масла осаждением предназначен для удаления взвешенных масел и дисперсных масел, со стабильной эффективностью и низкими эксплуатационными затратами, но и с большой занятой площадью.

聚结除油装置具有体积小、效率高、结构简单、不需加药、投资省等优点。缺点是填料容易堵塞,因而降低除油效率。

气浮除油装置具有电耗少、设备简单、效果良好的特点,已被广泛用于油田废水、石油化工废水等的处理,工艺较为成熟。

膜过滤除油主要用于去除乳化油和溶解油。膜过滤工艺流程简单,处理效果好,出水一般不带有油。但处理量较小,不太适于大规模污水处理,而且过滤器容易堵塞。

四级除油的除油率及总除油率见表 4.4.3。可见通过该工艺总除油率可达到 99.9%,出水水质相当好,可进一步处理后回用。该工艺基建投资大,适合于水量大,出水水质要求高的处理站应用。但当处理规模小时,常采用该流程的沉降除油罐、聚结除油装置和过滤等即可外排蒸发。

Устройство для обезжиривания коалесценцией обладает маленьким объёмом, высокой эффективностью, простой конструкцией, отсутствием ввода реагентов, экономным капиталовложением и т.д. Его недостаток заключается в возможности заваливания набивки, так что снижает эффективность удаления масла.

Устройство для флотационной очистки от масел обладает маленькой электрической потерей, простым оборудованием, хорошей эффективностью, широко распространено на обработку сточной воды нефтяных месторасположений, нефтехимической отработанной воды и т.д., технология относительно зрелой.

Удаление масла фильтрацией мембраной в основном предназначено для удаления эмульсированного масла и растворимого масла. Технологический процесс фильтрации мембраной простой, с хорошей эффективностью обработки, обработанная вода обычно показана без масла. Но производительность данной технологии отнсительно малой, не подходит обработке массовой сточной воды, а также её фильтр может быть завалитым.

Коэффициент удаления масла обработки четырёх степеней и общий коэффициент удаления масла приведены в табл. 4.4.3. Показано то, что общий коэффициент удаления масла данной технологии может достигать 99,9%, качество обработанной воды очень хорошее, после дальнейшей обработки можно обратно использовать. Капиталовложение обустройства данной технологии большое, данная технология распространяется на пункт обработки с большим объёмом воды и высокими требованиями к качеству обработанной воды. При малом объёме обработки, резервуара для удаления отработанного масла осаждением, устройство для обезжиривания коалесценцией и фильтр данной технологии достаточны для выпуска и испарения.

表 4.4.3 含油气田水四级除油效果一览表

Таблица 4.4.3 Перечень эффектов четырехстепенного удаления нефти промысловой воды

序号 № п/п	处理设施 Сооружение очистки		单级除油率,% Коэффициент одноступен-чатого удаления нефти, %	总除油率,% Общий коэффициент удаления нефти, %
1	沉降除油罐 Отстойник для удаления нефти		27	27
2	聚结除油装置 Устройство для коалесцирующего удаления нефти		77	83
3	橇装微气泡除油装置 Комплектно-блочная установка для удаления нефти мелкими пузырями	微气泡旋流浮选器 Флотационная машина вихревого течения микропузырей	86	97.9
		微气泡平流浮选器 Флотационная машина горизонтальноготечения микропузырей	85	99.7
4	精细除油装置 Установка для тонкого удаления нефти		93	99.9

注：由于在油气田开采过程中常常添加乳化剂等化学药剂，因此第一级沉降除油罐除油率相对较低。

Примечание: в связи с тем, что в процессе нефтяного месторождения постоянно нужно добавить эмульгатор и химические реагенты, коэффициент удаления масла резервуара для удаления отработанного масла осаждением первой степени относительно низкий.

4.4.2.5 应用实例

表 4.4.4 为土库曼斯坦近年来已建含油污水处理装置的工艺参数。

4.4.2.6 主要设备和管材选用

4.4.2.6.1 主要设备［以拟建工程（300亿工程）为例］

（1）沉降除油罐（图 4.4.4）。

处理量：62.5m³/h；

尺寸（直径×高）：$\phi \times H = 14m \times 10m$；

有效容积：$V = 1500m^3$；

4.4.2.5 Реальные примеры прменения

Технологические параметры построеннных установок очистки нефтесодержащей сточной воды в Туркменистане в последние годы приведены в таблице 4.4.4

4.4.2.6 Выбор основного оборудования и трубных продуктов

4.4.2.6.1 Основное оборудование （возьём объект «30 млрд.куб.м.» в пример）

（1）Резервуар для удаления отработнного масла осаждением（рис. 4.4.4）.

Производительность: 62,5 м³/ч.;

Габариты（диаметр×высота）: $\phi \times H = 14м \times 10м$;

Полезная емкость: $V = 1500м^3$;

4 给排水

4 Водоснабжение и канализация

表 4.4.4　土库曼斯坦已建含油污水处理装置的工艺参数

Таблица 4.4.4　Технологические параметры существующих установок очистки нефтесодержащей сточной воды в Туркменистане

项目名称 Наименование объекта	南约洛坦处理厂 ГПЗ на м/р «Южный Елотен»	Б 区处理厂 ГПЗ в блоке Б	拟建工程（300 亿工程） Планируемый объект（объекта на «30 млрд. куб. м»）
处理量, m³/h Производительность, м³/ч.	30	10	40
装置设置 Установка очистки	2 座 380 m³ 沉降除油罐, 1 套 30 m³/h 除油、过滤设备 2 отстойника для удаления нефти сиденье 380м³, 1 комплект оборудования удаления нефти и фильтрации 30м³/ч.	1 座 380 m³ 沉降除油罐, 1 套 10 m³/h 橇装除油设备（内含旋流油水分离器一套、喷射诱导气浮设备一套、核桃过滤设备一套） 1 отстойник для удаления нефти сиденье 380м³, 1 комплект комплектно-блочного оборудования для удаления нефти 10 м³/ч.（включая 1 комп. вихревого нефтеотделителя, 1 комп. струйно-индицируемого оборудования флотации, 1 комп. фильтра скорлупы грецкого ореха）	2 座 1500 m³ 沉降除油罐, 2 套 40m³/h 高效斜板聚结除油装置, 2 套 40 m³/h 橇装微气泡除油装置, 2 套 40 m³/h 精细除油装置 2 отстойника для удаления нефти сиденье 1500м³, 2 комплекта высокоэффективного устройства с наклонной планкой для коалесцирующего удаления нефти 40м³/ч., 2 комплекта комплектно-блочной установки для удаления нефти мелкими пузырями 40м³/ч., 2 комплекта установки для тонкого удаления нефти 40м³/ч.
进水含油量, mg/L Содержание нефти в воде на вохде, мг/л	≤3000	≤2000	≤9312
出水含油量, mg/L Содержание нефти в воде на выходе, мг/л		≤5	≤30
总除油率, % Общий коэффициент удаления нефти, %		99.7	99.9

水流下降速度：v=0.5mm/s；

停留时间：t=24h；

进水含油量：约 9312mg/L；

出水含油量：≤6790mg/L；

材质：Q235B；

防腐措施：3mm 腐蚀余量+酚醛环氧储罐漆。

Скорость спуска водного потока：v=0,5мм/сек；

Время удержания：t=24 часов；

Содержание масла во впускаемой воды：примерно 9312мг/л；

Содержание масла во выпускаемой воды：≤6790мг/л；

Материал：Q235B；

Антикоррозийные меры：припуск на коррозию 3 мм +эпоксидно-фенольная краска для резервуаров.

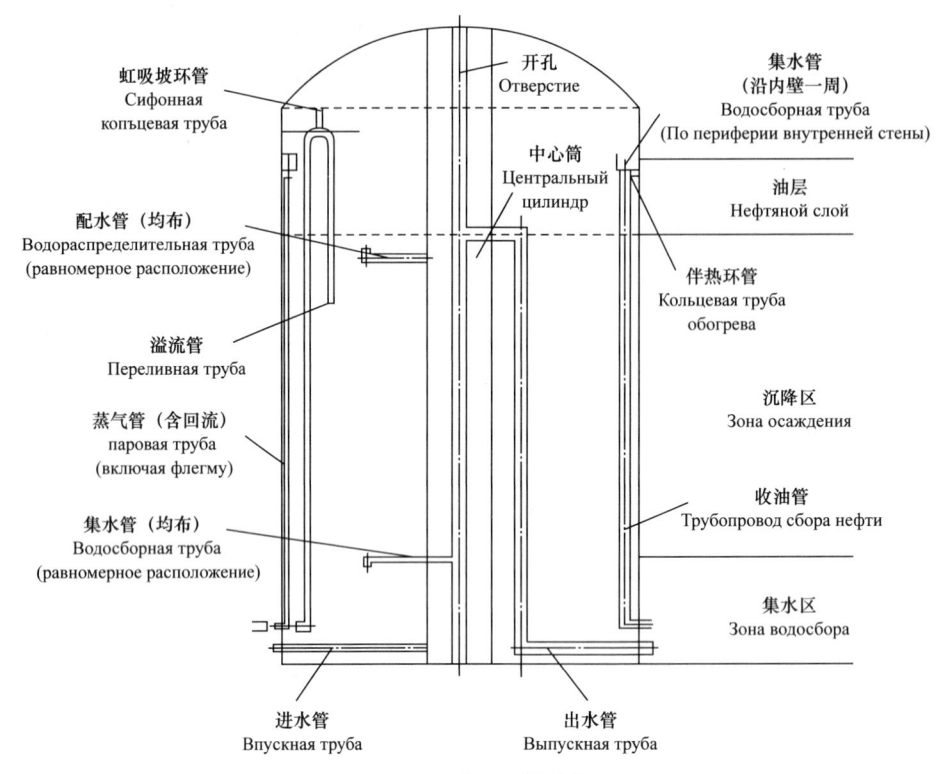

图 4.4.4　沉降除油罐结构图

Рис. 4.4.4　Структура резервуара для удаления отработнного масла осаждением

（2）高效聚结斜板除油装置（图 4.4.5）。

型式：一体化型式，敞开式；

结构材质：钢结构；

（2）Высокоэффективное устройство для удаления масла клином и коалесценцией(рис. 4.4.5).

Тип：интегральное，открытое；

Материал конструкции：стальная конструкция；

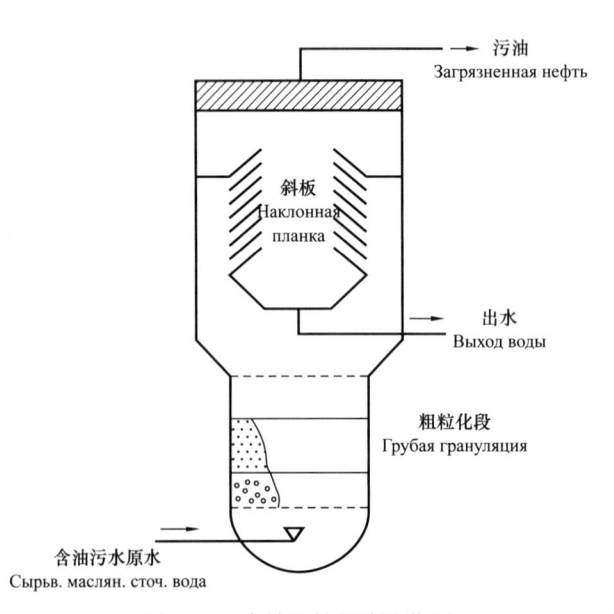

图 4.4.5　高效聚结板除油装置

Рис. 4.4.5　Высокоэффективное устройство для удаления масла клином и коалесценцией

本体设备尺寸(长×宽×高):3.9m×8.5m×5.1m;	Габариты собственного оборудования (длина×ширина×высота):3,9м×8,5м×5,1м;
水箱尺寸(长×宽×高):3.0m×4.0m×3.0m;	Габариты водяного бака (длина×ширина×высота):3,0м×4,0м×3,0м;
数量:2台;	Кол-во:2 шт;
设计流量:40m³/h;	Проектный расход:40м³/ч;
设备材质:Q235B;	Материал оборудования:Q235B;
防腐措施:3mm腐蚀余量+环氧树脂防腐涂料。	Антикоррозийные меры: припуск на коррозию 3мм +антикоррозийная краска эпоксидной смолы.
(3)气浮除油装置。	(3) Устройство для флотационной очистки от масел.
处理量:40m³/h;	Производительность:40м³/ч.;
工作介质:污水/污油;	Рабочая среда: сточная вода/масло;
操作温度:40～80℃(正常);	Рабочая температура:40-80℃ (норм.);
操作压力:常压(ATM);	Рабочее давление: атмосферное давление (ATM);
分离器材质:Q345R;	Материал сепаратора:Q345R;
分离器规格:ϕ1600mm×2500mm(切);	Характеристика сепаратора:ϕ1600мм×2500мм(касател.);
腐蚀裕量:3.0mm;	Припуск на коррозию:3,0мм;
设计温度:100℃;	Проектная температура:100℃;
设计压力:0.6 MPa(表);	Проектное давление:0,6МПа(манн.);
装置型式:橇装一体式,密闭型,常压工作;	Тип устройства: блочное, интегральное, закрытое, работающее под атмосферным давлением;
装置材质:钢结构;	Материал устройства: стальная конструкция;

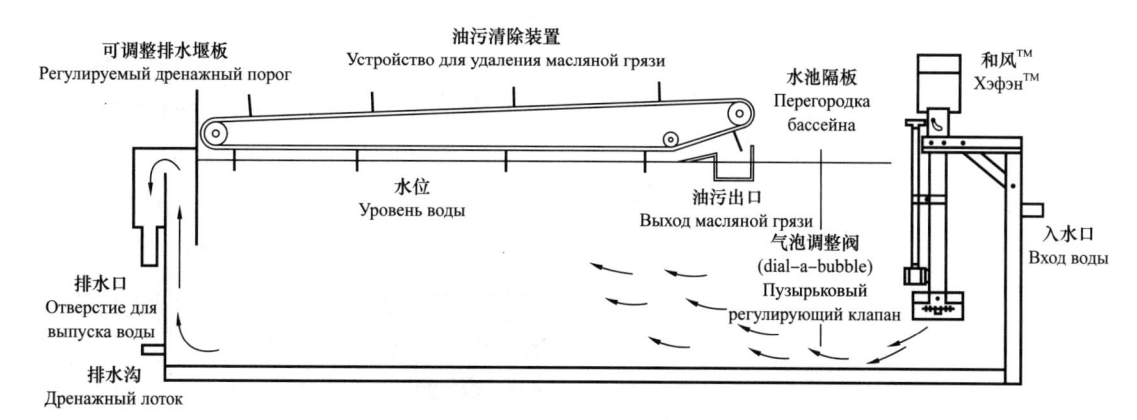

图 4.4.6 气浮除油装置结构图

Рис. 4.4.6 Конструкция устройства для удаления нефти флотацией

装置尺寸(长×宽×高):7.8m×3.0m×5.1m。

4.4.2.6.2 管材选用

考虑到含油污水对金属管道的腐蚀,该工艺用到的管材主要为抗硫无缝钢管[ASME B 36.10M CARBON STEEL(ANTI-H$_2$S)]。

4.4.3 反渗透(RO)废水除盐系统

4.4.3.1 简介

循环冷却水系统及厂内锅炉系统的废水排放量在处理厂的总排水量中占了相当大的比重,二者约占处理厂排水总量的80%～85%。根据多座天然气处理厂循环冷却水系统和锅炉系统的运行数据统计,该部分废水水质较好,基本不含有机物或化学成分,仅有少量的盐分、悬浮物和投加的药剂等,这是由于循环水系统和锅炉系统中水量不断蒸发而盐分无法带走,造成盐分在系统内闭路循环所致。该部分废水若直接排放,则会造成水资源的巨大浪费;同时,会使下游的污水处理终端承受很大的负担,提高污水处理设施的造价和日常运行成本。

Габариты устройства (длина×ширина×высота): 7,8м×3,0м×5,1м.

4.4.2.6.2 Выбор трубных продуктов

С учетом коррозии маслосодержашей сточной воды к металлическим трубопроводам, применяемые трубные продукты данной технологии в основном являются серостойкими стальными бесшовными трубами [ASME B 36.10M CARBON STEEL (ANTI-H$_2$S)].

4.4.3 Система обессоливания отработанной воды методом обратного осмоса (RO)

4.4.3.1 Общие сведения

Выбос отработанной воды системы оборотной охлаждающей воды и внутризаводской системы котлов занимает очень большую долю от общего выброса, примерно 80%-85% от общего выброса ГПЗ. По статистическим эксплуатационным данным системы оборотной охлаждающей воды и системы котлов ГПЗ, качество отработанной воды данной части хорошее, в принципе не содержит органическое вещество или химический состав, только имеет немного солей, взвешенных веществ и введенных реагентов и тд., потому что вода в системе оборотоной воды и системе котлов непрерывно испаряется, а соль не может выносить, что вызывает закрытую циркуляцию солей в системе.Если прямо выпускать эту часть отработанной воды, юудет вызывать значительноерасточительное явление водных ресурсов, в то же время терминал обработки сточной воды в нижнем течении несёт большую нагрузку, повышает стоимость и текущую эксплуатационную стоимость сооружения обработки сточной воды.

根据近年来对各循环冷却水用水大户如炼油化工及火力发电厂等的实地调研,结果表明,这些企业为了节水减排,普遍均采用了废水除盐工艺对循环水池的排污废水等进行脱盐处理回用,节水减排的成效显著。为贯彻节水减排精神,有必要将该轻度污染废水进行专门收集,进行除盐等处理后回用于补充循环冷却水系统。根据现有废水除盐工艺的运行经验,反渗透(RO)除盐系统的回收率约为75%,这样处理厂每天既可节约 2000~3000m³ 的新鲜水消耗,又可减少 2000~3000m³ 的污水排放,既有较好的经济效益,同时也有良好的社会环保效益。

По обследованию и изучению крупных потребителей в оборотной охлаждающей воде (например нефтеперерабатывающие и нефтехимические предприятий, тепловая электростанция и т.д.) на местах в последние годы, результаты показывают что, эти предприятия для экономии воды и снижения выброса широко применяют технологию обессоливания отработанной воды для обратного использования после обессоливания дренажной сточной воды в бассейне оборотной воды, эффект экономии воды значительный. Для внедрения экономии воды и снижения выброса необходимо специально собиратьслабо загрязненную отработанную воду, после обессоливания и друих обработок обратно использующуюся для подпитки системы оборотной охлаждающей воды По эксплуатационнымопытам существующей технологии обессоливания отработанной воды, коэффициент извлечения системы бессоливания методом обратного осмоса (RO) составляет примерно 75%, таким образом в ГПЗ каждый день можно экономить свещую воду в количестве 2000-3000м³, уменьшать выброс сточной воды 2000-3000м³, показываются хорошая экономическая эффективность и общественная эффективность охраны окружающей среды.

4.4.3.2 工艺原理

4.4.3.2.1 反渗透的基本原理

反渗透又称逆渗透,一种以压力差为推动力,从溶液中分离出溶剂的膜分离操作。对膜一侧的料液施加压力,当压力超过它的渗透压时,溶剂会逆着自然渗透的方向做反向渗透。从而在膜的低压侧得到透过的溶剂,即渗透液;高压侧得到浓缩的溶液,即浓缩液。如果用一个只有水分子才能

4.4.3.2 Принцип технологии

4.4.3.2.1 Основный принцип обратного осмоса

Обратный осмос - процесс мембранного разделения, в котором с помощью депрессии давления принуждают выделить растворитель из раствора. Прилагать жидкости на одной стороне мембраны усилие, при превышении давления осмотического давления, растворитель обратно

透过的薄膜(即半透膜)将一个容器隔成两部分,在半透膜两边分别注入纯水和盐水到同一高度,过一段时间就可以发现纯水液面降低了,而盐水的液面升高了,这种现象就叫作渗透现象。但是盐水液面的升高并不是无止境的,而是到了一定高度后,产生的压力抑制了淡水进一步向盐水的渗透,从而渗透的自然趋势被此压力所抵消而达到渗透平衡状态,这时半透膜两端液面差所代表的平衡压力被称为"渗透压"。渗透压的大小与盐水的浓度直接相关。如果在盐水腔一侧施加一个大于"渗透压"的压力,那么盐水中的水分子会透过半透膜向淡水腔一侧移动。这种现象与"渗透"现象正好相反,故称之为"反渗透"。从理论上讲,只要外加压力高于渗透压即可产生反渗透,但是在实际应用中工作压力通常要比渗透压大得多。

проникает по направлению противо естественного осмоса. Тем самым на стороне низкого давления мембраны получается проникнутый растворитель, т.е.проникнутая жидкость; на стороне высокого давления - концентрированный раствор, т.е.упаренный раствор. Если мембрана, позволяющая проходить только одну молекулу воды (т.е. полупроницаемая мембрана), переделяет ёмкость на 2 части, на двух сторонах отдельно вливать чистую воду и соляную воду до одной и то же высоты. Через определенное время обнаружно то, что уровень жидкости чистой воды снижает, а уровень соляной воды поднимает, такое явление называется явление осмоса. Но повышение уровня соляной воды ограничивается, при достижении до определенной высоты, образованное давление сдерживает дальнейшего осмоса пресной воды к соляной воде, тем самым, естественная тенденция осмоса покрывается таким давлением, в это время уравнивающее давление, представленное разницей между уровнями жидкостей на двух сторонах, называется «Осмотическим давлением ». Значение осмотического давления прямо связано с концентрацией соляной воды. Если прилагать полости соляной воды большее «осмотического давления»давление, то молекула воды в соляной воде проникает полупроницаемую мембрану и двигает в сторону полости пресной воды. Такое явление обратно явиению осмоса, так что называется «Обратный осмос». Судя по теории, только когда приложенное давление превышает осмотическое давление, можно образовать обратный осмос, но в реальном применении рабочее давление обычно намного больше осмотического давления.

综上所述，产生反渗透现象必须具备两个基本条件：第一，必须有一种高选择性和高渗透性（透水性）的半透膜；第二，必须有外界推动力，即以压力作为推动力，此操作压力必须远高于溶液的渗透压。

4.4.3.2.2 反渗透膜分离原理

反渗透膜分离过程是利用反渗透膜选择性地透过溶剂（通常是水）而截留离子物质的性质，以膜两侧的静压差为推动力，克服溶剂的渗透压，使溶剂通过反渗透膜而实现对液体混合物进行分离的膜过程。

反渗透膜分离过程在常温下进行、无相变、能耗低，可用于热敏感性物质的分离、浓缩；可有效地去除无机盐和有机小分子杂质；具有较高的脱盐率和较高的水回用率；膜分离装置简单，操作简便，便于实现自动化；分离过程要在高压下进行，因此需配备高压泵和耐高压管路；反渗透膜分离装置对进水指标有较高的要求，需对源水进行一定的预处理；分离过程中，易产生膜污染，为延长膜使用寿命和提高分离效果，要定期对膜进行清洗。

Из вышеуказанного, для образования явления обратного осмоса необходимо иметь два основных условий, во-первых, необходима полупроницаемая мембрана с высокой альтернативностью и выской проницаемостью (водопроницаемость). Во-вторых, необходима приложенная движущая сила, т.е. давление, такое рабочему давлению необходимо намного превышать осмотическое давление раствора.

4.4.3.2.2 Принцип мембранного разделения обратного осмоса

Процесс мембранного разделения обратного осмоса заключается в том, что использовать качество перехватывания ионных веществ мембраны обратного осмоса избирательным прониканием растворителя (обычно вода), статический напор на двух сторонах мембраны, в качестве движущей силы, преодолевает осмотическое давление растворителя, позволить растворителю проходить мембрану обратного осмоса для осуществления процесса мембраны сепарации примесей жидкостей.

Процесс мембранного разделения обратного осмоса проводится при нормальной температуре, без изменения фаз, с низким рассеянием энергии, может предназначить для сепарации и концентрации вещества с термической чувствительностью; может эффективно удалять неорганические соли и органические примеси с малой молекулой; обладает относительно высоким коэффициентом обессоливания и коэффициентом обратного использования воды; устройство для мембранного разделения простой, обладает простым управлением, удобством для осуществления автоматизации; Процесс сепарации проводится обязательно под высоким давлением,

4.4.3.3 工艺流程简述

本套装置的工艺流程(图4.4.7)为:废水自锅炉房、循环水系统经提升泵提升后首先进入一体化预处理装置,经计量后进入一体化预处理装置的电解曝气池,池内的铝铁合金电极在直流电场的作用下在水中解析出亚铁离子,再通过曝气作用氧化为铁离子,和加入水中的氢氧化钠结合为氢氧化铁分子,氢氧化铁分子胶体具有良好的絮凝作用,在曝气作用对水体的搅拌下,吸附水中的胶体颗粒、悬浮物、非溶解性有机物(COD)、重金属离子、SiO_2胶体等杂质,形成较大的絮凝体结构从水中析出。进入斜管沉淀池后,水流从下向上流动最终进入多介质滤池,而絮体颗粒沉淀于斜管底部,由排泥阀定时开启排出。多介质滤池内的滤料层从下到上依次为级配卵石、石英砂和无烟煤,滤除水中的杂质,保证出水的浊度。

так что нужно предусмотреть насос высокого давления и стойкие трубопровода к высокому давлению; устройство для мембранного разделения обратного осмоса обладает относительно высоким требованиям к показателям впускающей воды, нужно проводить предварительную обработку сырой воды; в процессе сепарации, возможно возникать загрязнение мембраны, для продления срока службы мембраны и повышения эффективности сепарации нудно периодически промывать мембрану.

4.4.3.3 Краткое описание о технологическом процессе

Технологический процесс данного комплекта установок приведен рис. 4.4.7, отработанная вода из котёльной, системы оборотной воды через насос подъёма, сначала поступает в интегральное устройство для предварительной обработки, после измерения поступает в электролизный бассейн предварительной аэрации интегрального устройства для предварительной обработки, электрод из адюминиевожелезного сплава в бассейне под действием электрического поля постоянного тока десорбирует железистый ион из воды, потом под действием аэрации окисается в ферри-ионы, сочетается с гидратом окиси натрия в воде, получает молекул гидроокиси железа, коллоид молекулы гидроокиси железа обладает хорошей флокуляцией, при размешивании водоёма под действием аэрации, абсорбированные коллоидные частицы, взвешенные вещества, нерастворимые органические вещества (COD), ионы тяжелых металлов, коллоиды SiO_2 и другие примеси образуют относительно большую конструкцию флокуляционного тела, потом выделяется с воды. После входа в отстойник косой трубы, водный

4 给排水

4 Водоснабжение и канализация

поток снизу вверх течет, окончательно поступает в фильтрующий бассейн с многими средами, а частицы флокуляционного тела осаждается в дне косой трубы, выпускаемые путем регулярного открытия клапана для удаления ила. Слой фильтрующих материалов в фильтрующем бассейне с многими средами снизу вверх по очереди: гранулометрический гравий, кварцевый песок, антрацитовый уголь, фильтрующие примеси в воде для обеспечения мутности выпускающей воды.

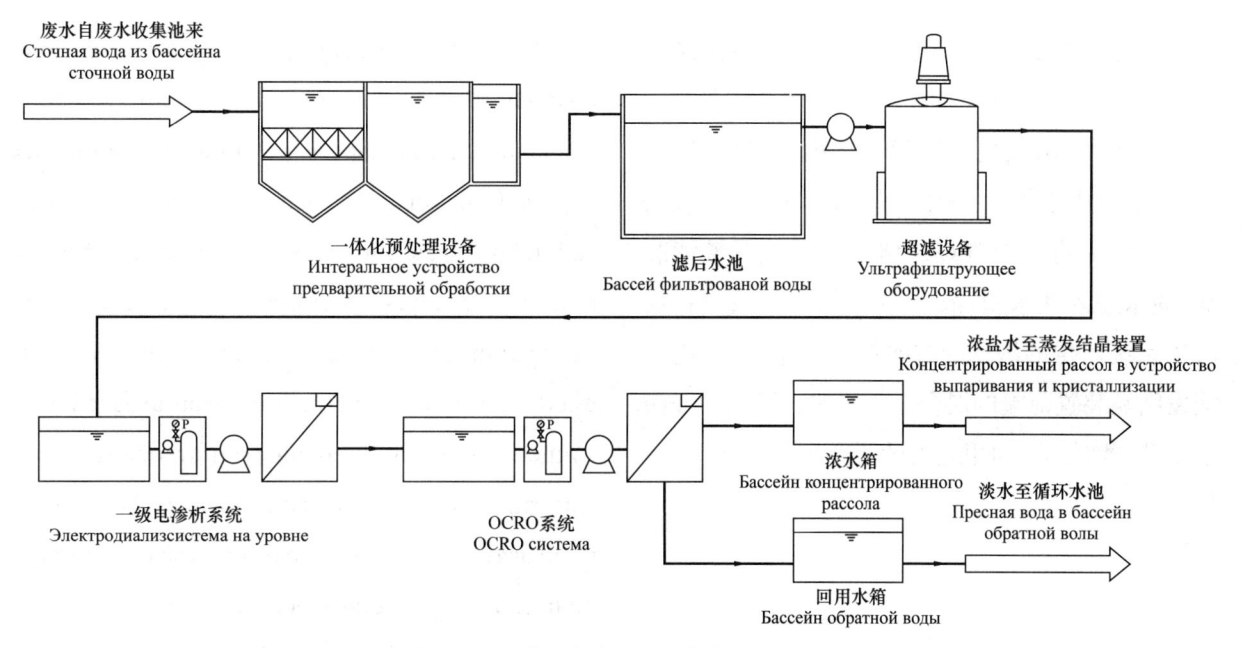

图 4.4.7 反渗透废水处理系统主工艺流程图

Рис. 4.4.7 Главная технологическая схема системы очистки сточных вод обратного осмоса

经一体化预处理装置处理后的水已去除大部分的泥沙、浊度、悬浮物、铁锈等杂质,随后进入滤后水池,由超滤泵提升增压后进入超滤装置,水在泵压力推动下,流经膜表面,小于膜孔的水分子及小分子溶质透过超滤膜,成为滤后清液,比膜孔大的溶质及杂质被截留,反洗时随水流排出,回到一体化预处理装置前端,经预处理装置处理后随污泥排出系统。

Обработанная вода после обработки интегрального устройства для предварительной обработки удалена большинство песков, мутности, взвешенных веществ, железных ржавчин и таких примесей, потом поступает в отстойный бассейн, после подъёма т нагнетания ультрафильтрационным насосом поступает в ультрафильтрационный аппарат, под продвижением давления насоса вода течет через поверхность мембраны, молекула воды, менее отверстия мембраны,

超滤后的水经精密过滤器过滤后,再由高压泵增压,压入反渗透膜装置,在反渗透高压泵的压力作用下,淡水从反渗透膜中挤出来,进入淡水箱,多余的盐分随浓水进入一级浓水箱,由二级高压泵增压后进入OCRO二级反渗透装置继续脱盐,淡水进入淡水箱,浓水进入浓水箱。最后,反渗透系统产生的浓水经浓水提升泵增压后,进入蒸发结晶装置前端的混合冷凝水罐。淡水则经淡水提升泵增压后,回用进入循环冷却水系统。

и малая молекула растворённых веществ проходят через мембрану ультрафильтрации, превращаются отфильтрованные чистые жидкости, растворённые вещества, больше отверстия мембраны, и примеси перехватываются, при обратной промывке выпускаются вместе с водой, возвращаются в передний терминал интегрального устройства для предварительной обработки, после обработки устройством для предварительной обработки выпускаются вместе с илом из системы.

Ультрафильтрованная вода фильтруется тонким фильтром, нагнетается насосом высокого давления, накачивается в установку мембраны обратного осмоса, под действием давления насоса высокого давления обратного осмоса, пресная вода вытесняется с мембраны обратного осмоса, поступает в бак пресной воды, лишние соли вместе с концентрированной водой входят в бак концентрированной водой 1-ой степени, после нагнетания насоса высокого давления 2-ой степени входят в установку обратной осмоса 2-ой степени для продолжения обессоливания, пресная вода поступает в бак пресной воды, концентрированная вода поступает в бак концентрированной воды. В конце, образованная концентрированная вода в системе обратного осмоса после нагнетания насосом подъёма концентрированной воды поступает в смешанный резурвуар конденсационной воды в переднем конце устройства выпаривания и кристаллизации. Пресная вода после нагнетания насосом подъёма пресной воды обратно используется в систему оборотной охлаждающей воды.

4.4.3.4 工艺特点及适用范围

4.4.3.4.1 一体化预处理装置

预处理装置为地上钢结构一体化形式，分为电化学絮凝反应池、斜管沉淀池和多介质过滤池三个部分。电絮凝反应池内设置有铁铝合金电极板，运行时对电极板通入直流电源，铁电极板接正极电源，铝电极板接负极电源；在电场作用下，正极的铁电极被氧化失去电子，铁原子变为二价亚铁离子解析到水中，电絮凝反应池底部接入工厂风管道对池内进行曝气，使得二价亚铁离子迅速氧化成三价铁离子，铁离子与反应池上部加入的氢氧化钠碱液混合后生成氢氧化铁，氢氧化铁作为良好的具有絮凝作用的胶体物质，在曝气对水体的搅拌作用下，吸附水中的胶体颗粒、悬浮物、非溶解性有机物（COD）、重金属离子、SiO_2胶体等杂质，形成较大的絮凝体结构从水中析出。整个处理过程中始终存在电场作用、絮凝作用、吸附架桥作用和网捕卷扫作用等。同时，利用加碱系统加入的碱液提高池内水体的pH值，使水中的钙镁离子以不溶解态的化合物析出，再被氢氧化铁等高效絮凝吸附基团吸附形成絮团，从而去除水中的硬度。

4.4.3.4 Технологические особенности и область применения

4.4.3.4.1 Интегральное устройство для предварительной обработки

Устройство для предварительной обработки является надземным, металлоконструкционным и интегральным, состоящее из электрохимического отстойника-флокулятора, отстойника косой трубы и отстойника с многими средами. В электрическом отстойнике-флокуляторе предусматривается листовой электрод из адюминиевожелезного сплава, при эксплуатации листовой электрод включает источник питания постоянного тока, железный листовой электрод включает плюсовый источник питания, алюминиевый листовой электрод включает отрицательный источник питания; под действием электрического поля, плюсовый железный электрод окислен и лишает электрона, атом железа превращается в двухзарядный железистый ион, адсорбируется в воде, на дне электрического отстойника-флокулятора включается трубопровод технического воздуха для аэрации в бассейне, позволяет двухзарядному железистому иону быстро окиснуть в трёх зарядный железный ион, железный ион после смешения с введенным щелоком гидраокиси натрия в верхней части бассейна образует гидроокись железа, гидроокись железа, как хорошее коллоидное вещество с флокуляцией, при размешивании водоёма под действием аэрации, абсорбированные коллоидные частицы, взвешенные вещества, нерастворимые органические вещества (COD), ионы тяжелых металлов, коллоиды SiO_2 и другие примеси образуют относительно большую конструкцию флокуляционного тела, потом выделяется с воды. В целом процессе обработки существуют действие электрического поля, флокуляция,

废水在电絮凝反应池内的曲折流道内充分絮凝后,从下部进入一体化预处理设备的沉淀池中,该沉淀池利用浅池沉淀的原理设计成高效斜管沉淀池,水流从下向上流动,絮体颗粒沉淀于斜管底部,当累计到一定程度时便自动滑下。经过沉淀池的沉淀,大部分较大絮体颗粒可以沉淀下来,落入沉淀池底部的积泥斗中,通过PLC系统控制气动阀的启闭定期将絮体淤泥排入污泥池中,而少量的细小絮体则随水体向上流出斜管后,再通过三角堰板集水槽收集,流入多介质滤池中。

多介质滤池内的滤料层从下到上依次为级配卵石(900mm高)、石英砂(700mm高)和无烟煤(400mm高)组成,用来滤除水中剩余的细小絮体、悬浮物、泥沙、铁锈、大颗粒物等机械杂质,保证预处理装置出水的浊度。滤池的定期气水反冲洗由系统的PLC进行控制,反洗水采用滤后水池的淡水,气擦洗采用引入的工厂风;为避免反洗水的浪费,反洗后的水重新进入装置前的废水提升池,再提升进入装置进行处理。

адсорбция моста и флокуляционная очистка и т.д.. При этом, введенный щелок из системы ввода щёлочи повышает значение pH воды в бассейне, ионы кальция и магния в воде выделяется нерастворимыми соединениями, потом абсорбируются высокоэффективным флокуляционным адсорбционной группой, как гидроокись железа и т.д., тем самым удалить твердость воды.

Отработанная вода после полной флокуляции в извилистом трубопроводе в электрическом отстойнике-флокуляторе, с нижней части поступает в отстойник интегрального устройства для предварительной обработки, данный отстойник с использованием принципа осаждения в неглубоком бассейне проектируется высокоэффективным отстойником косой трубы, водный поток снизу вверх течет, частицы флокуляционного тела осаждается в дне косой трубы, при накоплении до определенной степени автоматически спускаются. После фильтрации в отстойнике, болышство частиц флокуляционного тела могут осаждаться, спускаются в илосборник на дне отстойника, путем включения и выключения контрольного пневматического клапана системы PLC периодически выпускать илы флокуляционного тела в бассейн илов, а немного тонких флокуляционных тел вместе с водой вверх течет из косой трубы, потом собирается водосборным жёлобом с треугольным водосливом, течет в фильтрующий бассейн с многими средами.

Слой фильтрующих материалов в фильтрующем бассейне с многими средами снизу вверх по очереди: гранулометрический гравий (высота 900мм), кварцевый песок (высота 700мм), антрацитовый уголь (высота 400мм), для фильтрации остальных тонких флокуляционных тел, взвешенных веществ, песков, железных ржавчин, больших частиц и таких механических примесей, для обеспечения мутности выпускающей воды

4.4.3.4.2 超滤装置

超滤也是一种膜分离过程原理,超滤利用一种压力活性膜,在外界推动力(压力)作用下截留水中胶体、颗粒和分子量相对较高的物质,而水和小的溶质颗粒透过膜的分离过程。通过膜表面的微孔筛选可截留分子量为500Å❶至14μm的物质。当被处理水借助于外界压力的作用以一定的流速通过膜表面时,水分子和分子量小的溶质透过膜,而大于膜孔的微粒、大分子等由于筛分作用被截留,从而使水得到净化。也就是说,当水通过超滤膜后,可将水中含有的大部分胶体硅除去,同时可去除大量的有机物等。

---

❶ 1Å=0.1nm=10^{-10}m。

устройства для предварительной обработки. Периодическая обратная промывка воздуха и воды отстойника управляется PLC системы, применяется пресная вода в отстойном бассейне в качестве воды для обратной промывки, для протирания воздухом применяется технический воздух; во избежаниерасточительного явления воды для обартной промывки, вода после обратной промывки заново поступает в бассейн подъёма отработанной воды перед установкой, потом поднимается в установку для обработки.

4.4.3.4.2 Ультрафильтрационный аппарат

Ультрафильтрация является принципом мембранного разделения, ультрафильтрация является таким процессом сепарации, в которой используется напорная активная мембрана, под действием приложенной движущей силы (давление) перехватываются коллоид, частицы и вещества с относительно высоким молекулярным весом в воде, а вода и малые растворенные частицы проникают мембрану. Путем просеивания через поры на поверхности мембраны можно перехватывать вещества молекулярным весом 500ангстремов - 14 микронов. При прохождении обрабатываемой воды с помощью внешнего давления через поверхность мембраны с определенной скоростью течения, молекула воды и растворенное вещество с малым молекулярным весом проникают мембрану, а микрочастицы, больше отверстия мембраны, и большие молекулы перехватываются из-за просеивания, тем самым вода очищается. То есть, после прохождения воды через мембрану ультрафильтрации, можно удалить болъшиство коллоидов, содержащихся в воде, в то же время можно удалить много органических веществ и т.д..

超滤原理并不复杂。在超滤过程中,由于被截留的杂质在膜表面上不断积累,会产生浓差极化现象,当膜面溶质浓度达到某一极限时即生成凝胶层,使膜的透水量急剧下降,这使得超滤的应用受到一定程度的限制。为此,需通过试验进行研究,以确定最佳的工艺和运行条件,最大限度地减轻浓差极化的影响,使超滤成为一种可靠的反渗透预处理方法。

超滤与传统的预处理工艺相比,系统简单、操作方便、占地小、投资省且水质极优,可满足各类反渗透装置的进水要求。合理地选择运行条件和清洗工艺,可完全控制超滤的浓差极化问题,使此预处理方法更可靠。超滤对水中的各类胶体均具有良好的去除特性,因而可以考虑扩大到凝结水精处理及离子交换除盐系统的预处理中。在超滤过程中,水深液在压力推动下,流经膜表面,小于膜孔的深剂(水)及小分子溶质透水膜,成为净化液(滤清液),比膜孔大的溶质及溶质集团被截留,随水流排出,成为深缩液。超滤过程为动态过滤,分离是在流动状态下完成的。溶质仅在膜表面有限沉积,超滤速率衰减到一定程度而趋于平衡,且通过清洗可以恢复。

Принцип ультрафильтрации не сложный. В процессе ультрафильтрации, из-за непрерывного накопления перехватых примесей на поверхности мембраны, возникает явление концентрационной поляризации, при достижении концентрации растворенных веществ на поверхности мембраны определенного предела образуется желатинный слой, вызывающий резкое уменьшение объёма проникаемой воды, таким образом, применение ультрафильтрации в определенной степени ограничивается. Так что, нужно исследовать через испытания для определения оптимальных технологических и эксплуатационных условий, максимального облегчения влияния концентрационной поляризации, чтобы ультрафильтрация превращает в надежный метод предварительной обработки обратного осмоса.

В сравнении с традиционной технологией предварительной обработки, ультрафильтрация обладает простой системой, удобным управлением, маленькой занятой площадью, экономным капиталовложением, отличным качества обработанной воды, может удовлетворять требованиям разных установок обратного осмоса к впускающей воде. Рациональный выбор эксплуатационных условий и технологии промывки может полностью контролировать концентрационную поляризацию, чтобы такой метод предварительной обработки более надёжным. Ультрафильтрация обладает хорошим свойством удаления разныхколлоидов в воде, так что можно учитывать распространение на тонкую обработку конденсата и предварительную обработку систем обессоливания ионным обменом. В процессе ультрафильтрации, раствор в глубине воды под продвижением давления, течет через поверхность мембраны, вода, менее отверстия мембраны, и малая

4.4.3.4.3 反渗透装置

（1）高压泵。

高压泵为进入反渗透膜元件的原水提供足够的压力，以克服渗透压和运行阻力，满足装置达到额定的流量。高压泵主要是提供克服原水在反渗透膜表面的渗透压，从而获得纯水。在高压泵入口处装设低压压力控制器，当泵入口压力低于0.05MPa（数值可调）时，压力控制器动作，使高压泵停止运行，避免气蚀现象的产生，保证高压泵的安全运行。在高压泵出口处装设高压压力控制器，当一级反渗透高压泵出口压力较高时，压力控制器动作，使高压泵停止运行，防止误操作造成泵的憋压。高压给水泵启动设置变频装置，使得反渗透膜的入水压力逐渐升高，实现渐强供水，以避免启动时产生瞬间高压对膜元件造成冲击损坏（即水锤现象）；同时，变频装置还可以根据工艺需要，在泵的有效范围内进行压力和流量的调节，满足工艺运行的需要。

молекула растворённых веществ проходят через водяную мембрану, превращаются в очищенный раствор (фильтрованный раствор), растворенные вещества, больше отверстия мембраны, и группы растворенных веществ перехватываются, вместе с водой выпускаются, превращаются в глубоко упаренные растворы. Процесс ультрафильтрации является динамической фильтрацией, разделение выполняется при режиме течения. Растворенные вещества осаждаются ограничено на поверхности мембраны, скоростной коэффициент ультрафильтрации снижает до определенной степени потома идёт к равновесию, а также путем промывки можно восстановить.

4.4.3.4.3 Установка обратного осмоса

(1) Насос высокого давления.

Насос высокого давления представляет достаточное давление для сырой воды мембранного блока обратного осмоса для преодоления осмотического давления и сопротивления движению, удовлетворения номинальным расходом установки. Насос высокого давления в основном представляет давление для преодоления осмотического давления сырой воды на поверхности мембраны обратного осмоса, тем самым получается чистая вода. На входе насоса высокого давления предусматривается регулятор давления низкого давления, при давлении на входе насоса ниже 0,05МПа (значение может регулировать), регулятор давления срабатывает, насос высокого давления останавливает работу во избежание кавитации для обеспечения безопасной эксплуатации насоса высокого давления. На выходе насоса высокого давления предусматривается регулятор давления высокого давления: при относительно высоком давлении на выходе насоса высокого

（2）反渗透装置。

反渗透系统主要去除水中溶解盐类、有机物分子、二氧化硅等物质以及预处理未被去除的颗粒等,由反渗透膜组、在线仪表、橇座、阀门组、在线仪表等构成,其作用是脱除水中98%以上的电解质(盐分)和粒径大于0.0005μm的杂质。系统采用PLC自动控制。反渗透设计通量为20LMH(25℃)左右,膜壳采用玻璃钢材料制成,其特点是使用寿命长,应力变形小,热伸缩系数小,外形美观,耐腐蚀能力强。反渗透主机采用自动控制运行,配置有一系列自动阀门和检测仪表:主机启动和停止时,能自动冲洗;当主机内出现高压时,能自动卸压;为防止反渗透系统产生背压,产水管上设置爆破膜;当RO产水电导率超标时,产水自动排放,当RO产水电导率合格时,产水进入产水箱。系统高压部分的管道和配件采用优质不锈钢材料,纯水和低压部分管道采用U-PVC管道。RO主机上装配有在线仪表和操作盘,可随时监测压力、流量、电导等运行数据,还可以对设备进行手动操作。反渗透膜经过长期运行后,会积累某些

давления обратного осмоса, насос высокого давления останавливает работу во избежание поднятия давления в насосе из-за неправильной операции. Насос питательной воды высокого давления запускает, предусматривается устройство преобразования частоты, чтобы давление впускающей воды мембраны обратного осмоса постепенно повышает для осуществления крешендой подачи воды во избежание ударного повреждения (гидроудар) мембранного блока из-за мгновенного высокого давления, при этом устройство преобразования частоты может регулировать давление и расход в пределах эффективности насоса согласно технологическим требованиям для удовлетворения требованиям технологической эксплуатации.

(2) Установка обратного осмоса.

Система обратного осмоса в основном удаляет растворимые соли, молекулы органических веществ, диоксид кремния, неудаляемые частицы при предварительной обработке и такие вещества в воде, состоящая из узлов мембраны обратного осмоса, онлайновых приборов, основания сани-блоков, клапанов и т.д., предназначена для удаления более 98% электролитов (соли) и примесей крупностью более 0,0005микрона. Система автоматически управляется PLC. Проектный поток обратного осмоса составляет примерно 20LMH (25 ℃), корпус мембраны изготовлен из стеклопласта, характеризуется долгим сроком службы, малой деформации от напряжения, малым коэффициентом термического сжатия, красивым внешним видом, хорошей стойкостью к антикоррозии. Ведущая машина обратного осмоса автоматически управляется, комплектующаяся рядом автоматических клапанов и

难以冲洗的污垢,如有机物、无机盐结垢等,造成反渗透膜性能的通量下降。这类污垢必须使用化学药品进行清洗才能去除,以恢复反渗透膜的性能。化学清洗装置包括一台清洗液箱、清洗保安过滤器、清洗泵以及配套管道、阀门和仪表等。反渗透与超滤共用1套化学清洗装置。

контрольно-измерительных приборов: при запуске и останове ведещей машины, может автоматически промывать; при высоком давлении в ведещей машине, может автоматически снижать давление; во избежание образования обратного давления системы обратного осмоса, на трубопроводе воды предусматривается разрывная мембрана; при превышении стандартов удельной электропроводности воды RO, вода автоматически выбрасывается, при получении положительного результата удельной электропроводности воды RO, вода поступает в бак воды. Для трубопроводов и запчастей части высокого давления системы применяется нержавеющий материал, для трубопроводов для чистой воды и части низкого давления применяется трубопровод U-PVC. Ведущая машина RO снабжена онлайновыми приборами и щитом управления, может наблюдать за давлением, расходом, электропроводимостью и такими эксплуатационными данными в любое время, ещё может ручно управлять оборудованием. После долгосрочной эксплуатации, в мембране обратного осмоса накоплены некоторые непромываемые грязи, например органические вещества, накипь неорганических солей и т.д., что вызывает снижение характеристик мембраны обратного осмоса. Такие грязи необходимо очистить химическими реагентами для восстановления характеристик мембраны обратного осмоса. В состав химико-очистная установка входят бак моющего раствора, тонкий фильтр очистки, промывающий насос и комплектующие трубопровода, клапаны, приборы и т.д.. Для обратного осмоса и ультрафильтрации совместно пользуется 1 комплект химико-очистной установки.

（3）OCRO 系统。

反渗透装置外排浓水的含盐量约为 6500mg/L，且含有少量的有机物，难以采用常规的反渗透膜工艺进行处理。为尽量减少废水除盐装置外排浓盐水的排放，采用 OCRO 进一步处理反渗透浓水。和普通的卷式反渗透相比，碟管式反渗透具有以下三个明显的特点：

① 流道宽：膜片之间的流道为 3~6mm，而卷式反渗透膜流道不足 0.8mm；

② 流程短：液位在膜表面的流程仅 7cm，而卷式反渗透的流程为 100cm；

③ 湍流：在高压的作用下，OCRO 反渗透进水在导流盘上形成高速湍流。

由于以上 3 个 OCRO 的技术结构特点，决定了其在满足脱盐、浓缩的技术前提下，具有耐污染、耐结垢、进水水质要求低、产水水质稳定的优点，并被广泛地应用于垃圾渗滤液的处理工艺中。

(3) Система OCRO.

Содержание соли выпускаемой концентрированной воды из установки обратного осмоса составляет примерно 6500мг/л, в которой содержается немного органических веществ, трудно применять принятую технологию мембраной обратного осмоса для обработки. Для максимального уменьшения выброса выпускаемого концентрированного рассола из установки обессоливания отработанной воды, применяется OCRO для дальнейшей обработки концентрированной воды обратного осмоса. В сравнении с обычным спирально-навитым обратным осмосом, диск-трубчатый обратный осмос обладает три нижеуказываемых очевилных особенностей:

① Широкая проточная часть: проточная часть между мембранами составляет 3-6мм, а проточная часть между мембранами спирально-навитого обратного осмоса менее 0,8мм;

② Короткая процесс: процесс жидкости на поверхности мембраны составляет только 7см, а спирально-навитого обратного осмоса - 100см;

③ Турбулентный поток: под действием высокого давления, впускающая вода обратного осмоса OCRO образует высокоскоростный турбулентный поток в дефлекторе.

Вышеуказанные особенности технической конструкции OCRO определяют то, что при техническом условии, удовлетворяющем обессоливанием и концентрацией, OCRO обладает стойкостью к загрязнению, накопи, низкими требованиями к качеству впускающей воды, стабильностью качества выпускающей воды, и широко распространяется на технологии обработки свалочного фильтрата.

4.4.3.5 应用实例

表 4.4.5 为土库曼斯坦近年来已建成投产或拟建的压力回流式循环冷却水装置的工艺参数。

4.4.3.5 Реальные примеры прменения

Табл.4.4.5 указывают технологические параметры существующих или проектных установок воды циркуляционного охлаждения обратного потока под давлением.

表 4.4.5 土库曼斯坦已建成投产或拟建的压力回流式循环冷却水装置的工艺参数

Таблица 4.4.5 Технологические параметры существующих или проектных установок воды циркуляционного охлаждения обратного потока под давлением в Туркменистане

项目名称 Наименование объекта	A 区处理厂 ГПЗ в блоке А	南约洛坦处理厂 ГПЗ на м/р «Южный Елотен»	B 区处理厂 ГПЗ в блоке Б	拟建工程（300 亿工程） Планируемый объект （объекта на «30 млрд. куб.м»）
系统类型 Тип системы	反渗透 RO 系统 Система обратного осмоса RO	反渗透 RO 系统 Система обратного осмоса RO	反渗透 RO 系统 Система обратного осмоса RO	反渗透 RO 系统 Система обратного осмоса RO
处理量，m³/h Производительность, м³/ч.	40	40	40	120

4.4.3.6 主要设备和管材选用

反渗透（RO）废水除盐系统主要管材选择详见表 4.4.6。

4.4.3.6 Выбор основного оборудования и трубных продуктов

Выбор основных материалов трубы системы обессоливания отработанной воды методом обратного осмоса（RO）показывается в табл. 4.4.6.

表 4.4.6 反渗透（RO）废水除盐系统主要管材选择一览表

Таблица 4.4.6 Перечень выбора основх материалов трубы системы обессоливания отработанной воды обратного осмоса（RO）

序号 № п/п	管道介质 Среда трубопровода	管材 Материал трубы
1	含盐废水（室外部分） Солесодержащая сточная вода（вне помещения）	无缝碳钢管 Бесшовная труба из углеродистой стали
2	含盐废水（室内部分） Солесодержащая сточная вода（внутри помещения）	压力流 PE 管 Труба PE с напорным потоком
3	淡水 Пресная вода	无缝碳钢管 Бесшовная труба из углеродистой стали
4	浓盐水 Концентрированный рассол	压力流 PE 管 Труба PE с напорным потоком
5	盐酸 Соляная кислота	压力流 PE 管 Труба PE с напорным потоком

序号 № п/п	管道介质 Среда трубопровода	管材 Материал трубы
6	氢氧化钠 Гидроокись натрия	压力流 PE 管 Труба PE с напорным потоком
7	工厂风 Заводский воздух	无缝碳钢管 Бесшовная труба из углеродистой стали

4.5 污水回注系统

4.5.1 气田水回注概述

气田水是随天然气采出的地层水。在地下油气矿藏中,岩石、水、油气在地层条件(温度、压力、埋藏状况)构成一个完整体系,三者间进行着物质交换,因此气田水组成复杂,化学成分差异很大。

由于气田水成分较复杂,若采用处理达标排放或者综合利用的工艺,则需要很大的基建投资,且运行成本高、管理难度大、处理效果不理想。目前,对于气田水的处置常采用回注地层的方式。

气田水回注地层,是对气田采出水经过简单预处理,脱除一定的渣质和固体悬浮物后,再通过回注管线和回注泵回注至地层的方法。这种方法

4.5 Система закачки сточных вод

4.5.1 Краткое описание о закачке промысловой воды

Промысловая вода является пластовой водой, добытой аместе с природным газом. В подземных нефтегазовых минеральных запасах, порода, вода, нефть и газ формируют целую систему в пластовых условиях (температура, давление, состояние заложения), между ними проводится материальный обмен, так что состав промысловой воды сложный, разница химических составов большая.

Из-за сложного состава промысловой воды, если применяется технология выброса после достижения стандартов в результате обработки или технология комплексного использования, нужны крупное капиталовложение обустройства, высокая эксплуатационная стоимость, а также существуют большая трудность в управлении, недовольный эффект обработки. В настоящее время, для обращения промысловой воды принят метод обратной закачки в пласт.

Обратная закачка промысловой воды в пласт является методом, в котором проводится простая предварительная обработка промысловой воды,

避免了采出污水向地表排放,且处理工艺技术难度不大,处理成本较低,是一种既安全环保又较为经济的采出水处理方法。

气田水回注工艺原理如图 4.5.1 所示。

после удаления определнных примесей и твердых взвешенных веществ, через трубопровод обратной закачки и насос обратной закачки проводится обратная закачка в пласт. Такие метод избежает выброса сточной воды в поверхность земли, и его технология обработки не трудная, стоимость обработки низкая, является безопасным, экологичным и экономным методом обработуи промысловой воды.

Принципная технологическая схема обратной закачки промысловой воды см. рис. 4.5.1.

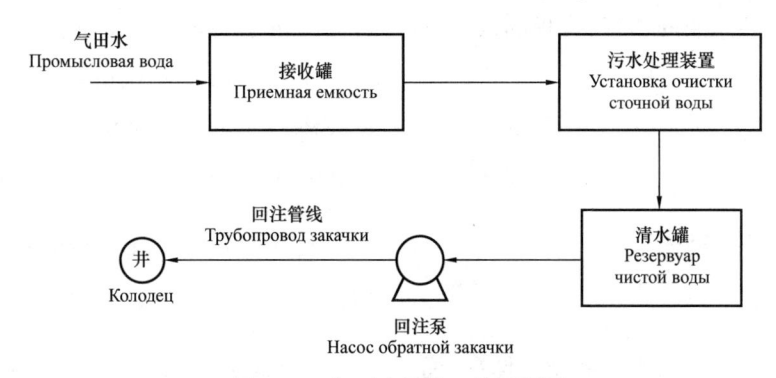

图 4.5.1 气田水回注工艺原理图

Рис. 4.5.1 Принципиальная технологическая схема обратной закачки промысловой воды

4.5.2 气田水回注工艺流程

4.5.2.1 气田水处理工艺

目前,对于气田水的处理主要分为物理法和化学法。

物理法的主要原理就是通过重力分离、过滤等方法,使得气田水中的泥沙等机械物质、悬浮固体和油类分离出去。

4.5.2 Технологический процесс обратной закачки промысловой воды

4.5.2.1 Технология обработки промысловой воды

В настоящее время обработка промысловой воды в основном подразделяется на физический и химический метод.

Основной принцип физического метода заключается в разделении песков, мехнических веществ, взвешенных твердых тел и масел от промысловой воды методами гравитационного разделения, фильтрацией и т.д..

化学法主要是通过在气田水中加入一定的物质对气田水中的悬浮颗粒或者胶体微粒进行电解吸附,聚集成较大颗粒而沉淀,得以与水进行分离。

气田水处理工艺详见4.4节"污水处理系统"。

处理后的水质,应根据各个气田的地层实际情况,制订相应的回注水水质指标,合理的选择气田水处理工艺。

Основной принцип химического метода заключается в разделении взвешенных частиц или коллоидных частиц в промысловой воде способом осаждения образованных больших частиц в результате электролизации и абсорбцией путем ввода определенного вещества в промысловую воду.

Технология обработки промысловой воды приведена в разделе 4.4 данной глава «Система очистки сточной воды».

Следует разработать соответствующие показатели качеств обработанной воды согласно фактическому состоянию пластов каждых газовых месторасположений, рационально выбирать технологию обработки промысловой воды.

4.5.2.2 气田水回注流程

处理后的气田水,进入清水水罐暂时储存,而后由回注泵加压,经过回注管线输送至回注井内。回注工艺流程如图4.5.2所示。

4.5.2.2 Процесс закачки промысловой воды

Обработанная промысловая вода поступает в бак чистой воды для временного хранения, потом нагнетается насосом обратной закачки, через трубопровод обратной закачки передается к колодцу обратной закачки. Технологическая смеха обратной закачки см рис. 4.5.2.

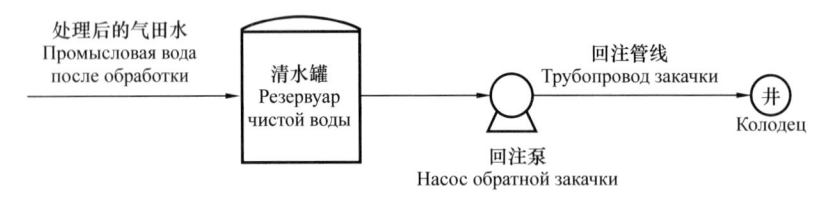

图 4.5.2 气田水回注工艺流程图

Рис. 4.5.2 Технологический процесс обратной закачки промысловой воды

4.5.2.2.1 回注泵的选择

(1)回注泵流量。

回注泵流量应与气田水处理装置的流量相匹配。

4.5.2.2.1 Выбор насоса обратной закачки

(1) Расход насоса обратной закачки.

Расход насоса обратной закачки должен соответствовать расходу установки обработки промысловой воды.

（2）回注泵扬程。

工程实际中,回注井往往与气田水处理设施相距较远,可达到几千米甚至几十千米,中间地形也起伏不平;回注地层渗透率不同,所需压力也不相同。因此,在选择回注泵扬程的时候,应该综合考虑以下几个因素:

① 回注井口所需压力;

② 回注管线起点与回注井口之间最大地形高差;

③ 回注管线沿程损失;

④ 回注管线局部损失。

（3）回注泵选型。

常用的回注泵有离心泵和柱塞式往复泵两种。

① 离心泵。离心泵性能范围很广,用于回注时多采用多级离心泵,其扬程最高可以达到3000m,其流量一般较大,为 40～500m³/h,轴功率从几百千瓦到数千千瓦,因此一般采用高压电动机拖动。

② 柱塞式往复泵。柱塞泵是容积式泵,其性能特点是在工况范围内排量与排出压力无关,为一常数。一般适用于输送高黏度、大比重液体,排出压力较高而排量相对不大。排出压力为20MPa时,排量一般不大于30m³/h;排出压力为25MPa时,

（2）Напор насоса обратной закачки.

В реальных объектах, колодец обратной закачки часто далек от сооружения обработки промысловой воды, может быть несколько колометров или десяти колометров, местность между ними бугристая; коэффициент фильтрации пластов обратной закачки разный, требуемое давление тоже разное. Так что, при выборе напора насоса обратной закачки следует комплексно учитывать нижеуказанные факторы:

① Требуемое давление колодца обратной закачки;

② Максимальная превышение рельефа между началом трубопроводов обратной закачки и колодцем обраной закачки;

③ Потеря трубопроводов обратной закачки по длине;

④ Местная потеря трубопроводов обратной закачки по длине.

（3）Выбор типов насоса обратной закачки.

Широко распространенные насосы обратной закачки - центробежный насос и плунжерный возвратно-поступательный насос.

① Центробежный насос. Сфера характеристик центробежного насоса широкая, часто применяется многоступенчатый центробежный насос для обратной закачки, его максимальный напор может достигать 3000м, его расход обычно относительно больший, от 40м³/ч. до 500м³/ч., мощность на оси составялет с сот до тысячей кВт, так что обычно применяется электродвигатель высокого давления для привода в движение.

② Плунжерный возвратно-поступательный насос. Плунжерный насос является объёмным насосом, его особенность характеристик заключается в независимости дренажного объёма в диапазоне рабочего редима от выходного давления,

排量一般不大于 24m³/h。轴功率一般不超过 200kW，采用低压电机拖动。

柱塞泵可采用皮带传动、键连接传动等多种传动方式，其在实验中的效率可达 80%～85% 以上。

一般气田水回注量（20～40m³/h）较小，若采用离心泵，则会因为电动机功率较大而使投资增大，而且在运行过程中，离心泵所耗能量也会比柱塞泵大很多。另外，对于流量的调节，离心泵变频调速投资较大，节能效果不明显，用调节阀进行调节又会造成大量的能量浪费；柱塞泵所配低压电机采用变频调节投资较小，节能效果好。

因此，气田水回注中多采用柱塞式往复泵。

его дренажный объём является постоянной величиной. Обычно распространяется на транспортировку жидкостей с высокой вязкостью и большим удельным весом, относительно высоким выходным давлением и небольшим дренажным объёмом. При выходном давлении 20МПа, дренажный объём обычно должен быть не более 30м³/ч., при выходном давлении 25МПа, дренажный объём обычно должен быть не более 24м³/ч.. Мощность на оси обычно должна быть не более 200кВт, применяется электродвигатель низкого давления для привода в движение.

Плунжерный насос может применять много способов привода, как привод ремнями, привод соединением шпонок и т.д., эффективность в испытаниях может достигать 80%-85% и более.

Обычно объём обратной закачки промысловой воды относительно малый (20-40м³/ч.), если применяется центробежный насос, будет повышать капиталовложение из-за большой мощности электродвигателя, а в процессе эксплуатации, расход энергии центробежного насоса тоже больше плунжерного насоса. Кроме этого, для регулирования расходов, капиталовложение преобразования частоты и регулирования скорости центробежного насоса относительно большое, эффект экономии в энергии незначительный, регулирование регулирующим клапаном вызывает расточительство многих энергий; капиталовложение преобразования частоты и регулирования электродвигателя плунжерного насоса относительно малое, эффект экономии в энергии хороший.

Так что, в обратной закачке шире распространяется плунжерный возвратно-поступательный насос.

4.5.2.2.2 回注管线

(1)输送介质特点。

目前,采用回注的气田水处理只是去除气田水中所含的渣质、固体悬浮物和油,使得气田水可以在地层中良好地进行渗透,以达到回注目的。处理后的气田水依然具有很大的腐蚀性(如含有大量的 S^{2-}, Cl^- 等矿物离子),因此,回注管道应具有较好的防腐能力。

(2)输送线路特点。

根据工程经验,气田水回注距离一般较远,为了减少投资、方便运行,常采用一次加压的方式进行回注。因此,回注压力通常较大,回注管线应具有一定的耐压能力。

(3)管道材质选择。

用于气田水回注的管道应具有一定的耐压、耐腐蚀能力。常用的管道材质有无缝钢管、玻璃钢管道等,管道材质特点如下:

① 无缝钢管。是普遍应用的一种管道材质,具有强度高、接口方便、承受内压力、水力条件好等特点,常用于长距离输送各种流体。但是钢管安装造价较高,易腐蚀,在用于输送气田水时,应考虑气田水的腐蚀性,采用适当的防腐措施。

4.5.2.2.2 Трубопровод обратной закачки

(1)Особенности транспортируемой среды.

В настоящее время, обработка промысловой воды обратной закачкой только удаляет примеси, твердые взвешенные вещества и нефти в промысловой воде, чтобы промысловая вода может хорошо проникать в пласт для достижения цели обратной закачки. Обработанная промысловая вода тоже имеет сильную коррозийность (например содержит много S^{2-}, Cl^- и такие ионы минералов), так что, трубопровод обратной закачки должен обладать хорошей антикоррозийностью.

(2)Особенность линий транспортировки.

По опытам объектов, расстояние обратной закачки промысловой воды обычно длинное, для уменьшения капиталовложения и удобства эксплуатации, обычно применяется метод однократного нагнетания для обратной закачки. Так что, давление обратной закачки обычно большое, трубопровод обратной закачки должен обладать определеннс сопротивлением давлению.

(3)Выбор материалов трубопроводов.

Трубопровод для обратной закачки промысловой воды должен обладать определенным сопротивлением давлению и стойкостью к коррозийности. Принятые материалы трубопроводов-бесшовная стальная труба, стеклопластиковый трубопровод и т.д., особенности материалов трубопроводов приведены как ниже:

① Бесшовная стальная труба. Является широко распространенным материалом трубопроводов, обладает высокой прочностью, удоством соединений, способностью к восприятию внутреннего давления, хорошим гидравлическим условием и т.д., часто применяется для транспортировки разных флюидов на большую дистанциюНо

② 玻璃钢管。具有较好的耐磨性、耐腐蚀性、抗老化性，但是其安装工艺要求较高、易漏水、不易施工、造价较高。

在工程中，应综合考虑气田水介质特点以及管道采购、运输、安装等条件，合理选用符合工程实际的管道材质。

4.6 输水管道

4.6.1 厂外供水管道

4.6.1.1 线路选择

线路选择应符合以下要求：

（1）应根据输水方式、地形、工程地质、运输等条件，经多方案对比后选择线路走向。

（2）应少占农田或不占良田。在通过农田时，应结合农田水利等规划进行设计。

стоимость установки стальных труб высокая, труба легкокоррозийная, при транспортировке промысловой воды следует учитывать коррозийность промысловой воды, и принять подходящие меры защиты от коррозии.

② Стеклопластиковая труба. Обладает хорошей износостойкостью, антикоррозийностью, стойкостью к расслоению, но имеет высокие требования к технологии установки, возможность утечки воды, трудность строительства, высокую стоимость.

В объектах следует комплексно учитывать особенности сред промысловой воды и условия закупки, транспортировки, установки трубопроводов и т.д., рационально выбрать материалы трубопровода, соответствующие фактическому состоянию объектов.

4.6 Водопровод

4.6.1 Трубопровод внешнего водоснабжения

4.6.1.1 Выбор линий

Выбор линий должен соответствовать нижеуказанным требованиям：

（1）Следует выбирать линии согласно способу водопровода, местности, геологическим условиям объектов, условиям транспортировки и другим условиям после сопоставления многиз решений.

（2）Следует минимально занять пахотные земли, или не следует занять плодородные земли. При переходе через пахотные земли, следует проектировать с учетом полеводческо-ирригационных планов.

（3）线路应力求顺直，宜沿道路定线。

（4）应尽量避免经过地形起伏过大地区，尽量减少泵站数量。

（5）应尽量避开滑坡、崩塌、沉陷、泥石流、沼泽、海滩、沙滩、河谷等工程地质不良地段，以及高地下水位地区、洪水淹没和冲刷地区、地震烈度高于七度地区的活动断裂带以及人口稠密区。当受条件限制必须通过时，应采取可靠防护措施。

（6）应与障碍物穿跨越工程相结合，尽量减少与天然或人工障碍物交叉。当必须与河流、湖泊、公路、铁路等交叉时，应尽可能利用现有穿跨越设施。

（7）线路不宜通过厂矿企业地区。

4.6.1.2 管材选择

目前，用于厂外输水的管材主要有钢管、玻璃钢管、复合管、预应力钢筋混凝土管等。所用管材选择须根据各地区的地质、地形、自然状况、经济形势和工程自身特点等不同，经技术经济比较后确定。

(3) Следует стараться обеспечить прямизну линий, лучше по дорогам.

(4) Следует по мере возможности избежать перехода через районы с резким холмистым рельефом, уменьшать количество насосных станций.

(5) Следует по мере возможности избегать оползня, обвала, оседания, селевого потока, болоты, взморья, песчаной отмели, долины реки и других нехороших геологических участков, районов с высоким уровнем подземной воды, затопленных наводнением районов и размывов, активных разломов в районов с сейсмичностью выше 7 баллов и районов с большой плотностью населения. При необходимости прохода из-за ограничения условиях, следует принять недёжные защитные меры.

(6) Следует сочетать с объетами перехода и воздушного перехода через препятствия, стараться уменьшать пересекать с естественными или искусственными препятствиями. При необходимости пересекания с реками, озерами, дорогами, железными дорогами и т.д., следует как можно использовать существующие сооружения перехода и воздушного перехода.

(7) Линии лучше не проходят через районы предприятий заводов и рудников.

4.6.1.2 Выбор трубных продуктов

В настоящее время, трубные продукты для перекачки воды вне завода в основном включают стальные трубы, стеклопластиковые трубы, комбинированные трубы, Предварительно напряженная железобетонная труба и т.д.. Выбор трубных продуктов определяется после технико-экономического сопоставления по геологическим условиям, рельефу, естественному состоянию, экономическому положению и собственным особенностям разных районов и т.д..

输水管道所用管材应满足下列要求：应符合现行国家标准的规定；有足够的强度，可以承受各种工况下的内外荷载；水密性好，压力试验渗漏量符合要求；管内壁光滑，水阻小；接口连接可靠，施工方便；综合造价合理，耐腐蚀，使用年限长。

（1）钢管。

钢管应用历史较长，范围广，是一种传统的输水管材。主要有无缝钢管和焊缝钢管两种。从发展趋势上看，随着焊接、轧钢、自动控制、无损检验技术的发展以及从经济角度考虑，长输管道应用中，越来越多的无缝钢管被焊缝钢管取代。但在用量较少的热煨弯头的管道选型中，可以考虑利用无缝钢管优良的制造工艺，以确保管道在水力不利点管道运行的安全。

钢制管道强度高，可承受的压力较高，管材及管件容易加工，管道敷设方便，适应性强，特别是在地形、地质复杂的地段，采用钢管比较方便，钢管接口形式比较灵活，可以采用焊接、法兰连接等，

Применяемые трубы для водопроводов должны удовлетворять нижеуказанным требованиям: отвечать установлениям действующих государственных стандартов; обладать достаточной прочностью, мочь выдержать внутреннюю и внешнюю нагрузку при разных рабочих режимах; обладать хорошей водонепроницаемостью, объём утечки при испытании под давлением должен соответствовать требованиям; внутренние стенки труб должны быть гладкими, с малым водным сопротивлением; соединения должны быть надёжными, удобными для строительства; комплексная стоимость должна быть рациональной, стойкими к коррозийностью, долгими сроками службы.

（1）Стальная труба.

Употребление стальных труб обладает относительно долгой историей, широкой сферой, стальная труба является традиционным трубным продуктом для водопроводов. В основном подразделяется на бесшовные стальные трубы и сварные стальные трубы. С точки зрения тенденции развития, по мере развития сварки, проката стали, автоматического управления, техники неразрушающего контроля, учитывая экономический аспект, бесшовные стальные трубы трубопроводов дальнего транспорта больше и больше заменены сварыми стальным трубами. Но при выборе типов малоиспользованных трубопроводов с горячегнутыми коленами, можно учитывать использовать отличную технологию изготовления бесшовных стальных труб для обеспечения безопасности эксплуатации трубопроводов в точках с нехорошим гидравлическим условиям.

Стальные трубопроводы обладают высокой прочностью, высоким воспринимаемым давлением, легкой обработкой трубных продуктов и деталей труб, удобством прокладки трубопроводов,

钢制管道适用于各种施工方式。但钢管的刚度小，内外防腐要求严，必要时需要做阴极保护，钢管造价较其他管材高，寿命短，一般不超过25年。为延长钢管寿命，需对其进行防腐处理和保护，其方法可采用涂料加牺牲阳极的复合防腐措施。

（2）玻璃钢管。

玻璃钢强度、刚度、耐热性、抗冲击性、成型收缩率等性能极佳。玻璃钢制品具有机械强度高、重量轻、抗拉强度高、抗腐蚀性能强、绝缘性能好、隔热、保温、破损后易修复等优点。在相同管径、相同流量条件下比其他材质管道水头损失小、节省能耗。被广泛应用于石油、化工等领域。

玻璃钢管道的缺点是管体性脆，抗外力破坏能力较差，管道敷设在地面易被外力破坏，必须埋地敷设，埋设深度必须达到一定要求。在穿越陡坡、斜坡、公路、河流等特殊地段时需要采取加固措施确保管线安全。一般用于地势平缓、起伏较小、无滑坡、地质稳定的地区。

сильной приспособденностью, особенно в участках со сложными рельефами и геологическими строениями, применение стальных труб относительно удобно, типы соединений стальной трубы относительно ловкие, можно использовать соединение сварой, фланцами и т.д., стальные трубопроводы распространяются на разные сособы строительства. Но жесткость стальной трубы низкой, и требования к внешней и внутренней антикоррозии строгие, при необходимости нужно проводить катодную защиту, стоимость стальных труб выше других трубных продуктов, срок службы короткий, обычно не превышает 25 лет. Для продления срока службы стальных труб, нужно проводить антикоррозийную обработку и защиту с применением комбинированных антикоррозийных меры, т.е. краска+ протектор.

（2）Стеклопластиковая труба.

Стеклопласт обладает хорошей прочностью, жёсткостью, жаростойкостью, ударостойкостью, профильным обжатем и т.д.. Стеклопластиковые изделия обладают высокой механической прочностью, легким весом, высокой прочностью на растяжение, сильной антикоррозийностью, хорошей изоляционной способностью, теплоизоляцией, термоизоляцией, легкой восстанавливаемостью после повержения и т.д.. При условиях с одинаковым диаметром и расходом труб, в сравнении с трубопроводами из других материалов, потеря водонапора малая, и расход энергии экономный. Широко распространяются на области нефти и химической промышленности и т.д..

Недостатки стеклопластиковых труб заключаются в хрупкости труб, плохой способности к сопротивлению внешнего повреждения, надземная прокладка трубопроводов может быть вызывает внешнее повреждение, необходимо прокладывать подземно, глубина залегания должна

（3）复合管。

复合管材（如钢骨架增强聚乙烯复合管、柔性复合高压输送管等）在给水行业已经得到广泛的应用,输水水质及水压均能得到极好的保证,无须再做管道内防腐工作,可大大节约工程进度时间。复合管具有防腐、保温、不易结垢、耐磨、重量较轻等塑料管的共同特点,具有较高的机械强度,较好的刚性和耐冲击性,热膨胀系数较小,克服了纯塑料快速开裂的缺点,具有双面防腐功能,是现阶段使用非常广泛的新型管材。其成功使用的关键取决于接头的施工质量。

（4）预应力混凝土管。

预应力混凝土管加工工艺简单、造价低、应用普遍。但管材制作过程中存在弊病,如喷浆质量不稳定,易脱落和起鼓;在施加预应力时不易控制（特别在插口端部）,且因体积重量大造成运输安装都不方便,使其应用受到了限制。预应力混凝土

достигать определенного требования. В особых участках, как участках перехода через крутой склон, уклон, дороги, реки и т.д., нужно применять меры укрепления для обеспечения безопасности трубопроводов. Обычно распространяется на районы с ровным рельефом, маленькой разностью высоты, без оползни и стаюильным геологическим строением.

（3）Комбинированная труба.

Комбинированная труба (например укрепленная комбинированная полиэтиленовая труба со стальным каркасом, гибкая транспортная комбинированная труба высокого давления и т.д.) широко распространа на область водоснабжения, может хорошо обеспечить качество и давление транспортируемой воды, не нужны антикоррозийные работы внутри трубопроводов, можно намного экономить время хода объекта. Комбинированная труба обладает антикоррозийностью, теплоизоляцией, трудностью накипеобразования, прочностью на износ, легком весом и другими общими особенностями пластимассовыми трубами, обладает относительно хорошей механической прочностью, жёсткостью, ударным сопротивлением, малым коэффициентом теплового расширения, преодолением быстрого растрескивания чистой пластмассы, обладает функцией антикоррозии двух сторон, является шикоро распространенной новой трубой в своевременный период. Ключ успешного применения зависит от качества строительства соединений.

（4）Труба из напрягающего бетона.

Технология обработки трубы из напрягающего бетона простой, с низкой стоимостью и широким применением. Но в процессе изготовления труб существуют недостатки, например, нестабильное качество торкретирования раствором,

管口径一般在2000mm以下,工压在0.4～0.8MPa,在口径大、工作压力高的工程应用时要慎重。

4.6.1.3 输水工艺

4.6.1.3.1 设计流量

(1)从水源站至用水点的长距离输水管道设计流量,应按在最高日最大时用水条件下,水源站的送水量确定。

(2)压力输水管道的设计流速不宜大于3m/s,不宜小于0.6 m/s。

(3)压力输水管道的公称压力应根据最大使用压力确定,其值应为最大使用压力加0.2～0.4MPa 安全余量。当选用非金属管材时,安全余量可根据经验适当放大。输水管道的最大使用压力应经过水锤计算确定。

4.6.1.3.2 水力计算

(1)管(渠)道总水头损失计算:

возможность выкрашивания и вспучивания; трудность управления при приложении предварительным напряжением (особенно для концов гнезд), также неудобность при транспортировке и монтаже из-за большим объёма и веса, что ограничивают его применением. Диаметр трубы из напрягающего бетона обычно составляет менее 2000мм, рабочее давление: 0,4-0,8МПа. При применении в объектах с большим диаметром и при высоком давлении следует серьёзно учитывать.

4.6.1.3 Технология перекачки воды

4.6.1.3.1 Проектный расход

(1) Проектный расход водопровода с дистанционной транспортировкой с станции водозасбора до потребителей воды определяется объёмом отдачи воды из станции водозабора при условиях максимального водопотребления в сутки.

(2) Проектная скорость течения напорного водопровода должна быть не более 3м/сек., не менее 0,6м/сек..

(3) Условное давление напорного водопровода определяется максимальным давлением при применении, его значение принимается за максимальное давление при применении плюс 0,2-0,4 МПа в качестве запаса надёжности. При выборе и применении неметаллических труб, допускается умеренное увеличение запаса надёжности по опытам. Максимальное давление при применении водопроводов определяется расчётом гидроулдара.

4.6.1.3.2 Гидравлический расчет

(1) Общая потеря напора трубопровода (канала) рассчитывается по нижеуказанной формалуе:

$$h_z = h_y + h_j \quad (4.6.1)$$

式中 h_z——管(渠)道总水头损失,m;

h_y——管(渠)道沿程水头损失,m;

h_j——管(渠)道局部水头损失,m。

(2)管(渠)道沿程水头损失计算:

$$h_y = \lambda \cdot \frac{l}{d_j} \cdot \frac{v^2}{2g} \text{(塑料管)} \quad (4.6.2)$$

式中 λ——沿程阻力系数;

l——管段长度,m;

d_j——管道计算内径,m;

v——管道断面水流平均流速,m/s;

g——重力加速度,m/s²。

注:λ 与管道的相对当量粗糙度(Δ/d_j)和雷诺数(Re)有关,其中 Δ 为管道当量粗糙度(mm)。

输配水管道、配水管网水力平差计算:

$$i = \frac{h_y}{l} = \frac{10.67 q^{1.852}}{C_h^{1.852} d_j^{4.87}} \quad (4.6.3)$$

式中 q——设计流量,m³/s;

C_h——海曾-威廉系数。

(3)管(渠)道局部水头损失计算:

$$h_j = \sum \xi \frac{v^2}{2g} \quad (4.6.4)$$

式中 ξ——管(渠)道局部水头损失系数。

$$h_z = h_y + h_j \quad (4.6.1)$$

Где h_z——Общая потеря напора трубопровода (канала), м;

h_y——Потеря напора трубопровода (канала) по длине, м;

h_j——Местная потеря напора трубопровода (канала), м.

(2) Потеря напора трубопровода (канала) по длине рассчитывается по нижеуказанной формалуе:

$$h_y = \lambda \cdot \frac{l}{d_j} \cdot \frac{v^2}{2g} \text{ (Пластмассовая труба)} \quad (4.6.2)$$

Где λ——Коэффициент сопротивления по длине;

l——Длина участка труб, м;

d_j——Расчётный диаметр трубопровода, м;

v——Средняя скорость течения воды сечения трубопроводов, м/сек.;

g——Гравитационное ускорение, м/сек.².

Примечание: λ зависит от шероховатости относительного эквивалента трубопровода (Δ/d_j) и числа Рейнольдса (Re), в том числе, Δ является шероховатостью эквивалента трубопровода (мм).

Расчёт гидравлической разницы трубопровода перекачки и распределения воды и сети трубопровода распределения воды:

$$i = \frac{h_y}{l} = \frac{10,67 q^{1.852}}{C_h^{1,852} d_j^{4.87}} \quad (4.6.3)$$

Где q——проектный расход, м³/сек.;

C_h——Коэффициент Хазена-Вильямса.

(3) Местная потеря напора трубопровода (канала) рассчитывается по нижеуказанной формалуе:

$$h_j = \sum \xi \frac{v^2}{2g} \quad (4.6.4)$$

Где ξ——Коэффициент местной потери напора трубопровода (канала).

4.6.1.4 管道敷设

(1)输水管道的埋设深度应根据冰冻情况、外部荷载、管材强度和与其他管道交叉等因素确定。

(2)在土壤承载力较高,且地下水位很低时,输水管道可直埋在管沟中的天然地基上。在流沙、沼泽等土壤松软地区,应对输水管道进行基础处理,采用混凝土基础时,所采用混凝土强度等级不应低于C15。

(3)在岩石或半岩石地基上,管底应铺垫厚度为100~200mm的砂垫层,切在铺管前整平压实。

(4)露天管道应有调节管道伸缩的设施,并应根据需要采取防冻保温措施。

(5)不应穿过毒物污染区和腐蚀性地区,如必须穿越时,应采取可靠的防护措施。

(6)输水管道与建筑物、铁路和其他管道的水平净距,应根据建筑物的基础结构、路面种类、卫生安全条件、管道埋深、管径、管材、施工条件、管内工作压力、管道上附属构筑物大小和有关规定等确定。输水管道应设在污水管上方。当输水管道与污水管道平行设置时,管外壁净距不得小于1.5m。当输水管道必须在污水管下方时,应外加密封性能好的套管,套管伸出交叉管的长度每边不应小于3.0m,且套管的两端应采用防水材料

4.6.1.4 Прокладка трубопроводов

(1) Глубина залегания водопровода определяется факторами, как состояние обмерзания, внешняя нагрузка, прочность трубы, пересечение с другими трубопроводами и т.д..

(2) При относительно высокой несущей силы грунтов и низком уровне грунтовой воды, водопровод может прямым залеганием прокладывать на естественном основании кабельного канала. В районах с плывунами, болотами и таких районах с пухляхами, следует проводить обработку основания водопроводов, при применении бетонного основания класс прочности применяемого бетона должен быть не ниже C15.

(3) На скальном или полускальном основании, под трубопровод следует прокладывать песочную подготовку толщиной 100-200мм, перед прокладкой трубопровода следует выравнивать и уплотнить.

(4) Открытый трубопровод должен снабжать сооружением с регулированием расширения и сокращения трубопровода, и принять меры для теплоизоляции по нужде.

(5) Не следует переходить через загрязненные ядовитыми веществами районы и коррозионные районы, при необходимости перехода, следует принять надёжные защитные меры.

(6) Горизонтальное расстояние в свету между водопроводами и зданиями, железными дорогами и другими трубопроводами определяется конструкции основания, видами дорожных покрытий, условиями безопасности и здравоохранения, глубиной залегания трубопроводов, диаметром трубопроводов, материалом трубопроводов, строительными условиями, рабочим давлением внутри трубопровода, объёмом вспомогательных

密封。输水管道与给水管道交叉时,其净距不应小于 0.15m。输水管穿越铁路、河流等人工和天然障碍物时,应经计算采取相应的安全措施,并应征得有关部门同意。

（7）输水管道设在地下水位线以下时,应进行抗浮验算。

（8）当两条输水管道并行时,应保持适当的间距,以保证事故状况下安全运行的要求。

4.6.1.5 输水附属设施和管道附件

4.6.1.5.1 附属设施

（1）输水管道上的各种阀门应安装在阀门井内。阀门井应具有足够的坚固性和阀门操作检修空间。

сооружений на трубопроводах и связанным правилам. Водопровод должен установить над трубой сточной воды. При параллельной установке водопровода с трубой сточной воды, расстояние наружной стенки труб в свету должно быть не менее 1,5м. При нахождении водопровода под трубой сточной воды, следует дополнительно предусмотреть втулку с надёжной герметичностью, длина выступа втулки из крестовины трубы на каждой стороне должна быть не менее 3,0м, на двух концах втулки следует применять гидроизоляционные материалы для герметизации. При пересечении водопровода через трубопровод водоснабжения, расстояние в свету должно быть не менее 0,15м. При переходе водопровода через железные дороги, реки, искусственные и естественные препятствия, следует принять соответствующие безопасные меры после расчёта, и следует согласовать со связанными органами.

（7）При установке водопровода ниже уровня грунтовой воды, следует проводить проверку стойкости к плавучести.

（8）При параллельной прокладке двух водопроводов, следует держать подходящее расстояние для обеспечения требований к безопасной эксплуатации при авариях.

4.6.1.5 Вспомогательные сооружения и принадлежности трубопроводов для перекачки вод

4.6.1.5.1 Вспомогательные сооружения

（1）Разные клапаны на водопроводах следует установить в колодце клапанов. Колодец клапанов должен обладать достаточной прочностью и пространством для операции, осмотра и ремонта клапанов.

（2）调节水池、调压井(塔)、阀门井等构筑物在地下水位线以下的部分应防水，并进行抗浮验算。

（3）对寒冷地区的附属设施应采取必要的防冻措施。

（4）进气排气阀井宜采用通气井盖。

（5）在输水管道弯管、三通、异径管、分支管、阀门等处应设支墩。管道的承插口、自由端、伸缩节等处亦应考虑设置支墩，防止位移脱口。

（6）当输水管道高差大或距离很长需要多级加压或重力输水需要分段时，可设调节水池，其容积应根据工艺要求通过工况分析和水力计算确定。当输水规模不大或要求不高时，重力输水管道中间的水池容积可按不小于 5min 的最大设计水量确定。压力流输水管道中间水泵吸水池的容积不应小于泵站内一台大水泵 15min 的设计出水量。重力输水管道与压力输水管道见的连接水池，按下游输水管道要求设计水池调节容积。

4 Водоснабжение и канализация

（2）Для частей сооружений (как бассейн регулирования воды, уравнительная шахта (башня), колодец клапанов и т.д.) ниже уровня грунтовой воды следует провоить гидроизоляцию и проверку стойкости к плавучести.

（3）Для вспомогательных сооружений в морозных районах следует принять необходимые меры для защиты от мороза.

（4）Следует предусмотреть вентиляционную крышку колодца для колодца выхлопных и вхлопных клапанов.

（5）Следует предусмотреть опоры на местах колен, тройников, переходов, ответвлений трубопровода, клапанов водопроводов и т.д.. На местах штуцеров, свободных терминалов, компенсаторов трубопроводов и т.д. следует предусмотрет опоры во избежание перемещения и расцепления.

（6）При высоком превышении водопровода или необходимости многостепенного нагнетания из-за длинного расстояния или при необходимости секционирования для гравитационной перекачки воды, можно предусмотреть бассейн регулирования воды, его объём определяется в результате анализа рабочего режима и гидравлического расчёта согласно технологическим требованиям. При небольшем объёме перекачки воды или невысоких требованиях объём бассейна между гравитационными трубопроводами перекачки воды определяется по максимальному проектному объёму воды не менее 5 минут. Объём водоприёмника промежуточного насоса напорного водопровода должен быть не менее проектного объёма водоотдачи большего водяного насоса а насосной на 15 минут. Объём регулирования бассейна соединительного бассейна между гравитационными трубопроводами перекачки воды и напортным водопроводом по требованиям последующего водопровода.

（7）大口径输水管道（DN≥1200mm），宜在必要的位置设置检查孔，可结合通气设施一并考虑。

4.6.1.5.2 管道附件

（1）在一定长度的输水管道中应设置检修阀门。检修阀门的间距应根据管路复杂情况、管材强度、事故预期概率以及事故排水难易等情况确定，每5～10km宜设置一处。穿越大型河道、铁路、公路（高速或干线）也应考虑设置检修阀，在安装水力控制阀，如单向阀、减压阀、超压泄压阀、水位和流量控制阀、进气排气阀等处，也应安装检修阀。

（2）输水管道泄水阀直径应经水力计算确定，可取输水管道直径的1/5～1/4。当管道内静水压力很高时，泄水阀直径应根据静水压力和泄水时间经水力计算确定。检修和泄水阀门应具有良好的密封性能，在运行或试运时兼调节流量的泄水阀，宜采用闸板阀。

（7）Для водопровода с большим диаметром (DN≥1200мм), следует предусмотреть смотровое отверстие на необходимых местах, можно совместно учитывать с вентиляционным сооружением.

4.6.1.5.2 Арматуры трубопровода

（1）Следует предусмотреть клапаны для осмотра и ремонта на водопроводе с определенной длиной. Расстояние между клапанами для осмотра и ремонта определяется по сложности трубопроводов, прочности материалов труб, предлагаемой вероятности аварии, трудности водоотвода при авариях и т.д., лучше предусмотреть через каждые 5-10км. При переходе через крупные реки, железные дороги, шоссейные дороги (высокоскоростные дороги или автомагистрали) следует предусмотреть клапаны для осмотра и ремонта, при монтаже гидравлического контрольного клапана, например, обратный клапан, редукционный клапан, сливной клапан для превышения давления, клапаны управления уровнем и расходом, вхлопные и выхлопные клапаны и т.д., следует установить клапаны для осмотра и ремонта.

（2）Диаметр водоотводного клапана водопровода определяется в результате гидравлического расчёта, можно принимать 1/5-1/4 диаметра водопровода. При высоком гидростатическом давлении в трубопроводе, диаметр водоотводного клапана определяется в результате гидравлического расчёта по гидростатическому давлению и времени водоотвода. Клапаны для осмотра и ремонта и водоотводные клапаны должны обладать надёжной герметичностью, для водоотводного клапана, совмещенного регулированием расходов при эксплуатации или пробной эксплуатации следует принимать задвижку.

（3）在输水管道安装各类阀门处,宜安装伸缩器（或柔性管接头）。为防止管道地基非均匀沉降和温差应力危害管道,也应考虑安装伸缩器。

4.6.1.6 穿跨越

4.6.1.6.1 穿越公路

（1）管道穿越位置,宜选在稳定的公路路基下,尽量避开石方区、高填方区、路堑和道路两侧为半挖半填的同坡向陡坡地段。

（2）管道穿越公路应垂直交叉通过。必须斜交时,斜交角度应大于60°。路基下面的管段不允许出现转角或进行平面、竖面曲线敷设。

（3）穿越干线公路时,应采用顶管方式通过,采用水泥套管保护,套管两端与内管之间的环形空间应进行防水密封。套管顶距路面埋深不小于1.2m,距公路边沟底面不应小于0.5m,套管两端伸出公路路肩或排水沟长度不小于2m,公路穿越段两侧设置管道公路穿越标志桩。

（3）На местах установки разных клапанов водопроводов следует установить компенсаторы（или соединение гибкой трубы）. Для избежания повреждения трубопроводов из-за неравномерного оседания основания и напряжения перепада температуры.

4.6.1.6 Переход и воздушный переход

4.6.1.6.1 Переход через автодороги

（1）Следует выбрать места перехода трубопроводов под основанием автодороги, как можно избежать района каменных работ, района высокой засыпки и участков уклона с одинаковыми направлениями с полунасыпью-полувыемкой на двух стороонах выёмки и дороги.

（2）Переход трубопроводов через автодороги должен быть пересекающимся вертикальным. При необходимости косого пересечения, угол косого пересечения должен быть более 60 °. На участках трубопроводов под дорожным основанием не допускается поворот или кривая прокладка в плане и вертикальной плоскости.

（3）При переходе через магистрали автодороги, применяется способ продавливания в бетонной втулке, следует проводить водоизоляцию и герметичзацию простронства между концами втулки и внутренней трубой. Глубина залегания с вершины втулки до поверхности дороги должна быть не менее 1,2м, расстояние между вершиной втулки и дном кювета дороги должно быть не менее 0,5м, длина выступа концов втулки из обочины или водосточной канавки дороги должна быть не менее 2м, на двух сторонах пересекающего участка автодороги предусматривается указательный столбик перехода трубопровода через автодороги.

（4）穿越县道、油气田专用公路时，宜采用直埋敷设并加水泥套管保护，套管顶距路面埋深不小于1.2m。

（5）穿越乡村公路、机耕道时，原则上采用开挖直埋敷设，管顶距路面不小于1.2m。

4.6.1.6.2 穿越铁路

（1）管道穿越公路应垂直交叉通过，采用顶钢套管方式。

（2）套管顶面距离铁路路肩应不小于1.7m，同时，距离铁路边沟或自然地面应不小于1m；考虑开挖操作坑（竖井），顶进套管长度应伸出路堤坡脚或边沟外缘不小于4m。管道在套管内敷设，套管两端砌砖封堵，还应设置排气管。

（3）套管安装的长度距边缘轨道中心线50m，但距路堤坡脚不小于5m，距路堑坡面肩线不小于3m；距路基边缘排水设施（边沟、截水沟、蓄水池）3m。

（4）管道与铁路交叉的穿越方式、设计和施工方案应取得铁路主管部门的同意。当管道在铁路下方穿越时，不得采用爆破方式。对于铁路部门有特殊要求的，应协商后确定。

（4）При переходе через уездные дороги, специальные автодороги для нефтегазовых месторасположений следует прокладывать прямым залеганием в бетонной втулке, глубина залегания с вершины втулки до поверхности дороги должна быть не менее 1,2м.

（5）При переходе через деревенские дороги и дороги механической пахоты, в принципе применяется открытый способ подземной прокладки, глубина залегания вершины втулки от покрытия дороги должна быть не менее 1,2м.

4.6.1.6.2 Переход под ж/д

（1）Переход трубопроводов через автодороги должен быть пересекающимся вертикальным способом продавливания в стальной втулке.

（2）Глубина залегания с вершины втулки до обочины железной дороги должна быть не менее 1,7м, в то же время, расстояние от кювета железной дороги или естественного покрытия дороги должно быть не менее 1м; с учетом операционного котлована для разработки (шахта), длина выступа втулки из подошвы насыпи или наружного края кювета должна быть не менее 4м. Трубопровод прокладывается во втулке, на двух концах втулки следует заглушить кирпичной кладкой, ещё следует предусмотреть выхлопную трубу.

（3）Длина установки втулки, от центральной линии рельса края - 50м, от подошвы насыпи - не менее 5м, от бровки склона выёмки - не менее 3м; от дренажного сооружения края основания дороги (кювет, ловчая канава, бассейн) - 3м.

（4）Способ пересечения трубопровода под железной дорогой, проектные и строительные решения должн получение согласование от компетентного органа железной дороги. При переходе

4.6.1.6.3 穿越河流

（1）小型河穿越应按20年一遇洪水设计，采用大开挖方式。

（2）管道穿越小型河流可根据不同地质条件，采用混凝土加重块连续覆盖或现浇水下不分散混凝土稳管措施。

（3）在有冲刷的河流，管顶埋深应在设计洪水冲刷线以下大于0.5m。无冲刷水域应在河床底下大于1m。河床为基岩时，嵌入基岩深度大于0.5m，现浇混凝土封顶。

（4）两岸护坡及护岸的宽度应大于被松动过的地表宽度，以确保管线运行安全。

4.6.1.6.4 穿、跨越沟渠

（1）穿越小型沟渠一般可采用开挖方式。

（2）大型水渠一般采用开挖方式通过。在两岸无公路等人工障碍且水渠埋深较大的情况下，可考虑采用直跨跨越方式。

4 Водоснабжение и канализация

трубопровода под железной дорогой, не следует применять взрывный способ. При наличии особых требований железной дороги, следует определять после согласования.

4.6.1.6.3 Переход через реки

（1）Переход через малые реки проектируется по расчёту наводнения повторяемостью раз в 20 лет, применяется открытая разработка.

（2）При переходе трубопровода через малые реки, можно принять меры балластировки трубопровода путем непрерывного покрытия бетонных пригрузов или монолитного бетона.

（3）В реках с вымыванием, глубина залегания вершины труб должна быть ниже проектной линии вымывания наводнения более 0,5м. В водяных участках без вымывания, должна быть ниже русла более 1м. При существовании русла из подстилающей породы, глубина вставки в подстилающую породу должна быть более 0,5м, для свода кровли применяется монолитный бетон.

（4）Ширина защитных кладок и облицовок для защиты берегов на двух берегах должна быть более ширины рыхленной поверхности земли для обеспечения безопасной эксплуатации трубопровода.

4.6.1.6.4 Переход и воздушный переход через канал

（1）Для перехода через малые каналы обычно допускается применять разработку.

（2）Для перехода через большие каналы обычно применяется разработка. При отсутствии дорог и искусственных препятствий на двух берегах и большей глубине залегания каналов, допускается применять прямой воздушный переход.

（3）对于有衬砌的水渠，管道埋设深度要保证管道处在渠底深度1.2m以下；其他水渠穿越，要求管道埋设深度在现状渠底以下2.5m。穿越水渠段管道均应考虑稳管措施。

（4）跨越方式通过水渠应进行单独设计。

4.6.1.6.5　其他穿越

（1）与原有埋地输气管、水管等交叉时，应从原有管道下方0.3m通过。新管道与其他管道交叉处必须保证0.3m净空间距，为避免管道沉降不能满足间距要求，以及避免管道防腐层受损伤而发生交叉管道电气短路，采用绝缘材料垫隔（如汽车废外胎衬垫）。

（2）管线和电缆交叉穿越的净空距离应保证不低于0.5m，还要对电（光）缆采取保护措施，如用角钢围裹住电缆，在电缆上方铺一层红砖等。

（3）与架空高压线交叉时，交叉点两侧管道要采取加强防腐措施。

（3）Для каналов с обделкой, глубина залегания трубопроводов должна гарантировать нахождение труопровода ниже дна каналов 1,2м; при переходе через другие каналы, глубина залегания трубопроводов требуется ниже существующего дна каналов 2,5м. При переходе через трубопроводы участок каналов следует учитывать Меры по балластировке трубопроводов.

（4）Следует отдельно проектировать воздушный переход через каналы.

4.6.1.6.5　Прочие переходы

（1）При пересечении с существующими подземными газопроводами, водопроводами и т.д., следует проходить 0,3м под существующие трубопроводы. На местах пересечения новых трубопроводов с другими трубопроводами необходимо гарантировать расстояние в свету 0,3м, при невозможности удовлетворения требованиям к расстоянию во избежание оседания трубопровода и избежании электрического короткого замыкания пересекающих трубопроводов из-за повреждения антикоррозийного слоя трубопроводов, применяется изоляционные материалы для прокладки и изоляции (например отработанная прокладка автопокрышки).

（2）Расстояние в свету при пересечении трубопроводов с кабелями должнобыть не менее 0,5м, ещё нужно применять защитные меры кабелей (оптических кабелей), например, защищается кабель угольником или прокладкой слоя кирпичей над кабелями и т.д..

（3）При пересечении с воздушными высоковольтными линиями, для трубопроводов на двух сторонах точки пересечения следует применять меры укреплённой антикоррозии.

（4）管沟开挖前,首先探明被穿越管道位置,并做出明显标记。在交叉点两侧各 5m 范围内必须采用人工开挖,管道暴露后,采用橡胶板对被穿越管道进行包裹保护。穿越处应采用沟下焊接,尽量避免本工程管道焊口位于被穿越管道下方,以方便焊接、焊口检测及补口工作。穿越处管道应作为重点段突击完成,管道焊接、检测、补口应紧密连贯,一气呵成。补口完成后迅速回填,以免被穿越管道长时间暴露。

4.6.1.7 管道清管、试压、冲洗消毒及投运

4.6.1.7.1 一般要求

（1）管道投产前清管、试压的一般程序：管段清管→管段试压→连头→站间试压。

（2）管道应在下沟后进行分段清管和分段试压,试压采用水试压。清管排放口不得设在人口居住稠密区、公共设施集中区。清管排放应符合环保要求。

（4）Перед разработкой каналов, сначала следует обнаружить место пересеченного трубопровода и чётко отметить. В пределах 5м на двух сторонах перекрестья необходимо применять искусственную разработку, после обнажения трубопровода, применяется резиновая плита для завертывания и защиты пересеченного трубопровода. На местах перехода следует применяется сварка в канале, как можно избежать нахождения спаев трубопроводов данного объекта под пересеченным трубопроводом, что удобно для сварки, проверки спаев и изоляции стыков. Следует штурмованно выполнять трубопровод на месте перехода в качестве важного участка, сварка, проверка и изоляция стыков трубопровода должны тесно связываются, закончаются одним духом. После завершения изоляции стыков следует быстро проводить обратную засыпку, во избежание обнажения пересеченного трубопровода на долгое время.

4.6.1.7 Очистка, опрессовка, промывка, стерилизация и ввод трубопроводов в эксплуатацию

4.6.1.7.1 Общие требования

（1）Общий процесс очистки и опрессовки трубопроводов перед вводом трубопроводов в эксплуатацию: очистка участка трубопровода→опрессовка участка трубопровода→соединение→опрессовка между станциями.

（2）Провести очистку и опрессовку по участкам трубопроводов после укладки трубопроводов в канал. При опрессовке применяется вода. Дренажный выход от очистки полости трубопроводов не должен быть в населенном пункте или местах, где сосредоточены коммунальные услуги. Дренаж от очистки полости должен ответить экологическим требованиям.

（3）为了确保试压的安全，应尽量采用水为介质进行强度试压。水压试验的供水水源应洁净、无腐蚀性。管道沿线的试压段划分由各标段的施工单位根据地形、管道沿线的地区等级划分、水源等条件而综合确定。

（4）本工程穿越公路、小型河流的管段试压要求为：

① 管道穿越二级及以上干线公路应单独试压，合格后再同相邻管段连接。单独进行强度试压，试验压力应与由所在管段的地区等级而确定的试验压力一致；管道的严密性试压可与所在管段一并进行。

② 管道穿越二级以下公路的管段，其试压可与所在管段一并进行。

③ 管道穿越一般性小型河流的管段，其试压可与所在管段一并进行。

4.6.1.7.2 分段清管

在进行分段试压前必须进行分段清管。分段清管应确保将管道内的污物清除干净且不应损坏管道内防腐层。

(3) Испытания на прочность проводятся как можно на воду, чтобы обеспечить безопасность. Обеспечить чистоту и отсутствие коррозийности источника воды. Разделение участки опрессовки вдоль трубопровода комплексно определяется строительной организацией по местности, категории районов вдоль трубопровода, источникам воды и т.д..

(4) Требования к опрессовке участок трубопроводов, переходящих через автодороги и малые реки：

① при переходе трубопровода через магистрали автодорог категории 2 и выше, следует проводить самостоятельную опрессовку, после получения положительного результата соединяется со смежными участками трубопровода. Давление самостоятельного испытания на прочность должно совпадать с определенным давлением испытания согласно категории районов расположения участка трубопровода; опрессовку на герметичность трубопровода можно проводить вместе с участком трубопровода.

② при переходе участка трубопровода через магистрали автодорог ниже категории 2, опрессовку трубопровода можно проводить вместе с участком трубопровода.

③ при переходе участка трубопровода через обычные малые реки, опрессовку трубопровода можно проводить вместе с участком трубопровода.

4.6.1.7.2 Очистка полости трубопроводов по участкам

Перед опрессовкой по участкам необходимо проводить очистку полости трубопроводов по участкам. Очистка полости трубопроводов по участкам должна обеспечить полное удаление грязей от трубопровода и отсутствие повреждения внутреннего антикоррозийного слоя трубопровода.

4.6.1.7.3 管道的强度及严密性试验

（1）压力管道全部回填土前应进行强度及严密性试验，输水管道强度及严密性试验应采用水压试验法试验。

（2）分段强度试压的试验介质采用洁净水，分段试验管段长度不宜超过 15km，试验压力为 $p+0.5$MPa。若管道隆起处试压时，管段当最高点试验压力满足试验压力时，管段最低点环向内压力不应大于 $0.9\sigma_s$。

（3）试验管段灌满水后，宜在不大于工作压力的条件下充分浸泡后再进行试压，浸泡时间应符合《给水排水管道工程施工及验收规范》（GB 50268—2008）的规定。

（4）进行管道水压试验时，应排除管道内的气体，升压过程中，发现弹簧压力计表针摆动、不稳，且升压较慢时，应重新排气后再升压。

（5）在试验期间，如果管线管破裂，应查找破裂的原因。在拆除之前，要就地全面照相。如果破裂出在管子的焊缝上，要将焊缝破裂处的整个接头从管道中切除。要在其他破裂的两边切除至少一个管子的直径。切除部分要标明在管道上的方向、位置和破裂处的桩号。

4.6.1.7.4 投运

试压合格后，管道管理单位应根据相关规定制订投运方案及相应的安全应急预案，经相关部门审查通过后实施。

4.6.2 气田水管道

4.6.2.1 线路选择

气田水输送方式应根据气田水量、水质、区域地质条件、气候等情况，通过技术经济比较确定。线路选择应考虑如下原则：

（1）线路应符合气田开发和管网总体规划的需要，充分利用现有气田水输送和处理设施。

（2）将安全环保放在首要位置，尽量避开人口稠密区和人员聚集地。

прорыв происходит в других местазх, следует вырезать как минимум по одному диаметру трубы на двуха сторонаэх.В вырезатых частях следует отметит направление, место и номер сваи мест прорыва в трубопроводе.

4.6.1.7.4 Ввод в эксплуатацию

После получения положительного результата опрессовки, орган управления трубопроводами должен разработать решение ввода в эксплуатацию и соответствующие безопасный план ликвидаций аварийных ситуаций согласно связанным правилам, после рассмотрения и принятия связанных органов можно выполнить.

4.6.2 Трубопровод промысловой воды

4.6.2.1 Выбор линий

Способ транспортировки промысловой воды определяется после технико-экономического сопоставления по объёму промысловой воды, качеству воды, геологическим условиям территории, климатическим условиям и т.д.. Выбор линий проводится с учетом нижеуказанных принципов：

（1）Линия должна соответствовать требованиям освоения газового месторасположения и генерального плана сети трубопроводов, и полностью использовать существующие сооружения транспортировки и обработки промысловой воды.

（2）Следует поставить безопасность и охрану окружающей среды в первое место, как можно избежать районов с большой плотностью населения и средоточий персонала.

(3）线路走向根据沿线人口密度、发展规划趋势、地形、交通、工程地质等条件，经多方案对比后，确定最优线路，气田水输送管道路线须避开人口稠密区。

（4）线路力求顺直、平缓，以满足安全、经济的合理性。

（5）线路尽量利用和靠近现有公路，方便管道的运输、施工和生产维护管理。

（6）选择有利地形，尽量避开施工困难段、不良工程地质地段（如陡坡、陡坎、滑坡、溶洞等地段）和水源保护地，以减少线路防护工程量，确保管道安全运行。

（7）线路必须避开城镇规划区、军事管理区和工矿区等人口、设备密集区域；尽量绕避自然保护区、林区、经济作物，必须通过自然保护区和林区时，应经过论证并征得主管部门同意；线路要少占良田好土，减少由此带来的赔偿费用。

（3）Оптимальное направление линий определяется после сопоставления многих решений по плотности населения, тенденции плана развития, рельефу, транспорту, инженерно-геологическим условиям и т.д., линия транспортировки промысловой воды должна избежать районов с большой плотностью населения.

（4）По возможности стремиться к прямой и плавной линии, для удовлетворения рациональности по безопасности и экономии.

（5）Линия должно по возможности приблизиться и использовать существующее шоссе для удобного транспорта, строительства, производства, обслуживания и управления трубопроводами.

（6）Выбирать выгодный рельеф, как можно избежать участок с трудными условиями для строительства и неблагоприятными инженерно-геологическими условиями (например крутой склон, обрыв, оползень, карст и т.д.) и районов защиты источников воды, для уменьшения объема защитных работ линии, обеспечения безопасной эксплуатации трубопроводов.

（7）Линия должна избежать территорий планирования города, территорий военного управления, индустриальных минеральных районов и таких районов с большой плотностью населения и оборудования; как можно избежать заповедников, лесных зон, районов технических культур, при необходимости прохода через заповедников и лесных зон, следует получить согласование компетентных органов; линия должна минимально занять плодородные земли для уменьшения компенсации на занятие земель.

4.6.2.2 管材选择

气田水输送管材的选用应根据其水质特性（腐蚀性、温度）、输送压力等因素综合考虑。气田水的腐蚀性极强，气田水输送管道所采用的管材必须是耐腐蚀性的。目前，用于气田水输送的管材主要有聚乙烯（PE）塑料管、玻璃钢管、钢骨架增强聚乙烯复合管、柔性复合高压输送管、碳钢钢管（内衬防腐材料）等。输送气田水所用管材选择须根据使用压力、温度、输送介质参数、使用地区地质条件及制管工艺等因素，经技术经济比较后确定。

（1）聚乙烯（PE）管材。

聚乙烯（PE）管材具有较强的耐腐蚀、水流阻力小、易搬运安装等特点，适用于输送介质压力较低、腐蚀性强的工程。一般用于压力较低的流体输送。

（2）玻璃钢管。

4.6.2.2 Выбор трубных продуктов

Выбор материалов трубопровода для транспортировки промысловой воды проводиться с комплексным учетом характеристик качества воды (агрессивность, температура), давления нагнетания и других факторов. В связи с сильной агрессивностью промысловой воды, применяемый материал трубопровода для транспортировки промысловой воды должен быть коррозионностойким. В настоящее время, материалы трубопровода для транспортировки промысловой воды в основном включают полиэтиленовые пластмассовые трубы (PE), стеклопластиковые трубы, укрепленные комбинированные полиэтиленовые трубы со стальным каркасом, гибкие транспортные трубы высокого давления, трубы из углеродистой стали (антикоррозийный материал футеровки) и т.д.. Выбор трубных продуктов для транспортировки промысловой воды определяется после технико-экономического сопоставления по рабочему давлению, температуре, параметрам транспортируемой среды, геологическим условиям территории, технологии изготовления труб и т.д..

(1) Полиэтиленовая труба (PE).

Полиэтиленовая труба (PE) обладает относительно сильной антикоррозийностью, маленьким сопротивлением воды, удобством для перевозки и монтажа и т.д., распространяется на объекты с низким давлением транспортируемой среды и сильной коррозийностью. Обычно применяется для транспортировки флюидов с низким давлением.

(2) Стеклопластиковая труба.

4 给排水

用玻璃纤维与热固性树脂复合生产的玻璃钢强度、刚度、耐热性、抗冲击性、成型收缩率等性能极佳。玻璃钢制品具有机械强度高、重量轻、抗拉强度高、抗腐蚀性能强、绝缘性能好、隔热、保温、破损后易修复等优点。被广泛应用于石油、化工等领域。

玻璃钢管的最大优点是耐腐蚀强,目前国内对于输送含 H_2S 和 Cl^- 含量较高的流体已有使用玻璃钢输送管的大量应用先例,与钢管相比均较为成功,腐蚀穿孔的现象已不再发生。玻璃钢管还具有比钢质管道更好的防垢性能。

玻璃钢管道的缺点是管体性脆,抗外力破坏能力较差,管道敷设在地面易被外力破坏,必须埋地敷设,埋设深度必须达到一定要求。在穿越陡坡、斜坡、公路、河流等特殊地段时需要采取加固措施以确保管线安全。一般用于地势平缓,起伏较小,无滑坡、地质稳定的地区。

4 Водоснабжение и канализация

Стеклопласт, комбинированно изготовленный из стекловолокна и термореактивной смолы, обладает хорошей прочностью, жёсткостью, жаростойкостью, ударостойкостью, профильным обжатем и т.д.. Стеклопластиковые изделия обладают высокой механической прочностью, легким весом, высокой прочностью на растяжение, сильной антикоррозийностью, хорошей изоляционной способностью, теплоизоляцией, термоизоляцией, легкой восстанавливаемостью после повреждения и т.д.. Широко распространяются на области нефти и химической промышленности и т.д..

Самыми главными достоинствами стеклопластиковой трубы являются сильная антикоррозийность, в настоящее время внутри страны для транспортировки флюидов с высоким содержанием H_2S и Cl^- уже существует много прецедентов применения стеклопластиковой транспортной трубы, в сравнении с стальной трубой, эти прецеденты относительно успешные, пробивка из-за коррозии отсутствует. Стеклопластиковая труба ещё обладает лучшей характристикой избежания накипеобразования в сравнении с стальной трубой.

Недостатки стеклопластиковых труб заключаются в хрупкости труб, плохой способности к сопротивлению внешнего повреждения, надземная прокладка трубопроводов может быть вызывает внешнее повреждение, необходимо прокладывать подземно, глубина залегания должна достигать определенного требования. В особых участках, как участках перехода через крутой склон, уклон, дороги, реки и т.д., нужно применять меры укрепления для обеспечения безопасности трубопроводов. Обычно распространяется на районы с ровным рельефом, маленькой разностью высоты, без оползни и стауильным геологическим строением.

（3）钢骨架增强聚乙烯复合管。

钢骨架增强聚乙烯复合管以钢丝焊接骨架、钢板网骨架或钢丝缠绕骨架为增强体，配以聚乙烯塑料复合而成，由钢丝焊接骨架、钢板网骨架、钢丝缠绕骨架为加强骨架镶嵌在热塑性塑料管壁中构成，经连续挤塑成型。管件的加强骨架用薄钢板均匀冲孔后卷筒焊接制成，管道采用卡箍、法兰或电熔等方式连接，技术比较成熟。

钢骨架塑料复合管具有防腐、保温、不易结垢、耐磨、重量较轻等塑料管的共同特点，具有较高的机械强度，较好的刚性和耐冲击性，热膨胀系数较小，克服了纯塑料快速开裂的缺点，具有双面防腐功能，能耐气田水腐蚀，但耐温性较差，耐温范围为（-20~70℃）。其成功使用的关键取决于接头的施工质量。

（3）Укрепленная комбинированная полиэтиленовая труба со стальным каркасом.

Укрепленная комбинированная полиэтиленовая труба со стальным каркасом применяет сваренный стальными проволоками каркас, каркас из стальных плит или навивочный стальными проволоками каркас в качестве наполнителя, комбинированно изготовленная из полиэтиленовой пластмассы, сваренный стальными проволоками каркас, каркас из стальных плит или навивочный стальными проволоками каркас в качестве укрепленных каркасов гильзуются в термопластичную пластмассовую трубу, после непрерывного экструдирования укрепленная комбинированная полиэтиленовая труба со стальным каркасом профилируется. Укрепленный каркас детали трубы изготавливается сваркой барабаном после равномерной пробивки отверстий тонким стальным листом, трубопровод соединяется хомутом, фланцами или способом электрической выплавки, технология относительно зрелая.

Комбинированная пластмассовая труба со стальным каркасом обладает антикоррозийностью, теплоизоляцией, трудностью накипеобразования, прочностью на износ, легком весом и другими общими особенностями пластимассовыми трубами, обладает относительно хорошей механической прочностью, жёсткостью, ударным сопротивлением, малым коэффициентом теплового расширения, преодолением быстрого растрескивания чистой пластмассы, обладает функцией антикоррозии двух сторон, обладает антикоррозийностью промысловой воды, но имеет относительно слабую температурную стойкость, диапазон температурной стойкость：-20-70℃. Ключ успешного применения зависит от качества строительства соединений.

（4）柔性复合高压输送管。

柔性复合高压输送管具有多层结构，主要由聚合物内衬层、增强层、外护套构成。聚合物内衬层通常采用聚乙烯树脂，也可采用交联聚乙烯树脂、聚偏氟乙烯或改性后的其他高分子聚合物树脂；增强层为聚合物内衬层上编织或缠绕涤纶工业长丝、芳纶长丝、超高分子量聚乙烯长丝或钢丝绳等；外护套采用聚乙烯树脂。

柔性复合高压输送管具有钢骨架增强聚乙烯复合管相同优点，制管长度较长，一般为盘管形式运输。接头采用套筒或卡箍连接。但管材费用较其他管材高，一般用于压力较高的输水系统。

（5）对焊式双面衬塑钢管。

对焊式双面衬塑钢管管材内衬聚丙烯塑料管，内壁光滑不结垢，不锈蚀，水流阻力小；管材外衬PE塑料，可直接埋地使用；管材中间采用钢管，耐碰撞，耐挤压，连接安全可靠、抗冲击性能好，管道施工技术成熟可靠，并能满足定向钻穿越的施工技术要求，适用于长距离埋地用输水管道系统，但总体投资较高。

（4）Гибкая транспортная труба высокого давления.

Гибкая транспортная труба высокого давления обладает многослойной конструкцией, состоит из полимерного футеровочного слоя, укреплённого слоя, внешнего защитного чехла. В качестве полимерного футеровочного слоя обычно применяются поливиниловая смола, ещё допускаются сшитая поливиниловую смола, поливинилиденфторид или модифицированные другие высокомолекулярные полимерные смолы; в качестве укреплённого слоя применяются плетёное или навитое промышленное лавсановое волокно, арамидное волокно, сверхвысокомолекулярное поливиниловое волокно или стальной канат в полимерном футеровочном слое и т.д.; в качестве внешнего защитного чехла применяется поливиниловая смола.

Гибкая транспортная труба высокого давления обладает одинаковыми достоинствами с укреплённой комбинированной полиэтиленовой трубой со стальным каркасом, длина изготовленной трубы относительно длинной, обычно транспортируется видом змеевика. Соединение соединяется втулкой или хомутом. Но стоимость труб выше других труб, обычно применяется для системы перекачки воды с относительно высоким давлением.

（5）Стыкосварочная стальная труба с двухсторонней пластмассовой облицовкой.

В стыкосварочной стальной трубе с двухсторонней пластмассовой применяется полипропиленовая пластмассовая труба в качестве внутренней облицовки, внутренная стенка гладкая без накипеобразования, ржавления, с маленьким сопротивлением воды; в качестве внешней облицовки труб применяется пластмасса PE,

4.6.2.3 输水水力计算

对于玻璃钢管道，管道水力计算采用式（4.6.5）计算，公式中有关参数计算方法分别见式（4.6.6）至式（4.6.11）。

$$\Delta p = \frac{0.225 \rho f L q^2}{d^5} p \quad (4.6.5)$$

$$f = a + bRe^{-C} \quad (4.6.6)$$

$$Re = \frac{21.22 q \rho}{md} \quad (4.6.7)$$

$$a = 0.094 K^{0.255} + 0.53 K \quad (4.6.8)$$

$$b = 88 K^{0.44} \quad (4.6.9)$$

$$c = 1.62 K^{-0.134} \quad (4.6.10)$$

$$K = \frac{\varepsilon}{d} \quad (4.6.11)$$

式中　p——管道内水的压力，MPa；

Δp——压降，MPa；

ρ——密度，kg/m³；

f——摩擦系数；

4.6.2.3 Гидравлический расчёт перекачки воды

Для стеклопластикового трубопровода, гидравлический расчёт трубопровода проводится по формуле (4.6.5), метод расчёта связанных параметров в формуле соответственно приведен в формулах (4.6.6) - (4.6.11).

$$\Delta p = \frac{0{,}225 \rho f L q^2}{d^5} p \quad (4.6.5)$$

$$f = a + bRe^{-C} \quad (4.6.6)$$

$$Re = \frac{21{,}22 q \rho}{md} \quad (4.6.7)$$

$$a = 0{,}094 K^{0{,}255} + 0{,}53 K \quad (4.6.8)$$

$$b = 88 K^{0{,}44} \quad (4.6.9)$$

$$c = 1{,}62 K^{-0{,}134} \quad (4.6.10)$$

$$K = \frac{\varepsilon}{d} \quad (4.6.11)$$

Где　p——Давление воды в трубопроводе, МПа;

Δp——Падение давления, МПа;

ρ——Плотность, кг/м³;

f——коэффициент трения;

которая может прямо использовать с подземной прокладки; между внешней и внутренней облицовкой применяется стальная труба, обладающая стойкостью к столкновению и нажитию, безопасностью и надёжностью соединения, хорошей ударостойкостью, технология строительства трубопровода зрелая и надёжная, удовлетворяющая техническим требованиям к строительству перехода наклонно-направленным бурением, распространенная на подземную системы перекачки воды с дистанционной транспортировкой, но генеральное капиталовложение относительно высокое.

L——管道长度，m；	*L* — Длина трубопровода, м；
q——流量，L/min；	*q* — Расход, Л/мин.；
d——管道内径，mm；	*d* — Внутренний диаметр трубопровода, мм；
a, *b*, *c*——系数；	*a*, *b*, *c* — Коэффициент；
Re——雷诺数，适用条件为雷诺数大于10000 和 $1\times10^{-5}<\varepsilon/d<0.04$；	*Re* — Число Рейнольдса, распространное при числе Рейнольдса более 10000 и $1\times10^{-5}<\varepsilon/d<0,04$；
μ——动力黏度，mPa·s；	*μ* — Динамическая вязкость, МПа·сек.；
K——相对光滑度；	*K* — Относительная гладкость；
ε——绝对光滑度，取 0.0053mm，mm。	*ε* — Абсолютная гладкость, принимать 0,0053мм, мм.

对于钢骨架聚乙烯复合管、热塑性增强塑料复合管、钢骨架增强热塑性树脂复合连续管等内壁为塑料材质的复合管及塑料合金复合管、柔性复合高压输送管等塑料内衬管、热塑性塑料管，管道压降应按式（4.6.12）计算：

Для пластмассовых внутренних труб, термопластичных пластмассовых труб комбинированных труб, пластмассовых сплавных комбинированных труб, гибких транспортных труб высокого давления с пластмассовыми внутренними облицовками, как комбинированная полиэтиленовая труба со стальным каркасом, термопластичная комбинированная пластмассовая укрепленная труба, комбинированная укрепленная труба с термопластичной смолой и стальным каркасом, расчёт падения давления труб проводится по формуле：

$$i = 0.0000915\frac{Q^{1.774}}{d_j^{4.774}} \quad (4.6.12)$$

$$i = 0,0000915\frac{Q^{1,774}}{d_j^{4,774}} \quad (4.6.12)$$

式中 *i*——水力坡降；	Где *i* — Гидравлический градиент；
Q——计算流量，m³/s；	*Q* — Расчётный расход, м³/сек.；
*d*_j——管道计算内径，m。	*d*_j — Расчётный диаметр трубопровода, м.

4.6.2.4 管道敷设

气田水输送管道通常采用埋地敷设，其敷设的技术要求为：

4.6.2.4 Прокладка трубопроводов

Для трубопровода для транспортировки промысловой воды обычно применяется подземная прокладка, технические требования к прокладке приведены как ниже：

(1)在管道敷设中对管道通过陡坎、陡坡、冲沟等复杂地段时,应分别采用放坡、护坡、堡坎、排水、分段设置挡土墙及锚固等措施,以保证管道安全。

(2)管道埋深、管沟及回填。

① 埋地管道的埋设深度,应根据管道所经地段的农田耕作深度、冻土深度、地形和地质条件、地下水深度、地面车辆所施加的荷载及管道稳定性的要求等因素,经综合分析后确定。一般情况下管顶的覆土层厚度不应小于0.8m。在岩石地区或特殊地段,可减少管顶覆土厚度,但应满足管道稳定性的要求,并应考虑气田水性质的要求和外力对管道的影响。

管道埋深(管顶至地面)见表4.6.1。

(1) При проходе трубопроводов через крутой склон, обрыв, овраг и другие сложные участки в процессе прокладки трубопроводов, следует применять меры, как откос, защитный откос, подпорная стена, канализация, секционированное предусматривание подпорных стен, анкерное крепление и т.д., для обеспечения безопасности трубопроводов.

(2) Глубина залегания трубопроводов, канал и обратная засыпка.

① Глубина залегания подземных трубопроводов определяется после комплексного анализа по глубине обработки пахотной земли проходящего участка, глубина мерзлоты, рельефу и геологическим условиям, глубине грунтовой воды, приложенной нагрузке автомобилей над землей, стабильности трубопроводов и другим факторам. В общем случае толщина покрова над трубопроводом должна быть не менее 0,8м. В районах пород или специальных участках, можно уменьшать толщину покрова над трубопроводом, но следует удовлетворять требованиям к стабильности трубопровода, и учитывать требования к свойству промысловой воды и влияние приложенной силы на трубопровод.

Глубина залегания трубопровода (с вершины труб до поверхности земли) показана в табл. 4.6.1.

表 4.6.1 最小覆土厚度表

Таблица 4.6.1 Минимальная мощность покровного грунта

单位:m

Единица измерения: м

土壤类 Тип грунта		岩石类 Тип породы
旱地 Засушливое место	水田 Заливное поле	
0.8	1.0	0.6

② 管沟沟底宽度应根据管沟深度、选用管材的外径及采取的施工措施确定,当管沟深度小于5m时,沟底宽度计算:

$$B=D_0+b \quad (4.6.13)$$

式中 B——沟底宽度,m;

D_0——选用管材的结构外径,m;

b——沟底加宽裕量,按表4.6.2的规定取值,m。

② Ширина дна канала определяется по глубине канала, наружному диаметру выбранного материала и принятым строительным мерам, при глубине канала менее 5м, расчёт ширины дна канала проводится по формуле:

$$B=D_0+b \quad (4.6.13)$$

Где B——ширина дна канала, м;

D_0——наружный диаметр конструкции выбранной трубы, м;

b——припуск уширения дна канала, принимать по указанию табл. 4.6.2, м.

表4.6.2 沟底加宽裕量表
Таблица 4.6.2 Припуск ущиреиия дна канала

单位:m
Единица измерения: м

条件因素 Условие		土质管沟 Грунтовый канал		岩石爆破管沟 Породный канал	弯头处管沟 Канал на месте с коленом
		沟中有水 С водой	沟中无水 Без воды		
b 值 Значение b	沟深3m以内 Глубина до 3м	0.7	0.5	0.9	1.5
	沟深3~5m Глубина 3-5м	0.9	0.7	1.1	1.5

③ 管沟边坡坡度应根据试挖或土壤的内摩擦角、黏聚力、湿度、密度等物理力学性质确定。当缺少土壤物理力学性质资料、地质条件良好、土壤质地均匀、地下水位低于管沟底面标高、挖深在5m以内时,不加支撑的管沟边坡的最陡坡度宜符合表4.6.3的规定。

③ Уклон откоса канала определеяется по пробной разработке или внутреннему углу трения связности, влажности, плотности и физико-механическим свойствам грунтов. При отсутствии данных физико-механических свойств, наличии хороших геологических условий, равномерного качества грунтов, при уровне грунтовой воды ниже отметки дна канала, глубине разработки менее 5м, самый крутой уклон канала без опоры должен соответствовать установлению табл. 4.6.3.

表 4.6.3 深度在 5m 以内的管沟边坡最陡坡度

Таблица 4.6.3 Максимальная крутизна откоса канала глубиной до 5м

土壤名称 Наименование грунта	边坡坡度 Крутизна откосов		
	坡顶无荷载 Без нагрузки на вершине откоса	坡顶有静载 Со статической нагрузкой на вершине откоса	坡顶有动载 Со динамической нагрузкой на вершине откоса
中密的砂土 Пески средней плотности	1：1.0	1：1.25	1：1.50
中密的碎石类土（充填物为砂土） Щебенистый грунт средней плотности（заполнитель - песок）	1：0.75	1：1.0	1：1.25
硬塑的轻亚黏土 Жесткопластические легкие суглинки	1：0.67	1：0.75	1：1.00
中密的碎石类土（充填物为黏性土） Щебенистый грунт средней плотности（заполнитель - глина）	1：0.50	1：0.67	1：0.75
硬塑的亚黏土、黏土 Жесткопластические суглинки и глины	1：0.33	1：0.50	1：0.67
老黄土 Желтозем	1：0.10	1：0.25	1：0.33
软土（经井点降水后） Мягкий грунт（после гидрометеора на точке скважины）	1：1.00	—	—

④ 石方段的管沟应对挖深部分超挖 0.2m，并采用细土垫平超挖部分。回填时，先用细土填至管顶以上 0.3m，方可用土、砂或粒径小于 100mm 碎石回填并压实。

⑤ 管沟回填时应先用细土回填至管顶以上 0.3m，才允许用土、砂或粒径小于 100mm 的碎石回填并压实，管沟回填土高度应高出地面 0.3m。

④ Глубина разработки каменных участок канала должна иметь выёмку более 0,2м, и применять мелкие грунты для заравнить часть выёмки. При обратной засыпке, сначала засыпать мелкими грунтами до расстояния выше вершины труб 0,3м, потом обратно засыпать грунтами, песками или щебенями крупностью менее 100мм и уплотнить.

⑤ При обратной засыпке канала, следует сначала засыпать мелкими грунтами до расстояния выше вершины труб 0,3м, потом обратно засыпать грунтами, песками или щебенями крупностью менее 100мм и уплотнить, высота засыпной земли канала должна быть выше поверхности земли 0,3м.

（3）施工作业带。

施工作业带的宽度应根据管道管径大小、施工作业方式等进行确定。在便于施工运输、布管的同时，应尽量减小场地宽度，避免工程量过大以及对地貌破坏影响范围过大。对于管径小于DN600mm的管道，管道通过水田段时施工作业带不宜超过12m，通过旱地时不宜超过10m，通过林区、经济林区和深丘、山区段时施工作业带宽度不宜超过10m。

（4）特殊段敷设要求。

在特殊地段需采取特殊方式，进行管道施工。

①居民活动频繁地段加大管道埋深。

在管道穿越水田地段和管道中线两侧各20m范围内有房屋的地段，管道埋深均应加大0.2m，并对后者以钢套管护管进行敷设。

②山地段敷设增加线路构筑物（平行挡土坎、条石护坡等）。

在山地段敷设管道时，特别是在平行等高线敷设管道的地段，采用较多的线路构筑物保护管沟及因开挖管沟时破坏的岩层，以减小滑坡发生的概率，从而增加管道安全运行可靠性。

（3）Строительная полоса.

Ширина строительной полосы определяется по диаметру трубопровода, методу строительной работы и т.д.. При прокладке трубопроводов, для удобство строительства и транспортировки, следует как можно уменьшать ширину площадки во избежание большего объёма работы и большего влияния нарушения на рельёфа. Для трубопроводов с диаметром менее DN600мм, при переходе трубопровода через участки поливного поля, не следует превышать 12м, через участки засушливого поля, не следует превышать 10м, через лесные зоны, технические лесные зоны и глубокие холмы, горные районы, ширина строительной полосы должна быть не более 10м.

（4）Требования к прокладке в особых участках.

В особых участках нужно принять особые способы для проведения строительства трубопроводов.

① В участках с частными деятельностями населения следует увеличивать глубину залегания трубопроводов.

При проходе трубопровода через участки поливного поля и при наличии зданий на расстоянии по 20м на двух сторонах центральной линии трубопровода, глубина залегания трубопровода должна увеличивать 0,2м, и при втором варианте прокладывать трубопровод в стальной защитной втулке.

② В горных районах прокладывать сооружения доплнительных линий (параллельная ограда, откос из брусчаток и т.д.).

При прокладке трубопровода в горных районах, особенно в участках прокладки трубопровода в параллельных изогипс, следует применять много сооружений линий для защиты каналов и нарушенных горных пород при разработке канала, для уменьшения вероятности оползня, тем самым повышать надёжность безопасной эксплуатации трубопроводов.

③ 管道穿越道路采用混凝土套管保护,穿越河流采用钢套管保护,部分穿越段还需采用现浇混凝土稳管的方式。

(5) 抗水击保护措施。

针对管道所产生的水击压强,主要从以下几个方面进行应对:

① 启闭阀门时,动作应缓慢,避免出现直接水击。

② 在每个弯头及距弯头1m处稳定层下挖出基础,然后用混凝土将预埋螺栓固定,混凝土墩与管道接触的面按管道外壁做成圆弧状。管道连接好后,在管道需加管箍位置安装特制橡胶套,然后将管道放在混凝土管墩上,用抱箍将管道固定在混凝土管墩中间,再二次现浇保护。

③ 输水管道通过陡坡、陡坎及其他自然起伏地段时,在高点及低点线路转角处每隔一定距离做一个止推座,用混凝土将管道现浇在止推座内,防止管道发生水锤现象时移位。

④ 输水管道通过陡坎、陡坡等复杂地段时,应在直管段上每隔20m设置马鞍形管卡固定,管道外壁处用橡胶套进行保护隔离,防止管道移位。

③ При переходе трубопроводов через дороги следует применять бетонную защитную втулку, через реки - стальную втулку, через частичные участки перехода - метод балластировки трубопровода монолитным бетоном.

(5) Защитные меры от гидравлического удара.

В основном следует ответить давление образованного гидравлического удара трубопровода в нижеуказанных аспектах:

① При закрытии и открытии клапанов, следует срабатывать медленно, во избежание прямого гидравлического удара.

② Выкопать фундаменты под каждыми коленами и стабильными слоями на расстоянии 1м от колен, потом закрепить закладные болты бетонами, контактная поверхность бетонного столба с трубопроводом должна быть дугообразной по наружной стенке трубопровода. После соединения трубопровода, в месте установки хомута установить специальную резиновую оболочку, потом поставить трубопровод над бетонный столб, закрепить трубопровод хомутом между бетонными столбами, потом проводить вторичную монолитную защиту.

③ При переходе водопровода через крутой склон, обрыв и другие естественные бугристые участки, в повороту линий высокой точки на низкой точке предусмотреть упорное гнездо через каждые определенные расстояния, бетонировать трубопровод в упорном гнезде, во избежание передвижения трубопровода при гидроулдаре.

④ При переходе водопровода через крутой склон, обрыв и другие сложные участки, следует предусмотреть седлообразные хомуты труб для закрепления через каждые 20м, защищать и изолировать наружную стену трубопровода резиновой оболочкой, во избежание передвижения трубопровода.

5 供配电

介绍了天然气地面建设工程供配电的基本理论知识和实用案例,主要包括供配电系统、变电站、短路电流计算、继电保护和自动装置、低压配电、雷电防护及电气设备过电压保护、接地及电气安全、爆炸危险环境电力装置、架空电力线路、燃气发电、主要电气设备选择等内容。不仅给出了基本理论、计算公式、数据资料、图表曲线,还列举了土库曼斯坦天然气项目供配电工程实例。

5.1 概 述

天然气地面建设工程主要包括内部集输、处理厂、外输管道及水源站、生活营地等配套设施,其用电负荷主要集中在处理厂,气田井站用电负荷点多,各点用电负荷不大,且较分散,辅助设施用电较集中,外输管道用电点主要集中在增压站、阀室、计量站,用电点沿管道分布,用电点间距大。基于气田的用电负荷特点,气田供配电系统采用靠近负荷中心,分区域、分电源设置,接线力求简化,缩短供电距离,提高供电可靠性。一座大型气

5 Электроснабжение и электрораспределение

В настоящей главе описываются основные теоретические знания об электроснабжении и электрораспределении наземного обустройства газового месторождения и реальные примеры, содержатся описание о системе электроснабжения и электрораспределения, подстанции, расчете тока короткого замыкания, релейной защите и автоматике, низковольтном распределении электроэнергии, молниезащите и защите электроснабжения от перенапряжения, электрооборудовании во взрывоопасной среде, воздушной электрической линии, генерации электроэнергии на топливном газе и выборе основного электрооборудования. В настоящей главе не только перечислены основная теория, расчетная формула, данные, кривая графика, а также перечислены реальные примеры электроснабжения и электрораспределения в газовом объекте в Туркменистане.

5.1 Общие сведения

В наземное обустройство газового месторождения в основном входят система внутрипромыслового сбора и транспорта газа, ГПЗ, экспортный трубопровод, водозаборная станция, вахтовый поселок и комплктующие сооружения. И основная электрическая нагрузка фиксирована на ГПЗ. Для станции скважин на газовом месторождении предусмотрены много рассредоточенных потребителей незначительной электрической

田，一般在处理厂设置总变电站（含自备发电站），由总变电站向处理厂、气田、外输首站、生活营地等辅助设施供电，当距离总变电站较远时，其供电电源经技术经济比较后，可就近取得。

本章主要介绍了天然气地面建设工程供配电的基本理论知识和实用案例，包括供配电系统、变电站、短路电流计算、继电保护和自动装置、低压配电、雷电防护及电气设备过电压保护、爆炸危险环境电力装置、架空电力线路、燃气发电、主要电气设备选择等内容。本章不仅给出了基本理论、计算公式、数据资料、图表曲线，还列举了土库曼斯坦天然气项目供配电工程实例，可供读者查用、参考。

нагрузки. И для вспомогательных сооружений предусмотрена сосредоточенная электрическая нагрузка. В состав основных пунктов электропотребления экспортного трубопровода входят ДКС, крановый узел и узел учета, которые располагаются по трубопроводу с большим шагом между этими пунктами. С учетом особенностей электрической нагрузки на газовом месторождении, система электроснабжения и электроснабжения предусмотрена по принципу приближения к центру нагрузки, по районам и источникам питания. И следует стремиться к облегчению режима соединения, сокращению расстояния электроснабжения и повышению надежности электроснабжения. Как правило, на ГПЗ крупного газового месторождения предусмотрена главная подстанция (включая автономную электроподстанцию), от которой питаются ГПЗ, газовое месторождение, головная станция экспорта газа, вахтовый поселок и другие вспомогательные сооружения. При далеком расстоянии от главной подстанции и после технико-экономического сравнения источников питания проводится ближайший ввод источника питания.

В настоящей главе в основном описываются основные теоретические знания об электроснабжении и электрораспределении наземного обустройства газового месторождения и реальные примеры (включая такие следующие разделы, как система электроснабжения и электрораспределения, подстанция, расчет тока короткого замыкания, релейная защита и автоматика, низковольтное распределение энергии, молниезащита и защита электроснабжения от перенапряжения, электрооборудование в взрывоопасной зоне, воздушная линия электропередачи, производство электроэнергии потоками пара и выбор основного

5.2 供配电系统

5.2.1 用电负荷及供电要求

气田主要负荷包括工艺装置的机泵、风机、压缩机、电加热（电伴热）以及配套的给排水及循环水系统、热力系统、自动控制、通信、办公、倒班等辅助设施的动力、照明负荷。负荷主要集中在处理厂，一般电驱工艺压缩机、丙烷制冷压缩机、天然气增压压缩机功率较大。气田内部集输用电负荷较分散，除后期气田增压电驱压缩机用电负荷较大外，其余用电负荷均较小。内外输天然气管道除增压站用电负荷较大外，其余均较小且沿管道沿线分散布局。

электрооборудования）. В настоящей главе не только перечислены основная теория, расчетная формула, данные, кривая графика, а также перечислены реальные примеры электроснабжения и электрораспределения газового объекта Туркменистана, которые предназначаются для ознакомления и справки.

5.2 Система электроснабжения и электрораспределения

5.2.1 Электрическая нагрузка и требования к электроснабжению

Основная нагрузка газового месторождения в основном входит в себя силовую и осветительную нагрузку насосов технологической установки, компрессоров, электронагрева (электрообогрева), комплектующих системы водоснабжения и канализации, системы оборотной воды, тепловой системы, автоматической системы управления, системы связи, служебных и сменных сооружений и т.д.. Основная электрическая нагрузка сосредоточена на ГПЗ. Как правило, технологический компрессор с электрическим приводом, компрессор пропанового охлаждения и газовый дожимающий компрессор имеют большую мощность. Электрическая нагрузка системы внутрипромыслового сбора и транспорта газа для газового месторождения является рассредоточенной. В поздний период, электрическая нагрузка дожимающего компрессора с электрическим приводом для газового месторождения является большой, а другие электрические нагрузки являются маленькими. Кроме того, что электрическая нагрузка

5.2.1.1 用电负荷等级划分

气田电力负荷根据供电可靠性的要求，气田、管道生产过程中的重要程度、规模、用电负荷容量及中断供电对人身安全、经济损失上造成的影响程度等因素综合考虑。根据《电气设备安装规程》(ПУЭ Издание седьмое)、СНТ 2000-2.04.19《工业企业供电》和《天然气处理厂工艺设计标准》(рд39-135-94)，气田用电负荷等级划分如下：

（1）天然气处理厂、集气站、长输管道电驱增压站为Ⅰ级；

（2）RTU阀室、计量站、水源站、消防站、分输站为Ⅱ级；

（3）单井站、办公生活辅助设施为Ⅲ级。

油气处理厂用电设备负荷等级举例见表5.2.1，气田集气各类站场用电设备负荷等级举例见表5.2.2，外输天然气管道用电设备负荷等级见表5.2.3。

дожимной станции для газопровода внутрипромыслового транспорта и экспорта газа является большой, а другие электрические нагрузки, рассредоточно расположенные вдоль трубопровода, являются маленькими.

5.2.1.1 Классификация электрических нагрузок

Электрические нагрузки газового месторождения учитываются в зависимости от надежности электроснабжения, важности, масштаба и емкости электрической нагрузки в процессе производства газового месторождения и трубопровода, степени воздействия прекращения подачи электроэнергии на безопасности личности и экономику, а также других факторов. Согласно «Правилам устройства электрооборудования» (ПУЭ Издание седьмое), СНТ 2000-2.04.19 «Электроснабжение промышленных предприятий» и «Нормам технологического проектирования газоперерабатывающих заводов» (рд39-135-94), классификация электрических нагрузок газового месторождения показана ниже:

（1）Для ГПЗ, газосборного пункта и ДКС с электрическим приводом для магистрального трубопровода-категория Ⅰ;

（2）Для кранового узла RTU, узла учета, водозаборной станции, пожарного депо, раздаточной станции-категория Ⅱ;

（3）Для станции одиночной скважины и служебно-бытовых вспомогательных сооружений-категория Ⅲ.

Примеры категорий электрических нагрузок электрооборудования на ГПЗ приведены в таблице 5.2.1. Примеры категорий электрических нагрузок электрооборудования на газосборных станциях газового месторождения приведены в

5 Электроснабжение и электрораспределение

таблице 5.2.2. Примеры категорий электрических нагрузок электрооборудования для экспортного трубопровода приведены в таблице 5.2.3.

表 5.2.1 油气处理厂用电设备负荷等级举例

Таблица 5.2.1　Примеры категорий электрических нагрузок электрооборудования на ГПЗ

装置名称 Наим. установки	主要用电设备 Основные электроприемники	负荷等级 Категория нагрузки
脱硫(碳)脱水脱烃装置 Установка для сероочистки (обезуглероживания) и осушки и очистки от углеводородов газа	溶液循环泵、空冷器风机、回流泵、丙烷制冷压缩机、再生气压缩机、其他连续运转泵 Циркуляционный насос раствора, вентилятор АВО, рефлюксный насос, компрессор пропанового охлаждения, компрессор регенерационного газа, другие насосы непрерывной эксплуатации	I
硫黄回收装置 Установка получения серы	主风机、主风机起动油泵 Главный вентилятор, пусковой масляный насос главного вентилятора	I
	液硫泵 Насос жидкой серы	II
供风系统 Система подачи воздуха	工业用风空压机、仪表用风压缩机及其干燥设备用电 Воздушные компрессоры технического воздуха, компрессор воздуха для КИП и А и электропотребление других сушительных установок	I
	制氮设备 Оборудование для изготовления азота	II
循环水装置 Установка оборотной воды	循环水泵 Насос оборотной воды	I
	冷却塔风机、加药装置 Вентилятор градирни и устройство дозирования	II
锅炉房 Котельная	引风机、鼓风机、给水泵 Дымосос, воздуходувка, насос питающей воды	I
	凝结水泵、软水泵、生水泵 Насос конденсационной воды, насос умягченной воды, насос сырой воды	II
硫黄成型装置 Установка гранулирования серы	液硫泵、硫黄成型机、输送机、包装机 Насос жидкой серы, гранулятор серы, перекладчик, установка расфасовки серы	II
尾气处理装置 Установка очистки хвостового газа	急冷塔循环泵、溶液泵、再生塔回流泵、鼓风机 Циркуляционный насос колонны закалочного охлаждения, насос раствора, рефлюксный насос регенерационной колонны, воздуходувка	I
	溶液配制泵 Насос приготовления раствора	III
供水系统 Система водоснабжения	取水泵、加压泵、水处理器 Водозаборный насос, нагнетательный насос, оборудование для обработки воды	II

续表
продолжение

装置名称 Наим. установки	主要用电设备 Основные электроприемники	负荷等级 Категория нагрузки
污水处理装置 Установка очистки сточной воды	液下泵 Погружной насос 污水提升泵、鼓风机 Подъемный насос сточной воды, воздуходувка	II
	污泥脱水机 Сушилка ила	III
凝析油稳定装置 Установка стабилизирования конденсата	泵组、电动阀 Насосный агрегат, электрические клапаны	I
火炬装置 Установка факелов		I
自动控制系统 Автоматическая система управления		I
通信系统 Системы связи		I
应急照明 Аварийное освещение		I
氮—氧气站 Станция азота и кислорода		I

表 5.2.2　气田集气各类站场用电设备负荷等级举例

Таблица 5.2.2　Примеры категорий электрических нагрузок электрооборудования на газосборных станциях газового месторождения

装置名称 Наим. установки	主要用电设备 Основные электроприемники	负荷等级 Категория нагрузки
脱水 Осушки газа	溶液循环泵、空冷器 Циркуляционная насосная раствора, АВО	I
仪表风 Воздух для КИПиА	空压机、干燥设备、压缩机 Воздушный компрессор, сушительная установка, компрессор	I
管路 Трубопровод	电伴热、截断阀 Электрообогрев, отсечные клапаны	II
工艺设备用房 Помещение для технологического оборудования	压缩机、计量泵、注醇泵、通风机、安全截断阀 Компрессор, насос-дозатор, насос-дозатор гликола, вентилятор, предохранительный отсечный клапан	I
气田水 Промысловая вода	回注泵、电动阀 Насос обратной закачки, электрический клапан	II
井场 Буровая площадка	井口控制、电加热 Управляющая панель устья, электропрогрев	III

5 供配电

5 Электроснабжение и электрораспределение

续表
продолжение

装置名称 Наим. установки	主要用电设备 Основные электроприемники	负荷等级 Категория нагрузки
控制室、通信机房、机柜间 Пункт управления, машинное отделение связи, помещение машинных шкафов	自控仪表、通信设备 Контрольно-измерительный прибор и автоматизация, устройство связи	特别重要负荷 Особенно важная нагрузка
	恒电位仪 Потенциостат	Ⅲ
锅炉房 Котельная	风机、给水泵 Вентилятор, насос питающей воды	Ⅰ
	补水泵、软化水处理设备、加药设备 Загрузочный насос, оборудование обработки деминерализованной воды, устройство для ввода реагентов	Ⅱ
火炬区 Зона факела	电点火 Электрическое зажигание	Ⅱ
水处理 Подготовка воды	水泵、橇装设备 Водяной насос, блочное оборудование	Ⅲ

注：
（1）与安全有关或操作有要求的电动阀可划分为特别重要负荷。
（2）井场用电为三级负荷时，井口控制系统宜为二级负荷。当电加热用于抑制水合物形成时，按二级负荷。
Примечание:
（1）Электрический клапан, связанный с безопасностью, или с требованием к управлению, относится к категории особенно важной нагрузки.
（2）Электронагрузка для буровой площадки–категория Ⅲ, для системы управления устьем–категория Ⅱ. Когда электрический обогрев применяется для ингибирования образования гидрата, его нагрузка относится к категории Ⅱ.

表 5.2.3　外输天然气管道用电设备负荷等级举例
Таблица 5.2.3　Примеры категорий электрических нагрузок электрооборудования для экспортного трубопровода

装置名称 Наим. установки	用电负荷名称 Наименование электрической нагрузки	负荷等级 Категория нагрузки
压缩机厂房 Компрессорная	应急润滑油系统、电动阀（紧急截断及放空使用）、配套控制系统 Аварийная система смазки, электрический клапан (для аварийного отключения и сброса), комплектная система управления	Ⅰ
	电动机驱动系统、机组配套设施、通风系统 Система привода электродвигателя, комплексные сооружения агрегата, вентиляционная система	Ⅱ
消防系统 Система пожаротушения.	消防水泵、稳压设备、配套控制系统 Пожарный насос, устройство стабилизации напряжения, комплектная система управления	Ⅰ
锅炉房 Котельная	燃烧器、给水泵、补水泵、风机、水处理设备 Горелки, насосы питающей воды, загрузочный насос, вентилятор, оборудование водоочистки	Ⅱ
控制室 Пункт управления	计算机控制系统、变电站综合自动化系统、通信系统、应急照明 Система управления на базе ЭВМ, комплексная автоматизированная система подстанции, система связи и аварийное освещение	Ⅰ

续表
продолжение

装置名称 Наим. установки	用电负荷名称 Наименование электрической нагрузки	负荷等级 Категория нагрузки
给排水设施 Сооружения водоснабжения и канализации	供水设备 Оборудование водоснабжения	II
	污水处理装置、通风系统 Установка очистки сточной воды, вентиляционная система	III
工艺装置 Технологическая установка	进出站及放空用电动阀、计量装置、应急照明、安防系统、压缩机装置区电动阀 Электрический клапан для входа, выхода и сброса по станции, дозаторная установка, аварийное освещение, система безопасности, электрический клапан в зоне компрессорных установок	I
	正常照明、电伴热 Нормальное освещение, электрообогрев	III
阴极保护 Катодная защита	恒电位仪、电位传送器 Потенциостат, датчик потенциала	III
变电站及发电房 Трансформаторная подстанция и Генераторная	控制保护系统、发电机启动设备、应急照明 Система управления и защиты, пусковое оборудование генератора, аварийное освещение	I
	变配电及发电设施的正常照明、通风系统 Нормальное освещение для сооружений электроснабжения и электрораспределения и выработки электроэнергии, вентиляционная система	II
生产辅助设施 Вспомогательно-производственные сооружения	生产用房通风、空调、安防系统 Система вентиляции, кондиционирования воздуха и безопасности производственных помещений	II
	正常照明、维修设备、库房、化验、车库等 Нормальное освещение, ремонтное оборудование, склад, лаборатория, гараж и т. д.	III
生活设施 Бытовые сооружения	值班宿舍、厨房 Дежурное общежитие, кухня	III
阀室 Крановый узел	紧急截断阀、自动控制系统、通信系统 Аварийный отсечный клапан, автоматическая система управления, система связи	重要负荷 Важная нагрузка
	正常照明 Нормальное освещение	III

5.2.1.2 供电要求

Ⅰ级负荷中要求连续供电的负荷，如自控、通信、应急照明、保安负荷等，属于Ⅰ级负荷中特别重要负荷。

5.2.1.2 Требования к электроснабжению

Нагрузка категории Ⅰ является нагрузкой непрерывного электроснабжения, как нагрузки КИПиА, связи, аварийного освещения и охраны относятся к особенно важной нагрузке из нагрузки категории Ⅰ.

Ⅰ级负荷应由双回电源供电,当一回电源发生故障时,另一回电源不应同时受到损坏。Ⅰ级负荷中的特别重要负荷供电应满足下列要求:

除应由双电源供电外,尚应增设应急电源,并严禁将其他负荷接入应急供电系统。设备的供电电源的切换时间,应满足设备允许中断供电的要求。

Ⅱ级负荷宜由两回线路供电,在负荷较小地区供电条件困难时,可由一回6kV及以上专用的架空线路供电。

Ⅲ级负荷采用单回路、单变压器供电。

5.2.2 电源及供配电系统

供配电系统应根据工程特点、规模和发展规划正确处理近期和远期发展关系,近远期结合,以近期为主。适当考虑发展的可能,按照负荷的性质、用电容量、地区供电条件,合理确定供配电方案。

（1）符合下列情况之一时，用电单位宜设置自备电源：

① 需要设置自备电源作为Ⅰ级负荷中特别重要负荷应急电源或第二电源不能满足Ⅰ级负荷的条件时；

② 设置自备电站比从电力系统取得第二电源经济合理时；

③ 有常年稳定余热、压差、废弃物可供发电，技术可靠、经济合理时；

④ 所在地区偏僻，远离电力系统，设置自备电站经济合理时；

⑤ 有设置分布式电源的条件，能源利用效率高，经济合理时。

（2）应急电源与正常电源之间，应采取防止并列运行的措施。当有特殊要求，应急电源向正常电源转换需短暂并列运行时，应采取安全运行措施。

（3）除Ⅰ级负荷中的特别重要负荷外，不应按一个电源系统故障或检修的同时另一电源又发生故障。

（1）Для электропотребителя предусмотрен автономный источник питания в одном из следующих случаев:

① Требуется использование автономного источника питания в качестве аварийного источника питания особенно важной нагрузки из нагрузки категории Ⅰ, или второй источник питания не удовлетворяет условию нагрузки категории Ⅰ;

② Предусмотрена автономная электроподстанция более экономичная, чем получается второй источник питания от электроэнергетической системы;

③ Имеются постоянное стабильное остаточное тепло, перепад давления и отходы для электроснабжения, обеспечения надежной техники и экономической рациональности;

④ В связи с нахождением в захолустном районе и наличием далекого расстояния от электроэнергетической системы, предусмотрена автономная электроподстанция для обеспечения экономической рациональности;

⑤ Предусмотрен разделительный источник питания для обеспечения высокого коэффициента полезного использования энергии и экономической рациональности.

（2）Следует принять меры защиты аварийного и нормального источников питания от параллельной работы. Когда аварийный источник питания переключается на нормальный источник питания путем кратковременной параллельной работы при наличии особых требований, следует принять меры безопасной эксплуатации.

（3）Кроме особенно важной нагрузки из нагрузки категории Ⅰ, не допускается возникновение неисправности другого источника питания при неисправности или ремонте одного источника питания.

（4）需要两回电源线路的用户，宜采用同级电压供电，但根据各级负荷的不同需要及地区供电条件，也可采用不同电压供电。

（5）同时供电的两回及以上供电线路中，当有一回中断供电时，其余线路应能满足全部Ⅰ级和Ⅱ级负荷。

（6）供电系统应简单可靠，同一电压等级的配电级数高压不宜多于2级，低压不宜多于3级。

（7）高压配电系统宜采用放射式。根据变压器的容量、分布及地理环境等情况，亦可采用树干式或环式。

（8）根据负荷的容量和分布，配变电站应靠近负荷中心。当配电电压为35kV时，亦可采用直降至低压配电电压。

（9）用户内部邻近的变电站之间，宜设置低压联络线。

（10）小负荷的用户，宜接入低压电网。

5.2.3 电压选择和电能质量

5.2.3.1 电压选择

（1）用电单位的供电电压应根据用电容量、用电设备特性、供电距离、供电线路的回路数、当地公共电网现状及其发展规划等因素，经技术经济

5 Электроснабжение и электрораспределение

（4）Потребитель, требуемый двухконтурной силовой линией, питается от напряжения одинакового класса. Однако, он тоже питается от напряжения разного класса согласно потребности в нагрузках и условиям электроснабжения.

（5）При прекращении подачи электроэнергии одной из двух и выше одновременно питающих линий, другие линии должны удовлетворить требования к всем нагрузкам категорий Ⅰ и Ⅱ.

（6）Система электроснабжения является простой и надежной. Степень электрораспределения для высокого и низкого напряжений одинакового класса соответственно должна быть не более 2 и 3.

（7）Для высоковольтной системы электрораспределения предусмотрена лучевая система. В зависимости от емкости трансформатора, состояния распределения и географической среды, тоже используется магистральная или кольцевая система.

（8）В зависимости от емкости и состояния распределения нагрузки, КТП с РУ должна быть расположена вблизи центра нагрузки. Когда напряжение электрораспределния составляет 35кВ, то используется низковольтное напряжение электрораспределния.

（9）Между соседними подстанциями внутри потребителей предусмотрена низковольтная соединительная линия.

（10）Потребитель с малой нагрузкой подключается к электросети низкого напряжения.

5.2.3 Выбор напряжения и качество электроэнергии

5.2.3.1 Выбор напряжения

（1）Напряжение электропитания электропотребителя определяется путем технико-экономического сравнения и в зависимости от объема

比较确定。表5.2.4列出了气田常用交流三相系统的标称电压及电气设备最高电压。

электропотребления, характеристик электроприемника, расстояния электроснабжения, количества силовой линии, текущего состояния местной общественной электросети и плана развития. В таблице 5.2.4 приведены максимальное напряжение электрооборудования и номинальное напряжение общеупотребительной трехфазной системы переменного тока газового месторождения.

表 5.2.4　交流三相系统的电压值

Таблица 5.2.4　Значения напряжения трехфазной системы переменного тока

系统标称电压, kV Номинальное напряжение системы, кВ	6	10	20	35	66	110	220
系统最高电压, kV Максимальное напряжение системы, кВ	7.2	12	24	40.5	72.5	126	252
电气设备的最高电压, kV Максимальное напряжение электрооборудования, кВ	7.2	12	24	40.5	72.5	126	252

（2）配电电压的高低取决于供电电压、用电设备的电压以及配电范围、负荷大小和分布情况等。供电电压35kV及以上时，用电单位的一级配电电压应采用10kV；当6kV用电设备的总容量较大，选用6kV经济合理时，宜采用6kV。低压配电电压应采用220V/380V。

（2）Значение напряжения электрораспределения зависит от напряжения электропитания, напряжения электроприемника, сферы электрораспределения, емкости нагрузки, состояния распределения и т.д.. Когда напряжение электропитания составляет 35кВ и выше, напряжение электрораспределения 1-ого класса электропотребителя составляет 10кВ; при наличии большой общей емкости электроприемника 6кВ и обеспечении экономической рациональности, это напряжение составляет 6кВ. Низковольтное напряжение электрораспределения составляет 220В/380В.

（3）当供电电压为35kV，能减少变配电级数、简化接线及技术经济合理时，配电电压宜采用35kV。

（3）При напряжении электропитания 35кВ, возможном уменьшении степени трансформации и распределения электроэнергии, облегчении соединения и обеспечении технико-экономической рациональности, напряжение электрораспределения составляет 35кВ.

5.2.3.2 电能质量

电能质量主要指标包括电压偏差、电压波动和闪变、频率偏差、谐波和三相电压不平衡度等。

（1）正常运行情况下，用电设备端子处电压偏差允许值（以额定电压的百分数表示）宜符合下列要求。

① 电动机：±5%。

② 照明：在一般工作场所为 ±5%，对于远离变电站的小面积一般工作场所，难以满足上述要求时，可为 +5% 和 -10%，应急照明、道路照明和警卫照明等为 +5% 和 -10%。

其他用电设备当无特殊要求时为 ±5%。

（2）供配电系统的设计减少电压偏差，应采取下列措施：

① 正确选择变压器的变压比和电压分接头。

② 降低系统阻抗。

③ 合理补偿无功功率。电网电压过高往往是电力负荷较低、功率因数偏高的时候，适时减少电容器组投入容量能起到合理补偿无功功率和调整电压偏差水平作用。低压电容器调压效果更显著，应尽量采用按功率因数或电压水平调整的自动装置。

5 Электроснабжение и электрораспределение

5.2.3.2 Качество электроэнергии

Основные показатели качества электроэнергии включают в себя отклонение напряжения, колебания и скачки напряжения, отклонение частоты, гармоники, дисбаланса трехфазного напряжения и т.д..

（1）При нормальной работе, допустимое значение отклонения напряжения в месте клемм электроприемника (в процентах номинального напряжения) должно соответствовать следующим требованиям.

① Для электродвигателя：±5%.

② Освещение：для обычных рабочих помещений：±5%；для обычных рабочих помещений маленькой площади, далеких от подстанции и трудно соответствующих вышеуказанным требованиям：+5% и -10%；для аварийного освещения, освещения дороги и охранного освещения：+5%, -10%.

При отсутствии особых требований, для других электроприемников：±5%.

（2）Для уменьшения отклонения напряжения системы электроснабжения и электрораспределения, следует принять следующие меры：

① Правильно выбирать коэффициент трансформации трансформатора и ответвление напряжения.

② Снизить сопротивление системы.

③ Рационально компенсировать реактивную мощность. В связи с тем, что слишком высокое напряжение электросети обычно образуется при низкой электрической нагрузке и высокой мощности, подходящее уменьшение емкости конденсаторного блока может играть в рациональной компенсации реактивной мощности и регулировании уровня отклонения напряжения. Эффект регулирования

④ 宜三相负荷平衡。

⑤ 改变配电系统运行方式。如切合联络线或将变压器分列、并列运行,借助改变配电系统的阻抗,调整电压偏差。

⑥ 采用有载调压变压器。

110kV 及以上电压的变电站中的降压变压器,直接向 10（6）kV 电网送电时。

35kV 降压变电站的主变压器,在电压偏差不能满足要求时。

10（6）kV 配电变压器不宜采用有载调压变压器,但在当地 10（6）kV 电源电压偏差不能满足要求,且用电单位有对电压要求严格的设备,单独设置调压装置技术经济不合理时,亦可采用 10（6）kV 有载调压变压器。

（3）计算电压偏差时,应计入采取下列措施后的调压效果:

① 自动或手动调整并联补偿电容器、并联电

напряжения с помощью низковольтного конденсатора является более значительным, поэтому по мере возможности использовать автоматическое устройство для регулирования напряжения в зависимости от мощности или уровня напряжения.

④ Следует обеспечить баланс трехфазной нагрузки.

⑤ Следует изменить способ работы системы электрораспределения (например, отключение и включение соединительной линии или раздельной и параллельной работы трансформатора). И регулирование отклонение напряжения осуществляется путем изменения сопротивления системы электрораспределения.

⑥ Используется трансформатор с регулированием напряжения под нагрузкой.

При непосредственной подачи электроэнергии с помощью понижающего трансформатора на подстанции 110кВ и выше в электросеть 10(6)кВ.

При невозможном соответствии главного трансформатора понижающей подстанции 35кВ отклонению напряжения.

Для распределительного трансформатора 10 (6)кВ не применяется трансформатор с регулированием напряжения под нагрузкой. Однако, когда отклонение напряжения источника питания10 (6)кВ не соответствует требованиям, электропотребитель имеет оборудование, строго требуемое напряжения, а также образуется технико-экономическая нерациональность отдельной установки устройства для регулирования напряжения, тоже применяется трансформатор с регулированием напряжения под нагрузкой 10(6)кВ.

（ 3 ）При расчете отклонения напряжения, следует учесть эффект регулирования напряжения после принятия следующих мер:

① Автоматическое или ручное регулирование

抗器的接入量。

② 自动或手动调整同步电动机的励磁电流。

③ 改变供配电系统运行方式。

（4）应满足电压波动和闪变的限值。

（5）对冲击性负荷的供电需要降低冲击性负荷引起的电网电压波动和电压闪变（不包括电动机启动时允许的电压下降）时，宜采取下列措施：

① 采用专线供电。

② 与其他负荷共享配电线路时，降低配电线路阻抗。

③ 较大功率的冲击性负荷或冲击性负荷群与对电压波动、闪变敏感的负荷分别由不同的变压器供电。

④ 对于大功率电弧炉的炉用变压器由短路容量较大的电网供电。

（6）控制各类非线性用电设备所产生的谐波引起的电网电压正弦波形畸变率，宜采取下列措施：

① 各类大功率非线性用电设备变压器由短路容量较大的电网供电。

5 Электроснабжение и электрораспределение

количества подключения параллельного компенсационного конденсатора и параллельного реактора.

② Автоматическое или ручное регулирование возбуждающего тока синхронного электродвигателя.

③ Изменение способа работы системы электрораспределения.

（4）Следует соответствовать предельным значениям колебания и скачки напряжения.

（5）При колебании и скачке напряжения электросети, вызванной из-за снижения толчкообразной нагрузки для электроснабжения (не включая допустимого перепада напряжения при пуске электродвигателя), следует принять следующие меры：

① Используется специальная линия для электроснабжения.

② При совместном употреблении линии электрораспределения с другими нагрузками, снижается сопротивление распределительной линии.

③ Толчкообразная нагрузка большой мощности или группа толчкообразных нагрузок, а также нагрузка чувствительная к колебанию и скачке напряжения соответственно питаются от разных трансформаторов.

④ Трансформатор дуговой электрической печи большой мощности питается от электросети большой мощности короткого замыкания.

（6）С целью управления коэффициентом искажения синусоидальной формы напряжения электросети, вызванного из-за гармоники, образованной с помощью нелинейных электроприемников, следует принять следующие меры：

① Нелинейные электроприемники большой мощности питаются от электросети большой мощности короткого замыкания.

② 对大功率静止整流器,采取下列措施:

a. 提高整流变压器二次侧的相数和增加整流器的整流脉冲数。

b. 多台相数相同的整流装置,使整流变压器的二次侧有适当的相角差。

c. 按谐波次数装设分流滤波器。

③ 选用 D,ynll 结线组别的三相配电变压器。D,ynll 结线组别的三相配电变压器是指表示其高压绕组为三角形、低压绕组为星形且有中性点和"11"结线组别的三相配电变压器。

(7)低压配电系统宜采取下列措施,降低三相低压配电系统的不对称度。

① 220V 或 380V 单相用电设备接入 220V/380V 三相系统时,宜使三相平衡。

② 由地区公共低压电网供电的 220V 照明负荷,线路电流小于或等于 30A 时,可采用 220V 单相供电,大于 30 A 时,宜以 220V/380 V 三相四线制供电。

(8)供电频率偏差允许值为 ±0.2Hz,电网容量在 3000 MW 以下为 ±0.5Hz。频率值通常由系统决定,除特别要求采用不间断供电装置局部稳频外,在配电设计时,一般不必采取稳频措施。

② Для статического выпрямителя большой мощности, следует принять следующие меры:

a. Следует увеличить число фаз на вторичной стороне выпрямительного трансформатора и число выпрямленных импульсов.

b. Предусмотреть выпрямительные устройства с одинаковым числом фаз для образования подходящей разности фазного угла на вторичной стороне выпрямительного трансформатора.

c. Установить шунтирующий фильтр в зависимости от номера гармоники.

③ Выбирается трехфазный распределительный трансформатор группы коммутации D,ynll. Под трехфазным распределительным трансформатором группы коммутации D,ynll понимается трехфазный распределительный трансформатор с треугольной обмоткой высокого напряжения, звездообразной обмоткой низкого напряжения, нейтралью и группой коммутации "11".

(7) С целью снижения степени асимметрии трехфазной низковольтной системы электрораспределения, следует принять следующие меры.

① Однофазный электроприемник 220В или 380В подключается к трехфазной системе 220В/380В, что вызывает трехфазный баланс.

② Для осветительной нагрузки 220В, питающей от районной общественной низковольтной электросети, при токе линии менее или равном 30А предусмотрено однофазное электроснабжение 220В; а при токе линии более 30А предусмотрено трехфазное четырехпроводное электроснабжение 220В/380В.

(8) Допустимое значение отклонения частоты электропитания составляет ±0,2Гц, а при емкости электросети ниже 3000МВт, это значение составляет ±0,5Гц. Как правило, значение частоты определяется в зависимости от системы.

5.2.4 无功功率补偿

无功功率补偿装置主要具备 4 大功能：调节电压、提高输变电设备利用效率、降低网络电能损耗、减少电费。气田内主要用电负荷为风机、泵类异步电动机，自然功率因数较低，系统会在滞后的功率因数下工作，从而要求系统附加输送无功率，造成系统输送有功功率的能力减小、损耗增大和电压降低，因此气田变电站一般采用集中设置并联电容进行无功功率补偿。

变电站无功功率补偿容量应根据负荷计算结果得出，使得功率因数达到 0.95 以上或者满足当地电力部门的要求。同时，不能出现过补偿的现象，在过补偿的情况下，系统中出现容性的无功电流，使视在电流增大，使系统的损耗加大，末端用电设备可能出现过电压。

5.2.4 Компенсация реактивной мощности

Кроме того, что используется источник бесперебойного питания для обеспечения частичной стабильной частоты, как привило, не требуется принятия меры для обеспечения стабильной частоты при распределительном проектировании.

Компенсатор реактивной мощности в основном обладает 4 функциями, т.е. регулирование напряжения, повышение коэффициента полезного использования оборудования для передачи и трансформации электроэнергии, снижения потери электроэнергии сети и уменьшение расхода на электроэнергию. Основной электрической нагрузкой на газовом месторождении являются вентиляторы и асинхронные электродвигатели насосов. Из-за низкого естественного коэффициента мощности система работает путем использования отстающего коэффициента мощности, поэтому требуется дополнительная передача реактивной мощности, что вызывает уменьшение способности системы к передаче активной мощности, увеличение потери и снижения напряжения. Как правило, для подстанции газового месторождения центрально предусмотрена параллельная емкость для компенсации реактивной мощности.

Емкость компенсации реактивной мощности подстанции получается по результатам расчета нагрузки, чтобы коэффициент мощности достигал более 0,95 или соответствовал требованиям от местного электроэнергетического органа. Одновременно, не допускается наличие явления перекомпенсации. В случае перекомпенсации,

5.2.4.1 补偿容量计算

补偿容量 Q_c 的计算公式按式（5.2.1）计算：

$$Q_c=P_c(\tan\varphi_1-\tan\varphi_2)=P_c q_c \quad (5.2.1)$$

式中 Q_c——补偿容量，kvar；

P_c——计算负荷的有功功率，kW；

$\tan\varphi_1$——补偿前计算负荷功率因数角的正切值；

$\tan\varphi_2$——补偿后功率因数角的正切值；

q_c——无功功率补偿率，kvar。

5.2.4.2 并联电容器装置
5.2.4.2.1 接线形式

并联电容器装置分为高压补偿[10（6）kV、35kV]和低压补偿，主要接线形式详述如下：

（1）35kV 并联电容器装置常规接线形式如图 5.2.1 所示。

（2）10kV（6kV）并联电容器装置常规接线形式如图 5.2.2 所示。

（3）400V 并联电容器装置常规接线形式如图 5.2.3 所示。

емкостный реактивный ток в системе вызывает увеличение кажущегося тока и потери системы, а также возможное наличие перенапряжения конечного электроприемника.

5.2.4.1 Расчет емкости компенсации

Емкость компенсации Q_c рассчитывается по следующей формуле（5.2.1）：

$$Q_c=P_c(\tan\varphi_1-\tan\varphi_2)=P_c q_c \quad (5.2.1)$$

Где Q_c——емкость компенсации, квар;

P_c——активная мощность расчетной нагрузки, кВт;

$\tan\varphi_1$——значение тангенса угла коэффициента мощности расчетной нагрузки перед компенсацией;

$\tan\varphi_2$——значение тангенса угла коэффициента мощности после компенсации;

q_c——уровень компенсации реактивной мощности, квар.

5.2.4.2 Параллельный конденсатор
5.2.4.2.1 Форма соединения

Параллельный конденсатор разделяет на высоковольтную компенсацию [10（6）кВ и 35кВ] и низковольтную компенсацию, и его основная форма соединения показана ниже：

（1）Обычная форма соединения параллельного конденсатора 35кВ показана на рис. 5.2.1.

（2）Обычная форма соединения параллельного конденсатора 10кВ（6кВ）показана на рис. 5.2.2.

（3）Обычная форма соединения параллельного конденсатора 400В показана на рис. 5.2.3.

5 供配电

5 Электроснабжение и электрораспределение

QS 隔离开关	FV 避雷器
Разъединитель QS	Разрядник FV
GSN 带电显示	FU 高压熔断器
Показание электризации GSN	Высоковольтный предохранитель FU
DS 接地开关	TV 电压互感器
Заземляющий выключатель DS	Трансформатор напряжения TV
L 铁芯电抗器	C 电力电容器
Реактор с железным сердечником L	Силовой конденсатор C

图 5.2.1　35kV 并联电容器装置常规接线形式

Рис. 5.2.1　Обычная форма соединения параллельного конденсатора 35кВ

QS 隔离开关	TV 电压互感器
Разъединитель QS	Трансформатор напряжения TV
PFC 功率因数控制器	FU 高压熔断器
Контроллер коэффициента мощности PFC	Высоковольтный предохранитель FU
KN 真空接触器	C 电力电容器
Вакуумный контакт KN	Силовой конденсатор C
DS 接地开关	L 铁芯电抗器
Заземляющий выключатель DS	Реактор с железным сердечником L
FV 避雷器	
Разрядник FV	

图 5.2.2　10kV（6kV）并联电容器装置常规接线形式

Рис. 5.2.2　Обычная форма соединения параллельного конденсатора 10кВ（6кВ）

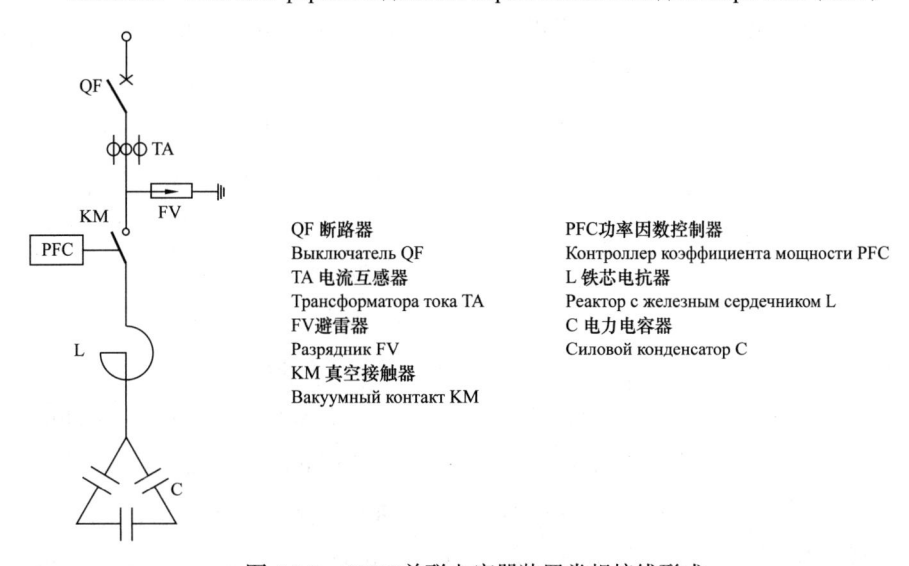

QF 断路器	PFC 功率因数控制器
Выключатель QF	Контроллер коэффициента мощности PFC
TA 电流互感器	L 铁芯电抗器
Трансформатора тока TA	Реактор с железным сердечником L
FV 避雷器	C 电力电容器
Разрядник FV	Силовой конденсатор C
KM 真空接触器	
Вакуумный контакт KM	

图 5.2.3　400V 并联电容器装置常规接线形式

Рис. 5.2.3　Обычная форма соединения параллельного конденсатора 400В

· 411 ·

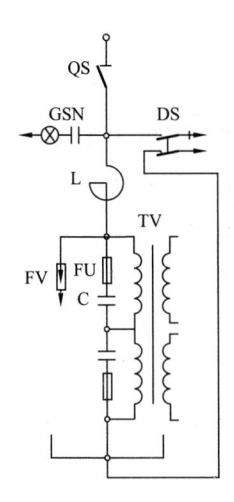

5.2.4.2.2　设备布置

采用并联电力电容器作为人工无功补偿装置时,为了尽量减少线损和电压损失,宜就地平衡补偿,即低压部分的无功功率宜由低压电容器补偿,高压部分的无功功率宜由高压电容器补偿。当无高压负荷时,不得在高压侧装设并联电容器装置。

35kV 及以上电压等级电容器装置一般采用户外装配式布置,电容器组框(台)架不宜超过3层,每层不应超过2排,四周和层间不应设置隔板。

10kV 及以下电压等级电容器装置一般采用户内布置。10kV 电容器组宜装设在单独房间内。当容量较小时,可装设在高压配电室内,但与高压开关柜的距离应不小于1.5m。低压电容器组可装设在低压配电室与低压配电柜同室布置。

5.2.4.2.3　控制方式

补偿电容器组的投切方式分为手动和自动两种。对于补偿低压基本无功功率的电容器组以及常年稳定的无功功率和投切次数较少的高压电容器组,宜采用手动投切。为避免过补偿或在轻载时电压过高,造成某些用电设备损坏等,宜采用自

5.2.4.2.2　Расположение оборудования

При использовании параллельного силового конденсатора в качестве устройства для искусственной компенсации реактивной мощности, следует обеспечить местную балансную компенсацию для возможного уменьшения потери электроэнергии в линии и напряжения, т.е. для компенсации реактивной мощности низковольтной части применяется низковольтный конденсатор, а для компенсации реактивной мощности высоковольтной части применяется высоковольтный конденсатор. Не допускается установка параллельного конденсатора на высоковольтной стороне при отсутствии высоковольтной нагрузки.

Для конденсаторов 35кВ или выше применяется способ открытой установки. Количество рамы (стойки) конденсаторного блока составляет не более 3 яруса (на каждом ярусе не более 2 ряда). И по окрестности и между ярусами не предусмотрена перегородка.

Для конденсаторов 10кВ или ниже применяется способ закрытой установки. Конденсаторный блок 10кВ устанавливается в отдельном помещении. При малой емкости, он устанавливается в электропомещении высокого напряжения и на расстоянии не менее 1,5м от шкафа выключателей высокого напряжения. Низковольтный конденсаторный блок и электрошкафа низкого напряжения устанавливаются в электропомещении низкого напряжения.

5.2.4.2.3　Способ управления

Для компенсационного конденсаторного блока применяются два способа переключения (ручное и автоматическое переключение). Для компенсации низковольтного конденсаторного блока основной реактивной мощности, а также

动投切。在采用高、低压自动补偿装置效果相同时,宜采用低压自动补偿装置。

无功自动补偿的调节方式:以节能为主进行补偿时,采用无功功率参数调节;当三相负荷平衡,也可采用功率因数参数调节;以改善电压偏差为主进行补偿者,应按电压参数调节;无功功率随时间稳定变化时,按时间参数调节。对冲击性负荷、动态变化快的负荷及三相不平衡负荷,可采用晶闸管(电子开关)控制,使其平滑无涌流,动态效果好,且可分相控制,有三相平衡效果。

5.2.4.2.4 设备选择

(1)分组电容器按各种容量组合运行时,应避开谐振容量,不得发生谐波的严重放大和谐振。

5 Электроснабжение и электрораспределение

высоковольтного конденсаторного блока постоянной стабильной реактивной мощности с малым количеством переключения применяется способ ручного переключения. Для предотвращения повреждения некоторого электроприемника из-за перекомпенсации или слишком высокого напряжения при неполной нагрузке, применяется способ ручного переключения. При одинаковой эффективности компенсации с помощью высоковольтного и низковольтного устройств с автоматической компенсацией, применяется низковольтное устройство с автоматической компенсацией.

Способ регулирования автоматической компенсации реактивной мощности: при компенсации на основе сокращения потреблении энергии осуществляется регулирование с помощью параметра реактивной мощности; при балансировке трехфазной нагрузки тоже осуществляется регулирование с помощью параметра коэффициента мощности; при компенсации на основе улучшения отклонения напряжения осуществляется регулирование с помощью параметра напряжения; при изменении реактивной мощности со стабилизацией времени осуществляется регулирование с помощью параметра времени. Управление толчкообразной нагрузкой, динамической неустойчивой нагрузкой и трехфазной несбалансированной нагрузкой осуществляется с помощью тиристора (электронного выключателя) для обеспечения ровности, хорошей динамической эффективности, управления по фазам и трехфазной балансировки.

5.2.4.2.4 Выбор оборудования

(1) Когда групповой конденсатор работает по емкостям, следует избежать резонансной

发生谐振的电容器容量,可按式(5.2.2)计算:

$$Q_{cx} = S_d\left(\frac{1}{n^2} - K\right) \quad (5.2.2)$$

式中 Q_{cx}——发生 n 次谐波谐振的电容器容量,Mvar;

S_d——并联电容器装置安装处的母线短路容量,MV·A;

n——谐波次数,即谐波频率与电网基波频率之比;

K——电抗率。

(2)并联电容器装置宜设在变压器主要负荷侧。当变电站无高压负荷时,不宜在变压器高压侧装设并联电容器。

(3)并联电容器组应采用星形接线。在中性点非直接接地的电网中,星形接线电容器组的中性点不应接地。

(4)单台电容器至母线或熔断器的连接线应采用软导线,其长期允许电流不宜小于单台电容器额定电流的1.5倍。并联电容器装置的分回路,回路导体截面应按照并联电容器组额定电流的1.3倍选择,并联电容器组的汇流母线和均压线导线截面应与分组回路的导体截面相同。

мощности, а также не допускаются серьезное усиление гармоники и гармоническое колебание. Емкость конденсатора, образованного гармоническое колебание, рассчитывается по следующей формуле (5.2.2):

$$Q_{cx} = S_d\left(\frac{1}{n^2} - K\right) \quad (5.2.2)$$

Где Q_{cx}——емкость конденсатора, образованного n-разовое гармоническое колебание гармоники, Мвар;

S_d——мощность короткого замыкания шины в месте монтажа параллельного конденсатора, МВ·А;

n——номер гармоники, т.е. отношение частоты гармоники к основной частоте электросети;

K——процент реактивного сопротивления.

(2) Параллельный конденсаторный блок устанавливается на стороне основной нагрузки трансформатора. Не допускается установка параллельного компенсатора на высоковольтной стороне трансформатора при отсутствии высоковольтной нагрузки подстанции.

(3) Для параллельного конденсаторного блока применяется способ звездообразного соединения. Нейтраль конденсаторного блока звездообразного соединения в электросети с непрямо заземляющей нейтралью не подлежит заземлению.

(4) Для соединения единичного конденсатора с шиной или плавким предохранителем применяется мягкий провод, постоянный допустимый ток которого должен быть не менее 1,5 раза номинального тока единичного конденсатора. Сечение проводника ответвления контура для параллельного конденсатора должно быть равным

5.2.5 偏远地区站场小容量电源

偏远地区的油气井场、集气站、计量间、截断间室、清管站和阴极保护站等场所的负荷一般为阴极保护、通信、电动阀和 SCADA 系统等,负荷容量较小,在几瓦到几千瓦之间,负荷等级主要是Ⅱ级负荷,也有Ⅲ级负荷。这些场、站距工业电源较远,采用电网供电输电距离远、经济性差。根据以上场所用电负荷的特点,目前可以采用的发电技术主要有热电偶燃气发电机(TEG)、密闭循环涡轮发电机(CCVT)、太阳能发电装置和风力发电装置。以上4种电源的选择与油气田规模、负荷功率大小、环境条件和发电能源的来源等密切相关,在技术条件可靠、一致的前提下,经济上的合理性是决定因素。

1,3 раза номинального тока единичного конденсатора. А сечение сборной шины и уравнительного провода параллельного конденсаторного блока должно быть одинаковым с сечением проводника группового контура.

5.2.5 Источник питания с малой емкостью на станции в дальнем районе

Как правило, нагрузками нефтегазовой станции, газосборного пункта, камеры учета, отсечного кранового узла, УППОУ, станции катодной защиты и других помещений являются системы катодной защиты и связи, электрические клапаны и система SCADA. И емкость этих нагрузок является более малой (от несколько ватт до тысячи ватт). Категория нагрузи в основном разделяет на Ⅱ и Ⅲ. В связи с тем, что эти помещении и станции находятся далеко от промышленного источника питания, способ подачи и передачи электроэнергии с помощью электросети обладает такими особенностями, как далекое расстояние и плохая экономичность. Согласно особенностям электрической нагрузки вышеуказанных помещении применяется основная электрогенераторная техника, в которую входят термоэлектрический генератор (TEG), паротурбогенератор с замкнутым циклом (CCVT), солнечная энергетическая установка и ветровая генераторная установка. Выбор четырех вышеуказанных источников питания зависит от масштаба нефтегазового месторождения, значения мощности нагрузки, условий окружающей среды, источника генераторной энергии и т.д.. Исходя из предпосылки надежности и единственности технических условий, экономическая рациональность является решающим фактором.

5.2.5.1 热电偶燃气发电机（TEG）

热电偶燃气发电机（Thermoelectric Generator），又称为TEG，它采用了基于半导体塞·贝克（Seebeck）效应并能够直接将热能转化为电能的新型发电技术。TEG 的工作原理如下：

发电机工作于冷热源之间，其热端从热源吸热，然后也冷端向冷源放热，同时将热能转化为电能，以温差电动势或电流的形式输出它将燃料燃烧产生的热直接转换成直流电。TEG 主要以天然气、丙烷、丁烷为燃料。发电功率范围为单机 500 W 以下，输出直流电压为 12～48 V。TEG 循环与传统热力发电相比具有以下的优点：无噪声、无污染、无旋转机械、运行寿命很长、维修少、可靠性高、无人值守；能够满足小发电量的要求。

5.2.5.2 密闭循环涡轮发电机（CCVT）

密闭循环涡轮发电机（Closed Cycle Vapor Turbogenerators）主要是由燃烧系统、蒸汽发生器、涡轮发电机、冷凝器、整流器以及壳体内部的报警和控制系统组成的。CCVT 的工作原理如下：蒸

5.2.5.1 Термоэлектрический генератор (TEG)

Термоэлектрический генератор (TEG) является новой электрогенераторной техникой на основе эффекта Зеебека (Seebeck), которая непосредственно превращает тепловую энергию в электроэнергию. Принцип работы TEG показан ниже：

Генератор работает между источниками холода и тепла. И его горячий конец поглощает тепло с источника тепла, а холодный конец выделяет тепло в источник холод. Одновременно тепловая энергия превращается в электроэнергию и выдается в виде ТЭДС или тока. И он непосредственно превращает теплоту, образованную путем сжигания топлива, в электроэнергию постоянного тока. Топливом TEG являются природный газ, пропан и бутан. Генерирующая мощность единичного генератора составляет ниже 500Вт, выходное напряжение постоянного тока：12-48В. По сравнению с режимом традиционного производства электроэнергии, режим циркуляции TEG обладает такими следующими преимуществами, как отсутствие шума, отсутствие загрязнения и вращающегося механизма, длинный срок службы, малый объем ремонта, высокая надежность, необслуживаемая работа; а также может удовлетворить требования к малой выработке электроэнергии.

5.2.5.2 Паротурбогенератор с замкнутым циклом (CCVT)

Паротурбогенератор с замкнутым циклом (CCVT) в основном состоит из системы сжигания, парогенератора, турбогенератора, холодильника-конденсатора, выпрямителя, системы

汽发生器中的有机工质经燃烧器加热后,蒸发并导入涡轮,涡轮转动带动同轴发电机产生交流电。有机工质继而进入冷凝器中冷却,变成液态回流冷却涡轮发电机,并润滑轴承,最终回到蒸汽发生器,完成一个完整的循环。只要给蒸汽发生器不断加热。就会持续发生所需电流发电功率范围200～6000W,输出直流电压12～48V装置的主体部分是CCVT的涡轮,发电机和供给泵共轴,它是唯一的转动部件,并被密封在不锈钢体内,外部装有燃烧系统、蒸发器和冷凝器,以及燃料——负载自动调节系统。密闭循环涡轮发电机具有可靠性高、维护工作量少、寿命长、燃料来源广、无人值守等特点。

5.2.5.3 太阳能发电装置

太阳能发电系统是利用材料的光伏效应将光能直接转换成电能的装置,一般由太阳能电池组、太阳能控制器、蓄电池(组)组成。由于太阳能发电系统的直接输出一般都是直12V,24V和48V,如输出电源为交流220V或110V,还需要配置逆变器。太阳能电池板是太阳能发电系统中的核心部分,其作用是将太阳的辐射能力转换为电能,或送往蓄电池中存储起来,或推动负载工作。

太阳能控制器的作用是控制整个系统的工作状态,并对蓄电池起到过充电、过放电保护的作用。在温差较大的地方,合格的控制器还应具备温度补偿的功能。

蓄电池一般为铅酸电池,小微型系统中,也可用氢电池、镉电池或锂电池。

其作用是在有光照时将太阳能电池板所发出的电能储存起来,到需要的时候再释放出来。太阳能是一种绿色能源,环保、安全、易于维护,但设备成本高,受地域和气象条件影响较大,必须不定期清洁尘土、污染物及积雪。

通过气田项目建设经验,目前在用电负荷较小的阀室、井站采用一体式太阳能装置橇装设备,将自控、通信、放空电点火电源集中安装、集中供电,已广泛用于天然气项目中,具有安装简单、维护工作量小、便于搬迁、可靠性高的特点。

контроллера и аккумулятора (батарея аккумуляторов). В связи с тем, что солнечная энергетическая система непосредственно выходит постоянный ток 12В, 24В и 48В (например, выходной источник питания переменного тока 220В или 110В), еще предусмотрен инвертер. Солнечная панель является ядровой частью солнечной энергетической системы и предназначается для превращения энергии солнечного излучения в электроэнергию, или хранения энергии солнечного излучения в аккумуляторе, или движения работы под нагрузкой.

Солнечный контроллер предназначается для управления рабочим состоянием целой системы и защиты аккумулятора от перезаряда и перезаряда. Годный контроллер в месте с большой разницей температур еще обладает функцией температурной компенсации.

Как правило, применяется свинцово-кислотный аккумулятор. А в малой системе тоже применяются водородный аккумулятор, кадмиевый аккумулятор или литиевая батарея.

Он предназначается для хранения электроэнергии из солнечной панели при солнечном освещении и выделения энергии в случае нужды. Солнечная энергия является чистым источником энергии, обладающим экологической особенностью, безопасностью и удобством в обслуживании. Однако, в связи с тем, что она попадает под большое влияние местности и метеорологических условий, необходимо провести нерегулярную очистку пыли, загрязняющих веществ и снега.

По опытам строительства газового месторождения, для кранового узла и станции скважины с малой электрической нагрузкой предусмотрена одноблочная солнечная энергетическая установка для централизованного монтажа и

5 供配电

5.2.5.4 风力发电机

风力发电机的基本工作原理比较简单,风轮在风力的作用下旋转,将风的动能转变为风轮轴的机械能,风轮轴带动发电机旋转发电。

最简单的风力发电机可由叶轮和发电机两部分构成,立在一定高度的塔杆上,这是小型离网风机。最初的风力发电机发出的电能随风变化时有时无,电压和频率不稳定,没有实际应用价值。为了解决这些问题,现代风机增加了齿轮箱、偏航系统、液压系统、刹车系统和控制系统等。

风力发电无污染且利用简便,运行成本低,但受气象条件影响较大。采用风力发电至少需要以下条件:即年平均风速在3m/s以上,全年3~20m/s有效风速累计时数3000h以上,有效风能密度100W/m² 以上。

5 Электроснабжение и электрораспределение

электроснабжения части КИПиА, связи и сбросного источника электрического зажигания. В настоящее время эта установка широко распространяется на газовые объекты, а также обладает такими особенностями, как простой монтаж, малый объем обслуживания, удобство в перемещении и высокая надежность.

5.2.5.4 Ветроэнергетическая установка

Ветроэнергетическая установка имеет простой принцип работы, т.е. ветровое колесо вращается под действием ветровой энергии для превращения ветрового динамической энергии в механическую энергию вала ветрового колеса, потом вал ветрового колеса действует вращение генератора для производства электроэнергии.

Простейшая ветроэнергетическая установка состоит из крыльчатки и генератора, а также устанавливается на опоре с определенной высотой. И это является малым ветрогенератором, отделенным от сети. Начальная электроэнергия из ветроэнергетической установки иногда существует и отсутствует с изменением ветра, а также имеет неустойчивое напряжение и частоту, поэтом не обладает фактической прикладной ценой. С целью решения этих проблем, для своевременного ветрогенератора дополняются коробка передач, система сообщения об отклонении от маршрута, гидравлическая система, тормозная система, система управления и т.д..

Способ производства электроэнергии с использованием энергии ветра обладает такими особенностями, как отсутствие загрязнения, простое использование и низкая себестоимость; однако, попадает под влияние метеорологических условий. Способ производства электроэнергии с использованием энергии ветра используется при следующих условиях: годовая средняя скорость ветра–более 3м/сек.; суммарное число часов годовой полезной скорости ветра 3-20м/сек.–более 3000ч.; полезная плотность ветровой энергии–более 100Вт/м^2.

5.2.6 应急电源

5.2.6.1 一般要求

5.2.6.1.1 应急电源种类

（1）独立于正常电源的发电机组：主要为应急柴油发电机组。快速自起动的发电机组适用于允许中断供电时间为 15s 以上的供电。

（2）UPS 不间断电源。适用于允许中断供电时间为毫秒级的负荷。

（3）蓄电池。适用于容量不大的特别重要负荷，有可能采用直流电源者。

5.2.6.1.2 应急电源系统

（1）在气田中，特别重要负荷主要包括自控 DCS 系统、SIS 系统、FGS 系统、PLC 控制盘；通信系统；电气监控系统。

（2）为确保对特别重要负荷的供电，应急供电系统应单独设置一段母线，严禁将其他负荷接入

5.2.6 Аварийный источник питания

5.2.6.1 Общие требования

5.2.6.1.1 Вид аварийного источника питания

（1）Генераторным агрегатом, независимым от нормального источника питания, в основном является аварийный дизельный генераторный агрегат. Быстродействующий самопускающий генераторный агрегат предназначается для электроснабжения в течение допустимой продолжительности прекращения подачи электроэнергии выше 15 сек..

（2）Источник бесперебойного питания (ИБП) распространяется на нагрузку в течение допустимой продолжительности прекращения подачи электроэнергии (в мсек.).

（3）Аккумулятор распространяется на особенно важную нагрузку с малой емкостью, возможно использованную источник питания постоянного тока.

5.2.6.1.2 Система аварийного источника питания

（1）Особенно важная нагрузка газового месторождения в основном включает в себя систему DCS, систему SIS, систему FGS, щит управления PLC, систему связи и электрическую систему контроля.

（2）Для системы аварийного электроснабжения предусмотрена одна отдельная шина для

应急供电系统。

（3）应急电源与正常电源之间采用双电源切换开关。目的在保证应急电源的专用性,更重要的是防止向系统反送电。

5.2.6.2 不间断电源（UPS）

5.2.6.2.1 不间断电源（UPS）工作原理

UPS 一般由整流器、蓄电池、逆变器、静态开关和控制系统组成。通常采用的是在线式 UPS。它首先将市电输入的交流电源变成稳压直流电隙,供给蓄电池和逆变器,再经逆变器重新被变成稳定的、纯洁的、高质量的交流电源。它可完全消除在输入电源中可能出现的任何电源问题(电压波动、频率波动、谐波失真和各种干扰)。

5.2.6.2.2 不间断电源（UPS）功能要求

（1）单台 UPS 设置方式。

整流器通过逆变器向负荷持续供电,同时蓄电池处于浮充状态。当整流器的电源故障,蓄电池通过逆变器向负荷供电,允许放电时间不小于设计要求。

5 Электроснабжение и электрораспределение

обеспечения электроснабжения особенно важной нагрузки. И запрещается подключение других нагрузок к системе аварийного электроснабжения.

（3）Между аварийным и нормальным источниками питания применяется переключатель с двумя источниками питания для осуществления целевого назначения аварийного источника питания（особенно для предотвращения обратной передачи электроэнергии в систему）.

5.2.6.2 Источник бесперебойного питания （ИБП）

5.2.6.2.1 Принцип работы источника бесперебойного питания （ИБП）

ИБП состоит из выпрямителя, аккумулятора, инвертера, статического выключателя и системы управления. Как правило, применяется онлайновый ИБП. Сначала он превращает переменный ток из городской электросети в стабилизированный постоянный ток, передающий в аккумулятор и инвертер и повторно превращающийся в стабилизированный чистый высококачественный переменный ток через инвертер. Он может полностью решить любую проблеме о входном источнике питания（колебание напряжения и частоты, гармоническое искажение и разные помехи）.

5.2.6.2.2 Требования к функции источника бесперебойного питания （ИБП）

（1）Способ установки единичного ИБП.

Выпрямитель постоянно снабжает электроэнергией нагрузку через инвертер. И одновременно, аккумулятор находится в буферном состоянии. При неисправности источника питания выпрямителя, аккумулятор снабжает электроэнергией нагрузку через инвертер. Допустимая

当主供电源恢复,整流器通过逆变器向负荷供电,同时对蓄电池充电,充电率应保证在规定的时间内使蓄电池达到规定的蓄电容量。

逆变器输出电压应与旁路电压同步,以满足负荷切换要求。当旁路电压超过允许范围时,逆变器应工作在内部设定的频率下;当旁路电压恢复正常,逆变器输出电压应自动调整,与旁路电压一致。

(2)两台 UPS 并联均分设置方式。

当负荷需要一个独立的不停电电源时,可采用两台 UPS 并列运行方式。两台完全独立的 UPS 输出侧并列运行供同一负荷。双冗余控制回路向两台 UPS 平均分配负荷,对特别重要负荷的供电可靠性更高。每台 UPS 带单独的双电子静态开关和旁路。旁路的额定容量要大于 1.5 倍整流逆变回路。其电源接于同一母线。

当旁路电源进线偏差可能导致 UPS 输出回路短路时,应采用防止不同期的保护措施。

продолжительность разряда должна быть не менее проектной продолжительности.

При восстановлении основного источника питания, выпрямитель постоянно снабжает электроэнергией нагрузку через инвертер, и одновременно аккумулятор зарядится. Скорость заряда должна обеспечить, чтобы аккумулятор достигал заданной емкости в заданное время.

Выходное напряжение инвертера должно быть синхронным с напряжением на обходе для удовлетворения требования к переключению нагрузок. При превышении допустимого значения напряжения на обходе, инвертер работает на заданной частоте; при восстановлении напряжения на обходе, выходное напряжение инвертера автоматически регулируется и должно быть одинаковым с напряжением на обходе.

(2) Способ параллельной и равномерной установки двух ИБП.

Когда нагрузка требует одного независимого источника бесперебойного питания, то применяется способ параллельной работы двух ИБП. Путем параллельной работы выходной стороны двух независимых ИБП осуществляется снабжение одной нагрузки электроэнергией. Двойной избыточный контур управления равномерно распределяет нагрузку двух ИБП для повышения надежности электроснабжения особенно важной нагрузки. Для каждого ИБП предусмотрены отдельный двойной электронный статический выключатель и обход. Номинальная емкость обхода должна быть более 1,5 раза от емкости выпрямительного инверторного контура. И их источники питания подключаются к одной шине.

Когда отклонение ввода обходного источника питания может вызывать короткое замыкание выходного контура ИБП, то следует принять меры

两台并列冗余运行UPS的整流器、直流单元、逆变器、静态开关、维护旁路开关应冗余设置,当任一台UPS的任一整流器、直流回路、逆变器、静态开关回路故障或断开时,不影响整流器通过直流回路、逆变器、静态开关向负荷持续供电,每台UPS带50%负荷运行。

操作原则与单台UPS设置方式一致。

5.2.6.2.3 不间断电源(UPS)的选择

(1)不间断电源设备给电子计算机供电时,单台UPS的输出功率应大于电子计算机各设备额定功率总和的1.2倍。对其他用电设备供电时,为最大计算负荷的1.3倍。

(2)负荷的最大冲击电流不应大于不间断电源设备的额定电流的150%。

(3)UPS后备供电时间。

5.2.6.3 蓄电池

(1)蓄电池可以归类为铅酸蓄电池、镍基电池(镍—氢及镍—金属氢化物电池、镍—镍及镍—锌电池)、钠电池(钠—硫电池和钠—氯化镍电池)、二次锂电池、空气电池等类。在气田中常用蓄电池为铅酸蓄电池。

早期铅酸蓄电池为富液式,主要存在充电末期水会分解为氢、氧气体析出,需经常加酸、加水,维护工作繁重;气体溢出时携带酸雾,腐蚀周围设备,并污染环境,限制了电池的应用。直至20世纪90年代初期,才推出贫液式(阀控式铅酸蓄电池,英文名称为VRLA),基本取代传统的富液式电池,并得到广泛应用。阀控式铅酸蓄电池分为AGM和GEL(胶体)电池两种,AGM采用吸附式玻璃纤维棉(Absorbed Glass Mat)作隔膜,电解液吸附在极板和隔膜中,贫电液设计,电池内无流动的电解液,电池可以立放工作,也可以卧放工作;胶体(GEL)采用SiO_2作为凝固剂,电解液吸附在极板和胶体内,一般立放工作。

(2)当蓄电池通过逆变器在规定放电时间内带功率因数为0.8的感性额定负荷时,蓄电池的电压和容量应满足逆变器输入功率要求。

(серно-натриевый и натрий-никель-хлоридный аккумулятор), литиевая вторичная батарея, батарея воздушной деполяризации и т.д.. На газовом месторождении широко используются общеупотребительные свинцово-кислые аккумуляторы.

В ранее время свинцово-кислый аккумулятор является аккумулятором с жидким электролитом, обладающим следующими недостатками: в связи с тем, что вода разлагается на водород и кислород в конце зарядки, нужно часто добавить кислоту и воду, что вызывает трудоемкость работы по обслуживанию; кислотный пар, образованный при переливе газа, коррозирует окрестное оборудование и загрязняет окружающую среду, поэтому применение такого аккумулятора ограничивается. До начала 90-х годов 20-го века существует аккумулятор без жидкого электролита (клапанно-регулируемый свинцово-кислотный аккумулятор, VRLA), который почти заменяет традиционный аккумулятор с жидким электролитом и широко используется. Клапанно-регулируемый свинцово-кислотный аккумулятор разделяет AGM и GEL (коллоидный). Для аккумулятора AGM используется впитывающий стекломат в качестве мембраны; электролит абсорбируется в полярной пластинке и мембране; в аккумуляторе отсутствует жидкий электролит; аккумулятор работает в вертикальном и горизонтальном положениях. И для аккумулятора (коллоидного) AGM используется SiO_2 в качестве отвердителя; электролит абсорбируется в полярной пластинке и коллоиде; аккумулятор работает в вертикальном положении.

(2) Когда аккумулятор работает под индуктивной номинальной нагрузкой с коэффициентом мощности 0,8 в заданное время разрядки через инвертер, напряжение и емкость аккумулятора

5 供配电

（3）蓄电池容量（A·h）通过计算确定。蓄电池壳体应为非延燃材料。

（4）所有UPS的蓄电池应带在线回路检测设施，当蓄电池工作不正常时发报警信号。

5.2.6.4 柴油（天然气）发电机

柴油发电机组具有热效率高、起动迅速、结构紧凑、燃料存储方便、占地面积小、工程量小、维护操作简单等特点，是在工程中作为备用电源或应急电源首选的设备。柴油发电机组主要由柴油机、发电机和控制屏三部分组成，这些设备可以组装在一个公共底盘上形成移动式柴油发电机组，也可以把柴油机和发电机组装在一个公共底盘上，控制屏和某些附属设备单独设置，形成固定式柴油发电机组。

5.2.6.4.1 应急柴油发电机组的功能要求

应急电源应选用自动化柴油发电机组，并具有以下功能：

（1）自动维持准备运行状态。机组应急起动

5 Электроснабжение и электрораспределение

должны удовлетворить требования к выходной мощности инвертера.

（3）Емкость（A·h）аккумулятора определяется путем расчета. Для корпуса аккумулятора следует применять негорючий материал.

（4）Для аккумуляторов всех ИБП предусмотрено онлайновое устройство для контроля контура, который выдает тревожный сигнал при ненормальной работе аккумулятора.

5.2.6.4 Дизельный（газовый）генератор

Дизель-генераторный агрегат обладает такими особенностями, как высокий тепловой КПД, быстрое срабатывание, компактная конструкция, удобство хранения топлива, маленький площадь отвода земель, малый объем работ, простое обслуживание и эксплуатация. Он является преимущественным оборудованием в качестве резервного или аварийного источника питания для строительства объекта. Дизель-генераторный агрегат состоит из дизеля, генератора и панели управления. Эти устройства устанавливаются на одном общественном шасси для создания подвижного дизель-генераторного агрегата. И дизель и генераторный агрегат устанавливаются на одном общественном шасси, а отдельно устанавливаются панель управления и некоторое вспомогательное оборудование для создания стационарного дизель-генераторного агрегата.

5.2.6.4.1 Требования к функции аварийного дизель-генераторного агрегата

В качестве аварийного источника питания используется автоматизированный дизель-генераторный агрегат, обладающий такими следующими функциями：

（1）Автоматическое поддерживание состояния

和快速加载时的机油压力、机油温度、冷却水温度应符合产品技术条件的规定。

（2）自动起动和加载。接自控或遥控指令或市电供电中断时，机组能自动起动并供电。

机组允许三次自动起动，每次起动时间8～12s，起动间隔5～10s。第三次起动失败时，应发出起动失败的声光报警信号。设有备用机组时，应能自动地将起动信号传递给备用机组，机组自动起动的成功率不低于98%，市电失电后恢复向负荷供电时间一般为8～20s。

（3）自动停机。接自控或遥控的停机指令后，机组应能自动停机；当电网恢复正常后，机组应能自动切换和自动停机，由电网向负载供电。

（4）处理厂、压气站等容量较大的柴油发电机组应自动补给机组的燃油，对集气站等容量小的柴油发电机组可手动补给机组的燃油，机组起动用蓄电池自动充电。

готовности к пуску. Давление и температура машинного масла, температура охлаждающей воды при аварийном пуске и быстром загружении агрегата должны соответствовать техническим условиям продукции.

（2）Автоматический пуск и загружение. При приеме команды автоматического или дистанционного управления, или прекращении снабжения городской электроэнергией, осуществляются автоматический пуск и электроснабжение агрегата.

Допускается трехразовый автоматический пуск агрегата. Время каждого запуска составляет 8-12сек., временной интервал между пусками составляет 5-10сек.. При неудаче третьего пуска, следует выдать сигнал звуко-световой сигнализации. Если предусмотрен резервный агрегат, следует автоматически передать сигнал пуска в резервный агрегат. Показатель успешного автоматического запуска составляет не менее 98%. Время восстановления снабжения электроэнергией нагрузку после прекращения подачи городской электроэнергии составляет 8-20сек..

（3）Автоматический останов. После приема команды автоматического или дистанционного управления остановом, осуществляется автоматический останов агрегата; после восстановления нормальной работы электросети, осуществляются автоматическое переключение и автоматический пуск, а также электросеть снабжает электроэнергией нагрузку.

（4）Следует автоматически снабжать топливом дизель-генераторный агрегат с большой емкостью для ГПЗ, КС и др.; а следует вручную снабжать топливом дизель-генераторный агрегат с малой емкостью для газосборного пункта и и др.. При пуске агрегата осуществляется автоматическая зарядка с помощью аккумулятора.

5 供配电

（5）有过载、短路、过速度（或过频率）、冷却水温度过高、机油压力过低等保护装置,并根据需要选设过电压、欠电压、失电压、欠速度（或欠频率）、机油温度过高、起动空气压力过低、燃油箱油面过低、发电机绕组温度过高等方面的保护装置。

（6）有表明正常运行或非正常运行的声光信号系统。

（7）对于一般用途（照明和其他简单的电气负载）的柴油发电机组选用 G1 级。

（8）对于为照明系统、泵、风机和卷扬机供电的柴油发电机组选用 G2 级。

5.2.6.4.2 柴油发电机组容量选择

发电机容量按应急负荷大小和起动大的电动机容量等因素综合考虑确定。并考虑以下条件：

（1）柴油发电机的额定功率系指外界大气压力为 101.325kPa（760mmHg）、大气温度为 20℃、相对湿度为 50% 的情况下,保证能连续运行 24h 的功率（包括超负荷 110% 运行 1h）。如连续运行时间超过 24h,则应按 90% 额定功率使用。如气压、气温、湿度与上述规定不同,应对柴油发电机的额定功率进行修正。

5 Электроснабжение и электрораспределение

（5）Предусмотрены устройства защиты от перегрузки, короткого замыкания, максимальной скорости (или максимальной частоты), слишком высокой температуры охлаждающей воды и слишком низкого давления машинного масла; устройства защиты от перенапряжения, недонапряжения, потери напряжения, недостаточной скорости (недостаточной частоты), слишком высокой температуры машинного масла, слишком низкого давления пускового воздуха, слишком низкого уровня масла в топливном баке, слишком высокой температуры обмотки генератора.

（6）Предусмотрена система световых и звуковых сигналов для показания состояния нормальной или ненормальной работы.

（7）Для дизель-генераторного агрегата общего назначения (электрическая нагрузка для освещения и другая простая нагрузка) применяется класс G1.

（8）Для дизель-генераторного агрегата системы освещения, насоса, вентилятора и лебедки применяется класс G2.

5.2.6.4.2 Выбор емкости дизель-генераторного агрегата

Емкость генератора определяется в зависимости от емкости аварийной нагрузки, пусковой мощности большого электродвигателя и других факторов, и с учетом следующих условий:

（1）Под номинальной мощностью дизельного генератора понимается мощность, обеспечивающая бесперебойную работу 24 часа (включая работу 1 часа под перегрузкой 110%), при внешнем атмосферном давлении 101,325кПа (760мм Hg), температуре воздуха 20 ℃ и относительной влажности 50%. Если продолжительность бесперебойной работы превышает 24 часа,

（2）全压起动大容量笼型电动机,母线电压不应低于额定电压的75%或80%。电动机全压起动允许容量取决于发电机的容量和励磁方式;宜选用高速柴油发电机组和无刷型自动励磁装置。

5.3 变电站

5.3.1 变电站组成

变电站是电网中的线路连接点,用以变换电压、交换功率和汇集、分配电能的设施场所。为了把发电厂发出来的电能输送到较远的地方,必须把电压升高,变为高压电,到用户附近再按需要把电压降低,这种升降电压的工作靠变电站来完成。变电站主要由变压器、开关设备、计量和控制用互感器、监控仪表、汇集电流的母线、继保和自动装置、直流电源、防雷保护及接地、调度通信、构架、消防设施、室内配电及保护控制设备房、值班房等。

то учитывается 90% от номинальной мощности. Если атмосферное давление, температура и влажность воздуха не соответствуют вышеуказанным требованиям, то следует поправить номинальную мощность дизельного генератора.

(2) При пуске электродвигателя с короткозамкнутым ротором с большой емкостью под полным давлением, напряжение шины должно быть не менее 75% или 80% от номинального напряжения. Допустимая пусковая мощность электродвигателя под полным давлением зависит от емкости и способа возбуждения генератора. И применяются скоростной дизель-генераторный агрегат и бесщеточное устройство автоматического регулирования возбуждения.

5.3 Подстанция

5.3.1 Состав подстанции

Подстанция в качестве точки соединения линий в электросети является сооружением, предназначенным для преобразования напряжения, обмена мощностью, аккумулирования и распределения электроэнергии. С целью передачи электроэнергии от электростанции в далекие районы, необходимо повысить напряжение для преобразования электроэнергии высокого напряжения, затем нужно снизить напряжение вблизи потребителей. Эта работа по повышению и снижению напряжения осуществляется с помощью подстанции. На подстанции предусмотрены трансформатор, коммутационный аппарат, измерительный и контрольный трансформатор, наблюдательный прибор, шина для накопления тока, релейная

5 供配电

5 Электроснабжение и электрораспределение

защита и автоматика, источник питания постоянного тока, молниезащитные и заземляющие сооружения, диспетчерской связи, обвязки и пожаротушения, а также помещение внутреннего распределительного устройства и защитного устройства управления, дежурная комната и т.д..

5.3.1.1 变压器

变压器是变电站的主要设备,分为双绕组变压器、三绕组变压器和自耦变压器。自耦变压器即高、低压每相共用一个绕组,从高压绕组中间抽出一个头作为低压绕组的出线的变压器。电压高低与绕组匝数成正比,电流则与绕组匝数成反比。

变压器按其作用可分为升压变压器和降压变压器。前者用于电力系统送端变电站,后者用于受端变电站。变压器的电压需与电力系统的电压相适应。为了在不同负荷情况下保持合格的电压,有时需要切换变压器的分接头。变压器的选择见5.12.1部分。

5.3.1.2 配电装置

计量和控制电能的分配装置。由母线、开关设备、保护电器、测量仪表和其他附件等组成。

5.3.1.1 Трансформатор

Основным оборудованием подстанции является трансформатор, разделяющий на двухобмоточный трансформатор, трехобмоточный трансформатор и автотрансформатор. Под автотрансформатором понимается трансформатор, для каждой фазы высокого и низкого напряжений которого используется одна обмотка и в качестве вывода обмотки низкого напряжения используется один отвод обмотки высокого напряжения. Значение напряжения прямо пропорциональное числу витков обмотки; а ток обратно пропорциональный числу витков обмотки.

По назначению трансформаторы разделяют на повышающий и понижающий. Повышающий трансформатор распространяется на подстанцию на стороне передачи электроэнергетической системы, а понижающий трансформатор распространяется на подстанцию на стороне приема электроэнергетической системы. Напряжение трансформатора должно соответствовать напряжению электроэнергетической системы. Иногда нужно переключить ответвление трансформатора для поддерживания годного напряжения при разных нагрузках. Выбор трансформатора проводится согласно таблице 5.12.1.

5.3.1.2 Распределительное устройство

Распределительное устройство для учета и контроля электроэнергии состоит из шины,

开关设备包括断路器、隔离开关、负荷开关、高压熔断器等，都是断开和合上电路的设备。断路器在电力系统正常运行情况下，用来合上和断开电路；故障时，在继电保护装置控制下自动把故障设备和线路断开；还可以有自动重合闸功能。变电站使用较多的是真空断路器和六氟化硫断路器。

隔离开关（刀闸）的主要作用是在设备或线路检修时隔离电压，以保证安全。它不能断开负荷电流和短路电流，应与断路器配合使用。在停电时，应先拉断路器、后拉隔离开关；送电时，应先合隔离开关、后合断路器。如果误操作，将引起设备损坏和人身伤亡。

负荷开关能在正常运行时断开负荷电流，没有断开故障电流的能力，一般与高压熔断丝配合用于10kV及以上电压且不经常操作的变压器或出线上。

为了减少变电站的占地面积近年来积极

коммутационного аппарата, защитного электрооборудования, измерительного прибора и других принадлежностей.

Коммутационный аппарат включает в себя выключатель, разъединитель, выключатель нагрузки и высоковольтный предохранитель, которые являются оборудованием для отключения и включения цепи. Когда выключатель предназначается для включения и отключения цепи при нормальной работе электроэнергетической системы, то он автоматически отключает неисправного оборудования и линии под действием устройства релейной защиты, и обладает функцией автоматического повторного включения. На подстанции широко используются вакуумный выключатель и элегазовый выключатель.

Разъединитель (рубильник) в основном предназначается для изолирования напряжения при ремонте оборудования или линии для обеспечения безопасности. Он не отключает тока нагрузки и короткого замыкания, а также используется вместе с выключателем. При прекращении подачи электроэнергии, следует сначала отключить выключатель, затем отключить разъединитель; при подаче электроэнергии, следует сначала включить разъединитель, затем включить выключатель. Ошибочная операция будет вызывать повреждение оборудования и поражение личности.

При нормальной работе выключатель нагрузки отключает ток нагрузки и не обладает способностью к отключению аварийного тока. Как правило, выключатель нагрузки вместе с высоковольтным предохранителем используются на малоупотребительном трансформаторе или выводе 10кВ и выше.

С целью уменьшения площади отвода земель

发展六氟化硫全封闭组合电器,简称 GIS（Gas Insulated Switchgear），是气体绝缘全封闭组合电器的英文简称。它把断路器、隔离开关、母线、接地开关、互感器、出线套管或电缆终端头等分别装在各自密封间中集中组成一个整体外壳充以六氟化硫气体作为绝缘介质。这种组合电器具有结构紧凑、体积小、重量轻、不受大气条件影响、检修间隔长、无触电事故和电噪声干扰等优点。

配电设备的选择见 5.12.2 部分。

5.3.1.3 互感器

互感器包括电压互感器和电流互感器,其工作原理和变压器相似,即把高电压设备和母线的运行电压、电流或短路电流按规定比例变成测量仪表、继电保护及控制设备的低电压和小电流。在额定运行情况下,电压互感器二次电压为 100V,电流互感器二次电流为 5A 或 1A。电流互感器的二次绕组经常与负荷相连近于短路,请注意：不应使其开路,否则将因高电压而危及设备和人身安全或使电流互感器烧毁。

5 Электроснабжение и электрораспределение

подстанции, в последние годы проводится активное развитие закрытого комплектного распределительного устройства с элегазовой изоляцией (GIS). Для этого устройства отдельно устанавливаются выключатель, разъединитель, шина, заземляющий выключатель, измерительный трансформатор, выводная втулка или кабельный наконечник в герметичных камерах для образования одного целого корпуса, чтобы добавить элегаз в качестве изоляционной среды. Такое комплектное распределительное устройство обладает такими следующими преимуществами, как компактная конструкция, малый объем, легкий вес, защита от атмосферных воздействий, длинный временной интервал ремонта, защита от поражения электрическим током и электрического шума.

Состояние выбора распределительного устройства приведено в таблице 5.12.2.

5.3.1.3 Измерительный трансформатор

Измерительный трансформатор включает в себя трансформатор напряжения и трансформатор тока. Его принцип работы похож на работу трансформатора, т.е. следует превращать рабочее напряжение и ток или ток короткого замыкания высоковольтного оборудования по заданной пропорции в низкое напряжение и малый ток измерительного прибора, устройства релейной защиты и управления. При номинальных эксплуатационных условиях, вторичное напряжение трансформатора напряжения составляет 100В, а вторичный ток трансформатора тока составляет 5А или 1А. Вторичная обмотка трансформатора тока постоянно соединяется с нагрузкой и приближается к короткому замыканию. Следует обратить внимание на то, что запрещается размыкание цепи, иначе может вызывать повреждение

5.3.1.4 防雷保护装置

变电站还装有防雷设备,主要有避雷针和避雷器。避雷针是为了防止变电站遭受直接雷击,将雷电对其自身放电把雷电流引入大地。在变电站附近的线路上落雷时,雷电波会沿导线进入变电站,产生过电压。避雷器的作用是当过电压超过一定限值时,自动对地放电降低电压,保护设备放电后又迅速自动灭弧,保证系统正常运行。目前,使用较多的是氧化锌避雷器。

5.3.2 变电站类型

变电站主要可分为:枢纽变电站、终端变电站;升压变电站、降压变电站;电力系统的变电站、工矿变电站、铁路变电站(电气化铁路);按电压等级可分为1000kV,750kV,500kV,330kV,220kV,110kV,66kV,35kV 和 10(6)kV 等电压等级的变电站;按照布置形式可分为敞开式变电站、户内变电站。近年来,对于中低压变电站推广预装式变电站(E-HOUSE)等。

5.3.1.4 Молниезащитное устройство

На подстанции предусмотрено молниезащитное устройство, в основном включающий в себя молниеотвод и разрядник. Молниеотвод предназначается для отвода грозового тока в землю путем разряда молнии на себя для защиты подстанции от прямого удара молнии. При грозовых разрядах на линиях вблизи подстанции, грозовая волна входит на подстанцию по проводам и образует перенапряжение. При превышении перенапряжения определенного предельного значения, разрядник предназначается для автоматического разряда в землю и снижения напряжения, быстрого гашения дуги после разряда защитного оборудования, а также обеспечения нормальной работы системы. В настоящее время, широко используется разрядник из оксида цинка.

5.3.2 Тип подстанции

Подстанции в основном разделяют на следующие виды: узловая и конечная подстанция; повышающая и понижающая подстанция; подстанция электроэнергетической системы, промышленная подстанция и железнодорожная подстанция (электрифицированная железная дорога); по классу напряжения разделяют на следующие виды: подстанции 1000кВ, 750кВ, 500кВ, 330кВ, 220кВ, 110кВ, 66кВ, 35кВ, 10(6)кВ; по способу расположения разделяют на следующие виды: открытая и закрытая. В последние годы, на подстанциях среднего и низкого напряжения широко используется сборная подстанция (E-HOUSE) и т.д..

根据安装位置、方式和结构的不同，它们大致有以下几种类型：

（1）发电厂变电站。

用于把发电厂发出来的电能的电压升高，输送到较远的地方。大型发电厂采用发电机变压器组的单元接线直接升高电压；中小型发电厂通常设置发电机母线，将电能直配到用户或设置1～2台主变压器，升高电压后将电能输送至电网或用户。

（2）枢纽变电站。

枢纽变电站位于电力系统的枢纽点，电压等级较高，联系多个电源，出现回路多，变电容量大；全站停电后将造成大面积停电，或系统瓦解，枢纽变电站对电力系统运行的稳定性和可靠性起到重要作用。目前，枢纽变电站电压等级一般为330kV及以上，220kV电网作为配电网，解列运行或局部环网运行；在中国，当1000kV电压等级电网建设完成后，500kV及以下电网将作为配电网，全部解列运行。

5 Электроснабжение и электрораспределение

Согласно положению, способу и конструкции монтажа, они обычно разделяют на следующие виды：

（1）Подстанция электростанции.

Она предназначается для повышения напряжения электроэнергии от электростанции и передачи ее в далекие районы. На крупной электростанции прямо повышается напряжение путем соединения блока трансформаторной группы; на средней и малой электростанциях предусмотрена шина генератора для прямого распределения электроэнергии в потребители или предусмотрен 1-2 главных трансформатора для передачи электроэнергии повышенного напряжения в электросеть и потребители.

（2）Узловая подстанция.

Узловая подстанция находится в узловом пункте электроэнергетической системы и обладает такими следующими особенностями, как высокий класс напряжения, соединение многих источников питания, большое количество контура и большая трансформаторная емкость. И в связи с тем, что после прекращения подачи электроэнергии всей станции будет образоваться прекращение подачи электроэнергии в широких масштабах или разрушение системы, узловая подстанция играет важную роль в обеспечении устойчивости и надежности работы электроэнергетической системы. В настоящее время, напряжение узловой подстанции обычно составляет 330кВ и выше; электросеть 220кВ используется в качестве распределительной сети, которая работает по режиму отключения из параллельной работы или по частичной кольцевой сети. В Китае, после строительства электросети напряжения 1000кВ, электросеть 500кВ и ниже используется в качестве распределительной сети, которая

（3）工厂总降压变电站。

用于电源电压为35kV及以上的大中型工厂。它是从电力系统接受35kV或以上电压的电能后，由主变压器把电压降为10kV（当有6kV高压设备时，一般再经10kV/6.3kV变压器降压，也可直接采用35kV/6.3kV变压器，但需由技术经济等指标比较确定），经10kV母线分别配电到各车间变电站。这种变电站一般都是独立式的。

（4）高压配电所。

用于高压电能（10kV或6kV及以上）的接受和分配。无总降压变电站的高压配电所一般为独立式的；有总降压变电站的高压配电所一般附设在总降压变电站内。

（5）装置变电站。

变压器室和整个变电站都位于装置区附近的单独室内。它有利于深入负荷中心，缩短低压配电的距离，减少有色金属的消耗量，降低电能损耗和电压损耗，因此该变电站的技术经济指标较好。

работает по режиму отключения из параллельной работы.

(3) Главная понижающая подстанция ГПЗ.

Она распространяется на крупный и средний заводы с источником питания напряжения 35кВ и выше. Ее принцип работы: после приема электроэнергии напряжения 35кВ и выше из электроэнергетической системы, проводятся снижение напряжения до 10кВ с помощью главного трансформатора (при наличии высоковольтного оборудования 6кВ, обычно напряжение снижается с помощью трансформатора 10кВ/6,3кВ, тоже трансформатора 35кВ/6,3кВ, но способ определения после сравнения технико-экономических показателей и других показателей) и распределение электроэнергии на подстанции цехов через шину 10кВ. Такая подстанция обычно является независимой.

(4) Распределительный пункт высокого напряжения.

Он предназначается для приема и распределения электроэнергии высокого напряжения (10кВ или 6кВ и выше). Распределительный пункт высокого напряжения без главной понижающей подстанции является независимым; а распределительный пункт высокого напряжения с главной понижающей подстанцией находится на территории главной понижающей подстанции.

(5) Подстанция установки.

Трансформаторное помещение и целая подстанция располагаются в отдельном помещении вблизи зоны установок. Она располагается вблизи центра нагрузки для снижения расстояния низковольтного распределения энергии, уменьшения расхода цветного металла, снижения потери электроэнергии и напряжения. и данная подстанция обладает хорошими технико-экономическими

5 供配电

(6) 独立变电站。

变电站设在距车间、住宅区或其他建筑物有一定距离的单独建筑物内。它的运行维护条件好,安全可靠性高,但建筑费用较高,因此,适用于负荷小而分散,或需要远离易燃、易爆、有腐蚀性气体及低洼积水的场所,一般需经全面技术经济比较来确定。

(7) 杆上变电站。

又称柱上变电站。其变压器(及其一些附属开关、保护设备)安装在室外的电杆上。它最简单经济,通风散热条件又好,但供电可靠性较差,易受环境影响,运行维护的条件较差,只适于环境允许的中小城镇居民区和工厂的生活区,且变压器容量在400kV·A及以下时选用。

(8) 露天或半露天变电站。

露天变电站是变压器位于室外抬高的地面上的变电站;半露天变电站是指位于露天的变压器有顶板或挑檐的情况。对小型工厂车间或其他不重要用户,从简单、经济角度考虑,露天或半露天变电站投资省、通风散热条件好,在无腐蚀性、爆炸性气体和粉尘,无易燃易爆危险的场所,只要环境条件许可,便可以考虑采用。但一定要采取安

5 Электроснабжение и электрораспределение

показателями.

(6) Независимая подстанция.

Данная подстанция находится в отдельном здании на определенном расстоянии от цеха, жилой зоны или других зданий. Она обладает хорошими условиями эксплуатации и обслуживания, высокой безопасностью и надежностью, а также высоким расходом на строительства, поэтому распространяется на помещения с малой и разрозненной нагрузкой или помещения далекие от взрывопожароопасного и коррозийного газа, низинной и водяночной зоны, как правило, определяется после полного сравнения технико-экономических показателей.

(7) Опорная подстанция.

Она называется колонной подстанцией. И ее трансформатор (вспомогательные выключатели и защитные устройства) устанавливается на наружной опоре. Она обладает простой конструкцией и экономической рациональностью, хорошими условиями вентиляции и теплоотдачи, а также плохой надежностью электроснабжения, попаданием под влияние окружающей среды, плохими условиями эксплуатации и обслуживания, поэтому только распространяется на населенный районы среднего и малого городов и жилую зону завода с допустимыми условиями окружающей среды, и выбирается при мощности трансформатора 400кВ·А и ниже.

(8) Открытая или полуоткрытая подстанция.

Под открытой подстанцией понимается подстанция, трансформатор которой находится на выступающей земле вне помещения; а под полуоткрытой подстанцией понимается подстанция, для открытого трансформатор которой устанавливается потолочная пластина или выступающий карниз. С учетом простой конструкции и

全防护措施(如周围加围墙、围栏等),因其安全可靠性较差。

（9）地下变电站。

整个变电站位于建筑或其他设施的地下层。它的通风散热条件差,湿度高,投资和运行费用高,但这种变电站安全且不碍观瞻,在高层建筑、地下工程和矿井中采用较多,其变压器应采用干式变压器。

（10）楼层变电站。

变电站设在高层建筑的楼层中。该类型适用于高层建筑和地面面积有限的场所。楼层变电站中采用的电气设备及结构须尽可能轻、安全,并须防火,变压器通常采用干式变压器。

（11）预装式变电站。

预装式变电站包括成套变电站、电气橇装房（E-House）等。装有各种电力和自动化设备,如高低压开关柜、马达控制中心、控制柜、变频器等,以及其他暖通、报警等辅助设施的成套小屋,由生产厂家按一定结线方案成套制造、在工厂生产,所有设备安装测试后发货,现场进行模块组装,施工

экономической рациональности, для цеха малого завода или неважного потребителя применяется открытая или полуоткрытая подстанция, обладающая низким капиталовложением, хорошими условиями вентиляции и теплоотдачи, расположением в помещениях без коррозийного и взрывчатого газа и пыли, и во взрывопожароопасных помещениях, при допустимых условиях окружающей среды. Однако, необходимо принять защитные меры (как установка ограждения, перила и т.д.) из-за плохой безопасности и надежности.

（9）Подземная подстанция.

Целая подстанция находится на повальном этаже здания или других сооружений. Она обладает плохими условиями вентиляции и теплоотдачи, высокой влажностью, высоким капиталовложением и эксплуатационными затратами, а также безопасностью и удобством осмотра, поэтому она широко распространяется на многоэтажные здания, подземные объекты и шахты. И ее трансформатор является сухим.

(10) Подстанция на этаже.

Подстанция находится на этаже многоэтажного здания. Она распространяется на многоэтажные здания и помещения с ограниченной площадью отвода земли. На подстанции на этаже, как возможно использовать легкое, безопасное и огнестойкое электрооборудование и конструкцию. И ее трансформатор является сухим.

（11）Сборная подстанция.

Сборная подстанция включает в себя комплектную подстанцию, электрическое блочное помещение (E-House), комплектную камеру, установленную силовое и автоматизированное оборудование (например, шкафы выключателей высокого напряжения и низкого напряжения,

工程量小。

变电站所地址的选择,应根据下列要求综合考虑确定:

(1)尽量接近或深入负荷中心,这样可缩短配电线路的长度,对于节约电能、节约有色金属和提高电能质量都有重要意义。其具体位置要由各种因素综合确定。

(2)进出线方便,使变配电所尽可能靠近电源进线侧,目的是为了避免高压电源线路,尤其是架空线路跨越其他建筑或设施。

(3)设备运输、吊装方便,特别要考虑电力变压器和高低压开关柜等大型设备的运输方便。

(4)不应设在邻近下列场所的地方:①有剧烈振动或高温的场所;②有爆炸或火灾危险的场所正下方和正上方;③多尘、多水雾(如大型冷却塔)或有腐蚀性气体的场所,如无法远离时,要避免污染源的下风口;④厕所、浴室、洗衣房、厨房、泵房的正下方及邻近地区和其他经常积水场所和低洼地区。

5 Электроснабжение и электрораспределение

центр управления мотором, шкаф управления, преобразователь частоты), другие вспомогательные сооружения для отопления, вентиляции и сигнализации. Она комплектно изготавливается по варианту соединения изготовителя на заводе. Все устройства отправляются после монтажа и испытания. И сборка модули осуществляется на рабочей площадке. И она обладает малым объемом работ.

Адрес подстанции определяется по следующим требованиям:

(1) По мере возможности приближаться или углубляться в центр нагрузки, так можно сокращать длину распределительной линии, экономить электроэнергию и цветовой металл, а также повышать качество электроэнергии. И конкретное положение подстанции определяется с учетом разных факторов.

(2) Следует обеспечить удобство ввода и вывода, по мере возможности приближать КТП с РУ к стороне ввода источника питания во избежание воздушного перехода высоковольтной силовой линии (особенно воздушной линии) через другие здания или сооружения.

(3) Следует обеспечить удобство транспорта и навесной сборки оборудования, особенно учесть удобство транспорта силового трансформатора, шкафа выключателей высокого напряжения и низкого напряжения и крупного оборудования.

(4) Нельзя расположить ее вблизи следующих помещений: ① помещение с сильной вибрацией или высокой температурой; ② прямо под и над взрывоопасным и пожароопасным помещением; ③ помещение с многой пылью и туманообразной влагой (например, крупная градирня) или помещение с коррозийным газом (если не

（5）高压配电所宜于和邻近的车间变电站合建，以降低建筑费用，减少系统的运行维护费用。

（6）高层建筑地下变配电所的位置，宜选择在通风、散热条件较好的场所，且不宜设在最底层。当地下仅有一层时，应采取适当抬高变配电所地面等防水措施，并应避免有洪水或积水从其他渠道淹没变配电所的可能性。

（7）应考虑企业的发展，使变配电所有扩建的可能，尤其是独立式的变配电所。

5.3.3 220kV 变电站

土库曼斯坦现有多条输变电线路，包括输电电压为 35kV，110kV，220kV 和 500kV 的输变电线路。其中 500kV 输电线路数量较少，500kV 变电站都是电网系统的枢纽变电站，故这里不介绍 500kV 系统。220kV 电网输送能力较大，目前是土库曼斯坦的主干电网；同时，对于用电负荷较大的用户，也可作为用户终端变电站。本节将从电气主接线、电气总平面布置、配电装置、变压器、防雷接地等方面介绍 220kV 变电站。

возможно отойти ее далеко из этих помещений, то следует далеко от нижней фурмы источника загрязнения）；④ прямо под санузлом, баней, прачечной, кухней и насосной и прилежащие районы, а также другие помещение с накопившейся водой и низинные районы.

（5）Совместное строительство распределительного пункта высокого напряжения с подстанцией соседнего цеха осуществляется для снижения расходов на строительство, эксплуатацию и обслуживание системы.

（6）Подземная КТП с РУ для многоэтажного здания располагается в помещении с хорошими условиями вентиляции и теплоотдачи, но не располагается на низшем этаже. При наличии одного повального этажа, следует принять меры защиты от воды（например, поднять поверхность земли КТП с РУ）, а также предотвращать возникновение возможности затопления КТП с РУ паводковой водой или накопившейся водой через другие каналы.

（7）С учетом развития предприятия, существует возможность расширения КТП с РУ（особенно для независимой КТП с РУ）.

5.3.3 Подстанция 220кВ

В Туркменистане существуют много линий для передачи и трансформации электроэнергии, включающих в себя линии 35кВ, 110кВ, 220кВ и 500кВ. В связи с тем, что малое количество линии для передачи электроэнергии 500кВ и подстанция 500кВ является узловой подстанцией для системы электросети, в настоящем руководстве не описывается система 500кВ. В настоящее время, электросеть 220кВ с большой способностью

5 供配电

5.3.3.1 电气主接线

220kV 最终出线回路数 4 回及以下，主变压器为 3 台时，为降低设备投资，减少占地面积，可采用线变组、桥型接线。当线路、变压器速接元件总数在 10 回以下时，一般采用双母线接线；连接原件总数在 10～14 回时，可采用双母线或双母线单分段接线；连接元件总数为 15 回及以上时，宜采用双母线双分段接线。为了限制 220kV 母线短路电流或满足系统解列运行要求，也可根据需要将母线分段。

5.3.3.1.1 线变组接线

线变组接线如图 5.3.1 所示。

5 Электроснабжение и электрораспределение

к передаче электроэнергии используется в качестве главной магистральной электросети Туркменистана, одновременно тоже в качестве конечной подстанции для потребителя с большой электрической нагрузкой. В настоящем руководстве описывается подстанция 220кВ в аспекте главного электрического соединения, электрического генерального расположения, распределительного устройства, трансформатора, молниезащиты и заземления и т.д..

5.3.3.1 Главное электрическое соединение

Когда количество конечного выводного контура 220кВ составляет 4 и ниже, количество главного трансформатора составляет 3, то применяются способы непосредственного соединения линии с трансформатором и мостового соединения. Когда общее количество быстродействующих элементов для линии и трансформатора составляет менее 10, то применяется способ двойного шинного соединения; когда общее количество соединительных элементов составляет 10-14, применяется способ двойного шинного соединения или двойного шинного односекционированного соединения; когда общее количество соединительных элементов составляет 15 и выше, то применяется способ двойного шинного двухсекционированного соединения. Для ограничения тока короткого замыкания шины 220кВ или удовлетворения требования к отключению системы из параллельной работы, можно секционировать шину по потребности.

5.3.3.1.1 Непосредственное соединение линии с трансформатором

Непосредственное соединение линии с трансформатором показано в рис. 5.3.1.

图 5.3.1 线变组接线

Рис. 5.3.1 Непосредственное соединение линии с трансформатором

优点：接线最简单、设备最少,不需高压配电装置。

缺点：线路故障或检修时,变压器停运;变压器故障或检修时,线路停运。

适用范围：只有一台变压器和一回线路时。当发电厂内不设置高压配电装置,直接将电能送至枢纽变电站时。

Преимущество: простейшее соединение, наименьшее количество оборудования, не требуется высоковольтное распределительное устройство.

Недостаток: при неисправности или ремонте линии осуществляется останов трансформатора; при неисправности или ремонте трансформатора осуществляется останов линии.

Сфера применения: когда только предусмотрены один трансформатор и один контур; когда не предусмотрено высоковольтное распределительное устройство на электростанции, а осуществляется непосредственная передача электроэнергии на узловую подстанцию.

5.3.3.1.2 桥型接线

两回变压器一线路单元接线相连,接成桥形接线。分为内桥形与外桥形两种接线(图 5.3.2)。

（1）内桥形接线。

优点：高压断路器数量少,4 个回路只需 3 台断路器。

缺点：交压器的切除和投入较复杂,需动作

5.3.3.1.2 Мостовое соединение

Двухконтурный трансформатор соединяется с блоком линии в виде мостового соединения. Мостовое соединение разделяет на внутреннее и наружное (рис. 5.3.2).

（1）Внутреннее мостовое соединение.

Преимущество: маленькое количество высоковольтного выключателя, только предусмотрены три выключателя для четырех контуров.

Недостаток: сложное отключение и включение

两台断路器,影响一回线路的暂时停运;桥连断路器检修时,两个回路需解列运行;出线断路器检修时,线路需较长时期停运。

为避免此缺点,可加装正常断开运行的跨条,为了轮流停电检修任何一组隔离开关,在跨条上须加装两组隔离开关。桥连断路器检修时,也可利用此跨条。

适用范围:适用于较小容量的发电厂、变电站,并且变压器不经常切换或线路较长、故障率较高的情况。

трансформатора, срабатывание двух выключателей, влияние на временный останов одной линии; при ремонте выключателя мостового соединение, два контура работает по режиму отключения из параллельной работы; при ремонте выводного выключателя, осуществляется длительный останов линии.

Дополнительно устанавливается нормально разомкнутая и эксплуатационная перемычка, чтобы избавиться от недостатка; следует установить два разъединителя на перемычке для очередного ремонта любого одного разъединителя при прекращении подачи электроэнергии. При ремонте выключателя мостового соединения, тоже используется эта перемычка.

Сфера применения: распространяется на электростанцию и подстанцию с малой мощностью, а также на условия нерегулярного переключения трансформатора или длинной линии, высокой интенсивности отказов.

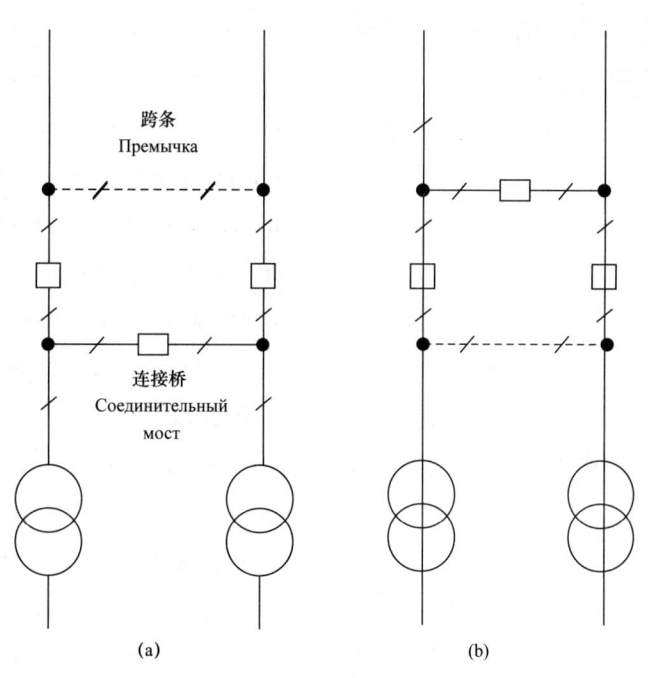

图 5.3.2 桥形接线
(a)内桥形接线;(b)外桥形接线

Рис. 5.3.2 Мостовое соединение
(a) Внутреннее мостовое соединение; (b) Наружное мостовое соединение

（2）外桥形接线。

优点：高压断路器数量少，四个回路只需三台断路器。

缺点：变压器的切除和投入较复杂，需动作两台断路器，影响一台变压器的暂时停运；在进行桥连断路器检修时，两个回路需解列运行；在进行变压器断路器检修时，变压器需较长时期停运。

为避免此缺点，可加装正常断开运行的跨条，为了轮流停电检修任何一组隔离开关，在跨条上须加装两组隔离开关。在进行桥连断路器检修时，也可利用此跨条。

适用范围：适用于较小容量的发电厂、变电站，并且变压器切换频繁或线路较短、故障率较少的情况。此外，线路有穿越功率时，也宜采用外桥形接线。

（3）桥形接线的优化。

采用油断路器时，由于油断路器故障率较高，需要经常检修，故设置跨条作为故障或检修时的旁路。

六氟化硫断路器技术已较成熟，故障率较低，且不需要检修。六氟化硫断路器已在中国电力市场得到广泛应用，中国相关规范已明确，采用六氟化硫断路器的主接线不宜设旁路设施，以减少设

(2) Наружное мостовое соединение.

Преимущество: маленькое количество высоковольтного выключателя, только предусмотрены три выключателя для четырех контуров.

Недостаток: сложное отключение и включение линии, срабатывание двух выключателей, влияние на временный останов одного трансформатора; при ремонте выключателя мостового соединение, два контура работает по режиму отключения из параллельной работы; при ремонте выключателя трансформатора, осуществляется длительный останов трансформатора.

Дополнительно устанавливается нормально разомкнутая и эксплуатационная перемычка, чтобы избавиться от недостатка; следует установить два разъединителя на перемычке для очередного ремонта любого одного разъединителя при прекращении подачи электроэнергии. При ремонте выключателя мостового соединения, тоже используется эта перемычка.

Сфера применения: распространяется на электростанцию и подстанцию с малой мощностью, а также на условия частого переключения трансформатора или короткой линии, низкой интенсивности отказов. Кроме этого, при наличии переходной мощности линии, тоже используется способ наружного мостового соединения.

(3) Оптимизация мостового соединения.

В связи с высокой интенсивностью отказов и частым ремонтом масляного выключателя, при использовании масляного выключателя используется перемычка в качестве обхода в случае неисправности или ремонта.

В настоящее время, элегазовый выключатель является зрелой техникой с низкой интенсивностью отказов, а также не требует ремонта. Элегазовый выключатель уже широко используется

备投资、缩小占地面积,简化操作。

取消采用六氟化硫断路器的桥型接线中的跨条,已成为中国电力市场的标准做法。

5.3.3.1.3 双母线接线

双母线的两组母线同时工作,并通过母线联络断路器并联运行,电源与负荷平均分配在两组母线上。如图 5.3.3 所示。

由于母线继电保护的要求,一般某一回路固定与某一组母线连接,以固定连接的方式运行。

优点:

(1)供电可靠。通过两组母线隔离开关的倒换操作,可以轮流检修一组母线而不致使其供电中断;一组母线故障后,能迅速恢复供电;检修一回路的母线隔离开关,只停该回路。

(2)调度灵活。各个电源和各回路负荷可以任意分配到某一组母线上,能灵活地适应系统中各种运行方式调度和潮流变化的需要。

(3)扩建方便。向双母线的左右任何一个方

5 Электроснабжение и электрораспределение

на рынке электроэнергии Китая. В соответствующих правилах Китая определяется, что для главного соединения элегазового выключателя не применяется обходное сооружение для уменьшения инвестиции в оборудование, сокращения площади отвода земель и упрощения операции.

Отменой применения перемычки для мостового соединения элегазового выключателя является стандартный метод на рынке электроэнергии Китая.

5.3.3.1.3 Двойное шинное соединение

Две шины одновременно работают и параллельно работают с помощью шиносоединительного выключателя. Источник питания и нагрузка равномерно распределяются на двух шинах (рис. 5.3.3).

По требованиям к релейной защите шины, как правило, определенный контур постоянно соединяется с определеной шиной, затем они работают путем неподвижного соединения.

Преимущества:

(1) Надежное электроснабжение. Путем переключения двух шинных разъединителей осуществляется очередной ремонт одной шины без прекращения подачи электроэнергии; при неисправности одной шины осуществляется быстрое восстановление электроснабжения; при ремонте любого шинного разъединителя контура только осуществляется останов данного контура.

(2) Гибкая диспетчеризация. Нагрузка источников питания и контуров может произвольно распределяться на определеной одной шине, а также гибко соответствовать требованиям к диспетчеризации и изменению способов эксплуатации системы.

(3) Удобство расширения. Расширение в любом

向扩建,均不影响两组母线的电源和负荷均匀分配,不会引起原有回路的停电。当有双回架空线路时,可以顺序布置,不会如单母线分段那样导致出线交叉跨越。

(4)便于试验。当个别回路需要单独进行试验时,可将该回路分开,单独接至一组母线上。

缺点:

(1)增加一组母线,每个回路增加一组母线隔离开关。

(2)当母线出现故障或检修时,隔离开关作为倒换操作电器,容易误操作。为避免隔离开关误操作,需在隔离开关和断路器之间装设连锁装置。

из левого и правого направлений от двойной шины не влияет на равномерное распределение источника питания и нагрузки двух шин, а также не вызывает прекращения подачи электроэнергии в существующий контур. Последовательное расположение двухконтурной воздушной линии не вызывает пересечения и воздушного перехода вывода, как одиночное секционирование.

(4) Удобство испытания. Если для отдельного контура следует провести отдельное испытание, то надо разделить этот контур и отдельно подключить его к одной шине.

Недостатки:

(1) Нужно добавить одну шину, для каждого контура еще следует установить шинный разъединитель.

(2) При неисправности или ремонте шины, использование разъединителя в качестве переключающего оперативного аппарата легко вызывает ошибочную операцию. Для предотвращения ошибочной операции разъединителя, следует установить блокировочное устройство между разъединителем и выключателем.

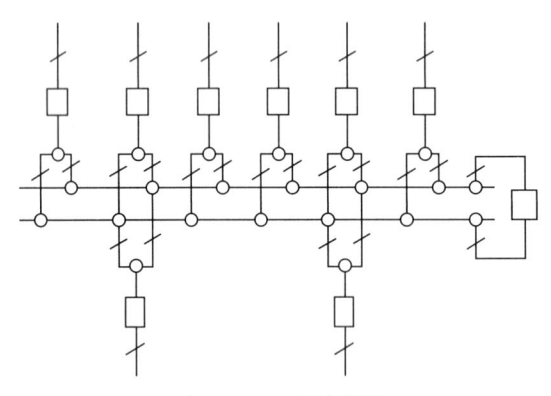

图 5.3.3 双母线接线

Рис. 5.3.3 Двойное шинное соединение

增设旁路母线的接线:

为了保证在进线断路器检修时(包括其保护装置的检修和调试),不中断对用户的供电,可增设旁路母线(图 5.3.4)。220kV 线路输送功率较

Добавить соединение обходной шины:

Для обеспечения беспребойного электроснабжения потребителя при ремонте вводного выключателя (включая ремонт и наладку защитного

多、送电距离较长,停电影响较大,且220kV少油断路器平均每台每年检修时间需5-7天,停电时间较长。因此采用少油断路器的主接线应设置旁路母线。

对于双母线接线形式,旁路母线有两种接线方式:

(1)有专用旁路断路器。

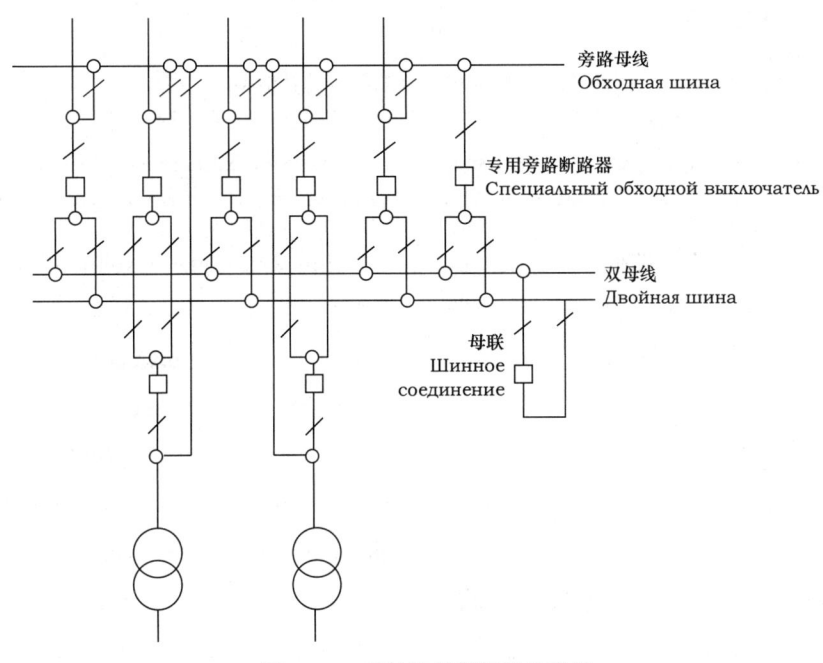

图 5.3.4 双母线带旁路母线接线

(2)母联断路器兼做旁路断路器可采用母联断路器兼做旁路断路器。如图 5.3.5 所示。

此外,有些工程曾采用图 5.3.6 所示的接线方式。

5 Электроснабжение и электрораспределение

устройства), предусмотрена обходная шина (рис. 5.3.4). В связи с тем, что большая передаваемая мощность и длинное расстояние передачи электроэнергии линии 220кВ, большое воздействие из-за прекращения подачи электроэнергии, а также среднегодовая продолжительность ремонта каждого маломасляного выключателя 220кВ составляет 5-7 дней, длительное время прекращения подачи электроэнергии, для главного соединения маломасляного выключателя предусмотрена обходная шина.

Способ двойного шинного соединения обходной шины разделяет на два вида:

(1) Установка специального обходного выключателя.

Рис. 5.3.4 Двойное шинное обходное соединение

(2) Шиносоединительный выключатель используется в качестве обходного выключателя, как показано в рис. 5.3.5.

Кроме этого, для некоторых объектов был использован способ соединения, указанный в рис.5.3.6.

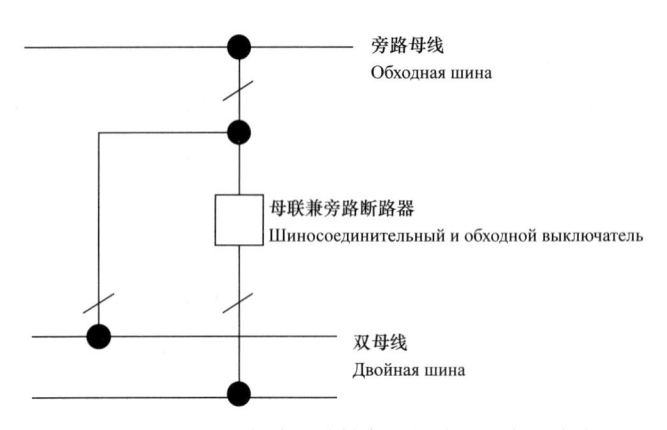

图 5.3.5 母联断路器兼做旁路断路器的常用接线

Рис. 5.3.5 Общеупотребительное соединение шиносоединительного и обходного выключателя

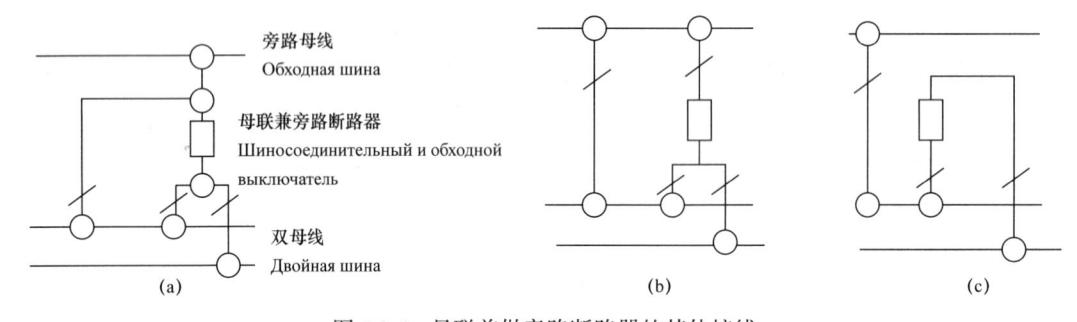

图 5.3.6 母联兼做旁路断路器的其他接线
（a）两组母线均能带旁路；（b）旁路母线经常带电；（c）设旁路跨条

Рис. 5.3.6 Другое соединение шиносоединительного и обходного выключателя
（a）2 группы шины с обходами；（b）обходная шина часто наэлектризованная；（c）снабжение обходной премычкой

当设置旁路母线时，架空线路侧、主变压器侧 220kV 断路器应接入旁路母线；发电机主变压器 220kV 侧断路器可随发电机停机检修，一般不接入旁路母线。

六氟化硫断路器技术已较成熟，故障率较低，可靠性较高，检修周期较长。随着六氟化硫断路器在电力市场的广泛应用，采用六氟化硫断路器的主接线不宜设旁路设施，以减少设备投资、缩小占地面积，简化操作。

При установке обходной шины, выключатели 220кВ на стороне воздушной линии и главного трансформатора должны быть подключены к обходной шине; в связи с возможным ремонтом выключателя на стороне 220кВ главного трансформатора генератора совместно с генератором, как правило, он не подключается к обходной шине.

В настоящее время, элегазовый выключатель является зрелой техникой с низкой интенсивностью отказов, высокой надежностью и длительным периодом ремонта. По мере широкого использования элегазового выключателя на рынке электроэнергии, для главного соединения элегазового выключателя не применяется обходное сооружение для уменьшения инвестиции в оборудование, сокращения площади отвода земель и упрощения операции.

5.3.3.1.4　220kV 变电站主接线连接示例

南约洛坦气田第二天然气处理厂用电负荷接近 40MW，建设一座 220kV 变电站，作为终端变电站（图 5.3.7）。经过线变组接线和桥形接线的方案比选后，在投资增加不大、运行更灵活、可靠性更高的条件下，最终选择外桥形接线。

5.3.3.1.4　Пример главного соединения подстанции 220кВ

Собственная электрическая нагрузка ГПЗ-2 на газовом месторождении «Южный Елотен» приближается к 40 МВт. Предусмотрена один подстанция 220кВ в качестве конечной подстанции (рис. 5.3.7). По результатам сравнению вариантов по непосредственному соединению линии с трансформатором и мостовому соединению, выбирается способ наружного мостового соединения с учетом небольшого увеличения капиталовложения, высокой гибкости и надежности работы.

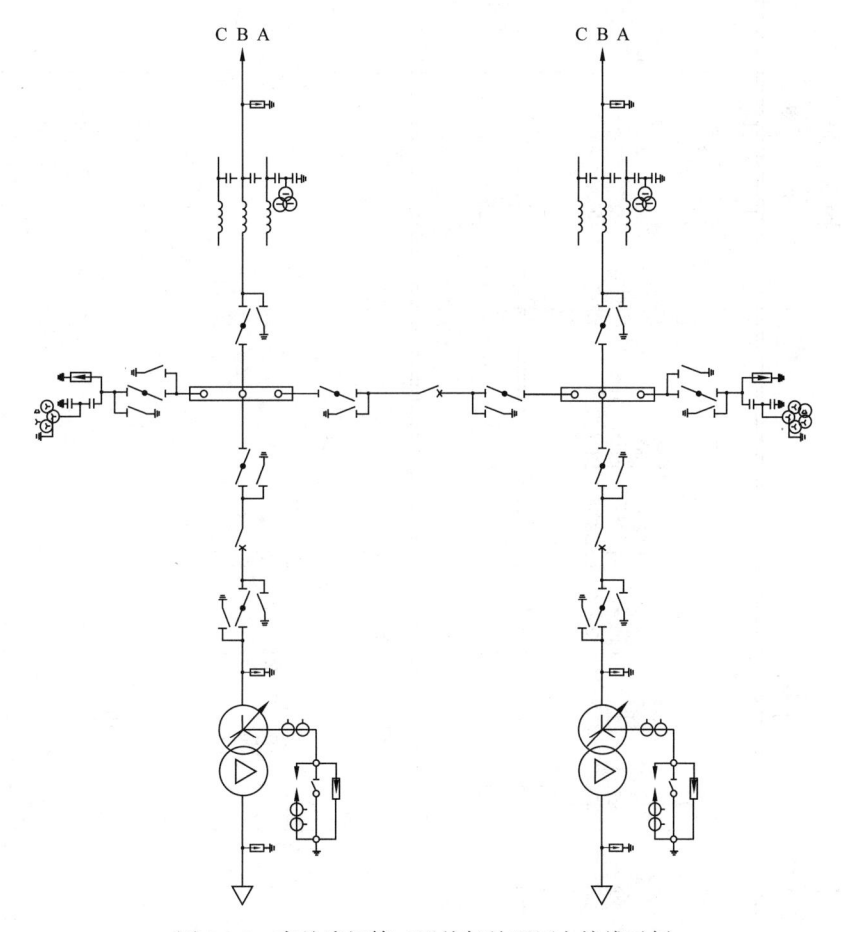

图 5.3.7　南约洛坦第二天然气处理厂主接线示例

Рис. 5.3.7　Примеры главного соединения по ГПЗ-2 на месторождении «Южный Елотен»

南约洛坦气田第一天然气处理厂 220kV 变电站，电源引接自土库曼斯坦国家电网，通过降压变压器为第一处理厂用电负荷供电，并通过 220kV

Подстанция 220кВ ГПЗ-1 на газовом месторождении «Южный Елотен» питается от государственной электросети Туркменистана. Понижающий

架空线路向第二天然气处理厂供电,同时备用2回间隔。该变电站作为枢纽变电站,采用双母线带旁路接线(图 5.3.8)。

трансформатор снабжает электроэнергией электрическую нагрузку ГПЗ-1 ; воздушная линия 220кВ снабжает электроэнергией ГПЗ-2. И одновременно, предусмотрены 2 резервных контурных интервала. Для данной подстанции в узловой подстанции применяется способ двойного шинного обходного соединения (рис. 5.3.8).

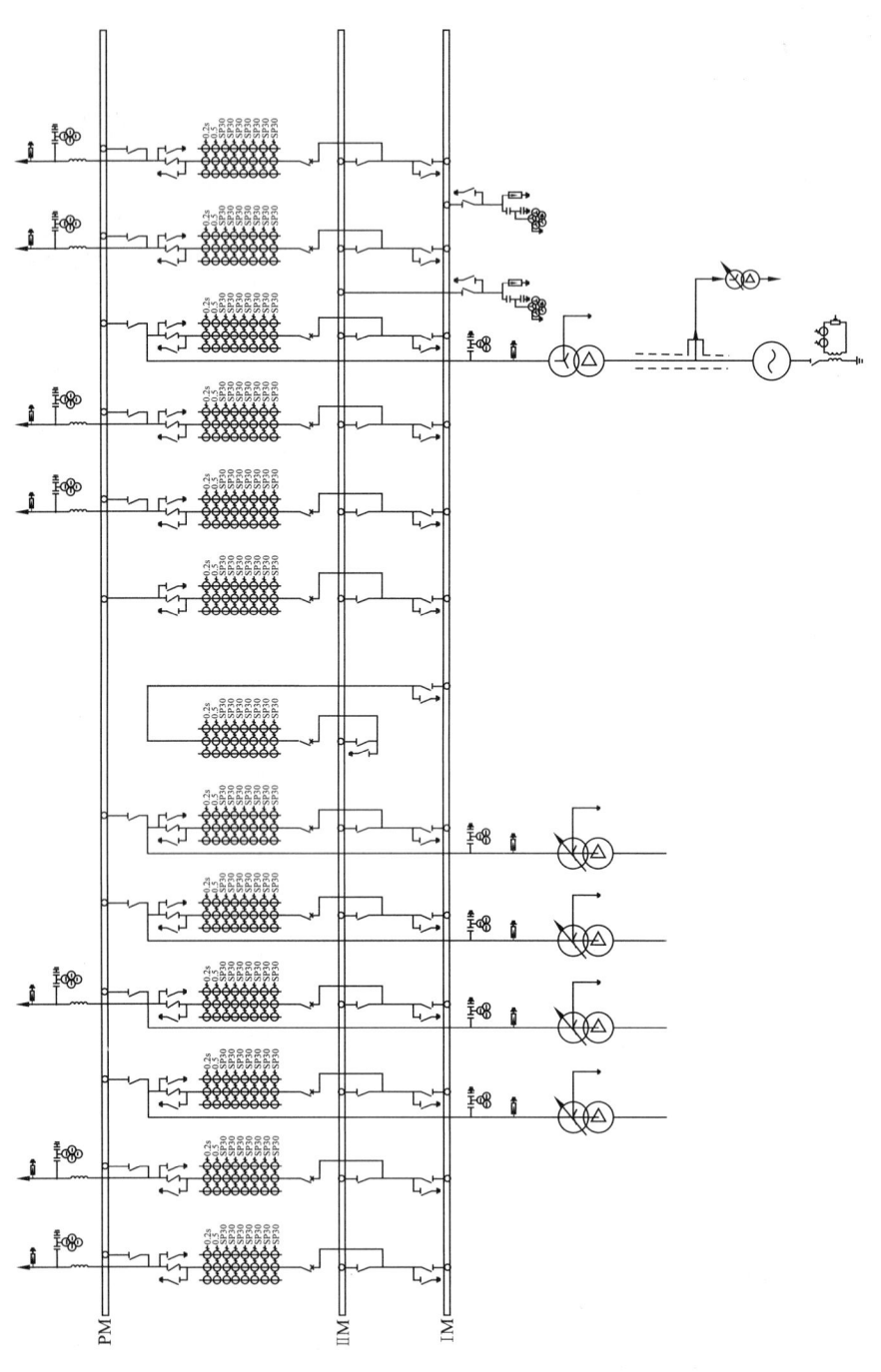

图 5.3.8　南约洛坦第一天然气处理厂主接线示例

Рис. 5.3.8　Примеры главного соединения по ГПЗ-1 на месторождении «Южный Елотен»

5.3.3.2 配电装置及布置

变电站总平面布置应满足总体规划要求,出线方向应适应各电压等级线路走廊要求,尽量减少线路交叉和迂回。变电站大门设置应尽量方便主变压器运输。

根据配电装置的形式,变电站分为户外布置和户内布置。

5.3.3.2.1 户外配电装置

户外配电装置分为普通中型配电装置、半高型配电装置、高型配电装置。

普通中型配电装置是将所有电气设备都安装在地面设备支架上,母线下不布置任何电气设备。

半高型配电装置是将母线及母线隔离开关抬高,将断路器、电流互感器等电气设备布置在母线的下面。

高型配电装置是将母线和隔离开关上下重叠布置,母线下面没有电气设备。

其中普通中型配电装置占地面积较大,高型配电装置较小,但钢材消耗量较大。应工程实际

5.3.3.2 Распределительное устройство и его расположение

Генеральная планировка подстанции должна соответствовать требованиям генерального плана. Направление вывода тоже должно соответствовать требования коридора линий разных классов напряжения. По мере возможности уменьшить количество пересечений и обхода линий. По мере возможности расположить ворота подстанции в месте для удобства транспорта главного трансформатора.

По компоновке распределительного устройства, подстанция разделяет на открытую и закрытую.

5.3.3.2.1 Наружное распределительное устройство

Наружное распределительное устройство разделяет на устройства простого среднего типа, полувысокого типа и высокого типа.

Распределительное устройство простого среднего типа: все электрооборудование устанавливается на опоре наземного оборудования, а запрещается расположение любого электрооборудования под шиной.

Распределительное устройство полувысокого типа: шина и шинный разъединитель поднимаются, и выключатель, трансформатор тока и другое электрооборудование располагаются под шиной.

Распределительное устройство высокого типа: осуществляются перекрытое расположение шины и шинного разъединителя и отсутствие электрооборудования под шиной.

Однако, распределительное устройство простого среднего типа обладает большой площадью

情况综合比选经济适用的布置方案。

户外配电装置的主干道应设置环形通道和必要的巡视小道。

配电装置的相序排列一般按照面对出线,从左到右、从远到近、从上到下的顺序,相序为 A,B,C。相色标示应为黄、绿、红三色。

母线排列顺序,一般靠变压器侧布置的母线为Ⅰ母,靠线路侧布置的为Ⅱ母;双层布置的配电装置,下层布置的为Ⅰ母,上层布置的为Ⅱ母。

配电装置母线一般有户外支持管型母线、户外悬吊式管型母线和软母线3种。地震烈度为8度以下时,一般采用支持式;地震烈度为8度以上时,一般采用户外悬吊式管型母线或软母线。

220kV 间隔宽度通常为 14m,也可以优化为 12m。在土库曼斯坦,标准宽度是 15.4m。表 5.3.1 是典型的相对地、相间距离相间及相间对地距离(m),图 5.3.9 是外桥形接线的平面布置。图 5.3.10 是双母线带旁路接线的平面布置。

отвода земель, а распределительное устройство высокого типа обладает малой площадью отвода земель и большим расходом стали, поэтому следует выбрать вариант расположения по результатам сравнительного экономического анализа и с учетом фактических условий данного объекта.

Для магистральной дороги около наружного распределительного устройства предусмотрены кольцевой проход и необходимая обходная дорожка.

Последовательность фаз распределительного устройства: A, B, C, т.е. против вывода слева направо, от дали к близи, сверху донизу (цвет: желтый, зеленый и красный).

Порядок расположения шин: шина Ⅰ располагается на стороне трансформатора, шина Ⅱ располагается на стороне линии; для распределительного устройства двухъярусного расположения–шина Ⅰ располагается на нижнем ярусе, шина Ⅱ –на верхнем ярусе.

Шины распределительного устройства разделяют на три вида: открытую шину в виде распорной трубы, открытую шину в виде подвесной трубы и гибкую шину. При сейсмичности ниже 8 баллов, применяется открытая шина в виде распорной трубы; при сейсмичности выше 8 баллов, применяется открытая шина в виде подвесной трубы или гибкая шина.

Ширина ячейки 220кВ обычно составляет 14м, тоже 12м. Стандартная ширина в Туркменистане составляет 15,4м. В таблице 5.3.1 показаны типичные расстояния между фазой и землей и между фазами (м). На рисунке 5.3.9 показана план расположения наружного мостового соединения. На рисунке 5.3.10 показана план расположения двойного шинного обходного соединения.

5 Электроснабжение и электрораспределение

表 5.3.1 相对地、相间距离相间及相间对地距离

Таблица 5.3.1 Расстояния между фазой и землей и между фазами

单位:m

Единица измерения: м

间隔宽度 Промежуточная ширина	设备采用的距离 Расстояние для оборудования		进出线采用的距离 Расстояние для ввода и вывода	
	相间 Между фазами	相对地 Между фазой и землей	相间 Между фазами	相对地 Между фазой и землей
12	3	3	3.75	2.25
12.5	3	3.25	3.75	2.5
13	3	3.5	4	2.5
14	4	3	4	3
15.4	4	3.75	4	3.75

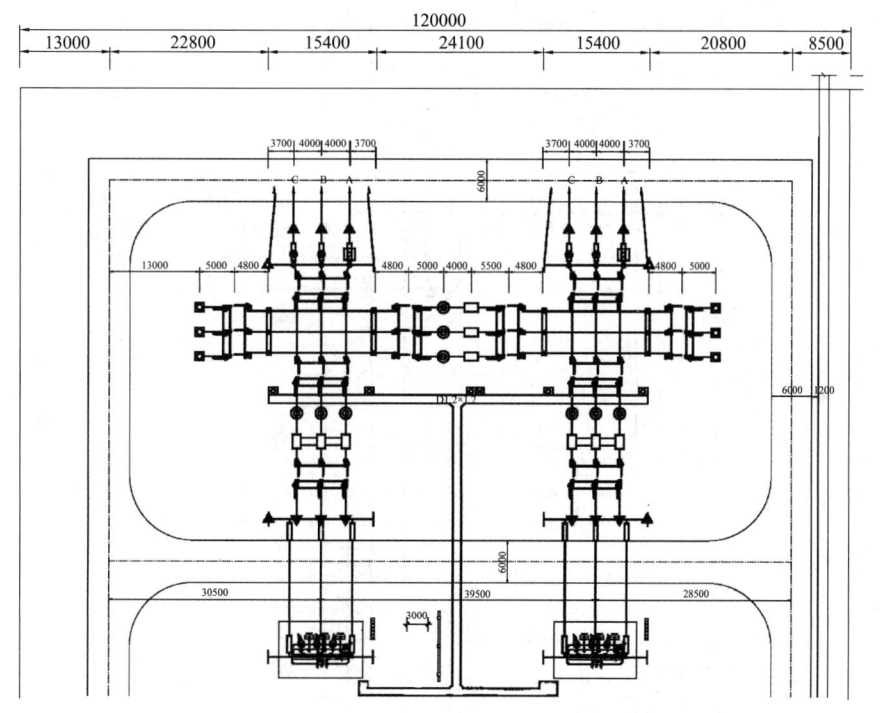

图 5.3.9 外桥形接线的平面布置(单位:mm)

Рис. 5.3.9 План расположения наружного мостового соединения (единица измерения: мм)

5.3.3.2.2 户内配电装置

户内配电装置通常采用 GIS 组合电器。GIS 由断路器、隔离开关、接地开关、互感器、避雷器、母线、连接件和出线终端等组成,这些设备或部件全部封闭在金属接地的外壳中,在其内部充有一定压力的 SF6 绝缘气体,故也称 SF6 全封闭组合

5.3.3.2.2 Внутреннее распределительное устройство

Обычно в качестве внутреннего распределительного устройства используется комплектное распределительное устройство GIS. GIS состоит из выключателя, разъединителя, заземляющего выключателя, трансформатора, разрядника,

· 451 ·

图 5.3.10 双母线带旁路接线的平面布置（单位：mm）

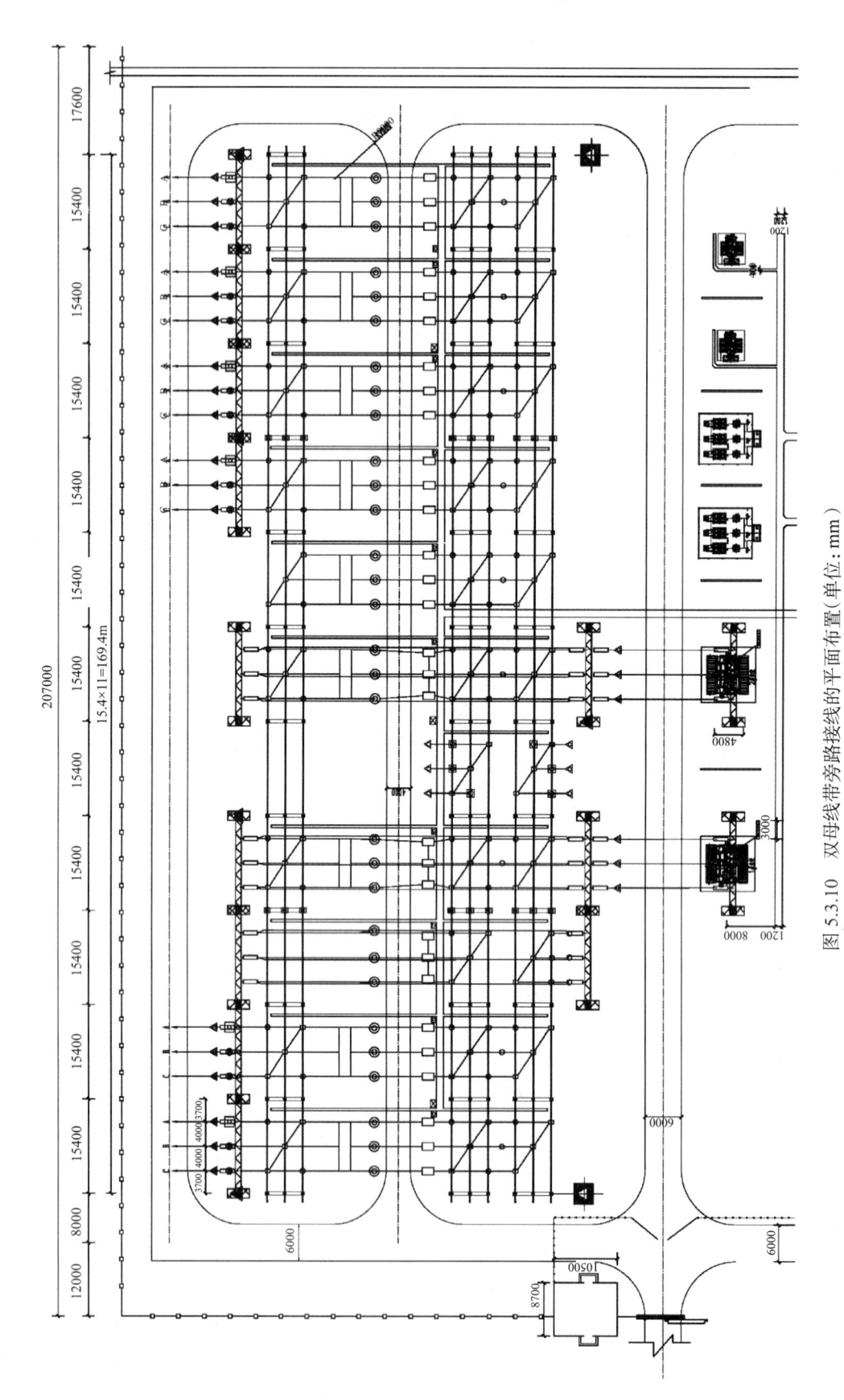

Рис. 5.3.10 План расположения двойного шинного обходного соединения（единица измерения：мм）

电器。GIS 设备自 20 世纪 60 年代实用化以来，已广泛运行于世界各地。GIS 不仅在高压、超高压领域被广泛应用，而且在特高压领域也被使用。与常规敞开式变电站相比，GIS 的优点在于结构紧凑、占地面积小、可靠性高、配置灵活、安装方便、安全性强、环境适应能力强，维护工作量很小，其主要部件的维修间隔不小于 20 年。

GIS 是运行可靠性高、维护工作量少、检修周期长的高压电气设备，其故障率只有常规设备的 20%～40%，但 GIS 也有其固有的缺点，由于 SF6 气体的泄漏、外部水分的渗入、导电杂质的存在、绝缘子老化等因素影响，都可能导致 GIS 内部闪络故障。GIS 的全密封结构使故障的定位及检修比较困难，检修工作繁杂，事故后平均停电检修时间比常规设备长，其停电范围大，常涉及非故障元件。

5 Электроснабжение и электрораспределение

шины, соединительной детали, выводного терминала и т.д.. Эти устройства или части полностью закрываются в металлическом заземляющем корпусе, где содержится изолирующий газ SF6 с неопределенным давлением, поэтому GIS называется закрытое комплектное распределительное устройство с элегазовой изоляцией. С 60-х годов 20-го века, устройство GIS уже широко распространилось по всему миру. GIS не только широко распространяется на области высокого и сверхвысокого напряжения, но и на область особо высокого напряжения. По сравнению с обычной открытой подстанции, GIS обладает такими следующими преимуществами, как компактная конструкция, маленькая площадь отвода земель, высокая надежность, гибкая компоновка, удобство для монтажа, сильная безопасность, сильная способность приспособления к окружающей среде, малый объем работ по обслуживанию, периодичность ремонта основных частей не менее 20 лет.

GIS является высоковольтным электрооборудованием с высокой надежностью работы, малым объемом работ по обслуживанию, длительной периодичностью ремонта. Его интенсивность отказов составляет 20%-40% от обычного оборудования. Однако, GIS обладает недостатком, т.е. утечка газа SF6, проникновение внешней воды, наличие электропроводящих примесей, старение изолятора и др. могут вызывать внутреннее дуговое перекрытие GIS. И полностью закрытая конструкция GIS приводит к трудному обнаружению и ремонту неисправности, сложному ремонту, превышению средней продолжительности ремонта его при прекращении подачи электроэнергии после аварии средней продолжительности ремонта обычного оборудования, большому

GIS 设备的内部闪络故障通常发生在安装或大修后投入运行的一年内,根据统计资料,第一年设备运行的故障率为 0.53 次 / 间隔,第二年则下降到 0.06 次 / 间隔,以后趋于平稳。根据运行经验,隔离开关和盆型绝缘子的故障率最高,分别为 30% 及 26.6%;母线故障率为 15%;电压互感器故障率为 11.66%;断路器故障率为 10%;其他元件故障率为 6.74%。因此在运行的第一年里,运行人员要加强日常的巡视检查工作,特别是对隔离开关的巡视,在巡查中主要留意 SF6 气体压力的变化,是否有异常的声音(音质特性的变化、持续时间的差异)、发热和异常气味、生锈等现象。如果 GIS 有异常情况,必须及时对有怀疑的设备进行检测。

GIS 设备内各元件应分成若干气隔。同一回路的气体压力,不宜大于两种。GIS 设备应设置防止外壳破坏的保护措施,如防爆膜、快速接地开关等。

масштабу прекращения подачи электроэнергии (часто касается исправных элементов).

Как правило, внутреннее дуговое перекрытие устройства GIS возникает в течение одного года с начала ввода в эксплуатацию после монтажа или капитального ремонта его. По статистическим данным, интенсивность отказов в период первого года эксплуатации устройства составляет 0,53 раза/промежуток времени, а интенсивность отказов в период второго года эксплуатации устройства составляет 0,06 раза/промежуток времени, в последующий период она приближается к стабильности. По опытам эксплуатации получается, что интенсивность отказов разъединителя и коробчатого изолятора является высшей, соответственно 30% и 26,6%; интенсивность отказов шины-15%; интенсивность отказов трансформатора напряжения-11,66%; интенсивность отказов выключателя-10%; интенсивность отказов других элементов-6,74%. Поэтому, в период первого года эксплуатации, эксплуатационный персонал должен усилить работу по текущему осмотру (особенно для разъединителя), в основном включающую в себя изменение давления газа SF6, наличие аномального звука (изменение акустических характеристик, разница продолжительности), наличие произведения тепла и аномального запаха, ржавчины и т.д.. При обнаружении аномального состояния GIS, необходимо провести своевременный контроль оборудования.

Внутренние элементы для устройства GIS разделяют на несколько газовых интервалов. А лучшее иметь более 2 давления газа для одного контура. Необходимо принять меры защиты устройства GIS от нарушения корпуса (например, противовзрывная мембрана, быстродействующий заземляющий выключатель и т.д.).

断路器的灭弧室一般为单压式,压力为0.3~0.7MPa,操作机构为液压或弹簧。封闭隔离开关有直动式和转动式两种,为监视端口工作状态,外壳需设置观察窗。一般下列情况需要设置快速接地开关:

(1)停电回路的最先接地点。用来防止可能出现的带电误合接地造成的设备损坏。

(2)利用快速接地开关来短路设备内部的电弧,防止事故扩大。

图 5.3.11 是某工程外桥形接线的 GIS 配电装置的平面布置。

图 5.3.12 是某工程单母线分段接线的 GIS 配电装置的平面布置。

图 5.3.13 至图 5.3.15 是 GIS 配电装置及其内部结构和断路器示意图。

由于 GIS 设备的高可靠性,GIS 设备不设置旁路设施。

5 Электроснабжение и электрораспределение

Камера дугогашения выключателя является камерой дугогашения с одной ступенью давления (давление 0,3-0,7МПа), а также имеет гидравлический или пружинный исполнительный механизм. Закрытые разъединители разделяют на разъединитель прямого действия и поворотный разъединитель. На корпусе предусмотрено смотровое окно для наблюдения за рабочим состоянием порта. Необходимо установить быстродействующий заземляющий выключатель при следующих условиях:

(1) Первая точка заземления контура без электроэнергии предназначается для предотвращения повреждения устройства из-за заземления токоведущих частей путем ошибочного включения.

(2) Короткое замыкание внутренней электрической дуги устройства осуществляется с помощью быстродействующего заземляющего выключателя для предотвращения распространения аварии.

На рисунке 5.3.11 показана план расположения распределительного устройства GIS наружного мостового соединения для какого-то объекта.

На рисунке 5.3.12 показана план расположения распределительного устройства GIS одиночного шинного секционированного соединения для какого-то объекта.

На рисунках 5.3.13 и 5.3.14 показаны распределительное устройство GIS, её внутренняя конструкция и выключатель.

В связи с высокой надежностью устройства GIS, для устройства GIS не предусмотрено сооружение байпаса.

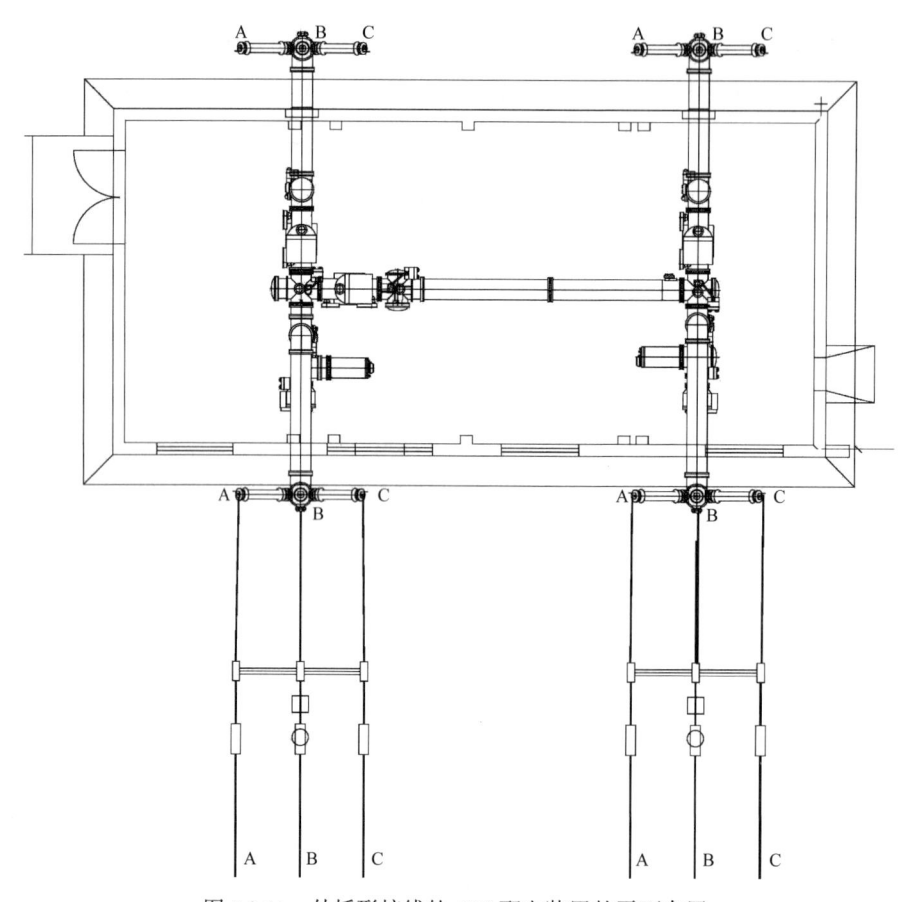

图 5.3.11　外桥形接线的 GIS 配电装置的平面布置

Рис. 5.3.11　План расположения распределительного устройства GIS наружного мостового соединения для какого-то объекта

5.3.3.3　变压器

变压器由铁芯（或磁芯）和线圈组成，线圈有两个或两个以上的绕组，其中接电源的绕组叫初级线圈，其余的绕组叫次级线圈。220kV 变压器为油浸式，其分类可归纳如下：

（1）利用矿物油作冷却介质，如油浸自冷、油浸风冷、油浸水冷、强迫油循环等。

5.3.3.3　Трансформатор

Трансформатор состоит из железного (или магнитного) сердечника и катушки с 2 и более обмотками (первичная катушка с обмоткой, подключенной к источнику питания; вторичная катушка с прочей обмоткой). Трансформатор 220кВ является масляным и разделяется по следующим способам:

(1) Трансформатор с минеральным маслом в качестве охлаждающей среды, как масляный трансформатор с естественным охлаждением, масляный трансформатор с воздушным охлаждением, масляный трансформатор с водяным охлаждением и трансформатор с охлаждением принудительной циркуляцией масла.

5 供配电

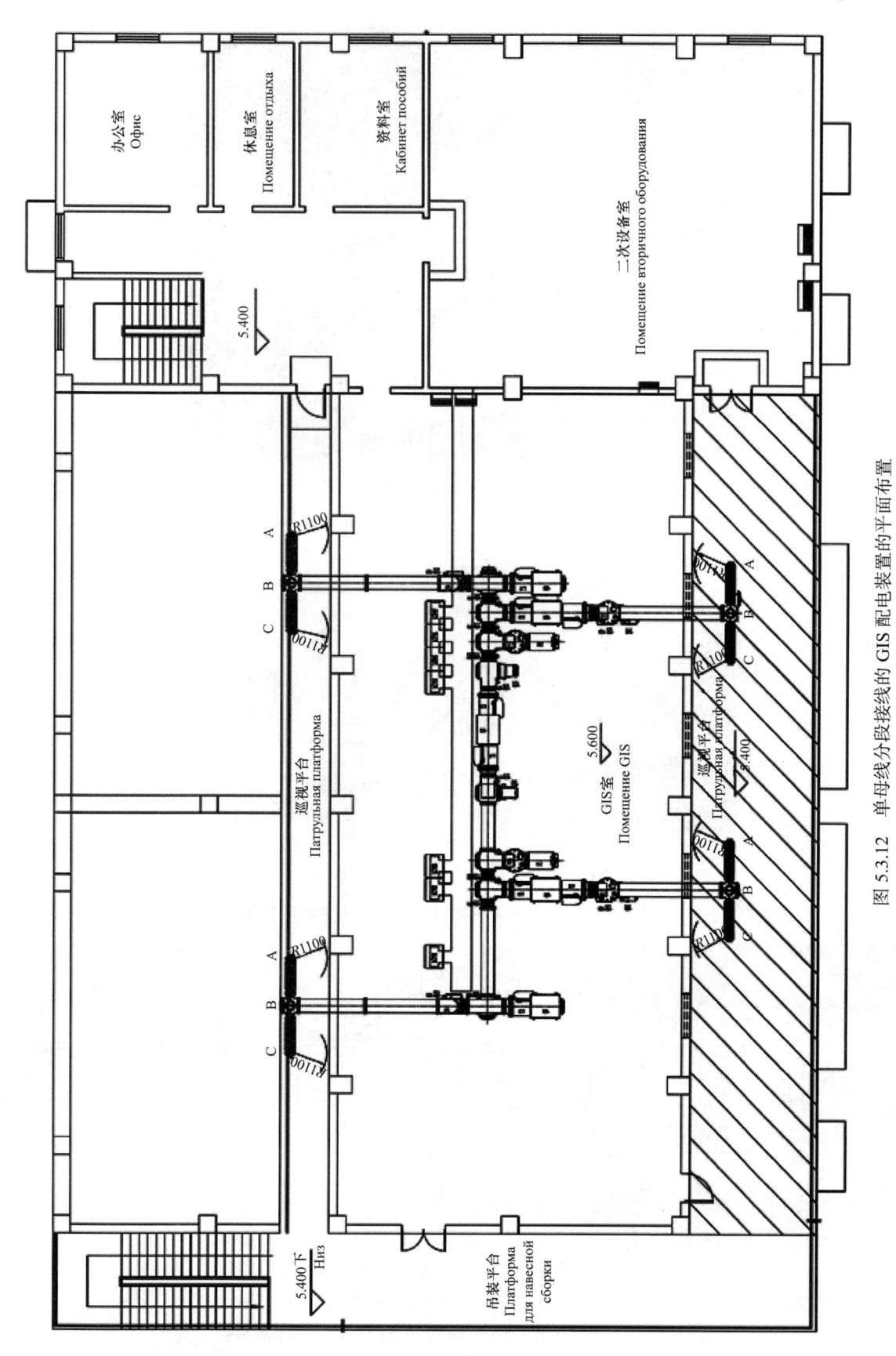

5 Электроснабжение и электрораспределение

图 5.3.12 单母线分段接线的 GIS 配电装置的平面布置

Рис. 5.3.12 План расположения распределительного устройства GIS одиночного шинного секционированного соединения

图 5.3.13　双母线接线的 GIS 配电装置

Рис. 5.3.13　Распределительное устройство GIS двойного шинного соединения

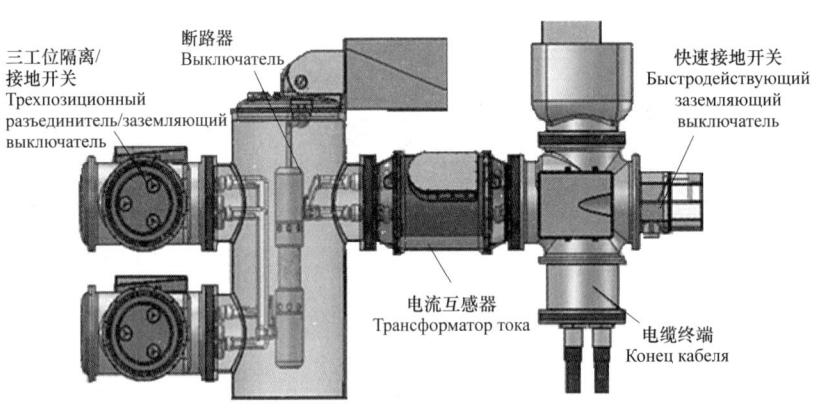

图 5.3.14　GIS 配电装置内部结构示意图

Рис. 5.3.14　Схема внутренней конструкции распределительного устройства GIS

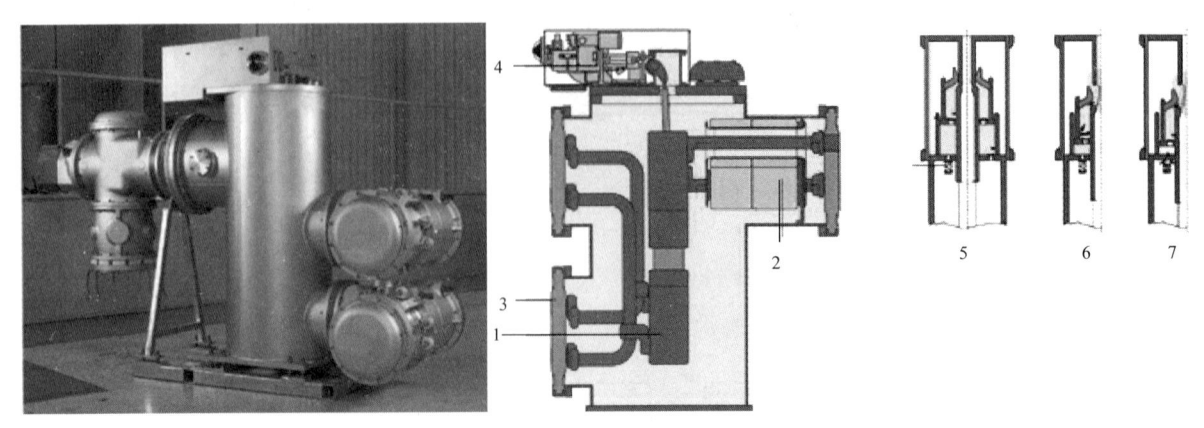

图 5.3.15　GIS 配电装置的断路器

1—灭弧室；2—电流互感器；3—隔离绝缘子；4—操作机构；5—断路器合闸；6—开断负荷电流；7—开断短路电流；

Рис. 5.3.15　Выключатель распределительного устройства GIS

1—Помещение для дугогашения；2—Трансформатор ток；3—Разделительный изолятор；4—Исполнительный механизм；
5—Включение выключателя；6—Выключение тока нагрузки；7—Выключение тока короткого замыкания

（2）按绕组形式分为：

① 双绕组变压器。用于连接电力系统中的两个电压等级。

② 三绕组变压器。一般用于电力系统区域变电站中，连接三个电压等级。

③ 自耦变电器。用于连接不同电压的电力系统。也可作为普通的升压或降压变压器用。

（3）按分接头切换方式分为：

变压器有带负荷有载调压变压器和无负荷无载调压变压器。有载调压变压器主要用于受端变电站。

气田领域通常使用三相油浸式变压器，根据用电负荷电压等级确定采用双绕组或三绕组变压器。

当用电负荷为35kV或10kV时，可采用220kV/35（10）kV电压等级的双绕组变压器。当用电负荷既有35kV又有10kV时，可采用220kV/35kV/10kV的三绕组变压器。

自耦变压器是初级、次级无须绝缘的特种变压器。即输出和输入共用一组线圈的特殊变压器。或者说，初级和次级在同一条绕阻上的变压器。由于自耦变压器的计算容量小于额定容量，所以在同样的额定容量下，自耦变压器的主要尺寸较

5 Электроснабжение и электрораспределение

（2）По форме обмотки он разделяет на следующие виды：

① Двухобмоточный трансформатор. предназначается для соединения частей двух классов напряжения электроэнергетической системы.

② Трехобмоточный трансформатор. используется на подстанции электроэнергетической системы и предназначается для соединения частей трех классов напряжения.

③ Автотрансформатор. предназначается для соединения электроэнергетической системы разных напряжений и используется в качестве простого повышающего или понижающий трансформатора.

（3）По способу переключения ответвления он разделяет на следующие виды：

Трансформаторы разделяют на трансформатор с регулированием напряжения под нагрузкой и трансформатор без регулирования напряжения без нагрузки. Трансформатор с регулированием напряжения под нагрузкой в основном распространяется на приемную подстанцию.

В области газового месторождения часто используется трехфазный масляный трансформатор. И двухобмоточный или трехобмоточный трансформатор применяется в зависимости от классов напряжения электрической нагрузки.

Когда электрическая нагрузка составляет 35кВ или 10кВ, то применяется двухобмоточный трансформатор 220кВ/35（10）кВ. Когда электрическая нагрузка составляет 35кВ и 10кВ, то применяется трехобмоточный трансформатор 220кВ/35кВ/10кВ.

Автотрансформатор является первичным и вторичным трансформатором специального типа без изоляции（т.е. специальный трансформатор с одной катушкой для вывода и ввода），или первичным и вторичным трансформатором на

小,有效材料(硅钢片和导线)和结构材料(钢材)都相应减少,从而降低了成本。有效材料的减少使得铜耗和铁耗也相应减少,故自耦变压器的效率较高。但通常在自耦变压器中只有电压比≤2时,上述优点才明显。在电网中,从220kV电压等级才开始有自耦变压器,多用作电网间的联络变压器。220kV以下几乎没有自耦变压器。并且由于自耦变压器电压不大于2,故在330kV/220kV,220kV/110kV 等系统中采用较多,多用于枢纽变电站。220kV/35kV,220kV/10kV 电压等级中通常不采用自耦变压器。

变压器过负荷能力通常见表5.3.2。

одной обмотке. В связи с расчетной мощностью автотрансформатора менее номинальной, при условии одинаковой номинальной мощности, основные размеры автотрансформатора являются малыми, и расход полезных материалов (кремнестальной лист и провод) и конструкционных материалов (сталь) уменьшаются, что снижается себестоимость. С уменьшением расхода полезных материалов уменьшается расход меди и железа, поэтому КПД автотрансформатора является высоким. Однако, вышеуказанные преимущества очевидные только при коэффициенте трансформации автотрансформатора не более 2. В электросети только имеется автотрансформатор 220кВ и выше, используемый в качестве соединительного трансформатора между электросетями. Почти отсутствует автотрансформатор менее 220кВ. В связи с напряжением автотрансформатора не более 2, автотрансформатор широко используется для систем 330кВ/220кВ и 220кВ/110кВ и распространяется на узловую подстанцию. Для систем напряжений 220кВ/35кВ и 220кВ/10кВ не применяется автотрансформатор.

Перегрузочная способность трансформатора показана в следующей таблице 5.3.2.

表 5.3.2　变压器正常允许过负荷时间（允许连续运行）

Таблица 5.3.2　Время нормальной допустимой перегрузки трансформатора (Допустимый срок бесперебойной работы)

变压器正常允许过负荷时间, h / Время нормальной допустимой перегрузки трансформатора, ч \ 过负荷前上层油温 / Температура верхнего масла до перегрузки \ 过负荷倍数 / Кратное перегрузки	17℃	22℃	28℃	33℃	39℃	44℃	50℃
1.05	5.5	5.25	4.5	4	3	1.3	
1.10	3.5	3.25	2.5	2.1	1.25	0.1	
1.15	2.5	2.25	1.5	1.2	0.35		

5 Электроснабжение и электрораспределение

续表
продолжение

变压器正常允许过负荷时间, h Время нормальной допустимой перегрузки трансформатора, ч 过负荷倍数 Кратное перегрузки	过负荷前上层油温 Температура верхнего масла до перегрузки						
	17℃	22℃	28℃	33℃	39℃	44℃	50℃
1.20	2.05	1.4	1.15	0.45			
1.25	1.35	1.15	0.5	0.25			
1.30	1.1	0.5	0.3				
1.35	0.55	0.35	0.15				
1.40	0.4	0.25					
1.45	0.25	0.1					
1.50	0.15						

表 5.3.3 变压器事故允许过负荷时间
Таблица 5.3.3 Время аварийной допустимой перегрузки трансформатора

过负荷倍数 Кратное перегрузки		1.3	1.6	1.75	2.0	2.4	3.0
允许时间, min (s) Допустимое время, мин. (сек.)	户内 В помещении	60	15	8	4	2	(50)
	户外 Вне помещения	120	45	20	10	3	(1.5)

按照上述规定,油面温度未达到75℃时,允许继续运行,直到油面温度达到75℃为止。

По вышеуказанным требованиям, когда температура масла не достигает 75 ℃, допускается продолжение работы вплоть до температуры масла 75℃.

5.3.3.4 中性点接地方式

电网中性点接地方式与电压等级、单相接地短路电流、过电压水平、保护配置等有关,直接影响电网的绝缘水平、系统供电的可靠性和连续性、主变压器和发电机的运行安全以及对通信线路的干扰等。

5.3.3.4 Способ заземления нейтрали

Способ заземления нейтрали в электросети зависит от класса напряжения, тока однофазного короткого замыкания на землю, уровня перенапряжения, защитного компоновки и т.д., непосредственно влияет на уровень изоляции электросети, надежность и непрерывность электроснабжения, безопасность работы главного трансформатора и генератора, а также образование помехи линии связи.

中性点接地方式有以下几种：

（1）中性点有效接地。

系统中至少有一个中性点直接接地，该方式单相短路电流很大，线路或设备须立即切除。优点是过电压较低，绝缘水平下降，减少设备造价，经济效益显著。适用于110kV及以上电网和低电阻接地。

（2）中性点非有效接地。

① 中性点不接地。该方式最简单，单相接地时允许带故障运行2h，供电连续性好。但由于过电压水平高，不适用110kV及以上电网。在6～63kV电网中，在电容电流不超过允许值时，可以采用该方式。

② 低电阻接地。中性点通过低电阻接地，一般用于中压系统。

③ 中性点经高电阻接地。当电容电流超过允许值时，也可以采用中性点经高电阻接地方式。此方式和中性点经消弧线圈接地相比，改变了接地电流相位，加速泄放回路中的残余电荷，促使接地电弧自熄。该方式一般用于大型发电机中性点。

Способ заземления нейтрали разделяет на следующие：

（1）Эффективное заземление нейтрали.

Непосредственное заземление не менее нейтрали в системе: этот способ обладает большим током однофазного короткого замыкания на землю, поэтому необходимо отключить линию или оборудование. Преимущества этого способа: низкое перенапряжение, снижение уровня изоляции, уменьшение стоимости оборудования, значительная экономическая эффективность. Этот способ распространяется на электросети 110кВ и выше, заземление с низким сопротивлением.

（2）Неэффективное заземление нейтрали.

① Незаземление нейтрали. Этот способ является простейшим. При однофазном заземлении допускается работа при неисправности 2 часа, а также имеется хорошая непрерывность электроснабжения. Однако, в связи с высоким перенапряжением, этот способ не распространяется на электросети 110кВ и выше. Когда емкостный ток не превышает допустимого значения, этот способ распространяется на электросети 6-63кВ.

② Заземление с низким сопротивлением. Как правило, для системы среднего напряжения применяется способ заземления нейтрали через низкое сопротивление.

③ Заземление нейтрали через высокое сопротивление. Когда емкостный ток превышает допустимое значение, тоже применяется способ заземления нейтрали через высокое сопротивление. По сравнению со способом заземления нейтрали через дугогасящую катушку, этот способ изменяет фазу заземляющего тока, ускоряет остаточный разряд в контуре, а также способствует самопогасанию заземляющей дуги. Как правило, этот способ распространяется на нейтраль крупного генератора.

5 供配电

④ 中性点经消弧线圈接地。当电容电流超过允许值时,采用消弧线圈补偿电容电流,消除弧光间歇接地过电压。

气田项目通常采用以下接地方式。

220kV：交流三相三线制,中性点经隔离开关、避雷器及放电间隙并联后接地。

110kV：交流三相三线制,中性点经隔离开关、避雷器及放电间隙并联后接地。

35kV：交流三相三线制,中性点不接地、经消弧线圈接地、中性点经电阻接地。

10kV：交流三相三线制,中性点不接地、经消弧线圈接地、中性点经电阻接地。

380V：交流三相四线制,中性点直接接地系统,TN-S。

220V：交流单相二线制,中性点直接接地系统,TN-S。

DC 220V：不接地系统。

5.3.3.5 设备安装

5.3.3.5.1 变压器安装

（1）户内变压器安装。

户内油浸式变压器外廓与变压器室四周墙壁

的距离应满足表 5.3.4 要求。

масляного трансформатора до стенки вокруг трансформаторного помещения должно соответствовать требованиям в следующей таблице 5.3.4.

表 5.3.4 油浸式变压器外廓与变压器室墙壁和门的最小净距

Таблица 5.3.4 Расстояние от внешнего контура внутреннего масляного трансформатора до стенки вокруг трансформаторного помещения

变压器容量 Мощность трансформатора	1000kV·A 及以下 1000кВ·А и ниже	1250kV·A 及以上 1250кВ·А и выше
变压器与后壁侧壁之间, mm Между трансформатором и задней стенкой и боковой стенкой, мм	600	800
变压器与门之间, mm Между трансформатором и дверью, мм	800	1000

总油量超过 100kg 的油浸式变压器,应安装在单独的变压器室内,并应设置灭火设施。

Масляный трансформатор с общим объемом масла более 100кг должен быть установлен в отдельном трансформаторном помещении. И предусмотрены сооружения пожаротушения.

（2）户外变压器安装。

户外单台变压器的油量在 1000kg 以上时,应设置储油和挡油设施。储油设施内应铺设卵石层。防火间距不能满足最小净距（表 5.3.5）时,应设置防火墙。

（2）Монтаж наружного трансформатора.

Когда объем масла единичного наружного трансформатора составляет более 1000кг, то следует установить сооружения для хранения и удержания масла. Для сооружения для хранения масла следует провести мощение галечникового слоя. Если противопожарное расстояние не соответствует минимальному расстоянию в свету (таб. 5.3.5), то следует предусмотреть противопожарную перегородку.

表 5.3.5 屋外油浸变压器之间的最小间距

Таблица 5.3.5 Минимальное расстояние менслу наружннми масяннмц т рлнсорорматорамц

电压等级, kV Класс напряжения, кВ	最小间距, m Минимальное расстояние, м
66	6
110	8
220	10

5.3.3.5.2 GIS 设备安装

GIS 设备底座一般采用焊接方式固定在水平预埋钢板的基础上,也可采用地脚螺栓或化学锚栓

5.3.3.5.2 Монтаж устройства GIS

Основание устройства GIS крепится к фундаменту из горизонтального закладной стального

方式固定。

GIS出线套管支架的高度应能保证套管最低部位距离地面不小于2500mm。

在GIS配电装置间隔内,应设置一条贯穿所有GIS间隔的接地母线或环形接地母线。将GIS配电装置的接地线引至接地母线,由接地母线再与接地网连接。

5.3.3.6 防雷接地

为了防止大气雷电对电气设备的直接袭击,在变电站内设置构架避雷针及独立避雷针。

变电站接地采用水平接地带为主、垂直接地极为辅的混合接地网;接地线采用截面为200mm²的铜绞线或——60mm×8mm的热镀锌扁钢,垂直接地极选用ϕ20mm铜包钢棒或50mm×5mm L=2.5m的热镀锌角钢,避雷线和引下线采用直径10mm铜包钢圆线或圆钢。接地网和整个厂区的接地主网可靠连接已扩大接地网面积,接地电阻控制在0.5Ω以下。

跨步电压、接触电势应计算并满足要求。当接

5 Электроснабжение и электрораспределение

листа путем сварки, тоже с помощью фундаментных болтов или химических анкеров.

Высота опоры для выводной втулки GIS должна обеспечить, что расстояние от самой низкой точки втулки до поверхности земли должно быть не менее 2500мм.

В ячейке распределительного устройства GIS предусмотрена одна заземляющая шина, проходящая через все ячейки GIS, или кольцевая заземляющая шина. Заземляющий провод распределительного устройства GIS подводится к заземляющей шине, через которую соединяется с заземляющей сетью.

5.3.3.6 Молниезащита и заземление

На подстанции предусмотрены каркасный молниеотвод и независимый молниеотвод для предотвращения прямого удара грома и молнии в электрооборудование.

Для заземления подстанции применяется комбинированная заземляющая сеть, опирающаяся главным образом на горизонтальную заземляющую ленту и в дополнение к вертикальному заземляющему электроду; в качестве заземляющего провода используется медный канатик сечением 200мм² или горячеоцинкованная полосовая сталь —— 60мм×8мм; в качестве заземляющего электрода используется сталемедный пруток ϕ20мм или горячеоцинкованный уголок 50мм×5мм L=2,5м; в качестве грозозащитного троса и вывода используется сталемедный круглый провод или круглая сталь диаметром 10мм. Заземляющая сеть надежно соединяется с главной заземляющей сетью целого ГПЗ для увеличения площади заземляющей сети. И сопротивление заземления должно быть ниже 0,5Ом.

Шаговое напряжение и контактный потенциал

触电势不满足要求时,需在经常维护的通道四周设置水平均压带或绝缘地坪。

变电站人工接地体应构成外缘闭合的接地网,且各角应成弧形。对经常有人出入的走道处,应采用高电阻率的路面或均压措施。

独立避雷针设独立的接地装置,接地电阻不大于10Ω。当接地困难时,接地装置可与主接地网连接,单避雷针与主接地网的地下连接点至35kV及以下设备与主接地网的地下连接点之间,沿接地体的长度大于15m。

为防止雷电电磁脉冲对电子设备的损害,对微机系统、通信系统等电子设备需采用屏蔽电缆连接,合理布线并采取加装电子避雷器等措施限制侵入电子设备的雷电过电压.

低压开关柜进线开关前侧、直流盘及交流UPS馈线开关后侧、仪表电源等位置,加装浪涌保护器。

рассчитываются и соответствуют требованиям. Если контактный потенциал не соответствуют требованиям, то вокруг часто обслуживаемого прохода предусмотрена горизонтальная лента для выравнивания напряжения или изолирующий пол.

Искусственные заземлители подстанции должны образовать заземляющую сеть с замкнутой периферией. Углы должны быть дугообразными. Для прохода, куда люди часто входят и выходят, следует использовать дорожное покрытие с высоким удельным сопротивлением и принять меры для выравнивания напряжения.

Для зависимого молниеотвода предусмотрено отдельное заземляющее устройство, сопротивление заземления составляет не более 10 Ом. При возникновении затруднения в заземлении, заземляющее устройство соединяется с главной заземляющей сетью. И длина по заземлителю от точки подземного соединения между отдельным молниеотводом и главной заземляющей сетью до точки подземного соединения между устройствами 35кВ и ниже и главной заземляющей сетью должна быть более 15м.

С целью предотвращения повреждения электронного оборудования из-за грозового электромагнитного импульса, для компьютерной системы, системы связи и другого электронного оборудования следует провести соединение с помощью экранированного кабеля, рациональную проводку и монтаж электронного разрядника, чтобы ограничить попадание грозового перенапряжения в электронное оборудование.

На передней стороне вводного выключателя в шкафу выключателей низкого напряжения, задней стороне щита постоянного тока и фидерного выключателя ИБП переменного тока, а

为防止线路侵入的雷电过电压,在 220kV 每段母线分别安装无间隙氧化锌避雷器,在 220kV 进出线安装无间隙氧化锌避雷器,在主变中性点装设无间隙氧化锌避雷器和间隙保护。

金属氧化物避雷器至主变压器间的最大电气距离见表 5.3.6。

также в месте источника питания прибора и др. соответственно предусмотрено устройство защиты от импульсного перенапряжения.

Для предотвращения попадания грозового перенапряжения в линию, для каждой шины 220кВ, ввода и вывода 220кВ соответственно установлен разрядник из оксида цинка без разрядного промежутка; для нейтрали главного трансформатора предусмотрены разрядник из оксида цинка без разрядного промежутка и защитный промежуток.

Максимальное электрическое расстояние от металлооксидного разрядника до главного трансформатора приведено в следующей таблице 5.3.6.

表 5.3.6　金属氧化物避雷器至主变压器间的最大电气距离

Таблица 5.3.6　Максимальное электрическое расстояние от металлооксидного разрядника до главного трансформатора

系统标称电压,kV Номинальное напряжение системы, кВ	不同进线路数对应的距离,m Расстояние при разных числах ввода, м			
	1 路 Линия1	2 路 Линия2	3 路 Линия 3	≥4 路 Линия 4
220	90	140	170	190

5.3.4　110kV 变电站

随着输电电压的提高,110kV 电网将逐步解列,作为配电网运行,110kV 变电站最常见的是作为用户终端变电站。

本节仅介绍 110kV 变电站的主接线、配电装置及布置等内容。110kV 变电站内的变压器、中性点接地方式、设备安装、防雷接地等部分内容参见 5.3.3 小节。

5.3.4　Подстанция 110кВ

С повышением напряжения электропередачи, электросеть 110кВ постепенно отключается из параллельной работы и работает в качестве распределительной сети. Как правило, подстанция 110кВ используется в качестве конечной подстанции потребителя.

В настоящем разделе только описываются состояние главного соединения, распределительное устройство и состояние расположения подстанции 110кВ. Состояние трансформатора на подстанции 110кВ, способ нейтрального заземления, монтаж оборудования, молниезащитное

5.3.4.1 电气主接线

110kV 最终出线回路数 2~4 回,主变压器为 2~3 台时,可采用线变组、桥型、单母线、单母线分段接线。110kV 最终出线回路数在 6 回以上时,可采用双母线接线。线变组、桥型、双母线接线等参见 5.3.3.1 部分。本部分仅介绍单母线分段接线。

5.3.4.1.1 单母线分段接线

单母线分段接线如图 5.3.16 所示。

5.3.4.1 Главное электрическое соединение

Когда количество конечного выводного контура 110кВ составляет 2-4, количество главного трансформатора составляет 2-3, то применяются способы непосредственного соединения линии с трансформатором, мостового соединения, одиночного шинного соединения и одиночного шинного секционированного соединения. Когда количество конечного выводного контура 110кВ составляет более 6, то применяется способ двойного шинного соединения. Способы непосредственного соединения линии с трансформатором, мостового соединения и двойного шинного соединения приведены в разделе 5.3.3.1. В настоящем разделе только описывается одиночное шинное секционированное соединение.

5.3.4.1.1 Одиночное шинное секционированное соединение

Одиночное шинное секционированное соединение показано в рис. 5.3.16.

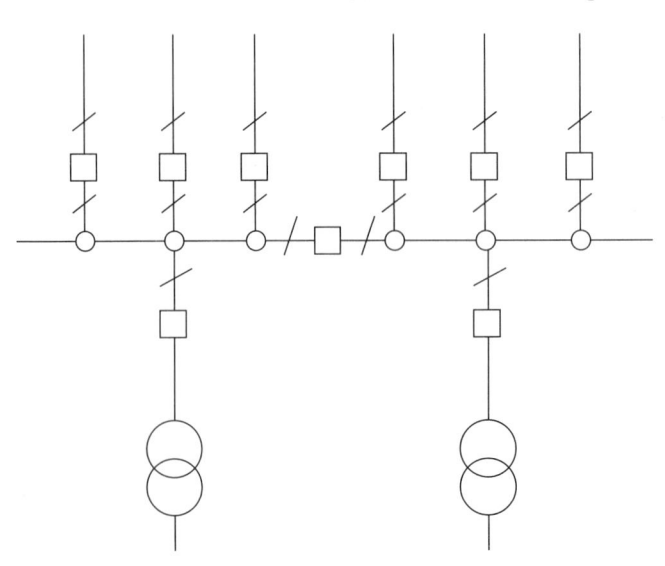

图 5.3.16 单母线分段接线

Рис. 5.3.16 Одиночное шинное секционированное соединение

（1）优点：

① 用断路器把母线分段后,对重要用户可以从不同段引出两个回路,有两个电源供电。

② 当一段母线发生故障,分段断路器自动将故障段切除,保证正常段母线不间断供电和不致使重要用户停电。

（2）缺点：

① 当一段母线或母线隔离开关故障或检修时,该段母线的回路都要在检修期间内停电。

② 当出线为双回路时,常使架空线路出现交叉跨越。

③ 扩建时需向两个方向均衡扩建。

5.3.4.1.2 110kV 变电站主接线连接示例

某天然气处理厂天然气处理规模为 $60 \times 10^8 m^3/a$,用电负荷等级为一级,计算负荷约为 3100kW,结合地区电网现状,采用双回 110kV 架空线路供电。以 π 形接入原 110kV 电力架空线路,与原有电网形成环网,变电站有较大的穿越功率。经过外桥形接线和单母线分段接线比较后,考虑到原电网是地区主力电网,且该变电站闭环运行,为保证可靠性,最终选择单母线分段接线（图 5.3.17）。

5 Электроснабжение и электрораспределение

（1）Преимущества：

① После секционирования шины с помощью выключателя, для важного потребителя выводятся два контура от разных секций и он питается от двух источников питания.

② При неисправности одного участка шины, секционный выключатель автоматически отключает неисправную секцию для обеспечения непрерывного снабжения нормальной секции шины и предотвращения прекращения подачи электроэнергии в важный потребитель.

（2）Недостатки：

① При неисправности или ремонте одного участка шины или шинного разъединителя, для контура данного участка шины следует провести прекращение подачи электроэнергии в период ремонта.

② При использовании двухконтурного вывода, часто образуется перекрестный переход воздушных линий.

③ Следует провести равномерное расширение в двух направлениях.

5.3.4.1.2 Пример главного соединения подстанции 110кВ

Для какого-то ГПЗ производительность по природному газу составляет $60×10^8 м^3/г.$, класс электрической нагрузки-I, расчетная нагрузка около 3100кВт. И с учетом текущих состояний районной электросети применяется двухконтурная воздушная линия 110кВ. Она подключается к существующей воздушной линии электропередачи 110кВ путем π-образного соединения, а также образуется с существующей электросетью в виде кольцевой сети. Подстанция обладает большой переходной мощностью. По сравнению между способами наружного мостового соединения и одиночного шинного секционированного соединения, с учетом использования существующей электросети в качестве районной главной электросети и замкнутой работы подстанции, выбирается способ одиночного шинного секционированного соединения для обеспечения надежности (рис. 5.3.17).

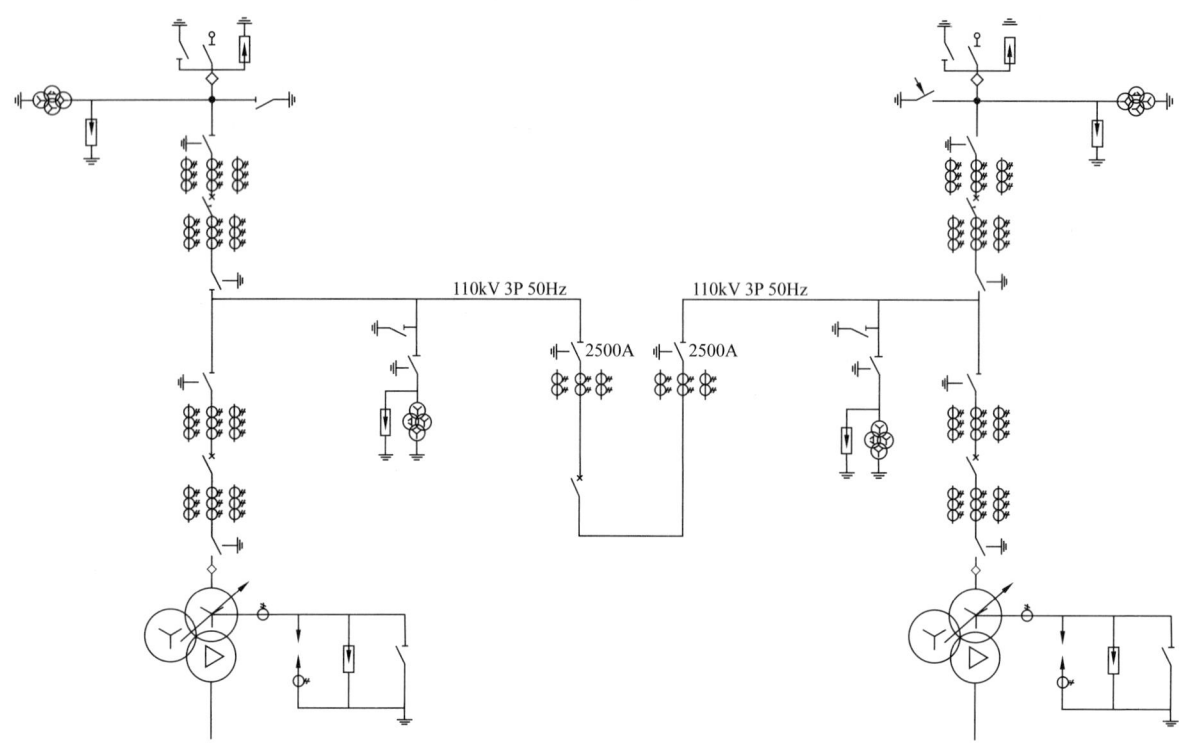

图 5.3.17 某天然气处理厂主接线示例（单母线分段接线）

Рис. 5.3.17 Примеры главного соединения по какому-то ГПЗ (Одиночное шинное секционированное соединение)

某天然气处理厂天然气处理规模为 $100 \times 10^8 m^3/a$，用电负荷等级为一级，计算负荷约为 4000kW，结合地区电网现状，采用双回 110kV 架空线路供电。新建 2 回 110kV 电力架空线路，与原有电网形成环网，该变电站为开环点，正常运行方式下变电站无穿越功率。电网检修或故障时，该变电站闭环运行。经过外桥形接线和单母线分段接线比较后，考虑到该变电站长期开环运行，闭环运行时间较短，为降低投资，最终选择外桥形接线（图 5.3.18）。

Для какого-то ГПЗ производительность по природному газу составляет $100×10^8 м^3/г.$, класс электрической нагрузки–I, расчетная нагрузка около 4000кВт. И с учетом текущих состояний районной электросети применяется двухконтурная воздушная линия 110кВ. Предусмотрены 2 новые воздушные линии электропередачи 110кВ, образующиеся с существующей электросетью в виде кольцевой сети. Данная подстанция является устройством с разомкнутым контуром. При нормальной работе подстанция не обладает переходной мощностью. При ремонте или неисправности

5 Электроснабжение и электрораспределение

электросети, осуществляется замкнутая работа подстанции. По сравнению между способами наружного мостового соединения и одиночного шинного секционированного соединения, с учетом длительной разомкнутой работы данной подстанции и короткой замкнутой работы подстанции, выбирается способ наружного мостового соединения для снижения капиталовложения (рис. 5.3.18).

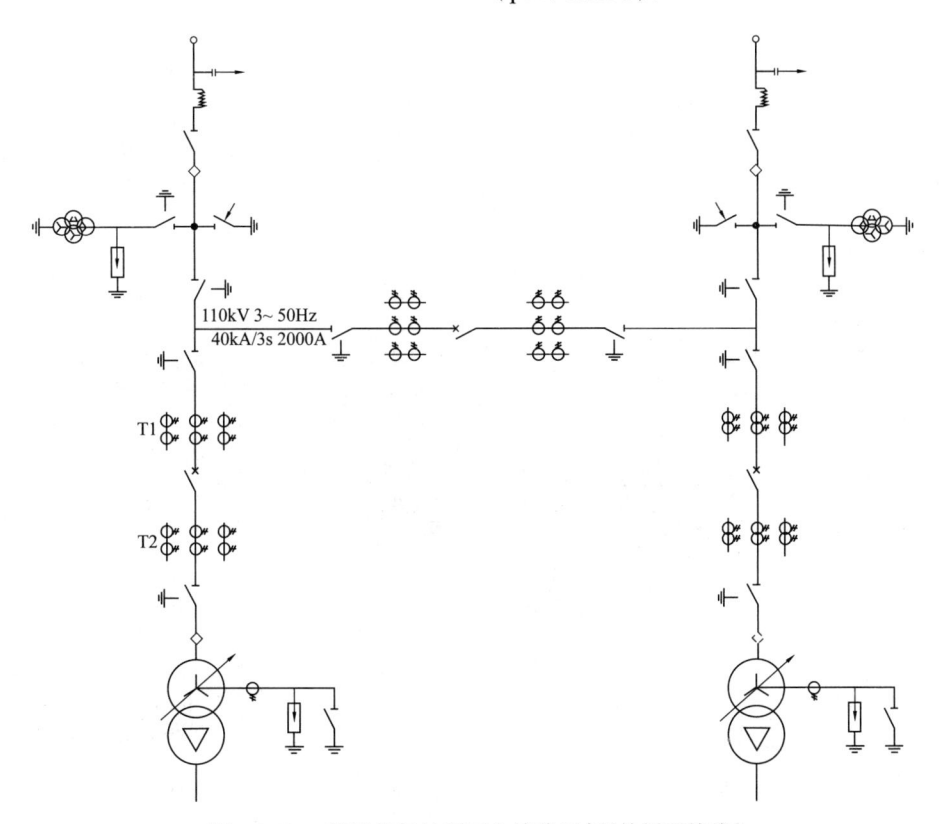

图 5.3.18 某天然气处理厂主接线示例(外桥形接线)

Рис. 5.3.18 Примеры главного соединения по какому-то ГПЗ (наружное мостовое соединение)

某天然气处理厂天然气处理规模为 $50 \times 10^8 m^3/a$,用电负荷等级为一级,计算负荷约为3000kW,结合地区电网现状,采用双回110kV架空线路供电。新建2回110kV电力架空线路,该线路距离较长,70～100km,来自不同的上级变电站。该变电站作为终端变电站运行,无穿越功率。由于线路较长,潜在故障率较高,切变压器不需要经常切换,故最终选择内桥形接线(图5.3.19)。

Для какого-то ГПЗ производительность по природному газу составляет $50 \times 10^8 м^3/г.$, класс электрической нагрузки–I, расчетная нагрузка около 3000кВт. И с учетом текущих состояний районной электросети применяется двухконтурная воздушная линия 110кВ. Предусмотрены 2 новые воздушные линии электропередачи 110кВ протяженностью 70-100км, вводящие от разных подстанций высшего уровня. Данная подстанция используется в качестве конечной подстанции без переходной мощности. В связи с длинной линией, высокой возможной интенсивностью отказов и ненужным частым переключением трансформатора, выбирается способ внутреннего мостового соединения (рис. 5.3.19).

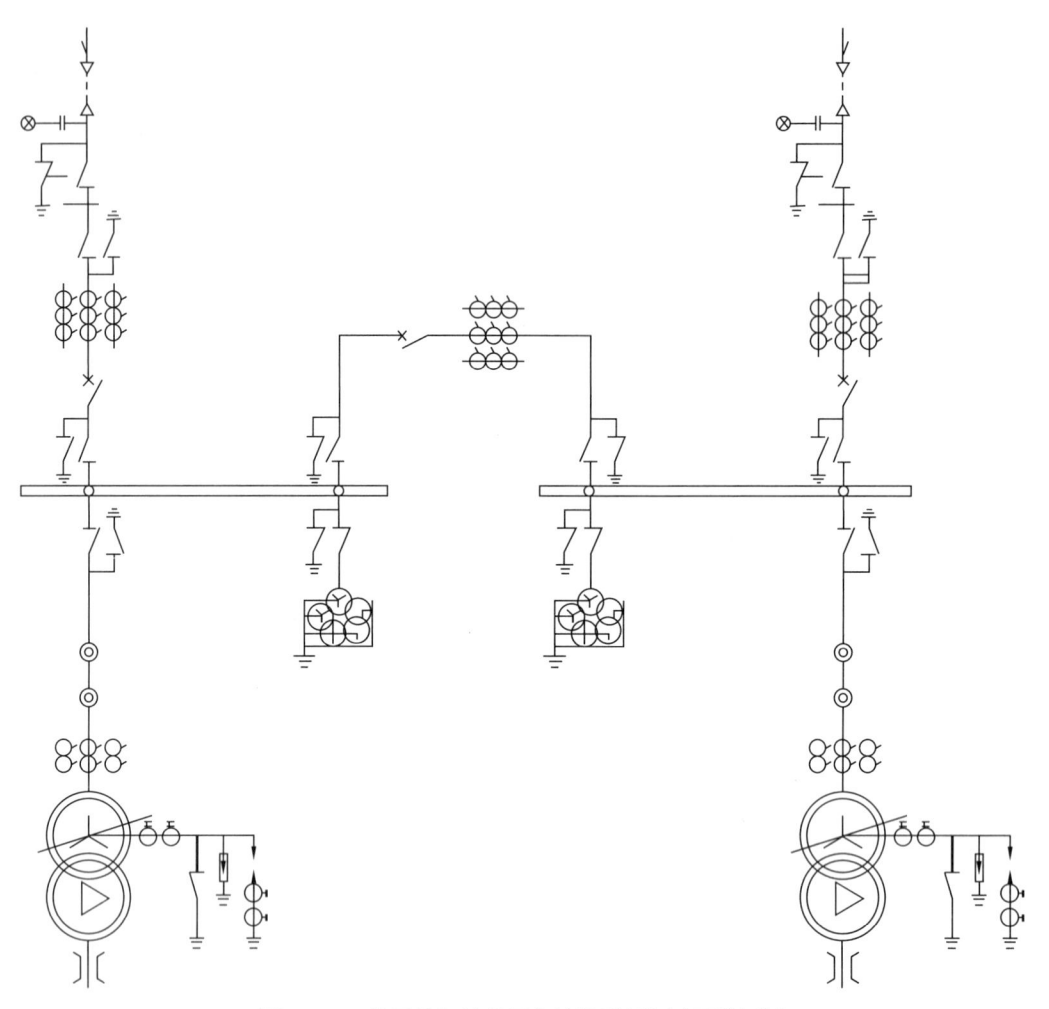

图 5.3.19 某天然气处理厂主接线示例(内桥形接线)

Рис. 5.3.19 Примеры главного соединения по какому-то ГПЗ (внутреннее мостовое соединение)

5.3.4.2 配电装置及布置

变电站总平面布置应满足总体规划要求，出线方向应适应各电压等级线路走廊要求，尽量减少线路交叉和迂回。变电站大门设置应尽量方便主变压器运输。

5.3.4.2 Распределительное устройство и его расположение

Генеральная планировка подстанции должна соответствовать требованиям генерального плана. Направление вывода тоже должно соответствовать требования коридора линий разных классов напряжения. По мере возможности уменьшить

根据配电装置的形式,变电站分为户外布置和户内布置。

110kV 户外敞开式配电装置一般可根据场地布置条件选择断路器单列式布置或双列式布置。110kV 户内配电装置通常选择 GIS 组合电器。

5.3.4.2.1 户外配电装置

户外配电装置分为普通中型配电装置、半高型配电装置、高型配电装置。普通中型配电装置是将所有电气设备都安装在地面设备支架上,母线下不布置任何电气设备。

半高型配电装置是将母线及母线隔离开关抬高,将断路器、电流互感器等电气设备布置在母线的下面。高型配电装置是将母线和隔离开关上下重叠布置,母线下面没有电气设备。其中普通中型配电装置占地面积较大,高型配电装置较小,但钢材消耗量较大。应根据工程实际情况综合比选经济适用的布置方案。户外配电装置的主干道应设置环形通道和必要的巡视小道。配电装置的相序排列一般按照面对出线,从左到右、从远到近、从上到下的顺序,相序为 A、B、C。相色标示应为黄、绿、红三色。

5 Электроснабжение и электрораспределение

количество пересечений и обхода линий. По мере возможности расположить ворота подстанции в месте для удобства транспорта главного трансформатора.

По компоновке распределительного устройства, подстанция разделяет на открытую и закрытую.

Как правило, расположение выключателей для открытого распределительного устройства 110кВ должно быть однорядным или двухрядным в зависимости от условий расположения площадки. Обычно в качестве внутреннего распределительного устройства 110кВ используется комплектное распределительное устройство GIS.

5.4.3.2.1 Наружное распределительное устройство

Наружное распределительное устройство разделяет на устройства простого среднего типа, полувысокого типа и высокого типа. Распределительное устройство простого среднего типа: все электрооборудование устанавливается на опоре наземного оборудования, а запрещается расположение любого электрооборудования под шиной.

Распределительное устройство полувысокого типа: шина и шинный разъединитель поднимаются, и выключатель, трансформатор тока и другое электрооборудование располагаются под шиной. Распределительное устройство высокого типа: осуществляются перекрытое расположение шины и шинного разъединителя и отсутствие электрооборудования под шиной. Однако, распределительное устройство простого среднего типа обладает большой площадью отвода земель, а распределительное устройство высокого типа обладает малой площадью отвода земель и большим расходом стали, поэтому следует выбрать вариант

母线排列顺序,一般靠变压器侧布置的母线为Ⅰ母,靠线路侧布置的为Ⅱ母;双层布置的配电装置,下层布置的为Ⅰ母,上层布置的为Ⅱ母。配电装置母线一般有户外支持管型母线、户外悬吊式管型母线和软母线3种。地震烈度为8度以下时,一般采用支持式;地震烈度为8度以上时,一般采用户外悬吊式管型母线或软母线。110kV间隔宽度通常为14m。某些工程为节约占地面积,采用V行隔离开关,其间隔宽度可缩小为7.5m。表5.3.7为典型的相间及相对地距离。

расположения по результатам сравнительного экономического анализа и с учетом фактических условий данного объекта. Для магистральной дороги около наружного распределительного устройства предусмотрены кольцевой проход и необходимая обходная дорожка. Последовательность фаз распределительного устройства: А, В, С, т.е. против вывода слева направо, от дали к близи, сверху донизу (цвет: желтый, зеленый и красный).

Порядок расположения шин: шина Ⅰ располагается на стороне трансформатора, шина Ⅱ располагается на стороне линии; для распределительного устройства двухъярусного расположения–шина Ⅰ располагается на нижнем ярусе, шина Ⅱ–на верхнем ярусе. Шины распределительного устройства разделяют на три вида: открытую шину в виде распорной трубы, открытую шину в виде подвесной трубы и гибкую шину. При сейсмичности ниже 8 баллов, применяется открытая шина в виде распорной трубы; при сейсмичности выше 8 баллов, применяется открытая шина в виде подвесной трубы или гибкая шина. Ширина ячейки 110кВ составляет 14м. Для сокращения площади отвода земель некоторого объекта используется V-образный разъединитель с шириной ячейки 7,5м. В таблице 5.3.7 показаны типичные расстояния между фазой и землей и между фазами.

表 5.3.7 相间及相间对地距离

Таблица 5.3.7 Расстояния между фазой и землей и между фазами

单位:m

Единица измерения:м

间隔宽度 Промежуточная ширина	设备采用的距离 Расстояние для оборудования		进出线采用的距离 Расстояние для ввода и вывода	
	相间 Между фазами	相对地 Между фазой и землей	相间 Между фазами	相对地 Между фазой и землей
8	2.2	1.8	2.2	1.8

图 5.3.20 是内桥形接线的平面布置。

На рисунке 5.3.20 показана план расположения внутреннего мостового соединения.

图 5.3.21 是单母线分段接线的平面布置。

На рисунке 5.3.21 показана план расположения одиночного шинного секционированного соединения.

图 5.3.22 和图 5.3.23 分别是双母线接线的 0m 和 7.5m 层的平面布置。

На рисунках 5.3.22 и 5.3.23 соответственно показана план расположения двойного шинного соединения на отметках 0м и 7,5м.

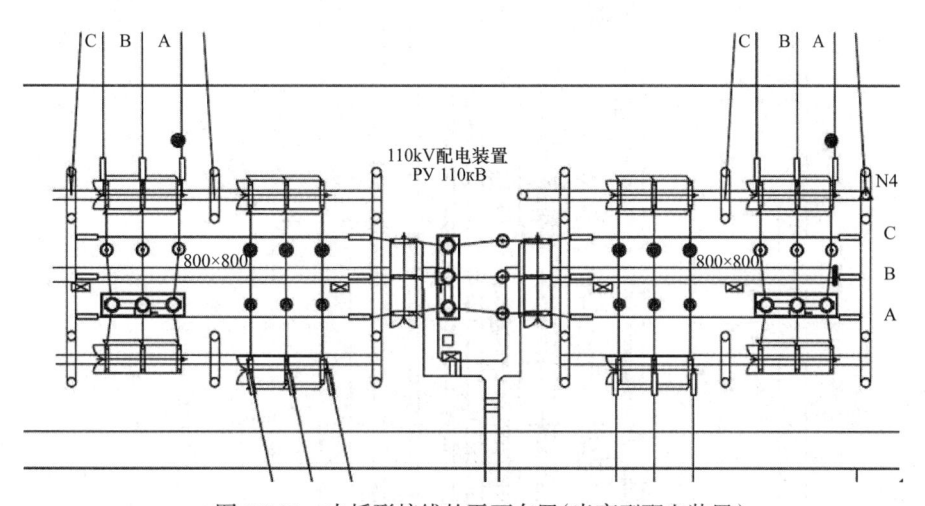

图 5.3.20 内桥形接线的平面布置(半高型配电装置)

Рис. 5.3.20 План расположения внутреннего мостового соединения (распределительное устройство полувысокого типа)

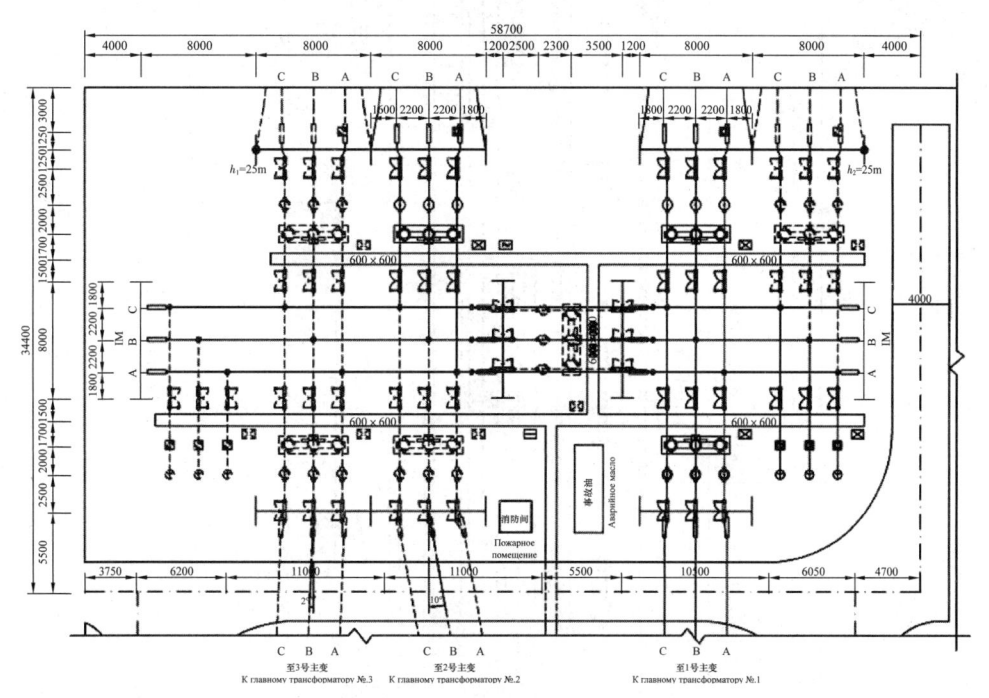

图 5.3.21 单母线分段接线的平面布置(中型配电装置,断路器双列布置)

Рис. 5.3.21 План расположения одиночного шинного секционированного соединения (распределительное устройство среднего типа, двухрядное расположение выключателей)

· 475 ·

图 5.3.22 双母线接线 0m 层平面布置（半高型配电装置）

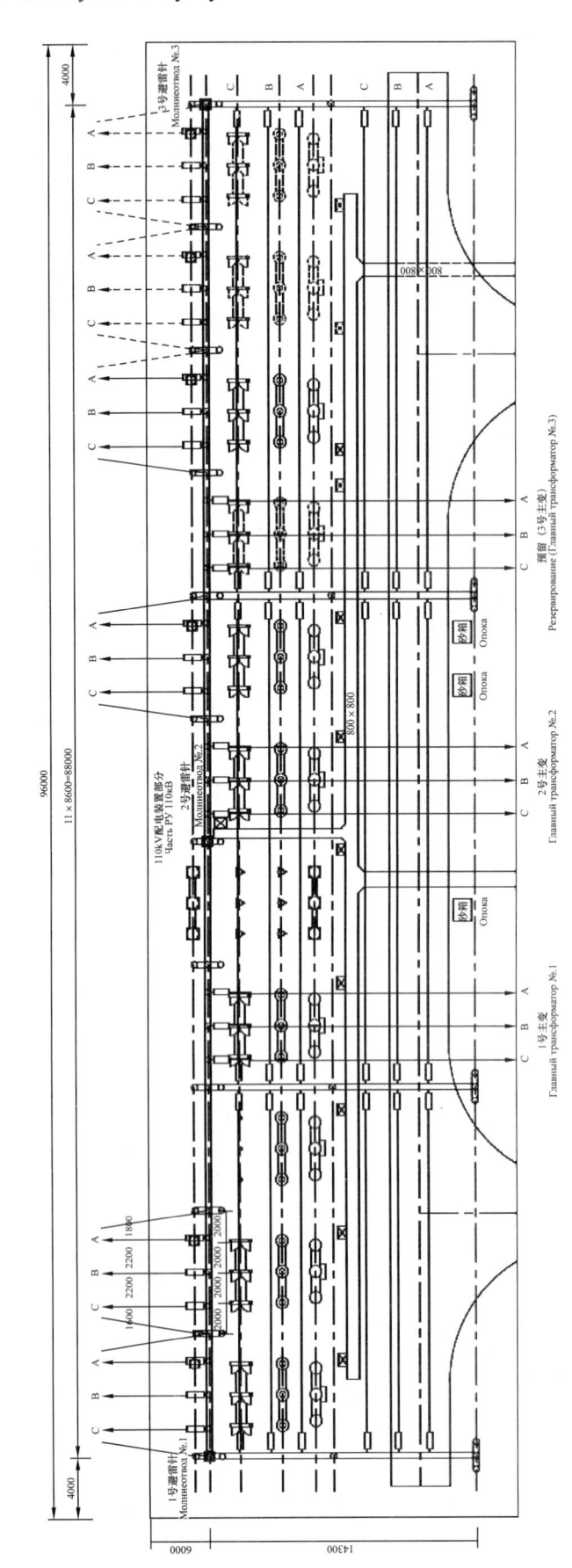

Рис. 5.3.22 План расположения двойного шинного соединения на отметке м (Распределительное устройство полувысокого типа)

5 供配电

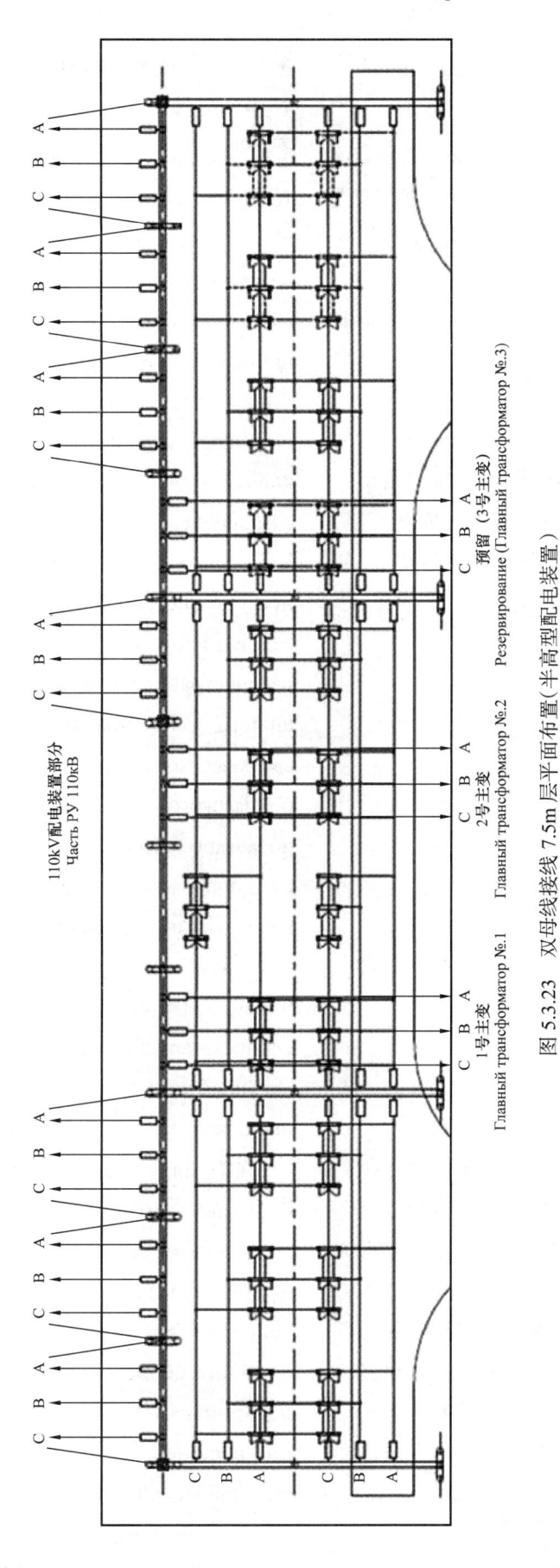

5 Электроснабжение и электрораспределение

图 5.3.23 双母线接线 7.5m 层平面布置（半高型配电装置）

Рис. 5.3.23 План расположения двойного шинного соединения на отметке 7,5м (Распределительное устройство полувысокого типа)

5.3.4.2.2 户内配电装置

户内配电装置通常采用 GIS 组合电器。GIS 由断路器、隔离开关、接地开关、互感器、避雷器、母线、连接件和出线终端等组成，这些设备或部件全部封闭在金属接地的外壳中，在其内部充有一定压力的 SF_6 绝缘气体，故也称 SF_6 全封闭组合电器。GIS 设备自 20 世纪 60 年代实用化以来，已广泛运行于世界各地。GIS 不仅在高压、超高压领域被广泛应用，而且在特高压领域也被使用。与常规敞开式变电站相比，GIS 的优点在于结构紧凑、占地面积小、可靠性高、配置灵活、安装方便、安全性强、环境适应能力强，维护工作量很小，其主要部件的维修间隔不小于 20 年。

GIS 是运行可靠性高、维护工作量少、检修周期长的高压电气设备，其故障率只有常规设备的 20%～40%，但 GIS 也有其固有的缺点，由于 SF_6 气体的泄漏、外部水分的渗入、导电杂质的存在、绝缘子老化等因素影响，都可能导致 GIS 内部闪络故障。GIS 的全密封结构使故障的定位及检修比较困难，检修工作繁杂，事故后平均停电检修时间比常规设备长，其停电范围大，常涉及非故障元件。

5.3.4.2.2 Внутреннее распределительное устройство

Обычно в качестве внутреннего распределительного устройства используется комплектное распределительное устройство GIS. GIS состоит из выключателя, разъединителя, заземляющего выключателя, трансформатора, разрядника, шины, соединительной детали, выводного терминала и т.д.. Эти устройства или части полностью закрываются в металлическом заземляющем корпусе, где содержится изолирующий газ SF_6 с неопределенным давлением, поэтому GIS называется закрытое комплектное распределительное устройство с элегазовой изоляцией. С 60-х годов 20-го века, устройство GIS уже широко распространилось по всему миру. GIS не только широко распространяется на области высокого и сверхвысокого напряжения, но и на область особо высокого напряжения. По сравнению с обычной открытой подстанции, GIS обладает такими следующими преимуществами, как компактная конструкция, маленькая площадь отвода земль, высокая надежность, гибкая компоновка, удобство для монтажа, сильная безопасность, сильная способность приспособления к окружающей среде, малый объем работ по обслуживанию, периодичность ремонта основных частей не менее 20 лет.

GIS является высоковольтным электрооборудованием с высокой надежностью работы, малым объемом работ по обслуживанию, длительной периодичностью ремонта. Его интенсивность отказов составляет 20%-40% от обычного оборудования. Однако, GIS обладает недостатком, т.е. утечка газа SF_6, проникновение внешней воды, наличие электропроводящих примесей, старение изолятора и др. могут вызывать внутреннее дуговое перекрытие

GIS 设备的内部闪络故障通常发生在安装或大修后投入运行的一年内,根据统计资料,第一年设备运行的故障率为 0.53 次/间隔,第二年则下降到 0.06 次/间隔,以后趋于平稳。根据运行经验,隔离开关和盆型绝缘子的故障率最高,分别为 30% 及 26.6%;母线故障率为 15%;电压互感器故障率为 11.66%;断路器故障率为 10%;其他元件故障率为 6.74%。因此在运行的第一年里,运行人员要加强日常的巡视检查工作,特别是对隔离开关的巡视,在巡查中主要留意 SF_6 气体压力的变化,是否有异常的声音(音质特性的变化、持续时间的差异)、发热和异常气味、生锈等现象。如果 GIS 有异常情况,必须及时对有怀疑的设备进行检测。

GIS. И полностью закрытая конструкция GIS приводит к трудному обнаружению и ремонту неисправности, сложному ремонту, превышению средней продолжительности ремонта его при прекращении подачи электроэнергии после аварии средней продолжительности ремонта обычного оборудования, большому масштабу прекращения подачи электроэнергии (часто касается исправных элементов).

Как правило, внутреннее дуговое перекрытие устройства GIS возникает в течение одного года с начала ввода в эксплуатацию после монтажа или капитального ремонта его. По статистическим данным, интенсивность отказов в период первого года эксплуатации устройства составляет 0,53 раза/промежуток времени, а интенсивность отказов в период второго года эксплуатации устройства составляет 0,06 раза/промежуток времени, в последующий период она приближается к стабильности. По опытам эксплуатации получается, что интенсивность отказов разъединителя и коробчатого изолятора является высшей, соответственно 30% и 26,6%; интенсивность отказов шины –15%; интенсивность отказов трансформатора напряжения –11,66%; интенсивность отказов выключателя –10%; интенсивность отказов других элементов –6,74%. Поэтому, в период первого года эксплуатации, эксплуатационный персонал должен усилить работу по текущему осмотру (особенно для разъединителя), в основном включающую в себя изменение давления газа SF_6, наличие аномального звука (изменение акустических характеристик, разница продолжительности), наличие произведения тепла и аномального запаха, ржавчины и т.д.. При обнаружении аномального состояния GIS, необходимо провести своевременный контроль оборудования.

图 5.3.24 是某工程内桥形接线的 GIS 配电装置的平面布置。

На рисунке 5.3.24 показана план расположения распределительного устройства GIS внутреннего мостового соединения для какого-то объекта.

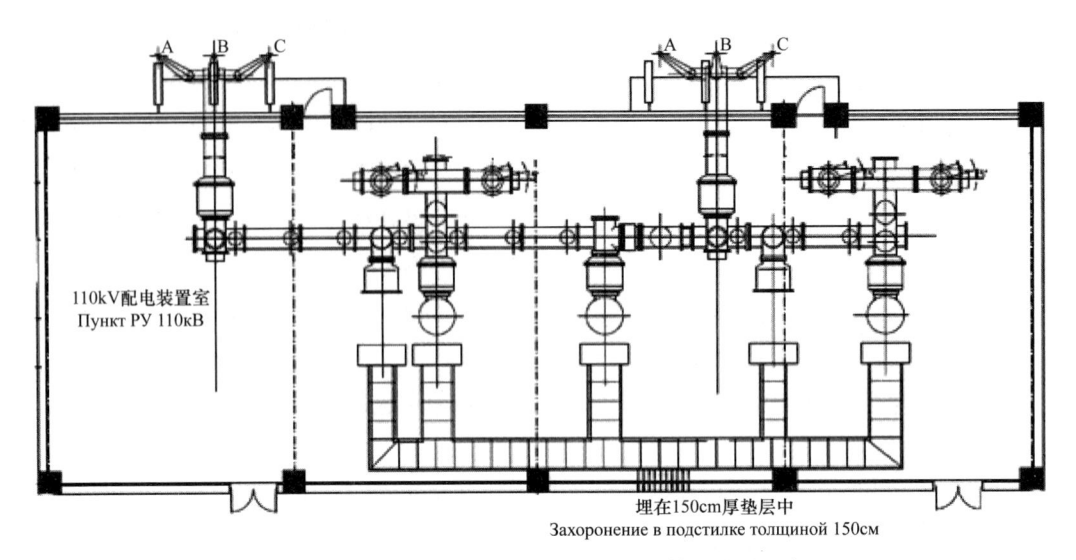

图 5.3.24　某工程内桥形接线的 GIS 配电装置的平面布置

Рис. 5.3.24　План расположения распределительного устройства GIS внутреннего мостового соединения для какого-то объекта

图 5.3.25 是某工程内桥形接线的 GIS 配电装置的气室分割图。

На рисунке 5.3.25 показана схема разделения газовой камеры для распределительного устройства GIS внутреннего мостового соединения для какого-то объекта.

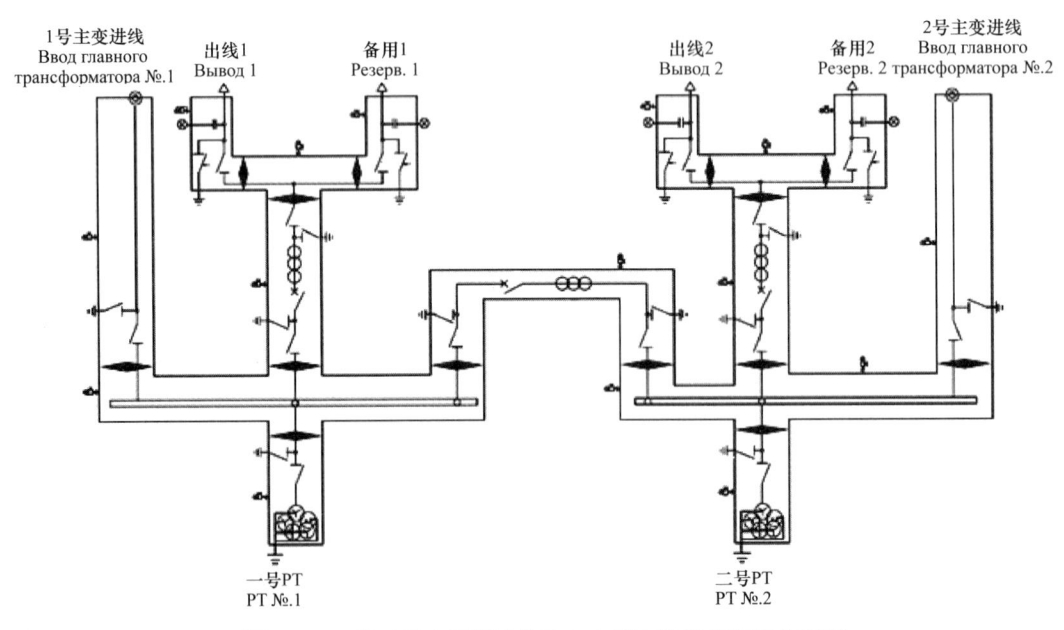

图 5.3.25　某工程内桥形接线的 GIS 配电装置的气室分割图

Рис. 5.3.25　Схема разделения газовой камеры для распределительного устройства GIS внутреннего мостового соединения для какого-то объекта

5 供配电

图 5.3.26 是某工程单母线分段接线的 GIS 配电装置的平面布置。

图 5.3.27 是某工程单母线分段接线的 GIS 配电装置的气室分割图。

5.3.5 35（10）kV 变电站

35kV 电力线路电力输送能力为 10～15MW，10kV 电力线路电力输送能力最大可达 9MW（送电距离较小时）。终端配电通常采用 35（10）kV 电力线路送电。35（10）kV 变电站广泛用于各终端变电站，为各种用电负荷如工厂、车间、医院、学校、住宅小区、工业园区、高层建筑等提供 400V 电力供应。根据使用场合的不同，配电装置形式、变电站组成、布置等各不相同。本节重点介绍用于天然气工程的 35（10）kV 变电站。

本部分仅介绍 35（10）kV 变电站的主接线、配电装置及布置、建筑物防雷等内容。35（10）kV 变电站内的变压器、中性点接地方式、设备安装等部分内容参见 5.3.3 小节。

5 Электроснабжение и электрораспределение

На рисунке 5.3.26 показана план расположения распределительного устройства GIS одиночного шинного секционированного соединения для какого-то объекта.

На рисунке 5.3.27 показана схема разделения газовой камеры для распределительного устройства GIS одиночного шинного секционированного соединения для какого-то объекта.

5.3.5 Подстанция 35（10）кВ

Мощность электропередачи силовой линии 35кВ составляет около 10-15МВт, а максимальная мощность электропередачи силовой линии 10кВ достигает 9МВт（при коротком расстоянии передачи электроэнергии）. Для конечного электрораспределения применяется силовая линия 35（10）кВ. Подстанция 35（10）кВ используется в качестве конечной подстанции и снабжает электроэнергией 400В электрические нагрузки（например, завод, цех, больница, школа, жилой микрорайон, промышленный район, многоэтажное здание и т.д.）. Форма распределительного устройства, состав и состояние расположения подстанции зависят от фактических условий использования. В настоящем разделе описывает подстанция 35（10）кВ для газового объекта.

В настоящем разделе только описываются состояние главного соединения, распределительное устройство и состояние расположения, молниезащита зданий подстанции 35（10）кВ. Состояние трансформатора на подстанции 35（10）кВ, способ нейтрального заземления, монтаж оборудования и другие содержания приведены в разделе 5.3.3.

· 481 ·

图 5.3.26 某工程单母线分段接线的 GIS 配电装置的平面布置图（单位：mm）

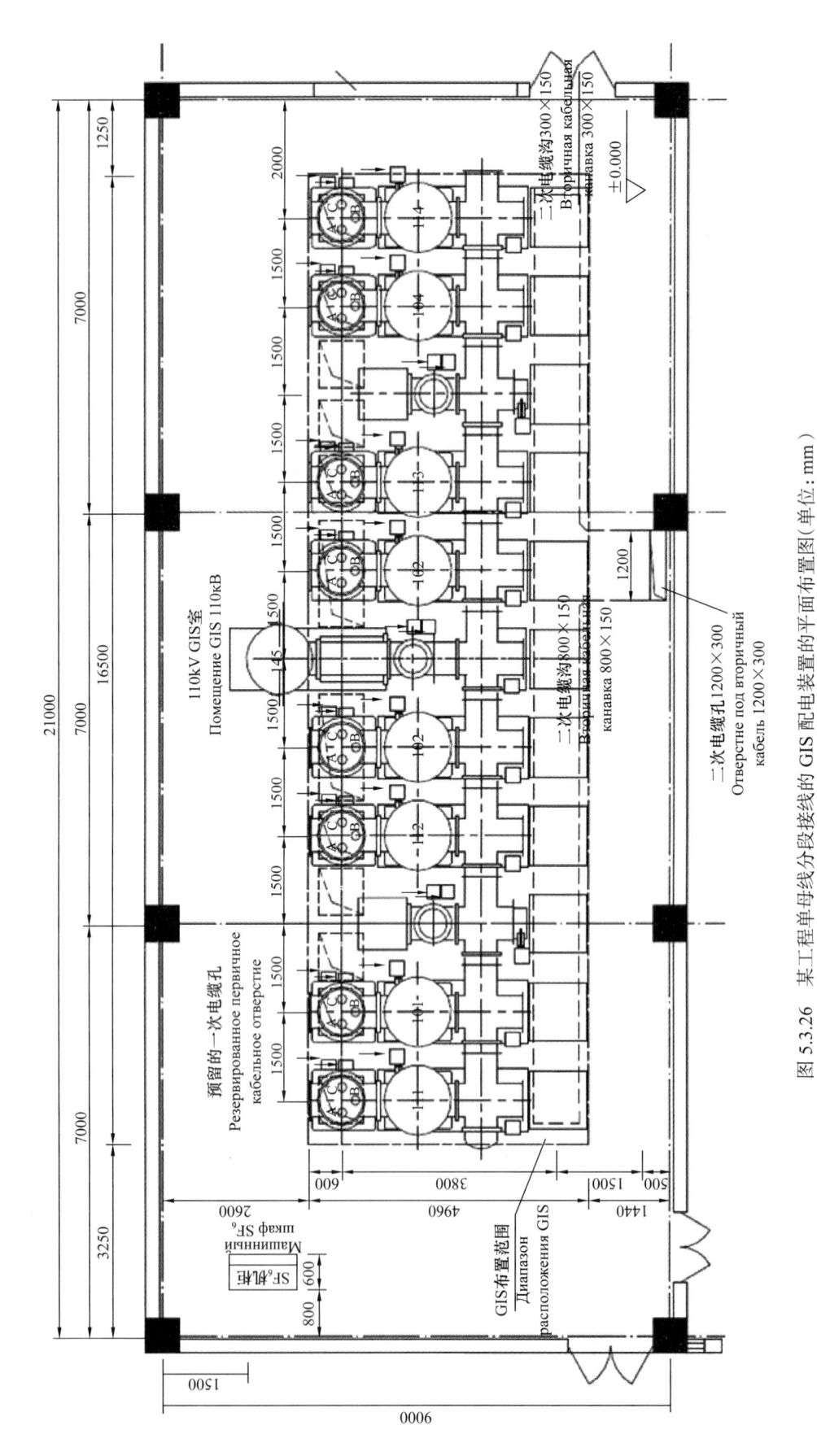

Рис. 5.3.26 План расположения распределительного устройства GIS одиночного шинного секционированного соединения для какого-то объекта (Единица измерения: мм)

5 供配电

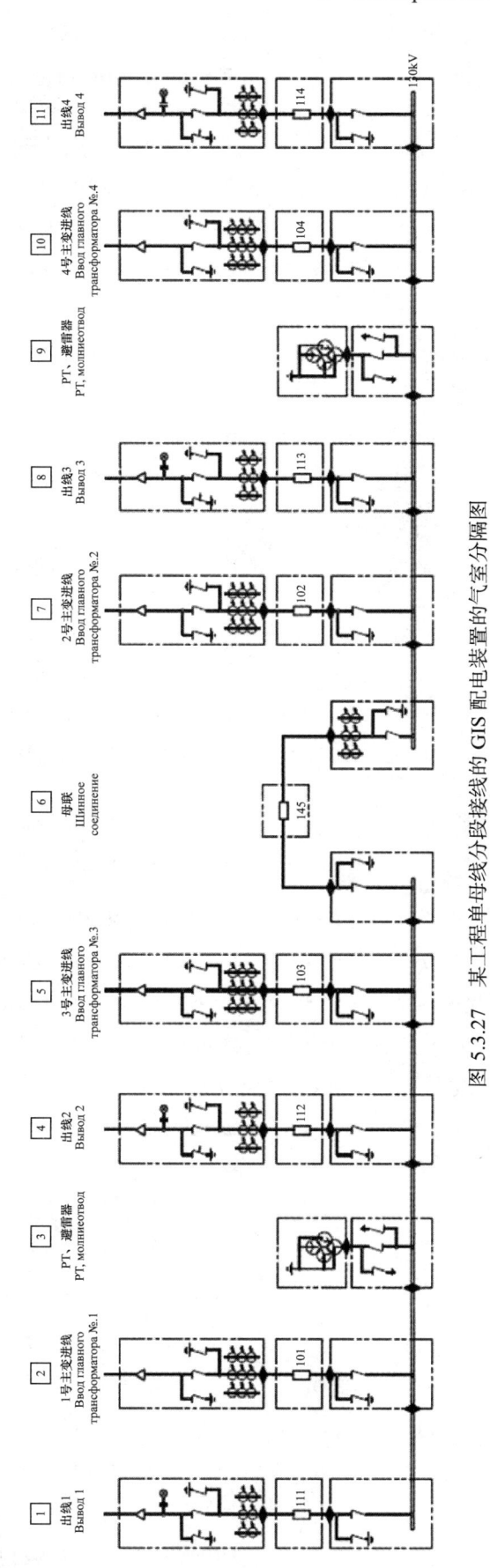

5 Электроснабжение и электрораспределение

图 5.3.27 某工程单母线母线分段接线的 GIS 配电装置的气室分隔图

Рис. 5.3.27 Схема разделения газовой камеры для распределительного устройства GIS одиночного шинного секционированного соединения для какого-то объекта

· 483 ·

5.3.5.1 电气主接线

35kV 通常采用单母线分段接线,当负荷较大、较重要时,也可采用双母线接线。

10kV 通常采用单母线分段接线。

重要供电或有其他特殊要求时,35(10)kV 也可以采用单母线分段环形接线。

5.3.5.2 配电装置及布置

5.3.5.2.1 高压开关柜的组成

在天然气工程中,35(10)kV 变电站均采用户内布置形式。户内布置的 35(10)kV 配电装置通常称为高压开关柜。高压开关柜是指用于电力系统发电、输电、配电、电能转换和消耗中起通断、控制或保护等作用,电压等级在 3.6～40.5kV 的电器产品。

高压开关柜由柜体和断路器两大部分组成,具有架空进出线、电缆进出线、母线联络等功能。柜体由壳体、电器元件(包括绝缘件)、各种机构、二次端子及连线等组成。

5.3.5.1 Главное электрическое соединение

Для подстанции 35кВ применяется способ одиночного шинного секционированного соединения, а при большой и важной нагрузке, тоже применяется способ двойного шинного соединения.

Для подстанции 10кВ применяется способ одиночного шинного секционированного соединения.

При важном электроснабжении или наличии других особых требований, для подстанции 35 (10)кВ тоже применяется способ одиночного шинного секционированного кольцевого соединения.

5.3.5.2 Распределительное устройство и его расположение

5.3.5.2.1 Состав шкафа выключателей высокого напряжения

Расположение подстанции 35(10)кВ для газового объекта должно быть внутренним. Как правило, внутреннее распределительное устройство 35(10)кВ называется шкафом выключателей высокого напряжения. Под шкафом выключателей высокого напряжения понимается электрооборудование 3,6-40,5кВ, которое играет роль во включении и отключении, управлении или защите в процессах производства, передачи, распределения, преобразования и потребления электроэнергии электроэнергетической системы.

Шкаф выключателей высокого напряжения состоит из корпуса шкафа и выключателя, а также обладает функциями воздушного ввода и вывода, кабельного ввода и вывода, шинного соединения и т.д.. Корпус шкафа состоит из

5 供配电

高压开关柜柜体的材料：冷轧钢板或角钢（用于焊接柜）；敷铝锌钢板或镀锌钢板（用于组装柜）；不锈钢板（不导磁性）；铝板（不导磁性）。

高压开关柜柜体的功能单元：主母线室（一般主母线布置按"品"字形或"1"字形两种结构；断路器室；电缆室；继电器和仪表室；柜顶小母线室；二次端子室。

柜内常用一次电器元件（主回路设备）常见的有如下设备：电流互感器（简称CT）、电压互感器（简称PT）、接地开关、避雷器（阻容吸收器）、隔离开关、高压断路器、高压接触器、高压熔断器、高压带电显示器、绝缘件、主母线和分支母线、高压电抗器、负荷开关、高压并联电容器等。

柜内常用的主要二次元件（又称二次设备或辅助设备，是指对一次设备进行监察、控制、测量、调整和保护的低压设备）常见的有如下设备：继电器、电度表、电流表、电压表、功率表、功率因数表、频率表、熔断器、空气开关、转换开关、信号灯、电阻、按钮、微机综合保护装置等。

5 Электроснабжение и электрораспределение

оболочки, электрических элементов (включая изолирующую деталь), механизмов, вторичных клемм, соединительных проводов и др..

Материал корпуса шкафа выключателей высокого напряжения: холоднокатаный стальной лист или уголок (для сварки шкафа); алюминизированный цинкованный стальной лист или оцинкованный стальной лист (для сборки шкафа); лист из нержавеющей стали (немагнитопроводный); алюминиевый лист (немагнитопроводный).

Функциональные блоки корпуса шкафа выключателей высокого напряжения: камера главной шины (обычно два способа расположения главной шины: "трехкорпуский образный" или "1-образный"); помещение выключателей, кабельное помещение, помещение реле и приборов, камера шинки на вершине шкафа, помещение вторичных клемм.

Общеупотребительные первичные электрические элементы (оборудование главного контура) в шкафу: трансформатор тока (CT), трансформатор напряжения (PT), заземляющий выключатель, разрядник (резистивно-емкостный гаситель), разъединитель, высоковольтный выключатель, высоковольтный контактор, высоковольтный предохранитель, высоковольтный монитор под напряжением, изолирующие детали, главная шина и ответвительная шина, высоковольтный реактор, выключатель нагрузки, высоковольтный параллельный конденсатор и т.д..

Общеупотребительные основные вторичные элементы (тоже называется вторичным или вспомогательным оборудованием, т.е. низковольтное оборудование, предназначенное для наблюдения, управления, измерения, регулирования и защиты первичного оборудования) в шкафу:

· 485 ·

5.3.5.2.2 高压开关柜的分类及选择

天然气工程中常用的高压开关柜的主要为金属封闭铠装式开关柜,根据母线的绝缘形式分为：空气绝缘系列(GIS)和气体绝缘系列(AIS)。

空气绝缘系列是指母线等带电设备采用空气作为绝缘介质。通常空气绝缘系列的产品采用手车式断路器。

气体绝缘系列是指母线等带电设备采用SF_6和N_2等气体或其复合气体作为绝缘介质。通常气体绝缘系列的产品采用固定式断路器。气体绝缘系列产品具有以下特点：

（1）绝缘性能。GIS绝缘性能强。

（2）电气间隙。气体绝缘性能远强于空气,GIS电气间隙远远小于AIS。

（3）设备尺寸。因电气间隙小,GIS尺寸远小于同等电压等级的AIS,占地面积小。

реле, электросчетчик, амперметр, вольтметр, мощметр, измеритель коэффициента мощности, частотомер, плавкий предохранитель, воздушный выключатель, переключатель, сигнальная лампа, резистор, кнопка, микропроцессорное защитное устройство и т.д..

5.3.5.2.2 Классификация и выбор шкафа выключателей высокого напряжения

Шкаф выключателей высокого напряжения для газового объекта является металлическим закрытым бронированным шкафом. И по форме изоляции шины он разделяет на серию с воздушной изоляцией(GIS) и серию с газовой изоляцией(AIS).

Серия с воздушной изоляцией: в качестве изоляционной среды для шины и других токопроводящих устройств используется воздух. Как правило, продукцией серии с воздушной изоляцией является выключатель на тележке.

Серия с газовой изоляцией: в качестве изоляционной среды для шины и других токопроводящих устройств используются SF_6, N_2 и другие газы или их смешанный газ. Как правило, продукцией серии с газовой изоляцией является стационарный выключатель. Продукция серии с газовой изоляцией обладает следующими особенностями：

（1）Изоляционное свойство. сильное изоляционное свойство GIS.

（2）Электрический зазор. изоляционное свойство газа сильнее свойства воздуха, электрический зазор GIS значительно меньше AIS.

（3）Размеры оборудования. в связи с малым электрическим зазором, размеры GIS значительно меньше AIS с одинаковым классом напряжения, но и малая площадь отвода земль.

（4）海拔影响。主回路元器件内置于充气隔室,压力恒定,不受海拔影响,特别适用于高海拔地区。AIS 的绝缘性能直接受海拔影响,标准产品用于 1000m 以下,更高海拔需特殊设计。

（5）污秽影响。污秽无法影响 GIS 的充气隔室,适用于污秽地区。AIS 直接受污秽影响,特别恶劣条件需特殊设计。

（6）安装。GIS 需现场充气或带压运输,安装时工作量大于 AIS。

（7）柜间连接。GIS 的母线封闭于充装气体的壳体中,分列布置时,通常采用电缆连接。

AIS 可以直接采用空气绝缘的母线桥连接,连接更方便。10kV 电压等级的高压开关柜,GIS 的设备尺寸较 AIS 没有较大的优势,但是安装更复杂,柜间连接更复杂,故通常采用 AIS 产品。35kV 电压等级的高压开关柜,GIS 的设备尺寸较 AIS 有较大的优势,且 35kV 高压开关柜数量通常较少,方便单列布置,故通常采用 GIS 产品。

（4）Воздействие высоты над уровнем моря. элементы и детали главного контура установлены в наполнительной камере; она обладает постоянным давлением, не подвергается воздействию из-за высоты над уровнем моря, и особенно распространяется на район с большой высотой над уровнем моря. Изоляционное свойство AIS подвергается непосредственному воздействию из-за высоты над уровнем моря. Стандартная продукция используется в районе отметкой менее 1000м. При использовании данной продукции в районе с более большой высотой над уровнем моря, следует провести специальное проектирование.

（5）Воздействие грязной атмосферы. грязная атмосфера не влияет на наполнительную камеру GIS; данная продукция распространяется на район с грязной атмосферой. AIS подвергается непосредственному воздействию из-за грязной атмосферы. При использовании данной продукции при особенно неблагоприятных условиях, следует провести специальное проектирование.

（6）Монтаж. для GIS следует провести наполнение воздухом на рабочей площадке или транспорт под давлением; объем работы по монтажу более AIS.

（7）Соединение между шкафами. шина GIS закрывается в корпусе, наполненном газом; при раздельном расположении, обычно осуществляется соединение с помощью кабелей.

Для AIS применяется способ шинного мостового соединения с воздушной изоляцией для обеспечения удобства соединения. Для шкафа выключателей высокого напряжения 10кВ, по сравнению с AIS, устройство GIS не имеет большого преимущества по размерам, а имеет более сложный процесс монтажа и соединения между шкафами, поэтому обычно применяется продукция AIS. Для шкафа выключателей высокого напря

图 5.3.28 是 AIS 产品的典型结构。图 5.3.29 和图 5.3.30 是 GIS 产品的典型结构。

жения 35кВ, по сравнению с AIS, устройство GIS имеет большое преимущество по размерам, но и имеет малое количество шкафа выключателей высокого напряжения 35кВ для удобства однорядного расположения, поэтому обычно применяется продукция GIS.

На рисунке 5.3.28 показана типичная конструкция продукции AIS. На рисунках 5.3.29 и 5.3.30 показана типичная конструкция продукции GIS.

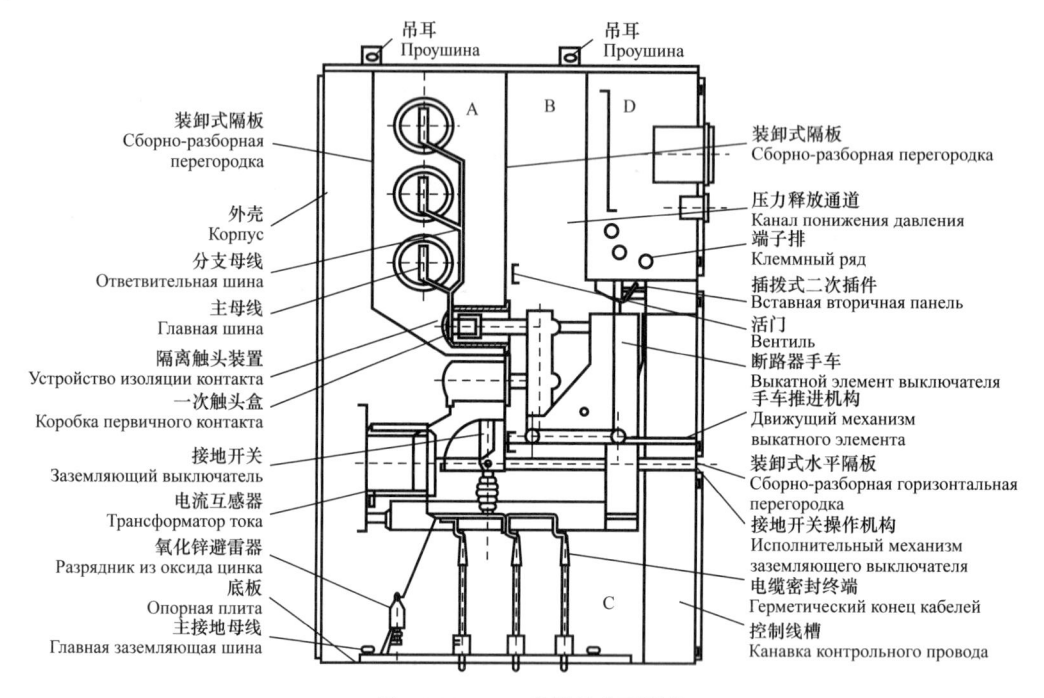

图 5.3.28 AIS 产品的典型结构

Рис. 5.3.28 Типичная конструкция продукции AIS

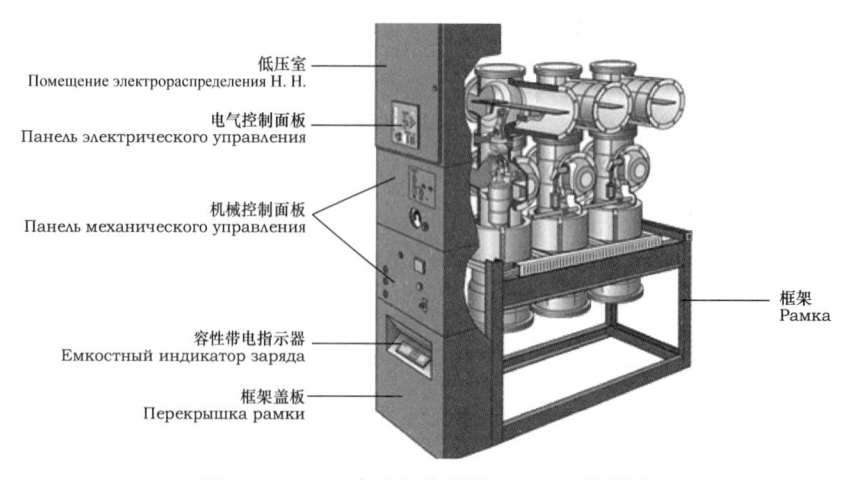

图 5.3.29 GIS 产品的典型结构——柜体部分

Рис. 5.3.29 Типичная конструкция продукции GIS-Корпус шкафа

5 Электроснабжение и электрораспределение

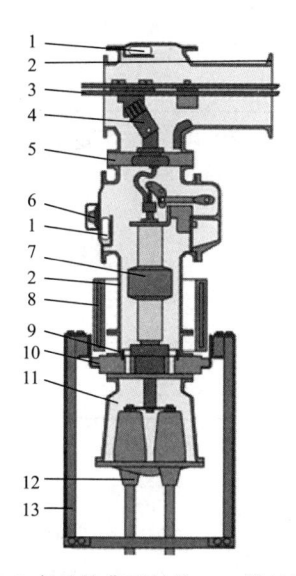

图 5.3.30 GIS 产品的典型结构——单极极柱横截面

1—干燥剂；2—铸铝腔体；3—母线排；4—三位置开关；5—气密衬套；6—安全隔膜；7—真空灭弧室；8—电流互感器；9—容性耦合电极；10—极性支撑板；11—柜体连接件；12—内锥式插接件；13—外壳

Рис. 5.3.30 Типичная конструкция продукции GIS-поперечное сечение однополюсного электрода

1—Сушитель；2—Корпус литого алюминия；3—Шины；4—Трехпозиционный переключатель；5—Герметичная втулка；6—Предохранительная диафрагма；7—Вакуумная камера дугогашения；8—Трансформатор тока；9—Электрод емкостной связи；10—Полярная опорная плита；11—Соединительная деталь шкафа；12—Толчковый штепсельный разъем；13—Корпус

12～40.5kV 高压开关柜典型参数见表5.3.8。 Типичные параметры шкафа выключателей высокого напряжения 12-40,5кВ приведены в следующей таблице 5.3.8.

表 5.3.8　12～40.5kV 高压开关柜典型参数

Таблица 5.3.8　Типичные параметры шкафа выключателей высокого напряжения 12～40,5кВ

参数 параметра	额定电压,kV Номинальное напряжение,кВ			
	12	24	36	40.5
额定频率, Hz Номинальная частота, Гц	50	50	50	50
额定短时工频耐受电压,kV Номинальное кратковременное выдерживаемое напряжение промышленной части, кВ	42	50	70	85
额定雷电冲击耐受电压,kV Выдерживаемое напряжение при грозном ударе, кВ	75	125	170	185
额定峰值耐受电流,kA Номинальный выдерживаемый пиковый ток, кА	100	100	100	100
额定短路关合电流,kA Номинальный ток включения при коротком замыкании, кА	100	100	100	100
额定短时耐受电流(3 s),kA Номинальный кратковременный выдерживаемый ток (3с), кА	40	40	40	40
额定短路分断电流,kA Номинальный ток отключения при коротком замыкании, кА	40	40	40	40

续表
продолжение

参数 параметра	额定电压，kV Номинальное напряжение,кВ	12	24	36	40.5
母线额定电流，A Номинальный ток шины, A		5000	5000	5000	5000
馈线额定电流，A Номинальный ток фидера, A		2500	2500	2500	2500

5.3.5.2.3 高压开关柜的布置

开关柜的布置原则是，通道宽度应满足当打开柜门检修时，还应有 800mm 宽度的逃生通道。

通常情况下，户内高压开关柜应参考表 5.3.9 宽度布置。

5.3.5.2.3 Расположение шкафа выключателей высокого напряжения

Принцип расположения шкафа выключателей: ширина прохода должна соответствовать следующему требованию, т.е. при открытии двери шкафа еще предусмотрен эвакуационный проход шириной 800мм.

При обычных условиях, внутренний шкаф выключателей высокого напряжения располагается по ширинам, указанным в следующей таблице 5.3.9.

表 5.3.9 户内高压开关柜宽度布置

Таблица 5.3.9 Шкаф выключателей высокого напряжения, расположенный по ширинам

布置方式 Способ компоновки	不同通道分类的宽度，mm Классификация каналов, мм		
	维护通道 Канал обслуживания	操作通道 Канал эксплуатации	
		固定式 Стационарный	移开式 Мобильный
设备单列布置时 При однорядном расположении оборудования	800	1500	单车长 +1200mm Длина единичного элемента + 1200мм
设备双列布置时 При двухрядном расположении оборудования	1000	2000	双车长 +1200mm Длина двойного элемента + 1200мм

通道宽度在建筑物的墙柱个别突出处，允许缩小 200mm。当手车式开关柜不需要进行就地检修时，通道宽度可适当减小。当固定式开关柜靠墙布置时，柜背离墙距离宜取 50mm。当采用 35kV 开关柜时，柜后通道不宜小于 1000mm。

Ширина прохода в отдельную колонну стены, выступающую над зданием, позволяет уменьшаться на 200мм. Когда не требуется ремонт на месте шкафа выключателей на тележке, ширина прохода позволяет подходяще уменьшаться. При расположении стационарного шкафа

长度大于 7000mm 的配电装置室,应有 2 个出口。当配电装置室有楼层时,1 个出口可设在通往屋外楼梯的平台处。

5.3.5.3　35(10)kV 变电站平面布置示例

某天然气处理厂 10kV 变电站,由于出线电缆较多,故在一楼设置电缆层,配电装置安装于 2 楼(图 5.3.31 和图 5.3.32)。

5.4　短路电流计算

电力系统中短路故障主要有三相短路、两相短路和单相短路(包括单相接地故障),三相同时发生的短路的型式称为对称短路。除三相对称短路之外的短路称为不对称短路,主要包括:两相不接地短路;单相对中性线短路;单相接地短路。通常,三相短路电流最大,当短路点发生在发电机附近时,两相短路电流可能大于三相短路电流;当短路点靠近中性点接地的变压器时,单相短路电流也有可能大于三相短路电流。

выключателей вблизи стены, расстояние от задней стороны шкафа до стены составляет 50мм. При использовании шкафа выключателей 35кВ, ширина прохода на задней стороне шкафа должна быть не менее 1000мм.

Для помещения распределительного устройства длиной более 7000мм предусмотрены 2 выхода. Когда в помещении распределительного устройства предусмотрен этаж, то один выход установлен в месте платформы, подходящей к наружной лестнице.

5.3.5.3　Пример горизонтальной планировки подстанции 35(10)кВ

В связи со многим количеством выводного кабеля для подстанции 10кВ какого-то ГПЗ, кабельный ярус располагается на первом этаже, а распределительное устройство устанавливается на втором этаже(рис. 5.3.31, 5.3.32).

5.4　Расчет тока короткого замыкания

Короткое замыкание в электроэнергетической системе в основном разделяет на трехфазное, двухфазное и однофазное (включая однофазное короткое замыкание на землю). Трехфазное короткое замыкание называется симметричным, а другие короткие замыкания кроме трехфазного короткого замыкания называются несимметричными (включая двухфазное короткое замыкание при незаземлении, однофазное короткое замыкание на нейтраль и однофазное короткое замыкание на землю). Как правило, ток трехфазного короткого замыкания является максимальным. Когда точка короткого замыкания

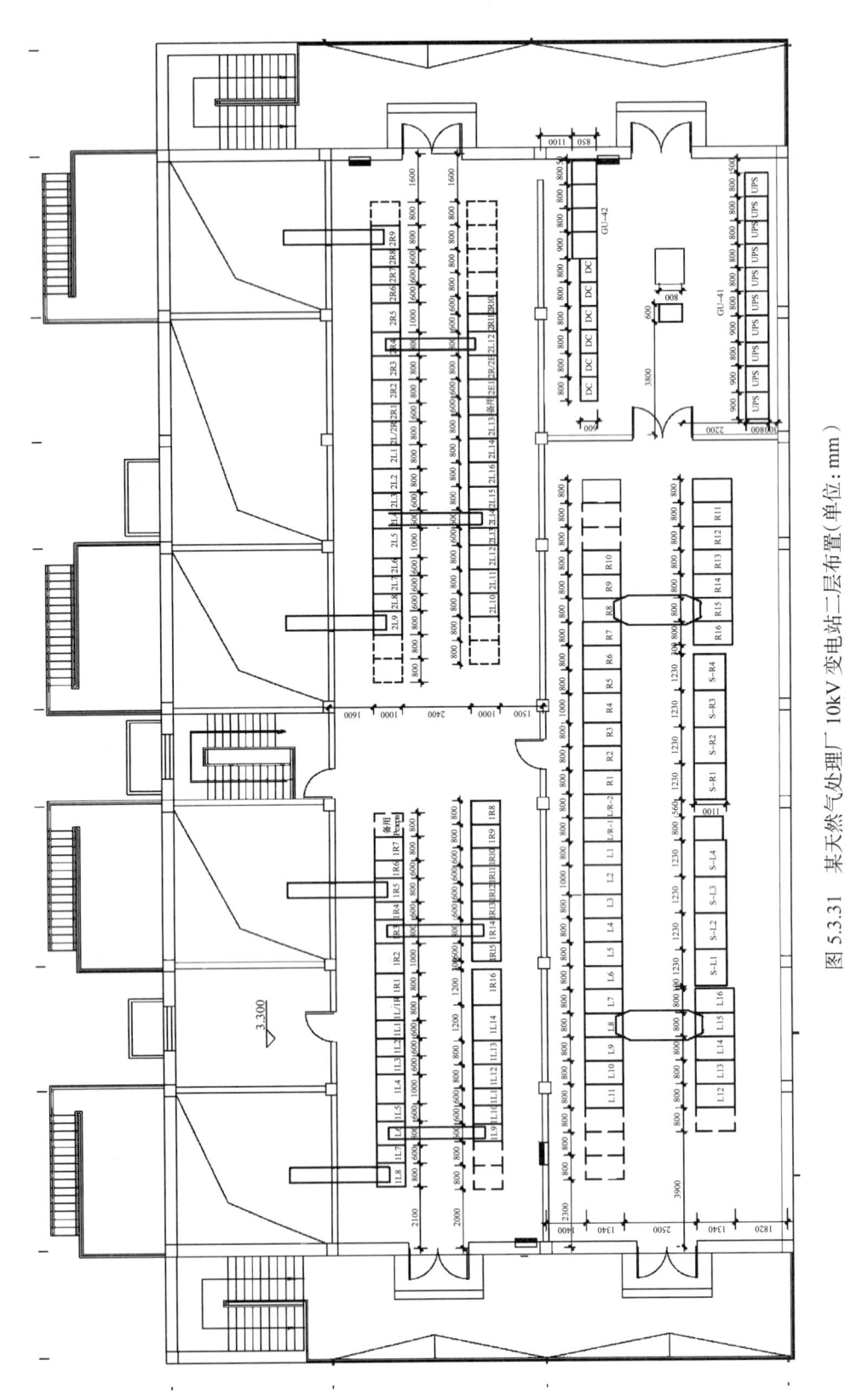

图 5.3.31 某天然气处理厂 10kV 变电站二层布置（单位：mm）

Рис. 5.3.31 Планировка второго этажа подстанции 10кВ какого-то ГПЗ (Единица измерения: мм)

5 供配电

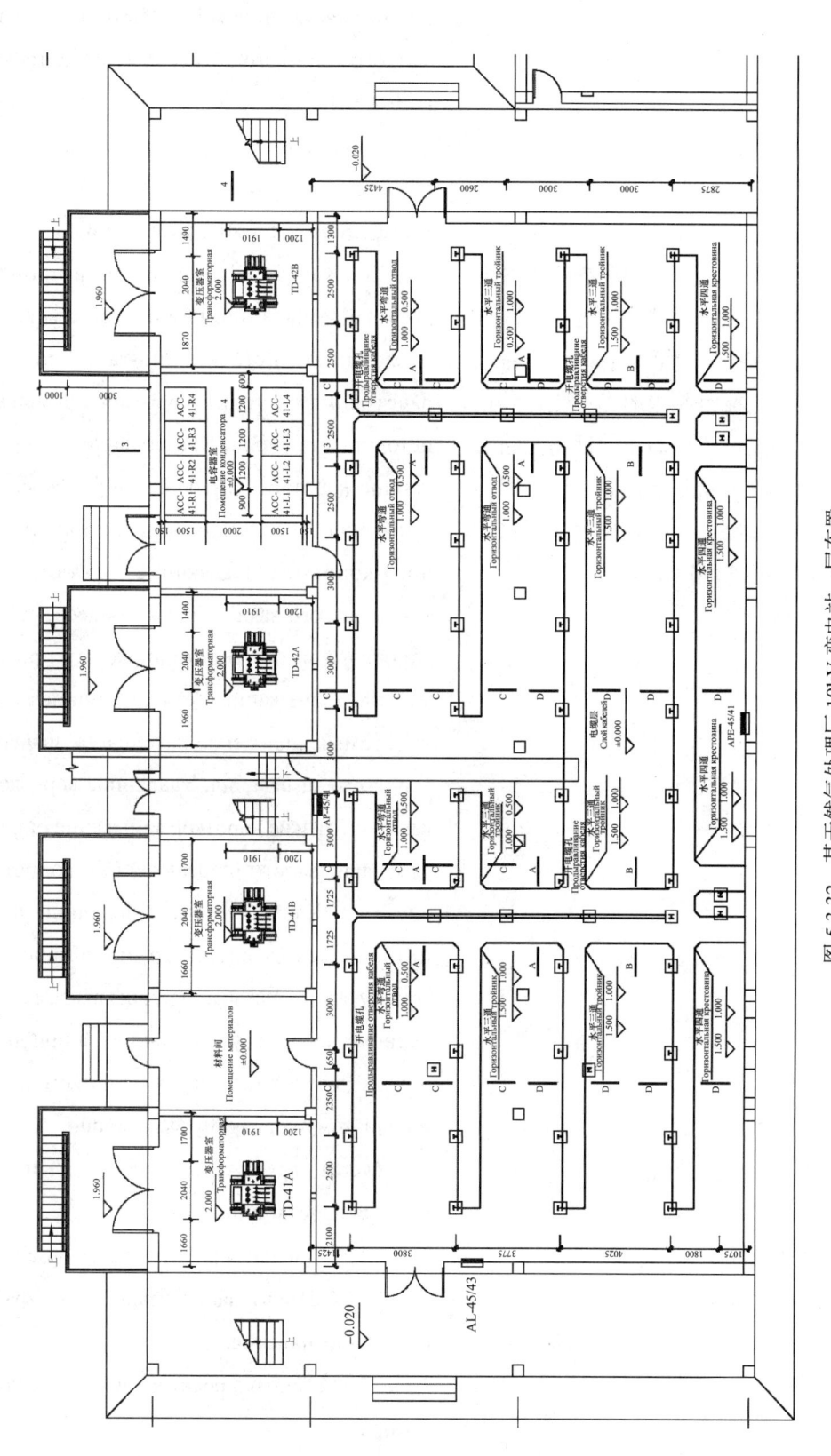

5 Электроснабжение и электрораспределение

图 5.3.32　某天然气处理厂 10kV 变电站一层布置

Рис. 5.3.32　Планировка первого этажа подстанции 10кВ какого-то ГПЗ

短路过程中短路电流变化的情况决定于系统电源容量的大小或短路点离电源的远近。一般分为远端短路和近端短路,远端短路中对称短路电流初始值和稳态短路电流是相等的,近端短路时,稳态短路电流小于短路电流初始值。远端短路和近端短路是根据系统的电抗来确定,一般采用外电源供电的系统计算短路电流时可按远端短路计算,其余按近端短路计算短路电流。

变电站中限制短路电流的措施:

(1)变压器分列运行;

(2)采用高阻抗变压器;

(3)在变压器回路中装设电抗器;

(4)采用小容量的变压器。

находится около генератора, ток двухфазного короткого замыкания может быть более тока трехфазного короткого замыкания; когда точка короткого замыкания приближается к трансформатору с заземленной нейтралью, ток однофазного короткого замыкания тоже может быть более тока трехфазного короткого замыкания.

Ток короткого замыкания в процессе короткого замыкания изменяется в зависимости от мощности источника питания системы или расстояния от точки короткого замыкания до источника питания. Как правило, имеются удаленное короткое замыкание и близкое короткое замыкание. Начальное значение тока симметричного короткого замыкания и установившийся ток короткого замыкания в процессе удаленного короткого замыкания одинаковы; при близком коротком замыкании, установившийся ток короткого замыкания менее начального значения тока короткого замыкания. Удаленное короткое замыкание и близкое короткое замыкание определяются в зависимости от реактивного сопротивления системы. Как правило, с помощью системы, питающейся от внешнего источника питания, ток короткого замыкания рассчитывается по удаленному короткому замыканию, а при других условиях рассчитывается ток короткого замыкания по близкому короткому замыканию.

Меры ограничения тока короткого замыкания для подстанции:

(1) Раздельная работа трансформатора;

(2) Использование трансформатора с высоким сопротивлением;

(3) Установка реактора в контуре трансформатора;

(4) Использование трансформатора с малой емкостью.

短路电流计算的目的：

（1）短路电流计算的目的是求出最大短路电流值和最小短路电流值，最大短路电流用于校验电气设备的动稳定、热稳定及分段能力，继电保护整定计算；最小短路电流作为校验继电保护装置灵敏系数和校验电动机启动的依据。

（2）验算电器和导体动稳定、热稳定以及电器端流量所用的短路电流，应按工程的设计规划容量计算，并考虑电力系统的远景发展规划（一般按照本期工程建设后5~10年）。

（3）导体和电器的动稳定、热稳定及电器的断流量，一般按三相断流校验，只有当其他短路方式可能较三相短路严重时，按照严重的情况验算。

5.4.1 电路元件参数的计算

进行短路电流计算时，先要知道短路电路的电参数，如电路元件的阻抗、电路电压、外部电源短路容量、外部电源阻抗等，然后通过网络变换求得电源至短路点之间的等值总阻抗，最后按照公式或运算曲线求出短路电流。

短路电路的电参数可以用有名单位制表示，也可以用标幺制表示。有名单位制一般用于1000V以下低压网络的短路电流计算，标幺制则广泛用于高压网络。

5.4.2 基准值

高压短路电流一般采用标幺制计算，通常选取基准容量 S_j=100MV·A，基准电压 U_j（kV）一般取各级的平均电压，其计算：

$$U_j=U_p=1.05U_e \quad (5.4.1)$$

式中　U_p——平均电压；

　　　U_j——额定电压。

当基准容量 S_j（MV·A）和计算电压（kV）选定后，基准电流（kA）和基准电抗（Ω）计算为：

基准电流

$$I_j=\frac{S_j}{\sqrt{3}U_j} \quad (5.4.2)$$

короткого замыкания (например, сопротивление элемента электрической цепи, напряжение электрической цепи, мощность короткого замыкания и сопротивление внешнего источника питания), затем рассчитывает эквивалентное полное сопротивление между источником питания и точкой короткого замыкания путем переключения сети, в конце концов рассчитывается ток короткого замыкания по формуле или расчетной кривой.

Электрические параметры цепи короткого замыкания выражаются именованной системой единиц, тоже системой относительных единиц. Известная система единиц предназначается для расчета тока короткого замыкания низковольтной сети ниже 1000В, а система относительных единиц широко распространяется на высоковольтную сеть.

5.4.2 Базисная величина

Ток высокого напряжения короткого замыкания рассчитывается с помощью системы относительных единиц. Как правило, выбираются базисная емкость S_j=100МВ·А, базисное напряжение U_j (кВ), среднее напряжение разных классов, и рассчитывается по формуле ниже.

$$U_j=U_p=1.05U_e \quad (5.4.1)$$

Где　U_p——среднее напряжение；

　　　U_j——номинальное напряжение.

После выбора базисной емкости S_j (МВ·А) и расчетного напряжения (кВ), базисный ток (кА) и базисное реактивное сопротивление (Ом) рассчитываются по формулам:

Базисный ток

$$I_j=\frac{S_j}{\sqrt{3}U_j} \quad (5.4.2)$$

5 供配电

5 Электроснабжение и электрораспределение

基准电抗

Базисное реактивное сопротивление

$$X_j = \frac{U_j}{\sqrt{3}I_j} = \frac{U_j^2}{S_j} \quad (5.4.3)$$

$$X_j = \frac{U_j}{\sqrt{3}I_j} = \frac{U_j^2}{S_j} \quad (5.4.3)$$

常用基准值见表5.4.1。

Обычные базисные величины показаны в таблице 5.4.1.

表5.4.1 常用基准值(S_j=100MV·A)

Таблица 5.4.1 Обычные базисные величины (S_j = 100MB·A)

系统标称电压,kV Номинальное напряжение системы, кВ	0.38	3	6	10	35	110
基准电压,kV Опорное напряжение, кВ	0.40	3.15	6.30	10.50	37	115
基准电流,kA Опорный ток, кА	144.30	18.30	9.16	5.5	1.56	0.5

5.4.3 标幺值

5.4.3 Величина в относительных единицах

标幺值是一种相对单位制,电参数的标幺值为有名值与基准值之比。

Величина в относительных единицах выражается системой относительных единиц. Электрические параметры в относительных единицах является отношением именованного значения к базисному значению.

容量标幺值:

Величина емкости в относительных единицах:

$$S_* = \frac{S}{S_j} \quad (5.4.4)$$

$$S_* = \frac{S}{S_j} \quad (5.4.4)$$

电压标幺值:

Величина напряжения в относительных единицах:

$$U_* = \frac{U}{U_j} \quad (5.4.5)$$

$$U_* = \frac{U}{U_j} \quad (5.4.5)$$

电流标幺值:

Величина тока в относительных единицах:

$$I_* = \frac{I}{I_j} \quad (5.4.6)$$

$$I_* = \frac{I}{I_j} \quad (5.4.6)$$

电抗标幺值:

Величина реактивного сопротивления в относительных единицах:

$$X_* = \frac{X}{X_j} \quad (5.4.7)$$

采用标幺值后,相电压和相电压的标幺值是相同的,单相功率和三相功率的标幺值是相同的。

电抗标幺值和有名值的换算公式见表 5.4.2。

$$X_* = \frac{X}{X_j} \quad (5.4.7)$$

После применения величины в относительных единицах, фазовое напряжение и его величина в относительных единицах одинаковы, а однофазная мощность и величина трехфазной мощности в относительных единицах одинаковы.

Формула приведения величины реактивного сопротивления в относительных и именованных единицах приведена в таблице 5.4.2.

表 5.4.2　电抗标幺值和有名值的换算公式

Таблица 5.4.2　Формула приведения величины реактивного сопротивления в относительных и именованных единицах

序号 № п/п	元件名称 Наименование элемента	标幺值 Значения в относительных единицах	有名值 Значения в именованных единицах	符号说明 Обозначения
1	同步发电机或者电动机 Синхронный генератор или электродвигатель	$X_{*d}'' = \frac{x_d''\%}{100} \cdot \frac{S_j}{S_r}$ $= x_d'' \frac{S_j}{S_r}$	$X_d'' = \frac{x_d''\%}{100} \cdot \frac{U_r^2}{S_r}$ $= x_d'' \frac{U_r^2}{S_r}$	S_r—同步电动机的额定容量,MV·A; S_{rT}—变压器的额定容量,MV·A(对于三绕组变压器是指最大容量绕组的额定容量); X_d''—同步电动机超瞬态电抗相对值; $x_d''\%$—同步电动机超瞬态电抗百分值; $U_k\%$—变压器阻抗电压百分值; U_r—额定电压(指线电压),kV; I_r—额定电流,kA; X,R—电路每相电抗值、电阻值,Ω; S_s''—系统短路阻抗,MV·A; S_j—基准容量,MV·A; I_j—基准电流,MV·A; ΔP—变压器短路损耗,kW; U_j—基准电压,对于发电机实际是设备电压,kV; S_r—Номинальная мощность синхронного генератора, МВ·А; S_{rT}—Номинальная мощность трансформатора, МВ·А (для трехобмоточного трансформатора -номинальная емкость обмотки с максимальной емкостью); x_d''—Относительное значение сверхпереходного реактанса при синхронного электродвигателя; $x_d''\%$—Процент сверхпереходного реактанса при синхронного электродвигателя; $U_k\%$—Процент напряжения короткого замыкания трансформатора; U_r—Номинальное напряжение (линейное напряжение), кВ; I_r—Номинальный ток, кА; X,R—Значения реактанса и сопротивления каждой фазы цепи, Ом; S_s''—Сопротивление короткого замыкания системы, МВ·А; S_j—Базисная мощность, МВ·А; I_j—Опорный ток, МВ·А; ΔP—Потеря короткого замыкания трансформатора, кВт; U_j—Опорное напряжение, для генератора-напряжение оборудования, на самом деле, кВ
2	变压器 Трансформатор	$R_{*T} = \Delta P \frac{S_j}{S_{rT}} \times 10^{-3}$ $X_{*T} = \sqrt{Z_{*T}^2 - R_{*T}^2}$ 当电阻值允许不计时: При разрешении не рассчитывать значение сопротивления: $X_{*T} = \frac{x_k\%}{100} \cdot \frac{S_j}{S_r}$	$R_T = \frac{\Delta P}{3I_r^2} \times 10^{-3}$ $= \frac{\Delta P U_r^2}{S_{rT}^2} \times 10^{-3}$ $X_{*T} = \sqrt{Z_{*T}^2 - R_{*T}^2}$ 当电阻值允许不计时: При разрешении не рассчитывать значение сопротивления: $X_{*T} = \frac{U_k\%}{100} \cdot \frac{U_r^2}{S_r}$	
3	电抗器 Реактор	$X_{*k} = \frac{x_k\%}{100} \cdot \frac{U_r}{\sqrt{3}I_r} \cdot \frac{S_j}{U_j^2}$ $= \frac{x_k\%}{100} \cdot \frac{U_r}{I_r} \cdot \frac{I_j}{U_j}$	$X_k = \frac{x_k\%}{100} \cdot \frac{U_r}{\sqrt{3}I_r}$	
4	线路 Линия	$X_* = X \frac{S_j}{U_j^2}$　$R_* = R \frac{S_j}{U_j^2}$		
5	电力系统 Электросистема	$X_{*s} = \frac{S_j'}{S_s''}$	$X_s = \frac{U_j^2}{S_j''}$	

从某一基准容量 S_{1j} 的标幺值转换到另一基准容量 S_{2j} 的标幺值，计算见式（5.4.8）：

$$X_{*2} = X_{*1} \frac{S_{2j}}{S_{1j}} \quad (5.4.8)$$

式中 X_{*1}——某一基准电抗标幺值；

X_{*2}——电抗标幺值。

从某一电压 U_{1j} 的标幺值转换到另一基准电压的 U_{2j} 标幺值，计算见式（5.4.9）：

$$X_{*2} = X_{*1} \frac{U_{2j}^2}{U_{1j}^2} \quad (5.4.9)$$

5.4.4 三相短路电流计算

在高压电路中，一般以标幺值法计算短路电流，电力系统接线用标幺值表示元件参数，进行网络变换计算后，得出短路点的综合阻抗 $Z_{*\Sigma}$，再计算短路电流。本书主要介绍远端短路电流的计算。

Величина определеной базисной емкости S_{1j} в относительных единицах переводится в другую величину базисной емкости S_{2j} в относительных единицах по формуле（5.4.8）：

$$X_{*2} = X_{*1} \frac{S_{2j}}{S_{1j}} \quad (5.4.8)$$

Где X_{*1}——величина какого-то опорного реактивного сопротивления в относительных единицах；

X_{*2}——величина реактивного сопротивления в относительных единицах.

Величина какого-то напряжения U_{1j} в относительных единицах переводится в другую величину базисного напряжения U_{2j} в относительных единицах по формуле（5.4.9）：

$$X_{*2} = X_{*1} \frac{U_{2j}^2}{U_{1j}^2} \quad (5.4.9)$$

5.4.4 Расчет тока трехфазного короткого замыкания

Как правило, ток короткого замыкания в высоковольтной цепи рассчитывается с использованием относительных единиц. Параметры элементы соединения для электроэнергетической системы выражаются в относительных единицах, и после переключения сети получается комплексное сопротивление $Z_{*\Sigma}$ в точке короткого замыкания, затем рассчитывается ток короткого замыкания. В настоящем руководстве в основном описывается метод расчета тока удаленного короткого замыкания.

5.4.4.1 短路点处以供电电源为基准的计算电抗

$$X_{*\mathrm{js}} = X_{*\Sigma}\frac{S_\mathrm{e}}{S_\mathrm{j}} \quad (5.4.10)$$

式中 $X_{*\mathrm{js}}$——以供电电源为基准的计算电抗标幺值;

$X_{*\Sigma}$——以基准容量为基准的计算电抗标幺值;

S_e——电源额定容量,MV·A;

S_j——基准容量,MV·A。

当供电电源为无限大或 $X_{*\mathrm{js}} \geqslant 3$ 时,可认为短路电流不衰减,其计算见式(5.4.11)和式(5.4.12):

$$I'' = \frac{I_\mathrm{j}}{X_{*\Sigma}} \quad (5.4.11)$$

$$S'' = \frac{S_\mathrm{j}}{X_{*\Sigma}} \quad (5.4.12)$$

式中 I''——次暂态短路电流(三相短路电流周期分量第一周期的有效值),kA;

S''——短路点短路容量,MV·A;

I_j——基准电流,kA;

S_j——基准容量,MV·A。

5.4.4.1 Расчетное реактивное сопротивление на основе источника электропитания в точке короткого замыкания.

$$X_{*\mathrm{js}} = X_{*\Sigma}\frac{S_\mathrm{e}}{S_\mathrm{j}} \quad (5.4.10)$$

Где $X_{*\mathrm{js}}$—— величина расчетного реактивного сопротивления в относительных единицах на основе источника электропитания;

$X_{*\Sigma}$—— величина расчетного реактивного сопротивления в относительных единицах на основе базисной емкости;

S_e—— номинальная емкость источника питания, МВ·А;

S_j—— базисная емкость, МВ·А.

Когда источник электропитания является безмерным или $X_{*\mathrm{js}} \geqslant 3$, то ток короткого замыкания считается незатухающим, и рассчитывается по формулам (5.4.11) и (5.4.12):

$$I'' = \frac{I_\mathrm{j}}{X_{*\Sigma}} \quad (5.4.11)$$

$$S'' = \frac{S_\mathrm{j}}{X_{*\Sigma}} \quad (5.4.12)$$

Где I''—— сверхпереходный ток короткого замыкания (эффективное значение первого периода для периодической составляющей тока трехфазного короткого замыкания), кА;

S''—— емкость короткого замыкания в точке короткого замыкания, МВ·А;

I_j—— базисный ток, кА;

S_j—— базисная емкость, МВ·А.

5.4.4.2 高压电动机对短路电流的影响

土库曼斯坦气田采用的高压电动机主要是异步电动机,本书主要简述高压异步电动机对短路电流的影响。

在靠近短路点处接有总容量大于1000kW异步电动机时,只有在计算短路冲击电流和第一周期短路全电流时,才将其作为附件的有限电源考虑。在下面情况下不考虑异步电动机的反馈:

(1)一部电动机与短路点的连接已相隔一个变压器。

(2)在计算不对称短路电流时。

(3)在由异步电动机反馈至短路点的短路电流所经过的元件(即线路、变压器等),与由系统送至短路点的基本短路电流时经过同一元件时。

异步电动机的反馈冲击电流计算见式(5.4.13):

$$I_{ch.d}=7.5K_{ch.d}I_{ed} \quad (5.4.13)$$

式中 I_{ed}——异步电动机的额定电流,kA。

异步电动机反馈的第一周期短路全电流计算见式(5.4.14):

$$I_{ch.d}=4.5K_{ch.d}I_{ed} \quad (5.4.14)$$

短路电流冲击系数 $K_{ch.d}$ 一般取 1.4～1.7。

5.4.5 两相短路电流计算

远端短路中两相短路稳态电流 I_{k2} 与三相短路稳态电流 I_{k3} 的比值关系，在远距离点短路时 $I_{k2}=0.866I_{k3}$

5.4.6 单相接地电容电流的计算

电网中的单相接地电容电流由电力线路和电力设备(同步发电机、大容量同步电动机及变压器等)两部分的电容电流组成。电力设备的电容电流见表5.4.3。

5.4.6.1 电缆线路的单相接地电容电流计算

6kV 电缆线路：

$$I_c = \frac{95+2.84S}{2200+6S}U_r L \quad (5.4.15)$$

10kV 电缆线路：

$$I_c = \frac{95+1.44S}{2200+0.23S}U_r L \quad (5.4.16)$$

电缆线路的单相接地电容电流还可按式（5.4.17）计算：

$$I_c=0.1U_r l \quad (5.4.17)$$

$$I_{ch.d}=4,5K_{ch.d}I_{ed} \quad (5.4.14)$$

Ударный коэффициент тока короткого замыкания $K_{ch.d}$ принимается равным 1,4-1,7.

5.4.5 Расчет тока двухфазного короткого замыкания

При удаленном коротком замыкании, отношение установившегося тока двухфазного короткого замыкания I_{k2} к установившемуся току двухфазного короткого замыкания I_{k3} : $I_{k2}=0,866I_{k3}$.

5.4.6 Расчет емкостного тока однофазного заземления

Емкостный ток однофазного заземления в электросети состоит из двух частей емкостного тока силовой линии и силового оборудования (например, синхронный генератора, синхронный электродвигатель большой мощностью, трансформатор и т.д.). Емкостный ток силового оборудования приведена в таблице 5.4.3.

5.4.6.1 Расчет емкостного тока однофазного заземления кабельной линии

Для кабельной линии 6кВ：

$$I_c = \frac{95+2,84S}{2200+6S}U_r L \quad (5.4.15)$$

Для кабельной линии 10кВ：

$$I_c = \frac{95+1,44S}{2200+0,23S}U_r L \quad (5.4.16)$$

Емкостный ток однофазного заземления кабельной линии рассчитывается по формуле (5.4.17).

$$I_c=0.1U_r l \quad (5.4.17)$$

5 电力配电

5 Электроснабжение и электрораспределение

式中 S——电缆芯线的标准截面,mm²；

U_r——线路额定相电压,kV；

l——线路长度,km；

I_c——接地点电容电流,A。

Где S——стандартное сечение кабельной жилы, мм²；

U_r——номинальное фазовое напряжение линии, кВ；

l——длина линии, км；

I_c——емкостный ток в точке заземления, А.

5.4.6.2 架空线路单相接地电容电流的计算

5.4.6.2 Расчет емкостного тока однофазного заземления воздушной линии

无架空地线单回路：

$$I_c=2.7U_r l\times10^{-3} \quad (5.4.18)$$

有架空地线单回路：

$$I_c=3.3U_r l\times10^{-3} \quad (5.4.19)$$

架空线路的单相接地电容电流还可以按式（5.4.20）估算：

$$I_c=\frac{U_r l}{350} \quad (5.4.20)$$

架空线路和电缆线路每千米单相接地电容电流的平均值见表 5.4.3 和表 5.4.4。

Для одиночного контура без воздушного заземляющего провода：

$$I_c=2.7U_r l\times10^{-3} \quad (5.4.18)$$

Для одиночного контура с воздушным заземляющим проводом：

$$I_c=3.3U_r l\times10^{-3} \quad (5.4.19)$$

Емкостный ток однофазного заземления воздушной линии подсчитывается по формуле：

$$I_c=\frac{U_r l}{350} \quad (5.4.20)$$

Средние значения емкостного тока однофазного заземления по километру воздушной и кабельной линии приведены в таблицах 5.4.3 и 5.4.4.

表 5.4.3 架空线路和电缆线路每千米单相接地电容电流的平均值

Таблица 5.4.3 Средние значения емкостного тока однофазного заземления по километру воздушной и кабельной линии

电压, kV Напряжение, кВ	架空线路和电缆线路每千米单相接地电容电流的平均值, A/km Средние значения емкостного тока однофазного заземления по километру воздушной и кабельной линии, А/км											架空线路 Воздушная линия	
	电压电缆线路［当芯线截面 (mm²) 为下列诸值时］ Кабельная линия напряжения［при наличии следующих значений для сечений жил (мм²)］										单回路 Одноконтурная	双回路 Двухконтурная
	10	16	25	35	50	70	95	120	150	185	240		
6	0.33	0.46	0.46	0.52	0.59	0.71	0.82	0.89	1.10	1.20	1.30	0.013	0.017
10	0.46	0.52	0.62	0.69	0.77	0.90	1.00	1.10	1.30	1.40	1.60	0.0256	0.035
35	—	—	—	—	—	3.70	4.10	4040	4.80	5.20		0.078（0.091）	0.102（0.110）

注：括号内数字用于有架空地线的架空线路。

Примечание: цифры в скобках применяются для воздушной линии с молниезащитным тросом.

表 5.4.4 变电站增加的接地电容电流值

Таблица 5.4.4　Значения емкостного тока нового заземления подстанции

额定电压, kV Номинальное напряжение, кВ	6	10	15	35	63	110
附加值, % Дополнительное значение, %	18	16	15	13	12	10

5.4.7 常用计算软件

电气设计计算分析软件目前国际上使用较多的是 ETPA 软件和 EDSA 软件，其中 ETAP 软件在土库曼斯坦项目已经用于计算短路电流。本书主要介绍两款软件的主要功能。

电气设计分析软件 EDSA 是由美国 EDSA 公司开发的，按照国际标准开发的电气工程软件。EDSA 软件主要有绘制单线系统图的图形、系统计算分析、EDSA 报告输出等功能。EDSA 软件提供了非常强大的图形编辑器，电气工程技术人员可以利用它很方便地建立电气系统分析计算单线图。EDSA 软件可进行短路电流计算、遮断能量的计算，短路计算后的数据，经过充分的认证和检验，可以应用到电气短路计算的各种领域。EDSA 软件可分析复杂电力系统下的有功功率和无功功率，可以进行任何网络配置的平衡三相系统潮流分析。EDSA 软件还提供直流短路分析、直流潮流分析、电池组规格选择等内容。EDSA 软件可计算各负荷点不可利用率、平均断电频率、平均断电持续时间并与综合用户函数综合在一起进行各负荷点的可靠性评估。根据计算分析结果输出多种格式报告。

5.4.7 Общеупотребительное программное обеспечение расчета

В настоящее время, в качестве программного обеспечения для электрического проектирования и вычислительного анализа широко используются ЕТРА и EDSA, в том числе программное обеспечение ETAP предназначается для расчета тока короткого замыкания для объекта Туркменистана. В настоящем руководстве в основном описываются основные функции этих двух программных обеспечений.

Программное обеспечение для электрического проектирования и анализа EDSA является программным обеспечением для электрических объектов, разработанным американской компанией EDSA в соответствии с требованиями в международных стандартах. Программное обеспечение EDSA в основном обладает такими следующими функциями, как черчение однопроводной схемы системы, вычислительный анализ системы, выход отчета EDSA и т.д.. Программное обеспечение EDSA представляет очень мощный графический редактор, с помощью которого создается однопроводная система для аналитического расчета электрической системы электрическим инженерно-техническим персоналом. Программное обеспечение EDSA предназначается для расчета тока короткого замыкания и разрывной энергии. Через полную сертификацию и проверку данных,

5 供配电

ETAP 软件由美国 OTI 公司开发的电力系统设计和分析软件。用 ETAP 可以制作电力系统单线图、阻抗图、继电保护图、分析计算图、配电柜接线图等 100 多种不同的图形。ETAP 的计算分析与设计功能主要包括潮流计算、短路计算（ANST 和 IEC 标准）、继电保护配合、弧闪分析、谐波分析（谐波潮流、频率扫描和滤波器自动设计）、电动机参数估计、变压器容量自动选择、地下电缆管道系统的设计与分析、电缆拉力分析（多重电缆和三维立体视图）、接地网设计、低压配电系统的设计。针对直流系统的模块有：直流系统潮流计算、直流系统短路计算、直流系统蓄电池容量估计、交直流控制系统接线图设计。针对暂态及稳定分析主要：电动机启动（动态及静态加速）、发电机启动、暂态稳定分析、用户自定义动态模块设计。针对输电及配电系统的模块有：优化潮流，不平衡潮流，可靠性分析，补偿电容器最佳位置选

5 Электроснабжение и электрораспределение

полученных после расчета коротких замыканий, они могут использоваться в областях расчета электрических коротких замыканий. Программное обеспечение EDSA предназначается для анализа активной и реактивной мощности сложной электроэнергетической системы, а также анализа потокораспределения мощности уравновешенной трехфазной системы для любой сетевой конфигурации. Программное обеспечение EDSA предназначается для анализа короткого замыкания постоянного тока, анализа потокораспределения мощности постоянного тока, выбора характеристик батареи и др.. Программное обеспечение EDSA тоже предназначается для расчета коэффициента неиспользования точек нагрузки, средней частоты прекращения передачи электрической энергии, средней продолжительности прекращения передачи электрической энергии, а также оценки надежности точек нагрузки совместно с комплексными функциями потребителя. По результатам вычисленного анализа осуществляется выход отчетов разных форм.

Программное обеспечение ETAP является программным обеспечением для проектирования и анализа электроэнергетической системы, разработанным американской компанией OTI. Программное обеспечение ETAP предназначается для черчения однопроводной схемы электроэнергетической системы, диаграммы сопротивлений, схемы релейной защиты, схемы вычисленного расчета, схемы соединения электрошкафа и других более 100 видов схем. Функция для вычисленного анализа и проектирования ETAP включает в себя: расчет потокораспределения, расчет коротких замыканий (стандарты ANST и IEC), компоновку релейной защиты, анализ вспышки дуги, анализ гармоники (потокораспределение гармоники, сканирование частоты и автоматическое проектирование волнового фильтра),

择,传输线的弧垂、张力以及容量计算。ETAP 软件在线控制功能在全图形方式下实时地进行在线开关闭合和负荷切换操作。ETAP 软件优化管理功能,根据控制的优化目标、调整运行方式产生的效益及设备动作的次数限制等,提出控制建议。根据计算分析结果输出多种格式报告。

подсчет параметров электродвигателя, автоматический выбор мощности трансформатора, проектирование и анализ системы подземных кабелей и трубопроводов, анализ силы растяжения кабеля (многократный вид кабеля и трехмерный вид), проектирование заземляющей сети и проектирование низковольтной системы электрораспределения. Модуль для системы постоянного тока имеет такие следующие функции, как расчет потокораспределения системы постоянного ток, расчет коротких замыканий системы постоянного тока, подсчет емкости аккумулятора системы постоянного тока, проектирование схемы соединения системы переменного и постоянного тока. Модуль для анализа устойчивости к переходному режиму имеет такие следующие функции, как пуск электродвигателя (динамическое и статическое ускорение), пуск генератора, анализ устойчивости к переходному режиму, самоопределяемое динамическое проектирование потребителя. Модуль для системы передачи и распределения электроэнергии имеет такие следующие функции, как оптимизация потокораспределения, разбаланс потокораспределения, анализ надежности, выбор отличного положения компенсационного конденсатора, расчет стрелки провеса, силы натяжения и емкости линии передачи. Программным обеспечением ETAP осуществляются онлайновое включение выключателя и переключение нагрузок в реальном масштабе времени путем использования полной графики. Программное обеспечение ETAP обладает функцией оптимизации управления, а также представляет предложение управления в зависимости от оптимизационной цели, эффективности, образованной путем регулирования способа эксплуатации, ограничения числа действия оборудования и т.д.. По результатам вычисленного анализа осуществляется выход отчетов разных форм.

5.5 继电保护和自动装置

电力系统继电保护及自动装置是电力系统安全、稳定运行的可靠保证。电力系统是发电(发电机)、供电(变压器、线路)与用电的总称。由于受自然(如雷击、风灾等)、人为(如设备制造上的缺陷、误操作等)因素影响,不可避免地会发生各种形式的短路故障和不正常工作状态。故障和不正常工作状态,都可能在电力系统中引起事故。继电保护在电力系统出现故障时,给控制主设备(如输电线路、发电机、变压器等)的断路器发出跳闸信号,将发生故障的主设备从系统中切除,保证无故障部分继续运行;当电力系统出现不正常工作状态时,继电保护发出信号,运行人员根据继电保护发出的信号对不正常工作状态进行处理,防止不正常工作状态发展成故障而造成事故。例如某变压器过载了,运行人员就应相应地减轻该变压器的负载,使该变压器恢复正常运行。自动装置配合继电保护提高供电的可靠性(如自动重合闸、备用电源自动投入装置等);保证电能质量、提高系统经济运行水平、减轻运行人员的劳动强度(如自动调节励磁装置、按频率自动减负荷装置、自动并列装置等);自动记录故障过程,以利于分析处理事故(如故障录波装置等)。

5.5 Релейная защита и автоматика

Релейная защита и автоматика может обеспечить безопасную и устойчивую работу электроэнергетической системы. Электроэнергетическая система является совокупностью производства (генератор), подачи (трансформатор, линия) и потребления электроэнергии. Из-за природных (например, громовой удар, ветровая авария и т.д.) и искусственных (например, дефект в процессе изготовления оборудования, ошибочная операция и т.д.) факторов неизбежно возникают короткие замыкания и ненормальный рабочий режим. Неисправность и ненормальный рабочий режим могут привести к аварии электроэнергетической системы. При аварии релейной защиты в электроэнергетической системе, сигнал отключения передается в выключатель для управления основным оборудованием (например, линия электропередачи, генератор, трансформатор и т.д.), чтобы отключить неисправное основное оборудование из системы и обеспечить продолжение работы исправной части; при ненормальном рабочем режиме электроэнергетической системы, релейная защита передает сигнал, по которому персонал обрабатывает ненормальный рабочий режим во избежание возникновения аварии. Например, при перегрузке какого-то трансформатора, персонал должен снизить нагрузку этого трансформатора для восстановления нормальной работы этого трансформатора. Автоматика и релейная защита могут повысить надежность электроснабжения (например, автомат повторного включения, устройство автоматического включения резервного питания и т.д.）; обеспечить качество электроэнергии, повысить уровень экономической операции системы, уменьшить интенсивность труда персонала（например, устройство автоматического регулирования возбуждения, устройство автоматической частотной разгрузки, автоматическое параллельное устройство и т.д.）; провести автоматическую запись неисправности для удобства анализа и обработки аварии（например, устройство для регистрации неисправностей и т.д.）.

5.5.1 继电保护一般要求

继电保护装置和制动装置的设计应以合理的运行方式和可能的故障类型为依据,应满足可靠性、选择性、灵敏性和速动性的基本要求。

（1）可靠性。

电力系统正常运行时,继电保护装置应可靠地不动作;当被保护设备发生故障或处于不正常工作状态时,继电保护装置应可靠地动作。

（2）速动性。

速动性是指保护装置应能尽快地切除短路故障,其目的是提高系统稳定性,减轻故障设备和线路的损坏程度,缩小故障波及范围,提高自动重合闸和备用电源或备用设备自动投入的效果等。

5.5.1 Общие требования к релейной защите

Устройство релейной защиты и тормозное устройство проектируются на основе рационального рабочего способа и возможных типов неисправностей для удовлетворения основных требований к надежности, селективности, чувствительности и быстродействию.

（1）Надежность.

При нормальной работе электроэнергетической системы, устройство релейной защиты не действует; при неисправности или ненормальной работе защищаемого устройства, устройство релейной защиты надежно действует.

（2）Быстродействие.

Быстродействие–это защитное устройство может быстрее устранить короткое замыкание для повышения устойчивости системы, уменьшения степени повреждения неисправного оборудования и линии, сокращения сферы распространения неисправности, повышения эффекта автоматического повторного включения и или автоматического включения резервного источника питания и оборудования.

(3)选择性。

选择性是指首先由故障设备或线路本身的保护切除故障。当故障设备或线路本身的保护或断路器拒动时,才允许由相邻设备、线路的保护或断路器失灵保护切除故障。

(4)灵敏性。

灵敏性是指在设备或线路的被保护范围内发生金属性短路时,保护装置应具有必要的灵敏系数。灵敏系数应根据不利的正常(含正常检修)运行方式和不利的故障类型计算,但可不考虑可能性很小的情况。

5.5.2 继电保护装置

继电保护装置是一种由继电器和其他辅助元件构成的安全自动装置。它能反映电气元件的故障和不正常运行状态,并动作于断路器跳闸或发出信号。电力系统继电保护装置主要包括发电机保护、变压器保护、电力线路保护、电动机保护以及母联保护等。

5.5.2.1 电力变压器继电保护配置

电力变压器继电保护配置见表5.5.1。

(3) Селективность.

Селективность-это осуществляется устранение неисправности с помощью неисправного оборудования или самой линии. При защите неисправного оборудования или самой линии или отказе выключателя, только допускается устранение неисправности путем защиты соседнего оборудования и линии или защиты выключателя от отказа.

(4) Чувствительность.

Чувствительность-это коэффициент чувствительности, который имеет защитное устройство, при металлическом коротком замыкании в сфере защиты оборудования или линии. Коэффициент чувствительности рассчитывается в зависимости от неблагоприятного нормального (включая нормальный ремонт) рабочего способа и неблагоприятного вида неисправности, но без учета малой возможности.

5.5.2 Компоновка релейной защиты

Устройство релейной защиты является безопасным автоматическим устройством, состоящим из реле и других вспомогательных элементов. Оно отображает неисправность и ненормальный рабочий режим электрического элемента, а также срабатывает отключение выключателя или выдает сигнал. Устройство релейной защиты для электроэнергетической системы в основном предназначается для защиты генератора, трансформатора, силовой линии, электродвигателя и шиносоединения.

5.5.2.1 Компоновка релейной защиты силового трансформатора

Компоновка релейной защиты силового трансформатора показана в таблице 5.5.1.

表 5.5.1 电力变压器继电保护配置

Таблица 5.5.1 Компоновка релейной защиты силового трансформатора

变压器容量 kV·A Мощность трансформатора кВ·А	保护装置名称 Наименование устройства защиты							备注 Примечание
	带时限过电流保护 Защита от сверхтоков с выдержкой времени	复合电压启动的过电流保护 Защита от сверхтоков, запущенная смешанным напряжением	阻抗保护 Защита полного сопротивления	电流速断保护 Защита от мгновенного отключения тока	纵联差动保护 Продольная дифференциальная защита	瓦斯保护 Газовая защита	单相接地保护 Однофазная защита заземления	过负荷保护 Защита от перегрузки	温度保护 Температурная защита	
<400										可采用高压熔断器 Можно применять высоковольтный предохранитель
400～630	一次侧装有断路器且过电流保护时限大于0.5s时装设 Установка при наличии выключателя на первичной стороне и времени для защиты от сверхтоков выше 0,5сек.					车间内装设 Установка внутри цеха	低压侧为于线制的Y, yn0接线的变压器装设和必要时装设 Установка для трансформатора с двухпроводным соединением Y, yn0 на стороне низкого напряжения и при необходимости	并列运行的变压器装设,变压器有过负荷的可能性时装设 Установка для трансформаторов параллельной работы, установка при наличии возможности перегрузки по трансформатору	干式变压器均应装设温度应保护 Сухой трансформатор должен быть снабжен температурной защитой	
800	Установка при наличии выключателя на первичной стороне					Установка				
1000～1600	用于降压变压器 Для понижающего трансформатора			过电流保护时限大于0.5s时装设 Установка при времени для защиты от сверхтоков выше 0,5сек.			110kV及以上中性点直接接地电网内的中性点直接接地的变压器装设 Установка для трансформатора с прямым заземлением нейтрали в электросети с прямым заземлением нейтрали 110кВ и выше			
2000～5000					当电流速段保护不能满足灵敏性要求是装设 Установка при несоответствии защиты от мгновенного отключения тока с требованием к чувствительности					

· 510 ·

5 供配电

5 Электроснабжение и электрораспределение

续表
продолжение

变压器容量 kV·A Мощность трансформатора кВ·А	保护装置名称 Наименование устройства защиты								备注 Примечание
	带时限的过电流保护 Защита от сверхтоков с выдержкой времени	复合电压启动的过电流保护 Защита от сверхтоков, запущенная смешанным напряжением	阻抗保护 Защита полного сопротивления	电流速断保护 Защита от мгновенного отключения тока	纵联差动保护 Продольная дифференциальная защита	瓦斯保护 Газовая защита	单相接地保护 Однофазная защита заземления	过负荷保护 Защита от перегрузки	温度保护 Температурная защита	
6300~8000		当过电流保护不能满足灵敏性要求时装设 Установка при несоответствии защиты от сверхтоков с требованием к чувствительности		单独运行的变压器或重要负荷不大重要的变压器装设 Установка для трансформатора изолированной работы или трансформатора с менее важной нагрузкой	并列运行的变压器和重要变压器或当电流速断保护不能满足灵敏性要求时装设 Установка для трансформатора параллельной работы и важного трансформатора при несоответствии защиты от мгновенного отключения тока с требованием к чувствительности					复合电压启动的过电流保护和负序电流保护，一般不宜用在正常运行时有较大的负序电流和电压的电网中 Защита от сверхтоков, запущенная смешанным напряжением и защита от тока обратной последовательности, как правило, не подходят применению в энергосетях с большими током и напряжением обратной последовательности при нормальной работе
10000~50000		用于升压变压器、系统联络变压器及过电流保护不能满足灵敏性要求时装设 Установка для повышающего трансформатора, трансформатора связи системы и понижающего трансформатора при несоответствии защиты от сверхтоков с требованием к чувствительности	复合电压启动的过电流保护不能满足灵敏性要求时装设 Установка при несоответствии защиты от сверхтоков, запущенной смешанным напряжением с требованием к чувствительности		装设 Установка					同上，但对自耦变压器及多绕组变压器应能反应公共绕组及各侧过负荷情况 Там же, но для автотрансформатора и многообмоточного трансформатора следует отображать состояние перегрузки общей обмотки и на каждой стороне

· 511 ·

第八册 公用工程
Том VIII Коммунальные услуги

续表
продолжение

变压器容量 kV·A Мощность трансформатора кВ·А	保护装置名称 Наименование устройства защиты									备注 Примечание
	带时限的过电流保护 Защита от сверхтоков с выдержкой времени	复合电压启动的过电流保护 Защита от сверхтоков, запущенная смешанным напряжением	阻抗保护 Защита полного сопротивления	电流速断保护 Защита от мгновенного отключения тока	纵联差动保护 Продольная дифференциальная защита	瓦斯保护 Газовая защита	单相接地保护 Однофазная защита заземления	过负荷保护 Защита от перегрузки	温度保护 Температурная защита	
≥63000			当负序电流保护灵敏性要求时装设 Установка при несоответствии защиты от тока обратной последовательности с требованием к чувствительности		装设 Установка					

注：当带时限的过电流保护不能满足灵敏性要求时，应采用低电压闭锁的带时限过电流保护，密闭油浸变压器装设压力保护。

Примечание：когда защита от сверхтоков с выдержкой времени невозможно удовлетворить требованию к чувствительности, следует применять защита от сверхтоков с выдержкой времени блокированием при низком напряжении, для герметического масляного трансформатора предусмотрена защита от превышения давления.

5.5.2.2 发电机继电保护配置

5.5.2.2 Компоновка релейной защиты генератора

发电机继电保护配置见表 5.5.2。

Компоновка релейной защиты генератора показана в таблице 5.5.2.

表 5.5.2 发电机继电保护配置

Таблица 5.5.2 Компоновка релейной защиты генератора

序号 № п/п	保护装置名称 Наименование устройства защиты	备注 Примечание
	电流速断保护 Защита от мгновенного отключения тока	1MW 及以下发电机与其他发电机或电力系统并列运行的发电机装设 Установка для генератора 1МВт и ниже и другого генератора или генератора параллельной работы электросистемы
1	纵联差动保护 Продольная дифференциальная защита	（1）1MW 以上的发电机应装设差动保护； （2）1MW 及以下电流速断保护灵敏系数不满足要求时装设 （1）Необходимо установить дифференцированную защиту для генераторов выше 1МВт； （2）Установка при несоответствии защиты от мгновенного отключения тока 1МВт и ниже с требованием к коэффициенту чувствительности
2	定子一点接地保护 1-точечная защита заземления статора	（1）100MW 以下发电机可装设保护区不小于 90% 的接地保护； （2）100MW 及以上发电机应装设保护区为 100% 的定子接地保护 （1）Генератор ниже 100МВт может быть снабжен защитой заземления с защитной зоной не менее 90%； （2）Генератор 100МВт и выше должен быть снабжен защитой заземления статора с защитной зоной 100%
3	匝间保护 Межвитковая защита	（1）定子绕组为星型接线，每相有并列分支且中性点有引出端子的发电机,应装设保护区为 100% 的定子接地保护； （2）定子绕组中性点只有三个引出端子的发电机，可装设零序电压式或装置二次谐波电流式匝间短路保护 （1）Статорная обмотка является звездой, каждая фаза имеет параллельную ветвь, в нейтрали располагает генератор；выводным зажимом, и следует установить защиту заземления статора с защитной зоной 100%； （2）В нейтрали статорной обмотки располагает только генератор с 3 выводными зажимами, и можно установить защиту от межвиткового замыкания типа напряжения нулевой последовательности или тока второй гармоники
4	励磁回路一点接地保护 1-точечная защита заземления возбудительной цепи	（1）100MW 以下发电机一般采用定期检测装置； （2）100MW 及以上宜装设 （1）Как правило, осуществлена регулярная проверка для генератора ниже 100МВт； （2）Желательно установить при 100МВт и выше
5	励磁回路两点接地保护 2-точечная защита заземления возбудительной цепи	汽轮发电机装设 Установка для паротурбинного генератора
6	对称、非对称过电流保护 защита от симметричных и несимметричных сверхтоков	（1）1MW 及以下与其他发电机或电力系统并列运行时装设； （2）1MW 以上的发电机宜装设复合电压启动的过电流保护； （3）50MW 及以上的发电机可装设负序电流和单相式低电压启动的过电流保护； （4）200MW 及以上的发电机变压器组，当装设双重快速保护时，在发电机侧可不再装设

续表
продолжение

序号 № п/п	保护装置名称 Наименование устройства защиты	备注 Примечание
	对称、非对称过电流保护 Защита от симметричных и неасимметричных сверхтоков	上述保护,高压侧为双母线时,为了与系统保护相配合,在高压侧可装设阻抗保护 （1）Установка для генератора 1МВт и ниже и другого генератора или при параллельной работе электросистемы; （2）Желательно установить защиту от сверхтоков, запущенную смешанным напряжением для генератора выше 1МВт; （3）Можно установить защиту от сверхтоков, запущенную током обратной последовательности или однофазным низким напряжением смешанным напряжением для генератора 50МВт и выше; （4）Для трансформаторной группы с генератором 200МВт и выше, при установке двойной быстрой защиты можно больше не установить вышеуказанную защиту. При двойной шине на стороне высокого напряжения, можно установить защиту полного сопротивления в целях соответствия с защитой системы
7	对称、非对称过负荷保护 Защита от симметрической и несимметрической перегрузки	（1）定子绕组为非直接冷却的发电机,应装设定时限过负荷保护; （2）定子绕组为直接冷却且过负荷能力较低的发电机,对称过负荷由定时限和反时限两部分组成; （3）100MW 及以上发电机,其短时负序能力 $I_2^2 t<10$,应装设非对称过负荷保护,由定时限和反时限负序过负荷保护两部分组成; （4）50MW 及以下发电机,其短时负序能力 $I_2^2 t>10$,应装设定时限负序过负荷保护 （1）Для генератора со статорной обмоткой непосредственным охлаждением следует установить защиту от перегрузки независимой постоянной выдержкой времени; （2）Для статорной обмотки с посредственным охлаждением и низкой защитной возможностью перегрузки, симметричная перегрузка состоит из перегрузки независимой постоянной выдержки времени и перегрузки обратно зависимой выдержки времени; （3）Для генератора 100МВт и выше, при $I_2^2 t<10$, следует установить защиту от несимметричной перегрузки, которая состоит из защит от перегрузки обратной последовательности независимой постоянной выдержки времени и обратно зависимой выдержки времени; （4）Для генератора 50МВт и ниже, при $I_2^2 t>10$, следует установить защиту от перегрузки обратной последовательности независимой постоянной выдержки времени
8	过电压保护或过激磁保护 Защита от перенапряжения или защита от сверхвозбуждения	200MW 及以上发电机宜装设过电压保护 Желательно установить защиту от перенапряжения для генератора 200МВт и выше
9	逆功率保护 Защита обратной мощности	装设 Установка
10	频率保护 Частотная защита	装设 Установка

注：发电机保护装置的装设需满足机组的实际要求。

Примечание：установка защитного устройства генератора должна соответствовать фактическим требованиям агрегата.

5.5.2.3　3～66kV 线路的继电保护配置

3～66kV 线路的继电保护配置见表 5.5.3。

5.5.2.3　Компоновка релейной защиты линии 3-66кВ

Компоновка релейной защиты линии 3-66кВ показана в таблице 5.5.3.

5 Электроснабжение и электрораспределение

表 5.5.3 3～66kV 线路的继电保护配置

Таблица 5.5.3　Компоновка релейной защиты линий 3-66кВ

被保护线路 Линия под защитой	保护装置名称 Наименование устройства защиты				备注 Примечание
	无时限电流速断保护 Защита от мгновенного отключения тока без выдержки времени	带时限速断保护 Защита от мгновенного отключения с выдержкой времени	过电流保护 Защита от сверхтоков	单相接地保护 Однофазная защита заземления	
单侧电源单回线路 Одноконтурная линия одностороннего источника питания	自重要配电所引出的线路装设 Установка по линии из важного распределительного пункта	当无时限电流速断不能满足选择性动作时装设 Установка в случае, если защита от мгновенного отключения без выдержки времени не может удовлетворить селективное действие	装设 Установка	根据需要装设 Установка по необходимости	当过电流保护的时限不大于0.5～0.7s, 且没有保护配合上的要求时, 可不装设电流速断保护 При выдержке времени защиты от сверхтоков ниже 0,5-0,7сек. и отсутствии защиты для удовлетворения вышеуказанных требований, можно не установить защиту от мгновенного отключения тока

5.5.2.4　110～220kV 中性点直接接地电网线路继电保护配置

110～220kV 中性点直接接地电网线路继电保护配置见表 5.5.4。

5.5.2.5　6～35kV 并联电容器继电保护配置

6～35kV 并联电容器继电保护配置见表 5.5.5。

5.5.2.6　3～10kV 电动机的保护

3～10kV 电动机继电保护配置见表 5.5.6。

5.5.2.7　母线分段断路器的保护

母线分段断路器继电保护配置见表 5.5.7。

5.5.2.4　Компоновка релейной защиты линий электросети 110-220кВ с нейтралью непосредственного заземления

Компоновка релейной защиты линии заземляющей сети с глухо заземленной нейтралью 110-220кВ показана в таблице 5.5.4.

5.5.2.5　Компоновка релейной защиты параллельного конденсатора 6-35кВ

Компоновка релейной защиты параллельного конденсатора 6-35кВ показана в таблице 5.5.5.

5.5.2.6　Компоновка релейной защиты электродвигателя 3-10кВ

Компоновка релейной защиты электродвигателя 3-10кВ показана в таблице 5.5.6.

5.5.2.7　Защита секционного шинного выключателя

Компоновка релейной защиты секционного шинного выключателя показана в таблице 5.5.7.

第八册 公用工程
Том VIII Коммунальные услуги

表 5.5.4 110～220kV 中性点直接接地电网线路的继电保护配置
Таблица 5.5.4 Компоновка релейной защиты линий электросети 110-220кВ с нейтралью непосредственного заземления

被保护线路 Линия под защитой	保护装置名称 Наименование устройства защиты					备注 Примечание
	多段式电流或电流电压保护 Защита от многосекционного тока или тока и напряжения	多段式距离保护 Многосекционная дистанционная защита	纵联光纤差动保护 Продольная дифференциальная защита оптического волокна	多段式零序电流保护 Многосекционная защита тока нулевой последовательности	多段式接地距离保护 Многосекционная дистанционная защита заземления	过负荷保护 Защита от перегрузки	
单侧电源单回线路 Одноконтурная линия одностороннего источника питания	装设 Установка	电流保护不满足灵敏度要求时装设 Установка при несоответствии токовой защиты с требованием к чувствительности	电流保护和距离保护速动性和灵敏性不满足要求时装设 Установка при несоответствии токовой защиты и дистанционной	装设 Установка	装设 Установка	电缆线路或电缆架空线混合的线路装设 Установка по кабельной линии или смешанной воздушной и кабельной линии	并列运行的双回平行线宜装设横差保护，接地保护还宜装设零序电流横差保护 Желательно установить поперечно-дифференциальную защиту для двухконтурной параллельной линии параллельной работы; также желательно установить поперечно-дифференциальную защиту от тока нулевой последовательности для защиты заземления
双侧电源单回线路 Одноконтурная линия двухстороннего источника питания	装设 Установка	装设 Установка	защиты с требованием к быстродействию и чувствительности	装设 Установка	装设 Установка		

· 516 ·

表 5.5.5 并联电容器保护配置

Таблица 5.5.5 Компоновка релейной защиты параллельного конденсатора

被保护设备 Оборудования под защитой	保护装置名称 Наименование устройства защиты							备注 Примечание
	带有短延时的速断保护 Защита от мгновенного отключения с короткой выдержкой времени	过电流保护 Защита от сверхтоков	过负荷保护 Защита от перегрузки	横差保护 Поперечная дифференциальная защита	中性线不平衡电流保护 Несбалансированный ток нейтрального провода	开口三角电压保护 Защита открытого треугольного напряжения	过电压保护 Защита от перенапряжения	低电压保护 Защита от низкого напряжения	单相接地保护 Однофазная защита заземления	
电容器组 Конденсаторный блок	装设 Установка	装设 Установка	宜装设 Желательная установка		对电容器内部故障及其引出线短路采用专用的熔断器保护时，可不装设 При применении специального предохранителя для защиты от внутренней неисправности конденсатора и короткого замыкания вывода конденсатора, можно не устанавливать ||| 当电压可能超过110%额定值时，宜装设 При возможном превышении напряжения 110% номинального значения, желательно установить	宜装设 Желательная установка	电容器号支架绝缘时可不装 При изоляции конденсатора от опоры, можно не устанавливать	当电容器组的容量在400kvar以内时，可以用带熔断器的负荷开关进行保护 При мощности конденсаторного блока внутри 400кВар, выключатель нагрузки с предохранителем может быть применен для защиты

第八册 公用工程

Том VIII Коммунальные услуги

表 5.5.6 6~10kV 电动机继电保护配置

Таблица 5.5.6 Компоновка релейной защиты электродвигателя 6-10кВ

电动机容量, kW Емкость электродвигатели, кВт	保护装置名称 Наименование устройства защиты					
	电流速断保护 Защита от мгновенного отключения тока	纵联差动保护 Продольная дифференциальная защита	过负荷保护 Защита от перегрузки	单相接地保护 Однофазная защита заземления	低电压保护 Защита от низкого напряжения	失步保护 Защита от потери синхронизма	防止非同步冲击的断电失步保护 Защита от потери синхронизма отключения для предотвращения асинхронного удара
异步电动机<2000kW Асинхронный электродвигатель <2000кВт	装设 Установка	当电流速断不能满足灵敏性要求时装设 Установка при несоответствии защиты от мгновенного отключения тока с требованием к чувствительности	生产过程中易发生过负荷,或启动、自启动条件严重时应装设 Установка при легком возникновении перегрузки или серьезных условиях для пуска и автоматического пуска в процессе производства	单相接地电流>5A时装设;≥10A时,一般动作于跳闸,5~10A时可动作于跳闸或信号 Установка при токе однофазного заземления>5А, как правило, при ≥10А, действие выполнено в случае отключения, а при 5-10А действие выполнено в случае отключения или сигнализации	根据需要装设 Установка по необходимости		
异步电动机≥2000kW Асинхронный электродвигатель ≥2000кВт	装设 Установка	装设 Установка					
同步电动机<2000kW Синхронный электродвигатель <2000кВт	装设 Установка	当电流速断不能满足灵敏性要求时装设 Установка при несоответствии защиты от мгновенного отключения тока с требованием к чувствительности				装设 Установка	
同步电动机≥2000kW Синхронный электродвигатель ≥2000кВт		装设 Установка				装设 Установка	根据需要装设 Установка по необходимости

注:

(1) 下列电动机可以利用反应定子回路的过负荷保护兼作失步保护;短路比在 0.8 及以上且负荷平稳的同步电动机,负荷变动大的同步电动机,但此时应增设失磁保护。

(2) 大容量同步电动机当不允许非同步冲击时,宜装设防止电源短时中断再恢复时,造成非同步冲击的保护。

Примечание：

(1) Для следующих генераторов применяется защита от перегрузки реактивной статорной цепи в качестве защиты от потери синхронизма, для синхронного электродвигателя с отношением короткого замыкания более 0,8 и стабильной нагрузкой, синхронного электродвигателя с большим изменением нагрузки следует дополнительно установить защита от несинхронного удара с потери возбуждения.

(2) когда синхронный электродвигатель с большей мощностью не допускает несинхронный удар, следует установить устройство для защиты от несинхронного удара при восстановлении после кратковременного отключения источника питания.

5 Электроснабжение и электрораспределение

表 5.5.7 母线分段断路器的保护配置

Таблица 5.5.7 Компоновка защиты секционного шинного выключателя

被保护设备 Оборудования под защитой	保护装置名称 Наименование устройства защиты		备注 Примечание
	电流速断保护 Защита от мгновенного отключения тока	过电流保护 Защита от сверхтоков	
不并列运行的分段母线 Секционированная шина непараллельной работы	仅在分段断路器合闸瞬间投入，合闸后自动退出 Ввод в использование только при моменте включения секционированного выключателя, и автоматический вывод после включения	装设 Установка	（1）采用反时限过电流保护时，继电器瞬动部分应解除；（2）对出线不对的Ⅱ级和Ⅲ级负荷供电的配电所母线分段断路器，可不装设保护装置 (1) при принятии защиты от сверхтоков с обратно зависимой выдержкой времени, часть мгновенного действия реле должна быть освобождена; (2) для шинного секционированного выключателя распределительного пункта для электроснабжения нагрузкой классов Ⅱ и Ⅲ с неправильным выводом, можно не установить устройство защиты

5.5.2.8 保护配置典型示例

本书以土库曼 300 亿项目 220kV 的主变压器和燃气轮发电机的保护配置作为示例，详见图 5.5.1 和图 5.5.2。

5.5.2.8 Типичный пример компоновки защиты

В настоящем руководстве приводится компоновка защиты главного трансформатора 220кВ и газотурбогенератора для Объекта производительностью 30 млрд.куб.м. товарного газа в год на месторождении «Галкыныш» в Туркменистане в пример. Подробность приведена на рисунках 5.5.1 и 5.5.2.

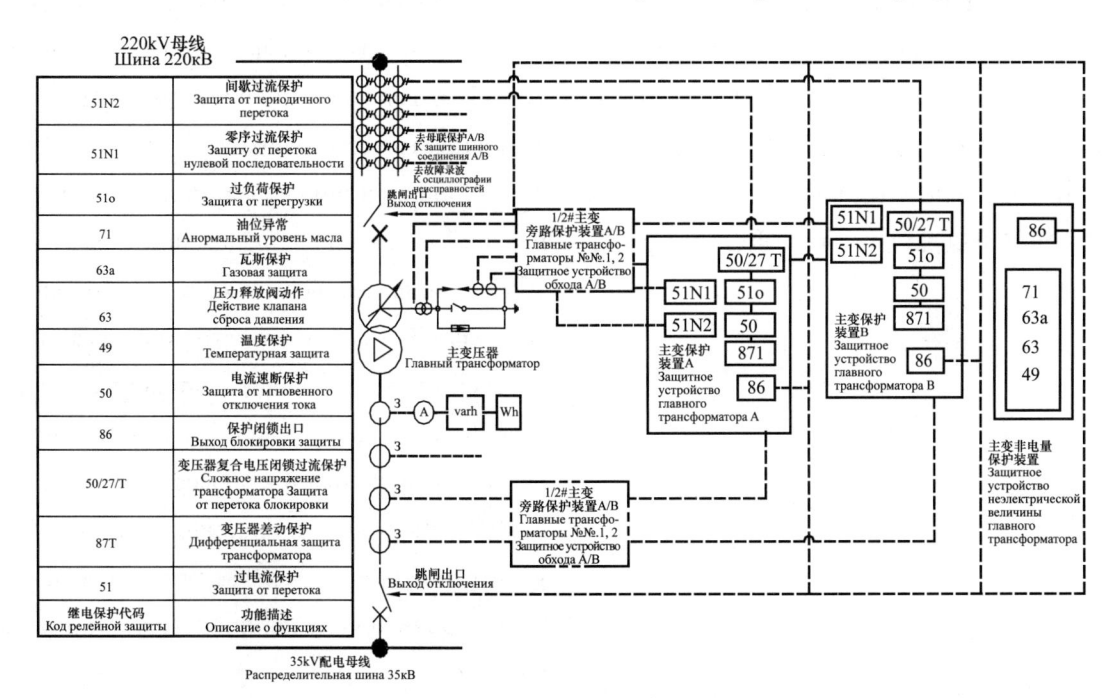

图 5.5.1 变压器保护配置图

Рис. 5.5.1 Схема компоновки защиты трансформатора

· 519 ·

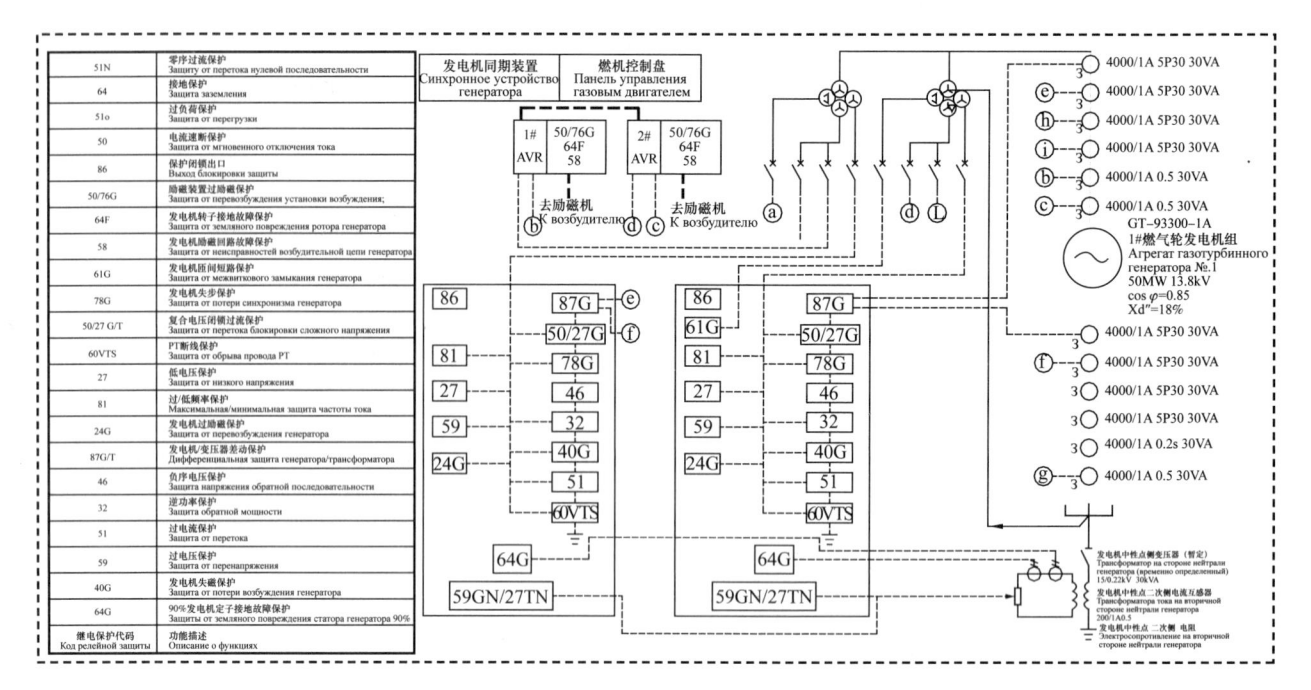

图 5.5.2 发电机保护配置图

Рис. 5.5.2　Схема компоновки защиты генератора

5.5.3　自动装置

5.5.3.1　自动重合闸

35kV 线路及 10（6）kV 架空线路(包括具有电缆出线段的架空线路)，一般应装设自动重合闸装置。单侧电源线路一般采用一次重合闸。给重要负荷供电且无备用电源的单回线路,可采用二次重合闸。气田供电系统一般均为开环运行,单侧电源。对双侧电源线路的自动重合闸,应按相关规定设置。

5.5.3　Автоматика

5.5.3.1　Автомат повторного включения

Как правило, для линии 35кВ и воздушной линии 10（6）кВ (включая воздушную линию на секции вывода кабеля) предусмотрено устройство автоматического повторного включения. Для односторонней силовой линии предусмотрено первичное повторное включение. Для одноконтурной линии для подачи важной нагрузки электроэнергией и без резервного источника питания предусмотрено вторичное повторное включение. Для системы электроснабжения газового месторождения применяются способ разомкнутой работы и односторонний источник питания. Предусмотрено автоматическое повторное включение двухсторонней силовой линии в установленном порядке.

5.5.3.2 备用电源自动投入装置

当变电站和配电所由双电源供电,其中一个电源经常断开作为备用时,可装设备用电源自动投入装置。备用电源自动投入装置应保证在工作电源断开后投入备用电源。手动断开工作电源、电压互感器回路断线和备用电源无压情况下,不应启动自动投入装置。

5.5.3.3 自动低频减载

变电站以及配电所应根据电力系统调度部门的统一安排,安装自动低频减载装置。

5.5.4 微机综合自动化系统

5.5.4.1 基本功能

变电站微机综合自动化主要是全面提高变电站的技术水平和管理水平,提高供电质量和经济效益,促进配电系统自动化的发展。变电站微机综合自动化系统可实现继电保护,电网安全监控、电量和非电量的监控、设备参数自动化调整、中央

5.5.3.2 Устройство автоматического включения резервного питания

Когда подстанция и распределительный пункт питаются от двойного источника питания, предусмотрено устройство автоматического включения резервного питания в случае использования одного источника питания в качестве резервного источника питания из-за частного отключения. Устройство автоматического включения резервного питания должно обеспечить включение резервного источника питания после отключения рабочего источника питания. При ручном отключении рабочего источника питания, обрыве контура трансформатора напряжения и отсутствии напряжения резервного источника питания, не допускается пуск устройство автоматического включения.

5.5.3.3 Низкочастотная автоматическая разгрузка

В соответствии с единым планированием диспетчерской службы электроэнергетической системы соответственно установлено устройство низкочастотной автоматической разгрузки на подстанции и электропомещении.

5.5.4 Комплексная компьютерная автоматизированная система

5.5.4.1 Основные функции

Компьютерная комплексная автоматизация подстанции в основном предназначается для полного повышения уровня техники и управления подстанцией, повышения качества электропитания и экономического эффекта, ускорения

信号、电压无功综合测控、电能自动分时统计、远动功能等；变电站微机综合自动化系统的基本功能为随时在线监视正常运行情况的运行参数及设备运行状况；自检、自诊断设备本身的异常运行；发现电网设备异常变化或装置内部异常时，立即自动报警并闭锁相应的动作出口，以防事态扩大。电网出现事故时，应快速采样、判断、决策，迅速消除事故，使事故限制在最小范围内。完成电缆在线计算、存储、统计、分析报表、远传和保证电能质量的自动监控调整工作。

5.5.4.2 系统结构

微机综合自动化系统结构主要包括集中式结构、全分散式结构、开放式分层分布式结构三种结构方式。采集变电站的模拟量、开关量和数字量

развития автоматизации системы электрораспределения. Комплексная компьютерная автоматизированная система подстанции обладает такими следующими функциями, как релейная защита, безопасный мониторинг электросети, мониторинг электрической величины и неэлектрической величины, автоматизированное регулирование параметров оборудования, комплексное измерение и контроль центрального сигнала и реактивного напряжения, автоматический расчет электроэнергии в режиме разделения времени, телемеханизация и т.д.; комплексная компьютерная автоматизированная система подстанции предназначается для онлайнового наблюдения за рабочими параметрами при нормальной работе и состоянием работы оборудования в любое время, а также для самопроверки и самодиагностики аномальной работы самого оборудования; при обнаружении аномального изменения оборудования электросети или внутреннего аномального состояния установки, можно провести автоматическую сигнализацию и блокировку соответствующего выхода действия для предотвращения расширения обстановки. При аварии электросети, следует провести быстрый отбор проб, определение, решение и быстрое устранение аварии для ограничения аварии в минимальной сфере, а также для выполнения работ по автоматическому мониторингу и регулированию, как расчет кабеля, хранение, учет, анализ отчетности, дистанционная передача и обеспечение качества электроэнергии.

5.5.4.2 Структура системы

Структура комплексной компьютерной автоматизированной системы разделяет на централизованную, полную рассредоточенную и открытую

等信息，并集中进行计算和处理，分别完成微机监控、保护等功能。全分散式结构是指以变压器、断路器、母线等一次主设备为安装单位，将保护、控制、输入/输出、闭锁等单元就地分散安装在一次主设备的开关屏上，安装在主控制室内的主控单元通过现场总线与这些分散的单元进行通信，主控单元通过网络与监控主机联系，实现微机综合自动化系统的功能。开放式分层分布式结构是综合上述两种系统结构方式直接的一种模式，也是目前使用最多的结构方式。开放式分层分布式结构由间隔层、通信层、站控层三层组成。本书主要介绍分层分布式结构的微机综合自动化系统。

5.5.4.2.1 间隔层

间隔层主要是根据一次设备间隔来划分间隔层的装微机保护装置。间隔层单元采用的是集测控保护于一体的微机型测控保护装置；在 220kV 及以上高压系统中，保护和测控功能是独立设置，即分别采用测控监视单元与保护单元对系统进行

распределенную структуру по уровням. Она обладает функциями сбора аналоговой величины, величины импульсного сигнала, цифровой величины и другой информации для подстанции, централизованного расчета и обработки, компьютерного мониторинга, защиты и т.д.. Полная рассредоточенная структура–это первичное основное оборудование (трансформатор, выключатель, шина и т.д.) является монтажной организацией, предназначенной для местного рассредоточенного монтажа блоков защиты, управления, ввода/вывода и блокировки на панели выключателей первичного основного оборудования, затем осуществляются связь между основным блоком управления в основном пункте управления и этими рассредоточенными блоками через местную шину, связь между основным блоком управления и основным блоком мониторинга через сеть для выполнения функции комплексной компьютерной автоматизированной системы. Открытая распределенная структура по упрвням является одним режимом, комбинированным из вышеуказанных двух систем, и в настоящее время широко используется. Открытая распределенная структура по упрвням состоит из промежуточного уровня, уровня связи и уровня станционного контроля. В настоящем руководстве в основном описывается комплексная компьютерная автоматизированная система с распределенной структурой по уровням.

5.5.4.2.1 Промежуточный уровень

Промежуточный уровень является компьютерным защитным устройством, разделенным промежуточный уровень по ячейке первичного оборудования. Для блока промежуточного уровня применяется компьютерное измерительно-контрольное

监控与保护。土库曼斯坦项目中 110kV 和 220kV 电压等级的微机保护装置和监控单元采用集中组屏安装,安装在控制室内,35kV 和 10kV 配电装置屏上的保护和监控单元分以及分散安装在低压配电屏内的 380V 配电装置的智能通信单元组成。

5.5.4.2.2 站控层

站控层主要承担处理厂的总体电气监控功能。系统的主要功能包括实时数据采集和处理、历史数据保存、查询和统计服务、控制和调节、智能操作票、安全 WEB 功能以及与其他系统通信接口功能。土库曼斯坦南约洛坦变电站微机综合自动化系统的监控层设备主要由 2 台系统服务器、2 台操作员工作站、1 台 WEB 服务器、2 台远程操作站工作站、1 台 PAS 高级应用服务器、1 台远程维护工作站、2 台前置采集服务器以及网络、GPS 网络设备组成。

5.5.4.2.3 通信层

通信层主要实现间隔级和站控级之间的数据

защитное устройство. Защитная и измерительно-контрольная функция отдельно предусмотрена в высоковольтной системе 220кВ и выше, т.е. мониторинг и защита осуществляются с помощью измерительно-контрольного наблюдательного блока и защитного блока. Наблюдательный блок и компьютерное защитное устройство 110кВ и 220кВ для объекта Туркменистана установлены с помощью панели для концентрированной компоновки в пункте управления, а также состоят из защитного и наблюдательного блока на панели распределительного устройства 35кВ и 10кВ, интеллектуального блока связи распределительного устройства 380В, рассредоточено установленного на низковольтной распределительной панели.

5.5.4.2.2 Уровень станционного контроля

Уровень станционного контроля в основном предназначается для общего электрического наблюдения за ГПЗ. В основные функции этой системы входят сбор и обработка реальных данных, сохранение, справка и статистика исторических данных, контроль и регулирование, интеллектуальная операционная карточка, безопасность WEB и интерфейс связи от другой системы. Оборудование уровня наблюдения за комплексной компьютерной автоматизированной системой подстанции м/р «Южный Елотен» в Туркменистане состоит из 2 сервера системы, 2 операторских рабочих станций, 1 сервера WEB, 2 рабочих станций дистанционного управления, 1 сервера высококлассного применения PAS, 1 рабочей станции дистанционного обслуживания, 2 препозитивных серверов, сети и устройства сети GPS.

5.5.4.2.3 Уровень связи

Уровень связи в основном предназначается

和信息的交换，主要由交换机、光纤等通信介质构成。间隔级和站控级之间的数据和信息可以通过光纤、双绞线等通信介质进行交换。土库曼斯坦A区通信层的网络连接采用单环网光纤网络。土库曼斯坦B区通信层的网络连接采用放射式单光纤网络。土库曼斯坦南约洛坦通信层的网络连接采用双光纤双环网结构。

5.6 低压配电

5.6.1 油气田低压配电简介

低压配电是由配电变压器、低压电器设备、低压配电线路（1kV以下电压）以及相应的控制保护设备组成的。油气田通常引接由220kV或110kV变电站（公网或油网）的双回或单回35kV，20 kV和10（6）kV电源至配电变压器，配电变压器将电压变为0.4kV后通过母线桥或者1kV电缆引接至低压进线柜。当采用单台变压器时，低压配电装置采用单母线接线。当采用2台变压器时，低压配电装置采用单母线分段接线，380V配电装置的进线断路器和母线分段断路器的联锁功能设置自动和手动选择开关，自动挡时设置"三合二"电

для обмена данных и информации между промежуточным уровнем и уровнем станционного контроля, а также состоит из коммутатора, оптического волокна и других сред связи. Обмен данных и информации между промежуточным уровнем и уровнем станционного контроля осуществляется через оптическое волокно, витую пару и другие среды связи. Для соединения сети для уровня связи Блока А Туркменистана применяется одноконтурная волокно-оптическая сеть. Для соединения сети для уровня связи Блока Б Туркменистана применяется радиальная одинарная волокно-оптическая сеть. Для соединения сети для уровня связи м/р «Южный Елотен» в Туркменистане применяется двухконтурная двойная волокно-оптическая сеть.

5.6 Низковольтное распределение электроэнергии

5.6.1 Общие сведения низковольтного распределения электроэнергии нефтегазового месторождения

Низковольтная система электрораспределения состоит из распределительного трансформатора, низковольтного электрооборудования, низковольтной распределительной линии (ниже 1кВ) и соответствующего контрольного защитного оборудования. Двухконтурный или одноконтурный источник питания 35кВ, 20кВ и 10（6）кВ нефтегазового месторождения от подстанции 220кВ или 110кВ (общественная или нефтяная сеть) подключается к распределительному трансформатору, и дальше подключается

气联锁功能,手动挡时允许进线断路器和母线分段断路器短时合闸并联运行。由低压出线柜采用电缆(直埋、电缆沟、电缆桥架方式)向 PC 类和 MCC 类负荷配电,通常主用泵与备用泵分别接至低压配电装置不同的母线段。

к низковольтному вводному шкафу через шинный мостик или кабель 1кВ после изменения напряжения до 0,4кВ с помощью распределительного трансформатора. При использовании единичного трансформатора, для соединения низковольтного распределительного устройства применяется одинарная шина. При использовании 2 трансформаторов, для секционированного соединения низковольтного распределительного устройства применяется одинарная шина. Через функцию блокировки вводного выключателя для распределительного устройства 380В и шинного секционного выключателя предусмотрены автоматический и ручной выключатели. При выборе автоматического режима предусмотрена функция электрической блокировки «3 в 2», а при ручном режиме допускаются коротковременное включение и параллельная эксплуатация вводного выключателя и шинного секционного выключателя. С помощью кабелей (способ непосредственной прокладки, использования кабельного канала и мостика) от низковольтного вводного шкафа осуществляется подача нагрузок категорий PC и MCC электроэнергией. Как правило, главный и резервный насосы соответственно подключаются к разным шинным секциям низковольтного распределительного устройства.

5.6.2 低压电器

5.6.2.1 配电变压器

配电变压器,简称"配变",指配电系统中根据电磁感应定律变换交流电压和电流而传输交流电能的一种静止电器。有些地区将 35kV 以下(大多数是 10kV 及以下)电压等级的电力变压器,称为

5.6.2 Низковольтное электрооборудование

5.6.2.1 Распределительный трансформатор

Под распределительным трансформатором понимается статическое электрооборудование в системе электрораспределения, предназначенное для преобразования напряжения и переменного

"配电变压器",简称"配变"。安装"配变"的场所,即是变电站。配电变压器分为油浸式或干式。油浸式变压器可包括所有电压等级及容量,可户内或户外布置,采用变压器油循环冷却,过载能力好;干式变压器通常为10kV及以下电压等级,容量大多在1600kV·A及以下,采用户内布置,用于需要"防火、防爆"的场所,自然风冷,只能在额定负载下运行,不能过载运行,且干式变压器比油浸式变压器在价格上贵出许多。

5.6.2.2 低压断路器

低压断路器又称自动开关,它是一种既有手动开关作用,又能自动进行失压、欠压、过载和短路保护的电器。它可用来分配电能,不频繁地启动异步电动机,对电源线路及电动机等实行保护,当它们发生严重的过载或者短路及欠压等故障时能自动切断电路,其功能相当于熔断器式开关与过欠热继电器等的组合。而且在分断故障电流后一般不需要变更零部件,获得了广泛的应用。

тока и передачи электроэнергии переменного тока по закону электромагнитной индукции. Силовой трансформатор ниже 35кВ (в большинстве 10кВ и ниже) в некоторых районах называется распределительным трансформатором. Помещение для монтажа распределительного трансформатора является подстанцией. Распределительный трансформатор разделяет масляный и сухой трансформатор. Масляный трансформатор включает в себя все классы напряжения и емкость, обладает перегрузочной способностью, и для него применяются внутреннее или наружное расположение, циркуляционное охлаждение трансформаторного масла. Сухой трансформатор включает в себя класс напряжения 10кВ и ниже и емкость 1600кВ·А и ниже, используется в огнестойком и взрывозащитном помещениях, и для него применяются внутреннее расположение; естественное воздушное охлаждение; он только работает под номинальной нагрузкой (а не под перегрузкой). Сухой трансформатор дороже, чем масляный трансформатор.

5.6.2.2 Низковольтный выключатель

Низковольтный выключатель тоже называется автоматическим выключателем. И он является электрооборудованием, обладающим функцией ручного выключателя и предназначенным для защиты от потери напряжения, недонапряжения, перегрузки и короткого замыкания. Он предназначается для распределения электроэнергии, нечастого пуска асинхронного электродвигателя, защиты силовой линии, электродвигателя и т.д.. При возникновении аварий (например, серьезная перегрузка или короткое замыкание и недонапряжение), он может выполнить автоматическое отключение цепи, а также обладает

(1）微型断路器。微型断路器简称MCB,是建筑电气终端配电装置中使用最广泛的一种终端保护电器,用于125A/36kA及以下的单相、三相的短路、过载、过压等保护,包括单极1P、二极2P、三极3P和四极4P等4种。

（2）塑壳断路器。塑壳断路器简称MCCB,MCCB能够自动切断电流在电流超过脱扣器设定值后,用于壳体100A/36kA及以上、800A/150kA及以下的三相的短路、过载、过压等保护,包括三极3P、四极4P等两种。在电路中作接通、分断和承载额定工作电流,并能在负载发生过载、短路、欠压的情况下进行可靠的断路保护。断路器的动触头、静触头及触杆设计成平行状,利用短路产生的电动斥力使动触头与静触头断开,分断能力高,限流特性强。

（3）框架断路器。框架断路器简称ACB,

комбинированной функцией предохранительного выключателя и теплового реле перенапряжения и недонапряжения. В связи с тем, что не нужно изменение деталей после отключения аварийного тока, он широко используется.

（1）Микропрерыватель. микропрерыватель （МСВ）является концевым защитным оборудованием, широко использованным из электрического концевого распределительного устройства в области архитектуры, и предназначается для защиты от однофазного и трехфазного короткого замыкания, перегрузки и перенапряжения 125A/36kA и ниже, включает в себя однополюсный 1P, двухполюсный 2P, трехполюсный 3P и четырехполюсный 4P виды.

（2）Выключатель в пластмассовом корпусе. Выключатель в пластмассовом корпусе（МССВ） предназначается для защиты от трехфазного короткого замыкания, перегрузки и перенапряжения 100A/36kA и выше, 800A/150kA и ниже после автоматического отключения тока и превышения тока уставки расцепителя, а также включает в себя трехполюсный 3P и четырехполюсный 4P виды. Он предназначается для включения, отключения и подтверждение номинального рабочего тока в цепи, а также для надежного отключения при перегрузке, коротком замыкании и недонапряжении. Динамический и статический контакты, контактный рычаг выключателя проектируются в параллельном виде. И с помощью электрической силы отталкивания, образованной из-за короткого замыкания, осуществляется отключение динамического и статического контактов. Он обладает высокой отключающей способностью и сильной токоограничительной характеристикой.

（3）Рамный выключатель. Рамный выключатель

ACB 带智能脱扣器,功能至少应包括长延时/短延时/速断/接地4段保护、电流电压测量、LED液晶显示屏、有功功率、无功功率、有功电能、无功电能、故障指示维修显示和人机界面等,用于800A 以上回路或者进线、母联回路。

5.6.2.3 低压配电开关

(1)低压负荷开关。负荷开关,顾名思义就是能切断负荷电流的开关,要区别于低压断路器,负荷开关没有灭弧能力,不能开断故障电流,只能开断系统正常运行情况下的负荷电流,负荷开关由此而得名。

(2)低压隔离开关。隔离开关是低压开关电器中使用最多的一种电器,它本身的工作原理及结构比较简单,但是由于使用量大,工作可靠性要求高,对变电站、电厂的设计、建立和安全运行的影响均较大。刀闸的主要特点是无灭弧能力,只能在没有负荷电流的情况下分、合电路。

5.6.2.4 熔断器

熔断器是一种过电流保护电器。熔断器主要

由熔体和熔管两个部分及外加填料等组成。使用时,将熔断器串联于被保护电路中,当被保护电路的电流超过规定值,并经过一定时间后,由熔体自身产生的热量熔断熔体,使电路断开,起到保护的作用。熔断器广泛应用于低压配电系统、控制系统及用电设备中,作为短路和过电流保护,是应用最普遍的保护器件之一。熔断器主要包括以下部分:

(1)熔芯;
(2)安装熔芯的熔管;
(3)熔断器底座。

5.6.2.5　漏电保护装置

用于防止触电事故的漏电保护装置只能作为附加保护。加装漏电保护装置的同时,不得取消或放弃原有的安全防护措施。

5.6.3　低压配电保护

在电气故障情况下,为防止因间接接触带电体而导致人身遭受电击,因线路故障导致过热造成损坏,甚至导致电气火灾,低压配电线路应装设

токовым защитным электрооборудованием. Плавкий предохранитель состоит из флюса, плавкой трубы, набивки и т.д.. При использовании плавкого предохранителя, он последовательно соединяется с защищаемой цепью. Когда ток защищаемой цепи превышает установленное значение, через определенное время осуществляется плавление флюса с помощью теплоты, образованной самым флюсом, для отключения цепи и защиты. Плавкий предохранитель широко используется для низковольтной системы электрораспределения, системы управления и электроприемника, и предназначается для защиты от короткого замыкания и сверхтоков. И он является одним из распространенных защитных аппаратур. Плавкий предохранитель в основном состоит из следующих частей:

(1) Плавкий сердечник;
(2) Плавкая труба для монтажа сердечника;
(3) Основание плавкого предохранителя.

5.6.2.5　Устройство защиты от утечки тока

Устройство защиты от утечки тока для предотвращения поражения электрическим током только является дополнительным защитным устройством. Наряду с установкой устройства защиты от утечки тока, не допускается отмена или отход от существующих безопасных защитных мер.

5.6.3　Защита от низковольтного распределения энергии

При электрической неисправности, для низковольтной распределительной линии предусмотрена защита от короткого замыкания,

短路保护、过负载保护和接地故障保护,用以分断故障电流或发出故障报警信号。低压配电线路上下级保护电器的动作应具有选择性,各级之间应能协调配合,要求在故障时,靠近故障点的保护电器动作,断开故障电路,使停电范围最小。但对于非重要负荷,允许无选择性切断。

5.6.3.1 短路保护

(1)配电线路的短路保护,应在短路电流对导体和连接件产生的热作用和机械作用造成危害之前切断短路电流。

(2)绝缘导体的热稳定校验应符合下列规定:

① 当短路持续时间不大于5s时,绝缘导体的热稳定应按下式进行校验:

$$t \leqslant \frac{k^2 \cdot S^2}{I^2} \text{ 或 } S \geqslant \frac{I}{k}\sqrt{t} \qquad (5.6.1)$$

式中 S——绝缘导体的线芯截面面积,mm^2;

I——预期短路电流有效值(均方根值),A;

5 Электроснабжение и электрораспределение

перегрузки и замыкания на землю для отключения аварийного тока или выдачи сигнала сигнализации во избежание поражения человека электрическим током из-за косвенного контакта с токопроводящей частью, повреждения, даже электрического пожара из-за перегрева линии. Защитное электрооборудование высшей и низшей уровней для низковольтной распределительной линии избирательно действует. Для разных уровней следует провести координацию и содействие. По требованию, защитное устройство вблизи точки неисправности действует, неисправная цепь отключается для обеспечения минимальной сферы прекращения подачи электроэнергии. Однако, для очень важных нагрузок допускается неизбирательное отключение.

5.6.3.1 Защита от короткого замыкания

(1) При защите распределительной линии от короткого замыкания, следует отключить ток короткого замыкания перед возникновением вреда из-за теплового и механического воздействия на проводник и соединительную деталь, образованного током короткого замыкания.

(2) Термостабилизация изолированного проводника проверяется по следующим требованиям:

① Когда продолжительность короткого замыкания составляет не более 5сек., термостабилизация изолированного проводника проверяется по следующей формуле:

$$t \leqslant \frac{k^2 \cdot S^2}{I^2} \text{ или } S \geqslant \frac{I}{k}\sqrt{t} \qquad (5.6.1)$$

Где S——площадь сечения проволочной жилы для изоляционного проводника, $мм^2$;

I——эффективное значение ожидаемого тока короткого замыкания (среднеквадратичное значение), А;

t——在已达到允许最高持续工作温度的导体内短路电流持续作用的时间，s；

k——计算系数，按表 5.6.1 取值，取决于导体的物理特性，如电阻率、导热能力、热容量以及短路时的初始温度和最终温度（这两种温度取决于绝缘材料）。

② 不同绝缘、不同线芯材料的 k 值，应符合表 5.6.1 的规定。

③ 短路持续时间小于 0.1s 时，应计入短路电流非周期分量的影响；大于 5s 时，应计入散热的影响。

t — продолжительность действия тока короткого замыкания в проводнике при допустимой максимальной длительной рабочей температуре, сек;

k — расчетный коэффициент, принятый по таблице 5.6.1, в зависимости от физических свойств проводника, таких как удельное сопротивление, теплопроводность, теплоемкость, начальная и конечная температуры при коротком замыкании (две температуры зависят от изоляционного материала).

② Значение k для материала с разной изоляцией и проволочной жилой должно соответствовать требования в таблице 5.6.1.

③ Когда продолжительность короткого замыкания составляет менее 0,1сек., следует учесть воздействие апериодической составляющей тока короткого замыкания; когда продолжительность короткого замыкания составляет более 5сек., следует учесть воздействие теплоотдачи.

表 5.6.1　不同绝缘的 k 值

Таблица 5.6.1　Значение k различной изоляции

绝缘 Изоляция 线芯 Жила	聚氯乙烯 Поливинилхлорид	丁基橡胶 Бутилен	乙丙橡胶 Этилен-пропиленовый каучук	油浸纸 Промасленная бумага
铜芯 Медная жила	115	131	143	107
铝芯 Алюминиевая жила	76	87	94	71

（3）短路电流不应小于低压断路器瞬时或短延时过电流脱扣器整定电流的 1.3 倍。

（3）Ток короткого замыкания должен быть не менее 1,3 раза от установочного тока расцепителя максимального тока с мгновенной или кратковременной выдержкой времени для низковольтного выключателя.

（4）在线芯截面减小处、分支处或导体类型、敷设方式或环境条件改变后载流量减小处的线路，当越级切断电路不引起故障线路以外的Ⅰ级、Ⅱ级负荷的供电中断，且符合下列情况之一时，可不装设短路保护：

① 配电线路被前段线路短路保护电器有效地保护，且此线路和其过负载保护电器能承受通过的短路能量；

② 配电线路电源侧装有额定电流为20A及以下的保护电器；

③ 架空配电线路的电源侧装有短路保护电器。

5.6.3.2 过负载保护

5.6.3.2.1 一般要求

（1）保护电器应在过负载电流引起的导体温升对导体的绝缘、接头、端子或导体周围的物质造成损害之前分断该过负载电流。

（2）对于突然断电比过负载造成的损失更大的线路，如消防水泵之类的负荷，其过负载保护应作用于信号而不应作用于切断电路。

5 Электроснабжение и электрораспределение

（4）Когда отключение цепи отключение в вышестоящей инстанции не приводит к прекращению подачи электроэнергии на нагрузку категорий Ⅰ и Ⅱ кроме неисправной линии, для линий в месте уменьшения сечения проволочной жилы, ответвлении или в месте уменьшения пропускного тока после изменения типа проводника, способа прокладки или условий окружающей среды не предусмотрена защита от короткого замыкания в случае соответствия одному из следующих требований:

① Распределительная линия эффективно защищается с помощью электрооборудования защиты от короткого замыкания предыдущей линии, а также эта линия и электрооборудование защиты ее от перегрузки подвергаются пропускной энергии короткого замыкания;

② На стороне источника питания распределительной линии установлено защитное электрооборудование номинальным током 20А и ниже.

③ На стороне источника питания воздушной распределительной линии установлено устройство защиты от короткого замыкания.

5.6.3.2 Защита от перегрузки

5.6.3.2.1 Общие требования

（1）Защитное устройство отключает ток нагрузки перед повреждением изоляции проводника, стыка, клеммы или вещества вокруг проводника из-за явления повышения температуры проводника, образованного током перегрузки.

（2）Защита от перегрузки для линии с потерей из-за внезапного прекращения подачи электроэнергией больше, чем потеря из-за перегрузки (например, пожарный насос и другие нагрузки), действует на сигнал, а не предназначается для отключения цепи.

5.6.3.2.2 过负载保护电器的动作特性

过负载保护电器的动作特性应同时满足以下两个条件：

$$I_c \leqslant I_r \leqslant I_z \text{ 或 } I_c \leqslant I_{set1} \leqslant I_z \quad (5.6.2)$$

$$I_2 \leqslant 1.45 I_z \quad (5.6.3)$$

式中 I_c——线路计算电流，A；

I_r——熔断器熔体额定电流，A；

I_{set1}——断路器长延时脱扣器整定电流，A；

I_z——导体允许持续载流量，A；

I_2——保证保护电器可靠动作的电流，当保护电器为断路器时，I_2 为约定时间内的约定动作电流，当保护电器为熔断器时，I_2 为约定时间内的约定熔断电流，A。

I_2 由产品标准给出或由制造厂给出。

5.6.3.3 接地故障保护

5.6.3.3.1 一般要求

（1）当发生带电导体与外露可导电部分、装置外露可导电部分、PE 线、PEN 线、大地等之间的接地故障时，保护电器必须自动切断该故障电路，以防止人身间接电击、电气火灾等事故。接地故障保护电器的选择应根据配电系统的接地型式、电气设备使用特点（手握式、移动式、固定式）

5.6.3.2.2 Рабочая характеристика устройства защиты от перегрузки

Рабочая характеристика устройства защиты от перегрузки должна соответствовать следующим условиям:

$$I_C \leqslant I_r \leqslant I_z \text{ или } I_c \leqslant I_{set1} \leqslant I_z \quad (5.6.2)$$

$$I_2 \leqslant 1,45 I_z \quad (5.6.3)$$

Где I_c——расчетный ток линии, A;

I_r——номинальный ток флюса плавкого предохранителя, A;

I_{set1}——установочный ток расцепителя с длительной выдержкой времени для выключателя, A;

I_z——допустимый длительный пропускной ток проводника, A;

I_2——ток, обеспечивающий надежное срабатывание защитного электрооборудования (при использовании защитного электрооборудования в качестве выключателя, I_2–условный ток срабатывания в заданное время; при использовании защитного электрооборудования в качестве плавкого предохранителя, I_2–условный ток плавления в заданное время), A.

I_2 задается по стандарту продукции или заводом-изготовителем.

5.6.3.3 Защита от замыкания на землю

5.6.3.3.1 Общие требования

（1）При возникновении замыкания на землю между токоведущим проводником и открытой токоведущей частью, токоведущей частью установки, проводом PE, проводом PEN, землей и т.д., защитное устройство автоматически отключает эту неисправную цепь во избежание косвенное

及导体截面等确定。

（2）此处所述接地故障保护适用于防电击保护分类为Ⅰ类的电气设备，设备所在的环境为正常环境，建筑物内实施总等电位联结。

5.6.3.3.2 TN系统接地故障保护方式的选择

（1）当灵敏性符合要求时，采用短路保护兼作接地故障保护。

（2）采用零序电流保护。

（3）采用剩余电流保护。

5.6.3.4 保护电器的装设位置

（1）对于树干式配电系统，保护电器应装设在被保护线路与电源线路的连接处。为了操作维护的方便，可将保护电器设置在离开连接点3m以内的地方，并应采取措施将该线路的短路危险减至最小，且不靠近可燃物。

（2）当从干线引出的敷设于不燃或难燃材料

5 Электроснабжение и электрораспределение

поражения человека электрическим током, электрического пожара и других аварий. Электрооборудование защиты от замыкания на землю выбирается в зависимости от типа заземления системы электрораспределения, особенностей использования электрооборудования(ручного, подвижного, стационарного), сечения проводника и др..

（2）Защита от замыкания на землю распространяется на электрооборудование категории Ⅰ по защите от электрического удара, работающее в нормальной окружающей среде. В здании осуществляется общее эквипотенциальное соединение.

5.6.3.3.2 Выбор способов защиты от замыкания на землю системы TN

（1）При соответствии чувствительности требованиям, защита от короткого замыкания тоже является защитой от замыкания на землю.

（2）Предусмотрена токовая защита нулевой последовательности.

（3）Предусмотрена защита от остаточного тока.

5.6.3.4 Положение установки защитного электрооборудования

（1）Защитное электрооборудование для магистральной системы электрораспределения должно быть установлено в месте соединения защищаемой линии и силовой линии. Для удобства эксплуатации и обслуживания, защитное электрооборудование должно быть установлено на расстоянии менее 3м от соединительной точки, а также следует принять меры для обеспечения минимизации опасности короткого замыкания этой линии и предотвращения приближения к горючему веществу.

（2）При прокладке ответвления от магистрали

管、槽内的分支线,为了操作维护方便,可将分支线的保护电器装设在距连接点大于 3m 处。但在该分支线装设保护电器前的那一段线路发生短路或接地故障时,离短路点最近的上一级保护电器应能保证按规定的要求动作。

(3)一般情况下,应在三相线路上装设保护电器,在不引出 N 线的 IT 系统中,可只在二相上装设保护电器。

(4) N 线上保护电器的装设。在 TN-S 系统或 TT 系统中,当 N 线的截面与相线相同,或虽小于相线但已能被相线上的保护电器所保护时,N 线上可不装设保护。当 N 线不能被相线保护电器所保护时,应另为 N 线装设保护电器。

(5)断开 N 线的要求:

① 在 TN-S 系统或 TT 系统中,不宜在 N 线上装设电器将 N 线断开。当需要断开 N 线时,应装设能同时切断相线和 N 线的保护电器。

② 当装设剩余电流动作的保护电器时,应能将其所保护回路的所有带电导线断开。但在 TN-S 系统中,当能可靠地保持 N 线为地电位时,则 N 线不需断开。

в негорячей или трудновоспламеняемой трубе и канале, защитное электрооборудование для ответвления должно быть установлено на расстоянии более 3м от соединительной точки. Однако, в случае возникновения короткого замыкания или замыкания на землю линии перед установкой защитного устройства для этого ответвления, защитное устройство предыдущего уровня, ближайшее к точке короткого замыкания, должно обеспечить действие по установленным требованиям.

(3) При обычных условиях, защитное электрооборудование должно быть установлено на трехфазной линии, а только установлено на двухфазной линии в системе IT без вывода провода N.

(4) На проводе N должно быть установлено защитное электрооборудование. Когда сечение провода N и фазного провода в системах TN-S или TT одинаково, или сечение провода N менее сечения фазного провода, но провод N защищается с помощью защитного электрооборудования на фазном проводе, то не предусмотрено защитное устройство на проводе N. Когда провод N не защищается с помощью защитного электрооборудования на фазном проводе, то предусмотрено защитное устройство на проводе N.

(5) Требования к отключению провода N:

① На проводе N в системах TN-S или TT не предусмотрено электрооборудование для отключения провода N. При отключении провода N, следует установить защитное электрооборудование для одновременного отключения фазного провода и провода N.

② При установке защитного электрооборудования, управляемого остаточным током, следует обеспечить отключение всех токоведущих проводов для защищаемого контура. Когда

③ 在 TN-C 系统中,严禁断开 PEN 线,不得装设断开 PEN 线的任何电器。当需要为 PEN 线设置保护时,只能断开相应相线回路。

5.6.4 导体选择及敷设

5.6.4.1 导体选择

(1)导体的类型应按敷设方式及环境条件选择。绝缘导体除满足上述条件外,尚应符合工作电压的要求。

(2)选择导体截面,应符合下列要求:

① 线路电压损失应满足用电设备正常工作及起动时端电压的要求;

② 按敷设方式确定的导体载流量,不应小于计算电流;

③ 导体应满足动稳定与热稳定的要求;

④ 导体最小截面应满足机械强度的要求,固定敷设的导线最小芯线截面应符合表 5.6.2 的规定。

5 Электроснабжение и электрораспределение

провод N в системе TN-S надежно находится в положении потенциала земли, то не требуется отключение провода N.

③ Запрещается отключение провода PEN в системе TN-C. И не допускается установка любого электрооборудования для отключения провода PEN. При защите провода PEN, только следует отключить соответствующий контур фазного провода.

5.6.4 Выбор и прокладка проводника

5.6.4.1 Выбор проводника

(1) Тип проводника выбирается по способу прокладки и условий окружающей среды. Кроме вышеуказанных условий, изолированный проводник тоже должен соответствовать требованиям к рабочему напряжению.

(2) Сечение проводника выбирается по следующим требованиям:

① Потеря напряжения линии должна соответствовать требования к конечному напряжению при нормальной работе и пуске электроприемника;

② Пропускной ток проводника, определенный по способу прокладки, должен быть не менее расчетного тока;

③ Проводник должен соответствовать требованиям к динамической и термической устойчивости;

④ Минимальное сечение проводника должно соответствовать требованиям к механической прочности. Минимальное сечение жилы провода стационарной прокладкой должно соответствовать требованиям в таблице 5.6.2.

表 5.6.2 固定敷设的导线最小芯线截面表
Таблица 5.6.2 Минимальное сечение жилы провода стационарной прокладкой

<table>
<tr><th rowspan="2" colspan="3">敷设方式
Способ прокладки</th><th colspan="2">最小芯线截面面积，mm²
Площадь минимального сечения жил, мм²</th></tr>
<tr><th>铜芯
Медная жила</th><th>铅芯
Свинцовая жила</th></tr>
<tr><td colspan="3">裸导线敷设于绝缘子上
Голый провод проложен в изоляторе</td><td>10</td><td>10</td></tr>
<tr><td rowspan="5">绝缘导线敷设于绝缘子上
Изолированный провод проложен в изоляторе</td><td colspan="2">室内 2m
В помещении 2м</td><td>1.0</td><td>2.5</td></tr>
<tr><td colspan="2">室外 2m
Вне помещения 2м</td><td>1.5</td><td>2.5</td></tr>
<tr><td rowspan="3">室内外
Внутри и вне помещения</td><td>2m>L≤6m
2м>L≤6м</td><td>2.5</td><td>4</td></tr>
<tr><td>2m<L≤6m
2м<L≤6м</td><td>4</td><td>6</td></tr>
<tr><td>16m<L≤25m
16м<L≤25м</td><td>6</td><td>10</td></tr>
<tr><td colspan="3">绝缘导线穿管敷设
Изоляционный провод проложен в защитной трубе</td><td>1.0</td><td>2.5</td></tr>
<tr><td colspan="3">绝缘导线槽板敷设
Изоляционный провод проложен в желобчатой плите</td><td>1.0</td><td>2.5</td></tr>
<tr><td colspan="3">绝缘导线线槽敷设
Изоляционный провод проложен в желобе</td><td>0.75</td><td>2.5</td></tr>
<tr><td colspan="3">塑料绝缘护套导线扎头直敷
Провод с пластиковой изоляционной оболочкой прямо проложен по способу обвязки конца</td><td>1.0</td><td>2.5</td></tr>
</table>

注：L 为绝缘子支持点间距。

Примечание: L-расстояние между опорными точками изоляторов.

（3）沿不同冷却条件的路径敷设绝缘导线和电缆时，当冷却条件最坏段的长度超过 5m，应按该段条件选择绝缘导线和电缆的截面，或只对该段采用大截面的绝缘导线和电缆。

（4）导体的允许载流量，应根据敷设处的环境温度进行校正，温度校正系数可按下式计算：

（3）При прокладке изолированного провода и кабеля по трассе с разными условиями охлаждения, если длина участка с наихудшими условиями охлаждения составляет более 5м, то выбирается сечение изолированного провода и кабеля по условиям этого участка, или для этого участка только выбираются изолированный провод и кабель с большим сечением.

（4）Допустимый пропускной ток проводника должен быть поправлен в зависимости от температуры окружающей среды в месте прокладки.

$$K=\sqrt{\frac{t_1-t_0}{t_2-t_0}} \qquad (5.6.4)$$

式中 K——温度校正系数；

t_1——导体最高允许工作温度，℃；

t_0——敷设处的环境温度，℃；

t_2——导体载流量标准中所采用的环境温度，℃。

（5）导线敷设处的环境温度，应采用下列温度值：

① 接敷设在土壤中的电缆，采用敷设处历年最热月的月平均温度。

② 敷设在空气中的裸导体，屋外采用敷设地区最热月的平均最高温度；屋内采用敷设地点最热月的平均最高温度(均取 10 年或以上的总平均值)。

（6）在三相四线制配电系统中，中性线(以下简称 N 线)的允许载流量不应小于线路中最大不平衡负荷电流，且应计入谐波电流的影响。

（7）以气体放电灯为主要负荷的回路中，中性线截面不应小于相线截面。

5 Электроснабжение и электрораспределение

Коэффициент поправки температуры рассчитывается по следующей формуле：

$$K=\sqrt{\frac{t_1-t_0}{t_2-t_0}} \qquad (5.6.4)$$

Где K—— коэффициент поправки температуры；

t_1—— максимальная допустимая рабочая температура проводника，℃；

t_0—— температура окружающей среды в месте прокладки，℃；

t_2—— температура окружающей среды, используемая в стандарте пропускного тока проводника，℃.

（5）Температура окружающей среды в месте прокладки провода принимается равной следующему значению：

① При соединении кабелей, проложенных под землей, принята среднемесячная температура в самом жарком месяце года на месте прокладка кабелей.

② Для голого проводника, проложенного в открытом воздухе, принята средняя максимальная температура в самом жарком месяце в зоне прокладки вне помещения；а также средняя максимальная температура в самом жарком месяце на месте прокладки внутри помещения (вообще приняты общее среднее значение в 10 лет или более).

（6）В трехфазная четырехлинейная система электрораспределения, допустимый пропускной ток на нейтраль (далее именуемая провод N) не должен быть меньше тока максимальной несбалансированной нагрузки в линии, и следует учитывать влияние гармонического тока.

（7）Для контура, в котором газоразрядная лампа является главной нагрузкой, сечение нейтрали не должно быть меньше сечения фазного провода.

（8）采用单芯导线作保护中性线（以下简称 PEN 线）干线，当截面为铜材时，不应小于 10mm²；为铝材时，不应小于 16mm²；采用多芯电缆的芯线作 PEN 线干线时，其截面不应小于 4mm²。

（8）В случае использования одножильного провода в качестве магистрали защитной нейтрали（в дальнейшем именуемый провод PEN），сечение медного материала не должно быть меньше 10мм², и сечение алюминиевого материала не должно быть меньше 16мм²；при использовании жилы многожильного кабеля в качестве магистрали провода PEN, сечение такого провода не должно быть меньше 4мм².

（9）当保护线（以下简称 PE 线）所用材质与相线相同时，PE 线最小截面应符合表 5.6.3 的规定。

（9）Если материал защитного провода（в дальнейшем именуемого провода PE）одинаков с материалом фазного провода, минимальное сечение провода PE должно соответствовать требованиям в таблице 5.6.3.

表 5.6.3 PE 线最小截面

Таблица 5.6.3 Минимальное сечение провода PE

单位：mm²

Единица измерения：мм²

电缆相芯截面 Сечение фазовой жилы кабеля	保护地线允许最小截面 Допустимое минимальное сечение защитного заземления
$S \leqslant 16$	S
$16 < S \leqslant 16$	16
$35 < S \leqslant 400$	$S/2$
$400 < S \leqslant 800$	200
$S > 800$	$S/4$

注：S 为电缆相芯线截面面积，与采用此表若得出非标准截面时，应选用与之最接近的标准截面导体。

Примечание：S-сечение фазовой жилы кабеля, при получении нестандартного сочетания с применением вышеуказанной таблицы, следует применять проводник с ближайшим стандартным сочетанием.

（10）PE 线采用单芯绝缘导线时，按机械强度要求，截面不应小于下列数值：

（10）При использовании одножильного изолированного кабеля в качестве провода PE, сечение не должно быть меньше следующих значений в соответствии с требованиями механической прочности：

① 有机械性的保护时为 2.5mm²；
② 无机械性的保护时为 4mm²。

① 2,5мм², с механической защитой；
② 4мм², без механической защиты.

（11）装置外可导电部分严禁用作 PEN 线。

（11）Строго запрещают применить электропроводящую часть вне устройства в качестве провода PEN.

（12）在 TN-C 系统中，PEN 线严禁接入开关设备。

注：TN-C 系统——在 TN 系统中，整个系统的中性线与保护线是合一的。TN 系统——在此系统内，电源有一点与地直接连接，负荷侧电气装置的外露可导电部分则通过 PE 线与该点连接。

（13）电缆选择。

电缆的选择详见本书 5.12.6 小节。

5.6.4.2 电缆敷设

5.6.4.2.1 电缆敷设简介

电缆的敷设方式有以下几种：
（1）地下直埋；
（2）电缆沟；
（3）室内的墙壁或吊顶内；
（4）管架上。

电缆的敷设方式不同时，应选用不同的电缆：

（1）直埋敷设应使用具有铠装和防腐层的电缆。

（2）在室内、沟内敷设的电缆，应采用不应有易燃外护层的铠装电缆，在确保无机械外力时，可选用无铠装电缆；易发生机械振动的区域必须使用铠装电缆。

（3）电缆直埋敷设，施工简单、投资省，电缆散热好，因此，在电缆根数较少时应首先考虑采用。

5 Электроснабжение и электрораспределение

（12）В системе TN-C, строго запрещают подключить провод PEN к коммутационному аппарату.

Примечание: для системы TN-C, в системе TN нейтраль и защитный провод целой системы являются одним. Для системы TN, в этой системе одна точка источника питания заземлена непосредственно, а открытая электропроводящая часть электроустановки на стороне нагрузки связана с этой точкой через провод PE.

（13）Выбор кабеля.

Кабель выбирается в разделе 5.12.6 настоящего руководства.

5.6.4.2 Прокладка кабеля

5.6.4.2.1 Короткие информации о прокладке кабеля

Способ прокладки кабеля：
（1）Непосредственная прокладка под землей；
（2）Прокладка в кабельной канале；
（3）Прокладка в внутренней стене или потолке；
（4）Прокладка на эстакаде.

Кабель выбирается по способу прокладки：

（1）При непосредственной прокладке под землей, следует применять кабель с броней и антикоррозионным покрытием.

（2）При прокладке в помещении и канале, следует применять бронированный кабель без легковоспламеняющегося наружного покрытия; при гарантии отсутствия механической наружной силы, можно использовать кабель без брони; а в области с легким возникновением механических вибраций надо применить бронированный кабель.

（3）Непосредственная прокладка кабелей под землей характеризуется простым строительством, малой инвестицией и хорошим теплоотдачей кабелей, поэтому следует учитывать в первую очередь на такой способ прокладки при малом количестве кабелей.

（4）在确定电缆构筑物时，需结合建设规划，预留备用支架或孔眼。

（4）При определении сооружений кабелей необходимо резервировать запасные полки или отверстия в сочетании с планированием строительства.

（5）电缆支架间或固定点间的最大间距，不应大于表5.6.4所列数值。

（5）Максимальное расстояние между кабельными полками или точками крепления не должно превышать значения, указанные в таблице 5.6.4.

表5.6.4　电缆支架间或固定点间的最大间距

Таблица 5.6.4　Максимальное расстояние между кабельными полками или точками крепления

单位：m

Единица измерения: м

敷设方式 Способ прокладки	钢带铠装电力电缆 Силовой кабель с ленточной броней	全塑电力、控制电缆 Цельнопластмассовый силовой и контрольный кабель	钢丝铠装电力电缆 Силовой кабель с проволочной броней
水平敷设 Горизонтальная прокладка	1.0	0.8（0.4）	3.0
垂直敷设 Вертикальная прокладка	1.5	1.0	6.0

注：如果不是每一支架固定电缆时，应用括号内数字。

Примечание: если для крепления кабелей не применяются все полки, следует принять цифры в скобках.

（6）电缆敷设的弯曲半径与电缆外径的比值（最小值），不应小于表5.6.5所列数值。

（6）Соотношение между радиусом изгиба прокладки кабеля и наружным диаметром кабеля (минимальное значение) не должно меньше значений, указанных в таблице 5.6.5.

表5.6.5　电缆敷设的弯曲半径与电缆外径的比值（最小值）

Таблица 5.6.5　Соотношение между радиусом изгиба прокладки кабеля и наружным диаметром кабеля (минимальное значение)

电缆护套类型 Тип кабельной оболочки		电力电缆 Силовой кабель		其他多芯电缆 Другие многожильные кабели
		单芯 Одножильный	多芯 Многожильный	
金属护套 Металлическая оболочка	铅 свинцовый	25	15	15
	铝 Алюминиевый	30	30	30
	皱纹铝套和皱纹钢套 Гофрированная алюминиевая оболочка и гофрированная металлическая оболочка	20	20	20
非金属护套 Неметаллическая оболочка		20	15	无铠装 10 Без брони-10 有铠装 15 С броней-15

注：电力电缆中包括橡皮、塑料绝缘铠装和无铠装电缆。

Примечание: силовые кабели включаются в себя резиновый и пластмассовый бронированный изоляционный кабель, и небронированный кабель.

5 供配电

5 Электроснабжение и электрораспределение

（7）电缆在电缆沟内敷设时的最小净距,不宜小于表5.6.6所列数值。

（7）Минимальное расстояние в свету кабелей при прокладке в кабельном канале желательно не должно быть меньше значений, указанных в таблице 5.6.6.

表 5.6.6 电缆在电缆沟、隧道内敷设时的最小净距

Таблица 5.6.6 Минимальное расстояние в свету кабелей при прокладке в кабельном канале и туннеле

单位: mm

Единица измерения: мм

敷设方式 Способ прокладки			电缆隧道净高 Высота в свету кабельного туннеля	电缆沟 Кабельная канавка	
			≥1900	≤600	>600
通道宽度 Ширина прохода	两边有支架时,架间水平净距 Горизонтальное расстояние в свету между полками при наличии полок по обеим сторонам		1000	300	500
	一边有支架时,架与壁间净距 Расстояние в свету между полкой и стенкой при наличии полки на одной стороне		900	300	450
支架层间的垂直净距 Вертикальное расстояние в свету между слоями полок	电力电缆 Силовой кабель	35kV 35кВ	250	200	200
		≤10kV ≤10кВ	200	150	150
	控制电缆 Контрольный кабель		120	100	100
电力电缆间的水平净距(单芯电缆品字形布置除外) Горизонтальное расстояние в свету между силовыми кабелями (за исключением品-образного расположения одножильного кабеля)			35（但不小于电缆外径） 35（но не меньше наружного диаметра кабеля）		

（8）电缆在屋内明敷,在电缆沟和竖井内明敷时,不应有易燃的外护层,否则应予剥去,并刷防腐漆。

（8）При открытой прокладке кабелей в помещении, канале и шахте, кабель не должен иметь легковоспламеняющегося наружного защитного покрытия, иначе надо снять такое покрытие и нанести антикоррозионную краску.

（9）电缆在屋外明敷时,尤其是有塑料或橡胶外护层的电缆,应避免日光长时间直晒,必要时应加装遮阳罩或采用耐日照电缆。

（9）При открытой прокладке кабелей вне помещения, особенно при применении кабелей с пластиковым или резиновым наружным защитным покрытием, следует избегать прямой соляризации в течение длительного времени и при необходимости следует установить солнцезащитные

（10）交流回路中的单芯电缆不应采用磁性材料护套铠装的电缆。单芯电缆敷设时，应满足下列要求：

① 三相系统中使用的单芯电缆，应组成紧贴的正三角形排列（水下电缆除外），每隔1~1.5m应用绑带扎紧，避免松散；

② 使并联电缆间的电流分布均匀；

③ 接触电缆外皮时应无危险；

④ 穿金属管时，同一回路的各相和中性线单芯电缆应穿在同一管中；

⑤ 防止引起附近金属部件发热。

（11）不应在有易燃、易爆及可燃的气体或液体管道的沟道或隧道内敷设电缆。

（12）不宜在热力管道的沟道或隧道内敷设电力电缆。

（13）敷设电缆的构架，如为钢制，宜采取热镀锌或其他防腐措施。在有较严重腐蚀的环境中，还应采取相适应的防腐措施。

колпаки или применять кабель с устойчивостью к соляризации.

（10）Нельзя применять бронированный кабель с защитной оболочкой из магнитного материала в качестве одножильного кабеля в контуре переменного тока. При прокладке одножильного кабеля, должны быть выполнены следующие требования：

① Одножильные кабели в трехфазной системе должны быть расположены вплотную в виде равностороннего треугольника (за исключением подводных кабелей), и через каждые 1-1,5м следует натуго завязывать с повязками во избежание расплетки；

② Следует обеспечить равномерное расположение тока между параллельными кабелями；

③ Надо отсутствовать опасность при контакте с оболочкой кабеля；

④ При проходе через металлическую трубу, одножильные кабели для различных фаз и нейтрали в одинаковом контуре должны быть проложены в одной и той же трубе；

⑤ Следует предотвратить возможность привести к чему нагрева близлежащих металлических деталей.

（11）Нельзя проложить кабель в канале или туннеле для трубопроводов с воспламеняющимися, взрывоопасными и горючими газами или жидкостями.

（12）Не следует проложить силовой кабель в канале или туннеле для теплопроводов.

（13）При применении стального каркаса для прокладки кабелей, следует принять меры по борьбе с коррозией, такие как горячее цинкование или другие меры. В окружающей среде с более серьезной коррозией необходимо принять соответствующие меры по борьбе с коррозией.

（14）当电缆成束敷设时,宜采用阻燃电缆。

（15）电缆的敷设长度,宜在进户处、接头、电缆头处或电缆沟中留有一定余量。

5.6.4.2.2 电缆埋地敷设

（1）电缆直接埋地敷设时,沿同一路径敷设的电缆数不应超过 6 根。

（2）电缆在屋外直接埋地敷设的深度:人行道下不应小于 0.8m,车行道下不应小于 0.8m,穿越农田时不应小于 1m。敷设时,应在电缆上面、下面各均匀敷设 100mm 厚的软土或细沙层,再盖混凝土板、石板或砖等保护,保护板应超出电缆两侧各 50mm。电缆应敷设在冻土层以下。当无法深埋时,可增加敷设细沙的厚度,使其达到上下各为 100mm 以上。

（3）禁止将电缆放在其他管道上面或下面平行敷设。

（4）在土壤中含有对电缆有腐蚀性物质(如酸、碱、矿渣、石灰等)或有地中电流的地方,不宜采用电缆直接埋地敷设。如必须敷设时,视腐蚀程度,采用塑料护套电缆或防腐电缆。

（14）При прокладке кабелей по связкам, желательно следует применять огнестойкие кабели.

（15）В отношении длины прокладки кабеля, желательно оставить определенный припуск на входе в помещение, на месте с соединением и воронками кабеля или в канале кабелей.

5.6.4.2.2 Прокладка кабеля под землей

（1）При непосредственной прокладке кабелей под землей, количество кабелей, проложенных по одному и тому же пути, не должно превышать 6 шт.

（2）Глубина кабеля, проложенного непосредственно под землей вне помещения: не менее 0,8м под тротуаром, не менее 0,8м под проезжающей частью, и не менее 1м при проходе через пахотные земли. При прокладке, должно укладывать слой мягких грунтов или мелких песков толщиной 100мм над и под кабелями, а затем покрыть бетонную плиту, каменная плита или кирпич для защиты; защитная плата должна превышать две стороны кабелей за 50мм. Кабели должны быть проложены под мерзлотой. При невозможности глубокой прокладки, можно увеличить толщину проложенного слоя мелкого песка, позволяя его толщине выше 100мм над и под кабелями.

（3）Запрещается прокладывать кабель над или под другой трубой и параллельно с ней.

（4）При наличии в почве коррозионных веществ (напр., кислот, щелочи, шлаков, известки и т. д.) или на месте с электрическим током под землей, не следует прокладывать кабель непосредственно под землей. При необходимости прокладывать, следует применять кабель с пластиковой оболочкой или антикоррозионный кабель согласно степени коррозии.

（5）电缆通过下列各地段应穿管保护，穿管的内径不应小于电缆外径的1.5倍。

① 电缆通过建筑物和构筑物的基础、散水坡、楼板和穿过墙体等处。

② 电缆通过铁路、道路和可能受到机械损伤等地段。

③ 电缆引出地面2m至地下200mm处的一段和人容易接触使电缆可能受到机械损伤的地方（电气专用房间除外），除了采取穿管保护外，也可采用保护罩保护。

（6）直接埋地电缆引入建筑物在贯穿墙壁处添加的保护管，应堵塞管口，以防水的渗透。

（7）电缆与建筑物平行敷设时，电缆应埋设在建筑物的散水坡外。电缆引入建筑物时，所穿保护管长度应超出建筑物散水坡100mm。

（8）埋地敷设的电缆之间及各种设施平行或交叉时的最小净距，不应小于表5.6.7所列数值。

（5）При проходе кабелей через следующие участки, кабель должны быть защищены с помощью трубы, внутренний диаметр которой не должен быть менее 1,5 раза диаметра кабеля.

① При проходе кабелей через такие места здания и сооружения как фундамент, отмостку, плиты перекрытия, а также на месте прохода через стену.

② При проходе кабелей через железные дороги, дороги, а также участки с возможностью подлежать механическому повреждению.

③ На участке, где кабель выведен от земли до 2м и под землю до 200мм, и на месте, где кабель легко подлежит механическому повреждению (за исключением специального помещения для электроустановок), кроме защиты с помощью трубы, тоже можно применять защитный кожух для защиты кабелей.

（6）При вводе непосредственного проложенного кабелей под землей в здание, отверстие защитной трубы кабелей через стену должно быть блокировано для предотвращения доступа воды в трубу.

（7）При параллельной прокладке кабелей с зданием, кабель должен быть похоронен вне отмостки здания. При вводе кабелей в здание, длина защитной трубы кабелей должна превышать отмостку здания за 100мм.

（8）Минимальное расстояние в свету между подземными кабелями и при параллельной или перекрестной прокладке с различными сооружениями не должно быть меньше значений, указанных в таблице 5.6.7.

5 供配电

5 Электроснабжение и электрораспределение

表 5.6.7 埋地敷设的电缆之间及各种设施平行或交叉时的最小净距

Таблица 5.6.7 Минимальное расстояние в свету между подземными кабелями и при параллельной или перекрестной прокладке с различными сооружениями

项目 Пункты	最小净距, m Минимальное расстояние в свету, м	
	平行敷设 При параллельной	交叉敷设 При перекрестной
建筑物、构筑物基础 Основание здания и сооружения	0.5	
电杆 Опора	0.6	
乔木 Высокие деревья	1.5	0.5（0.25）
灌木丛 Кустарник	0.5	0.5（0.25）
10kV 以上电力电缆之间及其与 10kV 及以下和控制电缆之间 Между силовыми кабелями выше 10кВ и между ним и силовым кабелем 10кВ и ниже и контрольным кабелем	0.25	0.5（0.25）
10kV 及以下电力电缆之间及其与控制电缆之间 Между между силовым кабелем 10кВ и ниже и между ним и контрольным кабелем	0.1	0.5（0.25）
控制电缆之间 Между контрольными кабелями	—	0.5（0.25）
通信电缆,不同使用部门的电缆 Кабель связи, кабели для различных эксплуатирующих организаций	0.5（0.1）	0.5（0.25）
热力管沟 Канал для теплопровода	2.0	（0.5）
水管、压缩空气管 Водопровод, трубопровод сжатого воздуха	1.0（0.25）	0.5（0.25）
可燃气体及易燃液体管道 Трубопроводы для горючего газа и легковоспламеняющейся жидкости	1.0	0.5（0.25）
铁路(平行时与轨道,交叉时与轨底,电气化铁路除外) Железные дороги (против рельса при параллельной прокладке, и против подошва рельса при перекрестной прокладке; за исключением электрифицированных железных дорог)	3.0	1.0
道路(平行时与路边,交叉时与路面) Дороги (против края дороги при параллельной прокладке, и против дорожного покрытия при перекрестной прокладке)	1.5	1.0
排水明沟(平行时与沟边,交叉时与沟底) Открытая дренажная канава (против края канавы при параллельной прокладке, и против дна канавы при перекрестной прокладке)	1.0	0.5

注：
（1）表中所列净距,应自各种设施(包括防护外层)的外缘算起。
（2）路灯电缆与道路灌木丛平行距离不限。
（3）表中括号内数字,是指局部地段电缆穿管,加隔板保护或加隔热层保护后允许的最小净距。

Примечание：
（1）Расстояние в свету, указанное в таблице, должно быть рассчитано с наружного края всех сооружений (вкл. наружный защитный слой).
（2）Параллельное расстояние кабеля фонаря с кустарниками дороги должно быть не ограничено.
（3）Цифры в скобках, указанные в таблице, обозначает допускающее минимальное расстояние в свету защитной трубы кабеля с перегородкой или теплоизоляционным покрытием для защиты на частичных участках.

5.6.4.2.3 电缆在沟内敷设

（1）电缆沟可分为无支架沟、单侧支架沟、双侧支架沟三种。当电缆根数不多（一般不超过5根）时，可采用无支架沟，电缆敷设于沟底。

（2）屋内电缆沟的盖板应与屋内地坪相平，在容易积水积灰处，宜用水泥沙浆或沥青将盖板缝隙抹死。

（3）屋外电缆沟的沟口宜高出地面50mm，以减少地面排水进入沟内。但当盖板高出地面影响地面排水或交通时，可采用具有覆盖层的电缆沟，盖板顶部一般低于地面300mm。

（4）屋外电缆沟在进入建筑物（或变电站）处，应设有防火隔墙。

（5）电缆沟一般采用钢筋混凝土盖板，盖板重量不宜超过50kg。在屋内需经常开启的电缆沟盖板，宜采用花纹钢盖板。

（6）电缆沟应采取防水措施。底部还应做不小于0.5%的纵向排水坡度，并设集水坑（井）。积水的排出，有条件时可直接排入下水道。电缆沟较长时应考虑分段排水，每隔50m左右设置一个集水井。

5.6.4.2.3 Прокладка кабеля в канале

（1）Канальный канал может быть разделена на канал без полки, канал с односторонней полкой и канал с двухсторонней полками. При малом количестве кабелей (обычно не более 5 шт.), канал без полки может быть использована, и кабель должен быть проложен по дну канала.

（2）Перекрышка кабельного канала в помещении должна быть выровнена с полом в помещении; на месте с легким накопление воды и пыли, желательно следует заполнить зазоры перекрышки с помощью цементного раствора или асфальта.

（3）Отверстие кабельного канала вне помещения должно быть выше поверхностью земли за 50мм, для уменьшения поверхностного дренажа в канал. Однако, в случае перекрышка превышает поверхность земли и влияет на дренаж или дорожное движение, канальный канал с покрытием может быть использована, и верхняя часть перекрышки, как правило, ниже поверхности земли за 300мм.

（4）На месте для ввода наружной кабельного канала в здание (или подстанцию) следует предусмотреть противопожарную преграду.

（5）Обычно железобетонная перекрышка использована для кабельного канала, и вес такой перекрышки не должен превышать 50кг. В отношении перекрышки которую часто открывают, кабельного канала в помещении, желательно следует применять перекрышку из рифленки.

（6）Следует принять меры защиты от воды для кабельного канала. По дну также предусмотрены продольная отмостка уклоном не менее 0,5% и водосборный приямок (колодец). Накопленная вода может быть прямо выброшена в

（7）电缆在多层支架上敷设时,高压电缆位于最底层,低压电缆位于最上层;电力电缆应放在控制电缆的上层,但1kV及以下的电力电缆和控制电缆可并列敷设。当两侧均有支架时,1kV及以下的电力电缆和控制电缆,宜与1kV以上的电力电缆分别敷设于两侧支架上。

（8）电缆在沟内敷设时,支架的长度不宜大于350mm。

5.6.4.2.4 电缆在屋内及工艺管架上敷设

（1）明敷1kV及以下电力及控制电缆,与1kV以下电力电缆宜分开敷设。当需并列敷设时,其净距不应小于150mm。相同电压的电力电缆相互间的净距不应小于35mm,并不应小于电缆外径,在梯架、托盘内敷设时不受此限。

（2）电缆在梯架、托盘或线槽内可以无间距敷设电缆。电缆在梯架、托盘或线槽内横断面填充率,电力电缆不应大于40%,控制电缆不应大于50%。

5 Электроснабжение и электрораспределение

канализацию при наличии условий При слишком длинном кабельном канале, следует учитывать дренаж по участкам, и через каждые около 50м следует предусмотреть водосборный приямок.

（7）При прокладке кабелей в многослойной полке, высоковольтный кабель расположен на самом низком слое, а кабель с низким напряжением расположен в верхнем слое; силовой кабель должен быть размещен над контрольным кабелем, но силовой кабель и контрольный кабель 1кВ и ниже могут быть проложены параллельно. При наличии полок по обеим сторонам, силовой кабель и контрольный кабель 1кВ и ниже и силовой кабель выше 1кВ желательно должны быть проложены соответственно в полках по обеим сторонам.

（8）При прокладке кабелей в канале, длина полки не должна превышать 350мм.

5.6.4.2.4 Прокладка кабелей в помещении и опорах технологической трубы

（1）Силовой кабель и контрольный кабель 1кВ и ниже и силовой кабель выше 1кВ желательно должны быть проложены отдельно друг от друга. При необходимости параллельной прокладки, расстояние в свету между ними не должно быть меньше 150мм. Расстояние в свету между силовыми кабелями с одинаковым напряжением не должно быть меньше 35мм, а также наружного диаметра кабеля; при прокладке в лестницах и лотках, не существует вышеуказанное ограничение.

（2）Кабели может быть проложены без промежутка в лестницах, лотках или желобах кабелей. Коэффициент заполнения поперечного сечения кабелями в лестницах, лотках или желобах кабелей не должен быть выше 40% для силового кабеля и 50% для контрольного кабеля.

（3）电缆在屋内埋地、穿墙或穿楼板时,应穿保护管。

（4）无铠装电缆在屋内水平明敷时,电缆至地面的距离不应小于 2.5m;垂直敷设高度在 1.8m 以下时,应有防止机械损伤的措施(如穿保护管),但明敷在电气专用房间(如配电室、电机室、设备层等)内时不受此限。

（5）电缆桥架内每根电缆的首端、尾端、转弯处及每隔 50m 处应设标记,注明电缆编号、型号规格、起点和终点。

（6）明敷电缆时,应按表 5.6.8 所列部位将电缆固定。

（3）При прокладке кабелей под землей в помещении, проходе кабелей через стену или через перекрытие, следует применять защитную трубу для защиты кабелей.

（4）При горизонтальной открытой прокладке небронированного кабеля в помещении, расстояние между кабелем и землей не должно быть меньше 2,5м; при высоте вертикальной прокладки ниже 1,8м, следует принять меры по защите от механического повреждения (напр., защитная труба), однако при прокладке кабелей в специальном помещении для электроустановок (напр., в электропомещении, электромашинном помещении, слое оборудования и т.д.), не существует такое ограничение.

（5）В кабельной эстакаде, следует предусмотреть отметки для переднего конца, хвостового конца, поворота и через каждые 50м с указанием номера, модель и спецификации, начало и конца кабелей.

（6）При открытой прокладке кабелей, кабель должен быть укреплен по местам, указанным в таблице 5.6.8.

表 5.6.8 明敷电缆时电缆固定部位

Таблица 5.6.8 Положения для крепления кабелей при открытой прокладке кабелей

敷设方式 Способ прокладки	构架形式 Тип каркаса	
	电缆支架 Кабельная полка	电缆桥架、托盘或线槽 Кабельные эстакада, коробка или желоб
垂直敷设 Вертикальная прокладка	（1）电缆的首端、尾端; （2）电缆与每个支架的接触处 （1）Передний конец и задний конец кабеля; （2）Место контакта кабеля с каждой полкой	（1）电缆的上端; （2）每隔 1.5～2m 处 （1）Верхняя часть кабеля; （2）Через каждые 1.5-2м
水平敷设 Горизонтальная прокладка	（1）电缆的首端、尾端; （2）电缆与每个支架的接触处 （1）Передний конец и задний конец кабеля; （2）Место контакта кабеля с каждой полкой	（1）电缆的首端、尾端; （2）电缆的拐弯处; （3）电缆其他部位每隔 5～10m 处 （1）Передний конец и задний конец кабеля; （2）Место поворота кабеля; （3）Через каждые 5-10м для других мест кабелей

5 供配电

5 Электроснабжение и электрораспределение

5.6.4.2.5 电缆穿管敷设

（1）保护管的内径不小于电缆外径（包括外护层）的1.5倍。

（2）保护管弯曲半径为保护管外径的10倍，且不应小于所穿电缆的最小允许弯曲半径。

（3）当电缆有中间接头盒时，在接头盒的周围应有防止因发生事故而引起火灾延燃的措施（采用防火堵料填堵）。

（4）电缆穿管没有弯头时，长度不宜超过30m；有一个弯头时，不宜超过20m；有两个弯头时，不宜超过15m。

（5）电缆穿保护管的最小内径见表5.6.9。

5.6.4.2.5 Прокладка в защитной трубе

（1）Внутренний диаметр защитной трубы не должен быть меньше 1,5 раза наружного диаметра кабеля（включая наружное покрытие）.

（2）Радиус изгиба защитной трубы составляет 10 раз наружного диаметра защитной трубы и не должен быть меньше минимального допустимого радиуса изгиба кабеля.

（3）При наличии промежуточной соединительной коробки кабелей, вокруг соединительной коробки следует принять меры по предотвращению распространения пожара из-за появления аварии（заполнением с помощью огнестойкого заполнителя）.

（4）При отсутствии колена во время прокладки кабелей в трубе, длина трубы не должна превышать 30м, и 20м при наличии 1 колена, а также 15м при наличии 2 колена.

（5）Минимальный внутренний диаметр защитной трубы для прохода кабелей см. Таблицу 5.6.9.

表 5.6.9 电缆穿保护管的最小内径

Таблица 5.6.9 Минимальный внутренний диаметр защитной трубы для прохода кабелей

三芯电缆芯线截面, mm² Сечение жил трехжильного кабеля, мм²			四芯电缆芯线截面, mm² Сечение жил четырехжильного кабеля, мм²	保护管最小内径, mm Минимальный внутренний диаметр защитной трубы, мм
1kV 1кВ	6kV 6кВ	10kV 10кВ	<1kV <1кВ	
≤70	≤25	—	≤50	50
95～150（95～120）	35～70（16～70）	≤50	70～120	70
185（150～185）	95～150（95～120）	70～120	150～185	80
240	185～240（150～240）	150～240	240	100

注：表中括号内截面用于塑料护套电缆。

Примечание: сечение в скобках применяется для кабеля с пластмассовой оболочкой.

5.6.5 常用用电设备的配电

5.6.5.1 电动机配电

5.6.5.1.1 电动机启动方式及校验

（1）电动机启动时在配电系统中引起电压下降时的电压允许值。

电动机启动时，其端子电压应能保证被拖动机械要求的启动转矩，且在配电系统中引起的电压下降不应妨碍其他用电设备的工作，即电动机启动时，配电母线上的电压应符合下列要求：

① 在一般情况下，电动机频繁启动时不应低于系统标称电压的 90%；电动机不频繁启动时，不宜低于标称电压的 85%。

② 配电母线上未接照明负荷或其他对电压下降敏感的负荷且电动机不频繁启动时，不应低于标称电压的 80%。

③ 配电母线上未接其他用电设备时，可按保证电动机启动转矩的条件决定；对于低压电动机，还应保证接触器线圈的电压不低于释放电压。

5.6.5 Электрораспределение общеупотребительного электроприемника

5.6.5.1 Электрораспределение электродвигателя

5.6.5.1.1 Способ пуска и проверка электродвигателя

（1）Допустимое значение напряжения при падении напряжения в распределительной системе во время пуска электродвигателя.

При пуске электродвигателя, напряжение на зажимах должно быть в состоянии гарантировать пусковой крутящий момент, требуемый для механизма под приводом, а падение напряжения, возникающее в распределительной системе, не должно препятствовать работе другого электроприемника, т.е., при пуске электродвигателя напряжение на распределительной шине должно соответствовать следующим требованиям：

① В общем случае, не менее 90% от номинального напряжения системы при частом пуске электродвигателя, а также не менее 85% от номинального напряжения при нечастом пуске электродвигателя.

② Не менее 80% от номинального напряжения при отсутствии осветительной нагрузки или другой нагрузки, чувствительной к падениям напряжения на распределительной шине, а также нечастом пуске электродвигателя.

③ При не соединении другого электроприемника с распределительной шиной, можно определить значение напряжения по условиям, которые могут гарантировать пусковой крутящий момент электродвигателя; для электродвигателя с низким напряжением, напряжение в катушке контактора не должно быть ниже выключающего напряжения.

5 供配电

（2）笼型电动机和同步电动机启动方式的选择。

① 全压启动。是最简单、最可靠、最经济的启动方式，应优先采用，但启动电流大，在配电母线上引起的电压下降也大。当符合下列条件时，电动机应全压启动：

a. 电动机启动使配电母线的电压符合上述（1）第②项要求；

b. 被拖动机械能承受电动机全压启动时的冲击转矩；

c. 制造厂对电动机的启动方式无特殊规定（指特殊结构的大型高压电动机，至于低压电动机和一般高压电动机均可全压启动）。

② 降压启动。启动电流小，但启动转矩也小，启动时间延长，绕组温升高，启动电器复杂，只在不符合全压启动条件时才宜采用。降压启动方式有电抗器降压启动、自耦变压器降压启动、星—三角降压启动和变压器—电动机组启动。

电动机启动方式及其特点见表 5.6.10。

5 Электроснабжение и электрораспределение

（2）Выбор способа пуска электродвигателя с короткозамкнутым ротором и синхронного электродвигателя.

① Пуск при полном напряжении Такой способ является самым простым, самый надежным и самым экономичным, и должен быть использован первым; но пусковой ток большой, падение напряжения, вызванное по распределительной шине, тоже великий. Электродвигатель должен быть запущен при полном напряжении во время удовлетворении следующим условиям:

a. Во время пуска электродвигателя напряжение распределительной шины соответствует требованиям в ② п. (1) выше;

b. Механизм под приводом может выдерживать ударный крутящий момент во время пуска электродвигателя при полном напряжении;

c. При отсутствии особых требований завода-изготовителя электродвигателя к способу пуска электродвигателя (для крупномасштабного высоковольтного электродвигателя с особой конструкцией; электродвигатель с низким напряжением и общий высоковольтный электродвигатель могут быть запущены при полном напряжении).

② Пуск от пониженного напряжения. Пусковой ток малый, пусковой крутящий момент малый, время пуска продлится, превышение температуры обмотки высокое, и пусковой аппарат сложный, поэтому такой способ пуска только желательно может быть использован при несоответствии с условиями для пуска при полном напряжении. Пуск от пониженного напряжения включает в себя пуск от пониженного напряжения реактора, пуск от пониженного напряжения автотрансформатора, пуск от пониженного напряжения со звезды на треугольник и пуск от пониженного напряжения трансформатора-электродвигателя.

Способ пуска электродвигателя и его характеристики см. Таблицу 5.6.10.

表 5.6.10 电动机启动方式及其特点

Таблица 5.6.10 Способ пуска электродвигателя и его характеристики

启动方式 Способ пуска	全压启动 Пуск при полном напряжении	变压器—电动机组启动 Пуск трансформатора-электродвигательного агрегата	电抗器降压启动 Пуск при понижении напряжения реактора	自耦变压器降压启动 Пуск при понижении напряжения автотрансформатора	软启动 Гибкий пуск	星—三角启动 Пуск со звезды на треугольник
启动电压 Пусковое напряжение	U_n	kU_n	kU_n	kU_n	$(0.4\sim0.9)U_n$（电压斜坡）(пилообразное напряжение)	$\frac{1}{\sqrt{3}}U_n = 0.58U_n$
启动电流 Пусковой ток	I_{st}	kI_{st}	kI_{st}	k^2I_{st}	$(2\sim5)I_n$（额定电流）(Номинальный ток)	$\left(\frac{1}{\sqrt{3}}\right)^2 I_{st} = 0.33I_{st}$
启动转矩 Пусковой момент	M_{st}	k^2M_{st}	k^2M_{st}	k^2M_{st}	$(0.15\sim0.8)M_{st}$	$\left(\frac{1}{\sqrt{3}}\right)^2 M_{st} = 0.33M_{st}$
突跳启动 Бросковый пуск	—	—	—	—	可选 90%U_n 或 80%M_{st} 直接启动 Прямой пуск 90% U_n или 80% M_{st} (альтернатив.)	—
适用范围 Область применения	高、低压电动机 Электродвигатель высокого и низкого напряжений	高、低压电动机 Электродвигатель высокого и низкого напряжений	高压电动机 Электродвигатель высокого напряжения	高、低压电动机 Электродвигатель высокого и низкого напряжений	低压电动机 Электродвигатель низкого напряжения	定子绕组为三角形接线的中心/低压电动机 Электродвигатель с центральным низким напряжением, статорная обмотка которого является соединение треугольником
启动特点 Характеристики пуска	启动方法简单, 启动电流大, 启动转矩大 Простой способ пуска, большой пусковой ток и большой пусковой момент	启动电流较大, 启动转矩小 Большой пусковой момент, малый пусковой момент	启动电流小, 启动转矩小	启动电流小, 启动转矩小, 大启动转矩 Малый пусковой ток, большой пусковой момент	启动电流小, 启动转矩可调 Малый пусковой ток, регулируемый пусковой момент	启动电流小, 启动转矩小 Малый пусковой ток, малый пусковой момент

注:

(1) U_n—标称电压; I_{st}, M_{st}—电动机的全压启动电流和启动转矩; k—启动电压与标称电压的比值, 对于自耦变压器为变比。

(2) 电动机启动时, 如启动电器受电端电压降低为标称电压的 U_{st} 倍, 则表中启动电压、启动电流、启动转矩尚应分别乘以 U_{st} 及 U_{st}^2。

Примечание:

(1) U_n—номинальное напряжение; I_{st}, M_{st}—ток и пусковой момент для пуска при полном напряжении электродвигателя; k—отношение пускового напряжения и номинального напряжения, для автотрансформатора k—коэффициент трасформации.

(2) При пуске электродвигателя, напряжение на приемном конце пускового электрооборудования снижается на U_{st} раз номинального напряжения, то значения пускового напряжения, пускового тока и пускового момента должны умножить на U_{st} и U_{st}^2.

5.6.5.1.2 选择降压启动电器需要满足的基本条件

启动时电动机端子电压应能保证传动机械要求的启动转矩,即:

$$U_{stM} \geq \sqrt{\frac{1.1M_j}{M_{stM}}} \quad (5.6.5)$$

式中 U_{stM}——启动时电动机端子电压相对值,即端子电压与标称电压的比值;

M_{stM}——电动机启动转矩相对值,即启动转矩与额定转矩的比值;

M_j——电动机传动机械的静阻转矩相对值,常用数据参数见表5.6.11。

5.6.5.1.2 Основные условия, которые должны быть выполнены при выбора пуска от пониженного напряжения для электроаппарата

При пуске электродвигателя, напряжение на зажимах должно быть в состоянии гарантировать пусковой крутящий момент, требуемый для приводного механизма, т.е.:

$$U_{stM} \geq \sqrt{\frac{1.1M_j}{M_{stM}}} \quad (5.6.5)$$

Где U_{stM}——Относительное значение напряжения на зажимах при пуске электродвигателя, т. е., соотношение между напряжением на зажимах и номинальным напряжением;

M_{stM}——Относительное значение пускового крутящего момента электродвигателя, т. е., соотношение между пусковым крутящим моментом и номинальным крутящим моментом;

M_j——Относительное значение статического момента сопротивления приводного механизма электродвигателя; обычные данные и параметры показаны в таблице 5.6.11.

表 5.6.11 常用电动机传动机械所需转矩相对值

Таблица 5.6.11 Относительное значение крутящего момента, требуемого для приводного механизма обычного электродвигателя

传动机械名称 Наименование приводного механизма		所需转矩相对值 Относительное значение требуемого крутящего момента		
		启动静阻转矩 Пусковой статический момент сопротивления	牵入转矩 Входной момент	最大转矩 Максимальный момент
离心式扇风机、鼓风机、压缩机和水泵 Центробежный вентилятор, воздуходувка, компрессор и водяной насос	管道阀门关闭时启动 Пуск при закрытии клапана трубопровода	0.3	0.6	1.5
	管道阀门开启时启动 Пуск при открытии клапана трубопровода	0.3	1.0	1.5

续表
продолжение

传动机械名称 Наименование приводного механизма	所需转矩相对值 Относительное значение требуемого крутящего момента		
	启动静阻转矩 Пусковой статический момент сопротивления	牵入转矩 Входной момент	最大转矩 Максимальный момент
往复式空压机、氨压缩机和煤气压缩机 Поршневой воздушный компрессор, аммиачный компрессор и газовый компрессор	0.4	0.2	1.4
往复式真空泵（管道阀门关闭时启动） Поршневой вакуумный насос (Пуск при закрытии клапана трубопровода)	0.4	0.2	1.6
皮带运输机 Ленточный конвейер	1.4～1.5	1.1～1.2	
球磨机 Шаровая мельница	1.2～1.3	1.1～1.2	1.75
对辊、颗式和困锥型破碎机(空载启动) Валковая дробилка, щековая дробилка и конусная дробилка (пуск при холостом ходе)	1.0	1.0	2.5
锤型破碎机(空载启动) Молотковая дробилка (пуск при холостом ходе)	1.5	1.0	2.5
持续额定功率运行的交、直流发电机 Генераторы переменного тока и постоянного тока при непрерывной работе с номинальной мощностью	0.12	0.08	1.5
允许25%过负荷的交、直流发电机 Генераторы переменного тока и постоянного тока с 25% допустимой перегрузкой	0.18	0.1	2.0

M_{stM} 根据电动机厂家资料确定，一般为1～2.5。

5.6.5.1.3 电动机配电及控制方式

电动机回路设置3P短路保护，一般采用塑壳断路器MCCB+接触器+热继电器或者塑壳断路器MCCB+接触器+电机保护器（软启动器、变频器），当配电级数较多时，也可采用微断MCB。电动机通常采用操作柱在电机旁进行启停操作，在低压开关柜侧只设置停车按钮，不设置启动按钮。45kW以上电动机现场操作柱带电流表，45kW及以下电动机现场操作柱带指示灯。

M_{stM}— определяют согласно данным завода-изготовителя электродвигателя, обычно 1-2.5.

5.6.5.1.3 Способ электрораспределения и управления электродвигателя

Защита от короткого замыкания 3P предусмотрена для контура электродвигателя, и обычно применяется выключатель в пластмассовом корпусе (MCCB) + контакта + термическое реле или выключатель в пластмассовом корпусе (MCCB)+ контакта + протектор электродвигателя (устройство плавного пуска, преобразователь частоты); при многих степеней электрораспределения,

5.6.5.2 PC 配电

PC 配电回路设置 3P 或 4P 短路保护，一般采用塑壳断路器 MCCB 或微断 MCB。

5.6.6 照明设计

5.6.6.1 照明方式和照明种类

照明方式主要分为以下 4 类：

（1）工作场所通常设置一般照明；

（2）同一场所内的不同区域有不同照度要求时，采用分区一般照明；

（3）对于部分作业面照度要求较高，只采用一般照明不合理的场所，宜采用混合照明；

（4）在一个工作场所内不应只采用局部照明。

5 Электроснабжение и электрораспределение

тоже можно использовать минивыключатель（МСВ）. Обычно применяется оперативный столбообразный щит у электродвигателя в целях выполнения пуска и останова электродвигателя; у шкафа выключателей низкого напряжения только предусмотреть кнопку «Останов», вместо кнопки «Пуск». Оперативный столбообразный щит на месте электродвигателя выше 45кВт предусмотрен амперметром, а оперативный столбообразный щит на месте электродвигателя 45кВт и ниже предусмотрен индикаторной лампой.

5.6.5.2 Электрораспределение РС

Защита от короткого замыкания 3Р или 4Р предусмотрена для контура электрораспределения РС, и обычно применяется выключатель в пластмассовом корпусе（МССВ）или минивыключатель（МСВ）.

5.6.6 Проектирование освещения

5.6.6.1 Способ освещения и тип освещения

Способ освещения в основном разделит на следующие четыре категории:

（1）Общее освещение предусмотрено на рабочем месте;

（2）При наличии различных требований к освещению для различных зон в том же месте, общее освещение по зонам применено;

（3）Для места с высоким требованием к освещенности некоторых рабочих поверхностей и иррациональностью использования общего освещения, желательно следует применять комбинированное освещение;

（4）На одном рабочем месте не должно использовать только местное освещение.

照明种类主要分为正常照明、应急照明、值班照明、警卫照明、障碍照明：

(1)工作场所均设置正常照明。

(2)工作场所下列情况设置应急照明：

① 正常照明因故障熄灭后,需确保正常工作或活动继续进行的场所,设置备用照明;

② 正常照明因故障熄灭后,需确保处于潜在危险之中的人员安全的场所,设置安全照明;

③ 正常照明因故障熄灭后,需确保人员安全疏散的出口和通道,设置疏散照明。

(3)大面积场所宜设置值班照明。

(4)有警戒任务的场所,应根据警戒范围的要求设置警卫照明。

(5)有危及航行安全的建筑物、构筑物上,应根据航行要求设置障碍照明。

5.6.6.2 照明光源选择

照明电光源一般分为白炽灯、气体放电灯和其他电光源三大类。白炽灯主要包括普通白炽灯

В тип освещения в основном входят нормальное освещение, аварийное освещение, дежурное освещение, охранное освещение, освещение препятствий:

(1) Нормальное освещение предусмотрено на рабочем месте.

(2) при следующих условиях на рабочем месте предусмотрено аварийное освещение:

① Для места, где необходимо обеспечить продолжение нормальной работы или деятельности после гашении нормального освещения из-за неисправностей, следует предусмотреть резервное освещение;

② Для места, где необходимо обеспечить безопасность персонала в потенциальной опасности после гашении нормального освещения из-за неисправностей, следует предусмотреть безопасное освещение;

③ Для выхода и прохода, где необходимо обеспечить безопасную эвакуацию персонала после гашении нормального освещения из-за неисправностей, следует предусмотреть эвакуационное освещение.

(3) Желательно следует предусмотреть дежурное освещение для места с большой площадью.

(4) На месте, где необходимо осуществить караульную службу, следует предусмотреть охранное освещение в соответствии с требованиями к области охранения.

(5) Для зданий и сооружений, создающих угрозу для безопасности судоходства, следует предусмотреть освещение препятствий в соответствии с требованиями судоходства.

5.6.6.2 Выбор источника света освещения

Источник света, как правило, разделит на лампу накаливания, газоразрядную лампу и

和卤钨灯；气体放电灯主要包括荧光灯、低压钠灯、荧光高压汞灯、高压钠灯、金卤灯、节能灯；其他电光源主要包括无极灯和LED等。目前白炽灯已逐渐被淘汰。油气田主要按以下原则选择光源：

（1）正常照明光源。

① 高度较低的房间，如办公室、教室、会议室及仪表、电子等生产车间宜采用细管径直管形荧光灯。

② 工艺装置区平台照明宜选用节能灯、成熟的LED灯。

③ 高度较高的工业厂房，应按照生产使用要求，采用金卤灯或高压钠灯，亦可采用大功率细管径荧光灯。

④ 对于普通路灯可选用成熟可靠的LED灯、金卤灯；防爆路灯宜选用金卤灯，当选用LED灯时，应选用成熟的LED灯具，以保证使用寿命。

5 Электроснабжение и электрораспределение

другие источники электрического света. Лампы накаливания главным образом включают обычную лампу накаливания и галоидную лампу； газоразрядные лампы в основном включают флуоресцентную лампу, натриевую лампу низкого давления, флуоресцентную ртутную лампу высокого давления, натриевую лампу высокого давления, металлогалогенную лампу, лампу экономии энергии； другие источники электрического света, в основном, включают неполярную лампу, LED и т.д. В настоящее время лампы накаливания постепенно забракована. В нефтегазовых месторождениях следует выбрать источник света по следующим принципам：

（1）Источник света нормального освещения.

① в комнатах с малой высотой, таких как офисах, аудиториях, залах заседаний, а также производственных цехах с приборами и электронными средствами, желательно следует применять тонкую прямотрубную флуоресцентную лампу.

② В зоне технологических установок, для освещения платформы желательно следует применять энергосберегающую лампу и зрелый LED.

③ На промышленных корпусах с большой высотой, следует применять металлогалогенную лампу или натриевую лампу высокого давления в соответствии с требованиями к производству, также можно использовать тонкую флуоресцентную лампу с высокой мощностью.

④ Для обычной уличной лампы можно выбрать зрелый и надежный LED и металлогалогенную лампу； в качестве взрывозащищенной уличной лампы желательно следует применять металлогалогенную лампу, кроме того, при выборе LED, следует выбрать зрелые осветительные арматуры LED для обеспечения срока службы.

（2）应急照明选用能快速点燃的光源,如LED灯、快速启动的金卤灯、节能灯。

5.6.6.3 照明灯具及其附属装置选择

（1）根据照明场所的环境条件,分别选用下列灯具：

① 在潮湿的场所,应采用相应防护等级的防水灯具或带防水灯头的开敞式灯具。

② 在有腐蚀性气体或蒸汽的场所,宜采用防腐蚀密闭式灯具。若采用开敞式灯具,各部分应有防腐蚀或防水措施。

③ 在高温场所,宜采用散热性能好、耐高温的灯具。

④ 在有尘埃的场所,应按防尘的相应防护等级选择适宜的灯具。

⑤ 在装有锻锤、大型桥式吊车等振动、摆动较大场所使用的灯具,应有防振和防脱落措施。

⑥ 在有爆炸或火灾危险场所使用的灯具,应根据应防爆区域选择相应的防爆灯具。

（2）В качестве аварийного освещения следует применять быстродействующий источник света, такие как лампу LED, металлогалогенную лампу с быстрым пуском, энергосберегающую лампу.

5.6.6.3 Выбор осветительной арматуры и ее принадлежностей

（1）В зависимости от состояния окружающей среды места под освещением выбирают следующие осветительные арматуры：

① На влажном месте следует использовать водонепроницаемую лампу с соответствующим классом защиты или открытую осветительную арматуру с водонепроницаемым патроном.

② На месте с коррозионном газом или паром желательно следует использовать антикоррозионные герметические осветительные арматуры；В случае использования открытых осветительных арматур, должно применять меры защиты от коррозии и воды для различных частей.

③ На месте с высокой температурой желательно следует использовать осветительные арматуры с хорошей теплоотдачей и стойкостью к высокой температуре.

④ На месте с пылью, следует выбрать осветительную арматуру в соответствии с соответствующим классом защиты от пыли.

⑤ На месте, где установлены ковочный молот и крупномасштабный мостовой кран и существуют большие вибрация и качание, следует принять меры против вибрации и по предотвращению падения для осветительных арматур.

⑥ На месте с взрывоопасностью или пожароопасностью, следует применять соответствующие взрывозащищенные осветительные арматуры согласно взрывоопасным зонам.

⑦ 在有洁净要求的场所，应采用不易积尘、易于擦拭的洁净灯具。

（2）镇流器一般按以下原则配置：

① 自镇流荧光灯配用电子镇流器。

② 直管形荧光灯配用电子镇流器或节能型电感镇流器。

③ 高压钠灯、金属卤化物灯配用节能型电感镇流器；在电压偏差较大的场所，配用恒功率镇流器；功率较小者可配用电子镇流器。

5.7 雷电防护及电气设备过电压保护

5.7.1 一般要求

（1）建构筑物防雷设计应因地制宜采取防雷措施，防止或减少雷击建构筑物所发生的人身伤亡和财产损失，根据建构筑物的重要性、使用性质、发生雷电事故的可能性和后果的严重性以及遭受雷击的概率大小等因素综合考虑。

（2）对建构筑物内的电子系统还应设置防雷击电磁脉冲措施。

5 Электроснабжение и электрораспределение

⑦ На месте, где требуется чистота, следует использовать чистые лампы с трудным накоплением пыли и легкой протиркой.

（2）Следует предусмотреть балласт обычно в соответствии со следующими принципами：

① Предусмотреть электронный балластрон для самобалластной флуоресцентной лампы.

② Предусмотреть электронный балластрон или энергосберегающий индуктивный балластрон для прямотурбной флуоресцентной лампы.

③ Предусмотреть энергосберегающий индуктивный балластрон для натриевой лампы высокого давления и металлогалогенидной лампы； на месте с большим отклонением напряжения, предусмотреть балластрон с постоянной мощностью； а для лампы с малой мощностью можно предусмотреть электронный балластрон.

5.7 Молниезащита и защита электрооборудования от перенапряжения

5.7.1 Общие требования

（1）Проектирование молниезащиты зданий и сооружений должно проводиться в соответствии с особенностями места, т.е. предусмотреть мероприятия по молниезащите во избежание поражение личности и потери имущества из-за удара молнии на здания и сооружения. Выполнять комплексный учет на основе важности зданий и сооружений, их свойств применения, возможности удара молнии и серьезности последствии, а также вероятности получения удара молнии и т.д..

（2）Для электронных систем в зданиях и сооружениях следует предусмотреть мероприятия

（3）交流电气装置的过电压保护应综合考虑雷电过电压和电力系统内过电压。

5.7.2 建构筑物的雷电防护

（1）建筑物的防雷分类。

根据建构筑物的用途，应当采取不要的防雷保护措施并确定其等级，而在使用针式或架空避雷线时，应当根据建构筑物所在位置的年平均雷电持续时间，以及每年雷电击中建构筑物的预计次数，按照表5.7.1确定保护区的类型。

по защите от электромагнитного импульса при ударе молнии.

（3）Защита электрооборудования переменного тока от перенапряжения должна учесть грозовое перенапряжение и перенапряжение в электрической системе.

5.7.2 Молниезащита зданий и сооружений

（1）Классификация молниезащиты зданий.

На основе назначения зданий и сооружений следует принимать необходимые мероприятия по молниезащите с определением их класса, при применении игольного молниеотвода или воздушного молниеотвода следует определить категорию защищаемой зоны по таблице 5.7.1 с учетом годовой средней продолжительности грома и молнии в местоположении зданий и сооружений, преднамеренного количества получения удара молнии на здания и сооружения.

表 5.7.1 建筑物的防雷分类
Таблица 5.7.1 Классификация молниезащиты зданий

序号 № п/п	建（构）筑物 Здания и сооружения	位置 Местоположение	使用棒式和架空避雷线时的保护区类型 Тип защитной зоны при применении стержневого и воздушного грозозащитного тросов	防雷等级 Класс молниезащиты
1	2	3	4	5
1	建构筑物或其部分中的场所，根据电气设备安装条例属于B-Ⅰ和B-Ⅱ类区域 Помещения в зданиях и сооружениях или их частях принадлежат к зонам B-Ⅰ и B-Ⅱ в соответствии с «Правилами устройства электроустановок»	全境内 По всей территории	A区 Зона A	Ⅰ
2	同样，属于B-Ⅰa、B-Ⅰб和B-Ⅱa类区域 Там же, помещения принадлежат к зонам B-Ⅰа, B-Ⅰб и B-Ⅱа	雷雨每年平均持续时间为10h及以上的地区 Район со средней годовой продолжительностью грозы 10ч. и больше	每年，建构筑物预计雷击次数$N>1$时，为A区，$N\leqslant 1$时，为B区 Каждый год, при ожидаемом количестве грозового удара здания и сооружения $N>1$, зона А, а при $N\leqslant 1$, зона Б	Ⅱ

5 供配电

5 Электроснабжение и электрораспределение

续表
продолжение

序号 № п/п	建（构）筑物 Здания и сооружения	位置 Местоположение	使用棒式和架空避雷线时的保护区类型 Тип защитной зоны при применении стержневого и воздушного грозозащитного тросов	防雷等级 Класс молниезащиты
1	2	3	4	5
3	根据电气设备安装条例，构成 B-Iг 类区域的室外装置 Согласно «Правилам устройства электроустановок», наружные установки, образующие зону B-Iг	全境内 По всей территории	Б 区 Зона Б	II
4	建构筑物或其部分中的场所，根据电气设备安装条例属于 П-Ⅰ 类、П-Ⅱ 类和 П-Ⅱа 类区域 Помещения в зданиях и сооружениях или их частях принадлежат к зонам П-Ⅰ, П-Ⅱ и П-Ⅱа в соответствии с «Правилами устройства электроустановок»	雷雨每年平均持续时间为 20h 及以上的地区 Район со средней годовой продолжительностью грозы 20ч. и больше	对于Ⅰ级和Ⅱ级耐火度的建构筑物，当 $0.1<N\leq2$ 时，以及对于Ⅲ—Ⅴ级耐火度，当 $0.02<N\leq2$ 时，为 Б 区，当 $N>2$ 时，为 А 区 Для здания и сооружения с огнеупорностью класса Ⅰ и Ⅱ, при $0.1<N\leq2$ для огнеупорности классов Ⅲ-Ⅴ, при $0.02<N\leq2$, зона Б, а при $N>2$, зона А	III
5	位于农村地区Ⅲ—Ⅴ级耐火度的小型建筑物，其场所根据电气设备安装条例属于 П-Ⅰ 类 -П-Ⅱ 类和 П-Ⅱа 类区域 Малые здания с огнеупорностью классов Ⅲ—Ⅴ в сельских районах, где помещения принадлежат к зонам П-Ⅰ, П-Ⅱ и П-Ⅱа в соответствии с «Правилами устройства электроустановок»	当 $N<2$ 时，雷雨每年平均持续时间为 20h 及以上的地区 При $N<2$, район со средней годовой продолжительностью грозы 20ч. и больше	—	III
6	根据电气设备安装条例，构成 П-Ⅲ 类区域的室外装置和露天仓库 Согласно «Правилам устройства электроустановок», наружные установки и склад под открытым воздухом, образующие зону П-Ⅲ	雷雨每年平均持续时间为 20h 及以上的地区 Район со средней годовой продолжительностью грозы 20ч. и больше	当 $0.1<N\leq2$ 时，为 Б 区；当 $N>2$ 时，为 А 区 При $0.1<N\leq2$, зона Б; при $N>2$, зона А	III
7	Ⅲ级、Ⅲа级、Ⅲб级、Ⅳ级和Ⅴ级耐火度的建构筑物，其中不存在根据电气设备安装条例属于爆炸和火灾危险类区域的场所 Здания и сооружения с огнеупорностью классов Ⅲ, Ⅲа, Ⅲб, Ⅳ и Ⅴ, среди них не существуют помещения, принадлежащие к взрывоопасной и пожароопасной зоне в соответствии с «Правилами устройства электроустановок»	雷雨每年平均持续时间为 20h 及以上的地区 Район со средней годовой продолжительностью грозы 20ч. и больше	当 $0.1<N\leq2$ 时，为 Б 区；当 $N>2$ 时，为 А 区 При $0.1<N\leq2$, зона Б; при $N>2$, зона А	III

续表
продолжение

序号 № п/п	建(构)筑物 Здания и сооружения	位置 Местоположение	使用棒式和架空避雷线时的保护区类型 Тип защитной зоны при применении стержневого и воздушного грозозащитного тросов	防雷等级 Класс молниезащиты
1	2	3	4	5
8	轻质金属结构的、带可燃保温材料的建构筑物(Ⅳa级耐火度)，其中不存在根据电气设备安装条例属于爆炸和火灾危险类区域的场所 Здания и сооружения с легкой металлической конструкцией и горючим изоляционным материалом (огнеупорностью класса Ⅳa), среди них не существуют помещения, принадлежащие к взрывоопасной и пожароопасной зоне в соответствии с «Правилами устройства электроустановок»	雷雨每年平均持续时间为10h及以上的地区 Район со средней годовой продолжительностью грозы 10ч. и больше	当 $0.02<N\leqslant2$ 时，为Б区；当 $N>2$ 时，为А区 При $0,02<N\leqslant2$, зона Б; при $N>2$, зона А	Ⅲ
9	位于农村地区的、Ⅲ—Ⅴ级耐火度的小型建构筑物，其中不存在根据电气设备安装条例属于爆炸和火灾危险类区域的场所 Малые здания и сооружения с огнеупорностью классов Ⅲ-Ⅴ в сельских районах, среди них не существуют помещения, принадлежащие к взрывоопасной и пожароопасной зоне в соответствии с «Правилами устройства электроустановок»	在雷雨每年平均持续时间为20h及以上的农村地区，针对Ⅲ、Ⅲa、Ⅲб、Ⅳ和Ⅴ级耐火度的建(构)筑物，当 $N<0.1$ 时；针对Ⅳa级耐火度的建(构)筑物，当 $N<0.02$ 时 В сельских районах со средней годовой продолжительностью грозы 20ч. и больше, для зданий и сооружений с огнеупорностью классов Ⅲ, Ⅲa, Ⅲб, Ⅳ и Ⅴ, при $N<0,1$; для зданий и сооружений с огнеупорностью класса Ⅳa, при $N<0,02$	当 $0.02<N\leqslant2$ 时，为Б区；当 $N>2$ 时，为А区 При $0,02<N\leqslant2$, зона Б; при $N>2$, зона А	Ⅲ
10	计算中心的建筑物，包括那些位于城市建筑内的计算中心 Здания с вычислительным центром, включая вычислительные центры с расположением в городских зданиях	雷雨每年平均持续时间为20h及以上的地区 Район со средней годовой продолжительностью грозы 20ч. и больше	Б区 Зона Б	Ⅱ
11	Ⅲ—Ⅴ级耐火度的牲畜场及养禽场的建(构)筑物：对于100头及以上的牛和猪，对于500头及以上的羊，对于1000只及以上的鸟类，以及对于40匹及以上的马 Здания и сооружения с огнеупорностью классов Ⅲ-Ⅴ в скотных фермах и птицефермах: для быков и свиней 100 голов и свыше, для овец 500 голов и выше, для птиц 1000 штук и выше, а также для лошадей 40 голов и выше	雷雨每年平均持续时间为40h及以上的地区 Район со средней годовой продолжительностью грозы 40ч. и больше	Б区 Зона Б	Ⅲ

5 Электроснабжение и электрораспределение

续表
продолжение

序号 № п/п	建（构）筑物 Здания и сооружения	位置 Местоположение	使用棒式和架空避雷线时的保护区类型 Тип защитной зоны при применении стержневого и воздушного грозозащитного тросов	防雷等级 Класс молниезащиты
1	2	3	4	5
12	企业和锅炉房的烟囱及其他管道,高度15米及以上的各类用途的塔和高台 Дымоход и другие трубопроводы в предприятиях и котельных, колонны и вышки высотой 15м и выше для различных назначений	雷雨每年平均持续时间为10h及以上的地区 Район со средней годовой продолжительностью грозы 10ч. и больше	Б区 Зона Б	Ⅲ
13	在400m半径范围内其高度高于25m且高于周围建筑物平均高度的住宅及公共建筑,以及与其他建筑物间距超过400m的、高度大于30m的独立式建筑物 Жилые здания и общественные здания высотой выше 25м и выше средней высоты окружающего здания в пределах радиусом 400м, а также независимые здания высотой выше 30м и расстоянием выше 400м от других зданий	雷雨每年平均持续时间为20h及以上的地区 Район со средней годовой продолжительностью грозы 20ч. и больше	Б区 Зона Б	Ⅲ
14	位于农村地区高度大于30m的独立式住宅及公共建筑 Независимые жилые и общественные здания высотой выше 30 м в сельских районах	雷雨每年平均持续时间为20h及以上的地区 Район со средней годовой продолжительностью грозы 20ч. и больше	Б区 Зона Б	Ⅲ
15	下列用途的、Ⅲ—Ⅴ级耐火度的公共建筑:幼儿园、学校及寄宿制学校、医院、常设医院、宿舍、医疗休闲机构的食堂、文化教育及娱乐设施、办公大楼、火车站、旅馆、汽车旅馆和汽车旅行者宿营地 Общественные здания со следующими назначениями и огнеупорностью классов Ⅲ — Ⅴ: детские сады, школы и школы-интернаты, больницы, лечебные стационары, общежития, столовые для лечебных и развлекательных учреждений, культурно-просветительные и рекреационные объекты, административные здания, вокзалы, гостиницы, мотели и кемпинги	雷雨每年平均持续时间为20h及以上的地区 Район со средней годовой продолжительностью грозы 20ч. и больше	Б区 Зона Б	Ⅲ
16	公共娱乐设施(露天电影院观众庭、露天体育场看台等) Общественные развлекательные учреждения（зрительный зал кино под открытым небом, трибуны для зрителей стадиона под открытым воздухом и т.д.)	雷雨每年平均持续时间为20h及以上的地区 Район со средней годовой продолжительностью грозы 20ч. и больше	Б区 Зона Б	Ⅲ

续表
продолжение

序号 № п/п	建(构)筑物 Здания и сооружения	位置 Местоположение	使用棒式和架空避雷线时的保护区类型 Тип защитной зоны при применении стержневого и воздушного грозозащитного тросов	防雷等级 Класс молниезащиты
1	2	3	4	5
17	属于历史、建筑和文化古迹的建(构)筑物(雕塑及方尖碑等) Здания и сооружения, принадлежащие к историческим, архитектурным и культурным памятникам (скульптуры и обелиски и т.д.)	雷雨每年平均持续时间为20h及以上的地区 Район со средней годовой продолжительностью грозы 20ч. и больше	Б 区 Зона Б	Ⅲ

（2）按照防雷设施属于Ⅰ级和Ⅱ级的建(构)筑物应当防止直接雷击、雷电的二次影响，以及通过地上(架空)及地下金属管线所造成的高电位。按照防雷设施属于Ⅲ级的建(构)筑物应当防止直接雷击和通过地上(架空)金属管线所造成的高电位。按照防雷设施属于Ⅱ级的室外设备应当防止直接雷击及雷电的二次影响。按照防雷设施属于Ⅲ级的室外设备应当防止直接雷击。在面积较大(宽度超过100m)的建筑物内,应当采取等电位的措施。

（3）对于场所要求配备Ⅰ级和Ⅱ级或Ⅰ级和Ⅲ级防雷设施的建(构)筑物,所有建(构)筑物的防雷应当根据Ⅰ级来完成。如果Ⅰ级防雷场所的面积小于建筑物所有场所面积的30%,那么整个建筑物的防雷允许按照Ⅱ级来完成,不考虑其他场所的等级。 在这种情况下,位于Ⅰ级场所的入

（2）Для зданий и сооружений, относящихся к классу Ⅰ и классу Ⅱ по молниезащитным сооружениям, следует предотвращать прямой удар молнии, вторичное влияние грома и молнии, а также высокого потенциала от наземных (воздушных) и подземных металлических трубопроводов. Для зданий и сооружений, относящихся к классу Ⅲ по молниезащитным сооружениям, следует предотвращать прямой удар молнии и высокого потенциала от наземных (воздушных) металлических трубопроводов. Для оборудования вне помещения, относящегося к классу Ⅱ по молниезащитным сооружениям, следует предотвращать прямой удар молнии и вторичное влияние грома и молнии. Для оборудования вне помещения, относящегося к классу Ⅲ по молниезащитным сооружениям, следует предотвращать прямой удар молнии. В зданиях с относительно большой площадью (шириной более 100м) следует принимать эквипотенциальные мероприятия.

（3）Для зданий и сооружений с необходимостью оснащения молниезащитными сооружениями класса Ⅰ и класса Ⅱ или класса Ⅰ и класса Ⅲ их молниезащита должна выполняться по классу Ⅰ. Если площадь зоны с молниезащитой класса Ⅰ менее 30% от площади всех зон здания, разрешать

口,应当设置相应的保护措施,以防沿地下和地上(架空)管道的高电位。

(4)对于场所要求配备Ⅱ级和Ⅲ级防雷设施的建(构)筑物,整个建(构)筑物的防雷应当根据Ⅱ级来完成。

如果Ⅱ级防雷场所的面积小于建筑物所有场所面积的30%,那么整个建筑物的防雷允许按照Ⅲ级来完成。在这种情况下,位于Ⅱ级场所的入口,应当设置相应的保护措施,以防沿地下和地上(架空)管道的高电位。

(5)为了保护任何级别的建(构)筑物不受直接雷击的影响,应当尽可能使用现有的高构筑物(烟囱、水塔、探照灯塔、架空电力线路等),以及其他就近的构筑物作为天然避雷器。

(6)通常,建(构)筑物、室外装置及避雷器支架的钢筋混凝土地基可以作为防雷接地装置,只要确保地基钢筋的连续电气连接,并通过焊接与预埋件连接。

沥青及沥青乳胶涂层并不会妨碍地基的使用。在中性及强腐蚀土壤中,利用环氧和其他聚合物涂层作为混凝土防腐保护时,以及土壤水分小于3%时,不允许使用混凝土地基作为接地装置。

5 Электроснабжение и электрораспределение

выполнять молниезащиту целого здания по классу Ⅱ без учета класса прочих зон. В данном случае на входе в зону класса Ⅰ следует предусмотреть соответствующие защитные мероприятия во избежание высокого потенциала по подземным и наземным (воздушным) трубопроводам.

(4) Для зданий и сооружений с необходимостью оснащения молниезащитными сооружениями класса Ⅱ и класса Ⅲ их молниезащита должна выполняться по классу Ⅱ.

Если площадь зоны с молниезащитой класса Ⅱ менее 30% от площади всех зон здания, разрешать выполнять молниезащиту целого здания по классу Ⅲ. В данном случае на входе в зону класса Ⅱ следует предусмотреть соответствующие защитные мероприятия во избежание высокого потенциала по подземным и наземным (воздушным) трубопроводам.

(5) Для защиты зданий и сооружений любого класса от прямого удара молнии следует применять существующие высокие сооружения (дымовая труба, водонапорная башня, прожекторная мачта, воздушная электрическая линия и т.д.) и прочие соседние сооружения в качестве природных разрядников по мере возможности.

(6) Обычно, железобетонное основание зданий и сооружений, наружных установок и опоры разрядника может применяться в качестве молниезащитного заземляющего устройства только при обеспечении непрерывного электрического соединении арматур основания со сварным соединением с закладными деталями.

Асфальтовое покрытие и асфальтовое эмульсионное покрытие не мешают использованию основания. В грунте средней и сильной коррозионностью, если применять эпоксидное покрытие или прочее полимерное покрытие для защиты

人工接地装置应当布置在沥青涂层上或人迹罕至的位置(在离土质的行车和人行道5m以上的草坪上)。

(7)对于Ⅰ级和Ⅱ级建(构)筑物,在雷雨季节开始前应对防雷设施的状态进行每年不少于一次的检查,对于Ⅲ级建(构)筑物,每三年不少于一次检查。

应当对避雷针和避雷装置的可触及的零件,及其之间的触点的完整性和防腐性能进行目测,并对单个避雷器接地装置的抗工频电流阻抗值进行检查。

5.7.3 建(构)筑物的防雷措施

5.7.3.1 Ⅰ级防雷建(构)筑物的防雷措施

(1)根据防雷设施属于Ⅰ级的建(构)筑物的直接雷击保护应当利用独立式棒式避雷针(图5.7.1)或架空避雷针(图5.7.2)来实现。

(2)根据要求选择用于直接雷击保护的接地装置(自然或人工的)。同时,对于独立式避雷器,下列接地装置的结构是可以接受的:

бетона от коррозии и влажность грунта менее 3%, нельзя применять бетонное основание в качестве заземляющей установки.

Искусственная заземляющая установка должна располагаться на асфальтовом покрытии или в ненаселенном месте (на газоне с расстоянием более 5м от грунтовых проезжей дороги и тротуара).

(7) Для зданий и сооружений класса I и класса II следует проводить проверку состояния молниезащитных сооружений перед наступлением грозового сезона не менее 1 раза в год, а для зданий и сооружений класса III -не менее 1 раз в 3 года.

Следует проводить визуальный осмотр целостность и стойкость к коррозии доступных деталей молниеотвода и молниезащитной установки, а также контактов между ними, кроме этого, следует проводить контроль значение сопротивления току промышленной частоты заземляющей установки отдельного разрядника.

5.7.3 Мероприятия по молниезащите зданий и сооружений

5.7.3.1 Мероприятия по молниезащите зданий и сооружений класса I

(1) Для защиты зданий и сооружений класса I по молниезащитным сооружениям от прямого удара молнии следует применять независимый стержневой (рис. 5.7.1) молниеотвод или воздушный (рис. 5.7.2) молниеотвод.

(2) Проводить выбор (природной или искусственной) заземляющей установки для защиты от прямого удара молнии по требованиям. Одновременно для независимого разрядника конструкция следующих заземляющих установок является приемлемой:

5 供配电

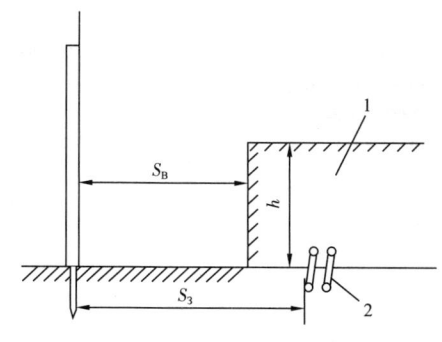

5 Электроснабжение и электрораспределение

图 5.7.1 独立式棒式避雷针
1—被保护物体；2—金属管线

Рис.5.7.1 Независимый стержневой молниеотвод
1—защищенный предмет；2—металлический трубопровод

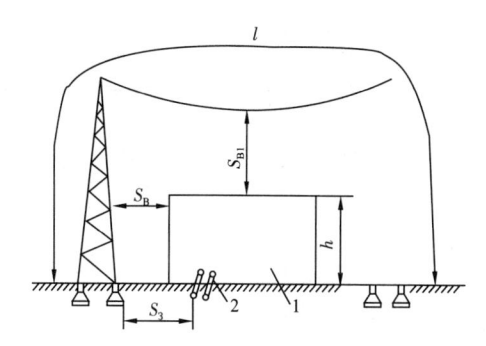

图 5.7.2 独立式架空避雷针
1—被保护物体；2—金属管线

Рис. 5.7.2 Независимый воздушный молниеотвод
1—защищенный предмет；2—металлический трубопровод

① 一个(或多个)长度不小于2m的钢筋混凝土底脚或一个(或多个)长度不小于5m的钢筋混凝土桩。

② 一个(或多个)置于地下不小于5m的、直径不小于0.25m的钢筋混凝土杆架。

③ 与地面的接触面的面积不小于10m² 的任意形状的钢筋混凝土地基。

④ 人工接地装置，由长度不小于3m、通过水平接地极连接的三个垂直接地极构成，垂直电极间距不小于5m。接地极的最小截面(直径)应根据表5.7.2和表5.7.3来确定。

① Один (или несколько) железобетонный подножник длиной не менее 2м или один (или несколько) железобетонный столб длиной не менее 5м.

② Одна (или несколько) железобетонная опора глубиной залегания не менее 5м и диаметром не менее 0,25м.

③ Железобетонное основание любой формы площадью контактной поверхности с землей не менее 10м².

④ Искусственная заземляющая установка, состоящая из 3 вертикальных заземляющих электродов длиной не менее 3м, соединенных с помощью горизонтальных заземляющих электродов. Шаг этих вертикальных электродов не менее 5м. Минимальное сечение (минимальный диаметр) заземляющего электрода определяется по таблице 5.7.2 и таблице 5.7.3.

表 5.7.2 接地极最小截面(直径)

Таблица 5.7.2 Минимальное сечение заземляющего электрода (диаметр)

接地装置 Заземляющее устройство	图样 Рисунок	尺寸，m Размер, м
钢筋混凝土底脚 Железобетонный подножник		$a \geq 1.8$ $b \geq 0.4$ $l \geq 2.2$

• 569 •

续表
продолжение

接地装置 Заземляющее устройство	图样 Рисунок	尺寸，m Размер, м
钢筋混凝土桩 Железобетонная свая		$d = 0.25 \sim 0.4$ $l \geqslant 5$
钢制双棒式避雷针： Стальной молниеотвод с двумя стержнями： 尺寸为 404mm 的扁钢； Плоская сталь размером 404мм； 直径为 $d=10\sim20$mm 的棒 Стержень диаметром $d=10$-20мм		$t \geqslant 0.5$ $l = 3 \sim 5$ $c = 3 \sim 5$
钢制三棒式避雷针： Стальной молниеотвод с тремя стержнями： 尺寸为 404mm 的扁钢； Плоская сталь размером 404мм； 直径为 $d=10\sim20$mm 的棒 Стержень диаметром $d=10$-20мм		$t \geqslant 0.5$ $l = 3 \sim 5$ $c = 5 \sim 6$

表 5.7.3　防雷装置连接线的截面

Таблица 5.7.3　Площадь сечения соединительного провода устройства молниезащиты

不同形状避雷装置和避雷器的参数 Разные параметры громозащитного устройства и разрядника		敷设在下列位置处的防雷装置连接线的截面 Площадь сечения соединительного провода устройства молниезащиты с расположением в следующих положениях	
		建筑物外面空气中 В воздухе вне здания	地下 Под землей
圆形避雷装置和连接线，直径，mm Круглые громозащитное устройство и соединительный провод, диаметром, мм		6	—
圆形垂直电极，直径，mm Круглый вертикальный электрод, диаметром, мм		—	10
圆形水平电极，直径，mm Круглый горизонтальный электрод, диаметром, мм		—	10
矩形电极 Прямоугольные электроды	截面积，mm² Площадь сечения, мм²	48	160
	厚，mm Толщина, мм	4	4

（3）在空中，被保护物体到棒式或架空避雷针支架（避雷装置）之间最小允许距离 $S_в$（单位：m）

（3）В воздухе минимальное допустимое расстояние $S_в$（единица измерения：м）от защищаемого

应根据建筑物高度、接地装置结构和土壤当量电阻率(ρ)(单位:$\Omega \cdot m$)来确定。

对于高度不超过30m的建(构)筑物,最小允许距离(S_B)等于:

① 当$\rho<100\Omega \cdot m$时,对于第(2)点所列任何结构的接地装置,$S_B=3m$。

② 当$100\Omega \cdot m<\rho\leqslant 1000\Omega \cdot m$时:

a. 对于由一个钢筋混凝土桩、钢筋混凝土底脚或钢筋混凝土杆埋入式支架构成的接地装置,$S_B = 3 + 10^{-2}(\rho-100)$;

b. 对于由四个混凝土桩或位于矩形中间距为3～8m的边角上的底脚、或与地面接触面面积不小于$70m^2$的任意形状的钢筋混凝土地基所构成的接地装置,$S_B = 4m$。

c. 对于较高建(构)筑物,针对高度高于30米的物体,所确定的更大值S_B应当在物体高度每增加10m时,增大1m。

(4)从被保护物体到跨度中部钢索的最小允许距离S_B应当根据接地装置的结构、土壤当量电阻率(ρ)以及避雷针和避雷装置的总长度l来确定。

当长度$l<200m$时,最小允许距离S_{B1}等于:

当 $\rho \leqslant 100\,\Omega\cdot m$ 时，$S_{B1}=3.5m$。

当 $100\,\Omega\cdot m < \rho \leqslant 1000\,\Omega\cdot m$：

对于由一个钢筋混凝土桩、钢筋混凝土底脚或钢筋混凝土杆埋入式支架所构成的接地装置，$S_{B1}=3.5+3\times10^{-3}(\rho-100)$。

对于由 4 个混凝土桩或间距为 3～8m 的底脚所构成的接地装置，当避雷针和避雷装置总长度 $l=200\sim300m$ 时，与所确定的更高值相比，最小允许距离 S_{B1} 应增加 2m。

（5）为了避免被保护建（构）筑物内高电位沿地下金属管线（包括任何用途的电缆）发生阻塞，直接雷击防护用接地装置应当尽可能远离这些管线，最大距离应符合技术要求。位于地下的直接雷击防护用接地装置和进入 I 级建（构）筑物的管线之间的最小允许距离 S_3 应当等于 $S_3=S_B+2\,(m)$。

（6）当建（构）筑物中设有直接排气管和通气管，用于气体、蒸气和爆炸浓度悬浮体自由排向大气时，以半径为 5m 的半球所限制的管道截面下的空间应当进入避雷器保护区的范围内。

对于装有盖帽或"鹅颈管"的排气管和通气管，以高度为 H、半径为 R 的圆柱体所限制的管道截面下方的空间应当进入避雷器保护区的范围内：

При ρ не более 100 Ом·м, $S_{B1}=3,5м$.

При 100 Ом·м $<\rho\leqslant 1000$ Ом·м:

Для заземляющей установки с погружной опорой, формирующей железобетонный столб, железобетонный подножник или железобетонную опору, $S_{B1}=3,5+3\times10^{-3}(\rho-100)$.

Для заземляющей установки, состоящей из 4 бетонного столба или подножников шагом 3-8м, при общей длине молниеотвода и молниезащитной установки $l=200$-$300м$ минимальное допустимое расстояние S_{B1} должно увеличиваться на 2м по сравнению с определенным больше значением.

（5）Во избежание засорения высокого потенциала в защищаемых зданиях и сооружениях по подземным металлическим трубопроводам (включая кабели любого назначения) заземляющая установка для защиты от прямого удара молнии должна отдаляться от этих трубопроводов по мере возможности и максимальное расстояние должно удовлетворять техническим требованиям. Минимальное допустимое расстояние S_3 от заземляющей установки под землей для защиты от прямого удара молнии до входного трубопровода в здания и сооружения класса I должно составлять $S_3=S_B+2\,(м)$.

（6）При наличии труб прямого выпуска и вентиляционных труб в зданиях и сооружениях, которые свободно выпускают газ, пар и взвесь взрывной концентрации в атмосферу, пространство под сечением трубопровода под ограничением полусферой радиусом 5м должно входить в сферу защищаемой зоны разрядником.

Для выпускных труб и вентиляционных труб с колпаком или гузнеком пространство под сечением трубопровода под ограничением цилиндром высотой H и радиусом R должно входить в сферу защищаемой зоны разрядником:

对于比空气重的气体,当装置内剩余压力小于 5.05kPa（0.05atm）时,$H = 1m$, $R=2m$；5.05~26.25kPa（0.05~0.25atm）时,$H = 2.5m$, $R =5m$。

对于比空气轻的气体,当装置内剩余压力如下时：

达到 25.25 kPa 时,$H = 2.5m$, $R = 5m$；
高于 25.25 kPa 时,$H = 5m$, $R = 5m$。

下列情况下,管道截面下方的空间不要求包括在避雷器保护区的范围内：对非爆炸浓度气体排放时；设有阻火器时；不断燃烧的火炬以及在排气时燃烧的火炬；对于排气通风井、安全阀和紧急阀,只有在紧急情况下爆炸浓度气体才能从中排除。

（7）为了防止雷击的二次影响,应当采取下列措施：

① 位于被保护建筑物内的整个设备和装置的金属结构和壳体应当与接地装置可作为避雷器的接地装置的电气设备的接地装置相连接,或与建筑物的钢筋混凝土地基相连接。接地装置与直接雷击防护用接地装置之间的地下最小允许距离应当符合第(5)点所述要求。

② 在建(构)筑物内,在相互间距小于 10 厘米的位置上的管道和其他延长金属结构之间,应当每隔 20m 焊接或焊装用直径不小于 5mm 的钢丝或截面积不小于 24mm² 的钢带所做的连接线；对于具有金属外壳或护套的电缆,连接线应用软质铜导体制作。

5 供配电

5 Электроснабжение и электрораспределение

Для газа тяжелее воздуха, при избыточном давлении в установке менее 5,05кПа（0,05 атмосферного давления）$H = 1$м и $R = 2$м, при избыточном давлении в установке в пределах 5,05-26,25кПа（0,05–0,25 атмосферного давления）$H = 2,5$м и $R = 5$м.

Для газа легче воздуха, когда избыточное давление в установке составляет следующее значение：

При 25,25кПа $H = 2,5$м и $R = 5$м；
При значении выше 25,25кПа $H = 5$м и $R = 5$м.

В следующих условиях не требовать включения пространства под сечением трубопровода в сферу защищаемой зоны разрядником：при выпуске газа невзрывной концентрацией；при наличии огнепреградителя；при непрерывно сгорающего факела и сгорающего факела в случае выпуска；для вентиляционной шахты, предохранительного клапана и аварийного клапана удалить газ взрывной концентрацией от них только в аварийных условиях.

（7）Во избежание вторичного влияния удара молнии следует принять следующие мероприятия：

① Металлическая конструкция и корпус всех оборудования и установок в защищаемых зданиях должны соединяться с заземляющей установкой, или с железобетонным основанием здания. Минимальное допустимое расстояние под землей между заземляющей установкой и заземляющей установкой для защиты от прямого удара молнии должно удовлетворять (5)-ому требованию.

② В зданиях и сооружениях между трубопроводами и прочими продленными металлическими конструкциями с шагом менее 10см следует выполнять сварку или сварную сборку соединительных проводов из стальной проволоки диаметром не менее 5мм или стальной ленты

③ 在管道构件或其他金属物件的连接处,应当确保每隔触点的瞬态电阻不超过 0.03Ω。如果通过螺栓连接无法确保触点具有所示瞬态电阻,则应当布置钢制连接线。

(8)防高电位沿地下金属管线(管道、外部金属外壳或管道上的电缆)阻塞的保护应当通过在进入建(构)筑物入口处将其与建(构)筑物的钢筋混凝土地基连接的方式来实现,如果不能使用后者作为接地装置,则应当与人工接地装置相连。

(9)防高电位沿室外地上(架空)金属管线阻塞的保护应当通过在进入建(构)筑物入口处接地和在与该入口处最近的两个管线支架上接地的方式来实现。可以使用建(构)筑物的钢筋混凝土地基和每个支柱作为接地装置,否则,则应当使用人工接地装置。

(10)电压达 1kV 的架空输电线、电话、无线电和报警网络进入建筑物内,应当利用长度不小于 50m 带有金属护套或外壳的电缆或敷设在金属管道内的电缆。在建筑物的入口处,金属管道、电缆护套和外壳,包括金属外壳的绝缘涂层(例如,

площадью не менее 24мм² через каждые 20м; для кабеля с металлическим корпусом или футляром соединительный провод должен выполняться из мягкого медного проводника.

③ В месте соединения конструкции или прочих металлических предметов трубопровода следует обеспечить переходное сопротивление каждого контакта не более 0,03Ом. При невозможности обеспечения показанного переходного сопротивления контакта с помощью болтового соединения следует предусмотреть стальные соединительные провода.

(8) Защита от засорения высокого потенциала по подземным металлическим трубопроводам (трубопроводам, кабелям на наружном металлическом корпусе или кабелям на трубопроводе) должна осуществляться соединением с железобетонным основанием зданий и сооружений на их входах. При невозможности применения данного основания в качестве заземляющей установки следует проводить соединение с искусственной заземляющей установкой.

(9) Защита от засорения высокого потенциала по наружным наземным (воздушным) металлическим трубопроводам должна осуществляться путем заземления на входе в здания и сооружения и заземления на 2 самых близких опорах трубопроводов на данном входе. Тоже разрешать применять железобетонное основание и каждые столбы зданий и сооружений в качестве заземляющей установки, иначе, следует использовать искусственную заземляющую установку.

(10) При входе воздушной линии электропередачи напряжением до 1кВ, телефонной сети, радиосети и сети сигнализации в здания следует использовать кабель с металлическим футляром или корпусом длиной не менее 50м или кабель в

AAⅢв，AAⅢп）必须与建筑物的钢筋混凝土地基相连接或与人工接地装置相连接。

在架空输电线向电缆过渡处，金属护套和电缆外壳以及架空电线用的金具应当与接地装置相连接。在架空输电线向电缆过渡的地方，在每根电缆缆芯与接地构件之间应当确保长度为2~3mm的密闭空气火花隙，或安装低压阀式避雷器。对于防止高电位沿电压高于1kV架空输电线（进入位于被保护建筑物内的变电站）产生的过电压保护，应当根据电气设备安装条例来实现。

5.7.3.2 Ⅱ级防雷建（构）筑物的防雷措施

（1）应当利用单独式或安装在被保护物体上的避雷针或架空避雷线来防止Ⅱ级、带非金属屋顶的建（构）筑物遭受直接雷击的影响。当在每个避雷针或每个架空避雷针支架之外的物体上安装避雷器时，应当确保至少配有两个避雷装置。当屋顶斜度不大于1∶8时。应当使用直径不小于6mm的圆钢来制作避雷网，并从上至下敷设在屋顶上，或耐火或不易燃的保温层或防水层下方。网格间距不应超过6.6m。网格节点必须通过焊接连接。凸出屋顶的金属构件（管道、风道和通风装置）应当连接到避雷网，而凸出的非金属构件，则应当配备额外的避雷针，并与避雷网相连接。

对于具有金属桁架的建(构)筑物,其屋顶采用耐火或不易燃的保温层和防水层时,不需要安装避雷针或铺设避雷网。

在具有金属屋顶的建(构)筑物上,应当使用建(构)筑物自己的金属屋顶作为避雷针。在这种情况下,所有凸出的非金属构件都必须配备避雷针,并连接至屋顶金属。

金属屋顶或避雷网的避雷装置应当沿建筑物周长不小于25m敷设在接地装置附近。

(2)当在可能的地方为被保护物体敷设防雷网和安装避雷器时,应当使用建(构)筑物的金属结构(柱子、桁架、框架和防火楼梯等,以及钢筋混凝土结构的钢筋)用作避雷装置,只要确保结构及钢筋与避雷针和接地装置的连接处(通常以焊接连接)的连续性电气连接。

6мм для изготовления молниезащитной сети, которую прокладывать на крыше снизу вверх или под огнеупорной или невоспламеняемой теплоизоляцией или гидроизоляцией. Шаг ячейки должен не превышать 6.6м. Узлы ячейки обязаны соединяться путем сварки. Металлические конструкции, выступающие на крышку, (трубопровод, воздуховод и вентиляционная установка) должны подключаться к молниезащитной сети, а выступающие неметаллические конструкции должны оборудоваться дополнительными молниеотводами и подключаться к молниезащитной сети.

Для зданий и сооружений с металлической фермой, если их крыша выполняется с огнеупорной или невоспламеняемой теплоизоляцией или гидроизоляцией, не нужно установить молниеотвод или выполнить прокладку молниезащитной сети.

На зданиях и сооружениях с металлической крышкой следует применять эту собственную металлическую крышку в качестве молниеотвода. В этом условии все выступающие неметаллические конструкции обязаны оборудоваться молниеотводами с подключением к металлу на крыше.

Молниезащитная установка на металлической крыше или молниезащитной сети должна прокладываться в месте вблизи заземляющей установки по периметрам зданий не менее 25м.

(2) Когда предусмотреть молниезащитную сеть и установить разрядник в возможном месте, следует применять металлические конструкции зданий и сооружений (колонна, ферма, рамка, огнеупорные лестницы и арматура железобетонной конструкции) в качестве молниезащитных установок только при обеспечении непрерывного электрического соединения в месте соединения (обычно сварного соединения) конструкции и арматуры с молниеотводом и заземляющей установкой.

沿着建筑物外墙敷设的避雷装置应当设在离入口不少于3m的地方或人员无法接近的地方上。

（3）在所有可能的情况下，应当使用建（构）筑物的钢筋混凝土地基来作为防止直接雷击的接地装置。

（4）当安装独立避雷针时，在空中及地下，避雷针到被保护物体及进入该物体的地下管线之间的距离没有明确规定。

（5）应当通过下列方式对含有可燃气体、液化气体和易燃液体的室外装置进行适当保护，以防直接雷击的影响：

① 钢筋混凝土制装置外壳、装置的金属外壳和独立罐体的金属外壳（顶盖金属厚度小于4mm）应当配备安装在被保护物体上的或独立式的避雷器；

② 装置及独立罐体的金属外壳（顶盖金属厚度为4mm及以上）、容量小于200m³的独立罐体（不考虑顶盖金属厚度）以及绝缘装置的金属外罩只要与接地装置连接即可。

（6）对于含有液化气体的、容量大于8000m³的罐区，以及对于含有可燃性气体和易燃液体的、具有金属和钢筋混凝土制外壳的罐区，当储罐群的总容量大于100×10³m³时，通常应当利用单独式避雷器来实现防止直接雷击的保护。

5 Электроснабжение и электрораспределение

Молниезащитная установка, прокладываемая по наружной стене здания, должна располагаться в месте с расстоянием не менее 3м от входа или в недоступном месте.

（3）Во всех возможных случаях следует использовать железобетонное основание зданий и сооружений в качестве заземляющей установки для защиты от прямого удара молнии.

（4）При установке независимого молниеотвода расстояние между молниеотводом и защищаемым предметом, а также подземным трубопроводом, поступающим в данный предмет, в воздухе и под землей не указано четко.

（5）Следует проводить надлежащую защиту наружных установок с горючим газом, сжатым газом и легковоспламеняемой жидкостью от прямого удара молнии следующими методами:

① Для железобетонного корпуса установки, металлического корпуса установки и металлического корпуса независимого резервуара (толщиной металла крышки менее 4мм) следует предусмотреть молниеотвод на защищаемом предмете или независимый разрядник;

② Для металлического корпуса установки и независимого резервуара (толщиной металла крышки не менее 4мм), металлического футляра независимого резервуара объемом менее 200м³ (без учета толщины металла крышки) и изоляционной установки только нужно проводить соединение с заземляющей установкой.

（6）Для парка резервуаров со сжатым газом и объемом более 8000м³, парка резервуаров с горючим газом и легковоспламеняемой жидкостью, парка резервуаров с металлическим и железобетонным корпусом, если суммарный объем резервуаров более 100×10³м³, обычно применять независимый разрядник для защиты от прямого удара молнии.

（7）如果产品废水中所含闪点温度超过其工作温度低于10℃，则应当对净化设备进行适当保护，以防直接雷击。避雷器保护区内应当包括下列空间，即，其基础超出净化设备壁板5m（每个方向上），而高度等于构筑物高度加3m。

（8）如果在含有易燃性气体或易燃液体的室外装置或储罐（地上或地下）上具有排气管或通气管，那么应当对该室外装置或储罐及其下方的空间区域［见5.7.3.1部分第（6）点］进行保护，以防直接雷击。应当对槽车加油口截面上方同样的空间进行保护，装卸台上产品通过该空间区域进行开放式灌装。还应当对通气阀及其上方由高2.5m、半径5m的圆柱体所限制的空间进行适当保护，以防直接雷击。

对于具有浮顶或浮桥的储罐，避雷器保护区应当包括下列空间，即由表面（其上任意一点与环状间隙内易燃液体相距5m）所限制的空间。

（9）为了防止雷击对建（构）筑物的二次影响，应当采取下列措施：

① 位于被保护建筑物（构筑物）内的整个设备

（7）Если точка вспышки отработанной воды в продукции выше ее рабочей температуры на значение до 10℃, следует предусмотреть надлежащую защиту очистного оборудования от прямого удара молнии. Защищаемая зона разрядником должна включать следующее пространство, т.е. пространство 5м от фундамента выше стенки очистного оборудования (по каждому направлению), а высота составляет высоту сооружения плюс 3м.

（8）При наличии выпускных труб или вентиляционных труб на наружной установке или (наземном или подземном) резервуаре с горючим газом или горючей жидкостью следует проводить защиту наружной установки или резервуара и пространство под ними [см. п. 5.7.3.1（6）] во избежание прямого удара молнии. Следует проводить защиту тождественного пространства над сечением заливного штуцера цистерны, продукция на погрузочно-разгрузочной площадке подлежит открытой погрузке наливом в данном пространстве. Кроме этих, следует выполнять надлежащую защиту дыхательного клапана и пространства под ограничением цилиндром высотой 2,5м и радиусом 5м во избежание прямого удара молнии.

Для резервуара с плавающей крышей или плавающим мостом защищаемая зона разрядником должна включать в себя следующее пространство, т.е. пространство под ограничением поверхностью (расстояние от любой точки на ней до горючей жидкости в кольцевом зазоре составляет 5м).

（9）Во избежание вторичного влияния удара молнии на здания и сооружения следует принять следующие мероприятия:

① Металлическая конструкция и корпус

和装置的金属壳体应当与接地装置可作为避雷器的接地装置的电气设备的接地装置相连接,或与建筑物的钢筋混凝土地基相连接。

② 在建筑物内,在相互间距小于 10cm 的位置上的管道和其他延长金属结构之间,应当每隔 30m 根据 5.7.3.1 第 7 点所示要求制作连接线。

③ 建筑物内,管道法兰连接中应当确保每个法兰至少有 4 颗螺栓用于正常的法兰的连接。

(10)为了保护室外装置免受雷击的二次影响,安装在这些装置上的设备的金属外壳应当与电气设备的接地装置或防直接雷击用接地装置相连接。

在具有浮顶或浮桥的储罐上,应当在浮顶/浮桥和储罐金属壳体/安装在储罐上的避雷器的避雷装置之间设置至少两根柔软的钢制连接线。

(11)应当在建(构)筑物的入口处,将地下管线与防直接雷击用接地装置相连接,以此,来实现防高电位沿地下管线发生阻塞的保护。

(12)应当在建(构)筑物入口处将外部地上(架空)管线与防直接雷击用接地装置相连接,以此来实现防止高电位沿外部地上(架空)管线发生阻塞的保护,而在最接近入口的管线支架上,管线应当与支架的钢筋混凝土地基相连接。

5 Электроснабжение и электрораспределение

всех оборудования и установок в защищаемых зданиях должны соединяться с заземляющей установкой, или с железобетонным основанием здания.

② В зданиях следует выполнять соединительные провода между трубопроводами и прочими продленными металлическими конструкциями с шагом менее 10см через каждые 30м по 7-ому требованию в п. 5.7.3.1.

③ В зданиях во фланцевых соединениях трубопроводов следует обеспечить не менее 4 болтов у каждого фланца для нормального фланцевого соединения.

(10)Для защиты наружных установок от вторичного влияния удара молнии металлический корпус оборудования, установленного на этих установках, должен соединяться с заземляющей установкой электрооборудования или заземляющей установкой для защиты от прямого удара молнии.

Для резервуара с плавающей крышей или плавающим мостом следует предусмотреть не менее 2 мягких стальных соединительных проводов между плавающей крышей/плавающим мостом и металлическим корпусом резервуаром/молниезащитной установкой разрядника на резервуаре.

(11)На входе в здания и сооружения соединять подземные трубопроводы с заземляющей установкой для защиты от прямого удара молнии, чтобы осуществить защиту высокого потенциала по подземным трубопроводам от засорения.

(12)Следует соединять наружные наземные (воздушные) трубопроводы с заземляющей установкой для защиты от прямого удара молнии на входе в здания и сооружения, чтобы осуществить защиту высокого потенциала по подземным трубопроводам от засорения. А на опоре трубопроводов, самой приближающейся к входу, трубопроводы

5.7.3.3 Ⅲ级防雷建（构）筑物的防雷措施

（1）对于按照防雷设施属于Ⅲ类的建（构）筑物，屋面设置避雷网时，网格间距不应大于12m×12m。

（2）应当使用建（构）筑物的钢筋混凝土地基来作为防直接雷击用接地装置。如果无法使用地基，则应当制作人工接地装置。

（3）当利用独立式避雷器对牛舍和马房等建筑物进行保护时，应当将避雷器的支架和接地装置设置在离建筑物入口处至少5m的地方。

（4）对于含有闪点温度高于61℃的易燃液体的室外装置，其雷击防护应当采取下列方式：

① 钢筋混凝土制的装置外壳以及装置和罐体的金属外壳（顶盖金属厚度小于4mm）应当配备安装在被保护构筑物上的或独立式的避雷器。

② 装置的金属外壳以及顶盖厚度为4mm及以上的储罐的金属外壳应当与接地装置相连接。

（5）对于高度大于15m的非金属管道、塔架和塔台的防止直接雷击保护。

（6）为了防止高电位沿室外地上（架空）金属

5.7.3.3 Мероприятия по молниезащите зданий и сооружений класса Ⅲ

（1）Для зданий и сооружений, относящихся к классу Ⅲ по классификации молниезащитных сооружений, шаг ячейки должен быть не более 12м × 12м при установке молниезащитной сети на кровле.

（2）Следует использовать железобетонное основание зданий и сооружений в качестве заземляющей установки для защиты от прямого удара молнии. В случае невозможности использования основания следует изготовлять искусственную заземляющую установку.

（3）При использовании независимого разрядника для защиты зданий, как коровник и конюшня, следует предусмотреть опору разрядника и заземляющую установку с расстоянием не менее 5м от входа в здание.

（4）Для наружных установок с легковоспламеняющейся жидкостью точкой вспышки выше 61℃ защита от удара молнии должна выполняться следующими способами:

① Для железобетонного корпуса установки, металлического корпуса установки и резервуара (толщиной металла крышки менее 4мм) следует предусмотреть молниеотвод на защищаемом сооружении или независимый разрядник.

② Металлический корпус установки и металлический корпус резервуара с крышкой толщиной не менее 4мм должны соединяться с заземляющей установкой.

（5）Проводить защиту неметаллических трубопроводов, башней и вышек высотой более 15м от прямого удара молнии.

（6）Для защиты высокого потенциала по наружным

管线发生阻塞,应当在建(构)筑物入口处将管线与防止直接雷击用接地装置相连接。

(7)应当根据电气设备安装条例和相关部门规范文件中所述要求,来实现防止高电位沿架空输电线及电话、无线电和报警网络的入侵。

5.7.4 防雷装置

(1)棒式避雷器的支架应当考虑作为独立式结构的机械强度,而架空避雷器的支架,则应当考虑钢索的拉力以及风荷载及冰荷载对钢索的影响。

(2)可以用任何牌号的钢材、钢筋混凝土或木材来制作独立式避雷器的支架。

(3)应当使用任何牌号的截面不小于 100mm²、长度不小于200mm 的钢材来制作棒式避雷针,并利用镀锌、镀锡或涂漆等方式来防止腐蚀。

应当使用截面不小于35mm² 的多股钢索来制作架空避雷针。

(4)避雷针与避雷装置的连接以及避雷装置与接地装置的连接通常应当是焊接,而在不允许进行明火作业时,允许使用螺栓连接,且瞬态电阻不大于0.05Ω,并且在最近的暴雨季节开始前进行每年的强制性年检。

5 Электроснабжение и электрораспределение

наземным (воздушным) металлическим трубопроводам от засорения следует соединять трубопроводы с заземляющей установкой для защиты от прямого удара молнии на входе в здания и сооружения.

(7) Следует осуществлять защиту от поступления высокого потенциала по воздушной линии электропередачи, телефонной сети, радиосети и сети сигнализации по требованиям в правилах устройства электроустановок и соответствующих ведомственных нормах.

5.7.4 Молниезащитная установка

(1) Следует учесть механическую прочность опоры стержневого разрядника в качестве независимой конструкции, а для опоры воздушного разрядника следует учесть растяжение троса, а также влияние ветровой нагрузки и снеговой нагрузки на трос.

(2) Разрешать использовать предметы из стали, железобетона или дерева любой марки в качестве опоры независимого разрядника.

(3) Следует изготовлять стержневой молниеотвод из стали любой марки сечением не менее 100мм² и длиной не менее 200мм с защитой от коррозии путем оцинковки, лужения или покрытия краской и прочими способами.

Следует использовать многожильные тросы сечением не менее 35мм² для изготовления воздушных молниеотводов.

(4) Соединение молниеотвода с молниезащитной установкой и соединение молниезащитной установки с заземляющей установкой обычно выполняются сваркой, в случае запрещения работ с открытым огнем разрешать использовать

(5）用于将所有类型的避雷针与接地装置相连接的避雷装置，应当由尺寸不小于表5.7.3所示数值的钢材来制作。

(6）当在为被保护物体安装防雷器，且不能使用建筑物金属结构作为防雷装置时，防雷装置应当以最短路径沿建筑物外墙敷设在接地装置上。

(7）可以使用建（构）筑物钢筋混凝土地基的任何结构作为防雷的天然接地装置。作为接地装置的钢筋混凝土地基的单体结构的允许尺寸请参见表5.7.2。

5.7.5 防雷装置保护范围

(1）单体棒式避雷针。高度为 h 的单体棒式避雷器的保护区是一个圆锥体（图5.7.3），其顶点位于 $h_0 < h$ 的高度上。在地面上，保护区形成一个半径为 r_0 的圆。在被保护构筑物的 h_x 高度上，保护区的水平截面是一个半径为 r_x 的圆。

① 高度 $h \leqslant 150m$ 的单体棒式避雷器的保护区具有以下外形尺寸。

болтовое соединение с переходным сопротивлением не более 0,05Ом, кроме этих, следует проводить принудительную годовую проверку перед началом ближайшего сезона проливного дождя.

（5）Молниезащитная установка для соединения молниеотводов всех типов с заземляющей установкой должна выполняться из стали размером не менее значений, указанных в таблице 5.7.3.

（6）Если не возможно использовать металлическую конструкцию здания в качестве молниезащитной установки при установке молниещитного устройств для защищаемого предмета, молниезащитная установка подлежит прокладке на заземляющую установку по наружной стенке здания с минимальным путем.

（7）Следует использовать железобетонное основание зданий и сооружений в качестве заземляющей установки для защиты от прямого удара молнии. Допустимые размеры индивидуальной конструкции железобетонного основания, применяемого в качестве заземляющей установки, справляются с таблицей 5.7.2.

5.7.5 Сфера действия молниезащитной установки

（1）Индивидуальный стержневой молниеотвод. Защитная зона индивидуального стержневого разрядника высотой h является конусом (рис. 5.7.3), высшая точка которого расположена на высоте $h_0 < h$. На земле защитная зона образует круг радиусом r_0. На высоте h_x защищаемого сооружения горизонтальное сечение защитной зоны служит кругом радиусом r_x.

① Защитная зона индивидуального стержневого разрядника на высоте $h \leqslant 150$м должна обладать следующими габаритными размерами.

А区：

$$h_0 = 0.85h$$
$$r_0 = (1.1-0.002h)h$$
$$r_x = (1.1-0.002h)(h-h_x/0.85)$$

Б区：

$$h_0 = 0.92h$$
$$r_0 = 1.5/h$$
$$r_x = 1.5(h-h_x/0.92)$$

对于Б区，当具有已知的 h_x 和 r_x 值时，单体棒式避雷器的 $h \leq 150\text{m}$ 的高度可以根据公式 $h = (r_x + 1.63h_x)/1.5$ 来确定。

② 高度为 $150\text{m} < h < 600\text{m}$ 的单体棒式避雷器的保护区具有以下外形尺寸。

А区：

$$h_0 = [0.85-1.7\times10^{-3}(h-150)]h$$
$$r_0 = [0.8-1.8\times10^{-3}(h-150)]h$$
$$r_x = \left[0.85-1.8\times10^{-3}(h-150)\right]h \times$$
$$1 - \frac{h_x}{\left[0.85-1.7\times10^{-3}(h-150)\right]h}$$

Б区：

$$h_0 = [0.92-0.8\times10^{-3}(h-150)]h$$
$$r_0 = 225\text{m}$$
$$r_x = 225 - \frac{225h_x}{\left[0.92-0.8\times10^{-3}(h-150)\right]h}$$

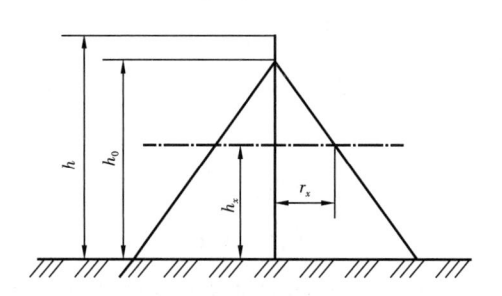

Зона А：

$$h_0 = 0,85h$$
$$r_0 = (1,1-0,002h)h$$
$$r_x = (1,1-0,002h)(h-h_x/0,85)$$

Зона Б：

$$h_0 = 0,92h$$
$$r_0 = 1,5/h$$
$$r_x = 1,5(h-h_x/0,92)$$

Для зоны Б при наличии известных значений h_x и r_x высота индивидуального стержневого разрядника $h \leq 150\text{м}$ может определяться по формуле $h = (r_x + 1,63h_x)/1,5$.

② Защитная зона индивидуального стержневого разрядника на высоте $150\text{м} < h < 600\text{м}$ должна обладать следующими габаритными размерами.

Зона А：

$$h_0 = [0,85-1,7\times10^{-3}(h-150)]h$$
$$r_0 = [0,8-1,8\times10^{-3}(h-150)]h$$
$$r_x = \left[0,85-1,8\times10^{-3}(h-150)\right]h \times$$
$$1 - \frac{h_x}{\left[0,85-1,7\times10^{-3}(h-150)\right]h}$$

Зона Б：

$$h_0 = [0,92-0,8\times10^{-3}(h-150)]h$$
$$r_0 = 225\text{м}$$
$$r_x = 225 - \frac{225h_x}{\left[0,92-0,8\times10^{-3}(h-150)\right]h}$$

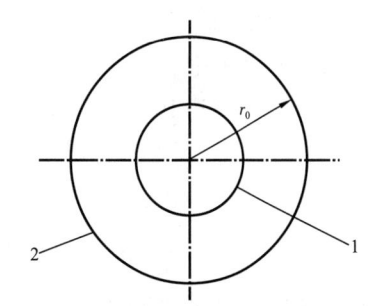

图 5.7.3　单体棒式避雷器的保护区
1—h_x 位置处的保护区的边界；2—地面上的边界

Рис. 5.7.3　Защитная зона единичного стержневого разрядника
1—граница защитной зоны в месте h_x；2—граница на земле

（2）双支棒式避雷器。

① 高度 h = 150m 的双支棒式避雷器的保护区如图 5.7.4 所示。保护区端部区域的确定与单体棒式避雷器的区域的确定方式一样。

（2）Двойной стержневой разрядник.

① Защитная зона двойного стержневого разрядника на высоте h = 150м приведена на рис. 5.7.4. Способ определения торцевой области защитной зоны одинаковый со способом определения защитной зоны индивидуального стержневого разрядника.

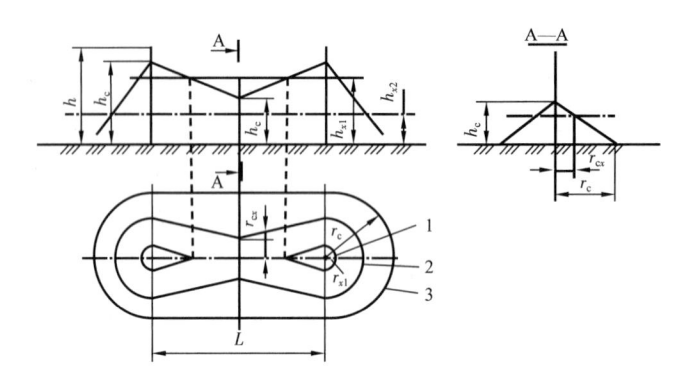

图 5.7.4 双支棒式避雷器的保护区
1—h_{x1} 位置处的保护区的边界；2—h_{x2} 位置处的保护区的边界；3—地面上的边界

Рис. 5.7.4 Защитная зона двойного стержневого разрядника
1—Граница защитной зоны в месте h_{x1}；2—Граница защитной зоны в месте h_{x2}；3—Граница на земле

双支棒式避雷器保护区内部区域具有以下外形尺寸。

Внутренняя область защитной зоны двойного стержневого разрядника должна обладать следующими габаритными размерами.

A 区：

当 $L \leqslant h$ 时

$$h_c = h_0, r_{cx} = r_x, r_c = r_0$$

当 $h < L \leqslant 2h$ 时

$$h_c = h_0 - (0.17 + 3 \times 10^{-4} h)(L-h)$$

$$r_c = r_0; r_{cx} = r_0(h_c - h_x)/h_c$$

当 $2h < L \leqslant 4h$ 时

$$h_c = h_0 - (0.17 + 3 \times 10^{-4} h)(L-h)$$

$$r_c = r_0 \left[1 - \frac{0.2(L-2h)}{h} \right]$$

$$r_{cx} = r_c, (h_c - h_x)/h_c$$

当棒式避雷器之间的距离 $L > 4h$ 时，对于 A 区的结构而言，避雷器应当被视作单体避雷器。

Б 区：

Зона А：

При $L \leqslant h$

$$h_c = h_0, r_{cx} = r_x, r_c = r_0$$

При $h < L \leqslant 2h$

$$h_c = h_0 - (0,17 + 3 \times 10^{-4} h)(L-h)$$

$$r_c = r_0; r_{cx} = r_0(h_c - h_x)/h_c$$

При $2h < L \leqslant 4h$

$$h_c = h_0 - (0,17 + 3 \times 10^{-4} h)(L-h)$$

$$r_c = r_0 \left[1 - \frac{0,2(L-2h)}{h} \right]$$

$$r_{cx} = r_c, (h_c - h_x)/h_c$$

При расстояние между стержневыми разрядниками $L > 4h$ для конструкции зоны А молниеотвод должен считаться индивидуальным.

Зона Б：

当 $L\leqslant h$ 时

$$h_\mathrm{c}=h_0;r_{cx}=r_x\quad r_\mathrm{c}=r_0$$

当 $h<L\leqslant 6h$ 时

$$h_\mathrm{c}=h_0-0.14(L-h);r_\mathrm{c}=r_0$$
$$r_{cx}=r_0(h_\mathrm{c}-h_x)/h_\mathrm{c}$$

当棒式避雷器之间的距离 $L>6h$ 时,对于Б区的结构而言,避雷器应当被视作单体避雷器。

当已知 h_c 和 L 值时(当 $r_{cx}=0$ 时),Б区避雷器高度应当由下列公式来确定:

$$h=(h_\mathrm{c}+0.14L)/1.06$$

② 高度分别为 h_1 和 $h_2\leqslant 150\mathrm{m}$ 的两个棒式避雷器的保护区如图 5.7.5 所示。保护区端部区域的外形尺寸 $h_{01},h_{02},r_{01},r_{02},r_{x1}$ 和 r_{x2} 根据 5.7.5 部分第(1)点中的公式来确定,这些公式也用于单体棒式避雷器两种类型保护区。 保护区内部区域的外形尺寸应根据下列公式来确定:

$$r_\mathrm{c}=(r_{01}+r_{02})/2$$
$$h_\mathrm{c}=(h_{c1}+h_{c2})/2$$
$$r_{cx}=r_\mathrm{c}(h_\mathrm{c}-h_x)/h_\mathrm{c}$$

其中,数值 h_{c1} 和 h_{c2} 根据 5.7.5 部分第(2)点 h_c 所用公式来计算。

对于不同高度的两个避雷器,双支棒式避雷器的A区结构是在 $L\leqslant 4h_{最小}$ 的情况下确定的,而Б区,则是在 $L\leqslant 6h_{最小}$ 的情况下确定的。 避雷器之间具有相应的较大间距时,避雷器则应当被视为单体式避雷器。

5 Электроснабжение и электрораспределение

При $L\leqslant h$

$$h_\mathrm{c}=h_0;r_{cx}=r_x\quad r_\mathrm{c}=r_0$$

При $h<L\leqslant 6h$

$$h_\mathrm{c}=h_0-0{,}14(L-h);r_\mathrm{c}=r_0$$
$$r_{cx}=r_0(h_\mathrm{c}-h_x)/h_\mathrm{c}$$

При расстояние между стержневыми разрядниками $L>6h$ для конструкции зоны Б разрядник должен считаться индивидуальным.

При наличии известных значений h_c и L (в случае $r_{cx}=0$) высота разрядника в зоне Б должна определяться по следующей формуле:

$$h=(h_\mathrm{c}+0{,}14L)/1{,}06$$

② Защитные зоны 2 стержневых разрядников соответственно на высотах h_1 и $h_2\leqslant 150$м приведены на рис. 5.7.5. Габаритные размеры торцевых областей защитных зон $h_{01},h_{02},r_{01},r_{02},r_{x1}$ и r_{x2} определяются по формулам в п. 5.7.5 (1), которые тоже используются для 2 типов защитных зон индивидуального стержневого разрядника. Габаритные размеры внутренней области защитной зоны должны определяться по следующим формулам:

$$r_\mathrm{c}=(r_{01}+r_{02})/2$$
$$h_\mathrm{c}=(h_{c1}+h_{c2})/2$$
$$r_{cx}=r_\mathrm{c}(h_\mathrm{c}-h_x)/h_\mathrm{c}$$

В том числе, значение h_{c1} и значение h_{c2} подлежат расчету по формуле для h_c в п. 5.7.5 (2) настоящего приложения.

Для 2 молниеотводов с на разных высотах конструкция зоны А двойного стержневого разрядника определяется при $L\leqslant 4h_{(\text{мин.})}$, а конструкция зоны Б определяется при $L\leqslant 6h_{(\text{мин.})}$. В случае наличия относительно большого шага между разрядниками молниеотвод должен считаться индивидуальным.

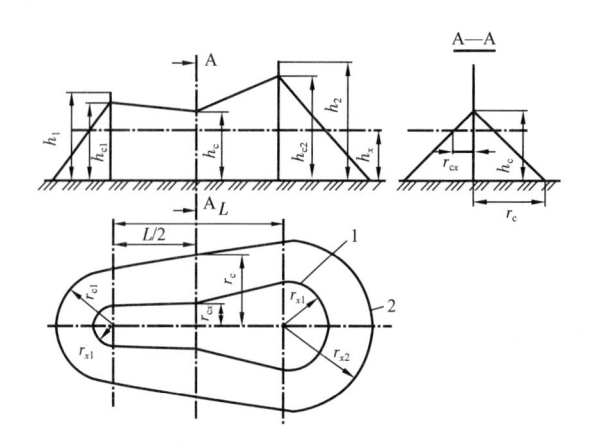

图 5.7.5　两个不同高度的棒式避雷器的保护区
1—h_{x1} 位置处的保护区的边界；2—h_{x2} 位置处的保护区的边界

Рис. 5.7.5　Защитные зоны стержневого разрядника с двумя различными высотами
1—Граница защитной зоны в месте h_{x1}；2—Граница защитной зоны в месте h_{x2}

（3）多支棒式避雷器。

多支棒式避雷器的保护区（图 5.7.6）的确定与高度为 $h \leqslant 150m$ 的成对相邻棒式避雷器的保护区的确定一样。

（3）Многочисленный стержневой разрядник.

Способ определения защитной зоны многочисленного стержневого разрядника（рис. 5.7.6）одинаковый со способом определения защитной зоны соседних стержневых разрядников на высоте $h \leqslant 150м$.

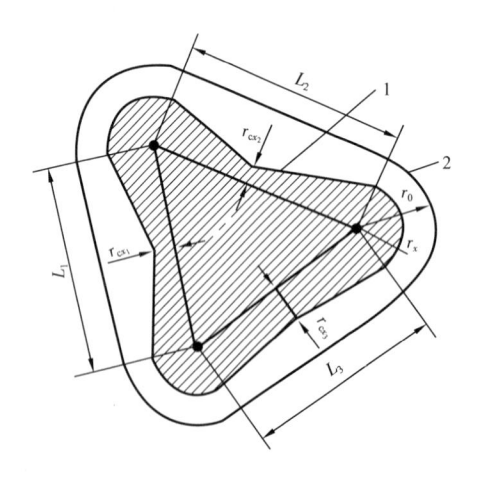

图 5.7.6　多支棒式避雷器的保护区（平面图中）
1—h_{x1} 位置处的保护区的边界；2—h_{x2} 位置处的保护区的边界

Рис. 5.7.6　Защитные зоны разрядника с многими стержнями（в плане）
1—Граница защитной зоны в месте h_{x1}；2—Граница защитной зоны в месте h_{x2}

满足针对所有成对避雷器的不等式 $r_{cx}>0$ 是高度为 h_x、具有与 А 区和 Б 可靠度相应的可靠度的一个或多个物体防护性能的主要条件。否则，应当根据本附录第 2 点所述条件的满足情况，来确定单体或双支棒式避雷器的保护区的结构。

Удовлетворение неравенству $r_{cx}>0$ для всех парных разрядников служит основным условием защитных свойств одного предмета или много предметов соответствующей надежностью, совпадающей с надежностью зоны А и зоны Б, на высоте h_x. Иначе, следует определить конструкцию

5 供配电

（4）单体架空避雷器。高度为 $h \leq 150m$ 的单体架空避雷器的保护区如图 5.7.7 所示，其中，h 为跨度中部钢索的高度。考虑到截面为 $35 \sim 50mm^2$ 钢索垂度方向，当已知支架高度 h_{on} 和跨距长度 a 时，钢索高度（m）应按下列公式确定：

当 $a<120m$ 时

$$h = h_{on}-2$$

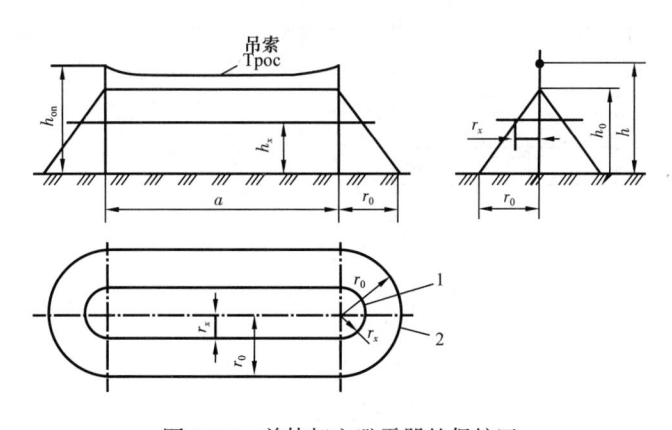

当 $120m<a<150m$ 时

$$h = h_{on}-3$$

图 5.7.7 单体架空避雷器的保护区
1—h_{x1} 位置处的保护区的边界；2—h_{x2} 位置处的保护区的边界

单体架空避雷器的保护区具有下列外形尺寸：

A 区

$$h_0=0.85h$$
$$r_0=(1.35-0.0025h)h$$
$$r_x=(1.35-0.0025h)(h-h_x/0.85)$$

Б 区

$$h_0=0.92h$$

$$r_0=1.7h$$
$$r_x=1.7(h-h_x/0.92)$$

对于Б型区而言，在已知h_x和r_x值的情况下，单体架空避雷器的高度应按公式$h=(r_x+1.85h_x)/1.7$来确定。

（5）双支架空避雷线。

① 高度为$h\leq150$米的双支架空避雷线的保护区如图5.7.8所示。A型和Б型保护区的尺寸r_0, h_0和r_x应按5.7.5部分第（4）点中的相应公式来确定。保护区的其他尺寸应按下列方法来确定。

$$r_0=1,7h$$
$$r_x=1,7(h-h_x/0,92)$$

Для зоны Б высота индивидуального воздушного разрядника должна определяться по формуле $h=(r_x+1,85h_x)/1,7$ в случае наличия известных значений h_x и r_x.

（5）Двойной воздушный молниеотвод.

① Защитная зона двойного воздушного молниеотвода на высоте $h\leq150$м приведена на рис. 5.7.8. Размеры r_0, h_0 и r_x зон А и Б должны определяться по соответствующим формулам в п.5.7.5 （4）настоящего приложения. А прочие размеры защитной зоны должны определяться следующими способами.

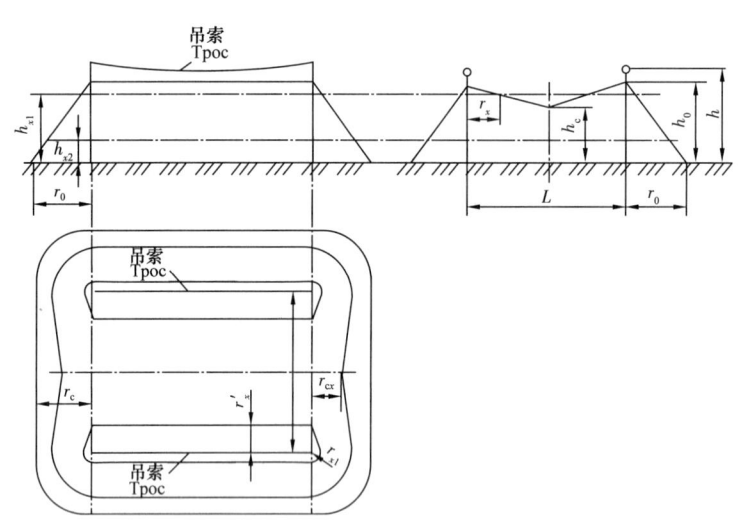

图 5.7.8 双支架空避雷器的保护区

Рис. 5.7.8 Защитные зоны двойного воздушного разрядника

A区：

当$L\leq h$时
$$h_c=h_0;\ r_{cx}=r_x;\ r_c=r_0$$

当$h<L\leq2h$时
$$h_c=h_0-(0.14-5\times10^{-4}h)(L-h)$$
$$r_x'=\frac{L}{2}\frac{h_0-h_x}{h_0-h_c}$$
$$r_c=r_0,\ r_{cx}=r_0(h_c-h_x)/h_c$$

当$2h<L\leq4h$时
$$h_c=h_0-(0.14-5\times10^{-4}h)(L-h)$$

Зона А：

При $L\leq h$
$$h_c=h_0;\ r_{cx}=r_x;\ r_c=r_0$$

При $h<L\leq2h$
$$h_c=h_0-(0,14-5\times10^{-4}h)(L-h)$$
$$r_x'=\frac{L}{2}\frac{h_0-h_x}{h_0-h_c}$$
$$r_c=r_0,\ r_{cx}=r_0(h_c-h_x)/h_c$$

При $2h<L\leq4h$
$$h_c=h_0-(0,14-5\times10^{-4}h)(L-h)$$

$$r' = \frac{L}{2}\frac{h_0 - h_x}{h_0 - h_c}$$

$$r_c = r_0\left[1 - \frac{0.2(L - 2h)}{h}\right]$$

$$r_{cx} = r_c(h_c - h_x)/h_c$$

当架空避雷器之间的距离 $L>4h$ 时，对于 A 区的结构而言，避雷器应当被视作单体避雷器。

Б 区：

当 $L \leqslant h$ 时

$$h_c = h_0;\ r_{cx} = r_x;\ r_c = r_0$$

当 $h < L \leqslant 6h$ 时

$$h_c = h_0 - 0.12(L - h)$$

$$r'_x = \frac{L}{2}\frac{h_0 - h_x}{h_0 - h_c}$$

$$r_c = r_0,\ r_{cx} = r_0(h_c - h_x)/h_c$$

当架空避雷器之间的距离 $L>6h$ 时，对于 Б 区的结构而言，避雷器应当被视作单体避雷器。

当已知 h_c 和 L 值时（当 $r_{cx}=0$ 时），Б 区架空避雷器高度应当由公式 $h=(h_c+0.12L)/1.06$ 来确定。

$$r' = \frac{L}{2}\frac{h_0 - h_x}{h_0 - h_c}$$

$$r_c = r_0\left[1 - \frac{0{,}2(L - 2h)}{h}\right]$$

$$r_{cx} = r_c(h_c - h_x)/h_c$$

При расстояние между воздушными разрядниками $L>4h$ для конструкции зоны А молниеотвод должен считаться индивидуальным.

Зона Б：

При $L \leqslant h$

$$h_c = h_0;\ r_{cx} = r_x;\ r_c = r_0$$

При $h < L \leqslant 6h$

$$h_c = h_0 - 0{,}12(L - h)$$

$$r'_x = \frac{L}{2}\frac{h_0 - h_x}{h_0 - h_c}$$

$$r_c = r_0,\ r_{cx} = r_0(h_c - h_x)/h_c$$

При расстояние между воздушными разрядниками $L>6h$ для конструкции зоны Б разрядник должен считаться индивидуальным.

При наличии известных значений h_c и L (в случае $r_{cx}=0$) высота воздушного разрядника в зоне Б должна определяться по формуле $h=(h_c+0{,}12L)/1{,}06$.

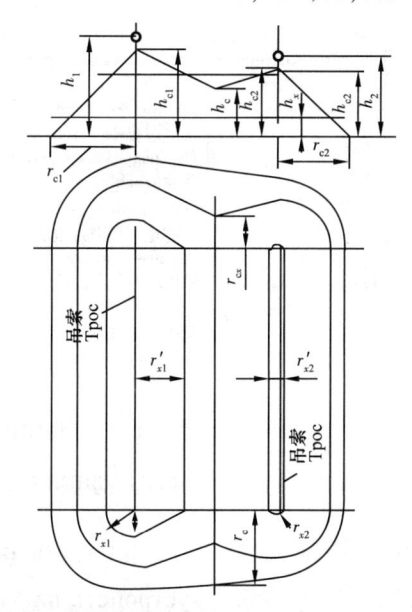

图 5.7.9　两个不同高度的架空避雷器的保护区

Рис. 5.7.9　Защитные зоны воздушного разрядника с двумя различными высотами

② 两个不同高度 h_1 和 h_2 的架空避雷器的保护区如图 5.7.9 所示。数值 r_{01}，r_{02}，h_{01}，h_{02}，r_{x1} 和 r_{x2} 应当根据本附录第 4 点中的公式来确定，该公式也用于单体架空避雷器。对于 r_c 和 h_c 尺寸的确定，使用下列公式：$r_c=(r_{01}+r_{02})/2$；$h_c=(h_{c1}-h_{c2})/2$.

其中，数值 h_{c1} 和 h_{c2} 根据 5.7.5 部分第（5）点中 h_c 所用公式来计算。然后按照第 4 点中的公式来计算数值 r'_{x1}，r'_{x2} 和 r'_{cx}。

② Защитные зоны воздушного разрядника на высотах h_1 и h_2 приведены на рис. 5.7.9. Значения r_{01}, r_{02}, h_{01}, h_{02}, r_{x1} и r_{x2} должны определяться по формулам в п.4 настоящего приложения, которые тоже применяются для индивидуального воздушного разрядника. Использовать формулы $r_c=(r_{01}+r_{02})/2$ и $h_c=(h_{c1}-h_{c2})/2$ для определения размеров r_c и h_c.

В том числе, значение h_{c1} и значение h_{c2} подлежат расчету по формуле для h_c в п. 5.7.5（5）настоящего приложения. Затем проводить расчет значений r'_{x1}, r'_{x2} и r'_{cx} по формулам в п.4.

5.7.6 电气装置过电压保护

5.7.6 Защита электроустановок от перенапряжения

电气设备在运行中承受的过电压，有来自外部的雷电过电压和由于系统参数发生变化时电磁能产生振荡、积聚而引起的内部过电压两种类型。分类归纳如下：

Перенапряжение на электроустановках при их работе включает в себя наружное перенапряжение от грома и молнии и внутреннее перенапряжение из-за колебания и накопления электромагнитной энергии при изменениях параметров системы, классификация приведена ниже：

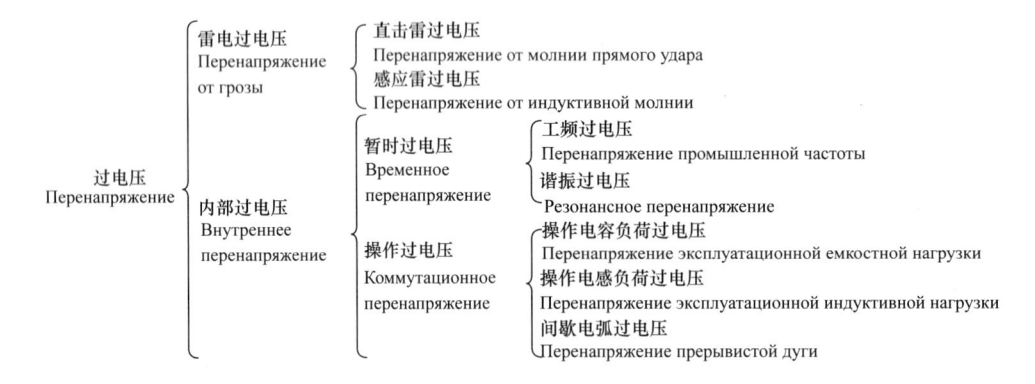

过电压
Перенапряжение
├─ 雷电过电压 Перенапряжение от грозы
│   ├─ 直击雷过电压 Перенапряжение от молнии прямого удара
│   └─ 感应雷过电压 Перенапряжение от индуктивной молнии
└─ 内部过电压 Внутреннее перенапряжение
    ├─ 暂时过电压 Временное перенапряжение
    │   ├─ 工频过电压 Перенапряжение промышленной частоты
    │   └─ 谐振过电压 Резонансное перенапряжение
    └─ 操作过电压 Коммутационное перенапряжение
        ├─ 操作电容负荷过电压 Перенапряжение эксплуатационной емкостной нагрузки
        ├─ 操作电感负荷过电压 Перенапряжение эксплуатационной индуктивной нагрузки
        └─ 间歇电弧过电压 Перенапряжение прерывистой дуги

5.7.6.1 直击雷过电压保护

5.7.6.1 Защита от перенапряжения от прямого удара молнии

（1）发电站和变电站的屋外配电装置应装设直击雷保护装置。独立的 35kV 及以下发电站和变电站一般不装设直击雷保护装置，但在雷电活

（1）Для наружных распределительных устройств на электростанции и подстанции следует предусмотреть установку для защиты от

动特殊强烈的地区则宜设直击雷保护。对已在相邻高建筑物保护范围内的建筑物或设备，可不装设直击雷保护装置。

（2）35kV及以下发电站和变电站，如需装设直击雷保护装置时，当为金属屋顶或屋顶上有金属结构时，应将金属部分接地；当屋顶为钢筋混凝土结构时，则将其焊接成网接地；当屋顶为非导电结构（如砖木结构）时，则采用在屋顶敷设避雷带保护，避雷带网格尺寸为8~10m，每隔10~20m设引下线接地。引下线处应设集中接地装置并与主接地网连接。屋顶上的设备金属外壳、电缆金属外皮和建筑物金属构件均应接地，其接地可利用主接地网。

（3）屋外配电装置的防直击雷保护装置可采用避雷针或避雷线，但35kV及以下高压配电装置架构或房顶不宜装设避雷针。当采用独立避雷针（线）保护时宜设独立的接地装置，其接地电阻不宜超过10Ω。当有困难时，该接地装置可与主接

5 Электроснабжение и электрораспределение

прямого удара молнии. А на независимых электростанции и подстанции 35кВ и ниже обычно не предусмотреть установку для защиты от прямого удара молнии, но в районе с особо сильными деятельностями грома и молнии преимущественно предусмотреть защиту от прямого удара молнии. Для зданий или оборудования в сфере защиты соседними высокими зданиями разрешать не предусмотреть установку для защиты от прямого удара молнии.

（2）Для электростанции и подстанции 35кВ и ниже при необходимости оборудования установкой для защиты от прямого удара молнии следует проводить заземление металлической части в случае наличия металлической крыши или наличия металлической конструкции на крыше; если крыша выполняется железобетонной конструкцией проводить сварку для образования сетки и заземления; если крыша выполняется нетокоподводящей конструкцией (например, конструкция из кирпича и дерева), проводить защиту путем прокладки молниезащитной ленты на крыше, размер ячейки данной ленты составляет 8-10м, предусмотреть спуск провода для заземления через каждые 10-20м. В месте спуска провода следует предусмотреть установку централизованного заземления для соединения с основной заземляющей сетью. Металлический корпус оборудования, металлическая оболочка кабеля и металлическая конструкция зданий на крыше подлежат заземлению, что может осуществляться с помощью основной заземляющей сети.

（3）Установка для защиты от прямого удара молнии для наружного распределительного устройства может применять молниеотвод или молниезащитный провод, но на каркасе распределительного устройства высокого напряжения

地网连接,但从避雷针与主接地网的地下连接点至 35kV 及以下设备与主接地网的地下连接点之间,沿接地体的长度不得小于 15m。独立避雷针不应设在有人员经常通行的地方,避雷针及其接地装置与道路或建筑物的出入口等的距离不宜小于 3m,否则应采取均压措施或敷设砾石或沥青地面,也可敷设混凝土地面。

(4)未全线架设地线的 35～110kV 线路,其变电站的进线段应采用图 5.7.10 所示的保护接线。在雷季,变电站 35～110kV 进线的隔离开关或断路器经常断路运行,同时线路侧又带电时,应在靠近隔离开关或断路器处装设一组金属氧化物避雷器(Metal Oxide Surge Arreste,MOA)。

(5)全线架设地线的 66～220kV 变电站,当进线的隔离开关或断路器经常断路运行,同时线路侧又带电时,宜在靠近隔离开关或断路器处设一组 MOA。

35кВ и ниже или на крыше следует не предусмотреть молниеотвод. При использовании независимого молниеотвода (молниезащитного провода) следует предусмотреть индивидуальную заземляющую установку, сопротивление заземления которой должно быть не более 10Ом. При наличии трудности разрешать соединить данную заземляющую установку с основной заземляющей сетью, но длина по очагу заземления от точки подземного соединения молниеотвода с основной заземляющей сетью до точки подземного соединения оборудования 35кВ и ниже с основной заземляющей сетью не должна быть менее 15м. Независимый молниеотвод должен не располагать в часто доступном месте, расстояние от молниеотвода и его заземляющей установки до входа и выхода дороги или здания должно быть не менее 3м, иначе, следует принимать мероприятия по уравниванию давления или проводить замощение гравийного или битумного пола, тоже разрешать замощение бетонного пола.

(4) Для линии 35-110кВ без полной прокладки заземляющего провода по целой длине входной участок на подстанции должен выполняться с применением защитного соединения по рис. 5.7.10. В сезоне грозы разъединители или выключатели на входном участке линии 35-110кВ на подстанцию часто работают в разомкнутом положении и сторона линии находится в заряженном состоянии одновременно, следует предусмотреть группу металлооксидных разрядников (Metal Oxide Surge Arreste-MOA) в месте вблизи разъединителя или выключателя.

(5) Для подстанции 66-220кВ с прокладкой заземляющего провода по целой длине, когда разъединители или выключатели на входной линии часто работают в разомкнутом положении и

5 供配电

5 Электроснабжение и электрораспределение

сторона линии находится в заряженном состоянии одновременно, следует предусмотреть группу металлооксидных разрядников (Metal Oxide Surge Arreste-MOA) в месте вблизи разъединителя или выключателя.

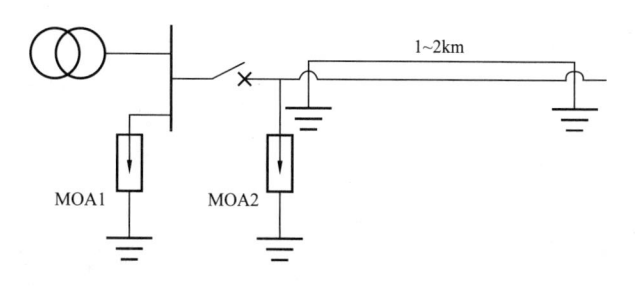

图 5.7.10 35～110kV 变电站的进线保护接线

Рис. 5.7.10 Защитное соединение ввода подстанции 35-110кВ

（6）发电厂、变电站的 35kV 及以上电缆进线段，电缆与架空线的连接处应装设 MOA，其接地端应与电缆金属外皮连接。对三芯电缆，末端的金属外皮应直接接地，见图 5.7.11（a）；对单芯电缆，应经金属氧化物电缆护层保护器（CP）接地，见图 5.7.11（b）。电缆长度不超过 50m 或虽然超过 50m，但经校验装一组 MOA 既能符合保护要求时，图 5.7.11 中可只装 MOA1 或 MOA2。长度超过 50m，且断路器在雷季经常断路运行时，应在电缆末端装设 MOA。连接电缆段的 1km 架空线应装设地线。全线电缆——变压器组接线的变电站内是否装设 MOA，应根据电缆另一端有无雷电过电压波侵入的可能，经校验确定。

(6) На входном участке кабеля 35кВ и выше в электростанцию и подстанцию, а также в месте соединения кабеля с воздушной линией следует предусмотреть металлооксидный разрядник, его заземляющий торец подлежит соединению с металлической оболочкой кабеля. Для трехжильного кабеля металлическая оболочка на торце подлежит прямому заземлению, см. рис. 5.7.11 (а); а одножильный кабель подлежит заземлению через металлический предохранитель защитной оболочки кабеля (СР), см. рис. 5.7.11 (b). Длина кабеля не превышает 50м, или при длине более 50м установка группы металлооксидных разрядников (МОА) удовлетворяет требованиям к защите согласно результату проверки, разрешать только установить МОА1 или МОА2 на рис. 5.7.11. Если длина превышает 50м и выключатель часто работают в разомкнутом положении в сезоне грозы, следует предусмотреть металлооксидные разрядники (МОА) на торцах кабеля. Для воздушной линии 1км, соединяющей с участком кабеля, следует предусмотреть заземляющий провод. Необходимость установки металлооксидных разрядников (МОА) для кабеля по целой

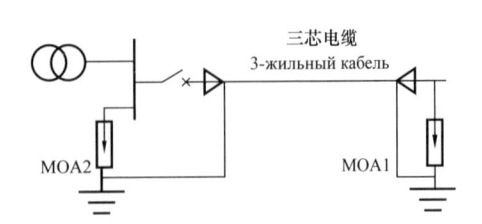

(a) 三芯电缆段的变电站进线保护接线
(a) Защитное соединение ввода подстанции на участке трехжильного кабеля

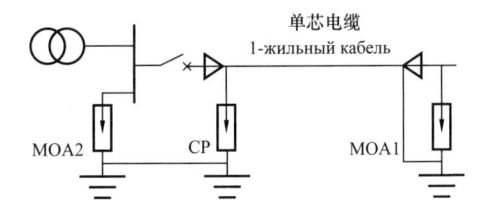

(b) 单芯电缆段的变电站进线保护接线
(b) Защитное соединение ввода подстанции на участке одножильного кабеля

图 5.7.11 具有 35kV 及以上电缆段的变电站进线保护接线

Рис. 5.7.11 Защитное соединение ввода подстанции на участке с кабелем 35кВ и выше

длине линии-на подстанции с соединением группы трансформаторов должна определяться путем проверки на основе возможности поступления волны перенапряжения от грома и молнии с другой стороны кабеля.

（7）在多雷区，经过变压器与架空线路连接的非直配电机（直配电机，即与架空线直接连接的电机），如变压器高压侧的系统标称电动压为 66kV 及以下时，为防止雷电过电压经变压器绕组的电磁传递而危及电动机的绝缘，宜在电动机出线上装设一组旋转电动机阀式避雷器。变压器高压侧的系统标称电压为 110kV 及以上时，电动机出线上是否装设避雷器可经校验后确定。

（7）В грозовой зоне для непрямого электродвигателя (прямой электродвигатель-электродвигатель, прямо соединенный с воздушной линией), соединенного через трансформатор и воздушную линию, например, при условном напряжении системы на стороне высокого напряжения трансформатора 66кВ и ниже, следует предусмотреть группу разрядников клапанного типа с вращающимся электродвигателем на выходной линии электродвигателя во избежание причинения вреда изоляции электродвигателя из-за электромагнитной передачи перенапряжением от грома и молнии через обмотку трансформатора. При условном напряжении системы на стороне высокого напряжения трансформатора 110кВ и выше необходимость установки разрядника на выходной линии электродвигателя может определяться по результату проверки.

5.7.6.2 感应雷过电压保护

防范雷感应雷过电压主要有两种措施：一是防止在设备线路上这种过电压的产生；二是在产

5.7.6.2 Защита от перенапряжения от индукционного удара молнии

Всего 2 мероприятия по защите от перенапряжения от индукционного удара молнии：

生这种电压后消除或减少其带来的危害。前者是指在电气装置中用分流、等电位连接、屏蔽、接地等方法来避免或减少过电压的产生；后者是指在电源线路上安装电涌防护器（Surge Protective Device，SPD），在线路上出现这种过电压的瞬间泄放雷电电涌量能和降低电压幅值。这两种措施相互补充,可有效降低雷电入侵波过电压带来的危害。

5.7.6.3 暂时过电压保护

暂时过电压主要分为工频过电压、谐振过电压两类,它与系统结构、容量、参数、运行方式及各种安全自动装置的特性有关。

5.7.6.3.1 工频过电压保护

工频过电压的频率为工频或接近工频,幅值不高,在中性点不接地或经消弧线圈接地的系统,约为工频电压的 $\sqrt{3}$ 倍；在中性点直接接地系统中,一般不允许超过额定电压的1.5倍。工频过电压对220kV及以下电网的电气设备没有危险,一般不需要采取专门的限制工频过电压。

5 Электроснабжение и электрораспределение

1. предотвращение образования данного перенапряжения на линии оборудования; 2. устранение или снижение соответствующего вреда после образования данного перенапряжения. Первый способ обозначает предотвращение или уменьшение образования перенапряжения путем шунтирования, эквипотенциального соединения, экранирования, заземления и т.д. в электроустановках; а второй способ обозначает установку устройства защиты от импульсных перенапряжений (Surge Protective Device, SPD) на линии источника питания для мгновенного спуска энергии импульсных перенапряжений и снижения амплитуды напряжения при появлении данного перенапряжения на линии. Эти 2 мероприятия взаимно дополнительные, чтобы эффективно снизить вред перенапряжения от поступления волны грома и молнии.

5.7.6.3 Защита от временного перенапряжения

Временное перенапряжение в основном разделяется на перенапряжение промышленной частоты и резонансное перенапряжение, которое касается конструкции системы, емкости, параметров, рабочего режима и свойств предохранительных автоматических установок.

5.7.6.3.1 Защита от перенапряжения промышленной частоты

Частота перенапряжения промышленной частоты равняется или приближается к промышленной частоте с невысокой амплитудой. Для системы без заземления в нейтральной точке или с заземлением через дугогасительную катушку данное перенапряжение составляет $\sqrt{3}$ раза напряжения промышленной частоты; в системе с прямым заземлением в нейтральной точке данное

5.7.6.3.2 谐振过电压保护

各种谐振过电压可归纳为三类：线性谐振、铁磁谐振以及参数谐振。限制谐振过电压的基本方法：一是尽量防止它发生，这要求系统设计之初通过合理计算，适当调整电网参数，避免谐振；二是缩短谐振存在的时间，降低谐振的幅值，削弱谐振的影响，通常采用电阻阻尼进行抑制。

5.7.6.4 操作过电压保护

电网中的电容、电感等储能元件，在发生故障或操作时，由于其工作状态发生变化，将产生充电再充电或能量转换过程，电压的强制分量叠加以暂态分量形成操作过电压。其作用时间在几毫秒到数十毫秒之间。倍数一般不超过 $1.4U_m$（U_m 为电网最高相电压有效值）。针对不同类型操作过电压，限制措施主要如下：

перенапряжение обычно не превышает 1,5 раза номинального напряжения. Перенапряжение промышленной частоты не вредное для электрооборудования в сети 220кВ и ниже, поэтому обычно специальное ограничение перенапряжения промышленной частоты не нужно.

5.7.6.3.2 Защита от резонансного перенапряжения

Резонансное перенапряжение может разделяться на линейный резонанс, феррорезонанс и резонанс параметров. Основные методы для ограничения резонансного перенапряжения: 1. предотвращать данное положение по мере возможности, что требует надлежащей регулировки параметров сети на основе рационального расчета в начале проектирования системы во избежание резонанса; 2. сокращать продолжительность резонанса, снижать амплитуду резонанса и его влияния. Обычно проводить ингибирование с помощью успокоения сопротивления.

5.7.6.4 Защита от коммутационного перенапряжения

При отказе элементов накопления энергии, как емкость, индуктивность и т.д., в электросети или при изменениях их рабочего состояния в процессе операции процесс зарядки-повторной зарядки или процесс преобразования энергии появляется, коммутационное перенапряжение образуется переходной составляющей принудительным наложением составляющей напряжения. Продолжительность действия составляет примерно несколько миллисекунд-десятки миллисекунд. Кратное число обычно не превышает $1,4U_m$ (U_m-эффективное значение напряжения высшей фазы электросети). Относительно коммутационного

5.7.6.4.1 线路合闸和重合闸过电压

空载线路合闸时,由于线路电感—电容的振荡将产生合闸过电压。线路重合时,由于电源电势较高以及线路上残余电荷的存在,加剧了这一振荡过程,使过电压进一步升高。220kV 及以下电力线路合闸和重合闸过电压一般不超过 3.0p.u.,通常无须采取限制措施。

5.7.6.4.2 开断电容器组过电压

在开断电容器组时,断路器开断工频电容电流过零熄弧后,便会有一个接近幅值的相电压被残留在电容器上。开断三相中性点不接地的电容器时,再加上断路器的三相不同期,会在电容器端部、极间和中性点上都出现较高的过电压。主要限制措施如下:

(1)将电容器组分为若干个小组,分别用断路器进行操作控制。

(2)当电容器组容量较大(数千千乏以上)时,

перенапряжения разных видов основные мероприятия по ограничению приведены ниже:

5.7.6.4.1 Перенапряжение при включении и повторном включении линии

При включении линии на холостом ходу колебание индуктивности-емкости линии будет образовать перенапряжение при включении. При совмещении линий относительно высокий потенциал источника питания и наличие остаточных зарядов в линии усиливают данный процесс колебания, что вызывает дальнейшее повышение напряжения. Перенапряжение при включении и повторном включении линии 220кВ и ниже обычно не превышает 3,0 в относительных единицах (p.u.), поэтому не нужно принимать мероприятия по ограничению.

5.7.6.4.2 Перенапряжение при включении и выключении конденсаторного блока

При включении и выключении конденсаторного блока после того, что емкостный ток промышленной частоты выполняет гашение дуги в точке перехода через нуль при включении и выключении выключателя, тогда получается остаток фазового напряжение, приближающегося к амплитуде, на конденсаторе. При включении и выключении трехфазового конденсатора без заземления в нейтральной точке на торце конденсатора, между полюсами и в нейтральной точке будет появляться относительно высокое перенапряжение в связи с асинхром 3 фаз выключателя. Основные мероприятия по ограничению приведены ниже:

(1) Разделять конденсаторный блок на некоторые группы, которые отдельно находятся под управлением выключателями.

(2) При относительно большой емкости

可采用灭弧能力较强的少油断路器、六氟化硫断路器或真空断路器。

(3) 在多油断路器上加装分闸并联电阻,能够降低断路器开断口上的恢复电压,也能降低重燃后的过电压。

5.7.6.4.3　开断空载变压器过电压

空载变压器的励磁电流很小,因此在开断时不一定在电流过零时熄弧,而是在某一数值下被强制切断。这时,存储在电感线圈上的磁能将转化为充电于变压器杂散电容上的电能,并保持振荡,使变压器各电压侧均出现过电压。开断空载变压器过电压的能量很小,其对绝缘的作用不超过雷电冲击波的作用。因此,采用普通阀式避雷器即可获得保护效果。

5.7.6.4.4　开断高压电动机过电压

开断高压电机可能产生三种类型的过电压:

конденсаторного блока (выше некоторых тысяч кВар) разрешать использовать маломасляный выключатель, элегазовый выключатель или вакуумный выключатель с сильной способностью по гашению дуги.

(3) На многообъемном масляном выключателе установить параллельное шунтирующее сопротивление, что позволяет снижению восстанавливающегося напряжения в точке включения и выключения выключателя и снижению перенапряжения после повторного зажигания дуги.

5.7.6.4.3　Перенапряжение при включении и выключении трансформатора на холостом ходу

Возбуждающий ток трансформатора на холостом ходу очень маленький, поэтому в случае включения и выключения гашение дуги необязательно появляется в точке перехода через нуль, а проводить принудительное отключение при каком-то значении. Тогда, магнитная энергия, накопленная на индуктивной катушке, будет превратиться в электрическую энергию для заряжения к емкости рассеяния трансформатора с поддержкой колебания, чтобы напряжение появляется на каждой стороне напряжения трансформатора. Энергия перенапряжения при включении и выключении трансформатора на холостом ходу очень маленькая, ее воздействие на изоляцию не превышает воздействие ударной волны грома и молнии. Поэтому применение обыкновенный разрядник клапанного типа может получать защитный эффект.

5.7.6.4.4　Перенапряжение при включении и выключении электродвигателя высокого напряжения

При включении и выключении электродвигателя

截流过电压、三相同时开断过电压和高频重燃过电压。开断高压电动机过电压容易损坏断路器，并严重危害电动机的主绝缘和匝间绝缘。电动机容量越小,这种过电压就越高。主要限制措施如下：

（1）在电动机与断路器之间装设氧化锌避雷器。

（2）当采用真空断路器时,可在避雷器旁并联一组电容器。

（3）在回路中支接电容—电阻限压装置。

5.7.6.4.5　间歇弧光过电压

中性点不接地的系统中,发生单相接地时流过故障点的电流为电容电流。在 3～10kV 电网的电容电流超过 30A、35kV 及以上电网的电容电流 10A 时,接地电弧不易自行熄灭,常形成熄灭和重燃交替的间歇性电弧。因而导致电磁能的强烈振荡,使故障相、非故障相和中性点都参数过电压。

在 3～10kV 电网的单相接地电流超过 30A

5　Электроснабжение и электрораспределение

высокого напряжения могут появляться 3 типа перенапряжения: преграждающее перенапряжение, перенапряжение при одновременном включении или выключении 3 фаз, перенапряжение при повторном зажигании дуги высокой частоты. Перенапряжение при включении и выключении электродвигателя высокого напряжения легко повреждает выключатель и сильно вредит основной изоляции и витковой изоляции электродвигателя. Емкость электродвигателя менее, данное перенапряжение выше. Основные мероприятия по ограничению приведены ниже:

（1）Установить разрядник из окиси цинка между электродвигателем и выключателем.

（2）При использовании вакуумного выключателя разрешать параллельное соединение группы конденсаторов у разрядника.

（3）Проводить ответвленное соединение устройства ограничения напряжения емкости-сопротивления в контуре.

5.7.6.4.5　Перенапряжение от прерывной электродуги

В системе без заземления в нейтральной точке ток, проходящий через точку дефекта, при однофазном заземлении служит емкостным током. Если емкостный ток в электросети 3-10кВ превышает 30А или превышает емкостный ток в электросети 35кВ и выше на 10А, дуга заземления не легко гасится, таким образом, прерывная электродуга часто образуется в поочередной форме гашения и повторного зажигания. Таким образом, сильное колебание электромагнитной энергии вызывается, что приведет к перенапряжению параметров в неисправной фазе, исправной фазе и нейтральной точке.

Если ток однофазного заземления в электросети

时或35kV及以上电网超过10A时,可在中性点和大地之间接入消弧线圈,以减少单相接地故障电流,促成电弧自熄。在大型发电机回路和6~10kV电网,也可采用高电阻接地方式。

5.7.7 架空电力线路的过电压保护

架空电力线路的过电压保护主要是防直接雷,采取的措施是架设地线和安装避雷器。

(1)3~10kV混凝土架空电力线路:在多雷区可架设地线,或在三角排列的中线上装设避雷器;当采用铁横担时宜提高绝缘子等级;绝缘导线铁横担的线路可不提高绝缘子等级。

因雷暴日很少,南约洛坦项目所有10kV架空电力线路均不架设地线。

(2)35 kV架空电力线路:宜在线路两端架设地线,加挂地线长度宜为1.0~1.5 km。

南约洛坦项目35kV架空电力线路均在线路两端1.0~1.5km处加挂地线。中间段不架设避雷线。

3-10кВ превышает 30А или превышает ток в электросети 35кВ и выше на 10А, разрешать подключить дугогасительную катушку между нейтральной точкой и землей для уменьшения неисправного тока с однофазным заземлением, что позволяет самогашению дуги. В контуре масштабного генератора и электросети 6-10кВ тоже можно применять способ заземления с помощью высокого сопротивления.

5.7.7 Защита воздушной электролинии от перенапряжения

Защита воздушной электролинии от перенапряжения в основном действует защитой от прямого удара молнии путем прокладки заземляющего провода и установки разрядника.

(1) Бетонная воздушная электролиния 3-10кВ: в грозовой зоне можно проводить прокладку заземляющего провода или установку разрядника на средней линии с треугольным расположением; при использовании железной траверсы преимущественно повысить класс изолятора; а для линии с железной траверсой изоляционного провода разрешать не повысить класс изолятора.

В связи с мало возникновением дней с грозой и молнией для всех воздушных электролиний 10кВ объекта на м/р "Южный Елотен" не предусмотреть прокладку заземляющего провода.

(2) Воздушная электролиния 35кВ: преимущественно проводить прокладку заземляющих проводов на 2 концах линии, длина которых должна быть 1,0-1,5км.

На всех воздушных электролинии 35кВ объекта на м/р "Южный Елотен" предусмотреть заземляющие провода в месте 1,0-1,5км на 2

5 供配电

（3）66 kV 架空电力线路：年平均雷暴日数为 30d 以上的地区，宜沿全线架设地线。

（4）110 kV 架空电力线路：宜沿全线架设地线，在年均雷暴日数不超过 15d 或运行经验证明雷电活动轻微的地区，可不架设地线。无地线的线路，宜在变电站或发电厂的进线段架设 1~2km 地线。

（5）220~330 kV 输电线路应沿全线架设地线，在年均雷暴日数不超过 15d 或运行经验证明雷电活动轻微的地区，可架设单地线，山区宜架设双地线。

（6）500~750 kV 输电线路应沿全线架设双地线。

（7）对供电可靠性要求较高的线路宜采用高一级电压等级的绝缘子，并尽量以较短的时间切除故障，以减少雷击跳闸和断线事故，各级电压的送配电线路，应尽量装设自动重合闸装置。

5 Электроснабжение и электрораспределение

концах линии, а на промежуточном участке не предусмотреть молниезащитные провода.

（3）Воздушная электролиния 66кВ: в районе со средним числом грозовых дней в год более 30сут. следует проводить прокладку заземляющих проводов по целой линии.

（4）Воздушная электролиния 110кВ: следует проводить прокладку заземляющих проводов по целой линии, в районе со средним числом грозовых дней в год не более 15сут. или в районе с легким воздействием грома и молнии по опытам эксплуатации разрешать не предусмотреть заземляющий провод. На линии без заземляющего провода следует проводить прокладку заземляющего провода 1-2км на входном участке линии на подстанцию или электростанцию.

（5）Для линии электропередачи 220-330кВ следует проводить прокладку заземляющих проводов по целой линии, в районе со средним числом грозовых дней в год не более 15сут. или в районе с легким воздействием грома и молнии по опытам эксплуатации разрешать предусмотреть одиночный заземляющий провод. В гористом районе преимущественно выполнять прокладку двойного заземляющего провода.

（6）Для линии электропередачи 500-750кВ следует проводить прокладку двойного заземляющего провода по целой линии.

（7）Для линии с относительно высокими требованиями к надежности электроснабжения следует применять изоляторы, класс которых выше класса напряжения на 1 класс, и отключать неисправный участок в кратчайший срок по мере возможности в целях уменьшения отключения из-за удара молнии и обрыва линии. На линиях электроснабжения и распределительных линиях разными классами напряжения следует предусмотреть устройства автоматического включения.

（8）线路交叉挡两端的绝缘不应低于其邻挡的绝缘,交叉点应尽量靠近上下方线路的杆塔。两交叉线路间的距离不得低于规范规定的最小距离。交叉挡两端杆塔不论有无地线均应接地。

5.8 接地及电气安全

5.8.1 低压配电系统接地

5.8.1.1 系统接地形式表示方法

以拉丁字母作为代号,第一个字母表示电源端与地的关系:

T—电源端有一点直接接地;

I—电源端所有带电部分不接地或有一点通过阻抗接地。

第二个字母表示电气装置的外露可导电部分与地的关系:

T—电气装置的外露可导电部分直接接地,此接地点在电气上独立于电源端的接地点;

（8）Изоляция на 2 концах участка пересечения линии должна не ниже изоляции соседнего участка, узел пересечения должен приближаться к столбу и опоре верхней и нижней линий. Расстояние между 2 перекрестными линиями должно быть не менее минимального расстояния, указанного в правилах. Столб и опора на 2 концах участка пересечения подлежат заземлению несмотря на наличие заземляющего провода.

5.8 Заземление и электробезопасность

5.8.1 Заземление низковольтной распределительной системы

5.8.1.1 Способ выражения вида заземления системы

Применять латинские алфавиты в качестве шифров, первый алфавит обозначает зависимость между торцом источника питания и землей:

T—наличие 1 точки на торце источника питания для прямого заземления;

I—для всех токоподводящих частей на торце источника питания отсутствие заземление или наличие 1 точки для заземления с помощью сопротивления.

Второй алфавит обозначает зависимость между открытой токоподводящей чести электроустановки и землей：

T—прямое заземление открытой токоподводящей части электроустановки, относительно электричества данная точка заземления не зависит от точки заземления на торце источника питания;

5 供配电

5 Электроснабжение и электрораспределение

N—电气装置的外露可导电部分与电源端接地有直接电气连接。

横线后的字母用来表示中性导体与保护导体的组合情况：

S—中性导体和保护导体是分开的；

C—中性导体和保护导体是合一的。

5.8.1.2 TN 系统

电源端有一点直接接地（通常是中性点），电气装置的外露可导电部分通过保护中性导体或保护导体连接到此接地点。

根据中性导体（N）和保护导体（PE）的组合情况，TN 系统的型式有以下三种：

（1）TN-S 系统。整个系统的 N 线和 PE 线是分开的（图 5.8.1）。

N—прямое электросоединение открытой токоподводящей части электроустановки с точкой заземления на торце источника питания.

Алфавит после поперечины обозначает условие объединения нейтрального проводника и защитного проводника：

S—нейтральный проводник и защитный проводник отделяющиеся；

C—нейтральный проводник и защитный проводник объединенные.

5.8.1.2 Система TN

На торце источника питания существует 1 точка для прямого заземления (обычно-нейтральная точка), открытая токоподводящая часть электроустановки соединяется с данной точкой заземления через нейтральный проводник или защитный проводник.

На основе условия объединения нейтрального проводника (N) и защитного проводника (PE) система TN разделяется на следующие 3 типа：

（1）Система TN-S. провод N и провод PE целой системы являются отделяющимися, см. рис. 5.8.1.

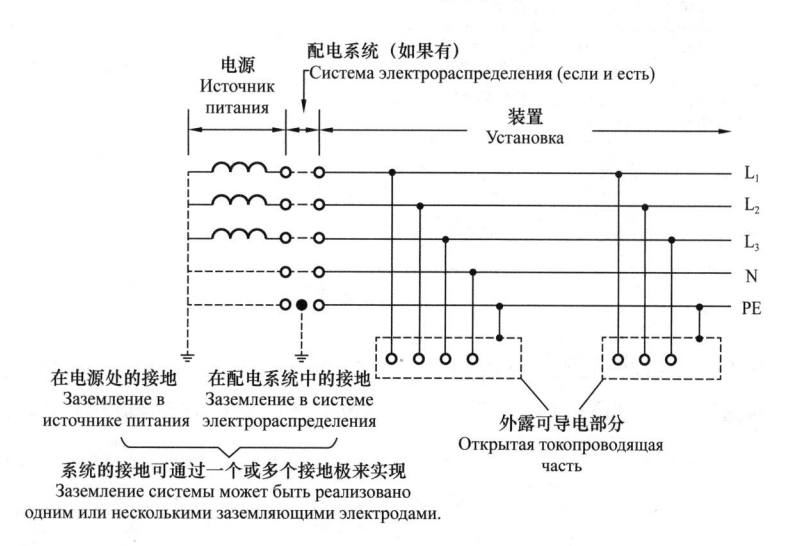

图 5.8.1　TN-S 系统

Рис. 5.8.1　Система TN-S

（2）TN-C 系统：整个系统的 N 线和 PE 线是合一的（PEN 线）(图 5.8.2）。

(2) Система TN-C: провод N и провод PE целой системы являются объединенными (провод PEN) (рис. 5.8.2).

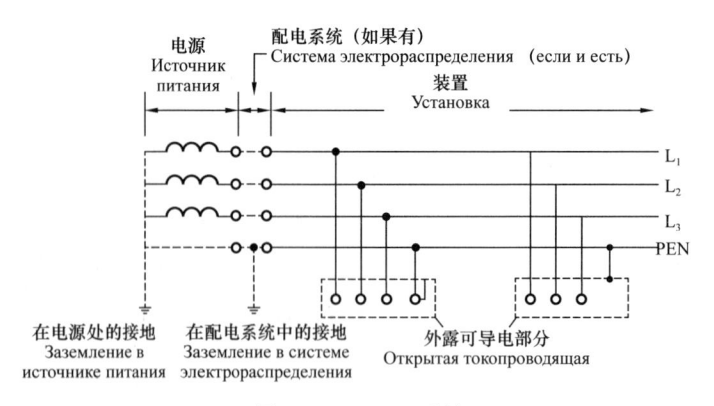

图 5.8.2　TN-C 系统

Рис. 5.8.2　Система TN-C

（3）TN-C-S 系统：系统中一部分线路的 N 线和 PE 线是合一的(图 5.8.3）。

(3) Система TN-C-S: провод N и провод PE частичных линий в системе являются объединенными (рис. 5.8.3).

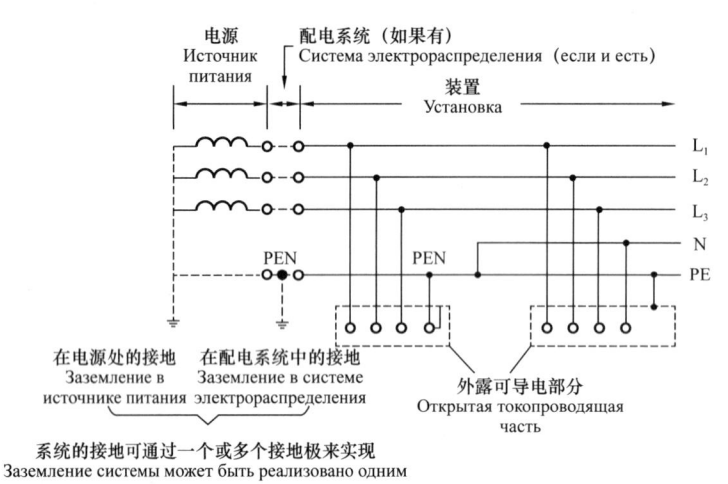

图 5.8.3　TN-C-S 系统

Рис. 5.8.3　Система TN-C-S

5.8.1.3　TT 系统

电源端的带电部分不接地或有一点通过阻抗接地。电气装置的外露可导电部分直接接地(图 5.8.4）。

5.8.1.3　Система TT

Для токоподводящих частей на торце источника питания отсутствует заземление или только существует 1 точка для заземления с помощью сопротивления. Открытая токоподводящая часть электроустановки подлежит прямому заземлению (рис. 5.8.4).

5 供配电

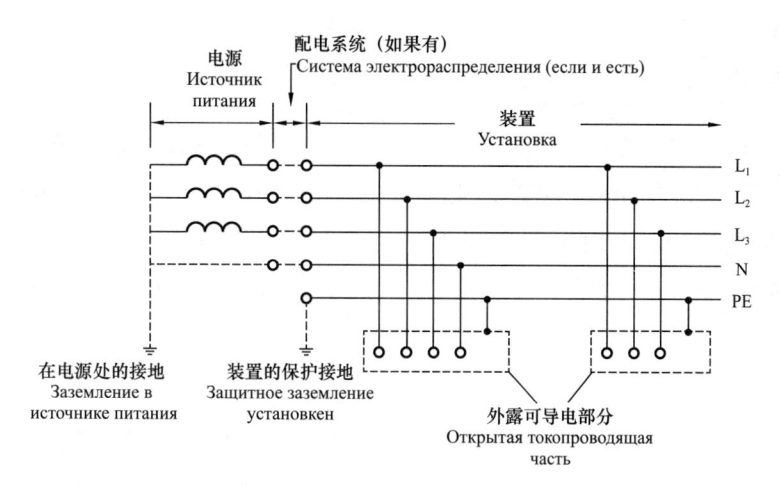

5 Электроснабжение и электрораспределение

图 5.8.4 TT 系统

Рис. 5.8.4 Система T T

5.8.1.4 IT 系统

电源端的带电部分不接地或有一点通过阻抗接地。电气装置的外露可导电部分直接接地(图 5.8.5)。

5.8.1.4 Система IT

Для токоподводящих частей на торце источника питания отсутствует заземление или только существует 1 точка для заземления с помощью сопротивления. Открытая токоподводящая часть электроустановки подлежит прямому заземлению (рис. 5.8.5).

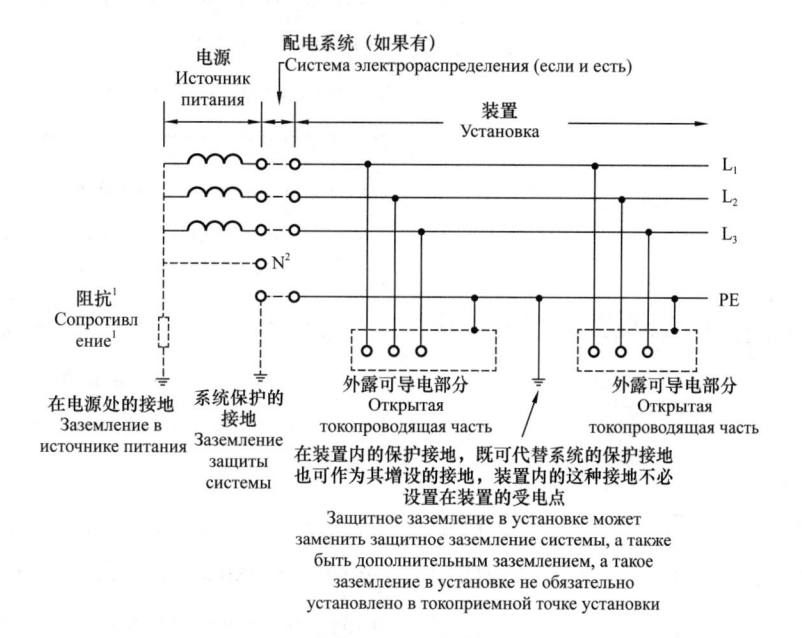

图 5.8.5 IT 系统
（1）该系统可经足够高的阻抗接地;（2）可配出 N,也可不配出 N

Рис. 5.8.5 Система IT
(1)Данная система может быть заземлена достаточным высоким сопротивлением;(2)Можно выполнить конфигурацию N или не нужно выполнить

5.8.1.5 统接地型式的选用

（1）TN-C系统的安全水平较低,例如单相回路切断PEN线时,设备金属外壳带220V对地电压,不允许断开PEN线检修设备时不安全等,可用于有专业人员维护管理的一般性工业厂房和场所。

（2）TN-S系统适用于设有变电站的公共建筑、医院、有爆炸和火灾危险的厂房和场所、单相负荷比较集中的场所,数据处理设备、半导体整流设备和晶闸管设备比较集中的场所,洁净厂房,办公楼与科研楼,计算站,通信局、站以及一般住宅、商店等民用建筑的电气装置。

（3）TN-C-S系统宜用于不附设变电站的上述第（2）项中所列建筑和场所的电气装置。

（4）TT系统适用于不附设变电站的上述第（2）项中所列建筑和场所的电气装置,尤其适用于无等电位联结的户外场所。

（5）IT系统适用于不间断供电要求高和对接地故障电压有严格限制的场所,如应急电源装置、

5.8.1.5 Выбор типа заземления системы

（1）Система TN-C обладает относительно низкой безопасностью, например, при отключении провода PEN в однофазном контуре на металлическом корпусе оборудования существует напряжение к земле 220В, нельзя отключить провод PEN при ремонте оборудования в связи с недостатком безопасности, поэтому данная система может применяться в обычных промышленных зданиях и площадках под обслуживанием и контролем специальным лицом.

（2）Система TN-S распространяется на электроустановки для общественного здания с подстанцией, больницы, зданий и мест с взрывной и пожарной опасностью, мест с относительно централизованной однофазной нагрузкой, мест с относительно централизованными устройствами обработки данных, полупроводниковыми выпрямительными установками и тиристорными установками, очистительных зданий, административного корпуса и научного корпуса, компьютерной станции, управления связи и станции связи, а также обыкновенных жилых зданий, магазинов и прочих зданий гражданского назначения.

（3）Система TN-C-S должна применяться для электроустановки в зданиях и местах без подстанции, указанных в вышеизложенном пункте（2）.

（4）Система TT распространяется на электроустановки в зданиях и местах без подстанции, указанных в вышеизложенном пункте（2）, особенно наружные места для соединения без эквипотенциала.

（5）Система IT должна применяться в местах с высокими требованиями к непрерывному

消防、矿井下电气装置、胸腔手术室以及有防火防爆要求的场所。

（6）由同一变压器、发电机供电的范围内 TN 系统和 TT 系统不能和 IT 系统兼容。分散的建筑物可分别采用 TN 系统和 TT 系统。同一建筑物宜采用 TN 系统或 TT 系统中的一种。

5.8.2 中、高压配电系统接地

5.8.2.1 中性点不接地

当单相接地故障电容电流不超过以下数值时的下列电力系统采用不接地方式。

（1）10A：3~10kV 不直接连接发电机的钢筋混凝土或金属杆塔架空线路构成的系统和所有的 35kV 系统。

（2）20A：10kV 不直接连接发电机的非钢筋混凝土或非金属杆塔的架空线路构成的系统。

（3）30A：3~6kV 不直接连接发电机的非钢筋混凝土或非金属杆塔的架空线路构成的系统。

5 Электроснабжение и электрораспределение

электроснабжению и строгими ограничениями напряжением при неисправности заземления, например, аварийный источник питания, пожарное устройство, электроустановка на шахте, торакальная операционная комната и место с требованиями к взрывозащите и пожарной защите.

（6）Система TN и система TT не совмещаются с системой IT в случае того, что они находятся в сфере электроснабжения одинаковым трансформатором и генератором. Рассредоточивающиеся здания могут отдельно использовать систему TN и систему TT. В одном здании следует применять любую из системы TN или системы TT.

5.8.2 Заземление распределительной системы среднего и высокого напряжения

5.8.2.1 Не заземление нейтральной точки

Когда емкостной ток при неисправности однофазного заземления не превышает следующие значения, следующие электрические системы применяют способ без заземления.

（1）10A: система 3-10кВ, состоящая из воздушных линий с железобетонной или металлической опорой, не прямо соединенных с генератором, а также все системы 35кВ.

（2）20A: система 10кВ, состоящая из воздушных линий с не железобетонной или неметаллической опорой, не прямо соединенных с генератором.

（3）30A: система 3-6кВ, состоящая из воздушных линий с не железобетонной или неметаллической опорой, не прямо соединенных с генератором.

（4）3~10kV 不直接连接发电机的电缆线路构成的系统。

（5）6.3~20kV 具有发电机的系统，发电机内部发生单相接地故障电流不大于表5.8.1中允许值时，采用不接地方式。

（4）система 3-10кВ, состоящая из кабельных линий, не прямо соединенных с генератором.

（5）Система 6,3-20кВ с генератором. Тогда ток при неисправности однофазного заземления в генераторе не превышает допустимое значение в таблице 5.8.1, применять способ без заземления.

表 5.8.1　发电机接地故障允许值

Таблица 5.8.1　Допустимое значение земляного повреждения генератора

发电机额定电压, kV Номинальное напряжение генератора, кВ	发电机额定容量 MW Номинальная емкость генератора МВт	接地故障电流允许值, A Допустимое значение тока земляного повреждения, А	发电机额定电压, kV Номинальное напряжение генератора, кВ	发电机额定容量 MW Номинальная емкость генератора МВт	接地故障电流允许值, A Допустимое значение тока земляного повреждения, А
6.3	≤50	4	13.8~15.75	125~200	2
10.5	50~100	3	18~20	≥300	1

5.8.2.2　中性点经消弧线圈接地

当单相接地故障电流超过上述第(1)款中的允许值又需在接地故障条件下运行时，采用消弧线圈接地方式。

采用消弧线圈接地方式需满足以下要求：

（1）在正常运行情况下，中性点的长时间电压位移不应超过系统标称相电压的15%。

（2）故障点的残余电流不宜超过10A，必要时可将系统分区运行，且消弧线圈宜采用过补偿运行方式。

（3）消弧线圈的容量应根据系统 5~10 年的

5.8.2.2　Заземление через дугогасительную катушку в нейтральной точке

Когда ток при неисправности однофазного заземления превышает допустимое значение с необходимостью работы в условиях неисправности заземления, можно применять способ заземления с помощью дугогасительной катушки.

Применение способа заземления с помощью дугогасительной катушки должно удовлетворять следующим требованиям:

（1）В условиях нормальной эксплуатации долгосрочное перемещение напряжения в нейтральной точке должно не превышать 15% от условного фазного напряжения системы.

（2）Остаточный ток в точке неисправности должен не превышать 10А, при необходимости можно проводить эксплуатацию системы по блокам. Кроме этого, дугогасительная катушка должна работать в виде перекомпенсации.

（3）Емкость дугогасительной катушки обязана

发展规划确定,并应按式(5.8.1)计算:

$$W = 1.35 I_\mathrm{C} \frac{U_\mathrm{n}}{\sqrt{3}} \qquad (5.8.1)$$

式中 W——消弧线圈的容量,kV·A;

I_C——接地电容电流,A;

U_n——系统标称电压,kV。

(4)系统中消弧线圈装设地点应符合下列要求:

① 应保证系统在任何运行方式下,断开一、二回线路时,大部分不致失去补偿。

② 不宜将多台消弧线圈集中安装在系统中的一处。

③ 消弧线圈宜接于 YN,d 或 YN,yn,d 接线的变压器中性点上,也可接在 ZN,yn 接线的变压器中性点上。

接于 YN,d 接线的双绕组或 YN,yn,d 接线的三绕组变压器中性点上的消弧线圈容量,不应超过变压器三相总容量的 50%,且不得大于三绕组变压器的任一绕组的容量。

如需将消弧线圈接于 YN,yn 接线的变压器中性点,消弧线圈的容量不应超过变压器三相总容量的 20%,但不应将消弧线圈接于零序磁通经铁芯闭路的 YN,yn 接线的变压器,如外铁型变压器或三台单相变压器组成的变压器组。

5 Электроснабжение и электрораспределение

определяться по плану развития системы в течение 5-10 лет с расчетом по формуле (5.8.1):

$$W = 1{,}35 I_\mathrm{C} \frac{U_\mathrm{n}}{\sqrt{3}} \qquad (5.8.1)$$

Где W——емкость дугогасительной катушки, кВ·А;

I_C——емкостный ток заземления, А;

U_n——условное напряжение системы, кВ.

(4) Место установки дугогасительной катушки в системе должно удовлетворять следующим требованиям:

① Следует обеспечить то, что большинство не потеряет компенсацию при отключении первого и второго контуров в любом рабочем режиме системы.

② Не следует проводить централизованную установку дугогасительных катушек в одном месте системы.

③ Дугогасительная катушка должна подключаться к нейтральной точке трансформатора с соединением проводов YN, d или YN, yn, d, а также к нейтральной точке трансформатора с соединением проводов ZN, yn.

Емкость дугогасительной катушки на нейтральной точке двухобмоточного трансформатора соединением провода YN, d или трехобмоточного трансформатора соединением провода YN, yn, d должна не превышать 50% от общей емкости 3 фаз трансформатора и не превышать емкость любой обмотки трехобмоточного трансформатора.

При необходимости подключения дугогасительной катушки к нейтральной точке трансформатора соединением провода YN, yn емкость дугогасительной катушки должна не превышать 20% от общей емкости 3 фаз трансформатора, но не следует подключить дугогасительную катушку к трансформатору соединением провода YN, yn

④ 如变压器无中性点或中性点未引出，应装设专用接地变压器，其容量应与消弧线圈的容量相配合。

5.8.2.3 中性点经电阻接地

电阻接地方式一般分为高电阻接地和低电阻接地。高电阻接地方式一般采用接地故障电流小于10A（电阻值为几百欧姆至几千欧姆）；低电阻接地方式一般采用接地故障电流100～1000A（电阻值为几欧姆至几十欧姆）。

（1）高电阻接地用于当发电机内部发生单相接地故障要求瞬时切机时，电阻器一般接在发电机中性点变压器的二次绕组上。当6～10kV配电系统以及发电厂厂用电系统、单相接地故障电容电流较小时（一般小于10A），为防止谐振、间隙性电弧接地过电压等对设备的损害，可采用高电阻接地方式。

нулевой последовательности с магнитным током через замкнутый керн, например, группа трансформаторов, состоящая из трансформаторов с наружным керном или 3 однофазных трансформаторов.

④ Если трансформатор не имеет нейтральную точку или нейтральная точка не вводится, следует предусмотреть специальный трансформатор для заземления, его емкость должна совмещаться с емкостью дугогасительной катушкой.

5.8.2.3 Заземление нейтральной точки через сопротивление

Способ заземления сопротивления обычно разделается на заземление высокого сопротивления и заземление низкого сопротивления. При заземлении высокого сопротивления обычно применять ток при неисправности заземления менее 10А (значение сопротивления: сотня-тысячи Ом); при заземлении низкого сопротивления-ток при неисправности заземления 100-1000А (значение сопротивления: несколько Ом-десяти Ом).

(1) Способ заземления высокого сопротивления применяется при требовании мгновенного отключения в случае неисправности однофазного заземления в генераторе, резистор обычно подключается к вторичной обмотке трансформатора в нейтральной точке генератора. В случае относительно маленького емкостного тока при неисправности однофазного заземления (обычно менее 10А) для распределительной системы 6-10кВ, потребительной системы электростанции разрешать способ заземления высокого сопротивления во избежание повреждения оборудования из-за резонансного перенапряжения, заземления прерывной электродуги и т.д..

（2）低电阻接地用于 6～35kV 主要由电缆线路构成的送、配电系统,单相接地故障电容电流较大时。但应考虑供电可靠性要求、故障时瞬态电压和电流对电气设备的影响、对通信的影响和继电保护技术要求以及本地运行经验等。

5.8.2.4 中性点直接接地

中性点直接接地或经一低值阻抗接地的系统,称为有效接地系统。通常该系统的零序电抗与正序电抗的比值 $X_0/X_1 \leqslant 3$,零序电阻与正序电抗的比值 $R_0/X_1 \leqslant 1$。该系统也称为大接地电流系统。中性点直接接地是有效接地系统之一。

有效接地系统的优点是系统的过电压水平和输变电设备所需的绝缘水平较低。系统的动态电压升高不超过系统额定电压的 80%,高压电网中采用这种接地方式降低设备和线路造价,经济效益显著。

（2）Способ заземления низкого сопротивления в основном применяется для системы электроснабжения и распределительной системы, состоящих из кабельных линий 6-35кВ в случае относительно большого емкостного тока при неисправности однофазного заземления. Но следует учесть требования к надежности электроснабжения, мгновенное напряжение при неисправности, влияние тока на электрооборудование и связь, технические требования к релейной защите, опыты эксплуатации на месте и т.д..

5.8.2.4 Прямое заземление нейтральной точки

Система с прямым заземлением нейтральной точки или с заземлением через низкое сопротивление называется системой эффектного заземления. Обычно отношение реактанса нулевой последовательности к реактансу прямой последовательности данной системы составляет $X_0/X_1 \leqslant 3$, а отношение сопротивления нулевой последовательности к реактансу прямой последовательности $R_0/X_1 \leqslant 1$. Данная система тоже называется системой с большим током заземления. Прямое заземление нейтральной точки является одной из систем эффектного заземления.

Преимуществ системы эффектного заземления служат относительно низким уровнем перенапряжения системы и низким уровнем требуемой изоляции оборудования электропередачи. Динамическое повышение напряжения системы не превышает 80% от номинального напряжения системы, в электросети высокого напряжения применяется данный способ заземления для снижения стоимости оборудования и линии, что обладает значительным экономическим эффектом.

有效接地系统的缺点是发生单相接地故障时单相接地电流很大,必然引起断路器的跳闸,降低了供电连续性,因而供电可靠性较差。此外,单相接地电流有时会超过三相短路电流,影响断路器遮断能力的选择,并有对通信线路产生干扰的危险。

5.8.3 接地装置

5.8.3.1 接地极

5.8.3.1.1 自然接地极

交流电气装置的接地宜利用直接埋入地中或水中的自然接地极,如建筑物的钢筋混凝土基础(外部包有塑料或橡胶类防水层的除外),金属管道(可燃液体或气体、供暖管道禁用)、电缆金属外皮、深井井管等。当自然接地极不满足接地电阻要求时,应补设人工接地极。

对发电厂、变电站的接地装置除利用自然接地极外,还应敷设人工接地极。但对于3~10kV变电站、配电所,当采用建筑物基础作接地极且接地电阻又满足规定值时,可不另设人工接地极。

Недостатки системы эффектного заземления служат большим током однофазного заземления при неисправности однофазного заземления, тогда обязательно привести к отключению выключателя, что снизит непрерывность электроснабжения. Поэтому надежность электроснабжения относительно плохая. Кроме этого, ток однофазного заземления иногда превышает ток трехфазного короткого замывания, что влияет на выбор способности по отключению выключателя и приведет к помехам линии связи.

5.8.3 Заземляющая установка

5.8.3.1 Заземляющий электрод

5.8.3.1.1 Естественный заземляющий электрод

Заземление электроустановки переменного тока должно осуществляться с помощью естественного заземляющего электрода с залеганием в землю или воду, например, железобетонное основание здания (за исключением предметов с покрытием пластмассовой или резиновой гидроизоляцией), металлические трубопроводы (запрещены трубопровод горючей жидкости, трубопровод горючего газа, отопительный трубопровод), металлическая оболочка кабеля, трубопровод для глубинной скважины и т.д.. Если естественный заземляющий электрод не удовлетворяет требованиям к сопротивлению заземления, следует дополнить искусственный заземляющий электрод.

Для заземляющих установок на электростанции и подстанции следует проводить прокладку искусственного заземляющего электрода за исключением естественного заземляющего электрода. Но на электростанции и подстанции

5 供配电

5 Электроснабжение и электрораспределение

5.8.3.1.2 人工接地极

接地装置的人工接地极一般采用水平敷设的圆钢、扁钢，垂直敷设的角钢、圆钢、钢管，也可采用金属板。为减少相邻接地体的屏蔽作用，垂直接地体的间距不宜小于其长度的 2 倍，水平接地体的间距不宜小于 5m。接地体埋设于冻土层深度以下，一般不小于 0.8m。

接地体和接地干线的规格一般按表 5.8.2 选取，接地支线的规格一般按表 5.8.3 选取。

5.8.3.1.2 Искусственный заземляющий электрод

3-10кВ, если применять основание здания в качестве электрода и сопротивление заземления удовлетворяет указанному значению, разрешать не предусмотреть искусственный заземляющий электрод.

Искусственный заземляющий электрод заземляющей установки обычно выполняется из круглой стали и полосовой стали с горизонтальной прокладкой, уголка, круглой стали и стальной трубы с вертикальной прокладкой, а также металлический лист. Чтобы уменьшить экранирование соседних заземляющих электродов шаг между вертикальными заземляющими электродами должен быть не менее 2 раза их длины, а шаг между горизонтальными заземляющими электродами-не менее 5м. Заземляющий электрод подлежит залеганию под глубиной мерзлоты, обычно не менее 0,8м.

Выбор характеристик заземляющего электрода и заземляющей магистрали обычно осуществляется по таблице 5.8.2, а выбор характеристик заземляющего ответвления-по таблице 5.8.3.

表 5.8.2 接地体和接地干线规格推荐

Таблица 5.8.2 Рекомендуемые спецификации заземлителей и магистралей заземления

种类 Вид	规格及单位 Спецификация & Единица	地上 Над землей 室内 В помещении	地上 Над землей 室外 Вне помещения	地下 Под землей
扁钢 Полосовая сталь	边长×厚, mm × mm Длина стороны × толщина, мм × мм	30×5	30×5	50×5
圆钢 Круглая сталь	直径, mm Диаметр, мм	10	10	10
等边角钢 Равносторонний угольник	边长×厚, mm × mm Длина стороны × толщина, мм × мм			50×5

续表
продолжение

种类 Вид	规格及单位 Спецификация & Единица	地上 Над землей		地下 Под землей
		室内 В помещении	室外 Вне помещения	
钢管 Стальная труба	公称直径, mm Номинальный диаметр, мм			50
	壁厚, mm Толщина стенки, мм			3.5

表 5.8.3 接地支线规格推荐
Таблица 5.8.3 Рекомендуемые спецификации заземленного ответвления

种类 Вид	规格及单位 Спецификация & Единица	室内 В помещении	室外 Вне помещения
圆钢 Круглая сталь	直径, mm Диаметр, мм	10	10
扁钢 Полосовая сталь	边长×厚, mm×mm Длина стороны × толщина, мм × мм	30×5	30×5

5.8.3.2 接地线的连接

（1）钢接地线连接处应焊接。如采用搭接焊，其搭接长度必须不小于扁钢宽度的 2 倍或圆钢直径的 6 倍。接地装置接地极的截面不宜小于连接至该接地装置的接地线截面的 75%。

（2）接地线与接地极的连接，宜采用焊接。用螺栓连接时，应设防松螺帽或防松垫片。

（3）接地线与管道等伸长接地极的连接处宜焊接。如焊接有困难，可用管卡，但应保证电气连续性符合要求。连接处应选择在人员便于接近处。

5.8.3.2 Соединение заземляющего провода

（1）Место соединения стального заземляющего провода подлежит сварке. В случае сварки внахлестку длина нахлестки обязана не менее 2 раза ширины полосовой стали или 6 раз диаметра круглой стали. Сечение заземляющего электрода заземляющей установки должно быть не менее 75% от сечения заземляющего провода, подключенного к данной заземляющей установке.

（2）Соединение заземляющего провода и заземляющего электрода должно выполняться сваркой. При применении болтового соединения следует предусмотреть контровочный болт или контровочную прокладку.

（3）В месте соединения заземляющего провода с трубопроводом и прочими удлиненными заземляющими электродами следует проводить сварку. При наличии трудности в сварке разрешать применять трубный хомут с обеспечением удовлетворения электрической непрерывности

（4）带金属外壳的插座，其接地触头和金属外壳应有可靠的电气连接。

（5）电力设备每个接地部分应以单独的接地线与接地干线相连接，严禁在一条接地线上串接几个需要接地的部分。

5.8.3.3　接地体截面的热稳定校验

不考虑接地体腐蚀的情况下，接地线的最小截面应符合式（5.8.2）的要求。

$$S_g \geq \frac{I_g}{c}\sqrt{t_c} \qquad (5.8.2)$$

式中　S_g——接地线的最小截面，mm²；

I_g——流过接地线的短路电流稳定值（根据系统5~10年发展规划，按系统最大运行方式确定），A；

t_c——短路的等效持续时间，s；

c——接地线材料的热稳定系数，根据材料的种类、性能及最高允许温度和短路前接地线的初始温度确定。

5　Электроснабжение и электрораспределение

требованиям. Место соединения должно располагаться в доступном месте.

（4）Для розетки с металлическим корпусом, ее заземляющий контакт и металлический корпус должны иметь надежное электросоединение.

（5）Каждая заземляющая часть электроустановки подлежит соединению с заземляющей магистралью с помощью отдельного заземляющего провода, последовательное соединение несколько частей, подлежащих заземлению, на одном заземляющем проводе не допускается.

5.8.3.3　Проверка термической устойчивости заземляющего электрода

Минимальное сечение заземляющего провода без учета коррозии заземляющего электрода должно удовлетворять требованиям формуле （5.8.2）.

$$S_g \geq \frac{I_g}{c}\sqrt{t_c} \qquad （5.8.2）$$

Где　S_g——минимальное сечение заземляющего провода, мм²；

I_g——стабильное значение тока короткого замыкания через заземляющий провод（определять по плану развития системы в течение 5-10 лет и на основе максимального рабочего режима системы）, А；

t_c——эквивалентная продолжительность короткого замыкания, сек.；

c——коэффициент термической устойчивости материала заземляющего провода, определяться на основе типа, свойств и максимальной допустимой температуры материала, а также начальной температуры заземляющего провода перед коротким замыканием.

在校验接地线的热稳定时，I_g，t_c 及 c 应采用表 5.8.4 所列数值。接地线的初始温度一般取 40℃。

При проверке термической устойчивости заземляющего провода, для I_g, t_c и c следует принять значения в таблице 5.8.4. Для начальной температуры заземляющего провода обычно принять 40℃.

表 5.8.4　校验接地线热稳定用的 I_g，t_c 和 c 值

Таблица 5.8.4　Значения I_g, t_c и c для проверки термостабилизации заземляющего провода

系统接地方式 Способ заземления системы	I_g	t_c, s	c 钢 Сталь	铝 Алюминиевый	铜 Медь
有效接地 Эффективное заземление	单（两）相接地短路电流 Ток короткого замыкания однофазного (двухфазного) заземления	按式（5.8.3）和式（5.8.4）取值 Значение по формулам (5.8.3) и (5.8.4)	70	120	210
低电阻接地 Заземление с низким сопротивлением	单（两）相接地短路电流 Ток короткого замыкания однофазного (двухфазного) заземления	2	70	120	210
不接地、消弧线圈接地和高电阻接地 Незаземление, заземление через дугогасящую катушку и заземление через высокое сопротивление	异点两相接地短路电流 Ток короткого замыкания однофазного (двухфазного) заземления	2	70	120	210

（1）发电厂、变电站的继电保护装置配置有 2 套速动主保护、近接地后备保护、断路器失灵保护和自动重合闸时，t_c 可按式（5.8.3）取值：

$$t_c \geq t_m + t_f + t_0 \quad (5.8.3)$$

式中　t_m——主保护动作时间，s；

t_f——断路器失灵保护动作时间，s；

t_0——断路器开断时间，s。

（2）配有 1 套速动主保护、近或远（或远近结合的）后备保护和自动重合闸、有或无断路器失灵保护时，t_c 可按式（5.8.4）取值：

（1）Когда для релейных защитных устройств на электростанции и подстанции предусмотрены 2 комплекта основной быстродействующей защиты, резервной защиты с заземлением поблизости, защиты от отказа выключателя и автоматического повторного включения, для t_c принять значение по формуле (5.8.3):

$$t_c \geq t_m + t_f + t_0 \quad (5.8.3)$$

Где　t_m——время действия основной защиты, сек.;

t_f——время действия защиты от отказа выключателя, сек.;

t_0——время отключения выключателя, сек..

（2）Когда предусмотреть 1 комплект основной быстродействующей защиты, резервной защиты с близким или далеким (или комбинированным) заземлением и автоматического повторного

$$t_c \geq t_m + t_r \quad (5.8.4)$$

式中 t_r——第一级后备保护的动作时间，s。

5.8.3.4 接地电阻计算

（1）均匀土壤中垂直接地极示意图见图5.8.6，其电阻可以按下列公式计算。

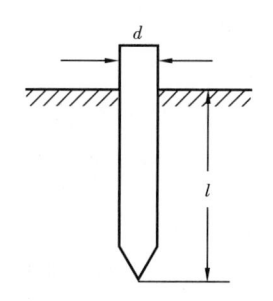

图 5.8.6 垂直接地极示意图

① 当 $l \geq d$ 时，接地电阻可以按照式（5.8.5）计算：

$$R_v = \frac{\rho}{2\pi l}\left(\ln\frac{8l}{d} - 1\right) \quad (5.8.5)$$

式中 R_v——垂直接地极的接地电阻，Ω；

ρ——土壤电阻率，Ω·m；

l——垂直接地极额定长度，m；

d——接地极用圆导体时，圆导体的直径，m。

② 当接地极用其他型式导体时，见图5.8.7，其等效直径可按式（5.8.6）至式（5.8.9）计算：

5.8.7，расчет его эквивалентного диаметра может выполняться по формулам（5.8.6）…（5.8.9）.

管状导体

$$d = d_1 \quad (5.8.6)$$

扁导体

$$d = b/2 \quad (5.8.7)$$

等边角钢

$$d = 0.84b \quad (5.8.8)$$

不等边角钢

$$d = 0.71[b_1 b_2 (b_1^2 + b_2^2)]^{0.25} \quad (5.8.9)$$

Трубчатый проводник

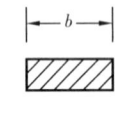

$$d = d_1 \quad (5.8.6)$$

Плоский проводник

$$d = b/2 \quad (5.8.7)$$

Равносторонний уголок

$$d = 0,84b \quad (5.8.8)$$

Неравносторонний уголок

$$d = 0,71[b_1 b_2 (b_1^2 + b_2^2)]^{0.25} \quad (5.8.9)$$

图 5.8.7　几种型式导体的计算尺寸

Рисунок 5.8.7　Расчетные размеры проводников нескольких типов

（2）均匀土壤中不同形状水平接地极的接地电阻，可按式（5.8.10）计算：

$$R_h = \frac{\rho}{2\pi L}\left(\ln\frac{L^2}{hd} + A\right) \quad (5.8.10)$$

式中　R_h——水平接地极的接地电阻，Ω；

L——水平接地极的总长度，m；

h——水平接地极的埋设深度，m；

d——水平接地极的直径或等效直径，m；

A——水平接地极的形状系数，可按表 5.8.5 的规定采用。

（2）В равномерном грунте расчет сопротивления заземления горизонтальных заземляющих электродов разных форм может выполняться по формуле（5.8.10）：

$$R_h = \frac{\rho}{2\pi L}\left(\ln\frac{L^2}{hd} + A\right) \quad (5.8.10)$$

Где　R_h——сопротивление заземления горизонтального заземляющего электрода, Ом;

L——общая длина горизонтального заземляющего электрода, м;

h——глубина залегания горизонтального заземляющего электрода, м;

d——диаметр или эквивалентный диаметр горизонтального заземляющего электрода, м;

A——коэффициент формы горизонтального заземляющего электрода, можно принять значение по указаниям в таблице 5.8.5.

5 Электроснабжение и электрораспределение

表 5.8.5 水平接地极的形状系数

Таблица 5.8.5 Коэффициент формы горизонтального заземленного электрода

水平接地极形状 Форма горизонтального заземляющего электрода	—	∟	人	○	+	□	✶	✶	✶	✶
形状系数 A Коэффициент формы A	-0.6	-0.18	0	0.48	0.89	1	2.19	3.03	4.71	5.65

（3）均匀土壤中水平接地极为主边缘闭合的复合接地极（接地网）的接地电阻，可按式（5.8.11）至式（5.8.14）计算：

$$R_n = \alpha_1 R_e \quad (5.8.11)$$

$$\alpha_1 = \left(3\ln\frac{L_0}{\sqrt{S}} - 0.2\right)\frac{\sqrt{S}}{L_0} \quad (5.8.12)$$

$$R_e = 0.213\frac{\rho}{\sqrt{S}}(1+B) + \frac{\rho}{2\pi L}\left(\ln\frac{S}{9hd} - 5B\right) \quad (5.8.13)$$

$$B = \frac{1}{1 + 4.6\frac{h}{\sqrt{S}}} \quad (5.8.14)$$

式中 R_n——任意形状边缘闭合接地网的接地电阻，Ω；

R_e——等值（即等面积、等水平接地极总长度）方形接地网的接地电阻，Ω；

S——接地网的总面积，m²；

d——水平接地极的直径或等效直径，m；

h——水平接地极的埋设深度，m；

（3）В равномерном грунте, если горизонтальный заземляющий электрод служит комбинированным заземляющим электродом (заземляющей сетью) с закрытым основным краем, расчет его сопротивления заземления может выполняться по формулам (5.8.11)…(5.8.14):

$$R_n = \alpha_1 R_e \quad (5.8.11)$$

$$\alpha_1 = \left(3\ln\frac{L_0}{\sqrt{S}} - 0.2\right)\frac{\sqrt{S}}{L_0} \quad (5.8.12)$$

$$R_e = 0{,}213\frac{\rho}{\sqrt{S}}(1+B) + \frac{\rho}{2\pi L}\left(\ln\frac{S}{9hd} - 5B\right) \quad (5.8.13)$$

$$B = \frac{1}{1 + 4{,}6\frac{h}{\sqrt{S}}} \quad (5.8.14)$$

Где R_n——сопротивление заземления заземляющей сети с закрытым краем любой формы, Ом;

R_e——эквивалентное (т.е. по общей длине заземляющего электрода с эквивалентной площадью и на эквивалентном уровне) сопротивление заземления квадратной заземляющей сети, Ом;

S——общая площадь заземляющей сети, м²;

d——диаметр или эквивалентный диаметр горизонтального заземляющего электрода, м;

h——глубина залегания горизонтального заземляющего электрода, м;

L_0——接地网的外缘边线总长度，m；

L——水平接地极的总长度。

(4) 均匀土壤中人工接地极工频接地电阻的简易计算，可相应采用式(5.8.15)和式(5.8.16)：

垂直式
$$R \approx 0.3\rho \quad (5.8.15)$$

单根水平式
$$R \approx 0.03\rho \quad (5.8.16)$$

复合式（接地网）

$$R \approx 0.5\frac{\rho}{\sqrt{S}} = 0.28\frac{\rho}{r} \quad (5.8.17)$$

或

$$R \approx \frac{\sqrt{\pi}}{4} \times \frac{\rho}{\sqrt{S}} + \frac{\rho}{L} = \frac{\rho}{4r} + \frac{\rho}{L} \quad (5.8.18)$$

式中 S——大于 100m² 的闭合接地网的面积；

R——与接地网面积 S 等值的圆的半径，即等效半径，m。

5.8.4 电击防护

5.8.4.1 直接和间接电击防护

(1) 直接接触电击系指人体与正常工作中的裸露带电部分直接接触而遭受的电击。其主要防护措施如下：

5 供配电

① 将裸露带电部分包以适合的绝缘。

② 设置遮栏或外护物以防止人体与裸露带电部分接触,这时应注意:

　　a. 遮栏和外护物靠近裸露带电部分的这一部分,其防护等级应至少为IP2X,即如有洞孔,其直径不应大于12.5mm。

　　b. 人易接近的遮栏和外护物的水平顶部的防护等级至少为IP4X,即如有洞孔,其直径不应大于1mm。

　　c. 只能使用钥匙或工具,或切断电源才能移开遮栏和外护物。

③ 设置阻挡物以防止人体无意识地触及裸露带电部分。阻挡物可不用钥匙或工具就能移动,但必须固定住,以防无意识的移动。这一措施只适用于专业人员。

④ 将裸露带电部分置于人的伸臂范围以外。伸臂范围的规定距离如图5.8.8所示。图中S为人的站立面。当人站立处前方有阻挡物时,伸臂范围应从阻挡物算起。从S面算起的向上的伸臂范围为2.5m,人体上方低于IP2X要求的阻挡物都不能减小此范围。在常有人手持长或大的物体的场所,伸臂范围还应适当加大。

5 Электроснабжение и электрораспределение

① Покрыть обнаженную токоподводящую часть надлежащей изоляцией.

② Предусмотреть ограждение или наружный защитный предмет во избежание контакта человеческого тела с обнаженной токоподводящей частью, тогда следует обратить внимание на следующие:

　　a. Класс части ограждения и наружного защитного предмета, приближающей к обнаженной токоподводящей части, должен быть не ниже IP2X, т.е. при наличии отверстия его диаметр должен быть не более 12,5мм.

　　b. Класс защиты доступной горизонтальной вершины ограждения и наружного защитного предмета должен быть не ниже IP4X, т.е. при наличии отверстия его диаметр должен быть не более 1мм.

　　c. Ограждение и наружный защитный предмет могут перемещаться только с помощью ключа или инструмента, или методом отключения источника питания.

③ Предусмотреть препятствия во избежание бессознательного контакта человеческого тела с обнаженной токоподводящей частью. Препятствия могут перемещаться без ключа или инструмента, но необходимо укрепить их во избежание их бессознательного перемещения. Данное мероприятие только пригодное для профессионального лица.

④ Предусмотреть обнаженную токоподводящую часть вне сферы протягивания рук человека. Заданное расстояние консольного диапазона приведено на рис. 5.8.8. На рисунке S служит стороной стояния человека. При наличии препятствий перед человеком сфера протягивания рук должна рассчитаться с препятствий. Со стороны S сфера протягивания рук вверх составляет 2,5м, препятствия ниже класса IP2X над человеком не могут уменьшать данную сферу. В местах, где человек часто держит длинный или большой предмет, сфера протягивания рук должна увеличиваться надлежаще.

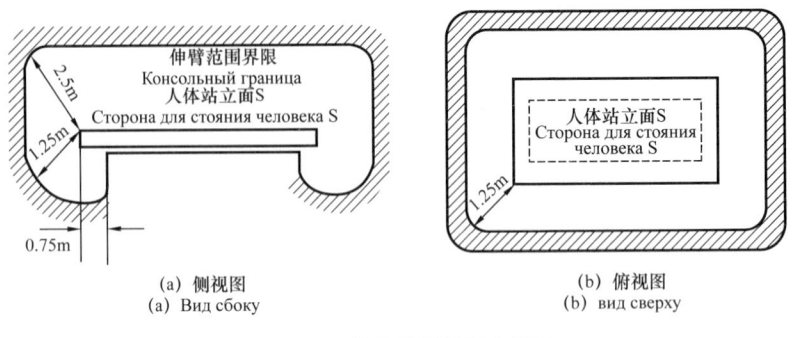

图 5.8.8 伸臂范围的规定距离

Рис. 5.8.8 Заданное расстояние консольного диапазона

⑤ 装设剩余电流动作保护器(以下简称RCD)作为后备保护,其额定动作电流不应超过30mA。它只能作为上述①—④项直接接触电击防护措施的后备措施,不能代替上述措施。

(2)间接接触电击的防护措施如下:

因绝缘损坏,致使相线与PE线、外露导电部分、装置外导电部分以及大地间的短路称为接地故障。这时原来不带电压的电气装置外露导电部分或装置外导电部分将呈现故障电压。人体与之接触而招致的电击称为间接接触电击。工程中采取的防间接接触电击的措施也不同,简述如下:

⑤ Предусмотреть устройство защиты от остаточного тока (RCD) в качестве резервной защиты, его номинальный ток срабатывания должен не превышать 30мА. Данное мероприятие только действует в качестве резервной меры для мероприятий по защите от прямого поражения электрическим током, указанных в п. ①—④, а нельзя применяться вместо этих мероприятий.

(2) Мероприятия по защите от косвенного поражения электрическим током приведены ниже:

Короткое замыкание фазного провода с проводом PE, обнаженной токоподводящей частью, наружной токоподводящей частью установки и землей из-за повреждения изоляция называется неисправностью заземления. В это время обнаженная токоподводящая часть электроустановки или наружная токоподводящая часть установки, которая не находилась под напряжением, работает под напряжением неисправности. Поражение человеческого тела при контакте с этими частями называется ударом электрическом при косвенном

① 0类设备。具有可导电的外壳，只有一层基本绝缘，且无 PE 线连接端子（例如不接 PE 线的金属外壳台灯），当基本绝缘损坏时，外壳即呈现高达相电压的故障电压，电击致死的危险很大，因此 0 类设备只能在对地绝缘的环境中使用，或用隔离变压器等分隔电源供电。

② Ⅰ类设备。和 0 类设备相同，但其外露导电部分上配置有连接 PE 线的端子。在工程设计中对此类设备需用 PE 线与它作接地连接，以降低接触电压，并在电源线路装设保护电器，使其在规定时间内切断故障电路。

③ Ⅱ类设备。除基本绝缘外，还增设附加绝缘以组成双重绝缘，或设置相当于双重绝缘的加强绝缘，或在设备结构上作相当于双重绝缘的等效处理，使这类设备不会因绝缘损坏而发生接地故障。因此在工程设计中不需再采取防电击措施。

5 Электроснабжение и электрораспределение

контакте. В инженерных работах применяемые мероприятия по защите от косвенного поражения электрическим током тоже разные, их сведения приведены ниже:

① Оборудование категории 0. Существует токоподводящий корпус с одной основной изоляцией и без соединительных клемм провода PE (например, настольная лампа с металлическим корпусом, не соединяемая с проводом PE). При повреждении основной изоляции на корпусе появляется напряжение неисправности до фазного напряжение, опасность смерти из-за удара электричеством очень опасная, поэтому оборудование категории 0 только применяется в среде с изоляцией к земле или применяет разделительный источник питания, как разделительный трансформатор, для электроснабжения.

② Оборудование категории Ⅰ, подобное с оборудованием категории 0, но на его обнаженной токоподводящей части предусмотрены клеммы для соединения с проводом PE. В проекте инженерных работ относительно оборудования данной категории следует применять провод PE с целью соединения его на заземление, чтобы снизить контактное напряжение. Кроме этого, установлено защитное устройство на линии источника питания для отключения неисправного контура в указанный период.

③ Оборудование категории Ⅱ, кроме основной изоляции предусмотрена дополнительная изоляция для образования двойной изоляции или предусмотрена усиленная изоляция в эквиваленте двойной изоляции, или выполнена эквивалентная обработка на конструкции оборудования в эквиваленте двойной изоляции, чтобы оборудование данной категории не имело неисправность

④ Ⅲ类设备。额定电压采用当50V及以下的特低电压,此电压与人体的接触不致造成伤害。在工程设计中常用一次为380V或220V的隔离变压器降压供电。

5.8.4.2 接地故障保护

5.8.4.2.1 TN系统

(1)对保护电器动作特性的要求。

当TN系统的接地故障为故障点阻抗可忽略不计的金属性短路时,为防电击,其保护电器的动作特性应符合式(5.8.19)的要求:

$$Z_s I_a \leqslant U_0 \quad (5.8.19)$$

式中 Z_s——接地故障回路阻抗,它包括故障电流所流经的相线、PE线和变压器的阻抗,故障处因被熔焊,不计其阻抗,Ω;

I_a——保证保护电器在表5.8.6所列的时间内自动切断电源的动作电流,A;

заземления из-за повреждения изоляции. Поэтому в проекте инженерных работ не нужно принять мероприятия по защите от поражения электрическим током.

④ Оборудование категории Ⅲ, номинальное напряжение принять сверхнизкое напряжение не более 50В, под данным напряжением контакт человеческого тела не приведет к поражению. В проекте инженерных работ часто применять первичный разделительный трансформатор 380В или 220В для снижения напряжения и электроснабжения.

5.8.4.2 Защита от неисправности заземления

5.8.4.2.1 Система TN

(1) Требования к свойствам срабатывания защитного устройства.

Если неисправность заземления системы TN служит металлическим коротким заземлением с незначительным сопротивлением в неисправной точке, свойства срабатывания устройства для защиты от поражения электрическим током должны соответствовать требованиям в формуле (5.8.19):

$$Z_s I_a \leqslant U_0 \quad (5.8.19)$$

Где Z_s——сопротивление контура с неисправностью заземления, включая сопротивление фазного провода, провода PE и трансформатора, через которые проходит ток неисправности. Сопротивление неисправной точки можно не учесть в связи с ее сваркой плавлением, Ом;

I_a——ток срабатывания для обеспечения автоматического отключения источника питания защитным устройством в указанный период в таблице 5.8.6, А;

U_0——相线对地标称电压,V。

当采用熔断器作接地故障保护时。如接地故障电流 I_d 与熔断体额定电流 I_{rr} 的比值不小于表 5.8.7 所列值,则可以认为符合式(5.8.19)的要求。

5 Электроснабжение и электрораспределение

U_0——условное напряжение фазного провода к земле, В.

При применении плавкого предохранителя для защиты от неисправности заземления, если отношение тока неисправности заземления I_d к номинальному току плавкого предохранителя I_{rr} не менее значения в таблице 5.8.7, это устройство считается удовлетворением требованиям в формуле (5.8.19).

表 5.8.6 TN 系统允许最大切断电源时间

Таблица 5.8.6 Допустимое максимальное время для отключения питания системы TN

回路类别 Категория контура	允许最大切断接地故障回路时间, s Допустимое максимальное время для отключения контура с заземленным повреждением, сек.
配电回路或给固定式电气设备供电的末端回路 Распределительный контур или концевой контур для электроснабжения стационарного электрооборудования	5
插座回路或给手握式或移动式电气设备供电的末端回路 Штепсельный контур или концевой контур для электроснабжения ручного или мобильного электрооборудования	0.4

表 5.8.7 TN 系统用熔断器作接地故障保护时的允许最小 I_d/I_{rr} 值

Таблица 5.8.7 Допустимое минимальное значение I_d/I_{rr} при применении предохранителя для защиты от земляного повреждения в системе TN

熔断体额定电流 I_{rr}, A Номинальный ток предохранителя I_{rr}, A	4～10	16～32	40～63	80～200	250～500
切断电源时间≤5s Время отключения источника питания ≤5сек.	4.5	5	5	6	7
切断电源时间≤0.4s Время отключения источника питания ≤0,4сек.	8	9	10	11	—

(2)一般环境中局部等电位联结应用示例。

① 当配电线路较长,故障电流较小,过电流保护动作时间超过表 5.8.6 的规定值时,可做局部等电位联结或辅助等电位联结来降低接触电压。

(2) Пример применения локального эквипотенциального соединения в обыкновенной среде.

① Если распределительная линия относительно длинная, ток неисправности относительно маленький и время срабатывания защиты от перетока превышает указанное значение в таблице 5.8.6, разрешать локальное эквипотенциальное соединение или вспомогательное эквипотенциальное соединение для снижения контактного напряжения.

② 如果同一配电盘既供电给固定式设备，又供电给手握式或移动式设备，可设置局部等电位连接。

（3）相线与大地短路危害的限制。

① 设备在无等电位连接的户外，而故障电压超过接触电压限制 50V 时，应尽量降低工作接地极的电阻，如多做重复接地或将户外部分改为局部 TT 系统。

② 设备在建筑物内，且做了总等电位连接，则可消除这种自装置外进入的故障电压引起的电击危险。

（4）保护电器的选用。

TN 系统碰外壳短路的接地故障多为金属性短路，故障点易被熔焊，故障电流较大，可利用原来做过负荷保护和短路保护的过电流保护电器（熔断器、低压断路器）及时动作兼做接地故障保护，这是 TN 系统的优点。但在线路长，导线截面小的情况，过电流保护电器常不能满足自动切断电源的时间要求，则采用 RCD 做专门的接地故障保护最为有效。不论采用何种保护电器，TN 系统都必须设置专门的 PE 线。

② Если распределительный щит не только выполняет снабжение стационарного оборудования электричеством, а также снабжение ручного или передвижного оборудования электрическом, разрешать предусмотреть локальное эквипотенциальное соединение.

（3）Ограничение опасностью короткого замыкания фазного провода с землей.

① Если оборудование находится вне помещения без эквипотенциального соединения и напряжение неисправности превышает ограниченное контактное напряжение на 50В, следует снизить сопротивление рабочего заземляющего электрода по мере возможности, например, проводить многократное повторное заземление или заменять наружную часть локальной системой TT.

② Если оборудование находится в здании с выполнением общего эквипотенциального соединения, опасность удара электричеством из-за напряжения неисправности, поступающего с наружной стороны установки, может устраниться.

（4）Выбор защитного устройства.

Большинство неисправностей заземления из-за короткого замыкания на корпус системы TN относится к металлическому короткому замыканию, точка неисправности легко подлежит сварке плавлением, ток неисправности относительно большой, разрешать использовать своевременное срабатывание устройств защиты от перетока, которые работали для защиты от перегрузки и короткого замыкания, (плавкий предохранитель, выключатель низкого напряжения) с целью одновременного выполнения защиты от неисправности заземления, это преимущество системы TN. Но в случае наличия длиной линии и маленького сечения провода, устройство защиты от перетока

（5）重复接地的设置。

在电源线进入建筑物内电气装置处一般不必设置人工接地极,而宜尽量利用自然接地体做重复接地。应注意,在 TN-C 或 TN-C-S 系统建筑物内 PEN 线只能在一点做重复接地。

5.8.4.2.2　TT 系统

（1）对保护电器动作特性的要求。

TT 系统发生接地故障时,当预期接触电压超过 50V 时,保护电器应在规定时间内切断故障电路,即满足式（5.8.20）：

$$I_a R_A \leqslant 50 \qquad (5.8.20)$$

式中　R_A——电气装置外露可导电部分接地电阻和 PE 线电阻之和,Ω；

I_a——使保护电器在规定时间内可靠动作的电流,此规定时间对固定设备为 5s,对手握式或移动设备取表 5.8.8 中的数值,A。

5　Электроснабжение и электрораспределение

часто не может удовлетворять требованиям к времени автоматического отключения источника питания, тогда применение устройства защиты от остаточного тока（RCD）для специальной защиты от неисправности заземления является самым эффектным. Несмотря на выбранный тип защитного устройства, необходимо предусмотреть специальный провод PE для системы TN.

（5）Установка повторного заземления.

В месте поступления провода источника питания в электроустановку в здании обычно не нужно предусмотреть искусственный заземляющий электрод, а следует использовать естественный заземляющий электрод для повторного заземления по мере возможности. Следует обратить внимание на то, что для провода PEN в здании с системой TN-C или TN-C-S только разрешать выполнение повторного заземления в одной точке.

5.8.4.2.2　Система TT

（1）Требования к свойствам срабатывания защитного устройства.

При неисправности заземления в системе TT, если предполагаемое контактное напряжение превышает 50В, защитное устройство должно отключать неисправный контур в указанный период, т.е. удовлетворять формуле（5.8.20）：

$$I_a R_A \leqslant 50 \qquad (5.8.20)$$

Где　R_A——суммарная величина сопротивления заземления обнаженной токоподводящей части электроустановки и сопротивления провода PE, Ом；

I_a——ток для обеспечения надежного срабатывания защитного устройства в указанный период, для стационарного оборудования данный указанный период-5сек., а для ручного или передвижного оборудования принять значение в таблице 5.8.8, А.

表 5.8.8 TT 系统内手握设备允许切断电路最长时间

Таблица 5.8.8 Допустимое предельное время отключения электрической цепи ручного оборудования в системе TT

预期接触电压, V Ожидаемое контактное напряжение, В	50	75	90	110	150	220
允许切断电路最长时间, s Допустимое предельное время отключения электрической цепи, сек.	5	0.6	0.45	0.36	0.27	0.18

（2）接地极的设置。

各保护电器所保护的外露导电部分可接至共同的接地极。对于分级装设的 RCD，由于各级的延时不同，宜进来分设接地极，以避免 PE 线的互相连通。

5.8.4.2.3 RCD 的选用和安装

（1）在 TN 和 TT 系统中，RCD 所保护的部分电气装置的泄漏电流不应大于其额定动作电流 $I_{\Delta n}$ 的 30%，以避免保护的误动作。

（2）在 TN 系统中，RCD 的连接方式有以下两种：

① 将被保护的外露导电部分与 PE 线或与 RCD 电源的 PEN 线相连，如图 5.8.9 所示，并满足式（5.8.21）：

$$I_{\Delta n}Z_S \leq 50 \quad (5.8.21)$$

式中　Z_S——接地故障回路阻抗，Ω。

（2）Установка заземляющего электрода.

Обнаженная токоподводящая часть под защитой защитным устройством может подключаться к общему заземляющему электроду. Для устройств защиты от остаточного тока (RCD), установленных по классам, следует отдельно установить заземляющие электроды по разности выдержки времени разных классов во избежание взаимного подключения проводов PE.

5.8.4.2.3 Выбор и установка устройства защиты от остаточного тока (RCD)

（1）В системе TN и системе TT ток утечки частичной электроустановки под защитой устройством защиты от остаточного тока (RCD) должен не превышать 30% от его номинального тока срабатывания $I_{\Delta n}$ во избежание ошибочного срабатывания защиты.

（2）В системе TN способ соединения устройства защиты от остаточного тока (RCD) разделяется на следующие 2 типа:

① Соединить обнаженную токоподводящую часть под защитой с проводом PE или проводом PEN источника питания устройства защиты от остаточного тока (RCD), как показано на рис. 5.8.9, с удовлетворением формуле (5.8.21):

$$I_{\Delta n}Z_S \leq 50 \quad (5.8.21)$$

Где　Z_S——сопротивление контура с неисправностью заземления, Ом.

5 Электроснабжение и электрораспределение

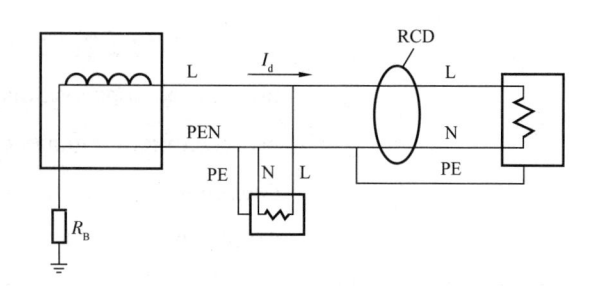

图 5.8.9 RCD 在 TN 系统中的接线方式（Ⅰ）

Рис. 5.8.9　Способ соединение RCD в системе TN（Ⅰ）

② 将 RCD 所保护的外露导电部分接至专设的接地极上，用于无等电位连接作用的户外，限局部 TT 系统，如图 5.8.10 所示，并满足式（5.8.22）：

② Подключить обнаженную токоподводящую часть под защитой устройством защиты от остаточного тока（RCD）к специальному заземляющему электроду, что применяется вне помещения без эквипотенциального соединения. Данное мероприятие только применяется для локальной системы TT, как показано на рис. 5.8.10, с удовлетворением формуле（5.8.22）.

$$I_{\Delta n}R_A \leqslant 50 \quad (5.8.22)$$

式中　R_A——局部 TT 系统专设的接地极接地电阻，Ω。

Где　R_A——сопротивление заземления специального заземляющего электрода для локальной системы TT, Ом.

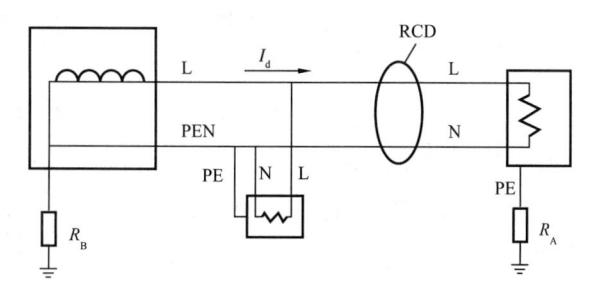

图 5.8.10　RCD 在 TN 系统中的接线方式（Ⅱ）

Рис. 5.8.10　Способ соединение RCD в системе TN（Ⅱ）

③ 在 TN 系统建筑物电气装置中如某一部分位于建筑物外（总等电位作用区外），其防电击要求将提高。若不采取电气隔离措施或采用Ⅱ类电气设备，对于握式或移动式设备或插座回路应装设 $I_{\Delta n} \leqslant 30\text{mA}$ 的 RCD，其接线应采用图 5.8.10 所示的局部 TT 系统方式。

③ Если какая-то часть в электроустановке в здании с системой TN расположена вне здания（вне сферы действия общего эквипотенциала）, ее требования к защите от удара электричеством будут повыситься. Если не применять мероприятия по электрическому изолированию или применять электрооборудование категории Ⅱ, следует предусмотреть устройство защиты от остаточного

④ 在一个电气装置内一般可装设两级 RCD，即在供电给手握式或移动式电气设备末端回路和插座回路上装设一级 $I_{\Delta n}$ 为 30mA 瞬时动作的 RCD；在电源进线处装设延时不大于 1s 的三相 RCD，其 $I_{\Delta n}$ 值不应小于末端回路漏电保护器 $I'_{\Delta n}$ 值的 3 倍，对于火灾危险场所可取为 100～500mA，对于一般场所可取大于 500mA 的 $I_{\Delta n}$ 值，此级漏电保护可防全建筑物的间接接触电击和接地电弧火灾。

⑤ IT 系统中用于切断第二次接地故障的 RCD，其额定不动作电流 $I_{\Delta n0}$ 应大于第一次接地故障时相线内流过的接地故障电流，以避免第一次接地故障时的误动作。

⑥ RCD 所保护的电气装置的外露导电部分应经 PE 线接地。

⑦ 严禁 PE 线穿过 RCD 中电流互感器的磁回路，以避免 RCD 的拒动。

тока（RCD）с $I_{\Delta n}$≤30мА для ручного или передвижного оборудования или для контура розетки, его соединение должно выполняться по способу соединения для локальной системы TT, как показано на рис. 5.8.10.

④ В одной электроустановке обычно можно предусмотреть двухступенчатые устройства защиты от остаточного тока（RCD）, т.е. предусмотреть одно устройство защиты от остаточного тока（RCD）с $I_{\Delta n}$ 30мА в конечном контуре ручного или передвижного электрооборудования и в контуре розетки; в месте входного провода источника питания предусмотреть трехфазное устройство защиты от остаточного тока（RCD）с выдержкой времени не более 1сек., его значение $I_{\Delta n}$ должно быть не менее 3 раза значения $I'_{\Delta n}$ предохранителя утечки тока в конечном контуре, для площадки с пожарной опасностью можно принять 100-500мА, а для обыкновенной площадки модно принять значение $I'_{\Delta n}$ более 500мА, защита от утечки тока данной ступени может предотвращать удар электричеством при косвенном контакте и пожар из-за дуги заземления.

⑤ Относительно устройства защиты от остаточного тока（RCD）в системе IT для отключения второй неисправности заземления, его номинальный ток без срабатывания $I_{\Delta n0}$ должен быть более ток неисправности заземления через фазный провод при первой неисправности заземления во избежание ошибочного срабатывания при первой неисправности заземления.

⑥ Обнаженная токоподводящая часть электроустановки под защитой устройством защиты от остаточного тока（RCD）подлежит заземлению через провод PE.

⑦ Запретить проход провода PE через магнитный контур токового трансформатора в

⑧ 严禁将穿过 RCD 的中性线和 PE 线接反，或将 RCD 负荷侧的中性线有意或无意地与地连接，以避免 RCD 的误动。

⑨ RCD 的触头应断开所保护回路的相线和中性线，但 TN-S 系统中的中性线如具有可靠的地电位，则此中性线不需用触头断开。

5.8.5 等电位连接及防静电接地

5.8.5.1 油气处理厂防静电接地

（1）凡是加工、储存、运输各种可燃气体，易燃液体和粉体的金属工艺设备、容器和管道都应接地。接地线必须有足够的机械强度，应连接良好，一般与其他接地系统共用接地，如单独接地，每处接地电阻只要求不大于 30Ω。

5 Электроснабжение и электрораспределение

устройстве защиты от остаточного тока（RCD）во избежание отказа устройства защиты от остаточного тока（RCD）от срабатывания.

⑧ Запретить обратное соединение нейтрального провода устройства защиты от остаточного тока（RCD）с проводом PE или намеренное или ненамеренное соединение нейтрального провода на стороне нагрузки устройства защиты от остаточного тока（RCD）с землей во избежание ошибочного срабатывания устройства защиты от остаточного тока（RCD）.

⑨ Контакт устройства защиты от остаточного тока（RCD）должен отключать фазный провод и нейтральный провод защищаемого контура, но если нейтральный провод в системе TN-S обладает надежным потенциалом к земле, данный нейтральный провод не отключается с помощью контакта.

5.8.5 Эквипотенциальное соединение и антистатическое заземление

5.8.5.1 Антистатическое заземление на ГПЗ

（1）Все металлические технологическое оборудование, сосуды и трубопроводы для обработки, хранения и транспорта горючих газов, легковоспламеняющейся жидкости и порошка подлежат заземлению. Заземляющий провод обязан обладать достаточной механической прочностью и хорошим соединением, который обычно использует общее заземление с прочими заземляющими системами, например, при отдельном заземлении только требовать сопротивления заземления в каждом месте не более 30Ом.

（2）油气处理厂装置区内，火炬、尾气烟囱、再生塔、吸收塔、分子筛吸附器、清水罐等高耸构筑物接地点不应少于2处，两接地点间距不大于30m，冲击接地电阻不大于30Ω，装设集中接地装置。集中接地装置与共用接地网连接处设置接地检查井。

（3）系统管架通过接地支线就近与接地装置连接。

（4）有凝析油等烃液的泵房门外、凝析油储罐的上罐扶梯入口处设置消除人体静电装置。

（5）电缆沟的电缆支架接地采用沿电缆沟通常敷设镀锌圆钢作为接地线，两端与接地网可靠焊接。

（6）易燃油、可燃油和油气浮动式储罐顶，应用可挠的跨接线与罐体相连，浮顶金属罐应采用镀锡软铜复绞线或绝缘阻燃护套软铜复绞线将浮顶与罐体做电气连接，其连接点不少于两处。且应采用有效、可靠的连接方式将浮顶与罐体沿罐周做均匀的电气连接。

（2）В зоне установок ГПЗ количество точек заземления факела, дымовой трубы хвостового газа, регенератора, абсорбера, абсорбера с молекулярным ситом, емкости чистой воды и других высоких сооружений не меньше 2, расстояние между двумя точками не больше 30м, ударное сопротивление заземления не больше 30Ом, предусмотрено централизованное заземляющее устройство. В месте соединения централизованного заземляющего устройства и общей заземляющей сети предусмотреть колодец для осмотра заземления.

（3）Эстакада системы соединяется поблизости с заземляющим устройством с помощью ответвления заземления.

（4）За дверью насосной и на входе к лестнице резервуара конденсата, где существует конденсат и другой жидкой углеводород, предусмотреть устройства для защиты человека от статического электричества.

（5）Для заземления опоры кабеля в кабельной канале проводить прокладку оцинкованной круглой стали в качестве заземляющего провода по канале, ее два конца надежно соединяются сваркой с заземляющей сетью.

（6）Плавающая вершина резервуаров с легковоспламеняющимся и горючим маслом и нефтяным газом должна использовать гибкую перемычку для соединения с корпусом резервуара, металлический резервуар с плавающей вершиной должен применять луженый комбинированный провод с мягкой медной жилой или комбинированный провод с изоляционным пламезадерживающим футляром и мягкой медной жилой с целью выполнения электрического соединения плавающей вершины с корпусом резервуара, количество точек соединения должно быть не менее 2. Кроме

5.8.5.2 防静电接地的接地线及其连接

由于防静电接地系统所要求的接地电阻值较大而接地电流很小,所以其接地线主要按机械强度来选择。油气处理厂内一般采用镀锌扁钢或绝缘导线。

对于固定式装置的防静电接地,接地线应与其焊接;对于移动式装置的防静电接地,接地线应与其可靠连接,防止松动或断线。

5.9 爆炸危险环境的电力设施

5.9.1 定义

(1)爆炸性气体环境。

在大气条件下,易燃气体或蒸气与空气的混合物,当其被引燃后,燃烧将传至全部为燃烧的混合物的环境。注:尽管浓度高于爆炸上限的气体混合物并不属于爆炸性气体环境,因为其极易演变成爆炸性气体环境,以及在某些情况下处于划分的需要,建议将其视为爆炸性气体环境。

5 Электроснабжение и электрораспределение

этих, следует применять эффектный и надежный способ соединения с целью равномерного электросоединения плавающей вершины с корпусом резервуара по периферии резервуара.

5.8.5.2 Заземляющий провод для антистатического заземления и его соединения

Требуемое сопротивление заземления системы антистатического заземления относительно большое, а ток заземления относительно маленький, поэтому проводить выбор заземляющего провода в основном по механической прочности. На ГПЗ обычно применять оцинкованный провод из полосовой стали или изоляционный провод.

Для антистатического заземления стационарной установки заземляющий провод должен соединяться с ее способом сварки; для антистатического заземления передвижной установки заземляющий провод должен надежно соединяться с ее во избежание ослабления или отрыва.

5.9 Электрооборудование во взрывоопасной среде

5.9.1 Определение

(1) Взрывоопасная газовая среда.

В атмосферных условиях при поджигании легковоспламеняющегося газа или смеси пара и воздуха горение будет передаться в среду с полным сгоранием смеси. Примечание: ходя газовая смесь концентрацией выше верхнего предела взрыва не относится к взрывной газовой среде, она считается взрывной газовой средой в связи с ее легким развитием во взрывную газовую среду и необходимости разделения в определенных условиях.

（2）危险区域。

因为易燃气体或蒸气、易燃液体、可燃粉尘，或可引燃的纤维或飞散物等原因而具有火灾或爆炸危险的区域。但本手册的危险区域不包括易燃性粉尘、可引燃纤维和飞散物等。

（3）0区。

在正常的操作条件下，该区域持续或长期存在达到引燃浓度的易燃气体或蒸气。除了封闭空间，如密闭的容器、储油罐等内部气体空间外，很少存在0区。

（4）1区。

该区域可能存在达到引燃浓度的易燃气体或蒸气；或者维修时释放存在上述介质；以及设备故障或误操作时导致上述介质的释放，由此引起电气设备失效成为引燃源。对于与0区毗邻的区域，若无正压通风或通风失效时，0区内上述介质会扩散过来。

（5）2区。

该区域不可能存在达到引燃浓度的易燃气体或蒸气，或者出现上述介质的时间非常短暂；对挥发性易燃液体、易燃气体或蒸气进行处理、运输或使用时，正常情况下上述介质处于密闭系统内，只有在设备破裂、系统故障以及工艺系统非常规操作等情况下才会发出溢出。

（2）Опасная зона.

Зона с пожарной или взрывной опасности из-за легковоспламеняющегося газа или пара, легковоспламеняющейся жидкости, горючего порошка или сгораемого волокна или распыленного предмета. Но опасная зона в настоящем руководстве не включает в себя легковоспламеняющийся порошок, сгораемое волокно, распыленный предмет и т.д..

（3）Зона 0.

В нормальных рабочих условиях в данной зоне непрерывно или долгосрочно существует легковоспламеняющийся газ или пар концентрацией сгорания. За исключением закрытого пространства, например, закрытый сосуд, резервуар и пространство с газом, зона 0 мало существует.

（4）Зона 1.

В данной зоне может существовать легковоспламеняющийся газ или пар концентрацией сгорания или эти среды выпускаются в процессе ремонта и эти среды выпускаются из-за аварии или ошибочной операции оборудования, эти причины приведут к отказу электрооборудования и оно станет источником сгорания. Относительно соседних зон зоны 0 вышеизложенные среды из зоны 0 в эти соседние зоны при отсутствии вентиляции под положительным давлением или при отказе вентиляции.

（5）Зона 2.

В данной зоне не может существовать легковоспламеняющийся газ или пар концентрацией сгорания, или время присутствия этих сред очень короткое; в процессе обработки, транспортировки или использования летучей легковоспламеняющейся жидкости, легковоспламеняющегося газа или пара, если вышеизложенные среды расположены в закрытой системе в нормальных

（6）非危险区域。

不属于0区、1区、2区的区域。

（7）比空气重的气体。

相对密度不小于1的气体。

（8）比空气轻的气体。

相对密度小于1的气体，石油设施通常处理轻于空气的天然气，如甲烷或甲烷与少量低分子量烃类混合物。

（9）释放源。

易燃气体、蒸气或液体可能释放到空气中形成爆炸性气体环境的部位。可以分为以下三种释放源，工程中的释放源可以是一种也可以是几种类型的组合，如通风口、法兰、控制阀、放空管、泵及压缩机等。

① 连续级释放源：连续或可能长时间释放易燃气体或蒸气的释放源；

② 1级释放源：在正常操作条件下周期性或偶尔出现释放的释放源；

③ 2级释放源：在正常操作条件下不可能出现，或者即使发生也是短时释放的释放源。

（10）通风良好。

通风情况是爆炸危险区域划分的决定因素。通过自然通风或机械通风方式，防止易燃气体、蒸

5 Электроснабжение и электрораспределение

условиях, они выпускаются только при повреждении оборудования, отказе системы и ненормальной операции технологической системы.

(6) Неопасная зона.

Зона, не относящаяся к зонам 0, 1 и 2.

(7) Газ, тяжелее воздуха.

Газ с относительной плотностью не менее 1.

(8) Газ, легче воздуха.

Газ с относительной плотностью менее 1, нефтеаппаратура обычно выполняет обработку природного газа, который легче воздуха, например, метан или смесь с метаном и низкомолекулярными углеводородами маленьким количеством.

(9) Источник выброса.

Данный пункт обозначает место с возможностью выброса легковоспламеняющегося газа, пара или жидкости в воздух, которые образуют взрывную газовую среду в воздухе. Оно может разделяться на следующие 3 типа источника выброса. В инженерных работах источник выброса может служить 1 вид или комбинацией некоторых видов, например, вентиляционное отверстие, фланец, контрольный клапан, сбросная труба, насос, компрессор и т.д..

① Источник выброса непрерывной ступени: источник с непрерывным или возможно долгосрочным выбросом легковоспламеняющегося газа или пара;

② Источник выброса первой ступени: источник с регулярным или случайным выбросом в нормальных рабочих условиях;

③ Источник выброса второй ступени: в нормальных рабочих условиях источник без выброса или с кратковременным выбросом.

(10) Хорошая вентиляция.

Условия вентиляции служит ключевым фактором для разделения зон с взрывной опасностью.

气与空气的混合物浓度达到爆炸下限的25%时，即为通风良好。

5.9.2 划分原则

（1）爆炸危险区域划分由易燃气体或蒸气出现的可能性决定，释放源是区域划分的基础，通风则是区域划分的重要因素。需要遵循的原则如下：

① 对于自然通风和常规机械通风的区域，连续级释放源一般会使周围0区，1级释放源可使周围形成0区，2级释放源可是周围形成1区（包含局部通风）。

② 采取良好的通风措施后，可以降低爆炸危险区域的范围和等级，但是不能降低成为非危险区域；若不能达到良好通风的要求，1级释放源周围形成1区，2级释放源周围形成2区。

③ 为稀释爆炸性气体混合物采用局部通风时，可使爆炸危险区域范围缩小、等级降低。

④ 释放源处于无通风条件时，连续级或1级释放源可能在周围形成0区，2级释放源形成1区。

Вентиляция считается хорошей при предотвращении достижении концентрации смеси легковоспламеняющегося газа, пара и воздуха 25% от низкого предела взрыва способом естественной вентиляции или механической вентиляции.

5.9.2 Принцип разделения

（1）Разделение зон с взрывной опасностью определяется возможностью присутствия легковоспламеняющегося газа или пара, источник выброса служит основанием разделения зон, а вентиляция является основным фактором разделения. Соблюдаемый принцип приведен ниже:

① Для зон с естественной вентиляцией и обыкновенной механической вентиляцией в окружности источника выброса непрерывной ступени обычно образуется зона 0, в окружности источника выброса 1-ой ступени-зона 0, в окружности источника выброса 2-ой ступени-зона 1 (включая локальную вентиляцию).

② Осуществление мероприятий по хорошей вентиляции может снизить сферу и класс зоны взрывной опасности, но не может позволять тому, что она станет неопасной зоной; если не удовлетворять требованиям к хорошей вентиляции в окружности источника выброса 1-ой ступени образуется зона 1 и в окружности источника выброса-зона 2.

③ При применении локальной вентиляции для разбавления взрывной газовой смеси сфера зоны взрывной опасности уменьшится и ее класс снизится.

④ В условиях отсутствия вентиляции в месте источника выброса зона 0 может образоваться в окружности источника выброса непрерывной ступени или 1-ой ступени, зона 1-в окружности источника выброса 2-ой ступени.

⑤ 在障碍物、凹坑、死角等处达不到通风良好要求时,局部地区提高等级和范围。受墙体阻碍有可能限制爆炸性气体混合物的扩散,考虑气体或蒸气的密度后可以缩小范围。

(2)影响爆炸危险区域范围的因素包括:释放量、释放数度、混合物浓度、爆炸下限、闪点、密度、液体温度、通风量、通风障碍。需要注意以下情况:

① 参考类似工艺过程中主要设施的爆炸危险区域划分做法,由于通风条件的差异会影响其等级划分和范围界定。

② 建筑物内部以房间为单位划分,当结合工艺过程的实际情况,室内空间较大而释放量较小的区域,可以不以房间进行划分。

③ 露天或半开敞建筑物要根据释放源等级和通风情况划分。

④ 与爆炸危险环境相邻的区域,若有可能侵入爆炸性气体混合物,则需要进行区域划分。

(3)不需要划分的区域。

石油设施通常处理轻于空气的天然气,包含甲烷及少量的低分子量烃类混合物,相对密度较低,在露天区域很难形成大量易燃混合物达到区域划分规定的分级标准,且即使出现泄漏通常能很快扩散。结合 API 505 推荐做法,可以将如下场所(输气管道的站场除外)确定为不分类场所:

5 Электроснабжение и электрораспределение

⑤ Когда не удовлетворять требованиям к хорошей вентиляции в местах препятствий, вмятин, мертвых углов и т.д., следует повышать класс и сферу в локальном районе. Стена может ограничить распространением взрывной газовой смеси, сфера может уменьшаться с учетом плотности газа или пара.

(2)Факторы с влиянием сферы зоны взрывной опасности включают в себя количество выброса, частоту выброса, концентрацию смеси, нижний предел взрыва, точку вспышки, плотность, температуру жидкости, количество вентиляции, препятствия вентиляции. Следует обратить внимание на следующие условия:

① По методу разделения зон взрывной опасности основных устройств в аналогичном технологическом процессе различие условий вентиляции будет влиять на разделение класса и определение сферы этих зон.

② Внутренность здания разделяется по помещениям, с учетом фактических условий в технологическом процессе зона с относительно большим пространством в помещении и относительно маленьким количеством выброса не может разделяться по помещениям.

③ Открытые или полуоткрытые здания должны разделяться по классу источника выброса и условиям вентиляции.

④ Для зоны, прилегающей к взрывной опасной среде, при наличии возможности поступления взрывной газовой смеси необходимо проводить разделение зон.

(3)Зона, не подлежащая разделению.

Нефтяные устройства обычно выполняют обработку природного газа, легче чем воздух, включая метан и сметь низкомолекулярных углеводородов маленьким количеством. Эти вещества обладает низкой относительной плотностью, таким образом, трудно образовать массивную

① 无阀门、法兰等全部为焊接连接的易燃物质管路；

② 无阀门、附件、法兰等连续的易燃物质金属管路；

③ 易燃液体、气体或蒸气通过储罐或容器运输存储的区域；

④ 设备周围通风良好、有连续火源的区域，如有明火的设备、管口；

⑤ 露天安装、通风良好区域的管汇，以及螺纹连接、法兰、截断阀和止回阀周围区域。

5.9.3 推荐做法

（1）主要区域。

① 0区：装设有呼吸阀储存挥发性易燃液体的储罐或容器内部的区域；装设挥发性易燃液体的内浮顶储罐内外顶之间；装设挥发性易燃液体的开口容器、储罐和油池；以及带排放管的分析仪器等。

горючую смесь в открытой области и трудно удовлетворять стандарту классификации для разделения зон, при наличии утечки они обычно могут распространяться быстро. С учетом рекомендуемого метода в API 505 можно определить следующие площадки（за исключением площадки газопроводов）площадками, не подлежащими классификации：

① Трубопровод горючих веществ с соединением путем сварки без клапанов, фланцев и т.д.；

② Металлический непрерывный трубопровод горючих веществ без клапанов, принадлежностей, фланцев и т.д.；

③ Зона с транспортировкой и хранением горючей жидкости, горючего газа или пара в резервуарах или сосудах；

④ Зона с хорошей вентиляцией и непрерывным источником огня вокруг оборудования, например, оборудование с открытым огнем, отверстие трубы；

⑤ Манифольд, устанавливаемый в зоне под открытым воздухом и с хорошей вентиляцией, а также зоны в окружности резьбового соединения, фланца, запорного клапана и обратного клапана.

5.9.3 Рекомендуемые методы выполнения

（1）Основные зоны.

① Зона 0：внутренняя зона резервуара или емкости с дыхательным клапаном для хранения летучей горючей жидкости, пространство между внутренней и внешней вершинами резервуара летучей горючей жидкости с внутренней плавающей крышкой；емкость, резервуар и бассейн летучей горючей жидкости с открытым отверстием；а также анализатор с выпускной трубой и т.д..

5 供配电

5 Электроснабжение и электрораспределение

② 1区：挥发性易燃液体容器间转输区域；通风不足的易燃气体或挥发性易燃液体泵房等。

② Зона 1：зона для перевозки летучей горючей жидкости между емкостями；насосная горючего газа или летучей горючей жидкости с недостаточной вентиляцией и т.д..

③ 2区：使用挥发性易燃气体或蒸气的区域。

③ Зона 2：зона с использованием летучего горючего газа или пара.

（2）可燃液体储罐（图5.9.1和图5.9.2）。

（2）Резервуара горючей жидкости（рис. 5.9.1 и рис. 5.9.2）.

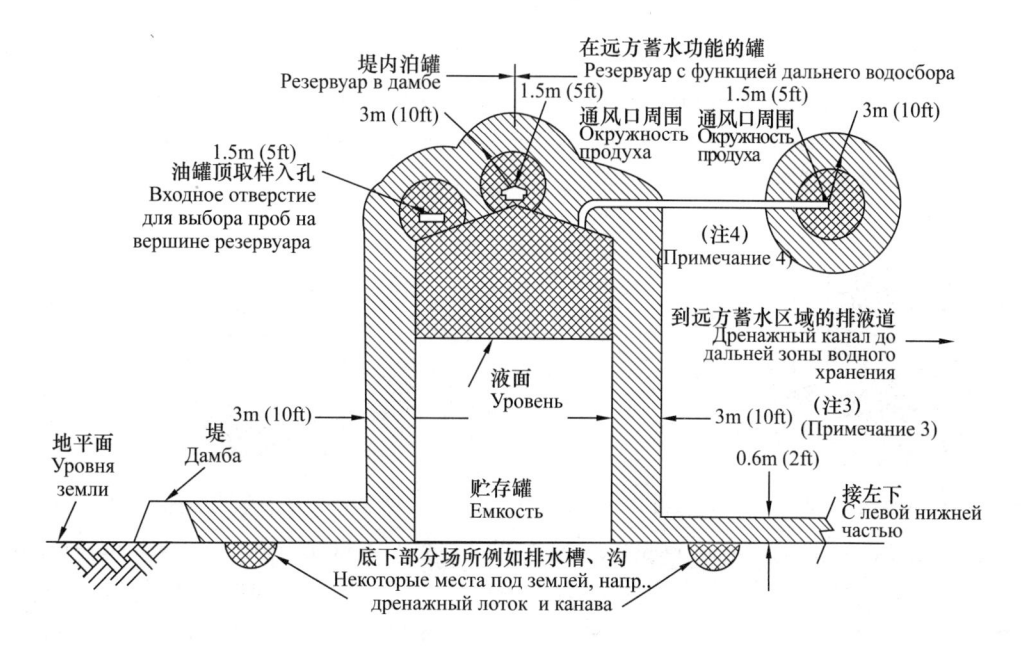

图 5.9.1 易燃液体拱顶储罐（露天布置，通风良好）

Рис. 5.9.1 Резервуар с куполообразной крышей для легковоспламеняющейся жидкости（расположение на открытом воздухе с хорошей вентиляцией）

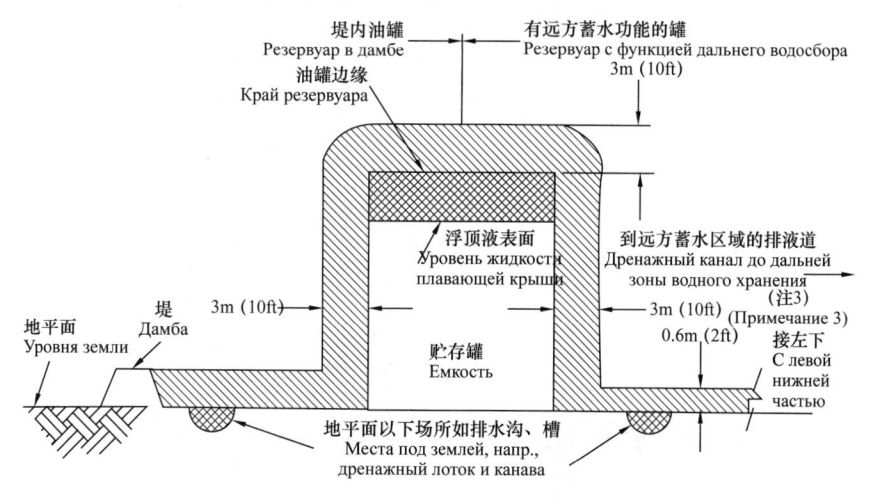

图 5.9.2 易燃液体内浮顶储罐（露天布置，通风良好）

Рис. 5.9.2 Резервуар с внутренней плавающей крышей для легковоспламеняющейся жидкости（расположение на открытом воздухе с хорошей вентиляцией）

· 639 ·

（3）通风口（图5.9.3至图5.9.6）。

（3）Вентиляционный люк（рис. 5.9.3~рис. 5.9.6）.

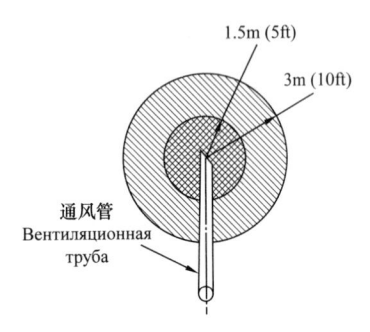

图5.9.3　工艺设备的通风口（露天布置，通风良好）

Рис. 5.9.3　Вентиляционное отверстие для технологического оборудования（расположение на открытом воздухе с хорошей вентиляцией）

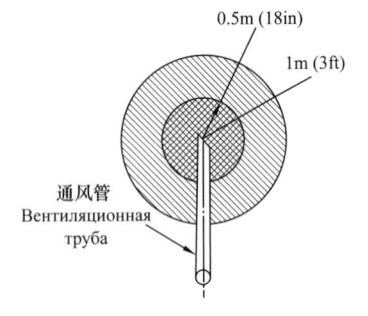

图5.9.4　仪表控制设备的通风口（露天布置，通风良好）

Рис. 5.9.4　Вентиляционное отверстие для КИП（расположение на открытом воздухе с хорошей вентиляцией）

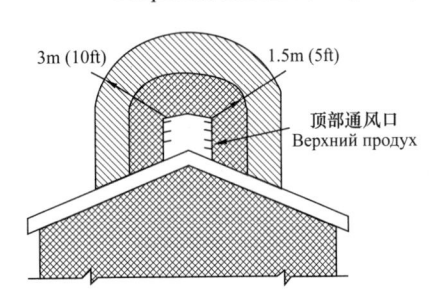

图5.9.5　建筑物为1区的大气通风口

Рис. 5.9.5　Атмосферное вентиляционное отверстие здания зоной 1

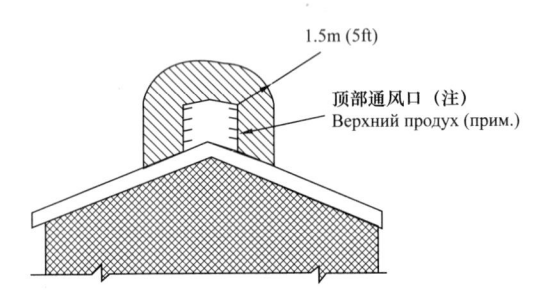

图5.9.6　建筑物为2区的大气通风口

Рис. 5.9.6　Атмосферное вентиляционное отверстие здания зоной 2

（4）工艺设备（图5.9.7至图5.9.9）。

（4）Технологическое оборудование（рис. 5.9.7~рис. 5.9.9）.

图5.9.7　处理工艺冷却水的空冷器（露天布置，通风良好）

Рис. 5.9.7　АВО для обработки технологической охлаждающей воды（расположение на открытом воздухе с хорошей вентиляцией）

5 供配电

5 Электроснабжение и электрораспределение

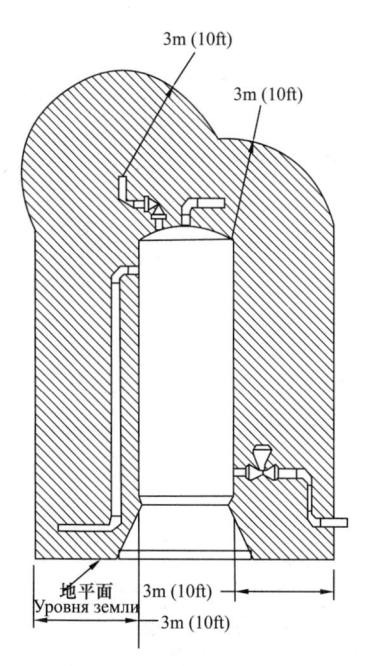

图 5.9.8 压力容器(露天布置,通风良好)(Ⅰ)

注:压力容器位于通风良好的建筑物内,若所有易燃气体排气管、放空阀及类似设施都延伸至室外,则建筑物内区域划为 2 区

Рис. 5.9.8 Емкость под давлением (расположение на открытом воздухе с хорошей вентиляцией)(Ⅰ)

Примечание: сосуд, работающий под давление, расположен в здании с хорошей вентиляцией, если все трубы для выпуска легковоспламеняющегося газа, сбросные клапаны и аналогичные сооружения протягиваются вне помещения, то внутренний диапазон в здании относится к зоне категории 2

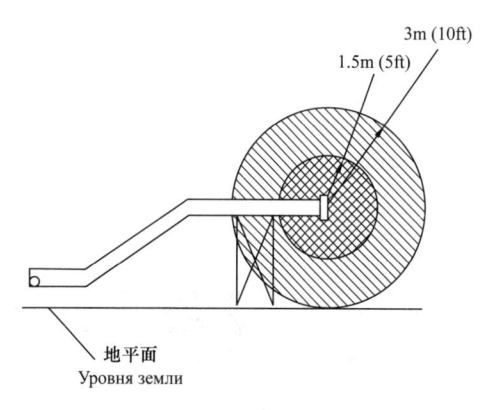

图 5.9.9 清管器(露天布置,通风良好)

Рис. 5.9.9 Очистное устройство (расположение на открытом воздухе с хорошей вентиляцией)

（5）压缩机(介质为轻于空气的蒸气或气体)（图 5.9.10 至图 5.9.13）。

（5）Компрессор (среда-пар или газ, легче чем воздух)(рис. 5.9.10～рис. 5.9.13).

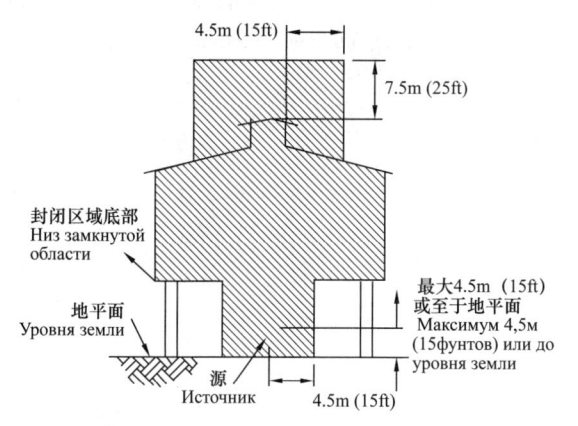

图 5.9.10 通风良好的压缩机房

Рис. 5.9.10 Компрессорная с хорошей вентиляцией

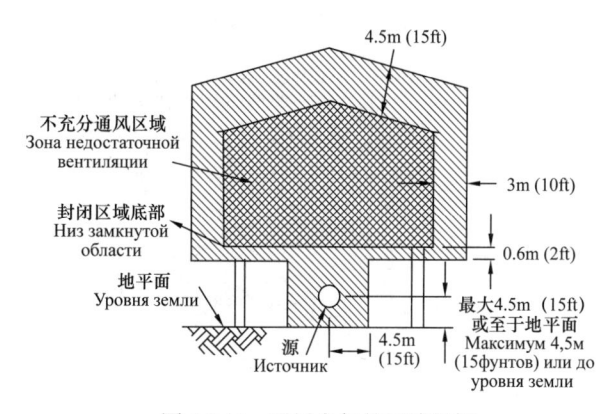

图 5.9.11 通风良好的压缩机棚

Рис. 5.9.11 Навес компрессора с хорошей вентиляцией

（6）易燃气体操作的仪表(图 5.9.14 和图 5.9.15)。

（7）井口(图 5.9.16 和图 5.9.17)。

（6）Приборы для эксплуатации с легковоспламеняющемся газом (рис. 5.9.14 и рис. 5.9.15).

（7）Устье скважины (рис. 5.9.16 и рис. 5.9.17).

· 641 ·

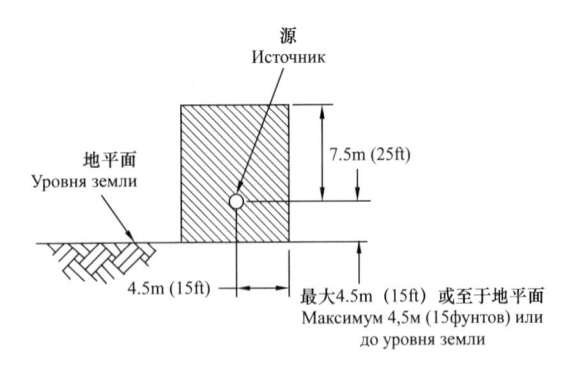

图 5.9.12　露天布置的压缩机
Рис.5.9.12　Компрессор с расположением на открытом воздухе

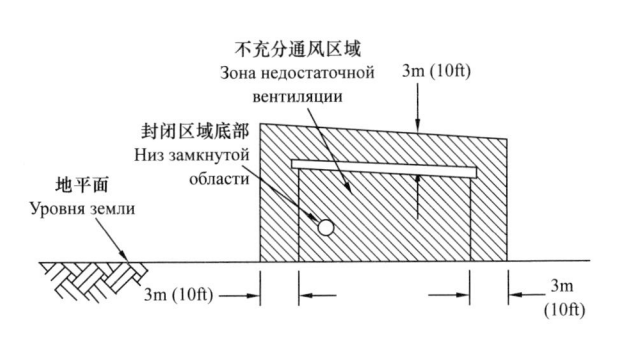

图 5.9.13　通风良好的天然气压缩机棚
Рис.5.9.13　Навес компрессора природного газа с хорошей вентиляцией

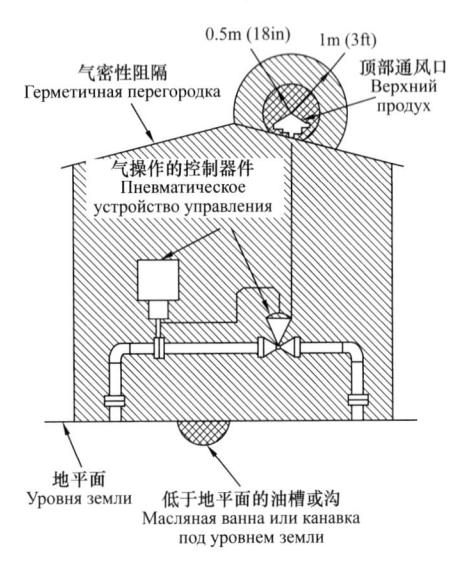

图 5.9.14　仪表安装于通风良好的室内 2 区
Рис.5.9.14　Установленный прибор в зоне 2 в помещении с хорошей вентиляцией

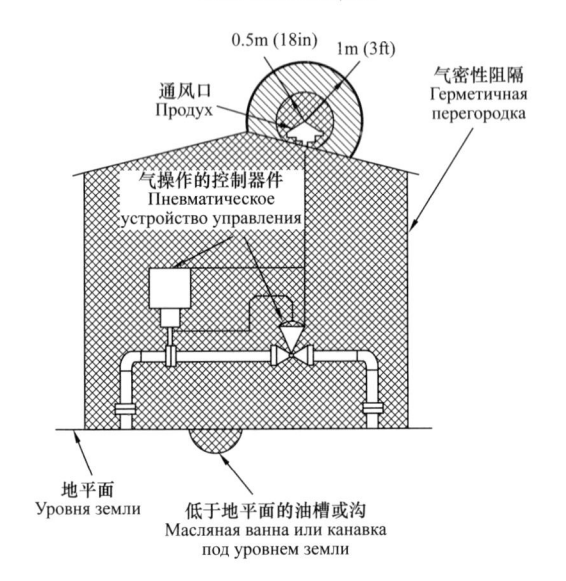

图 5.9.15　仪表安装于通风良好的室内 1 区
Рис.5.9.15　Установленный прибор в зоне 1 в помещении с хорошей вентиляцией

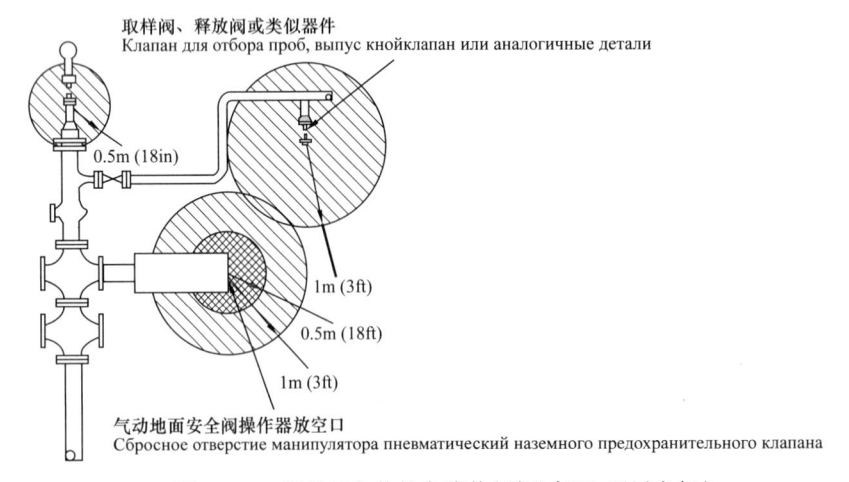

图 5.9.16　无井口方井的自喷井(露天布置,通风良好)
Рис.5.9.16　Фонтанирующая скважина без прямоугольного колодца на устье (расположение на открытом воздухе с хорошей вентиляцией)

5 供配电

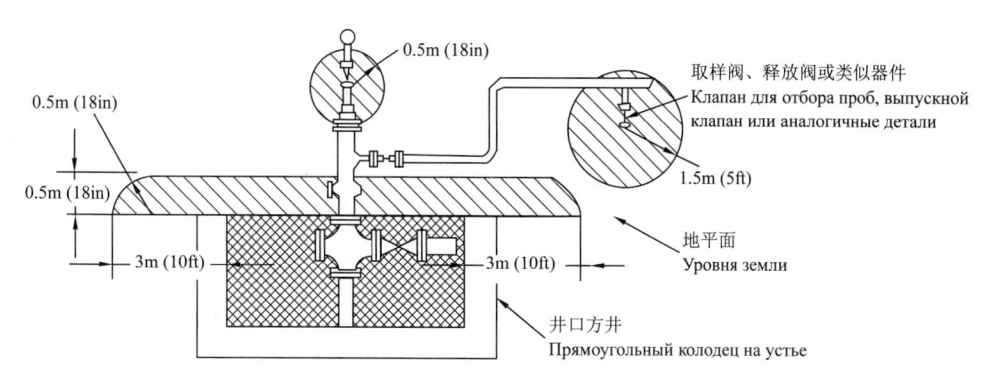

5 Электроснабжение и электрораспределение

图 5.9.17 自喷井(露天布置,通风良好)

注：丛式井露天布置时,井间距小于 7.5m,每口井 3.0m 以内的区域划分为 2 区

Рис.5.9.17 Фонтанирующая скважина (расположение на открытом воздухе с хорошей вентиляцией)

Примечание: при расположении кустовых скважин вне помещения, расстояние между скважинами менее 7,5м, диапазон, находящий в расстоянии 3,0м от каждой скважины относится к зоне категории 2

（8）输气管道的阀门及设备（图 5.9.18 至图 5.9.23）。

(8) Клапан и оборудование для газопровода (рис. 5.9.18～рис. 5.9.23).

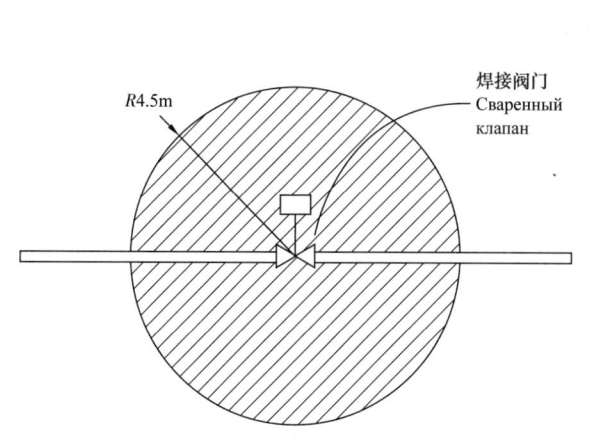

图 5.9.18 阀门(露天布置,通风良好)(Ⅰ)

Рис. 5.9.18 Клапан (расположение на открытом воздухе с хорошей вентиляцией)(Ⅰ)

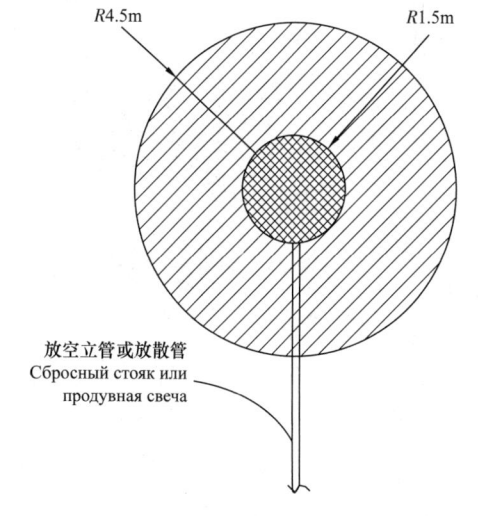

图 5.9.19 放空管

Рис. 5.9.19 Сбросный трубопровод

图 5.9.20 阀门(室内布置,通风良好)(Ⅱ)

Рис. 5.9.20 Клапан (расположение в помещении с хорошей вентиляцией)(Ⅱ)

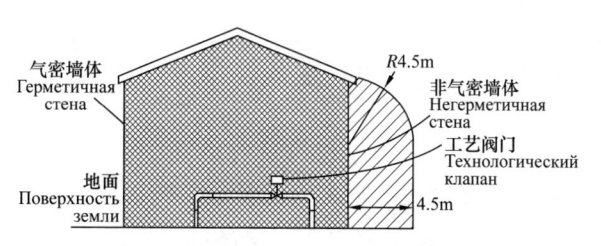

图 5.9.21 阀门(室内布置,通风不良)

Рис. 5.9.21 Клапан (расположение в помещении с плохой вентиляцией)

· 643 ·

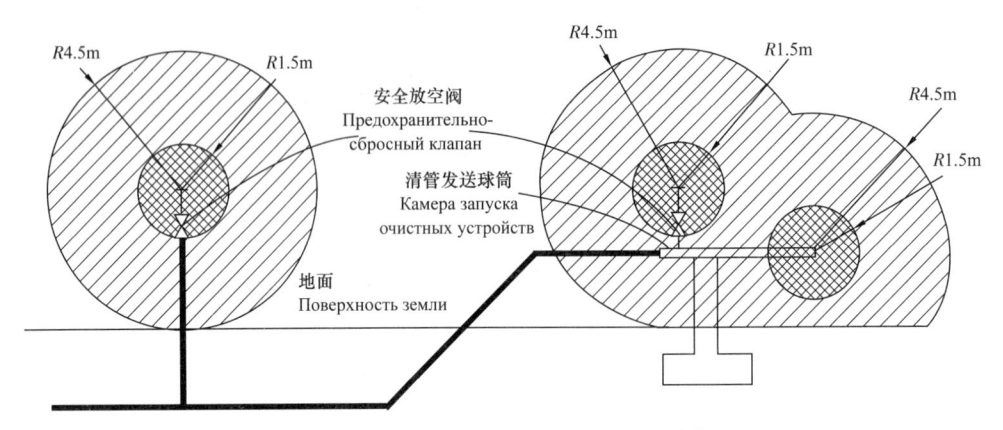

图 5.9.22 工艺设备（露天布置，通风良好）

Рис. 5.9.22 Технологическое оборудование (расположение на открытом воздухе с хорошей вентиляцией)

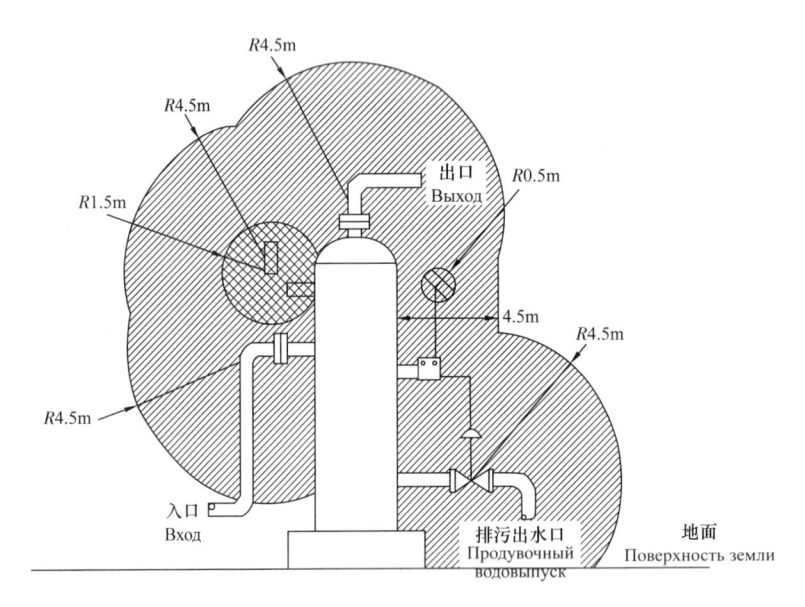

图 5.9.23 压力容器（露天布置，通风良好）（Ⅱ）

Рис. 5.9.23 Емкость под давлением (расположение на открытом воздухе с хорошей вентиляцией)(Ⅱ)

5.9.4 设备选择与安装

5.9.4.1 设备选择的重要性和主要措施

设备选择的重要性是基于爆炸需要的三个条件：易燃气体或油蒸气在一定条件下出现的可能性、易燃气体或者油蒸气与空气或氧气混合的比例及数量级、引燃源（电气设备运行达到一定的温度或能量级）的存在。因此，爆炸危险环境使用的

5.9.4 Выбор и установка оборудования

5.9.4.1 Важность и применяемые мероприятия для выбора оборудования

Важность выбора оборудования основывается на необходимые 3 условия взрыва: возможность появления горючего газа или нефтяного пара в определенных условиях, отношение смешивания горючего газа или нефтяного пара с

电气设备,结构上应能防止在自身的使用时(如正常操作产生火花、电弧或危险温度)成为安装场所爆炸危险性混合物的引燃源。电气设计时的主要措施如下:

(1)正常运行时发生火花的电气设备,布置在爆炸危险性较小或没有爆炸危险的环境内。

(2)在满足工艺生产及安全的前提下,减少防爆电气设备的数量。

(3)爆炸危险防爆电气设备必须是符合IEC60079的产品,并取得权威机构的防爆合格认证。

(4)不采用携带式电气设备,尽量减少移动电气设备和插销座。

5.9.4.2 设备选择

根据爆炸危险区域的分区、爆炸危险物质的级别和组别、电气设备的种类和防爆结构的要求,选择相应的设备。按使用环境分为两类:Ⅰ类适用于煤矿井下用,Ⅱ类为工厂用电气设备。油气田通常为Ⅱ类。

5 Электроснабжение и электрораспределение

воздухом или кислородом и порядок величины, наличие источника сгорания (при определенной температуре или уровне энергии в процессе работы электрооборудования). Поэтому, для используемого электрооборудования во взрывной опасной среде его конструкция может предотвращать опасность в процессе его использования, например, образование искры, электрической дуги или опасной температуры при нормальной операции станет источником сгорания взрывной опасной смеси площадки установки. В процессе проектирования электрической энергии основные мероприятия приведены ниже:

(1) Электрооборудование с образованием искры в процессе нормальной эксплуатации расположено в среде с низкой взрывной опасностью или среде без взрывной опасности.

(2) Уменьшить количество взрывозащищенного электрооборудования при удовлетворении требованиям к технологическому производству и безопасности.

(3) Взрывозащищенное электрооборудование во взрывной опасной зоне обязано служить продукцией, удовлетворяющей требованиям в IEC60079, с получением сертификации по взрывозащите от авторитетного органа.

(4) Не использовать передвижное электрооборудование, уменьшить передвижение электрооборудования и розетки по мере возможности.

5.9.4.2 Выбор оборудования

На основе классификации взрывной опасной зоны, класса и категории взрывных опасных веществ, типа электрооборудования и требований к взрывной конструкции проводить выбор соответствующего оборудования. Среда использования разделяется на 2 категории: категория Ⅰ -под

5.9.4.2.1 隔爆型（防爆标志 d）

（1）此类设备具有承受内部的爆炸危险混合物爆炸，而不致损坏外壳，也不会使内部爆炸通过外壳任何结合面或结构孔洞引起外部爆炸混合物爆炸的电气设备。是防爆电器最常用的一种结构型式。

（2）隔爆型、设备的外壳由钢板、铸钢、铝合金、灰铸铁等材料制成，其接线可通过隔爆型接线盒或插销座，也可以直接连接。连接处有防止拉力损坏接线端子的设施，有隔离密封。连接装置的结合面应有足够的长度。

（3）设备的紧固螺栓和螺母有防松装置，不透螺孔留有1.5倍防松圈厚度余量；紧固螺栓不得穿透外壳，底部及周围余厚不小于3mm。螺纹啮合不少于6扣。

（4）正常运行时产生火花或电弧的设备有联锁装置，保证在电源接通时不能打开壳、盖，而壳、盖打开时不能接通电源。

скважиной угольной шахты, категория II -для электрооборудования на заводе. Нефтегазовые месторождения обычно относятся к категории II, их основные конструкции приведены ниже:

5.9.4.2.1 Противовзрывной тип（взрывозащищенный знак d）

（1）Электрооборудование данного типа может поддерживать взрыв внутренней взрывной опасной смеси без повреждения корпуса и не вызывает взрыв наружной взрывной опасной смеси из-за прохода внутреннего взрыва через любую сопрягающуюся поверхность корпуса или любое отверстие конструкции. Данный тип служит самой обычной конструкцией взрывозащищенного электрооборудования.

（2）Корпус противовзрывного оборудования выполняется из стального листа, чугуна, алюминиевого сплава, серого чугуна и прочих материалов, его соединение может осуществляться противовзрывной клеммной коробкой или розеткой, или способом прямого соединения. В месте соединения предусмотрено устройство защиты от повреждения соединительной клеммы под растяжением с изолированной герметизацией. Сопрягающаяся поверхность соединительной установки должна обладать достаточной длиной.

（3）Крепежные болты и гайки оборудования должны иметь устройство против ослабления, на глухой нарезной горловине резервировать припуск, который составляет 1,5 раза толщины запорного кольца; крепежные болты обязаны не проходить через корпус, припуск толщины на дне и по периметру не менее 3мм. Количество зацепления резьбы должно быть не менее 6.

（4）Для оборудования, образующего искр или дугу во время его нормальной работы, надо обеспечить отсутствие возможности открытия

5 供配电

5 Электроснабжение и электрораспределение

корпуса и крышки в случае включения источника питания и отсутствие возможности включения источника питания при открытии корпуса и крышки.

5.9.4.2.2 增安型（防爆标志e）

5.9.4.2.2 Стабилизирующий тип （взрывозащищенный знак e）

（1）此类设备制造时采取一些附加措施保证在正常运行或规定的异常条件下，不产生火花、电弧或危险温度的可能。

（1）В процессе изготовления оборудования данного типа применять дополнительные мероприятия для обеспечения отсутствия возможности образования искры, электрической дуги или опасной температуре при его нормальной эксплуатации или в указанных аномальных условиях.

（2）增安型电气设备的绝缘带电部件外壳防护等级≥IP44，裸露带电部件外壳防护等级≥IP54。

（2）Класс защиты корпуса изоляционной токоподводящей части стабилизирующего электрооборудования не ниже IP44, класс защиты корпуса обнаженной токоподводящей части-не ниже IP54.

（3）引入电缆或导线的连接件保证与导体连接牢固，不能带有棱角损伤导体，并能防止导体松动、脱落、扭转，同时维持足够的接触压力。正常情况下，连接件的接触压力不因温度升高而降低。正常紧固时，不得产生永久性变形和自行转动，不能通过绝缘部件传递接点压力。

（3）Соединительные части для ввода кабеля или провода обеспечивают прочное соединение с проводником, которые не имеют угол или выступ, повреждающий проводник, и могут предотвращать ослабление, выпадение и поворачивание проводника с поддержкой достаточного контактного давления. В нормальных условиях контактное давление соединительных частей не снизится при повышении температуры. В процессе нормального укрепления постоянная деформация и автоматический поворот запрещены, нельзя передать давление контакта через изоляционные части.

5.9.4.2.3 本质安全型（防爆标志i）

5.9.4.2.3 Искробезопасный тип （взрывозащищенный знак i）

（1）此类设备在正常运行和故障状态下，设备内部或暴露在危险环境下的连接导体所产生的火花或热效应均不能点燃爆炸危险混合物。

（1）В условиях нормальной работы и неисправности оборудования данного типа вызванная искра или тепловой эффект у соединительного проводника в оборудовании или под опасной средой

· 647 ·

（2）按照安全程度分为 ia 级和 ib 级。其中，ia 级主要用于 0 区，是在正常运行时，发生一个故障及两个故障时不能点燃爆炸危险混合物。除去工艺设备内部外，通常油气生产设施极少出现 0 区，因此最常用的本质安全型设备是 ib 级，在正常运行时，发生一个故障时不能点燃爆炸危险混合物，主要用于 1 区。

（3）除特殊情况外，本质安全型设备及其附件的外壳防护等级≥IP20，其外部连接可以采用接线端子、接线盒或插接件，接线端子之间、接线端子与外壳间有足够距离，插接件有防止拉脱措施。

（4）本质安全型电路应有安全栅，安全栅是由限流元件（如金属膜电阻、非线性单元等）、限压元件（如二极管、齐纳二极管等）和特殊保护元件（如快速熔断器等）组成的可靠性组件，电路中的半导体管双重化，本质安全型电路端子与非本质安全型电路端子之间距离不小于 50mm。

(2) Класс безопасности оборудования разделяется на ia и ib. В том числе, класс ia в основном применяется для зоны 0, в процессе нормальной эксплуатации 1 неисправность или 2 неисправности не будут вызывать сгорание взрывной опасной смеси. За исключением внутренности технологического оборудование обыкновенные нефтегазовые производственные устройства легко появляются в зоне 0, поэтому самое обычное искробезопасное оборудование-оборудование класса ib. В случае нормальной эксплуатации появление 1 неисправности не вызывает сгорание взрывной опасной смеси, поэтому оно в основном используется в зоне 1.

(3) Класс защиты корпуса искробезопасного оборудования и его принадлежностей должен быть не ниже IP20 за исключением особенных условий, его наружное соединение может осуществляться с помощью соединительной клеммы, клеммной коробки или вставки, между соединительными клеммами, между соединительной клеммой и корпусом следует резервировать достаточное расстояние. Относительно вставки следует предусмотреть мероприятия по защите от отрыва.

(4) В искробезопасном контуре следует предусмотрена защитная решетка, которая состоит из ограничивающих элементов (например, сопротивление с металлической пленкой, нелинейный блок и т.д.), ограничителей напряжения (как диод, лавиный диод и т.д.), особых защитных элементов (например, быстродействующий плавкий предохранитель) и прочих надежных частей. Проводить бинаризацию полупроводниковых ламп в контуре, расстояние между клеммой

（5）本质安全型电路的电源变压器二次电路与一次电路保持良好的电气隔离,如一次绕组与二次绕组相邻,应有绝缘板隔离或其他防止混触的措施。

5.9.4.2.4　正压型（防爆标志 p）

（1）此类设备通过向外壳内充入洁净的空气、惰性气体等非可燃气体的保护气体,使得壳体内部气体压力高于外部环境压力,阻止在无爆炸危险混合物存在的设备内部形成爆炸危险环境。如有必要,还对设备提供足够的保护气体,以保证在电气设备周围爆炸危险混合物的浓度维持在爆炸极限值范围以外。

（2）正压保护的防爆型式是以外部的爆炸危险区域、是否内部有释放源以及正压外壳内的电气元件是否有点燃能力进行定义,其外壳内不能有影响安全的通风死角,防护等级≥IP44。

（3）设备通电前先通风、充气,外壳内最高气体压力不超过 2.5kPa。运行时根据防爆型式保持必要的压差,阻止火花、电弧从缝隙或出风口吹出。并有联锁装置，一旦压力偏低将发出报警信号或切断电源。

5.9.4.3 防爆电气设备的标志

（1）在设备明显位置有永久性凸纹标志，设备外壳上铭牌有"Ex"标志。完整的标志依次为防爆型式、类别、气体级别、温度组别、保护级别。

（2）对于一种以上的复合防爆型式，则先标出主体防爆型式，然后标出其他防爆型式；防爆标志符号应按照字母顺序排列。

（3）只用于某一种可燃气体或油蒸气的防爆电器，可直接使用气体或蒸气的分子式或名称标志，而不必注明气体级别和温度组别。

（4）Ⅱ类设备可以标注温度组别，也可以标注最高表面温度，或者两者都进行标注。

5.9.4.4 设备安装要求

（1）安装设备的金属支架在基础或构架上安装；对于有振动的设备，固定螺栓要有防松装置。

2,5кПа. В процессе эксплуатации поддерживать необходимый перепад давления на основе взрывозащищенного исполнения, предотвращать выдувание искры и электрической дуги от щели или выхода с оборудованием блокирующим устройством, которое выдает сигналы о сигнализации или отключает источник питания при низком давлении.

5.9.4.3 Знак взрывозащищенного электрооборудования

（1）В видном положении оборудования предусмотрен постоянный рельефный знак, на табличке корпуса оборудования-знак "Ex". Целые знаки выполнены по последовательности: взрывозащищенное исполнение, категория, класс газа, категория температуры, класс защиты.

（2）Для комбинированного взрывозащищенного исполнения с более 1 типами взрывозащиты следует отметить взрывозащищенное исполнение основной части, затем отметить взрывозащищенное исполнение прочих частей; взрывозащищенные знаки расположены по последовательности букв.

（3）Для взрывозащищенного оборудования, используемого только для какого-то горючего газа или нефтяного пара разрешать прямо использовать молекулярную формулу или знак названия используемого газа или пара, а не нужно отметить класс и категорию температуры газа.

（4）Для оборудования категории Ⅱ можно отметить категорию температуры или максимальную температуру поверхности или отметить обе.

5.9.4.4 Требования к установке оборудования

（1）Металлическая опора для установки оборудования монтируется на фундаменте или

5 供配电

（2）接线盒内部接线紧固后，要保证裸露带电部分之间及与金属外壳之间的电气间隙和爬电距离。

（3）设备的进线口与电缆、导线有地接线和密封，多余的进线口其弹性密封垫和金属垫片完整保存，并应将压紧螺母拧紧使进线口密封。

（4）隔爆型电气设备不能任意拆装，隔爆接合面的紧固螺栓不能任意更换，弹簧垫圈不能缺失。

（5）隔爆型电动机的轴与轴孔、风扇与端罩之间在正常工作状态下，不能产生碰擦。

（6）正压型电气设备：通风管道密封良好，进入通风、充气系统及电气设备内的空气或气体应清洁，不含有爆炸性混合物及其他有害物质。通风过程排出的气体，不能进入爆炸危险区域。

（7）与本质安全型电气设备配套的关联电气设备的型号，必须与本质安全型电气设备铭牌中的关联电气设备的型号相同。

5 Электроснабжение и электрораспределение

каркасе. Для оборудования с вибрацией крепежные болты должны иметь устройство против ослабления.

（2）После крепления внутренних проводов в соединительной коробке следует обеспечить электрический зазор и длину пути утечки между обнаженными токоподводящими частями и между их и металлическим корпусом.

（3）Ввод провода оборудования и кабель, проводы должны иметь заземляющие проводы и герметизацию, избыточные эластические уплотнительные прокладки и металлические прокладки для ввода провода подлежат хранению в целом положении, кроме этих, следует затянуть нажимные гайки, чтобы осуществлять герметизацию вводов провода.

（4）Нельзя произвольно проводить снятие и установку взрывозащищенного электрооборудования, нельзя произвольно заменять крепежные болты на противовзрывной прилегающей поверхности и потерять пруженые шайбы.

（5）В нормальном состоянии работы запретить трение или удар между валом и отверстием вала, между вентилятором и торцевым колпаком противовзрывного электродвигателя.

（6）Электрооборудование положительного давления: вентиляционный трубопровод имеет хорошую герметизацию, воздух или газ, поступающий в вентиляционную систему, надувную систему и электрооборудование, подлежит очистке, у него взрывная смесь и прочие вредные вещества отсутствуют. Выпущенный газ в процессе вентиляции обязан не поступать в взрывную опасную зону.

（7）Тип комплектного связанного электрооборудования с искробезопасным электрооборудованием обязан быть одинаковым с типом

（8）防爆安全栅应可靠接地。

5.9.5 电气线路敷设

5.9.5.1 安装位置的选择

（1）电气线路（包括电缆及导线）通常敷设在爆炸危险性较小、距离释放源较远的地方。例如：当爆炸危险混合物介质比空气重时，电气线路在高处敷设，采取电缆沟敷设时位于爆炸危险区域内的部分充沙；当爆炸危险混合物介质比空气轻时，电气线路在低处敷设，可以使用电缆沟。

（2）电气线路应尽量避开有可能受到机械损伤、振动、污染、腐蚀和受热的部分敷设，实在无法避开时则有保护措施。电缆之间不能直接连接，必须在相防爆接线盒或分线盒内连接或分路。

（3）电气线路可以沿有爆炸危险的建筑外墙敷设。与输送爆炸危险介质的管道及构架并行敷设时，当爆炸危险介质比空气重时，敷设在管道上方；当爆炸危险介质比空气轻时，敷设在管道下方。

связанного электрооборудования, указанным на табличке искробезопасного электрооборудования.

（8）Взрывозащищенная безопасная решетка подлежит надежному заземлению.

5.9.5 Прокладка электрических линий

5.9.5.1 Выбор места установки

（1）Электрические линии (включая кабели и провода) обычно прокладываются в местах с относительно низкой взрывной опасностью и далеких от источника выброса. Например, если среда взрывной опасной смеси тяжелее чем воздуха и электрические линии прокладываются на высоте, проводить заполнение части во взрывной опасной зоне песком при прокладке в канале; если среда взрывной опасной смеси легче чем воздуха и электрические линии прокладываются в нижнем месте, разрешать использовать канал.

（2）Электрические линии прокладываются в обход мест с механическим повреждением, вибрацией, загрязнением, коррозией и подогревом по мере возможности. При невозможности обхода следует предусмотреть защитные мероприятия. Между кабелями запрещено прямое соединение, необходимо проводить соединение или ответвление в фазовой взрывозащищенной соединительной коробке или ответвительной коробке.

（3）Электрические линии могут прокладываться по наружной стене здания с взрывной опасностью. При параллельной прокладке трубопровода для передачи взрывной опасной среды и его опоры, если взрывная опасная среда тяжелее чем воздух, прокладка выполняется над трубопроводом; напротив, прокладка-под трубопроводом.

5.9.5.2 材料及性能选择

（1）由于铝导体机械强度较差，容易折断，需要过渡连接而加大接线盒，所以爆炸危险区域内的导体均采用铜材。

（2）在油气生产场所敷设的电缆应具备耐热、阻燃、耐腐蚀等特性，不能使用油浸纸绝缘电缆。常用电气线路以交联聚乙烯、聚乙烯、聚氯乙烯或合成橡胶绝缘的、有护套的导线或电缆为主，除配电盘、接线箱及金属配管系统外，不能使用无护套的导线。

（3）在爆炸危险区域固定敷设的电缆一般采用铠装电缆，采用能防止机械损伤的桥架安装时允许使用非铠装电缆。当没有鼠、虫等小动物的损害时，2区内电缆沟内敷设电缆也可以采用非铠装电缆。

（4）爆炸危险区域的电气线路允许载流量不能高于不分类区域的导体载流量，因此，导线及电缆允许载流量不小于断路器长延时过电流脱扣器额定电流的1.25倍，电动机配电电缆允许载流量不小于电动机额定电流的1.25倍。

5.9.5.2 Выбор материалов и их свойств

（1）Механическая прочность алюминиевого проводника относительно плохая, легко переламывать его, тогда требовать переходного соединения и увеличения размера соединительной коробки, поэтому все проводники во взрывной опасной зоне выполнены из меди.

（2）Кабель, прокладываемый в нефтегазовой производственной площадке, должен обладать свойствами, как теплостойкость, огнестойкость, стойкость к коррозии и т.д., нельзя использовать масляную бумагу для изоляции кабеля. Для обычных электрических линий в основном применять провода или кабели с изоляцией из сшитого полиэтилена, полиэтилена, полихлорвинила или синтетической резиной и футляром. Нельзя использовать провода без футляра за исключением щита, соединительной коробки и металлической системы распределения трубопроводов.

（3）Для стационарной прокладки во взрывной опасной зоне обычно применять бронированные кабели, при установке эстакады, которая может предотвращать механическое повреждение разрешать использовать небронированные кабели. При отсутствии повреждения из-за мыши, насекомых и прочих маленьких животных разрешать использовать небронированные кабели при прокладке в канале в зоне 2.

（4）Допустимая амперная нагрузка электрической линии во взрывной опасной зоне не превышает допустимую амперную нагрузку в классифицированной зоне, поэтому допустимая амперная нагрузка провода и кабеля должна быть не менее 1,25 раза номинального тока расцепителя тока с независимой выдержкой времени выключателя, допустимая амперная нагрузка распределительного кабеля электродвигателя не менее 1,25 раза номинального тока электродвигателя.

5.9.5.3 隔离密封

（1）敷设电气线路的沟道及配管、电缆在穿过不同爆炸危险区域的楼板或隔墙时，采用非燃性材料严密封堵，可以采取充砂、填阻火堵料或加设防火隔墙等方式。电气线路敷设后穿墙的孔洞应堵塞严密。

（2）隔离密封位置尽量靠近隔墙，墙与密封盒之间不能有管接头、接线盒等连接件。隔离密封盒不能用于导线连接或分线使用。

（3）电缆的隔离密封。

① 当电缆外护套必须穿过弹性密封圈或密封填料时，应被弹性密封圈挤紧或被密封填料封固。

② 对于外径等于或大于 20mm 的电缆，隔离密封处组装防止电缆拔脱的组件时，必须在电缆被拧紧或封固后，再拧紧固定电缆的螺栓。

③ 电缆引入装置或设备进线口的密封，要保证被密封的电缆断面近似为圆形，弹性密封圈的一个孔密封一根电缆，弹性密封圈及金属垫与电缆的外径相匹配，且压紧后将电缆沿圆周均匀地被挤紧。

5.9.5.3 Изолирование и герметизация

（1）Когда канал и трубопровод для прокладки электрических линий, а также кабель проходят через перекрытия или перегородки в разных взрывных опасных зонах, использовать негорючие материалы для плотного уплотнения, тоже разрешать способ заполнения песком, метод наполнения огнепреградительными материалами или устройство огнестойкой перегородки. Отверстие после прокладки электрической линии через стену подлежит плотной герметизации.

（2）Место изолирования и герметизации должно быть вблизи перегородки по мере возможности, между стеной и герметической коробкой штуцеры трубы, соединительные коробки и прочие соединительные части должны отсутствовать. Коробка для изолирования и герметизации не может использоваться с целью соединения или ответвления проводов.

（3）Изолирование и герметизация кабеля.

① В случае необходимости прохождения наружного футляра кабеля через эластичное уплотнительное кольцо или уплотнительный сальник, футляр обязан быть прижат эластичным уплотнительным кольцом или закреплен уплотнительным сальником.

② Для кабеля наружным диаметром равно или больше 20мм, когда проводить сборку узлов для защиты кабеля от выпадения в месте изолирования и герметизации, необходимо завинтить болты для крепления кабеля после завинчивания или укрепления кабеля.

③ Для герметизации вводного устройства кабеля или ввода в оборудование следует обеспечить сечение уплотняемого кабеля приблизительным круглым. 1 отверстие эластичного уплотнительного кольца применяется для герметизации

④ 有电缆头腔或密封盒的电气设备进线口，电缆引入后应浇灌固化的密封填料。

（4）导线的隔离密封。

① 易积结冷凝水的管路，应在其垂直段的下方装设排水式隔离密封件，排水口置于下方。

② 隔离密封的制作，其内壁要保证无锈蚀、无灰尘、无油渍。导线在密封件内不得有接头，且导线之间及与密封件壁之间的距离均匀。密封件内填充水凝性粉剂密封填料。

（5）电气设备、接线盒和端子箱上多余的孔应采用丝堵堵塞严密。当孔内垫有弹性密封圈时，弹性密封圈的外侧需要有钢质堵板。

5.10 架空电力线路

5.10.1 架空电力线路组成

架空电力线路通常由绝缘子、杆塔、基础、导线、金具、拉线、地线 7 个部分组成。其中前 5 个

5 Электроснабжение и электрораспределение

1 кабеля, наружный диаметр эластичного уплотнительного кольца совпадает с наружным диаметром кабеля, которое равномерно и тесно прижмет кабель по окружности после поджатия.

④ Для ввода в электрооборудование с полостью кабельного конца или уплотнительной коробкой проводить заливку отвержденной уплотнительной набивкой.

（4）Изолирование и герметизация провода.

① Для трубопровода, где легко накоплена конденсационная вода, следует расположить водоотводный изолирующий и уплотняющий элемент под вертикальным участком, отводное отверстие должно быть расположено внизу.

② При изготовлении изолирования и герметизации следует обеспечить отсутствие коррозии, пыли и масляной грязи на внутренней стенке, в уплотнительной детали соединитель провода запрещается, расстояние между проводами и между проводом и стенкой уплотнительной детали должно быть равномерным. Заполнять уплотнительную деталь гидравлической порошковой уплотнительной набивкой.

（5）Избыточные отверстия на электрооборудовании, соединительной коробке и клеммной коробке подлежат уплотнению пробкой. При наличии эластичного уплотнительного кольца в отверстии наружная сторона данного кольца требует стальной заглушки.

5.10 Воздушная электрическая линия

5.10.1 Состав воздушной электрической линии

Воздушная электрическая линия обычно состоит из изолятора, опоры, фундамента, провода,

部分是架空电力线路必需的组成部分，在35kV及以上电压等级的架空电力线路才配置地线；拉线在转角杆、耐张杆、双杆、三联杆钢筋混凝土杆、拉线式铁塔等杆型中配置，自立式铁塔不需要配置拉线，单杆直线混凝土杆在需要防风等具体情况时配置拉线，一般情况下不需要配置拉线。

металлических деталей, растяжки и заземляющего провода. Передние 5 частей служат необходимыми частями для воздушной электрической линии, предусмотреть заземляющий провод только для воздушной электрической линии напряжением 35кВ и выше; растяжка предусмотрена на угловой опоре, натяжной опоре, двойной опоре, строенной опоре, железобетонной опоре, натяжной башне и т.д., свободностоящая башня не требует растяжки, а для одинарной прямолинейной бетонной опоры предусмотрена растяжка на основе фактических условий, например, в случае необходимости защиты от ветра, в обыкновенных условиях не нужно предусмотреть растяжку.

5.10.2 架空电力线路分类

5.10.2 Классификация воздушной электрической линии

电力线路按电压等级分为送电线路和配电线路：110kV及以上电压等级的电力线路叫送电线路，35kV及以下电压等级电力线路（如6～10 kV）叫配电线路。

电力线路按电流型式分为交流输电线路和直流输电线路。直流输电线路主要用于高电压等级长距离电网干线，是最近发展起来的输电型式，有损耗少、投资省的优点。直接为用户供电的110kV及以下电压等级的电力线路仍采用交流形式。

Электрическая линия разделяется на линию электропередачи и распределительную линию по классам напряжения: линия напряжением 110кВ и выше служит линией электропередачи, линия напряжением 35кВ и ниже, например, распределительной линией напряжением 6-10кВ.

Электрическая линия разделяется на линию электропередачи переменного тока и линию электропередачи постоянного тока. Линия электропередачи в основном применяется в качестве длинной магистрали электросети высокого напряжения, которая развитая в последние годы и обладает низкой потерей, маленькими капиталовложениями и т.д.. При прямом снабжении потребителю электрической энергией напряжением 110кВ и ниже применять линию электропередачи переменного тока.

5 Электроснабжение и электрораспределение

电力线路按导线是裸导体还是绝缘导体分为绝缘线路和非绝缘线路,大部分电力线路采用非绝缘线路,只在线路走廊狭窄和人口稠密的城市及郊区,为保证安全而采用绝缘线路。

Электрическая линия разделяется на изоляционную линию и неизоляционную линию на основе наличия обнаженного или изоляционного проводника. В большинстве электрической линии применяется неизоляционная линия, только в узком коридоре линии, плотно населенных городах и поселках применяется изоляционная линия с целью обеспечения безопасности.

架空电力线路常用电压等级从低到高依次为:0.4kV,6 kV,10 kV,20 kV,35 kV,66 kV,110 kV,220 kV,330 kV,500 kV,750 kV。架空电力线路采用何种电压等级取决于传输负荷的大小和传输距离,距离越大,负荷越大,需要的电压等级越高。220 kV 及以上电压等级主要用于国家电力干网进行跨区域送电;110 kV 及以下电压等级用于为企事业单位及居民供电。

Обычные классы напряжения для воздушной электрической линии последовательно приведены ниже: 0,4кВ, 6кВ, 10кВ, 20кВ, 35кВ, 66кВ, 110кВ, 220кВ, 330кВ, 500кВ, 750кВ. Применяемый класс напряжения воздушной электрической линии зависит от нагрузки передачи и расстояния передачи. Нагрузка больше при расстоянии больше, тогда требуемый класс напряжения выше. Класс напряжения 220кВ и выше в основном применяется для межрайонной электропередачи в государственной электросети, а класс напряжения 110кВ и ниже-для электроснабжения предприятиям, учреждениям и населению.

各级电压输送能力参考值见表 5.10.1。

Справочные величины мощностей электропередачи под разными классами напряжения приведены ниже.

表 5.10.1 各级电压输送能力参考值

Таблица 5.10.1 Справочные величины мощностей электропередачи под разными классами напряжения

输电电压, kV Напряжение электропередачи, кВ	输送容量, MW Мощность передачи, МВт	传输距离, km Расстояние передачи, км
0.38	0.1 及以下 0,1 и ниже	0.6 及以下 0,6 и ниже
3	0.1~1.0	1~3
6	0.1~1.2	4~15
10	0.2~2.0	6~20
35	2~10	20~50
110	10~50	50~150
220	100~500	100~300
330	200~1000	200~600
500	600~1500	400~1000

5.10.3 路径

架空电力线路的导线主要是带电裸导体,与其他物体接近时,难免会产生危险,严重时会产生短路、火灾、人身伤亡等不良后果。此外,电力线路建设还需考虑经济性和施工维护的方便性。为减少和控制上述风险,既节约投资,又方便施工维护,电力线路路径需要遵照以下规定:

(1)架空电力线路应尽可能取直,避免多弯和迂回,线路曲折系数小可以取得良好的技术经济效益。架空电力线路应避开洼地、冲刷地带、不良地质地区、原始森林区以及影响线路安全运行的其他地区。

南约洛坦项目内部集输的35kV和10 kV架空电力线路线路工程技术难点段位于穆尔加布河两侧。首先,需选择合适的跨河点,尽量减少跨越长度;其次,应避开湿地和众多小湖泊,因湿地土壤承载力差,不宜载杆;最后,选择合适的跨越铁路点,因铁路边有很多居民区,既要与民房保持足够的距离,又要便于跨越铁路。

5.10.3 Трасса

Провода воздушной электрической линии в основном служат токоподводящими обнаженными проводниками, при приближении к прочим веществам неизбежно появляется опасность, в серьезных условиях данное приближение приведет к короткому замыканию, пожару, поражению персонала и прочим отрицательным результатам. Кроме этого, при строительстве электрической линии следует учесть экономию и удобность в строительстве и обслуживании. Чтобы уменьшить и контролировать вышеизложенные риски, т.е. осуществить экономию капиталовложений и обеспечение удобности в строительстве и обслуживании, путь электрической линии должен удовлетворять следующим указаниям:

(1)Воздушная электрическая линия должна быть прямой без поворота и обхода по пере возможности, маленький коэффициент извилистости позволяет получению хорошего технического и экономического эффекта. Воздушная электрическая линия должна обходить низину, промывающуюся полосу, место с плохими геологическими условиями, район девственного леса и прочие места с влиянием на безопасную эксплуатацию линии.

Участки с технической трудностью работ по выполнению воздушных электрических линий 35кВ и 10кВ внутрипромыслового сбора и транспорта газа Объекта на м/р «Южный Елотен» расположены на 2 сторонах реки Мургаб. Сначала выбирать надлежащую точку пересечения через реку с уменьшением длины пересечения по мере возможности; затем избегать заболоченных

5 供配电

（2）架空电力线路不宜通过林区。

（3）架空电力线路通过果林、经济作物以及城市绿化灌木林时，不宜砍伐通道。

（4）架空电力线路不宜通过国家批准的自然保护区的核心区和缓冲区内。

（5）应减少与其他设施交叉；当与其他线路交叉时，交叉位置不宜选在杆塔顶上。

（6）应避开储存易燃易爆物的地点；若从其旁边经过，应保持足够的安全距离。

（7）考虑为了便于施工、运行维护和抢修等，如沙漠中选线，宜沿道路两侧选线。

如南约洛坦项目内部集输的 35kV 和 10 kV 架空电力线路所经地段主要为沙漠或沙化地，在路径选择时靠近油田道路，便于施工和维护。

5 Электроснабжение и электрораспределение

мест и маленьких озер по причине плохой несущей способности грунта в заболоченных местах, где опоры не преимущественно предусмотреть; в третьих выбирать надлежащую точку пересечения через железную дорогу, потому что на ее сторонах существуют населенные пункты, точка пересечения должна находиться с достаточным расстоянием от жилого дома и быть удобной для пересечения через железную дорогу.

（2）Воздушная электрическая линия должна не проходить через лесной район.

（3）Когда воздушная электрическая линия должна не проходить через лес плодовых деревьев, промышленную культуру, хворостинник для городского озеленения, нельзя выполнить проход путем рубки деревьев.

（4）Воздушная электрическая линия должна не входить в центральный район и буферный район заповедника, утвержденного государством.

（5）Следует уменьшить пересекание с прочими сооружениями, при пересекании с прочей линией место пересекания должно не расположиться на вершине опоры.

（6）Следует избегать мест для хранения взрывных и легковоспламеняющихся веществ, когда проходить возле этих мест, следует обеспечить достаточное безопасное расстояние.

（7）С учетом строительства, эксплуатации, обслуживания, ремонта и т.д., например, выбор пути в пустыне, следует выбирать путь по 2 сторонам дороги.

Например, участки воздушных электрических линий 35кВ и 10кВ внутрипромыслового сбора и транспорта газа Объекта на м/р «Южный Елотен» в основном проходят через пустыню или

（8）线路路径应流畅自然，避免迂回线路或锐角型转角。

（9）对于油气田、各站场的变电站位置、放空管位置和火炬位置，需提前进行了解，避免发生位置冲突；应充分了解管道和油田道路的位置，以利用和依托油气田设施。

根据土库曼斯坦《电气安装规程》的规定，电力线路与放空管或火炬要保持300m以上的距离，南约洛坦项目内部集输的单井10 kV架空电力线路，因井站数量多，位置犬牙交错，相互间距离很近，要满足上述要求需在定线时做细致的工作。

（10）杆塔定位应尽量少占耕地和良田，减少土石方工作量。

（11）电力线路对地距离及交叉跨越时，与地面、其他设施的距离应满足规范规定的最小距离。

место с опустыниванием, выбирать путь возле дороги нефтяного месторождения для удобности в строительстве и обслуживании.

（8）Путь линии должен быть свободным и натуральным, избегать обходной линии или поворота с острым углом.

（9）Для нефтегазовых месторождений следует ознакомляться с положениями подстанции, сбросной трубы и факела на станции и площадке предварительно во избежание их столкновения; следует ознакомляться с положениями трубопровода и дороги на нефтегазовых месторождениях полностью с целью использования устройств на нефтегазовых месторождениях и опирания на их.

Согласно указаниям в «Правила монтажа электроустановок» в Туркменистане электрическая линия должна быть расположена с расстоянием более 300м от сбросной трубы или факела. Относительно воздушной электрической линии 10кВ для одиночной скважины внутрипромыслового сбора и транспорта газа Объекта на м/р «Южный Елотен» следует осуществлять тщательные работы при определении пути с удовлетворением вышеизложенным требованиям по причине большого количества скважин, их сильно пересеченного положения и короткого взаимного расстояния.

（10）При определении положения опор следует занять мало пашней и плодородных полей, уменьшить объем земляных и каменных работ по мере возможности.

（11）При взаимном пересечении электрических линий, их расстояние от земли и прочих сооружений должно удовлетворять требованиям к минимальному расстоянию в правилах и нормах.

5.10.4 导线和地线

5.10.4.1 导线和地线选择

导线一般选用钢芯铝绞线,在线路走廊狭窄地区、城市繁华街道及市、郊区的人口稠密处可选用绝缘导线,地线选用镀锌钢绞线。现在有一种新导体,称作碳纤维导线,同等截面比较,其强度高于钢芯铝绞线,重量却轻很多,但由于价格较高还未能广泛使用。导线的各种规格参数,可参照最新的标准 GB/T 1179《圆线同心绞架空导线》。

导线首先按经济电流密度选择,采用允许电压损失及最大负荷时按发热条件进行校验(70℃时载流量),负荷越大,距离越长,导线的截面越大。

地线一般用镀锌钢绞线。如果工程项目有通信需求,可以选用 OPGW 光纤复合地线,它集地线与光纤于一体,节约了通信电杆,可减少投资。地线的截面需要与导线的配合,一般原则是:70mm² 以下用 GJ-25,95~185mm² 用 GJ-35,240mm² 以上用 GJ-50。

5.10.4 Провода и заземляющие провода

5.10.4.1 Выбор проводов и заземляющих проводов

Обычно применять алюминиевый скученный провод со стальной жилой в качестве провода, в узком коридоре линии, бойкой улице города и плотно населенных местах в городе и поселке можно выбирать изоляционные провода, оцинкованные стальные скученные провода в качестве заземляющих проводов. В настоящее время существует новый проводникуглеродно-волоконный провод, по сравнению с алюминиевым скученным проводом со стальной жилой одинаковым сечением его прочность выше, масса меньше значительно. Данный новый материал не широко применяется из-за его относительно высокой цены. Относительно характеристик и параметров провода можно справляться с круглым скученным концентрическим воздушным проводом, указанным в стандарте последнего издания GB/T 1179.

Сначала выбор провода осуществляется по экономической плотности тока, в случае применения допустимой потери напряжения и максимальной нагрузки проводить проверку по условиям излучения тепла (допустимая нагрузка по току при температуре 70 ℃), сечение провода больше при нагрузке больше и расстоянии больше.

Обычно выбирать оцинкованные стальные скученные проводы в качестве заземляющих проводов. При наличии потребности связи в инженерных работах можно выбирать волокно-оптический комбинированный заземляющий провод OPGW, который обладает функцией заземляющего

导地线在弧垂最低点的设计安全系数不应小于 2.5，悬挂点的安全系数不应小于 2.25。地线的安全系数不应小于导线的安全系数。

провода и оптического волокна, таким образом, осуществить экономию количества опор для связи и уменьшение капиталовложений. Сечение заземляющего провода должно совпадать с проводом, обыкновенный принцип: для сечения менее 70мм² выбирать GJ-25, для сечения 95-185мм²- GJ-35, для сечения более 240мм²-GJ-50.

Проектный коэффициент безопасности в самой низкой точке падения заземляющего провода должен быть не менее 2,5, коэффициент безопасности точки подвеса-не менее 2,25. Коэффициент безопасности заземляющего провода должен быть не менее коэффициента безопасности провода.

5.10.4.2 导线布置

（1）导线的线间距离应结合运行经验确定，并符合下列规定：

① 对 1000m 以下挡距，水平线间距离宜按下式计算：

$$D = k_i L_k + U/110 + 0.65\sqrt{f_c} \quad (5.10.1)$$

式中 k_i——悬垂绝缘子系数，与绝缘子串型式有关，可查手册取得；

D——导线水平线间距离，m；

L_k——悬垂绝缘子串长度，m；

U——系统标称电压，kV；

f_c——导线最大弧垂。

② 导线垂直排列的垂直线间距离，宜采用上述公式计算结果的 75%。

5.10.4.2 Расположение провода

（1）Расстояние между проводами должно определяться с учетом опыта эксплуатации и удовлетворять следующим указаниям：

① Для расстояния менее 1000м расчет расстояния между горизонтальными линиями должен выполняться по следующей формуле：

$$D = k_i L_k + U/110 + 0,65\sqrt{f_c} \quad (5.10.1)$$

Где k_i——коэффициент подвесного изолятора, касающийся типа гирлянды изоляторов и получаемый по руководству；

D——расстояние между горизонтальными проводами, м；

L_k——длина подвесной гирлянды изоляторов, м；

U——номинальное напряжение системы, кВ；

f_c——максимальное дуговое падение провода.

② Расстояние между вертикальными проводами при их вертикальном расположении должно принять 75% от результата расчета по вышеизложенной формуле.

③ 导线三角排列的等效水平线间距离，宜按下式计算：

$$D_x = \sqrt{D_p^2 + (4/3 D_z)^2} \quad (5.10.2)$$

式中 D_x——导线三角排列等效水平线间距离，m；

D_p——导线间水平投影距离，m；

D_z——导线间垂直投影距离，m。

（2）双回路及多回路杆塔不同回路的不同相导线间水平或垂直距离，应按第1条的规定增加0.5m。

（3）线路换位宜符合下列规定：

① 中性点直接接地的电力网，长度超过100km的输电线路宜换位，以平衡不对称电流。换位循环长度不宜大于200km。

② 中性点非直接接地的电力网，为降低中性点长期运行中的电位，可用换位或变换输电线路相序排列来平衡不对称电容电流。

③ 对于Π接线路应校核不平衡度，必要时进行换位。

5.10.5 绝缘子和金具

绝缘子是将导体与其他可导电物体进行电气绝缘隔离的瓷质或有机合成的定型产品。

5.10.5.1 绝缘子的分类

(1)绝缘子按照型式分为:针式绝缘子、瓷横担绝缘子、棒形针式绝缘子、盘形悬式绝缘子、棒形悬式合成绝缘子。

(2)绝缘子按照材料分为:陶瓷绝缘子、玻璃钢绝缘子、复合材料绝缘子。

(3)绝缘子按照作用分为:耐张绝缘子,用于耐张杆塔,导线在此处开断,电流通过跳线引接,耐张绝缘子除承受导线重力、风力外,主要承受纵向导线拉力;悬垂绝缘子,用于直线杆塔,主要承受垂直重力,风力。

5.10.5.2 各种绝缘子的特点和用途

(1)高压针式绝缘子主要用于6~35kV架空电力线路,低压只有500V一种。针式绝缘子最初以用在木横担为主,用于铁横担时规程规定采用高一级绝缘水平的绝缘子。由于铁脚顶部与导线捆扎的凹槽处的体绝缘距离较小,在雷击严重地

5.10.5 Изолятор и механические детали

Изолятор служит типовой продукции из фарфорового материала или органического синтеза для электрической изоляции и изолирования проводника и прочих токоподводящих предметов.

5.10.5.1 Классификация изоляторов

(1) Изолятор разделяется на следующие по типам: игольчатый изолятор, фарфоровый изолятор траверса, игольчатый изолятор стержневого типа, подвесной изолятор тарельчатого типа, подвесной синтетический изолятор стержневого типа.

(2) Изолятор разделяется на следующие по материалам: керамический изолятор, стеклопластиковый изолятор, изолятор из комбинированного материала.

(3) Изолятор разделяется на следующие по назначениям: натяжной изолятор для натяжной опоры, в данном месте провод подлежит обрыву, ток подключается через перемычку, натяжной изолятор не только несет на себя силу тяжести провода и силу ветра, а также несет в основном растяжку продольного провода; подвесной изолятор для прямолинейной опоры, он в основном несет на себя силу тяжести и силу ветра.

5.10.5.2 Особенности и назначения изоляторов

(1) Игольчатый изолятор высокого напряжения в основном применяется для воздушной электрической линии 6-35кВ, а для линии низкого напряжения-только тип 500В. Игольчатый изолятор в основном использовался для деревянной

区,凹槽处的体绝缘易被击穿,以致烧坏或烧断导线,造成事故,但在一般地区,使用还是很广泛的。

(2)瓷横担绝缘子是同时起到横担和绝缘子作用的一种实心绝缘结构,有降低杆塔高度、节约钢材、降低造价等优点。绝缘的泄漏距离较大,全部为实心绝缘,不会发生像针式绝缘子那样的绝缘击穿现象。由于采用陶瓷材料,也有强度低、较易断裂的特点,因此使用在中小导线和较不重要的线路上。使用前,横担需要进行探伤检查。

(3)棒形针式绝缘子,其结构为铁脚固定在底帽上的实心棒式绝缘子,也有类似瓷横担的不易击穿和泄漏距离大的优点。其安装方式与普通针式绝缘子的铁担脚一样,因此可以很方便地与针式绝缘子置换使用,强度也较大,可以用于大导线。此种绝缘子只有 10 kV 一种。

5 Электроснабжение и электрораспределение

траверсы в самом начале, при использовании для железной траверсы следует применять изолятор с выше уровнем изоляции на 1 класс по правилам. Расстояние изоляции между вершиной штыри и изолятором в месте желоба с увязыванием проводами относительно маленькое, изолятор в месте желоба легко пробивается в районе с сильным ударом молнии, что приведет к пережогу или перегоранию провода, а также авариям. Но в обыкновенных районах данный тип изолятора применяется широко.

(2)Фарфоровый изолятор траверса служит сплошной изоляционной конструкцией с назначением и траверса и изолятора, который обладает преимуществами, как снижение высоты опоры, экономия стальных материалов, снижение стоимости и т.д.. В связи с большим расстоянием утечки изоляции и сплошной изоляционной конструкцией изолятор данного типа не получает пробивку изоляции как игольчатый изолятор. Фарфоровый материал обладает низкой прочностью, легким разрывом и прочими особенностями, поэтому он применяется для средних проводов, маленьких проводов и относительно неважных линий. Перед использованием траверс подлежит дефектоскопии.

(3)По конструкции игольчатый изолятор стержневого типа служит сплошным изолятором стержневого типа с укреплением штыри к днищевой головке, который тоже обладает трудностью в пробивке и большим расстоянием утечки, как фарфоровый траверс. Метод установки одинаковый с методом установки железного подножника траверса для обычного игольчатого изолятора, поэтому он может применяться вместо игольчатого изолятора. Кроме этих, изолятор данного типа имеет относительно большую прочность, поэтому

（4）盘形悬式绝缘子按绝缘性能分为普通型和防污型；按制作材料分为普通陶瓷的钢化玻璃绝缘子；按连接方式分为球形的和槽形的；按机电破坏强度分为6kV,7kV,10kV,16kV,21kV和30kV等几种。这种绝缘子是最为普及的绝缘子，特别是高压线路，其机电性能优越可靠，可以多片成串，满足各种电压等级的要求。在沿海、冶金粉末区、化工污染及较严重的工业污染区，采用防污型。

（5）棒形悬式合成绝缘子,是用玻璃钢棒芯和合成材料的许多散片组成，一种电压制成一整根，目前已有电压66～500kV。这种绝缘子有重量轻、耐污染、自洁等优点，是近年出现的新品种。

5.10.5.3 绝缘子的选择

电力线路绝缘子的选择应遵循以下原则：

（1）电力线路绝缘子的形式和数量，应根据架空电力线路环境污秽等级和绝缘的单位爬电距离确定。

он может применяться для большого провода. Только существует изолятор данного типа напряжением 10кВ.

（4）Подвесной изолятор тарельчатого типа разделяется на обыкновенный тип и противозагрязнительный тип по свойствам изоляции; по материалам-на обыкновенный керамический изолятор и сталинитовый изолятор; по методу соединения-на шаровой тип и швеллерный тип; по прочности к повреждению механизма-на 6кВ, 7кВ, 10кВ, 16кВ, 21кВ, 30кВ. Данный изолятор является самым обычным, особенно для линий высокого напряжения, который обладает прекрасными электромеханическими свойствами с возможностью образования гирлянды многими пластинками и удовлетворяет требованиям к разным классам напряжения. В приморском районе, районе с металлургической пылью, районе с сильным уровнем химического и промышленного загрязнения применять противозагрязнительные изоляторы.

（5）Подвесной синтетический изолятор стержневого типа состоит из стеклопластикового стержня и пластин из синтетических материалов, 1 целый изолятор применяется для 1 класса напряжения. В настоящее время существует изолятор напряжением 66-500кВ, который обладает легкой массой, стойкостью к загрязнению, автоматической очистке и прочими преимуществами и служит новой продукцией в последние годы.

5.10.5.3 Выбор изолятора

Выбор изолятора для электрической линии должен осуществляться по следующему принципу:

（1）Тип и количество изоляторов для электрической линии должны определяться по классу загрязнения окружающей среды воздушной

5 供配电

（2）35kV 和 66 kV 架空电力线路宜采用悬式绝缘子，悬垂绝缘子串的数量在架空电力线路设计规范中可以查到，耐张绝缘子串的数量应比悬垂串的同型绝缘子多一片。110kV 及以上架空电力线路一般采用悬式绝缘子，如陶瓷绝缘子、玻璃钢绝缘子，还可以采用复合材料绝缘子。耐张绝缘子串的数量应比悬垂串的同型绝缘子多，110～330kV 架空电力线路增加一片。

（3）对于全高超过 40m 有地线的杆塔，高度每增加 10m，应增加一片绝缘子。

（4）6kV 和 10kV 架空电力线路的直线杆塔宜采用针式绝缘子或瓷横担绝缘子；耐张杆塔宜采用悬式绝缘子串。

（5）3kV 及以下架空电力线路的直线杆塔宜采用针式绝缘子或瓷横担绝缘子；耐张杆塔宜采用悬式绝缘子串。

（6）海拔高度超过 3500m 的地区，绝缘子串的绝缘子数量可根据运行经验和相关线路设计规范的条款计算确定。

5 Электроснабжение и электрораспределение

электрической линии и единичной длине пути утечки изоляции.

（2）На воздушных электрических линиях 35кВ и 66кВ преимущественно применять подвесные изоляторы, количество гирлянд изоляторы может получиться по правилам проектирования воздушной электрической линии, количество гирлянд изоляторов должно быть более количества подвесных гирлянд изоляторов одинакового типа на 1 пластину. На воздушных электрических линиях 110кВ и выше обычно применять подвесные изоляторы, например, керамический изолятор, стеклопластиковый изолятор и изолятор из комбинированного материала. Количество гирлянд натяжных изоляторов должно быть более количества подвесных гирлянд изоляторов одинакового типа, на воздушных электрических линиях 110-330кВ следует дополнить 1 пластину изолятора.

（3）Для опоры с заземляющим проводом целой высотой более 40м следует дополнить 1 пластину изолятора при каждом увеличении высоту на 10м.

（4）Для прямолинейных опор воздушных электрических линий 6кВ и 10кВ следует применять игольчатый изолятор или фарфоровый изолятор траверса; а для натяжных опор-подвесную гирлянду изоляторов.

（5）Для прямолинейных опор воздушных электрических линий 3кВ и ниже следует применять игольчатый изолятор или фарфоровый изолятор траверса; а для натяжных опор-подвесную гирлянду изоляторов.

（6）В районе с высотой над уровнем моря более 3500м количество изоляторов в гирлянде может определяться путем расчета на основе опыта эксплуатации согласно соответствующим правилам проектирования линий.

· 667 ·

（7）具体选择时，6kV 和 10kV 架空电力线路可参考标准图集，35kV 及以上等级的架空电力线路可参考通用设计。

（8）架空电力线路在经过污秽地区时，宜采用防污绝缘子或合成绝缘子，或根据运行经验和污染程度，适当增加绝缘子的数量或瓷横担的泄漏距离，或其他防污染措施。

5.10.5.4 线路金具的分类

线路金具是将杆塔、导线和绝缘子连接起来的金属零件。

线路金具分为悬垂线夹、耐张线夹、联结金具、接续金具、保护金具、拉线金具等类型。

5.10.5.5 线路金具的用途

（1）悬垂线夹用于在直线杆塔将导线固定在悬垂绝缘子上，或将地线固定在地线支架上。

（2）耐张线夹用于将导线或地线固定在耐张或转角杆塔上的绝缘子串上。又分为：螺栓型耐张线夹，主要用于固定中小型导线截面；压缩型耐张线夹，适用于固定大型导线截面；楔形耐张线夹，用于固定地线。

(7) При выполнении конкретного выбора для воздушных электрических линий 6кВ и 10кВ можно справлять со стандартными альбомами, а для воздушных электрических линий 35кВ и выше-с общим проектом.

(8) При проходе воздушной электрической линии через загрязненный район следует применять противозагрязнительные изоляторы или синтетические изоляторы, или на основе опыта эксплуатации и уровня загрязнения надлежаще увеличить количество изоляторов или расстояние утечки фарфорового траверса, или применять прочие мероприятия по защите от загрязнения.

5.10.5.4 Классификация металлических деталей для линии

Металлические детали для линии применяются для соединения опор, проводов и изоляторов.

Металлические детали для линии разделяются на подвесной зажим, натяжной зажим, соединительную металлическую деталь, присоединительную металлическую деталь, защитную металлическую деталь, металлическую деталь для растяжки и прочие типы.

5.10.5.5 Назначение металлических деталей для линии

(1) Подвесной зажим применяется на прямолинейной опоре для укрепления провода к подвесному изолятору или укрепления заземляющего провода к опоре заземляющего провода.

(2) Натяжной зажим применяется для укрепления провода или заземляющего провода к гирлянде изоляторов на натяжной опоре или угловой опоре, который разделяется на натяжной зажим болтового типа для укрепления сечения среднего

5 供配电

5 Электроснабжение и электрораспределение

и маленького проводов, обжимный натяжной зажим для укрепления сечения большого провода и клинообразный натяжной зажим для укрепления заземляющего провода.

（3）联结金具又称为通用金具，多用于绝缘子串与杆塔之间、线夹与绝缘子串之间、地线与杆塔之间的联结。如 U 形挂环、二联板、直角挂板、延长环、U 形螺丝等。

（3）Соединительная металлическая деталь, названная общеупотребительной металлической деталью, в основном применяется для соединения между гирляндой изоляторов и опорой, между зажимом и гирляндой изоляторов, между заземляющим проводом и опорой, например, U-образная подвесная серьга, двойная пластина, прямоугольная наделка для подвески, удлиненная пластина, U-образный винт и т.д..

（4）接续金具用于对断开的导线或地线进行联结或修补的金具，如接续管、补修管、并沟线夹等。

（4）Присоединительная металлическая деталь применяется для соединения или ремонта провода или заземляющего провода с обрывом, например, присоединительная труба, ремонтная труба, параллельный зажим и т.д..

（5）保护金具起保护导线或地线的作用。如防振锤、预绞丝护线条，起到防止导线地线振动损害导地线的作用；预绞丝补修条起到补修导线的作用；重锤，抑制导线或跳线摆动过大或直线杆塔导线上拔；间隔棒，固定分裂导线的几何形状。

（5）Защитная механическая деталь применяется для защиты провода или заземляющего провода. Например, антивибрационный моток и предварительно скрученная защитная лента для защиты от повреждения провода и заземляющего провода из-за их вибрации; предварительно скрученная ремонтная лента для ремонта провода и заземляющего провода; тяжелый моток для сдерживания чрезмерного колебания провода или шлейфа или подъема провода на прямолинейной опоре; проставочный пруток для фиксирования и разделения геометрической формы провода.

（6）拉线金具用于把拉线和杆塔及拉线基础固定的金具，如 UT 线夹，可调的用于固定或调整拉线下端，不可调的用于固定拉线上端；楔形线夹，用于固定拉线上端；拉线二联板，用于固定两根组合拉线。

（6）Металлическая деталь для растяжки применяется с целью крепления растяжки, опоры и фундамента растяжки, например, зажим UT（регулируемый тип для крепления или регулировки нижнего торца растяжки и нерегулируемый тип для крепления верхнего торца растяжки），клинообразный зажим для крепления верхнего

线路金具均为定型产品,其用途和参数可在线路金具手册上查找。绝缘子和金具的组装图可参见电力线路标准图集。

5.10.6 防雷和接地

5.10.6.1 防雷

（1）3~10kV混凝土架空电力线路:在多雷区可架设地线,或在三角排列的中线上装设避雷器;当采用铁横担时宜提高绝缘子等级;绝缘导线铁横担的线路可不提高绝缘子等级。

因当地年均雷暴日很小,小于10d,南约洛坦项目所有10kV架空电力线路均不架设地线。

（2）35kV架空电力线路:宜在线路两端架设地线,加挂地线长度宜为1.0~1.5km。

南约洛坦项目35kV架空电力线路均在线路两端1.0~1.5km处加挂地线,作为35kV变电站的进线防雷保护措施。中间段不架设避雷线。

торца растяжки; двойная пластина растяжки для крепления 2 комбинированных растяжек.

Все металлические детали служат типовой продукцией, назначение и параметры которых приведены в руководстве металлических деталей для линии. Сборочная схема изоляторов и металлических деталей-см. стандартный альбом электрической линии.

5.10.6 Молниезащита и заземление

5.10.6.1 Молниезащита

（1）Бетонная воздушная электролиния 3-10кВ: в грозовой зоне можно проводить прокладку заземляющего провода или установку разрядника на средней линии с треугольным расположением; при использовании железной траверсы преимущественно повысить класс изолятора; а для линии с железной траверсой изоляционного провода разрешать не повысить класс изолятора.

В связи с мало возникновением дней с грозой и молнией для всех воздушных электролиний 10кВ на месте объекта на м/р "Южный Елотен" (менее 10 сут.) не предусмотреть прокладку заземляющего провода.

（2）Воздушная электролиния 35кВ: преимущественно проводить прокладку заземляющих проводов на 2 концах линии, длина которых должна быть 1,0-1,5км.

На всех воздушных электролинии 35кВ объекта на м/р "Южный Елотен" предусмотреть заземляющие провода в месте 1,0-1,5км на 2 концах линии, что служит мероприятием по защите вводных линий от молнии для подстанции 35кВ.

5 供配电

（3）66kV架空电力线路：年平均雷暴日数为30d以上的地区，宜沿全线架设地线。

（4）110kV架空电力线路：可沿全线架设地线，在年均雷暴日数不超过15d或运行经验证明雷电活动轻微的地区，可不架设地线。无地线的线路，宜在变电站或发电厂的进线段架设1～2km地线。

（5）220～330kV输电线路应沿全线架设地线，在年均雷暴日数不超过15d或运行经验证明雷电活动轻微的地区，可架设单地线，山区宜架设双地线。地线对边导线的保护角应满足规范要求，单地线的保护角不宜大于25°。

（6）66kV及以下线路杆塔上地线对边导线的保护角宜采用20°～30°。山区单根地线的杆可采用25°。在高杆塔或雷害比较严重地区，可采用0°或负保护角或加装其他防雷装置。对多回路杆塔宜采用减少保护角等措施。

5 Электроснабжение и электрораспределение

На промежуточном участке не предусмотреть молниезащитные провода.

（3）Воздушная электролиния 66кВ: в районе со средним числом грозовых дней в год более 30сут. следует проводить прокладку заземляющих проводов по целой линии.

（4）Воздушная электролиния 110кВ: можно проводить прокладку заземляющих проводов по целой линии, в районе со средним числом грозовых дней в год не более 15сут. или в районе с легким воздействием грома и молнии по опытам эксплуатации разрешать не предусмотреть заземляющий провод. На линии без заземляющего провода следует проводить прокладку заземляющего провода 1-2км на входном участке линии на подстанцию или электростанцию.

（5）Для линии электропередачи 220-330кВ следует проводить прокладку заземляющих проводов по целой линии, в районе со средним числом грозовых дней в год не более 15сут. или в районе с легким воздействием грома и молнии по опытам эксплуатации разрешать предусмотреть одиночный заземляющий провод. В гористом районе преимущественно выполнять прокладку двойного заземляющего провода. Защитный угол провода на противоположной стороне заземляющего провода должен удовлетворять требованиям в правилах, защитный угол одинарного заземляющего провода должен быть не более 25°.

（6）Для опор линий 66кВ и ниже защитный угол провода на противоположной стороне заземляющего провода следует принять 20°-30°. Для опор одинарного заземляющего провода в гористом районе можно принять 25°. Для высокой опоры или в месте с относительно серьезным ударом молнии можно принять 0° или отрицательный защитный угол или предусмотреть прочие

（7）对于单回路，110～330 kV 输电线路的保护角不宜大于 15°。

（8）对于同塔双回或多回路，110kV 输电线路的保护角不宜大于 10°，220kV 及以上输电线路的保护角均不宜大于 0°。

（9）对重覆冰线路的保护角可适当加大。

（10）杆塔上两根地线间的距离，不应超过导线与地线间垂直距离的 5 倍。

（11）导线与地线应保持在挡距中央应保持（0.02L+1）m 的要求。

5.10.6.2 接地

（1）接地：对于中性点不接地系统，无地线的杆塔在居民区或与其他线路交叉时，应接地，其接地电阻不宜超过 30Ω。

（2）装避雷器的杆塔应接地，有地线的杆塔应接地。

（3）通过耕地的输电线路，其接地体应埋设在耕作深度以下。

（4）根据土库曼斯坦规范《电气安装规程》的规定，钢筋混凝土电杆和铁塔均应接地。故南约洛坦项目所有架空电力线路杆塔均逐基接地。

молниезащитные устройства. Для многоконтурных опор следует применять мероприятия по уменьшению защитного угла и т.д..

（7）Для одинарного контура защитный угол линии электропередачи 110-330кВ должен быть не более 15°.

（8）Для 2 контуров или много контуров на одной опоре защитный угол линии электропередачи 110кВ должен быть не более 10°, защитный угол линии электропередачи 220кВ и выше-не более 0°.

（9）Защитный угол обледенелой линии может повышаться надлежаще.

（10）Расстояние между 2 заземляющими проводами на опоре должно не превышать 5 раз вертикального расстояния между проводом и заземляющим проводом.

（11）Провода и заземляющие провода должны быть расположены в центральном месте пролета с удовлетворением требований（0,02L+1）м.

5.10.6.2 Заземление

（1）Заземление: для системы без заземления в нейтральной точке в случае пересечения опоры без заземляющего провода с населенным пунктом или прочими линиями следует проводить заземления, сопротивление заземления должно не превышать 30Ом.

（2）Опора с разрядником и опора с заземляющим проводом подлежат заземлению.

（3）Относительно линии электропередачи, проходящей через пахотную землю, его заземлитель подлежит залеганию под глубиной культивирования.

（4）Согласно указаниям в «Правила монтажа электроустановок» в Туркменистане все железобетонные опоры и башни подлежат заземлению,

5.10.7 杆塔

5.10.7.1 杆塔分类

（1）杆塔按其材质，分为木电杆、钢筋混凝土电杆、钢管杆、铁塔。木电杆主要用于低压，但使用年限短，容易损坏，现在已很少使用。杆塔按其受力性质，宜分为悬垂型杆塔和耐张型杆塔。

（2）悬垂型杆塔宜分为悬垂直线杆塔和悬垂转角杆塔。耐张型杆塔宜分为耐张直线杆塔、耐张转角杆塔和终端杆塔。

（3）杆塔按其回路数，应分为单回路杆塔、双回路杆塔和多回路杆塔。

5.10.7.2 杆塔导线排列方式

（1）架空电力线路不同等级线路共杆的多回路杆塔，应采用高电压在上、低电压在下的布置型式。

（2）单回路导线既可水平排列，也可三角排列或垂直排列；双回路和多回路杆塔导线可按垂直排列，必要时可考虑水平和垂直组合方式排列。

5 Электроснабжение и электрораспределение

поэтому все воздушные электролинии объекта на м/р «Южный Елотен» заземлены по фундаментам.

5.10.7 Опора

5.10.7.1 Классификация опор

（1）По материалам опоры разделяются на деревянную опору, железобетонную опору, опору из стальной трубы и башню. Деревянная опора в основном применяется под низким напряжением, но она обладает коротким сроком службы и легко повреждается, поэтому мало используется в настоящее время. Опоры могут разделяться на подвесную и натяжную опоры по свойствам несущей силы.

（2）Подвесные опоры могут разделяться на подвесную прямолинейную опору и подвесную угловую опору. Натяжные опоры могут разделяться на натяжную прямолинейную опору, натяжную угловую опору и конечную опору.

（3）Опоры должны разделяться на одноконтурную опору, двухконтурную опору и многоконтурную опору по количеству контуров.

5.10.7.2 Способ расположения проводов опоры

（1）Относительно многоконтурных опор с линиями разных классов для воздушных электрических линий следует применять способ расположения проводов высокого напряжения вверху и проводов низкого напряжения внизу.

（2）Расположение провода на одноконтурной опоре может выполняться горизонтально или вертикально или в треугольной форме; для проводов на двухконтурной опоре и многоконтурной

5.10.7.3 杆塔选择

（1）杆塔首先应根据电压等级和导线规格选择。

（2）对不同类型杆塔的选用，应依据线路路径特点，按照安全可靠、经济合理、维护方便和有利于环境保护的原则进行。

（3）在平地和丘陵等便于运输和施工的非农田和非繁华地带，可因地制宜地采用拉线杆塔和钢筋混凝土杆。

（4）对于山区线路杆塔，应根据地形特点，配合不等高基础，采用全方位长短腿结构形式。

（5）对于线路走廊拆迁或清理费用高及走廊狭窄的地带，宜采用导线三角形或垂直排列的杆塔，在满足安全性和经济性的基础上，减少线路走廊宽度。

（6）在城市繁华地带，可采用钢管杆等占地面积小，不需打拉线的杆塔。

（7）南约洛坦项目的220kV架空电力线路和35kV架空电力线路转角杆均采用自立式铁塔，直

опоре можно проводить вертикальное расположение, при необходимости разрешать учесть комбинированное расположение в горизонтальном и вертикальном виде.

5.10.7.3 Выбор опоры

（1）Выбор опоры сначала следует осуществляться на основе класса напряжения и характеристик провода.

（2）Выбор опор разных типов должен выполняться на основе особенностей пути линии по принципу обеспечения надежности, безопасности, экономии, рациональности, удобности в обслуживании и благоприятности для охраны окружающей среды.

（3）В равнинах, на холмах, в непахотной земле и неоживленных местах для удобного транспорта и строительства можно применять растяжную опору и железобетонную опору на основе особенностей на месте.

（4）Для опор линий в гористом районе следует применять всестороннюю конструкцию с длинными и короткими подножниками с помощью фундаментов на разных уровнях по особенностям рельефа.

（5）На участках с извилистым коридором линии или с высоким расходом на очистку и на участках с узким коридором следует применять опоры с треугольным или вертикальным расположением проводов, чтобы уменьшить ширину коридора линии на основе обеспечения безопасности и экономичности.

（6）На оживленных участках в городе можно применять опоры из стальной трубы с маленькой площадью территории и без необходимости выполнения растяжки.

（7）Для угловых опор воздушных электрических линий 220кВ и 35кВ объекта на м/р

线杆采用钢筋混凝土电杆;由 PETROFAC 公司承建的外输 10kV 架空电力线路均采用产自土耳其的轻型自立式铁塔;由川庆承建的内输 10kV 架空电力线路均采用产自土库曼斯坦的方形钢筋混凝土电杆。

5.10.8 基础

基础形式的选择,应综合考虑沿线地质、施工条件和杆塔形式等因素,并应符合下列要求:

(1)有条件时,应优先采用原状土基础;一般情况下,铁塔可以选用现浇钢筋混凝土基础或混凝土基础;岩石地区可采用锚筋基础或岩石嵌固基础;软土地基可采用大板基础、桩基础或沉井等基础;在运输或浇筑混凝土有困难的地区,可采用预制装配式基础或金属基础,如南约洛坦外输 10kV 架空电力线路铁塔基础均采用预制装配式基础;电杆及拉线宜采用预制装配式基础。

"Южный Елотен» применены свободностоящие башни, для прямолинейных опор-железобетонные опоры; для экспортных воздушных электрических линий 10кВ, выполненных компанией PETROFAC, применены легкие свободностоящие башни, изготовленные в Турции; относительно воздушных электрических линий 10кВ для внутрипромыслового сбора и транспорта газа применены квадратные железобетонные опоры, изготовленные в Туркменистане.

5.10.8 Фундамент

Выбор типа фундамента следует осуществляться с комплектным учетом геологических условий, условий строительства, типа опоры и прочих факторов по линии с удовлетворением следующих требований:

(1)При наличии условий следует преимущественно применять фундамент из естественного грунта; в обыкновенных условиях для башни можно выбирать монолитный железобетонный фундамент или бетонный фундамент; в районах с горной породой можно выбирать армированный фундамент или укрепленный фундамент заделкой горной породы; для фундамента из мягкого грунта-фундамент для большой пластины, столба или опускного колодца и т.д.; в местах с трудностью в транспортировке бетона или заливке бетоном можно выбирать предварительно сборочный фундамент или металлический фундамент, например для всех башней экспортных воздушных электрических линий 10кВ объекта на м/р "Южный Елотен» применен предварительно сборочный фундамент; для опор и растяжки следует применять предварительно сборочный фундамент.

（2）山区线路应采用全方位长短腿铁塔和不等高基础配合使用。

（3）基础应根据杆位或塔位的地质资料进行设计。现场浇制钢筋混凝土基础的混凝土强度等级不应低于C20。

（4）对于盐碱地，需要采取防腐措施，一般采用地面200mm以下部分用玻璃丝布加沥青防腐。

（5）对于沙漠地区，由于沙漠流动性，需采取防风固沙措施，包括基础加土工布、打防风拉线、杆塔周围埋设草方格、设加强型基础等措施。

5.10.9 附属设施

（1）杆塔上应设置线路名称和杆塔号的标志。所有耐张型杆塔、分支杆塔和换位杆塔前后各一基杆塔上，均应有明显的相位标志。

（2）在多回路杆塔上或同一走廊内的平行线路的杆塔上，均应标明每一线路的名称和代号。

（3）高杆塔应按航空部门的规定装设航空障碍标志。

（4）新建输电线路宜根据运行条件配备适当的通信设施。

（2）Для линий в гористом районе применять всесторонние башни с длинными и короткими подножниками и фундаменты на разных уровнях.

（3）Проектирование фундамента должно выполняться по геологическим данным о положениях опор или башней. Класс прочности бетона для монолитного железобетонного фундамента на площадке должен быть не ниже B20.

（4）Для солонцово-солончаковой почвы следует применять мероприятия по защите от коррозии, что обычно выполняется методом применения стеклоткани и битума в части 200мм под землей.

（5）В пустыне следует применять мероприятия по защите от ветра и укреплению песка с учетом текучести пустыни, включая дополнение геотекстильного полотна на фундаменте, выполнение растяжки для защиты от ветра, устройство соломенной решетки вокруг опоры, установки усиленного фундамента и т.д..

5.10.9 Подсобные сооружений

（1）На опоре следует предусмотреть знаки с названием линии и номером опоры. На основной опоре до и после всех натяжных опор, разветвленных опор и конверсированных опор ясные знаки с фазным положением должны существовать.

（2）На многоконтурных опорах или опорах с параллельными линиями в одном коридоре следует отметить название и номер каждой линии.

（3）Относительно высоких опор следует предусмотреть знаки авиационного барьера по указаниям от авиасекции.

（4）Для новых линий электрической передачи следует предусмотреть надлежащие устройства связи на основе условий эксплуатации.

（5）总高度在80m以下的杆塔,登高设施可选用脚钉。高于80m的杆塔,宜选用直爬梯或设置简易休息平台。

（6）为了防止误登电杆,造成事故,在变压器台、学校附近或认为必要的某些电杆要挂上"高压危险,切勿攀登"告示牌。

5.10.10　运行和维护

5.10.10.1　巡视

5.10.10.1.1　巡视类型

架空线路的巡视,按工作性质和任务,以及规定的时间不同,可分正常巡视、夜间巡视、故障巡视和特殊巡视。

（1）正常巡视,也叫定期巡视,主要检查线路各元件的运行状况,有无异常损坏现象。

（2）夜间巡视,其目的是检查导线接头及各部结点有无发热现象,绝缘子有无因污秽和裂纹而放电。

（3）故障巡视,主要是查明故障地点和原因,便于及时处理。

5　Электроснабжение и электрораспределение

（5）Для опор общей высотой ниже 80м можно выбирать гвоздевую обувь в качестве устройства для подъема на возвышенность. Для опор высотой более 80м следует выбирать прямую лестницу или предусмотреть простую платформу для отдыха.

（6）С целью предотвращения аварий из-за ошибочного подъема по опоре следует предусмотреть предупредительные знаки "Опасно！Высокое напряжение", "нельзя взойти на опору" и т.д. на платформе трансформатора, возле школы или на необходимых опорах.

5.10.10　Эксплуатация и обслуживание

5.10.10.1　Обходная проверка

5.10.10.1.1　Тип обходной проверки

Обходная проверка воздушных линий может разделяться на нормальный обход, ночной обход, обход неисправности и специальный обход по свойствам работ, заданиям и указанному времени.

（1）Нормальный обход, названный регулярным обходом, в основном осуществляется для проверки рабочего состояния элементов линии и наличия аномального повреждения.

（2）Целью ночного обхода служит проверка наличия повышения температуры в месте соединителя провода и узлов частей, а также наличия разряда из-за загрязнения и трещины на изоляторе.

（3）Обход неисправности в основном осуществляется для определения места и причины неисправности с целью своевременного решения.

（4）特殊巡视，主要是在气候骤变，如导线覆冰、大雾、狂风暴雨时进行巡视，以查明有无异常现象。

（5）正常巡视的周期应根据架空线路的运行状况、工厂环境及重要性综合确定，一般情况下，低压线路每季度巡视一次，高压线路每两月巡视一次。

5.10.10.1.2 巡视内容

（1）木电杆的根部有无腐烂；混凝土有无脱落现象；电杆是否倾斜；横担有无倾斜、腐蚀、生锈；构件有无变形、缺少等问题。

（2）拉线有无松弛、破股、锈蚀等现象；拉线金具是否齐全、是否缺螺栓；地锚有无变形；地锚及电杆附近有无挖坑取土及基坑土质沉陷危及安全运行的现象。

（3）运行人员应掌握各线路导线规格、长度、杆塔杆型、数量等技术参数，关注线路负荷的大小，注意不使线路过负荷运行，要注意导线有无断股、弧光放电的痕迹。在雷雨季节应注意绝缘子闪烁放电的情况。各种杂物有无挂在导线上。导线接头有无过热变色、变形等现象，特别是铜铝接头氧化等。弧垂大小有无明显的变化，三相是否平衡。导线对其他工程设施的交叉间歇是否合乎规定，春秋两季风大，应特别注意导线弧垂过大或不平衡，防止混线。

（4）Специальный обход в основном выполняется для определения наличия аномальных явлений в случае резких изменений погоды, например, при обледенении провода, при тумане, сильном ветре и дождем и т.д..

（5）Период нормального обхода должен определяться с комплексным учетом рабочего состояния воздушной линии, окружающей среды на заводе и важности, в обыкновенных условиях проводить обход линии низкого напряжения через каждый квартал 1 раз и обход линии высокого напряжения через каждые 2 месяца 1 раз.

5.10.10.1.2 Содержание обходной проверки

（1）Наличие гниения на корне деревянной опоры, наличие падения бетона, наклон опоры, наличие наклона, коррозии и ржавчины траверса, деформация и недостаток количества элементов и прочие проблемы.

（2）Наличие ослабления, повреждения и коррозии растяжки; полный порядок металлических деталей растяжки, недостаток винтов; деформация якоря; наличие выемки грунта возле якоря и опоры, наличие оседания грунта котлована с влиянием на безопасную эксплуатацию и прочие явления.

（3）Операторы должны ознакомляться с техническими параметрами, как характеристики и длина проводов линий, тип и количество опор, обратить внимание на нагрузки линии. Нельзя проводить эксплуатацию линии под перегрузкой. Кроме этих, следует принимать наличие отрыва провода и дугового разряда во внимание. В грозовом сезоне следует следить за мигающим разрядом изолятора. Кроме вышеизложенных пунктов, следует обратить внимание на наличие

（4）使用望远镜等近距离观察绝缘子有无裂纹、掉渣、脏污、弧光放电的痕迹。螺栓是否松脱、歪斜；绑线及耐张线夹是否紧固。

（5）线路上安装的各种开关是否牢固，有无变形，指示标志是否明显正确。瓷件有无裂纹、掉渣、弧光放电的痕迹。各部引线之间及对地距离是否符合规定。

（6）线路附近的其他工程，有无妨碍或危及线路安全运行。线路附近的树木、树枝对导线的距离是否符合规定。

（7）防雷及接地装置是否完整无损，避雷器的瓷套有无裂纹、掉渣、脏污、弧光放电的痕迹。接地引线是否破损折断，接地装置有无被水冲刷或取土外露。特别是防雷间歇是否变形，间距是否合乎要求。

5　Электроснабжение и электрораспределение

посторонних предметов на проводе, изменения цвета и деформации соединителя провода из-за перегрева, особенно окисление медного и алюминиевого соединителей, а также на наличие значительных изменений падения, баланс 3 фаз и удовлетворение пересечения и интервала провода относительно прочих сооружений. Весной и осенью сила ветра большая, поэтому следует следить за большим падением или неравномерностью проводов с целью предотвращения схлестывания.

（4）Использовать телескоп и прочие инструменты для наблюдения на близком расстоянии наличия трещины, шлака, загрязнения, дугового разряда изолятора; наличие явлений по ослаблению и наклону винтов, состояние крепления бандажной проволоки и растяжного зажима.

（5）Состояние крепления выключателей на линии, наличие деформации, ясность и правильность указательного знака. Наличие трещины, шлака и дугового разряда фарфоровых изделий. Удовлетворение шага проводов и их расстояния от земли указаниям.

（6）Наличие препятствия прочих работ возле линии безопасной эксплуатации линии или их вред для безопасной эксплуатации линии. Удовлетворение расстояния от дерева и ветки возле линии до провода указаниям.

（7）Целостность и наличие повреждения молниезащитного устройства и заземляющего устройства, наличие трещины, шлака, загрязнений и дугового разряда фарфорового футляра разрядника. Наличие повреждения или обрыва заземляющего провода, наличие промывки заземляющего устройства водой или наличие обнаженного заземляющего устройства из-за выемки грунта. Особенно наличие деформации молниезащитного интервала и удовлетворение шага требованиям.

5.10.10.2 维护

5.10.10.2.1 污秽和防污

架空线路的绝缘子,特别在化工企业和位于沿海工厂企业的架空线路绝缘子表面黏附着污秽物质,一般均有一定的导电性和吸湿性。在湿度较大条件下,会大大降低绝缘子的绝缘水平,从而增加绝缘子表面泄漏电流,以致在工作电压下也可发生绝缘子闪络事故。这种由于污秽引起的闪络事故,称为污秽事故。污秽事故与气候条件有十分密切的关系,一般来讲,在湿度大的季节里容易发生。例如毛毛雨、小雪、大雾和雨雪交加的天气。

防污主要措施有以下几项:

(1)做好绝缘子的定期清扫。绝缘子的清扫周期一般是每年一次,但应根据具体线路的污秽情况确定。清扫应在停电后进行。

(2)定期检查和及时更换不良绝缘子。

(3)提高线路绝缘子水平。

(4)采用防污绝缘子。

5.10.10.2 Обслуживание

5.10.10.2.1 Грязь и защита от загрязнения

Грязи на поверхности изолятора воздушной линии, особенно на поверхности изолятора воздушной линии в предприятиях химической промышленности, в предприятиях и на заводах в приморском районе обычно обладают определенной электропроводностью и влагопоглощаемостью. В условиях с относительно большой влажностью уровень изоляции изолятора значительно снизится, что увеличит ток утечки на поверхности изолятора и приведет к перекрытию изолятора под рабочим напряжением. Такие аварии по перекрытию из-за грязей называются авариями из-за загрязнения, которые имеют очень тесное отношение с условиями климаты. В обыкновенных условиях авария из-за загрязнения легко появляется в сезоне с большой влажностью, например, погода с моросящим дождем, мелким снегом, сильным туманом, а также атмосферными осадками.

Основные мероприятия по защите от загрязнения приведены ниже:

(1) Проводить регулярную очистку изолятора, период очистки обычно составляет 1 раз в год, но должен определяться на основе условий загрязнений конкретной линии. Очистка выполняется после отключения.

(2) Проводить регулярную проверку и своевременной замены неисправных изоляторов.

(3) Повышать уровень изолятора на линии.

(4) Применять противозагрязнительные изоляторы.

5.10.10.2.2 线路覆冰及清除

架空线路的覆冰发生在初冬和初春时节,气温在 -5℃左右,或在降雪或雨雪交加的季节里。导线覆冰后,增加了导线的荷重,可能引起断线和倒杆事故。绝缘子覆冰后,降低了绝缘水平,可能引起闪络接地事故,甚至烧坏绝缘子。

当线路覆冰时,应及时清除。清除应在停电时进行,通常采用从地面向导线抛扔短木棒方法使冰脱落。也可用细竹棍来敲打或用木制的套圈套在导线上,并用绳子顺导线拉动以清除覆冰。

5.10.10.2.3 防风和其他维护工作

春秋两季风大,当风力超过了电杆的机械强度,电杆会发生倾斜或歪倒。由于风力过大,使导线发生不同期摆动,而引起导线之间互相碰撞,造成相间短路事故。此外,因大风把树枝等杂物刮到导线上,而引起停电事故。因此,应对导线的弧垂加以调整;补强电杆;对线路两侧的树枝修剪或砍伐,以使树木与线路保持足够的安全距离。

5.10.10.2.2 Обледенение линии и устранение

Обледенение воздушной линии появляется в начале зимы и весны, когда температура воздуха составляет примерно минус 5℃, или в сезоне со снегом или атмосферными осадками. После обледенения провода нагрузка провода повысится, что может привести к отрыву провода и падению опоры. Обледенение изолятора снизит уровень изоляции, что может вызывать аварию по заземлению перекрытия, даже пережог изолятора.

Следует своевременно устранить обледенение линии при его наличии, что выполняется после отключения путем выброса короткого деревянного прутка к проводу от земли с целью выпадения льда. Тоже можно проводить удар с помощью тонкой бамбуковой палки, или захлестнуть провод деревянным кольцом, передернуть кольцо по проводу с помощью веревки для устранения льды.

5.10.10.2.3 Защита от ветра и прочие работы по обслуживанию

Весной и осенью сила ветра большая, если сила ветра превышает механическую прочность опоры, опора будет наклоняться или завалиться. Чрезмерная сила ветра приведет к асинхронному колебанию провода, что вызывает взаимное столкновение проводов и межфазовое короткое замыкание. Кроме этих, ветки и посторонние предметы унесет на провода из-за ветра, что приведет к аварии по перерыву в подаче электроэнергии. Поэтому следует проводить регулировку падения провода, усиление опоры; выполнять подрезку или рубку веток на сторонах линии с целью обеспечения достаточного безопасного расстояния между деревом и линией.

运行中的电杆,由于受外力作用和地基沉陷等原因,往往会发生倾斜。因此,必须扶正倾斜的电杆,并对基坑的土质进行夯实。工厂道路边的电杆,很可能因车辆的碰撞而断裂、混凝土脱落甚至倾斜。在条件许可条件下对这些电杆移位,不能移位的应设置车挡。

线路上的金具和金属构件,由于常年风吹日晒而生锈,强度降低,有条件可按计划逐年更换,也可在运行中涂漆防锈。

5.10.10.2.4 线路事故处理

配电线路事故发生概率最高的是单相接地,其次是相间短路。当短路发生后,变电站立即将故障线路跳开,若装有自动重合闸,再行重合一次。若重合成功,即为瞬时故障,不再跳开,正常供电。若重合不成功,变电站值班人员应通知检修人员进行事故巡视,直至找到故障点并予以排除后,才能恢复供电。

对于中性点不接地系统,其架空线路发生单相接地故障后,一般可以连续运行 2h,但必须找出接地点,以免事故扩大。首先在接地线路的分支

Работающая опора часто наклоняется под воздействием наружной силой и по причине оседания основания и т.д.. Поэтому, необходимо исправить наклонные опоры с уплотнением грунта котлована. Опоры на сторонах дорог на заводе легко подлежит разрыву, падению бетона и даже наклону из-за столкновения машины. Проводить перемещение этих опор в допустимых условиях, предусмотреть упор для неперемещаемых опор.

Металлические детали и металлические конструкции на линии покрываются ржавчиной под постоянным действием ветра и солнца, их прочность снизится. При наличии условий можно проводить замену по годам согласно плану, тоже разрешать покрыть их краской в процессе эксплуатации для защиты от ржавчины.

5.10.10.2.4 Устранение аварии линии

Среди аварий распределительных линий однофазное заземление появляется с максимальной вероятностью, затем межфазное короткое замыкание. После короткого замыкания подстанция немедленно отключает неисправную линию, при наличии автоматического включателя проводить повторное включение. Если повторное включение получится, данная авария служит мгновенной неисправностью, линия не отключается и электроснабжение восстанавливается. Если повторное включение не получится, дежурный на подстанции должен сообщаться персоналу по ремонту о выполнении обходной проверки аварии. Электроснабжение восстанавливается только после обнаружения неисправной точки и устранения неисправности.

Система без заземления в нейтральной точке обычно может выполнять непрерывную работу на 2 часа после появления аварии по однофазному

线上试切分支开关,以便找到接地分支线。再沿线路巡视找出接地点。

5.10.10.3 检修

线路的检修工作一般可分为:

(1)维修。为了维持线路及附属设备的安全运行和必需的供电可靠性的工作,称为维修。

(2)大修。为了提高设备的完好水平,恢复线路及附属设备至原设计的电气和机械性能而进行的检修称为大修。

(3)事故抢修是由于自然灾害及外力破坏等所造成的线路倒杆、断线、金具或绝缘子脱落或混线等停电事故,需要迅速进行的抢修工作。

(4)线路大修主要包括以下内容:更换或补强电杆及其部件;更换或补修导线,并调整弧垂;更换绝缘子或为加强绝缘水平而增装绝缘子;改善接地装置;加固电杆基础;处理不合理的交叉跨越。

(5)检修应按批准的操作内容进行,且应一人操作一人监护。线路检修时必须采取安全措

5 Электроснабжение и электрораспределение

заземлению ее воздушной линии, но необходимо определить точку заземления во избежание расширения аварии. Сначала пробовать переключать разветвленный выключатель на ответвлении заземляющей линии, чтобы обнаружить заземляющее ответвление. Затем проводить обходную проверку по линии с целью определения точки заземления.

5.10.10.3 Ремонт

Работы по ремонту линии обычно могут разделяться на следующие:

(1) Ремонт. Работы по поддержке безопасной эксплуатации и необходимой надежности электроснабжения линий и их подсобных сооружений называются ремонтом.

(2) Капитальный ремонт. Ремонт для повышения исправности оборудования, восстановления линий и подсобных сооружений до исходных проектных электрических и механических свойств называется капитальным ремонтом.

(3) Экстренный ремонт аварии выполняется для быстрого устранения аварии по прекращению электроснабжения из-за падения опоры, отрыва линии, выпадения металлических деталей или изоляторов или схлестывания под действием стихийными бедствиями и наружными силами.

(4) Капитальный ремонт линии в основном включает в себя следующие: замена или дополнительное укрепление опоры и ее частей; замена или ремонт провода с регулировкой падения; замена изолятора или дополнение изолятора для усиления уровня изоляции; улучшение заземляющей установки, укрепление фундамента опоры, исправление негодных пересечений.

(5) Ремонт должен выполняться по утвержденному содержанию операции, которая осуществляется

施,检修前先断开检修线路的电源和验电,装设接地线。

5.11 燃气发电

5.11.1 简介

燃气发电技术经过多年的发展,形成了多种技术和多种设备交错使用的局面。其中从设备形式上看,包括燃气内燃机发电机组和燃气轮机发电机组两大类,单机容量从几千瓦至几十万千瓦,目前最大的燃气轮机组容量为 360MW(不含联合循环部分发电量),在燃气轮机发电机组中又有航改型和工业型。航改型机组主要用于调峰电厂和在火力发电厂、核电厂做备用机组,并且一般单机容量不超过 20MW,常用的工业发电用途的机组均为工业型燃气轮机发电机组。从技术上看,包括了多种循环形式(既热力流程),主要包括简单循环、联合循环、热力联产等,另外,在最近两年还出现了中小型燃气轮机发电机组热电冷联合循环的技术,一般简单循环的热效率在 28%~35%,联合循环的热效率可达到 42%~48%,如实现冷热电联供可使总热效率达 75% 以上(此数据为 2000 年统计的数据)。

1 оператором под надзором другим лицом. При ремонте линии необходимо применять предохранительные мероприятия, перед ремонтом следует отключить источник питания ремонтируемой линии с проверкой, затем предусмотреть заземляющие провода.

5.11 Генерация электроэнергии на топливном газе

5.11.1 Краткие информации

Генерация электроэнергии на топливном газе образует разнообразные техники и перемешенное использование многообразных устройств после многолетнего развития. По исполнению оборудование включает в себя 2 вида: агрегат газовых генераторов с двигателем внутреннего сгорания и агрегат газотурбинных генераторов, емкость единичного оборудования составляет несколько киловатт до десяти тысяч киловатт. В настоящее время наибольшая емкость агрегата газотурбинных генераторов составляет 360МВт (не включая выработанную энергию частями комбинированной циркуляции). Среди агрегата газотурбинных генераторов существуют авиационный модифицированный тип и промышленный тип. Агрегат авиационного модифицированного типа в основном применяется на электростанции для регулировки пика, тепловой электростанции и атомной электростанции в качестве резервного агрегата с емкостью обыкновенного единичного оборудования не более 20МВт. Все обычные агрегаты для выработки электроэнергии с промышленным назначением служат промышленными агрегатами газотурбинных генераторов. По

5 供配电

与传统的热电厂和火力发电厂相比，燃气发电厂具有效率高、污染小、环保性能好、运行灵活、可日启动、调峰性能好、单位容量投资低、建设周期短、运行维护容易等特点；在油气田建设初期及无法依托市电地区，利用油气田生产的天然气或伴生气进行燃气发电作为油田生产电源，以及在伴生气产量较小，进行处理外输困难或发电经济性更好的地区，工程设计采用燃气发电方案的也较多，本章主要介绍用于油气田的中小型燃气发电站设计（按照国家有关规定，一般单机容量25MW及以下发电站为小型电站，25～50MW发电站为中型电站）。

5 Электроснабжение и электрораспределение

техникам оборудование включает разнообразные типы циркуляции (т.е. термический процесс), в которые в основном входят простая циркуляция, комбинированная циркуляция и термическая комбинированная выработка, а также техника термоэлектрической холодной комбинированной циркуляции средних и маленьких агрегатов газотурбинных генераторов в последние 2 годы. Тепловой эффект простой циркуляции обычно составляет в пределах 28%-35%, а тепловой эффект комбинированной циркуляции-42%-48%. При осуществлении термоэлектрической холодной комбинированной циркуляции общий тепловой эффект достигает выше 75% (вышеизложенные данные получены по статистике в 2000 году).

По сравнению с традиционными тепловыми электростанциями и паровыми электростанциями, газовая электростанция обладает высоким эффектом, мелким загрязнением, хорошей эффективности охраны окружающей среды, свободной эксплуатацией, возможностью запуска по суткам, хорошими свойствами по регулировки пика, низким капиталовложением на удельную единицу, коротким периодом строительства, удобностью в эксплуатации и обслуживании и прочими особенностями; в начале строительства нефтегазовых месторождений и в местах, где не возможно опирать на городскую электросеть, разрешать использовать природный газ или попутный газ на нефтегазовых месторождениях для генерации электроэнергии на газе, используемой в качестве источника питания для производства на нефтегазовых месторождениях. В местах с мелкой производительностью попутного газа, трудностью в экспорте или с лучше экономичностью по выработке электроэнергии вариантов генерации электроэнергии в инженерном проекте

根据土库曼斯坦国家的资源情况,当地电站主要为使用油气作燃料的热电站。目前,该国大型热电站共有 6 个,即马雷热电站、土库曼巴希热电站、阿什哈巴德热电站、阿巴丹热电站、谢津热电站和巴尔坎纳巴特热电站(表 5.11.1)。除巴尔坎纳巴特热电站用附近油气田生产的重油和天然气发电外,其他火电站均使用天然气作燃料。

много. В настоящем главе в основном приведено сведение о проектирование средних и маленьких газовых электростанцией для нефтегазовых месторождений (согласно соответствующим указаниям электростанция с емкостью удельного оборудования 25МВт и ниже-маленькая, электростанция с емкостью удельного оборудования 25-50МВтсредняя).

На основе ресурсов в Туркменистане местные электростанции в основном применяются в качестве тепловой электростанции с использованием нефти и газа в качестве топлива. В настоящее время количество масштабных тепловых электростанций составляет 6, т.е. Марыйская тепловая электростанция, тепловая электростанция Туркменбаши, тепловая электростанция Балканабат, тепловая электростанция Абадан, тепловая электростанция Седи и тепловая электростанция Ашхабад (их масштабы приведены в таблице 5.11.1). Тепловая электростанция Балканабат использует мазут и природный газ, производственные на близлежащих нефтегазовых месторождениях, для генерации электроэнергии, прочие тепловые электростанции использует природный газ в качестве топлива.

表 5.11.1 土库曼斯坦的主要电站
Таблица 5.11.1 Основные электростанции в Туркменистане

	电站名称 Наименование электростанции	涡轮发电机数量和公率,MW Количество и мощность турбогенер-ра, МВт	发电能力,MW Мощность электроэнергии, МВт
1	马雷热电站 Марыйская ГРЭС	7×210+1×215	1250
2	土库曼巴希热电站 Туркменбашинская ТЭЦ(бывшая красноводская)	1×50+2×60+2×210	590
3	阿什哈巴德热电站 Ашхаюадская ГРЭС	2×127.1	254
4	阿巴丹热电站 Абаданская ГРЭС (бывшая Безмеинская)	1×25+2×50+1×123	248
5	谢津热电站 СейдинскаяТЭЦ	1×80	80
6	巴尔坎纳巴特热电站 БалканабадскаяГРЭС (бывшая Небитдагская)	4×12	46
7	金都库什水电站 Гиндукушская ГЭС	3×0.4	1.2

土库曼斯坦另还有 1 座水电站，即金都库什水电站。在土库曼斯坦境内，还有部分油气田内部建设的自备电站，如位于阿姆河右岸的巴格德雷合同区域第二天然气处理厂自备电站、土库曼斯坦南约洛坦气田 $100×10^8m^3/a$ 商品气产能建设工程天然气处理厂自备电站等，其发电技术采用的是燃气轮机工业型简单循环系统，均采用天然气作为燃料。

5.11.2 发电站容量确定及热力流程选择

5.11.2.1 发电站容量确定

燃气发电站的容量应结合油气田电网的负荷等级、负荷大小、油田天然气产量、与油田电网相连的地区公用电网供电能力和覆盖供电范围，油气田热力负荷通过符合平衡确定。在确定发电站容量之前，首先要从业主处获得油气田电力负荷资料、油田天然气参数。天然气参数包括天然气组分、物性、压力等，电力负荷资料应为油气田电网近期及远期的逐年电力负荷资料。应包括下列内容：

5 Электроснабжение и электрораспределение

На территории Туркменистана существует Гиндукушская ГЭС. Кроме этих, существуют выполненные автономные электростанции на отдельных нефтегазовых месторождениях в Туркменистане, например, автономная электростанция ГПЗ-2 на договорной территории "Багтыярлык" на правобережье реки Амударьи, автономная электростанция ГПЗ Объекта на обустройство части м/р «Южный Елотен» на 10 млрд.куб.м. товарного газа в год и т.д.. Техника генерации электроэнергии применяет промышленную систему простой циркуляции газотурбин с использованием природного газа в качестве топлива.

5.11.2 Определение емкости электростанции и выбор теплового процесса

5.11.2.1 Определение емкости электростанции

Емкость газовой электростанции должна определяться равновесием нагрузок с учетом класса нагрузки в электросети на нефтегазовом месторождении, размера нагрузки, производительности природного газа на нефтяном месторождении, способности электроснабжения местной общей электросетью, подключенной к электросети на нефтяном месторождении, и тепловой нагрузки на нефтегазовом месторождении. Перед определением емкости электростанции сначала следует получить данные об электрических нагрузках на нефтегазовых месторождениях и параметры природного газа нефтяного месторождения от Заказчика. Параметры природного

（1）现有及新增主要电力用户的生产规模、主要产品及产量、耗电量、用电负荷组成及其性质、最大用电负荷及其时间（h）、用电负荷分级、大型电动机等集中负荷的详细情况。

（2）油气田生产发展逐年用电负荷。

（3）负荷的分布情况和油气开发的发展预测负荷。

负荷平衡过程中要充分考虑到以下问题：

（1）系统应考虑一定的备用容量；备用容量包括负荷备用、检修备用、事故备用几个部分，一般对于油气田中小型燃气电站负荷备用可按照8%~10%选取，检修备用容量一般按照油气田最大负荷的8%~15%选取，但在电厂设备较多时应考虑检修期的安排。事故备用容量一般按照最大负荷的10%左右计算，并不小于一台最大单机容量。

газа включают в себя компоненты, физические свойства, давление и т.д. природного газа, данные об электрических нагрузках должны быть ежегодными данными об электрических нагрузках электросети в короткий срок и длительный срок на нефтегазовых месторождениях, которые должны включать в себя следующие:

（1）Масштаб производства существующих и новых электрических потребителей, основная продукция и производительность, потребление, состав и свойства электрических нагрузок, максимальная нагрузка и продолжительность (час), классификация нагрузки, централизованная нагрузка масштабных электродвигателей и прочие конкретные условия.

（2）Годовые электрические нагрузки по развитию нефтегазового месторождения.

（3）Условие расположения нагрузки и предполагаемая нагрузка для добычи нефти и газа.

В процессе равновесия нагрузок следует учесть следующие проблемы полностью:

（1）Система должна учесть определенную резервную емкость, которая включает резерв нагрузки, резерв для ремонта, резерв для аварии и прочие части и обычно принимается 8%-10% относительно резерва нагрузки средних и маленьких газовых электростанций на нефтегазовых месторождениях. Резервная емкость для ремонта принимается 8%-15% от максимальной нагрузки на нефтегазовых месторождениях, но следует учесть планирование в периоде ремонта при наличии много устройств на электростанции. Резервная емкость для аварии обычно рассчитывается примерно 10% от максимальной нагрузки, которая должна быть не менее максимальной емкости удельной машины.

5 供配电

（2）应根据不同季节情况对电力负荷进行负荷平衡，虽然油气田生产负荷相对于民用负荷稳定性更好，但实际运行中，电力负荷在各季节仍有一定差别，其变化特性与燃机输出功率特性有一定相似性，向相同方向变化，因此考虑季节变化对电力负荷平衡更精确。

（3）应考虑燃气发电机组受环境影响的输出功率变化，包括环境温度、海拔等。

（4）与地区电网联网的发电站应与地区电网协商确定发电站容量，其备用容量的选择也要根据地区电网部门的意见确定。

（5）对于采用热电联产和联合循环的燃气电站，还应进行热力负荷平衡。对于以消耗油田剩余天然气或天然气产出较少的油气田，还应进行天然气物料平衡。

根据负荷平衡的结果，可以合理地确定出电站的总体建设规模，在此基础上，通过技术经济分析，确定发电站的单机容量。

5 Электроснабжение и электрораспределение

（2）Следует проводить равновесие электрических нагрузок на основе условий в разных сезонах. Хотя нагрузка производства на нефтегазовых месторождениях действует лучше для стабильности гражданских нагрузок, электрические нагрузки имеют определенное отличие в разных сезонах при фактической эксплуатации, их свойства изменения и свойства выводной мощности ГТУ имеют определенное подобие, т.е. изменение проводится по одинаковому направлению. Поэтому равновесие электрических нагрузок более точное с учетом изменения сезона.

（3）Следует учесть изменения выводной мощности агрегата газотурбинных генераторов под воздействием окружающей среды, включая температуру окружающей среды, высоту над уровнем моря и т.д..

（4）Емкость электростанции, подключенной к местной электросети, должна определяться согласием с местной электросетью, выбор ее резервной емкости должен определяться по мнениям от органа местной электросети.

（5）Для газовой электростанции с термоэлектрическим комбинированным производством и комбинированной циркуляцией следует проводить равновесие тепловых нагрузок. Относительно нефтегазовых месторождений с потреблением остаточного природного газа или с мелкой производительностью природного газа нефтяных месторождений следует проводить материальный баланс природного газа.

На основе равновесия нагрузок можно рационально определить общий масштаб строительства электростанции, затем определить удельную емкость на электростанции путем технико-экономического анализа.

5.11.2.2 主要中小型燃气发电机组性能

5.11.2.2 Свойства основных средних и маленьких газотурбинных генераторов

主要中小型燃气发电机组性能见表 5.11.2。

Характеристики основных средне-малых газотурбинных генераторных агрегатов приведены в следующей таблице 5.11.2.

表 5.11.2 主要中小型燃气发电机组性能

Таблица 5.11.2 Характеристики основных средне-малых газотурбинных генераторных агрегатов

制造厂家 Завод-изготовитель	型号 Модель	转速, r/min Скорость вращения, об/мин	出力, kW Мощность, кВт	热效率, % Тепловой КПД, %
ABB	GT35	3600	16360	32.19
ABB	GT10	7700	21800	32.79
ABB	GT10	7700	24630	34.24
ABB	GT8	6300	48500	31.74
ABB	GT8C	6200	52600	34.19
ALLISON	501KB5	14250	3725	27.70
ALLISON	501KH	14600	3740	27.60
ALLISON	570KA	11500	4610	27.91
ALLISON	571KA	11500	5590	32.04
DRESSER	DC990	7200	4200	28.87
GE	5271RA	5100	20260	26.66
GE	5371PA	5100	26785	29.09
GE	M5382C	4670	28337	29.25
GE	6541B	5100	39325	32.31
GE	LM500	7000	3880	29.85
GE	LM1600	7000	13430	35.69
GE	LM2500	3600	22216	36.28
GE	LM2500PH	3600	19700	35.43
GE	LM5000PD	3600	33350	36.34
MITSUBISHI	MF111A	9660	12835	30.53
MITSUBISHI	MF111B	9660	14845	31.32
MITSUI	SB60	5680	12650	29.77
NUOVO PIGNONE	PGT10	7900	9980	32.50
RR	SPEY SK15	5220	11630	32.47

5 Электроснабжение и электрораспределение

续表
продолжение

制造厂家 Завод-изготовитель	型号 Модель	转速,r/min Скорость вращения,обо/мин	出力,kW Мощность,кВт	热效率,% Тепловой КПД,%
RR	AVON	5500	14610	28.71
RR	RB211	4800	25250	35.73
RR	RB211	4800	27240	35.64
RUSTON	TB5000	7950	3830	25.37
RUSTON	TORNADO	11085	6215	30.09
RUSTON	TYPHOON	16570	3945	30.04
RUSTON	TYPHOON	17380	4550	30.06
RUSTON	HURRICANE	27245	1574	24.69
SOLAR	SATURN	22120	1080	23.24
SOLAR	CENTAUR	14950	3880	27.85
SOLAR	TAURUS	14950	4370	27.85
SOLAR	MARS	8568	8840	31.09
SOLAR	MARS	9000	10000	32.34
TURBOMECA	M	22000	1086	26.00
TP&M	FT4C-3F	3600	29810	31.38
TP&M	FT8	3600	25600	38.45

注：发电机出口电压通常为6.3kV、10.5kV、11kV、13.8kV和15.75kV等，电压选择应根据工程实际情况结合发电机容量确定。

Примечание: выходное напряжение генератора обычно составляет 6,3кВ, 10,5кВ, 11кВ, 13,8кВ, 15,75кВ и т.д., выбор напряжения должен определяться с учетом емкости генератора на основе фактических условий работ.

5.11.2.3 燃气电站主要热力流程介绍及选择原则

热力流程介绍详见热工部分，热力流程选择应根据地区热力负荷、电力负荷、水源情况，通过技术经济比较确定。一般规模越大的电站、单机容量越大的电站采用热电联产或联合循环的经济性更好。燃机电站可根据资金落实情况和负荷需要，或机组年利用时间（h）较少时，经技术经济比较，可先建成简单循环，再建成联合循环。设计中不应堵死建成联合循环和根据规划容量扩建的可能性。

5.11.2.3 Сведения об основных термических процессах на газовой электростанции и принцип выбора

Сведения о термических процессах приведены в части Теплотехники, выбор термического процесса определяется на основе местных тепловых нагрузок, электрических нагрузок, условий источника водоснабжения путем технико-экономического сравнения. Обычно на электростанции с более масштабом и более удельной емкостью термоэлектрическое комбинированное производство или комбинированная циркуляция обладает лучше экономичностью. На газотурбинной

5.11.2.4 燃气轮机发电系统

燃气轮机发电系统是利用燃气轮机带动发电机，产生电能的装置。燃气轮机发电系统主要由燃气轮机、发电机及其配套系统组成。

（1）主要配套系统包括：启动系统、齿轮箱及联轴器、燃料气预处理系统、进气过滤系统、排气系统、滑油系统。

（2）燃气轮机发电系统主要工作过程：燃气轮机的压气机连续地从大气中吸入经进气系统处理后的空气并将其压缩，压缩后的空气进入燃烧室，与来自燃料系统处理后的燃料混合后燃烧，成为高温烟气进入燃气透平中膨胀做功，推动透平叶轮转动对外做功。烟气最终经排气系统排至大气当中。燃气轮机做功经齿轮箱和联轴器传递至发电机，带动发电机产生电能。燃气轮机由静止起动时，需用启动系统的启动电动机拖动旋转，待加速到燃气轮机能独立运行后，起动电动机脱开。

5.11.2.4 Система генерации электроэнергии газотурбинными генераторами

Система генерации электроэнергии газотурбинными генераторами служит установкой выработки электроэнергии при работе генераторов под воздействием газотурбинами. Система генерации электроэнергии газотурбинными генераторами в основном состоит из газотурбин, генераторов и комплектной системы.

（1）Основная комплектная система включает в себя следующие части: пусковая система, коробка передач и муфта, система предварительной обработки топливного газа, система фильтрации входного газа, выпускная система, система смазки.

（2）Основный рабочий процесс системы генерации электроэнергии газотурбинными генераторами: компрессор газотурбины непрерывно всасывает воздух от атмосферы, который подлежит обработке во впускной системе и сжатию, сжатый воздух поступает в камеру сгорания и горит с обработанный топливом от системы топлива после их смешивания. Затем дымный газ высокой температуры образуется и поступает в газовую турбину для расширения и производства мощности, что может продвигать импеллеры турбины на производство мощности наружу.

（3）燃气轮机。

燃气轮机是将气体压缩、加热后在透平中膨胀，把其中部分热能转换为机械能的高速回转式动力机械。它一般由压气机、燃烧室、透平、控制系统及基本的辅助设备组成。

（4）启动系统。

燃气轮机启动必须借助于起动机，才能使它从静到动转动起来，压气机输送空气到燃烧室，燃料气同时喷入燃烧室，点火燃烧，推动透平转动，再逐步加速。当透平转速达到其自持速度以上时，启动机方能与主机分离即脱扣并停止工作。此时，燃气轮机继续加速至正常工作状态。

起动机可以是电动机启动、高压气源启动等方式。目前，阿姆河右岸的巴格德雷合同区域第二

5　Электроснабжение и электрораспределение

Окончательно дымный газ выпускается в атмосферу через выпускную систему. Мощность, производственная газотурбинами, передается к генераторам через коробку передач и муфту, что продвигает генераторы на выработку электроэнергии. В процессе от остановки до пуска газотурбина подлежит вращению под воздействием пусковым электродвигателем пусковой системы, когда скорость увеличится до значения, обеспечивающего отдельную эксплуатацию газотурбины, пусковой электродвигатель разъединяется.

（3）Газотурбина.

Газотурбина служит поворотным силовым механизмом высокой скорости для перемещения частичной тепловой энергии в механическую энергию путем расширения газа в турбине после его сжатия и подогрева, которая обычно состоит из компрессора, камеры сгорания, турбины, контрольной системы и основных вспомогательных устройств.

（4）Пусковая система.

Пуск газотурбины обязан осуществляться с помощью пускового двигателя, чтобы продвигать ее вращение, компрессор передает воздух в камеру сгорания, впрыск топливного газа одновременно осуществляется в камеру сгорания, при зажигании и сгорании турбина начинает вращать и скорость вращения постепенно увеличивается. Когда скорость вращения турбины достигает выше ее самоуправляющейся скорости, разрешать разъединение пускового двигателя от основной машины, т.е. выполнить расцепление и останов работы. Тогда, газотурбина продолжает повышение скорости до нормального рабочего режима.

Пусковой двигатель может действовать под воздействием электродвигателем, источником

天然气处理厂自备电站、土库曼斯坦南约洛坦气田 $100\times10^8m^3/a$ 商品气产能建设工程天然气处理厂自备电站的燃气轮机均采用电动机启动的方式。

（5）齿轮箱及联轴器。

燃气轮机和发电机之间设置齿轮箱和联轴器进行连接，用以将燃气轮机的转动输出调整为与发电机需要转速一致，并带动发电机转动。

（6）燃料气预处理系统。

燃料气预处理系统包括：紧急切断装置、调压装置、过滤装置、加热装置等。

燃料气预处理系统主要作用：将燃料气调节为满足燃气轮机要求的压力、温度，并保护燃气轮机的燃烧系统。

（7）进气过滤系统。

燃气轮机对进气气流的平直要求很严格，如果灰尘和大气污染物被吸入燃气轮机内，可能造成压气机叶片表面积垢、叶片磨损、压气机内效率降低及燃气轮机有效输出功率减少等影响。为了防止燃气轮机效率下降，通常是一方面对过滤提出明确要求，另一方面是当压气机叶片表面积垢后，采用清洗剂清洗，恢复其表面光洁。对进气过滤的要求是：① 过滤后空气含尘量不超过 $0.5mg/m^3$；② 不允许有 $20\mu m$ 的颗粒通过，$\geq 10\mu m$ 的颗粒不得高于总经过颗粒数的 5%。空气滤清器的作用在大气比

газа высокого давления и т.д.. В настоящее время газотурбины на автономной электростанции ГПЗ-2 на договорной территории "Багтыярлык" на правобережье реки Амударьи и автономной электростанции ГПЗ Объекта на обустройство части м/р «Южный Елотен» на 10 млрд.куб.м. товарного газа в год применяют способ пуска электродвигателем.

（5）Коробка передач и муфта.

Между газотурбиной и генератором предусмотреть коробку передач и муфту для соединения, чтобы регулировать выводную скорость вращения газотурбины до одинакового значения требуемой скорости вращения генератора с продвижением генерации электроэнергии и вращения.

（6）Система предварительной обработки. топливного газа.

Система предварительной обработки топливного газа включает в себя установку аварийного отключения, установку регулировки давления, установку фильтрации, установку нагрева и т.д..

Основное назначение системы предварительной обработки топливного газа: регулировать параметры топливного газа до значений, удовлетворяемых давлению и температуре газотурбины, и защищать систему сгорания газотурбины.

（7）Система фильтрации входного газа.

Газотурбина имеет строгие требования к настильности потока входного газа. Пыль и загрязняющие вещества всасываются в газотурбину, тогда возможно вызвать накопление грязи на поверхности лопатки компрессора, износ лопатки, снижение мощности компрессора, уменьшение эффектной выходной мощности газотурбины и прочие воздействия. Чтобы предотвращать снижение мощности газотурбины, обычно с одной стороны предоставить точные требования

较不洁的厂矿区域更显重要。它应经常清洗,在风雪冰冻时,应有加热措施,防止冰堵,以保证正常工作。对于长期连续运行的燃气轮机组来说,滤清器应有自动清灰系统。

(8)排气系统。

燃气轮机排气系统包括:集气室、扩散段、排气消声段及烟囱等,其主要功能是:密闭并引导烟气排除;将高温螺旋状烟气进行扩容降压并导流为有一定规律的紊流气体;隔音降噪;控制烟气的排放,有利于烟气稀释,使燃机排放满足当地环保要求。

(9)滑油系统。

燃气轮机采用压力油循环来润滑和冷却轴承与传动机构,滑油自这些部件中吸收了摩擦热

5 Электроснабжение и электрораспределение

к фильтрации, с другой стороны проводить очистку с помощью очищающих средств для восстановления чистоты поверхности при наличии накопления грязи на поверхности лопатки компрессора. Требования к фильтрации входного газа приведены ниже: ① содержание пыли в воздухе после фильтрации не более 0,5мг/м³; ② невозможность прохода зерен размером 20мкм, количество зерен размером не менее 10мкм не более 5% от суммарного количества проходящих зерен. Воздушный фильтр является более важным в районе на заводе и месторождении с относительно нечистой атмосферой. Он подлежит частой очистке, в случае мороза следует предусмотрены мероприятия по нагреву во избежание заседания льдом с целью обеспечения нормальной работы. Относительно агрегата газотурбин долгосрочной и непрерывной эксплуатации фильтр должен оборудоваться системой автоматического удаления пыли.

(8) Выпускная система.

Выпускная система газотурбины включает в себя следующие предметы: газосборная камера, диффузионный участок, глушитель-участок выпускного газа, дымоход и т.д., ее основными функциями служат герметизация и направление дымового газа для удаления, расширение емкости спирального дымового газа высокой температуры, снижение давления и направление его турбулентным газом с определенным порядком, звукоизоляция и снижение уровня шума, контроль выпуска дымового газа, разбавление дымового газа, удовлетворение выпуска газотурбины местным требованиям к охране окружающей среды.

(9) Система смазки.

Газотурбина применяет циркуляцию масла под давлением для смазывания и охлаждения

和高温零件传来的热量,使轴承等机构温度不至于过热,保证其正常运行。吸收热量后的滑油经冷却后再次循环。典型滑油系统流程如下:滑油用油泵从油箱或油池抽出后,减压至额定油压(140~250kPa),送入滑油冷却器冷却。滑油冷却器通常采用风冷的形式,冷却后的滑油经压力管分别引至各需要润滑和冷却的部位。最终回油经回油管及滤油器流回油箱。其动力主要来源于滑油循环泵。为了适应寒冷地区运行,滑油系统往往装有电加热器,保证滑油系统正常运行。

(10)燃气轮机的维护。

燃气轮机的维护比较简单,随结构、用途不同也有差别,现代轻结构燃气轮机可靠性高达95%以上。平时机组维护,应根据运行情况定期巡回检查、大修、小修及清洗机组。对于燃气轮机有以下几种维护工作:

① 压气机。压气机结垢后,压气机内效率及空气流量下降,从而导致机组热效率及功率下降,而

подшипника и приводного механизма, смазка поглощает теплоты трения от этих частей и теплоты от деталей высокой температуры, чтобы обеспечить отсутствие перегрев подшипника и прочего механизма и их нормальную работу. После поглощения теплоты смазка подлежит повторной циркуляции по окончании охлаждения. Типичный процесс системы смазки приведен ниже: после выкачки смазки из бака или бассейна насосом проводить снижение давления до номинального значения (140-250кПа) и передачу ее в охладитель смазки на охлаждение. Охладитель смазки обычно применяет метод воздушного охлаждения, смазка после охлаждения направляется к частям, требующим смазывания и охлаждения, через напорные трубки. Окончательно обратное масло течет в масляный бак через трубу обратного масла и масляный фильтр, сила данного процесса в основном предоставляется циркуляционным насосом смазки. Для работы в морозном месте в системе смазки обычно предусмотрен электронагреватель, чтобы обеспечить нормальную эксплуатацию данной системы.

(10) Обслуживание газотурбины.

Обслуживание газотурбины относительно простое, которое является разным по конструкции и назначению. Надежность современной газотурбины легкой конструкции составляет выше 95%. В обыкновенных условиях для обслуживания агрегата следует регулярно проводить обходную проверку, капитальный ремонт, ремонт и очистку агрегата на основе его условий эксплуатации. Относительно газотурбины типы работ по обслуживанию приведены ниже:

① Компрессор. после накопления грязи в компрессоре мощность и расход воздуха снижаются,

且还会使机组运行线接近喘振边界,即喘振余量减小,因而每隔一定时间用适当清洗液对压气机叶片上的积垢、积盐进行清洗。清洗一般分不停机清洗和停机清洗,大多数情况下,进行不停机清洗。是否需要清洗或者清洗效果如何,一般可由机组功率恢复情况来定。

② 轴承。定期检验轴承的磨损情况,根据需要及时更换、调整等。滑油应保持清洁,常需除污泄水,定期检查滑油质量。

③ 燃烧室。燃烧室火焰管容易烧坏,每隔一定时间需用孔探仪检查,其寿命为一年左右。还应经常检查和调整喷嘴,清洗积炭。燃烧异常时,更应加以注意。

④ 滤清器。应经常检查空气及滑油滤清器压差,在压损超过一定限度时,应及时清洗、更换滤网等。

⑤ 仪表。应经常对各项主要仪表进行检查或加仪表油。

5 Электроснабжение и электрораспределение

что приведет к снижению теплового эффекта и мощности агрегата, а также приближению рабочей линии агрегата к границе помпажа, т.е. снижение припуска помпажа. Поэтому следует проводить очистку лопаток компрессора от накопленных грязей и солей с помощью надлежащего моющего раствора через определенный период. Очистка обычно разделяется на очистку без останова и очистку при останове. В большинстве условий проводить очистку без останова. Необходимость очистки или эффект очистки обычно определяется по условиям восстановления мощности агрегата.

② Подшипник. регулярно проводить проверку условий износа подшипника, выполнять своевременную замену, регулировку и т.д. на основе потребности. Смазка должна быть чистой, следует часто проводить удаление грязей и дренаж воды, а также регулярную проверку качества смазки.

③ Камера сгорания. жаровая труба в камере сгорания легко прожигается, поэтому следует проводить проверку с помощью вставного проверочного прибора через определенный период, ее срок службы составляет примерно 1 год. Кроме этого, следует регулярно проверять и регулировать сопло, удалять отложение угля. В случае ненормального сгорания следует обратить особое внимание.

④ Фильтр. следует проводить проверку перепада давления в воздушном фильтре и фильтре смазки. При потере давления выше определенного предела следует своевременно выполнять очистку и замену фильтрующей сети и т.д..

⑤ Приборы. основные приборы подлежат постоянной проверке или заполнению приборным маслом.

⑥ 附属设备。应能正常工作,对备用设备应定期进行试验或轮换。

5.11.2.5 内燃机发电系统

内燃机发电系统是利用往复式内燃机带动发电机产生电能的装置。内燃机发电系统主要由内燃机、发电机及其配套系统组成。

主要配套系统包括:启动系统、燃料气预处理系统、进气过滤系统、排气系统、滑油系统、冷却系统等。

其主要配套系统功能与燃气轮机配套系统功能类似,主要区别在于冷却系统,内燃机发电系统冷却系统分为高温冷却系统和低温冷却系统。

高温冷却系统用于冷却缸套、润滑油和燃料混合气体冷却。低温冷却系统主要用于对燃料混合气体冷却。高、低温冷却系统冷却液吸收机组热量后,通过低温冷却系统空气换热器换热降温后返回机组,完成一个循环过程。

⑥ Принадлежности. они должны работать нормально, резервное оборудование подлежит регулярному испытанию или посменной работе.

5.11.2.5 Система генерации электроэнергии двигателем внутреннего сгорания

Система генерации электроэнергии двигателем внутреннего сгорания служит установкой выработки электроэнергии при работе генераторов под воздействием возвратно-поступательным двигателем внутреннего сгорания, которая в основном состоит из двигателя внутреннего сгорания, генератора и комплектной системы.

Основная комплектная система включает в себя следующие части: пусковая система, система предварительной обработки топливного газа, система фильтрации входного газа, выпускная система, система смазки, охлаждающая система и т.д..

Функция основной комплектной система аналогичная с функцией комплектной системы газотурбины, основное отличие служит охлаждающей системой, охлаждающая система для системы генерации электроэнергии двигателем внутреннего сгорания разделяется на охлаждающую систему высокой температуры и охлаждающую систему низкой температуры.

Охлаждающая система высокой температуры применяется для охлаждения гильзы и охлаждения смазки и смешанного газа топлива. Охлаждающая система низкой температуры применяется для охлаждения смешанного газа топлива. Охлаждающая жидкость охлаждающих систем высокой температуры и низкой температуры подлежит теплообмену и охлаждения в воздушном теплообменнике охлаждающей системы низкой температуры после поглощения теплоты агрегата, затем вернет в агрегат для выполнения одного процесса циркуляции.

5.11.2.6 燃气轮机和内燃机的优缺点

燃气轮机和内燃机的优缺点详见表 5.11.3。

5.11.2.6 Преимущества и недостатки газотурбины и двигателя внутреннего сгорания

Преимущества и недостатки газотурбины и двигателя внутреннего сгорания приведены в таблице 5.11.3.

表 5.11.3 燃气轮机和内燃机的优缺点
Таблица 5.11.3 Преимущества и недостатки газотурбины и двигателя внутреннего сгорания

优缺点 Преимущества и недостатки	内燃机 Двигатель внутреннего сгорания	燃气轮机 Газовая турбина
优点 Преимущества	（1）机组发电效率高,燃料消耗量少； （2）机组可以进行就地大修,设备一次性投资低,燃机可靠性较高 (1) Высокая эффективность выработки электроэнергии, низкое расходование топлива; (2) Возможное осуществление местного капитального ремонта агрегата; низкая одноразовая инвестиция оборудования; высокая надежность газовой турбины	（1）机组轻便,运转部件少,燃机振动小,故障率低,维护简单； （2）机组自带机箱,噪声低,机房操作环境好； （3）除带有滑油冷却系统、箱体通风冷却系统外,不需其他专门冷却系统； （4）大修周期长,可以不间断运行 30000h,燃机运行可靠性极高 (1) Легкий агрегат, небольшое количество работающих компонентов, малая вибрация газовой турбины, низкая частота отказов, простое обслуживание; (2) Корпус в комплекте агрегата с низким шумом, и хороша рабочая среда в машинном помещении; (3) В дополнение к системе охлаждения смазочного масла и системе вентиляции и охлаждения корпуса, не нужна другая специальная система охлаждения; (4) Длительный цикл капитального ремонта, непрерывная работа за 30000ч., и очень высокая надежность работы газовой турбины
缺点 Недостатки	（1）机组笨重,运转部件多,燃机振动大,故障率高,维护复杂； （2）机组开式安装,运行噪声大； （3）机组需配置专门冷却系统； （4）虽然可以就地大修,但零部件必须原厂进口； （5）大修周期虽然很长,需每运行 2000h 后进行定期维护 (1) Тяжелый агрегат, многие рабочие компоненты, большая вибрация газовой турбины, высокая частота отказов, сложное обслуживание; (2) Открытая установка агрегата с большим шумом эксплуатации; (3) Установление специальной системы охлаждения для агрегата; (4) Несмотря на возможное осуществление местного капитального ремонта, необходимо импортировать узлы и детали из оригинала; (5) Хотя период капитального ремонта очень длинный, необходимо провести регулярное обслуживание после эксплуатации за 2000 часов	（1）发电效率低,燃料消耗量大； （2）机组大修需拖回原厂进行,设备一次性投资高 (1) Низкая эффективность выработки электроэнергии, высокое расходование топлива; (2) При капитальном ремонте агрегат должен быть возвращен к оригиналу, что имеет высокую одноразовую инвестицию оборудования

5.11.3 接入系统与电气主接线

5.11.3.1 电站接入系统

电站接入地区电力系统和企业内部电力系统的电压选择和接入方式是一个涉及面很广的综合性问题,除应考虑送电容量、距离、运行方式等多种因素外,还应根据已有电源情况、负荷未来发展情况,进行全面的技术经济比较,一般应考虑以下因素:

(1)电厂附近有地方电网时,应接入地区电网,接入地区电网的电压等级和接入方式应根据电厂的单机容量、建设规模及地区电力网具体情况,与电网公司结合确定。

(2)选定的电压等级应充分考虑与企业内部电网和地区电网相适应,并尽量采用一种升高电压等级。

(3)独立供电的油气田电网,系统电压等级的选择应根据电力负荷大小、分布情况,合理确定电压等级。有些油气田负荷较小且分散,单纯按照输送容量和输送距离确定电压等级往往在技术经济上并不合理,应结合线路电压损失、功率损失及线路综合造价等因素,经技术经济比较确定油气田电网的电压等级。

5.11.3 Система подключения и основное электрическое соединение

5.11.3.1 Система подключения электростанции

Выбор напряжения и способ подключения при подключении электростанции к местной электрической системе и внутренней электрической системе предприятия являются комплексной проблемой с широкой сферой касательства, кроме емкости передаваемой электроэнергии, расстояния, режима работы и прочих факторов следует проводить всестороннее технико-экономическое сравнение на основе условий существующего источника питания, будущего развития нагрузок. Обычно надо учесть следующие факторы:

(1) При наличии местной электросети возле электростанции следует подключить ее к местной электросети, класс напряжения и способ подключения к местной электросети должны определяться согласием с компанией электросети на основе удельной емкости, масштаба строительства электростанции и конкретных условий местной электросети.

(2) Выбранный класс напряжения должен совпадать с классом напряжения внутренней электросети предприятия и местной электросети с применением одного класса повышенного напряжения по мере возможности.

(3) Для электросети на нефтегазовом месторождении с независимым электроснабжением, выбор класса напряжения системы должен определяться по электрическим нагрузкам, их распределению и т.д.. На определенных нефтегазовых месторождениях нагрузки относительно маленькие и рассредоточенные, простое определение

（4）当需要两种升高电压向用户供电，或与地区电网连接时，也可采用三绕组变压器。但各绕组的通过功率，应达到该变压器额定容量的15%以上。连接两种升高电压的三绕组变压器，不宜超过2台。

5.11.3.2 电气主接线

电站的接线方式主要取决于电站的装机容量、机组台数、发电电压及电力网供电电压等，还应考虑电站及其配套变电站分期和最终规模、机组启动和同期点设置等因素。

（1）容量不大于40MW的机组，通常采用10.5kV电压等级直配发电机母线。当发电机数量较多时，应在直配母线上采取限制短路电流的措施或采用单元变压器连接。

класс напряжения на основе емкости передаваемой электроэнергии и расстояния передачи обычно не надлежащее с технико-экономической стороны, следует учесть потерю напряжения линии, потерю мощности, комплексную стоимость строительства линии и прочие факторы для определения класса напряжения электросети на нефтегазовом месторождении методом технико-экономического сравнения.

（4）При необходимости снабжению потребителям электроэнергией 2 разных повышенных напряжений или при подключении к местной электросети тоже можно использовать трехобмоточный трансформатор. Проходящая мощность обмоток должна достигать выше 15% от номинальной емкости данного трансформатора. Количество трехобмоточных трансформаторов для подключения 2 повышенных напряжений должно быть не более 2.

5.11.3.2 Основное электрическое соединение

Способ соединения на электростанции в основном зависит от емкости установки на электростанции, количество агрегатов, напряжения выработанной электроэнергии, напряжения электроснабжения электросети с учетом стадиального масштаба и окончательного масштаба электростанции и ее комплектной подстанции, точки пуска агрегата, его синхронной точки и прочих факторов.

（1）Агрегат емкостью не более 40МВт обычно применяет прямую шину генератора классом напряжения 10,5кВ. В случае наличия большого количества агрегатов следует принимать мероприятия по ограничению тока короткого замыкания на прямой шине или применять блочный трансформатор для соединения.

（2）40MW 以上的机组，一般与变压器单元连接，但也可接至发电机电压母线。

（3）100MW 以上的机组，通常与变压器单元连接。

（4）发电机直配母线可采用单母线、单母线分段、双母线等接线方式。

5.11.3.3 单元变压器接线的断路器

（1）采用变压器单元接线的发电机高压侧断路器应采用适用于频繁操作的六氟化硫断路器或真空断路器。

（2）厂用电负荷仅为机组用电时，采用变压器单元接线的发电机通常不装设出口断路器。

（3）厂用电母线带部分油气田负荷时，应装设出口断路器，厂用电分支应接在此断路器和变压器之间。由于常用段母线带非机组用电负荷，将降低机组运行可靠性，故此接线方式应通过经济技术论证决定。

（4）发电机与三绕组变压器为单元连接时，在发电机与变压器之间，应装设发电机出口断路器。

（2）Агрегат емкостью выше 40МВт обычно подлежит блочному соединению с трансформатором, но может соединяться с шиной напряжения генератора.

（3）Агрегат емкостью выше 100МВт обычно подлежит блочному соединению с трансформатором.

（4）Для прямой шины генератора можно применять способ соединения одинарной шины, способ секционированного соединения одинарной шины и способ соединения двойной шины.

5.11.3.3 Выключатель блочного соединения с трансформатором

（1）В качестве выключателя на стороне высокого напряжения генератора, использующего блочное соединение с трансформатором, следует применять элегазовый выключатель или вакуумный выключатель для многократной операции.

（2）Когда электрические нагрузки собственных нужд только представляет собой электропотребление агрегата, на генераторе, использующем блочное соединение с трансформатором, не предусмотрен выходной выключатель.

（3）При наличии частичных нагрузок нефтегазового месторождения на шине для электропотребления собственных нужд следует предусмотреть выходной выключатель, ответвление электропотребления собственных нужд должно подключиться к месту между данным выключателем и трансформатором. Наличие нагрузок электропотребления не для агрегата на обычном участке шины снизит надежность работы агрегата, поэтому данный способ соединения подлежит технико-экономическому обоснованию.

（4）При блочном соединении генератора с трехобмоточным трансформатором следует предусмотреть выходной выключатель генератора между генератором и трансформатором.

（5）发电机出口断路器应配置专用的以对称电流为基础的交流高压发电机断路器。

5.11.3.4　发电机直配母线的主变压器

（1）为保证发电机电压出线供电可靠性，接在发电机电压母线上的主变压器一般不少于两台。

（2）当电站有两种升高电压时，一般采用两台三绕组变压器与两种升高电压母线连接，但每个绕组的通过功率应达到该变压器容量的15%以上。

（3）若两种升高电压母线均系中性点直接接地系统，且送电方向主要由变压器低压、中压向高压侧输送时，选用自耦变压器连接较为经济。

（4）当两种升高电压母线交换功率较大时，可采用降压型自耦变压器连接。

5.11.3.5　中性点接地方式

（1）发电机中性点采用不接地方式。当与发电机电气直接连接的6kV回路中单相电容电流大

5　Электроснабжение и электрораспределение

（5）Для выходного выключателя генератора следует предусмотреть специальный выключатель переменного тока высокого напряжения генератора с использованием симметричного тока в качестве основы.

5.11.3.4　Основной трансформатор для прямой шины генератора

（1）Чтобы обеспечить надежность электроснабжения выходного провода напряжения генератора, количество основных трансформаторов, подключенных к шине напряжения генератора, обычно не менее 2.

（2）При наличии 2 повышенных напряжений на электростанции обычно применять 2 трехобмоточного трансформатора для соединения с шинами 2 повышенных напряжений, но проходящая мощность каждой обмотки должна достигать выше 15% от емкости данного трансформатора.

（3）Если шины 2 повышенных напряжений относятся к системе прямого заземления нейтральной точки и направление подачи электроэнергии в основном со сторон среднего и низкого напряжения к стороне высокого напряжения трансформатора, выбор соединение с автотрансформатором является относительно экономичным.

（4）При относительно большой обменной мощности шин 2 повышенных напряжений разрешать соединение с применением понизительного автотрансформатора.

5.11.3.5　Способ заземления нейтральной точки

（1）В нейтральной точке генератора применять способ без заземления. Когда однофазный

于4A,或10kV回路中单相电容电流大于3A时,通常在厂用变压器的中性点经消弧线圈接地或在发电机的中性点采用经接地变压器(变压器二次侧为小电阻)的大电阻接地方式。

(2)主变压器的中性点接地方式,应根据接入电力系统的额定电压和要求决定接地或不接地,或经消弧线圈接地。

5.11.3.6 电站主接线示例

图5.11.1所示为某大型企业电站接线。该电站安装25~100MW机组,有10kV发电机电压配电装置及35kV和110kV两种升高电压配电装置。主变压器分别选用双绕组、三绕组和自耦变压器三种类型。考虑到企业发展,留有再扩建2×(125~300)MW机组的地位。

图5.11.2至图5.11.6为发电机直配母线接线方式。

емкостный ток в контуре 6кВ, прямо соединенном с электрическим соединением генератора, более 4А, или однофазный емкостный ток в контуре 10кВ более 3А, обычно выполнять заземление нейтральной точки трансформатора для собственных нужд через дугогасительную катушку или применять способ заземления с помощью большого сопротивления через заземленный трансформатор (на вторичной стороне трансформатора-маленькое сопротивление) в нейтральной точке генератора.

(2) Необходимость заземления нейтральной точки основного трансформатора должна определяться на основе номинального напряжения, подключенного к электрической системе, и требований, или проводить заземление через дугогасительную катушку.

5.11.3.6 Пример основного соединения электростанции

На рисунке 5.11.1 приведено соединение на электростанции какого-то масштабного предприятия, где установлены агрегаты 25-100МВт, распределительная установка напряжения генератора 10кВ, а также распределительная установка 2 повышенных напряжений 35кВ и 110кВ. В качестве основного трансформатора отдельно выбирать двухобмоточный трансформатор, трехобмоточный трансформатор и автотрансформатор. С учетом будущего развития предприятия резервировано место для расширения емкости агрегатов 2× (125-300) МВт.

Способ соединения прямой шины генератора приведен на рисунках 5.11.2, 5.11.3, 5.11.4, 5.11.5 и 5.11.6.

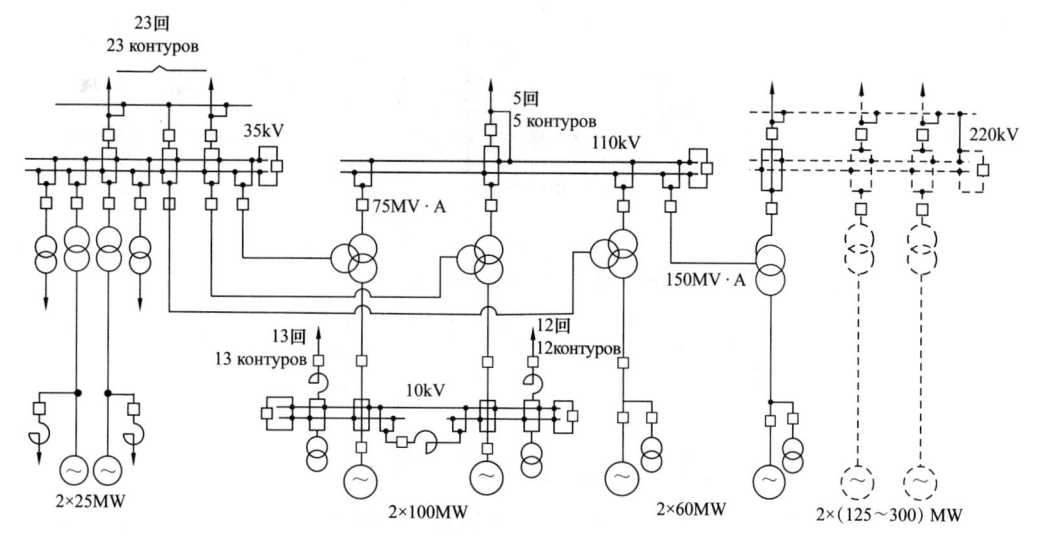

图 5.11.1 某电站接线

Рис. 5.11.1 Соединение определеной электростанции

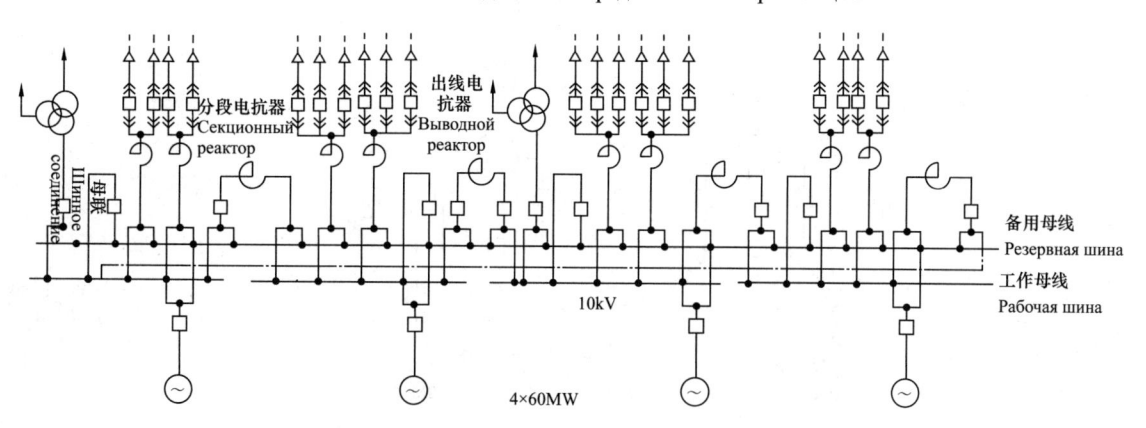

图 5.11.2 4×60MW 机组发电机电压配电装置接线

Рис. 5.11.2 Соединение распределительного устройства напряжения генератора агрегата 4 × 60МВт

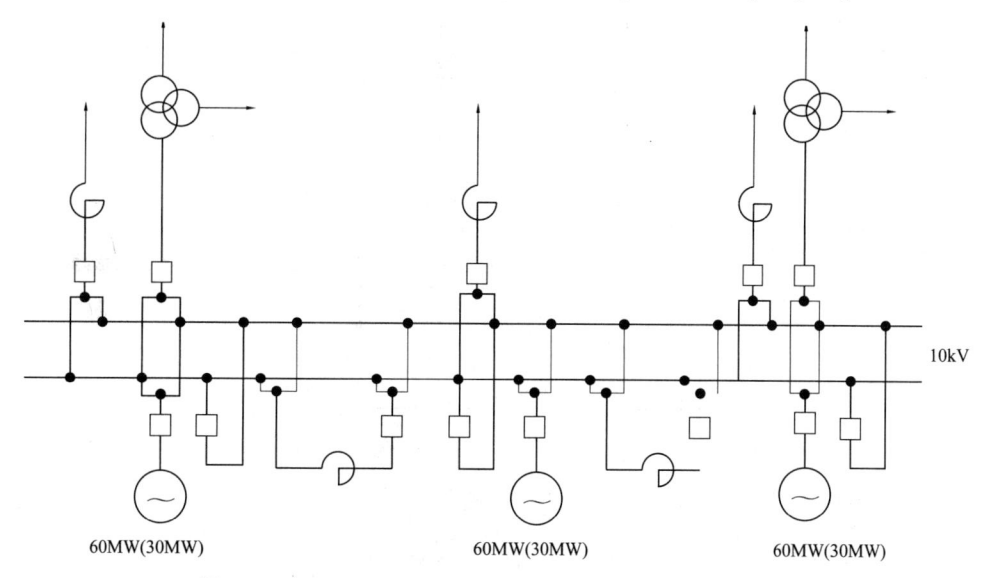

图 5.11.3 3×60MW（30MW）机组发电机电压配电装置接线

Рис. 5.11.3 Соединение распределительного устройства напряжения генератора агрегата 3 × 60МВт（30МВт）

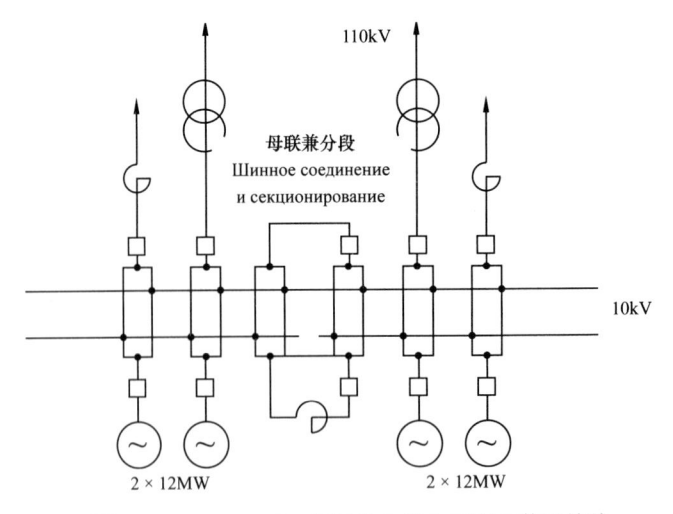

图 5.11.4　4×12MW 机组发电机电压配电装置接线

Рис. 5.11.4　Соединение распределительного устройства напряжения генератора агрегата 4 × 12МВт

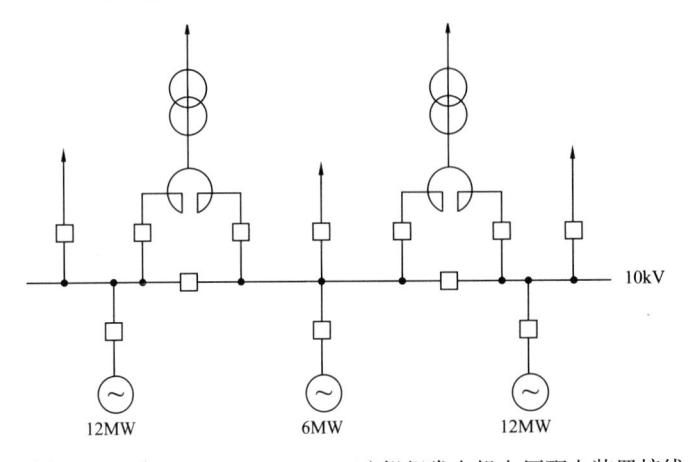

图 5.11.5　(1×6MW+2×12MW)机组发电机电压配电装置接线

Рис. 5.11.5　Соединение распределительного устройства напряжения генератора агрегата (1 × 6МВт + 2 × 12МВт)

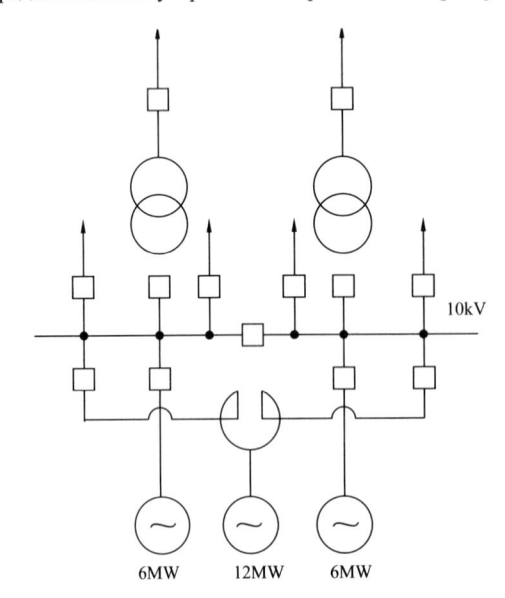

图 5.11.6　(2×6MW+1×12MW)机组发电机电压配电装置接线

Рис. 5.11.6　Соединение распределительного устройства напряжения генератора агрегата (2 × 6МВт + 1 × 12МВт)

5 Электроснабжение и электрораспределение

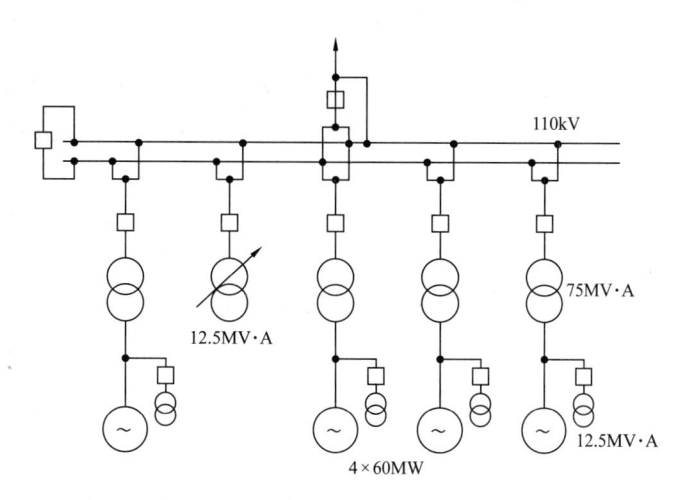

图 5.11.7　4×60MW 机组发电机变压器组单元接线

Рис. 5.11.7　Соединение блока трансформаторной группы генератора агрегата 4×60МВт

5.11.4　厂用电系统

5.11.4.1　一般原则

厂用电接线应安全、可靠,充分考虑机组启动和停运过程中的供电要求。

厂用电接线应尽量简单、灵活,以适应正常、事故、检修等各种工况。

厂用电接线应充分考虑电站分期建设和连续施工过程中厂用电系统的运行方式。

对于简单循环的燃气轮机电站和内燃机可按需决定是否设置高压段厂用电。

5.11.4　Система заводского электропотребления

5.11.4.1　Общий принцип

Соединение для электропотребления собственных нужд должно быть безопасным и надежным с полным учетом потребности электроснабжения в процессе пуска и останова агрегата.

Соединение для электропотребления собственных нужд должно быть простым и свободным по мере возможности для приспособления к нормальному рабочему режиму, аварии, ремонту и т.д..

Относительно соединения для электропотребления собственных нужд следует учесть режим работы системы для электропотребления собственных нужд в процессе стадиального строительства и непрерывного строительства электростанции.

Относительно электростанции с газотурбинами и двигателями внутреннего сгорания простой циркуляции можно определить возможность устройства электропотребления собственных нужд на участке высокого напряжения по потребности.

5.11.4.2 厂用电电压及接线方式选择

电站高压厂用电的电压，可根据设备需求结合所配套的天然气处理工程确定采用6kV或10kV，中性点宜采用不接地方式。低压厂用电的电压，宜采用380V动力和照明网络共用的中性点直接接地方式。

高压厂用工作电源采用如下方式引接：

（1）当有发电机电压母线时，宜从各段母线引接，供给接在该段母线上的机组的厂用负荷。

（2）当发电机出线采用发电机变压器组单元接线时，应从主变压器低压侧引接，供给该机组的厂用负荷。

高压厂用备用电源才采用下列方式引接：

（1）当有发电机电压母线时，应从该母线引接一个备用电源。

（2）当无发电机电压母线时，应从高压配电装置母线中电源可靠的低一级电压母线引接，并应

5.11.4.2 Выбор напряжения электропотребления собственных нужд и способа соединения

Напряжение электропотребления высокого напряжения для собственных нужд на электростанции может приняться 6кВ или 10кВ с учетом комплектующих работ по подготовке природного газа на основе потребности оборудования, на нейтральной точке следует применять способ без заземления. Относительно напряжения электропотребления низкого напряжения для собственных нужд следует применять прямое заземление общей нейтральной точки для силовой сети и осветительной сети 380В.

Рабочий источник питания для электропотребления высокого напряжения для собственных нужд подключается следующим способом:

（1）При наличии шины напряжения генератора следует проводить подключение от шин на разных участках, чтобы снабжать электроэнергией нагрузкам для собственных нужд агрегата на данном участке шины.

（2）При использовании блочного соединения с группой трансформаторов генератора выходной провод генератора должен подключаться со стороны низкого напряжения основного трансформатора для обеспечения электроэнергией нагрузкам для собственных нужд этого агрегата.

Рабочий источник питания для электропотребления высокого напряжения для собственных нужд подключается следующим способом:

（1）При наличии шины напряжения генератора следует подключить резервный источник питания от данной шины.

（2）При отсутствии шины напряжения генератора следует подключить источник питания

保证在全厂停电的情况下,能从电力系统取得足够的电源。

(3)当技术经济合理时,可从外部电网引接专用线路供给。

(4)电站应设置固定的交流低压检修供电网络,并应在各检修现场装设检修电源箱。

高压厂用电系统应采用单母线接线。每台机组及配套负荷由一段母线供电。低压厂用电系统也应采用单母线接线。

低压厂用电源从相应的高压厂用段母线引接。当未设置高压厂用段母线时,其引接方式参考高压厂用工作电源的引接方式。

低压公用/备用电源从相应的高压公用/备用段母线引接。

5 Электроснабжение и электрораспределение

шины классом напряжения ниже на 1 класс среди шин распределительной установки высокого напряжения с обеспечением достаточного электроснабжения от электрической системе в случае останова подачи электроэнергии на целом заводе.

(3) При получении надлежащего результата технико-экономического анализа разрешать электроснабжение путем подключения от специальной линии наружной электросети.

(4) На электростанции следует предусмотреть стационарную ремонтную сеть электроснабжения переменного тока низкого напряжения и предусмотреть шкаф ремонтного источника питания на площадке ремонтных работ.

В системе электропотребления высокого напряжения для собственных нужд следует применять способ соединения одинарной шины. Для обеспечения нагрузок каждого агрегата и его комплектных сооружений участок шины выполняет электроснабжение. В системе электропотребления низкого напряжения для собственных нужд тоже следует применять способ соединения одинарной шины.

Источник питания для электропотребления низкого напряжения для собственных нужд подключается от соответствующего участка шины высокого напряжения для собственных нужд. В случае отсутствия участка шины высокого напряжения для собственных нужд способ подключения выполняется по справке с способом подключения рабочего источника питания высокого напряжения для собственных нужд.

Общий/резервный источник питания низкого напряжения подключается от соответствующего общего/резервного участка шины высокого напряжения.

当电力系统不可靠时,采用燃机或内燃机的燃气电站应设置黑启动电源系统。

5.11.4.3 厂用变压器配置

高压厂用工作变压器,不宜采用有载调压变压器,其阻抗电压不应大于 10.5%。当阻抗电压大于上述要求时,宜采用有载调压变压器。

高压厂用工作变压器的容量,应按高压电动机计算负荷的 110% 与低压厂用电的计算负荷之和选择。低压厂用工作变压器的容量,应留有计算负荷的 10% 左右的裕度。

高压厂用备用变压器的容量,应与最大的一台高压厂用工作变压器的容量相同。低压厂用备用变压器的容量,应与最大的一台低压厂用工作变压器的容量相同。

厂用变压器接线组别的选择,应使厂用工作电源与备用电源之间的相位一致,低压厂用变压器宜采用"D,yn"接线。

При ненадежности электрической системы газовая электростанция с газотурбинами или двигателями внутреннего сгорания должна оборудоваться системой пуска из полностью обесточенного состояния.

5.11.4.3 Установка трансформатора для собственных нужд

Рабочий трансформатор высокого напряжения для собственных нужд должен не оборудоваться трансформатором с регулировкой напряжения под нагрузкой, его напряжение сопротивления должно быть не более 10,5%. При напряжении сопротивления выше вышеизложенного требуемого значения следует применять трансформатор с регулировкой напряжения под нагрузкой.

Емкость рабочего трансформатора высокого напряжения для собственных нужд должна выбираться по сумме 110% от расчетной нагрузки электродвигателя высокого напряжения и расчетной нагрузки электропотребления низкого напряжения для собственных нужд. Емкость рабочего трансформатора низкого напряжения для собственных нужд должна резервировать припуск примерно 10% от расчетной нагрузки.

Емкость резервного трансформатора высокого напряжения для собственных нужд должна быть одинаковая с максимальной емкостью рабочего трансформатора высокого напряжения для собственных нужд. Емкость резервного трансформатора низкого напряжения для собственных нужд должна быть одинаковая с максимальной емкостью рабочего трансформатора низкого напряжения для собственных нужд.

Выбор категории соединения трансформатора для собственных нужд должен совпадать с фазой между рабочим источником питания для

5　供配电

5　Электроснабжение и электрораспределение

собственных нужд и резервным источником питания. Относительно трансформатора низкого напряжения для собственных нужд следует применять способ соединения "D, yn".

5.11.4.4　厂用电接线示例

5.11.4.4　Пример соединения для электропотребления собственных нужд

5.11.4.4.1　高压厂用母线接线方式

5.11.4.4.1　Способ соединения шины высокого напряжения для собственных нужд:

（1）按机组分段，有专用备用电源的高压厂用母线接线方式如下：

（1）По секциям агрегата предусмотрен специальный резервный источник питания:

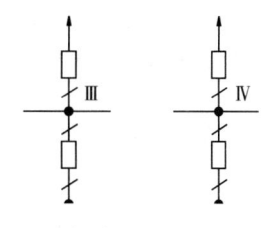

（2）一机两段，由同一台变压器供电，每段有备用电源的高压厂用母线接线方式如下：

（2）1 оборудование работает на 2 секциях, которое получает электроснабжение от одного трансформатора, на каждой секции расположен резервный источник питания:

（3）用断路器分成2个半段，有备用电源的高压厂用母线接线方式如下：

（3）Линия делится на 2 секции с помощью выключателя с наличием резервного источника питания:

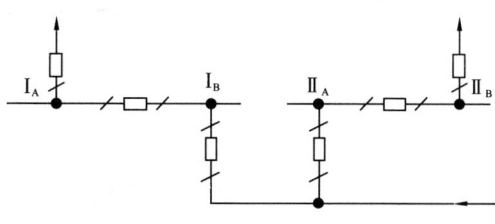

（4）用2组隔离开关分成2个半段，有备用电源的高压厂用母线接线方式如下：

（4）Линия делится на 2 секции с помощью 2 групп разъединителей с наличием резервного источника питания:

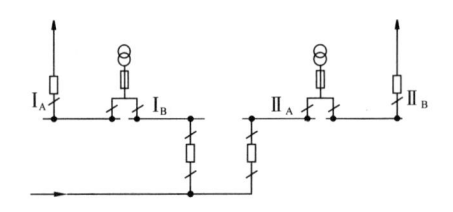

（5）用1组隔离开关分成2个半段，有备用电源的高压厂用母线接线方式如下：

（5）Линия делится на 2 секции с помощью 1 группы разъединителей с наличием резервного источника питания：

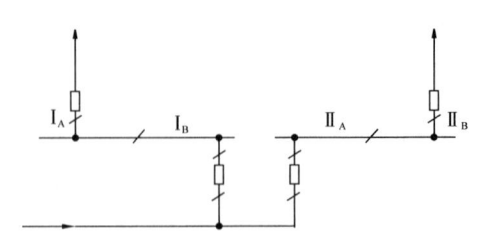

（6）两段经断路器连接，互为备用的高压厂用母线接线方式如下：

（6）2 секции соединяются с помощью выключателя, которые является взаимно резервными：

（7）两段经隔离开关连接，互为备用的高压厂用母线接线方式如下：

（7）2 секции соединяются с помощью разъединителя, которые является взаимно резервными：

5.11.4.4.2　低压厂用母线接线方式

5.11.4.4.2　Способ соединения шины низкого напряжения для собственных нужд

（1）按机组分段，并用隔离开关把母线分成2个半段的低压厂用母线接线方式如下：

（1）Проводить секционирование агрегата и делить шину на 2 секции с помощью разъединителя：

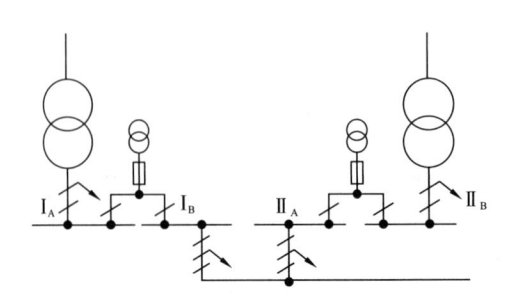

（2）一台低压厂用变压器设 2 段母线的低压厂用母线接线方式如下：

（2）Для трансформатора низкого напряжения для собственных нужд предусмотрены 2 секции шины：

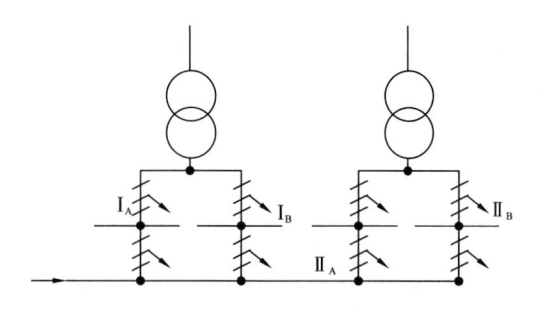

（3）一台低压厂用变压器设 1 段母线的低压厂用母线接线方式如下：

（3）Для трансформатора низкого напряжения для собственных нужд предусмотрены 1 секции шины：

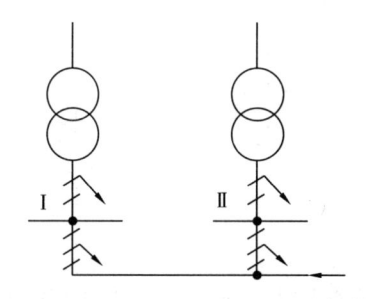

（4）一台低压厂用变压器设 1 段母线，但互为备用的低压厂用母线接线方式如下：

（4）Для трансформатора низкого напряжения для собственных нужд предусмотрены 1 секцию шины, являющуюся взаимно резервной：

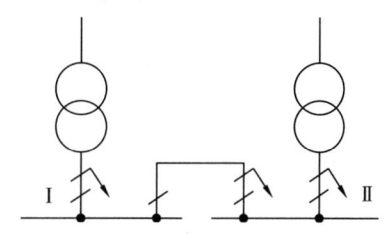

（5）一台低压厂用变压器设 1 段母线，但备用电源手动投入的低压厂用母线接线方式如下：

（5）Для трансформатора низкого напряжения для собственных нужд предусмотрены 1 секцию шины, но резервный источник питания подлежит ручному включению：

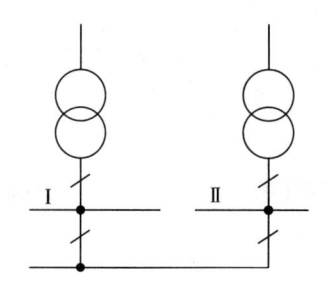

5.11.4.4.3 高压厂用工作电源引接方式

（1）从发电机电压母线引出的高压厂用工作电源引接方式如下：

（2）高压厂用电动机和低压厂用变压器均接在主母线上的高压厂用工作电源引接方式如下：

（3）从发电机出口引出的高压厂用工作电源引接方式如下：

5.11.4.4.3 Способ подключения рабочего источника питания высокого напряжения для собственных нужд

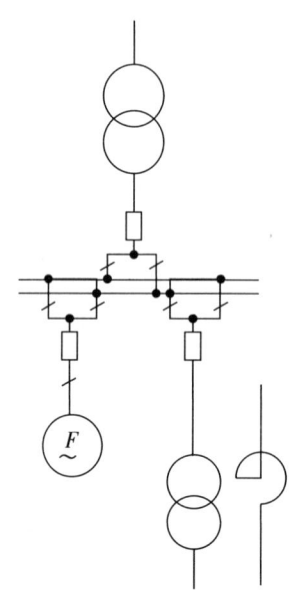

（1）Вывод от шины напряжения генератора：

（2）Электродвигатель высокого напряжения для собственных нужд и трансформатор низкого напряжения для собственных нужд подключаются к основной шине：

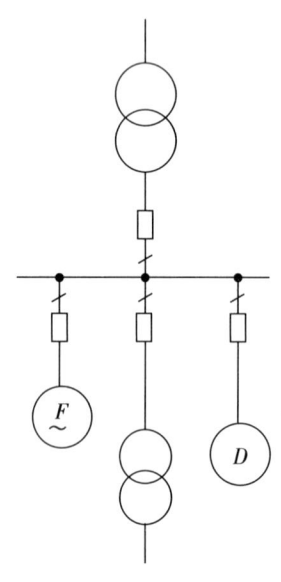

（3）Вывод от выхода генератора：

5 供配电

5 Электроснабжение и электрораспределение

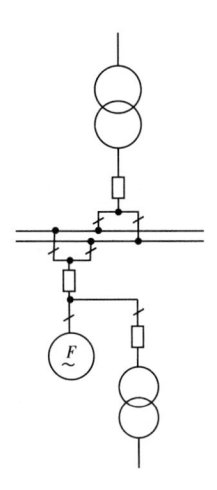

（4）从单元机组的主变压器低压侧引出的高压厂用工作电源引接方式如下：

（4）Вывод от стороны низкого напряжения основного трансформатора агрегата блока：

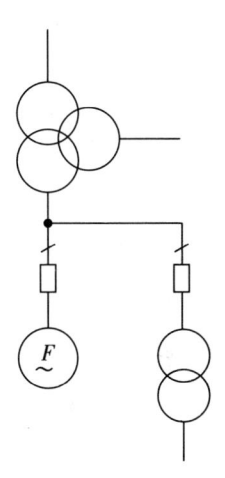

（5）从单元机组的主变压器低压侧引出，断路器装设于电抗器之后的高压厂用工作电源引接方式如下：

（5）Вывод от стороны низкого напряжения основного трансформатора агрегата блока, местоположение выключателя-после реактор：

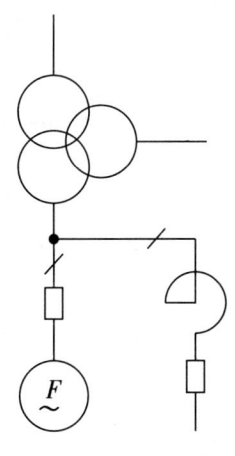

（6）从单元机组的主变压器低压侧引出，无发电机出口断路器的高压厂用工作电源引接方式如下：

（6）Вывод от стороны низкого напряжения основного трансформатора агрегата блока, без выключателя на выходе из генератора：

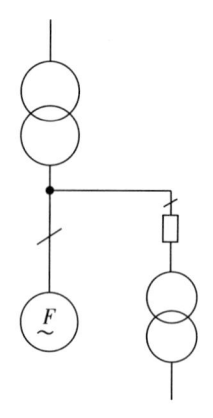

(7）从单元机组的主变压器低压侧引出，无发电机出口断路器，厂用变压器断路器仅供切换使用的高压厂用工作电源引接方式如下：

（7）Вывод от стороны низкого напряжения основного трансформатора агрегата блока, без выключателя на выходе из генератора, выключателя трансформатора для собственных нужд-только для переключения：

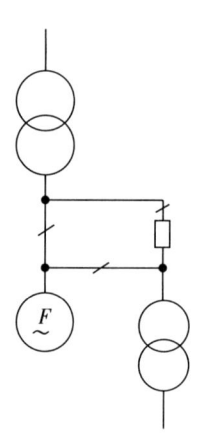

（8）从单元机组的主变压器低压侧引出，无发电机出口断路器，厂用分支仅设隔离开关的高压厂用工作电源引接方式如下：

（8）Вывод от стороны низкого напряжения основного трансформатора агрегата блока, без выключателя на выходе из генератора, на ответвлении для собственных нужд-только устройство разъединителя：

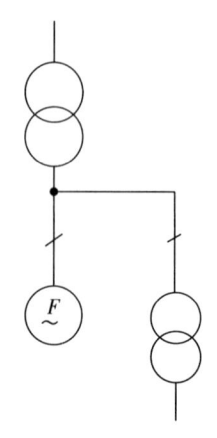

（9）从单元机组的主变压器低压侧引出，厂用分支仅设隔离开关的高压厂用工作电源引接方式如下：

（9）Вывод от стороны низкого напряжения основного трансформатора агрегата блока, на ответвлении для собственных нужд-только устройство разъединителя:

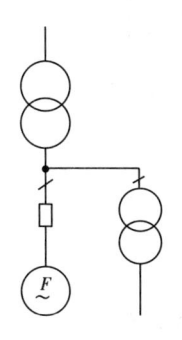

（10）从扩大单元的主变压器低压侧引出的高压厂用工作电源引接方式如下：

（10）Вывод от стороны низкого напряжения основного трансформатора расширенного блока:

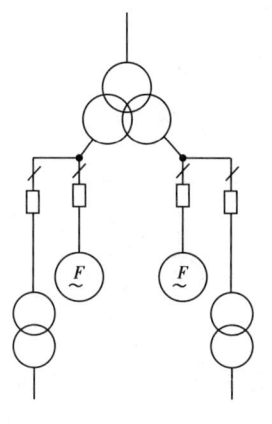

（11）从单元机组的主变压器低压侧引出，厂用分支仅设隔离开关，厂用变压器为分裂绕组变压器的高压厂用工作电源引接方式如下：

（11）Вывод от стороны низкого напряжения основного трансформатора агрегата блока, на ответвлении для собственных нужд-только устройство разъединителя, трансформатор для собственных нужд-трансформатор с расщепленной обмоткой:

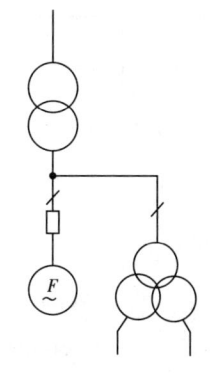

（12）厂用分支无开关设备的高压厂用工作电源引接方式如下：

（12）Без выключателей на ответвлении для собственных нужд：

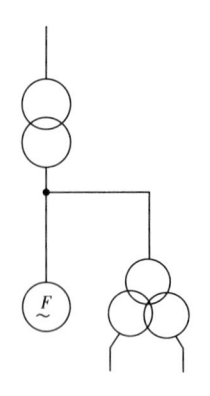

（13）厂用分支无开关设备，厂用变压器为双绕组变压器的高压厂用工作电源引接方式如下：

（13）Без выключателей на ответвлении для собственных нужд, трансформатор для собственных нужд-двухобмоточный трансформатор：

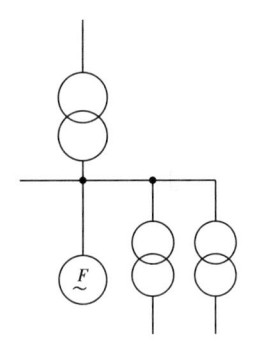

（14）厂用分支无开关设备，厂用变压器为分裂绕组变压器的高压厂用工作电源引接方式如下：

（14）Без выключателей на ответвлении для собственных нужд, трансформатор для собственных нужд-трансформатор с расщепленной обмоткой：

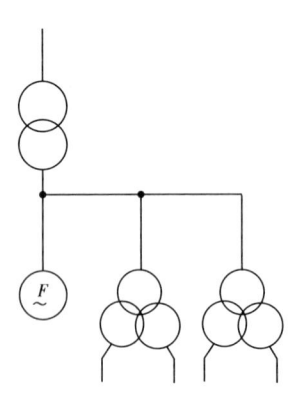

（15）由发电机出口和主变压器低压侧断路器之间引出的高压厂用工作电源引接方式如下：

（15）Вывод от места между выходом генератора и выключателем на стороне низкого напряжения основного трансформатора：

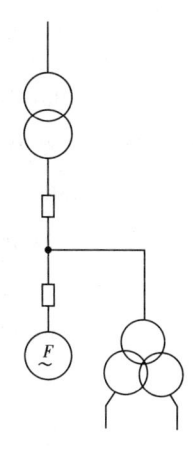

5.11.5 发电机调频调压及并网控制

5.11.5.1 频率控制

频率控制,又称频率调整,是电力系统中维持有功功率供需平衡的主要措施,其根本目的是保证电力系统的频率稳定。电力系统频率调整的主要方法是调整发电功率和进行负荷管理。按照调整范围和调节能力的不同,频率调整可分为一次调频、二次调频和三次调频。

一次调频是指当电力系统频率偏离目标频率时,发电机组通过调速系统的自动反应,调整有功出力以维持电力系统频率稳定。一次调频的特点是响应速度快,但是只能做到有差控制。

5.11.5 Регулировка частоты и напряжения генератора, управление с подключением к сети

5.11.5.1 Управление частотой

Управление частотой, называемое регулировкой частоты, служит основной мерой для поддерживания баланса снабжения и потребления под активной мощностью, коренная цель которого представляет собой обеспечение стабильность частоты электрической системы. Основными способами регулировки частоты электрической системы служат регулировка мощности выработки электроэнергии и управление нагрузками. По сфере регулировки и способности регулировки регулировка частоты может разделяться на первичную, вторичную, и третью регулировку частоты.

Первичная регулировка частоты действует регулировкой активной мощности для поддерживания стабильности частоты электрической системы с помощью агрегата генераторов на основе активной реакции системы регулировки скорости при отклонении частоты электрической системы от целевой частоты. Особенность первичной регулировки служит большой скоростью реакции,

二次调频，也称为自动发电控制（AGC），是指发电机组提供足够的可调整容量及一定的调节速率，在允许的调节偏差下实时跟踪频率，以满足系统频率稳定的要求。二次调频可以做到频率的无差调节，且能够对联络线功率进行监视和调整。

三次调频的实质是完成在线经济调度，其目的是在满足电力系统频率稳定和系统安全的前提下合理利用能源和设备，以最低的发电成本或费用获得更多的、优质的电能。

燃气轮发电机的频率调整是通过调节燃调阀开度完成。

5.11.5.2 电压控制

电压调整，调节电力系统的电压，使其变化不超过规定的允许范围，以保证电力系统的稳定水平及各种电力设备和电器的安全、经济运行。发电机通过励磁系统完成电压调整。

но данная регулировка только может выполнять управление с дифференциалом.

Вторичная регулировка частоты, называемая автоматическим управлением выработкой электроэнергии (AGC), служит прослеживанием частоты в реальном масштабе времени под допустимой регулируемой частотой в случае предоставления достаточной регулируемой емкости и определенной скорости регулировки агрегатом генераторов с целью обеспечения требований к стабильности частоты системы. Вторичная регулировка частоты может выполнять регулировку частоты без дифференциала с возможностью надзора и регулировки мощности линии связи.

Сущностью третьей регулировки частоты служит выполнение поточного экономического распределения, цель представляет собой получение более электроэнергии высокого качества с самой низкой себестоимостью выработки электроэнергии или расходами путем рационального использования энергии и оборудования на основе обеспечения стабильности частоты и безопасности электрической системы.

Регулировка частоты газотурбинного генератора выполняется путем регулировки апертуры газового клапана.

5.11.5.2 Управление напряжением

Управление напряжением, т.е. регулировка напряжения электрической системы, выполняется для обеспечения его изменений в указанных допустимых пределах, чтобы обеспечить стабильность электрической системы, а также безопасную и экономическую эксплуатацию электрооборудования и электроустановок. Регулировка напряжения генератора выполняется с помощью системы возбуждения.

供给同步发电机励磁电流的电源及其附属设备统称为励磁系统。它一般由励磁功率单元和励磁调节器两个主要部分组成。励磁功率单元向同步发电机转子提供励磁电流;而励磁调节器则根据输入信号和给定的调节准则控制励磁功率单元的输出。

5.11.5.3 并网控制

电力系统运行过程中常需要把系统的联络线或联络变压器与电力系统进行并列,这种将小系统(或发电机)通过断路器等开关设备并入大系统的操作称为同期操作。

所谓同期即开关设备两侧电压大小相等、频率相等、相位相同,同期装置的作用是用来判断断路器两侧是否达到同期条件,从而决定能否执行合闸并网的专用装置。

准同期并列操作就是将待并发电机升至额定转速和额定电压后,满足以下4项准同期条件时,操作同期点断路器合闸,使发电机并网:

(1)发电机电压相序与系统电压相序相同;

Источник питания и его принадлежности для снабжения возбуждающим током синхронным генератором называются системой возбуждения, которая обычно состоит из 2 основных частей: блок мощности возбуждения и регулятор возбуждения. Блок мощности возбуждения предоставляет возбуждающий ток роторам синхронного генератора; а регулятор возбуждения выполняет управление выходом блока мощности возбуждения на основе входного сигнала и заданного критерия регулировки.

5.11.5.3 Управление с подключением к сети

В процессе эксплуатации электрической системы часть нужно проводить подключение линии связи системы или трансформатора линии связи к электрической системе, такая операция по подключению маленькой системы (или генератора) к большой системе с помощью выключателя называется операцией по синхронизации.

Называемая синхронизация обозначает равенство напряжений, частот и фаз на 2 сторонах выключателя, синхронная установка применяется для оценки удовлетворения условий на 2 сторонах выключателя условиям синхронизации, таким образом, определить специальные установки для осуществления подключения к сети при включении.

Операция по квази-синхронному подключению действует том, что в случае достижения номинальной скорости вращения и номинального напряжения генератора включить выключатель в точке синхронизации операции для подключения генератора к сети с удовлетворением следующим 4 условиям квази-синхронизации:

(1) Равенство последовательности фаз генератора и последовательности фаз системы;

（2）发电机电压与并列点系统电压相等；

（3）发电机的频率与系统的频率基本相等；

（4）合闸瞬间发电机电压相位与系统电压相位相同。

从实现方式上，准同期并列操作分为手动准同期和自动准同期：

（1）操作人员观察同期表，根据经验发合闸命令。一般手动准同期作为自动准同期的备用方式。

（2）自动准同期：当现地控制单元发出合闸命令时，自动准同期装置自动寻找最佳合闸时间，发出合闸令；同时，在不满足同期合闸时，给励磁、调速器发出调整命令，加快合闸时间。

5.11.6 公用系统

电站组成除燃气轮发电机组（或天然气发电机组）、发电机接入电网的电气系统、厂用电系统外，还主要包括黑启动系统、压缩空气系统、冷却水系统、给排水及消防系统、通信系统等。

（2）Равенство напряжения генератора и напряжения системы в точке подключения；

（3）Равенство в основном частоты генератора и частоты системы；

（4）Равенство последовательности фаз напряжения генератора и последовательности фаз напряжения системы в моменте включения.

Со стороны способа осуществления операция по квази-синхронному подключению разделяется на ручную квази-синхронизацию и автоматическую квази-синхронизацию：

（1）Оператор выполняет наблюдение счетчика периода и выдает команду о включении на основе опыта. Обычно период ручной квази-синхронизации служит резервным способом периода автоматической квази-синхронизации.

（2）Период автоматической квази-синхронизации: при выдаче команды о включении от местного блока управления, установка автоматической квази-синхронизации автоматически ищет наилучшее время включения и выдает команду о включении; одновременно без удовлетворения условиям синхронного включения установка выдает команду о регулировке возбудителю и регулятору скорости для ускорения времени включения.

5.11.6 Общая система

За исключением агрегата газотурбинных генераторов (или агрегата газовых генераторов), электрической системы с генератором, подключенным к электросети, электрической системы для собственных нужд, в электростанцию входят в основном система пуска из полностью обесточенного состояния, система сжатого воздуха,

5 供配电

5 Электроснабжение и электрораспределение

（1）黑启动系统。

某些天然气工程所在地的外电网较薄弱,部分工程甚至无电网依托,需要发电机组孤网运行。这些工程宜设置黑启动系统,为电站启动时提供电源。

黑启动发电机应为应急柴油发电机组,要求机组采用独立的蓄电池组启动,不受电网及厂用电系统干扰。由于所带负荷多为电动机负荷,且运行时间较短,故要求应急柴油发电机的短时带负荷能力较强,发电机电抗不应太大。

黑启动系统除应急柴油发电机组外,还包括柴油罐、柴油油箱、通风冷却系统、控制系统等。

黑启动系统通常考虑户内布置。柴油罐采用埋地方式安装。

система охлаждающей воды, система водоснабжения, канализации и пожаротушения, система связи и т.д..

（1）Система пуска из полностью обесточенного состояния.

В связи с относительно слабой мощностью наружной электросети в месте определенных работ по добыче природного газа частичные работы даже не имеют электросети для опирания, которые требуют эксплуатации в отдельной сети с помощью агрегата генераторов. Для этих работ следует предусмотреть систему пуска из полностью обесточенного состояния для предоставления источника питания при пуске электростанции.

Генератор с пуском из полностью обесточенного состояния должен быть агрегатом аварийных дизельных генераторов, который требует запуска агрегата с помощью независимой группы аккумуляторов без помех электросетью и электрической системой для собственных нужд. Его нагрузки в большинстве служат нагрузками электродвигателя с относительно коротким временем эксплуатации. Поэтому требовать относительно сильной способности по кратковременной эксплуатации под нагрузкой аварийного дизельного генератора, реактивное сопротивление генератора должно быть не чрезмерно большое.

Кроме агрегата аварийных дизельных генераторов система пуска из полностью обесточенного состояния включает в себя резервуар дизельного топлива, бак дизельного топлива, систему вентиляции и охлаждения, систему управления и т.д..

Обычно учесть расположение системы пуска из полностью обесточенного состояния в помещении. Резервуар дизельного топлив установится под землей.

（2）压缩空气系统。

压缩空气系统主要包括空气压缩机、压缩空气储罐、配套的管路、阀门等，主要为机组的滤芯反吹、仪表、阀门等提供气源。

（3）冷却水系统。

简单循环的燃气轮发电机组及天然气发电机组通常设置闭式空冷器为发电机组、润滑油系统提供冷却。

联合循环的燃气轮发电机组及天然气发电机组通常设置循环水系统，采用水水换热器为机组提供冷却。

（4）给排水及消防系统。

给排水及消防系统包括消防水泵、生活水泵、清水储罐、消防水储罐等，为电站提供生活用水、生产补水及消防用水等。

（5）通信系统。

通信系统主要根据项目需求，实现电力调度通信、工业电视监控、入侵报警、固定话音通信、办公计算机网络、火灾自动报警等功能。

（2）Система сжатого воздуха.

Система сжатого воздуха в основном включает воздушный компрессор, резервуар сжатого воздуха, комплектующих трубопроводов, клапанов и т.д., которая в основном предоставляет источник газа для обратной продувки фильтрующих элементов агрегата, а также источник газа для приборов, клапанов и прочих частей.

（3）Система охлаждающей воды.

Для агрегата газотурбинных генераторов и агрегата газовых генераторов с простой циркуляцией обычно предусмотреть закрытый АВО для охлаждения агрегата генераторов и системы смазки.

Для агрегата газотурбинных генераторов и агрегата газовых генераторов с комбинированной циркуляцией обычно предусмотреть систему циркуляционной воды для охлаждения агрегата с помощью водо-водяного теплообменника.

（4）Система водоснабжения, канализации и пожаротушения.

Система водоснабжения, канализации и пожаротушения включает в себя пожарный насос, насос бытовой воды, резервуар чистой воды, резервуар пожарной воды и т.д., которая предоставляет бытовую воду, производственную подпиточную воду и пожарную воду для электростанции.

（5）Система связи.

Система связи в основном осуществляет связь маневрирования мощностью, промышленное телевидение, сигнализацию о вторжении, постоянную речевую связь, служебную компьютерную сеть, автоматическую сигнализацию о пожаре и прочие функции на основе потребности объекта.

5.12 主要电气设备选择

5.12.1 变压器

5.12.1.1 变压器分类

变压器是变电站的最主要设备且为最贵重设备,一般可分为双绕组变压器、三绕组变压器和自耦变压器(即高、低压每相共用一个绕组,从高压绕组中间抽出一个头作为低压绕组的出线的变压器)。电压高低与绕组匝数成正比,电流则与绕组匝数成反比。

变压器主要分为油浸式变压器、干式变压器;双绕组变压器、三绕组变压器、自耦变电器;有载调压变压器、无负荷无载调压变压器。

5.12.1.2 变压器选择

(1)变压器容量确定。

根据天然气工程的计算负荷确定,并应计及稳定系数。

(2)主变压器相数选择。

5.12 Выбор основного электрооборудования

5.12.1 Трансформатор

5.12.1.1 Классификация трансформатора

Трансформатор представляет собой самое основное и драгоценное оборудование на подстанции, который обычно разделяется на двухобмоточный трансформатор, трехобмоточный трансформатор и автотрансформатор (т.е. трансформатор с общей обмоткой по каждой фазе высокого напряжения и низкого напряжения и вытянутым торцом из средней части обмотки высокого напряжения в качестве выводного провода обмотки низкого напряжения). Значение напряжения прямо пропорциональное числу витков обмотки; а ток обратно пропорциональный числу витков обмотки.

Трансформатор разделяется в основном на масляный трансформатор, сухой трансформатор, двухобмоточный трансформатор, трехобмоточный трансформатор, автотрансформатор, трансформатор регулировки напряжения под нагрузкой и трансформатор регулировки напряжения без нагрузки.

5.12.1.2 Выбор трансформатора

(1) Определение емкости трансформатора.

Проводить определение по расчетным нагрузкам работ с природным газом с учетом коэффициента стабилизации.

(2) Выбор количества фаз основного трансформатора.

一般工矿企业变压器电压等级不超过220kV，容量不超过160MV·A，选择三相变压器。

（3）主变压器绕组数量。

① 在具有三种电压的变电站中，每个绕组的通过容量在达到该变压器额定容量的15%以上时，主变压器采用三绕组变压器。

② 对深入引进至负荷中心、具有直接从高压降为低压供电条件的变电站，为简化接线或减少重复降压容量，可采用双绕组变压器。

（4）绕组连接方式。

电力变压器的绕组连接方式有Y和△，以下是天然气工程中常用的连接方式及适用的变压器：

① Y, d11 连接方式。该连接方式适合以下电压等级的变压器：220/35kV、110/35kV、220/10kV、110/10kV、35/10kV。

② D, yn0 连接方式。该连接方式适合以下电压等级的变压器：35/0.4kV、10/0.4kV。

③ Y, yn0 连接方式。该连接方式现在不常用，只有在三相负荷基本平衡、供电系统中谐波干扰不严重时，经技术经济比较后选择使用，其优点在于变压器绕组绝缘水平按相电压设计，可降低造价。

Класс напряжения трансформатора в обычных обрабатывающих и горнодобывающих предприятиях не превышает 220кВ, его емкости не более 160МВ·А, поэтому выбирать трехфазный трансформатор.

（3）Количество обмоток основного трансформатора.

① На подстанции с 3 классами напряжения проходящая емкость каждой обмотки должна достигать более 15% от номинальной емкости данного трансформатора, основной трансформатор-трехобмоточный.

② Для подстанции с глубинным вводом к центру нагрузок и условиями использования высокого напряжения для электроснабжения низким напряжением разрешать применять двухобмоточный трансформатор с целью упрощения соединений или уменьшения емкости повторного снижения напряжения.

（4）Способ соединения обмотки.

Для соединения обмотки силового трансформатора применять способ соединения Y и △, обычные способы и соответствующие трансформаторы для работ с природным газом приведены ниже.

① Способ соединения Y, d11. Данный способ соединения распространяется на трансформатор следующего класса напряжения：220/35кВ, 110/35кВ, 220/10кВ, 110/10кВ, 35/10кВ.

② Способ соединения D, yn0. Данный способ соединения распространяется на трансформатор следующего класса напряжения：35/0,4кВ, 10/0,4кВ.

③ Способ соединения Y, yn0. Данный способ соединения теперь не обычный, только разрешать его применение в случае в основном баланса нагрузок 3 фаз, несильной гармонической

（5）主变压器阻抗的选择。

220kV、110kV 主变压器各侧阻抗值的选择应从电力系统稳定、短路电流、潮流方向、无功分配、继电保护、系统内的调压手段和并列运行等因素综合考虑，并应由对工程取决定性作用的因素来确定。

配电变压器阻抗电压采用变压器制造标准值。对容量较大的变压器，应满足限制低压系统短路电流的要求。

（6）主变压器电压调整方式选择。

变压器的电压调整是采用分接开关切换变压器绕组的不同抽头，从而改变变压器绕组变比来实现的。切换方式有两种：① 不带电切换，称为无激励调压，调整范围通常在 ±5% 以内；② 带负载切换，称为有载调压，一般为 ±10% 范围，个别调整范围可达 30%。

5 Электроснабжение и электрораспределение

помехи в системе электроснабжения после технико-экономического сравнения, но его преимуществом служит снижение стоимости в связи с проектированием класса изоляции обмотки трансформатора по классу напряжения фазы.

（5）Выбор сопротивления основного трансформатора.

Выбор значений сопротивлений на сторонах основного трансформатора 220кВ и 110кВ должен осуществляться на основе решающих факторов для работ с учетом стабилизации электрической системы, тока короткого замыкания, реактивного распределения, релейной защиты, способ регулировки напряжения в системе, параллельной эксплуатации и прочих факторов.

Для напряжения сопротивления распределительного трансформатора принять стандартное значение изготовления трансформатора. Для трансформатора с относительно большой емкостью следует удовлетворять требованиям к току короткого замыкания системы низкого напряжения.

（6）Выбор способа регулировки напряжения основного трансформатора.

Регулировка напряжения трансформатора осуществляется изменением коэффициента трансформации обмотки трансформатора путем переключения разных торцов обмотки трансформатора с помощью разноконтактного выключателя. Всего 2 способа переключения: ① незаряженное переключение, называемое невозбужденной регулировкой напряжения, диапазон регулировки обычно в пределах ±5%; ② переключение под нагрузкой, называемое нагруженной регулировкой напряжения, диапазон регулировки обычно в пределах ±10%, в отдельных условиях-30%.

对于天然气处理工程,总变电站、分区变电站中的变压器应根据电网情况,可设置一级电压的变压器为有载调压方式,通常设置于总变电所。

配电变压器采用无载手动调压的变压器。在电压偏差不能满足要求时,且有对电压要求严格的设备,单独设置调压装置在技术经济上不合理时,可以采用有载调压变压器。

（7）绝缘材料选择。

220kV和110kV主变压器选择油浸式变压器。

配电变压器在室外布置时,选择油浸式变压器;在户内布置时,可选择干式变压器或油浸式变压器。

（8）冷却方式选择。

油浸式变压器的冷却方式有:油浸自冷;油浸风冷;强迫油循环风冷却;强迫油循环水冷却。160MV·A及以下变压器,通常选择油浸自冷或油浸风冷。

干式变压器的冷却方式有:自然冷却;强迫风冷却。通常选择强迫风冷却的方式。

Для работ подготовки природного газа относительно трансформаторов на общей подстанции и подразделенной подстанции можно предусмотреть трансформатор 1 класса напряжения на основе условий электросети в качестве способа нагруженной регулировки напряжения, который обычно установлен на общей подстанции.

В качестве распределительного трансформатора применять ненагруженный трансформатор ручной регулировки напряжения. Если отклонение напряжения не удовлетворяет требованиям с наличием оборудования, имеющего строгие требования к напряжению и отдельное устройство установки регулировки напряжения является не рациональным в технико-экономической области можно применять трансформатор регулировки напряжения под нагружкой.

(7) Выбор изоляционных материалов.

В качестве основного трансформатора 220кВ и 110кВ выбирать масляный трансформатор.

При распределении распределительного трансформатора вне помещения выбирать масляный трансформатор, а при распределении его в помещении можно выбирать сухой трансформатор или масляный трансформатор.

(8) Выбор способа охлаждения.

Способ охлаждения масляного трансформатора: самоохлаждение под маслом; воздушное охлаждение под маслом; воздушное охлаждение при принужденной циркуляции масла; водяное охлаждение при принужденной циркуляции. Для трансформаторов емкостью 160МВ·А и ниже обычно выбирать самоохлаждение под маслом или воздушное охлаждение под маслом.

Способ охлаждения сухого трансформатора: естественное охлаждение, принужденное воздушное охлаждение. Обычно выбирать принужденное воздушное охлаждение.

5.12.2 高压电器

5.12.2.1 高压断路器

（1）断路器的选型。

高压断路器按安装地点可分为户内型和户外型，按灭弧介质及灭弧原理可分为六氟化硫断路器、真空断路器、油断路器、空气断路器。

10～35kV 可选用真空断路器、六氟化硫断路器，通常选择真空断路器。

110～220kV 可选用油断路器、六氟化硫断路器，通常选择六氟化硫断路器。

（2）开断能力。

开断能力应根据系统短路电流确定。通常有 20kA,31.5kA,40kA 和 50kA 等。

（3）额定电流。

额定电流有 630A,1250A,2500A 和 4000A 等。

（4）机械荷载。

在正常运行和短路时，断路器接线端子的水平机械荷载不应大于表 5.12.1 所列数值。

5.12.2 Электроаппарат высокого напряжения

5.12.2.1 Выключатель высокого напряжения

（1）Выбор типа выключателя.

По местам установки выключатель высокого напряжения разделяется на закрытый тип и открытый тип, по среде и принципу тушения дуги выключатель высокого напряжения разделяется на элегазовый выключатель, вакуумный выключатель, масляный выключатель и воздушный выключатель.

Под напряжением 10-35кВ можно выбирать вакуумный выключатель и элегазовый выключатель, обычно выбирать вакуумный выключатель.

Под напряжением 110-220кВ можно выбирать масляный выключатель и элегазовый выключатель, обычно выбирать элегазовый выключатель.

（2）Способность отключения.

Способность отключения должна определяться на основе тока короткого замыкания системы, ток обычно составляет 20кА, 31,5кА, 40кА, 50кА и т.д..

（3）Номинальный ток.

Номинальный ток составляет 630А, 1250А, 2500А, 4000А и т.д..

（4）Механическая нагрузка.

В случае нормальной эксплуатации и короткого замыкания горизонтальная механическая нагрузка соединительной клеммы выключателя должна быть не более приведенного значения в таблице 5.12.1.

表 5.12.1　断路器接线端子允许的水平机械荷载

Таблица 5.12.1　Допустимая горизонтальная механическая нагрузка клеммного зажима выключателя

额定电压，kV Номинальное напряжение, кВ	≤10	35～63	110	220～330
接线端子水平机械荷载，N Горизонтальная механическая нагрузка клеммного зажима, Н	250	500	750	1000

5.12.2.2　高压隔离开关

隔离开关按装设地点分为户内式和户外式，按产品装极数分为单极式（每极单独装于一个底座上）和三极式（三极装于同一底座上），按每极绝缘支柱数目可分为单柱式、双柱式、三柱式等。

隔离开关的型式选择应根据配电装置的布置特点和使用要求等因素进行综合经济比较后确定。

隔离开关的额定参数选择主要包括：电压、电流、频率、绝缘水平、动稳定电流、热稳定电流、接线端机械荷载、操作机构型式等。

5.12.2.3　高压熔断器

熔断器是最简单和最早使用的保护电器，用来保护电路中的电气设备，使其免受过载和短路电流的危害。熔断器不能用来正常地切断和接通电路，需与其他电器（如隔离开关等）配合使用。

5.12.2.2　Разъединитель высокого напряжения

По местам установки разъединитель разделяется на закрытый тип и открытый тип, по количеству полюса продукции он разделяется на однополюсный тип (каждый полюс отдельно установлен на одном основании) и трехполюсный тип (3 полюса установлены на одном основании), по количеству изоляционного столба каждого полюса он разделяется на тип одиночного столба, тип двойного столба, тип трех столбов и т.д..

Выбор типа разъединителя должен определяться после комплектного экономического сравнения особенности распределения распределительной установки, требований к использованию и прочих факторов.

Выбираемые номинальные параметры разъединителя в основном включают в себя напряжение, ток, частоту, уровень изоляции, номинальный пиковый выдерживаемый ток, ток термической устойчивости, механическую нагрузку на конце соединения, тип исполнительного механизма и т.д..

5.12.2.3　Предохранитель высокого напряжения

Предохранитель служит самым простым и первоначально используемым защитным электроаппаратом для защиты электрооборудования в контуре от перегрузки и короткого замыкания.

高压熔断器主要用于小功率电力线路、配电变压器、电力电容器、电压互感器等设备的保护。

熔断器型式应根据配电装置的布置特点和使用要求等因素确定。

熔断器的额定参数选择主要包括：电压、电流、开断电流、保护熔断特性及环境条件等。

5.12.3 低压电器

低压电器可分为成套电器和单个电器(元件)，成套的低压开关柜由成套开关设备和控制设备组成。成套开关设备主要由断路器、熔断器、接触器、热继电器、铜导体母线以及柜体等元器件构成。本书主要介绍成套设备以及内部主要元器件的选择。

5 Электроснабжение и электрораспределение

Предохранитель не может использоваться для нормального отключения и включения контура, а обязан использоваться совместно с прочими электроустановками(как разъединитель и т.д.).

Предохранитель высокого напряжения в основном применяется для защиты электрического контура маленькой мощности, распределительного трансформатора, силового конденсатора, трансформатора напряжения и прочих установок.

Тип предохранителя должен определяться на основе особенности распределения распределительной установки, требований к использованию и прочих факторов.

Выбираемые номинальные параметры предохранителя в основном включают в себя напряжение, ток, ток при выключении, предохранительную особенность, условия окружающей среды и т.д..

5.12.3 Электроаппарат низкого напряжения

Электроаппарат низкого напряжения может разделяться на комплектный электроаппарат и отдельный электроаппарат (элемент), комплектный шкаф выключателей низкого напряжения состоит из комплектных коммутационных аппаратов и контрольных устройств. Комплектные коммутационные аппараты в основном состоит из выключателя, предохранителя, контактора, теплового реле, шины из медного проводника, корпуса шкафа и прочих элементов. В настоящей книге в основном приведен выбор комплектного оборудование и его внутренних основных элементов.

5.12.3.1 低压成套装置的选择

成套低压配电装置主要从以下技术参数进行选择：

(1) 额定绝缘电压,如交流 660V(1000V);

(2) 额定工作电压,如主电路交流 380V(660V),辅电路交流 380V(220V);

(3) 额定频率,如 50Hz 和 60Hz;

(4) 额定工作电流,如 2500A,3200A 和 4000A 等;

(5) 额定峰值耐受电流,如 105kA(0.1s);

(6) 额定短时耐受电流,如 50kA(1s);

(7) 防护等级 IP20—IP40。

5.12.3.2 低压断路器的选择

低压断路器主要从以下技术参数进行选择：

(1) 低压断路器极数,如 1P,2P,3P,4P;

(2) 脱扣器类型,如热磁脱扣器,电子脱扣器;

(3) 额定电压,如 240/415V;

(4) 额定电流/壳体额定电流,如 63/100A;

(5) 额定短路分断能力;

5.12.3.1 Выбор комплектных установок низкого напряжения

Выбор комплектных установок низкого напряжения в основном выполняется по следующим техническим параметрам:

(1) Номинальное напряжение изоляции, например, 660В (1000В) переменного тока;

(2) Номинальное рабочее напряжение, например, в основном контуре 380В (660В) переменного тока, в вспомогательном контуре 380В (220В) переменного тока;

(3) Номинальная частота, например, 50Гц, 60Гц;

(4) Номинальный рабочий ток работы, например, 2500А, 3200А, 4000А и т.д.;

(5) Номинальный выдерживаемый пиковый ток, например, 105кА (0,1сек.);

(6) Номинальный кратковременный выдерживаемый ток, например, 50кА (1 сек.);

(7) Степень защиты: IP20—IP40.

5.12.3.2 Выбор выключателя низкого напряжения

Выбор выключателя низкого напряжения в основном выполняется по следующим техническим параметрам:

(1) Количество полюсов выключателя низкого напряжения, например, 1P, 2P, 3P, 4P;

(2) Тип расцепителя, например, термомагнитный расцепитель, электронный расцепитель;

(3) Номинальное напряжение, например, 240/415В;

(4) Номинальный ток/номинальный ток корпуса, например, 63/100А;

(5) Номинальная способность отключения при коротком замыкании;

(6)瞬时脱口形式及脱口电流。

5.12.3.3 低压熔断器的选择

低压熔断器主要从以下技术参数进行选择：

(1)额定电压，额定电压应不小于设备的工作电压，如415V,660V等。

(2)额定电流，应按照正常工作电流以及设备启动时的尖峰电流选择，如25A,63A和100A等。

(3)分断能力，应大于被保护线路预期三相短路电流有效值，如20kA,25kA,31.5kA和50kA等。

(4)电流—时间特性指流过熔体的电流与熔体熔断时间的关系，要根据负载性质、短路电流和工作环境的要求选择。

5.12.3.4 低压隔离开关的选择

低压隔离开关主要从以下技术参数进行选择：

(1)额定电压，如415V和660V等。

(2)额定电流，如1000A等。

(3)冲击耐受电压，如相对地4kV,断口5kV。

(4)工频耐受电压，如相对地2kV,断口3kV。

（5）表面爬电比距,满足环境污秽等级要求。

（6）操作机构,如电动、手动。

（7）导体材质,如铜、铝合金导体等。

（8）机械寿命,如4000次。

5.12.3.5 低压接触器的选择

低压接触器主要从以下技术参数进行选择：

（1）主触头额定电压,交流接触器如220V和380V等,直流接触器220V和440V等。

（2）额定电流,交流接触器,如5A,10A,20A和40A等,直流接触器如25A,40A和60A等。

（3）辅助线圈额定电压,交流接触器如36V,127V和220V等,直流接触器24V,48V和220V等。

（4）额定操作频率指每小时接通次数。交流接触器最高为600次/h；直流接触器可高达1200次/h。

5.12.3.6 剩余电流保护器的选择

剩余电流保护器主要从以下技术参数进行选择：

（5）Длина пути утечки тока по поверхности, в соответствии с требованиями к классу загрязнения окружающей среды.

（6）Исполнительный механизм, например, электрический, ручной.

（7）Материал проводника, например, медный проводник, проводник из алюминиевого сплава и т.д..

（8）Срок службы механизма, например, 4000раз.

5.12.3.5 Выбор контактора низкого напряжения

Выбор контактора низкого напряжения в основном выполняется по следующим техническим параметрам：

（1）Номинальное напряжение основного контакта, для контактора переменного тока 220В, 380В и т.д., для контактора постоянного тока 220В, 440В и т.д..

（2）Номинальный ток, для контактора переменного тока 5А, 10А, 20А, 40А и т.д., для контактора постоянного тока 25А, 40А, 60А и т.д..

（3）Номинальное напряжение вспомогательной катушки, для контактора переменного тока 36В, 127В, 220В и т.д., для контактора постоянного тока 24В, 48В, 220В и т.д..

（4）Номинальная рабочая частота-количество включения в час, для контактора переменного тока максимальная частота 600 раз/ч.; для контактора постоянного тока частота до 1200 раз/ч..

5.12.3.6 Выбор предохранителя остаточного тока

Выбор предохранителя остаточного тока в основном выполняется по следующим техническим параметрам：

（1）额定漏电动作电流，一般有30mA，300mA、500mA和30mA，主要用于线路末端，300mA和500mA主要用于配电线路。

（2）动作时间，一般不大于0.5s或与其他保护配合。

（3）其他参数如电源频率、额定电压、额定电流与使用线路和配电设备相适应即可。

5.12.4 无功补偿装置

5.12.4.1 无功补偿装置组成与主要技术特点

5.12.4.1.1 稳态无功补偿装置

稳态补偿装置是并联电容器装置，该装置是最基本的也是最主要的补偿装置。它的核心部分是输出容性无功的并联电容器组。该装置分为两种型式：(1)通过投切电容器组（含单组固定接入）以改变输出的无功，统称并联电容器装置；(2)通过变压器调压来改变电容器输出的无功，即近年研发推出的"调压式并联电容器装置"。

（1）Номинальный ток срабатывания при утечке, для конца линии в основном 30мА, 300мА, 500мА и 30мА, для распределительной линии в основном 300мА и 500мА.

（2）Время срабатывания, обычно не более 0,5сек. или взаимодействие с прочей защитой.

（3）Совпадение прочих параметров, как частота источника питания, номинальное напряжение, номинальный ток, с используемыми линиями и распределительным оборудованием.

5.12.4 Устройство для компенсации реактивной мощности

5.12.4.1 Состав и основные технические особенности устройства для компенсации реактивной мощности

5.12.4.1.1 Устройство для компенсации реактивной мощности с устойчивым состоянием

Устройство для компенсации с устойчивым состоянием служит конденсатором параллельного соединения, который представляет собой самый основной и самый важный компенсатор. Его основная часть служит группой конденсаторов параллельного соединения с выводом емкостной реактивной мощности. Данное устройство разделяется на 2 типа: (1) изменение вывода реактивной мощности путем переключения группы конденсатора (включая стационарный ввод одной группы), общее название-конденсатор параллельного соединения; (2) изменение вывода реактивной мощности путем регулировки напряжения с помощью трансформатора, т.е. конденсатор параллельного соединения с регулировкой напряжения, исследованный и разработанный в последние годы.

稳态无功补偿装置共同优点是结构简单,技术成熟,设备器件性能稳定,安全可靠;缺点首先是使用机械开关操控,响应时间较长,只适合于电压与负荷变化较为缓慢的场合;其次是调节特性存在级差。

5.12.4.1.2 动态无功补偿装置

随着柔性输电技术和智能电网技术的不断发展,对电力系统运行的安全稳定性、可控性、降损节能,净化电能的要求越来越高,并且要求瞬时响应;伴随着电力电子技术和自动控制技术的迅猛发展,满足上述需求的各种动态无功补偿装置应运而生。其中,包括静止同步补偿装置(STATCOM)、可控电抗器(TCR)型静止无功补偿装置(TSVC)、磁控电抗器(MCR)型静止无功补偿装置(MSVC)、静止无功发生器(SVG)等。它们的工作原理、主要技术特点等见表5.12.2。

Общими преимуществами устройства для компенсации реактивной мощности с устойчивым состоянием служит простая конструкция, зрелая техника, стабильные свойства элементов оборудования, надежность и безопасность; а недостатками-использование механического выключателя для операции, длинное время реакции, только распространение на среду с медленным изменением напряжения и нагрузки, а также наличие перепада классов особенности регулировки.

5.12.4.1.2 Устройство для компенсации реактивной мощности с динамическим состоянием

С непрерывным развитием техники гибкой электропередачи и техники интеллектуальной электросети требования к безопасности и стабильности эксплуатации электрической системы, ее управляемости, снижению потери и экономии энергии, очистке электроэнергии станут выше и выше, кроме этих, еще требовать мгновенной реакции; разные устройства для компенсации реактивной мощности с динамическим состоянием, удовлетворенные вышеизложенным требованиям, разработаны с быстрым развитием электрической техники, электронной техники и техники автоматического управления. В том числе включать статичное синхронное компенсирующее устройство (STATCOM), статичное устройство для компенсации реактивной мощности (TSVC) типа регулируемого реактора (TCR), статичное устройство для компенсации реактивной мощности (MSVC) типа магнитного реактора (MCR), статичный генератор реактивной мощности (SVG) и т.д.. Их принцип работы, основные технические особенности приведены в таблице 5.12.2.

5 供配电

5 Электроснабжение и электрораспределение

表 5.12.2 动态无功补偿装置的工作原理与主要技术特点

Таблица 5.12.2 Принцип работы и основные технические характеристики устройства для динамической компенсации реактивной мощности

表述项目 Пункты описания	STATCOM	TSVC	MSVC	SVG
工作原理与功效简述 Принцип работы и описание эффекта	是一种全桥式电压型逆变器，作为实时并联补偿器通过双向能量流来控制和补偿无功功率，改善功率因数维持电压，平衡三相负载电流，以及抑制谐波电流。它使用 IGBT 快速开关器件来实现带宽的分层结构中。在控制器的逆变器，最大为最内环控制的电流控制和吸收负载注入系统的谐波电流 Инвертер с полным мостом типа напряжения, как параллельный компенсатор в реальном времени, контролирует и компенсирует реактивную мощность с помощью двунаправленного потока энергии, в целях совершенствования коэффициент мощности, поддерживания напряжения и удерживания 3-фазной нагрузки и удерживания гармонического тока. Инвертер использует быстродействующий переключатель IGBT для реализации большой ширины полосы. В иерархической структуре контроллера устройства используется в качестве наиболее внутреннего замкнутого контура управления током замкнутого контура для инжекции реактивного тока и поглощения гармонического тока системы инжекции нагрузки	以 TCR 与 FC（滤波器和并联电容器）组合，通过改变双向晶闸管导通角度的控制改变电抗器的输出容量（感性无功），与滤波器输出的容性无功组合，实现连续调节的输出无功功率 (0~100% 额定容量)，满足动态无功补偿的要求，且可以抑制冲击负荷引起的电压闪变；在电网发生主事故时可瞬时释放出储能的容性无功支撑电网电压提高系统稳定度 С помощью комбинации TCR и FC (волнового фильтра и параллельного конденсатора), контроля и регулировки выходной емкости (индуктивной реактивной) реактора путем изменения угла проводимости двунаправленного тиристора и в сочетании с емкостной реактивной мощностью, выведенной волновым фильтром, реализуется быстрая и непрерывная регулировка выходной непрерывной реактивной мощности (номинальная емкость 0-100%), с целью удовлетворения требованиям к динамической реактивной компенсации, и удерживания фликера-шума напряжения, вызванного ударной нагрузкой; при аварийном случае можно мгновенно освободить запасную емкостную реактивную мощность для поддержания напряжения электросети и повышения стабильности системы	以 MCR 与 FC 组合，通过调节电抗器铁心的饱和度改变电抗值，调控电抗器输出容量（感性无功），与电容器输出的容性无功组合，实现连续调节的容性无功输出容量 (0～100% 额定容量)，满足动态无功补偿的要求 С помощью комбинации MCR и FC, изменения значений реактанса путем регулирования насыщенности сердечника реактора, регулирования выходной емкости реактора (индуктивной реактивной) и в сочетании с емкостной реактивной мощностью, выведенной конденсатором, реализуется непрерывная регулировка выходной реактивной мощности (номинальная емкость 0-100%), с целю удовлетворения требованиям к динамической реактивной компенсации	是一种用于动态补偿无功的电力电子装置。其基本原理是将自换相桥式电路通过电抗器直接并联在电网上，适当地调节桥式电路交流侧输出电压的相位和幅值或者直接控制其交流侧电流，就可以使该电路吸收或者输出满足要求的无功电流；同时送出与负载谐波电流反向的谐波电流，以消除或抑制谐波，保持电源洁净 Это электрическое и электронное устройство для динамической компенсации реактивной мощности. Основной принцип заключается в том, что мостовая схема само-инверсии фазы соединяется прямо и параллельно с электросетью через реактор; путем подходящего регулирования фаз и амплитуд выходного напряжения на стороне переменного тока мостовой схемы или прямого контроля тока на стороне переменного тока мостовой схемы, данная схема может поглощать или выводить реактивный ток, удовлетворяющий требованию, и одновременно передать гармонический ток в обратном направлении с целью поддерживания чистоты источника питания путем устранения или удерживания гармоник

• 737 •

续表
продолжение

表述项目 Пункты описания	STATCOM	TSVC	MSVC	SVG
技术特点与存在问题 Технические характеристики и существующие проблемы	优点：技术性能优越，可适时满足容性无功补偿或感性无功补偿的要求，且可治理电网谐波与改善负载三相不平衡度，响应速度快。 缺点：装置需经变压器或电抗器（后者为低压电网）与电网连接增加附加损耗；装置投资昂贵 Преимущества：превосходная технические характеристики может удовлетворять требованиям к емкостной реактивной компенсации и индуктивной реактивной компенсации во благовременни, а также может управлять гармонией электросети и улучшать трехразную несбалансированность нагрузки с быстрой скоростью реакции. Недостатки：заключаются в том, что устройство должно быть соединено с электросетью через трансформатор или реактор (последний для электросети низкого напряжения), итак увеличивается дополнительная потеря, а также инвестиция устройства большая.	优点：装置技术成熟，应用广泛，建设投资较省。 缺点：电抗器电流波形畸变产生谐波，必须装设滤波器与其配套，为其额定容量的3%～5%损耗较大，电抗器自身损耗为其额定容量的3%～5% Преимущества：преимуществами являются зрелая техника устройства, широкое применение и относительно малая инвестиция в строительстве. Недостаток：заключается в том, что дисторсия формы волны реактора создает гармонику, итак надо установить волновой фильтр в комплекте, и также собственная потеря реактора большая с занятием номинальной емкости (3%-5%)	优点：使用的器件比较安全可靠，且可与电网直接相连，建设投资省，已获广泛使用。 缺点：响应速度较慢（MCR响应时间为0.1s至数秒；MCR的自身损耗与谐波，但比TCR小 Преимущества：преимуществом являются безопасное и надежное используемое устройство, прямое соединение с электросетью, малая инвестиции в строительство и широкое применение. Недостаток：заключается в том, что скорость реакции медленная (время реакции MCR составляет 0,1сек.-нескольких секунд), а также существуют проблемы о собственной потере и гармонике MCR, что меньше TCR	优点：技术性能优越，可适时满足容性无功补偿或感性无功补偿的要求，且可治理电网谐波，响应速度快。 缺点：装置需经变压器或电抗器（后者为低压电网）与电网连接增加附加损耗；装置投资昂贵 Преимущества：превосходная технические характеристики может удовлетворять требованиям к емкостной реактивной компенсации и индуктивной реактивной компенсации во благовременни, а также может управлять гармонией электросети с быстрой скоростью реакции. Недостатки：заключаются в том, что устройство должно быть соединено с электросетью через трансформатор или реактор (последний для электросети низкого напряжения), итак увеличивается дополнительная потеря, а также инвестиция устройства большая

5.12.4.2 无功补偿装置的选择原则

油气处理厂负荷变化较平稳，无功补偿装置宜主要集中选用并联电容器装置或调压式并联电容器装置。具体选择措施可参考以下内容：

（1）无功补偿配置应根据电网情况，实施分散就地补偿与变电站集中补偿相结合，电网补偿与用户补偿相结合，满足降损与调压的需要。

（2）受端应有足够的无功备用容量。当受端系统存在电压稳定问题时，应通过技术经济比较，考虑在受端系统的枢纽变电站配置动态无功补偿装置。

（3）各电压等级变电站应结合电网规划和电源建设，合理配置适当规模、类型的无功补偿装置。所装设的无功补偿装置应不引起系统谐波的明显放大，并应避免大量无功电力穿越变压器。35~220kV变电站，在主变压器最大负荷时，其高压侧功率因数应不低于0.95（或当地电力部门要求值）。

（4）电力用户应根据其负荷性质采用适当的无功补偿方式和容量，在任何情况下，不应向电网反送无功，并保证在电网负荷高峰时不从电网吸收无功电力。

（5）应根据无功补偿装置装设点的目标要求：电压偏差范围、功率因数、谐波限值（包括谐波电压畸变率与注入电网的谐波电流限值），以及其他要求；按照负荷特性与运行实际情况等，提出若干候选的设计方案进行技术经济比较。

（6）合理选择无功补偿装置的装设地点，应以降网节能效果最佳为目标，尽量接近负荷中心区。

системы и избегать прохода массивной электроэнергии реактивной мощности через трансформатор. Для подстанции 35-220кВ под максимальной нагрузкой основного трансформатора коэффициент мощности на стороне высокого напряжения должен быть не ниже 0,95 (или требуемого значения местных органов электроэнергии).

(4) Электропотребитель должен применять надлежащий способ компенсации реактивной мощности и емкости на основе его свойств нагрузки, в любых условиях нельзя обратно передать реактивную мощность к электросети с обеспечением отсутствия поглощения электроэнергии реактивной мощности от электросети при пиковых значениях нагрузки электросети.

(5) Следует предоставлять варианты проектирования для выбора и проводить технико-экономическое сравнение на основе целевых требований к точке установки устройства для компенсации реактивной мощности, например, диапазон отклонений напряжения, коэффициент мощности, предельные значения гармоники (включая коэффициент искажения гармонического напряжения, предельное значение гармонического тока в электросеть) и т.д. по свойствам нагрузки, фактическим условиям эксплуатации и прочим факторам.

(6) Надлежаще проводить выбор места установки устройства для компенсации реактивной мощности, следует выбирать место близко центральной зоны нагрузки по мере возможности с применением цели по получению наилучшего эффекта экономии энергии.

5 供配电

5.12.5 变频器及软启动器

5.12.5.1 变频器

5.12.5.1.1 变频器分类

变频器按电压等级分为低压变频器和中压变频器,按照变换环节分为交—交变频器调速和交—直—交变频器,交—直—交变频器根据中间直流环节,分为电压源型和电流源型。根据行业发展情况,当前在大功率同步电动机调速领域主要应用的电力电子变换器为晶闸管交—交变频器、晶闸管负载换流交—直—交变频器(电流源型)、IGBT/IGCT交—直—交变频器(电压源型)三大类型。

对于以 IGBT 为基本功率器件的多电平电压源型变频器,通过器件的串联和并联获得更高的容量(最高可达 36MW)及合适的拓扑结构,电压源型变频器成功地实现变频器的大容量化,而且同时降低谐波分量,功率因数较高,一般无须补偿及滤波。电流源型变频器需要一套补偿及滤波装置解决功率因数低和谐波的问题,从而导致投资增加及

5.12.5 Преобразователь частоты и мягкий пускатель

5.12.5.1 Преобразователь частоты

5.12.5.1.1 Классификация преобразователя частоты

Преобразователь частоты разделяется на преобразователь частоты низкого напряжения и преобразователь частоты среднего напряжения по классу напряжения, по звену перемены он разделяется на преобразователь частоты переменно-переменного тока и преобразователь частоты переменно-постоянно-переменного тока, который разделяется на тип источника напряжения и тип источника тока по звену промежуточного постоянного тока. По условиям развития отрасли в настоящее время электро-электронный преобразователь, используемый в основном в области регулировки скорости синхронного электродвигателя большой мощности, включает в себя тиристорный преобразователь частоты переменно-переменного тока, тиристорный преобразователь частоты под нагрузкой переменно-постоянно-переменного тока (тип источника тока), преобразователь частоты переменно-постоянно-переменного тока IGBT/IGCT (тип источника напряжения).

Преобразователь частоты многократного уровня типа источника напряжения с применением IGBT в качестве основных элементов мощности успешно осуществляет большую емкость преобразователя частоты и уменьшает составляющую гармоники одновременно путем получения больше емкости (максимальное

额外电力损耗,造成整体效率的下降,同时占地面积相对较大。电流源型变频器与同步电动机的结合在大容量及超大容量驱动领域得到了成功的应用并取到了长时间的考验,技术成熟。

5.12.5.1.2 变频调速装置的选用

(1)安装环境条件。

(2)变频器的冷却方式。小容量变频器采用空冷,大容量变频器冷却分为水冷—空冷及水冷—水冷,水冷—水冷的效率较高。

(3)电流源型(LCI)变频调速系统对电网的影响。包括谐波污染、功率因数等。

(4)电压源型(VSI)谐波抑制和无功补偿。电压源变频器其输入侧功率因数稳定在0.95以上,因

значение-36МВт）параллельным соединением и последовательным соединением элементов и использования надлежащей топологической структуры. Его коэффициент мощности относительно высокий, поэтому обычно компенсация и волновая фильтрация не нужны. Преобразователь частоты типа источника тока требует 1 комплекта установки для компенсации и волновой фильтрации для решения проблемы по низкому коэффициенту мощности и гармонике, что приведет к снижению общей эффективности с относительно большой площадью занятия земли из-за увеличения капиталовложений и дополнительной потери электроэнергии. Сочетание преобразователя частоты источника тока с синхронным электродвигателем получает успешное применение в области привода большой емкости и чрезмерно большой емкости с долгосрочной проверкой и зрелой техникой.

5.12.5.1.2 Выбор установки регулировки скорости с преобразованием частоты

（1）Условия окружающей среды для установки.

（2）Способ охлаждения преобразователя частоты, для преобразователя частоты маленькой емкости-воздушное охлаждение, для преобразователя частоты большой емкости-водяно-воздушное охлаждение и водяно-водяное охлаждение, в том числе водяно-водяное охлаждение обладает выше эффективностью.

（3）Влияние системы регулировки скорости с преобразованием частоты типа источника тока на электросеть, включая загрязнение гармоникой, коэффициент мощности и т.д..

（4）Заглушение гармоник и компенсация реактивной мощности преобразователя типа

此不需要额外无功补偿。电压源变频器采用多重化多电平(12脉冲、24脉冲、36脉冲),使输入输出波形更接近正弦波。减少谐波量使之完全满足相关要求,不需另外的滤波装置。

5.12.5.2 软启动

5.12.5.2.1 软启动分类

软启动(softstart)是一种集电动机软启动、软停车、轻载节能和多种保护功能于一体的新颖电动机控制装置,也称为 Soft Starter。它的主要构成是串接于电源与被控电动机之间的三相反并联闸管及其电子控制电路。运用不同的方法,控制三相反并联闸管的导通角,使电动机输入电压从零以预设函数关系逐渐上升,直至启动结束,赋予电动机全电压,即为软启动,在软启动过程中,电动机启动转矩逐渐增加,转速也逐渐增加。

источника напряжения (VSI). Коэффициент мощности на вводной стороне преобразователя частоты типа источника напряжения поддерживается выше 0,95, поэтому дополнительная компенсация реактивной мощности не нужна. Преобразователь частоты типа источника напряжения применяет многократный уровень (12, 24, 36 импульсов) для более приближения формы вводной волны и выводной волны к синусоидальной волне. Уменьшение количества гармоник проводить до полного удовлетворения соответствующим требованиям, дополнительная установка для волновой фильтрации не требуется.

5.12.5.2 Мягкий пуск

5.12.5.2.1 Классификация мягкого пуска

Мягкий пуск служит новой установкой управления электродвигателем с функциями по мягкому пуску электродвигателя, мягкой остановке, меньшей нагрузке, экономии энергии и прочими защитными функциями, который тоже называется мягким пускателем. Он в основном состоит из трехфазных тиристоров обратно параллельного соединения, последовательно соединенных между источником питания и контролируемым электродвигателем, и их электронных контрольных контуров. Использовать разные способы для контроля угла проводимости трехфазных тиристоров обратно параллельного соединения, чтобы выводное напряжение электродвигателя могло постепенно повыситься с нуля по предполагаемой функциональной зависимости до окончания пуска, таким образом оказать электродвигателю полное напряжение, данный процесс-мягкий пуск. В процессе мягкого пуска пусковой вращающий момент электродвигателя постепенно повышается и скорость вращения постепенно повышается.

气田常用软启动装置分为低压（400V）、中压（6/10kV）软启动，低压软启动一般安装在低压配电柜内，中压软启动一般按照成套柜提供。成套中压软启动柜主要包括软启动装置、高压真空接触器、旁路接触器、控制系统及配套柜体等。

5.12.5.2.2 软启动选择

（1）成套软启动柜应设有压力释放装置，有针对各种泵类负载控制特性的专业泵控程序，显示仪表、操作装置、按键和灯的安装要适于读数和操作，在启动性能、综合保护、控制操作等方面应具有全智能化处理功能。

（2）启动方式可采用斜坡升压软启动、斜坡恒流软启动、阶跃启动、脉冲冲击启动。

（3）启动参数可调，根据负载情况及电网继电保护特性选择，可自由地无级调整至最佳的启动电流。启动电流倍数一般在 $2I_e \sim 6I_e$（I_e—额定电流）范围可调。

Обычный мягкий пускатель на газовом месторождении разделяется на мягкий пускатель низкого напряжения (400В) и мягкий пускатель среднего напряжения (6/10кВ), мягкий пускатель низкого напряжения обычно предусмотрен в электрошкафу низкого напряжения, а мягкий пускатель среднего напряжения обычно представляется в виде комплектного шкафа. Комплектный шкаф мягкого пуска среднего напряжения в основном включает в себя мягкий пускатель, вакуумный контактор высокого напряжения, перепускной контактор, контрольную систему, корпус комплектного шкафа и т.д..

5.12.5.2.2 Выбор мягкого пуска

(1) В комплектном шкафу мягкого пуска должны быть предусмотрены устройства для сброса давления и специальная программа управления насосом относительно свойств управления разными насосами под нагрузкой, установка показывающих приборов, исполнительных аппаратов, кнопок и ламп должна быть удобной для отсчета и операции. Данный шкаф должен обладать функцией по полно интеллигентной обработке в области свойств пуска, комплексной защиты, управления, операции и т.д..

(2) В качестве способа пуска можно применять мягкий пуск по наклонной кривой разгона с увеличением напряжением, мягкий пуск по наклонной кривой разгона с ограничением тока, ступенчатый пуск, пуск с импульсным ударом.

(3) Параметры пуска являются регулируемыми, можно свободно проводить бесступенчатую регулировку тока пуска до оптимального значения на основе условий нагрузки и свойств релейной защиты электросети. Кратность номинального тока обычно регулируется в пределах $2I_e$-$6I_e$ (I_e—номинальный ток).

5 供配电

（4）应具有软启动、软停功能。平滑减速，逐渐停机，克服瞬间断电停机的弊病，减轻对重载机械的冲击，减少设备损坏。

（5）根据电力系统参数确定软启动参数。成套柜体应满足开关柜相关规范要求。

（6）保护功能。软启动装置本身应具备以下保护或报警功能：限制启动次数、启动时间超长、启动装置综合报警保护。包括断相、过载、逆序、散热器过热、限流启动超时、启动峰值过流等保护功能。

5.12.6 电线电缆的选择

电线电缆在供配电系统中主要起输送电能的作用，电线电缆的选择主要包括导体材料、电缆芯数、载流量、绝缘水平、绝缘材料、铠装及护套、截面等。

5 Электроснабжение и электрораспределение

（4）Шкаф должен обладать мягким пуском, мягкой остановкой, плавным уменьшением скорости и постепенной остановкой, таким образом, можно решить проблему по останову при мгновенном прекращении электроснабжения, уменьшить удар к тяжелогрузному механизму и уменьшить условия повреждения оборудования.

（5）Определить параметры мягкого пуска на основе параметров электрической системы. Комплектный шкаф должен удовлетворять требованиям в соответствующих правилах шкафа выключателей.

（6）Функция защиты. Устройство мягкого пуска должно обладать следующими функциями защиты или сигнализации: ограничение количества пуска, сверхдлинное время пуска, комплексная функция сигнализации и защиты для пускателя, включая обрыв фаз, перегрузку, обратную последовательность, перегрев радиатора, превышение времени при пуске с ограничением тока, переток при пуске с пиковым током и т.д..

5.12.6 Выбор электропроводов и кабелей

Электропровода и кабели в основном применяются для передачи электроэнергии в системе электроснабжения и электрораспределения, их выбор в основном включает выбор материала проводника, количества жил кабеля, допустимой нагрузки по току, уровня изоляции, изоляционного материала, бронирования, защитной втулки, сечения и т.д..

5.12.6.1 导体材料选择

用作电线电缆导体的材料主要有铜和铝两种。铜的损耗、机械性能、同截面载流量优于铝。同电阻值铝的重量为铜的一半。天然气气田项目中电线电缆导体材质一般选用铜导体。

5.12.6.2 电缆芯数的选择

1kV 及以下配电系统的电源中性点一般采用 TN-S 接地型式，三相配电回路宜选用 5 芯电缆，三相电动机回路宜选用 4 芯电缆，单相回路宜选用 3 芯电缆。3～35kV 三相电缆可选用 3 芯电缆或 3 根单芯电缆。110kV 及以上供电回路应选用单芯电缆。控制电缆芯数宜按 5 芯、7 芯、10 芯、14 芯、16 芯、19 芯选取（4 mm² 以上电缆芯数不宜超过 10 芯）。

5.12.6.3 电缆绝缘水平的选择

电线和控制电缆绝缘电压一般选 450V/750V，电力电缆绝缘电压的选择见表 5.12.3。

5.12.6.1 Выбор материала проводника

В основном применять медь и алюминий в качестве материалов для изготовления проводников электропровода и кабеля. По параметрам потери, механическим свойствам и допустимой нагрузке по току на одинаковом сечении медь лучше алюминия, но масса алюминия с одинаковым значением сопротивления составляет половину массы меди. В работах на газовом месторождении обычно применять медный проводник для электропровода и кабеля.

5.12.6.2 Выбор количества жил кабеля

В нейтральной точке источника питания для распределительной системы 1кВ и ниже обычно применять тип заземления TN-S, в трехфазном распределительном контуре-5-жильный кабель, в трехфазном контуре электродвигателя-4-жильный кабель и в однофазном контуре-3-жильный кабель. В качестве трехфазного кабеля 3-35кВ можно выбирать 3-жилый кабель или 3 одножильного кабеля. В контуре электроснабжения 110кВ и выше следует выбирать одножильный кабель. Относительно количества жил контрольных кабелей следует принять 5, 7, 10, 14, 16 и 19 (для кабелей сечением более 4мм² количество жил должно быть не более 10).

5.12.6.3 Выбор уровня изоляции кабеля

Напряжение изоляции электропровода и контрольного кабеля обычно принять 450В/750В, выбор напряжения изоляции силового кабеля приведен в таблице 5.12.3.

表 5.12.3 电缆绝缘水平简化表

Таблица 5.12.3 Упрощенная таблица уровня изоляции кабеля

系统标称电压 U_n Номинальное напряжение системы U_n	0.22/0.38	6	10	35
电缆的额定电压 U_O/U Номинальное напряжение кабеля U_O/U	0.6/1.0	6/6	8.7/10	26/35
缆芯之间的工频最高电压 U_{max} Максимальное напряжение промышленной частоты между кабельными жилами U_{max}		7.2	12	42
缆芯对地的雷电冲击耐受电压的峰值 U_{pl} Пиковое значение выдерживаемого напряжения при ударе молнии между кабельной жилой и землей U_{pl}		75	95	250

5.12.6.4 绝缘材料的选择

电线电缆的绝缘材料主要类型有聚氯乙烯（PVC）、交联聚乙烯（XPLE）、橡皮、矿物质等。电线的绝缘材料一般采用聚氯乙烯（PVC）。电力电缆和控制电缆一般采用交联聚乙烯作为绝缘混合料,挤包成型。对特殊场所的电缆如移动式电气设备采用橡胶绝缘,100℃以上高温场所可采用矿物绝缘或聚全氟乙丙烯绝缘。

5.12.6.5 铠装和护套的选择

电缆铠装层主要有钢带铠装和钢丝铠装,钢丝铠装分为细钢丝铠装和粗钢丝铠装。铠装电缆的选择需根据敷设方式、敷设环境进行选择。在有油浸污染的特殊场所,采用铅套防护。一般场所不设置金属套。

5.12.6.4 Выбор изоляционного материала

Основные виды изоляционных материалов электропроводов и кабелей приведены ниже: полихлорвинил (PVC), сшитый полиэтилен (XPLE), резина, минеральные вещества и т.д.. Обычно применять полихлорвинил (PVC) в качестве изоляционного материала электропровода. А для силового кабеля и контрольного кабеля-сшитый полиэтилен в качестве изоляционной смеси с прессованной обработкой. Для кабелей в специальных местах, например, передвижное электрооборудование, применять резину для изоляции, в месте с высокой температурой выше 100 ℃ можно применять минеральные вещества или фторированный этиленпропилен для изоляции.

5.12.6.5 Выбор бронирования и защитной втулки

Бронировка кабеля в основном включает бронирование стальной лентой и бронирование стальной проволокой, в том числе бронирование стальной проволокой разделяется на бронирование тонкой проволокой и толстой проволокой. Выбор бронированного кабеля должен осуществляться по способу прокладки и среде прокладки.

多芯电力电缆应设置内衬层和填充,控制电缆有金属铠装时应设置内衬层,一般采用绕包型。但如果铠装与金属屏蔽的材料不同,则铠装下的内衬层应采用挤出型。高压电力电缆、低压电力电缆和控制电缆的外护套宜采用聚氯乙烯作为护套混合料,挤包成型。特殊场所根据实际情况选择特种电缆。

5.12.6.6 电缆截面的选择

电力电缆导体截面按温升(允许长期工作电流)、经济电流密度(高压)选择,按电压降、短路热稳定条件校验。中性线(N)、保护接地线(PE)以及保护接地中线线(PNE)截面在单相两相制N截面与相线同截面,在三相四线制中铜芯相线截面小于等于16mm²时选同截面,大于16mm²时需根据载流量以及谐波分量来进行选择。

В специальном месте с загрязнением маслом применять свинцовую втулку для защиты. В обычных местах не предусмотрена металлическая втулка.

Для многожильных силовых кабелей следует предусмотреть внутреннюю подкладку и заполнение, при наличии металлической бронировки у контрольного кабеля следует предусмотреть внутреннюю подкладку с обматыванием. Если материалы бронировки и металлического экрана разные, внутренняя подкладка под бронировкой должна выполняться прессованием. Наружная защитная втулка для силового кабеля высокого напряжения, силового кабеля низкого напряжения и контрольного кабеля должна применять полихлорвинил в качестве смеси для защитной втулки с прессованной обработкой. В специальных местах выбирать специальные кабели на основе фактических условий.

5.12.6.6 Выбор сечения кабеля

Сечение проводника силового кабеля подлежит выбору по повышению температуры (допустимый долгосрочный рабочий ток) и экономической плотности тока (высокое напряжение) и проверке по перепаду напряжения, условиям термостабилизации при коротком замыкании. Среди сечения N и одинакового сечения фазного провода, для нейтрального провода (N), защитного заземляющего провода (PE) и нейтрального защитного заземляющего провода (PNE), если сечение фазного провода с медной жилой в трехфазной и четырехпроводной системе менее 16мм² выбирать одинаковое сечение, при сечении более 16мм² следует проводить выбор на основе допустимой нагрузки по току и составляющей гармоник.

5.12.6.7 电缆屏蔽层的选择

低压电力电缆一般不设置屏蔽层,变频器回路有特殊要求时可采用铜丝屏蔽。低压电力电缆的铜丝屏蔽可取代 PE 线,铜丝屏蔽的标称截面积应根据故障电流容量确定。变电站微机综合自动化系统的电流、电压和信号接点的控制电缆应选用屏蔽型。开关量信号宜选用总屏蔽;模拟信号和脉冲信号宜选用对绞线芯分屏蔽或对绞线芯分屏蔽复合总屏蔽。

5.12.6.8 电缆燃烧特性的选择

爆炸性气体环境采用架空桥架敷设电缆时,宜选用阻燃电缆。重要消防用电设备的配电线路宜采用耐火和无卤低烟电缆。其余场所可选用普通电缆。

阻燃电缆的燃烧特性一般无卤低烟和耐火要求,按成束阻燃性能分为 ZA/ZB/ZC/ZD 等 4 类,阻燃分类根据成束电缆中非金属材料体积来确定。

5.12.6.7 Выбор экранирующего слоя кабеля

Для силового кабеля низкого напряжения обычно не предусмотреть экранирующий слой, при наличии особых требований у контура преобразователя частоты разрешать экранирование медной проволокой. Экранирование медной проволокой силового кабеля низкого напряжения может заменяться на провод PE, условное сечение экранирования медной проволокой должно определяться на основе емкости тока неисправности. Для контрольного кабеля контактов тока, напряжения и сигнала в компьютерной комплексной автоматизированной системе на подстанции следует выбирать экранированный тип. Для сигнала величины импульсного сигнала следует выбирать тип общего экранирования; для сигнала аналоговой величины и импульсного сигнала следует выбирать экранирование с витой парой или комбинированное экранирование с витой парой.

5.12.6.8 Выбор свойств сгорания кабеля

При прокладке кабеля на воздушной эстакаде в среде с взрывным газом следует выбирать пламезадерживающий кабель. Для линии электрораспределения для важных противопожарных электропотребителей следует применять огнестойкие кабели с низким дымом и без галогена. В прочих местах можно выбирать обычные кабели.

По свойствам сгорания пламезадерживающий кабель обычно имеет требования к отсутствию галогена с низким дымом и огнестойкости, по пламезадерживающим свойствам в жгутах кабель разделяется на категории ZA/ZB/ZC/ZD, а категория огнестойкости определяется по объему неметаллического материала в кабеле в жгутах.

参考文献

SY/T 0524—2018 导热油加热炉系统规范[S].

GB 50041—2008 锅炉房设计规范[S].

中国航空规划设计研究总院有限公司. 工业与民用供配电设计手册(上下册)[M]. 4版. 北京：中国电力出版社，2016.

水利电力部西北电力设计院. 电力工程电气设计手册 电气一次部分[M]. 北京：中国电力出版社，1989.

工业和信息化部教育与考试中心. 通信专业综合能力与务实：交换技术[M]. 北京：人民邮电出版社，2014.

工业和信息化部教育与考试中心. 通信专业综合能力与务实：传输与接入[M]. 北京：人民邮电出版社，2014.

中国核电工程有限公司. 给水排水设计手册. 第3册. 城镇给水[M]. 北京：中国建筑工业出版社，2002.

Литературы

SY/T 0524—2018 Правила системы нагревательной печи теплопроводного масла[S].

GB 50041—2008 Правила проектирования котельной[S].

Китайская авиационная компания по планированию, строительству и развитию при AVIC (AVIC CAPDI). Руководство по проектированию промышленного и гражданского электроснабжения и электрораспределения (Том 1 и Том 2)[M]. Четвертое издание. Пекин: Китайское электрическое издательство, 2016.

Северо-западный электроэнергетический проектный институт при Министерстве водного хозяйства и электроэнергетики. Руководство по электрическому проектированию электрических объектов. Первичная электрическая часть[M]. Пекин: Китайское электрическое издательство, 1989.

Центр образования и экзаменов при Министерстве промышленности и информатизации. Комплексные способности и практики дисциплины «Связь»: технология коммутация[M]. Пекин: Народное почтово-телеграфное издательство, 2014.

Центр образования и экзаменов при Министерстве промышленности и информатизации. Комплексные способности и практики дисциплины «Связь»: передача и подключение[M]. Пекин: Народное почтово-телеграфное издательство, 2014.

Китайская ядерно-энергетическая инженерная компания (CNPEC). Руководство по проектированию водоснабжения и канализации. Книга 3. Городское водоснабжение[M]. Пекин: Китайское строительное индустриальное издательство, 2002.

中国核电工程有限公司.给水排水设计手册.第3册.城镇给水[M].北京:中国建筑工业出版社,2002.

中国核电工程有限公司.给水排水设计手册.第4册.工业给水处理[M].北京:中国建筑工业出版社,2002.

中国核电工程有限公司.给水排水设计手册.第5.城镇排水[M].北京:中国建筑工业出版社,2002.

中国核电工程有限公司.给水排水设计手册.第6册.工业排水[M].北京:中国建筑工业出版社,2002.

严煦世,范瑾初,许保玖.给水工程[M].北京:中国建筑工业出版社,2011.

Китайская ядерно-энергетическая инженерная компания (CNPEC). Руководство по проектированию водоснабжения и канализации. Книга 3. Городское водоснабжение [M]. Пекин: Китайское строительное индустриальное издательство, 2002.

Китайская ядерно-энергетическая инженерная компания (CNPEC). Руководство по проектированию водоснабжения и канализации. Книга 4. Подготовка промышленной питательной воды [M]. Пекин: Китайское строительное индустриальное издательство, 2002.

Китайская ядерно-энергетическая инженерная компания (CNPEC). Руководство по проектированию водоснабжения и канализации. Книга 5. Городская канализация [M]. Пекин: Китайское строительное индустриальное издательство, 2002.

Китайская ядерно-энергетическая инженерная компания (CNPEC). Руководство по проектированию водоснабжения и канализации. Книга 6. Промышленная канализация [M]. Пекин: Китайское строительное индустриальное издательство, 2002.

Янь Сюйши, Фань Цзиньчу и Сюй Баоцзю. Проекты водоснабжения [M]. Пекин: Китайское строительное индустриальное издательство, 2011.